Mathematik für Ingenieure und Naturwissenschaftler Band 1

Die drei Bände *Mathematik für Ingenieure und Naturwissenschaftler* werden durch eine Formelsammlung, ein Buch mit Klausur- und Übungsaufgaben sowie ein Buch mit Anwendungsbeispielen zu einem Lehr- und Lernsystem ergänzt:

Lothar Papula
Mathematische Formelsammlung
Für Ingenieure und Naturwissenschaftler

Mit über 400 Abbildungen und Rechenbeispielen
und einer ausführlichen Integraltafel

Mathematik für Ingenieure und Naturwissenschaftler –
Klausur- und Übungsaufgaben

632 Aufgaben mit ausführlichen Lösungen zum Selbststudium
und zur Prüfungsvorbereitung

Mathematik für Ingenieure und Naturwissenschaftler –
Anwendungsbeispiele

222 Aufgabenstellungen aus Naturwissenschaft und Technik
mit ausführlichen Lösungen

Lothar Papula

Mathematik für Ingenieure und Naturwissenschaftler Band 1

Ein Lehr- und Arbeitsbuch für das Grundstudium

16., überarbeitete und erweiterte Auflage

Mit 653 Abbildungen, 504 Beispielen aus Naturwissenschaft und Technik sowie 354 Übungsaufgaben mit ausführlichen Lösungen

Lothar Papula
Wiesbaden, Deutschland

ISBN 978-3-658-45801-0   ISBN 978-3-658-45802-7 (eBook)
https://doi.org/10.1007/978-3-658-45802-7

Die Deutsche Nationalbibliothek verzeichnet diese Publikation in der Deutschen Nationalbibliografie; detaillierte bibliografische Daten sind im Internet über https://portal.dnb.de abrufbar.

© Der/die Herausgeber bzw. der/die Autor(en), exklusiv lizenziert an Springer Fachmedien Wiesbaden GmbH, ein Teil von Springer Nature 1983, 1984, 1986, 1988, 1990, 1991, 1996, 1998, 2000, 2001, 2007, 2008, 2009, 2011, 2014, 2024

Das Werk einschließlich aller seiner Teile ist urheberrechtlich geschützt. Jede Verwertung, die nicht ausdrücklich vom Urheberrechtsgesetz zugelassen ist, bedarf der vorherigen Zustimmung des Verlags. Das gilt insbesondere für Vervielfältigungen, Bearbeitungen, Übersetzungen, Mikroverfilmungen und die Einspeicherung und Verarbeitung in elektronischen Systemen.
Die Wiedergabe von allgemein beschreibenden Bezeichnungen, Marken, Unternehmensnamen etc. in diesem Werk bedeutet nicht, dass diese frei durch jede Person benutzt werden dürfen. Die Berechtigung zur Benutzung unterliegt, auch ohne gesonderten Hinweis hierzu, den Regeln des Markenrechts. Die Rechte des/der jeweiligen Zeicheninhaber*in sind zu beachten.
Der Verlag, die Autor*innen und die Herausgeber*innen gehen davon aus, dass die Angaben und Informationen in diesem Werk zum Zeitpunkt der Veröffentlichung vollständig und korrekt sind. Weder der Verlag noch die Autor*innen oder die Herausgeber*innen übernehmen, ausdrücklich oder implizit, Gewähr für den Inhalt des Werkes, etwaige Fehler oder Äußerungen. Der Verlag bleibt im Hinblick auf geografische Zuordnungen und Gebietsbezeichnungen in veröffentlichten Karten und Institutionsadressen neutral.

Satz: Reemers Publishing Services GmbH, Krefeld

Lektorat: Eric Blaschke
Springer Vieweg ist ein Imprint der eingetragenen Gesellschaft Springer Fachmedien Wiesbaden GmbH und ist ein Teil von Springer Nature.
Die Anschrift der Gesellschaft ist: Abraham-Lincoln-Str. 46, 65189 Wiesbaden, Germany

Wenn Sie dieses Produkt entsorgen, geben Sie das Papier bitte zum Recycling.

Vorwort

Das dreibändige Werk **Mathematik für Ingenieure und Naturwissenschaftler** ist ein Lehr- und Arbeitsbuch für das *Grund-* und *Hauptstudium* der naturwissenschaftlich-technischen Disziplinen. Es wird durch eine **mathematische Formelsammlung**, einen **Klausurentrainer** und ein Buch mit **Anwendungsbeispielen** zu einem kompakten *Lehr-* und *Lernsystem* ergänzt. Die Bände 1 und 2 lassen sich dem *Grundstudium* zuordnen, während der dritte Band spezielle Themen überwiegend aus dem *Hauptstudium* behandelt.

Zur Stoffauswahl des ersten Bandes

Die Erfahrungen zeigen, dass die Studienanfänger nach wie vor über sehr unterschiedliche und oft *nicht ausreichende* mathematische Grundkenntnisse verfügen. Insbesondere in der Algebra bestehen große Defizite. Die Gründe hierfür liegen u. a. in der Verlagerung der Schwerpunkte in der Schulmathematik und der Abwahl des Faches Mathematik als Leistungsfach in der gymnasialen Oberstufe. Ein nahtloser und erfolgreicher Übergang von der Schule zur Hochschule ist daher ohne *zusätzliche* Hilfen kaum möglich. Dieser erste Band des Lehr- und Lernsystems leistet die dringend benötigte „Hilfestellung" durch Einbeziehung bestimmter Gebiete der *Elementarmathematik* in das Grundstudium und schafft somit die Voraussetzung für eine tragfähige Verbindung („Brücke") zwischen Schule und Hochschule, ein Konzept, das sich bereits in der Vergangenheit bestens bewährt hat und deshalb konsequent beibehalten wurde.

In dem vorliegenden ersten Band werden die folgenden Stoffgebiete behandelt:

- **Allgemeine Grundlagen** (u. a. Gleichungen und Ungleichungen, lineare Gleichungssysteme, binomischer Lehrsatz)
- **Vektoralgebra** (zunächst in der anschaulichen Ebene und dann im Raum)
- **Funktionen und Kurven** (als wichtigste Grundlage für die Differential- und Integralrechnung)
- **Differentialrechnung** ⎫ (mit zahlreichen Anwendungsbeispielen aus
- **Integralrechnung** ⎭ Naturwissenschaft und Technik)
- **Potenzreihenentwicklungen** (Mac Laurinsche und Taylorsche Reihen)
- **Komplexe Zahlen und Funktionen**

Eine Übersicht über die Inhalte der Bände 2 und 3 erfolgt im Anschluss an das Inhaltsverzeichnis.

Zur Darstellung des Stoffes

Bei der Darstellung der mathematischen Stoffgebiete wurde von den folgenden Überlegungen ausgegangen:

- Mathematische Methoden spielen in den naturwissenschaftlich-technischen Disziplinen eine *bedeutende* Rolle, bleiben jedoch in erster Linie ein (unverzichtbares) *Hilfsmittel*.
- Aufgrund der veränderten Eingangsvoraussetzungen und der damit verbundenen Defizite sollten die Studienanfänger nicht überfordert werden.

Es wurde daher eine anschauliche, anwendungsorientierte und leicht verständliche Darstellungsform des mathematischen Stoffes gewählt. Begriffe, Zusammenhänge, Sätze und Formeln werden durch zahlreiche Beispiele aus Naturwissenschaft und Technik und anhand vieler Abbildungen näher erläutert.

Einen wesentlichen Bestandteil dieses Werkes bilden die **Übungsaufgaben** am Ende eines jeden Kapitels (nach Abschnitten geordnet). Sie dienen zum Einüben und Vertiefen des Stoffes. Die im Anhang dargestellten ausführlich kommentierten Lösungen (mit Zwischenschritten und Zwischenergebnissen) ermöglichen dem Leser eine ständige Selbstkontrolle. Kürzen eines gemeinsamen Faktors in komplizierteren Brüchen wird in der Regel durch Grauunterlegung gekennzeichnet. Alle Angaben über Integrale beziehen sich auf die *Integraltafel* der **Mathematischen Formelsammlung** des Autors.

Zur äußeren Form

Zentrale Inhalte wie Definitionen, Sätze, Formeln, Tabellen, Zusammenfassungen und Beispiele werden besonders hervorgehoben:

- Definitionen, Sätze, Formeln, Tabellen und Zusammenfassungen sind *gerahmt* und *grau* unterlegt.
- Anfang und Ende von Beispielen sind durch das Symbol ■ gekennzeichnet.

Bei der (bildlichen) Darstellung von Flächen und räumlichen Körpern wurden *Grauraster* unterschiedlicher Helligkeit verwendet, um besonders anschauliche und aussagekräftige Abbildungen zu erhalten.

Zum Einsatz von Computeralgebra-Programmen

In zunehmendem Maße werden leistungsfähige Computeralgebra-Programme wie z. B. MATLAB, MAPLE, MATHCAD oder MATHEMATICA bei der mathematischen Lösung naturwissenschaftlich-technischer Probleme in Praxis und Wissenschaft erfolgreich eingesetzt. Solche Programme können bereits im Grundstudium ein nützliches und sinnvolles *Hilfsmittel* sein und so als „*Kontrollinstanz*" beim Lösen von Übungsaufgaben verwendet werden (Überprüfung der von *Hand* ermittelten Lösungen mit Hilfe eines Computeralgebra-Programms). Die meisten der in diesem Werk gestellten Aufgaben lassen sich auf diese Weise problemlos lösen.

Zur 16. Auflage

Neu aufgenommen wurde ein Abschnitt über spezielle ebene Kurven (z. B. Zykloiden, Spiralen), die im naturwissenschaftlich-technischen Bereich von Bedeutung sind (siehe Kap. III, Abschnitt 14).

Eine Bitte des Autors

Für sachliche und konstruktive Hinweise und Anregungen bin ich stets dankbar. Sie sind eine unverzichtbare Voraussetzung und Hilfe für die permanente Verbesserung dieses Lehrwerkes.

Ein Wort des Dankes ...

... an alle Fachkollegen und Studierende, die durch Anregungen und Hinweise zur Verbesserung dieses Werkes beigetragen haben,
... an Herrn Pastewsky für die mit großer Sorgfalt ausgeführten Satzarbeiten.

Wiesbaden, im Sommer 2024 *Lothar Papula*

Inhaltsverzeichnis

I Allgemeine Grundlagen 1

1 Einige grundlegende Begriffe über Mengen 1
1.1 Definition und Darstellung einer Menge 1
1.2 Mengenoperationen 3

2 Die Menge der reellen Zahlen 6
2.1 Darstellung der reellen Zahlen und ihrer Eigenschaften 6
2.2 Anordnung der Zahlen, Ungleichung, Betrag 7
2.3 Teilmengen und Intervalle 8

3 Gleichungen 9
3.1 Lineare Gleichungen 10
3.2 Quadratische Gleichungen 10
3.3 Gleichungen 3. und höheren Grades 11
   3.3.1 Allgemeine Vorbetrachtung 11
   3.3.2 Kubische Gleichungen vom speziellen Typ $ax^3 + bx^2 + cx = 0$ .. 12
   3.3.3 Bi-quadratische Gleichungen 12
3.4 Wurzelgleichungen 13
3.5 Betragsgleichungen 15
   3.5.1 Definition der Betragsfunktion 15
   3.5.2 Analytische Lösung einer Betragsgleichung durch Fallunterscheidung (Beispiel) 18
   3.5.3 Lösung einer Betragsgleichung auf halb-graphischem Wege (Beispiel) 19

4 Ungleichungen 20

5 Lineare Gleichungssysteme 23
5.1 Ein einführendes Beispiel 23
5.2 Der Gaußsche Algorithmus 26
5.3 Ein Anwendungsbeispiel: Berechnung eines elektrischen Netzwerkes .. 35

6 Der Binomische Lehrsatz 37

Übungsaufgaben 41
Zu Abschnitt 1 und 2 41
Zu Abschnitt 3 41

Zu Abschnitt 4	42
Zu Abschnitt 5	42
Zu Abschnitt 6	44

II Vektoralgebra 45

1 Grundbegriffe 45
1.1 Definition eines Vektors 45
1.2 Gleichheit von Vektoren 46
1.3 Parallele, anti-parallele und kollineare Vektoren 47
1.4 Vektoroperationen 48
    1.4.1 Addition von Vektoren 49
    1.4.2 Subtraktion von Vektoren 51
    1.4.3 Multiplikation eines Vektors mit einem Skalar 52

2 Vektorrechnung in der Ebene 54
2.1 Komponentendarstellung eines Vektors 54
2.2 Darstellung der Vektoroperationen 58
    2.2.1 Multiplikation eines Vektors mit einem Skalar 58
    2.2.2 Addition und Subtraktion von Vektoren 59
2.3 Skalarprodukt zweier Vektoren 61
    2.3.1 Definition und Berechnung eines Skalarproduktes 61
    2.3.2 Winkel zwischen zwei Vektoren 64
2.4 Linear unabhängige Vektoren 67
2.5 Ein Anwendungsbeispiel: Resultierende eines ebenen Kräftesystems 69

3 Vektorrechnung im 3-dimensionalen Raum 71
3.1 Komponentendarstellung eines Vektors 72
3.2 Darstellung der Vektoroperationen 75
    3.2.1 Multiplikation eines Vektors mit einem Skalar 75
    3.2.2 Addition und Subtraktion von Vektoren 77
3.3 Skalarprodukt zweier Vektoren 79
    3.3.1 Definition und Berechnung eines Skalarproduktes 79
    3.3.2 Winkel zwischen zwei Vektoren 82
    3.3.3 Richtungswinkel eines Vektors 83
    3.3.4 Projektion eines Vektors auf einen zweiten Vektor 85
    3.3.5 Ein Anwendungsbeispiel: Arbeit einer Kraft 88
3.4 Vektorprodukt zweier Vektoren 90
    3.4.1 Definition und Berechnung eines Vektorproduktes 90
    3.4.2 Anwendungsbeispiele 96
        3.4.2.1 Drehmoment (Moment einer Kraft) 96
        3.4.2.2 Bewegung von Ladungsträgern in einem Magnetfeld (Lorentz-Kraft) 97
3.5 Spatprodukt (gemischtes Produkt) 98
3.6 Linear unabhängige Vektoren 102

4 Anwendungen in der Geometrie ... 105

4.1 Vektorielle Darstellung einer Geraden ... 105
- 4.1.1 Punkt-Richtungs-Form einer Geraden ... 105
- 4.1.2 Zwei-Punkte-Form einer Geraden ... 107
- 4.1.3 Abstand eines Punktes von einer Geraden ... 108
- 4.1.4 Abstand zweier paralleler Geraden ... 110
- 4.1.5 Abstand zweier windschiefer Geraden ... 112
- 4.1.6 Schnittpunkt und Schnittwinkel zweier Geraden ... 114

4.2 Vektorielle Darstellung einer Ebene ... 117
- 4.2.1 Punkt-Richtungs-Form einer Ebene ... 117
- 4.2.2 Drei-Punkte-Form einer Ebene ... 119
- 4.2.3 Gleichung einer Ebene senkrecht zu einem Vektor ... 122
- 4.2.4 Abstand eines Punktes von einer Ebene ... 123
- 4.2.5 Abstand einer Geraden von einer Ebene ... 125
- 4.2.6 Schnittpunkt und Schnittwinkel einer Geraden mit einer Ebene ... 126
- 4.2.7 Abstand zweier paralleler Ebenen ... 130
- 4.2.8 Schnittgerade und Schnittwinkel zweier Ebenen ... 132

Übungsaufgaben ... 135
- Zu Abschnitt 2 und 3 ... 135
- Zu Abschnitt 4 ... 141

III Funktionen und Kurven ... 146

1 Definition und Darstellung einer Funktion ... 146

1.1 Definition einer Funktion ... 146
1.2 Darstellungsformen einer Funktion ... 147
- 1.2.1 Analytische Darstellung ... 147
- 1.2.2 Darstellung durch eine Wertetabelle (Funktionstafel) ... 148
- 1.2.3 Graphische Darstellung ... 148
- 1.2.4 Parameterdarstellung einer Funktion ... 149

2 Allgemeine Funktionseigenschaften ... 151

2.1 Nullstellen ... 151
2.2 Symmetrieverhalten ... 152
2.3 Monotonie ... 154
2.4 Periodizität ... 157
2.5 Umkehrfunktion oder inverse Funktion ... 159

3 Koordinatentransformationen ... 163

3.1 Ein einführendes Beispiel ... 163
3.2 Parallelverschiebung eines kartesischen Koordinatensystems ... 164
3.3 Übergang von kartesischen Koordinaten zu Polarkoordinaten ... 168
- 3.3.1 Definition der Polarkoordinaten ... 168
- 3.3.2 Darstellung einer Kurve in Polarkoordinaten ... 171

4 Grenzwert und Stetigkeit einer Funktion ... 173

- 4.1 Reelle Zahlenfolgen ... 173
  - 4.1.1 Definition und Darstellung einer reellen Zahlenfolge ... 173
  - 4.1.2 Grenzwert einer Folge ... 175
- 4.2 Grenzwert einer Funktion ... 177
  - 4.2.1 Grenzwert einer Funktion für $x \to x_0$ ... 177
  - 4.2.2 Grenzwert einer Funktion für $x \to \pm\infty$ ... 181
  - 4.2.3 Rechenregeln für Grenzwerte ... 183
  - 4.2.4 Ein Anwendungsbeispiel: Erzwungene Schwingung eines mechanischen Systems ... 184
- 4.3 Stetigkeit einer Funktion ... 185
- 4.4 Unstetigkeiten (Lücken, Pole, Sprünge) ... 186

5 Ganzrationale Funktionen (Polynomfunktionen) ... 190

- 5.1 Definition einer ganzrationalen Funktion ... 190
- 5.2 Konstante und lineare Funktionen ... 191
- 5.3 Quadratische Funktionen ... 194
- 5.4 Polynomfunktionen höheren Grades ... 198
- 5.5 Horner-Schema und Nullstellenberechnung einer Polynomfunktion ... 203
- 5.6 Interpolationspolynome ... 207
  - 5.6.1 Allgemeine Vorbetrachtung ... 207
  - 5.6.2 Interpolationspolynom von Newton ... 208
- 5.7 Ein Anwendungsbeispiel: Biegelinie eines Balkens ... 212

6 Gebrochenrationale Funktionen ... 212

- 6.1 Definition einer gebrochenrationalen Funktion ... 212
- 6.2 Nullstellen, Definitionslücken, Pole ... 213
- 6.3 Asymptotisches Verhalten einer gebrochenrationalen Funktion im Unendlichen ... 219
- 6.4 Ein Anwendungsbeispiel: Kapazität eines Kugelkondensators ... 222

7 Potenz- und Wurzelfunktionen ... 223

- 7.1 Potenzfunktionen mit ganzzahligen Exponenten ... 223
- 7.2 Wurzelfunktionen ... 225
- 7.3 Potenzfunktionen mit rationalen Exponenten ... 228
- 7.4 Ein Anwendungsbeispiel: Beschleunigung eines Elektrons in einem elektrischen Feld ... 229

8 Kegelschnitte ... 230

- 8.1 Darstellung eines Kegelschnittes durch eine algebraische Gleichung 2. Grades mit konstanten Koeffizienten ... 230
- 8.2 Gleichungen eines Kreises ... 231
- 8.3 Gleichungen einer Ellipse ... 232
- 8.4 Gleichungen einer Hyperbel ... 234
- 8.5 Gleichungen einer Parabel ... 237
- 8.6 Beispiele zu den Kegelschnitten ... 239

9 Trigonometrische Funktionen ... 243
9.1 Grundbegriffe ... 243
9.2 Sinus- und Kosinusfunktion ... 248
9.3 Tangens- und Kotangensfunktion ... 249
9.4 Wichtige Beziehungen zwischen den trigonometrischen Funktionen ... 250
9.5 Anwendungen in der Schwingungslehre ... 252
9.5.1 Harmonische Schwingungen (Sinusschwingungen) ... 252
9.5.1.1 Die allgemeine Sinus- und Kosinusfunktion ... 252
9.5.1.2 Harmonische Schwingung eines Federpendels (Feder-Masse-Schwinger) ... 257
9.5.2 Darstellung von Schwingungen im Zeigerdiagramm ... 258
9.5.3 Superposition (Überlagerung) gleichfrequenter Schwingungen ... 265
9.5.4 Lissajous-Figuren ... 270

10 Arkusfunktionen ... 271
10.1 Das Problem der Umkehrung trigonometrischer Funktionen ... 271
10.2 Arkussinusfunktion ... 272
10.3 Arkuskosinusfunktion ... 274
10.4 Arkustangens- und Arkuskotangensfunktion ... 275
10.5 Trigonometrische Gleichungen ... 278

11 Exponentialfunktionen ... 280
11.1 Grundbegriffe ... 280
11.2 Definition und Eigenschaften einer Exponentialfunktion ... 280
11.3 Spezielle, in den Anwendungen häufig auftretende Funktionstypen mit e-Funktionen ... 282
11.3.1 Abklingfunktionen ... 282
11.3.2 Sättigungsfunktionen ... 285
11.3.3 Wachstumsfunktionen ... 288
11.3.4 Gedämpfte Schwingungen ... 289
11.3.5 Gauß-Funktionen ... 291

12 Logarithmusfunktionen ... 292
12.1 Grundbegriffe ... 292
12.2 Definition und Eigenschaften einer Logarithmusfunktion ... 295
12.3 Exponential- und Logarithmusgleichungen ... 298

13 Hyperbel- und Areafunktionen ... 300
13.1 Hyperbelfunktionen ... 300
13.1.1 Definition der Hyperbelfunktionen ... 300
13.1.2 Die Hyperbelfunktionen $y = \sinh x$ und $y = \cosh x$ ... 301
13.1.3 Die Hyperbelfunktionen $y = \tanh x$ und $y = \coth x$ ... 303
13.1.4 Wichtige Beziehungen zwischen den Hyperbelfunktionen ... 304
13.2 Areafunktionen ... 305
13.2.1 Definition der Areafunktionen ... 305
13.2.2 Die Areafunktionen $y = \text{arsinh}\, x$ und $y = \text{arcosh}\, x$ ... 305

13.2.3 Die Areafunktionen $y = \text{artanh}\, x$ und $y = \text{arcoth}\, x$ 306
13.2.4 Darstellung der Areafunktionen durch Logarithmusfunktionen ... 307
13.2.5 Ein Anwendungsbeispiel: Freier Fall unter Berücksichtigung des Luftwiderstandes 308

14 Spezielle ebene Kurven 309
14.1 Rollkurven oder Zykloiden 309
    14.1.1 Gewöhnliche Zykloiden 310
    14.1.2 Epizykloiden 312
    14.1.3 Hypozykloiden 313
14.2 Astroide (Sternkurve) 314
14.3 Kardioide (Herzkurve) 315
14.4 Lemniskate oder Schleifenkurve von Bernoulli 316
14.5 Spiralen 318
    14.5.1 Archimedische Spirale 318
    14.5.2 Logarithmische Spirale 320

Übungsaufgaben 321
Zu Abschnitt 1 321
Zu Abschnitt 2 322
Zu Abschnitt 3 323
Zu Abschnitt 4 324
Zu Abschnitt 5 325
Zu Abschnitt 6 328
Zu Abschnitt 7 328
Zu Abschnitt 8 329
Zu Abschnitt 9 und 10 329
Zu Abschnitt 11, 12 und 13 332
Zu Abschnitt 14 334

IV Differentialrechnung 335

1 Differenzierbarkeit einer Funktion 335
1.1 Das Tangentenproblem 335
1.2 Ableitung einer Funktion 336
1.3 Ableitung der elementaren Funktionen 340

2 Ableitungsregeln 343
2.1 Faktorregel 343
2.2 Summenregel 344
2.3 Produktregel 345
2.4 Quotientenregel 347
2.5 Kettenregel 349
2.6 Kombinationen mehrerer Ableitungsregeln 355

2.7	Logarithmische Ableitung	356
2.8	Ableitung der Umkehrfunktion	358
2.9	Implizite Differentiation	359
2.10	Differential einer Funktion	362
2.11	Höhere Ableitungen	364
2.12	Ableitung einer in der Parameterform dargestellten Funktion (Kurve)	366
2.13	Anstieg einer in Polarkoordinaten dargestellten Kurve	369
2.14	Einfache Anwendungsbeispiele aus Physik und Technik	373
	2.14.1 Bewegung eines Massenpunktes (Geschwindigkeit, Beschleunigung)	373
	2.14.2 Induktionsgesetz	376
	2.14.3 Elektrischer Schwingkreis	377

3 Anwendungen der Differentialrechnung ... 378

3.1	Tangente und Normale	378
3.2	Linearisierung einer Funktion	380
3.3	Monotonie und Krümmung einer Kurve	383
	3.3.1 Geometrische Vorbetrachtungen	383
	3.3.2 Monotonie	384
	3.3.3 Krümmung einer ebenen Kurve	386
3.4	Charakteristische Kurvenpunkte	394
	3.4.1 Relative oder lokale Extremwerte	394
	3.4.2 Wendepunkte, Sattelpunkte	400
	3.4.3 Ergänzungen	404
3.5	Extremwertaufgaben	406
3.6	Kurvendiskussion	412
3.7	Näherungsweise Lösung einer Gleichung nach dem Tangentenverfahren von Newton	418
	3.7.1 Iterationsverfahren	418
	3.7.2 Tangentenverfahren von Newton	419

Übungsaufgaben ... 426

Zu Abschnitt 1 ... 426
Zu Abschnitt 2 ... 426
Zu Abschnitt 3 ... 430

V Integralrechnung ... 434

1 Integration als Umkehrung der Differentiation ... 434

2 Das bestimmte Integral als Flächeninhalt ... 438

2.1 Ein einführendes Beispiel ... 438
2.2 Das bestimmte Integral ... 441

3 Unbestimmtes Integral und Flächenfunktion ... 448

4 Der Fundamentalsatz der Differential- und Integralrechnung ... 452

5 Grund- oder Stammintegrale ... 456

6 Berechnung bestimmter Integrale unter Verwendung einer Stammfunktion ... 458

7 Elementare Integrationsregeln ... 462

8 Integrationsmethoden ... 465
8.1 Integration durch Substitution ... 465
    8.1.1 Ein einführendes Beispiel ... 465
    8.1.2 Spezielle Integralsubstitutionen ... 466
8.2 Partielle Integration oder Produktintegration ... 474
8.3 Integration einer echt gebrochenrationalen Funktion durch Partialbruchzerlegung des Integranden ... 480
    8.3.1 Partialbruchzerlegung ... 481
    8.3.2 Integration der Partialbrüche ... 483
8.4 Numerische Integrationsmethoden ... 487
    8.4.1 Trapezformel ... 488
    8.4.2 Simpsonsche Formel ... 493

9 Uneigentliche Integrale ... 499
9.1 Unendliches Integrationsintervall ... 500
9.2 Integrand mit einer Unendlichkeitsstelle (Pol) ... 504

10 Anwendungen der Integralrechnung ... 507
10.1 Einfache Beispiele aus Physik und Technik ... 507
    10.1.1 Integration der Bewegungsgleichung ... 507
    10.1.2 Biegelinie (elastische Linie) eines einseitig eingespannten Balkens ... 510
    10.1.3 Spannung zwischen zwei Punkten eines elektrischen Feldes ... 512
10.2 Flächeninhalt ... 513
    10.2.1 Bestimmtes Integral und Flächeninhalt (Ergänzungen) ... 513
    10.2.2 Flächeninhalt zwischen zwei Kurven ... 518
10.3 Volumen eines Rotationskörpers (Rotationsvolumen) ... 524
10.4 Bogenlänge einer ebenen Kurve ... 530
10.5 Mantelfläche eines Rotationskörpers (Rotationsfläche) ... 533
10.6 Arbeits- und Energiegrößen ... 537
10.7 Lineare und quadratische Mittelwerte ... 543
10.8 Schwerpunkt homogener Flächen und Körper ... 548
    10.8.1 Grundbegriffe ... 548
    10.8.2 Schwerpunkt einer homogenen ebenen Fläche ... 550
    10.8.3 Schwerpunkt eines homogenen Rotationskörpers ... 556
10.9 Massenträgheitsmomente ... 561
    10.9.1 Grundbegriffe und einfache Beispiele ... 561
    10.9.2 Satz von Steiner ... 564
    10.9.3 Massenträgheitsmoment eines homogenen Rotationskörpers ... 566

Übungsaufgaben 571
  Zu Abschnitt 1 bis 7 571
  Zu Abschnitt 8 574
  Zu Abschnitt 9 576
  Zu Abschnitt 10 577

VI Potenzreihenentwicklungen 582

1 Unendliche Reihen 582
  1.1 Ein einführendes Beispiel 582
  1.2 Grundbegriffe 584
    1.2.1 Definition einer unendlichen Reihe 584
    1.2.2 Konvergenz und Divergenz einer unendlichen Reihe 585
    1.2.3 Über den Umgang mit unendlichen Reihen 589
  1.3 Konvergenzkriterien 590
    1.3.1 Quotientenkriterium 591
    1.3.2 Wurzelkriterium 595
    1.3.3 Vergleichskriterien 595
    1.3.4 Leibnizsches Konvergenzkriterium für alternierende Reihen 598
  1.4 Eigenschaften konvergenter bzw. absolut konvergenter Reihen .. 600

2 Potenzreihen 602
  2.1 Definition einer Potenzreihe 602
  2.2 Konvergenzverhalten einer Potenzreihe 603
  2.3 Eigenschaften der Potenzreihen 608

3 Taylor-Reihen 609
  3.1 Ein einführendes Beispiel 610
  3.2 Potenzreihenentwicklung einer Funktion 611
    3.2.1 Mac Laurinsche Reihe 611
    3.2.2 Taylorsche Reihe 619
    3.2.3 Tabellarische Zusammenstellung wichtiger Potenzreihenentwicklungen 620
  3.3 Anwendungen der Potenzreihenentwicklungen 622
    3.3.1 Näherungspolynome einer Funktion 622
    3.3.2 Integration durch Potenzreihenentwicklung des Integranden 633
    3.3.3 Grenzwertregel von Bernoulli und de L'Hospital 636
  3.4 Ein Anwendungsbeispiel: Freier Fall unter Berücksichtigung des Luftwiderstandes 642

Übungsaufgaben 645
  Zu Abschnitt 1 645
  Zu Abschnitt 2 647
  Zu Abschnitt 3 647

VII Komplexe Zahlen und Funktionen 652

1 Definition und Darstellung einer komplexen Zahl 652
    1.1 Definition einer komplexen Zahl 652
    1.2 Komplexe oder Gaußsche Zahlenebene 655
    1.3 Weitere Grundbegriffe 658
    1.4 Darstellungsformen einer komplexen Zahl 661
        1.4.1 Algebraische oder kartesische Form 661
        1.4.2 Trigonometrische Form 661
        1.4.3 Exponentialform 664
        1.4.4 Zusammenstellung der verschiedenen Darstellungsformen 666
        1.4.5 Umrechnungen zwischen den Darstellungsformen 667

2 Komplexe Rechnung 673
    2.1 Grundrechenarten für komplexe Zahlen 673
        2.1.1 Addition und Subtraktion komplexer Zahlen 673
        2.1.2 Multiplikation und Division komplexer Zahlen 675
        2.1.3 Grundgesetze für komplexe Zahlen (Zusammenfassung) 684
    2.2 Potenzieren 685
    2.3 Radizieren (Wurzelziehen) 687
    2.4 Natürlicher Logarithmus 693

3 Anwendungen der komplexen Rechnung 695
    3.1 Symbolische Darstellung harmonischer Schwingungen im Zeigerdiagramm 695
        3.1.1 Darstellung einer Schwingung durch einen rotierenden Zeiger 695
        3.1.2 Ungestörte Überlagerung gleichfrequenter Schwingungen 699
        3.1.3 Ein Anwendungsbeispiel: Überlagerung gleichfrequenter Wechselspannungen 702
    3.2 Symbolische Berechnung eines Wechselstromkreises 703
        3.2.1 Das Ohmsche Gesetz der Wechselstromtechnik 703
        3.2.2 Komplexe Wechselstromwiderstände und Leitwerte 705
        3.2.3 Ein Anwendungsbeispiel: Der Wechselstromkreis in Reihenschaltung 710

4 Ortskurven 713
    4.1 Ein einführendes Beispiel 713
    4.2 Ortskurve einer parameterabhängigen komplexen Größe 714
    4.3 Anwendungsbeispiele: Einfache Netzwerkfunktionen 717
        4.3.1 Reihenschaltung aus einem ohmschen Widerstand und einer Induktivität (Widerstandsortskurve) 717
        4.3.2 Parallelschaltung aus einem ohmschen Widerstand und einer Kapazität (Leitwertortskurve) 718
    4.4 Inversion einer Ortskurve 719
        4.4.1 Inversion einer komplexen Größe (Zahl) 719
        4.4.2 Inversionsregeln 721
        4.4.3 Ein Anwendungsbeispiel: Inversion einer Widerstandsortskurve 723

Übungsaufgaben 726
Zu Abschnitt 1 726
Zu Abschnitt 2 727
Zu Abschnitt 3 729
Zu Abschnitt 4 731

Anhang: Lösungen der Übungsaufgaben 733

I Allgemeine Grundlagen 733
Abschnitt 1 und 2 733
Abschnitt 3 733
Abschnitt 4 735
Abschnitt 5 738
Abschnitt 6 739

II Vektoralgebra 740
Abschnitt 2 und 3 740
Abschnitt 4 746

III Funktionen und Kurven 755
Abschnitt 1 755
Abschnitt 2 757
Abschnitt 3 758
Abschnitt 4 759
Abschnitt 5 761
Abschnitt 6 764
Abschnitt 7 767
Abschnitt 8 767
Abschnitt 9 und 10 768
Abschnitt 11, 12 und 13 774
Abschnitt 14 776

IV Differentialrechnung 778
Abschnitt 1 778
Abschnitt 2 778
Abschnitt 3 787

V Integralrechnung 801
Abschnitt 1 bis 7 801
Abschnitt 8 803
Abschnitt 9 812
Abschnitt 10 813

VI Potenzreihenentwicklungen ... 821
Abschnitt 1 ... 821
Abschnitt 2 ... 824
Abschnitt 3 ... 825

VII Komplexe Zahlen und Funktionen ... 836
Abschnitt 1 ... 836
Abschnitt 2 ... 838
Abschnitt 3 ... 843
Abschnitt 4 ... 846

Literaturhinweise ... 849

Sachwortverzeichnis ... 850

Inhaltsübersicht Band 2

Kapitel I: Lineare Algebra

    1 Vektoren
    2 Reelle Matrizen
    3 Determinanten
    4 Ergänzungen
    5 Lineare Gleichungssysteme
    6 Komplexe Matrizen
    7 Eigenwerte und Eigenvektoren einer quadratischen Matrix

Kapitel II: Fourier-Reihen

    1 Fourier-Reihe einer periodischen Funktion
    2 Anwendungen

Kapitel III: Differential- und Integralrechnung für Funktionen von mehreren Variablen

    1 Funktionen von mehreren Variablen
    2 Partielle Differentiation
    3 Mehrfachintegrale

Kapitel IV: Gewöhnliche Differentialgleichungen

    1 Grundbegriffe
    2 Differentialgleichungen 1. Ordnung
    3 Lineare Differentialgleichungen 2. Ordnung mit konstanten Koeffizienten
    4 Anwendungen in der Schwingungslehre
    5 Lineare Differentialgleichungen n-ter Ordnung mit konstanten Koeffizienten
    6 Numerische Integration einer Differentialgleichung
    7 Systeme linearer Differentialgleichungen

Kapitel V: Fourier-Transformationen

1 Grundbegriffe
2 Spezielle Fourier-Transformationen
3 Wichtige „Hilfsfunktionen" in den Anwendungen
4 Eigenschaften der Fourier-Transformation (Transformationssätze)
5 Rücktransformation aus dem Bildbereich in den Originalbereich
6 Anwendungen der Fourier-Transformation

Kapitel VI: Laplace-Transformationen

1 Grundbegriffe
2 Eigenschaften der Laplace-Transformation (Transformationssätze)
3 Laplace-Transformierte einer periodischen Funktion
4 Rücktransformation aus dem Bildbereich in den Originalbereich
5 Anwendungen der Laplace-Transformation

Anhang: Lösungen der Übungsaufgaben

Inhaltsübersicht Band 3

Kapitel I: Vektoranalysis

1 Ebene und räumliche Kurven
2 Flächen im Raum
3 Skalar- und Vektorfelder
4 Gradient eines Skalarfeldes
5 Divergenz und Rotation eines Vektorfeldes
6 Spezielle ebene und räumliche Koordinatensysteme
7 Linien- oder Kurvenintegrale
8 Oberflächenintegrale
9 Integralsätze von Gauß und Stokes

Kapitel II: Wahrscheinlichkeitsrechnung

1 Hilfsmittel aus der Kombinatorik
2 Grundbegriffe
3 Wahrscheinlichkeit
4 Wahrscheinlichkeitsverteilung einer Zufallsvariablen
5 Kennwerte oder Maßzahlen einer Wahrscheinlichkeitsverteilung
6 Spezielle Wahrscheinlichkeitsverteilungen
7 Wahrscheinlichkeitsverteilungen von mehreren Zufallsvariablen
8 Prüf- oder Testverteilungen

Kapitel III: Grundlagen der mathematischen Statistik

1 Grundbegriffe
2 Kennwerte oder Maßzahlen einer Stichprobe
3 Statistische Schätzmethoden für die unbekannten Parameter einer Wahrscheinlichkeitsverteilung („Parameterschätzungen")
4 Statistische Prüfverfahren für die unbekannten Parameter einer Wahrscheinlichkeitsverteilung („Parametertests")
5 Statistische Prüfverfahren für die unbekannte Verteilungsfunktion einer Wahrscheinlichkeitsverteilung („Anpassungs- oder Verteilungstests")
6 Korrelation und Regression

Kapitel IV: Fehler- und Ausgleichsrechnung

1 „Fehlerarten" (systematische und zufällige Messabweichungen). Aufgaben der Fehler- und Ausgleichsrechnung
2 Statistische Verteilung der Messwerte und Messabweichungen („Messfehler")
3 Auswertung einer Messreihe
4 „Fehlerfortpflanzung" nach Gauß
5 Ausgleichs- oder Regressionskurven

Anhang: **Teil A: Tabellen zur Wahrscheinlichkeitsrechnung und Statistik**
Teil B: Lösungen der Übungsaufgaben

I Allgemeine Grundlagen

1 Einige grundlegende Begriffe über Mengen

1.1 Definition und Darstellung einer Menge

Definition: Unter einer *Menge* verstehen wir die Zusammenfassung gewisser, wohlunterschiedener Objekte, *Elemente* genannt, zu einer Einheit.

Mengen lassen sich durch ihre Eigenschaften beschreiben (sog. *beschreibende* Darstellungsform):

$$M = \{x \mid x \text{ besitzt die Eigenschaften } E_1, E_2, \ldots, E_n\} \tag{I-1}$$

Eine weitere Darstellungsmöglichkeit bietet die *aufzählende* Form:

$$M = \{a_1, a_2, \ldots, a_n\} \quad \text{\textit{Endliche} Menge} \tag{I-2}$$

$$M = \{a, b, c, \ldots\} \quad \text{\textit{Unendliche} Menge} \tag{I-3}$$

$a_1, a_2, \ldots, a_n$ bzw. $a, b, c, \ldots$ sind die Elemente der Menge. Die Reihenfolge, in der die einzelnen Elemente aufgeführt werden, spielt dabei *keine* Rolle. Die Elemente sind immer *paarweise voneinander verschieden*, ein Element kann daher nur *einmal* auftreten.

■ **Beispiele**

(1) $M_1 = \{x \mid x \text{ ist eine \textit{reelle} Zahl und Lösung der Gleichung } x^2 = 1\} = \{-1, 1\}$

(2) $M_2 = \{x \mid x \text{ ist eine \textit{natürliche} Zahl mit } -2 < x \leq 4\} = \{0, 1, 2, 3, 4\}$

(3) $M_3 = \{x \mid x \text{ ist eine \textit{ganze} Zahl mit der Eigenschaft } x^2 < 16\}$

Zu dieser Menge gehören die Zahlen $-3, -2, -1, 0, 1, 2$ und 3. In der aufzählenden Form lautet die Menge demnach:

$$M_3 = \{-3, -2, -1, 0, 1, 2, 3\} \quad \text{oder} \quad M_3 = \{0, \pm 1, \pm 2, \pm 3\}$$

(4) Menge der *natürlichen* Zahlen (enthält auch die Zahl 0):

$$\mathbb{N} = \{0, 1, 2, 3, \ldots\}$$

■

Gehört ein gewisses Objekt a zu einer Menge A, so schreibt man dafür symbolisch

$$a \in A \quad \text{(gelesen: } a \text{ ist ein Element von } A \text{)} \tag{I-4}$$

Die Schreibweise $b \notin A$ bringt dagegen zum Ausdruck, dass der Gegenstand b *nicht* zur Menge A gehört:

$$b \notin A \quad \text{(gelesen: } b \text{ ist } \textit{kein} \text{ Element von } A \text{)} \tag{I-5}$$

Die Lösungen einer Gleichung lassen sich zu einer sog. *Lösungsmenge* $\mathbb{L}$ zusammenfassen. Dabei kann der Fall eintreten, dass die Gleichung *unlösbar* ist: Die Lösungsmenge enthält dann überhaupt kein Element, sie ist „leer". Eine Menge dieser Art wird als *leere Menge* bezeichnet und durch das folgende Symbol gekennzeichnet:

$$\{\ \} \quad \text{oder} \quad \emptyset \tag{I-6}$$

- **Beispiele**

  (1) Die quadratische Gleichung $x^2 + 1 = 0$ besitzt *keine* reelle Lösung. Ihre Lösungsmenge $\mathbb{L}$ ist daher die leere Menge:

  $$\mathbb{L} = \{x \mid x \text{ ist } \textit{reell} \text{ und eine Lösung der Gleichung } x^2 + 1 = 0\} = \{\ \}$$

  (2) Die *Nullstellen* der Sinusfunktion sind die Lösungen der trigonometrischen Gleichung $\sin x = 0$. Sie führen auf die folgende unendliche Lösungsmenge:

  $$\mathbb{L} = \{x \mid x \text{ ist } \textit{reell} \text{ und Lösung der Gleichung } \sin x = 0\} =$$
  $$= \{0, \pm \pi, \pm 2\pi, \pm 3\pi, \ldots\}$$

  ∎

Bei der Beschreibung von Funktionen benötigen wir Zahlenmengen, die sich als gewisse Teilbereiche der reellen Zahlen erweisen (sog. Intervalle). Dies führt uns zum Begriff der wie folgt definierten *Teilmenge*:

> **Definition:** Eine Menge A heißt *Teilmenge* einer Menge B, wenn jedes Element von A auch zur Menge B gehört. Symbolische Schreibweise:
>
> $$A \subset B \tag{I-7}$$
>
> (gelesen: A ist in B enthalten; Bild I-1)

In Bild I-1 ist dieser Sachverhalt in anschaulicher Form durch ein sog. *Euler-Venn-Diagramm* dargestellt:

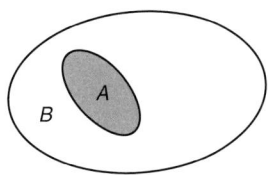

Bild I-1
Zum Begriff einer Teilmenge ($A \subset B$)

1 Einige grundlegende Begriffe über Mengen

■ **Beispiele**

(1) $A = \{1, 3, 5\}$, $\quad B = \{-2, 0, 1, 2, 3, 4, 5\}$

A ist eine *Teilmenge* von B, da alle drei Elemente von A, also die Zahlen 1, 3 und 5 auch in der Menge B enthalten sind: $A \subset B$.

(2) $M_1 = \{0, 2, 4\}$, $\quad M_2 = \{2, 4, 6, 8\}$

Das Element $0 \in M_1$ gehört *nicht* zur Menge M_2. Daher ist M_1 *keine* Teilmenge von M_2. Symbolische Schreibweise: $M_1 \not\subset M_2$. ■

Definition: Zwei Mengen A und B heißen *gleich*, wenn jedes Element von A auch Element von B ist und umgekehrt:

$$A = B \qquad (\text{I-8})$$

(gelesen: A gleich B)

■ **Beispiel**

$A = \{0, 1, 2, 5, 10\}$, $\quad B = \{10, 5, 2, 0, 1\}$

Jedes Element von A ist auch Element von B und umgekehrt. Die beiden Mengen unterscheiden sich also lediglich in der *Anordnung* ihrer Elemente und sind daher *gleich*: $A = B$. ■

1.2 Mengenoperationen

Wir erklären die mengenalgebraischen Operationen *Durchschnitt* ($\cap$) und *Vereinigung* ($\cup$) sowie den Begriff der *Differenzmenge* (auch *Restmenge* genannt).

Definition: Die *Schnittmenge* $A \cap B$ zweier Mengen A und B ist die Menge aller Elemente, die sowohl zu A als auch zu B gehören:

$$A \cap B = \{x \mid x \in A \text{ und } x \in B\} \qquad (\text{I-9})$$

(gelesen: A geschnitten mit B; Bild I-2)

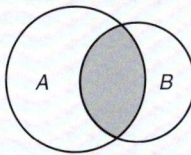

Bild I-2

Anmerkung

Die *Schnittmenge* $A \cap B$ wird auch als *Durchschnitt* der Mengen A und B bezeichnet.

■ **Beispiel**

Wir bestimmen diejenigen reellen x-Werte, die *zugleich* den beiden Ungleichungen $2x - 4 > 0$ und $x < 3$ genügen:

$$2x - 4 > 0 \quad \Rightarrow \quad 2x > 4 \quad \Rightarrow \quad x > 2 \quad \Rightarrow \quad \mathbb{L}_1 = \{x \mid x > 2\}$$

$$x < 3 \quad \Rightarrow \quad \mathbb{L}_2 = \{x \mid x < 3\}$$

Die Schnittmenge von $\mathbb{L}_1$ und $\mathbb{L}_2$ ist die gesuchte Lösungsmenge $\mathbb{L}$:

$$\mathbb{L} = \mathbb{L}_1 \cap \mathbb{L}_2 = \{x \mid x > 2 \; und \; x < 3\} = \{x \mid 2 < x < 3\}$$

Besonders anschaulich lässt sich dieser Vorgang auf der *Zahlengerade* darstellen: Die gesuchten Lösungen ergeben sich durch *Überlappung* der Teilmengen $\mathbb{L}_1$ und $\mathbb{L}_2$ (Bild I-3):

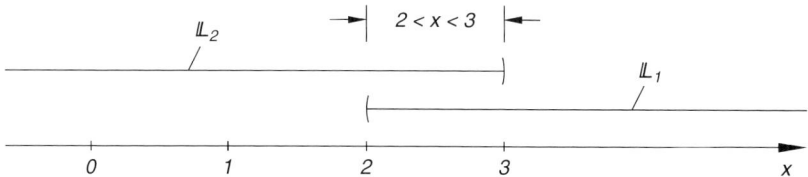

Bild I-3 ■

Definition: Die *Vereinigungsmenge* $A \cup B$ zweier Mengen A und B ist die Menge aller Elemente, die zu A *oder* zu B *oder* zu beiden Mengen gehören:

$$A \cup B = \{x \mid x \in A \; oder \; x \in B\} \tag{I-10}$$

(gelesen: A vereinigt mit B; Bild I-4)

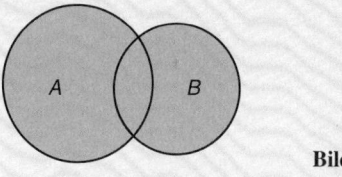

Bild I-4

Anmerkung

Man beachte, dass auch diejenigen Elemente zur Vereinigungsmenge gehören, die zugleich Elemente von A und B sind (es handelt sich hier also *nicht* um das „oder" im Sinne von „entweder oder").

1 Einige grundlegende Begriffe über Mengen

■ **Beispiele**

(1) $A = \{1, 2, 3, 4\}$, $\quad B = \{1, 5, 6, 7\} \quad \Rightarrow \quad A \cup B = \{1, 2, 3, 4, 5, 6, 7\}$

(2) $M_1 = \{x \mid 0 \leq x \leq 1\}$, $\quad M_2 = \{x \mid 1 \leq x \leq 5\} \quad \Rightarrow$

$M_1 \cup M_2 = \{x \mid 0 \leq x \leq 5\} \quad$ (siehe Bild I-5)

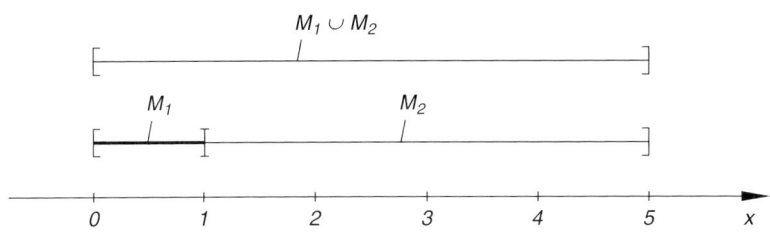

Bild I-5 ■

Definition: Die *Differenzmenge* (*Restmenge*) $A \setminus B$ zweier Mengen A und B ist die Menge aller Elemente, die zu A, nicht aber zu B gehören:

$$A \setminus B = \{x \mid x \in A \text{ und } x \notin B\} \quad \text{(I-11)}$$

(gelesen; A ohne B; Bild I-6)

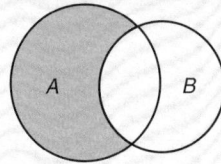

Bild I-6

■ **Beispiele**

(1) $\mathbb{N} = \{0, 1, 2, \ldots\}$, $\quad \mathbb{N}^* = \{1, 2, 3, \ldots\} \quad \Rightarrow$

$\mathbb{N}^* = \mathbb{N} \setminus \{0\} = \{1, 2, 3, \ldots\}$

(2) $A = \{1, 5, 7, 10\}$, $\quad B = \{0, 1, 7, 15\} \quad \Rightarrow \quad A \setminus B = \{5, 10\}$ ■

2 Die Menge der reellen Zahlen

2.1 Darstellung der reellen Zahlen und ihrer Eigenschaften

Grundlage aller Rechen- und Messvorgänge sind die *reellen* Zahlen [1]. Sie werden durch das Symbol $\mathbb{R}$ gekennzeichnet und lassen sich in anschaulicher Weise durch Punkte auf einer *Zahlengerade* darstellen (die Zuordnung ist dabei *umkehrbar eindeutig*, Bild I-7):

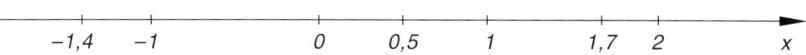

Bild I-7 Zahlengerade

Positive Zahlen werden dabei nach *rechts*, *negative* Zahlen nach *links* abgetragen (jeweils vom Nullpunkt aus).

Auf der Zahlenmenge $\mathbb{R}$ sind vier Rechenoperationen, die sog. *Grundrechenarten*, erklärt. Es sind dies:

– *Addition* (+)
– *Subtraktion* (−) als Umkehrung der Addition
– *Multiplikation* (·)
– *Division* (:) als Umkehrung der Multiplikation

Die Grundrechenarten genügen dabei den folgenden *Grundgesetzen*:

Eigenschaften der Menge der reellen Zahlen

1. *Summe* $a + b$, *Differenz* $a - b$, *Produkt* $a\,b$ und *Quotient* $\dfrac{a}{b}$ zweier reeller Zahlen a und b ergeben wiederum reelle Zahlen.

   Ausnahme: Die Division durch die Zahl 0 ist *nicht* erlaubt.

2. Addition und Multiplikation sind *kommutative* Rechenoperationen. Für beliebige Zahlen $a, b \in \mathbb{R}$ gilt stets:

$$\left.\begin{array}{r} a + b = b + a \\ a\,b = b\,a \end{array}\right\} \textit{Kommutativgesetze} \qquad (\text{I-12})$$

---

[1] Zu ihnen gehören:
  1. alle endlichen Dezimalbrüche (einschließlich der ganzen Zahlen),
  2. alle unendlichen periodischen Dezimalbrüche und
  3. alle unendlichen nichtperiodischen Dezimalbrüche.

2 Die Menge der reellen Zahlen

3. Addition und Multiplikation sind *assoziative* Rechenoperationen. Für beliebige Zahlen $a, b, c \in \mathbb{R}$ gilt stets:

$$\left.\begin{array}{r} a + (b + c) = (a + b) + c \\ a(bc) = (ab)c \end{array}\right\} \text{Assoziativgesetze} \qquad (\text{I-13})$$

4. Addition und Multiplikation sind über das *Distributivgesetz* miteinander verbunden:

$$a(b + c) = ab + ac \quad \textit{Distributivgesetz} \qquad (\text{I-14})$$

2.2 Anordnung der Zahlen, Ungleichung, Betrag

Unter den reellen Zahlen herrscht eine bestimmte *Anordnung* in dem folgenden Sinne: Zwei Zahlen $a, b \in \mathbb{R}$ stehen stets in genau einer der drei folgenden Beziehungen zueinander:

$a < b$ (a kleiner b) 　　　　　　　Bild I-8

$a = b$ (a gleich b) 　　　　　　　Bild I-9

$a > b$ (a größer b) 　　　　　　　Bild I-10

Aussagen (Beziehungen) der Form $a < b$ oder $a > b$ werden als *Ungleichungen* bezeichnet. Zu ihnen zählt man auch die Relationen

$a \leq b$ (a kleiner oder gleich b, d. h. entweder $a < b$ oder $a = b$)

$a \geq b$ (a größer oder gleich b, d. h. entweder $a > b$ oder $a = b$)

Anmerkungen

(1) $a < b$ bzw. $a > b$ bedeuten: Der Bildpunkt von a liegt *links* bzw. *rechts* vom Bildpunkt von b (siehe hierzu die Bilder I-8 und I-10).

(2) $a = b$ bedeutet: Die Bildpunkte von a und b fallen zusammen (Bild I-9).

Unter dem *Betrag* einer reellen Zahl a wird der *Abstand* des zugeordneten Bildpunktes vom Nullpunkt verstanden (Bild I-11).

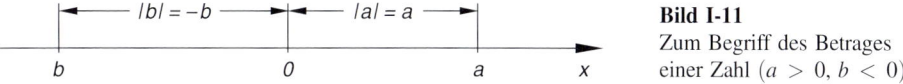

Bild I-11
Zum Begriff des Betrages einer Zahl ($a > 0, b < 0$)

Er wird durch das Symbol $|a|$ gekennzeichnet und ist stets größer oder gleich Null:

$$|a| = \begin{Bmatrix} a & & a > 0 \\ 0 & \text{für} & a = 0 \\ -a & & a < 0 \end{Bmatrix}, \quad |a| \geq 0 \tag{I-15}$$

■ **Beispiele**

$|3| = 3, \quad |-5| = 5, \quad |\pi| = \pi, \quad |\cos \pi| = |-1| = 1$ ■

2.3 Teilmengen und Intervalle

Wir geben einige besonders wichtige und häufig auftretende Teilmengen von $\mathbb{R}$ an:

Spezielle Zahlenmengen (Standardmengen)

$\mathbb{N} = \{0, 1, 2, \ldots\}$	Menge der natürlichen Zahlen [2]
$\mathbb{N}^* = \{1, 2, 3, \ldots\}$	Menge der positiven ganzen Zahlen
$\mathbb{Z} = \{0, \pm 1, \pm 2, \ldots\}$	Menge der ganzen Zahlen
$\mathbb{Q} = \left\{ x \mid x = \dfrac{a}{b} \text{ mit } a \in \mathbb{Z} \text{ und } b \in \mathbb{N}^* \right\}$	Menge der rationalen Zahlen
$\mathbb{R}$	Menge der reellen Zahlen

Bei der Beschreibung der Definitions- und Wertebereiche von Funktionen benötigen wir spezielle, als *Intervalle* bezeichnete Teilmengen von $\mathbb{R}$, die durch zwei Randpunkte begrenzt werden. Sie sind in der folgenden Tabelle zusammengestellt:

Zusammenstellung der wichtigsten Intervalle

1. Endliche Intervalle $(a < b)$

$[a, b] = \{x \mid a \leq x \leq b\}$ abgeschlossenes Intervall

$[a, b) = \{x \mid a \leq x < b\}$ $\Big\}$ halboffene Intervalle
$(a, b] = \{x \mid a < x \leq b\}$

$(a, b) = \{x \mid a < x < b\}$ offenes Intervall

---

[2] Die Zahl 0 wird den natürlichen Zahlen zugerechnet.

2. Unendliche Intervalle

$[a, \infty) = \{x \mid a \leq x < \infty\}$
$(a, \infty) = \{x \mid a < x < \infty\}$
$(-\infty, b] = \{x \mid -\infty < x \leq b\}$
$(-\infty, b) = \{x \mid -\infty < x < b\}$
$(-\infty, 0) = \mathbb{R}^-$
$(0, \infty) = \mathbb{R}^+$
$(-\infty, \infty) = \mathbb{R}$

Anmerkungen

(1) Bei einem *abgeschlossenen* Intervall gehören *beide* Randpunkte zum Intervall, bei einem *offenen* Intervall dagegen *keiner*, bei einem *halboffenen* Intervall nur *einer* der beiden Randpunkte.

(2) Die in Naturwissenschaft und Technik verwendeten Symbole für Intervalle weichen häufig von den in der Mathematik üblichen Symbolen ab. So schreibt man beispielsweise für das Intervall $\{x \mid a < x < b\}$ meist in verkürzter Form $a < x < b$.

■ **Beispiele**

(1) $[1, 5]$

(2) $(-3, 2)$

(3) $(-\infty, 1]$

(4) $(-5, -1]$

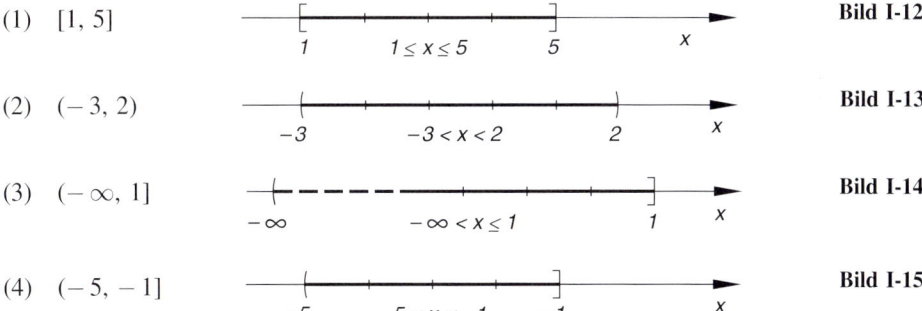

Bild I-12

Bild I-13

Bild I-14

Bild I-15

3 Gleichungen

In diesem Abschnitt behandeln wir einige, in den Anwendungen besonders häufig auftretende *Gleichungen mit einer unbekannten Größe*. Dazu gehören:

– *Lineare, quadratische und kubische Gleichungen*
– *Algebraische Gleichungen höheren Grades* (allgemein: n-ten Grades)
– *Biquadratische Gleichungen*
– *Wurzel- und Betragsgleichungen*

Trigonometrische (oder goniometrische) Gleichungen, Exponential- und Logarithmusgleichungen werden in Kapitel III im Anschluss an die Darstellung der entsprechenden Funktionen besprochen.

In vielen Fällen ist man bei der Lösung einer Gleichung auf *Näherungsverfahren* angewiesen, da die Gleichung entweder *nicht exakt lösbar* ist oder aber der Lösungsmechanismus vom Aufwand her als nicht vertretbar erscheint. Ein solches Standardverfahren der numerischen Mathematik ist beispielsweise das von *Newton* stammende *Tangentenverfahren*, das wir in den Anwendungen der Differentialrechnung in Kapitel IV (Abschnitt 3.7) noch ausführlich besprechen werden.

3.1 Lineare Gleichungen

Eine *lineare* Gleichung vom allgemeinen Typ

$$ax + b = 0 \qquad (a \neq 0) \tag{I-16}$$

besitzt genau *eine* Lösung, nämlich $x_1 = -b/a$.

■ **Beispiel**

$3x - 18 = -x + 6 \quad \Rightarrow \quad 4x = 24 \quad \Rightarrow \quad x_1 = 6 \quad \Rightarrow$

Lösungsmenge: $\mathbb{L} = \{6\}$ ■

3.2 Quadratische Gleichungen

Die allgemeine Form einer *quadratischen* Gleichung lautet:

$$ax^2 + bx + c = 0 \qquad (a \neq 0) \tag{I-17}$$

Sie lässt sich stets in die *Normalform*

$$x^2 + px + q = 0 \qquad (p = b/a,\ q = c/a) \tag{I-18}$$

überführen. Die Lösungen dieser Gleichung lauten (sog. *p*, *q*-Formel):

Lösungen der quadratischen Gleichung $x^2 + px + q = 0$ (sog. *p*, *q*-Formel)

$$x_{1/2} = -\frac{p}{2} \pm \sqrt{\left(\frac{p}{2}\right)^2 - q} = -\frac{p}{2} \pm \sqrt{\frac{p^2}{4} - q} \tag{I-19}$$

3 Gleichungen

Eine Fallunterscheidung wird dabei anhand der *Diskriminante* $D = (p/2)^2 - q$ wie folgt vorgenommen:

$D > 0$: Zwei *verschiedene* reelle Lösungen

$D = 0$: Eine (*doppelte*) reelle Lösung

$D < 0$: *Keine* reellen Lösungen [3]

■ **Beispiele**

(1) $-2x^2 - 4x + 6 = 0 \,|\, :(-2) \quad \Rightarrow \quad x^2 + 2x - 3 = 0$

$D = 1^2 + 3 = 4 > 0 \quad \Rightarrow \quad$ Zwei *verschiedene* reelle Lösungen

$x_{1/2} = -1 \pm \sqrt{4} = -1 \pm 2$

$x_1 = 1, \quad x_2 = -3 \quad \Rightarrow \quad \mathbb{L} = \{-3, 1\}$

(2) $3x^2 + 9x + 6{,}75 = 0 \,|\, :3 \quad \Rightarrow \quad x^2 + 3x + 2{,}25 = 0$

$D = 1{,}5^2 - 2{,}25 = 2{,}25 - 2{,}25 = 0 \quad \Rightarrow \quad$ Eine (*doppelte*) reelle Lösung

$x_{1/2} = -1{,}5 \pm \sqrt{0} = -1{,}5 \pm 0 = -1{,}5 \quad \Rightarrow \quad \mathbb{L} = \{-1{,}5\}$

(3) $x^2 - 4x + 13 = 0$

$D = (-2)^2 - 13 = -9 < 0 \quad \Rightarrow \quad$ *Keine* reellen Lösungen $\quad \Rightarrow \quad \mathbb{L} = \{\,\}$

■

3.3 Gleichungen 3. und höheren Grades

3.3.1 Allgemeine Vorbetrachtung

Eine *algebraische Gleichung n-ten Grades* ist in der Form

$$a_n x^n + a_{n-1} x^{n-1} + \ldots + a_1 x + a_0 = 0 \qquad (a_n \neq 0) \qquad \text{(I-20)}$$

darstellbar (sinnvoller Weise nach *fallenden* Potenzen geordnet). Sie besitzt *höchstens* n reelle Lösungen, die auch als *Wurzeln* der Gleichung bezeichnet werden. Ist n ungerade, so existiert *mindestens* eine reelle Lösung. Für Gleichungen bis einschließlich 4. Grades lassen sich allgemeine Lösungsformeln herleiten, mit deren Hilfe die Lösungen aus den Koeffizienten berechnet werden können. Als Beispiel führen wir die *Cardanische* Lösungsformel für eine Gleichung 3. Grades an.

---

[3] Die Lösungen sind dann sog. (konjugiert) komplexe Zahlen. Sie werden später in Kap. VII ausführlich behandelt.

Leider jedoch sind diese Formeln in der Praxis meist zu schwerfällig, sodass man in der Regel auf andere Verfahren ausweicht (z. B. auf *graphische* oder *numerische* Näherungsverfahren, siehe hierzu das in Kapitel IV dargestellte *Tangentenverfahren* von *Newton*).

Ist eine Lösung x_1 bekannt, so kann die Gleichung *n*-ten Grades durch Abspalten des entsprechenden *Linearfaktors* $x - x_1$ auf eine Gleichung vom Grade $n - 1$ *reduziert* werden. Auf dieses Thema gehen wir im Zusammenhang mit den Polynomfunktionen (ganzrationalen Funktionen) noch ausführlich ein (siehe hierzu Kap. III, Abschnitt 5).

Abschließend zeigen wir anhand von Beispielen, wie in *Sonderfällen* die Lösung einer Gleichung *dritten* bzw. *vierten* Grades gelingt.

3.3.2 Kubische Gleichungen vom speziellen Typ $ax^3 + bx^2 + cx = 0$

Kubische Gleichungen der speziellen Form

$$ax^3 + bx^2 + cx = 0 \qquad (a \neq 0) \tag{I-21}$$

in denen also das *absolute* Glied fehlt, lassen sich stets durch Ausklammern der Unbekannten x in eine *lineare* und eine *quadratische* Gleichung zerlegen:

$$x(ax^2 + bx + c) = 0 \begin{cases} x = 0 \quad \Rightarrow \quad x_1 = 0 \\ ax^2 + bx + c = 0 \end{cases} \tag{I-22}$$

Eine Lösung liegt daher *stets* bei $x_1 = 0$, zwei weitere Lösungen *können* aus der quadratischen Gleichung resultieren (insgesamt bis zu drei Lösungen).

■ **Beispiel**

$x^3 + 4x^2 + 3x = 0$

$$x(x^2 + 4x + 3) = 0 \begin{cases} x = 0 \quad \Rightarrow \quad x_1 = 0 \\ x^2 + 4x + 3 = 0 \quad \Rightarrow \quad x_{2/3} = -2 \pm 1 \end{cases}$$

Es existieren in diesem Beispiel also genau drei *verschiedene* Lösungen. Sie lauten:

$$x_1 = 0, \quad x_2 = -1, \quad x_3 = -3 \quad \Rightarrow \quad \mathbb{L} = \{-3, -1, 0\} \qquad ■$$

3.3.3 Biquadratische Gleichungen

Eine algebraische Gleichung 4. Grades vom speziellen Typ

$$ax^4 + bx^2 + c = 0 \qquad (a \neq 0) \tag{I-23}$$

(es treten nur *gerade* Potenzen auf) heißt *biquadratisch* und lässt sich durch die *Substitution* $u = x^2$ in eine *quadratische* Gleichung überführen:

$$au^2 + bu + c = 0 \tag{I-24}$$

Aus den Lösungen dieser Gleichung erhält man mittels der *Rücksubstitution* $x^2 = u$ die Lösungen der biquadratischen Gleichung. Eine biquadratische Gleichung besitzt daher entweder *keine* reelle Lösung oder aber *zwei* oder *vier* reelle Lösungen. Welcher dieser drei Fälle eintritt, hängt vom *Vorzeichen* der Lösungen u_1 und u_2 der quadratischen „Hilfsgleichung" ab (sofern solche Lösungen überhaupt existieren).

■ **Beispiel**

$x^4 - 10x^2 + 9 = 0$

Substitution: $u = x^2$

$$u^2 - 10u + 9 = 0 \quad \Rightarrow \quad u_{1/2} = 5 \pm 4 \quad \Rightarrow \quad u_1 = 9, \quad u_2 = 1$$

Rücksubstitution mittels $x^2 = u$:

$$x^2 = u_1 = 9 \quad \Rightarrow \quad x_{1/2} = \pm 3$$

$$x^2 = u_2 = 1 \quad \Rightarrow \quad x_{3/4} = \pm 1$$

Lösungsmenge: $\mathbb{L} = \{-3, -1, 1, 3\}$ oder $\mathbb{L} = \{\pm 1, \pm 3\}$ ■

3.4 Wurzelgleichungen

Die bisher behandelten Gleichungen konnten durch sog. *äquivalente Umformungen* [4] schrittweise vereinfacht und schließlich gelöst werden, ohne dass dabei Lösungen hinzukamen oder verschwanden. Bei *Wurzelgleichungen*, in denen die Unbekannte in rationaler Form innerhalb von Wurzelausdrücken auftritt, ist dies im Allgemeinen *nicht* der Fall, wie das folgende Beispiel zeigt:

■ **Beispiel**

$\sqrt{6x - 2} + 5 - 3x = 0$

Der Wurzelausdruck wird zunächst *isoliert*:

$$\sqrt{6x - 2} = 3x - 5$$

An dieser Stelle wollen wir eine *Vorbetrachtung* über mögliche Lösungen vornehmen. Die Lösungen müssen nämlich *zwei* Bedingungen erfüllen.

---

[4] Bei einer *äquivalenten* Umformung bleibt die Lösungsmenge der Gleichung oder Ungleichung (bezüglich derselben Unbekannten) *unverändert*. Umformungen, die zu einer *Veränderung* der Lösungsmenge führen können (nicht aber müssen), heißen *nichtäquivalente* Umformungen.

1. Bedingung: Der Radikand der Wurzel darf nicht negativ werden, d. h. also:

$$6x - 2 \geq 0 \quad \Rightarrow \quad 6x \geq 2 \quad \Rightarrow \quad x \geq 1/3$$

2. Bedingung: Eine Quadratwurzel ist stets größer oder gleich Null. Dies muss daher auch für die *rechte* Seite der Wurzelgleichung gelten:

$$3x - 5 \geq 0 \quad \Rightarrow \quad 3x \geq 5 \quad \Rightarrow \quad x \geq 5/3$$

Beide Bedingungen zugleich sind nur für Lösungen $x \geq 5/3$ erfüllbar. Sollten also im weiteren Verlauf des Lösungsverfahrens Werte auftreten, die diese Bedingung *nicht* erfüllen, so handelt es sich um sog. „*Scheinlösungen*" (eine Probe wird das bestätigen).

Nach dieser Vorbetrachtung wenden wir uns wieder der Lösung der Wurzelgleichung zu und beseitigen zunächst den Wurzelausdruck durch *Quadrieren*:

$$\sqrt{6x - 2} = 3x - 5 \,|\, \text{quadrieren} \quad \Rightarrow \quad 6x - 2 = (3x - 5)^2$$

Dieser Vorgang stellt jedoch eine *nichtäquivalente* Umformung dar und *kann* zu (weiteren) „Scheinlösungen" führen, d. h. die neue (quadratische) Gleichung *kann* (muss aber nicht) mehr Lösungen besitzen als die ursprüngliche Wurzelgleichung!

Wir lösen jetzt die quadratische Gleichung (nach Vertauschen beider Seiten):

$$(3x - 5)^2 = 9x^2 - 30x + 25 = 6x - 2 \quad \Rightarrow$$

$$9x^2 - 36x + 27 = 0 \,|\, :9 \quad \Rightarrow \quad x^2 - 4x + 3 = 0 \quad \Rightarrow$$

$$x_{1/2} = 2 \pm \sqrt{4 - 3} = 2 \pm \sqrt{1} = 2 \pm 1 \quad \Rightarrow \quad x_1 = 3, \quad x_2 = 1$$

Der erste Wert *erfüllt* die Bedingung $x \geq 5/3$, der zweite Wert dagegen *nicht* („Scheinlösung"). Die Probe durch Einsetzen in die *Ausgangsgleichung* bestätigt unser Ergebnis:

$$\boxed{x_1 = 3} \quad \sqrt{6 \cdot 3 - 2} + 5 - 3 \cdot 3 = \sqrt{16} - 4 = 4 - 4 = 0$$

Einzige Lösung der Wurzelgleichung ist somit $x_1 = 3$.

Hinweis

Bei Verzicht auf die Vorbetrachtung *muss* durch Probe (Einsetzen *aller* gefundenen Werte in die *Ausgangsgleichung*) festgestellt werden, ob es sich bei den Lösungen der „Hilfsgleichung" auch um Lösungen der Wurzelgleichung handelt oder um „Scheinlösungen". In unserem Beispiel ist $x_1 = 3$ eine *Lösung* der Wurzelgleichung, der Wert $x_2 = 1$ dagegen eine „Scheinlösung". ∎

3 Gleichungen

3.5 Betragsgleichungen

Wir zeigen in diesem Abschnitt anhand von Beispielen, wie man sog. *Betragsgleichungen* in einfachen Fällen durch Fallunterscheidung oder mit Hilfe eines halb-graphischen Verfahrens lösen kann. Eine *Betragsgleichung* enthält dabei *mindestens einen* in Betragsstrichen stehenden Term mit der Unbekannten x. Zunächst aber müssen wir uns mit den Eigenschaften der sog. *Betragsfunktion* vertraut machen.

3.5.1 Definition der Betragsfunktion

Definitionsgemäß verstehen wir unter dem *Betrag* $|x|$ einer reellen Zahl x den *Abstand* dieser Zahl von der Zahl 0.

■ **Beispiel**

$|4| = 4$, $\quad |-3| = 3 \quad$ (Bild I-16)

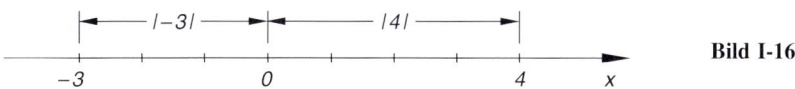

Bild I-16

■

Der Abstand zweier Zahlen x und a auf der Zahlengerade ist dann $|x - a|$ (siehe Bild I-17):

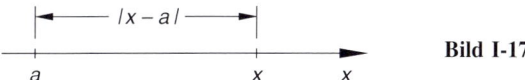

Bild I-17

Der Betrag $|x|$ einer reellen Zahl x kann auch als eine *Funktion* von x aufgefasst werden. Dies führt zu dem Begriff der wie folgt definierten *Betragsfunktion*:

Definition: Unter der *Betragsfunktion* $y = |x|$ wird die für alle $x \in \mathbb{R}$ erklärte Funktion

$$y = |x| = \begin{cases} x & x \geq 0 \\ -x & x < 0 \end{cases} \quad \text{für} \quad \tag{I-25}$$

verstanden (Bild I-18).

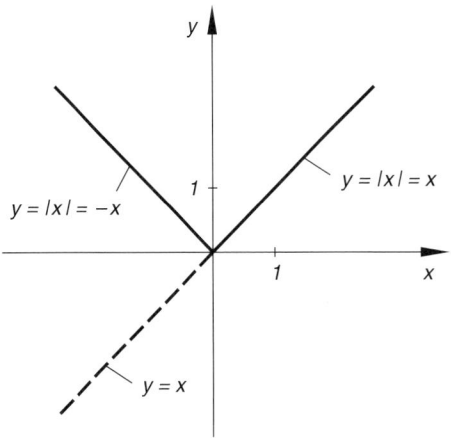

Bild I-18
Schaubild der Betragsfunktion $y = |x|$

Das Schaubild der Betragsfunktion $y = |x|$ erhält man aus der Geraden $y = x$, indem man den *unterhalb* der x-Achse liegenden Teil der Geraden an der x-Achse *spiegelt*, wie man unmittelbar aus Bild I-18 entnehmen kann. Diese Aussage lässt sich für eine beliebige in Betragsstrichen stehende Funktion verallgemeinern:

Zeichnerische Konstruktion der Funktion $y = |f(x)|$

Das Schaubild der Funktion $y = |f(x)|$ erhält man aus dem Schaubild von $y = f(x)$, indem man alle *unterhalb* der x-Achse liegenden Kurvenstücke an der x-Achse *spiegelt* und die bereits *oberhalb* der x-Achse liegenden Teile unverändert beibehält.

Anmerkung

Spiegelung an der x-Achse bedeutet für einen Kurvenpunkt, dass sich das *Vorzeichen* der Ordinate ändert. Aus der Kurvengleichung $y = f(x)$ wird dabei die Kurvengleichung $y = g(x) = -f(x)$.

Regel: Spiegelung an der x-Achse $\Rightarrow$ Multiplikation der Funktionsgleichung mit -1.

■ **Beispiele**

(1) Wie verläuft die Funktion $y = |x - 2|$?

Lösung: Wir zeichnen zunächst die „Hilfsgerade" $y = x - 2$ und *spiegeln* dann den *unterhalb* der x-Achse gelegenen Teil der Geraden an dieser Achse. Bild I-19 verdeutlicht diesen Vorgang und zeigt den Verlauf der Betragsfunktion $y = |x - 2|$.

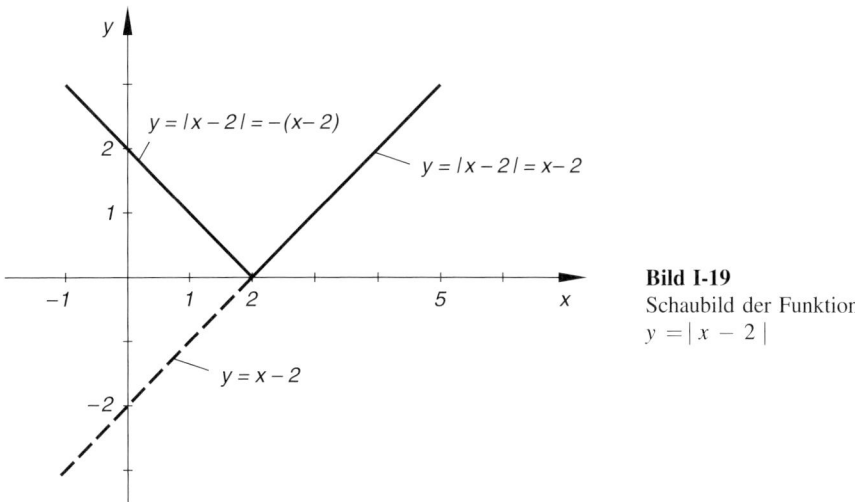

Bild I-19
Schaubild der Funktion $y = |x - 2|$

Die Funktionsgleichung $y = |x - 2|$ lässt sich abschnittsweise wie folgt durch einfache Gleichungen beschreiben:

$$y = |x - 2| = \begin{cases} x - 2 & x \geq 2 \\ -(x - 2) & x < 2 \end{cases} \quad \text{für}$$

(2) Wir untersuchen das Kurvenbild von $y = |x^2 - 1|$. Zunächst zeichnen wir die „Hilfsfunktion" $y = x^2 - 1$ (Parabel), *spiegeln* dann das *unterhalb* der x-Achse gelegene Kurvenstück (Parabel zwischen $x = -1$ und $x = 1$) an dieser Achse und erhalten auf diese Weise das Schaubild der Betragsfunktion $y = |x^2 - 1|$ (Bild I-20).

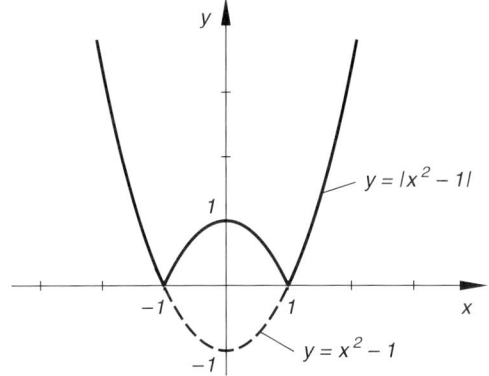

Bild I-20
Schaubild der Funktion $y = |x^2 - 1|$

Abschnittsweise lässt sich diese Funktion auch wie folgt durch einfache Gleichungen beschreiben:

$$y = |x^2 - 1| = \begin{cases} x^2 - 1 & |x| \geq 1 \\ -(x^2 - 1) & |x| \leq 1 \end{cases} \text{für}$$

■

3.5.2 Analytische Lösung einer Betragsgleichung durch Fallunterscheidung (Beispiel)

Die Betragsgleichung

$$|x + 2| - 2|x - 3| = 4$$

lässt sich durch *Fallunterscheidungen* auf einfachere und leicht lösbare lineare Gleichungen zurückführen. Dabei hängt alles vom *Vorzeichen* der beiden Terme $T_1(x) = x + 2$ und $T_2(x) = x - 3$ ab, die in der Gleichung zwischen den Betragsstrichen stehen. Diese Beträge lassen sich wie folgt *abschnittsweise* durch einfache Ausdrücke ersetzen:

$$|x + 2| = \begin{cases} (x + 2) & x + 2 \geq 0 \Rightarrow x \geq -2 \\ -(x + 2) & x + 2 \leq 0 \Rightarrow x \leq -2 \end{cases} \text{für}$$

$$|x - 3| = \begin{cases} (x - 3) & x - 3 \geq 0 \Rightarrow x \geq 3 \\ -(x - 3) & x - 3 \leq 0 \Rightarrow x \leq 3 \end{cases} \text{für}$$

Daher sind insgesamt *drei* Fälle zu unterscheiden:

$$x < -2; \quad -2 \leq x \leq 3; \quad x > 3$$

Alles weitere hängt davon ab, welches *Vorzeichen* die Terme $T_1(x) = x + 2$ und $T_2(x) = x - 3$ in diesen Intervallen haben.

Ist ein Term *positiv*, dürfen wir die Betragsstriche *weglassen* (wir setzen dann eine Klammer), anderenfalls müssen wir den Term mit -1 multiplizieren (wir setzen wieder eine Klammer und vor die Klammer ein *Minuszeichen*).

1. Fall: Lösungen im Intervall $x < -2$

In diesem Intervall sind beide Terme *negativ*:

$$x + 2 < 0 \quad \text{und} \quad x - 3 < 0$$

Somit gilt:

$$|\underbrace{x + 2}_{<0}| - 2|\underbrace{x - 3}_{<0}| = 4 \Rightarrow -(x + 2) + 2(x - 3) = 4 \Rightarrow$$

$$-x - 2 + 2x - 6 = 4 \Rightarrow x - 8 = 4 \Rightarrow x_1 = 12$$

3 Gleichungen

Dieser Wert ist eine „Scheinlösung", da er ausserhalb des Intervalls $x < -2$ liegt: $x_1 = 12 > -2$. Die Probe bestätigt unser Ergebnis (wir setzen den Wert $x_1 = 12$ in die Ausgangsgleichung ein):

$$|12 + 2| - 2|12 - 3| = |14| - 2|9| = 14 - 2 \cdot 9 = 14 - 18 = -4 \neq 4$$

2. Fall: Lösungen im Intervall $-2 \leq x \leq 3$

Der Term $x + 2$ ist *positiv* (oder null), der Term $x - 3$ dagegen *negativ* (oder null). Somit gilt:

$$|\underbrace{x+2}_{\geq 0}| - 2|\underbrace{x-3}_{\leq 0}| = 4 \Rightarrow (x+2) + 2(x-3) = 4 \Rightarrow$$

$$x + 2 + 2x - 6 = 4 \Rightarrow 3x - 4 = 4 \Rightarrow 3x = 8 \Rightarrow x_2 = 8/3$$

Dieser Wert liegt im Intervall $-2 \leq x \leq 3$ und ist somit eine *Lösung* der Betragsgleichung. Wir bestätigen dieses Ergebnis noch durch eine Probe:

$$\left|\frac{8}{3} + 2\right| - 2\left|\frac{8}{3} - 3\right| = \left|\frac{14}{3}\right| - 2\left|-\frac{1}{3}\right| = \frac{14}{3} - 2 \cdot \frac{1}{3} = \frac{14}{3} - \frac{2}{3} = \frac{12}{3} = 4$$

3. Fall: Lösungen im Intervall $x > 3$

Beide Terme sind in diesem Intervall *positiv*. Daher gilt:

$$|\underbrace{x+2}_{>0}| - 2|\underbrace{x-3}_{>0}| = 4 \Rightarrow (x+2) - 2(x-3) = 4 \Rightarrow$$

$$x + 2 - 2x + 6 = 4 \Rightarrow -x + 8 = 4 \Rightarrow -x = -4 \Rightarrow x_3 = 4$$

Wegen $x_3 = 4 > 3$ haben wir eine weitere *Lösung* der Betragsgleichung. Die Probe bestätigt unser Ergebnis:

$$|4 + 2| - 2|4 - 3| = |6| - 2|1| = 6 - 2 \cdot 1 = 6 - 2 = 4$$

Lösungen: $\mathbb{L} = \{8/3, 4\}$

3.5.3 Lösung einer Betragsgleichung auf halb-graphischem Wege (Beispiel)

Die Betragsgleichung

$$|x - 2| = x^2$$

kann wie folgt auf halb-graphischem Wege gelöst werden: Wir fassen die beiden Seiten der Gleichung als Funktionen von x auf, setzen also

$$y_1 = |x - 2| \quad \text{und} \quad y_2 = x^2$$

und bringen die Kurven zum Schnitt. Die Lösungen der Betragsgleichung sind dann die Abszissenwerte der *Kurvenschnittpunkte* (Bild I-21). Aus dem Bild entnehmen wir, dass es genau *zwei* Schnittpunkte und damit *zwei* Lösungen gibt.

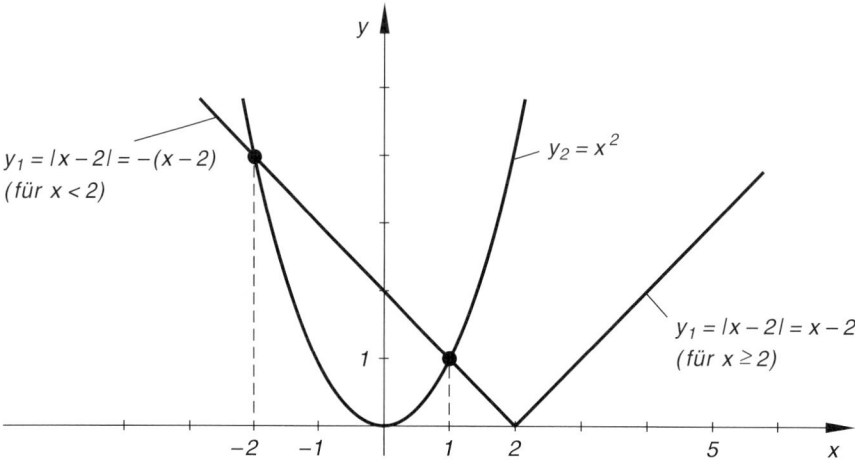

Bild I-21 Zur Lösung der Betragsgleichung $|x - 2| = x^2$ auf halb-graphischem Wege

Bei einer einigermaßen genauen Zeichnung können diese Werte direkt abgelesen werden, jedoch mit keiner allzu großen Genauigkeit. Rechnerisch erhält man sie nach Bild I-21 über die Schnittpunkte der Geraden $y = -(x - 2) = -x + 2$ mit der Parabel $y = x^2$, da die Betragsfunktion $y = |x - 2|$ im Intervall $x \leq 2$, in dem die beiden Lösungen liegen, mit der Geraden $y = -(x - 2) = -x + 2$ zusammenfällt:

$$-x + 2 = x^2 \quad \Rightarrow \quad x^2 + x - 2 = 0 \quad \Rightarrow$$

$$x_{1/2} = -\frac{1}{2} \pm \sqrt{\frac{1}{4} + 2} = -\frac{1}{2} \pm \sqrt{\frac{9}{4}} = -\frac{1}{2} \pm \frac{3}{2} \quad \Rightarrow$$

$$x_1 = 1, \quad x_2 = -2$$

Lösungsmenge: $\mathbb{L} = \{-2, 1\}$

4 Ungleichungen

Wir beschäftigen uns in diesem Abschnitt mit *Ungleichungen*, die noch eine unbekannte Größe x enthalten. Die Lösungsmengen sind in der Regel *Intervalle*. Ähnlich wie bei einer Gleichung kann man auch hier versuchen, die vorgegebene Ungleichung durch *äquivalente* Umformungen zu lösen.

4 Ungleichungen

Dabei sind die folgenden Regeln zu beachten:

Äquivalente Umformungen einer Ungleichung

Die *Lösungsmenge* einer Ungleichung bleibt bei Anwendung der folgenden Operationen unverändert *erhalten* (sog. *äquivalente Umformungen* einer Ungleichung):

1. Auf beiden Seiten einer Ungleichung darf ein *beliebiger* Term $T(x)$ *addiert* oder *subtrahiert* werden.
2. Eine Ungleichung darf mit einer *beliebigen positiven* Zahl *multipliziert* oder durch eine solche Zahl *dividiert* werden.
3. Eine Ungleichung darf mit einer *beliebigen negativen* Zahl *multipliziert* oder durch eine solche Zahl *dividiert* werden, wenn *gleichzeitig* das Relationszeichen der Ungleichung wie folgt *geändert* wird:

$$
\begin{aligned}
\text{Aus} \quad &< \quad \text{wird} \quad >, \\
\text{aus} \quad &\leq \quad \text{wird} \quad \geq, \\
\text{aus} \quad &> \quad \text{wird} \quad <, \\
\text{aus} \quad &\geq \quad \text{wird} \quad \leq.
\end{aligned}
$$

Anmerkung

Die Operationen (2) und (3) gelten sinngemäß auch für Multiplikationen und Divisionen mit einem *Term* $T(x) \neq 0$, wobei jeweils durch *Fallunterscheidung* zu prüfen ist, welches *Vorzeichen* der Term annimmt (siehe hierzu auch das nachfolgende 1. Beispiel).

■ **Beispiele**

(1) $\dfrac{2x - 1}{x + 2} > 3 \qquad (x \neq -2)$

Wir lösen diese Ungleichung wie folgt. Zunächst beseitigen wir den Bruch, indem wir beidseitig mit dem Term $x + 2$ *multiplizieren* und dabei beachten, welches *Vorzeichen* dieser Term besitzt. Wir müssen daher die Fälle $x + 2 > 0$ und $x + 2 < 0$ unterscheiden (der Fall $x + 2 = 0$ und somit $x = -2$ scheidet aus, da die Division durch 0 verboten ist).

1. Fall: $x + 2 > 0 \quad \Rightarrow \quad x > -2$

Das Relationszeichen der Ungleichung bleibt *erhalten*:

$$\frac{2x - 1}{x + 2} > 3 \mid \cdot (x + 2) \quad \Rightarrow \quad 2x - 1 > 3(x + 2) \quad \Rightarrow$$

$$2x - 1 > 3x + 6 \quad \Rightarrow \quad -x > 7 \mid \cdot (-1) \quad \Rightarrow \quad x < -7$$

(wir haben die Ungleichung mit einer *negativen* Zahl multipliziert, daher ist das Zeichen $>$ durch das Zeichen $<$ zu ersetzen).

Die „Lösung" steht im *Widerspruch* zum angenommenen Fall $x > -2$. Somit handelt es sich um eine „Scheinlösung".

2. Fall: $x + 2 < 0 \;\Rightarrow\; x < -2$

Wir multiplizieren die Ungleichung jetzt also mit einem *negativen* Term, daher ist das Relationszeichen zu *ändern* (aus $>$ wird $<$):

$$\frac{2x-1}{x+2} > 3 \mid \cdot (x+2) \;\Rightarrow\; 2x - 1 < 3(x+2) \;\Rightarrow\;$$
$$2x - 1 < 3x + 6 \;\Rightarrow\; -x < 7 \mid \cdot (-1) \;\Rightarrow\; x > -7$$

(Multiplikation mit der *negativen* Zahl -1, aus $<$ wird daher $>$).

Die Bedingung $x < -2$ wird aber nur für *x*-Werte erfüllt, die zwischen -7 und -2 liegen.

Lösung: $-7 < x < -2$

(2) $(x-1)^2 \leq |x|$

Wir lösen diese Ungleichung auf sehr anschauliche Weise wie folgt: Linke und rechte Seite der Ungleichung werden als Funktionen von x aufgefasst:

$$y_1 = (x-1)^2 \quad \text{(Parabel)} \quad \text{und} \quad y_2 = |x| \quad \text{(Betragsfunktion)}$$

Die Ungleichung lässt sich dann auch in der Form $y_1 \leq y_2$ darstellen. Lösungen sind damit alle *x*-Werte, für die die Parabel *unterhalb* der Betragsfunktion bleibt, wobei die Schnittpunkte zur Lösungsmenge gehören. Wir zeichnen beide Kurven und erkennen anhand des Bildes I-22, dass diese Bedingung genau *zwischen* den beiden Kurvenschnittpunkten erfüllt ist.

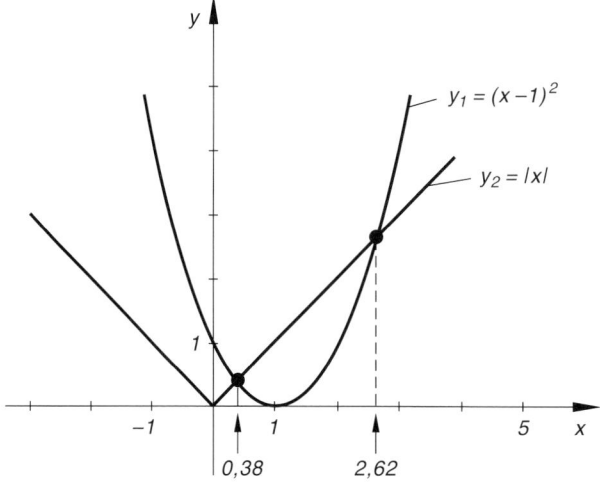

Bild I-22 Zur Lösung der Ungleichung $(x-1)^2 \leq |x|$

Diese erhält man durch Gleichsetzen der Funktionen $y_1 = (x-1)^2$ und $y_2 = |x| = x$ (für $x \geq 0$)[5]:

$$(x-1)^2 = x \quad \Rightarrow \quad x^2 - 2x + 1 = x \quad \Rightarrow \quad x^2 - 3x + 1 = 0 \quad \Rightarrow$$

$$x_{1/2} = 1{,}5 \pm \sqrt{1{,}5^2 - 1} = 1{,}5 \pm \sqrt{1{,}25} = 1{,}5 \pm 1{,}12 \quad \Rightarrow$$

$$x_1 = 2{,}62, \quad x_2 = 0{,}38$$

Lösungsmenge: $0{,}38 \leq x \leq 2{,}62$ ∎

5 Lineare Gleichungssysteme

In diesem Abschnitt behandeln wir das unter der Bezeichnung *Gaußscher Algorithmus* bekannte Verfahren zur Lösung eines *linearen Gleichungssystems*. Auf lineare Gleichungssysteme stößt man in den technischen Anwendungen beispielsweise bei der Behandlung und Lösung der folgenden Probleme:

− Berechnung der *Stabkräfte* in einem *Fachwerk* (z. B. Kranausleger, Brücken)
− Bestimmung der *Ströme* bzw. *Spannungen* in einem *elektrischen Netzwerk*
− Berechnung der *Eigenfrequenzen* eines *schwingungsfähigen Systems*

5.1 Ein einführendes Beispiel

Es sei ein lineares Gleichungssystem mit drei Gleichungen und drei unbekannten Größen x, y und z vorgegeben:

(I) $-x + y + z = 0$
(II) $x - 3y - 2z = 5$ (I-26)
(III) $5x + y + 4z = 3$

Das von *Gauß* stammende Verfahren zur Lösung eines solchen Gleichungssystems ist ein *Eliminationsverfahren*, das schrittweise eine Unbekannte nach der anderen eliminiert, bis nur noch eine Gleichung mit einer einzigen Unbekannten übrigbleibt. In unserem Beispiel eliminieren wir zunächst die unbekannte Größe x wie folgt:

Wir addieren zur 2. Gleichung die 1. Gleichung und zur 3. Gleichung das 5-fache der 1. Gleichung. Bei der Addition fällt dann jeweils die Unbekannte x heraus:

---

[5] Anhand der Skizze erkennt man, dass die gesuchten Kurvenschnittpunkte im Bereich *positiver* x-Werte liegen. Die Betragsfunktion $y_2 = |x|$ ist dort aber *identisch* mit der Geraden $y = x$, die daher die Parabel $y_1 = (x-1)^2$ an den *gleichen* Stellen schneidet wie die Betragsfunktion.

$$\begin{array}{rl}\text{(II)} & x - 3y - 2z = 5 \\ \text{(I)} & -x + y + z = 0\end{array}\Bigg\}+ \qquad \begin{array}{rl}\text{(III)} & 5x + y + 4z = 3 \\ (5\cdot\text{I}) & -5x + 5y + 5z = 0\end{array}\Bigg\}+$$

$$\begin{array}{rl}\text{(I*)} & -2y - z = 5\end{array} \qquad\qquad \begin{array}{rl}\text{(II*)} & 6y + 9z = 3\end{array}$$

Damit haben wir das lineare Gleichungssystem auf zwei Gleichungen mit den beiden Unbekannten y und z reduziert:

(I*) $-2y - z = 5$
(II*) $6y + 9z = 3$

Nun wird das Verfahren wiederholt. Um die zweite Unbekannte y zu eliminieren, addieren wir zur Gleichung (II*) das 3-fache der Gleichung (I*):

$$\begin{array}{rl}\text{(II*)} & 6y + 9z = 3 \\ (3\cdot\text{I*}) & -6y - 3z = 15\end{array}\Bigg\}+$$

$$\text{(I**)} \qquad 6z = 18$$

(Alternative: Erst Gleichung (II*) durch 3 dividieren, dann zu Gleichung (I*) addieren.)
Die beiden eliminierten Gleichungen (I) und (I*) bilden dann zusammen mit der übriggebliebenen Gleichung (I**) ein sog. *gestaffeltes Gleichungssystem*, aus dem der Reihe nach von unten nach oben die drei Unbekannten x, y und z berechnet werden können:

(I) $-x + y + z = 0$
(I*) $-2y - z = 5$ \hfill (I-27)
(I**) $6z = 18$

Aus der letzten Gleichung folgt $z = 3$. Durch Einsetzen dieses Wertes in die darüber stehende Gleichung erhält man für y den Wert -4. Aus der 1. Gleichung schließlich ergibt sich $x = -1$, wenn wir in diese Gleichung für y und z die bereits bekannten Werte einsetzen. Das vorgegebene lineare Gleichungssystem besitzt daher genau eine Lösung $x = -1$, $y = -4$, $z = 3$.

Um den Lösungsweg zu verkürzen, werden die einzelnen Gleichungen in *verschlüsselter* Form durch ihre Koeffizienten und Absolutglieder (c_i) wie folgt repräsentiert:

	x	y	z	c_i
(I)	-1	1	1	0
(II)	1	-3	-2	5
(III)	5	1	4	3

Stets eine Leerzeile für spätere Rechenschritte einplanen!

5 Lineare Gleichungssysteme

Um die Unbekannte x zu eliminieren, wird zur 2. Zeile die 1. Zeile und zur 3. Zeile das 5-fache der 1. Zeile addiert. Wir erhalten zwei neue (verschlüsselte) Gleichungen mit den unbekannten Größen y und z, die wir durch (I*) und (II*) kennzeichnen:

	x	y	z	c_i
(I)	-1	1	1	0
(II)	1	-3	-2	5
(1 · I)	-1	1	1	0
(III)	5	1	4	3
(5 · I)	-5	5	5	0
(I*)		-2	-1	5
(II*)		6	9	3

$\left.\begin{array}{c}\leftarrow\\ \leftarrow\end{array}\right\}$ Leerzeilen einplanen!

Nun addieren wir zur 2. Zeile (II*) das 3-fache der 1. Zeile (I*) und erhalten in verschlüsselter Form eine Gleichung (I**) mit der Unbekannten z. Das Rechenschema ist jetzt ausgefüllt und besitzt die folgende Gestalt:

	x	y	z	c_i	s_i
(I)	-1	1	1	0	1
(II)	1	-3	-2	5	1
(1 · I)	-1	1	1	0	1
(III)	5	1	4	3	13
(5 · I)	-5	5	5	0	5
(I*)		-2	-1	5	2
(II*)		6	9	3	18
(3 · I*)		-6	-3	15	6
(I**)			6	18	24

Eingebaut wurde noch als *Rechenkontrolle* die sog. *Zeilensummenprobe*. Die durch s_i gekennzeichnete letzte Spalte des Rechenschemas enthält jeweils die *Summe* aller in einer Zeile stehenden Zahlen (Koeffizienten *und* Absolutglied). Mit Hilfe der Zeilensummen lassen sich die einzelnen Rechenschritte wie folgt kontrollieren:

Wir greifen als Beispiel die 3. Zeile (III) heraus. Ihre Zeilensumme beträgt 13 (denn $5 + 1 + 4 + 3 = 13$). Addiert man zur 3. Zeile das 5-fache der 1. Zeile, so erhält man die neue Zeile (II*) = (III) + (5 · I), deren Zeilensumme sich auf zwei Arten bestimmen lässt: Durch Addition der in der neuen Zeile stehenden Zahlen (Ergebnis: $6 + 9 + 3 = 18$) oder durch Addition des 5-fachen Zeilensummenwertes der 1. Zeile zum Zeilensummenwert der 3. Zeile (Ergebnis: $13 + 5 \cdot 1 = 18$). Beide Rechenwege müssen bei richtiger Rechnung stets zum selben Ergebnis führen (hier: Zeilensummenwert 18). Damit haben wir ohne großen zusätzlichen Rechenaufwand eine effektive Kontrollmöglichkeit.

Aus dem Rechenschema erhält man dann durch Zusammenfassung der *eliminierten* Zeilen (I) und (I*) und der letzten Zeile (I**) das *gestaffelte Gleichungssystem* (I-27), aus dem sich die Lösung ohne Schwierigkeiten berechnen lässt, wie wir bereits gezeigt haben (die drei Gleichungen des gestaffelten Systems haben wir zusätzlich durch *Grauunterlegung* gekennzeichnet).

5.2 Der Gaußsche Algorithmus

Lineare Gleichungssysteme bestehen aus m linearen Gleichungen mit n unbekannten Größen $x_1, x_2, \ldots, x_n$. Innerhalb einer jeden Gleichung treten dabei die Unbekannten in *linearer* Form, d. h. in der 1. Potenz auf, versehen noch mit einem *konstanten* Koeffizienten.

> **Definition:** Das aus m linearen Gleichungen mit n Unbekannten $x_1, x_2, \ldots, x_n$ bestehende System vom Typ
>
> $$\begin{aligned} a_{11}x_1 + a_{12}x_2 + \ldots + a_{1n}x_n &= c_1 \\ a_{21}x_1 + a_{22}x_2 + \ldots + a_{2n}x_n &= c_2 \\ &\vdots \\ a_{m1}x_1 + a_{m2}x_2 + \ldots + a_{mn}x_n &= c_m \end{aligned} \qquad \text{(I-28)}$$
>
> heißt *lineares Gleichungssystem*. Die reellen Zahlen a_{ik} sind die Koeffizienten des Systems, die reellen Zahlen c_i werden als Absolutglieder bezeichnet ($i = 1, 2, \ldots, m; k = 1, 2, \ldots, n$).

Ein lineares Gleichungssystem heißt *homogen*, wenn *alle* Absolutglieder $c_1, c_2, \ldots, c_m$ verschwinden. Andernfalls wird das Gleichungssystem als *inhomogen* bezeichnet.

Wir beschränken uns im Folgenden auf den in den Anwendungen wichtigsten Fall eines sog. *quadratischen* linearen Gleichungssystems, bei dem die Anzahl der unbekannten Größen mit der Anzahl der Gleichungen übereinstimmt ($m = n$):

$$\begin{aligned} a_{11}x_1 + a_{12}x_2 + \ldots + a_{1n}x_n &= c_1 \\ a_{21}x_1 + a_{22}x_2 + \ldots + a_{2n}x_n &= c_2 \\ &\vdots \\ a_{n1}x_1 + a_{n2}x_2 + \ldots + a_{nn}x_n &= c_n \end{aligned} \qquad \text{(I-29)}$$

5 Lineare Gleichungssysteme

Matrizendarstellung eines linearen Gleichungssystems

Die Koeffizienten a_{ik} des Systems lassen sich wie folgt zu einer sog. *Koeffizientenmatrix* **A** zusammenfassen:

$$\mathbf{A} = \begin{pmatrix} a_{11} & a_{12} & \ldots & a_{1n} \\ a_{21} & a_{22} & \ldots & a_{2n} \\ \vdots & & & \vdots \\ a_{n1} & a_{n2} & \ldots & a_{nn} \end{pmatrix} \tag{I-30}$$

Sie enthält n Zeilen und n Spalten und wird daher auch als *n-reihige quadratische Matrix* bezeichnet. Die n Unbekannten $x_1, x_2, \ldots, x_n$ fassen wir zu einem *Spaltenvektor* $\vec{x}$ zusammen, ebenso die n Absolutglieder $c_1, c_2, \ldots, c_n$ zu einem *Spaltenvektor* $\vec{c}$:

$$\vec{x} = \begin{pmatrix} x_1 \\ x_2 \\ \vdots \\ x_n \end{pmatrix}, \quad \vec{c} = \begin{pmatrix} c_1 \\ c_2 \\ \vdots \\ c_n \end{pmatrix} \tag{I-31}$$

Der Spaltenvektor $\vec{x}$ heißt in diesem Zusammenhang auch *Lösungsvektor* des Systems. Ein *Spaltenvektor* wie $\vec{x}$ oder $\vec{c}$ kann auch als eine spezielle Matrix mit n Zeilen und *einer* Spalte aufgefasst werden und wird daher auch als *Spaltenmatrix* bezeichnet.

Das quadratische lineare Gleichungssystem ist dann mit diesen Bezeichnungen in der wesentlich kürzeren *Matrizenform*

$$\mathbf{A}\vec{x} = \vec{c} \tag{I-32}$$

darstellbar. In ausführlicher Schreibweise lautet diese *Matrizengleichung* wie folgt:

$$\begin{pmatrix} a_{11} & a_{12} & \ldots & a_{1n} \\ a_{21} & a_{22} & \ldots & a_{2n} \\ \vdots & & & \vdots \\ a_{n1} & a_{n2} & \ldots & a_{nn} \end{pmatrix} \begin{pmatrix} x_1 \\ x_2 \\ \vdots \\ x_n \end{pmatrix} = \begin{pmatrix} c_1 \\ c_2 \\ \vdots \\ c_n \end{pmatrix} \tag{I-33}$$

Die linke Seite dieser Gleichung ist ein sog. *Matrizenprodukt*, gebildet aus der Koeffizientenmatrix **A** und der Spaltenmatrix $\vec{x}$. Die *erste* Gleichung des linearen Gleichungssystems (I-29) erhalten wir dann, indem wir die Elemente der *1. Zeile* von **A** der Reihe nach mit den entsprechenden Elementen der Spaltenmatrix $\vec{x}$ *multiplizieren*, alle Produkte anschließend *aufaddieren* und diese Summe schließlich mit dem *1. Element* der auf der rechten Gleichungsseite stehenden Spaltenmatrix $\vec{c}$ *gleichsetzen* (wir haben diese Rechenvorschrift in Gleichung (I-33) durch Grauunterlegung verdeutlicht):

$$a_{11}x_1 + a_{12}x_2 + \ldots + a_{1n}x_n = c_1 \tag{I-34}$$

Analog erhält man die restlichen Gleichungen des linearen Gleichungssystems.

In Band 2 werden wir auf die *Matrizenmultiplikation* noch ausführlich eingehen (Kap. I über Lineare Algebra). Die Schreibweise $\mathbf{A}\vec{x} = \vec{c}$ für ein lineares Gleichungssystem soll an dieser Stelle lediglich als eine *formale Kurzschreibweise* angesehen werden.

Äquivalente Umformungen eines linearen Gleichungssystems

Um ein vorgegebenes lineares Gleichungssystem vom Typ (I-29) oder (I-32) lösen zu können, muss es zunächst mit Hilfe *äquivalenter Umformungen* in ein sog. *gestaffeltes* System vom Typ

$$
\begin{aligned}
a^*_{11}x_1 + a^*_{12}x_2 + \ldots + a^*_{1n}x_n &= c^*_1 \\
a^*_{22}x_2 + \ldots + a^*_{2n}x_n &= c^*_2 \\
&\vdots \\
a^*_{nn}x_n &= c^*_n
\end{aligned}
\qquad (I\text{-}35)
$$

übergeführt werden, aus dem dann die n Unbekannten nacheinander berechnet werden können: Zuerst x_n aus der letzten Gleichung, dann x_{n-1} aus der vorletzten Gleichung usw. Als *äquivalente Umformungen* sind dabei folgende Operationen zugelassen:

Äquivalente Umformungen eines linearen Gleichungssystems

Die *Lösungsmenge* eines linearen Gleichungssystems $\mathbf{A}\vec{x} = \vec{c}$ bleibt bei Anwendung der folgenden Operationen *unverändert* erhalten (sog. *äquivalente Umformungen* eines linearen Gleichungssystems):

1. Zwei Gleichungen dürfen miteinander *vertauscht* werden.
2. Jede Gleichung darf mit einer beliebigen von Null verschiedenen Zahl *multipliziert* oder durch eine solche Zahl *dividiert* werden.
3. Zu jeder Gleichung darf ein *beliebiges* Vielfaches einer *anderen* Gleichung *addiert* werden.

Beschreibung des Eliminationsverfahrens von Gauß (Gaußscher Algorithmus)

Wir geben nun eine kurze Beschreibung des von *Gauß* stammenden Rechenverfahrens, das die Überführung eines vorgegebenen linearen Gleichungssystems in ein *gestaffeltes* System ermöglicht. Dabei bedienen wir uns der in Abschnitt 5.1 dargestellten verkürzten Schreibweise: Jede Gleichung des Systems wird durch ihre Koeffizienten und ihr Absolutglied repräsentiert, die in Form einer Zeile angeordnet werden. Hinzu kommt (zur Rechenkontrolle) die Zeilensumme. Die oben genannten äquivalenten Umformungen gelten dann auch für die *Zeilen* im Rechenschema.

Das *Gaußsche Eliminationsverfahren* verläuft schrittweise wie folgt, wobei wir zunächst davon ausgehen, dass die Unbekannten in der Reihenfolge $x_1, x_2, \ldots, x_{n-1}$ eliminiert werden:

(1) Im 1. Rechenschritt wird das lineare Gleichungssystem durch Eliminieren der Unbekannten x_1 auf $n-1$ Gleichungen mit den $n-1$ Unbekannten $x_2, x_3, \ldots, x_n$ reduziert. Dazu wird die 1. Gleichung (Zeile) mit dem Faktor $-\dfrac{a_{21}}{a_{11}}$ multipliziert und zur 2. Gleichung (Zeile) addiert, wobei die Unbekannte x_1 verschwindet. Ebenso verfährt man mit den übrigen Gleichungen (Zeilen). Allgemein addiert man zur i-ten Gleichung (Zeile) das $-\dfrac{a_{i1}}{a_{11}}$-fache der 1. Gleichung (Zeile) ($i = 2, 3, \ldots, n$). Bei der Addition verschwindet jeweils die Unbekannte x_1 und mit ihr die 1. Gleichung (Zeile).

(2) Das unter (1) beschriebene Verfahren wird jetzt auf das *reduzierte* System, bestehend aus $n-1$ Gleichungen mit den $n-1$ unbekannten Größen $x_2, x_3, \ldots, x_n$ angewandt. Dadurch wird die nächste Unbekannte (x_2) eliminiert. Nach insgesamt $n-1$ Schritten bleibt eine einzige Gleichung (Zeile) mit einer Unbekannten (x_n) übrig.

(3) Die *eliminierten* Gleichungen (Zeilen) bilden zusammen mit der letzten Gleichung (Zeile) das *gestaffelte* Gleichungssystem, aus dem sich die Unbekannten sukzessive in der Reihenfolge $x_n, x_{n-1}, \ldots, x_1$ berechnen lassen.

Das beschriebene Verfahren wird als *Gaußsches Eliminationsverfahren* oder *Gaußscher Algorithmus* bezeichnet und lässt sich schematisch wie folgt darstellen:

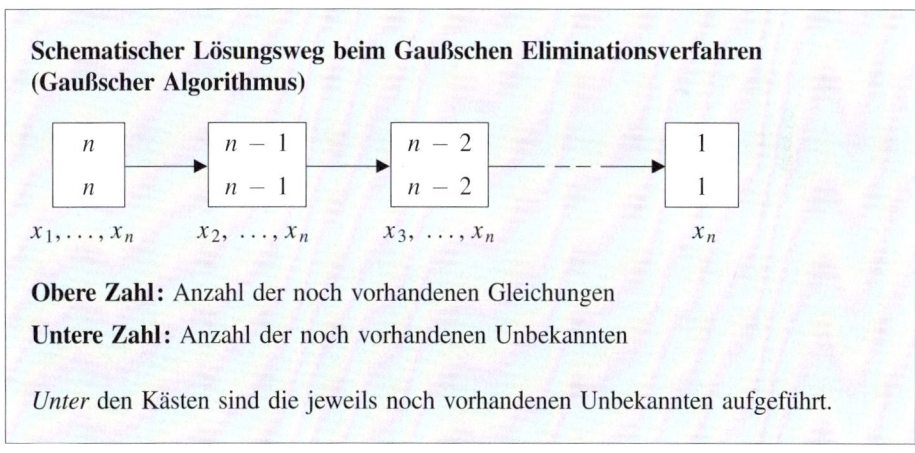

Schematischer Lösungsweg beim Gaußschen Eliminationsverfahren (Gaußscher Algorithmus)

Obere Zahl: Anzahl der noch vorhandenen Gleichungen

Untere Zahl: Anzahl der noch vorhandenen Unbekannten

Unter den Kästen sind die jeweils noch vorhandenen Unbekannten aufgeführt.

Anmerkungen

(1) Es spielt dabei *keine* Rolle, in welcher Reihenfolge die Unbekannten eliminiert werden.

(2) Der Gaußsche Algorithmus ist auch auf den allgemeinen Fall eines (m, n)-Systems anwendbar (m: Anzahl der Gleichungen; n: Anzahl der unbekannten Größen). Für $m = n$ erhält man ein *quadratisches* System, das daher auch als (n, n)-System bezeichnet wird.

(3) Gegebenenfalls müssen die Unbekannten noch umgestellt, d. h. umnummeriert werden.

Lösungsverhalten eines linearen Gleichungssystems

Ein *inhomogenes* Gleichungssystem besitzt entweder genau *eine* Lösung oder *unendlich* viele Lösungen oder aber *überhaupt keine* Lösung. Treten *unendlich* viele Lösungen auf, d. h. ist das System nicht eindeutig lösbar, so ist mindestens eine der n unbekannten Größen $x_1, x_2, \ldots, x_n$ frei wählbar und wird in diesem Zusammenhang als *Parameter* bezeichnet. Die Lösungen des inhomogenen linearen Gleichungssystems hängen in diesem Fall noch von einem oder sogar mehreren Parametern ab. Beispiele hierzu folgen am Ende dieses Abschnitts.

Im Gegensatz zu einem inhomogenen linearen Gleichungssystem ist ein *homogenes* System *stets* lösbar. Es besitzt die Gestalt

$$\begin{aligned} a_{11}x_1 + a_{12}x_2 + \ldots + a_{1n}x_n &= 0 \\ a_{21}x_1 + a_{22}x_2 + \ldots + a_{2n}x_n &= 0 \\ &\vdots \\ a_{n1}x_1 + a_{n2}x_2 + \ldots + a_{nn}x_n &= 0 \end{aligned} \quad \text{oder} \quad \mathbf{A}\vec{x} = \vec{0} \qquad (\text{I-36})$$

und damit in jedem Fall die sog. *triviale* Lösung

$$x_1 = 0, \quad x_2 = 0, \quad \ldots, \quad x_n = 0 \quad \text{oder} \quad \vec{x} = \vec{0} \qquad (\text{I-37})$$

wie man durch Einsetzen dieser Werte in das System (I-36) leicht nachrechnet[6].

Falls weitere Lösungen vorliegen, sind dies immer *unendlich* viele. Mit anderen Worten: Ein *homogenes* lineares Gleichungssystem besitzt entweder genau *eine* Lösung, nämlich die triviale Lösung $x_1 = x_2 = \ldots = x_n = 0$, oder aber *unendlich* viele Lösungen, die dann noch von *mindestens einem* Parameter abhängen.

Wir fassen zusammen:

Lösungsverhalten eines linearen Gleichungssystems

1. *Inhomogenes lineares Gleichungssystem* $\mathbf{A}\vec{x} = \vec{c}$ (mit $\vec{c} \neq \vec{0}$)

   Das System besitzt entweder genau *eine* Lösung oder *unendlich* viele Lösungen oder *überhaupt keine* Lösung.

2. *Homogenes lineares Gleichungssystem* $\mathbf{A}\vec{x} = \vec{0}$

   Das System besitzt entweder genau *eine* Lösung, nämlich die *triviale* Lösung $\vec{x} = \vec{0}$ oder *unendlich* viele Lösungen, die noch von mindestens einem Parameter abhängen.

---

[6] Ein Spaltenvektor, der nur *Nullen* enthält, wird als *Nullvektor* bezeichnet und durch das Symbol $\vec{0}$ gekennzeichnet.

5 Lineare Gleichungssysteme

Anmerkungen

(1) Diese Aussagen gelten auch für *nichtquadratische* lineare Gleichungssysteme.

(2) Lineare Gleichungssysteme mit $2, 3, \ldots, n$ Lösungen gibt es nicht!

■ **Beispiele**

(1) Wir lösen das aus vier Gleichungen mit ebenso vielen Unbekannten bestehende inhomogene lineare Gleichungssystem

$$x_1 - 3x_2 + 1{,}5x_3 - x_4 = -10{,}4$$
$$-2x_1 + x_2 + 3{,}5x_3 + 2x_4 = -16{,}5$$
$$x_1 - 2x_2 + 1{,}2x_3 + 2x_4 = 0$$
$$3x_1 + x_2 - x_3 - 3x_4 = -0{,}7$$

unter Verwendung des Gaußschen Algorithmus. Die Eliminationszeilen bezeichnen wir dabei der Reihe nach mit $\boxed{E_1}$, $\boxed{E_2}$ und $\boxed{E_3}$. Die im Rechenschema *nicht* benötigten Leerzeilen werden im Folgenden stets weggelassen.

	x_1	x_2	x_3	x_4	c_i	s_i
$\boxed{E_1}$	1	-3	1,5	-1	$-10{,}4$	$-11{,}9$
	-2	1	3,5	2	$-16{,}5$	-12
$2 \cdot E_1$	2	-6	3	-2	$-20{,}8$	$-23{,}8$
	1	-2	1,2	2	0	2,2
$-1 \cdot E_1$	-1	3	$-1{,}5$	1	10,4	11,9
	3	1	-1	-3	$-0{,}7$	$-0{,}7$
$-3 \cdot E_1$	-3	9	$-4{,}5$	3	31,2	35,7
		-5	6,5	0	$-37{,}3$	$-35{,}8$
$5 \cdot E_2$		5	$-1{,}5$	15	52	70,5
$\boxed{E_2}$		1	$-0{,}3$	3	10,4	14,1
		10	$-5{,}5$	0	30,5	35
$-10 \cdot E_2$		-10	3	-30	-104	-141
			5	15	14,7	34,7
$2 \cdot E_3$			-5	-60	-147	-212
$\boxed{E_3}$			$-2{,}5$	-30	$-73{,}5$	-106
				-45	$-132{,}3$	$-177{,}3$

Das *gestaffelte System* lautet somit (es besteht aus den Zeilen $\boxed{E_1}$, $\boxed{E_2}$, $\boxed{E_3}$ und der letzten Zeile):

$$\begin{aligned}
x_1 - 3x_2 + 1{,}5x_3 - x_4 &= -10{,}4 &\Rightarrow\quad x_1 &= 0{,}808 \\
x_2 - 0{,}3x_3 + 3x_4 &= 10{,}4 &\Rightarrow\quad x_2 &= -0{,}184 \\
-2{,}5x_3 - 30x_4 &= -73{,}5 &\Rightarrow\quad x_3 &= -5{,}88 \\
-45x_4 &= -132{,}3 &\Rightarrow\quad x_4 &= 2{,}94
\end{aligned}$$

Wir lösen es von unten nach oben (durch Pfeile gekennzeichnet): Die eindeutig bestimmte Lösung ist $x_1 = 0{,}808$, $x_2 = -0{,}184$, $x_3 = -5{,}88$, $x_4 = 2{,}94$.

(2) Das in der *Matrizenform* dargestellte homogene lineare Gleichungssystem

$$\begin{pmatrix} 1 & 1 & -2 \\ 1 & -1 & -2 \\ 2 & 3 & -4 \end{pmatrix} \begin{pmatrix} x \\ y \\ z \end{pmatrix} = \begin{pmatrix} 0 \\ 0 \\ 0 \end{pmatrix}$$

besitzt, wie wir gleich zeigen werden, *unendlich* viele Lösungen. Das Rechenverfahren nach Gauß liefert zunächst:

	x	y	z	c_i	s_i
$\boxed{E_1}$	1	1	-2	0	0
	1	-1	-2	0	-2
$-1 \cdot E_1$	-1	-1	2	0	0
	2	3	-4	0	1
$-2 \cdot E_1$	-2	-2	4	0	0
		-2	0	0	-2
$2 \cdot E_2$		2	0	0	2
$\boxed{E_2}$		1	0	0	1
			0	0	0

Proportionale Zeilen

Die letzte (grau unterlegte) Zeile führt zu der Gleichung

$$0 \cdot z = 0$$

Sie ist für *jedes* $z \in \mathbb{R}$ erfüllt, d. h. die Größe z ist ein *frei wählbarer Parameter* (wir setzen dafür, wie allgemein üblich, $z = \lambda$ mit $\lambda \in \mathbb{R}$). Denn ein Produkt aus zwei Faktoren, bei dem einer der beiden Faktoren *verschwindet* (hier ist es der linke Faktor), hat stets den Wert null und zwar *unabhängig* vom Wert des zweiten Faktors.

5 Lineare Gleichungssysteme

Das *gestaffelte* System, bestehend aus den Zeilen $\boxed{E_1}$, $\boxed{E_2}$ und der letzten Zeile, lautet damit:

$$
\begin{aligned}
x + y - 2z &= 0 &\Rightarrow\quad x &= 2\lambda \\
y + 0 \cdot z &= 0 &\Rightarrow\quad y &= 0 \\
0 \cdot z &= 0 &\Rightarrow\quad z &= \lambda \quad (\lambda \in \mathbb{R})
\end{aligned}
$$

Die sukzessiv von unten nach oben berechnete Lösungsmenge ist $x = 2\lambda$, $y = 0$, $z = \lambda$ mit $\lambda \in \mathbb{R}$. Das vorliegende homogene lineare Gleichungssystem besitzt demnach *unendlich* viele, noch von einem reellen *Parameter* λ abhängende Lösungen. So erhält man beispielsweise für $\lambda = 3$ die spezielle Lösung $x = 6$, $y = 0$, $z = 3$, für den Parameterwert $\lambda = -2{,}5$ dagegen die spezielle Lösung $x = -5$, $y = 0$, $z = -2{,}5$.

Anmerkung

Bereits nach der Durchführung der ersten Schritte kann man erkennen, dass das System *unendlich* viele Lösungen besitzt: Die beiden Zeilen (Gleichungen) $(-2; 0; 0)$ und $(1; 0; 0)$ (jeweils *ohne* Zeilensumme und im obigen Rechenschema durch *Pfeile* gekennzeichnet) sind einander *proportional* (Multiplikator: -2) und repräsentieren damit in Wirklichkeit nur *eine* Gleichung. Man bezeichnet solche Zeilen bzw. Gleichungen auch als *linear abhängig*.

(3) Wir zeigen, dass das inhomogene lineare Gleichungssystem

$$
\begin{aligned}
-x_1 + 2x_2 + x_3 &= 6 \\
x_1 + x_2 + x_3 &= -2 \\
2x_1 - 4x_2 - 2x_3 &= -6
\end{aligned}
$$

nicht lösbar ist.

Der Gaußsche Algorithmus führt zunächst zu dem folgenden Schema:

	x_1	x_2	x_3	c_i	s_i
$\boxed{E_1}$	-1	2	1	6	8
	1	1	1	-2	1
$1 \cdot E_1$	-1	2	1	6	8
	2	-4	-2	-6	-10
$2 \cdot E_1$	-2	4	2	12	16
		3	2	4	9
		0	0	6	6

Aus den beiden verbliebenen Zeilen (Gleichungen) mit den restlichen Unbekannten x_2 und x_3 müssten wir jetzt eine der beiden Unbekannten eliminieren. Dieses Vorhaben gelingt jedoch nicht, da die Koeffizienten von x_2 und x_3 in der *unteren* Gleichung jeweils *verschwinden*. Diese „merkwürdige" letzte Zeile (grau unterlegt) führt zu der in sich *widersprüchlichen* Gleichung

$$0 \cdot x_2 + 0 \cdot x_3 = 6$$

Da Produkte mit einem Faktor 0 *verschwinden*, ist die *linke* Seite dieser Gleichung für *beliebige* reelle Werte von x_2 und x_3 stets gleich 0:

$$\underbrace{0 \cdot x_2}_{0} + \underbrace{0 \cdot x_3}_{0} = 6 \quad \Rightarrow \quad 0 = 6$$

Die Gültigkeit dieser Gleichung würde aber die Gleichheit der Zahlen 0 und 6 bedeuten (*innerer Widerspruch*). Das vorgegebene Gleichungssystem ist daher *nicht* lösbar.

(4) Wir behandeln zum Abschluss noch ein Beispiel für ein *nichtquadratisches* lineares Gleichungssystem mit vier Gleichungen und drei Unbekannten:

$$\begin{aligned}
-x + y - z &= -2 \\
3x - 2y + z &= 2 \\
2x - 5y + 3z &= 1 \\
x + 4y + 2z &= 15
\end{aligned}$$

Wir eliminieren zuerst x, dann y:

	x	y	z	c_i	s_i
$\boxed{E_1}$	-1	1	-1	-2	-3
	3	-2	1	2	4
$3 \cdot E_1$	-3	3	-3	-6	-9
	2	-5	3	1	1
$2 \cdot E_1$	-2	2	-2	-4	-6
	1	4	2	15	22
$1 \cdot E_1$	-1	1	-1	-2	-3
$\boxed{E_2}$		1	-2	-4	-5
		-3	1	-3	-5
$3 \cdot E_2$		3	-6	-12	-15
		5	1	13	19
$-5 \cdot E_2$		-5	10	20	25
			-5	-15	-20 ←
			11	33	44 ←

Proportionale Zeilen

5 Lineare Gleichungssysteme

Die beiden übriggebliebenen Zeilen repräsentieren in verschlüsselter Form zwei Gleichungen mit der *einen* Unbekannten z. Sie führen zu *ein und derselben* Lösung für z, sind demnach *zueinander proportionale* Gleichungen (Zeilen) und stellen somit letztendlich nur *eine* einzige Gleichung dar [7].

Das *gestaffelte* System besteht daher aus den Eliminationsgleichungen $\boxed{E_1}$ und $\boxed{E_2}$ und einer der beiden zueinander proportionalen Gleichungen, wobei wir uns für die obere (grau unterlegte) Gleichung entscheiden:

$$\begin{aligned} -x + y - z &= -2 & \Rightarrow \quad x &= 1 \\ y - 2z &= -4 & \Rightarrow \quad y &= 2 \\ -5z &= -15 & \Rightarrow \quad z &= 3 \end{aligned}$$

Das lineare Gleichungssystem besitzt also genau *eine* Lösung, nämlich $x = 1$, $y = 2$ und $z = 3$. ∎

5.3 Ein Anwendungsbeispiel: Berechnung eines elektrischen Netzwerkes

Das in Bild I-23 dargestellte *elektrische Netzwerk* enthält drei *Knotenpunkte* (a, b, c) und drei *Stromzweige* mit je einem ohmschen Widerstand [8]. I_a und I_b sind zufließende Ströme, I_c ein aus Knotenpunkt c abfließender Strom. Wir berechnen die in den Zweigen fließenden Teilströme I_1, I_2 und I_3 sowie den abfließenden Strom I_c für die in Bild I-23 vorgegebenen Werte der drei Widerstände und der Ströme I_a und I_b.

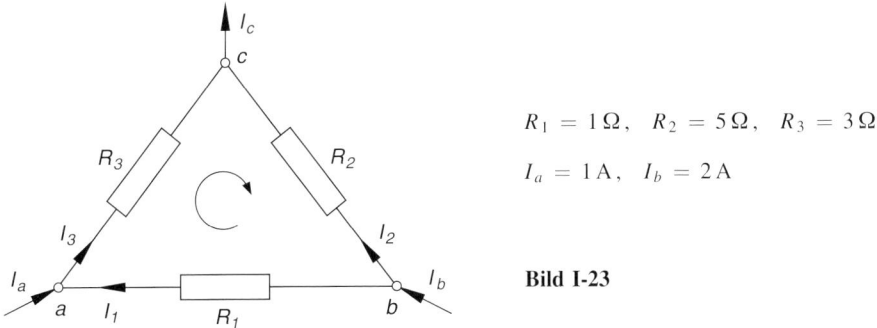

$R_1 = 1\,\Omega$, $R_2 = 5\,\Omega$, $R_3 = 3\,\Omega$

$I_a = 1\,\text{A}$, $I_b = 2\,\text{A}$

Bild I-23

Lösung: Bei der Lösung der Aufgabe benutzen wir das *erste Kirchhoffsche Gesetz* (*Knotenpunktsregel*): *In einem Knotenpunkt ist die Summe der zu- und abfließenden Ströme gleich null* (zufließende Ströme werden dabei vereinbarungsgemäß *positiv*, abfließende Ströme *negativ* gerechnet).

---

[7] Würden wir *unterschiedliche* Werte für z erhalten, so wäre das Gleichungssystem *nicht* lösbar (Systeme mit zwei verschiedenen Lösungen gibt es nicht).

[8] Knotenpunkt: Stromverzweigungspunkt
Stromzweig: Verbindung zweier Knoten

Für die Knotenpunkte a, b und c gelten dann die folgenden Beziehungen:

(a) $\quad I_a + I_1 - I_3 = 0$

(b) $\quad I_b - I_1 - I_2 = 0$ $\hspace{5cm}$ (I-38)

(c) $\quad -I_c + I_2 + I_3 = 0$

Eine weitere Gleichung liefert das *zweite Kirchhoffsche Gesetz (Maschenregel)*: *In jeder Masche*[9] *ist die Summe der Spannungen gleich null*. Bei einem Umlauf in der in Bild I-23 eingezeichneten Richtung gilt daher:

(∗) $\quad R_1 I_1 - R_2 I_2 + R_3 I_3 = 0$ $\hspace{4cm}$ (I-39)

Die drei Teilströme I_1, I_2, I_3 lassen sich aus dem folgenden linearen Gleichungssystem, bestehend aus den umgestellten Gleichungen (a), (b) und (∗), berechnen:

$$\begin{aligned} I_1 \quad\quad\quad - I_3 &= -I_a \\ -I_1 - I_2 \quad\quad &= -I_b \\ R_1 I_1 - R_2 I_2 + R_3 I_3 &= 0 \end{aligned} \hspace{3cm} \text{(I-40)}$$

Mit den vorgegebenen Werten nimmt das System die folgende Form an:

$$\begin{aligned} I_1 \quad\quad\quad - I_3 &= -1\,\text{A} \\ -I_1 - I_2 \quad\quad &= -2\,\text{A} \\ I_1 - 5 I_2 + 3 I_3 &= 0\,\text{A} \end{aligned} \hspace{3cm} \text{(I-41)}$$

Wir lösen dieses System unter Verwendung des *Gaußschen Algorithmus* (auf die Zeilensummenprobe wird verzichtet):

		I_1	I_2	I_3	c_i
	E_1	1	0	−1	−1 A
		−1	−1	0	−2 A
$1 \cdot E_1$		1	0	−1	−1 A
			1	−5	3	0 A
$-1 \cdot E_1$		−1	0	1	1 A
	E_2		−1	−1	−3 A
				−5	4	1 A
$-5 \cdot E_2$				5	5	15 A
					9	16 A

---

[9] Eine Masche ist ein geschlossener, aus Zweigen bestehender Komplex.

Daraus ergibt sich das *gestaffelte* System (bestehend aus den Zeilen $\boxed{E_1}$, $\boxed{E_2}$ und der letzten Zeile)

$$\begin{aligned} I_1 \quad - \quad I_3 &= -1\,\text{A} \\ -I_2 \quad - \quad I_3 &= -3\,\text{A} \\ 9I_3 &= 16\,\text{A} \end{aligned} \tag{I-42}$$

mit der Lösung $I_1 = \dfrac{7}{9}\,\text{A}$, $I_2 = \dfrac{11}{9}\,\text{A}$ und $I_3 = \dfrac{16}{9}\,\text{A}$. Für den abfließenden Strom I_c folgt schließlich aus Gleichung (c) des linearen Gleichungssystems (I-38):

$$I_c = I_2 + I_3 = \left(\frac{11}{9} + \frac{16}{9}\right)\text{A} = \frac{27}{9}\,\text{A} = 3\,\text{A} \tag{I-43}$$

6 Der Binomische Lehrsatz

Unter einem *Binom* versteht man eine Summe aus *zwei* Gliedern (Summanden) der allgemeinen Form $a + b$. Die *n-te Potenz* eines solchen Binoms lässt sich dabei nach dem *Binomischen Lehrsatz* wie folgt entwickeln:

$$(a+b)^n = a^n + \binom{n}{1} a^{n-1} \cdot b^1 + \binom{n}{2} a^{n-2} \cdot b^2 + \ldots$$

$$\ldots + \binom{n}{n-1} a^1 \cdot b^{n-1} + b^n \tag{I-44}$$

($n \in \mathbb{N}^*$). Die Entwicklungskoeffizienten $\binom{n}{k}$ (gelesen: „n über k") heißen *Binomialkoeffizienten*, ihr Bildungsgesetz lautet:

$$\binom{n}{k} = \frac{n(n-1)(n-2)\ldots[n-(k-1)]}{1 \cdot 2 \cdot 3 \ldots k} \tag{I-45}$$

($k, n \in \mathbb{N}^*;\ k \leq n$). Ergänzend wird

$$\binom{n}{0} = 1 \tag{I-46}$$

gesetzt. Mit Hilfe der *Fakultät* lassen sich die Binomialkoeffizienten auch wie folgt ausdrücken [10]:

$$\binom{n}{k} = \frac{n(n-1)(n-2)\ldots[n-(k-1)]}{k!} \tag{I-47}$$

---

[10] $n!$ (gelesen: „n Fakultät") ist *definitionsgemäß* das Produkt der ersten n positiven ganzen Zahlen:
$n! = 1 \cdot 2 \cdot 3 \ldots n \quad (n \in \mathbb{N}^*)$
Ergänzend setzt man: $0! = 1$
Beispiele: $3! = 1 \cdot 2 \cdot 3 = 6$; $\quad 7! = 1 \cdot 2 \cdot 3 \cdot 4 \cdot 5 \cdot 6 \cdot 7 = 5040$

Der *Binomische Lehrsatz* (I-44) kann daher unter Verwendung des Summenzeichens[11)] auch wie folgt dargestellt werden:

$$(a + b)^n = \sum_{k=0}^{n} \binom{n}{k} a^{n-k} \cdot b^k \qquad \text{(I-48)}$$

Wir fassen die wichtigsten Ergebnisse zusammen:

Binomischer Lehrsatz (für positiv-ganzzahlige Exponenten n)

$$(a + b)^n = a^n + \binom{n}{1} a^{n-1} \cdot b^1 + \binom{n}{2} a^{n-2} \cdot b^2 + \ldots$$

$$\ldots + \binom{n}{n-1} a^1 \cdot b^{n-1} + b^n =$$

$$= \sum_{k=0}^{n} \binom{n}{k} a^{n-k} \cdot b^k \qquad \text{(I-49)}$$

Die Berechnung der *Binomialkoeffizienten* $\binom{n}{k}$ erfolgt dabei nach der Formel

$$\binom{n}{k} = \frac{n(n-1)(n-2)\ldots[n-(k-1)]}{k!} \qquad (0 < k \leq n) \qquad \text{(I-50)}$$

Für $k = 0$ setzt man ergänzend $\binom{n}{0} = 1$.

Anmerkungen

(1) Die Summanden in der Binomischen Entwicklungsformel (I-49) sind *Potenzprodukte* aus a und b, nach *fallenden* Potenzen von a geordnet. In jedem Potenzprodukt ist dabei die *Summe der Exponenten* gleich n.

(2) **Merke:** Zähler und Nenner der Binomialkoeffizienten $\binom{n}{k}$ sind Produkte aus jeweils k Faktoren.

Zähler: Beginnt mit dem Faktor n, jeder weitere Faktor ist um 1 kleiner als sein Vorgänger.

Nenner: $1 \cdot 2 \cdot 3 \cdot \ldots \cdot k$ (Produkt der ersten k positiven ganzen Zahlen)

(3) Die Binomialkoeffizienten können auch wie folgt berechnet werden:

$$\binom{n}{k} = \frac{n!}{k!(n-k)!} \qquad \text{(I-51)}$$

[11)] $\sum_{i=m}^{n} c_i = c_m + c_{m+1} + c_{m+2} + \cdots + c_n \quad (m \leq n)$

$\sum$: Summenzeichen; i: Summationsindex; m bzw. n: untere bzw. obere Summationsgrenze

6 Der Binomische Lehrsatz

(4) Weitere wichtige *Eigenschaften* der Binomialkoeffizienten:

$$\binom{n}{k} = \binom{n}{n-k} \qquad \text{(Symmetrie)} \tag{I-52}$$

$$\binom{n}{k} + \binom{n}{k+1} = \binom{n+1}{k+1} \tag{I-53}$$

Weitere Formeln: siehe *Mathematische Formelsammlung*.

(5) Ersetzt man in der Formel (I-49) den Summanden b durch $-b$, so erhält man die Entwicklungsformel für die Potenz $(a-b)^n$. Dabei ändern sich die Vorzeichen bei den *ungeraden* Potenzen von b.

(6) Lässt man für den Exponenten n der Potenz $(a+b)^n$ auch beliebige *reelle* Werte zu, so gelangt man zur *allgemeinen Binomischen Reihe*, die dann allerdings aus unendlich vielen Gliedern besteht (siehe hierzu Kap. VI, Abschnitt 3.2).

Pascalsches Dreieck

Die Binomialkoeffizienten $\binom{n}{k}$ können auch direkt aus dem folgenden sog. *Pascalschen Dreieck* abgelesen werden. *Bildungsgesetz:* Jede Zahl ist die *Summe* der beiden unmittelbar links und rechts über ihr stehenden Zahlen (in den Flanken links und rechts steht jeweils die Zahl 1, der Zeilenaufbau ist spiegelsymmetrisch zur Mitte).

```
                                               Zeile
                    1                            1
                 1     1                         2
              1     2     1                      3
           1     3     3     1                   4
        1     4     6     4     1                5
     1     5    10    10     5     1             6
  1     6    15    20    15     6     1          7
                       ↑
                     ⎛6⎞
                     ⎝4⎠
```

Der Koeffizient $\binom{n}{k}$ steht dabei in der $(n+1)$-ten Zeile an $(k+1)$-ter Stelle.

■ **Beispiele**

(1) Der Binomialkoeffizient $\binom{6}{4}$ steht in der 7. Zeile an 5. Stelle und besitzt demnach den Wert 15 (im Pascalschen Dreieck grau unterlegt).
Berechnung nach der Definitionsgleichung (I-50):

$$\binom{6}{4} = \frac{6 \cdot 5 \cdot 4 \cdot 3}{1 \cdot 2 \cdot 3 \cdot 4} = \frac{6 \cdot 5}{2} = 3 \cdot 5 = 15$$

(2) Für $n = 2$ erhalten wir die folgenden aus der Schulmathematik bereits bekannten Binomischen Formeln:

$$(a + b)^2 = a^2 + \binom{2}{1} ab + b^2 = a^2 + 2ab + b^2 \quad \text{(1. Binom)}$$

$$(a - b)^2 = a^2 - \binom{2}{1} ab + b^2 = a^2 - 2ab + b^2 \quad \text{(2. Binom)}$$

(3) Entsprechend erhält man für $n = 3$:

$$(a + b)^3 = a^3 + \binom{3}{1} a^2 b + \binom{3}{2} ab^2 + b^3 = a^3 + 3a^2 b + 3ab^2 + b^3$$

$$(a - b)^3 = a^3 - \binom{3}{1} a^2 b + \binom{3}{2} ab^2 - b^3 = a^3 - 3a^2 b + 3ab^2 - b^3$$

(4) Wir entwickeln das Binom $(2x \pm 5y)^3$ nach *fallenden* Potenzen von x:

$$(2x \pm 5y)^3 = (2x)^3 \pm 3(2x)^2(5y) + 3(2x)(5y)^2 \pm (5y)^3 =$$

$$= 8x^3 \pm 60x^2 y + 150xy^2 \pm 125y^3$$

(5) Wir berechnen den Wert der Potenz 104^3 mit Hilfe des *Binomischen Lehrsatzes*, wobei wir zunächst die Basiszahl 104 als *Summe* der Zahlen 100 und 4 darstellen:

$$104^3 = (100 + 4)^3 = 100^3 + \binom{3}{1} 100^2 \cdot 4^1 + \binom{3}{2} 100^1 \cdot 4^2 + 4^3 =$$

$$= 1\,000\,000 + 3 \cdot 10\,000 \cdot 4 + 3 \cdot 100 \cdot 16 + 64 =$$

$$= 1\,000\,000 + 120\,000 + 4\,800 + 64 = 1\,124\,864$$

■

Übungsaufgaben

Zu Abschnitt 1 und 2

1) Stellen Sie die folgenden Mengen in der *aufzählenden* Form dar:

$M_1 = \{x \mid x \in \mathbb{N}^* \text{ und } |x| \leq 4\}$

M_2: Menge aller *Primzahlen* $p \leq 35$

$\mathbb{L}_1 = \{x \mid x \in \mathbb{R} \text{ und } 2x^2 + 3x = 2\}$

$\mathbb{L}_2 = \{x \mid x \in \mathbb{R} \text{ und } 2x^2 - 8x = 0\}$

2) Bilden Sie mit $M_1 = \{x \mid x \in \mathbb{R} \text{ und } 0 \leq x < 4\}$ und $M_2 = \{x \mid x \in \mathbb{R} \text{ und } -2 < x < 2\}$ die folgenden Mengen: $M_1 \cup M_2$, $M_1 \cap M_2$, $M_1 \setminus M_2$.

3) Bestimmen Sie die durch die Ungleichung $3n - 15 \leq 4$ definierte Teilmenge von $\mathbb{N}^*$ in der *aufzählenden* und in der *beschreibenden* Form.

4) In welchen Anordnungsbeziehungen stehen die Zahlen $a = 2$, $b = -5$ und $c = 8$ zueinander?

5) Skizzieren Sie die folgenden Zahlenmengen auf der Zahlengerade:

   a) $(2, 10)$ b) $x > 2$ c) $-8 < x < 2$

   d) $A = \{x \mid x \in \mathbb{R} \text{ und } 1 \leq x < 2\}$

Zu Abschnitt 3

1) Bestimmen Sie die reellen Lösungen der folgenden quadratischen Gleichungen:

   a) $-4x^2 + 6x - 1 = 0$ b) $4x^2 + 8x - 60 = 0$

   c) $x^2 - 10x = 74$ d) $x^2 - 4x + 13 = 0$

   e) $-1 = -9(x - 2)^2$ f) $x^2 + 9x = -19$

   g) $5x^2 + 20x + 20 = 0$ h) $(x - 1)(x + 3) = -4$

2) Bestimmen Sie den Parameter c so, dass die Gleichung $2x^2 + 4x = c$ genau *eine* (doppelte) reelle Lösung besitzt.

3) Welche *reellen* Lösungen besitzen die folgenden Gleichungen?

   a) $-2x^3 + 8x^2 = 8x$ b) $t^4 - 13t^2 + 36 = 0$

   c) $x^3 - 6x^2 + 11x = 0$ d) $x^5 - 3x^3 + x = 0$

   e) $2x^4 - 8x^2 - 24 = 0$ f) $(x - 1)^2(x + 2) = 4(x + 2)$

   g) $0{,}5(3x^2 - 6)(x^2 - 25)(x + 3) = 0$

4) Lösen Sie die folgenden Wurzelgleichungen im Reellen:

   a) $\sqrt{-3 + 2x} = 2$ b) $\sqrt{x^2 + 4} = x - 2$

   c) $\sqrt{x - 1} = \sqrt{x + 1}$ d) $\sqrt{2x^2 - 1} + x = 0$

5) Welche *reellen* Lösungen besitzen die folgenden Betragsgleichungen?

   a) $|x^2 - x| = 24$ b) $|x + 1| = |x - 1|$

   c) $|2x + 4| = -x^2 + x + 6$ d) $|x^2 + 2x - 1| = |x|$

Zu Abschnitt 4

1) Bestimmen Sie die *reellen* Lösungsmengen der folgenden Ungleichungen:

   a) $2x - 8 > |x|$ b) $x^2 + x + 1 \geq 0$

   c) $|x| \leq x - 2$ d) $|x - 4| > x^2$

   e) $|x^2 - 9| < |x - 1|$ f) $|x - 1| \geq |x + 2|$

   g) $-x^2 \leq x + 4$ h) $\dfrac{x - 1}{x + 1} < 1 \quad (x \neq -1)$

2) Für welche $x \in \mathbb{R}$ erhält man *reelle* Wurzelwerte?

   a) $\sqrt{2 - x}$ b) $\sqrt{1 + x^2}$ c) $\sqrt{4 - x^2}$

   d) $\sqrt{(1 - x)(x + 2)}$ e) $\sqrt{x^2 - 1}$ f) $\sqrt{\dfrac{4 - x}{x + 2}}$

Zu Abschnitt 5

1) Lösen Sie die folgenden linearen Gleichungssysteme unter Verwendung des Gaußschen Algorithmus:

   a) $\begin{aligned} 3x_1 - 3x_2 + 3x_3 &= 0 \\ 8x_1 + 10x_2 + 2x_3 &= 6 \\ -2x_1 + x_2 - 3x_3 &= 5 \end{aligned}$ b) $\begin{pmatrix} 8 & 7 & -6 \\ 0 & -4 & 5 \\ -1 & 3 & 2 \end{pmatrix} \begin{pmatrix} x \\ y \\ z \end{pmatrix} = \begin{pmatrix} 3 \\ -3 \\ 9 \end{pmatrix}$

   c) $\begin{aligned} u + 5v + w &= -10 \\ -4u - 2v - 3w &= -10 \\ 3u + v - w &= -4 \end{aligned}$ d) $\begin{aligned} 2x - 4{,}5y + z &= -14{,}115 \\ -3{,}2x - 4{,}8y - 8{,}1z &= -16{,}941 \\ 5{,}64x + y - 1{,}4z &= 11{,}2212 \end{aligned}$

2) Zeigen Sie: Das lineare Gleichungssystem

$$\begin{pmatrix} 1 & 1 & 1 \\ -1 & 2 & 1 \\ 2 & -4 & -2 \end{pmatrix} \begin{pmatrix} x_1 \\ x_2 \\ x_3 \end{pmatrix} = \begin{pmatrix} -2 \\ 6 \\ -6 \end{pmatrix}$$

ist *unlösbar*.

3) Bestimmen Sie sämtliche Lösungen des homogenen linearen Gleichungssystems

$$\begin{aligned} x + y - z &= 0 \\ -x + 2y + 3z &= 0 \\ 3y + 2z &= 0 \end{aligned}$$

4) Lösen Sie das folgende lineare Gleichungssystem:

$$\begin{aligned} 2x_1 + x_2 + 4x_3 + 3x_4 &= 0 \\ -x_1 + 2x_2 + x_3 - x_4 &= 4 \\ 3x_1 + 4x_2 - x_3 - 2x_4 &= 0 \\ 4x_1 + 3x_2 + 2x_3 + x_4 &= 0 \end{aligned}$$

5) Zeigen Sie: Das homogene lineare Gleichungssystem

$$\begin{aligned} 2x_1 + 5x_2 - 3x_3 &= 0 \\ 4x_1 - 4x_2 + x_3 &= 0 \\ 4x_1 - 2x_2 &= 0 \end{aligned}$$

besitzt unendlich viele Lösungen.

6) Lösen Sie die folgenden nicht-quadratischen linearen Gleichungssysteme:

a) $\quad \begin{aligned} x_1 - 2x_2 + 3x_3 - 2x_4 &= 15 \\ 2x_1 + 3x_2 - x_3 - 4x_4 &= 2 \\ 6x_1 + 16x_2 - 10x_3 - 12x_4 &= -22 \end{aligned}$

b) $\quad \begin{aligned} -x - y - z &= -6 \\ 4x + 5y + 3z &= 29 \\ 2x - 10y + z &= -35 \\ -3x - 2y + 3z &= -20 \end{aligned}$

Zu Abschnitt 6

1) Berechnen Sie die folgenden Binomialkoeffizienten:

   a) $\binom{13}{4}$ b) $\binom{10}{5}$ c) $\binom{13}{11}$ d) $\binom{8}{6}$

2) Welchen Wert besitzt der Binomialkoeffizient $\binom{n+k}{k+1}$?

3) Berechnen Sie die folgenden Potenzen unter Verwendung des Binomischen Lehrsatzes:

   a) 102^4 b) 99^5 c) 996^3

4) Entwickeln Sie die folgenden Binome:

   a) $(x+4)^5$ b) $(1-5y)^4$ c) $(a^2-2b)^3$

5) Berechnen Sie den Wert der folgenden Potenzen mit Hilfe des Binomischen Lehrsatzes auf *vier* Dezimalstellen nach dem Komma genau:

   a) $1{,}03^{12}$ b) $0{,}99^{20}$ c) $2{,}01^8$

6) Wie lauten die *ersten fünf* Glieder der binomischen Entwicklung von $(2+3x)^{10}$?

7) Bestimmen Sie den jeweiligen *Koeffizienten* der Potenz x^5 in der binomischen Entwicklung von:

   a) $(1-4x)^8$ b) $(x+0{,}5\,a)^{12}$

II Vektoralgebra

1 Grundbegriffe

1.1 Definition eines Vektors

Unter den in Naturwissenschaft und Technik auftretenden Größen kommt den *Skalaren* und *Vektoren* eine besondere Bedeutung zu. Während man unter einem *Skalar* eine Größe versteht, die sich eindeutig durch die Angabe einer *Maßzahl* und einer *Maßeinheit* beschreiben lässt, benötigt man bei einer *vektoriellen Größe* zusätzlich noch Angaben über die *Richtung*, in der sie wirkt.

Definition: Unter *Vektoren* verstehen wir Größen, die durch Angabe von Maßzahl und Richtung vollständig beschrieben sind. Zu ihrer Kennzeichnung verwenden wir Buchstabensymbole, die mit einem Pfeil versehen werden wie zum Beispiel:

$$\vec{a},\ \vec{b},\ \vec{c},\ \vec{r},\ \vec{e},\ \vec{F},\ \vec{M},\ \vec{E}$$

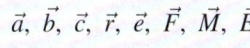

Bild II-1

Ein Vektor $\vec{a}$ ist in symbolischer Form durch einen *Pfeil* darstellbar (Bild II-1). Die Maßzahl der Länge des Pfeils, der die Vektorgröße repräsentiert, heißt *Betrag* des Vektors und wird durch das Symbol $|\vec{a}|$ oder a gekennzeichnet. Die Pfeilspitze legt die Richtung (Orientierung) des Vektors fest. Durch Betrag und Richtung ist der Vektor eindeutig bestimmt.

Anmerkungen

(1) Bei einer *physikalisch-technischen* Vektorgröße gehört zur vollständigen Beschreibung noch die Angabe der *Maßeinheit*. Daher verstehen wir unter dem Betrag eines *physikalischen* Vektors die Angabe von Maßzahl *und* Einheit.

Beispiel: Betrag einer Kraft $\vec{F}_1$: $|\vec{F}_1| = F_1 = 100\,\text{N}$

(2) Der Betrag eines Vektors $\vec{a}$ ist stets größer oder gleich null: $|\vec{a}| = a \geq 0$

(3) Ein Vektor lässt sich auch eindeutig durch die Angabe von Anfangspunkt P und Endpunkt Q festlegen (Bild II-2). Als Vektorsymbol verwendet man dann $\overrightarrow{PQ}$.

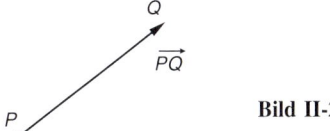

Bild II-2

- **Beispiele**

  Skalare: Masse m, Temperatur T, Zeit t, Arbeit W, Widerstand R, Spannung U, Massenträgheitsmoment J

  Vektoren: Strecke (Weg) $\vec{s}$, Geschwindigkeit $\vec{v}$, Beschleunigung $\vec{a}$, Kraft $\vec{F}$, Impuls $\vec{p}$, Drehmoment $\vec{M}$, Elektrische Feldstärke $\vec{E}$, Magnetische Flussdichte (magnetische Induktion) $\vec{B}$ ∎

In den Anwendungen wird noch zwischen *freien, linienflüchtigen* und *gebundenen* Vektoren unterschieden:

1. *Freie Vektoren* dürfen beliebig parallel zu sich selbst verschoben werden.
2. *Linienflüchtige Vektoren* sind längs ihrer Wirkungslinie beliebig verschiebbar (z. B. Kräfte, die an einem starren Körper angreifen).
3. *Gebundene Vektoren* werden von einem festen Punkt aus abgetragen. Beispiele hierfür sind der *Ortsvektor* $\vec{r}$ eines ebenen oder räumlichen Punktes, der vom Koordinatenursprung aus abgetragen wird, und der elektrische Feldstärkevektor $\vec{E}$, der jedem Punkt eines elektrischen Feldes zugeordnet wird.

Spezielle Vektoren

Nullvektor $\vec{0}$:   Jeder Vektor vom Betrag null, $|\vec{0}| = 0$, heißt *Nullvektor* (für ihn lässt sich *keine* Richtung angeben, da Anfangs- und Endpunkt zusammenfallen).

Einheitsvektor $\vec{e}$:   Jeder Vektor vom Betrag eins, $|\vec{e}| = 1$, wird als *Einheitsvektor* oder *Einsvektor* bezeichnet.

Ortsvektor $\vec{r}(P) = \overrightarrow{OP}$:   Er führt vom Koordinatenursprung O zum Punkt P.

1.2 Gleichheit von Vektoren

Definition: Zwei Vektoren $\vec{a}$ und $\vec{b}$ werden als *gleich* betrachtet, $\vec{a} = \vec{b}$, wenn sie in Betrag und Richtung übereinstimmen (Bild II-3).

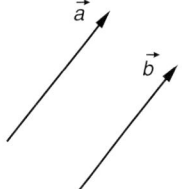

Bild II-3 Zum Begriff der Gleichheit zweier Vektoren

Vektoren sind demnach *gleich*, wenn sie durch *Parallelverschiebung* ineinander überführbar sind. Diese Art von Vektoren bezeichnet man als *freie* Vektoren. Im weiteren Verlauf der Vektorrechnung wollen wir uns ausschließlich mit den Eigenschaften und den Rechenoperationen dieser Vektorklasse auseinandersetzen.

1 Grundbegriffe

■ **Beispiel**

Jeder der in Bild II-4 skizzierten Vektoren $\vec{a}_1, \vec{a}_2, \vec{a}_3$ und $\vec{a}_4$ lässt sich durch Parallelverschiebung in den Vektor $\vec{a}$ überführen. Sie werden daher verabredungsgemäß als gleich angesehen: $\vec{a}_1 = \vec{a}_2 = \vec{a}_3 = \vec{a}_4 = \vec{a}$.

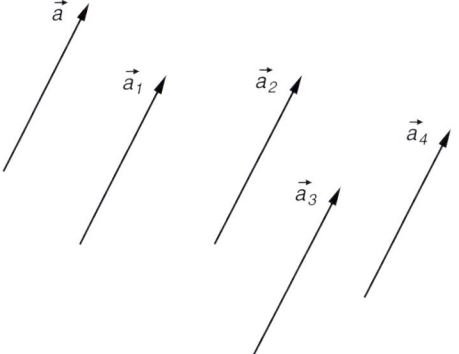

Bild II-4

■

1.3 Parallele, antiparallele und kollineare Vektoren

Definitionen: (1) Zwei Vektoren $\vec{a}$ und $\vec{b}$ mit *gleicher* Richtung (Orientierung) heißen zueinander *parallel* (Bild II-5). Sie werden durch das Symbol

$$\vec{a} \uparrow\uparrow \vec{b}$$

gekennzeichnet.

(2) Besitzen zwei Vektoren $\vec{a}$ und $\vec{b}$ *entgegengesetzte* Richtung (Orientierung), so werden sie als zueinander *antiparallel* bezeichnet (Bild II-6). Symbolische Schreibweise:

$$\vec{a} \uparrow\downarrow \vec{b}$$

Anmerkung

Parallele Vektoren werden auch als *gleichsinnig parallel, antiparallele* Vektoren auch als *gegensinnig parallel* bezeichnet.

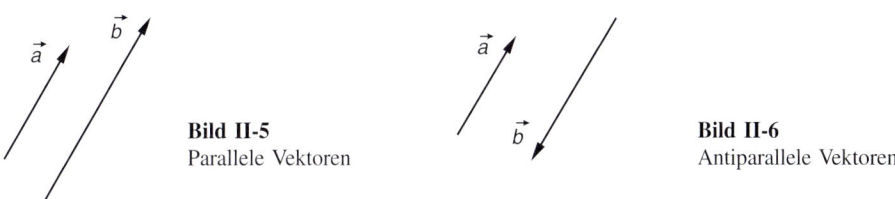

Bild II-5
Parallele Vektoren

Bild II-6
Antiparallele Vektoren

Vektoren, die zueinander parallel oder antiparallel orientiert sind, lassen sich stets durch Parallelverschiebung in eine gemeinsame Linie (Wirkungslinie) bringen und heißen daher auch *kollinear*.

Inverser Vektor oder Gegenvektor

Wir betrachten nun einen beliebigen Vektor $\vec{a}$. Den zu $\vec{a}$ antiparallelen Vektor *gleicher* Länge bezeichnen wir als *inversen* Vektor (auch *Gegenvektor* genannt) und kennzeichnen ihn durch das Symbol $-\vec{a}$ (Bild II-7). Der *inverse* Vektor $-\vec{a}$ entsteht also aus $\vec{a}$ durch *Richtungsumkehr*.

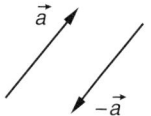

Bild II-7
Vektor und Gegenvektor (inverser Vektor)

Inverser Vektor oder Gegenvektor (Bild II-7)

Der zu einem Vektor $\vec{a}$ gehörende *inverse* Vektor oder *Gegenvektor* $-\vec{a}$ besitzt den *gleichen* Betrag wie der Vektor $\vec{a}$, jedoch die *entgegengesetzte* Richtung.

■ **Beispiel**

Eine elastische Schraubenfeder wird durch ein Gewicht $\vec{G}$ belastet und gedehnt (Bild II-8). Im Gleichgewichtszustand wird die Gewichtskraft $\vec{G}$ durch die Rückstellkraft $\vec{F}$ der Feder kompensiert. Der Vektor $\vec{F}$ ist der zu $\vec{G}$ *inverse* Vektor, d. h. es gilt

$$\vec{F} = -\vec{G}$$

(sog. Kräftegleichgewicht).

Bild II-8 Kräftegleichgewicht bei einer belasteten elastischen Schraubenfeder ■

1.4 Vektoroperationen

Wir beschäftigen uns in diesem Abschnitt mit den *elementaren* Vektoroperationen. Dazu zählen wir:

– *Addition von Vektoren*
– *Subtraktion von Vektoren*
– *Multiplikation eines Vektors mit einer reellen Zahl (einem Skalar)*

1 Grundbegriffe

1.4.1 Addition von Vektoren

Aus der Mechanik ist bekannt, dass man zwei am gleichen Massenpunkt angreifende Kräfte $\vec{F}_1$ und $\vec{F}_2$ zu einer resultierenden Kraft $\vec{F}_R$ zusammenfassen kann, die die gleiche physikalische Wirkung erzielt wie die beiden Einzelkräfte zusammen. Die Resultierende erhält man dabei durch eine *geometrische* Konstruktion, die unter der Bezeichnung *Parallelogrammregel* (Kräfteparallelogramm) bekannt ist und in Bild II-9 näher erläutert wird. Diese Regel stellt eine Anwendung einer allgemeinen Vorschrift dar, die aus zwei Vektoren $\vec{a}$ und $\vec{b}$ einen neuen Vektor erzeugt, der als *Summenvektor* $\vec{s} = \vec{a} + \vec{b}$ bezeichnet wird.

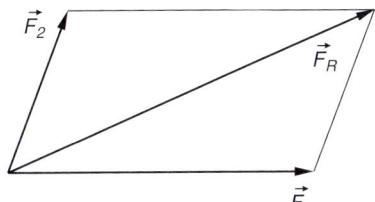

Bild II-9
Kräfteparallelogramm: $\vec{F}_R$ ist die Resultierende aus $\vec{F}_1$ und $\vec{F}_2$

Wir definieren die *Addition* zweier Vektoren wie folgt:

Definition: Zwei Vektoren $\vec{a}$ und $\vec{b}$ werden nach der folgenden Vorschrift *geometrisch addiert* (Bild II-10):

1. Der Vektor $\vec{b}$ wird parallel zu sich selbst verschoben, bis sein Anfangspunkt in den Endpunkt des Vektors $\vec{a}$ fällt.

2. Der vom Anfangspunkt des Vektors $\vec{a}$ zum Endpunkt des verschobenen Vektors $\vec{b}$ gerichtete Vektor ist der *Summenvektor* $\vec{s} = \vec{a} + \vec{b}$.

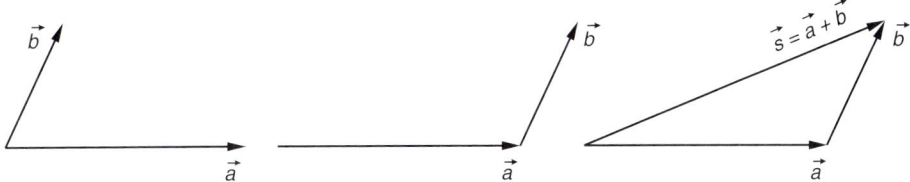

Bild II-10 Zur geometrischen Addition zweier Vektoren

Der Summenvektor $\vec{s} = \vec{a} + \vec{b}$ lässt sich auch als gerichtete *Diagonale* in dem aus den Vektoren $\vec{a}$ und $\vec{b}$ konstruierten Parallelogramm nach Bild II-11 gewinnen.

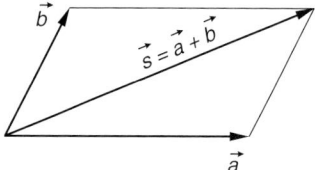

Bild II-11
Summenvektor $\vec{s} = \vec{a} + \vec{b}$ als gerichtete Diagonale im Parallelogramm

Die Addition von Vektoren unterliegt dabei den folgenden *Rechenregeln*:

Kommutativgesetz $\qquad \vec{a} + \vec{b} = \vec{b} + \vec{a}$ \hfill (II-1)

Assoziativgesetz $\quad \vec{a} + (\vec{b} + \vec{c}) = (\vec{a} + \vec{b}) + \vec{c}$ \hfill (II-2)

Die Summe aus mehr als zwei Vektoren wird gebildet, indem man in der bekannten Weise Vektor an Vektor setzt. Dies lässt sich durch Parallelverschiebung stets erreichen. Das Ergebnis dieser Konstruktion ist ein sog. *Vektorpolygon* (Bild II-12). Der Summenvektor (in den Anwendungen meist „Resultierende" genannt) ist derjenige Vektor, der vom Anfangspunkt des ersten Vektors zum Endpunkt des letzten Vektors führt.

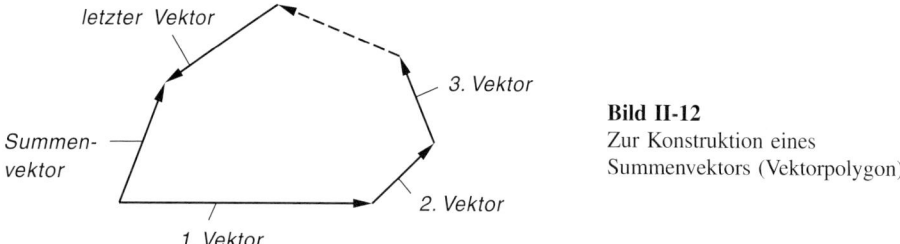

Bild II-12
Zur Konstruktion eines Summenvektors (Vektorpolygon)

In Bild II-13 wird die Addition dreier Kräfte $\vec{F}_1$, $\vec{F}_2$ und $\vec{F}_3$, die in einem Massenpunkt angreifen, zu einem resultierenden Kraftvektor $\vec{F}_R$ Schritt für Schritt vollzogen.

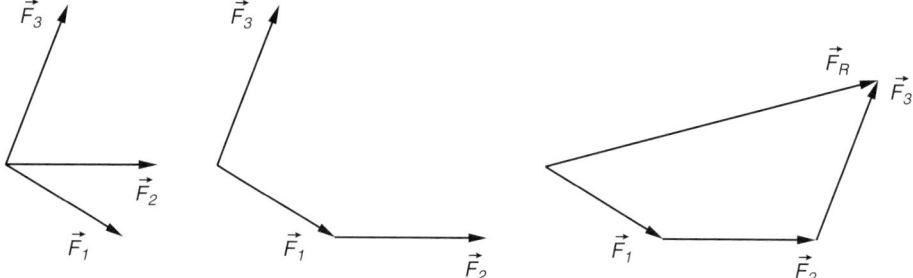

Bild II-13 Vektorielle Addition dreier Kräfte, die in einem Massenpunkt angreifen

Ist das Vektorpolygon in sich *geschlossen*, so ist der Summenvektor der *Nullvektor*. In der physikalischen Realität bedeutet dies stets, dass sich die Vektoren in ihrer Wirkung gegenseitig aufheben.

1 Grundbegriffe

1.4.2 Subtraktion von Vektoren

Die *Subtraktion* zweier Vektoren lässt sich wie bei den reellen Zahlen als *Umkehrung der Addition* auffassen und damit auf die Addition zweier Vektoren zurückführen:

Definition: Unter dem *Differenzvektor* $\vec{d} = \vec{a} - \vec{b}$ zweier Vektoren $\vec{a}$ und $\vec{b}$ verstehen wir den Summenvektor aus $\vec{a}$ und $-\vec{b}$, wobei $-\vec{b}$ der zu $\vec{b}$ *inverse* Vektor ist:

$$\vec{d} = \vec{a} - \vec{b} = \vec{a} + (-\vec{b})$$ (II-3)

Anmerkung

Der *Differenzvektor* $\vec{d} = \vec{a} - \vec{b}$ ist also die *Summe* aus dem Vektor $\vec{a}$ und dem *Gegenvektor* von $\vec{b}$.

Die Konstruktion des Differenzvektors erfolgt daher nach der folgenden Vorschrift:

Konstruktion des Differenzvektors $\vec{d} = \vec{a} - \vec{b}$ (Bild II-14)

1. Der Vektor $\vec{b}$ wird zunächst in seiner Richtung *umgekehrt*: Dies führt zu dem *inversen* Vektor $-\vec{b}$.
2. Dann wird der Vektor $-\vec{b}$ parallel zu sich selbst verschoben, bis sein Anfangspunkt in den Endpunkt des Vektors $\vec{a}$ fällt.
3. Der vom Anfangspunkt des Vektors $\vec{a}$ zum Endpunkt des Vektors $-\vec{b}$ gerichtete Vektor ist der gesuchte Differenzvektor $\vec{d} = \vec{a} - \vec{b}$.

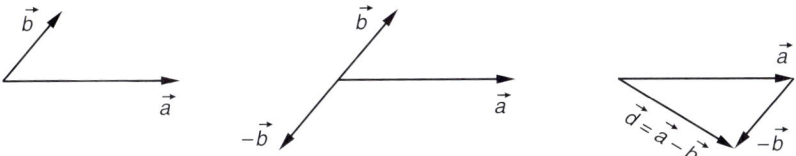

Bild II-14 Zur Subtraktion zweier Vektoren

Der Differenzvektor $\vec{d} = \vec{a} - \vec{b}$ lässt sich auch mit Hilfe der *Parallelogrammregel* konstruieren. In Bild II-15 wird diese geometrische Konstruktion näher erläutert.

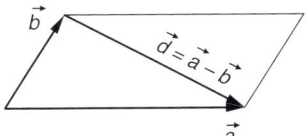

Bild II-15
Differenzvektor $\vec{d} = \vec{a} - \vec{b}$ als gerichtete Diagonale im Parallelogramm

Parallelogrammregel für die Addition und Subtraktion zweier Vektoren

Summenvektor $\vec{s} = \vec{a} + \vec{b}$ und *Differenzvektor* $\vec{d} = \vec{a} - \vec{b}$ lassen sich geometrisch als gerichtete *Diagonalen* eines Parallelogramms konstruieren, das von den beiden Vektoren $\vec{a}$ und $\vec{b}$ aufgespannt wird. Die Konstruktion des *Summen-* bzw. *Differenzvektors* wird in Bild II-16 näher erläutert.

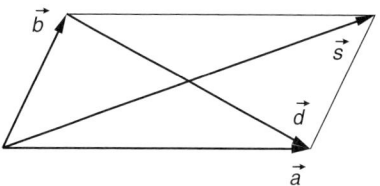

$$\vec{s} = \vec{a} + \vec{b}$$
$$\vec{d} = \vec{a} - \vec{b}$$

Bild II-16 Zur Parallelogrammregel

1.4.3 Multiplikation eines Vektors mit einem Skalar

Definition: Durch Multiplikation eines Vektors $\vec{a}$ mit einer reellen Zahl (einem Skalar) λ entsteht ein neuer Vektor $\vec{b} = \lambda \vec{a}$ mit den folgenden Eigenschaften (Bild II-17):

1. Der Betrag von $\vec{b}$ ist das $|\lambda|$-fache des Betrages von $\vec{a}$:

$$|\vec{b}| = |\lambda \vec{a}| = |\lambda| \cdot |\vec{a}| \tag{II-4}$$

2. Der Vektor $\vec{b}$ ist parallel oder antiparallel zu $\vec{a}$ orientiert:

$$\lambda > 0: \quad \vec{b} \uparrow\uparrow \vec{a} \quad \text{(Bild II-17 a))}$$
$$\lambda < 0: \quad \vec{b} \uparrow\downarrow \vec{a} \quad \text{(Bild II-17 b))}$$

Für $\lambda = 0$ erhält man den Nullvektor $\vec{0}$.

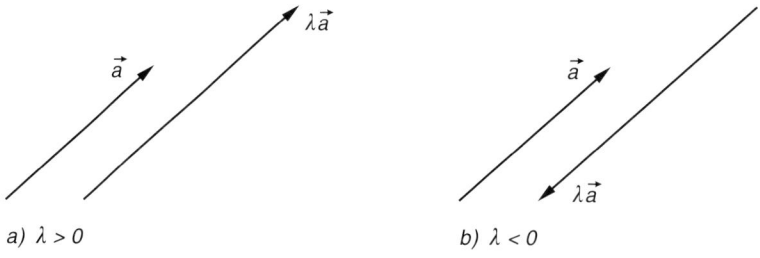

a) $\lambda > 0$ b) $\lambda < 0$

Bild II-17 Zur Multiplikation eines Vektors $\vec{a}$ mit einem Skalar λ

1 Grundbegriffe

Anmerkungen

(1) Die Vektoren $\lambda \vec{a}$ und $\vec{a}$ sind *kollinear*.
(2) Die Multiplikation eines Vektors mit einer *negativen* Zahl bewirkt stets eine *Richtungsumkehr* des Vektors (siehe hierzu Bild II-17 b)).
(3) Die *Division* eines Vektors $\vec{a}$ durch einen Skalar $\mu \neq 0$ entspricht einer *Multiplikation* von $\vec{a}$ mit dem *Kehrwert* $\lambda = 1/\mu$.

Rechenregeln ($\lambda \in \mathbb{R}$; $\mu \in \mathbb{R}$)

$$\lambda (\vec{a} + \vec{b}) = \lambda \vec{a} + \lambda \vec{b} \tag{II-5}$$

$$(\lambda + \mu) \vec{a} = \lambda \vec{a} + \mu \vec{a} \tag{II-6}$$

$$(\lambda \mu) \vec{a} = \lambda (\mu \vec{a}) = \mu (\lambda \vec{a}) \tag{II-7}$$

$$|\lambda \vec{a}| = |\lambda| \cdot |\vec{a}| \tag{II-8}$$

■ **Beispiele**

(1) Wir multiplizieren den Vektor $\vec{a}$ der Reihe nach mit den Skalaren 2, $-1{,}5$ und 4 (Bild II-18):

$$2\vec{a}: \quad 2\vec{a} \uparrow\uparrow \vec{a}, \qquad |2\vec{a}| = 2|\vec{a}| = 2a$$

$$-1{,}5\vec{a}: \quad -1{,}5\vec{a} \uparrow\downarrow \vec{a}, \qquad |-1{,}5\vec{a}| = 1{,}5|\vec{a}| = 1{,}5\,a$$

$$4\vec{a}: \quad 4\vec{a} \uparrow\uparrow \vec{a}, \qquad |4\vec{a}| = 4|\vec{a}| = 4a$$

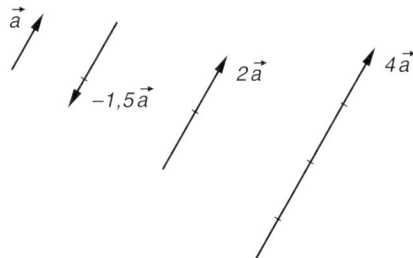

Bild II-18
Zur Multiplikation eines Vektors mit einem Skalar

(2) *Beispiele aus Physik und Technik:*

(a) Kraft, Masse und Beschleunigung sind durch die *Newtonsche* Bewegungsgleichung $\vec{F} = m\vec{a}$ miteinander verknüpft:

$$\vec{F} \uparrow\uparrow \vec{a} \ (\text{wegen } m > 0), \qquad |\vec{F}| = m|\vec{a}|, \quad \text{d. h.} \quad F = ma$$

(b) Impuls: $\vec{p} = m\vec{v}$ (Impuls = Masse mal Geschwindigkeit)

$$\vec{p} \uparrow\uparrow \vec{v} \ (\text{wegen } m > 0), \qquad |\vec{p}| = m|\vec{v}|, \quad \text{d. h.} \quad p = mv$$

(c) Ein geladenes Teilchen (Ladung q) erfährt in einem elektrischen Feld der Feldstärke $\vec{E}$ eine Kraft $\vec{F} = q\vec{E}$ *in* Richtung des Feldes (bei positiver Ladung) oder in die dem Feld *entgegengesetzte* Richtung (bei negativer Ladung wie etwa bei Elektronen):

$$q > 0: \quad \vec{F} \uparrow\uparrow \vec{E}, \qquad |\vec{F}| = q|\vec{E}|, \quad \text{d. h.} \quad F = qE$$

$$q < 0: \quad \vec{F} \uparrow\downarrow \vec{E}, \qquad |\vec{F}| = |q| \cdot |\vec{E}|, \quad \text{d. h.} \quad F = -qE$$

■

2 Vektorrechnung in der Ebene

Besonders anschaulich und übersichtlich ist die Vektorrechnung in der *Ebene*. Wir beschränken uns daher zunächst aus rein didaktischen Gründen auf die Darstellung der Vektoren und ihrer Rechenoperationen in der Ebene, wobei ein rechtwinkliges (kartesisches) Koordinatensystem zugrundegelegt wird.

2.1 Komponentendarstellung eines Vektors

Das Koordinatensystem legen wir durch zwei aufeinander senkrecht stehende Einheitsvektoren $\vec{e}_x$ und $\vec{e}_y$ fest, die in diesem Zusammenhang auch als *Basisvektoren* bezeichnet werden (Bild II-19). Sie bestimmen *Richtung* und *Maßstab* der Koordinatenachsen.

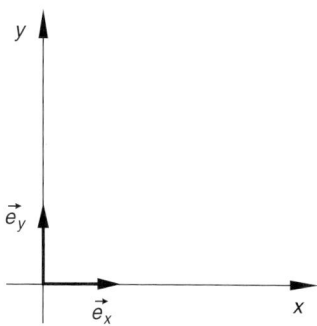
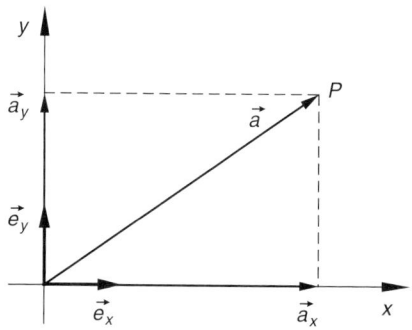

Bild II-19 Festlegung eines ebenen rechtwinkligen Koordinatensystems durch zwei Einheitsvektoren (Basisvektoren)

Bild II-20 Zerlegung eines Vektors in Komponenten

Wir betrachten nun einen im Nullpunkt „angebundenen" Vektor $\vec{a}$. Die *Projektionen* dieses Vektors auf die beiden Koordinatenachsen führen zu den mit $\vec{a}_x$ und $\vec{a}_y$ bezeichneten Vektoren (Bild II-20). Der Vektor $\vec{a}$ ist dann als *Summenvektor* aus $\vec{a}_x$ und $\vec{a}_y$ darstellbar:

$$\vec{a} = \vec{a}_x + \vec{a}_y \qquad \text{(II-9)}$$

2 Vektorrechnung in der Ebene

Die durch Projektion entstandenen Vektoren $\vec{a}_x$ und $\vec{a}_y$ werden als *Vektorkomponenten* von $\vec{a}$ bezeichnet. Sie lassen sich durch die Einheitsvektoren $\vec{e}_x$ und $\vec{e}_y$ wie folgt ausdrücken:

$$\vec{a}_x = a_x \vec{e}_x, \qquad \vec{a}_y = a_y \vec{e}_y \tag{II-10}$$

($\vec{a}_x$ und $\vec{e}_x$ sind *kollineare* Vektoren, ebenso $\vec{a}_y$ und $\vec{e}_y$). Für den Vektor $\vec{a}$ erhält man somit die Darstellung

$$\vec{a} = \vec{a}_x + \vec{a}_y = a_x \vec{e}_x + a_y \vec{e}_y \tag{II-11}$$

Die *skalaren* Größen a_x und a_y sind die sog. *Vektorkoordinaten* von $\vec{a}$. Sie werden auch als *skalare Vektorkomponenten* bezeichnet und stimmen mit den Koordinaten des Vektorendpunktes P überein, wenn der Vektor (wie hier) vom Nullpunkt aus abgetragen wird ($\vec{a}$ ist dann der Ortsvektor von P). Die in Gleichung (II-11) angegebene Zerlegung heißt *Komponentendarstellung* des Vektors $\vec{a}$. Bei fester Basis $\vec{e}_x, \vec{e}_y$ ist der Vektor $\vec{a}$ in umkehrbar eindeutiger Weise durch die Vektorkoordinaten a_x und a_y bestimmt. Daher schreibt man verkürzt in *symbolischer* Form

$$\vec{a} = a_x \vec{e}_x + a_y \vec{e}_y = \begin{pmatrix} a_x \\ a_y \end{pmatrix} \tag{II-12}$$

und bezeichnet das Symbol $\begin{pmatrix} a_x \\ a_y \end{pmatrix}$ als *Spaltenvektor*. Auch die Schreibweise in Form eines *Zeilenvektors* $(a_x \; a_y)$ ist grundsätzlich möglich. Wir werden jedoch zur Darstellung von Vektoren ausschließlich *Spaltenvektoren* verwenden, um Verwechslungen mit Punkten zu vermeiden. Außerdem lassen sich die Rechenoperationen mit Spaltenvektoren wesentlich übersichtlicher durchführen, wie wir noch sehen werden.

Wir fassen zusammen:

Komponentendarstellung eines Vektors (Bild II-20)

$$\vec{a} = \vec{a}_x + \vec{a}_y = a_x \vec{e}_x + a_y \vec{e}_y = \begin{pmatrix} a_x \\ a_y \end{pmatrix} \tag{II-13}$$

Dabei bedeuten:

$\left.\begin{array}{l} \vec{a}_x = a_x \vec{e}_x \\ \vec{a}_y = a_y \vec{e}_y \end{array}\right\}$ Vektorkomponenten von $\vec{a}$

a_x, a_y: Vektorkoordinaten (skalare Vektorkomponenten) von $\vec{a}$

$\begin{pmatrix} a_x \\ a_y \end{pmatrix}$: Spaltenvektor

Anmerkung

Eine Vektorkoordinate wird dabei *positiv* gezählt, wenn die Projektion des Vektors $\vec{a}$ auf die entsprechende Koordinatenachse in die *positive* Richtung dieser Achse zeigt.

Fällt der Projektionsvektor jedoch in die *Gegenrichtung*, d. h. in die *negative* Richtung der Koordinatenachse, so ist die entsprechende Vektorkoordinate *negativ*.

Ist der Vektor $\vec{a}$ durch den Anfangspunkt $P_1 = (x_1; y_1)$ und den Endpunkt $P_2 = (x_2; y_2)$ gegeben, so lautet seine Komponentendarstellung wie folgt (Bild II-21):

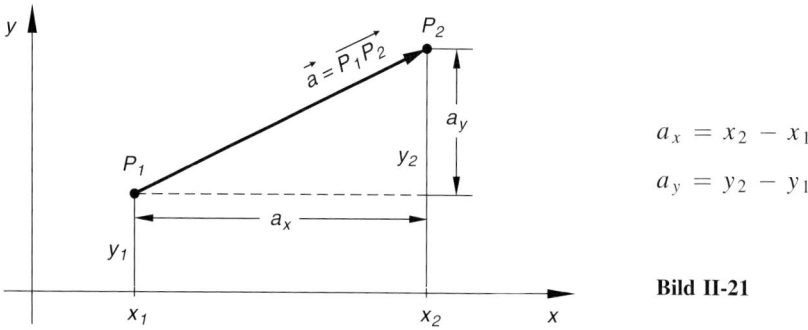

$$a_x = x_2 - x_1$$
$$a_y = y_2 - y_1$$

Bild II-21

Komponentendarstellung eines durch zwei Punkte festgelegten Vektors (Bild II-21)

$$\vec{a} = \overrightarrow{P_1 P_2} = (x_2 - x_1)\vec{e}_x + (y_2 - y_1)\vec{e}_y = \begin{pmatrix} x_2 - x_1 \\ y_2 - y_1 \end{pmatrix} \qquad \text{(II-14)}$$

Dabei bedeuten:

$P_1 = (x_1; y_1)$: *Anfangspunkt* des Vektors $\vec{a} = \overrightarrow{P_1 P_2}$

$P_2 = (x_2; y_2)$: *Endpunkt* des Vektors $\vec{a} = \overrightarrow{P_1 P_2}$

Komponentendarstellung spezieller Vektoren

Der vom Koordinatenursprung zum Punkt $P = (x; y)$ führende *Ortsvektor* $\vec{r}(P) = \overrightarrow{OP}$ besitzt nach Bild II-22 die Komponentendarstellung

$$\vec{r}(P) = \overrightarrow{OP} = x\vec{e}_x + y\vec{e}_y = \begin{pmatrix} x \\ y \end{pmatrix} \qquad \text{(II-15)}$$

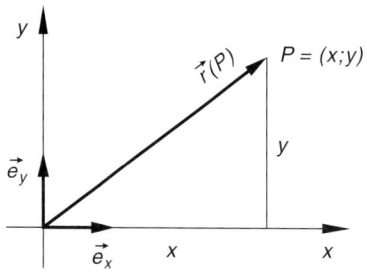

Bild II-22
Ortsvektor eines Punktes

Die Komponentendarstellung der *Basisvektoren* (*Einheitsvektoren*) $\vec{e}_x$ und $\vec{e}_y$ lautet:

$$\vec{e}_x = 1\vec{e}_x + 0\vec{e}_y = \begin{pmatrix} 1 \\ 0 \end{pmatrix}, \quad \vec{e}_y = 0\vec{e}_x + 1\vec{e}_y = \begin{pmatrix} 0 \\ 1 \end{pmatrix} \qquad \text{(II-16)}$$

Der *Nullvektor* $\vec{0}$ hat die Gestalt

$$\vec{0} = 0\vec{e}_x + 0\vec{e}_y = \begin{pmatrix} 0 \\ 0 \end{pmatrix} \qquad \text{(II-17)}$$

Betrag eines Vektors

Den *Betrag* eines Vektors $\vec{a}$ erhält man unmittelbar aus dem *Satz des Pythagoras* nach Bild II-23:

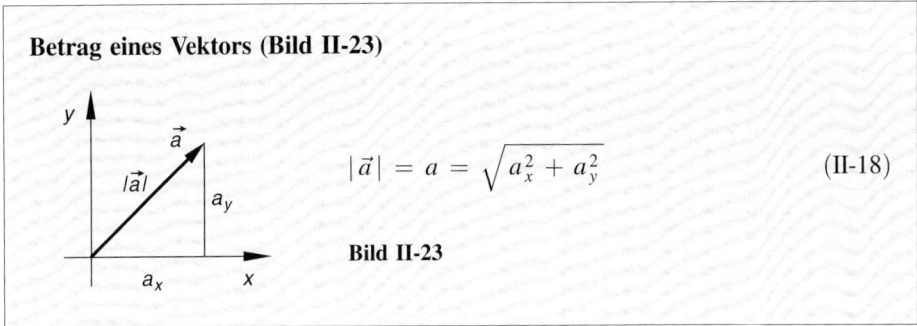

Betrag eines Vektors (Bild II-23)

$$|\vec{a}| = a = \sqrt{a_x^2 + a_y^2} \qquad \text{(II-18)}$$

Bild II-23

Gleichheit von Vektoren

Zwei Vektoren $\vec{a}$ und $\vec{b}$ sind genau dann *gleich*, wenn sie in ihren entsprechenden Vektorkoordinaten übereinstimmen:

$$\vec{a} = \vec{b} \iff a_x = b_x, \quad a_y = b_y \qquad \text{(II-19)}$$

■ **Beispiele**

(1) Der Ortsvektor des Punktes $P = (6; 8)$ lautet (Bild II-24):

$$\vec{r}(P) = \overrightarrow{OP} = 6\vec{e}_x + 8\vec{e}_y = \begin{pmatrix} 6 \\ 8 \end{pmatrix}$$

Sein Betrag ist

$$|\vec{r}(P)| = r(P) = \sqrt{6^2 + 8^2} = 10$$

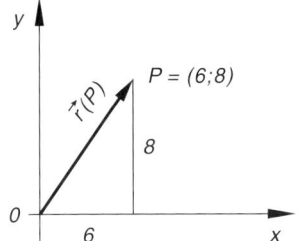

Bild II-24

(2) Der von $P_1 = (2; 4)$ nach $P_2 = (-4; 1)$ gerichtete Vektor $\vec{a} = \overrightarrow{P_1 P_2}$ besitzt die folgende Komponentendarstellung (Bild II-25):

$$a_x = x_2 - x_1 = -4 - 2 = -6$$
$$a_y = y_2 - y_1 = 1 - 4 = -3$$
$$\vec{a} = \overrightarrow{P_1 P_2} = -6\vec{e}_x - 3\vec{e}_y = \begin{pmatrix} -6 \\ -3 \end{pmatrix}$$

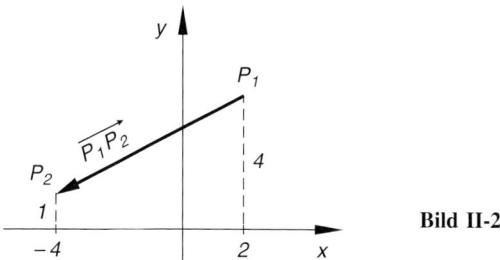

Bild II-25

Sein Betrag ist

$$|\vec{a}| = |\overrightarrow{P_1 P_2}| = \sqrt{(-6)^2 + (-3)^2} = \sqrt{45} = 6{,}71$$

2.2 Darstellung der Vektoroperationen

2.2.1 Multiplikation eines Vektors mit einem Skalar

Die Multiplikation eines Vektors $\vec{a}$ mit einer reellen Zahl (einem Skalar) λ erfolgt *komponentenweise*, d. h. *jede* Vektorkoordinate wird mit λ multipliziert.

Multiplikation eines Vektors mit einem Skalar

Die Multiplikation eines Vektors $\vec{a}$ mit einem Skalar λ erfolgt *komponentenweise*:

$$\lambda \vec{a} = \lambda \begin{pmatrix} a_x \\ a_y \end{pmatrix} = \begin{pmatrix} \lambda a_x \\ \lambda a_y \end{pmatrix} \tag{II-20}$$

Anmerkung

Umgekehrt gilt: Besitzen die skalaren Vektorkomponenten einen *gemeinsamen* Faktor, so darf dieser *vor* den Spaltenvektor gezogen werden.

2 Vektorrechnung in der Ebene

- **Beispiele**

(1) $\vec{a} = 4\vec{e}_x - 3\vec{e}_y = \begin{pmatrix} 4 \\ -3 \end{pmatrix}$

Wir multiplizieren diesen Vektor der Reihe nach mit den *Skalaren* $\lambda_1 = 6$ und $\lambda_2 = -10$ und erhalten die folgenden Vektoren:

$$6\vec{a} = 6\begin{pmatrix} 4 \\ -3 \end{pmatrix} = \begin{pmatrix} 24 \\ -18 \end{pmatrix} = 24\vec{e}_x - 18\vec{e}_y$$

$$-10\vec{a} = -10\begin{pmatrix} 4 \\ -3 \end{pmatrix} = \begin{pmatrix} -40 \\ 30 \end{pmatrix} = -40\vec{e}_x + 30\vec{e}_y$$

Dabei gilt:

$$6\vec{a} \uparrow\uparrow \vec{a} \quad \text{und} \quad -10\vec{a} \uparrow\downarrow \vec{a}$$

(2) Zulässige Schreibweisen für einen (ebenen) Kraftvektor $\vec{F}$ mit den skalaren Vektorkomponenten (Kraftkomponenten) $F_x = 15\,\text{N}$ und $F_y = 6\,\text{N}$ sind (die Maßeinheit wird dabei wie ein *Skalar* behandelt):

$$\vec{F} = (15\,\text{N})\,\vec{e}_x + (6\,\text{N})\,\vec{e}_y = \begin{pmatrix} 15\,\text{N} \\ 6\,\text{N} \end{pmatrix} = \begin{pmatrix} 15 \\ 6 \end{pmatrix}\text{N}$$ ∎

2.2.2 Addition und Subtraktion von Vektoren

Aus Bild II-26 folgt unmittelbar, dass die Addition zweier Vektoren $\vec{a}$ und $\vec{b}$ *komponentenweise* geschieht:

$$\vec{a} + \vec{b} = \begin{pmatrix} a_x \\ a_y \end{pmatrix} + \begin{pmatrix} b_x \\ b_y \end{pmatrix} = \begin{pmatrix} a_x + b_x \\ a_y + b_y \end{pmatrix} \tag{II-21}$$

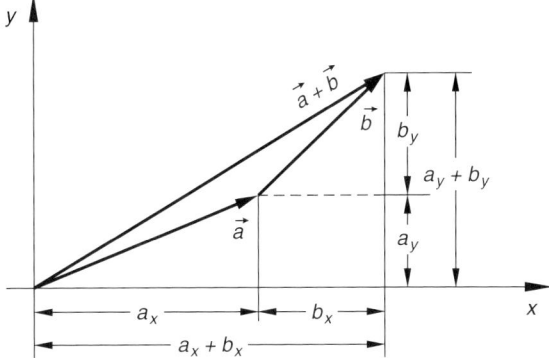

Bild II-26
Zur komponentenweisen Addition zweier Vektoren

Dies gilt auch für die Subtraktion zweier Vektoren:

$$\vec{a} - \vec{b} = \begin{pmatrix} a_x \\ a_y \end{pmatrix} - \begin{pmatrix} b_x \\ b_y \end{pmatrix} = \begin{pmatrix} a_x \\ a_y \end{pmatrix} + \begin{pmatrix} -b_x \\ -b_y \end{pmatrix} = \begin{pmatrix} a_x - b_x \\ a_y - b_y \end{pmatrix} \qquad \text{(II-22)}$$

Addition und Subtraktion zweier Vektoren (Bild II-26)

Zwei Vektoren $\vec{a}$ und $\vec{b}$ werden *komponentenweise* addiert bzw. subtrahiert:

$$\vec{a} \pm \vec{b} = \begin{pmatrix} a_x \\ a_y \end{pmatrix} \pm \begin{pmatrix} b_x \\ b_y \end{pmatrix} = \begin{pmatrix} a_x \pm b_x \\ a_y \pm b_y \end{pmatrix} \qquad \text{(II-23)}$$

Anmerkung

Diese Regel gilt *sinngemäß* auch für *endlich* viele Vektoren.

■ **Beispiele**

(1) Mit den Spaltenvektoren $\vec{a} = \begin{pmatrix} 2 \\ -3 \end{pmatrix}$, $\vec{b} = \begin{pmatrix} -1 \\ 5 \end{pmatrix}$ und $\vec{c} = \begin{pmatrix} 3 \\ 2 \end{pmatrix}$ soll der Vektor $\vec{s} = \vec{a} + 2\vec{b} - 5\vec{c}$ berechnet werden. Welchen *Betrag* besitzt dieser Vektor?

Lösung:

$$\vec{s} = \vec{a} + 2\vec{b} - 5\vec{c} = \begin{pmatrix} 2 \\ -3 \end{pmatrix} + 2\begin{pmatrix} -1 \\ 5 \end{pmatrix} - 5\begin{pmatrix} 3 \\ 2 \end{pmatrix} =$$

$$= \begin{pmatrix} 2 \\ -3 \end{pmatrix} + \begin{pmatrix} -2 \\ 10 \end{pmatrix} + \begin{pmatrix} -15 \\ -10 \end{pmatrix} = \begin{pmatrix} 2 - 2 - 15 \\ -3 + 10 - 10 \end{pmatrix} = \begin{pmatrix} -15 \\ -3 \end{pmatrix}$$

$$|\vec{s}| = \sqrt{(-15)^2 + (-3)^2} = \sqrt{234} = 15{,}3$$

(2) Die an einem Massenpunkt gleichzeitig angreifenden Kräfte $\vec{F}_1 = \begin{pmatrix} 4\,\text{N} \\ 5\,\text{N} \end{pmatrix}$, $\vec{F}_2 = \begin{pmatrix} -2\,\text{N} \\ 3\,\text{N} \end{pmatrix}$ und $\vec{F}_3 = \begin{pmatrix} 4\,\text{N} \\ 1\,\text{N} \end{pmatrix}$ können durch die folgende resultierende Kraft $\vec{F}_R$ ersetzt werden:

$$\vec{F}_R = \vec{F}_1 + \vec{F}_2 + \vec{F}_3 =$$

$$= \begin{pmatrix} 4\,\text{N} \\ 5\,\text{N} \end{pmatrix} + \begin{pmatrix} -2\,\text{N} \\ 3\,\text{N} \end{pmatrix} + \begin{pmatrix} 4\,\text{N} \\ 1\,\text{N} \end{pmatrix} = \begin{pmatrix} 4\,\text{N} - 2\,\text{N} + 4\,\text{N} \\ 5\,\text{N} + 3\,\text{N} + 1\,\text{N} \end{pmatrix} =$$

$$= \begin{pmatrix} 6\,\text{N} \\ 9\,\text{N} \end{pmatrix} = \begin{pmatrix} 6 \\ 9 \end{pmatrix} \text{N}$$

2 Vektorrechnung in der Ebene

(3) **Schiefer Wurf:** Ein Körper wird unter dem Winkel α (gemessen gegen die Horizontale) mit einer Geschwindigkeit vom Betrage v_0 abgeworfen (Bild II-27). Wie lautet die Komponentendarstellung des *Geschwindigkeitsvektors* $\vec{v}_0$?

Lösung:

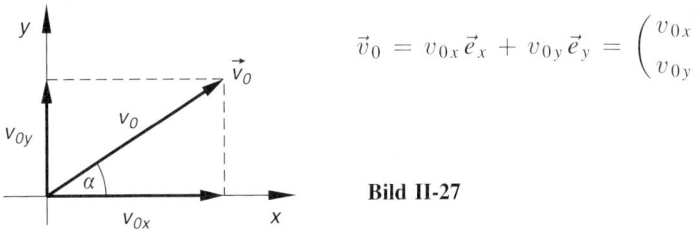

$$\vec{v}_0 = v_{0x}\vec{e}_x + v_{0y}\vec{e}_y = \begin{pmatrix} v_{0x} \\ v_{0y} \end{pmatrix}$$

Bild II-27

Aus dem rechtwinkligen Dreieck in Bild II-27 folgt unmittelbar:

$$\cos \alpha = \frac{v_{0x}}{v_0} \Rightarrow v_{0x} = v_0 \cdot \cos \alpha$$

$$\sin \alpha = \frac{v_{0y}}{v_0} \Rightarrow v_{0y} = v_0 \cdot \sin \alpha$$

Damit besitzt der Geschwindigkeitsvektor $\vec{v}_0$ die folgende Komponentendarstellung:

$$\vec{v}_0 = \begin{pmatrix} v_{0x} \\ v_{0y} \end{pmatrix} = \begin{pmatrix} v_0 \cdot \cos \alpha \\ v_0 \cdot \sin \alpha \end{pmatrix} = v_0 \begin{pmatrix} \cos \alpha \\ \sin \alpha \end{pmatrix}$$

■

2.3 Skalarprodukt zweier Vektoren

2.3.1 Definition und Berechnung eines Skalarproduktes

Als weitere Vektoroperation führen wir die *skalare Multiplikation* zweier Vektoren ein. Sie erzeugt aus den Vektoren $\vec{a}$ und $\vec{b}$ einen Skalar, also eine reelle Zahl, das sog. *Skalarprodukt* $\vec{a} \cdot \vec{b}$ (gelesen: *a* Punkt *b*). In den Anwendungen treten Skalarprodukte z. B. im Zusammenhang mit den folgenden Größen auf:

- *Arbeit einer Kraft* beim Verschieben einer Masse
- *Spannung* (Potentialdifferenz) zwischen zwei Punkten eines elektrischen Feldes
- *Winkelberechnung* zwischen zwei Kräften oder in ebenen geometrischen Figuren (z. B. in Dreiecken)

Das *Skalarprodukt* wird wie folgt definiert:

Definition: Unter dem *Skalarprodukt* $\vec{a} \cdot \vec{b}$ zweier Vektoren $\vec{a}$ und $\vec{b}$ wird das Produkt aus den Beträgen der beiden Vektoren und dem Kosinus des von den Vektoren eingeschlossenen Winkels φ verstanden (Bild II-28):

$$\vec{a} \cdot \vec{b} = |\vec{a}| \cdot |\vec{b}| \cdot \cos \varphi = a\,b \cdot \cos \varphi \qquad (\text{II-24})$$

$(0° \leq \varphi \leq 180°)$

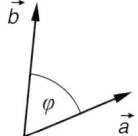

Bild II-28
Zum Begriff des Skalarproduktes zweier Vektoren

Anmerkungen

(1) Das Skalarprodukt ist eine *skalare* Größe und wird auch als *inneres Produkt* der Vektoren $\vec{a}$ und $\vec{b}$ bezeichnet.

(2) Man beachte, dass der in der Definitionsformel (II-24) des Skalarproduktes auftretende Winkel φ stets der *kleinere* der beiden Winkel ist, den die Vektoren $\vec{a}$ und $\vec{b}$ miteinander bilden.

Rechenregeln für Skalarprodukte

Die Skalarproduktbildung ist sowohl *kommutativ* als auch *distributiv*:

$\qquad$ *Kommutativgesetz* $\qquad \vec{a} \cdot \vec{b} = \vec{b} \cdot \vec{a}$ $\qquad\qquad\qquad\qquad$ (II-25)

$\qquad$ *Distributivgesetz* $\qquad \vec{a} \cdot (\vec{b} + \vec{c}) = \vec{a} \cdot \vec{b} + \vec{a} \cdot \vec{c}$ $\qquad\qquad$ (II-26)

Ferner gilt für einen beliebigen reellen Skalar λ:

$$\lambda (\vec{a} \cdot \vec{b}) = (\lambda \vec{a}) \cdot \vec{b} = \vec{a} \cdot (\lambda \vec{b}) \qquad (\text{II-27})$$

Orthogonale Vektoren

Das Skalarprodukt $\vec{a} \cdot \vec{b}$ zweier vom Nullvektor *verschiedener* Vektoren kann nur verschwinden, wenn $\cos \varphi = 0$, d. h. $\varphi = 90°$ ist. In diesem Fall stehen die Vektoren aufeinander *senkrecht* (sog. *orthogonale Vektoren*, siehe hierzu Bild II-29).

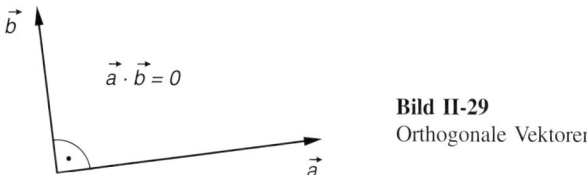

Bild II-29
Orthogonale Vektoren

2 Vektorrechnung in der Ebene

> **Orthogonale Vektoren (Bild II-29)**
>
> Zwei vom Nullvektor verschiedene Vektoren $\vec{a}$ und $\vec{b}$ stehen genau dann aufeinander *senkrecht*, sind also *orthogonal*, wenn ihr Skalarprodukt *verschwindet*:
>
> $$\vec{a} \cdot \vec{b} = 0 \quad \Leftrightarrow \quad \vec{a} \perp \vec{b} \qquad (\text{II-28})$$

Die Bedingung der *Orthogonalität* erfüllen beispielsweise die Einheitsvektoren (Basisvektoren) $\vec{e}_x$ und $\vec{e}_y$:

$$\vec{e}_x \cdot \vec{e}_y = \vec{e}_y \cdot \vec{e}_x = 0 \qquad (\text{II-29})$$

Das skalare Produkt eines Vektors $\vec{a}$ mit sich selbst führt zu

$$\vec{a} \cdot \vec{a} = |\vec{a}| \cdot |\vec{a}| \cdot \cos 0° = |\vec{a}| \cdot |\vec{a}| \cdot 1 = |\vec{a}|^2 = a^2 \geq 0 \qquad (\text{II-30})$$

Der Betrag eines Vektors $\vec{a}$ kann daher aus dem Skalarprodukt $\vec{a} \cdot \vec{a}$ berechnet werden:

$$|\vec{a}| = a = \sqrt{\vec{a} \cdot \vec{a}} \qquad (\text{II-31})$$

So erhält man beispielsweise für die *Einheitsvektoren* (Basisvektoren) $\vec{e}_x$ und $\vec{e}_y$:

$$\vec{e}_x \cdot \vec{e}_x = |\vec{e}_x|^2 = 1, \quad \vec{e}_y \cdot \vec{e}_y = |\vec{e}_y|^2 = 1 \qquad (\text{II-32})$$

Berechnung eines Skalarproduktes aus den skalaren Vektorkomponenten (Vektorkoordinaten)

Das skalare Produkt zweier Vektoren $\vec{a} = a_x \vec{e}_x + a_y \vec{e}_y$ und $\vec{b} = b_x \vec{e}_x + b_y \vec{e}_y$ lässt sich auch direkt aus den Vektorkoordinaten (skalaren Vektorkomponenten) der beiden Vektoren wie folgt berechnen (wir verwenden dabei die Rechenregeln (II-26) und (II-27)):

$$\vec{a} \cdot \vec{b} = (a_x \vec{e}_x + a_y \vec{e}_y) \cdot (b_x \vec{e}_x + b_y \vec{e}_y) =$$
$$= a_x b_x \underbrace{(\vec{e}_x \cdot \vec{e}_x)}_{1} + a_x b_y \underbrace{(\vec{e}_x \cdot \vec{e}_y)}_{0} + a_y b_x \underbrace{(\vec{e}_y \cdot \vec{e}_x)}_{0} + a_y b_y \underbrace{(\vec{e}_y \cdot \vec{e}_y)}_{1} =$$
$$= a_x b_x + a_y b_y \qquad (\text{II-33})$$

In der Praxis verwenden wir für die *Skalarproduktbildung* das folgende Rechenschema:

$$\vec{a} \cdot \vec{b} = \begin{pmatrix} a_x \\ a_y \end{pmatrix} \cdot \begin{pmatrix} b_x \\ b_y \end{pmatrix} = a_x b_x + a_y b_y \qquad (\text{II-34})$$

Wir fassen diese Ergebnisse wie folgt zusammen:

Berechnung eines Skalarproduktes aus den skalaren Vektorkomponenten (Vektorkoordinaten) der beteiligten Vektoren

Das *Skalarprodukt* $\vec{a} \cdot \vec{b}$ zweier Vektoren $\vec{a}$ und $\vec{b}$ lässt sich aus den skalaren Vektorkomponenten (Vektorkoordinaten) der beiden Vektoren wie folgt berechnen:

$$\vec{a} \cdot \vec{b} = \begin{pmatrix} a_x \\ a_y \end{pmatrix} \cdot \begin{pmatrix} b_x \\ b_y \end{pmatrix} = a_x b_x + a_y b_y \qquad \text{(II-35)}$$

Regel: *Komponentenweise* Multiplikation, anschließende Addition der Produkte.

Die Berechnung eines Skalarproduktes kann somit grundsätzlich auf *zwei verschiedene* Arten erfolgen: *Entweder* nach der Definitionsformel (II-24), wenn die Beträge der beiden Vektoren sowie der von ihnen eingeschlossene Winkel bekannt sind *oder* über die skalaren Vektorkomponenten nach Formel (II-35), wenn beide Vektoren als Spaltenvektoren vorliegen:

$$\vec{a} \cdot \vec{b} = |\vec{a}| \cdot |\vec{b}| \cdot \cos \varphi = a_x b_x + a_y b_y \qquad \text{(II-36)}$$

■ **Beispiele**

(1) Wir berechnen das Skalarprodukt der Vektoren $\vec{a} = \begin{pmatrix} 3 \\ 2 \end{pmatrix}$ und $\vec{b} = \begin{pmatrix} -1 \\ 5 \end{pmatrix}$:

$$\vec{a} \cdot \vec{b} = \begin{pmatrix} 3 \\ 2 \end{pmatrix} \cdot \begin{pmatrix} -1 \\ 5 \end{pmatrix} = 3 \cdot (-1) + 2 \cdot 5 = -3 + 10 = 7$$

(2) Die Vektoren $\vec{a} = \begin{pmatrix} 1 \\ 1 \end{pmatrix}$ und $\vec{b} = \begin{pmatrix} -1 \\ 1 \end{pmatrix}$ sind *orthogonal*, d. h. sie stehen aufeinander *senkrecht*, da ihr skalares Produkt *verschwindet*:

$$\vec{a} \cdot \vec{b} = \begin{pmatrix} 1 \\ 1 \end{pmatrix} \cdot \begin{pmatrix} -1 \\ 1 \end{pmatrix} = 1 \cdot (-1) + 1 \cdot 1 = -1 + 1 = 0 \qquad ■$$

2.3.2 Winkel zwischen zwei Vektoren

Bei der Berechnung des von zwei Vektoren $\vec{a}$ und $\vec{b}$ eingeschlossenen Winkels φ wird von der Gleichung (II-36) Gebrauch gemacht, die zunächst nach $\cos \varphi$ aufgelöst wird:

$$\cos \varphi = \frac{\vec{a} \cdot \vec{b}}{|\vec{a}| \cdot |\vec{b}|} = \frac{a_x b_x + a_y b_y}{\sqrt{a_x^2 + a_y^2} \cdot \sqrt{b_x^2 + b_y^2}} \qquad \text{(II-37)}$$

2 Vektorrechnung in der Ebene

Durch *Umkehrung*[1] folgt schließlich:

> **Winkel zwischen zwei Vektoren (Bild II-28)**
>
> Der von den Vektoren $\vec{a}$ und $\vec{b}$ eingeschlossene Winkel φ lässt sich wie folgt berechnen:
>
> $$\varphi = \arccos\left(\frac{\vec{a} \cdot \vec{b}}{|\vec{a}| \cdot |\vec{b}|}\right) \qquad (\vec{a} \neq \vec{0},\ \vec{b} \neq \vec{0}) \qquad \text{(II-38)}$$

Anmerkung

Aus dem *Vorzeichen* des Skalarproduktes $\vec{a} \cdot \vec{b}$ lassen sich bereits Rückschlüsse auf den *Winkel* φ zwischen den Vektoren $\vec{a}$ und $\vec{b}$ ziehen (Bild II-30):

$\vec{a} \cdot \vec{b} > 0 \ \Rightarrow \ \varphi < 90°$ (*spitzer* Winkel; Bild II-30a))

$\vec{a} \cdot \vec{b} = 0 \ \Rightarrow \ \varphi = 90°$ (*rechter* Winkel; Bild II-30b))

$\vec{a} \cdot \vec{b} < 0 \ \Rightarrow \ \varphi > 90°$ (*stumpfer* Winkel; Bild II-30c))

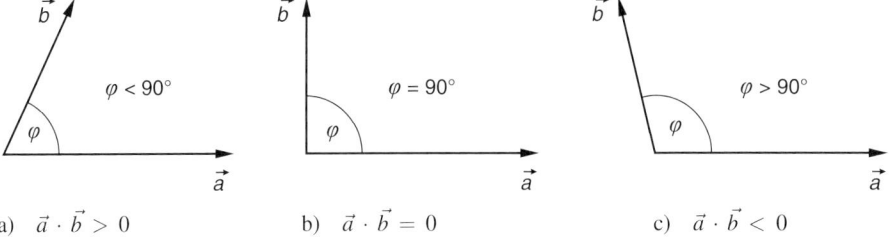

a) $\vec{a} \cdot \vec{b} > 0$ b) $\vec{a} \cdot \vec{b} = 0$ c) $\vec{a} \cdot \vec{b} < 0$

Bild II-30 Winkel zwischen zwei vom Nullvektor verschiedenen Vektoren

■ **Beispiele**

(1) Welche Winkel bildet der Vektor $\vec{a} = \begin{pmatrix} 2 \\ 1 \end{pmatrix}$ mit den beiden Koordinatenachsen (Bild II-31)?

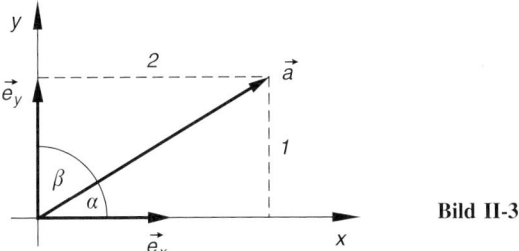

Bild II-31

---

[1] Die Auflösung der Gleichung (II-37) nach dem unbekannten Winkel φ führt auf die *Umkehrfunktion* der Kosinusfunktion, die als *Arkuskosinusfunktion* bezeichnet und im nächsten Kapitel (Kap. III, Abschnitt 10.3) noch ausführlich behandelt wird.

Lösung: Die gesuchten Winkel α und β sind nach Bild II-31 genau die Winkel, die der Vektor $\vec{a}$ mit den beiden *Einheitsvektoren* $\vec{e}_x$ und $\vec{e}_y$ einschließt. Sie lassen sich daher über die *Skalarprodukte* des Vektors $\vec{a}$ mit diesen Einheitsvektoren bestimmen. Es gilt nämlich:

$$\vec{a} \cdot \vec{e}_x = |\vec{a}| \cdot |\vec{e}_x| \cdot \cos \alpha \quad \Rightarrow \quad \cos \alpha = \frac{\vec{a} \cdot \vec{e}_x}{|\vec{a}| \cdot |\vec{e}_x|}$$

$$\vec{a} \cdot \vec{e}_y = |\vec{a}| \cdot |\vec{e}_y| \cdot \cos \beta \quad \Rightarrow \quad \cos \beta = \frac{\vec{a} \cdot \vec{e}_y}{|\vec{a}| \cdot |\vec{e}_y|}$$

Wir berechnen zunächst die in diesen Bestimmungsgleichungen für α und β auftretenden *Skalarprodukte* und *Beträge*:

$$\vec{a} \cdot \vec{e}_x = \begin{pmatrix} 2 \\ 1 \end{pmatrix} \cdot \begin{pmatrix} 1 \\ 0 \end{pmatrix} = 2, \quad \vec{a} \cdot \vec{e}_y = \begin{pmatrix} 2 \\ 1 \end{pmatrix} \cdot \begin{pmatrix} 0 \\ 1 \end{pmatrix} = 1$$

$$|\vec{a}| = \sqrt{2^2 + 1^2} = \sqrt{5}, \quad |\vec{e}_x| = |\vec{e}_y| = 1$$

Damit erhalten wir:

$$\cos \alpha = \frac{\vec{a} \cdot \vec{e}_x}{|\vec{a}| \cdot |\vec{e}_x|} = \frac{2}{\sqrt{5}} \quad \Rightarrow \quad \alpha = \arccos \left(\frac{2}{\sqrt{5}} \right) = 26{,}6°$$

$$\cos \beta = \frac{\vec{a} \cdot \vec{e}_y}{|\vec{a}| \cdot |\vec{e}_y|} = \frac{1}{\sqrt{5}} \quad \Rightarrow \quad \beta = \arccos \left(\frac{1}{\sqrt{5}} \right) = 63{,}4°$$

Kontrolle: Es ist (wie erwartet) $\alpha + \beta = 90°$.

(2) Wir interessieren uns für den *Winkel* φ zwischen den Vektoren $\vec{a} = \begin{pmatrix} 4 \\ 3 \end{pmatrix}$ und $\vec{b} = \begin{pmatrix} -3 \\ 2 \end{pmatrix}$ (siehe Bild II-32).

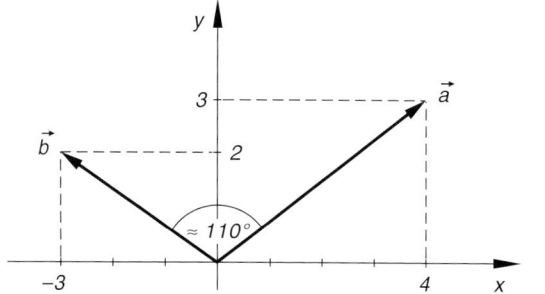

Bild II-32

Mit

$$|\vec{a}| = \sqrt{4^2 + 3^2} = \sqrt{25} = 5, \qquad |\vec{b}| = \sqrt{(-3)^2 + 2^2} = \sqrt{13}$$

$$\vec{a} \cdot \vec{b} = \begin{pmatrix} 4 \\ 3 \end{pmatrix} \cdot \begin{pmatrix} -3 \\ 2 \end{pmatrix} = -12 + 6 = -6$$

erhalten wir nach Formel (II-38) den folgenden Wert:

$$\varphi = \arccos\left(\frac{\vec{a} \cdot \vec{b}}{|\vec{a}| \cdot |\vec{b}|}\right) = \arccos\left(\frac{-6}{5 \cdot \sqrt{13}}\right) =$$

$$= \arccos(-0{,}3328) = 109{,}4°$$
∎

2.4 Linear unabhängige Vektoren

Aus Abschnitt 2.1 ist bekannt: Jeder Vektor $\vec{a}$ ist in *eindeutiger* Weise als *Linearkombination* der Einheitsvektoren $\vec{e}_x, \vec{e}_y$ darstellbar:

$$\vec{a} = a_x \vec{e}_x + a_y \vec{e}_y \tag{II-39}$$

(sog. *Komponentendarstellung*). Die Vektoren $\vec{e}_x$ und $\vec{e}_y$ bilden dabei eine sog. *Basis* der Ebene, erzeugen also einen *2-dimensionalen* Raum und werden daher folgerichtig als *Basisvektoren* bezeichnet. Grundsätzlich können als Basis *zwei beliebige* (vom Nullvektor verschiedene) Vektoren $\vec{e}_1, \vec{e}_2$ gewählt werden, sofern sie (wie $\vec{e}_x$ und $\vec{e}_y$) *nicht kollinear* sind, also einen von $0°$ und $180°$ *verschiedenen* Winkel miteinander einschließen (Bild II-33).

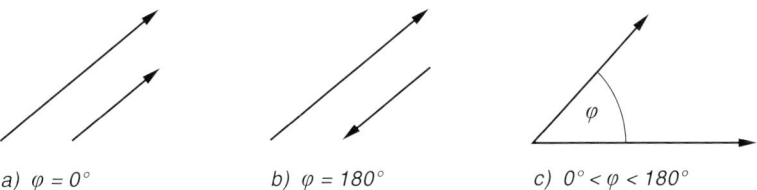

a) $\varphi = 0°$ b) $\varphi = 180°$ c) $0° < \varphi < 180°$

Bild II-33 a) und b) Kollineare Vektoren   c) Nichtkollineare Vektoren

Jeder Vektor $\vec{a}$ lässt sich dann in *eindeutiger* Weise als *Linearkombination* dieser Basisvektoren darstellen:

$$\vec{a} = \lambda \vec{e}_1 + \mu \vec{e}_2 \tag{II-40}$$

Die reellen Zahlen λ und μ sind dabei die *Vektorkoordinaten* von $\vec{a}$, bezogen auf die Basis $\vec{e}_1, \vec{e}_2$ (Bild II-34).

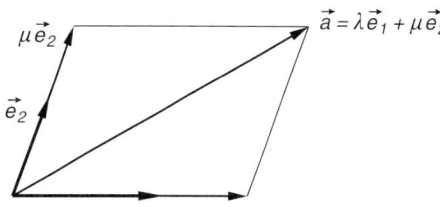

Bild II-34
Darstellung eines Vektors $\vec{a}$ in der Basis $\vec{e}_1, \vec{e}_2$

Basisvektoren sind dabei stets *linear unabhängig*, d. h. die mit ihnen gebildete lineare Vektorgleichung

$$\lambda_1 \vec{e}_1 + \lambda_2 \vec{e}_2 = \vec{0} \tag{II-41}$$

kann *nur* für $\lambda_1 = \lambda_2 = 0$ erfüllt werden [2].

■ **Beispiel**

Die Vektoren $\vec{e}_1 = \vec{e}_x = \begin{pmatrix} 1 \\ 0 \end{pmatrix}$ und $\vec{e}_2 = \begin{pmatrix} -1 \\ 1 \end{pmatrix}$ sind – wie man aus Bild II-35 unmittelbar entnehmen kann – nichtkollinear und somit linear unabhängig.

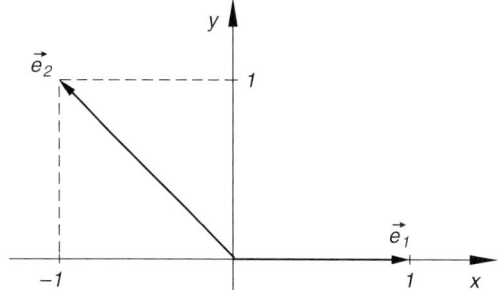

Bild II-35
Linear unabhängige Vektoren $\vec{e}_1, \vec{e}_2$

Wir wollen diese Aussage auf rechnerischem Wege bestätigen. Aus der Vektorgleichung

$$\lambda_1 \vec{e}_1 + \lambda_2 \vec{e}_2 = \vec{0} \quad \text{oder} \quad \lambda_1 \begin{pmatrix} 1 \\ 0 \end{pmatrix} + \lambda_2 \begin{pmatrix} -1 \\ 1 \end{pmatrix} = \begin{pmatrix} 0 \\ 0 \end{pmatrix}$$

erhalten wir das homogene lineare Gleichungssystem

$$\begin{array}{l} 1 \cdot \lambda_1 - 1 \cdot \lambda_2 = 0 \\ 0 \cdot \lambda_1 + 1 \cdot \lambda_2 = 0 \end{array} \quad \text{oder} \quad \begin{array}{l} \lambda_1 - \lambda_2 = 0 \\ \lambda_2 = 0 \end{array}$$

mit der *trivialen* Lösung $\lambda_1 = \lambda_2 = 0$. Die Vektoren $\vec{e}_1$ und $\vec{e}_2$ sind somit *linear unabhängig*.
■

---

[2] Die Komponentenschreibweise der Vektorgleichung (II-41) führt zu einem homogenen linearen Gleichungssystem, das nur *trivial* lösbar ist ($\lambda_1 = \lambda_2 = 0$).

Der Begriff der *Linearen Unabhängigkeit von Vektoren* lässt sich auch auf *Systeme* von k Vektoren ausdehnen.

Definition: Die k Vektoren $\vec{a}_1, \vec{a}_2, \ldots, \vec{a}_k$ der Ebene heißen *linear unabhängig*, wenn die lineare Vektorgleichung

$$\lambda_1 \vec{a}_1 + \lambda_2 \vec{a}_2 + \ldots + \lambda_k \vec{a}_k = \vec{0} \qquad (\text{II-42})$$

nur für $\lambda_1 = \lambda_2 = \ldots = \lambda_k = 0$ erfüllt werden kann. Verschwinden jedoch nicht alle Koeffizienten in dieser Gleichung, so heißen die k Vektoren *linear abhängig*.

Anmerkungen

(1) Es lässt sich zeigen, dass es in der Ebene *maximal zwei* linear unabhängige Vektoren gibt (daher stammt auch die Bezeichnung „2-dimensionaler" Raum für die Ebene), *mehr als zwei* Vektoren sind immer linear abhängig.

(2) Die k Vektoren sind *linear abhängig*, wenn sie den *Nullvektor* oder *kollineare* Vektoren enthalten oder wenn mindestens einer der Vektoren als *Linearkombination* der übrigen darstellbar ist.

2.5 Ein Anwendungsbeispiel: Resultierende eines ebenen Kräftesystems

Wir behandeln ein Problem, das in der Technischen Mechanik von großer Bedeutung ist:

Die *vektorielle Addition* von mehreren an einem gemeinsamen Massenpunkt angreifenden (ebenen) Kräften zu einer *resultierenden* Kraft.

Graphische Lösung durch ein Krafteck

Es wird ein *Kräfteplan* erstellt: Er enthält die n angreifenden Kraftvektoren $\vec{F}_1$, $\vec{F}_2, \ldots, \vec{F}_n$ in einem geeigneten Kräftemaßstab[3]. Von $\vec{F}_1$ ausgehend wird zunächst der Kraftvektor $\vec{F}_2$ parallel zu sich verschoben, bis sein Anfangspunkt in den Endpunkt von $\vec{F}_1$ fällt. Anschließend verschieben wir $\vec{F}_3$ parallel zu sich selbst und bringen seinen Anfangspunkt mit dem Endpunkt von $\vec{F}_2$ zur Deckung. Auf diese Weise wird Kraftvektor an Kraftvektor gereiht und man erhält ein sog. *Krafteck* (auch *Kräftepolygon* genannt). Die resultierende Kraft $\vec{F}_R$ ist der vom Anfangspunkt des Vektors $\vec{F}_1$ zum Endpunkt des Vektors $\vec{F}_n$ gerichtete Vektor (Bild II-36).

---

[3] Der Kräftemaßstab regelt die Umrechnung von der Längen- in die Krafteinheit, z. B. 1 cm $\hat{=}$ 100 N.

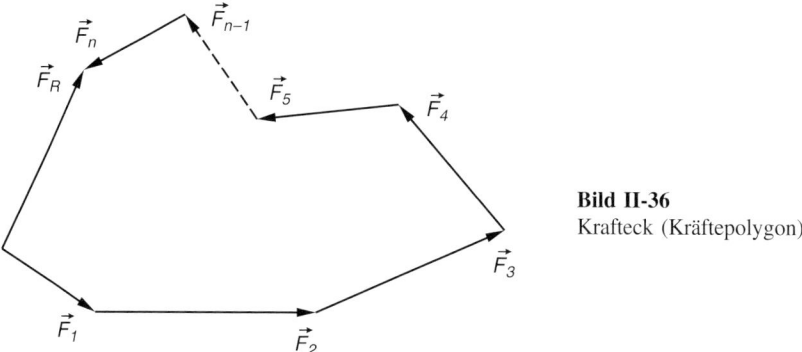

Bild II-36
Krafteck (Kräftepolygon)

Rechnerische Lösung

Die resultierende Kraft $\vec{F}_R$ ist die *Vektorsumme* aus den n Einzelkräften:

$$\vec{F}_R = \vec{F}_1 + \vec{F}_2 + \ldots + \vec{F}_n \tag{II-43}$$

■ **Beispiel**

Wir bestimmen graphisch und rechnerisch die Resultierende des in Bild II-37 skizzierten Kräftesystems:

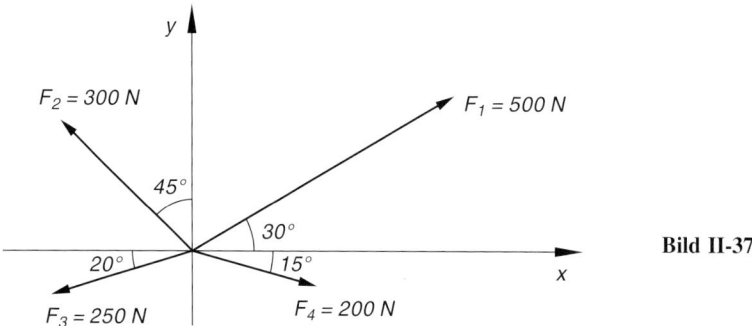

Bild II-37

a) **Graphische Lösung (Bild II-38)**

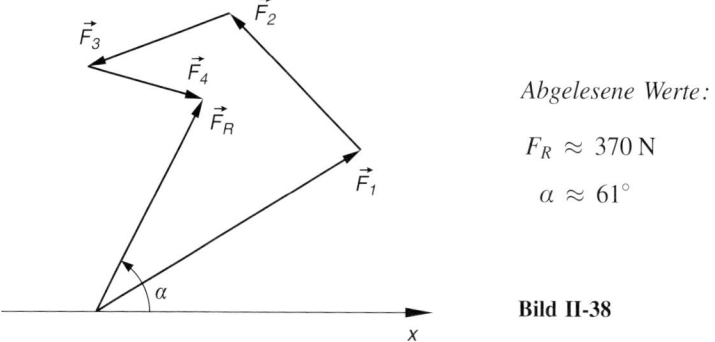

Abgelesene Werte:

$F_R \approx 370\,\text{N}$

$\alpha \approx 61°$

Bild II-38

b) Rechnerische Lösung

Wir berechnen zunächst anhand des Bildes II-37 die x- und y-Komponenten der vier Einzelkräfte und daraus dann die Resultierende $\vec{F}_R$:

$\vec{F}_1$: $\quad F_{1x} = F_1 \cdot \cos\ 30° = 500\,\text{N} \cdot \cos\ 30° = 433\,\text{N}$
$\phantom{\vec{F}_1:}\quad F_{1y} = F_1 \cdot \sin\ 30° = 500\,\text{N} \cdot \sin\ 30° = 250\,\text{N}$

$\vec{F}_2$: $\quad F_{2x} = F_2 \cdot \cos 135° = 300\,\text{N} \cdot \cos 135° = -212{,}1\,\text{N}$
$\phantom{\vec{F}_2:}\quad F_{2y} = F_2 \cdot \sin 135° = 300\,\text{N} \cdot \sin 135° = 212{,}1\,\text{N}$

$\vec{F}_3$: $\quad F_{3x} = F_3 \cdot \cos 200° = 250\,\text{N} \cdot \cos 200° = -234{,}9\,\text{N}$
$\phantom{\vec{F}_3:}\quad F_{3y} = F_3 \cdot \sin 200° = 250\,\text{N} \cdot \sin 200° = -85{,}5\,\text{N}$

$\vec{F}_4$: $\quad F_{4x} = F_4 \cdot \cos 345° = 200\,\text{N} \cdot \cos 345° = 193{,}2\,\text{N}$
$\phantom{\vec{F}_4:}\quad F_{4y} = F_4 \cdot \sin 345° = 200\,\text{N} \cdot \sin 345° = -51{,}8\,\text{N}$

Resultierende Kraft $\vec{F}_R$:

$$\vec{F}_R = \vec{F}_1 + \vec{F}_2 + \vec{F}_3 + \vec{F}_4 =$$

$$= \begin{pmatrix} 433\,\text{N} \\ 250\,\text{N} \end{pmatrix} + \begin{pmatrix} -212{,}1\,\text{N} \\ 212{,}1\,\text{N} \end{pmatrix} + \begin{pmatrix} -234{,}9\,\text{N} \\ -85{,}5\,\text{N} \end{pmatrix} + \begin{pmatrix} 193{,}2\,\text{N} \\ -51{,}8\,\text{N} \end{pmatrix} = \begin{pmatrix} 179{,}2\,\text{N} \\ 324{,}8\,\text{N} \end{pmatrix}$$

Wir können die resultierende Kraft aber auch durch ihren *Betrag* und den in Bild II-38 eingezeichneten *Winkel* α eindeutig festlegen:

$$|\vec{F}_R| = \sqrt{(179{,}2\,\text{N})^2 + (324{,}8\,\text{N})^2} = \sqrt{137\,607{,}7}\,\text{N} = 371{,}0\,\text{N}$$

$$\cos\alpha = \frac{\vec{F}_R \cdot \vec{e}_x}{|\vec{F}_R| \cdot |\vec{e}_x|} = \frac{\begin{pmatrix} 179{,}2\,\text{N} \\ 324{,}8\,\text{N} \end{pmatrix} \cdot \begin{pmatrix} 1 \\ 0 \end{pmatrix}}{371{,}0\,\text{N} \cdot 1} = \frac{179{,}2\,\text{N}}{371{,}0\,\text{N}} = 0{,}4830 \quad \Rightarrow$$

$\alpha = \arccos 0{,}4830 = 61{,}1°$ ∎

3 Vektorrechnung im 3-dimensionalen Raum

Nachdem wir uns in Abschnitt 2 eingehend mit den Vektoren der Ebene und ihren Eigenschaften beschäftigt haben, gehen wir jetzt zur Darstellung von Vektoren im 3-dimensionalen Anschauungsraum (im Folgenden kurz als Raum bezeichnet) über. Hier liegen die Verhältnisse ganz ähnlich. Zur Festlegung eines Vektors benötigt man jedoch eine weitere Komponente. Die Rechenoperationen unterliegen dabei den bereits aus der Ebene bekannten Regeln: Die Multiplikation eines Vektors mit einem Skalar sowie die Addition und Subtraktion von Vektoren erfolgen jeweils *komponentenweise*. Die Definition des Skalarproduktes zweier Vektoren und die sich daraus ergebenden Eigenschaften behalten auch im Raum ihre Gültigkeit. Als neue Begriffe werden wir schließlich das aus *zwei* Vektoren gebildete *Vektorprodukt* sowie das aus *drei* Vektoren gebildete *gemischte* oder *Spatprodukt* einführen.

3.1 Komponentendarstellung eines Vektors

Wir legen der Betrachtung ein *rechtshändiges* kartesisches Koordinatensystem mit einer x, y- und z-Achse zugrunde. Es wird durch drei paarweise aufeinander senkrecht stehende Einheitsvektoren $\vec{e}_x, \vec{e}_y$ und $\vec{e}_z$ festgelegt (Bild II-39)[4]. Richtung und Maßstab der Koordinatenachsen sind dadurch eindeutig bestimmt. Daher bezeichnet man die Einheitsvektoren in diesem Zusammenhang auch als *Basisvektoren*.

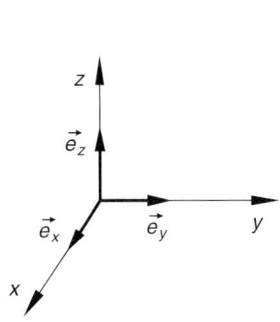
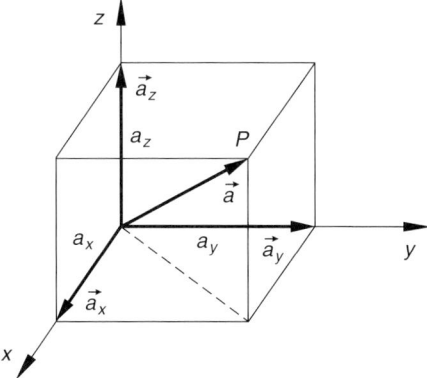

Bild II-39 Basisvektoren eines räumlichen rechtwinkligen Koordinatensystems

Bild II-40 Zerlegung eines Vektors in drei Komponenten

Ein im Nullpunkt „angebundener" Vektor $\vec{a}$ ist dann in der Form

$$\vec{a} = \vec{a}_x + \vec{a}_y + \vec{a}_z \tag{II-44}$$

darstellbar. Die als *Vektorkomponenten* von $\vec{a}$ bezeichneten Vektoren $\vec{a}_x, \vec{a}_y, \vec{a}_z$ sind die *Projektionen* des Vektors $\vec{a}$ auf die einzelnen Koordinatenachsen (Bild II-40). Sie liegen in Richtung oder in Gegenrichtung des jeweiligen Einheitsvektors. Daher gilt:

$$\vec{a}_x = a_x \vec{e}_x, \qquad \vec{a}_y = a_y \vec{e}_y, \qquad \vec{a}_z = a_z \vec{e}_z \tag{II-45}$$

Für den Vektor $\vec{a}$ erhält man somit die *Komponentendarstellung*

$$\vec{a} = \vec{a}_x + \vec{a}_y + \vec{a}_z = a_x \vec{e}_x + a_y \vec{e}_y + a_z \vec{e}_z \tag{II-46}$$

Die skalaren Größen a_x, a_y, a_z werden als *Vektorkoordinaten* oder *skalare Vektorkomponenten* von $\vec{a}$ bezeichnet. Wird der Vektor $\vec{a}$ vom Koordinatenursprung aus abgetragen, so stimmen die Vektorkoordinaten von $\vec{a}$ mit den Koordinaten des Vektorendpunktes P überein ($\vec{a}$ ist der Ortsvektor von P). Bei *fester* Basis $\vec{e}_x, \vec{e}_y, \vec{e}_z$ ist der Vektor $\vec{a}$ in umkehrbar eindeutiger Weise durch die drei Vektorkoordinaten a_x, a_y, a_z bestimmt. Wie bei

---

[4] *Rechtshändiges* System (*Rechtssystem*): Spreizt man Daumen, Zeigefinger und Mittelfinger der *rechten* Hand so, dass sie jeweils einen *rechten* Winkel miteinander bilden, dann zeigen sie der Reihe nach in Richtung der drei Einheitsvektoren und damit in Richtung der x-, y- und z-Achse. Statt $\vec{e}_x, \vec{e}_y, \vec{e}_z$ sind auch folgende Symbole üblich: $\vec{e}_1, \vec{e}_2, \vec{e}_3$ und $\vec{i}, \vec{j}, \vec{k}$.

ebenen Vektoren gilt: Eine Vektorkoordinate wird positiv gezählt, wenn die Projektion des Vektors $\vec{a}$ auf die entsprechende Koordinatenachse in die positive Richtung dieser Achse fällt. Es genügt daher die Angabe der skalaren Komponenten in Form eines *Spaltenvektors*:

$$\vec{a} = a_x \vec{e}_x + a_y \vec{e}_y + a_z \vec{e}_z = \begin{pmatrix} a_x \\ a_y \\ a_z \end{pmatrix} \qquad \text{(II-47)}$$

Von der ebenfalls möglichen Darstellung durch einen *Zeilenvektor* $(a_x\, a_y\, a_z)$ werden wir keinen Gebrauch machen [5].

Komponentendarstellung eines Vektors (Bild II-40)

$$\vec{a} = \vec{a}_x + \vec{a}_y + \vec{a}_z = a_x \vec{e}_x + a_y \vec{e}_y + a_z \vec{e}_z = \begin{pmatrix} a_x \\ a_y \\ a_z \end{pmatrix} \qquad \text{(II-48)}$$

Dabei bedeuten:

$\left.\begin{aligned}\vec{a}_x &= a_x \vec{e}_x \\ \vec{a}_y &= a_y \vec{e}_y \\ \vec{a}_z &= a_z \vec{e}_z\end{aligned}\right\}$ Vektorkomponenten von $\vec{a}$

a_x, a_y, a_z: Vektorkoordinaten (skalare Vektorkomponenten) von $\vec{a}$

$\begin{pmatrix} a_x \\ a_y \\ a_z \end{pmatrix}$: Spaltenvektor

---

Sind Anfangspunkt $P_1 = (x_1; y_1; z_1)$ und Endpunkt $P_2 = (x_2; y_2; z_2)$ eines Vektors $\vec{a}$ bekannt, so lautet die Komponentendarstellung von $\vec{a} = \overrightarrow{P_1 P_2}$ wie folgt:

Komponentendarstellung eines durch zwei Punkte festgelegten Vektors

$$\vec{a} = \overrightarrow{P_1 P_2} = (x_2 - x_1) \vec{e}_x + (y_2 - y_1) \vec{e}_y + (z_2 - z_1) \vec{e}_z = \begin{pmatrix} x_2 - x_1 \\ y_2 - y_1 \\ z_2 - z_1 \end{pmatrix}$$

$$\text{(II-49)}$$

Dabei bedeuten:

$P_1 = (x_1; y_1; z_1)$: *Anfangspunkt* des Vektors $\vec{a} = \overrightarrow{P_1 P_2}$

$P_2 = (x_2; y_2; z_2)$: *Endpunkt* des Vektors $\vec{a} = \overrightarrow{P_1 P_2}$

---

[5] Mit Spaltenvektoren lässt sich besonders einfach und übersichtlich rechnen (siehe folgende Abschnitte).

Komponentendarstellung spezieller Vektoren

Der *Ortsvektor* des Punktes $P = (x; y; z)$ lautet:

$$\vec{r}(P) = \overrightarrow{OP} = x\vec{e}_x + y\vec{e}_y + z\vec{e}_z = \begin{pmatrix} x \\ y \\ z \end{pmatrix} \qquad \text{(II-50)}$$

Für die drei *Basisvektoren* (Einheitsvektoren) $\vec{e}_x, \vec{e}_y, \vec{e}_z$ erhält man die folgende Komponentendarstellung:

$$\vec{e}_x = 1\vec{e}_x + 0\vec{e}_y + 0\vec{e}_z = \begin{pmatrix} 1 \\ 0 \\ 0 \end{pmatrix}, \quad \vec{e}_y = 0\vec{e}_x + 1\vec{e}_y + 0\vec{e}_z = \begin{pmatrix} 0 \\ 1 \\ 0 \end{pmatrix},$$

$$\vec{e}_z = 0\vec{e}_x + 0\vec{e}_y + 1\vec{e}_z = \begin{pmatrix} 0 \\ 0 \\ 1 \end{pmatrix} \qquad \text{(II-51)}$$

Der *Nullvektor* $\vec{0}$ besitzt die Komponentendarstellung

$$\vec{0} = 0\vec{e}_x + 0\vec{e}_y + 0\vec{e}_z = \begin{pmatrix} 0 \\ 0 \\ 0 \end{pmatrix} \qquad \text{(II-52)}$$

Betrag eines Vektors

Der *Betrag* eines Vektors $\vec{a}$ lässt sich nach Bild II-41 aus dem rechtwinkligen Dreieck $OP'P$ unter (zweimaliger) Verwendung des *Satzes von Pythagoras* leicht berechnen:

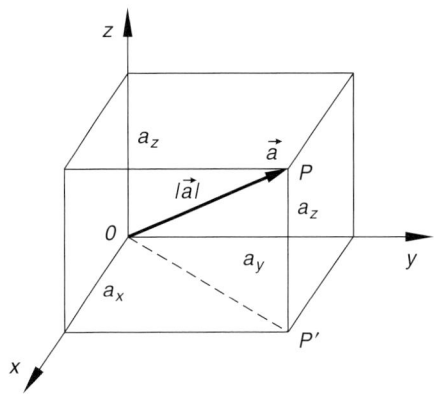

Bild II-41

$$|\overrightarrow{OP}| = |\vec{a}| = a$$

$$|\overrightarrow{OP'}| = \sqrt{a_x^2 + a_y^2}$$

$$|\overrightarrow{P'P}| = a_z$$

$$|\vec{a}|^2 = a^2 = |\overrightarrow{OP'}|^2 + |\overrightarrow{P'P}|^2 =$$

$$= \left(\sqrt{a_x^2 + a_y^2}\right)^2 + a_z^2 =$$

$$= a_x^2 + a_y^2 + a_z^2$$

$$|\vec{a}| = a = \sqrt{a_x^2 + a_y^2 + a_z^2} \qquad \text{(II-53)}$$

Betrag eines Vektors (Bild II-41)

$$|\vec{a}| = a = \sqrt{a_x^2 + a_y^2 + a_z^2} \qquad \text{(II-54)}$$

Gleichheit von Vektoren

Zwei Vektoren $\vec{a}$ und $\vec{b}$ sind genau dann *gleich*, wenn sie in ihren entsprechenden Komponenten übereinstimmen:

$$\vec{a} = \vec{b} \iff a_x = b_x, \; a_y = b_y, \; a_z = b_z \qquad \text{(II-55)}$$

■ **Beispiele**

(1) Der Ortsvektor des Punktes $P = (3; -2; 1)$ lautet:

$$\vec{r}(P) = \overrightarrow{OP} = 3\vec{e}_x - 2\vec{e}_y + 1\vec{e}_z = \begin{pmatrix} 3 \\ -2 \\ 1 \end{pmatrix}$$

Sein Betrag ist

$$|\vec{r}(P)| = r(P) = \sqrt{3^2 + (-2)^2 + 1^2} = \sqrt{14} = 3{,}74$$

(2) Wir berechnen die Länge des Vektors $\vec{a} = -3\vec{e}_x + \vec{e}_y + 8\vec{e}_z$:

$$\vec{a} = \begin{pmatrix} -3 \\ 1 \\ 8 \end{pmatrix} \Rightarrow |\vec{a}| = \sqrt{(-3)^2 + 1^2 + 8^2} = \sqrt{74} = 8{,}60 \qquad ■$$

3.2 Darstellung der Vektoroperationen

3.2.1 Multiplikation eines Vektors mit einem Skalar

Die Multiplikation eines Vektors $\vec{a}$ mit einem Skalar (einer reellen Zahl) λ wird wie in der Ebene *komponentenweise* durchgeführt:

Multiplikation eines Vektors mit einem Skalar

Die Multiplikation eines Vektors $\vec{a}$ mit einem Skalar λ erfolgt *komponentenweise*:

$$\lambda \vec{a} = \lambda \begin{pmatrix} a_x \\ a_y \\ a_z \end{pmatrix} = \begin{pmatrix} \lambda a_x \\ \lambda a_y \\ \lambda a_z \end{pmatrix} \qquad \text{(II-56)}$$

Beispiel

Eine Masse von $m = 5$ kg erfahre durch eine Kraft $\vec{F}$ die Beschleunigung $\vec{a} = \begin{pmatrix} 2 \\ -1 \\ 4 \end{pmatrix} \frac{\text{m}}{\text{s}^2}$. Die *Komponentendarstellung* der einwirkenden Kraft lautet dann:

$$\vec{F} = m\vec{a} = 5 \text{ kg} \begin{pmatrix} 2 \\ -1 \\ 4 \end{pmatrix} \frac{\text{m}}{\text{s}^2} = \begin{pmatrix} 10 \\ -5 \\ 20 \end{pmatrix} \text{kg} \cdot \frac{\text{m}}{\text{s}^2} = \begin{pmatrix} 10 \\ -5 \\ 20 \end{pmatrix} \text{N}$$

Normierung eines Vektors

$\vec{a}$ sei ein beliebiger vom Nullvektor verschiedener Vektor. Wie lautet der in die *gleiche* Richtung weisende *Einheitsvektor* $\vec{e}_a$? Wir lösen diese Aufgabe wie folgt:

$\vec{a}$ und $\vec{e}_a$ sind *parallele* Vektoren: $\vec{a} \uparrow\uparrow \vec{e}_a$. Der Vektor $\vec{a}$ besitzt die Länge $|\vec{a}|$, der Vektor $\vec{e}_a$ die Länge 1. Daher gilt (siehe Bild II-42):

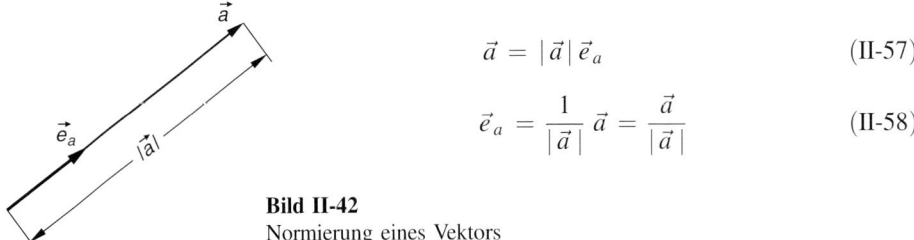

$$\vec{a} = |\vec{a}|\,\vec{e}_a \qquad (\text{II-57})$$

$$\vec{e}_a = \frac{1}{|\vec{a}|}\,\vec{a} = \frac{\vec{a}}{|\vec{a}|} \qquad (\text{II-58})$$

Bild II-42
Normierung eines Vektors

Diesen Vorgang bezeichnet man als *Normierung* eines Vektors.

Normierung eines Vektors (Bild II-42)

Durch *Normierung* erhält man aus einem vom Nullvektor verschiedenen Vektor $\vec{a}$ einen *Einheitsvektor gleicher Richtung*. Er lautet wie folgt:

$$\vec{e}_a = \frac{1}{|\vec{a}|}\,\vec{a} \qquad (\text{II-59})$$

Regel: Die Vektorkoordinaten werden durch den Betrag des Vektors dividiert.

Beispiel

Wir *normieren* den Vektor $\vec{a} = \begin{pmatrix} 2 \\ -1 \\ 2 \end{pmatrix}$:

$$|\vec{a}| = \sqrt{2^2 + (-1)^2 + 2^2} = \sqrt{9} = 3$$

$$\vec{a} = 3\,\vec{e}_a \quad \Rightarrow \quad \vec{e}_a = \frac{1}{3}\,\vec{a} = \frac{1}{3} \begin{pmatrix} 2 \\ -1 \\ 2 \end{pmatrix} = \begin{pmatrix} 2/3 \\ -1/3 \\ 2/3 \end{pmatrix}$$

3.2.2 Addition und Subtraktion von Vektoren

Die Addition und Subtraktion zweier Vektoren $\vec{a}$ und $\vec{b}$ erfolgt (wie in der Ebene) *komponentenweise*:

Addition und Subtraktion zweier Vektoren

Zwei Vektoren $\vec{a}$ und $\vec{b}$ werden *komponentenweise* addiert bzw. subtrahiert:

$$\vec{a} \pm \vec{b} = \begin{pmatrix} a_x \\ a_y \\ a_z \end{pmatrix} \pm \begin{pmatrix} b_x \\ b_y \\ b_z \end{pmatrix} = \begin{pmatrix} a_x \pm b_x \\ a_y \pm b_y \\ a_z \pm b_z \end{pmatrix} \qquad \text{(II-60)}$$

■ **Beispiele**

(1) Wir berechnen mit $\vec{a} = \begin{pmatrix} 2 \\ 3 \\ 4 \end{pmatrix}$, $\vec{b} = \begin{pmatrix} 3 \\ 0 \\ 1 \end{pmatrix}$ und $\vec{c} = \begin{pmatrix} -4 \\ 1 \\ 5 \end{pmatrix}$ den folgenden Vektor:

$$\vec{s} = 4\vec{a} + 3\vec{b} - 8\vec{c} = 4 \begin{pmatrix} 2 \\ 3 \\ 4 \end{pmatrix} + 3 \begin{pmatrix} 3 \\ 0 \\ 1 \end{pmatrix} - 8 \begin{pmatrix} -4 \\ 1 \\ 5 \end{pmatrix} =$$

$$= \begin{pmatrix} 8 \\ 12 \\ 16 \end{pmatrix} + \begin{pmatrix} 9 \\ 0 \\ 3 \end{pmatrix} + \begin{pmatrix} 32 \\ -8 \\ -40 \end{pmatrix} = \begin{pmatrix} 8 + 9 + 32 \\ 12 + 0 - 8 \\ 16 + 3 - 40 \end{pmatrix} = \begin{pmatrix} 49 \\ 4 \\ -21 \end{pmatrix}$$

(2) Wir zeigen, dass die an einem Massenpunkt gleichzeitig angreifenden Kräfte

$$\vec{F}_1 = \begin{pmatrix} 20 \\ -11 \\ -3 \end{pmatrix} \text{N}, \qquad \vec{F}_2 = \begin{pmatrix} 4 \\ 8 \\ 9 \end{pmatrix} \text{N},$$

$$\vec{F}_3 = \begin{pmatrix} 1 \\ -10 \\ -4 \end{pmatrix} \text{N}, \qquad \vec{F}_4 = \begin{pmatrix} -25 \\ 13 \\ -2 \end{pmatrix} \text{N}$$

sich in ihrer physikalischen Wirkung aufheben.

Lösung: Die vier Kräfte heben sich gegenseitig auf, wenn die *Resultierende* $\vec{F}_R$ den *Nullvektor* ergibt. Dies ist hier der Fall:

$$\vec{F}_R = \vec{F}_1 + \vec{F}_2 + \vec{F}_3 + \vec{F}_4 =$$

$$= \begin{pmatrix} 20 \\ -11 \\ -3 \end{pmatrix} N + \begin{pmatrix} 4 \\ 8 \\ 9 \end{pmatrix} N + \begin{pmatrix} 1 \\ -10 \\ -4 \end{pmatrix} N + \begin{pmatrix} -25 \\ 13 \\ -2 \end{pmatrix} N =$$

$$= \begin{pmatrix} 20 + 4 + 1 - 25 \\ -11 + 8 - 10 + 13 \\ -3 + 9 - 4 - 2 \end{pmatrix} N = \begin{pmatrix} 0 \\ 0 \\ 0 \end{pmatrix} N$$

(3) Welche Koordinaten besitzt der Punkt Q, der die Strecke zwischen den Punkten $P_1 = (-4; 3; 2)$ und $P_2 = (1; 0; 4)$ *halbiert* (Bild II-43)?

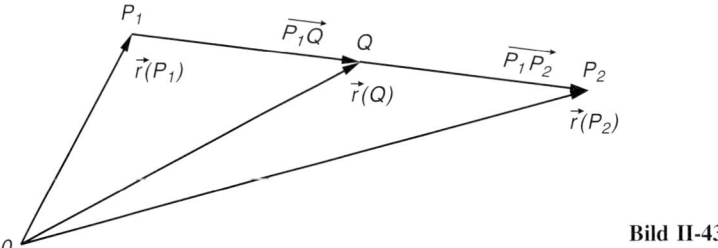

Bild II-43

Lösung: Der Vektor $\overrightarrow{P_1 Q}$ ist parallel zum Vektor $\overrightarrow{P_1 P_2}$, jedoch nur von *halber* Länge:

$$\overrightarrow{P_1 Q} = \frac{1}{2} \overrightarrow{P_1 P_2}$$

Aus der Skizze folgt ferner, dass der Ortsvektor $\vec{r}(Q)$ des gesuchten Punktes Q als Vektorsumme aus $\vec{r}(P_1)$ und $\overrightarrow{P_1 Q}$ darstellbar ist:

$$\vec{r}(Q) = \vec{r}(P_1) + \overrightarrow{P_1 Q} = \vec{r}(P_1) + \frac{1}{2} \overrightarrow{P_1 P_2}$$

Wir berechnen zunächst die benötigten Vektoren $\vec{r}(P_1)$ und $\overrightarrow{P_1 P_2}$:

$$\vec{r}(P_1) = \begin{pmatrix} x_1 \\ y_1 \\ z_1 \end{pmatrix} = \begin{pmatrix} -4 \\ 3 \\ 2 \end{pmatrix}$$

$$\overrightarrow{P_1 P_2} = \begin{pmatrix} x_2 - x_1 \\ y_2 - y_1 \\ z_2 - z_1 \end{pmatrix} = \begin{pmatrix} 1 - (-4) \\ 0 - 3 \\ 4 - 2 \end{pmatrix} = \begin{pmatrix} 5 \\ -3 \\ 2 \end{pmatrix}$$

Für den Ortsvektor $\vec{r}(Q)$ erhalten wir dann:

$$\vec{r}(Q) = \vec{r}(P_1) + \frac{1}{2}\overrightarrow{P_1 P_2} = \begin{pmatrix} -4 \\ 3 \\ 2 \end{pmatrix} + \frac{1}{2}\begin{pmatrix} 5 \\ -3 \\ 2 \end{pmatrix} =$$

$$= \begin{pmatrix} -4 \\ 3 \\ 2 \end{pmatrix} + \begin{pmatrix} 2{,}5 \\ -1{,}5 \\ 1 \end{pmatrix} = \begin{pmatrix} -4 + 2{,}5 \\ 3 - 1{,}5 \\ 2 + 1 \end{pmatrix} = \begin{pmatrix} -1{,}5 \\ 1{,}5 \\ 3 \end{pmatrix}$$

Ergebnis: $Q = (-1{,}5;\ 1{,}5;\ 3)$. ∎

3.3 Skalarprodukt zweier Vektoren

3.3.1 Definition und Berechnung eines Skalarproduktes

Die in Abschnitt 2.3 gegebene Definition des *skalaren Produktes* zweier Vektoren lässt sich sinngemäß auch auf räumliche, d. h. 3-dimensionale Vektoren übertragen:

Definition: Unter dem *Skalarprodukt* $\vec{a} \cdot \vec{b}$ zweier Vektoren $\vec{a}$ und $\vec{b}$ versteht man den Skalar

$$\vec{a} \cdot \vec{b} = |\vec{a}| \cdot |\vec{b}| \cdot \cos \varphi = ab \cdot \cos \varphi \qquad \text{(II-61)}$$

wobei φ der von den beiden Vektoren eingeschlossene Winkel ist ($0° \leq \varphi \leq 180°$; Bild II-44).

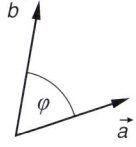

Bild II-44
Zum Begriff des Skalarproduktes zweier Vektoren

Rechenregeln für Skalarprodukte

Die Skalarproduktbildung ist sowohl *kommutativ* als auch *distributiv*:

Kommutativgesetz $\qquad \vec{a} \cdot \vec{b} = \vec{b} \cdot \vec{a}$ (II-62)

Distributivgesetz $\qquad \vec{a} \cdot (\vec{b} + \vec{c}) = \vec{a} \cdot \vec{b} + \vec{a} \cdot \vec{c}$ (II-63)

Ferner gilt für einen *beliebigen* reellen Skalar λ:

$$\lambda(\vec{a} \cdot \vec{b}) = (\lambda \vec{a}) \cdot \vec{b} = \vec{a} \cdot (\lambda \vec{b}) \qquad \text{(II-64)}$$

Orthogonale Vektoren

Verschwindet das skalare Produkt zweier vom Nullvektor verschiedener Vektoren, so bilden sie einen *rechten* Winkel miteinander, stehen also aufeinander *senkrecht* (auch die Umkehrung gilt). Solche Vektoren heißen (wie in der Ebene) *orthogonal*.

Orthogonale Vektoren

Zwei vom Nullvektor verschiedene Vektoren $\vec{a}$ und $\vec{b}$ stehen genau dann aufeinander *senkrecht*, sind also *orthogonal*, wenn ihr Skalarprodukt *verschwindet*:

$$\vec{a} \cdot \vec{b} = 0 \quad \Leftrightarrow \quad \vec{a} \perp \vec{b} \tag{II-65}$$

Die drei Einheitsvektoren $\vec{e}_x, \vec{e}_y, \vec{e}_z$ bilden eine sog. *orthonormierte* Basis, d. h. die Vektoren stehen paarweise aufeinander *senkrecht* (*orthogonale* Vektoren) und besitzen jeweils den Betrag eins (*normierte* Vektoren):

$$\vec{e}_x \cdot \vec{e}_y = \vec{e}_y \cdot \vec{e}_z = \vec{e}_z \cdot \vec{e}_x = 0$$
$$\vec{e}_x \cdot \vec{e}_x = \vec{e}_y \cdot \vec{e}_y = \vec{e}_z \cdot \vec{e}_z = 1 \tag{II-66}$$

Für den Sonderfall $\vec{a} = \vec{b}$ erhält man:

$$\vec{a} \cdot \vec{a} = |\vec{a}| \cdot |\vec{a}| \cdot \cos 0° = |\vec{a}| \cdot |\vec{a}| \cdot 1 = |\vec{a}|^2 = a^2 \tag{II-67}$$

Der Betrag eines Vektors $\vec{a}$ lässt sich daher auch mit Hilfe des Skalarproduktes $\vec{a} \cdot \vec{a}$ berechnen:

$$|\vec{a}| = a = \sqrt{\vec{a} \cdot \vec{a}} \tag{II-68}$$

Berechnung eines Skalarproduktes aus den skalaren Vektorkomponenten (Vektorkoordinaten)

Das Skalarprodukt zweier Vektoren kann auch direkt aus den skalaren Komponenten der beiden Vektoren bestimmt werden:

$$\begin{aligned}
\vec{a} \cdot \vec{b} &= (a_x \vec{e}_x + a_y \vec{e}_y + a_z \vec{e}_z) \cdot (b_x \vec{e}_x + b_y \vec{e}_y + b_z \vec{e}_z) = \\
&= a_x b_x (\vec{e}_x \cdot \vec{e}_x) + a_x b_y (\vec{e}_x \cdot \vec{e}_y) + a_x b_z (\vec{e}_x \cdot \vec{e}_z) + \\
&\quad + a_y b_x (\vec{e}_y \cdot \vec{e}_x) + a_y b_y (\vec{e}_y \cdot \vec{e}_y) + a_y b_z (\vec{e}_y \cdot \vec{e}_z) + \\
&\quad + a_z b_x (\vec{e}_z \cdot \vec{e}_x) + a_z b_y (\vec{e}_z \cdot \vec{e}_y) + a_z b_z (\vec{e}_z \cdot \vec{e}_z)
\end{aligned}$$
$$\tag{II-69}$$

Die dabei auftretenden Skalarprodukte *verschwinden*, wenn an ihrer Bildung zwei *verschiedene* Einheitsvektoren beteiligt sind. In allen anderen Fällen haben die Skalarprodukte den Wert 1. Damit reduziert sich die Gleichung (II-69) wie folgt:

3 Vektorrechnung im 3-dimensionalen Raum

$$\vec{a} \cdot \vec{b} = a_x b_x \cdot 1 + a_x b_y \cdot 0 + a_x b_z \cdot 0 + a_y b_x \cdot 0 + a_y b_y \cdot 1 +$$
$$+ a_y b_z \cdot 0 + a_z b_x \cdot 0 + a_z b_y \cdot 0 + a_z b_z \cdot 1 =$$
$$= a_x b_x + a_y b_y + a_z b_z \qquad \text{(II-70)}$$

Wir fassen zusammen:

Berechnung eines Skalarproduktes aus den skalaren Vektorkomponenten (Vektorkoordinaten) der beteiligten Vektoren

Das *Skalarprodukt* $\vec{a} \cdot \vec{b}$ zweier Vektoren $\vec{a}$ und $\vec{b}$ lässt sich aus den skalaren Vektorkomponenten (Vektorkoordinaten) der beiden Vektoren wie folgt berechnen:

$$\vec{a} \cdot \vec{b} = \begin{pmatrix} a_x \\ a_y \\ a_z \end{pmatrix} \cdot \begin{pmatrix} b_x \\ b_y \\ b_z \end{pmatrix} = a_x b_x + a_y b_y + a_z b_z \qquad \text{(II-71)}$$

Regel: *Komponentenweise* Multiplikation, anschließende Addition der Produkte.

Das *skalare* Produkt zweier Vektoren kann somit (wie in der Ebene) auf *zwei verschiedene* Arten berechnet werden:

$$\vec{a} \cdot \vec{b} = |\vec{a}| \cdot |\vec{b}| \cdot \cos \varphi = a_x b_x + a_y b_y + a_z b_z \qquad \text{(II-72)}$$

■ **Beispiele**

(1) Das skalare Produkt der Vektoren $\vec{a} = \begin{pmatrix} 1 \\ -2 \\ 2 \end{pmatrix}$ und $\vec{b} = \begin{pmatrix} 3 \\ 2 \\ -4 \end{pmatrix}$ beträgt:

$$\vec{a} \cdot \vec{b} = \begin{pmatrix} 1 \\ -2 \\ 2 \end{pmatrix} \cdot \begin{pmatrix} 3 \\ 2 \\ -4 \end{pmatrix} = 3 - 4 - 8 = -9$$

(2) Die Vektoren $\vec{a} = \begin{pmatrix} 2 \\ 1 \\ 5 \end{pmatrix}$ und $\vec{b} = \begin{pmatrix} 3 \\ 4 \\ -2 \end{pmatrix}$ sind *orthogonal*, da ihr Skalarprodukt *verschwindet*:

$$\vec{a} \cdot \vec{b} = \begin{pmatrix} 2 \\ 1 \\ 5 \end{pmatrix} \cdot \begin{pmatrix} 3 \\ 4 \\ -2 \end{pmatrix} = 6 + 4 - 10 = 0$$

(3) Wir beweisen den **Satz des Pythagoras**: *In einem rechtwinkligen Dreieck ist die Summe der beiden Kathetenquadrate gleich dem Quadrat der Hypotenuse.*

Beweis: Die beiden Katheten sowie die Hypotenuse des rechtwinkligen Dreiecks legen wir in der aus Bild II-45 ersichtlichen Weise durch Vektoren fest, wobei gilt:

$$\vec{a} \cdot \vec{a} = a^2, \qquad \vec{b} \cdot \vec{b} = b^2, \qquad \vec{c} \cdot \vec{c} = c^2,$$

$$\vec{a} \cdot \vec{b} = 0 \qquad (\text{da nach Voraussetzung } \vec{a} \perp \vec{b})$$

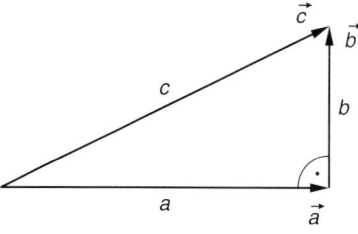

Bild II-45
Zur Herleitung des Satzes des Pythagoras

Der Hypotenusenvektor $\vec{c}$ ist ferner die *Summe* der beiden Kathetenvektoren $\vec{a}$ und $\vec{b}$:

$$\vec{c} = \vec{a} + \vec{b}$$

Wir bilden nun das *skalare* Produkt von $\vec{c}$ mit sich selbst:

$$\vec{c} \cdot \vec{c} = (\vec{a} + \vec{b}) \cdot (\vec{a} + \vec{b}) = \vec{a} \cdot \vec{a} + \vec{a} \cdot \vec{b} + \vec{b} \cdot \vec{a} + \vec{b} \cdot \vec{b}$$

Wegen der Orthogonalität von $\vec{a}$ und $\vec{b}$ ist $\vec{a} \cdot \vec{b} = \vec{b} \cdot \vec{a} = 0$ und es folgt:

$$\vec{c} \cdot \vec{c} = \vec{a} \cdot \vec{a} + \vec{b} \cdot \vec{b} \qquad \text{oder} \qquad c^2 = a^2 + b^2$$

Damit ist der *Lehrsatz des Pythagoras* bewiesen. ∎

3.3.2 Winkel zwischen zwei Vektoren

Aus Gleichung (II-72) erhalten wir die folgende wichtige Beziehung für den *Winkel* φ zwischen zwei Vektoren $\vec{a}$ und $\vec{b}$:

$$\cos \varphi = \frac{\vec{a} \cdot \vec{b}}{|\vec{a}| \cdot |\vec{b}|} = \frac{a_x b_x + a_y b_y + a_z b_z}{\sqrt{a_x^2 + a_y^2 + a_z^2} \cdot \sqrt{b_x^2 + b_y^2 + b_z^2}} \tag{II-73}$$

Diese Gleichung lösen wir nach dem gesuchten Winkel φ auf und erhalten das folgende Ergebnis:

Winkel zwischen zwei Vektoren (Bild II-44)

Der von den Vektoren $\vec{a}$ und $\vec{b}$ eingeschlossene Winkel φ lässt sich wie folgt berechnen:

$$\varphi = \arccos \left(\frac{\vec{a} \cdot \vec{b}}{|\vec{a}| \cdot |\vec{b}|} \right) \qquad (\vec{a} \neq \vec{0}, \vec{b} \neq \vec{0}) \tag{II-74}$$

Beispiel

Wir berechnen nach Gleichung (II-73) bzw. (II-74) den Winkel φ, den die Vektoren $\vec{a} = \begin{pmatrix} 3 \\ -1 \\ 2 \end{pmatrix}$ und $\vec{b} = \begin{pmatrix} 1 \\ 2 \\ 4 \end{pmatrix}$ miteinander einschließen:

$$\vec{a} \cdot \vec{b} = \begin{pmatrix} 3 \\ -1 \\ 2 \end{pmatrix} \cdot \begin{pmatrix} 1 \\ 2 \\ 4 \end{pmatrix} = 3 \cdot 1 + (-1) \cdot 2 + 2 \cdot 4 = 3 - 2 + 8 = 9$$

$$|\vec{a}| = \sqrt{3^2 + (-1)^2 + 2^2} = \sqrt{14}, \qquad |\vec{b}| = \sqrt{1^2 + 2^2 + 4^2} = \sqrt{21}$$

$$\cos \varphi = \frac{\vec{a} \cdot \vec{b}}{|\vec{a}| \cdot |\vec{b}|} = \frac{9}{\sqrt{14} \cdot \sqrt{21}} = 0{,}5249 \quad \Rightarrow \quad \varphi = \operatorname{arcccos} 0{,}5249 = 58{,}3°$$

■

3.3.3 Richtungswinkel eines Vektors

Ein Vektor $\vec{a}$ ist bekanntlich eindeutig durch *Betrag* und *Richtung* festgelegt. Die Berechnung des *Betrages* $|\vec{a}|$ erfolgt dabei nach Gleichung (II-54). Die *Richtung* des Vektors legen wir durch die Winkel fest, die der Vektor mit den drei Koordinatenachsen (d. h. mit den drei Basisvektoren $\vec{e}_x, \vec{e}_y$ und $\vec{e}_z$) bildet. Diese *Richtungswinkel* kennzeichnen wir der Reihe nach mit α, β und γ (Bild II-46). Sie lassen sich mit Hilfe des Skalarproduktes aus der Beziehung (II-73) bzw. (II-74) berechnen, indem man dort für $\vec{b}$ der Reihe nach $\vec{e}_x, \vec{e}_y, \vec{e}_z$ setzt. So erhält man beispielsweise für den Winkel α zwischen dem Vektor $\vec{a}$ und der x-Achse die folgende Beziehung:

$$\cos \alpha = \frac{\vec{a} \cdot \vec{e}_x}{|\vec{a}| \cdot |\vec{e}_x|} = \frac{\begin{pmatrix} a_x \\ a_y \\ a_z \end{pmatrix} \cdot \begin{pmatrix} 1 \\ 0 \\ 0 \end{pmatrix}}{|\vec{a}| \cdot 1} = \frac{a_x + 0 + 0}{|\vec{a}|} = \frac{a_x}{|\vec{a}|} = \frac{a_x}{a} \qquad \text{(II-75)}$$

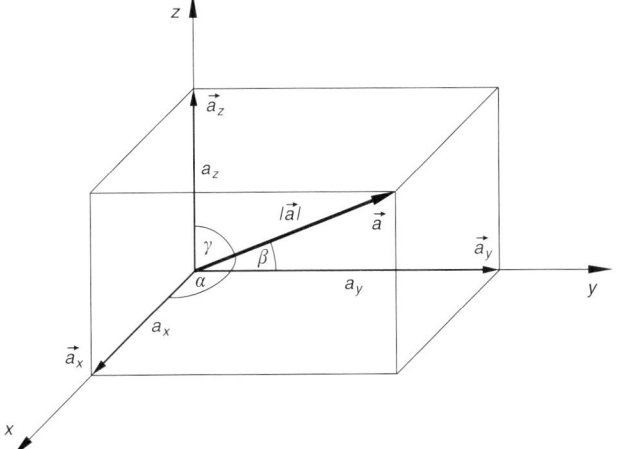

Bild II-46
Richtungswinkel eines Vektors

Analoge Gleichungen bestehen für die beiden übrigen Richtungswinkel:

$$\cos \beta = \frac{a_y}{|\vec{a}|} = \frac{a_y}{a}, \qquad \cos \gamma = \frac{a_z}{|\vec{a}|} = \frac{a_z}{a} \qquad \text{(II-76)}$$

Die Größen $\cos \alpha$, $\cos \beta$ und $\cos \gamma$ werden als *Richtungskosinus* von $\vec{a}$ bezeichnet. Sie genügen der Bedingung

$$\cos^2 \alpha + \cos^2 \beta + \cos^2 \gamma = \frac{a_x^2}{a^2} + \frac{a_y^2}{a^2} + \frac{a_z^2}{a^2} = \frac{a_x^2 + a_y^2 + a_z^2}{a^2} = \frac{a^2}{a^2} = 1 \qquad \text{(II-77)}$$

Die drei Richtungswinkel α, β und γ sind somit voneinander *abhängige* Größen.

Wir fassen zusammen:

Richtungswinkel zwischen einem Vektor und den Koordinatenachsen (Richtungskosinus; Bild II-46)

Ein Vektor $\vec{a}$ bildet mit den drei Koordinatenachsen der Reihe nach die Winkel α, β und γ, die als *Richtungswinkel* bezeichnet werden. Sie lassen sich aus den skalaren Vektorkomponenten (Vektorkoordinaten) des Vektors $\vec{a}$ wie folgt berechnen:

$$\cos \alpha = \frac{a_x}{|\vec{a}|}, \qquad \cos \beta = \frac{a_y}{|\vec{a}|}, \qquad \cos \gamma = \frac{a_z}{|\vec{a}|} \qquad \text{(II-78)}$$

Die Richtungswinkel sind jedoch *nicht* unabhängig voneinander, sondern über die Beziehung

$$\cos^2 \alpha + \cos^2 \beta + \cos^2 \gamma = 1 \qquad \text{(II-79)}$$

miteinander verknüpft.

Sind von einem Vektor $\vec{a}$ Betrag und Richtung (d. h. die drei Richtungswinkel) bekannt, so berechnen sich die Vektorkoordinaten nach (II-78) der Reihe wie folgt:

$$a_x = |\vec{a}| \cdot \cos \alpha, \qquad a_y = |\vec{a}| \cdot \cos \beta, \qquad a_z = |\vec{a}| \cdot \cos \gamma \qquad \text{(II-80)}$$

■ **Beispiele**

(1) Wir wollen die *Richtungswinkel* des Vektors $\vec{a} = \begin{pmatrix} 2 \\ -1 \\ -2 \end{pmatrix}$ berechnen. Mit dem Betrag

$$|\vec{a}| = \sqrt{2^2 + (-1)^2 + (-2)^2} = \sqrt{9} = 3$$

folgt unmittelbar aus den Gleichungen (II-78):

$$\cos \alpha = \frac{a_x}{|\vec{a}|} = \frac{2}{3} \quad \Rightarrow \quad \alpha = \arccos\left(\frac{2}{3}\right) = 48{,}2°$$

$$\cos \beta = \frac{a_y}{|\vec{a}|} = -\frac{1}{3} \quad \Rightarrow \quad \beta = \arccos\left(-\frac{1}{3}\right) = 109{,}5°$$

$$\cos \gamma = \frac{a_z}{|\vec{a}|} = -\frac{2}{3} \quad \Rightarrow \quad \gamma = \arccos\left(-\frac{2}{3}\right) = 131{,}8°$$

Die drei Richtungswinkel des Vektors $\vec{a}$ lauten damit der Reihe nach wie folgt:

$$\alpha = 48{,}2°, \quad \beta = 109{,}5°, \quad \gamma = 131{,}8°$$

(2) Ein Vektor $\vec{a}$ vom Betrage $|\vec{a}| = 5$ bilde mit der x- und y-Achse jeweils einen Winkel von 60° und mit der z-Achse einen spitzen Winkel ($0° < \gamma < 90°$). Wie lauten seine *skalaren* Vektorkomponenten?

Lösung: Der noch unbekannte dritte Richtungswinkel γ wird aus der Beziehung (II-79) berechnet, die wir zunächst nach $\cos \gamma$ auflösen:

$$\cos \gamma = \pm \sqrt{1 - \cos^2 \alpha - \cos^2 \beta}$$

Es kommt jedoch nur die *positive* Lösung infrage, da der Winkel γ nach Voraussetzung *spitz* ist und somit $\cos \gamma > 0$ sein muss. Mit $\alpha = \beta = 60°$ erhält man:

$$\cos \gamma = \sqrt{1 - \cos^2 60° - \cos^2 60°} =$$
$$= \sqrt{1 - 0{,}25 - 0{,}25} = \sqrt{0{,}5} = 0{,}7071 \quad \Rightarrow$$
$$\gamma = \arccos 0{,}7071 = 45°$$

Die *skalaren* Vektorkomponenten von $\vec{a}$ bestimmen wir nach Gleichung (II.80) wie folgt:

$$\left.\begin{array}{l} a_x = |\vec{a}| \cdot \cos \alpha = 5 \cdot \cos 60° = 2{,}5 \\ a_y = |\vec{a}| \cdot \cos \beta = 5 \cdot \cos 60° = 2{,}5 \\ a_z = |\vec{a}| \cdot \cos \gamma = 5 \cdot \cos 45° = 3{,}54 \end{array}\right\} \quad \Rightarrow \quad \vec{a} = \begin{pmatrix} 2{,}5 \\ 2{,}5 \\ 3{,}54 \end{pmatrix}$$

∎

3.3.4 Projektion eines Vektors auf einen zweiten Vektor

Ein in der Mechanik häufig wiederkehrendes Problem besteht in der Zerlegung einer Kraft in ihre Komponenten. Zum Beispiel bei einer schiefen Ebene: Die Gewichtskraft $\vec{G}$ einer Masse m soll in eine Tangential- und eine Normalkomponente zerlegt werden. Diese Komponenten erhält man durch Projektion des Vektors $\vec{G}$ auf die Richtung der schiefen Ebene bzw. auf die dazu senkrechte Richtung (siehe Bild II-47). Sie werden in der Mechanik auch als *Hangabtrieb* und *Normalkraft* bezeichnet.

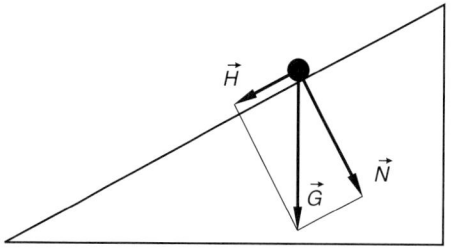

Bild II-47
Zerlegung der Gewichtskraft $\vec{G}$ in die Tangentialkomponente $\vec{H}$ („Hangabtrieb") und die Normalkomponente $\vec{N}$ („Normalkraft")

Wir beschäftigen uns jetzt mit der *Projektion* eines Vektors $\vec{b}$ auf einen zweiten Vektor $\vec{a}$ und setzen dabei zunächst voraus, dass die Vektoren $\vec{a}$ und $\vec{b}$ einen *spitzen* Winkel miteinander einschließen (Bild II-48).

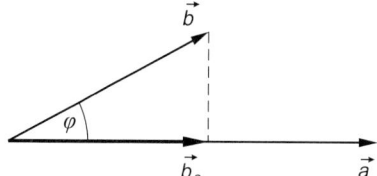

Bild II-48
Komponente eines Vektors $\vec{b}$ in Richtung eines vorgegebenen Vektors $\vec{a}$

Der durch die Projektion erhaltene Vektor wird mit $\vec{b}_a$ bezeichnet, sein Betrag ist

$$|\vec{b}_a| = |\vec{b}| \cdot \cos \varphi \tag{II-81}$$

wobei φ der Winkel zwischen den Vektoren $\vec{b}$ und $\vec{a}$ ist. Aus dem Skalarprodukt

$$\vec{a} \cdot \vec{b} = |\vec{a}| \cdot \underbrace{|\vec{b}| \cdot \cos \varphi}_{|\vec{b}_a|} = |\vec{a}| \cdot |\vec{b}_a| \tag{II-82}$$

erhalten wir dann nach Division durch $|\vec{a}|$ den folgenden Ausdruck für $|\vec{b}_a|$:

$$|\vec{b}_a| = \frac{\vec{a} \cdot \vec{b}}{|\vec{a}|} \tag{II-83}$$

Der Vektor $\vec{b}_a$ besitzt die *gleiche* Richtung wie der Vektor $\vec{a}$ und ist somit in der Form

$$\vec{b}_a = |\vec{b}_a| \vec{e}_a = |\vec{b}_a| \frac{\vec{a}}{|\vec{a}|} \tag{II-84}$$

darstellbar, wobei $\vec{e}_a$ der *Einheitsvektor* in Richtung von $\vec{a}$ ist (wir erhalten ihn durch Normierung des Vektors $\vec{a}$). Unter Berücksichtigung der Beziehung (II-83) wird hieraus schließlich

$$\vec{b}_a = |\vec{b}_a| \frac{\vec{a}}{|\vec{a}|} = \left(\frac{\vec{a} \cdot \vec{b}}{|\vec{a}|}\right) \frac{\vec{a}}{|\vec{a}|} = \left(\frac{\vec{a} \cdot \vec{b}}{|\vec{a}|^2}\right) \vec{a} = \left(\frac{\vec{a}}{|\vec{a}|} \cdot \vec{b}\right) \frac{\vec{a}}{|\vec{a}|} =$$
$$= (\vec{e}_a \cdot \vec{b}) \vec{e}_a \tag{II-85}$$

Dieser Vektor wird auch als *Komponente* des Vektors $\vec{b}$ in Richtung des Vektor $\vec{a}$ bezeichnet.

3 Vektorrechnung im 3-dimensionalen Raum

> **Projektion eines Vektors $\vec{b}$ auf einen zweiten Vektor $\vec{a}$ (Bild II-48)**
>
> Durch *Projektion* des Vektors $\vec{b}$ auf den Vektor $\vec{a}$ entsteht der Vektor
>
> $$\vec{b}_a = \left(\frac{\vec{a} \cdot \vec{b}}{|\vec{a}|^2}\right) \vec{a} = \left(\frac{\vec{a}}{|\vec{a}|} \cdot \vec{b}\right) \frac{\vec{a}}{|\vec{a}|} = (\vec{e}_a \cdot \vec{b}) \vec{e}_a \qquad \text{(II-86)}$$
>
> Er wird als *Komponente* des Vektors $\vec{b}$ in Richtung des Vektors $\vec{a}$ bezeichnet.

Anmerkungen

(1) Die Vektoren $\vec{b}_a$ und $\vec{a}$ sind *kollinear* (parallel, wenn $\vec{a} \cdot \vec{b} > 0$, antiparallel, wenn $\vec{a} \cdot \vec{b} < 0$ ist).

(2) Der Projektionsvektor $\vec{b}_a$ hat die *Länge* $|\vec{b}_a| = \dfrac{|\vec{a} \cdot \vec{b}|}{|\vec{a}|}$.

■ **Beispiele**

(1) Wir *projizieren* den Vektor $\vec{b} = \begin{pmatrix} 4 \\ -1 \\ 7 \end{pmatrix}$ auf den Vektor $\vec{a} = \begin{pmatrix} 3 \\ 0 \\ 4 \end{pmatrix}$. Um den gesuchten Vektor $\vec{b}_a$ bestimmen zu können, benötigen wir noch das Skalarprodukt $\vec{a} \cdot \vec{b}$ und den Betrag von $\vec{a}$:

$$\vec{a} \cdot \vec{b} = \begin{pmatrix} 3 \\ 0 \\ 4 \end{pmatrix} \cdot \begin{pmatrix} 4 \\ -1 \\ 7 \end{pmatrix} = 12 + 0 + 28 = 40$$

$$|\vec{a}|^2 = 3^2 + 0^2 + 4^2 = 9 + 16 = 25 \quad \Rightarrow \quad |\vec{a}| = 5$$

Die *Komponente* des Vektors $\vec{b}$ in Richtung des Vektors $\vec{a}$ lautet dann nach Formel (II-86) wie folgt:

$$\vec{b}_a = \left(\frac{\vec{a} \cdot \vec{b}}{|\vec{a}|^2}\right) \vec{a} = \frac{40}{25} \begin{pmatrix} 3 \\ 0 \\ 4 \end{pmatrix} = 1{,}6 \begin{pmatrix} 3 \\ 0 \\ 4 \end{pmatrix} = \begin{pmatrix} 4{,}8 \\ 0 \\ 6{,}4 \end{pmatrix}$$

(2) Wir interessieren uns für die *Komponente* $\vec{F}_s$, die der Kraftvektor $\vec{F} = \begin{pmatrix} 4 \\ 2 \\ 6 \end{pmatrix}$ N in Richtung des Verschiebungsvektors $\vec{s} = \begin{pmatrix} 2 \\ -1 \\ 2 \end{pmatrix}$ m besitzt.

Welchen *Betrag* hat diese Komponente?

Lösung: Mit

$$\vec{s} \cdot \vec{F} = \begin{pmatrix} 2 \\ -1 \\ 2 \end{pmatrix} \cdot \begin{pmatrix} 4 \\ 2 \\ 6 \end{pmatrix} \text{Nm} = (8 - 2 + 12)\,\text{Nm} = 18\,\text{Nm}$$

$$|\vec{s}|^2 = (2^2 + (-1)^2 + 2^2)\,\text{m}^2 = 9\,\text{m}^2$$

erhalten wir dann nach Formel (II-86):

$$\vec{F}_s = \left(\frac{\vec{s} \cdot \vec{F}}{|\vec{s}|^2}\right)\vec{s} = \frac{18\,\text{Nm}}{9\,\text{m}^2}\begin{pmatrix} 2 \\ -1 \\ 2 \end{pmatrix}\text{m} = 2\begin{pmatrix} 2 \\ -1 \\ 2 \end{pmatrix}\text{N} = \begin{pmatrix} 4 \\ -2 \\ 4 \end{pmatrix}\text{N}$$

Die Komponente $\vec{F}_s$ hat den folgenden *Betrag*:

$$F_s = |\vec{F}_s| = \sqrt{4^2 + (-2)^2 + 4^2}\,\text{N} = \sqrt{36}\,\text{N} = 6\,\text{N}$$

∎

3.3.5 Ein Anwendungsbeispiel: Arbeit einer Kraft

Wird ein Massenpunkt m durch eine *konstante* Kraft $\vec{F}$ um die Strecke $\vec{s}$ verschoben, so ist die an ihm verrichtete *Arbeit* W definitionsgemäß das *skalare* Produkt aus dem Kraftvektor $\vec{F}$ und dem Verschiebungsvektor $\vec{s}$ (Bild II-49):

$$W = \vec{F} \cdot \vec{s} = |\vec{F}| \cdot |\vec{s}| \cdot \cos\varphi = F \cdot s \cdot \cos\varphi \tag{II-87}$$

Die in Richtung des Weges wirkende Kraftkomponente $\vec{F}_s$ besitzt nach Bild II-49 den *Betrag*

$$|\vec{F}_s| = F_s = |\vec{F}| \cdot \cos\varphi = F \cdot \cos\varphi \tag{II-88}$$

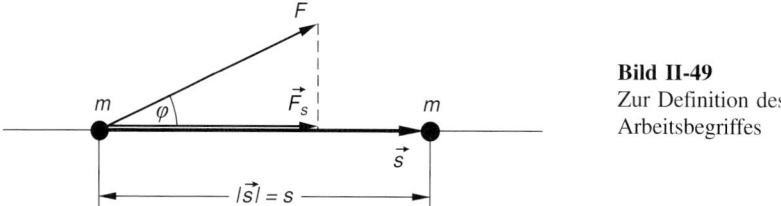

Bild II-49
Zur Definition des Arbeitsbegriffes

Wir können daher die Definitionsgleichung (II-87) für die Arbeit W auch auf die folgende Form bringen:

$$W = \vec{F} \cdot \vec{s} = F \cdot s \cdot \cos\varphi = \underbrace{(F \cdot \cos\varphi)}_{F_s} \cdot s = F_s \cdot s \tag{II-89}$$

Dies aber ist die bereits aus der Schulphysik bekannte Formel *Arbeit = Kraftkomponente in Wegrichtung mal zurückgelegtem Weg*!

3 Vektorrechnung im 3-dimensionalen Raum

■ **Beispiel**

Die konstante Kraft $\vec{F} = \begin{pmatrix} -10\,\text{N} \\ 2\,\text{N} \\ 5\,\text{N} \end{pmatrix}$ verschiebe einen Massenpunkt geradlinig vom

Punkt $P_1 = (1\,\text{m};\ -5\,\text{m};\ 3\,\text{m})$ aus in den Punkt $P_2 = (0\,\text{m};\ 1\,\text{m};\ 4\,\text{m})$ (siehe hierzu Bild II-50). Welche *Arbeit* wird dabei verrichtet? Wie groß ist der *Winkel* φ zwischen dem Kraft- und dem Verschiebungsvektor?

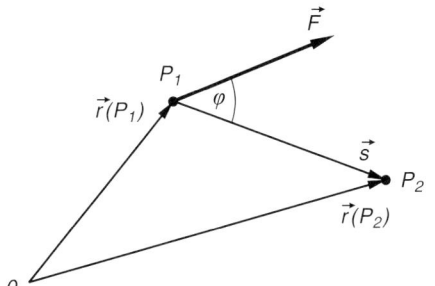

Bild II-50
Verschiebung einer Masse längs einer Geraden vom Punkt P_1 aus nach P_2

Lösung: Der Verschiebungsvektor lautet nach Bild II-50 wie folgt:

$$\vec{s} = \overrightarrow{P_1 P_2} = \begin{pmatrix} x_2 - x_1 \\ y_2 - y_1 \\ z_2 - z_1 \end{pmatrix} = \begin{pmatrix} 0 - 1 \\ 1 + 5 \\ 4 - 3 \end{pmatrix} \text{m} = \begin{pmatrix} -1 \\ 6 \\ 1 \end{pmatrix} \text{m}$$

Die dabei verrichtete Arbeit beträgt dann nach Gleichung (II-87):

$$W = \vec{F} \cdot \vec{s} = \begin{pmatrix} -10 \\ 2 \\ 5 \end{pmatrix} \cdot \begin{pmatrix} -1 \\ 6 \\ 1 \end{pmatrix} \text{Nm} = (10 + 12 + 5)\,\text{Nm} = 27\,\text{Nm}$$

Für die Winkelberechnung benötigen wir noch die *Beträge* von $\vec{F}$ und $\vec{s}$:

$$|\vec{F}| = \sqrt{(-10)^2 + 2^2 + 5^2}\,\text{N} = \sqrt{129}\,\text{N}$$

$$|\vec{s}| = \sqrt{(-1)^2 + 6^2 + 1^2}\,\text{m} = \sqrt{38}\,\text{m}$$

Dann aber gilt:

$$\underbrace{\vec{F} \cdot \vec{s}}_{W} = W = |\vec{F}| \cdot |\vec{s}| \cdot \cos\varphi \quad \Rightarrow$$

$$\cos\varphi = \frac{\vec{F} \cdot \vec{s}}{|\vec{F}| \cdot |\vec{s}|} = \frac{W}{|\vec{F}| \cdot |\vec{s}|} = \frac{27\,\text{Nm}}{\sqrt{129}\,\text{N} \cdot \sqrt{38}\,\text{m}} = 0{,}3856 \quad \Rightarrow$$

$$\varphi = \arccos 0{,}3856 = 67{,}3°$$

■

3.4 Vektorprodukt zweier Vektoren
3.4.1 Definition und Berechnung eines Vektorproduktes

Neben der Addition und Subtraktion von Vektoren und der Skalarproduktbildung wird in den Anwendungen eine weitere Vektoroperation benötigt, die sog. *vektorielle Multiplikation*. Sie erzeugt aus zwei Vektoren $\vec{a}$ und $\vec{b}$ nach einer bestimmten Vorschrift einen neuen *Vektor*, der die Bezeichnung *Vektorprodukt* erhält und durch das Symbol $\vec{a} \times \vec{b}$ gekennzeichnet wird (gelesen: *a* Kreuz *b*). So sind beispielsweise die folgenden physikalischen Größen als Vektorprodukte darstellbar:

- *Drehmoment* $\vec{M}$ einer an einem starren Körper angreifenden Kraft
- *Drehimpuls* $\vec{L}$ eines rotierenden Körpers
- *Lorentz-Kraft* $\vec{F}_L$, die ein Ladungsträger (z. B. ein Elektron) beim Durchgang durch ein Magnetfeld erfährt
- *Kraft* auf einen stromdurchflossenen Leiter in einem Magnetfeld

Das *Vektorprodukt* zweier Vektoren ist wie folgt definiert:

Definition: Unter dem *Vektorprodukt* $\vec{c} = \vec{a} \times \vec{b}$ zweier Vektoren $\vec{a}$ und $\vec{b}$ versteht man den eindeutig bestimmten *Vektor* mit den folgenden Eigenschaften (Bild II-51):

1. $\vec{c}$ ist sowohl zu $\vec{a}$ als auch zu $\vec{b}$ *orthogonal*:

$$\vec{c} \cdot \vec{a} = 0 \quad \text{und} \quad \vec{c} \cdot \vec{b} = 0 \qquad \text{(II-90)}$$

2. Der Betrag von $\vec{c}$ ist gleich dem Produkt aus den Beträgen der Vektoren $\vec{a}$ und $\vec{b}$ und dem Sinus des von ihnen eingeschlossenen Winkels φ:

$$|\vec{c}| = |\vec{a}| \cdot |\vec{b}| \cdot \sin \varphi \qquad (0° \leq \varphi \leq 180°) \qquad \text{(II-91)}$$

3. Die Vektoren $\vec{a}, \vec{b}, \vec{c}$ bilden in dieser Reihenfolge ein *rechtshändiges* System.

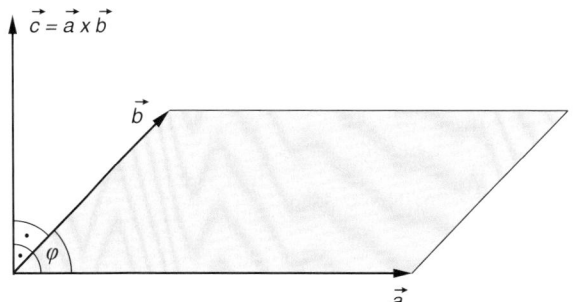

Bild II-51
Zum Begriff des Vektorsproduktes zweier Vektoren

3 Vektorrechnung im 3-dimensionalen Raum

Anmerkung

Das Vektorprodukt $\vec{a} \times \vec{b}$ ist im Gegensatz zum Skalarprodukt eine *vektorielle* Größe und wird auch als *äußeres Produkt* oder *Kreuzprodukt* der Vektoren $\vec{a}$ und $\vec{b}$ bezeichnet.

Geometrische Deutung eines Vektorproduktes

Für den Flächeninhalt A des von den Vektoren $\vec{a}$ und $\vec{b}$ aufgespannten Parallelogramms erhalten wir nach Bild II-52 (grau unterlegte Fläche):

$$A = (\text{Grundlinie}) \cdot (\text{Höhe}) = a \cdot h = a \cdot b \cdot \sin \varphi = |\vec{a}| \cdot |\vec{b}| \cdot \sin \varphi \qquad \text{(II-92)}$$

Dies aber ist genau der *Betrag* des Vektorproduktes $\vec{a} \times \vec{b}$.

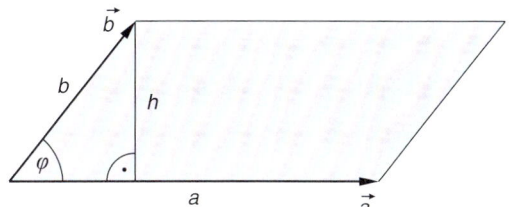

$$\sin \varphi = \frac{h}{b}$$

$$h = b \cdot \sin \varphi$$

Bild II-52

Geometrische Deutung eines Vektorproduktes (Bild II-52)

Der *Betrag* des Vektorproduktes $\vec{a} \times \vec{b}$ entspricht dem *Flächeninhalt* des von den Vektoren $\vec{a}$ und $\vec{b}$ aufgespannten Parallelogramms.

Rechenregeln für Vektorprodukte

Distributivgesetze	$\vec{a} \times (\vec{b} + \vec{c}) = \vec{a} \times \vec{b} + \vec{a} \times \vec{c}$	(II-93)
	$(\vec{a} + \vec{b}) \times \vec{c} = \vec{a} \times \vec{c} + \vec{b} \times \vec{c}$	(II-94)
Anti-Kommutativgesetz	$\vec{a} \times \vec{b} = -(\vec{b} \times \vec{a})$	(II-95)

Ferner gilt für einen beliebigen reellen Skalar λ:

$$\lambda (\vec{a} \times \vec{b}) = (\lambda \vec{a}) \times \vec{b} = \vec{a} \times (\lambda \vec{b}) \qquad \text{(II-96)}$$

Das vektorielle Produkt $\vec{a} \times \vec{b}$ zweier vom Nullvektor *verschiedener* Vektoren $\vec{a}$ und $\vec{b}$ *verschwindet* für $\varphi = 0°$ und $\varphi = 180°$. Die Vektoren $\vec{a}$ und $\vec{b}$ sind dann zueinander *parallel* oder *antiparallel*, d. h. *kollinear*.

Wir können damit das folgende *Kriterium* für kollineare Vektoren formulieren:

Kriterium für kollineare Vektoren

Zwei vom Nullvektor verschiedene Vektoren $\vec{a}$ und $\vec{b}$ sind genau dann *kollinear*, wenn ihr Vektorprodukt *verschwindet*:

$$\vec{a} \times \vec{b} = \vec{0} \quad \Leftrightarrow \quad \vec{a} \text{ und } \vec{b} \text{ sind } \textit{kollinear} \tag{II-97}$$

Für den Sonderfall $\vec{a} = \vec{b}$ folgt unmittelbar aus der Definitionsgleichung (II-91)

$$|\vec{a} \times \vec{a}| = |\vec{a}| \cdot |\vec{a}| \cdot \sin 0° = |\vec{a}|^2 \cdot 0 = 0 \quad \Rightarrow \quad \vec{a} \times \vec{a} = \vec{0} \tag{II-98}$$

Zwischen den Basisvektoren (Einheitsvektoren) $\vec{e}_x, \vec{e}_y, \vec{e}_z$ bestehen die folgenden wichtigen Beziehungen (Bild II-53):

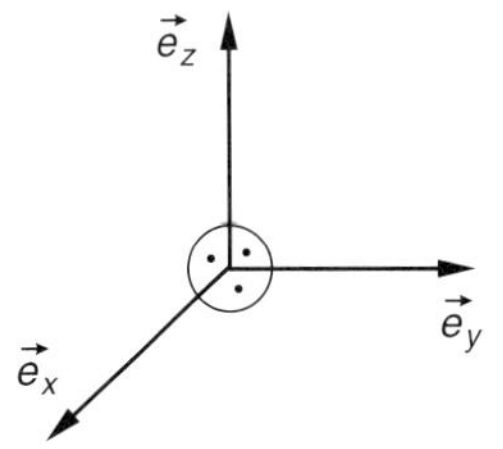

$$\vec{e}_x \times \vec{e}_x = \vec{e}_y \times \vec{e}_y = \vec{e}_z \times \vec{e}_z = \vec{0} \tag{II-99}$$

$$\vec{e}_x \times \vec{e}_y = \vec{e}_z, \quad \vec{e}_y \times \vec{e}_z = \vec{e}_x,$$

$$\vec{e}_z \times \vec{e}_x = \vec{e}_y \tag{II-100}$$

Bild II-53

Berechnung eines Vektorproduktes aus den skalaren Vektorkomponenten (Vektorkoordinaten)

Die Komponenten des Vektorproduktes $\vec{a} \times \vec{b}$ lassen sich auch direkt aus den skalaren Komponenten der Vektoren $\vec{a}$ und $\vec{b}$ berechnen (wir verwenden bei der Herleitung der Formel das Distributiv- und das Anti-Kommutativgesetz sowie die Beziehungen (II-99) und (II-100)):

$$\vec{a} \times \vec{b} = (a_x \vec{e}_x + a_y \vec{e}_y + a_z \vec{e}_z) \times (b_x \vec{e}_x + b_y \vec{e}_y + b_z \vec{e}_z) =$$

$$= a_x b_x \underbrace{(\vec{e}_x \times \vec{e}_x)}_{\vec{0}} + a_x b_y \underbrace{(\vec{e}_x \times \vec{e}_y)}_{\vec{e}_z} + a_x b_z \underbrace{(\vec{e}_x \times \vec{e}_z)}_{-\vec{e}_y} +$$

$$+ a_y b_x \underbrace{(\vec{e}_y \times \vec{e}_x)}_{-\vec{e}_z} + a_y b_y \underbrace{(\vec{e}_y \times \vec{e}_y)}_{\vec{0}} + a_y b_z \underbrace{(\vec{e}_y \times \vec{e}_z)}_{\vec{e}_x} +$$

$$+ a_z b_x \underbrace{(\vec{e}_z \times \vec{e}_x)}_{\vec{e}_y} + a_z b_y \underbrace{(\vec{e}_z \times \vec{e}_y)}_{-\vec{e}_x} + a_z b_z \underbrace{(\vec{e}_z \times \vec{e}_z)}_{\vec{0}} =$$

$$= a_x b_y \vec{e}_z - a_x b_z \vec{e}_y - a_y b_x \vec{e}_z + a_y b_z \vec{e}_x + a_z b_x \vec{e}_y - a_z b_y \vec{e}_x =$$

$$= (a_y b_z - a_z b_y) \vec{e}_x + (a_z b_x - a_x b_z) \vec{e}_y + (a_x b_y - a_y b_x) \vec{e}_z$$

$$\tag{II-101}$$

Unter Verwendung von *Spaltenvektoren* lässt sich diese Formel auch wie folgt schreiben:

$$\vec{a} \times \vec{b} = \begin{pmatrix} a_x \\ a_y \\ a_z \end{pmatrix} \times \begin{pmatrix} b_x \\ b_y \\ b_z \end{pmatrix} = \begin{pmatrix} a_y b_z - a_z b_y \\ a_z b_x - a_x b_z \\ a_x b_y - a_y b_x \end{pmatrix} \tag{II-102}$$

Berechnung eines Vektorproduktes aus den skalaren Vektorkomponenten (Vektorkoordinaten) der beteiligten Vektoren

Das *Vektorprodukt* $\vec{a} \times \vec{b}$ zweier Vektoren $\vec{a}$ und $\vec{b}$ lässt sich aus den skalaren Vektorkomponenten (Vektorkoordinaten) der beiden Vektoren wie folgt berechnen:

$$\vec{a} \times \vec{b} = \begin{pmatrix} a_x \\ a_y \\ a_z \end{pmatrix} \times \begin{pmatrix} b_x \\ b_y \\ b_z \end{pmatrix} = \begin{pmatrix} a_y b_z - a_z b_y \\ a_z b_x - a_x b_z \\ a_x b_y - a_y b_x \end{pmatrix} \tag{II-103}$$

Anmerkung

Bei der Berechnung der Komponenten eines Vektorproduktes beachte man die folgende Regel: Durch *zyklisches* Vertauschen der Indizes erhält man aus der ersten Komponente die zweite und aus dieser schließlich die dritte Komponente:

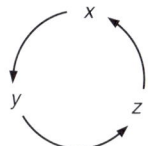

$$x \to y \to z \to x$$

Determinantendarstellung eines Vektorproduktes

Formal lässt sich ein Vektorprodukt $\vec{a} \times \vec{b}$ auch durch eine dreireihige Determinante darstellen (sie enthält drei Zeilen und drei Spalten und insgesamt 9 Elemente):

$$\vec{a} \times \vec{b} = \begin{vmatrix} \vec{e}_x & \vec{e}_y & \vec{e}_z \\ a_x & a_y & a_z \\ b_x & b_y & b_z \end{vmatrix} \begin{matrix} \leftarrow \text{Basisvektoren} \\ \leftarrow \text{Koordinaten von } \vec{a} \\ \leftarrow \text{Koordinaten von } \vec{b} \end{matrix}$$

Wir dürfen die Basisvektoren und Vektorkoordinaten auch spaltenweise anordnen:

$$\vec{a} \times \vec{b} = \begin{vmatrix} \vec{e}_x & \vec{e}_y & \vec{e}_z \\ a_x & a_y & a_z \\ b_x & b_y & b_z \end{vmatrix} = \begin{vmatrix} \vec{e}_x & a_x & b_x \\ \vec{e}_y & a_y & b_y \\ \vec{e}_z & a_z & b_z \end{vmatrix} \tag{II-104}$$

Definitionsgemäß besitzt eine dreireihige Determinante vom allgemeinen Typ

$$D = \begin{vmatrix} a_{11} & a_{12} & a_{13} \\ a_{21} & a_{22} & a_{23} \\ a_{31} & a_{32} & a_{33} \end{vmatrix} \qquad \text{(II-105)}$$

den folgenden Wert:

$$D = a_{11}a_{22}a_{33} + a_{12}a_{23}a_{31} + a_{13}a_{21}a_{32} - a_{31}a_{22}a_{13} - a_{32}a_{23}a_{11} - a_{33}a_{21}a_{12} \qquad \text{(II-106)}$$

Dieser Wert kann auch nach der *Regel von Sarrus* berechnet werden:

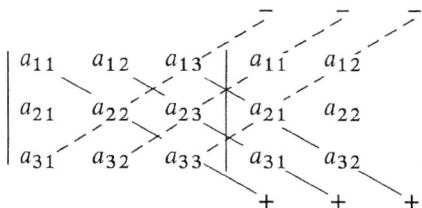

1. und 2. Spalte werden dabei *rechts* neben die Determinante gesetzt, die durch eine Linie miteinander verbundenen Elemente werden dann miteinander multipliziert und ergeben insgesamt *sechs* Produkte mit je *drei* Faktoren. Die in dem Schema angegebenen Vorzeichen bedeuten eine nachträgliche Multiplikation des Produktes mit dem Faktor $+1$ oder -1. Durch *Addition* der sechs (vorzeichenbehafteten) Produkte erhält man schließlich den Wert der Determinante D.

Die formale Ausrechnung der Determinante (II-104) führt auf das Vektorprodukt $\vec{a} \times \vec{b}$ in der Komponentenschreibe

$$\vec{a} \times \vec{b} = (a_y b_z - a_z b_y)\vec{e}_x + (a_z b_x - a_x b_z)\vec{e}_y + (a_x b_y - a_y b_x)\vec{e}_z$$

Eine ausführliche Darstellung der Determinanten erfolgt in Band 2 (Kapitel I).

Rechenbeispiel für eine Determinante

$$D = \begin{vmatrix} 3 & 2 & 0 \\ 1 & 3 & 1 \\ 4 & 5 & 4 \end{vmatrix} = ?$$

Berechnung nach der Regel von *Sarrus*:

$$\begin{vmatrix} 3 & 2 & 0 \\ 1 & 3 & 1 \\ 4 & 5 & 4 \end{vmatrix} \begin{matrix} 3 & 2 \\ 1 & 3 \\ 4 & 5 \end{matrix}$$

$$D = 3 \cdot 3 \cdot 4 + 2 \cdot 1 \cdot 4 + 0 \cdot 1 \cdot 5 - 4 \cdot 3 \cdot 0 - 5 \cdot 1 \cdot 3 - 4 \cdot 1 \cdot 2 =$$
$$= 36 + 8 + 0 - 0 - 15 - 8 = 21$$

3 Vektorrechnung im 3-dimensionalen Raum

■ **Beispiele**

(1) Wir berechnen den Flächeninhalt A des von den beiden Spaltenvektoren

$$\vec{a} = \begin{pmatrix} 1 \\ -5 \\ 2 \end{pmatrix} \quad \text{und} \quad \vec{b} = \begin{pmatrix} 2 \\ 0 \\ 3 \end{pmatrix} \quad \text{aufgespannten Parallelogramms:}$$

$$\vec{a} \times \vec{b} = \begin{pmatrix} 1 \\ -5 \\ 2 \end{pmatrix} \times \begin{pmatrix} 2 \\ 0 \\ 3 \end{pmatrix} = \begin{pmatrix} -15 - 0 \\ 4 - 3 \\ 0 + 10 \end{pmatrix} = \begin{pmatrix} -15 \\ 1 \\ 10 \end{pmatrix}$$

$$A = |\vec{a} \times \vec{b}| = \sqrt{(-15)^2 + 1^2 + 10^2} = \sqrt{326} = 18{,}06$$

(2) *Elektronen*, die mit der Geschwindigkeit $\vec{v}$ in ein Magnetfeld der Flussdichte $\vec{B}$ eintreten, erfahren dort die sog. *Lorentz-Kraft*

$$\vec{F}_L = -e(\vec{v} \times \vec{B}).$$

Wie groß ist die Kraftwirkung auf ein Elektron mit der Elementarladung e, wenn $\vec{v}$ und $\vec{B}$ die folgenden Komponenten besitzen?

$$\vec{v} = \begin{pmatrix} 2000 \\ 2000 \\ 0 \end{pmatrix} \frac{\text{m}}{\text{s}}, \quad \vec{B} = \begin{pmatrix} 0 \\ 0 \\ 0{,}1 \end{pmatrix} \text{T} = \begin{pmatrix} 0 \\ 0 \\ 0{,}1 \end{pmatrix} \frac{\text{Vs}}{\text{m}^2},$$

$$e = 1{,}6 \cdot 10^{-19} \, \text{C}$$

Lösung:

$$\vec{F}_L = -e(\vec{v} \times \vec{B}) = -1{,}6 \cdot 10^{-19} \begin{pmatrix} 2000 \\ 2000 \\ 0 \end{pmatrix} \times \begin{pmatrix} 0 \\ 0 \\ 0{,}1 \end{pmatrix} \text{C} \cdot \frac{\text{m}}{\text{s}} \cdot \frac{\text{Vs}}{\text{m}^2} =$$

$$= -1{,}6 \cdot 10^{-19} \begin{pmatrix} 200 - 0 \\ 0 - 200 \\ 0 - 0 \end{pmatrix} \text{N} = -1{,}6 \cdot 10^{-19} \begin{pmatrix} 200 \\ -200 \\ 0 \end{pmatrix} \text{N} =$$

$$= -1{,}6 \cdot 10^{-19} \cdot (-200) \begin{pmatrix} -1 \\ 1 \\ 0 \end{pmatrix} \text{N} = 3{,}2 \cdot 10^{-17} \begin{pmatrix} -1 \\ 1 \\ 0 \end{pmatrix} \text{N}$$

(3) Wir berechnen das *Vektorprodukt* der Vektoren $\vec{a} = \begin{pmatrix} 1 \\ 2 \\ 8 \end{pmatrix}$ und $\vec{b} = \begin{pmatrix} 4 \\ 3 \\ 5 \end{pmatrix}$ mit Hilfe der Determinante (II-104):

$$\vec{a} \times \vec{b} = \begin{vmatrix} \vec{e}_x & \vec{e}_y & \vec{e}_z \\ 1 & 2 & 8 \\ 4 & 3 & 5 \end{vmatrix}$$

Nach der *Regel von Sarrus* gilt:

$$\begin{vmatrix} \vec{e}_x & \vec{e}_y & \vec{e}_z \\ 1 & 2 & 8 \\ 4 & 3 & 5 \end{vmatrix} \begin{matrix} \vec{e}_x & \vec{e}_y \\ 1 & 2 \\ 4 & 3 \end{matrix}$$

$$\vec{a} \times \vec{b} = 10\,\vec{e}_x + 32\,\vec{e}_y + 3\,\vec{e}_z - 8\,\vec{e}_z - 24\,\vec{e}_x - 5\,\vec{e}_y =$$

$$= -14\,\vec{e}_x + 27\,\vec{e}_y - 5\,\vec{e}_z = \begin{pmatrix} -14 \\ 27 \\ -5 \end{pmatrix}$$

■

3.4.2 Anwendungsbeispiele

3.4.2.1 Drehmoment (Moment einer Kraft)

Drehmomente sind vektorielle Größen, die bei der Behandlung statischer Systeme von großer Bedeutung sind.

Wir betrachten einen *starren Körper* in Form einer Kreisscheibe, der um seine Symmetrieachse drehbar gelagert ist (Bild II-54).

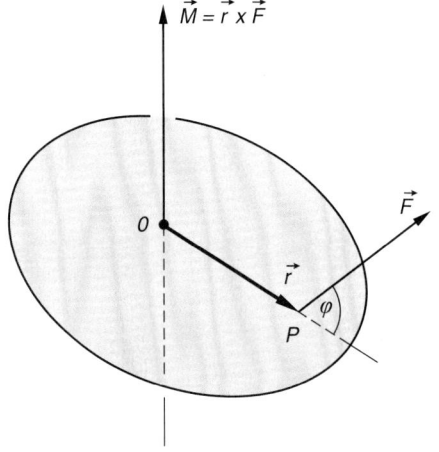

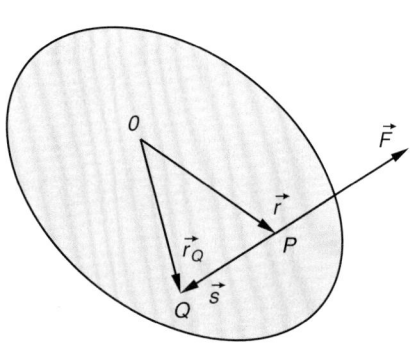

Bild II-55
Die an einem starren Körper angreifende Kraft als linienflüchtiger Vektor

Bild II-54 Zum Begriff des Drehmomentes

Eine im Punkt P angreifende (in der Scheibenebene liegende) Kraft $\vec{F}$ erzeugt dann ein Drehmoment $\vec{M}$, das als Vektorprodukt aus dem Ortsvektor $\vec{r}$ und dem Kraftvektor $\vec{F}$ in der Form

$$\vec{M} = \vec{r} \times \vec{F} \qquad (\text{II-107})$$

darstellbar ist ($\vec{r}$ ist der Ortsvektor des Angriffspunktes P). Der Betrag von $\vec{M}$ ist

$$|\vec{M}| = M = |\vec{r}| \cdot |\vec{F}| \cdot \sin \varphi \qquad (\text{II-108})$$

Der Drehmomentvektor liegt *in* der Drehachse und ist daher so orientiert, dass die drei Vektoren $\vec{r}$, $\vec{F}$ und $\vec{M}$ in dieser Reihenfolge ein *Rechtssystem* bilden. Die physikalische Wirkung von $\vec{M}$ ist die einer Drehung um die in Bild II-54 eingezeichnete Drehachse.

Als *linienflüchtiger* Vektor darf die Kraft $\vec{F}$ längs ihrer *Wirkungslinie* verschoben werden. Bei dieser Verschiebung bleibt jedoch das Drehmoment $\vec{M}$ unverändert, wie wir jetzt zeigen wollen. Ist $\vec{s}$ der Verschiebungsvektor von P nach Q, so gilt nach Bild II-55

$$\vec{r}_Q = \vec{r} + \vec{s}$$

Unter Verwendung dieser Beziehung und des *Distributivgesetzes für Vektorprodukte* erhalten wir für das Moment der Kraft $\vec{F}$ im *neuen* Angriffspunkt Q den Formelausdruck

$$\vec{M}_Q = \vec{r}_Q \times \vec{F} = (\vec{r} + \vec{s}) \times \vec{F} = \underbrace{\vec{r} \times \vec{F}}_{\vec{M}} + \vec{s} \times \vec{F} = \vec{M} + \vec{s} \times \vec{F}$$

Die Vektoren $\vec{s}$ und $\vec{F}$ sind aber *kollinear*, ihr Vektorprodukt $\vec{s} \times \vec{F}$ verschwindet daher: $\vec{s} \times \vec{F} = \vec{0}$. Wir erhalten schließlich:

$$\vec{M}_Q = \vec{M} + \vec{s} \times \vec{F} = \vec{M} + \vec{0} = \vec{M} \tag{II-109}$$

Damit haben wir bewiesen, dass die an einem starren Körper angreifende Kraft einen *linienflüchtigen* Vektor darstellt. Mit anderen Worten: Das Moment einer Kraft bleibt *erhalten*, wenn diese längs ihrer *Wirkungslinie* verschoben wird.

3.4.2.2 Bewegung von Ladungsträgern in einem Magnetfeld (Lorentz-Kraft)

Bewegt sich ein geladenes Teilchen mit der Geschwindigkeit $\vec{v}$ durch ein homogenes Magnetfeld mit der magnetischen Flussdichte $\vec{B}$, so erfährt es eine Kraft

$$\vec{F}_L = q(\vec{v} \times \vec{B}) \qquad (\textit{Lorentz-Kraft}) \tag{II-110}$$

(q: Ladung des Teilchens). Die Kraftwirkung erfolgt senkrecht sowohl zur Bewegungsrichtung als auch zur Richtung des Magnetfeldes. Handelt es sich bei den Ladungsträgern um Elektronen ($q = -e$; e: Elementarladung), so ist

$$\vec{F}_L = -e(\vec{v} \times \vec{B})$$

Wir untersuchen jetzt das Verhalten der Elektronen für spezielle Einschusswinkel.

(1) Die Elektronen werden *in* Feldrichtung (oder in der *Gegenrichtung*) in das Magnetfeld eingeschossen (die Vektoren $\vec{v}$ und $\vec{B}$ sind dann *kollinear*):

$$\vec{F}_L = -e(\underbrace{\vec{v} \times \vec{B}}_{\vec{0}}) = \vec{0}$$

Sie gehen ungehindert, d. h. kräftefrei durch das Feld hindurch, da der Geschwindigkeitsvektor $\vec{v}$ und der Flussdichtevektor $\vec{B}$ *kollineare* Vektoren darstellen und somit das Vektorprodukt $\vec{v} \times \vec{B}$ *verschwindet* (Bild II-56).

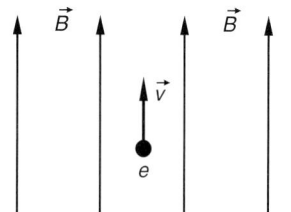

Bild II-56
Parallel zu einem homogenen Magnetfeld eintretende Elektronen

(2) Bewegen sich die Elektronen *senkrecht* zum Magnetfeld, so wirkt die Lorentz-Kraft als Zentripetalkraft und zwingt die Elektronen auf eine Kreisbahn (die Vektoren $\vec{v}$, $\vec{B}$ und $\vec{F}_L$ stehen in diesem Sonderfall *paarweise aufeinander senkrecht*; Bild II-57).

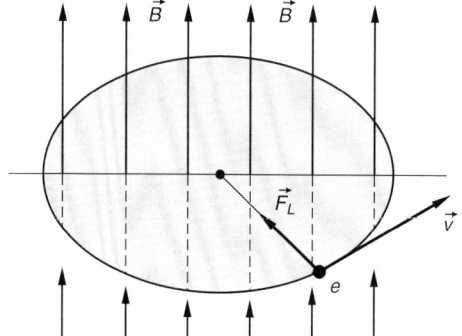
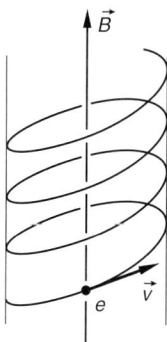

Bild II-57 Senkrecht in ein homogenes Magnetfeld eintretende Elektronen werden auf eine Kreisbahn gezwungen

Bild II-58 Schraubenlinienförmige Bahn eines Elektrons in einem homogenen Magnetfeld

(3) Die Elektronen werden unter einem Winkel α gegen die Feldrichtung eingeschossen ($0° < \alpha < 180°$, $\alpha \neq 90°$). Die Geschwindigkeitskomponente in Feldrichtung (oder in der Gegenrichtung) bewirkt eine *Translation* parallel zu den Feldlinien, während gleichzeitig aufgrund der zum Feld senkrechten Geschwindigkeitskomponente eine *Kreisbewegung* um die Feldlinien ausgeführt wird. Die Elektronenbahn ist demnach eine *Schraubenlinie* (Bild II-58).

3.5 Spatprodukt (gemischtes Produkt)

In den Anwendungen wird häufig ein weiteres, diesmal aber aus *drei* Vektoren gebildetes „Produkt" benötigt, das als *Spatprodukt* oder auch *gemischtes Produkt* bezeichnet wird. Es ist wie folgt definiert:

Definition: Unter dem *Spatprodukt* $[\vec{a}\,\vec{b}\,\vec{c}]$ dreier Vektoren $\vec{a}$, $\vec{b}$ und $\vec{c}$ versteht man das skalare Produkt aus dem Vektor $\vec{a}$ und dem aus den Vektoren $\vec{b}$ und $\vec{c}$ gebildeten Vektorprodukt $\vec{b} \times \vec{c}$:

$$[\vec{a}\,\vec{b}\,\vec{c}] = \vec{a} \cdot (\vec{b} \times \vec{c}) \qquad \text{(II-111)}$$

Anmerkungen

(1) Das Spatprodukt ist eine *skalare* Größe, also eine reelle Zahl.

(2) Das Spatprodukt wird auch als *gemischtes Produkt* bezeichnet, da bei seiner Bildung *beide* Multiplikationsarten (skalare *und* vektorielle Multiplikation) auftreten.

(3) Bilden die Vektoren $\vec{a}, \vec{b}, \vec{c}$ in dieser Reihenfolge ein *Rechtssystem* (*Linkssystem*), so ist das aus ihnen gebildete Spatprodukt stets *positiv* (*negativ*).

Rechenregeln für Spatprodukte

(1) Bei einer *zyklischen* Vertauschung der drei Vektoren $\vec{a}, \vec{b}$ und $\vec{c}$ ändert sich das Spatprodukt *nicht*:

$$[\vec{a}\,\vec{b}\,\vec{c}] = [\vec{b}\,\vec{c}\,\vec{a}] = [\vec{c}\,\vec{a}\,\vec{b}] \tag{II-112}$$

(2) Vertauschen *zweier* Vektoren bewirkt stets einen *Vorzeichenwechsel*. Zum Beispiel:

$$[\vec{a}\,\vec{b}\,\vec{c}] = -[\vec{a}\,\vec{c}\,\vec{b}] \qquad (\vec{b} \text{ und } \vec{c} \text{ wurden vertauscht}) \tag{II-113}$$

Geometrische Deutung eines Spatproduktes

Die drei Vektoren $\vec{a}, \vec{b}$ und $\vec{c}$ spannen ein sog. *Parallelepiped* (auch *Spat* genannt) auf (Bild II-59)[6]. Dem *Betrag* des Spatproduktes $[\vec{a}\,\vec{b}\,\vec{c}]$ kommt dabei die geometrische Bedeutung des *Spatvolumens* zu, wie wir jetzt zeigen werden.

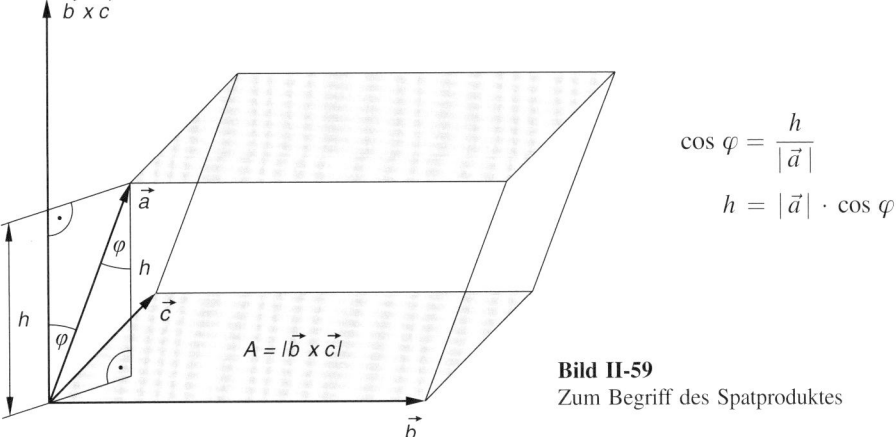

$$\cos \varphi = \frac{h}{|\vec{a}|}$$

$$h = |\vec{a}| \cdot \cos \varphi$$

Bild II-59
Zum Begriff des Spatproduktes

Die aus der Elementarmathematik bekannte Formel $V = A \cdot h$ (Volumen = Grundfläche mal Höhe) führt bei Anwendung auf den in Bild II-59 skizzierten Spat zu dem folgenden Ergebnis (für $0° \leq \varphi \leq 90°$):

$$V = A \cdot h = |\vec{b} \times \vec{c}| \cdot |\vec{a}| \cdot \cos \varphi = |\vec{a}| \cdot |\vec{b} \times \vec{c}| \cdot \cos \varphi$$

---

[6] Spat: Körper, dessen Oberfläche aus sechs Parallelogrammen besteht, von denen je zwei gegenüberliegende kongruent (deckungsgleich) sind (viele Kristalle haben diese Gestalt, z. B. Kalkspat).

Für Winkel zwischen $90°$ und $180°$ ist $\cos \varphi$ durch $|\cos \varphi|$ zu ersetzen. Somit gilt:

$$V = |\vec{a}| \cdot |\vec{b} \times \vec{c}| \cdot |\cos \varphi|$$

Dies aber ist nichts anderes als der *Betrag* des Spatproduktes $[\vec{a}\,\vec{b}\,\vec{c}] = \vec{a} \cdot (\vec{b} \times \vec{c})$, da φ der Winkel zwischen den Vektoren $\vec{a}$ und $\vec{b} \times \vec{c}$ ist:

$$V = |\vec{a} \cdot (\vec{b} \times \vec{c})| = |[\vec{a}\,\vec{b}\,\vec{c}]| = |\vec{a}| \cdot |\vec{b} \times \vec{c}| \cdot |\cos \varphi| \tag{II-114}$$

Geometrische Deutung eines Spatproduktes (Bild II-59)

Das *Volumen* eines von drei Vektoren $\vec{a}$, $\vec{b}$ und $\vec{c}$ aufgespannten *Spats* ist gleich dem *Betrag* des Spatproduktes $[\vec{a}\,\vec{b}\,\vec{c}]$:

$$V_{\text{Spat}} = |[\vec{a}\,\vec{b}\,\vec{c}]| = |\vec{a} \cdot (\vec{b} \times \vec{c})| \tag{II-115}$$

Berechnung eines Spatproduktes aus den skalaren Vektorkomponenten (Vektorkoordinaten)

Ähnlich wie beim *Skalar-* und *Vektorprodukt* lässt sich auch das *Spatprodukt* aus den skalaren Vektorkomponenten der beteiligten Vektoren berechnen:

Berechnung eines Spatproduktes aus den skalaren Vektorkomponenten (Vektorkoordinaten) der beteiligten Vektoren

Das *Spatprodukt* oder *gemischte* Produkt $[\vec{a}\,\vec{b}\,\vec{c}]$ dreier Vektoren $\vec{a}$, $\vec{b}$ und $\vec{c}$ lässt sich aus den skalaren Vektorkomponenten (Vektorkoordinaten) der beteiligten Vektoren wie folgt berechnen:

$$[\vec{a}\,\vec{b}\,\vec{c}] = \vec{a} \cdot (\vec{b} \times \vec{c}) =$$
$$= a_x(b_y c_z - b_z c_y) + a_y(b_z c_x - b_x c_z) + a_z(b_x c_y - b_y c_x)$$

$$\tag{II-116}$$

Anmerkung

Das Spatprodukt $[\vec{a}\,\vec{b}\,\vec{c}]$ lässt sich auch als dreireihige Determinante darstellen:

$$[\vec{a}\,\vec{b}\,\vec{c}] = \vec{a} \cdot (\vec{b} \times \vec{c}) = \begin{vmatrix} a_x & a_y & a_z \\ b_x & b_y & b_z \\ c_x & c_y & c_z \end{vmatrix} \tag{II-117}$$

(Beweis durch Ausrechnen der Determinante mit Hilfe der Regel von *Sarrus*)

Komplanare Vektoren

Verschwindet das Spatprodukt $\vec{a} \cdot (\vec{b} \times \vec{c})$ der drei vom Nullvektor verschiedenen Vektoren $\vec{a}$, $\vec{b}$ und $\vec{c}$, so sind die Vektoren $\vec{a}$ und $\vec{b} \times \vec{c}$ zueinander *orthogonal* und umgekehrt. Dies aber bedeutet, dass der Vektor $\vec{a}$ in der von $\vec{b}$ und $\vec{c}$ aufgespannten Ebene liegt. Die drei Vektoren liegen damit in einer *gemeinsamen Ebene* (sog. komplanare Vektoren, siehe Bild II-60).

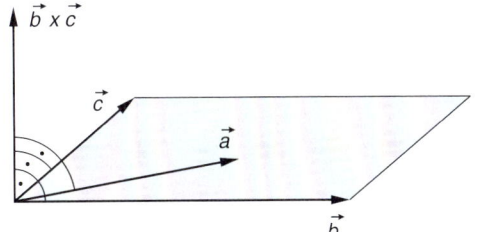

Bild II-60
Komplanare Vektoren $\vec{a}$, $\vec{b}$ und $\vec{c}$
(die drei Vektoren liegen in einer Ebene)

Wir können damit das folgende *Kriterium für komplanare Vektoren* formulieren:

Kriterium für komplanare Vektoren (Bild II-60)

Drei vom Nullvektor verschiedene Vektoren $\vec{a}$, $\vec{b}$ und $\vec{c}$ sind genau dann *komplanar* (liegen also in einer gemeinsamen Ebene), wenn das aus ihnen gebildete Spatprodukt *verschwindet*:

$$[\vec{a}\,\vec{b}\,\vec{c}] = 0 \quad \Leftrightarrow \quad \vec{a},\ \vec{b}\ \text{und}\ \vec{c}\ \text{sind}\ \textit{komplanar} \tag{II-118}$$

■ **Beispiele**

(1) Das aus den Vektoren $\vec{a} = \begin{pmatrix} 1 \\ 4 \\ 2 \end{pmatrix}$, $\vec{b} = \begin{pmatrix} 0 \\ -1 \\ 3 \end{pmatrix}$ und $\vec{c} = \begin{pmatrix} 2 \\ 5 \\ 13 \end{pmatrix}$ gebildete Spatprodukt *verschwindet*:

$$[\vec{a}\,\vec{b}\,\vec{c}] = \begin{vmatrix} 1 & 4 & 2 \\ 0 & -1 & 3 \\ 2 & 5 & 13 \end{vmatrix} = 0$$

Die Berechnung der Determinante erfolgt dabei nach der *Regel von Sarrus*:

$$\begin{vmatrix} 1 & 4 & 2 \\ 0 & -1 & 3 \\ 2 & 5 & 13 \end{vmatrix} \begin{matrix} 1 & 4 \\ 0 & -1 \\ 2 & 5 \end{matrix}$$

$$[\vec{a}\,\vec{b}\,\vec{c}] = -13 + 24 + 0 - (-4 + 15 + 0) = 11 - 11 = 0$$

Die drei Vektoren sind daher *komplanar*, d. h. sie liegen in einer gemeinsamen Ebene.

(2) Welches *Volumen* V_{Spat} besitzt der von den drei Vektoren

$$\vec{a} = \begin{pmatrix} 2 \\ 0 \\ 5 \end{pmatrix}, \quad \vec{b} = \begin{pmatrix} -1 \\ 5 \\ -2 \end{pmatrix} \quad \text{und} \quad \vec{c} = \begin{pmatrix} 2 \\ 1 \\ 2 \end{pmatrix}$$

aufgespannte *Spat*?

Lösung: Wir berechnen zunächst das *Spatprodukt*

$$[\vec{a}\,\vec{b}\,\vec{c}] = \begin{vmatrix} 2 & 0 & 5 \\ -1 & 5 & -2 \\ 2 & 1 & 2 \end{vmatrix}$$

mit Hilfe der *Regel von Sarrus*:

$$\begin{vmatrix} 2 & 0 & 5 \\ -1 & 5 & -2 \\ 2 & 1 & 2 \end{vmatrix} \begin{matrix} 2 & 0 \\ -1 & 5 \\ 2 & 1 \end{matrix}$$

$$[\vec{a}\,\vec{b}\,\vec{c}] = 20 - 0 - 5 - (50 - 4 - 0) = 15 - 46 = -31$$

Ergebnis: $V_{\text{Spat}} = |[\vec{a}\,\vec{b}\,\vec{c}]| = |-31| = 31$ ∎

3.6 Linear unabhängige Vektoren

Räumliche Vektoren haben wir als *Linearkombinationen* der drei Einheitsvektoren $\vec{e}_x, \vec{e}_y$ und $\vec{e}_z$ in der Form

$$\vec{a} = a_x \vec{e}_x + a_y \vec{e}_y + a_z \vec{e}_z \tag{II-119}$$

dargestellt (sog. *Komponentendarstellung*, siehe Abschnitt 3.1). Die *nicht komplanaren* (d. h. *nicht* in einer Ebene liegenden) Vektoren $\vec{e}_x, \vec{e}_y$ und $\vec{e}_z$ werden in diesem Zusammenhang auch als *Basisvektoren* bezeichnet. Sie erzeugen den *3-dimensionalen* Raum $\mathbb{R}^3$, auch *Anschauungsraum* genannt. Als *Basis* können dabei grundsätzlich *drei* beliebige (von Nullvektor verschiedene) Vektoren $\vec{e}_1, \vec{e}_2, \vec{e}_3$ dienen, sofern sie – wie die Vektoren $\vec{e}_x, \vec{e}_y, \vec{e}_z$ – nicht komplanar sind. Dies ist der Fall, wenn das *Spatprodukt* $[\vec{e}_1\,\vec{e}_2\,\vec{e}_3]$ *nicht* verschwindet. *Jeder* Vektor $\vec{a}$ des Anschauungsraumes ist dann als *Linearkombination* dieser Basisvektoren darstellbar:

$$\vec{a} = \lambda \vec{e}_1 + \mu \vec{e}_2 + \nu \vec{e}_3 \tag{II-120}$$

3 Vektorrechnung im 3-dimensionalen Raum

Die Basisvektoren sind dabei stets *linear unabhängig*, d. h. die lineare Vektorgleichung

$$\lambda_1 \vec{e}_1 + \lambda_2 \vec{e}_2 + \lambda_3 \vec{e}_3 = \vec{0} \tag{II-121}$$

ist nur für $\lambda_1 = \lambda_2 = \lambda_3 = 0$ erfüllbar[7].

Wie in der Ebene lässt sich auch im 3-dimensionalen Raum der Begriff der *Linearen Unabhängigkeit* auf *Systeme* von k Vektoren $\vec{a}_1, \vec{a}_2, \ldots, \vec{a}_k$ übertragen. Diese k Vektoren werden als *linear unabhängig* bezeichnet, wenn die aus ihnen gebildete lineare Vektorgleichung

$$\lambda_1 \vec{a}_1 + \lambda_2 \vec{a}_2 + \ldots + \lambda_k \vec{a}_k = \vec{0} \tag{II-122}$$

nur für *verschwindende* Koeffizienten erfüllt werden kann ($\lambda_1 = 0, \lambda_2 = 0, \ldots, \lambda_k = 0$). Anderenfalls heißen die k Vektoren *linear abhängig* (es ist dann *mindestens* ein Koeffizient von null verschieden).

Im 3-dimensionalen Raum $\mathbb{R}^3$ gibt es *maximal drei* linear unabhängige Vektoren, mehr als drei Vektoren sind dagegen *stets* linear abhängig.

■ **Beispiele**

(1) Die drei Einheitsvektoren $\vec{e}_x, \vec{e}_y, \vec{e}_z$ sind *linear unabhängig*, denn das mit diesen Vektoren gebildete Spatprodukt ist von null verschieden (wir verwenden die Determinantenschreibweise):

$$[\vec{e}_x \, \vec{e}_y \, \vec{e}_z] = \begin{vmatrix} 1 & 0 & 0 \\ 0 & 1 & 0 \\ 0 & 0 & 1 \end{vmatrix} = 1 \neq 0$$

(Berechnung nach der Regel von *Sarrus*)

(2) Wir prüfen, ob die drei Kraftvektoren

$$\vec{F}_1 = \begin{pmatrix} 1 \\ 0 \\ 1 \end{pmatrix}, \quad \vec{F}_2 = \begin{pmatrix} -1 \\ 1 \\ 0 \end{pmatrix}, \quad \vec{F}_3 = \begin{pmatrix} 1 \\ 1 \\ 2 \end{pmatrix}$$

in einer Ebene liegen, also *komplanar* sind (alle Kraftkomponenten in der Einheit Newton). Dies wäre genau dann der Fall, wenn die Kraftvektoren linear abhängig sind.

---

[7] Die Vektorgleichung führt zu einem homogenen linearen Gleichungssystem, das nur *trivial* lösbar ist, d. h. nur die Lösung $\lambda_1 = \lambda_2 = \lambda_3 = 0$ besitzt.

1. Lösungsweg

Wir berechnen das *Spatprodukt* der drei Vektoren:

$$[\vec{F}_1 \, \vec{F}_2 \, \vec{F}_3] = \begin{vmatrix} 1 & 0 & 1 \\ -1 & 1 & 0 \\ 1 & 1 & 2 \end{vmatrix} = 2 + 0 - 1 - (1 + 0 + 0) = 1 - 1 = 0$$

Folgerung: Das Spatprodukt verschwindet, die drei Kräfte liegen somit in einer Ebene.

2. Lösungsweg

Wir prüfen, für welche Werte der Koeffizienten $\lambda_1, \lambda_2, \lambda_3$ die Vektorgleichung

$$\lambda_1 \vec{F}_1 + \lambda_2 \vec{F}_2 + \lambda_3 \vec{F}_3 = \vec{0}$$

erfüllt ist. Dies führt zu dem folgenden linearen Gleichungssystem:

$$\lambda_1 \begin{pmatrix} 1 \\ 0 \\ 1 \end{pmatrix} + \lambda_2 \begin{pmatrix} -1 \\ 1 \\ 0 \end{pmatrix} + \lambda_3 \begin{pmatrix} 1 \\ 1 \\ 2 \end{pmatrix} = \begin{pmatrix} 0 \\ 0 \\ 0 \end{pmatrix}$$

Komponentenweise geschrieben:

(I) $\quad \lambda_1 - \lambda_2 + \lambda_3 = 0$

(II) $\quad \phantom{\lambda_1 -{}} \lambda_2 + \lambda_3 = 0 \quad \Rightarrow \quad \lambda_2 = -\lambda_3$

(III) $\quad \lambda_1 \phantom{{}- \lambda_2} + 2\lambda_3 = 0 \quad \Rightarrow \quad \lambda_1 = -2\lambda_3$

Wir setzen die aus den Gleichungen (II) und (III) gefundenen Ausdrücke $\lambda_2 = -\lambda_3$ und $\lambda_1 = -2\lambda_3$ in die erste Gleichung ein:

(I) $\Rightarrow \quad \underbrace{-2\lambda_3 + \lambda_3 + \lambda_3}_{0} = 0 \quad \Rightarrow \quad 0 = 0$

Diese Gleichung ist also unabhängig vom Wert des Koeffizienten λ_3 *immer* erfüllt, d. h. λ_3 ist ein frei wählbarer *Parameter* (wir setzen $\lambda_3 = \mu$ mit $\mu \in \mathbb{R}$). Aus (II) und (III) erhalten wir die übrigen Unbekannten:

$$\lambda_2 = -\lambda_3 = -\mu, \quad \lambda_1 = -2\lambda_3 = -2\mu$$

Die vom reellen Parameter μ abhängende Lösung lautet damit:

$$\lambda_1 = -2\mu, \quad \lambda_2 = -\mu, \quad \lambda_3 = \mu \quad (\mu \in \mathbb{R})$$

Es gibt also neben der trivialen Lösung $\lambda_1 = \lambda_2 = \lambda_3 = 0$ (für $\mu = 0$) noch *unendlich viele* weitere Lösungen (für $\mu \neq 0$). Die drei Kraftvektoren sind somit *linear abhängig* und liegen daher in einer Ebene. ∎

4 Anwendungen in der Geometrie

4.1 Vektorielle Darstellung einer Geraden

4.1.1 Punkt-Richtungs-Form einer Geraden

Eine Gerade g soll durch den Punkt P_1 mit dem Ortsvektor $\vec{r}_1$ und *parallel* zu einem (vorgegebenen) Vektor $\vec{a}$ (*Richtungsvektor* genannt) verlaufen (Bild II-61). Wie lautet die Gleichung dieser Geraden in *vektorieller* Form?

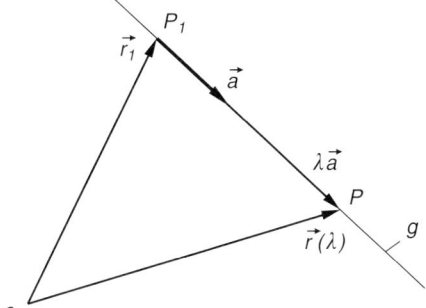

Bild II-61
Zur Punkt-Richtungs-Form einer Geraden

Bezeichnet man den *laufenden* Punkt der Geraden mit P, so ist der zugehörige Ortsvektor $\vec{r}(P)$ die *geometrische* (*vektorielle*) Summe aus $\vec{r}_1$ und $\overrightarrow{P_1P}$:

$$\vec{r}(P) = \vec{r}_1 + \overrightarrow{P_1P} \tag{II-123}$$

Da die Vektoren $\overrightarrow{P_1P}$ und $\vec{a}$ *kollinear* sind (sie liegen beide *in* der Geraden), gilt ferner

$$\overrightarrow{P_1P} = \lambda \vec{a} \tag{II-124}$$

λ ist dabei ein geeigneter reeller *Parameter*, d. h. eine bestimmte reelle Zahl. Für den Ortsvektor $\vec{r}(P)$ erhält man dann unter Verwendung dieser Beziehung

$$\vec{r}(P) = \vec{r}_1 + \overrightarrow{P_1P} = \vec{r}_1 + \lambda \vec{a} \tag{II-125}$$

Die Lage des Punktes P auf der Geraden g ist somit *eindeutig* durch den Parameter λ festgelegt. Wir bringen dies durch die Schreibweise $\vec{r}(P) = \vec{r}(\lambda)$ zum Ausdruck. Die gesuchte Geradengleichung lautet damit in der *vektoriellen Parameterdarstellung* wie folgt:

> **Vektorielle Punkt-Richtungs-Form einer Geraden (Bild II-61)**
>
> $$\vec{r}(P) = \vec{r}(\lambda) = \vec{r}_1 + \lambda \vec{a} \qquad \text{(II-126)}$$
>
> oder (in der Komponentenschreibweise)
>
> $$\begin{pmatrix} x \\ y \\ z \end{pmatrix} = \begin{pmatrix} x_1 \\ y_1 \\ z_1 \end{pmatrix} + \lambda \begin{pmatrix} a_x \\ a_y \\ a_z \end{pmatrix} = \begin{pmatrix} x_1 + \lambda a_x \\ y_1 + \lambda a_y \\ z_1 + \lambda a_z \end{pmatrix} \qquad \text{(II-127)}$$
>
> Dabei bedeuten:
>
> x, y, z: Koordinaten des *laufenden* Punktes P der Geraden
>
> x_1, y_1, z_1: Koordinaten des *vorgegebenen* Punktes P_1 der Geraden
>
> a_x, a_y, a_z: Skalare Vektorkomponenten des *Richtungsvektors* $\vec{a}$ der Geraden
>
> λ: Reeller Parameter ($\lambda \in \mathbb{R}$)

Für $\lambda = 0$ erhält man den Punkt P_1, für $\lambda > 0$ werden alle Punkte *in Richtung* des Richtungsvektors $\vec{a}$ durchlaufen, für $\lambda < 0$ alle Punkte in der *Gegenrichtung* (jeweils vom Punkte P_1 aus betrachtet).

■ **Beispiel**

Wir bestimmen die Gleichung der Geraden g, die durch den Punkt $P_1 = (3; -2; 1)$ in Richtung des Vektors $\vec{a} = \begin{pmatrix} 5 \\ 2 \\ 3 \end{pmatrix}$ verläuft:

$$\vec{r}(\lambda) = \vec{r}_1 + \lambda \vec{a} = \begin{pmatrix} 3 \\ -2 \\ 1 \end{pmatrix} + \lambda \begin{pmatrix} 5 \\ 2 \\ 3 \end{pmatrix} = \begin{pmatrix} 3 + 5\lambda \\ -2 + 2\lambda \\ 1 + 3\lambda \end{pmatrix} \qquad (\lambda \in \mathbb{R})$$

So gehört beispielsweise zum Parameterwert $\lambda = 3$ der folgende Punkt Q:

$$\vec{r}(Q) = \vec{r}(\lambda = 3) = \begin{pmatrix} 3 + 5 \cdot 3 \\ -2 + 2 \cdot 3 \\ 1 + 3 \cdot 3 \end{pmatrix} = \begin{pmatrix} 18 \\ 4 \\ 10 \end{pmatrix} \quad \Rightarrow \quad Q = (18; 4; 10)$$

Zum Parameter $\lambda = -1$ gehört der Punkt R mit den folgenden Koordinaten:

$$\vec{r}(R) = \vec{r}(\lambda = -1) = \begin{pmatrix} 3 - 5 \\ -2 - 2 \\ 1 - 3 \end{pmatrix} = \begin{pmatrix} -2 \\ -4 \\ -2 \end{pmatrix} \quad \Rightarrow \quad R = (-2; -4; -2)$$

■

4.1.2 Zwei-Punkte-Form einer Geraden

Eine Gerade g soll durch die beiden (voneinander *verschiedenen*) Punkte P_1 und P_2 mit den Ortsvektoren $\vec{r}_1$ und $\vec{r}_2$ verlaufen (Bild II-62).

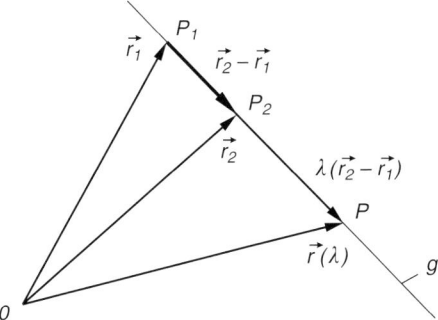

Bild II-62
Zur Zwei-Punkte-Form einer Geraden

Die *vektorielle* Gleichung dieser Geraden erhalten wir durch analoge Überlegungen wie im vorangegangenen Abschnitt 4.1.1. Der Ortsvektor des *laufenden* Punktes P der Geraden g ist wiederum als *Summenvektor* in der Form

$$\vec{r}(P) = \vec{r}_1 + \overrightarrow{P_1 P} \tag{II-128}$$

darstellbar. Da die Vektoren $\overrightarrow{P_1 P}$ und $\overrightarrow{P_1 P_2} = \vec{r}_2 - \vec{r}_1$ *kollinear* sind, gilt

$$\overrightarrow{P_1 P} = \lambda \, \overrightarrow{P_1 P_2} = \lambda \, (\vec{r}_2 - \vec{r}_1) \tag{II-129}$$

und somit

$$\vec{r}(P) = \vec{r}_1 + \overrightarrow{P_1 P} = \vec{r}_1 + \lambda \, \overrightarrow{P_1 P_2} = \vec{r}_1 + \lambda \, (\vec{r}_2 - \vec{r}_1) \tag{II-130}$$

Dies ist die *Parameterdarstellung* einer Geraden durch zwei vorgegebene Punkte P_1 und P_2 in *vektorieller* Form, wobei der Vektor $\overrightarrow{P_1 P_2} = \vec{r}_2 - \vec{r}_1$ als Richtungsvektor angesehen werden kann. Für $\vec{r}(P)$ schreiben wir wieder $\vec{r}(\lambda)$, um die Abhängigkeit vom Parameter λ zum Ausdruck zu bringen.

Zusammenfassend gilt somit:

Vektorielle Zwei-Punkte-Form einer Geraden (Bild II-62)

$$\vec{r}(P) = \vec{r}(\lambda) = \vec{r}_1 + \lambda \, \overrightarrow{P_1 P_2} = \vec{r}_1 + \lambda \, (\vec{r}_2 - \vec{r}_1) \tag{II-131}$$

oder (in der Komponentenschreibweise)

$$\begin{pmatrix} x \\ y \\ z \end{pmatrix} = \begin{pmatrix} x_1 \\ y_1 \\ z_1 \end{pmatrix} + \lambda \begin{pmatrix} x_2 - x_1 \\ y_2 - y_1 \\ z_2 - z_1 \end{pmatrix} = \begin{pmatrix} x_1 + \lambda \, (x_2 - x_1) \\ y_1 + \lambda \, (y_2 - y_1) \\ z_1 + \lambda \, (z_2 - z_1) \end{pmatrix} \tag{II-132}$$

Dabei bedeuten:

x, y, z: Koordinaten des *laufenden* Punktes P der Geraden

$\left.\begin{array}{l} x_1, y_1, z_1 \\ x_2, y_2, z_2 \end{array}\right\}$ Koordinaten der *vorgegebenen* Punkte P_1 und P_2 der Geraden

λ: Reeller Parameter $(\lambda \in \mathbb{R})$

Die Punkte P_1 und P_2 gehören zu den Parameterwerten $\lambda = 0$ bzw. $\lambda = 1$.

■ **Beispiel**

Wie lautet die Gleichung der Geraden g durch die beiden Punkte $P_1 = (1; 1; 1)$ und $P_2 = (2; 0; 4)$?

Lösung:

$$\vec{r}(\lambda) = \vec{r}_1 + \lambda(\vec{r}_2 - \vec{r}_1) = \begin{pmatrix} 1 \\ 1 \\ 1 \end{pmatrix} + \lambda \begin{pmatrix} 2 - 1 \\ 0 - 1 \\ 4 - 1 \end{pmatrix} = \begin{pmatrix} 1 + \lambda \\ 1 - \lambda \\ 1 + 3\lambda \end{pmatrix} \quad (\lambda \in \mathbb{R})$$

Zum Parameterwert $\lambda = 2$ beispielsweise gehört demnach der folgende Punkt Q:

$$\vec{r}(Q) = \vec{r}(\lambda = 2) = \begin{pmatrix} 1 + 2 \\ 1 - 2 \\ 1 + 3 \cdot 2 \end{pmatrix} = \begin{pmatrix} 3 \\ -1 \\ 7 \end{pmatrix} \quad \Rightarrow \quad Q = (3; -1; 7)$$

■

4.1.3 Abstand eines Punktes von einer Geraden

Gegeben ist eine Gerade g in der vektoriellen *Punkt-Richtungs-Form*

$$\vec{r}(\lambda) = \vec{r}_1 + \lambda \vec{a} \tag{II-133}$$

und ein Punkt Q mit dem Ortsvektor $\vec{r}_Q$ (Bild II-63). Wir stellen uns die Aufgabe, den (senkrechten) *Abstand d* dieses Punktes von der Geraden g zu bestimmen.

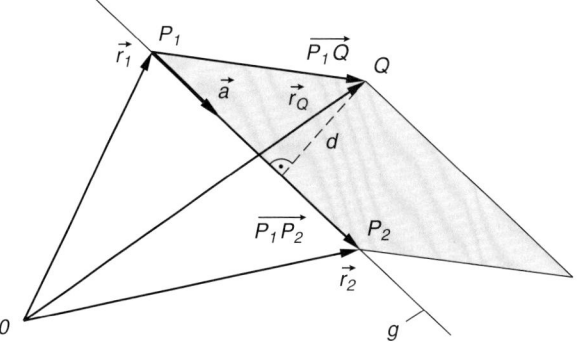

Bild II-63
Zur Berechnung des Abstandes eines Punktes von einer Geraden

4 Anwendungen in der Geometrie

Dazu wählen wir auf der Geraden einen weiteren Punkt P_2 im Abstand $|\overrightarrow{P_1P_2}| = 1$ vom Punkte P_1. Der Vektor $\overrightarrow{P_1P_2}$ ist somit der *Einheitsvektor* in Richtung des Vektors $\vec{a}$:

$$\overrightarrow{P_1P_2} = \vec{e}_a = \frac{\vec{a}}{|\vec{a}|} \qquad (\text{II-134})$$

Dieser Vektor bildet zusammen mit dem Vektor $\overrightarrow{P_1Q} = \vec{r}_Q - \vec{r}_1$ das in Bild II-63 *grau* unterlegte Parallelogramm, dessen Höhe der gesuchte Abstand d des Punktes Q von der Geraden g ist. Für den Flächeninhalt A dieses Parallelogramms gilt dann *einerseits*

$$A = (\text{Grundlinie}) \cdot (\text{Höhe}) = |\overrightarrow{P_1P_2}| \cdot d = 1 \cdot d = d \qquad (\text{II-135})$$

andererseits

$$A = |\overrightarrow{P_1P_2} \times \overrightarrow{P_1Q}| = \left| \frac{\vec{a}}{|\vec{a}|} \times (\vec{r}_Q - \vec{r}_1) \right| = \frac{|\vec{a} \times (\vec{r}_Q - \vec{r}_1)|}{|\vec{a}|} \qquad (\text{II-136})$$

Durch *Gleichsetzen* erhält man schließlich die gewünschte Abstandsformel:

$$d = \frac{|\vec{a} \times (\vec{r}_Q - \vec{r}_1)|}{|\vec{a}|} \qquad (\text{II-137})$$

Wir halten fest:

Abstand eines Punktes von einer Geraden (II-63)

Der *Abstand* eines Punktes Q mit dem Ortsvektor $\vec{r}_Q$ von einer Geraden g mit der Gleichung $\vec{r}(\lambda) = \vec{r}_1 + \lambda\vec{a}$ lässt sich wie folgt berechnen:

$$d = \frac{|\vec{a} \times (\vec{r}_Q - \vec{r}_1)|}{|\vec{a}|} \qquad (\text{II-138})$$

Anmerkung

Ist $d = 0$, so liegt der Punkt Q auf der Geraden.

■ **Beispiel**

Die Gleichung einer Geraden g laute:

$$\vec{r}(\lambda) = \vec{r}_1 + \lambda\vec{a} = \begin{pmatrix} 1 \\ 0 \\ 1 \end{pmatrix} + \lambda \begin{pmatrix} 2 \\ 5 \\ 2 \end{pmatrix} \qquad (\lambda \in \mathbb{R})$$

Wir berechnen den *Abstand* d des Punktes $Q = (5; 3; -2)$ von dieser Geraden:

$$\vec{a} \times (\vec{r}_Q - \vec{r}_1) = \begin{pmatrix} 2 \\ 5 \\ 2 \end{pmatrix} \times \begin{pmatrix} 5 - 1 \\ 3 - 0 \\ -2 - 1 \end{pmatrix} = \begin{pmatrix} 2 \\ 5 \\ 2 \end{pmatrix} \times \begin{pmatrix} 4 \\ 3 \\ -3 \end{pmatrix} =$$

$$= \begin{pmatrix} -15 - 6 \\ 8 + 6 \\ 6 - 20 \end{pmatrix} = \begin{pmatrix} -21 \\ 14 \\ -14 \end{pmatrix}$$

$$|\vec{a} \times (\vec{r}_Q - \vec{r}_1)| = \sqrt{(-21)^2 + 14^2 + (-14)^2} = \sqrt{833}$$

$$|\vec{a}| = \sqrt{2^2 + 5^2 + 2^2} = \sqrt{33}$$

$$d = \frac{|\vec{a} \times (\vec{r}_Q - \vec{r}_1)|}{|\vec{a}|} = \frac{\sqrt{833}}{\sqrt{33}} = 5{,}02$$

■

4.1.4 Abstand zweier paralleler Geraden

Zwei Geraden g_1 und g_2 können folgende Lage zueinander haben:

- g_1 *und* g_2 *fallen zusammen*
- g_1 *und* g_2 *sind zueinander parallel*
- g_1 *und* g_2 *schneiden sich in genau einem Punkt*
- g_1 *und* g_2 *sind windschief, d. h. sie verlaufen weder parallel noch kommen sie zum Schnitt*

In diesem Abschnitt beschäftigen wir uns mit dem (senkrechten) *Abstand* d zweier *paralleler* Geraden g_1 und g_2 mit den Gleichungen

$$\vec{r}(\lambda_1) = \vec{r}_1 + \lambda_1 \vec{a}_1 \quad \text{und} \quad \vec{r}(\lambda_2) = \vec{r}_2 + \lambda_2 \vec{a}_2 \qquad \text{(II-139)}$$

($\lambda_1, \lambda_2 \in \mathbb{R}$; Bild II-64). Diese Geraden sind genau dann *parallel*, wenn ihre Richtungsvektoren $\vec{a}_1$ und $\vec{a}_2$ *kollinear* sind, d. h. $\vec{a}_1 \times \vec{a}_2 = \vec{0}$ ist.

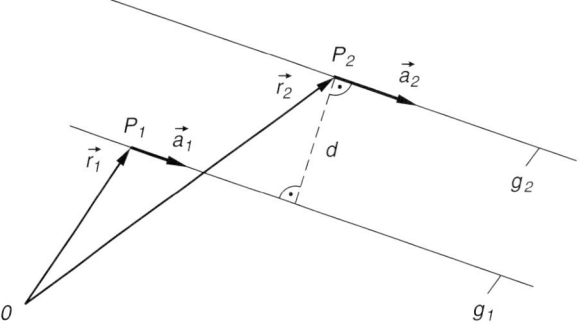

Bild II-64
Zur Berechnung des Abstandes zweier paralleler Geraden

4 Anwendungen in der Geometrie

Wir betrachten den auf der Geraden g_2 gelegenen Punkt P_2 mit dem Ortsvektor $\vec{r}_2$. Sein senkrechter Abstand von der Geraden g_1 beträgt dann nach Formel (II-138):

$$d = \frac{|\vec{a}_1 \times (\vec{r}_2 - \vec{r}_1)|}{|\vec{a}_1|} \qquad \text{(II-140)}$$

(Punkt Q = Punkt P_2 und somit $\vec{r}_Q = \vec{r}_2$). Dieser Abstand ist zugleich der gesuchte *Abstand der beiden parallelen Geraden.*

Wir fassen wie folgt zusammen:

Abstand zweier paralleler Geraden (Bild II-64)

Der *Abstand* zweier *paralleler* Geraden g_1 und g_2 mit den Gleichungen

$$\vec{r}(\lambda_1) = \vec{r}_1 + \lambda_1 \vec{a}_1 \quad \text{und} \quad \vec{r}(\lambda_2) = \vec{r}_2 + \lambda_2 \vec{a}_2 \qquad \text{(II-141)}$$

lässt sich wie folgt berechnen:

$$d = \frac{|\vec{a}_1 \times (\vec{r}_2 - \vec{r}_1)|}{|\vec{a}_1|} \qquad \text{(II-142)}$$

Anmerkungen

(1) Die Geraden g_1 und g_2 sind genau dann *parallel*, wenn $\vec{a}_1 \times \vec{a}_2 = \vec{0}$ ist.
(2) Ist $d = 0$, so fallen die beiden Geraden *zusammen*.
(3) In der Abstandsformel (II-142) darf der Richtungsvektor $\vec{a}_1$ durch den Richtungsvektor $\vec{a}_2$ ersetzt werden.

■ **Beispiel**

Die Geraden

$$g_1: \quad \vec{r}(\lambda_1) = \vec{r}_1 + \lambda_1 \vec{a}_1 = \begin{pmatrix} 1 \\ 1 \\ 4 \end{pmatrix} + \lambda_1 \begin{pmatrix} 1 \\ 1 \\ 1 \end{pmatrix} \qquad (\lambda_1 \in \mathbb{R})$$

und

$$g_2: \quad \vec{r}(\lambda_2) = \vec{r}_2 + \lambda_2 \vec{a}_2 = \begin{pmatrix} 4 \\ 0 \\ 3 \end{pmatrix} + \lambda_2 \begin{pmatrix} 3 \\ 3 \\ 3 \end{pmatrix} \qquad (\lambda_2 \in \mathbb{R})$$

sind *parallel*, da ihre Richtungsvektoren $\vec{a}_1$ und $\vec{a}_2$ *kollineare* Vektoren darstellen: $\vec{a}_2 = 3\vec{a}_1$. Wir berechnen jetzt den *Abstand* dieser Geraden:

$$\vec{a}_1 \times (\vec{r}_2 - \vec{r}_1) = \begin{pmatrix} 1 \\ 1 \\ 1 \end{pmatrix} \times \begin{pmatrix} 4-1 \\ 0-1 \\ 3-4 \end{pmatrix} = \begin{pmatrix} 1 \\ 1 \\ 1 \end{pmatrix} \times \begin{pmatrix} 3 \\ -1 \\ -1 \end{pmatrix} =$$

$$= \begin{pmatrix} -1+1 \\ 3+1 \\ -1-3 \end{pmatrix} = \begin{pmatrix} 0 \\ 4 \\ -4 \end{pmatrix}$$

$$|\vec{a}_1 \times (\vec{r}_2 - \vec{r}_1)| = \sqrt{0^2 + 4^2 + (-4)^2} = \sqrt{32} = 4\sqrt{2}$$

$$|\vec{a}_1| = \sqrt{1^2 + 1^2 + 1^2} = \sqrt{3}$$

$$d = \frac{|\vec{a}_1 \times (\vec{r}_2 - \vec{r}_1)|}{|\vec{a}|} = \frac{4\sqrt{2}}{\sqrt{3}} = 3{,}27 \qquad \blacksquare$$

4.1.5 Abstand zweier windschiefer Geraden

Wir gehen von zwei *windschiefen* Geraden g_1 und g_2 mit den Gleichungen

$$\vec{r}(\lambda_1) = \vec{r}_1 + \lambda_1 \vec{a}_1 \quad \text{und} \quad \vec{r}(\lambda_2) = \vec{r}_2 + \lambda_2 \vec{a}_2 \qquad (\lambda_1, \lambda_2 \in \mathbb{R}) \qquad \text{(II-143)}$$

aus (die Geraden verlaufen somit *weder* parallel *noch* kommen sie zum Schnitt, siehe Bild II-65). Ihren Abstand d bestimmen wir wie folgt:

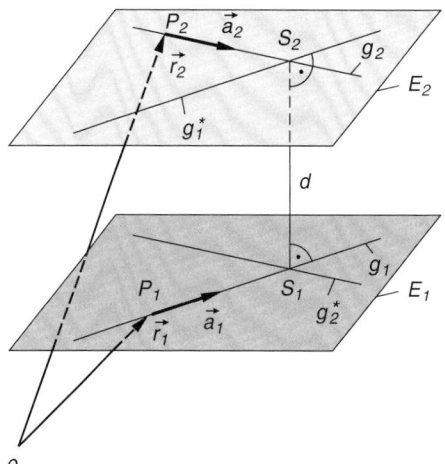

Bild II-65
Zur Berechnung des Abstandes zweier windschiefer Geraden

Zunächst wird die Gerade g_2 so *parallelverschoben*, dass sie mit der Geraden g_1 zum Schnitt kommt (Schnittpunkt S_1). Die durch Parallelverschiebung erhaltene Gera-

4 Anwendungen in der Geometrie

de bezeichnen wir mit g_2^*, sie bildet zusammen mit der Geraden g_1 die (untere) Ebene E_1 in Bild II-65. Jetzt verschieben wir die Gerade g_1 *parallel* zu sich selbst nach „oben", bis sie die Gerade g_2 in S_2 schneidet. Die durch Parallelverschiebung gewonnene Gerade bezeichnen wir mit g_1^*. Die Geraden g_2 und g_1^* bilden die (obere) Ebene E_2 in Bild II-65, die *parallel* zur Ebene E_1 verläuft. *Der Abstand dieser Parallelebenen ist zugleich der gesuchte Abstand d der beiden windschiefen Geraden g_1 und g_2.* Auf die Herleitung der Abstandsformel wollen wir verzichten und teilen nur das Ergebnis mit:

Abstand zweier windschiefer Geraden (Bild II-65)

Der *Abstand* zweier *windschiefer* Geraden g_1 und g_2 mit den Gleichungen

$$\vec{r}(\lambda_1) = \vec{r}_1 + \lambda_1 \vec{a}_1 \quad \text{und} \quad \vec{r}(\lambda_2) = \vec{r}_2 + \lambda_2 \vec{a}_2 \qquad \text{(II-144)}$$

lässt sich wie folgt berechnen:

$$d = \frac{|[\vec{a}_1 \vec{a}_2 (\vec{r}_2 - \vec{r}_1)]|}{|\vec{a}_1 \times \vec{a}_2|} \qquad \text{(II-145)}$$

Anmerkung

Die Geraden g_1 und g_2 sind genau dann *windschief*, wenn die folgenden Bedingungen erfüllt sind:

$$\vec{a}_1 \times \vec{a}_2 \neq \vec{0} \quad \text{und} \quad [\vec{a}_1 \vec{a}_2 (\vec{r}_2 - \vec{r}_1)] \neq 0 \qquad \text{(II-146)}$$

■ **Beispiel**

Gegeben sind zwei Geraden g_1 und g_2:

g_1 durch $P_1 = (1; 2; 0)$ mit dem *Richtungsvektor* $\vec{a}_1 = \begin{pmatrix} 1 \\ 1 \\ 1 \end{pmatrix}$

g_2 durch $P_2 = (3; 0; 2)$ mit dem *Richtungsvektor* $\vec{a}_2 = \begin{pmatrix} 2 \\ 0 \\ 1 \end{pmatrix}$

Wir zeigen zunächst, dass es sich um *windschiefe* Geraden handelt.

$$\vec{a}_1 \times \vec{a}_2 = \begin{pmatrix} 1 \\ 1 \\ 1 \end{pmatrix} \times \begin{pmatrix} 2 \\ 0 \\ 1 \end{pmatrix} = \begin{pmatrix} 1 - 0 \\ 2 - 1 \\ 0 - 2 \end{pmatrix} = \begin{pmatrix} 1 \\ 1 \\ -2 \end{pmatrix} \neq \begin{pmatrix} 0 \\ 0 \\ 0 \end{pmatrix}$$

$$[\vec{a}_1 \vec{a}_2 (\vec{r}_2 - \vec{r}_1)] = \begin{vmatrix} 1 & 1 & 1 \\ 2 & 0 & 1 \\ (3-1) & (0-2) & (2-0) \end{vmatrix} = \begin{vmatrix} 1 & 1 & 1 \\ 2 & 0 & 1 \\ 2 & -2 & 2 \end{vmatrix} =$$

$$= 0 + 2 - 4 - (0 - 2 + 4) = -2 - 2 = -4$$

Somit gilt:

$$\vec{a}_1 \times \vec{a}_2 \neq \vec{0} \quad \text{und} \quad [\vec{a}_1 \vec{a}_2 (\vec{r}_2 - \vec{r}_1)] \neq 0$$

Die Geraden g_1 und g_2 sind also nach dem Kriterium (II-146) *windschief*. Mit

$$|\vec{a}_1 \times \vec{a}_2| = \sqrt{1^2 + 1^2 + (-2)^2} = \sqrt{6}$$

folgt für ihren Abstand nach Formel (II-145):

$$d = \frac{|[\vec{a}_1 \vec{a}_2 (\vec{r}_2 - \vec{r}_1)]|}{|\vec{a}_1 \times \vec{a}_2|} = \frac{|-4|}{\sqrt{6}} = \frac{4}{\sqrt{6}} = 1{,}63 \qquad \blacksquare$$

4.1.6 Schnittpunkt und Schnittwinkel zweier Geraden

Berechnung des Schnittpunktes (Bild II-66)

Den *Schnittpunkt* S zweier Geraden g_1 und g_2 mit den Gleichungen

$$\vec{r}(\lambda_1) = \vec{r}_1 + \lambda_1 \vec{a}_1 \quad \text{und} \quad \vec{r}(\lambda_2) = \vec{r}_2 + \lambda_2 \vec{a}_2 \qquad (\lambda_1, \lambda_2 \in \mathbb{R}) \qquad \text{(II-147)}$$

bestimmt man aus der Vektorgleichung

$$\vec{r}_1 + \lambda_1 \vec{a}_1 = \vec{r}_2 + \lambda_2 \vec{a}_2 \qquad \text{(II-148)}$$

die man durch *Gleichsetzen* der Vektoren $\vec{r}(\lambda_1)$ und $\vec{r}(\lambda_2)$ erhält[8].

Diese Vektorgleichung führt – komponentenweise geschrieben – zu einem *linearen Gleichungssystem* mit *drei* Gleichungen in den beiden Unbekannten λ_1 und λ_2. Die (eindeutige) Lösung dieses Systems liefert die zum Schnittpunkt S gehörigen Parameterwerte λ_1^*, λ_2^*. Den *Ortsvektor* $\vec{r}_S$ des Schnittpunktes S erhält man dann durch Einsetzen dieser Werte in die Gleichung der Geraden g_1 bzw. g_2:

$$\vec{r}_S = \vec{r}_1 + \lambda_1^* \vec{a}_1 \quad \text{bzw.} \quad \vec{r}_S = \vec{r}_2 + \lambda_2^* \vec{a}_2 \qquad \text{(II-149)}$$

---

[8] Die beiden Geraden schneiden sich genau dann in *einem* Punkt S, wenn die Bedingungen $\vec{a}_1 \times \vec{a}_2 \neq \vec{0}$ und $[\vec{a}_1 \vec{a}_2 (\vec{r}_2 - \vec{r}_1)] = 0$ erfüllt sind (siehe hierzu Bild II-66). Die Vektoren $\vec{a}_1, \vec{a}_2$ und $\vec{r}_2 - \vec{r}_1$ müssen also *komplanar* sein, d. h. in einer gemeinsamen Ebene liegen und die Richtungsvektoren $\vec{a}_1$ und $\vec{a}_2$ dürfen nicht kollinear sein.

4 Anwendungen in der Geometrie

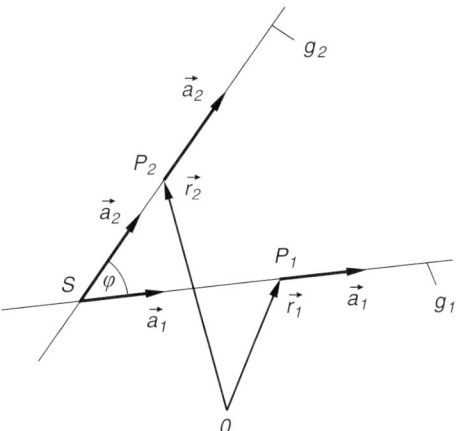

Bild II-66
Zur Berechnung des Schnittpunktes und Schnittwinkels zweier Geraden

Berechnung des Schnittwinkels (Bild II-66)

Definitionsgemäß verstehen wir unter dem *Schnittwinkel* φ zweier Geraden g_1 und g_2 den Winkel zwischen den zugehörigen *Richtungsvektoren* $\vec{a}_1$ und $\vec{a}_2$ (Bild II-66). Für den Schnittwinkel erhalten wir nach Gleichung (II-74):

Schnittwinkel zweier Geraden (Bild II-66)

Der *Schnittwinkel* φ zweier Geraden g_1 und g_2 mit den Richtungsvektoren $\vec{a}_1$ und $\vec{a}_2$ lässt sich wie folgt berechnen:

$$\varphi = \arccos \left| \frac{\vec{a}_1 \cdot \vec{a}_2}{|\vec{a}_1| \cdot |\vec{a}_2|} \right| \qquad (0° \leq \varphi \leq 90°) \qquad \text{(II-150)}$$

■ **Beispiel**

Gegeben sind die Geraden

$$g_1: \quad \vec{r}(\lambda_1) = \vec{r}_1 + \lambda_1 \vec{a}_1 = \begin{pmatrix} 1 \\ 1 \\ 0 \end{pmatrix} + \lambda_1 \begin{pmatrix} 2 \\ 1 \\ 1 \end{pmatrix} \qquad (\lambda_1 \in \mathbb{R})$$

und

$$g_2: \quad \vec{r}(\lambda_2) = \vec{r}_2 + \lambda_2 \vec{a}_2 = \begin{pmatrix} 2 \\ 0 \\ 2 \end{pmatrix} + \lambda_2 \begin{pmatrix} 1 \\ -1 \\ 2 \end{pmatrix} \qquad (\lambda_2 \in \mathbb{R})$$

In welchem Punkt S schneiden sich die Geraden, welcher Winkel φ wird von ihnen eingeschlossen?

Lösung: Wir zeigen zunächst, dass die beiden Richtungsvektoren $\vec{a}_1$ und $\vec{a}_2$ *nichtkollinear* sind:

$$\vec{a}_1 \times \vec{a}_2 = \begin{pmatrix} 2 \\ 1 \\ 1 \end{pmatrix} \times \begin{pmatrix} 1 \\ -1 \\ 2 \end{pmatrix} = \begin{pmatrix} 2+1 \\ 1-4 \\ -2-1 \end{pmatrix} = \begin{pmatrix} 3 \\ -3 \\ -3 \end{pmatrix} \neq \vec{0}$$

Sie liegen mit dem Verbindungsvektor $\vec{r}_2 - \vec{r}_1$ in einer Ebene (*komplanare* Vektoren), da das Spatprodukt dieser Vektoren *verschwindet*:

$$[\vec{a}_1 \vec{a}_2 (\vec{r}_2 - \vec{r}_1)] = \begin{vmatrix} 2 & 1 & (2-1) \\ 1 & -1 & (0-1) \\ 1 & 2 & (2-0) \end{vmatrix} = \begin{vmatrix} 2 & 1 & 1 \\ 1 & -1 & -1 \\ 1 & 2 & 2 \end{vmatrix} =$$

$$= -4 - 1 + 2 + 1 + 4 - 2 = 0$$

Die Geraden g_1 und g_2 schneiden sich also in einem Punkt. Wir berechnen jetzt ihren *Schnittpunkt* S und ihren *Schnittwinkel* φ.

Berechnung des Schnittpunktes S

Aus der Bedingung $\vec{r}(\lambda_1) = \vec{r}(\lambda_2)$ folgt die Vektorgleichung

$$\begin{pmatrix} 1 \\ 1 \\ 0 \end{pmatrix} + \lambda_1 \begin{pmatrix} 2 \\ 1 \\ 1 \end{pmatrix} = \begin{pmatrix} 2 \\ 0 \\ 2 \end{pmatrix} + \lambda_2 \begin{pmatrix} 1 \\ -1 \\ 2 \end{pmatrix}$$

In der *Komponentenschreibweise* erhalten wir

$$\begin{aligned} 1 + 2\lambda_1 &= 2 + \lambda_2 \\ 1 + \lambda_1 &= 0 - \lambda_2 \\ 0 + \lambda_1 &= 2 + 2\lambda_2 \end{aligned} \quad \text{oder} \quad \begin{aligned} 2\lambda_1 - \lambda_2 &= 1 \\ \lambda_1 + \lambda_2 &= -1 \\ \lambda_1 - 2\lambda_2 &= 2 \end{aligned}$$

Dieses lineare Gleichungssystem besitzt *genau eine* Lösung (bitte nachrechnen!): $\lambda_1 = 0$, $\lambda_2 = -1$. Der Ortsvektor $\vec{r}_S$ des gesuchten *Schnittpunktes* S lautet damit:

$$\vec{r}_S = \vec{r}(\lambda_1 = 0) = \begin{pmatrix} 1 \\ 1 \\ 0 \end{pmatrix} + 0 \begin{pmatrix} 2 \\ 1 \\ 1 \end{pmatrix} = \begin{pmatrix} 1 \\ 1 \\ 0 \end{pmatrix} \quad \Rightarrow \quad S = (1; 1; 0)$$

Zum *gleichen* Ergebnis kommt man, wenn man in die Gleichung der Geraden g_2 für den Parameter λ_2 den Wert -1 einsetzt:

$$\vec{r}_S = \vec{r}(\lambda_2 = -1) = \begin{pmatrix} 2 \\ 0 \\ 2 \end{pmatrix} - 1 \begin{pmatrix} 1 \\ -1 \\ 2 \end{pmatrix} = \begin{pmatrix} 2-1 \\ 0+1 \\ 2-2 \end{pmatrix} = \begin{pmatrix} 1 \\ 1 \\ 0 \end{pmatrix}$$

Berechnung des Schnittwinkels φ (nach Formel (II-150))

$$\vec{a}_1 \cdot \vec{a}_2 = \begin{pmatrix} 2 \\ 1 \\ 1 \end{pmatrix} \cdot \begin{pmatrix} 1 \\ -1 \\ 2 \end{pmatrix} = 2 - 1 + 2 = 3$$

$$|\vec{a}_1| = \sqrt{2^2 + 1^2 + 1^2} = \sqrt{6}, \qquad |\vec{a}_2| = \sqrt{1^2 + (-1)^2 + 2^2} = \sqrt{6}$$

$$\varphi = \arccos\left(\frac{\vec{a}_1 \cdot \vec{a}_2}{|\vec{a}_1| \cdot |\vec{a}_2|}\right) = \arccos\left(\frac{3}{\sqrt{6} \cdot \sqrt{6}}\right) = \arccos\left(\frac{1}{2}\right) = 60°$$

∎

4.2 Vektorielle Darstellung einer Ebene

4.2.1 Punkt-Richtungs-Form einer Ebene

Eine Ebene E soll durch den Punkt P_1 mit dem Ortsvektor $\vec{r}_1$ und *parallel* zu zwei *nichtkollinearen* Vektoren $\vec{a}$ und $\vec{b}$ (*Richtungsvektoren* genannt) verlaufen (Bild II-67) [9]. Wie lautet die Gleichung dieser Ebene in *vektorieller* Form?

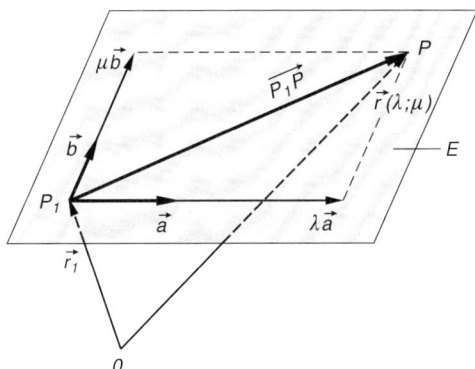

Bild II-67
Zur Punkt-Richtungs-Form einer Ebene

Bezeichnet man den *laufenden* Punkt der Ebene mit P, so ist der in der Ebene liegende Vektor $\overrightarrow{P_1 P}$ die vektorielle Summe aus $\lambda \vec{a}$ und $\mu \vec{b}$:

$$\overrightarrow{P_1 P} = \lambda \vec{a} + \mu \vec{b} \qquad (\text{II-151})$$

λ und μ sind dabei zwei voneinander *unabhängige* reelle *Parameter*. Der Ortsvektor von P ist dann als *Summenvektor*

$$\vec{r}(P) = \vec{r}_1 + \overrightarrow{P_1 P} = \vec{r}_1 + \lambda \vec{a} + \mu \vec{b} \qquad (\text{II-152})$$

darstellbar. Die Lage des laufenden Punktes P auf der Ebene ist somit *eindeutig* durch die Parameter λ und μ festgelegt. Wir bringen dies durch die Schreibweise $\vec{r}(P) = \vec{r}(\lambda; \mu)$ zum Ausdruck.

---

[9] Wir erinnern: Zwei Vektoren $\vec{a}$ und $\vec{b}$ sind *nichtkollinear*, wenn $\vec{a} \times \vec{b} \neq \vec{0}$ ist.

Die Gleichung der Ebene E lautet damit in der *vektoriellen Parameterform* wie folgt:

Vektorielle Punkt-Richtungs-Form einer Ebene (Bild II-67)

$$\vec{r}(P) = \vec{r}(\lambda; \mu) = \vec{r}_1 + \lambda \vec{a} + \mu \vec{b} \qquad \text{(II-153)}$$

oder (in der Komponentenschreibweise)

$$\begin{pmatrix} x \\ y \\ z \end{pmatrix} = \begin{pmatrix} x_1 \\ y_1 \\ z_1 \end{pmatrix} + \lambda \begin{pmatrix} a_x \\ a_y \\ a_z \end{pmatrix} + \mu \begin{pmatrix} b_x \\ b_y \\ b_z \end{pmatrix} = \begin{pmatrix} x_1 + \lambda a_x + \mu b_x \\ y_1 + \lambda a_y + \mu b_y \\ z_1 + \lambda a_z + \mu b_z \end{pmatrix}$$

$$\text{(II-154)}$$

Dabei bedeuten:

x, y, z: Koordinaten des *laufenden* Punktes P der Ebene

x_1, y_1, z_1:   Koordinaten des *vorgegebenen* Punktes P_1 der Ebene

$\left. \begin{matrix} a_x, a_y, a_z \\ b_x, b_y, b_z \end{matrix} \right\}$ Skalare Vektorkomponenten (Vektorkoordinaten) der *nichtkollinearen Richtungsvektoren* $\vec{a}$ und $\vec{b}$ der Ebene $(\vec{a} \times \vec{b} \neq \vec{0})$

λ, μ: Voneinander *unabhängige* reelle Parameter $(\lambda, \mu \in \mathbb{R})$

Anmerkung

Ein auf der Ebene E *senkrecht* stehender Vektor $\vec{n}$ heißt *Normalenvektor* der Ebene. Einen solchen Vektor erhält man beispielsweise aus den beiden *Richtungsvektoren* $\vec{a}$ und $\vec{b}$ durch Bildung des *Vektorproduktes*:

$$\vec{n} = \vec{a} \times \vec{b} \qquad \text{(II-155)}$$

■ **Beispiel**

Die Ebene E verläuft durch den Punkt $P_1 = (3; 5; 1)$, ihre Richtungsvektoren sind

$\vec{a} = \begin{pmatrix} 2 \\ 5 \\ 1 \end{pmatrix}$ und $\vec{b} = \begin{pmatrix} 5 \\ 1 \\ 3 \end{pmatrix}$. Die Gleichung dieser Ebene lautet dann in der Parameterform wie folgt:

$$\vec{r}(\lambda; \mu) = \vec{r}_1 + \lambda \vec{a} + \mu \vec{b} = \begin{pmatrix} 3 \\ 5 \\ 1 \end{pmatrix} + \lambda \begin{pmatrix} 2 \\ 5 \\ 1 \end{pmatrix} + \mu \begin{pmatrix} 5 \\ 1 \\ 3 \end{pmatrix} =$$

$$= \begin{pmatrix} 3 \\ 5 \\ 1 \end{pmatrix} + \begin{pmatrix} 2\lambda \\ 5\lambda \\ \lambda \end{pmatrix} + \begin{pmatrix} 5\mu \\ \mu \\ 3\mu \end{pmatrix} = \begin{pmatrix} 3 + 2\lambda + 5\mu \\ 5 + 5\lambda + \mu \\ 1 + \lambda + 3\mu \end{pmatrix} \qquad (\lambda, \mu \in \mathbb{R})$$

4 Anwendungen in der Geometrie

So gehört z. B. zu dem Parameterpaar $\lambda = 1$, $\mu = 2$ der folgende Punkt Q:

$$\vec{r}(Q) = \vec{r}(\lambda = 1; \mu = 2) = \begin{pmatrix} 3 + 2 \cdot 1 + 5 \cdot 2 \\ 5 + 5 \cdot 1 + 2 \\ 1 + 1 + 3 \cdot 2 \end{pmatrix} = \begin{pmatrix} 15 \\ 12 \\ 8 \end{pmatrix} \Rightarrow$$

$Q = (15; 12; 8)$

Der Vektor

$$\vec{n} = \vec{a} \times \vec{b} = \begin{pmatrix} 2 \\ 5 \\ 1 \end{pmatrix} \times \begin{pmatrix} 5 \\ 1 \\ 3 \end{pmatrix} = \begin{pmatrix} 15 - 1 \\ 5 - 6 \\ 2 - 25 \end{pmatrix} = \begin{pmatrix} 14 \\ -1 \\ -23 \end{pmatrix}$$

steht dabei *senkrecht* auf der Ebene E (*Normalenvektor*). ∎

4.2.2 Drei-Punkte-Form einer Ebene

Eine Ebene E soll durch drei (voneinander *verschieden* und nicht in einer gemeinsamen Geraden liegende) Punkte P_1, P_2 und P_3 mit den Ortsvektoren $\vec{r}_1, \vec{r}_2$ und $\vec{r}_3$ verlaufen (Bild II-68).

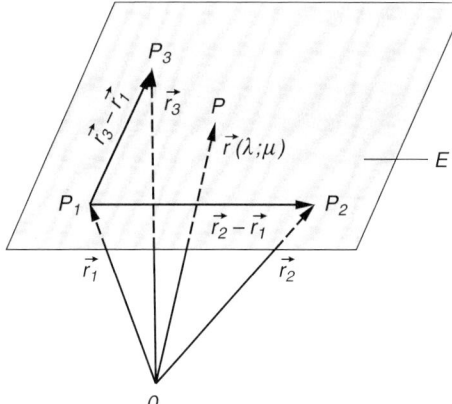

Bild II-68
Zur Drei-Punkte-Form einer Ebene

Die *vektorielle* Gleichung dieser Ebene erhalten wir durch analoge Überlegungen wie im vorangegangenen Abschnitt 4.2.1. Der Ortsvektor des *laufenden* Punktes P der Ebene ist der *Summenvektor*

$$\vec{r}(P) = \vec{r}_1 + \lambda \overrightarrow{P_1 P_2} + \mu \overrightarrow{P_1 P_3} \qquad \text{(II-156)}$$

Ferner ist

$$\overrightarrow{P_1 P_2} = \vec{r}_2 - \vec{r}_1 \quad \text{und} \quad \overrightarrow{P_1 P_3} = \vec{r}_3 - \vec{r}_1 \tag{II-157}$$

und somit

$$\vec{r}(P) = \vec{r}_1 + \lambda (\vec{r}_2 - \vec{r}_1) + \mu (\vec{r}_3 - \vec{r}_1) \quad (\lambda, \mu \in \mathbb{R}) \tag{II-158}$$

Dies ist die *Parameterdarstellung* einer Ebene durch drei vorgegebene Punkte P_1, P_2 und P_3 in *vektorieller* Form. Für $\vec{r}(P)$ schreiben wir wieder $\vec{r}(\lambda; \mu)$, um zum Ausdruck zu bringen, dass der laufende Punkt P der Ebene durch die beiden Parameterwerte *eindeutig* festgelegt ist.

Wir fassen zusammen:

Vektorielle Drei-Punkte-Form einer Ebene (Bild II-68)

$$\vec{r}(P) = \vec{r}(\lambda; \mu) = \vec{r}_1 + \lambda \overrightarrow{P_1 P_2} + \mu \overrightarrow{P_1 P_3} =$$
$$= \vec{r}_1 + \lambda (\vec{r}_2 - \vec{r}_1) + \mu (\vec{r}_3 - \vec{r}_1) \tag{II-159}$$

oder (in der Komponentenschreibweise)

$$\begin{pmatrix} x \\ y \\ z \end{pmatrix} = \begin{pmatrix} x_1 \\ y_1 \\ z_1 \end{pmatrix} + \lambda \begin{pmatrix} x_2 - x_1 \\ y_2 - y_1 \\ z_2 - z_1 \end{pmatrix} + \mu \begin{pmatrix} x_3 - x_1 \\ y_3 - y_1 \\ z_3 - z_1 \end{pmatrix} =$$

$$= \begin{pmatrix} x_1 + \lambda (x_2 - x_1) + \mu (x_3 - x_1) \\ y_1 + \lambda (y_2 - y_1) + \mu (y_3 - y_1) \\ z_1 + \lambda (z_2 - z_1) + \mu (z_3 - z_1) \end{pmatrix} \tag{II-160}$$

Dabei bedeuten:

x, y, z: Koordinaten des *laufenden* Punktes P der Ebene

$\left. \begin{matrix} x_1, y_1, z_1 \\ x_2, y_2, z_2 \\ x_3, y_3, z_3 \end{matrix} \right\}$ Koordinaten der *vorgegebenen* Punkte P_1, P_2 und P_3 der Ebene

λ, μ: Voneinander *unabhängige* reelle Parameter ($\lambda, \mu \in \mathbb{R}$)

Anmerkungen

(1) Die Punkte P_1, P_2, P_3 dürfen *nicht* in einer gemeinsamen Geraden liegen, d. h. es muss die folgende Bedingung erfüllt sein:

$$(\vec{r}_2 - \vec{r}_1) \times (\vec{r}_3 - \vec{r}_1) \neq \vec{0} \tag{II-161}$$

4 Anwendungen in der Geometrie

(2) Die *nichtkollinearen* Vektoren $\overrightarrow{P_1P_2} = \vec{r}_2 - \vec{r}_1$ und $\overrightarrow{P_1P_3} = \vec{r}_3 - \vec{r}_1$ können als *Richtungsvektoren* der Ebene aufgefasst werden. Der *Normalenvektor* $\vec{n}$ der Ebene ist dann wie folgt als Vektorprodukt darstellbar:

$$\vec{n} = \overrightarrow{P_1P_2} \times \overrightarrow{P_1P_3} = (\vec{r}_2 - \vec{r}_1) \times (\vec{r}_3 - \vec{r}_1) \qquad \text{(II-162)}$$

■ **Beispiel**

Gegeben sind drei Punkte $P_1 = (1; 5; 0)$, $P_2 = (-2; -1; 8)$ und $P_3 = (2; 0; 1)$. Wie lautet die Gleichung der Ebene durch diese Punkte?

Lösung: Die Ortsvektoren der drei Punkte lauten:

$$\vec{r}_1 = \begin{pmatrix} 1 \\ 5 \\ 0 \end{pmatrix}, \quad \vec{r}_2 = \begin{pmatrix} -2 \\ -1 \\ 8 \end{pmatrix} \quad \text{und} \quad \vec{r}_3 = \begin{pmatrix} 2 \\ 0 \\ 1 \end{pmatrix}$$

Damit erhalten wir die folgenden *Richtungsvektoren*:

$$\overrightarrow{P_1P_2} = \vec{r}_2 - \vec{r}_1 = \begin{pmatrix} -2 \\ -1 \\ 8 \end{pmatrix} - \begin{pmatrix} 1 \\ 5 \\ 0 \end{pmatrix} = \begin{pmatrix} -2-1 \\ -1-5 \\ 8-0 \end{pmatrix} = \begin{pmatrix} -3 \\ -6 \\ 8 \end{pmatrix}$$

$$\overrightarrow{P_1P_3} = \vec{r}_3 - \vec{r}_1 = \begin{pmatrix} 2 \\ 0 \\ 1 \end{pmatrix} - \begin{pmatrix} 1 \\ 5 \\ 0 \end{pmatrix} = \begin{pmatrix} 2-1 \\ 0-5 \\ 1-0 \end{pmatrix} = \begin{pmatrix} 1 \\ -5 \\ 1 \end{pmatrix}$$

Sie sind *nichtkollinear*:

$$(\vec{r}_2 - \vec{r}_1) \times (\vec{r}_3 - \vec{r}_1) = \begin{pmatrix} -3 \\ -6 \\ 8 \end{pmatrix} \times \begin{pmatrix} 1 \\ -5 \\ 1 \end{pmatrix} = \begin{pmatrix} -6 + 40 \\ 8 + 3 \\ 15 + 6 \end{pmatrix} = \begin{pmatrix} 34 \\ 11 \\ 21 \end{pmatrix} \neq \vec{0}$$

Die Gleichung der Ebene lautet damit in der *vektoriellen Parameterform* wie folgt:

$$\vec{r}(\lambda; \mu) = \vec{r}_1 + \lambda(\vec{r}_2 - \vec{r}_1) + \mu(\vec{r}_3 - \vec{r}_1) =$$

$$= \begin{pmatrix} 1 \\ 5 \\ 0 \end{pmatrix} + \lambda \begin{pmatrix} -3 \\ -6 \\ 8 \end{pmatrix} + \mu \begin{pmatrix} 1 \\ -5 \\ 1 \end{pmatrix} = \begin{pmatrix} 1 - 3\lambda + \mu \\ 5 - 6\lambda - 5\mu \\ 8\lambda + \mu \end{pmatrix} \qquad (\lambda, \mu \in \mathbb{R})$$

■

4.2.3 Gleichung einer Ebene senkrecht zu einem Vektor

Eine Ebene E soll den Punkt P_1 mit dem Ortsvektor $\vec{r}_1$ enthalten und *senkrecht* zu einem Vektor $\vec{n}$ (*Normalenvektor* genannt) verlaufen (Bild II-69). Ist $\vec{r}$ der Ortsvektor des *laufenden* Punktes P der Ebene, so liegt der Vektor $\overrightarrow{P_1 P} = \vec{r} - \vec{r}_1$ in der Ebene und steht somit *senkrecht* auf dem Normalenvektor $\vec{n}$. Dies aber bedeutet, dass das *skalare Produkt* der Vektoren $\vec{n}$ und $\vec{r} - \vec{r}_1$ verschwindet (orthogonale Vektoren). Die Gleichung der Ebene lautet daher:

$$\vec{n} \cdot (\vec{r} - \vec{r}_1) = 0 \quad \text{oder} \quad \vec{n} \cdot \vec{r} = \vec{n} \cdot \vec{r}_1 \tag{II-163}$$

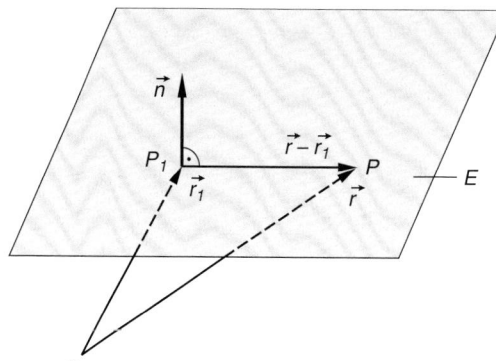

Bild II-69
Ebene senkrecht zu einem Normalenvektor

Wir fassen zusammen:

Gleichung einer Ebene senkrecht zu einem Vektor (Bild II-69)

$$\vec{n} \cdot (\vec{r} - \vec{r}_1) = 0 \tag{II-164}$$

oder (ausgeschrieben)

$$n_x (x - x_1) + n_y (y - y_1) + n_z (z - z_1) = 0 \tag{II-165}$$

Dabei bedeuten:

x, y, z: Koordinaten des *laufenden* Punktes P der Ebene

x_1, y_1, z_1: Koordinaten des *vorgegebenen* Punktes P_1 der Ebene

n_x, n_y, n_z: Skalare Vektorkomponenten (Vektorkoordinaten) des *Normalenvektors* $\vec{n}$ (steht *senkrecht* auf der Ebene E)

Anmerkung

Gleichung (II-164) bzw. (II-165) wird auch als *Koordinatendarstellung* der Ebene bezeichnet. Ihre allgemeine Form lautet:

$$ax + by + cz + d = 0 \quad (a, b, c, d: \textit{Reelle Konstanten}) \tag{II-166}$$

4 Anwendungen in der Geometrie

■ **Beispiel**
Die Gleichung der Ebene E durch den Punkt $P_1 = (2; -5; 3)$ *senkrecht* zum Vektor
$\vec{n} = \begin{pmatrix} 4 \\ 2 \\ 5 \end{pmatrix}$ (*Normalenvektor*) lautet wie folgt:

$$\vec{n} \cdot (\vec{r} - \vec{r}_1) = \begin{pmatrix} 4 \\ 2 \\ 5 \end{pmatrix} \cdot \begin{pmatrix} x - 2 \\ y + 5 \\ z - 3 \end{pmatrix} = 4(x - 2) + 2(y + 5) + 5(z - 3) = 0$$

$$4x - 8 + 2y + 10 + 5z - 15 = 0 \quad \Rightarrow \quad 4x + 2y + 5z - 13 = 0$$

■

4.2.4 Abstand eines Punktes von einer Ebene

Gegeben ist eine Ebene E mit der Gleichung $\vec{n} \cdot (\vec{r} - \vec{r}_1) = 0$ und ein Punkt Q mit dem Ortsvektor $\vec{r}_Q$ (Bild II-70). Welchen (senkrechten) *Abstand* d besitzt dieser Punkt von der Ebene E?

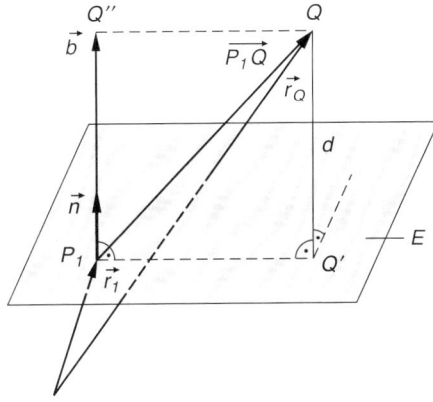

Bild II-70
Zur Berechnung des Abstandes eines Punktes von einer Ebene

Wir bestimmen zunächst den Vektor $\overrightarrow{P_1 Q}$. Er ist als *Differenzvektor* in der Form

$$\overrightarrow{P_1 Q} = \vec{r}_Q - \vec{r}_1 \tag{II-167}$$

darstellbar. Seine *Projektion* in die Richtung des Normalenvektors $\vec{n}$ ergibt den Vektor $\overrightarrow{P_1 Q''} = \vec{b}$, der mit dem Vektor $\overrightarrow{Q' Q}$ der Länge d übereinstimmt [10]. Somit gilt

$$\vec{b} = \overrightarrow{Q' Q} \quad \text{mit} \quad |\vec{b}| = d \tag{II-168}$$

---

[10] Q' ist der Fußpunkt des Lotes von Q auf die Ebene E.

Andererseits gilt für die *Projektion* von $\overrightarrow{P_1Q}$ auf $\vec{n}$ nach Gleichung (II-86):

$$\vec{b} = \left(\frac{\vec{n} \cdot \overrightarrow{P_1Q}}{|\vec{n}|^2}\right) \vec{n} = \left(\frac{\vec{n} \cdot (\vec{r}_Q - \vec{r}_1)}{|\vec{n}|^2}\right) \vec{n} \qquad \text{(II-169)}$$

Dieser Vektor besitzt den Betrag

$$|\vec{b}| = \left|\frac{\vec{n} \cdot (\vec{r}_Q - \vec{r}_1)}{|\vec{n}|^2} \vec{n}\right| = \frac{|\vec{n} \cdot (\vec{r}_Q - \vec{r}_1)|}{|\vec{n}|^2} |\vec{n}| = \frac{|\vec{n} \cdot (\vec{r}_Q - \vec{r}_1)|}{|\vec{n}|} \qquad \text{(II-170)}$$

Somit ist wegen $|\vec{b}| = d$:

$$d = |\vec{b}| = \frac{|\vec{n} \cdot (\vec{r}_Q - \vec{r}_1)|}{|\vec{n}|} \qquad \text{(II-171)}$$

der gesuchte Abstand des Punktes Q von der Ebene E.

Wir fassen zusammen:

Abstand eines Punktes von einer Ebene (Bild II-70)

Der *Abstand* eines Punktes Q mit dem Ortsvektor $\vec{r}_Q$ von einer Ebene E mit der Gleichung $\vec{n} \cdot (\vec{r} - \vec{r}_1) = 0$ beträgt

$$d = \frac{|\vec{n} \cdot (\vec{r}_Q - \vec{r}_1)|}{|\vec{n}|} \qquad \text{(II-172)}$$

■ **Beispiel**

Eine Ebene E enthält den Punkt $P_1 = (1; 0; 9)$, ihr *Normalenvektor* ist $\vec{n} = \begin{pmatrix} 1 \\ 3 \\ 5 \end{pmatrix}$.

Wir berechnen den *Abstand* d des Punktes $Q = (-2; 1; 3)$ von dieser Ebene mit Hilfe der Formel (II-172):

$$\vec{n} \cdot (\vec{r}_Q - \vec{r}_1) = \begin{pmatrix} 1 \\ 3 \\ 5 \end{pmatrix} \cdot \begin{pmatrix} -2-1 \\ 1-0 \\ 3-9 \end{pmatrix} = \begin{pmatrix} 1 \\ 3 \\ 5 \end{pmatrix} \cdot \begin{pmatrix} -3 \\ 1 \\ -6 \end{pmatrix} =$$

$$= -3 + 3 - 30 = -30$$

$$|\vec{n}| = \sqrt{1^2 + 3^2 + 5^2} = \sqrt{35}$$

$$d = \frac{|\vec{n} \cdot (\vec{r}_Q - \vec{r}_1)|}{|\vec{n}|} = \frac{|-30|}{\sqrt{35}} = \frac{30}{\sqrt{35}} = 5{,}07 \qquad ■$$

4.2.5 Abstand einer Geraden von einer Ebene

Eine Gerade g und eine Ebene E können folgende Lagen zueinander haben:

- g *liegt in der Ebene* E
- g *und* E *sind zueinander parallel*
- g *und* E *schneiden sich in genau einem Punkt*

Wir setzen in diesem Abschnitt voraus, dass die Gerade g mit der Gleichung $\vec{r}(\lambda) = \vec{r}_1 + \lambda \vec{a}$ *parallel* zur Ebene E mit der Gleichung $\vec{n} \cdot (\vec{r} - \vec{r}_0) = 0$ verläuft (Bild II-71). Dies ist genau dann der Fall, wenn der Richtungsvektor $\vec{a}$ der Geraden *senkrecht* auf dem Normalenvektor $\vec{n}$ der Ebene steht, d. h. $\vec{n} \cdot \vec{a} = 0$ ist.

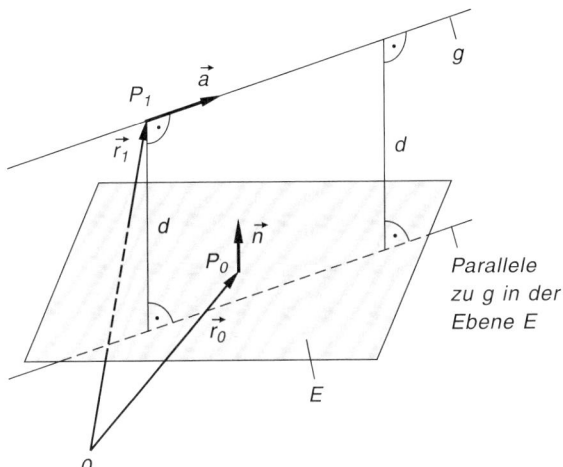

Bild II-71
Zur Berechnung des Abstandes einer Geraden von einer Ebene

Dann hat jeder Punkt der Geraden g den gleichen Abstand d von der Ebene E. Wir wählen auf g den bekannten Punkt P_1 mit dem Ortsvektor $\vec{r}_1$. Nach den Ergebnissen des vorangegangenen Abschnitts gilt dann (Gleichung II-172):

Abstand einer Geraden von einer Ebene (Bild II-71)

Der *Abstand* einer Geraden g mit der Gleichung $\vec{r}(\lambda) = \vec{r}_1 + \lambda \vec{a}$ von einer zu ihr *parallelen* Ebene E mit der Gleichung $\vec{n} \cdot (\vec{r} - \vec{r}_0) = 0$ beträgt

$$d = \frac{|\vec{n} \cdot (\vec{r}_1 - \vec{r}_0)|}{|\vec{n}|} \qquad \text{(II-173)}$$

Anmerkungen

(1) Gerade und Ebene sind genau dann zueinander *parallel*, wenn $\vec{n} \cdot \vec{a} = 0$ ist.
(2) Ist zusätzlich $d = 0$, so liegt die Gerade g in der Ebene E.

- **Beispiel**

Wir berechnen den *Abstand* d zwischen der Geraden

$$g: \quad P_1 = (0; 1; -1), \quad \text{Richtungsvektor } \vec{a} = \begin{pmatrix} -1 \\ -4 \\ 2 \end{pmatrix}$$

und der (zu ihr *parallelen*) Ebene

$$E: \quad P_0 = (1; 5; 2), \quad \text{Normalenvektor } \vec{n} = \begin{pmatrix} 2 \\ 1 \\ 3 \end{pmatrix}$$

Zunächst aber zeigen wir, dass Gerade und Ebene *parallel* verlaufen und die Abstandsformel (II-173) daher auf dieses Beispiel anwendbar ist:

$$\vec{n} \cdot \vec{a} = \begin{pmatrix} 2 \\ 1 \\ 3 \end{pmatrix} \cdot \begin{pmatrix} -1 \\ -4 \\ 2 \end{pmatrix} = -2 - 4 + 6 = 0 \quad \Rightarrow \quad g \parallel E$$

Ferner ist

$$\vec{n} \cdot (\vec{r}_1 - \vec{r}_0) = \begin{pmatrix} 2 \\ 1 \\ 3 \end{pmatrix} \cdot \begin{pmatrix} 0-1 \\ 1-5 \\ -1-2 \end{pmatrix} = \begin{pmatrix} 2 \\ 1 \\ 3 \end{pmatrix} \cdot \begin{pmatrix} -1 \\ -4 \\ -3 \end{pmatrix} =$$

$$= -2 - 4 - 9 = -15$$

$$|\vec{n}| = \sqrt{2^2 + 1^2 + 3^2} = \sqrt{14}$$

Aus Gleichung (II-173) folgt dann

$$d = \frac{|\vec{n} \cdot (\vec{r}_1 - \vec{r}_0)|}{|\vec{n}|} = \frac{|-15|}{\sqrt{14}} = \frac{15}{\sqrt{14}} = 4{,}01$$

4.2.6 Schnittpunkt und Schnittwinkel einer Geraden mit einer Ebene

Wir setzen in diesem Abschnitt voraus, dass sich die Gerade g mit der Gleichung $\vec{r}(\lambda) = \vec{r}_1 + \lambda \vec{a}$ und die Ebene E mit der Gleichung $\vec{n} \cdot (\vec{r} - \vec{r}_0) = 0$ in einem Punkt S *schneiden* (siehe hierzu auch Abschnitt 4.2.5). Dies ist genau dann der Fall, wenn $\vec{n} \cdot \vec{a} \neq 0$ ist.

4 Anwendungen in der Geometrie

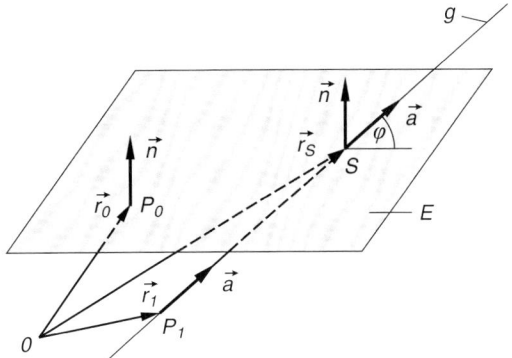

Bild II-72
Zur Berechnung des Schnittpunktes und Schnittwinkels einer Geraden mit einer Ebene

Berechnung des Schnittpunktes (Bild II-72)

Der Ortsvektor $\vec{r}_S$ des *Schnittpunktes* S erfüllt dann sowohl die Geradengleichung als auch die Gleichung der Ebene (Bild II-72):

$$\vec{r}_S = \vec{r}_1 + \lambda_S \vec{a} \quad \text{und} \quad \vec{n} \cdot (\vec{r}_S - \vec{r}_0) = 0 \qquad \text{(II-174)}$$

Durch Einsetzen der 1. Gleichung in die 2. Gleichung erhalten wir eine Bestimmungsgleichung für den zum Schnittpunkt S gehörigen Parameter λ_S:

$$\vec{n} \cdot (\vec{r}_S - \vec{r}_0) = \vec{n} \cdot (\vec{r}_1 + \lambda_S \vec{a} - \vec{r}_0) = \vec{n} \cdot (\vec{r}_1 - \vec{r}_0 + \lambda_S \vec{a}) =$$
$$= \vec{n} \cdot (\vec{r}_1 - \vec{r}_0) + \lambda_S (\vec{n} \cdot \vec{a}) = 0 \qquad \text{(II-175)}$$

Wir lösen diese Gleichung nach λ_S auf:

$$\lambda_S = -\frac{\vec{n} \cdot (\vec{r}_1 - \vec{r}_0)}{\vec{n} \cdot \vec{a}} = \frac{\vec{n} \cdot (\vec{r}_0 - \vec{r}_1)}{\vec{n} \cdot \vec{a}} \qquad \text{(II-176)}$$

Diesen Wert setzen wir in die Geradengleichung ein und erhalten den Ortsvektor $\vec{r}_S$ des Schnittpunktes S:

$$\vec{r}_S = \vec{r}_1 + \lambda_S \vec{a} = \vec{r}_1 + \left(\frac{\vec{n} \cdot (\vec{r}_0 - \vec{r}_1)}{\vec{n} \cdot \vec{a}} \right) \vec{a} \qquad \text{(II-177)}$$

Schnittpunkt einer Geraden mit einer Ebene (Bild II-72)

Der Ortsvektor des *Schnittpunktes* S der Geraden $g: \vec{r}(\lambda) = \vec{r}_1 + \lambda \vec{a}$ mit der Ebene $E: \vec{n} \cdot (\vec{r} - \vec{r}_0) = 0$ lautet:

$$\vec{r}_S = \vec{r}_1 + \left(\frac{\vec{n} \cdot (\vec{r}_0 - \vec{r}_1)}{\vec{n} \cdot \vec{a}} \right) \vec{a} \qquad (\vec{n} \cdot \vec{a} \neq \vec{0}) \qquad \text{(II-178)}$$

Anmerkung

Gerade und Ebene *schneiden* sich genau dann in einem Punkt S, wenn die Bedingung $\vec{n} \cdot \vec{a} \neq \vec{0}$ erfüllt ist.

Berechnung des Schnittwinkels (Bild II-72)

Der gesuchte *Schnittwinkel* φ zwischen Gerade und Ebene ist der *Neigungswinkel* der Geraden gegenüber der Ebene (Bild II-72). Für ihn gilt: $0° \leq \varphi \leq 90°$. Er hängt mit dem Winkel α zwischen dem Richtungsvektor $\vec{a}$ der Geraden und dem Normalenvektor $\vec{n}$ der Ebene wie folgt zusammen:

$$\alpha = 90° + \varphi \quad \text{oder} \quad \alpha = 90° - \varphi \tag{II-179}$$

(abhängig von der *Orientierung* (*Richtung*) des Normalenvektors $\vec{n}$). Der Winkel α lässt sich dabei aus dem skalaren Produkt der Vektoren $\vec{n}$ und $\vec{a}$ berechnen:

$$\cos \alpha = \frac{\vec{n} \cdot \vec{a}}{|\vec{n}| \cdot |\vec{a}|} \tag{II-180}$$

Wegen $\alpha = 90° \pm \varphi$ gilt nach dem *Additionstheorem der Kosinusfunktion*

$$\cos \alpha = \cos(90° \pm \varphi) = \underbrace{\cos 90°}_{0} \cdot \cos \varphi \mp \underbrace{\sin 90°}_{1} \cdot \sin \varphi = \mp \sin \varphi \tag{II-181}$$

Somit ist

$$\mp \sin \varphi = \frac{\vec{n} \cdot \vec{a}}{|\vec{n}| \cdot |\vec{a}|} \quad \text{oder} \quad \sin \varphi = \mp \frac{\vec{n} \cdot \vec{a}}{|\vec{n}| \cdot |\vec{a}|} \tag{II-182}$$

Beachtet man noch, dass der Schnittwinkel φ im Intervall $0° \leq \varphi \leq 90°$ liegt und daher $\sin \varphi \geq 0$ ist, so erhält man

$$\sin \varphi = \frac{|\vec{n} \cdot \vec{a}|}{|\vec{n}| \cdot |\vec{a}|} \tag{II-183}$$

und durch *Umkehrung* schließlich [11]:

$$\varphi = \arcsin \left(\frac{|\vec{n} \cdot \vec{a}|}{|\vec{n}| \cdot |\vec{a}|} \right) \tag{II-184}$$

Schnittwinkel einer Geraden mit einer Ebene (Bild II-72)

Der *Schnittwinkel* φ zwischen einer Geraden mit dem Richtungsvektor $\vec{a}$ und einer Ebene mit dem Normalenvektor $\vec{n}$ lässt sich wie folgt berechnen:

$$\varphi = \arcsin \left(\frac{|\vec{n} \cdot \vec{a}|}{|\vec{n}| \cdot |\vec{a}|} \right) \tag{II-185}$$

---

[11] Die *Arkussinusfunktion* ist die Umkehrfunktion der Sinusfunktion (siehe Kap. III, Abschnitt 10.2).

4 Anwendungen in der Geometrie

■ **Beispiel**

Gerade g und Ebene E sind wie folgt gegeben:

$$g:\quad P_1 = (2;\,1;\,5), \qquad \text{Richtungsvektor } \vec{a} = \begin{pmatrix} 3 \\ -4 \\ 0 \end{pmatrix}$$

$$E:\quad P_0 = (3;\,4;\,1), \qquad \text{Normalenvektor } \vec{n} = \begin{pmatrix} 2 \\ -1 \\ 1 \end{pmatrix}$$

Wir berechnen *Schnittpunkt S* und *Schnittwinkel* φ.

Berechnung des Schnittpunktes S nach Formel (II-178)

$$\vec{n} \cdot (\vec{r}_0 - \vec{r}_1) = \begin{pmatrix} 2 \\ -1 \\ 1 \end{pmatrix} \cdot \begin{pmatrix} 3-2 \\ 4-1 \\ 1-5 \end{pmatrix} = \begin{pmatrix} 2 \\ -1 \\ 1 \end{pmatrix} \cdot \begin{pmatrix} 1 \\ 3 \\ -4 \end{pmatrix} = 2 - 3 - 4 = -5$$

$$\vec{n} \cdot \vec{a} = \begin{pmatrix} 2 \\ -1 \\ 1 \end{pmatrix} \cdot \begin{pmatrix} 3 \\ -4 \\ 0 \end{pmatrix} = 6 + 4 + 0 = 10$$

Wegen $\vec{n} \cdot \vec{a} = 10 \neq 0$ schneiden sich Gerade g und Ebene E genau in einem Punkt S. Für den *Ortsvektor* dieses Schnittpunktes erhalten wir dann nach Formel (II-178):

$$\vec{r}_S = \vec{r}_1 + \left(\frac{\vec{n} \cdot (\vec{r}_0 - \vec{r}_1)}{\vec{n} \cdot \vec{a}} \right) \vec{a} = \begin{pmatrix} 2 \\ 1 \\ 5 \end{pmatrix} + \frac{-5}{10} \begin{pmatrix} 3 \\ -4 \\ 0 \end{pmatrix} =$$

$$= \begin{pmatrix} 2 \\ 1 \\ 5 \end{pmatrix} - 0{,}5 \begin{pmatrix} 3 \\ -4 \\ 0 \end{pmatrix} = \begin{pmatrix} 2 - 1{,}5 \\ 1 + 2 \\ 5 + 0 \end{pmatrix} = \begin{pmatrix} 0{,}5 \\ 3 \\ 5 \end{pmatrix} \Rightarrow S = (0{,}5;\,3;\,5)$$

Berechnung des Schnittwinkels φ nach Formel (II-185)

$\vec{n} \cdot \vec{a} = 10$ (wurde bereits weiter oben berechnet)

$$|\vec{n}| = \sqrt{2^2 + (-1)^2 + 1^2} = \sqrt{6}, \qquad |\vec{a}| = \sqrt{3^2 + (-4)^2 + 0^2} = 5$$

$$\varphi = \arcsin\left(\frac{|\vec{n} \cdot \vec{a}|}{|\vec{n}| \cdot |\vec{a}|} \right) = \arcsin\left(\frac{10}{\sqrt{6} \cdot 5} \right) = \arcsin 0{,}8165 = 54{,}7°$$

■

4.2.7 Abstand zweier paralleler Ebenen

Zwei Ebenen E_1 und E_2 können folgende Lagen zueinander haben:

- E_1 und E_2 *fallen zusammen*
- E_1 und E_2 *sind zueinander parallel*
- E_1 und E_2 *schneiden sich längs einer Geraden*

Wir setzen in diesem Abschnitt voraus, dass die Ebenen E_1 und E_2 mit den Gleichungen $\vec{n}_1 \cdot (\vec{r} - \vec{r}_1) = 0$ und $\vec{n}_2 \cdot (\vec{r} - \vec{r}_2) = 0$ zueinander *parallel* sind. Dies ist genau dann der Fall, wenn die zugehörigen Normalenvektoren $\vec{n}_1$ und $\vec{n}_2$ *kollinear* sind, d. h. $\vec{n}_1 \times \vec{n}_2 = \vec{0}$ ist (Bild II-73).

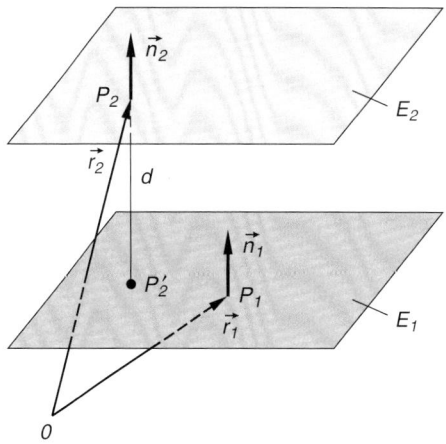

Bild II-73
Zur Berechnung des Abstandes zweier paralleler Ebenen

Dann hat *jeder* Punkt der Ebene E_2 von der Ebene E_1 den *gleichen* (senkrechten) Abstand d und umgekehrt. Wir wählen auf der Ebene E_2 den bekannten Punkt P_2 mit dem Ortsvektor $\vec{r}_2$. Dieser Punkt hat nach der Abstandsformel (II-172) den folgenden Abstand von der Ebene E_1:

$$d = \frac{|\vec{n}_1 \cdot (\vec{r}_2 - \vec{r}_1)|}{|\vec{n}_1|} \tag{II-186}$$

Zusammenfassend gilt somit:

Abstand zweier paralleler Ebenen (Bild II-73)

Der Abstand zweier *zueinander paralleler* Ebenen E_1: $\vec{n}_1 \cdot (\vec{r} - \vec{r}_1) = 0$ und E_2: $\vec{n}_2 \cdot (\vec{r} - \vec{r}_2) = 0$ lässt sich wie folgt berechnen:

$$d = \frac{|\vec{n}_1 \cdot (\vec{r}_2 - \vec{r}_1)|}{|\vec{n}_1|} \tag{II-187}$$

---

4 Anwendungen in der Geometrie

Anmerkungen

(1) Die beiden Ebenen sind genau dann *parallel*, wenn $\vec{n}_1 \times \vec{n}_2 = \vec{0}$ ist.

(2) In der Abstandsformel (II-187) darf der Normalenvektor $\vec{n}_1$ durch den Normalenvektor $\vec{n}_2$ ersetzt werden.

(3) Ist zusätzlich $d = 0$, so fallen die beiden Ebenen *zusammen*.

■ Beispiel

Gegeben sind die folgenden Ebenen:

$$E_1: \quad P_1 = (7;\ 3;\ -4), \quad \text{Normalenvektor } \vec{n}_1 = \begin{pmatrix} -1 \\ 4 \\ 2 \end{pmatrix}$$

$$E_2: \quad P_2 = (-1;\ 0;\ 8), \quad \text{Normalenvektor } \vec{n}_2 = \begin{pmatrix} -2 \\ 8 \\ 4 \end{pmatrix}$$

Die Ebenen sind *parallel*, da $\vec{n}_1 \times \vec{n}_2 = \vec{0}$ ist:

$$\vec{n}_1 \times \vec{n}_2 = \begin{pmatrix} -1 \\ 4 \\ 2 \end{pmatrix} \times \begin{pmatrix} -2 \\ 8 \\ 4 \end{pmatrix} = \begin{pmatrix} 16 - 16 \\ -4 + 4 \\ -8 + 8 \end{pmatrix} = \begin{pmatrix} 0 \\ 0 \\ 0 \end{pmatrix} = \vec{0}$$

Wir berechnen nun den Abstand d der Ebenen nach Formel (II-187). Mit

$$\vec{n}_1 \cdot (\vec{r}_2 - \vec{r}_1) = \begin{pmatrix} -1 \\ 4 \\ 2 \end{pmatrix} \cdot \begin{pmatrix} -1 - 7 \\ 0 - 3 \\ 8 + 4 \end{pmatrix} = \begin{pmatrix} -1 \\ 4 \\ 2 \end{pmatrix} \cdot \begin{pmatrix} -8 \\ -3 \\ 12 \end{pmatrix} =$$

$$= 8 - 12 + 24 = 20$$

$$|\vec{n}_1| = \sqrt{(-1)^2 + 4^2 + 2^2} = \sqrt{21}$$

erhalten wir schließlich:

$$d = \frac{|\vec{n}_1 \cdot (\vec{r}_2 - \vec{r}_1)|}{|\vec{n}_1|} = \frac{20}{\sqrt{21}} = 4{,}36 \qquad ■$$

4.2.8 Schnittgerade und Schnittwinkel zweier Ebenen

Wir setzen in diesem Abschnitt voraus, dass sich die Ebenen E_1: $\vec{n}_1 \cdot (\vec{r} - \vec{r}_1) = 0$ und E_2: $\vec{n}_2 \cdot (\vec{r} - \vec{r}_2) = 0$ längs einer *Geraden* g schneiden (Bild II-74). Dies ist genau dann der Fall, wenn die zugehörigen Normalenvektoren $\vec{n}_1$ und $\vec{n}_2$ *nichtkollinear* sind, d. h. die Bedingung $\vec{n}_1 \times \vec{n}_2 \neq \vec{0}$ erfüllen.

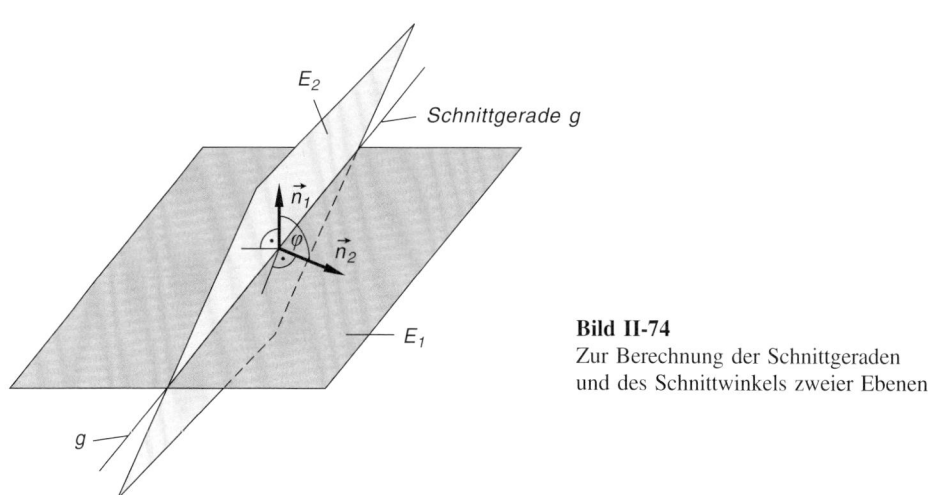

Bild II-74
Zur Berechnung der Schnittgeraden und des Schnittwinkels zweier Ebenen

Bestimmung der Schnittgeraden (Bild II-74)

Für die Gleichung der *Schnittgeraden* g wählen wir den Lösungsansatz

$$\vec{r}(\lambda) = \vec{r}_0 + \lambda \vec{a} \tag{II-188}$$

Zu bestimmen sind der Richtungsvektor $\vec{a}$ und der Ortsvektor $\vec{r}_0$ des auf der Geraden g gelegenen Punktes P_0. Da die Normalenvektoren $\vec{n}_1$ und $\vec{n}_2$ der beiden Ebenen jeweils *senkrecht* auf der Schnittgeraden g stehen, lässt sich der Richtungsvektor $\vec{a}$ von g als *Vektorprodukt* dieser beiden Vektoren darstellen:

$$\vec{a} = \vec{n}_1 \times \vec{n}_2 \tag{II-189}$$

Den Ortsvektor $\vec{r}_0$ des auf der Schnittgeraden gelegenen (aber noch unbekannten) Punktes P_0 bestimmen wir wie folgt:

P_0 liegt in *beiden* Ebenen, der zugehörige Ortsvektor $\vec{r}_0$ erfüllt daher die Gleichungen *beider* Ebenen:

$$\begin{aligned} \vec{n}_1 \cdot (\vec{r}_0 - \vec{r}_1) &= 0 \\ \vec{n}_2 \cdot (\vec{r}_0 - \vec{r}_2) &= 0 \end{aligned} \tag{II-190}$$

oder (in ausgeschriebener Form)

$$\begin{aligned} n_{1x}(x_0 - x_1) + n_{1y}(y_0 - y_1) + n_{1z}(z_0 - z_1) &= 0 \\ n_{2x}(x_0 - x_2) + n_{2y}(y_0 - y_2) + n_{2z}(z_0 - z_2) &= 0 \end{aligned} \tag{II-191}$$

4 Anwendungen in der Geometrie

Dies ist ein *lineares Gleichungssystem* mit *zwei* Gleichungen und den *drei* unbekannten Koordinaten x_0, y_0 und z_0 des Punktes P_0. *Eine der drei Koordinaten ist daher frei wählbar*. Wir setzen daher zweckmäßigerweise $x_0 = 0$ und berechnen dann die beiden übrigen Koordinaten aus dem linearen Gleichungssystem

$$-n_{1x} x_1 + n_{1y}(y_0 - y_1) + n_{1z}(z_0 - z_1) = 0$$
$$-n_{2x} x_2 + n_{2y}(y_0 - y_2) + n_{2z}(z_0 - z_2) = 0 \qquad (II\text{-}192)$$

(Gleichungssystem (II-191) für $x_0 = 0$). Damit sind die Koordinaten x_0, y_0 und z_0 und somit auch der Ortsvektor $\vec{r}_0$ des auf der Geraden g gelegenen Punktes P_0 eindeutig bestimmt.

Wir fassen die Ergebnisse zusammen:

Schnittgerade zweier Ebenen (Bild II-74)

Die Gleichung der *Schnittgeraden* g zweier Ebenen E_1: $\vec{n}_1 \cdot (\vec{r} - \vec{r}_1) = 0$ und E_2: $\vec{n}_2 \cdot (\vec{r} - \vec{r}_2) = 0$ lautet in der Punkt-Richtungs-Form:

$$\vec{r}(\lambda) = \vec{r}_0 + \lambda \vec{a} \qquad (II\text{-}193)$$

Der *Richtungsvektor* $\vec{a}$ ist dabei das Vektorprodukt der Normalenvektoren $\vec{n}_1$ und $\vec{n}_2$ der beiden Ebenen:

$$\vec{a} = \vec{n}_1 \times \vec{n}_2 \qquad (II\text{-}194)$$

Der *Ortsvektor* $\vec{r}_0$ des (zunächst noch unbekannten) Punktes P_0 der Schnittgeraden lässt sich aus dem linearen Gleichungssystem

$$\vec{n}_1 \cdot (\vec{r}_0 - \vec{r}_1) = 0$$
$$\vec{n}_2 \cdot (\vec{r}_0 - \vec{r}_2) = 0 \qquad (II\text{-}195)$$

oder (in der ausgeschriebenen Form)

$$n_{1x}(x_0 - x_1) + n_{1y}(y_0 - y_1) + n_{1z}(z_0 - z_1) = 0$$
$$n_{2x}(x_0 - x_2) + n_{2y}(y_0 - y_2) + n_{2z}(z_0 - z_2) = 0 \qquad (II\text{-}196)$$

bestimmen, wobei *eine* der drei Koordinaten *frei wählbar* ist (z. B. kann man $x_0 = 0$ setzen).

Anmerkung

Die beiden Ebenen *schneiden* sich genau dann längs einer Geraden, wenn $\vec{n}_1 \times \vec{n}_2 \neq \vec{0}$ ist.

Berechnung des Schnittwinkels (Bild II-74)

Der *Schnittwinkel* φ zweier Ebenen E_1 und E_2 ist der Winkel zwischen den zugehörigen *Normalenvektoren* $\vec{n}_1$ und $\vec{n}_2$. Nach Gleichung (II-74) gilt somit:

Schnittwinkel zweier Ebenen (Bild II-74)

Der Schnittwinkel φ zweier Ebenen E_1 und E_2 mit den *Normalenvektoren* $\vec{n}_1$ und $\vec{n}_2$ lässt sich wie folgt berechnen:

$$\varphi = \arccos \left| \frac{\vec{n}_1 \cdot \vec{n}_2}{|\vec{n}_1| \cdot |\vec{n}_2|} \right| \qquad (0° \leq \varphi \leq 90°) \qquad \text{(II-197)}$$

■ **Beispiel**

Wir bestimmen *Schnittgerade* g und *Schnittwinkel* φ der folgenden Ebenen:

$$E_1: \quad P_1 = (1; 0; 1), \quad \text{Normalenvektor } \vec{n}_1 = \begin{pmatrix} 1 \\ 5 \\ -3 \end{pmatrix}$$

$$E_2: \quad P_2 = (0; 3; 0), \quad \text{Normalenvektor } \vec{n}_2 = \begin{pmatrix} 2 \\ 1 \\ 2 \end{pmatrix}$$

Bestimmung der Schnittgeraden g

Ansatz der Schnittgeraden in der Punkt-Richtung-Form:

$$\vec{r}(\lambda) = \vec{r}_0 + \lambda \vec{a}$$

Für den *Richtungsvektor* $\vec{a}$ erhalten wir nach Formel (II-194):

$$\vec{a} = \vec{n}_1 \times \vec{n}_2 = \begin{pmatrix} 1 \\ 5 \\ -3 \end{pmatrix} \times \begin{pmatrix} 2 \\ 1 \\ 2 \end{pmatrix} = \begin{pmatrix} 10 + 3 \\ -6 - 2 \\ 1 - 10 \end{pmatrix} = \begin{pmatrix} 13 \\ -8 \\ -9 \end{pmatrix}$$

Wegen $\vec{n}_1 \times \vec{n}_2 \neq \vec{0}$ ist damit sichergestellt, dass sich die Ebenen auch tatsächlich *schneiden*.

Der *Ortsvektor* $\vec{r}_0$ des (noch unbekannten) Punktes P_0 der Schnittgeraden wird aus dem folgenden linearen Gleichungssystem berechnet (Gleichungen II-195):

$$\vec{n}_1 \cdot (\vec{r}_0 - \vec{r}_1) = \begin{pmatrix} 1 \\ 5 \\ -3 \end{pmatrix} \cdot \begin{pmatrix} x_0 - 1 \\ y_0 - 0 \\ z_0 - 1 \end{pmatrix} = x_0 - 1 + 5 y_0 - 3 (z_0 - 1) = 0$$

$$\vec{n}_2 \cdot (\vec{r}_0 - \vec{r}_2) = \begin{pmatrix} 2 \\ 1 \\ 2 \end{pmatrix} \cdot \begin{pmatrix} x_0 - 0 \\ y_0 - 3 \\ z_0 - 0 \end{pmatrix} = 2 x_0 + y_0 - 3 + 2 z_0 = 0$$

Wir setzen $x_0 = 0$ und ordnen beide Gleichungen:

$$5y_0 - 3z_0 = -2$$
$$y_0 + 2z_0 = 3$$

Diese Gleichungen werden durch $y_0 = 5/13$ und $z_0 = 17/13$ gelöst (die untere Gleichung zunächst mit 5 multiplizieren und dann von der oberen Gleichung subtrahieren). Der Punkt P_0 besitzt demnach die folgenden Koordinaten: $x_0 = 0$, $y_0 = 5/13$, $z_0 = 17/13$. Somit ist

$$\vec{r}(\lambda) = \vec{r}_0 + \lambda \vec{a} = \begin{pmatrix} 0 \\ 5/13 \\ 17/13 \end{pmatrix} + \lambda \begin{pmatrix} 13 \\ -8 \\ -9 \end{pmatrix} = \begin{pmatrix} 13\lambda \\ 5/13 - 8\lambda \\ 17/13 - 9\lambda \end{pmatrix} \qquad (\lambda \in \mathbb{R})$$

die Gleichung der gesuchten *Schnittgeraden* g.

Berechnung des Schnittwinkels φ

$$\vec{n}_1 \cdot \vec{n}_2 = \begin{pmatrix} 1 \\ 5 \\ -3 \end{pmatrix} \cdot \begin{pmatrix} 2 \\ 1 \\ 2 \end{pmatrix} = 2 + 5 - 6 = 1$$

$$|\vec{n}_1| = \sqrt{1^2 + 5^2 + (-3)^2} = \sqrt{35}, \qquad |\vec{n}_2| = \sqrt{2^2 + 1^2 + 2^2} = 3$$

Für den *Schnittwinkel* φ erhalten wir damit nach Gleichung (II-197):

$$\varphi = \arccos\left(\frac{\vec{n}_1 \cdot \vec{n}_2}{|\vec{n}_1| \cdot |\vec{n}_2|}\right) = \arccos\left(\frac{1}{\sqrt{35} \cdot 3}\right) = \arccos 0{,}0563 = 86{,}8°$$

∎

Übungsaufgaben

Zu Abschnitt 2 und 3

1) Gegeben sind die Vektoren $\vec{a} = \begin{pmatrix} 3 \\ 2 \\ -4 \end{pmatrix}$, $\vec{b} = \begin{pmatrix} -2 \\ 0 \\ 4 \end{pmatrix}$ und $\vec{c} = \begin{pmatrix} -5 \\ 1 \\ 4 \end{pmatrix}$.

Berechnen Sie die skalaren Komponenten und die Beträge der aus ihnen gebildeten folgenden Vektoren:

a) $\vec{s}_1 = 3\vec{a} - 5\vec{b} + 3\vec{c}$ b) $\vec{s}_2 = -2(\vec{b} + 5\vec{c}) + 5(\vec{a} - 3\vec{b})$

c) $\vec{s}_3 = 4(\vec{a} - 2\vec{b}) + 10\vec{c}$ d) $\vec{s}_4 = 3(\vec{a} \cdot \vec{b})\vec{c} - 5(\vec{b} \cdot \vec{c})\vec{a}$

2) Welche Gegenkraft $\vec{F}$ hebt die vier Einzelkräfte

$$\vec{F}_1 = \begin{pmatrix} 200 \\ 110 \\ -50 \end{pmatrix} \text{N}, \quad \vec{F}_2 = \begin{pmatrix} -10 \\ 30 \\ -40 \end{pmatrix} \text{N},$$

$$\vec{F}_3 = \begin{pmatrix} 40 \\ 85 \\ 120 \end{pmatrix} \text{N}, \quad \vec{F}_4 = -\begin{pmatrix} 30 \\ 50 \\ 40 \end{pmatrix} \text{N}$$

in ihrer physikalischen Wirkung auf?

3) Berechnen Sie die Resultierende der in Bild II-75 skizzierten (ebenen) Kräfte nach Betrag und Richtung (Richtungswinkel α mit der x-Achse).

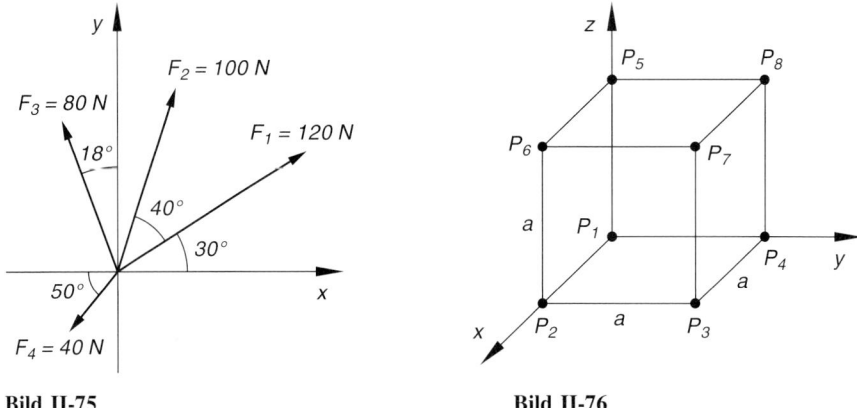

Bild II-75 **Bild II-76**

4) Bestimmen Sie die Ortsvektoren der acht Ecken eines Würfels mit der Kantenlänge a gemäß Bild II-76.

5) Normieren Sie die folgenden Vektoren:

$$\vec{a} = \begin{pmatrix} 2 \\ 1 \\ 4 \end{pmatrix}, \quad \vec{b} = 3\vec{e}_x - 4\vec{e}_y + 8\vec{e}_z, \quad \vec{c} = \begin{pmatrix} -1 \\ 1 \\ -1 \end{pmatrix}$$

6) Wie lautet der Einheitsvektor $\vec{e}$, der die zum Vektor $\vec{a} = \begin{pmatrix} 1 \\ -4 \\ 3 \end{pmatrix}$ *entgegengesetzte* Richtung hat?

7) Bestimmen Sie die Koordinaten des Punktes Q, der vom Punkte $P = (3; 1; -5)$ in Richtung des Vektors $\vec{a} = \begin{pmatrix} 3 \\ -5 \\ 4 \end{pmatrix}$ um 20 Längeneinheiten entfernt liegt.

8) Wie lautet die Gleichung der durch die Punkte $P_1 = (10; 5; -1)$ und $P_2 = (1; 2; 5)$ verlaufenden Geraden? Bestimmen Sie die Koordinaten der Mitte Q von $\overrightarrow{P_1 P_2}$.

9) Liegen die drei Punkte $P_1 = (3; 0; 4)$, $P_2 = (1; 1; 1)$ und $P_3 = (-1; 2; -2)$ in einer Geraden? Wie lautet gegebenenfalls die Gleichung dieser Geraden?

10) Bilden Sie mit den Vektoren $\vec{a} = \begin{pmatrix} 1 \\ 1 \\ 1 \end{pmatrix}$, $\vec{b} = \begin{pmatrix} -3 \\ 0 \\ 4 \end{pmatrix}$ und $\vec{c} = \begin{pmatrix} 4 \\ 10 \\ -2 \end{pmatrix}$ die folgenden Skalarprodukte:

a) $\vec{a} \cdot \vec{b}$ b) $(\vec{a} - 3\vec{b}) \cdot (4\vec{c})$ c) $(\vec{a} + \vec{b}) \cdot (\vec{a} - \vec{c})$

11) Welchen Winkel schließen die Vektoren $\vec{a}$ und $\vec{b}$ miteinander ein?

a) $\vec{a} = \begin{pmatrix} 3 \\ 1 \\ -2 \end{pmatrix}$, $\vec{b} = \begin{pmatrix} 1 \\ 4 \\ 2 \end{pmatrix}$ b) $\vec{a} = \begin{pmatrix} 10 \\ -5 \\ 10 \end{pmatrix}$, $\vec{b} = \begin{pmatrix} 3 \\ -1 \\ -0{,}5 \end{pmatrix}$

c) $\vec{a} = \vec{e}_x - 2\vec{e}_y + 5\vec{e}_z$, $\vec{b} = -\vec{e}_x - 10\vec{e}_z$

12) Zeigen Sie: Die Vektoren $\vec{a}$ und $\vec{b}$ sind zueinander *orthogonal*:

a) $\vec{a} = \begin{pmatrix} -1 \\ 2 \\ 5 \end{pmatrix}$, $\vec{b} = \begin{pmatrix} -4 \\ 8 \\ -4 \end{pmatrix}$ b) $\vec{a} = \begin{pmatrix} 3 \\ -2 \\ 10 \end{pmatrix}$, $\vec{b} = \begin{pmatrix} 4 \\ 1 \\ -1 \end{pmatrix}$

13) Beweisen Sie den Kosinussatz $c^2 = a^2 + b^2 - 2ab \cdot \cos \gamma$ (Bild II-77).

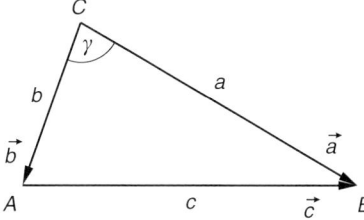

Bild II-77
Zur Herleitung des Kosinussatzes

14) Zeigen Sie: Die Vektoren

$$\vec{e}_1 = \begin{pmatrix} 1/\sqrt{2} \\ 0 \\ 1/\sqrt{2} \end{pmatrix}, \quad \vec{e}_2 = \begin{pmatrix} 1/\sqrt{2} \\ 0 \\ -1/\sqrt{2} \end{pmatrix} \quad \text{und} \quad \vec{e}_3 = \begin{pmatrix} 0 \\ -1 \\ 0 \end{pmatrix}$$

bilden ein *orthonormiertes* System, d. h. die *Vektoren* stehen paarweise senkrecht aufeinander und besitzen jeweils die Länge 1.

15) Zeigen Sie: Die drei Vektoren

$$\vec{a} = \begin{pmatrix} 1 \\ 4 \\ -2 \end{pmatrix}, \quad \vec{b} = \begin{pmatrix} -2 \\ 2 \\ 3 \end{pmatrix} \quad \text{und} \quad \vec{c} = \begin{pmatrix} -1 \\ 6 \\ 1 \end{pmatrix}$$

bilden ein *rechtwinkliges* Dreieck.

16) Bestimmen Sie Betrag und Richtung (Richtungswinkel) des Vektors $\vec{a}$:

a) $\vec{a} = \begin{pmatrix} 4 \\ 3 \\ -2 \end{pmatrix}$ b) $\vec{a} = \begin{pmatrix} 1 \\ 1 \\ 1 \end{pmatrix}$ c) $\vec{a} = \begin{pmatrix} 1 \\ 4 \\ 0 \end{pmatrix}$

17) Durch die drei Punkte $A = (1; 4; -2)$, $B = (3; 1; 0)$ und $C = (-1; 1; 2)$ werden die Ecken eines Dreiecks festgelegt. Berechnen Sie die Länge der drei Seiten, die Innenwinkel sowie den Flächeninhalt des Dreiecks.

18) Ein Massenpunkt wird durch die Kraft $\vec{F} = \begin{pmatrix} 10 \\ -4 \\ -2 \end{pmatrix}$ N geradlinig von $P_1 = (1\,\text{m}; 20\,\text{m}; 3\,\text{m})$ nach $P_2 = (4\,\text{m}; 2\,\text{m}; -1\,\text{m})$ verschoben. Welche Arbeit leistet diese Kraft? Welchen Winkel bildet sie mit dem Verschiebungsvektor $\vec{s}$?

19) Eine Kraft vom Betrage $F = 85\,\text{N}$ verschiebt einen Massenpunkt geradlinig um die Strecke $s = 32\,\text{m}$ und verrichtet dabei die Arbeit $W = 1360\,\text{Nm}$. Unter welchem Winkel φ greift die Kraft an?

20) Berechnen Sie die *Komponente* b_a des Vektors $\vec{b}$ in Richtung des Vektors $\vec{a}$ mit den Komponenten $a_x = 2$, $a_y = -2$ und $a_z = 1$.

a) $\vec{b} = \begin{pmatrix} 5 \\ 1 \\ 3 \end{pmatrix}$ b) $\vec{b} = \begin{pmatrix} -2 \\ 5 \\ 0 \end{pmatrix}$ c) $\vec{b} = \begin{pmatrix} 10 \\ 4 \\ -2 \end{pmatrix}$

21) Ein Vektor $\vec{a}$ ist durch Betrag und Richtungswinkel wie folgt festgelegt: $|\vec{a}| = 10$, $\alpha = 30°$, $\beta = 60°$, $90° \leq \gamma \leq 180°$. Wie lauten die Vektorkoordinaten von $\vec{a}$?

22) Bestimmen Sie die Richtungswinkel α, β und γ der folgenden Vektoren:

a) $\vec{a} = \begin{pmatrix} 5 \\ 1 \\ 4 \end{pmatrix}$ b) $\vec{a} = \begin{pmatrix} -3 \\ 5 \\ -8 \end{pmatrix}$ c) $\vec{a} = \begin{pmatrix} 11 \\ -2 \\ 10 \end{pmatrix}$

Übungsaufgaben

23) Gegeben sind die Vektoren $\vec{a} = \begin{pmatrix} 1 \\ 4 \\ -6 \end{pmatrix}$, $\vec{b} = \begin{pmatrix} 2 \\ -1 \\ 2 \end{pmatrix}$ und $\vec{c} = \begin{pmatrix} 0 \\ 2 \\ 3 \end{pmatrix}$.

Berechnen Sie mit ihnen die folgenden Vektorprodukte:

a) $\vec{a} \times \vec{b}$ \qquad b) $(\vec{a} - \vec{b}) \times (3\vec{c})$

c) $(-\vec{a} + 2\vec{c}) \times (-\vec{b})$ \qquad d) $(2\vec{a}) \times (-\vec{b} + 5\vec{c})$

24) Bestimmen Sie den Flächeninhalt des von den Vektoren $\vec{a}$ und $\vec{b}$ aufgespannten Parallelogramms:

a) $\vec{a} = \begin{pmatrix} 4 \\ -10 \\ 5 \end{pmatrix}$, $\vec{b} = \begin{pmatrix} -3 \\ -1 \\ -3 \end{pmatrix}$ \qquad b) $\vec{a} = \begin{pmatrix} 1 \\ -4 \\ 0 \end{pmatrix}$, $\vec{b} = \begin{pmatrix} 3 \\ 1 \\ 12 \end{pmatrix}$

25) An einem Hebel greifen die in Bild II-78 skizzierten senkrechten Kräfte an. Wie groß muss eine 3. Kraft $\vec{F}$ sein, die im Abstand von 20 cm vom Hebelpunkt angreift, damit Gleichgewicht besteht?

Anleitung: Die Summe aller Drehmomente muss *verschwinden*.

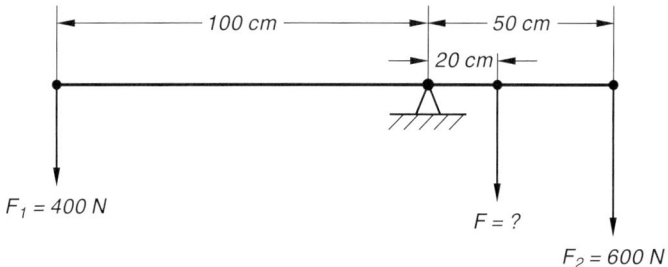

Bild II-78 Zweiseitiger Hebel im Gleichgewicht

26) Wie muss der Parameter λ gewählt werden, damit die drei Vektoren

$$\vec{a} = \begin{pmatrix} 1 \\ \lambda \\ 4 \end{pmatrix}, \quad \vec{b} = \begin{pmatrix} -2 \\ 4 \\ 11 \end{pmatrix} \quad \text{und} \quad \vec{c} = \begin{pmatrix} -3 \\ 5 \\ 1 \end{pmatrix}$$

komplanar sind?

27) Zeigen Sie: Die Vektoren $\vec{a}$, $\vec{b}$ und $\vec{c}$ liegen jeweils in einer gemeinsamen Ebene.

a) $\vec{a} = \begin{pmatrix} -3 \\ 4 \\ 0 \end{pmatrix}$, $\vec{b} = \begin{pmatrix} -2 \\ 3 \\ 5 \end{pmatrix}$, $\vec{c} = \begin{pmatrix} -1 \\ 3 \\ 25 \end{pmatrix}$

b) $\vec{a} = \begin{pmatrix} 1 \\ 1 \\ 1 \end{pmatrix}$, $\vec{b} = \begin{pmatrix} 1 \\ 0 \\ 2 \end{pmatrix}$, $\vec{c} = \begin{pmatrix} 1 \\ 4 \\ -2 \end{pmatrix}$

28) Bestimmen Sie das Volumen des von den Vektoren

$$\vec{a} = \begin{pmatrix} -1 \\ 1 \\ -1 \end{pmatrix}, \quad \vec{b} = \begin{pmatrix} 3 \\ 4 \\ 7 \end{pmatrix} \quad \text{und} \quad \vec{c} = \begin{pmatrix} 1 \\ 2 \\ -8 \end{pmatrix}$$

gebildeten Spats.

29) Zeigen Sie: $(\vec{a} \times \vec{b}) \times \vec{c} = (\vec{a} \cdot \vec{c})\vec{b} - (\vec{b} \cdot \vec{c})\vec{a}$

Anleitung: Komponentenweise Ausrechnung auf beiden Seiten.

30) Zeigen Sie die *lineare Unabhängigkeit* der folgenden Vektoren:

a) $\vec{a} = \begin{pmatrix} 3 \\ 0 \\ 1 \end{pmatrix}$, $\vec{b} = \begin{pmatrix} 1 \\ 5 \\ 1 \end{pmatrix}$

b) $\vec{a} = \begin{pmatrix} 1 \\ -6 \\ -4 \end{pmatrix}$, $\vec{b} = \begin{pmatrix} 1 \\ -2 \\ -2 \end{pmatrix}$, $\vec{c} = \begin{pmatrix} 1 \\ 2 \\ 3 \end{pmatrix}$

31) Zeigen Sie: Die Vektoren sind jeweils *linear abhängig*.

a) $\vec{a} = \begin{pmatrix} 2 \\ -1 \\ 3 \end{pmatrix}$, $\vec{b} = \begin{pmatrix} -6 \\ 3 \\ -9 \end{pmatrix}$

b) $\vec{a} = \begin{pmatrix} 1 \\ 2 \\ 5 \end{pmatrix}$, $\vec{b} = \begin{pmatrix} -1 \\ -2 \\ 3 \end{pmatrix}$, $\vec{c} = \begin{pmatrix} 5 \\ 10 \\ 1 \end{pmatrix}$

32) Gegeben sind die Vektoren

$$\vec{a} = \begin{pmatrix} 1 \\ -1 \\ 2 \end{pmatrix}, \quad \vec{b} = \begin{pmatrix} 5 \\ 1 \\ 2 \end{pmatrix}, \quad \vec{c} = \begin{pmatrix} 1 \\ 2 \\ 3 \end{pmatrix} \quad \text{und} \quad \vec{d} = \begin{pmatrix} 13 \\ 5 \\ 2 \end{pmatrix}$$

Zeigen Sie:

a) Die Vektoren $\vec{a}$, $\vec{b}$ und $\vec{c}$ sind *linear unabhängig*,

b) die Vektoren $\vec{a}$, $\vec{b}$ und $\vec{d}$ dagegen *linear abhängig*.

Zu Abschnitt 4

1) Wie lautet die Vektorgleichung der Geraden g durch den Punkt P_1 *parallel* zum Vektor $\vec{a}$? Welche Punkte der Geraden gehören zu den Parameterwerten $\lambda = 1$, $\lambda = 2$ und $\lambda = -5$?

a) $P_1 = (4; 0; 3)$, $\vec{a} = \begin{pmatrix} -1 \\ 1 \\ -1 \end{pmatrix}$ b) $P_1 = (3; -2; 1)$, $\vec{a} = \begin{pmatrix} 5 \\ 2 \\ 3 \end{pmatrix}$

2) Bestimmen Sie die Gleichung der Geraden g durch die Punkte P_1 und P_2. Welche Punkte ergeben sich für die Parameterwerte $\lambda = -2$, $\lambda = 3$ und $\lambda = 5$?

a) $P_1 = (1; 3; -2)$, $P_2 = (6; 5; 8)$

b) $P_1 = (-2; 3; 1)$, $P_2 = (1; 0; 5)$

3) Wie lautet die Gleichung der durch die Punkte $P_1 = (10; 5; -1)$ und $P_2 = (1; 2; 5)$ verlaufenden Geraden? Bestimmen Sie die Koordinaten der Mitte Q des Verbindungsvektors $\overrightarrow{P_1 P_2}$.

4) Liegen die drei Punkte $P_1 = (3; 0; 4)$, $P_2 = (1; 1; 1)$ und $P_3 = (-7; 5; -11)$ in einer Geraden? Wie lautet gegebenenfalls die Gleichung dieser Geraden?

5) Von einer Geraden g ist der Punkt $P_1 = (4; 2; 3)$ und der Richtungsvektor $\vec{a} = \begin{pmatrix} 2 \\ 1 \\ 3 \end{pmatrix}$ bekannt. Berechnen Sie den Abstand des Punktes $Q = (4; 1; 1)$ von dieser Geraden.

6) $P_1 = (1; 4; 3)$ ist ein Punkt der Geraden g_1, $P_2 = (5; 3; 0)$ ein solcher der Geraden g_2. Beide Geraden verlaufen *parallel* zum Vektor $\vec{a}$ mit den Vektorkoordinaten $a_x = 3$, $a_y = -1$ und $a_z = 2$. Welchen Abstand besitzen diese Geraden voneinander?

7) Von einer Geraden g ist der Punkt $P_1 = (1; -2; 8)$ und der Richtungsvektor $\vec{a}$ mit den folgenden Eigenschaften bekannt: $|\vec{a}| = 1$, $\beta = 60°$, $\gamma = 45°$, α mit $\cos \alpha > 0$ (α, β und γ sind die Richtungswinkel). Bestimmen Sie die Gleichung der Geraden. In welchen Punkten schneidet die Gerade die drei Koordinatenebenen?

8) Eine Gerade g verläuft durch den Punkt $P_1 = (5; 3; 1)$ *parallel* zu einem Vektor $\vec{a}$ mit den drei Richtungswinkeln $\alpha = 30°$, $\beta = 90°$, γ mit $\cos \gamma < 0$. Wie lautet die Gleichung dieser Geraden?

9) Welche *Lage* besitzen die folgenden Geradenpaare g_1, g_2 zueinander? Bestimmen Sie *gegebenenfalls* Abstand, Schnittpunkt und Schnittwinkel.

   a) g_1 durch die Punkte $P_1 = (3; 4; 6)$ und $P_2 = (-1; -2; 4)$

   g_2 durch die Punkte $P_3 = (3; 7; -2)$ und $P_4 = (5; 15; -6)$

   b) $g_1: \vec{r}(\lambda_1) = \vec{r}_1 + \lambda_1 \vec{a}_1 = \begin{pmatrix} 5 \\ 1 \\ 0 \end{pmatrix} + \lambda_1 \begin{pmatrix} -2 \\ 1 \\ 3 \end{pmatrix}$ $(\lambda_1 \in \mathbb{R})$

   $g_2: \vec{r}(\lambda_2) = \vec{r}_2 + \lambda_2 \vec{a}_2 = \begin{pmatrix} 1 \\ 1 \\ 5 \end{pmatrix} + \lambda_2 \begin{pmatrix} 6 \\ -3 \\ -9 \end{pmatrix}$ $(\lambda_2 \in \mathbb{R})$

   c) g_1 durch den Punkt $P_1 = (1; 2; 0)$ mit dem Richtungsvektor $\vec{a}_1 = \begin{pmatrix} 2 \\ 0 \\ 5 \end{pmatrix}$

   g_2 durch den Punkt $P_2 = (6; 0; 13)$ mit dem Richtungsvektor $\vec{a}_2 = \begin{pmatrix} 1 \\ -2 \\ 3 \end{pmatrix}$

10) Zeigen Sie, dass die Geraden g_1 und g_2 mit den folgenden Vektorgleichungen *windschief* sind und berechnen Sie ihren Abstand:

    $g_1: \vec{r}(\lambda_1) = \vec{r}_1 + \lambda_1 \vec{a}_1 = \begin{pmatrix} 1 \\ -2 \\ 3 \end{pmatrix} + \lambda_1 \begin{pmatrix} 1 \\ 1 \\ 1 \end{pmatrix}$ $(\lambda_1 \in \mathbb{R})$

    $g_2: \vec{r}(\lambda_2) = \vec{r}_2 + \lambda_2 \vec{a}_2 = \begin{pmatrix} 3 \\ 3 \\ 3 \end{pmatrix} + \lambda_2 \begin{pmatrix} 0 \\ 2 \\ 1 \end{pmatrix}$ $(\lambda_2 \in \mathbb{R})$

11) Die in der x, y-Ebene verlaufende Gerade g_1 schneidet die beiden Koordinatenachsen jeweils bei 3. Welchen Abstand besitzt diese Gerade von der z-Achse?

12) Zeigen Sie, dass sich die Geraden g_1 und g_2 in genau *einem* Punkt schneiden und bestimmen Sie Schnittpunkt und Schnittwinkel:

g_1 durch die Punkte $P_1 = (4; 2; 8)$ und $P_2 = (3; 6; 11)$

g_2 durch die Punkte $P_3 = (5; 8; 21)$ und $P_4 = (7; 10; 31)$

13) Wie lautet die Vektorgleichung der Ebene E, die den Punkt P_1 enthält und *parallel* zu den Vektoren $\vec{a}$ und $\vec{b}$ verläuft? Bestimmen Sie ferner einen Normalenvektor $\vec{n}$ der Ebene. Welche Punkte der Ebene gehören zu den Parameterwertepaaren $\lambda = 1, \mu = 3$ und $\lambda = -2, \mu = 1$?

a) $P_1 = (3; 5; 1)$, $\quad \vec{a} = \begin{pmatrix} 1 \\ 1 \\ 1 \end{pmatrix}, \quad \vec{b} = \begin{pmatrix} 2 \\ 1 \\ 3 \end{pmatrix}$

b) $P_1 = (6; 0; -3)$, $\quad \vec{a} = \begin{pmatrix} 2 \\ 8 \\ -3 \end{pmatrix}, \quad \vec{b} = \begin{pmatrix} 2 \\ 3 \\ -3 \end{pmatrix}$

14) Bestimmen Sie die Gleichung der Ebene E durch die drei Punkte P_1, P_2 und P_3. Welche Punkte dieser Ebene erhält man für die Parameterwertepaare $\lambda = 3, \mu = -2$ und $\lambda = -2, \mu = 1$?

a) $P_1 = (3; 1; 0)$, $\quad P_2 = (-4; 1; 1)$, $\quad P_3 = (5; 9; 3)$

b) $P_1 = (5; 1; 2)$, $\quad P_2 = (-2; -1; -3)$, $\quad P_3 = (0; 5; 10)$

15) Liegen die vier Punkte $P_1 = (1; 1; 1), P_2 = (3; 2; 0), P_3 = (4; -1; 5)$ und $P_4 = (12; -4; 12)$ in einer Ebene?

16) Wie lautet die Gleichung einer Ebene E, die auf den drei Koordinatenachsen jeweils die *gleiche* Strecke a abschneidet und ferner den Punkt $Q = (3; -4; 7)$ enthält?

Hinweis: Stellen Sie zunächst die Gleichung der Ebene durch die drei Schnittpunkte mit den Koordinatenachsen in Abhängigkeit von der Strecke a auf.

17) Eine Ebene E verläuft *senkrecht* zum Vektor $\vec{n} = \begin{pmatrix} 4 \\ 3 \\ 1 \end{pmatrix}$ und enthält den Punkt $A = (5; 8; 10)$. Bestimmen Sie die Gleichung dieser Ebene. Berechnen Sie ferner die fehlende Koordinate des *auf* der Ebene gelegenen Punktes $B = (2; y = ?; 1)$.

18) Ein Normalenvektor $\vec{n}$ einer Ebene E besitzt die drei Richtungswinkel $\alpha = 60°, \beta = 120°$ und γ mit $\cos \gamma < 0$. Wie lautet die Gleichung dieser Ebene, wenn diese noch den Punkt $P_1 = (3; 5; -2)$ enthält?

19) Welche Lage haben Gerade g und Ebene E zueinander? Bestimmen Sie *gegebenenfalls* Abstand, Schnittpunkt und Schnittwinkel.

a) g durch den Punkt $P_1 = (5; 1; 2)$ mit dem Richtungsvektor $\vec{a} = \begin{pmatrix} 3 \\ 1 \\ 2 \end{pmatrix}$

E durch den Punkt $P_0 = (2; 1; 8)$ mit dem Normalenvektor $\vec{n} = \begin{pmatrix} -1 \\ 3 \\ 1 \end{pmatrix}$

b) $g: \vec{r}(\lambda) = \vec{r}_1 + \lambda \vec{a} = \begin{pmatrix} 5 \\ 3 \\ 6 \end{pmatrix} + \lambda \begin{pmatrix} 2 \\ 5 \\ 1 \end{pmatrix}$ $(\lambda \in \mathbb{R})$

$E: \vec{n} \cdot (\vec{r} - \vec{r}_0) = \begin{pmatrix} 3 \\ -1 \\ -1 \end{pmatrix} \cdot \begin{pmatrix} x-1 \\ y-1 \\ z-1 \end{pmatrix} = 0$

c) g durch die Punkte $P_1 = (2; 0; 3)$ und $P_2 = (5; 6; 18)$

E durch die Punkte $P_3 = (1; -2; -2)$, $P_4 = (0; -1; -1)$ und $P_5 = (-1; 0; -1)$

20) Eine Gerade g durch die Punkte $A = (1; 1; 1)$ und $B = (5; 4; -3)$ verläuft *senkrecht* zu einer Ebene E. Wie lautet die Gleichung der Ebene, wenn diese den Punkt $P_1 = (2; 1; 5)$ enthält?

21) Eine Ebene E_1 geht durch den Punkt $P_1 = (1; 2; 3)$, ihr Normalenvektor ist $\vec{n} = \begin{pmatrix} 2 \\ 1 \\ a \end{pmatrix}$. Bestimmen Sie den noch unbekannten *Parameter* a so, dass der Abstand des Punktes $Q = (0; 2; 5)$ von dieser Ebene $d = 2$ beträgt. Wie lautet die Gleichung der *Parallelebene* E_2 durch den Punkt $A = (5; 1; -2)$?

22) Eine Ebene E enthält den Punkt $P_0 = (2; 1; 8)$ und verläuft *senkrecht* zum Vektor $\vec{n} = \begin{pmatrix} 2 \\ -6 \\ 1 \end{pmatrix}$. Zeigen Sie, dass die Gerade g mit der Vektorgleichung

$$\vec{r}(\lambda) = \vec{r}_1 + \lambda \vec{a} = \begin{pmatrix} 5 \\ 3 \\ 1 \end{pmatrix} + \lambda \begin{pmatrix} 4 \\ 1 \\ -2 \end{pmatrix} \quad (\lambda \in \mathbb{R})$$

zu dieser Ebene *parallel* ist. Wie groß ist der Abstand zwischen Gerade und Ebene?

23) Gegeben sind eine Gerade g und eine Ebene E:

$$g:\quad \vec{r}(\lambda) = \vec{r}_1 + \lambda\vec{a} = \begin{pmatrix} 3 \\ 2 \\ 0 \end{pmatrix} + \lambda \begin{pmatrix} 1 \\ 2 \\ -3 \end{pmatrix} \quad (\lambda \in \mathbb{R})$$

$$E:\quad \vec{n} \cdot (\vec{r} - \vec{r}_0) = 2(x-1) + 1(y-2) + 1(z+3) = 0$$

Zeigen Sie, dass Gerade und Ebene sich *schneiden* und berechnen Sie den Schnittpunkt sowie den Schnittwinkel.

24) Zeigen Sie die *Parallelität* der beiden Ebenen E_1 und E_2 und berechnen Sie ihren Abstand:

E_1 durch den Punkt $P_1 = (3; 5; 6)$ mit dem Normalenvektor $\vec{n}_1 = \begin{pmatrix} 1 \\ 3 \\ -2 \end{pmatrix}$

E_2 durch den Punkt $P_2 = (1; 5; -2)$ mit dem Normalenvektor $\vec{n}_2 = \begin{pmatrix} -3 \\ -9 \\ 6 \end{pmatrix}$

25) Bestimmen Sie die Schnittgerade und den Schnittwinkel der beiden Ebenen:

$$E_1:\quad \vec{n}_1 \cdot (\vec{r} - \vec{r}_1) = \begin{pmatrix} 3 \\ 1 \\ 2 \end{pmatrix} \cdot \begin{pmatrix} x-2 \\ y-5 \\ z-6 \end{pmatrix} = 0$$

$$E_2:\quad \vec{n}_2 \cdot (\vec{r} - \vec{r}_2) = \begin{pmatrix} 2 \\ 0 \\ 3 \end{pmatrix} \cdot \begin{pmatrix} x-1 \\ y-5 \\ z-1 \end{pmatrix} = 0$$

III Funktionen und Kurven

1 Definition und Darstellung einer Funktion

1.1 Definition einer Funktion

Funktionen dienen zur Darstellung und Beschreibung von Zusammenhängen und Abhängigkeiten zwischen zwei physikalisch-technischen Messgrößen. So ist z. B. die Auslenkung einer elastischen Stahlfeder von der Größe der Belastung abhängig. Beim freien Fall sind Fallweg und Fallgeschwindigkeit zeitabhängige Größen, d. h. Funktionen der Zeit. In elektrischen Stromkreisen ist die Stromstärke abhängig von der angelegten Spannung, somit also eine Funktion der Spannung.

Allgemein lässt sich der *Funktionsbegriff* wie folgt definieren:

> **Definition:** Unter einer *Funktion* versteht man eine Vorschrift, die jedem Element x aus einer Menge D genau ein Element y aus einer Menge W zuordnet. Symbolische Schreibweise:
> $$y = f(x) \qquad \text{mit} \qquad x \in D$$

Dabei sind folgende Bezeichnungen üblich:

- x: *Unabhängige* Veränderliche (Variable) oder *Argument*
- y: *Abhängige* Veränderliche (Variable) oder *Funktionswert*
- D: *Definitionsbereich* der Funktion
- W: *Wertebereich* oder *Wertevorrat* der Funktion

Anmerkungen

(1) Wir beschränken uns auf *reelle* Funktionen einer *reellen* Variablen, d. h. D und W sind Teilmengen von $\mathbb{R}$.

(2) Die Zuordnung muss immer *eindeutig* sein (zu jedem x genau ein y).

(3) Eine weitere übliche Schreibweise ist:
$$f: x \mapsto y = f(x) \qquad (\text{mit } x \in D)$$

(4) Eine Funktion kann auch aufgefasst werden als Menge der geordneten reellen Zahlenpaare $(x; y)$ mit $x \in D$ und $y = f(x)$.

1 Definition und Darstellung einer Funktion

- **Beispiele**

  (1) Fallgeschwindigkeit v als Funktion der Zeit t:

  $$v = g\,t \qquad (g\colon \text{Erdbeschleunigung})$$

  Definitionsbereich: $t \geq 0$; Wertebereich: $v \geq 0$

  (2) Parabel $y = x^2$

  Definitionsbereich: $D = (-\infty, \infty)$; Wertebereich: $W = [0, \infty)$

  (3) $y = \sqrt{x - 1}$

  Definitionsbereich: $x - 1 \geq 0$, d. h. $x \geq 1$

  Wertebereich: $W = [0, \infty)$ oder $y \geq 0$

  (4) Weg-Zeit-Gesetz einer harmonischen Schwingung (Modell: Feder-Masse-Schwinger oder Federpendel):

  $$x = x(t) = A \cdot \sin(\omega t + \varphi) \qquad (\text{für } t \geq 0)$$

  (x: Auslenkung zur Zeit t; $A > 0$: Amplitude; $\omega > 0$: Kreisfrequenz; φ: Nullphasenwinkel) ∎

1.2 Darstellungsformen einer Funktion

1.2.1 Analytische Darstellung

Bei dieser Darstellungsart ist die Zuordnungsvorschrift in Form einer *Gleichung* gegeben (*Funktionsgleichung* genannt):

$y = f(x)$: *Explizite* Darstellung (die Funktion ist nach einer Variablen – in der Regel wie hier nach y – aufgelöst)

$F(x; y) = 0$: *Implizite* Darstellung (die Funktion ist *nicht* nach einer der beiden Variablen aufgelöst)

Eine weitere analytische Darstellungsform ist die *Parameterdarstellung*, die wir in Abschnitt 1.2.4 behandeln werden.

- **Beispiele**

Die folgenden Funktionen sind *explizit* dargestellt:

$$y = x^2, \qquad y = \sin x, \qquad v(t) = g\,t, \qquad U(I) = R\,I \quad (\text{Ohmsches Gesetz})$$

Beispiele für *implizit* vorgegebene Funktionen sind:

$$F(x; y) = \ln y + x^2 = 0 \qquad \text{und} \qquad F(x; y) = x\,y - 2 = 0 \qquad \blacksquare$$

1.2.2 Darstellung durch eine Wertetabelle (Funktionstafel)

Funktionen können auch *tabellarisch* in Form einer *Wertetabelle* (*Funktionstafel*) dargestellt werden. Man erhält sie häufig als Ergebnis von Messreihen.

■ **Beispiel**

In einem Versuch wird der Spannungsabfall U an einem ohmschen Widerstand in Abhängigkeit von der Stromstärke I gemessen. Die Wertetabelle hat dabei das folgende Aussehen (zu jedem Wert von I gehört genau ein Messwert U):

I/mA	50	100	150	200	250	...
U/V	2,0	3,9	6,0	7,9	10,1	...

■

1.2.3 Graphische Darstellung

Die Funktionsgleichung $y = f(x)$ ordnet jedem x-Wert aus D in *eindeutiger* Weise einen y-Wert zu: $x_0 \mapsto y_0 = f(x_0)$. Das Wertepaar $(x_0; y_0)$ kann dann als ein *Punkt* P_0 der Ebene mit einem *rechtwinkligen* Koordinatensystem gedeutet werden (Bild III-1).

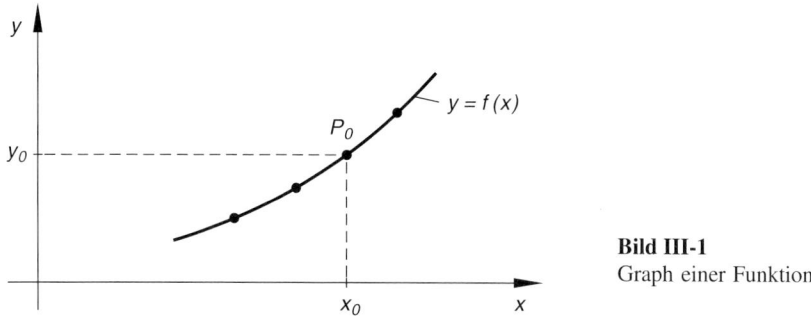

Bild III-1
Graph einer Funktion

Dabei sind folgende Bezeichnungen üblich:

x_0, y_0: *Rechtwinklige* oder *kartesische* Koordinaten
x_0: *Abszisse* $\Big\}$ des Punktes $P_0 = (x_0; y_0)$
y_0: *Ordinate*

Für jedes Wertepaar $(x_0; y_0)$ erhalten wir genau einen Punkt. Die Menge aller Punkte $(x; y = f(x))$ mit $x \in D$ bildet die *Funktionskurve* (auch *Schaubild* oder *Funktionsgraph* genannt), die in anschaulicher Weise den Funktionsverlauf von $y = f(x)$ beschreibt (Bild III-1).

Wegen der *eindeutigen* Zuordnung gilt: *Jede* Parallele zur y-Achse schneidet die Kurve *höchstens einmal* (siehe Bild III-2).

1 Definition und Darstellung einer Funktion

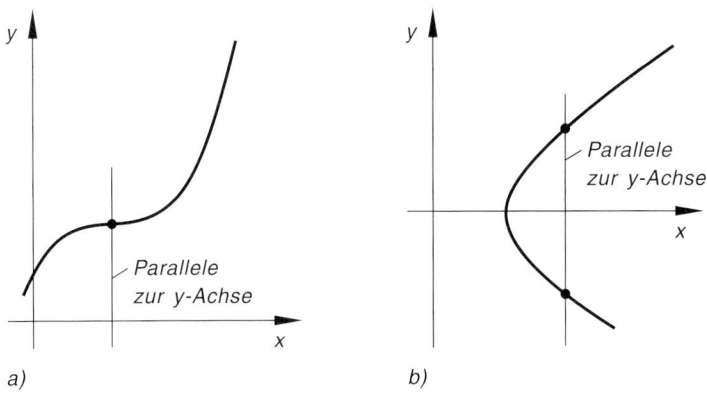

Bild III-2 Eindeutige Zuordnung bei einer Funktion
a) Funktion b) Keine Funktion (2 Schnittstellen)

■ **Beispiele**

(1) Fallgeschwindigkeit $v = gt$, $t \geq 0$ s; $g = 10\,\text{m/s}^2$ (gerundet) (Bild III-3)

(2) Parabel mit der Funktionsgleichung $y = x^2$, $x \in \mathbb{R}$ (siehe Bild III-4)

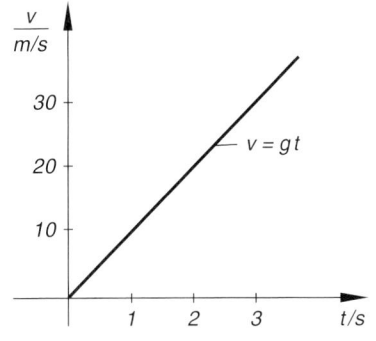
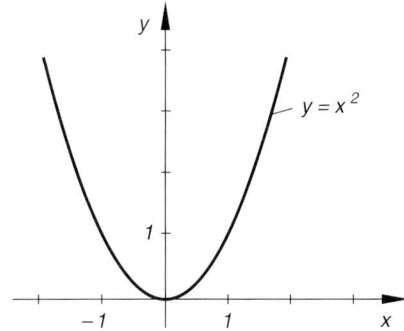

Bild III-3
Fallgeschwindigkeit als Funktion der Zeit

Bild III-4
Normalparabel $y = x^2$

■

1.2.4 Parameterdarstellung einer Funktion

Bei der mathematischen Beschreibung eines Bewegungsablaufes ist es oft zweckmäßig, die augenblickliche Lage des Körpers durch kartesische Koordinaten $(x; y)$ zu beschreiben, die sich aber im Laufe der *Zeit t* verändern und somit *Funktionen der Zeit* sind:

$$x = x(t), \qquad y = y(t) \qquad (a \leq t \leq b) \tag{III-1}$$

Eine Darstellung dieser Art mit der reellen *Hilfsvariablen t* als *Parameter* heißt *Parameterdarstellung* einer Funktion (im angeführten Beispiel handelt es sich um einen *Zeit-*

parameter). In den naturwissenschaftlich-technischen Anwendungen bedeutet der Parameter t meist die *Zeit* oder einen *Winkel*.

Für *jeden* Wert des Parameters t aus dem Intervall $a \leq t \leq b$ erhalten wir *genau einen* Kurvenpunkt. Die Parametergleichungen (III-1) beschreiben dann eine *Kurve*, wie in Bild III-5 dargestellt.

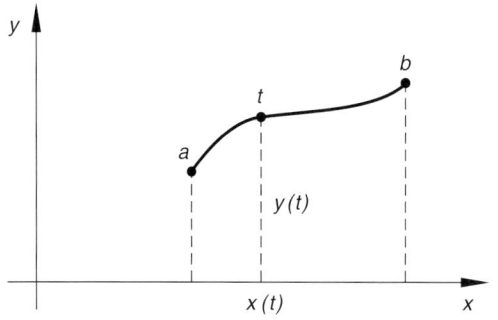

Bild III-5
Zur Parameterdarstellung einer Funktion

Um die Kurve zu zeichnen geht man in der Praxis zweckmäßigerweise wie folgt vor: Man erstellt zunächst eine *Wertetabelle*, indem man einige Parameterwerte vorgibt, dann die zugehörigen x- und y-Werte aus den gegebenen Parametergleichungen berechnet und diese Wertepaare schließlich als Punkte in einem rechtwinkligen Koordinatensystem darstellt (die Wertetabelle besteht hier aus *drei* Spalten). Durch Verbinden dieser (dicht genug aufeinanderfolgenden) Punkte erhält man dann den gesuchten Kurvenverlauf.

■ **Beispiel**

Waagerechter Wurf: Ein Körper wird im luftleeren Raum aus einer gewissen Höhe *waagerecht* mit der *konstanten* Geschwindigkeit vom Betrage v_0 abgeworfen und bewegt sich dabei auf einer *Parabelbahn* (sog. *Wurfparabel*; Bild III-6). Die *Parametergleichungen* dieser Bewegung lauten wie folgt:

$$x = v_0 t, \qquad y = \frac{1}{2} g t^2 \qquad \text{(mit } t \geq 0\text{)}$$

(g: Erdbeschleunigung; t: Zeitparameter)

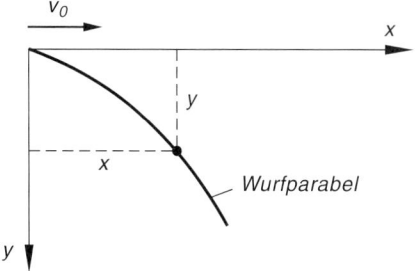

Bild III-6
Wurfparabel beim waagerechten Wurf
(die y-Achse zeigt zum Erdmittelpunkt)

Durch Eliminieren des Parameters t erhält man schließlich die Gleichung der *Wurfparabel* in expliziter Form:

$$x = v_0 t \quad \Rightarrow \quad t = \frac{x}{v_0} \quad \text{(Einsetzen in die 2. Parametergleichung)} \quad \Rightarrow$$

$$y = \frac{1}{2} g t^2 = \frac{1}{2} g \left(\frac{x}{v_0}\right)^2 = \left(\frac{g}{2 v_0^2}\right) \cdot x^2 \quad (x \geq 0)$$

Rechenbeispiel: $v_0 = 15 \, \text{m/s}, \quad g = 10 \, \text{m/s}^2$

$$y = \left(\frac{1}{45 \, \text{m}}\right) \cdot x^2 \quad (x \geq 0 \, \text{m}) \qquad \blacksquare$$

2 Allgemeine Funktionseigenschaften

2.1 Nullstellen

Definition: Eine Funktion $y = f(x)$ besitzt an der Stelle x_0 eine *Nullstelle*, wenn $f(x_0) = 0$ ist.

In einer Nullstelle x_0 *schneidet* oder *berührt* die Funktionskurve die x-Achse.

■ **Beispiele**

(1) Die lineare Funktion (Gerade) $y = x - 2$ schneidet die x-Achse an der Stelle $x_1 = 2$ (Bild III-7).

(2) Die Parabel $y = (x - 1)^2$ besitzt an der Stelle $x_1 = 1$ eine *doppelte* Nullstelle, d. h. einen *Berührungspunkt* (Bild III-8).

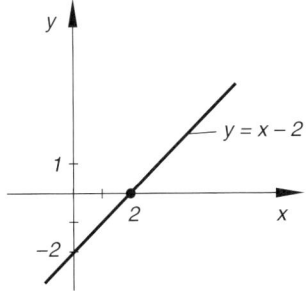

Bild III-7 Einfache Nullstelle

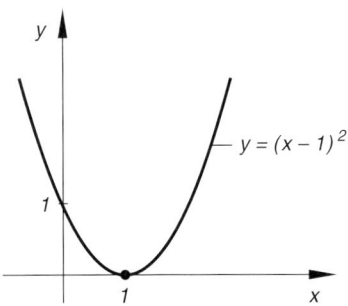

Bild III-8 Doppelte Nullstelle

(3) Ein Beispiel für eine Funktion mit *unendlich* vielen Nullstellen liefert die Sinusfunktion $y = \sin x$. Sie liegen bei $x_k = k \cdot \pi$ mit $k = 0, \pm 1, \pm 2, \ldots$ (Bild III-9):

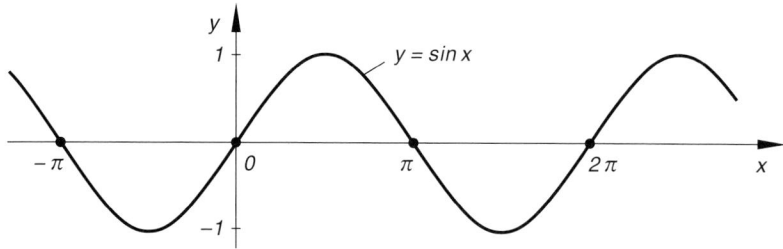

Bild III-9 Nullstellen der Sinusfunktion $y = \sin x$ ∎

2.2 Symmetrieverhalten

Wir unterscheiden zwischen *Spiegel-* und *Punktsymmetrie*.

Definition: Eine Funktion $y = f(x)$ mit einem zum Nullpunkt symmetrischen Definitionsbereich D heißt *gerade*, wenn sie für jedes $x \in D$ die Bedingung

$$f(-x) = f(x) \qquad \text{(III-2)}$$

erfüllt.

Die Funktionskurve einer *geraden* Funktion verläuft *spiegelsymmetrisch* zur y-Achse: Jeder Punkt der Kurve geht dabei durch *Spiegelung an der y-Achse* wieder in einen Kurvenpunkt über.

Einfache Beispiele für *spiegelsymmetrische* Funktionen liefern die *Parabel* $y = x^2$ (Bild III-10) und die *Kosinusfunktion* $y = \cos x$ (Bild III-11).

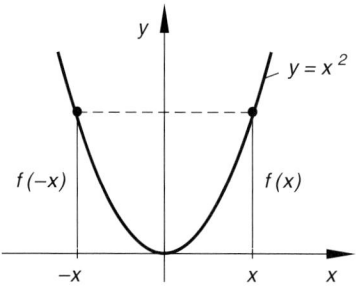

Bild III-10 Normalparabel $y = x^2$

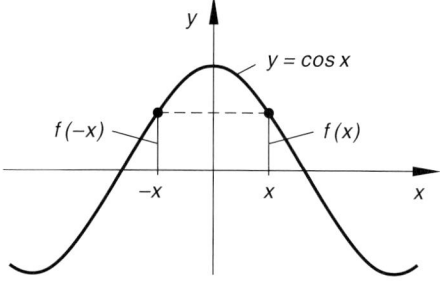

Bild III-11 Kosinusfunktion $y = \cos x$

2 Allgemeine Funktionseigenschaften

> **Definition:** Eine Funktion $y = f(x)$ mit einem zum Nullpunkt symmetrischen Definitionsbereich D heißt *ungerade*, wenn sie für jedes $x \in D$ die Bedingung
>
> $$f(-x) = -f(x) \qquad \text{(III-3)}$$
>
> erfüllt.

Das Bild einer *ungeraden* Funktion verläuft *punktsymmetrisch* zum Koordinatenursprung: *Spiegelt* man einen beliebigen Kurvenpunkt am *Nullpunkt*, so liegt der Bildpunkt ebenfalls auf der Funktionskurve. Die *kubische Parabel* $y = x^3$ (Bild III-12) und die *Sinusfunktion* $y = \sin x$ (Bild III-13) sind einfache Beispiele für *ungerade* Funktionen.

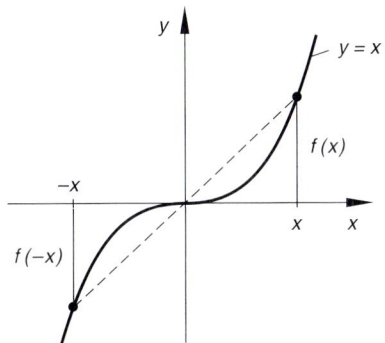

Bild III-12 Kubische Parabel $y = x^3$

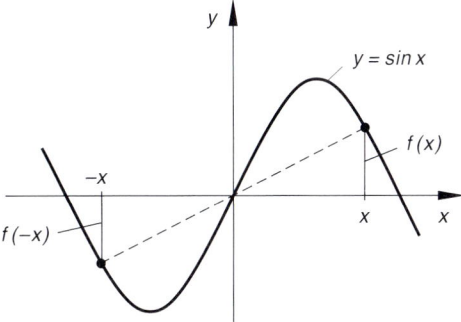

Bild III-13 Sinusfunktion $y = \sin x$

■ **Beispiele**

(1) Die Potenzfunktionen $y = x^n$ (mit $n = 1, 2, 3, \ldots$) sind entweder *spiegelsymmetrisch* zur y-Achse, also *gerade* Funktionen (für n = gerade) oder *punktsymmetrisch* und damit *ungerade* Funktionen (für n = ungerade). Sie erklären die Bezeichnungen *gerade* bzw. *ungerade* für die beiden Symmetriearten.

(2) $f(x) = \sqrt{x^2 + 1}$, $x \in \mathbb{R}$ ist eine *gerade* Funktion, denn es gilt:

$$f(-x) = \sqrt{(-x)^2 + 1} = \sqrt{x^2 + 1} = f(x)$$

(3) $f(x) = \sqrt{1-x} - \sqrt{1+x}$, $\quad -1 \leq x \leq 1$

Diese Funktion ist *ungerade*, denn es gilt für alle x-Werte aus dem Definitionsbereich:

$$f(-x) = \sqrt{1 - (-x)} - \sqrt{1 + (-x)} = \sqrt{1 + x} - \sqrt{1 - x} =$$
$$= -\underbrace{\left(\sqrt{1-x} - \sqrt{1+x}\right)}_{f(x)} = -f(x)$$

■

2.3 Monotonie

In Abschnitt 2.5 werden wir uns mit dem wichtigen Problem der *Umkehrung* einer Funktion beschäftigen. Ob diese gelingt bzw. überhaupt möglich ist, wird dabei *entscheidend* von einer speziellen Eigenschaft der Funktion abhängen, die man als *Monotonie* bezeichnet. Dieser Begriff wird wie folgt definiert:

Definition: x_1 und x_2 seien zwei beliebige Werte aus dem Definitionsbereich D einer Funktion $y = f(x)$, die der Bedingung $x_1 < x_2$ genügen. Dann heißt die Funktion

monoton wachsend, falls	$f(x_1) \leq f(x_2)$
streng monoton wachsend, falls	$f(x_1) < f(x_2)$
monoton fallend, falls	$f(x_1) \geq f(x_2)$
streng monoton fallend, falls	$f(x_1) > f(x_2)$

ist.

Eine *streng monoton wachsende* Funktion besitzt demnach die Eigenschaft, dass zum *kleineren* x-Wert stets auch der *kleinere* y-Wert gehört (Bild III-14). Läuft man auf der Kurve von links nach rechts, d. h. in Richtung zunehmender x-Werte, so nehmen auch die y-Werte ständig zu. Bei einer *streng monoton fallenden* Funktion ist es genau *umgekehrt*: Zum *kleineren* Abszissenwert gehört stets der *größere* Ordinatenwert (Bild III-15).

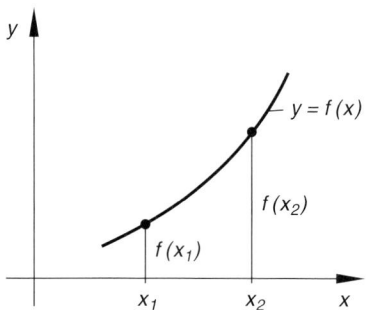

Bild III-14 Graph einer *streng monoton wachsenden* Funktion

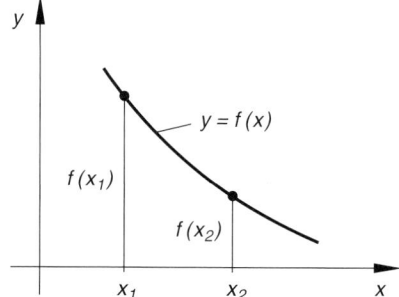

Bild III-15 Graph einer *streng monoton fallenden* Funktion

Viele Funktionen zeigen in ihrem *gesamten* Definitionsbereich *keine* Monotonie-Eigenschaft, sind jedoch in gewissen *Teilintervallen* monoton wachsend oder fallend (siehe hierzu das nachfolgende Beispiel (3) über die *Normalparabel*).

2 Allgemeine Funktionseigenschaften

■ **Beispiele**

(1) *Streng monoton wachsende* Funktionen sind:
   a) Jede Gerade mit *positiver* Steigung.
   b) Kubische Parabel $y = x^3$ (Bild III-12).
   c) *Aufladung eines Kondensators* über einen ohmschen Widerstand auf die Endspannung u_0 ($u = u(t)$: Spannung zur Zeit t, $t \geq 0$; Bild III-16).
   d) *Wachstumsprozesse* in der Natur wie z. B. die Vermehrung von Bakterien verlaufen meist *exponentiell ansteigend* wie in Bild III-17 dargestellt (y_0 ist dabei der Anfangswert oder Anfangsbestand).

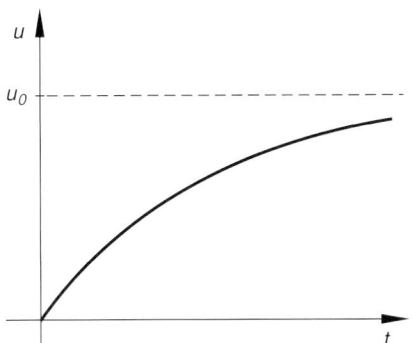

Bild III-16 Zeitlicher Spannungsverlauf am Kondensator (Aufladung)

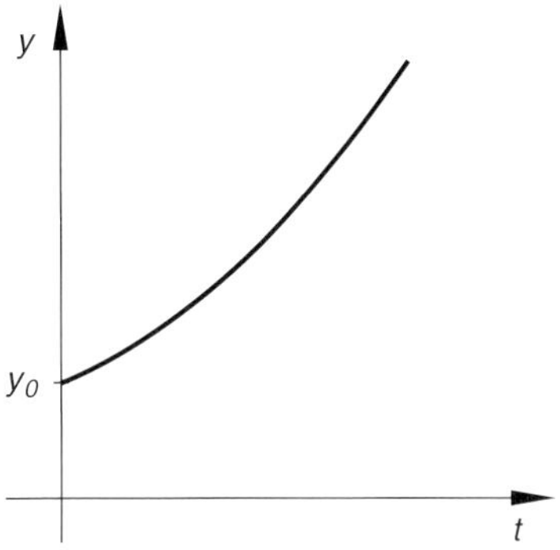

Bild III-17 Zeitlicher Verlauf eines Wachstumsprozesses

(2) *Streng monoton fallende* Funktionen sind:
   a) Jede Gerade mit *negativer* Steigung.
   b) *Radioaktiver Zerfall:* Beim natürlichen radioaktiven Zerfall nimmt die Anzahl n der Atomkerne nach einem *Exponentialgesetz* mit der Zeit t ab (n_0: Anzahl der Atomkerne zu Beginn, d. h. zur Zeit $t = 0$, siehe Bild III-18).

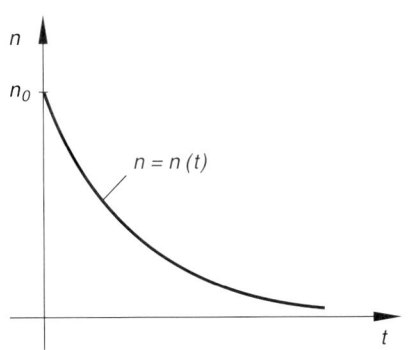 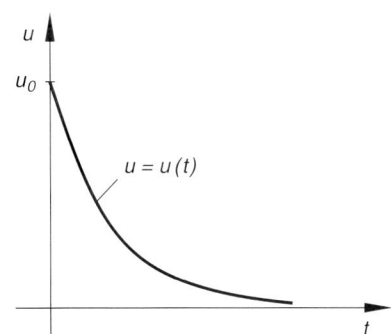

Bild III-18 Zerfallsgesetz beim radioaktiven Zerfall

Bild III-19 Entladung eines Kondensators über einen ohmschen Widerstand

c) *Entladung eines Kondensators:* Entlädt man einen Kondensator über einen ohmschen Widerstand, so klingt die Kondensatorspannung u exponentiell mit der Zeit t ab (u_0: Anfangsspannung zur Zeit $t = 0$, siehe Bild III-19).

d) Bei einem *idealen* Gas sind bei *konstanter* absoluter Temperatur T Gasdruck p und Volumen V *umgekehrt proportionale* Größen (*Boyle-Mariottesches Gesetz*):

$$p = p(V) = \frac{\text{const.}}{V} \qquad (V > 0)$$

Die in Bild III-20 skizzierte Kurve wird in der Physikalischen Chemie als *Isotherme* bezeichnet (Kurve *konstanter* Temperatur).

Bild III-20
Boyle-Mariottesches Gesetz für ein ideales Gas

(3) Die Normalparabel $y = x^2$, $x \in \mathbb{R}$ ist in $\mathbb{R}$ *weder* monoton fallend *noch* monoton wachsend. Beschränkt man sich jedoch auf das Intervall $x \geq 0$, d. h. auf den 1. Quadranten, so verläuft die Parabel dort *streng monoton wachsend*. Im Intervall $x \leq 0$ dagegen *fällt* sie *streng monoton* (siehe Bild III-21).

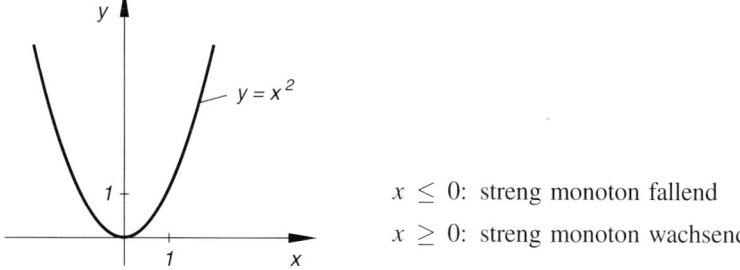

$x \leq 0$: streng monoton fallend

$x \geq 0$: streng monoton wachsend

Bild III-21 Zur Untersuchung des Monotonieverhaltens der Normalparabel $y = x^2$

(4) Die Erdbeschleunigung g besitzt an der Erdoberfläche, d. h. im Abstand r_0 vom Erdmittelpunkt den Wert $g_0 = 9{,}81 \text{ m/s}^2$. Mit zunehmender Entfernung r von der Erdoberfläche nimmt g nach dem *Gravitationsgesetz* von Newton wie folgt ab:

2 Allgemeine Funktionseigenschaften

$$g = g(r) = \gamma M \cdot \frac{1}{r^2} \qquad (r \geq r_0)$$

(r_0: Erdradius; M: Masse der Erde; γ: Gravitationskonstante)

Die Erdbeschleunigung g ist somit eine *streng monoton fallende* Funktion der Abstandskoordinate r.

(5) Die in Bild III-22 skizzierte „Rampenfunktion" mit der Gleichung

$$f(x) = \begin{Bmatrix} 0 & & x < 0 \\ x & \text{für} & 0 \leq x \leq 1 \\ 1 & & x > 1 \end{Bmatrix}$$

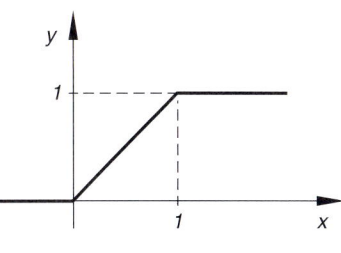

Bild III-22

verläuft im *gesamten* Definitionsbereich *monoton wachsend*, nicht aber streng monoton wachsend (diese Eigenschaft hat sie nur im Intervall $0 \leq x \leq 1$). ∎

2.4 Periodizität

Zahlreiche Vorgänge in Naturwissenschaft und Technik verlaufen *periodisch*, d. h. sie *wiederholen* sich in *regelmäßigen* (meist zeitlichen) Abständen. Musterbeispiele hierfür sind die *mechanischen* und *elektromagnetischen* Schwingungen. Zur Beschreibung solcher Abläufe werden *periodische* Funktionen benötigt, die wie folgt definiert sind:

Definition: Eine Funktion $y = f(x)$ heißt *periodisch* mit der *Periode* p, wenn mit jedem $x \in D$ auch $x \pm p$ zum Definitionsbereich der Funktion gehört und
$$f(x \pm p) = f(x) \qquad \text{(III-4)}$$
ist.

Anmerkungen

(1) Mit der Periode p ist auch $\pm k \cdot p$ eine Periode der Funktion ($k \in \mathbb{N}^*$).
(2) Die *kleinste* positive Periode p heißt auch *primitive Periode*.

∎ **Beispiel**

Ein wichtiges Beispiel liefert die Sinusfunktion $y = \sin x$. Sie ist *periodisch* mit der (primitiven) Periode $p = 2\pi$ (Bild III-23):

$$\sin(x + 2\pi) = \sin x \qquad (x \in \mathbb{R})$$

Aber auch $-2\pi, \pm 4\pi, \pm 6\pi, \pm 8\pi, \ldots$ sind Perioden der Sinusfunktion.

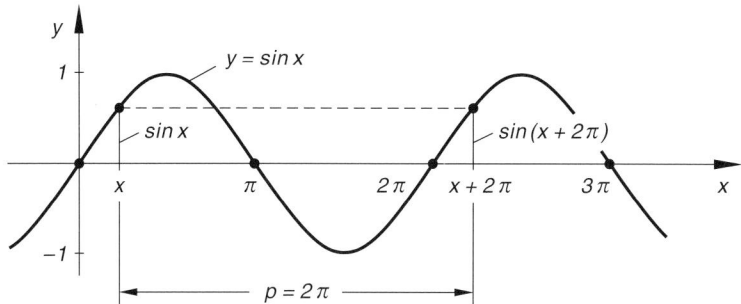

Bild III-23 Die Sinusfunktion $y = \sin x$ als Beispiel für eine periodische Funktion ■

Periodische Funktionen durchlaufen somit ihren *gesamten* Wertevorrat in jedem *Periodenintervall*, d. h. in jedem Intervall der Länge p. So nimmt beispielsweise die Sinusfunktion in dem Periodenintervall $0 \leq x \leq 2\pi$ sämtliche Funktionswerte an ($-1 \leq y \leq 1$).

■ **Beispiele**

(1) Die vier *trigonometrischen* Funktionen, deren Eigenschaften wir in Abschnitt 9 noch ausführlich erörtern werden, sind *periodische* Funktionen:

$y = \sin x, \quad y = \cos x:$ Periode $p = 2\pi$

$y = \tan x, \quad y = \cot x:$ Periode $p = \pi$

(2) *Periodische* Funktionen spielen u. a. bei der Beschreibung und Darstellung *mechanischer* und *elektromagnetischer Schwingungen* eine bedeutende Rolle. Die *Periode* p wird in diesem Zusammenhang meist als *Schwingungsdauer* T bezeichnet. In Bild III-24 ist als Beispiel für eine *nichtsinusförmige* Schwingung der zeitliche Verlauf einer sog. *Kippspannung* mit der Schwingungsdauer $T = 4$ ms dargestellt (linearer Anstieg der Spannung $u = u(t)$ von 0 V auf 50 V innerhalb von 4 ms).

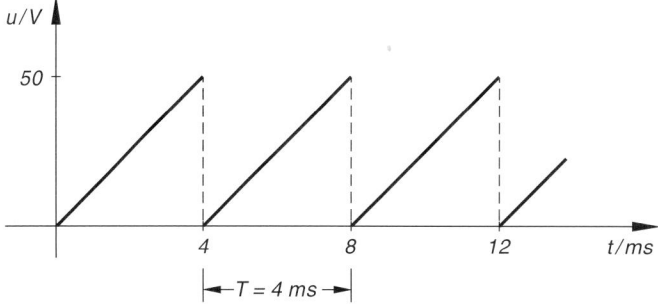

Bild III-24 Die Kippspannung als Beispiel für einen nichtsinusförmigen Schwingungsvorgang („Sägezahnimpuls")

■

2.5 Umkehrfunktion oder inverse Funktion

Nach der in Abschnitt 1.1 gegebenen Definition ordnet eine Funktion $y = f(x)$ jedem Argument $x \in D$ genau einen Funktionswert $y \in W$ zu. Diese *eindeutige* Zuordnung ist in Bild III-25 durch Pfeile kenntlich gemacht. So gehört beispielsweise zum Argument x_1 der Funktionswert y_1 und zum Argument x_2 der Funktionswert y_2.

Häufig stellt sich das *umgekehrte* Problem: *Zu einem vorgegebenen Funktionswert (y-Wert) ist der zugehörige x-Wert zu bestimmen*. Die in Bild III-26 dargestellte Funktion ordnet beispielsweise dem Funktionswert y_1 das Argument x_1 und dem Funktionswert y_2 das Argument x_2 zu.

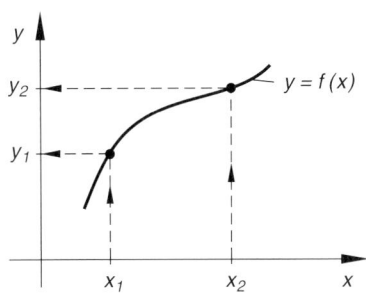

Bild III-25 Zum Begriff einer Funktion

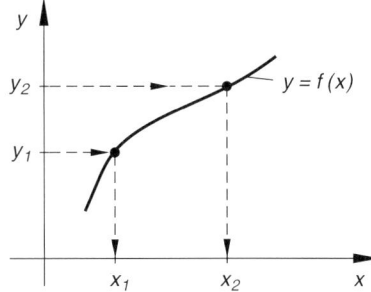

Bild III-26 Zur Umkehrung einer Funktion

Folgt aus $x_1 \neq x_2$ stets $f(x_1) \neq f(x_2)$, d. h. gehören zu *verschiedenen* Abszissenwerten stets auch *verschiedene* Ordinatenwerte, so gehört zu jedem y-Wert auch *genau ein* x-Wert. Eine Funktion $y = f(x)$ mit dieser Eigenschaft heißt *umkehrbar*.

Definition: Eine Funktion $y = f(x)$ heißt *umkehrbar*, wenn aus $x_1 \neq x_2$ stets $f(x_1) \neq f(x_2)$ folgt.

Ist also eine Funktion $y = f(x)$ umkehrbar, so gehört zu jedem $y \in W$ *genau ein* $x \in D$. Diese durch die *eindeutige* Zuordnung $y \mapsto x$ gewonnene Funktion wird als die „*nach der Variablen x aufgelöste Form von* $y = f(x)$" bezeichnet. Wir verwenden dafür die symbolische Schreibweise $x = f^{-1}(y)$ oder besser $x = g(y)$. Jetzt aber ist y die *unabhängige* und x die *abhängige* Variable und wir müssten daher bei einer graphischen Darstellung der Funktion $x = g(y)$ in einem rechtwinkligen Koordinatensystem konsequenterweise die Bezeichnungen der beiden Achsen miteinander *vertauschen*, d. h. die waagerechte Achse müsste als y-Achse und die senkrechte Achse als x-Achse bezeichnet werden. Dies aber ist allgemein nicht üblich. Statt dessen *vertauscht* man in der Gleichung $x = g(y)$ die beiden Variablen miteinander und erhält auf diese Weise eine *neue* Funktion $y = g(x)$, die als *Umkehrfunktion* oder *inverse* Funktion von $y = f(x)$ bezeichnet wird.

In vielen (aber nicht allen) Fällen gelingt es, die *Funktionsgleichung der Umkehrfunktion* wie folgt zu bestimmen:

Bestimmung der Funktionsgleichung einer Umkehrfunktion

1. Man löst zunächst die Funktionsgleichung $y = f(x)$ nach der Variablen x auf (diese Auflösung muss natürlich *möglich* und *eindeutig* sein!) und erhält so „die nach der Variablen x aufgelöste Form $x = g(y)$":

$$y = f(x) \quad \xrightarrow[\text{nach der Variablen } x \text{ auflösen}]{\text{Funktionsgleichung}} \quad x = g(y)$$

2. Durch *formales Vertauschen* der beiden Variablen x und y gewinnt man hieraus schließlich die *Umkehrfunktion* $y = g(x)$:

$$x = g(y) \quad \xrightarrow[\text{miteinander vertauschen}]{\text{Variablen } x \text{ und } y} \quad y = g(x)$$

Anmerkungen

(1) Die beiden Schritte können auch in der *umgekehrten* Reihenfolge ausgeführt werden.
(2) Bei der *Umkehrung* einer Funktion werden Definitionsbereich und Wertebereich miteinander *vertauscht*.

Nicht jede Funktion ist jedoch umkehrbar, wie bereits das einfache Beispiel der *Normalparabel* $y = x^2$, $x \in \mathbb{R}$ zeigt. Zu jedem Funktionswert $y_0 > 0$ gehören genau *zwei* verschiedene Werte x_0 und $-x_0$ der Variablen x. Denn jede *oberhalb* der x-Achse verlaufende Parallele zur x-Achse schneidet die Parabel in *zwei* spiegelsymmetrisch zur y-Achse angeordneten Punkten P und P' (Bild III-27). Die Funktion $y = x^2$ ist daher im Intervall $-\infty < x < \infty$ *nicht* umkehrbar. Offensichtlich liegt dies an der *fehlenden* Monotonie der Normalparabel.

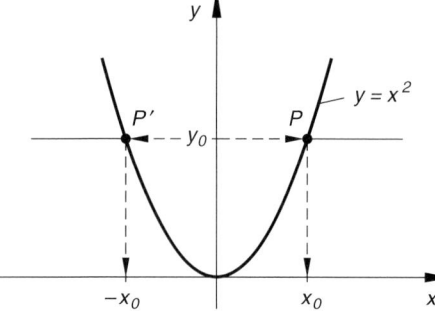

Bild III-27
Die Normalparabel $y = x^2$, $x \in \mathbb{R}$ als Beispiel für eine *nicht* umkehrbare Funktion

Am Kurvenverlauf lässt sich bereits leicht erkennen, ob eine Funktion umkehrbar ist oder nicht. Wenn *jede* Parallele zur x-Achse die Kurve *höchstens einmal* schneidet, ist die Funktion *umkehrbar* (siehe hierzu Bild III-28). Diese Bedingung erfüllen alle *streng monoton verlaufenden* Funktionen.

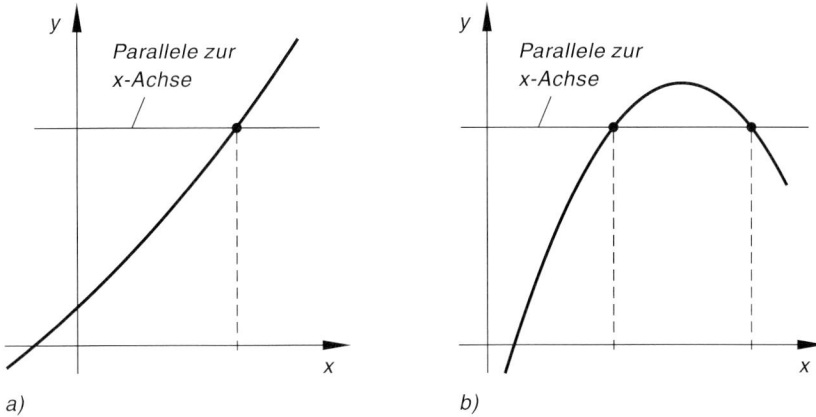

Bild III-28 Zur Umkehrung einer Funktion
a) Umkehrbare Funktion   b) Nicht umkehrbare Funktion (zwei Schnittstellen)

■ **Beispiele**

(1) $y = 2x + 1 \quad (x \in \mathbb{R})$

Diese Gerade verläuft *streng monoton wachsend* und ist daher *umkehrbar*. Durch Auflösen der Geradengleichung nach x erhält man zunächst

$$x = g(y) = 0{,}5\,y - 0{,}5 \quad (\text{mit } y \in \mathbb{R})$$

Formales *Vertauschen* der beiden Variablen führt schließlich zur gesuchten *Umkehrfunktion*:

$$y = g(x) = 0{,}5\,x - 0{,}5 \quad (x \in \mathbb{R})$$

Die Umkehrfunktion der Geraden $y = 2x + 1$ ist also wiederum eine Gerade mit der Gleichung $y = 0{,}5\,x - 0{,}5$ (Bild III-29).

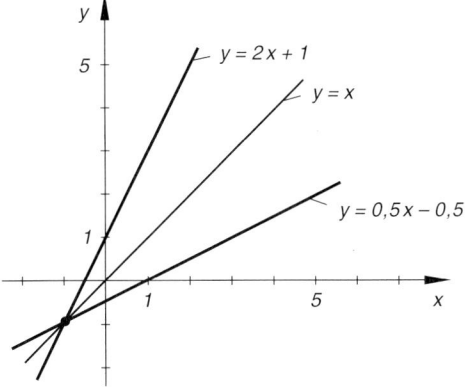

Bild III-29 Gerade $y = 2x + 1$ und ihre Umkehrfunktion $y = 0{,}5\,x - 0{,}5$

(2) $y = x^2 \quad (x \geq 0)$

Es handelt sich bei dieser Funktion um den im *1. Quadranten* verlaufenden Teil der *Normalparabel*. Diese Funktion ist *streng monoton wachsend* und daher *umkehrbar*. Die Auflösung der Funktionsgleichung nach der Variablen x liefert die *Wurzelfunktion* $x = \sqrt{y}$, $y \geq 0$ (es kommt nur der *positive* Wert infrage, da alle Kurvenpunkte im 1. Quadranten liegen). Durch Vertauschen der beiden Variablen erhält man hieraus schließlich die *Umkehrfunktion* $y = \sqrt{x}$, $x \geq 0$ (Bild III-30).

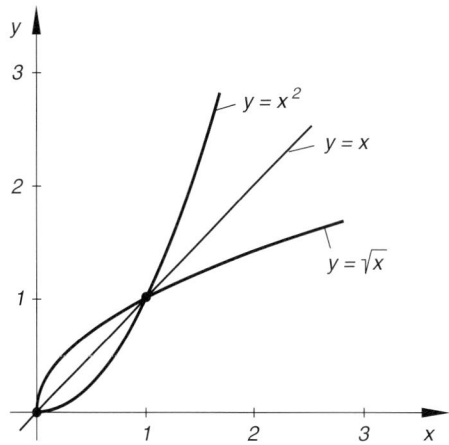

Bild III-30 Die Wurzelfunktion $y = \sqrt{x}$, $x \geq 0$ als Umkehrfunktion der „Halbparabel" $y = x^2$, $x \geq 0$

∎

Wie die Beispiele zeigen, verlaufen die Graphen einer Funktion $y = f(x)$ und ihrer Umkehrfunktion $y = g(x)$ *spiegelsymmetrisch* zur Geraden $y = x$ (*Winkelhalbierende* des 1. und 3. Quadranten). Diese Aussage lässt sich *verallgemeinern*, sofern auf *beiden* Koordinatenachsen der *gleiche* Maßstab verwendet wird (Bild III-31).

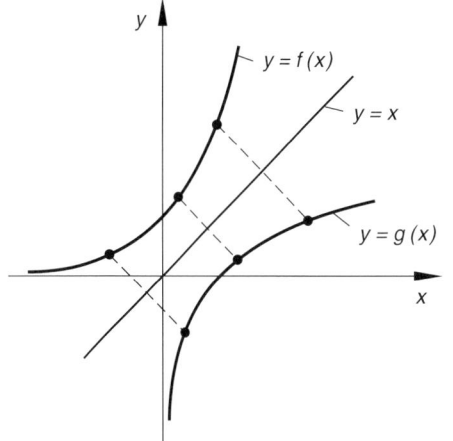

Bild III-31
Zur *Umkehrung* einer Funktion $y = f(x)$ auf *graphischem* Wege

Über die Umkehrung einer Funktion

1. Jede *streng monoton wachsende* oder *fallende* Funktion ist *umkehrbar*.
2. Bei der *Umkehrung* einer Funktion werden Definitions- und Wertebereich miteinander *vertauscht*.
3. Zeichnerisch erhält man das Schaubild der Umkehrfunktion durch *Spiegelung* der Funktionskurve an der Geraden $y = x$ (Bild III-31; Voraussetzung: *gleicher* Maßstab auf *beiden* Koordinatenachsen).

3 Koordinatentransformationen

3.1 Ein einführendes Beispiel

Die Gleichung einer Funktion oder einer Kurve hängt *entscheidend* von der Wahl des zugrunde gelegten *Koordinatensystems* ab. Besonders einfache Gleichungen erhält man immer dann, wenn ein *symmetriegerechtes* Koordinatensystem gewählt wird, das den speziellen Symmetrieeigenschaften der Funktion oder der Kurve Rechnung trägt. Wir erläutern dieses Problem an einem einfachen Beispiel.

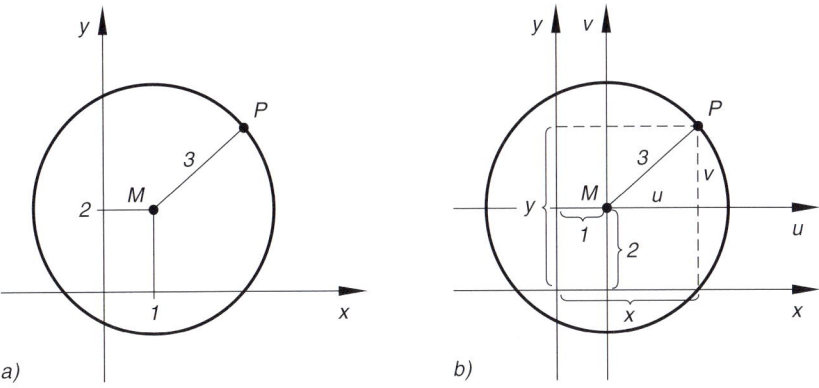

Bild III-32 Zur Koordinatentransformation eines Kreises
  a) Kreis im x, y-System   b) Kreis im u, v-System

Der in Bild III-32a) skizzierte *Kreis* mit dem Mittelpunkt $M = (1; 2)$ und dem Radius $r = 3$ wird in dem zugrunde gelegten x, y-Koordinatensystem durch die Gleichung

$$(x - 1)^2 + (y - 2)^2 = 9 \tag{III-5}$$

beschrieben. Diese Gleichung lässt sich wesentlich vereinfachen, wenn wir zu einem neuen u, v-Koordinatensystem übergehen, das die spezielle Symmetrie des Kreises berücksichtigt. Dazu wählen wir den *Mittelpunkt* des Kreises als neuen *Koordinatenursprung* und legen durch ihn zur *x*-Achse bzw. *y*-Achse *parallele* Koordinatenachsen. In dem neuen u, v-System nimmt dann die Kreisgleichung die einfache Gestalt

$$u^2 + v^2 = 9 \tag{III-6}$$

an, wie man mit Hilfe des bekannten *Lehrsatzes des Pythagoras* dem Bild III-32b) unmittelbar entnehmen kann. Zwischen den neuen und den alten Koordinaten besteht dabei der folgende Zusammenhang:

$$\begin{aligned} u &= x - 1 \\ v &= y - 2 \end{aligned} \quad \text{bzw.} \quad \begin{aligned} x &= u + 1 \\ y &= v + 2 \end{aligned} \tag{III-7}$$

Der Übergang vom x, y-System zum u, v-System wird als *Koordinatentransformation* bezeichnet. In diesem einführenden Beispiel handelt es sich dabei um eine *Parallelverschiebung* des kartesischen x, y-Koordinatensystems.

3.2 Parallelverschiebung eines kartesischen Koordinatensystems

Wir gehen bei unseren Betrachtungen von einem *rechtwinkligen* oder *kartesischen* x, y-Koordinatensystem aus. Durch *Parallelverschiebung der Koordinatenachsen* entsteht hieraus ein neues, wiederum kartesisches Koordinatensystem (Bild III-33). Es soll im Folgenden als u, v-Koordinatensystem bezeichnet werden. Der *Koordinatenursprung* des *neuen* u, v-Systems falle dabei in den Punkt $O' = (a; b)$, bezogen auf das *alte* x, y-System.

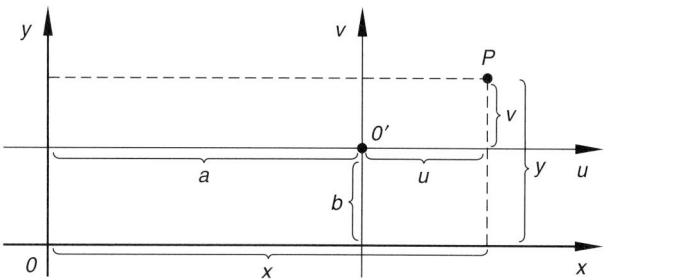

Bild III-33 Parallelverschiebung eines kartesischen Koordinatensystems

Ein *beliebig* herausgegriffener Punkt P besitze im x, y-System die Koordinaten $(x; y)$ und im u, v-System die Koordinaten $(u; v)$. Zwischen ihnen bestehen die folgenden *Transformationsgleichungen*, die sich unmittelbar aus Bild III-33 ablesen lassen:

$$\begin{aligned} x &= u + a \\ y &= v + b \end{aligned} \quad \text{bzw.} \quad \begin{aligned} u &= x - a \\ v &= y - b \end{aligned} \tag{III-8}$$

3 Koordinatentransformationen

Wie verändert sich bei einer solchen Koordinatentransformation die Gleichung einer Funktion $y = f(x)$? Mit Hilfe der Transformationsgleichungen (III-8) finden wir:

$$y = f(x) \xrightarrow[y = v + b]{x = u + a} v + b = f(u + a) \quad \text{oder} \quad v = f(u + a) - b \qquad \text{(III-9)}$$

Bei einer *sinnvoll* gewählten Koordinatentransformation erreicht man dabei stets eine erhebliche *Vereinfachung* der Funktions- oder Kurvengleichung, wie bereits im einführenden Beispiel gezeigt wurde. Weitere Beispiele im Anschluss an die nachfolgende Zusammenfassung werden diese Aussage bestätigen.

Parallelverschiebung eines kartesischen Koordinatensystems (Bild III-33)

Das kartesische x, y-Koordinatensystem gehe durch eine *Parallelverschiebung der Koordinatenachsen* in das ebenfalls rechtwinklige u, v-Koordinatensystem über (Bild III-33). Ein beliebiger Punkt P besitze im „alten" x, y-System die Koordinaten $(x; y)$ und im „neuen" u, v-System die Koordinaten $(u; v)$. Zwischen diesen Koordinaten bestehen dann die folgenden linearen *Transformationsgleichungen*:

$$\begin{array}{ll} x = u + a & u = x - a \\ y = v + b & \text{bzw.} \quad v = y - b \end{array} \qquad \text{(III-10)}$$

Dabei bedeuten:

$(a; b)$: *Koordinatenursprung* des *neuen* u, v-Koordinatensystems, bezogen auf das alte x, y-System

---

Die Konstanten a und b besitzen die folgende *geometrische* Bedeutung:

$|a|$: Abstand der beiden *vertikalen* Koordinatenachsen

$|b|$: Abstand der beiden *horizontalen* Koordinatenachsen

$a > 0$: Verschiebung der y-Achse nach *rechts* (sonst nach *links*)

$b > 0$: Verschiebung der x-Achse nach *oben* (sonst nach *unten*)

■ **Beispiele**

(1) Die Parabel $y = x^2 + 2x + 3$ lässt sich durch *quadratische Ergänzung* in die folgende Gestalt bringen:

$$y = x^2 + 2x + 3 = \underbrace{(x^2 + 2x + 1)}_{(x+1)^2} + 2 = (x + 1)^2 + 2 \quad \Rightarrow$$

$$y - 2 = (x + 1)^2$$

Mit Hilfe der linearen Transformationsgleichungen

$$u = x + 1 \quad \text{und} \quad v = y - 2$$

führen wir ein neues, parallelverschobenes u, v-Koordinatensystem ein, dessen Ursprung im *Scheitelpunkt* der Parabel liegt und im x, y-System die Koordinaten $x_0 = -1$ und $y_0 = 2$ besitzt[1]. Die Funktionsgleichung der Parabel lautet daher im *neuen* u, v-System wie folgt:

$$y - 2 = (x + 1)^2 \quad \xrightarrow[v = y - 2]{u = x + 1} \quad v = u^2$$

Durch diese Parallelverschiebung haben wir eine wesentliche *Vereinfachung* der Parabelgleichung erreicht und dabei erkannt, dass es sich dabei letztendlich um die bekannte *Normalparabel* handelt (Bild III-34).

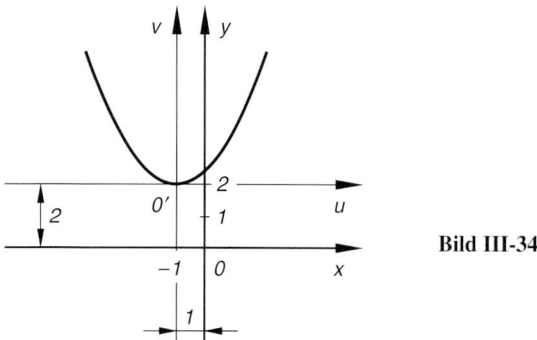

Bild III-34

(2) Die Parabel $y = 0{,}5 x^2$ soll um zwei Einheiten in Richtung der *positiven* x-Achse und gleichzeitig um drei Einheiten in Richtung der *negativen* y-Achse verschoben werden. Wie lautet die Gleichung der *verschobenen* Parabel im x, y-Koordinatensystem?

Lösung: Der Scheitelpunkt S der *verschobenen* Parabel besitzt die Koordinaten $x_0 = 2$ und $y_0 = -3$. Wir wählen ihn als *Ursprung* eines neuen u, v-Koordinatensystems. In diesem System besitzt die *verschobene* Parabel die gleiche Lage wie die unverschobene Parabel im alten x, y-System. Aus der Funktionsgleichung $y = 0{,}5 x^2$ wird daher im u, v-System die Gleichung $v = 0{,}5 u^2$ (x wird durch u und y durch v ersetzt). Zwischen den beiden Koordinatensystemen bestehen dabei die Transformationsgleichungen

$$\begin{array}{c} x = u + 2 \\ y = v - 3 \end{array} \quad \text{bzw.} \quad \begin{array}{c} u = x - 2 \\ v = y + 3 \end{array}$$

Man erhält sie am bequemsten aus einer *Skizze*, die neben dem *alten* x, y-System auch das *neue* u, v-System sowie einen *beliebigen* Punkt P enthält, den man (um

---

[1] Die Koordinaten des *neuen* Koordinatenursprungs im *alten* x, y-System erhält man aus den Transformationsgleichungen für $u = 0$ und $v = 0$.

Vorzeichenfehler zu vermeiden) zweckmäßigerweise so auswählt, dass er im 1. Quadranten *beider* Koordinatensysteme liegt (Bild III-35):

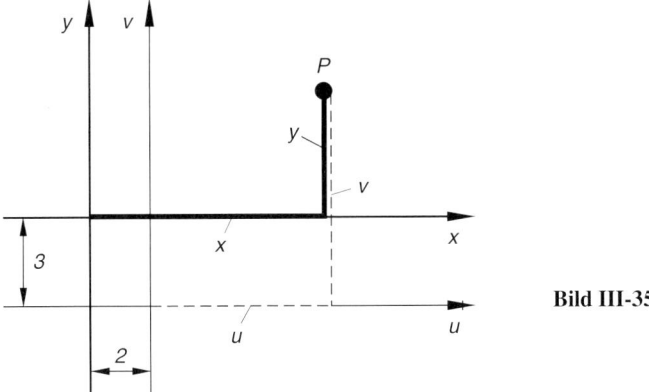

Bild III-35

P besitzt im x, y-System die Koordinaten x und y und im u, v-System die Koordinaten u und v. Aus der Skizze lassen sich dann die gesuchten Transformationsgleichungen sofort ablesen. Die Parabel $v = 0{,}5\,u^2$ besitzt demnach im x, y-System die folgende Funktionsgleichung (wobei $u = x - 2$ und $v = y + 3$ gesetzt wird):

$$y + 3 = 0{,}5\,(x - 2)^2 = 0{,}5\,(x^2 - 4x + 4) = 0{,}5\,x^2 - 2x + 2 \quad \Rightarrow$$

$$y = 0{,}5\,x^2 - 2x - 1$$

Beide Parabeln sind in Bild III-36 dargestellt.

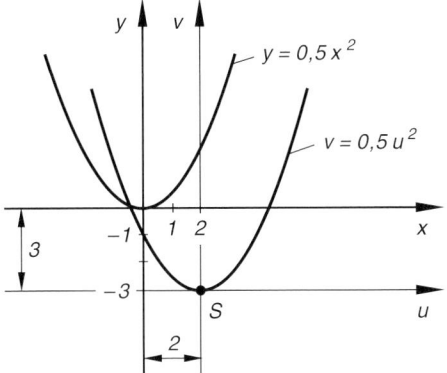

Bild III-36
Parallelverschiebung der Parabel $y = 0{,}5\,x^2$

■

3.3 Übergang von kartesischen Koordinaten zu Polarkoordinaten

3.3.1 Definition der Polarkoordinaten

Bisher wurde die Lage eine Punktes P der Ebene ausschließlich durch *rechtwinklige* oder *kartesische Koordinaten* beschrieben. In vielen Fällen ist es jedoch günstiger, auf die wie folgt definierten *Polarkoordinaten* r und φ zurückzugreifen (Bild III-37):

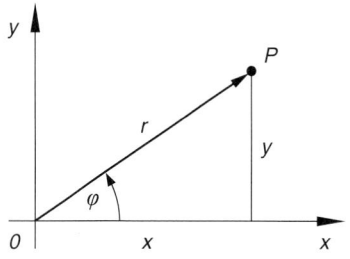

Bild III-37
Polarkoordinaten $(r; \varphi)$ eines Punktes $P = (x; y)$

Definition: Die *Polarkoordinaten* $(r; \varphi)$ eines Punktes P der Ebene bestehen aus einer *Abstandskoordinate* r und einer *Winkelkoordinate* φ (Bild III-37):

r: *Abstand* des Punktes P vom Koordinatenursprung O

φ: *Winkel* zwischen der *positiven* x-Achse und dem vom Koordinatenursprung O zum Punkt P gerichteten Radiusvektor (Ortsvektor)

Anmerkungen

(1) Für die Abstandskoordinate r gilt *definitionsgemäß* stets $r \geq 0$, d. h. *negative* r-Werte sind *nicht* zugelassen!

(2) Der Winkel φ wird *positiv* gezählt bei Drehung im *Gegenuhrzeigersinn* (mathematisch *positiver* Drehsinn), *negativ* dagegen bei Drehung im *Uhrzeigersinn* (mathematisch *negativer* Drehsinn). Er ist jedoch nur bis auf ganzzahlige Vielfache von 360° (bzw. 2π im Bogenmaß) bestimmt. Man kann sich daher bei der Winkelangabe auf den im Intervall $0° \leq \varphi < 360°$ (bzw. $0 \leq \varphi < 2\pi$) gelegenen *Hauptwert* beschränken (wir werden so verfahren).

In der Technik, insbesondere in der Elektrotechnik, werden die *Hauptwerte* häufig dem Intervall $-180° < \varphi \leq 180°$ (bzw. $-\pi < \varphi \leq \pi$) zugeordnet. Den 1. und 2. Quadranten erreicht man dabei durch Drehung im *Gegenuhrzeigersinn* (Drehwinkel von 0° bis 180°), den 3. und 4. Quadranten durch Drehung im *Uhrzeigersinn* (Drehwinkel von 0° bis $-180°$).

(3) Das Polarkoordinatensystem ist ein *krummliniges* Koordinatensystem. Die Koordinatenlinien bestehen aus *konzentrischen* Kreisen um den Koordinatenursprung O (sog. φ-Linien) und *Strahlen*, die *radial* von O nach außen verlaufen (sog. r-Linien; Bild III-38). Koordinatenursprung O und x-Achse werden in diesem Zusammenhang auch wie folgt bezeichnet:

Koordinatenursprung O: *Pol* x-Achse: Polarachse

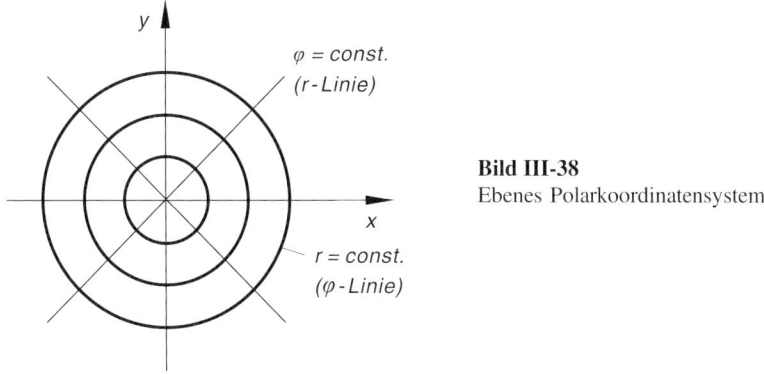

Bild III-38
Ebenes Polarkoordinatensystem

Ein entsprechendes Koordinatenpapier ist im Handel erhältlich (*Polarkoordinatenpapier*).

(4) Der Koordinatenursprung (Pol) O hat die Abstandskoordinate $r = 0$, die Winkelkoordinate φ dagegen ist *unbestimmt*.

Zwischen den *kartesischen* und den *Polarkoordinaten* bestehen dabei die folgenden *Transformationsgleichungen*, die sich unmittelbar aus Bild III-37 ergeben:

Koordinatentransformation: Kartesische Koordinaten $\rightleftarrows$ Polarkoordinaten

Polarkoordinaten ⟶ Kartesische Koordinaten (Bild III-37)

$$x = r \cdot \cos \varphi, \qquad y = r \cdot \sin \varphi \tag{III-11}$$

Kartesische Koordinaten ⟶ Polarkoordinaten (Bild III-37)

$$r = \sqrt{x^2 + y^2}, \qquad \tan \varphi = \frac{y}{x} \tag{III-12}$$

Anmerkungen

(1) Die Berechnung der *Winkelkoordinate* φ aus den vorgegebenen kartesischen Koordinaten nach der Gleichung $\tan \varphi = y/x$ ist häufig mit Schwierigkeiten verbunden, da die Auflösung dieser Gleichung nach φ noch vom *Quadranten* des Winkels abhängt. Wir empfehlen daher, die Winkelberechnung auf *indirektem* Wege wie folgt vorzunehmen: Zunächst wird anhand einer *Skizze* die Lage des Punktes und damit der *Quadrant* des gesuchten Winkels φ bestimmt, dann erfolgt die Berechnung des Winkels φ über einen geeigneten *Hilfswinkel* α in einem rechtwinkligen Dreieck. Im nachfolgenden Beispiel (1) wird dieses Verfahren näher erläutert.

(2) Die Berechnung des Winkels φ kann auch wie folgt vorgenommen werden (Lösung in Abhängigkeit vom Quadranten):

Quadrant	I	II, III	IV
$\varphi =$	arctan (y/x)	arctan $(y/x) + 180°$	arctan $(y/x) + 360°$

arctan x ist dabei die *Umkehrfunktion* von tan x und wird in Abschnitt 10.4 noch ausführlich besprochen. Im Bogenmaß sind die Winkel $180°$ bzw. $360°$ durch π bzw. 2π zu ersetzen.

■ **Beispiele**

(1) Der Punkt $P_1 = (-3; 4)$ liegt im 2. *Quadrant* (Bild III-39). Für die Abstandskoordinate r erhalten wir nach der ersten der Gleichungen (III-12):

$$r = \sqrt{(-3)^2 + 4^2} = \sqrt{25} = 5$$

Für den *Hauptwert* der gesuchten Winkelkoordinate φ entnehmen wir der Lageskizze: $90° < \varphi < 180°$. Wir berechnen zunächst den *Hilfswinkel* α des eingezeichneten rechtwinkligen Dreiecks mit den Katheten der Längen 3 und 4 und daraus schließlich den Winkel φ:

$$\tan \alpha = 4/3 \quad \Rightarrow \quad \alpha = \arctan(4/3) = 53{,}1°$$

$$\varphi = 180° - \alpha = 180° - 53{,}1° = 126{,}9°$$

Die oben angegebene Lösungsformel liefert den gleichen Wert (2. Quadrant):

$$\varphi = \arctan(-4/3) + 180° = -53{,}1° + 180° = 126{,}9°$$

Ergebnis: $r = 5$, $\varphi = 126{,}9°$

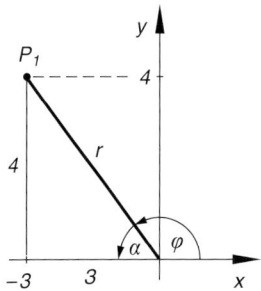

Bild III-39

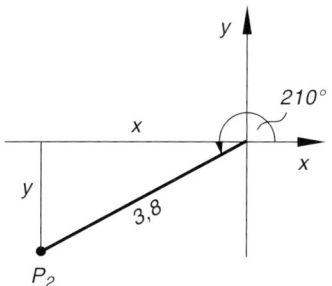

Bild III-40

(2) Die Lage des Punktes P_2 in Bild III-40 wird eindeutig durch die Polarkoordinaten $r = 3{,}8$ und $\varphi = 210°$ beschrieben. Seine *kartesischen* Koordinaten berechnen wir aus Gleichung (III-11) wie folgt:

$$x = 3{,}8 \cdot \cos 210° = -3{,}29 \quad \text{und} \quad y = 3{,}8 \cdot \sin 210° = -1{,}9 \quad ■$$

3.3.2 Darstellung einer Kurve in Polarkoordinaten

Eine in *Polarkoordinaten* $(r; \varphi)$ dargestellte Kurve wird durch eine Gleichung

$$r = f(\varphi) \quad \text{oder} \quad r = r(\varphi) \tag{III-13}$$

beschrieben. Um die Kurve zeichnen zu können, erstellen wir eine *Wertetabelle*. Für den Polarwinkel φ werden dabei verschiedene Werte φ_1, φ_2, φ_3, ... vorgegeben und aus der Funktionsgleichung $r = r(\varphi)$ die zugehörigen Abstandswerte $r_1 = r(\varphi_1)$, $r_2 = r(\varphi_2)$, $r_3 = r(\varphi_3)$, ... berechnet:

φ	φ_1	φ_2	φ_3	...
$r = r(\varphi)$	$r_1 = r(\varphi_1)$	$r_2 = r(\varphi_2)$	$r_3 = r(\varphi_3)$	...

Dabei ist zu beachten, dass definitionsgemäß nur *positive* Werte für r infrage kommen, da r der *Abstand* eines Kurvenpunktes vom Koordinatenursprung ist und somit als physikalische Größe nie negativ sein kann. Erhält man für einen Winkel φ^* durch formales Einsetzen in die Kurvengleichung $r = r(\varphi)$ einen *negativen* Abstandswert $r^* = r(\varphi^*)$, so befindet sich in dieser Winkelrichtung *kein* Kurvenpunkt. Der Winkel φ^* liegt in diesem Fall *außerhalb* des Definitionsbereiches der Funktion $r = r(\varphi)$.

Den Kurvenverlauf erhält man schließlich, indem man auf den Strahlen $\varphi = \varphi_1$, $\varphi = \varphi_2$, $\varphi = \varphi_3$, ... die zugehörigen (positiven) Abstandswerte $r_1, r_2, r_3, ...$ vom Nullpunkt (Pol) aus nach außen hin abträgt und die auf diese Weise erhaltenen Kurvenpunkte miteinander verbindet (Bild III-41).

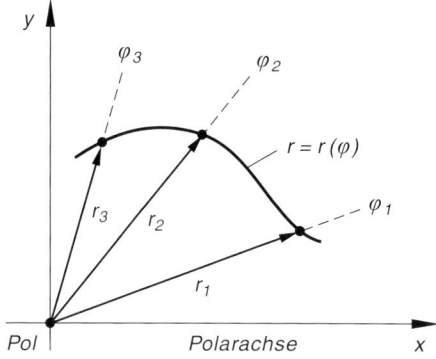

Bild III-41
Zur graphischen Darstellung einer in Polarkoordinaten definierten Kurve $r = r(\varphi)$

- **Beispiele**

(1) Durch die Gleichung

$$r = r(\varphi) = 2\varphi \quad (0 \leq \varphi \leq 2\pi)$$

wird die in Bild III-42 skizzierte spiralförmige Kurve beschrieben (sog. *Archimedische Spirale*). Dieses Kurvenbild erhalten wir mit Hilfe der folgenden

Wertetabelle (gewählte Schrittweite: $\Delta\varphi = 30° \triangleq \pi/6$; die Winkelwerte müssen dabei im *Bogenmaß* eingesetzt werden, damit die Abstandkoordinate $r = 2\varphi$ *dimensionslos* bleibt!):

φ	0	$1 \cdot \dfrac{\pi}{6}$	$2 \cdot \dfrac{\pi}{6}$	$3 \cdot \dfrac{\pi}{6}$	$4 \cdot \dfrac{\pi}{6}$	$5 \cdot \dfrac{\pi}{6}$	$6 \cdot \dfrac{\pi}{6}$	$7 \cdot \dfrac{\pi}{6}$	$8 \cdot \dfrac{\pi}{6}$
r	0	1,05	2,09	3,14	4,19	5,24	6,28	7,33	8,38

φ	$9 \cdot \dfrac{\pi}{6}$	$10 \cdot \dfrac{\pi}{6}$	$11 \cdot \dfrac{\pi}{6}$	$12 \cdot \dfrac{\pi}{6}$
r	9,42	10,47	11,52	12,57

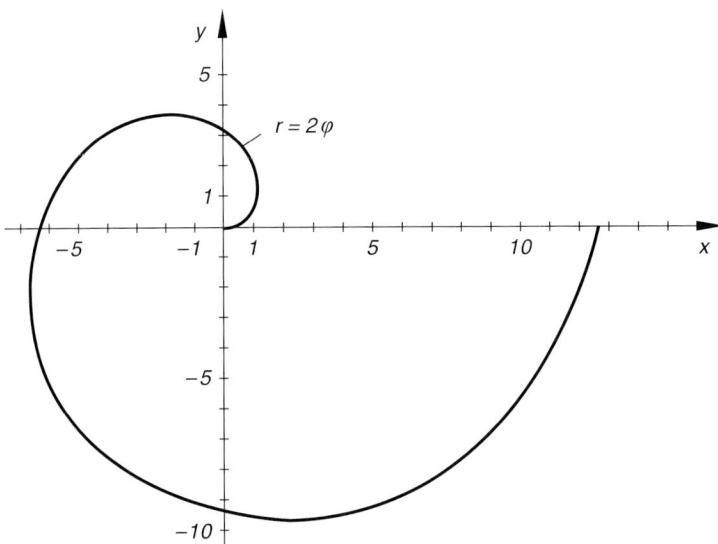

Bild III-42 Archimedische Spirale $r = 2\varphi$ (mit $0 \leq \varphi \leq 2\pi$)

(2) Die Kurve mit der Gleichung

$$r = r(\varphi) = 1 + \cos\varphi \qquad (0° \leq \varphi \leq 360°)$$

heißt *Kardioide* (Herzkurve) und besitzt den in Bild III-43 skizzierten Verlauf (*Spiegelsymmetrie* zur x-Achse), den wir mit Hilfe der folgenden Wertetabelle erhalten haben (gewählte Schrittweite: $\Delta\varphi = 30°$):

φ	0°	30°	60°	90°	120°	150°	180°
r	2	1,87	1,5	1	0,5	0,13	0

Die Punkte des 3. und 4. Quadranten erhält man durch *Spiegelung* der berechneten Kurvenpunkte an der *x*-Achse (die Winkel werden nach *unten* abgetragen).

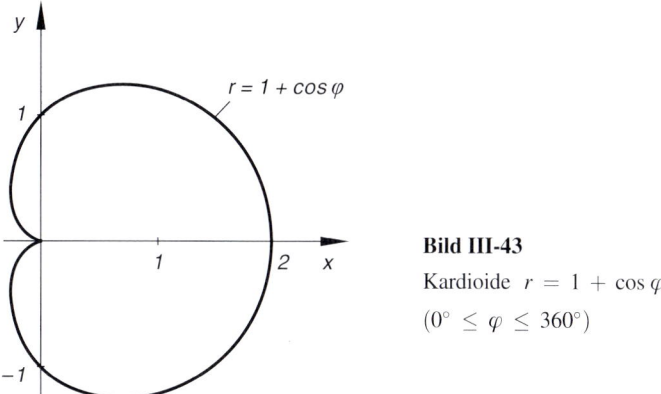

Bild III-43
Kardioide $r = 1 + \cos \varphi$
$(0° \leq \varphi \leq 360°)$

∎

4 Grenzwert und Stetigkeit einer Funktion

4.1 Reelle Zahlenfolgen

4.1.1 Definition und Darstellung einer reellen Zahlenfolge

Definition: Jeder positiven ganzen Zahl n wird in eindeutiger Weise eine reelle Zahl a_n zugeordnet. Die unendliche Menge reeller Zahlen $a_1, a_2, a_3, \ldots$ heißt reelle *Zahlenfolge*. Symbolische Schreibweise:

$$\langle a_n \rangle = a_1, a_2, a_3, \ldots, a_n, \ldots \qquad (n \in \mathbb{N}^*) \qquad \text{(III-14)}$$

Die Zahlen $a_1, a_2, a_3, \ldots$ heißen die *Glieder* der Folge, a_n ist das *n*-te Glied der Folge.

Anmerkungen

(1) Eine reelle Zahlenfolge wird auch kurz als *Folge* bezeichnet.

(2) Anschauliche Deutung einer Folge: Wie im Kino werden die Plätze fortlaufend durchnummeriert und jeder Platz mit einer reellen Zahl „belegt".

Platzziffer:	1	2	3	…	n	…
	↓	↓	↓		↓	
Element:	a_1	a_2	a_3	…	a_n	…

Die Nummerierung kann auch bei 0 oder einer beliebigen anderen natürlichen Zahl k beginnen.

(3) Eine Zahlenfolge $\langle a_n \rangle$ kann auch als *diskrete* Funktion aufgefasst werden, die jedem $n \in \mathbb{N}^*$ genau eine Zahl $a_n \in \mathbb{R}$ zugeordnet. Eine Zuordnungsvorschrift in Form einer Gleichung

$$a_n = f(n) \qquad (n \in \mathbb{N}^*) \tag{III-15}$$

heißt *Bildungsgesetz* der Folge.

■ **Beispiele**

(1) $\langle a_n \rangle = -\dfrac{1}{2}, -\dfrac{1}{4}, -\dfrac{1}{6}, \ldots$ Bildungsgesetz: $a_n = -\dfrac{1}{2n} \qquad (n \in \mathbb{N}^*)$

(2) $\langle a_n \rangle = 1^3, 2^3, 3^3, \ldots$ Bildungsgesetz: $a_n = n^3 \qquad (n \in \mathbb{N}^*)$

(3) $\langle a_n \rangle = 0, \dfrac{1}{2}, \dfrac{2}{3}, \dfrac{3}{4}, \ldots$ Bildungsgesetz: $a_n = \dfrac{n-1}{n} = 1 - \dfrac{1}{n} \qquad (n \in \mathbb{N}^*)$

■

Die Glieder einer Folge $\langle a_n \rangle$ lassen sich durch *Punkte* auf einem Zahlenstrahl darstellen. Für die Zahlenmenge

$$\langle a_n \rangle = \left\langle \dfrac{n-1}{n} \right\rangle = \left\langle 1 - \dfrac{1}{n} \right\rangle = 0, \dfrac{1}{2}, \dfrac{2}{3}, \dfrac{3}{4}, \dfrac{4}{5}, \ldots \qquad (n \in \mathbb{N}^*) \tag{III-16}$$

beispielsweise erhalten wir die in Bild III-44 skizzierte Abbildung (Anordnung):

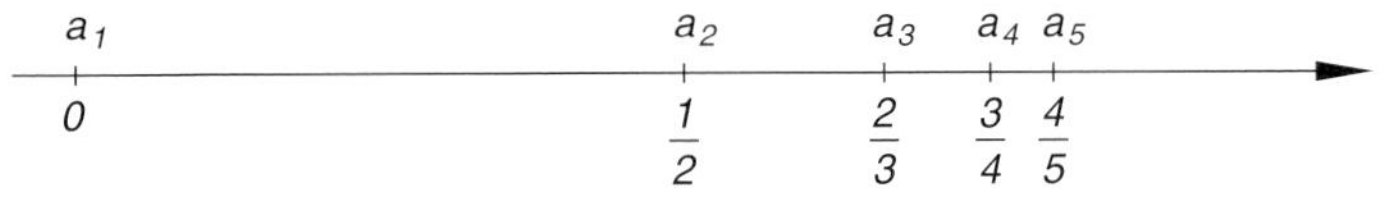

```
  a₁                    a₂        a₃   a₄ a₅
──┼────────────────────┼─────────┼────┼──┼──────▶
  0                    1/2       2/3  3/4 4/5
```

Bild III-44 Darstellung der Zahlenfolge $\langle a_n \rangle = \langle 1 - 1/n \rangle$ auf einer Zahlengerade $(n \in \mathbb{N}^*)$

Eine Folge $\langle a_n \rangle$ lässt sich auch durch einen *Graph* anschaulich darstellen. Wir interpretieren dabei die Folge $\langle a_n \rangle$ als eine *diskrete Funktion* und ordnen jedem Wertepaar $(n; a_n)$ einen Punkt P_n in einem rechtwinkligen Koordinatensystem zu. Die Menge aller Punkte $P_n = (n; a_n)$ mit $n \in \mathbb{N}^*$ heißt *Graph der Folge* $\langle a_n \rangle$.

■ **Beispiel**

Die Folge (III-16) lässt sich durch die *Funktionsgleichung* (Bildungsgesetz)

$$a_n = f(n) = \dfrac{n-1}{n} = 1 - \dfrac{1}{n} \qquad (n \in \mathbb{N}^*)$$

beschreiben. Der zugehörige *Graph* besitzt das in Bild III-45 skizzierte Aussehen.

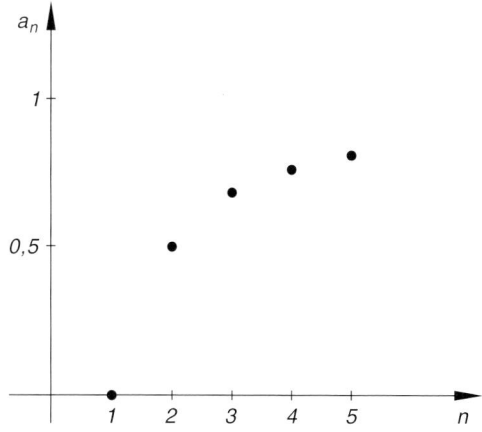

Bild III-45
Darstellung der Zahlenfolge
$\langle a_n \rangle = \langle 1 - 1/n \rangle$ mit $n \in \mathbb{N}^*$
durch einen Graph

∎

4.1.2 Grenzwert einer Folge

Wir wollen uns zunächst eingehend mit den Eigenschaften der Zahlenfolge

$$\langle a_n \rangle = \left\langle \frac{n-1}{n} \right\rangle = \left\langle 1 - \frac{1}{n} \right\rangle \qquad (n \in \mathbb{N}^*) \tag{III-17}$$

beschäftigen und erstellen zu diesem Zweck eine *Wertetabelle*:

n	1	2	3	...	10	...	100	...	1000	...
a_n	0	$\frac{1}{2}$	$\frac{2}{3}$	...	0,9	...	0,99	...	0,999	...

Aus ihr entnehmen wir die folgenden Eigenschaften [2]:

1. Alle Glieder (Funktionswerte) sind *kleiner* als 1, d. h. es gilt $a_n < 1$.
2. Mit *zunehmendem Index* n werden die Glieder der Folge *größer* und unterscheiden sich dabei immer weniger von der Zahl 1.

Wir ziehen daraus die Folgerung, dass in *jeder* noch so *kleinen* Umgebung der Zahl 1 *fast alle* Glieder der Folge liegen. So ist beispielsweise ab dem 11. Glied der Abstand aller folgenden Glieder von der Zahl 1 *kleiner* als 0,1. Mit anderen Worten: Alle Glieder a_n mit $n \geq 11$ erfüllen die Ungleichung $|a_n - 1| < 0,1$ (Bild III-46).

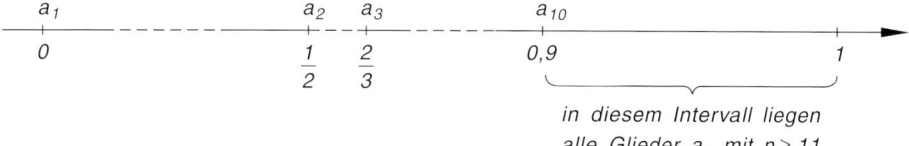

Bild III-46 Die Zahlenfolge $\langle a_n \rangle = \langle 1 - 1/n \rangle$ konvergiert gegen den Grenzwert 1

---

[2] Es handelt sich hier um eine *streng monoton wachsende* und *beschränkte* Zahlenfolge.

Vom 101. Glied an ist der Abstand aller folgenden Glieder von der Zahl 1 sogar *kleiner* als 0,01, d. h. jedes Glied a_n mit $n \geq 101$ erfüllt die Ungleichung $|a_n - 1| < 0{,}01$. Die Glieder der Zahlenfolge (III-17) unterscheiden sich demnach mit zunehmender „Platzziffer" n immer weniger von der Zahl 1, die daher als *Grenzwert* der Folge

$$\langle a_n \rangle = \left\langle 1 - \frac{1}{n} \right\rangle \quad \text{für} \quad n \to \infty$$

bezeichnet wird.

Allgemein definieren wird den *Grenzwert einer Zahlenfolge* wie folgt:

Definition: Die reelle Zahl g heißt *Grenzwert* oder *Limes* der Zahlenfolge $\langle a_n \rangle$, wenn es zu jedem $\varepsilon > 0$ eine natürliche Zahl $n_0 > 0$ gibt, so dass für alle $n \geq n_0$ stets

$$|a_n - g| < \varepsilon \tag{III-18}$$

ist.

Anmerkungen

(1) Die natürliche Zahl n_0 hängt i. Allg. noch von der Wahl der Zahl $\varepsilon > 0$ ab. Daher schreibt man häufig auch $n_0(\varepsilon)$ statt n_0.

(2) Es lässt sich zeigen, dass eine Folge $\langle a_n \rangle$ *höchstens einen* Grenzwert besitzen kann.

Besitzt eine Folge $\langle a_n \rangle$ den Grenzwert g, so liegen *innerhalb* einer jeden ε-Umgebung von g *fast alle* Glieder der Folge. Mit anderen Worten: die Glieder $a_1, a_2, a_3, \ldots, a_{n_0-1}$ liegen *außerhalb*, alle darauf folgenden Glieder $a_{n_0}, a_{n_0+1}, a_{n_0+2}, \ldots$ *innerhalb* der Umgebung (siehe Bild III-47). Eine Folge mit dieser Eigenschaft heißt *konvergent* mit dem Grenzwert g.

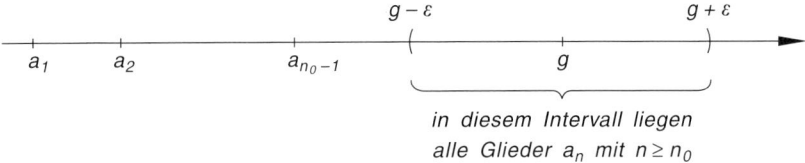

Bild III-47 Zum Begriff des Grenzwertes g einer Zahlenfolge $\langle a_n \rangle$

Definitionen: (1) Eine Folge $\langle a_n \rangle$ heißt *konvergent*, wenn sie einen *Grenzwert* g besitzt. Symbolische Schreibweise:

$$\lim_{n \to \infty} a_n = g \tag{III-19}$$

(gelesen: Limes von a_n für n gegen unendlich gleich g)

(2) Eine Folge $\langle a_n \rangle$, die *keinen* Grenzwert besitzt, heißt *divergent*.

4 Grenzwert und Stetigkeit einer Funktion

■ **Beispiele**

(1) Die Folge $\langle a_n \rangle = \left\langle \dfrac{1}{n} \right\rangle = 1, \dfrac{1}{2}, \dfrac{1}{3}, \dfrac{1}{4}, \ldots$ ist *konvergent* mit dem *Grenzwert*

$$g = \lim_{n \to \infty} \left(\dfrac{1}{n} \right) = 0 \quad \text{(sog. Nullfolge)}.$$

(2) $\langle a_n \rangle = \left\langle 1 - \dfrac{1}{n} \right\rangle = 0, \dfrac{1}{2}, \dfrac{2}{3}, \dfrac{3}{4}, \ldots \;\Rightarrow\; g = \lim_{n \to \infty} \left(1 - \dfrac{1}{n} \right) = 1$

Es handelt sich demnach um eine *konvergente* Folge mit dem Grenzwert $g = 1$.

(3) Die Folge $\langle a_n \rangle = \left\langle \left(1 + \dfrac{1}{n} \right)^n \right\rangle = 2, \dfrac{9}{4}, \dfrac{64}{27}, \dfrac{625}{256}, \ldots$ ist *konvergent* mit dem *Grenzwert*

$$g = \lim_{n \to \infty} \left(1 + \dfrac{1}{n} \right)^n = 2{,}71828182\ldots = \mathrm{e}$$

(ohne Beweis). Die Zahl e heißt *Eulersche Zahl*. Sie ist die *Basis* der wichtigsten Exponentialfunktion, der sog. e-Funktion (siehe hierzu Abschnitt 11.2).

(4) $\langle a_n \rangle = \langle n^3 \rangle = 1^3, 2^3, 3^3, 4^3, \ldots$

$$g = \lim_{n \to \infty} n^3 = \infty \quad \text{(sog. uneigentlicher Grenzwert)}$$

Die Zahlenfolge ist *divergent* (sie wird auch als *bestimmt divergente* Folge bezeichnet). ■

4.2 Grenzwert einer Funktion

Mit Hilfe des Begriffes „Grenzwert" lässt sich das Verhalten einer Funktion $f(x)$ in der Umgebung einer festen Stelle x_0 näher untersuchen und zwar auch dann, wenn die Funktion an dieser Stelle *nicht* definiert ist, der Funktionswert $f(x_0)$ also *nicht* existiert.

4.2.1 Grenzwert einer Funktion für $x \to x_0$

Den Begriff des *Grenzwertes einer Funktion* wollen wir zunächst anhand eines einfachen Beispiels erläutern. Wir wählen dazu die Funktion $f(x) = x^2$ aus und untersuchen ihr Verhalten bei einer beliebig feinen Annäherung an die Stelle $x_0 = 2$.

Annäherung von links

Ausgangspunkt unserer Betrachtung sei die im Definitionsbereich der Funktion liegende und von *links* gegen die Zahl 2 konvergierende Folge von x-Werten

$\langle x_n \rangle = 1{,}9;\; 1{,}99;\; 1{,}999;\; 1{,}9999;\; \ldots$

Jedem Glied dieser Folge wird durch die Funktionsgleichung $f(x) = x^2$ genau ein Funktionswert zugeordnet: $f(x_n) = x_n^2$. Die Funktionstafel (Wertetabelle) hat dabei das folgende Aussehen:

x_n	1,9	1,99	1,999	1,9999	...
$f(x_n) = x_n^2$	3,61	3,9601	3,996 001	3,999 600 01	...

Ihr entnehmen wir, dass die Folge der Funktionswerte $\langle f(x_n) \rangle = \langle x_n^2 \rangle$ offensichtlich gegen den Wert 4 *konvergiert*. Wir hätten aber auch eine *andere* Auswahl der Zahlenfolge $\langle x_n \rangle$ treffen können (sofern diese Folge gegen die Zahl 2 konvergiert). Das Ergebnis wäre jedoch *dasselbe*. Dies aber bedeutet, dass aus $\langle x_n \rangle \to 2$ mit $x_n < 2$ stets $\langle f(x_n) \rangle \to 4$ folgt. *Symbolisch* schreibt man dafür

$$\lim_{n \to \infty} f(x_n) = \lim_{n \to \infty} x_n^2 = \lim_{\substack{x \to 2 \\ (x<2)}} x^2 = 4 \tag{III-20}$$

und bezeichnet diesen Wert als den *linksseitigen Grenzwert* der Funktion $f(x) = x^2$ an der Stelle $x_0 = 2$.

Annäherung von rechts

Nun betrachten wir die von der *rechten* Seite her gegen die Zahl 2 konvergierende Folge von *x*-Werten

$$\langle x_n \rangle = 2{,}1;\ 2{,}01;\ 2{,}001;\ 2{,}0001;\ \ldots$$

Die zugehörigen Funktionswerte entnehmen wir der folgenden Funktionstafel (Wertetabelle):

x_n	2,1	2,01	2,001	2,0001	...
$f(x_n) = x_n^2$	4,41	4,0401	4,004 001	4,000 4001	...

Die Folge $\langle f(x_n) \rangle$ strebt wiederum gegen den Wert 4. Dies gilt auch für *jede* andere gegen die Zahl 2 konvergierende Folge $\langle x_n \rangle$ mit $x_n > 2$. Das Ergebnis dieser Grenzwertbildung ist der *rechtsseitige Grenzwert* von $f(x) = x^2$ an der Stelle $x_0 = 2$:

$$\lim_{n \to \infty} f(x_n) = \lim_{n \to \infty} x_n^2 = \lim_{\substack{x \to 2 \\ (x>2)}} x^2 = 4 \tag{III-21}$$

In unserem Beispiel stimmen die beiden Grenzwerte von links und rechts überein. Daher schreibt man kurz

$$\lim_{x \to 2} x^2 = 4 \tag{III-22}$$

und spricht von dem *Grenzwert der Funktion* $f(x) = x^2$ *an der Stelle* $x_0 = 2$.

4 Grenzwert und Stetigkeit einer Funktion

Allgemein lässt sich der *Grenzwertbegriff* wie folgt definieren:

Definition: Eine Funktion $y = f(x)$ sei in einer Umgebung von x_0 definiert. Gilt dann für *jede* im Definitionsbereich der Funktion liegende und gegen die Stelle x_0 konvergierende Zahlenfolge $\langle x_n \rangle$ mit $x_n \neq x_0$ stets

$$\lim_{n \to \infty} f(x_n) = g \qquad \text{(III-23)}$$

so heißt g der *Grenzwert* von $y = f(x)$ an der Stelle x_0. Die symbolische Schreibweise lautet:

$$\lim_{x \to x_0} f(x) = g \qquad \text{(III-24)}$$

(gelesen: Limes von $f(x)$ für x gegen x_0 gleich g).

Anmerkungen

(1) Es sei ausdrücklich darauf hingewiesen, dass die Funktion $y = f(x)$ an der Stelle x_0 *nicht* definiert sein muss. Es kann daher der Fall eintreten, dass eine Funktion an einer Stelle x_0 einen *Grenzwert* besitzt, obwohl sie dort *überhaupt nicht* definiert ist (siehe hierzu das folgende Beispiel (2)).

(2) Der *Grenzübergang* $x \to x_0$ bedeutet: x kommt der Stelle x_0 *beliebig nahe*, *ohne* sie jedoch jemals zu *erreichen*. Es ist also stets $x \neq x_0$, was bei der Berechnung von Grenzwerten zu beachten ist.

(3) Anschaulich (aber etwas unpräzise) lässt sich der Grenzwert g einer Funktion $f(x)$ an der Stelle x_0 wie folgt deuten: Der Funktionswert $f(x)$ unterscheidet sich *beliebig wenig* vom Grenzwert g, wenn man sich der Stelle x_0 nur *genügend nähert*.

Gilt für *jede* von *links* her gegen x_0 strebende Folge $\langle x_n \rangle$

$$\lim_{\substack{x \to x_0 \\ (x < x_0)}} f(x) = g_l \qquad \text{(III-25)}$$

so heißt g_l der *linksseitige Grenzwert* von $f(x)$ für $x \to x_0$. Entsprechend ist der *rechtsseitige Grenzwert* von $f(x)$ für $x \to x_0$ erklärt: Für *jede* von *rechts* her gegen x_0 konvergierende Folge gilt dann (sofern der Grenzwert existiert):

$$\lim_{\substack{x \to x_0 \\ (x > x_0)}} f(x) = g_r \qquad \text{(III-26)}$$

Besitzt die Funktion $f(x)$ an der Stelle x_0 den Grenzwert g, so gilt:

$$\lim_{\substack{x \to x_0 \\ (x < x_0)}} f(x) = \lim_{\substack{x \to x_0 \\ (x > x_0)}} f(x) = \lim_{x \to x_0} f(x) = g \qquad (g_l = g_r = g) \qquad \text{(III-27)}$$

- **Beispiele**

  (1) Die in Bild III-48 skizzierte sog. *Sprungfunktion* mit der Funktionsgleichung

  $$y = \sigma(x) = \begin{cases} 0 & x < 0 \\ 1 & x \geq 0 \end{cases} \text{ für }$$

  ist zwar an der Stelle $x_0 = 0$ definiert, $\sigma(0) = 1$, besitzt dort aber *keinen* Grenzwert, da der linksseitige Grenzwert *nicht* mit dem rechtsseitigen Grenzwert übereinstimmt:

  $$g_l = \lim_{\substack{x \to 0 \\ (x < 0)}} \sigma(x) = \lim_{\substack{x \to 0 \\ (x < 0)}} 0 = 0$$

  $$g_r = \lim_{\substack{x \to 0 \\ (x > 0)}} \sigma(x) = \lim_{\substack{x \to 0 \\ (x > 0)}} 1 = 1$$

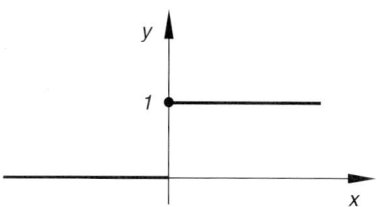

Bild III-48 Sprungfunktion $y = \sigma(x)$

  (2) Die Funktion $y = f(x) = \dfrac{3x^2 - 6x}{x - 2}$ ist an der Stelle $x_0 = 2$ *nicht* definiert. Sie besitzt an dieser Stelle jedoch einen *Grenzwert*:

  $$\lim_{x \to 2} \frac{3x^2 - 6x}{x - 2} = \lim_{x \to 2} \frac{3x(x - 2)}{x - 2} = \lim_{x \to 2} 3x = 6$$

  (der Faktor $x - 2$ ist wegen $x \neq 2$ stets von *null verschieden* und kann daher gekürzt werden).

  (3) $\lim\limits_{x \to 0} \dfrac{\sqrt{1 - x} - 1}{x} = \;?$

  Der Grenzwert führt zunächst auf den „unbestimmten Ausdruck" 0/0, da Zähler und Nenner für $x \to 0$ jeweils *verschwinden*. Die Grenzwertberechnung gelingt jedoch mit einem legalen „mathematischen Trick". Er besteht im *Erweitern* des Bruches mit dem von 0 verschiedenen Ausdruck $\sqrt{1 - x} + 1$ (im Zähler steht dann das *3. Binom*):

  $$\lim_{x \to 0} \frac{\sqrt{1 - x} - 1}{x} = \lim_{x \to 0} \frac{(\sqrt{1 - x} - 1)(\sqrt{1 - x} + 1)}{x(\sqrt{1 - x} + 1)} =$$

  $$= \lim_{x \to 0} \frac{(1 - x) - 1}{x(\sqrt{1 - x} + 1)} = \lim_{x \to 0} \frac{-x}{x(\sqrt{1 - x} + 1)} =$$

  $$= \lim_{x \to 0} \frac{-1}{\sqrt{1 - x} + 1} = \frac{-1}{\sqrt{1} + 1} = \frac{-1}{1 + 1} = -\frac{1}{2} \qquad\blacksquare$$

4.2.2 Grenzwert einer Funktion für $x \to \pm\infty$

In vielen Fällen interessiert das Verhalten einer Funktion für den Fall, dass die *x*-Werte *unbeschränkt wachsen* ($x \to \infty$). Wir studieren das Problem zunächst am Beispiel der Funktion $f(x) = \dfrac{1}{x}$, $x > 0$. *Wie verhält sich diese Funktion für immer größer werdende x-Werte?* Eine solche Folge ist beispielsweise

$$\langle x_n \rangle = 10, \ 100, \ 1000, \ 10\,000, \ \ldots$$

Die ihr zugeordneten Funktionswerte $f(x_n) = \dfrac{1}{x_n}$ entnehmen wir der folgenden Funktionstafel (Wertetabelle):

x_n	10	100	1000	10 000	...
$f(x_n) = \dfrac{1}{x_n}$	0,1	0,01	0,001	0,0001	...

Dabei stellen wir fest, dass die Funktionswerte zunehmend *kleiner* werden und sich immer weniger von der Zahl 0 unterscheiden. Diese Aussage bleibt auch für *jede* andere, über alle Grenzen hinaus wachsende Zahlenfolge $\langle x_n \rangle$ gültig. Symbolisch wird das beschriebene Verhalten der Funktion $f(x) = \dfrac{1}{x}$, $x > 0$ für *unbeschränkt* wachsende *x*-Werte durch den *Grenzwert*

$$\lim_{x \to \infty} \left(\frac{1}{x} \right) = 0 \qquad \text{(III-28)}$$

zum Ausdruck gebracht. Der Funktionsgraph nähert sich dabei *asymptotisch* der *x*-Achse (Bild III-49).

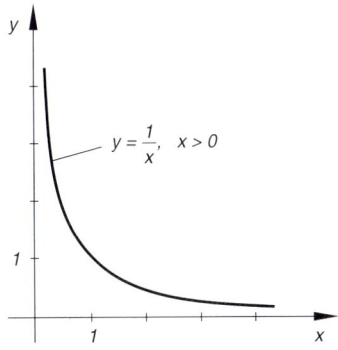

Bild III-49
Asymptotisches Verhalten der Funktion $y = 1/x$, $x > 0$ im Unendlichen

Allgemein definieren wir den Grenzwert einer Funktion für $x \to \infty$ wie folgt:

Definition: Besitzt eine Funktion $y = f(x)$ die Eigenschaft, dass die Folge ihrer Funktionswerte $\langle f(x_n) \rangle$ für *jede* über alle Grenzen hinaus wachsende Zahlenfolge $\langle x_n \rangle$ mit $x_n \in D$ gegen eine Zahl g strebt, so heißt g der *Grenzwert der Funktion für* $x \to \infty$. Wir verwenden dafür die symbolische Schreibweise

$$\lim_{x \to \infty} f(x) = g \qquad \text{(III-29)}$$

Entsprechend wird der Grenzwert einer Funktion $y = f(x)$ für den Fall erklärt, dass die x-Werte *kleiner* werden als *jede* noch so kleine Zahl (Grenzübergang $x \to -\infty$). Falls dieser Grenzwert vorhanden ist, schreibt man symbolisch

$$\lim_{x \to -\infty} f(x) = g \tag{III-30}$$

- **Beispiele**

Vorbemerkung: Nach *elementaren Umformungen* gelingt die Berechnung der folgenden Grenzwerte:

(1) $\lim\limits_{x \to \infty} \left(\dfrac{2x - 1}{x} \right) = \lim\limits_{x \to \infty} \left(2 - \dfrac{1}{x} \right) = 2$

(nach gliedweiser Division durch x)

(2) $\lim\limits_{x \to \pm\infty} \left(\dfrac{x^3}{x^2 + 1} \right) = \lim\limits_{x \to \pm\infty} \left(\dfrac{x}{1 + \dfrac{1}{x^2}} \right) = \pm\infty$ (uneigentlicher Grenzwert)

(nach gliedweiser Division durch x^2)

(3) $\lim\limits_{x \to \infty} \dfrac{\sqrt{x+1} - \sqrt{x-1}}{2} = ?$

Der Grenzwert führt zunächst auf den „unbestimmten Ausdruck" $\infty - \infty$, da *beide* Summanden des Zählers für $x \to \infty$ jeweils beliebig groß werden. Wir müssen daher den Ausdruck zunächst in geeigneter Weise umformen. Dieses Ziel wird erreicht, indem wir den Bruch mit $\sqrt{x+1} + \sqrt{x-1}$ erweitern. Im Zähler steht dann das *3. Binom*

$$(a - b)(a + b) = a^2 - b^2$$

mit $a = \sqrt{x+1}$ und $b = \sqrt{x-1}$. Nach dieser (trickreichen) Umformung lässt sich der Grenzwert bestimmen:

$$\lim_{x \to \infty} \frac{\sqrt{x+1} - \sqrt{x-1}}{2} = \lim_{x \to \infty} \frac{(\sqrt{x+1} - \sqrt{x-1})(\sqrt{x+1} + \sqrt{x-1})}{2(\sqrt{x+1} + \sqrt{x-1})} =$$

$$= \lim_{x \to \infty} \frac{(x+1) - (x-1)}{2(\sqrt{x+1} + \sqrt{x-1})} = \lim_{x \to \infty} \frac{2}{2(\sqrt{x+1} + \sqrt{x-1})} =$$

$$= \lim_{x \to \infty} \frac{1}{\sqrt{x+1} + \sqrt{x-1}} = 0$$

(der Nenner strebt gegen ∞, der Bruch somit gegen 0) ∎

4.2.3 Rechenregeln für Grenzwerte

Für den Umgang mit Grenzwerten gelten folgende Regeln (ohne Beweis):

Rechenregeln für Grenzwerte von Funktionen

Unter der Voraussetzung, dass die Grenzwerte der Funktionen $f(x)$ und $g(x)$ existieren, gelten die folgenden Regeln:

(1) $\lim\limits_{x \to x_0} [C \cdot f(x)] = C \cdot \left(\lim\limits_{x \to x_0} f(x) \right)$ (C: Konstante)   (III-31)

(2) $\lim\limits_{x \to x_0} [f(x) \pm g(x)] = \lim\limits_{x \to x_0} f(x) \pm \lim\limits_{x \to x_0} g(x)$ (III-32)

(3) $\lim\limits_{x \to x_0} [f(x) \cdot g(x)] = \left(\lim\limits_{x \to x_0} f(x) \right) \cdot \left(\lim\limits_{x \to x_0} g(x) \right)$ (III-33)

(4) $\lim\limits_{x \to x_0} \left(\dfrac{f(x)}{g(x)} \right) = \dfrac{\lim\limits_{x \to x_0} f(x)}{\lim\limits_{x \to x_0} g(x)}$ $\left(\lim\limits_{x \to x_0} g(x) \neq 0 \right)$ (III-34)

(5) $\lim\limits_{x \to x_0} \sqrt[n]{f(x)} = \sqrt[n]{\lim\limits_{x \to x_0} f(x)}$ (III-35)

(6) $\lim\limits_{x \to x_0} [f(x)]^n = \left(\lim\limits_{x \to x_0} f(x) \right)^n$ (III-36)

(7) $\lim\limits_{x \to x_0} (a^{f(x)}) = a^{\left(\lim\limits_{x \to x_0} f(x) \right)}$ (III-37)

(8) $\lim\limits_{x \to x_0} [\log_a f(x)] = \log_a \left(\lim\limits_{x \to x_0} f(x) \right)$ (III-38)

Anmerkungen

(1) Diese Regeln gelten entsprechend auch für Grenzwerte vom Typ $x \to \infty$ bzw. $x \to -\infty$.

(2) Grenzwerte, die zu einem sog. *unbestimmten Ausdruck* vom Typ $\dfrac{0}{0}$ oder $\dfrac{\infty}{\infty}$ führen, können nach der Regel von *Bernoulli-L'Hospital* weiterbehandelt werden. Wir kommen an anderer Stelle darauf zurück (siehe Kap. VI, Abschnitt 3.3.3).

Beispiele

(1) $\lim\limits_{x \to -1} \dfrac{3(x^2 - 1)}{x + 1} = 3 \cdot \lim\limits_{x \to -1} \dfrac{(x+1)(x-1)}{x+1} = 3 \cdot \lim\limits_{x \to -1} (x - 1) =$

$\quad = 3 \cdot (-2) = -6$

(zunächst den von null verschiedenen gemeinsamen Faktor $x + 1$ kürzen)

(2) $\lim\limits_{x \to 0} \dfrac{x^2 - 2x + 5}{\cos x} = \dfrac{\lim\limits_{x \to 0}(x^2 - 2x + 5)}{\lim\limits_{x \to 0} \cos x} = \dfrac{5}{\cos 0} = \dfrac{5}{1} = 5$ ∎

4.2.4 Ein Anwendungsbeispiel: Erzwungene Schwingung eines mechanischen Systems

Wir betrachten ein *schwingungsfähiges mechanisches System* (z. B. ein Federpendel) mit der Masse m und der Eigenkreisfrequenz ω_0[3]. Durch eine *periodische* äußere Kraft $F(t) = F_0 \cdot \sin(\omega t)$ wird das System zu *erzwungenen Schwingungen* erregt, d. h. nach Ablauf einer gewissen *Einschwingphase* tritt ein *stationärer* Zustand ein, in dem das System mit der von außen aufgezwungenen Kreisfrequenz ω schwingt.

Bei *fehlender* Dämpfung hängt die Schwingungsamplitude A wie folgt von der Erregerkreisfrequenz ω ab:

$$A = A(\omega) = \dfrac{F_0}{m\,|\omega^2 - \omega_0^2|}, \qquad \omega \neq \omega_0$$

$A(\omega)$ ist demnach eine gebrochenrationale Funktion. Sie zeigt den in Bild III-50 dargestellten typischen Verlauf und wird allgemein als *Resonanzkurve* bezeichnet.

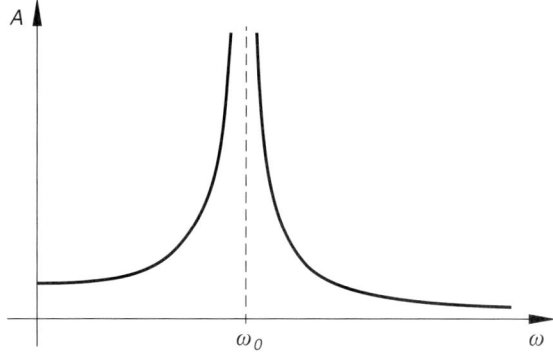

Bild III-50 Resonanzkurve bei einer erzwungenen mechanischen Schwingung

---

[3] Unter der Eigenkreisfrequenz ω_0 wird die Kreisfrequenz des *frei* und *ungedämpft* schwingenden Systems verstanden.

Was passiert eigentlich, wenn sich die Erregerkreisfrequenz ω der Eigenkreisfrequenz ω_0 beliebig nähert, also ω gegen ω_0 strebt?
Die Grenzwertbildung führt zu dem folgenden Ergebnis:

$$\lim_{\omega \to \omega_0} A(\omega) = \lim_{\omega \to \omega_0} \frac{F_0}{m \, | \, \omega^2 - \omega_0^2 \, |} = \infty$$

Die Schwingungsamplitude wächst also über alle Grenzen hinaus (Polstelle), d. h. das schwingungsfähige System wird zerstört (sog. „Resonanzkatastrophe").
Zum Schluss untersuchen wir noch das Verhalten des Systems für große Erregerkreisfrequenzen, wenn also ω gegen ∞ strebt:

$$\lim_{\omega \to \infty} A(\omega) = \lim_{\omega \to \infty} \frac{F_0}{m \, | \, \omega^2 - \omega_0^2 \, |} = 0$$

Die Schwingungsamplitude A strebt also gegen *null*, d. h. es findet *keine* Schwingung mehr statt. Physikalisch einleuchtender Grund: Das System ist nicht mehr in der Lage, den raschen Änderungen der äußeren Kraft zu folgen, es kommt daher zum Stillstand!

4.3 Stetigkeit einer Funktion

> **Definition:** Eine in x_0 und in einer gewissen Umgebung von x_0 definierte Funktion $y = f(x)$ heißt an der Stelle x_0 *stetig*, wenn der Grenzwert der Funktion an dieser Stelle vorhanden ist und mit dem dortigen Funktionswert übereinstimmt:
>
> $$\lim_{x \to x_0} f(x) = f(x_0) \qquad \text{(III-39)}$$

Anmerkungen

(1) Anschaulich (aber etwas unpräzise) lässt sich die Stetigkeit einer Funktion $y = f(x)$ an der Stelle x_0 wie folgt interpretieren: Der Funktionswert $f(x)$ unterscheidet sich *beliebig wenig* von $f(x_0)$, wenn x nur *genügend nahe* an der Stelle x_0 liegt.

(2) Eine Funktion, die an *jeder* Stelle ihres Definitionsbereiches *stetig* ist, wird als *stetige* Funktion bezeichnet.

■ **Beispiele**

(1) *Funktionswert* und *Grenzwert* der Funktion $f(x) = x^2$ stimmen an der Stelle $x_0 = 1$ *überein*:

$$\lim_{x \to 1} x^2 = f(1) = 1$$

Daher ist die Funktion an dieser Stelle *stetig*. Sie ist sogar überall in ihrem Definitionsbereich $D = (-\infty, \infty)$ *stetig* und somit eine *stetige* Funktion.

(2) Die meisten der elementaren Funktionen (wir behandeln sie in den folgenden Abschnitten) sind *stetige* Funktionen. Zu ihnen gehören beispielsweise die *ganzrationalen* Funktionen, die *trigonometrischen* Funktionen und die *Exponentialfunktionen*.

(3) Die Funktion $f(x) = \sqrt{|x-1|}$ ist überall definiert, da $|x-1| \geq 0$ ist für jedes reelle x. Wir untersuchen, ob sie an der Stelle $x_0 = 1$ stetig ist.

Funktionswert an der Stelle $x_0 = 1$: $f(1) = 0$

Linksseitiger Grenzwert g_l:

Wir setzen $x = 1 - h$ mit $h > 0$ und erhalten:

$$g_l = \lim_{\substack{x \to 1 \\ (x<1)}} f(x) = \lim_{h \to 0} \sqrt{|1-h-1|} = \lim_{h \to 0} \sqrt{|-h|} = \lim_{h \to 0} \sqrt{h} = 0$$

Rechtsseitiger Grenzwert g_r:

Wir setzen $x = 1 + h$ mit $h > 0$ und erhalten:

$$g_r = \lim_{\substack{x \to 1 \\ (x>1)}} f(x) = \lim_{h \to 0} \sqrt{|1+h-1|} = \lim_{h \to 0} \sqrt{|h|} = \lim_{h \to 0} \sqrt{h} = 0$$

Somit ist $g_r = g_l = 0$ und die Funktion besitzt an der Stelle $x_0 = 1$ den Grenzwert $g = 0$. Funktionswert und Grenzwert stimmen also an der Stelle $x_0 = 1$ überein, die Funktion ist daher an dieser Stelle *stetig*.

(4) Die Funktion $f(x) = \dfrac{1}{1-x}$ kann bei $x_0 = 1$ nicht stetig sein, da sie an dieser Stelle nicht definiert ist. Sie besitzt dort eine *Definitionslücke*. Auch der Grenzwert ist nicht vorhanden.

■

4.4 Unstetigkeiten (Lücken, Pole, Sprünge)

Stellen, in denen eine Funktion die Stetigkeitsbedingung (III-39) *nicht* erfüllt, heißen *Unstetigkeitsstellen*. Eine Funktion $f(x)$ ist also an einer Stelle x_0 unstetig, wenn *mindestens eine* der folgenden Aussagen zutrifft:

1. $f(x)$ ist an der Stelle x_0 *nicht* definiert, hat dort also eine Definitionslücke;
2. Der Grenzwert von $f(x)$ an der Stelle x_0 ist *nicht* vorhanden;
3. Funktionswert $f(x_0)$ und Grenzwert g sind zwar vorhanden, jedoch voneinander *verschieden*, d. h. es gilt $f(x_0) \neq g$.

Anhand von Beispielen zeigen wir die verschiedenen Arten von Unstetigkeiten (Lücken, Pole, endliche Sprünge).

4 Grenzwert und Stetigkeit einer Funktion

■ **Beispiele**

(1) Hebbare Lücke

Die *gebrochenrationale* Funktion $f(x) = \dfrac{x^2 - 1}{x + 1}$ besitzt in $x_0 = -1$ eine *Definitionslücke* und ist daher an dieser Stelle unstetig. Der Grenzwert ist jedoch *vorhanden*:

$$\lim_{x \to -1} \frac{x^2 - 1}{x + 1} = \lim_{x \to -1} \frac{(x + 1)(x - 1)}{x + 1} = \lim_{x \to -1} (x - 1) = -2$$

Vor der Durchführung des Grenzübergangs haben wir den Zähler und Nenner gemeinsamen Faktor $x + 1$ *gekürzt* (dieser kann wegen $x \neq -1$ nicht null werden).

Die Definitionslücke in $x_0 = -1$ kann durch die *nachträgliche Festsetzung*

$$f(-1) = \lim_{x \to -1} \frac{x^2 - 1}{x + 1} = -2$$

behoben werden (man setzt Funktionswert = Grenzwert). Durch diese *Abänderung* erhalten wir aus $f(x)$ eine *neue* Funktion $g(x)$, die für *alle* $x \in \mathbb{R}$ definiert und *stetig* ist und sich als identisch erweist mit der linearen Funktion (Geraden) $y = x - 1$ (Bild III-51):

$$g(x) = \begin{cases} \dfrac{x^2 - 1}{x + 1} = x - 1 & x \neq -1 \\ -2 & x = -1 \end{cases} = x - 1$$

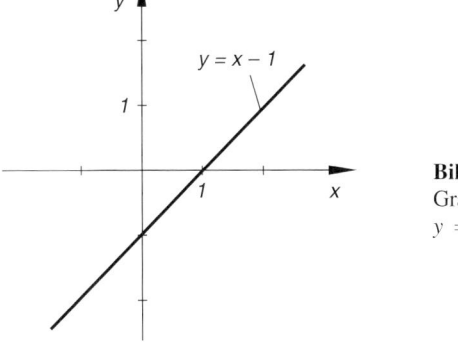

Bild III-51
Graph der „erweiterten" Funktion
$y = x - 1$

Aus diesem Beispiel ziehen wir eine wichtige Folgerung: *Eine Definitionslücke (Unstetigkeit) x_0 lässt sich beheben, wenn der Grenzwert an dieser Stelle vorhanden ist.* Man setzt dann

$$f(x_0) = \lim_{x \to x_0} f(x)$$

und erhält eine in x_0 stetige Funktion.

(2) Unendlichkeitsstelle (Pol)

Die gebrochenrationale Funktion $f(x) = \dfrac{1}{(x-3)^2}$ besitzt an der Stelle $x_0 = 3$ eine *Definitionslücke*. Sie verläuft bei Annäherung an diese Stelle ins Unendliche:

$$\lim_{x \to 3} \frac{1}{(x-3)^2} = +\infty$$

(*uneigentlicher* Grenzwert). Die Funktion hat hier eine sog. *Unendlichkeitsstelle* oder *Polstelle* (Bild III-52). Diese Unstetigkeit lässt sich *nicht* beheben, da der Grenzwert an der Stelle $x_0 = 3$ nicht vorhanden ist.

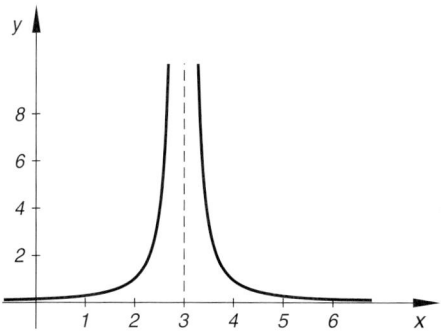

Bild III-52

(3) Endlicher Sprung (Sprungunstetigkeit)

Die in Bild III-53 skizzierte Funktion[4)]

$$y = f(x) = \begin{Bmatrix} -1 & x < 0 \\ 0 & \text{für} \quad x = 0 \\ 1 & x > 0 \end{Bmatrix}$$

ist in $x_0 = 0$ *unstetig*, da der Grenzwert an dieser Stelle *nicht* existiert. Zwar sind links- und rechtsseitiger Grenzwert vorhanden, sie unterscheiden sich jedoch voneinander:

Linksseitiger Grenzwert:

$$g_l = \lim_{\substack{x \to 0 \\ (x<0)}} f(x) = \lim_{\substack{x \to 0 \\ (x<0)}} (-1) = -1$$

Rechtsseitiger Grenzwert:

$$g_r = \lim_{\substack{x \to 0 \\ (x>0)}} f(x) = \lim_{\substack{x \to 0 \\ (x>0)}} (1) = 1$$

Eine Unstetigkeit dieser Art bezeichnet man als *Sprungunstetigkeit*. In diesem Beispiel „springt" der Funktionswert von -1 über 0 nach $+1$.

[4)] Diese Funktion wird auch als „Vorzeichenfunktion" oder *Signumfunktion* bezeichnet ($f(x) = \text{sgn}(x)$).

4 Grenzwert und Stetigkeit einer Funktion

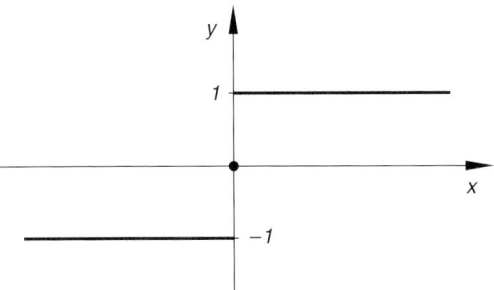

Bild III-53 Ein Beispiel für eine Funktion mit einer Sprungunstetigkeit in $x_0 = 0$

(4) Sprungfunktion der Regelungstechnik

Die in der Regelungstechnik benötigte zeitabhängige *Sprungfunktion*

$$u = f(t) = \left\{ \begin{array}{ll} 0 & t < 0 \\ u_0 & t \geq 0 \end{array} \right\} \qquad \text{(mit } u_0 > 0; \text{ Bild III-54)}$$

ist für $t_0 = 0$ zwar definiert (es ist $f(0) = u_0$), besitzt jedoch an dieser Stelle *keinen* Grenzwert, da der linksseitige Grenzwert vom rechtsseitigen Grenzwert *abweicht* (es findet ein *Sprung* der Größe u_0 statt). Die Funktion ist daher an der Stelle $t_0 = 0$ *unstetig*.

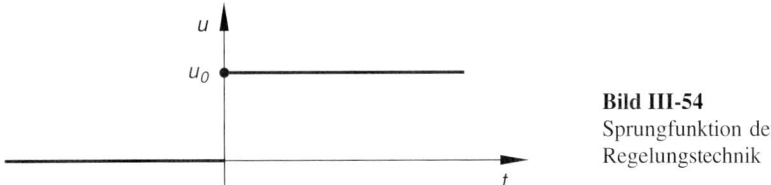

Bild III-54
Sprungfunktion der Regelungstechnik

(5) Periodische Funktion mit unendlich vielen Sprungstellen

Funktionen mit *Sprungunstetigkeiten* treten z. B. in der Elektrotechnik im Zusammenhang mit periodischen Impulsen auf. Der in Bild III-55 skizzierte „Sägezahnimpuls" besitzt an den Stellen $T, 2T, 3T, \ldots$ jeweils eine *Sprungunstetigkeit*. An diesen Stellen fällt der Impuls von seinem *Maximalwert* y_0 auf den Wert 0.

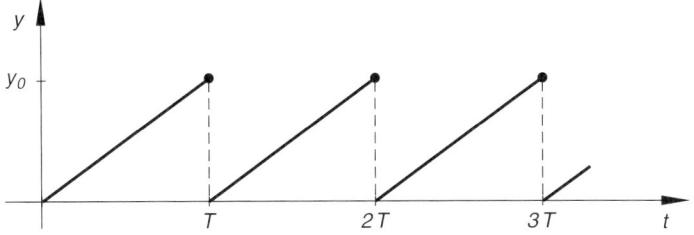

Bild III-55 „Sägezahnimpuls" mit periodischen Sprungunstetigkeiten ∎

5 Ganzrationale Funktionen (Polynomfunktionen)

5.1 Definition einer ganzrationalen Funktion

> **Definition:** Funktionen vom Typ
>
> $$f(x) = a_n x^n + a_{n-1} x^{n-1} + \ldots + a_1 x^1 + a_0 \qquad \text{(III-40)}$$
>
> werden als *ganzrationale* Funktionen oder *Polynomfunktionen* bezeichnet (mit $x \in \mathbb{R}$ und $n \in \mathbb{N}$). Die reellen Koeffizienten $a_0, a_1, \ldots, a_n$ heißen *Polynomkoeffizienten* ($a_n \neq 0$), der *höchste* Exponent n in der Funktionsgleichung bestimmt den *Polynomgrad*.

■ **Beispiele**

(1) $y = 4$ Polynom vom Grade 0   (Konstante Funktion)

      $y = 2x - 3$ Polynom vom Grade 1   (Lineare Funktion)

      $y = 2x^2 - 3x + 5$ Polynom vom Grade 2   (Quadratische Funktion)

      $y = x^3 - x$ Polynom vom Grade 3   (Kubische Funktion)

      $y = 4x^8 - x^5 + 3x$ Polynom vom Grade 8

(2) Zu den ganzrationalen Funktionen gehören auch die *Potenzfunktionen* $y = x^n$ mit $n \in \mathbb{N}^*$. Ihre ersten Vertreter sind: $y = x$, $y = x^2$, $y = x^3$ usw..

(3) Einfache Beispiele aus den physikalisch-technischen Anwendungen, die sich durch Polynomfunktionen beschreiben lassen, sind:
- Wurfparabel beim waagerechten bzw. senkrechten Wurf
- Weg-Zeit-Gesetz beim freien Fall
- Biegelinie eines durch Kräfte belasteten Balkens

■

Polynomfunktionen (kurz auch als *Polynome* bezeichnet) sind Linearkombinationen von Potenzen und überall in $\mathbb{R}$ definiert und stetig. Sie besitzen in vieler Hinsicht besonders *einfache* und *überschaubare* Eigenschaften und spielen daher in den Anwendungen eine bedeutende Rolle. Gründe hierfür sind u. a.:

- Der Kurvenverlauf lässt sich leicht aus den Nullstellen und dem Verhalten der höchsten Potenz im Unendlichen ermitteln.
- Polynomfunktionen lassen sich problemlos *differenzieren* und *integrieren*.
- Zahlreiche bei der Lösung naturwissenschaftlich-technischer Probleme auftretende Funktionen können zumindest in bestimmten Teilbereichen durch *ganzrationale* Funktionen *angenähert* werden (siehe hierzu Kap. VI, Abschnitt 3.3.1).

5.2 Konstante und lineare Funktionen

Polynomfunktionen vom Grade 0 bezeichnet man als *konstante Funktionen*:

$$y = \text{const.} = a_0 \quad \text{oder} \quad y = \text{const.} = a \tag{III-41}$$

In der graphischen Darstellung erhält man eine zur *x*-Achse *parallel* verlaufende *Gerade* (Bild III-56).

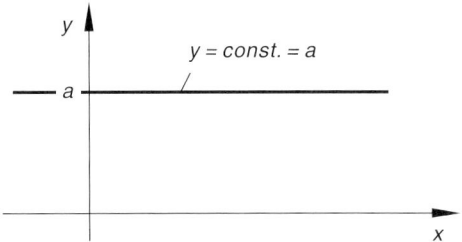

Bild III-56
Konstante Funktion $y = \text{const.} = a$

- **Beispiele**

(1) Bei einer geradlinig gleichförmigen Bewegung ist die Geschwindigkeit v *unabhängig* von der Zeit t: $v = v(t) = \text{const.}$

(2) Die Gesamtenergie (Schwingungsenergie) E eines reibungsfrei schwingenden *Federpendels* bleibt zeitlich *unverändert*, d. h. $E = E(t) = \text{const.}$

■

Besonders häufig treten in den Anwendungen *lineare* Funktionen (Polynomfunktionen vom Grade 1) auf:

$$y = a_1 x + a_0 \quad \text{oder} \quad y = mx + b \tag{III-42}$$

(mit $a_1 \neq 0$ bzw. $m \neq 0$). Die zeichnerische Darstellung ergibt eine *Gerade* mit der Steigung m und dem Achsenabschnitt b auf der *y*-Achse (Bild III-57). Steigung m und Steigungswinkel α sind dabei über die Beziehung $m = \tan \alpha$ miteinander verknüpft.

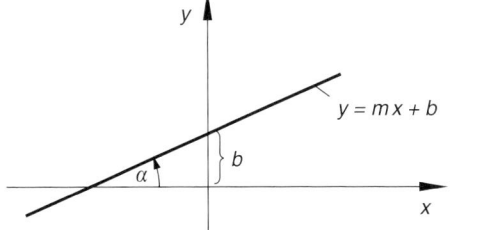

Bild III-57
Gerade $y = mx + b$

Neben der *Haupt-* oder *Normalform* $y = mx + b$ und der allgemeinsten Form $Ax + By + C = 0$ sind noch weitere Formen der Geradengleichung von Bedeutung:

Punkt-Steigungs-Form einer Geraden (Bild III-58)

Die Gleichung einer Geraden durch den Punkt $P_1 = (x_1; y_1)$ mit der Steigung m lautet:

$$\frac{y - y_1}{x - x_1} = m \qquad \text{(III-43)}$$

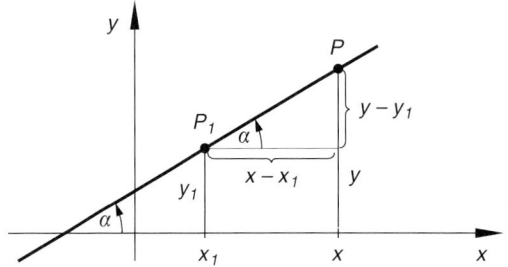

Bild III-58
Zur Punkt-Steigungs-Form einer Geraden

Zwei-Punkte-Form einer Geraden (Bild III-59)

Die Gleichung einer Geraden durch zwei (*voneinander verschiedene*) Punkte $P_1 = (x_1; y_1)$ und $P_2 = (x_2; y_2)$ lautet:

$$\frac{y - y_1}{x - x_1} = \frac{y_2 - y_1}{x_2 - x_1} \qquad \text{(III-44)}$$

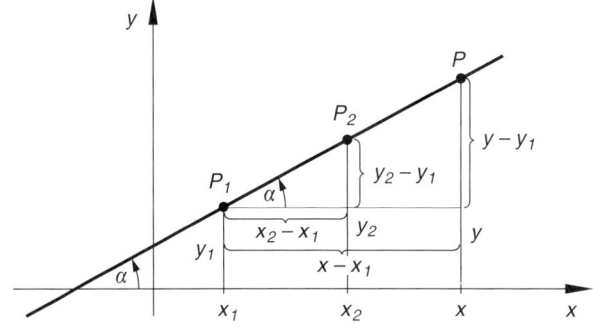

Bild III-59
Zur Zwei-Punkte-Form einer Geraden

5 Ganzrationale Funktionen (Polynomfunktionen)

Achsenabschnittsform einer Geraden (Bild III-60)

Die Gleichung einer Geraden mit den Achsenabschnitten a und b lautet:

$$\frac{x}{a} + \frac{y}{b} = 1 \qquad \text{(III-45)}$$

a: Achsenabschnitt auf der x-Achse (Schnittpunkt mit der x-Achse)
b: Achsenabschnitt auf der y-Achse (Schnittpunkt mit der y-Achse)

Anmerkung

Die Achsenabschnitte können positiv *oder* negativ ausfallen, je nachdem ob die zugehörigen Achsenschnittpunkte der Geraden auf dem positiven *oder* negativen Teil der Achse liegen.

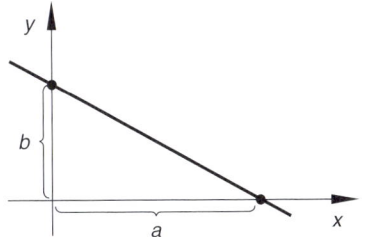

Bild III-60
Zur Achsenabschnittsform einer Geraden

■ **Beispiele**

(1) Beim freien Fall ist die Fallgeschwindigkeit v eine *lineare* Funktion der Zeit t:

$$v = gt + v_0$$

(g: Erdbeschleunigung; v_0: Anfangsgeschwindigkeit)

(2) Für eine elastische Feder gilt das folgende *lineare* Kraftgesetz:

$$F = -c \cdot s \qquad (\text{Hookesches Gesetz})$$

($c > 0$: Federkonstante; s: Auslenkung der Feder; F: Rückstellkraft der Feder)

(3) $P_1 = (3; 10)$ und $P_2 = (5; 14)$ sind zwei Punkte einer Geraden. Wie lautet die Funktionsgleichung dieser Geraden?

Lösung: Aus der Zwei-Punkte-Form (III-44) folgt unmittelbar:

$$\frac{y - 10}{x - 3} = \frac{14 - 10}{5 - 3} = 2 \quad \Rightarrow \quad y - 10 = 2(x - 3) \quad \Rightarrow \quad y = 2x + 4$$

■

5.3 Quadratische Funktionen

Quadratische Funktionen sind Polynomfunktionen 2. Grades und in der *Haupt-* oder *Normalform*

$$y = a_2 x^2 + a_1 x + a_0 \quad \text{oder} \quad y = ax^2 + bx + c \qquad \text{(III-46)}$$

darstellbar (mit $a_2 \neq 0$ bzw. $a \neq 0$). In der graphischen Darstellung erhält man eine *Parabel*. Der Koeffizient a bestimmt die *Öffnung* der Parabel und wird daher auch als *Öffnungsparameter* bezeichnet, wobei gilt (Bild III-61):

$a > 0$: Parabel ist nach *oben* geöffnet, Scheitelpunkt S ist zugleich *Tiefpunkt*

$a < 0$: Parabel ist nach *unten* geöffnet, Scheitelpunkt S ist zugleich *Hochpunkt*

Die einzige *Symmetrieachse* der Parabel verläuft *parallel* zur y-Achse durch den Scheitelpunkt S.

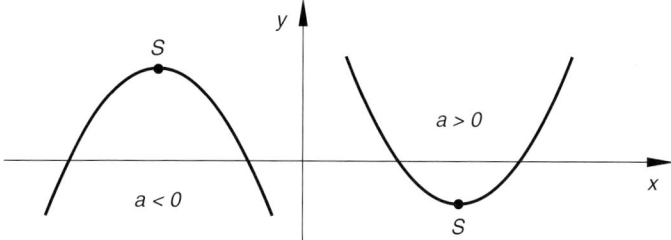

Bild III-61 Nach unten geöffnete Parabel $(a < 0)$ bzw. nach oben geöffnete Parabel $(a > 0)$

■ **Beispiele**

(1) Die kinetische Energie $E_{\text{kin}} = \dfrac{1}{2} m v^2$ eines Körpers der Masse m ist eine *quadratische* Funktion der Geschwindigkeit v.

(2) Bei einer geradlinig gleichförmig beschleunigten Bewegung ist der zurückgelegte Weg s eine *quadratische* Funktion der Zeit t:

$$s = \frac{1}{2} a t^2 + v_0 t + s_0$$

(a: Beschleunigung; s_0 und v_0 beschreiben die Anfangslage bzw. Anfangsgeschwindigkeit zu Beginn der Bewegung, d. h. zum Zeitpunkt $t = 0$)

(3) Wird ein Körper im luftleeren Raum aus der Höhe $h_0 > 0$ *waagerecht* mit der konstanten Geschwindigkeit v_0 abgeworfen, so bewegt er sich auf einer als *Wurfparabel* bezeichneten Parabel mit der Funktionsgleichung

$$y = -\frac{g}{2 v_0^2} \cdot x^2 + h_0 \qquad (x \geq 0)$$

(Abwurfort auf der nach oben gerichteten y-Achse: $x = 0$, $y = h_0$; g: Erdbeschleunigung). ■

5 Ganzrationale Funktionen (Polynomfunktionen)

Spezielle Formen einer Parabelgleichung

Sehr von Nutzen sind in den Anwendungen zwei spezielle Formen der Parabelgleichung. Es handelt sich dabei um die *Produkt-* bzw. *Scheitelpunktsform*.

Produktform einer Parabel (Bild III-62)

$$y = ax^2 + bx + c = a(x - x_1)(x - x_2) \tag{III-47}$$

$x_1; x_2$:   Schnittpunkte der Parabel mit der x-Achse (*reelle* Nullstellen)

a: Öffnungsparameter ($a \neq 0$)

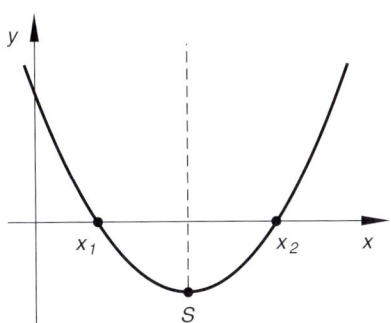

Bild III-62 Zur Produktform einer Parabel   **Bild III-63** Doppelte Nullstelle einer Parabel
(Berührungspunkt = Scheitelpunkt)

Anmerkungen

(1) Die *linearen* Bestandteile $x - x_1$ und $x - x_2$ in der Produktform (III-47) werden als *Linearfaktoren* bezeichnet. Diese Zerlegung ist nur möglich, wenn die Parabel mit der x-Achse zum Schnitt kommt, also zwei *reelle* Nullstellen hat.

(2) Aus Symmetriegründen liegt der Scheitelpunkt S immer genau in der *Mitte* zwischen den beiden Nullstellen (siehe hierzu auch Bild III-62).

(3) *Sonderfall:* Fallen die beiden Nullstellen *zusammen* ($x_1 = x_2$, sog. *doppelte* Nullstelle), so liegt der Scheitelpunkt auf der x-Achse und ist zugleich *Berührungspunkt* (Bild III-63). Die *Produktform* besitzt dann die *spezielle* Form

$$y = a(x - x_1)(x - x_1) = a(x - x_1)^2 \tag{III-48}$$

Diese Gleichung ist ein Sonderfall der *Scheitelpunktsform*, die wir im Anschluss an die nachfolgenden Beispiele kennenlernen werden.

■ **Beispiele**

(1) $y = 2x^2 - 8x + 6$ (siehe Bild III-64)

Nullstellen: $2x^2 - 8x + 6 = 0 \mid :2 \Rightarrow x^2 - 4x + 3 = 0 \Rightarrow$

$x_1 = 1, \quad x_2 = 3$

Scheitelpunkt (= *Minimum*): $S = (2; -2)$

Produktform der Parabel: $y = 2(x - 1)(x - 3)$

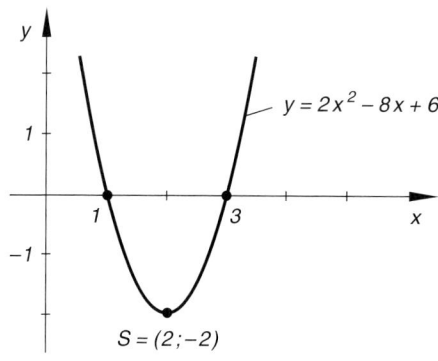

Bild III-64
Schaubild der Parabel
$y = 2x^2 - 8x + 6$

(2) $y = -0{,}5 x^2 - 2x - 2$ (siehe Bild III-65)

Nullstellen: $-0{,}5 x^2 - 2x - 2 = 0 \mid \cdot (-2) \Rightarrow x^2 + 4x + 4 = 0 \Rightarrow$

$x_1 = x_2 = -2$ (*doppelte* Nullstelle)

Scheitelpunkt (= *Maximum*): $S = (-2; 0)$

Produktform der Parabel: $y = -0{,}5 (x + 2)^2$

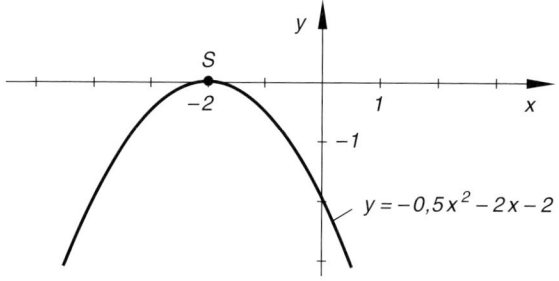

Bild III-65
Schaubild der Parabel
$y = -0{,}5 x^2 - 2x - 2$

■

Scheitelpunktsform einer Parabel (Bild III-66)

$$y - y_0 = a(x - x_0)^2 \qquad \text{(III-49)}$$

x_0, y_0: Koordinaten des Scheitelpunktes S
a: Öffnungsparameter

5 Ganzrationale Funktionen (Polynomfunktionen)

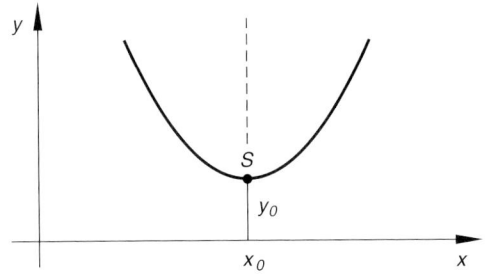

Bild III-66
Zur Scheitelpunktsform einer Parabel

- **Beispiele**

(1) Wo liegt der *Scheitelpunkt* der Parabel $y = 3x^2 - 6x + 12$? Wie lautet die *Scheitelpunktsform* dieser Parabel?

Lösung: Durch *quadratische Ergänzung* erhält man

$$y = 3x^2 - 6x + 12 = 3(x^2 - 2x) + 12 =$$
$$= 3(x^2 - 2x + 1 - 1) + 12 =$$
$$= 3\underbrace{(x^2 - 2x + 1)}_{(x-1)^2} + 3(-1) + 12 = 3(x-1)^2 + 9$$

Scheitelpunktsform: $y - 9 = 3(x - 1)^2$

Scheitelpunkt: $S = (1; 9)$

(2) **Schiefer Wurf:** Ein Körper wird zur Zeit $t = 0$ unter einem Winkel α gegen die Horizontale mit der Geschwindigkeit v_0 schräg nach oben geworfen (Bild III-67). Die Gleichung der durchlaufenden *Bahnkurve* lautet dann in der *Parameterform* wie folgt:

$$x = (v_0 \cdot \cos \alpha)\, t, \qquad y = (v_0 \cdot \sin \alpha)\, t - \frac{1}{2} g t^2 \qquad (t \geq 0)$$

Wir suchen die Gleichung der *Wurfparabel* in *expliziter* Form sowie Wurfweite W und Wurfhöhe H für $v_0 = 20\,\text{m/s}$, $\alpha = 30°$ und $g = 10\,\text{m/s}^2$.

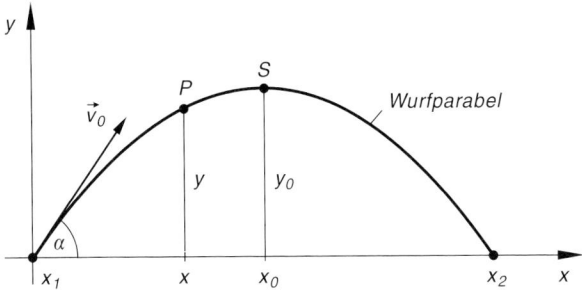

Bild III-67 Wurfparabel beim schiefen Wurf

Lösung:
Parameterdarstellung der Wurfparabel:

$$x = 17{,}3205\,\frac{\mathrm{m}}{\mathrm{s}}\,t; \qquad y = 10\,\frac{\mathrm{m}}{\mathrm{s}} \cdot t - 5\,\frac{\mathrm{m}}{\mathrm{s}^2} \cdot t^2 \qquad (t \geq 0\,\mathrm{s})$$

Gleichung der Wurfparabel in expliziter Form (wir lösen die 1. Gleichung nach t auf und setzen den gefundenen Ausdruck in die 2. Gleichung ein):

$$y = 0{,}5774\,x - \frac{0{,}0167}{\mathrm{m}} \cdot x^2 \qquad (x \geq 0\,\mathrm{m})$$

Nullstellen: $x_1 = 0\,\mathrm{m}$ (Abwurfort), $\qquad x_2 = 34{,}58\,\mathrm{m}$

Der Scheitelpunkt S liegt aus *Symmetriegründen* genau in der *Mitte* zwischen den beiden Nullstellen. Seine Koordinaten lauten daher:

$$x_0 = \frac{x_1 + x_2}{2} = 17{,}29\,\mathrm{m}; \qquad y_0 = y(x_0 = 17{,}29\,\mathrm{m}) = 4{,}99\,\mathrm{m}$$

Wurfweite: $W = x_2 - x_1 = 34{,}58\,\mathrm{m}$

Wurfhöhe: $H = y_0 = 4{,}99\,\mathrm{m}$ ■

5.4 Polynomfunktionen höheren Grades

Quadratische Funktionen lassen sich unter bestimmten Voraussetzungen in der *Produktform* $y = a(x - x_1)(x - x_2)$ schreiben, wobei x_1 und x_2 die *reellen* Nullstellen der Parabel bedeuten. *Gibt es für Polynome höheren Grades* $(n \geq 3)$ *ähnliche Darstellungen?* Diese Frage dürfen wir bejahen. Wir werden im Folgenden zeigen, dass auch ganzrationale Funktionen 3., 4. und höheren Grades in Form eines *Produktes* aus lauter *Linearfaktoren* darstellbar sind, sofern gewisse Voraussetzungen erfüllt sind.

Die Eigenschaften von Polynomfunktionen n-ten Grades formulieren wir in den folgenden drei Sätzen und belegen sie durch zahlreiche Beispiele.

Abspaltung eines Linearfaktors

Abspaltung eines Linearfaktors

Besitzt die Polynomfunktion $f(x)$ vom Grade n an der Stelle x_1 eine *Nullstelle*, ist also $f(x_1) = 0$, so ist die Funktion auch in der Form

$$f(x) = (x - x_1) \cdot f_1(x) \qquad \text{(III-50)}$$

darstellbar. Der Faktor $(x - x_1)$ heißt *Linearfaktor*, $f_1(x)$ ist das sog. *1. reduzierte Polynom* vom Grade $n - 1$.

Diese Art der Zerlegung einer Polynomfunktion wird auch als *Abspaltung eines Linearfaktors* bezeichnet.

Beispiel

$y = f(x) = x^3 - 2x^2 - 5x + 6$

Durch *Probieren* findet man eine Nullstelle bei $x_1 = 1$. Die Polynomfunktion ist daher in der Form

$$y = f(x) = x^3 - 2x^2 - 5x + 6 = (x - 1) \cdot f_1(x)$$

darstellbar, wobei das *1. reduzierte Polynom* $f_1(x)$ eine *quadratische* Funktion ist, die man wie folgt durch Polynomdivision erhält:

$$\begin{array}{l}
f_1(x) = (x^3 - 2x^2 - 5x + 6) : (x - 1) = x^2 - x - 6 \\
\underline{- (x^3 - x^2)} \\
 -x^2 - 5x + 6 \\
 \underline{-(-x^2 + x)} \\
 -6x + 6 \\
 \underline{-(-6x + 6)} \\
 0
\end{array}$$

Daher gilt

$$y = f(x) = x^3 - 2x^2 - 5x + 6 = (x - 1) \cdot (x^2 - x - 6) \quad \blacksquare$$

Nullstellen einer Polynomfunktion

Über die *Anzahl* der Nullstellen einer Polynomfunktion n-ten Grades gibt der folgende fundamentale Satz aus der Algebra Aufschluss (ohne Beweis):

Nullstellen einer Polynomfunktion

Eine Polynomfunktion n-ten Grades besitzt *höchstens* n reelle Nullstellen.

Anmerkung

Mehrfach auftretende Nullstellen werden *entsprechend oft* mitgezählt (siehe hierzu das nachfolgende Beispiel (2)).

Beispiele

(1) $y = f(x) = x^3 - 2x^2 - 5x + 6, \quad n = 3$

Drei *reelle* Nullstellen in $x_1 = -2$, $x_2 = 1$ und $x_3 = 3$.

(2) $y = f(x) = x^3 + 0{,}1 x^2 - 4{,}81 x - 4{,}225, \quad n = 3$

Drei *reelle* Nullstellen bei $x_{1/2} = -1{,}3$ (*doppelte* Nullstelle) und $x_3 = 2{,}5$.

(3) Die Polynomfunktion $y = f(x) = x^3 - x^2 + 4x - 4$ ist vom Grade 3, besitzt jedoch nur *eine* reelle Nullstelle an der Stelle $x_1 = 1$.

(4) Die Funktion $y = f(x) = x^2 + 1$ liefert ein einfaches Beispiel für eine Polynomfunktion 2. Grades *ohne* reelle Nullstellen. Es handelt sich um die um eine Einheit nach oben verschobene Normalparabel (keine Schnittpunkte mit der *x*-Achse).

■

Produktdarstellung einer Polynomfunktion

Aus den als bekannt vorausgesetzten (reellen) Nullstellen einer Polynomfunktion lässt sich ähnlich wie bei einer Parabel eine spezielle Darstellungsform der Funktion gewinnen, die als *Produktdarstellung* oder *Produktform* bezeichnet wird:

Produktdarstellung einer Polynomfunktion

Besitzt eine Polynomfunktion *n*-ten Grades genau *n* reelle Nullstellen $x_1, x_2, \ldots, x_n$, so lässt sich die Funktion auch in Form eines *Produktes* wie folgt darstellen:

$$f(x) = a_n x^n + a_{n-1} x^{n-1} + \ldots + a_1 x + a_0 =$$
$$= a_n (x - x_1)(x - x_2) \ldots (x - x_n) \qquad \text{(III-51)}$$

Die *n* Faktoren $x - x_1, x - x_2, \ldots, x - x_n$ werden als *Linearfaktoren* der Produktdarstellung bezeichnet.

Anmerkungen

(1) Die Produktdarstellung (III-51) wird auch als *Zerlegung eines Polynoms in Linearfaktoren* bezeichnet.

(2) Den Koeffizienten a_n in der Produktform (III-51) nicht vergessen!

(3) Bei einer *doppelten* Nullstelle tritt der zugehörige Linearfaktor *doppelt*, bei einer *dreifachen* Nullstelle *dreifach* auf usw. (siehe hierzu die nachfolgenden Beispiele (2) und (4)). Sie werden dann jeweils zu Potenzen zusammengefasst.

(4) Ist die Anzahl *k* der reellen Nullstellen (*inklusive* der entsprechend oft gezählten *mehrfachen* Nullstellen) *kleiner* als der Polynomgrad *n*, so besitzt die Produktdarstellung die folgende spezielle Form:

$$f(x) = a_n (x - x_1)(x - x_2) \ldots (x - x_k) \cdot f^*(x) \qquad \text{(III-52)}$$

Dabei ist $f^*(x)$ eine Polynomfunktion vom Grade $n - k$ ohne reelle Nullstellen, d. h. es gilt im Reellen $f^*(x) \neq 0$. Das Restpolynom $f^*(x)$ lässt sich also nicht weiter zerlegen. Der Koeffizient a_n kann auch in $f^*(x)$ einbezogen werden.

Hinweis: Im Bereich der *komplexen* Zahlen liefert das Restpolynom (bei reellen Polynomkoeffizienten) stets sog. *konjugiert komplexe* Nullstellen (siehe hierzu Kap. VII). Der **Fundamentalsatz** lautet dann wie folgt:

„Ein Polynom vom Grade *n* mit ausschließlich reellen Koeffizienten besitzt genau *n* (reelle oder komplexe) Nullstellen".

■ **Beispiele**

(1) $y = f(x) = 2x^2 + 7x - 22$

Nullstellen: $x_1 = 2$, $x_2 = -5{,}5$

Produktdarstellung: $y = 2(x-2)(x+5{,}5)$

(2) $y = f(x) = 3x^3 + 3x^2 - 3x - 3$

Nullstellen: $x_1 = -1$ (*doppelte* Nullstelle, Berührungspunkt), $x_2 = 1$

Produktdarstellung: $y = 3(x+1)(x+1)(x-1) = 3(x+1)^2(x-1)$

Bild III-68 zeigt den Verlauf der Polynomfunktion, ermittelt aus den Nullstellen, der Schnittstelle mit der y-Achse bei $y(x=0) = -3$ und dem Verhalten der Funktion für $x \to \infty$ (die höchste Potenz $3x^3$ und damit die Funktion selbst streben für $x \to \infty$ gegen ∞).

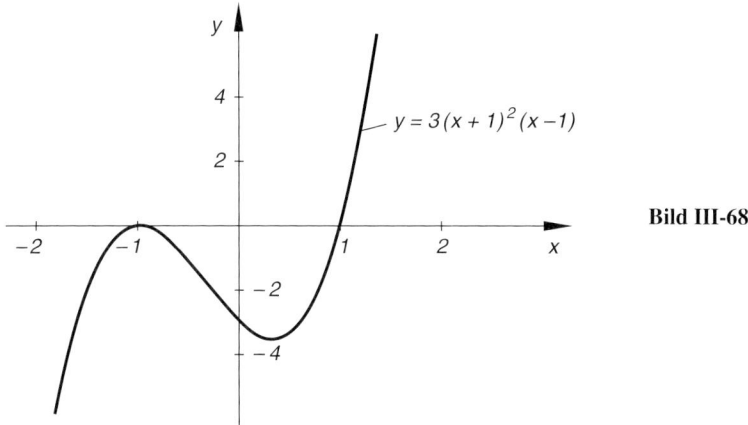

Bild III-68

(3) Die Nullstellenberechnung der Funktion $y = x^4 - 13x^2 + 36$ führt zu der *bi-quadratischen* Gleichung

$$x^4 - 13x^2 + 36 = 0$$

die durch die *Substitution* $z = x^2$ wie folgt gelöst wird (bitte nachrechnen):

$$z^2 - 13z + 36 = 0 \;\Rightarrow\; z_1 = 4,\; z_2 = 9$$

$$x^2 = z_1 = 4 \;\Rightarrow\; x_1 = 2,\; x_2 = -2$$

$$x^2 = z_2 = 9 \;\Rightarrow\; x_3 = 3,\; x_4 = -3$$

Das Polynom besitzt demnach *vier verschiedene reelle Nullstellen* bei $x_1 = 2$, $x_2 = -2$, $x_3 = 3$ und $x_4 = -3$. Die *Produktdarstellung* lautet daher:

$$y = (x-2)(x+2)(x-3)(x+3)$$

(4) Eine Polynomfunktion 3. Grades besitze in $x_1 = -5$ eine *doppelte* und in $x_2 = 8$ eine *einfache* Nullstelle und schneide die y-Achse bei $y(0) = 100$. Wie lautet die Gleichung der Funktion?

Lösung: Ansatz der Funktion in der *Produktform*:
$$y = a(x+5)(x+5)(x-8) = a(x+5)^2(x-8)$$

Der Koeffizient a wird aus dem Schnittpunkt mit der y-Achse bestimmt:
$$y(0) = 100 \;\Rightarrow\; a \cdot 5^2 \cdot (-8) = -200a = 100 \;\Rightarrow\; a = -0{,}5$$

Die gesuchte Funktion besitzt damit die Funktionsgleichung
$$y = -0{,}5(x+5)^2(x-8) = -0{,}5x^3 - x^2 + 27{,}5x + 100$$

(5) Die Polynomfunktion $y = 2x^3 - 6x^2 + 2x - 6$ besitzt nur eine *einfache* (reelle) Nullstelle bei $x_1 = 3$. Ihre *Produktdarstellung* lautet daher wie folgt:
$$y = (x-3) \cdot f^*(x)$$

$f^*(x)$ ist dabei eine Polynomfunktion 2. Grades *ohne* (reelle) Nullstellen. Durch Polynomdivision findet man:

$$\begin{array}{l} f^*(x) = (2x^3 - 6x^2 + 2x - 6) : (x-3) = 2x^2 + 2 \\ \underline{-(2x^3 - 6x^2)} \\ \qquad\qquad\qquad 2x - 6 \\ \qquad\qquad\underline{-(2x - 6)} \\ \qquad\qquad\qquad\qquad 0 \end{array}$$

Somit gilt:
$$y = 2x^3 - 6x^2 + 2x - 6 = (x-3)(2x^2 + 2) = 2(x-3)(x^2+1)$$

(6) Das Polynom $y = x^4 - 1$ lässt sich mit Hilfe des *3. Binoms* wie folgt zerlegen:
$$y = x^4 - 1 = (x^2+1)(x^2-1)$$

Es besitzt demnach genau zwei einfache Nullstellen bei $x_{1/2} = \pm 1$, da nur der *rechte* Faktor verschwinden kann:
$$\underbrace{(x^2+1)}_{\neq 0}(x^2-1) = 0 \;\Rightarrow\; x^2 - 1 = 0 \;\Rightarrow\; x_{1/2} = \pm 1$$

Produktform des Polynoms:
$$y = x^4 - 1 = (x-1)(x+1)(x^2+1)$$

(7) Die ganzrationale Funktion $y = 2x^4 + 3x^2 + 2$ hat, wie man leicht ohne Rechnung zeigen kann, im Bereich der reellen Zahlen *keine* Nullstellen.

Begründung: Die Summanden $2x^4$ und $3x^2$ können wegen der geraden Potenzen und der positiven Koeffizienten nicht negativ werden. Sie verschwinden beide für $x = 0$ und sind für jedes $x \neq 0$ stets *größer* null. Die Funktion kann damit nur Werte annehmen, die *größer oder gleich* 2 sind:

$$y = 2x^4 + 3x^2 + 2 \geq 2 \quad \text{(für jedes reelle } x\text{)}$$

■

5.5 Horner-Schema und Nullstellenberechnung einer Polynomfunktion

Das *Horner-Schema* ist ein *Rechenverfahren*, das bei der *Nullstellenberechnung* einer Polynomfunktion durch schrittweise *Reduzierung* des Polynomgrades wertvolle Dienste leistet. Wir wollen das Verfahren am Beispiel einer Polynomfunktion 3. Grades kurz erläutern. Dividiert man die Funktion $f(x) = a_3 x^3 + a_2 x^2 + a_1 x + a_0$ durch die *lineare* Funktion $x - x_0$, wobei x_0 ein zunächst beliebiger, dann aber *fester* Wert ist, so erhält man eine Polynomfunktion 2. *Grades* und eine *Restfunktion* $r(x)$:

$$\frac{f(x)}{x - x_0} = \frac{a_3 x^3 + a_2 x^2 + a_1 x + a_0}{x - x_0} = b_2 x^2 + b_1 x + b_0 + r(x) \quad \text{(III-53)}$$

Die Koeffizienten b_2, b_1, b_0 sind dabei *eindeutig* durch die Polynomkoeffizienten a_3, a_2, a_1, a_0 und den Wert x_0 bestimmt, wie eine hier nicht durchgeführte Rechnung zeigt:

$$b_2 = a_3, \quad b_1 = a_2 + a_3 x_0, \quad b_0 = a_1 + a_2 x_0 + a_3 x_0^2 \quad \text{(III-54)}$$

Die *Restfunktion* $r(x)$ ist *echt gebrochen* und hat die Form

$$r(x) = \frac{a_0 + a_1 x_0 + a_2 x_0^2 + a_3 x_0^3}{x - x_0} = \frac{f(x_0)}{x - x_0} \quad \text{(III-55)}$$

Man beachte, dass im Zähler genau der Funktionswert von $f(x)$ an der Stelle x_0 auftritt. Die Restfunktion $r(x)$ verschwindet daher, wenn x_0 eine *Polynomnullstelle* ist (dann nämlich ist $f(x_0) = 0$ und damit auch der Bruch gleich null). Die Koeffizienten b_2, b_1, b_0 sind in diesem Fall genau die *Koeffizienten des 1. reduzierten Polynoms*, da wir die Polynomfunktion $f(x)$ durch den *Linearfaktor* $x - x_0$ dividiert haben:

$$\frac{f(x)}{x - x_0} = \frac{a_3 x^3 + a_2 x^2 + a_1 x + a_0}{x - x_0} = \underbrace{b_2 x^2 + b_1 x + b_0}_{\text{1. reduzierts Polynom von } f(x)} \quad \text{(III-56)}$$

Horner-Schema

Von *Horner* stammt das folgende Schema zur Berechnung der Polynomkoeffizienten b_2, b_1, b_0 und des Funktionswertes $f(x_0)$ in der Zerlegung (III-53):

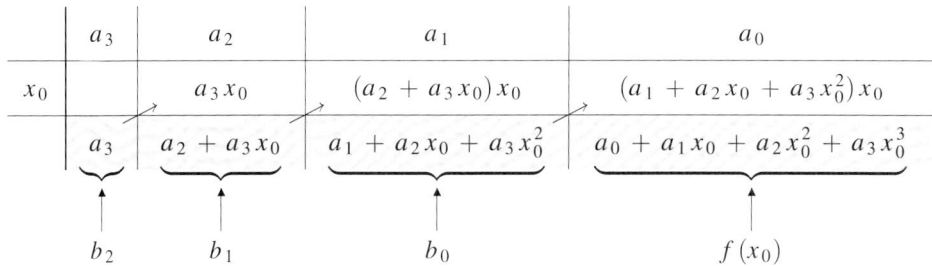

Anleitung zum Horner-Schema

In der 1. Zeile stehen die Polynomkoeffizienten in der Reihenfolge *fallender* Potenzen:

$$a_3, \quad a_2, \quad a_1, \quad a_0.$$

Die 2. Zeile bleibt zunächst frei. Die 3. Zeile beginnt mit dem Koeffizienten a_3, der aus der 1. Zeile übernommen wird. Dieser wird dann mit dem x-Wert x_0 multipliziert und das Ergebnis $a_3 x_0$ in die 2. Zeile unter den Koeffizienten a_2 gesetzt und zu diesem addiert. Das Ergebnis dieser Addition (also die Zahl $a_2 + a_3 x_0$) wird in der 3. Zeile unter dem Koeffizienten a_2 „gespeichert". Jetzt wird die in der 3. Zeile unterhalb von a_2 stehende Zahl $a_2 + a_3 x_0$ mit dem x-Wert x_0 multipliziert und das Ergebnis $(a_2 + a_3 x_0) x_0 = a_2 x_0 + a_3 x_0^2$ in die 2. Zeile unter den Koeffizienten a_1 gesetzt und schließlich zu diesem addiert. Das Ergebnis dieser Addition ist die Zahl $a_1 + a_2 x_0 + a_3 x_0^2$ und wird wieder in der 3. Zeile, diesmal unterhalb des Koeffizienten a_1 gespeichert. Sodann wird die in der 3. Zeile unterhalb von a_1 stehende Zahl $a_1 + a_2 x_0 + a_3 x_0^2$ mit dem x-Wert x_0 multipliziert und das Ergebnis in der 2. Zeile unter dem Koeffizienten a_0 gespeichert, schließlich zu diesem addiert und die neue Summe $a_0 + a_1 x_0 + a_2 x_0^2 + a_3 x_0^3$ in die 3. Zeile unterhalb des Koeffizienten a_0 gesetzt. Das Schema ist nun ausgefüllt. Die in der 3. Zeile stehenden Zahlenwerte sind der Reihe nach die Koeffizienten b_2, b_1, b_0 aus der Zerlegung (III-53) sowie der Funktionswert $f(x_0)$.

Anmerkungen

(1) Das Horner-Schema ist sinngemäß auch auf Polynomfunktionen *höheren* Grades ($n > 3$) anwendbar (siehe nachfolgende Beispiele).

(2) Beachten Sie: Das Polynom muss nach *absteigenden* Potenzen geordnet sein. *Fehlen* gewisse Potenzen (man spricht dann auch von einem *unvollständigen* Polynom), so sind die entsprechenden Koeffizienten gleich *null* und müssen im Horner-Schema berücksichtigt werden.

(3) Ist die letzte Zahl der 3. Zeile eine *Null*, so ist $f(x_0) = 0$ und x_0 somit eine *Nullstelle* des Polynoms.

5 Ganzrationale Funktionen (Polynomfunktionen)

Berechnung der Nullstellen einer Polynomfunktion mit Hilfe des Horner-Schemas

Die praktische Bedeutung des Horner-Schemas liegt in der Nullstellenberechnung von Polynomfunktionen. Zweckmäßigerweise geht man dabei wie folgt vor (bei einem Polynom 3. Grades):

Nullstellenberechnung einer Polynomfunktion mit Hilfe des Horner-Schemas

Die *Nullstellen* einer Polynomfunktion $f(x)$ vom Grade 3 lassen sich schrittweise wie folgt berechnen:

1. Zunächst versucht man durch *Probieren*, *Erraten* oder durch *graphische* oder auch *numerische* Rechenverfahren eine (reelle) Nullstelle x_1 zu bestimmen.

2. Ist dies gelungen, so wird mit Hilfe des *Horner-Schemas* der zugehörige Linearfaktor $x - x_1$ abgespalten. Man erhält automatisch die Koeffizienten des *1. reduzierten Polynoms* $f_1(x)$ vom Grade 2. Sie stehen in der *untersten* (d. h. *dritten*) Zeile des Horner-Schemas, die das folgende Aussehen hat:

$$\underbrace{b_2 \quad b_1 \quad b_0}_{\substack{\text{Koeffizienten des} \\ \text{1. reduzierten} \\ \text{Polynoms}}} \quad \underbrace{0}_{f(x_1)} \qquad \text{3. Zeile}$$

3. Die *restlichen* Polynomnullstellen (falls überhaupt vorhanden) sind dann die Lösungen der *quadratischen* Gleichung $f_1(x) = b_2 x^2 + b_1 x + b_0 = 0$.

Bei Polynomfunktionen *4.* und *höheren* Grades erfolgt die Nullstellenberechnung analog durch *mehrmaliges* Reduzieren. Dabei wird grundsätzlich so lange reduziert, bis man auf eine Polynomfunktion 2. Grades stößt. Die zugehörige *quadratische* Gleichung liefert dann die *restlichen* Nullstellen (sofern solche überhaupt vorhanden sind). So muss beispielsweise eine Polynomfunktion 4. Grades *zweimal* nacheinander reduziert werden:

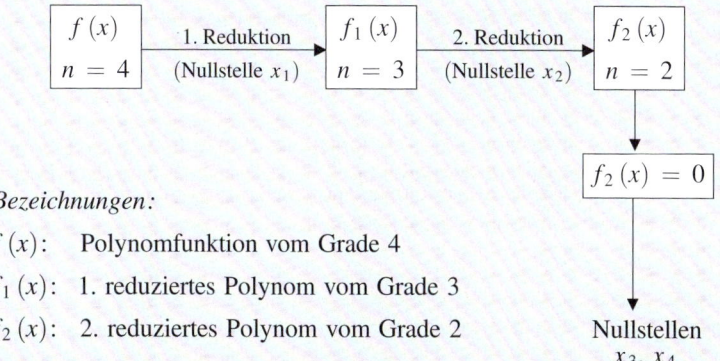

Bezeichnungen:

$f(x)$: Polynomfunktion vom Grade 4

$f_1(x)$: 1. reduziertes Polynom vom Grade 3

$f_2(x)$: 2. reduziertes Polynom vom Grade 2

■ **Beispiele**

(1) Unter Verwendung des Horner-Schemas ist zu zeigen, dass die Polynomfunktion $y = 3x^3 + 18x^2 + 9x - 30$ an der Stelle $x_1 = -5$ eine *Nullstelle* besitzt. Wo liegen die übrigen Nullstellen? Wie lautet die Produktdarstellung der Funktion?

Lösung: Das Polynom ist bereits geordnet und vollständig. Das Horner-Schema liefert dann:

	3	18	9	-30
$x_1 = -5$		-15	-15	30
	3	3	-6	0

Unter den ersten drei Werten (3, 3, -6): Koeffizienten des 1. reduzierten Polynoms
Unter dem letzten Wert (0): $f(-5)$

Die restlichen Nullstellen sind die Nullstellen des *1. reduzierten Polynoms* $f_1(x) = 3x^2 + 3x - 6$:

$$3x^2 + 3x - 6 = 0 \;\Rightarrow\; x^2 + x - 2 = 0 \;\Rightarrow\; x_2 = 1, \; x_3 = -2$$

Produktdarstellung: $y = 3(x+5)(x-1)(x+2)$

(2) Zerlege das Polynom $y = -x^4 + 6x^3 - 8x^2 - 6x + 9$ in Linearfaktoren.

Lösung: Durch *Probieren* findet man eine erste Nullstelle bei $x_1 = 1$. Die Abspaltung des zugehörigen *Linearfaktors* $x - 1$ erfolgt über das Horner-Schema (das Polynom ist geordnet und vollständig):

	-1	6	-8	-6	9
$x_1 = 1$		-1	5	-3	-9
	-1	5	-3	-9	0

1. reduziertes Polynom: $f_1(x) = -x^3 + 5x^2 - 3x - 9$

Eine weitere Nullstelle liegt bei $x_2 = 3$ (ebenfalls durch *Probieren* gefunden). Wir spalten den zugehörigen *Linearfaktor* $x - 3$ ab (das 1. reduzierte Polynom ist geordnet und vollständig):

	-1	5	-3	-9
$x_2 = 3$		-3	6	9
	-1	2	3	0

2. reduziertes Polynom: $f_2(x) = -x^2 + 2x + 3$

Die restlichen beiden Nullstellen erhält man aus der quadratischen Gleichung

$$-x^2 + 2x + 3 = 0 \quad \text{oder} \quad x^2 - 2x - 3 = 0$$

Sie lauten:

$$x_{3/4} = 1 \pm \sqrt{1^2 + 3} = 1 \pm \sqrt{4} = 1 \pm 2$$

Die Nullstellen liegen an den Stellen $x_3 = 3$ und $x_4 = -1$. Die *Produktdarstellung* der Funktion lautet damit:

$$y = -1 \cdot (x-1)(x-3)(x-3)(x+1) = -(x-1)(x+1)(x-3)^2$$

∎

5.6 Interpolationspolynome

5.6.1 Allgemeine Vorbetrachtung

In den naturwissenschaftlich-technischen Anwendungen stellt sich häufig das folgende Problem: Von einer *unbekannten* Funktion sind $n + 1$ Kurvenpunkte (sog. *Stützpunkte*) bekannt:

$$P_0 = (x_0; y_0), \quad P_1 = (x_1; y_1), \quad P_2 = (x_2; y_2), \quad \ldots, \quad P_n = (x_n; y_n) \quad \text{(III-57)}$$

(mit $x_0 < x_1 < x_2 < \ldots < x_n$). Diese Punkte können beispielsweise in Form einer durch Messungen gewonnenen *Wertetabelle* vorliegen oder aber als *Messpunkte* in einer graphischen Darstellung. Die Abszissenwerte $x_0, x_1, x_2, \ldots, x_n$ werden in diesem Zusammenhang als *Stützstellen*, ihre zugehörigen Ordinatenwerte $y_0, y_1, y_2, \ldots, y_n$ als *Stützwerte* bezeichnet. Wir suchen nun eine möglichst einfache *Ersatz-* oder *Näherungsfunktion* $y = f(x)$, die mit der unbekannten Funktion in den $n + 1$ Stützstellen übereinstimmt (Bild III-69).

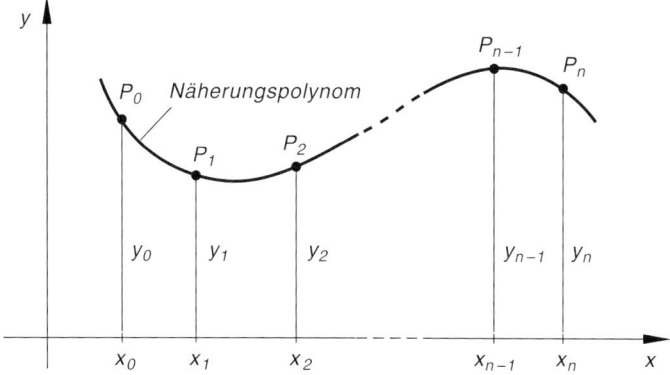

Bild III-69 Näherungspolynom für eine unbekannte Funktion durch $n + 1$ vorgegebene „Stützpunkte"

Eine solche Funktion lässt sich durch den *Polynomansatz*

$$y = a_0 + a_1 x + a_2 x^2 + \ldots + a_n x^n \qquad \text{(III-58)}$$

leicht gewinnen. Diese Näherungsfunktion wird als *Interpolationspolynom n-ten Grades*[5] bezeichnet, da man mit ihr näherungsweise beliebige *Zwischenwerte* der unbekannten Funktion im Intervall $x_0 \leq x \leq x_n$ berechnen kann (sog. *Interpolation*).

Prinzipiell lassen sich die Polynomkoeffizienten des Ansatzes (III-58) wie folgt bestimmen: Man setzt der Reihe nach die Koordinaten der $n + 1$ Stützpunkte P_0, P_1, P_2, ..., P_n in den Lösungsansatz ein und erhält ein *lineares Gleichungssystem* mit $n + 1$ Gleichungen und den $n + 1$ Unbekannten a_0, a_1, a_2, ..., a_n:

$$\begin{aligned}
a_0 + a_1 x_0 + a_2 x_0^2 + \ldots + a_n x_0^n &= y_0 \\
a_0 + a_1 x_1 + a_2 x_1^2 + \ldots + a_n x_1^n &= y_1 \\
a_0 + a_1 x_2 + a_2 x_2^2 + \ldots + a_n x_2^n &= y_2 \\
&\vdots \\
a_0 + a_1 x_n + a_2 x_n^2 + \ldots + a_n x_n^n &= y_n
\end{aligned} \qquad \text{(III-59)}$$

Dieses Gleichungssystem besitzt *genau eine* Lösung, wenn *sämtliche* Stützstellen x_0, x_1, x_2, ..., x_n voneinander *verschieden* sind. Der Rechenaufwand beim Lösen dieses linearen Gleichungssystems ist jedoch *erheblich* (Gaußscher Algorithmus!). Der Lösungsansatz (III-58) ist daher in dieser Form für die Praxis *wenig geeignet*. Im nachfolgenden Abschnitt werden wir einen *praxisfreundlicheren* Polynomansatz kennenlernen, das sog. Interpolationspolynom von *Newton*.

5.6.2 Interpolationspolynom von Newton

Von *Newton* stammt der folgende Ansatz für ein *Interpolationspolynom n-ten Grades*:

$$\begin{aligned}
y = {} & a_0 + a_1 (x - x_0) + a_2 (x - x_0)(x - x_1) + \\
& + a_3 (x - x_0)(x - x_1)(x - x_2) + \ldots \\
& \ldots + a_n (x - x_0)(x - x_1)(x - x_2) \ldots (x - x_{n-1})
\end{aligned} \qquad \text{(III-60)}$$

x_0, x_1, x_2, ..., x_n sind dabei die *Stützstellen* der $n + 1$ vorgegebenen Kurvenpunkte (Stützpunkte), wobei *formal* gesehen die Stützstelle x_n in der Interpolationsformel (III-60) *nicht* enthalten ist. Die Koeffizienten a_0, a_1, a_2, ..., a_n können dabei bequem nach dem folgenden sog. *Steigungs-* oder *Differenzenschema* berechnet werden:

---

[5] Das Interpolationspolynom kann auch von *niedrigerem* Grade sein!

5 Ganzrationale Funktionen (Polynomfunktionen)

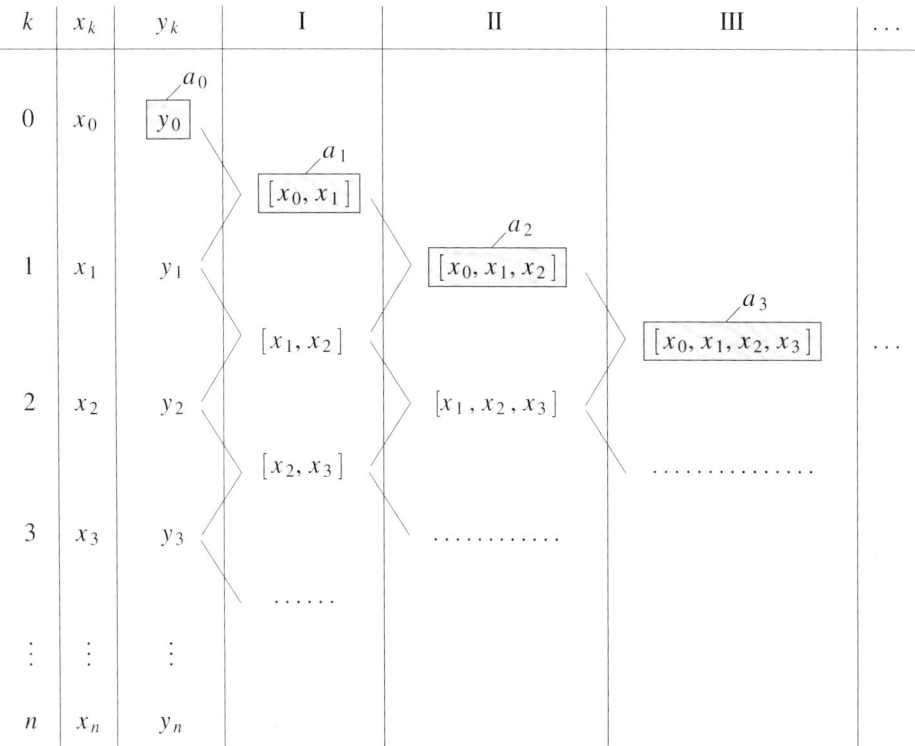

Anleitung zum Steigungs- oder Differenzenschema

Die im Rechenschema gebildeten Größen $[x_0, x_1]$, $[x_0, x_1, x_2]$, $[x_0, x_1, x_2, x_3]$, ... heißen *dividierte Differenzen 1., 2., 3., ... Ordnung*. Sie sind wie folgt definiert:

(1) Spalte I enthält die *dividierten Differenzen 1. Ordnung*, die aus *zwei* aufeinanderfolgenden Stützpunkten gebildet werden[6]:

$$[x_0, x_1] = \frac{y_0 - y_1}{x_0 - x_1}; \qquad [x_1, x_2] = \frac{y_1 - y_2}{x_1 - x_2}; \qquad \ldots \qquad \text{(III-61)}$$

(2) Spalte II enthält die *dividierten Differenzen 2. Ordnung*. Sie werden aus *drei* aufeinanderfolgenden Stützpunkten gebildet:

$$[x_0, x_1, x_2] = \frac{[x_0, x_1] - [x_1, x_2]}{x_0 - x_2}$$

$$[x_1, x_2, x_3] = \frac{[x_1, x_2] - [x_2, x_3]}{x_1 - x_3} \qquad \text{(III-62)}$$

$$\vdots$$

---

[6] Es handelt sich um *Differenzenquotienten*, d. h. *Steigungswerte*. Dies erklärt auch die Bezeichnung des Rechenschemas.

(3) Spalte III enthält die *dividierten Differenzen 3. Ordnung*, die aus *vier* aufeinanderfolgenden Stützpunkten gebildet werden:

$$[x_0, x_1, x_2, x_3] = \frac{[x_0, x_1, x_2] - [x_1, x_2, x_3]}{x_0 - x_3}$$

$$[x_1, x_2, x_3, x_4] = \frac{[x_1, x_2, x_3] - [x_2, x_3, x_4]}{x_1 - x_4} \tag{III-63}$$

$$\vdots$$

Entsprechend werden die dividierten Differenzen *höherer* Ordnung gebildet.

Wir fassen zusammen:

Interpolationspolynom von Newton (Bild III-69)

Das *Newtonsche Interpolationspolynom n-ten Grades* durch $n + 1$ vorgegebene Stützpunkte $P_0 = (x_0; y_0)$, $P_1 = (x_1; y_1)$, $P_2 = (x_2; y_2)$, ..., $P_n = (x_n; y_n)$ lautet wie folgt:

$$y = a_0 + a_1(x - x_0) + a_2(x - x_0)(x - x_1) +$$
$$+ a_3(x - x_0)(x - x_1)(x - x_2) + \ldots$$
$$\ldots + a_n(x - x_0)(x - x_1)(x - x_2) \ldots (x - x_{n-1}) \tag{III-64}$$

Die Berechnung der Koeffizienten $a_0, a_1, a_2, \ldots, a_n$ erfolgt dabei zweckmäßigerweise nach dem *Steigungs-* oder *Differenzenschema*.

Anmerkungen

(1) Die Interpolationsformel von *Newton* besitzt gegenüber anderen Polynomansätzen den großen *Vorteil*, dass die Anzahl der Stützpunkte *vergrößert* (oder auch verkleinert) werden kann, *ohne* dass man die Koeffizienten neu berechnen muss. Das Steigungs- oder Differenzenschema ist nur entsprechend zu *ergänzen*.

(2) Ein Nachteil *aller* Polynomansätze ist die *Welligkeit* der Näherungsfunktionen. Denn ein Polynom *n*-ten Grades besitzt bis zu $n - 1$ *relative Extremwerte*.

(3) Die *Newtonsche* Interpolationsformel (III-64) wird häufig auch dann angewendet, wenn die Funktionsgleichung zwar *bekannt*, jedoch zu *kompliziert* ist. Man berechnet dann einige Kurvenpunkte und nimmt diese als Stützpunkte des Interpolationspolynoms.

5 Ganzrationale Funktionen (Polynomfunktionen)

■ **Beispiel**

Das Ergebnis einer Messreihe liege in Form der folgenden Wertetabelle vor:

k	0	1	2	3
x_k	0	2	5	7
y_k	−12	16	28	−54

Der *Lösungsansatz* lautet (das Interpolationspolynom durch die *vier* vorgegebenen Stützpunkte ist von *höchstens* 3. Grade):

$$y = a_0 + a_1(x - x_0) + a_2(x - x_0)(x - x_1) + a_3(x - x_0)(x - x_1)(x - x_2)$$

Die Berechnung der Koeffizienten a_0, a_1, a_2 und a_3 erfolgt nach dem folgenden *Steigungs-* oder *Differenzenschema*:

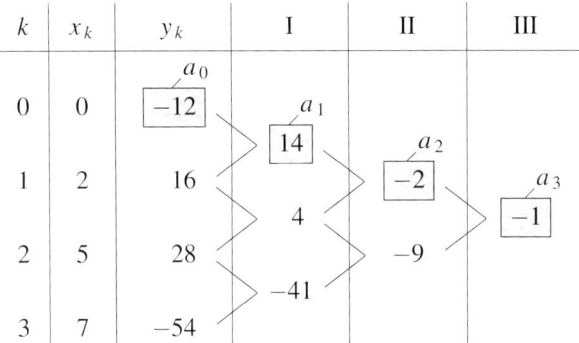

Die Koeffizienten lauten somit:

$$a_0 = -12, \quad a_1 = 14, \quad a_2 = -2, \quad a_3 = -1$$

Damit erhalten wir das folgende *Interpolationspolynom* (siehe Bild III-70):

$$y = -12 + 14(x - 0) - 2(x - 0)(x - 2) - 1(x - 0)(x - 2)(x - 5) =$$
$$= -x^3 + 5x^2 + 8x - 12$$

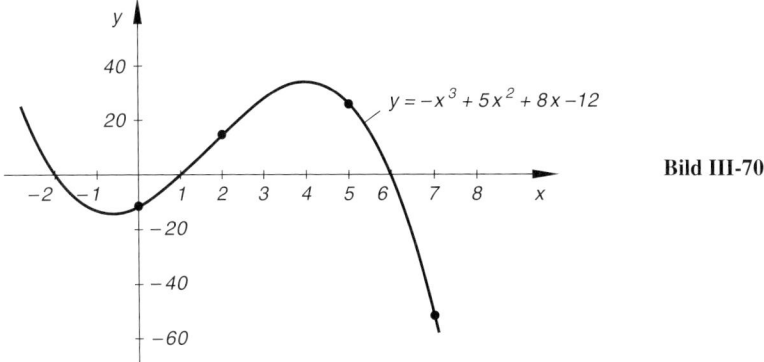

Bild III-70

■

5.7 Ein Anwendungsbeispiel: Biegelinie eines Balkens

Wir wenden uns einem einfachen Beispiel aus der *Festigkeitslehre* zu: Ein homogener Balken der Länge l mit konstanter Querschnittsfläche wird *einseitig* fest eingespannt und am freien Ende durch eine Kraft vom Betrag F auf *Biegung* beansprucht (Bild III-71):

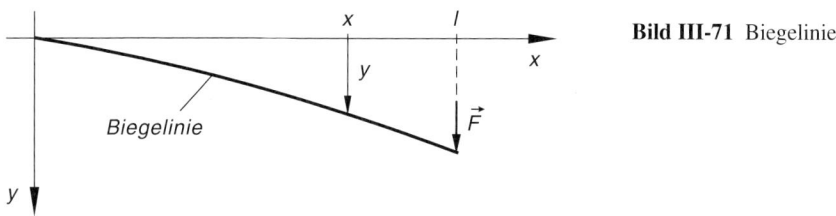

Bild III-71 Biegelinie

Die Durchbiegung y des Balkens ist dabei von Ort zu Ort *verschieden*, d. h. eine Funktion $y = y(x)$ der Ortskoordinate x. Man bezeichnet diese Funktion als *Biegelinie* oder *elastische Linie*. Sie ist die Funktionsgleichung der *neutralen Faser*. In unserem Beispiel wird die Biegelinie durch die folgende Polynomfunktion 3. Grades beschrieben:

$$y = y(x) = \frac{F}{2EI} \left(lx^2 - \frac{1}{3} x^3 \right) \qquad (0 \leq x \leq l)$$

(E: Elastizitätsmodul; I: Flächenmoment des Balkenquerschnitts; l: Balkenlänge).

6 Gebrochenrationale Funktionen

6.1 Definition einer gebrochenrationalen Funktion

Definition: Funktionen, die als *Quotient* zweier Polynomfunktionen (ganzrationaler Funktionen) $g(x)$ und $h(x)$ darstellbar sind, heißen *gebrochenrationale* Funktionen:

$$y = \frac{g(x)}{h(x)} = \frac{a_m x^m + a_{m-1} x^{m-1} + \ldots + a_1 x + a_0}{b_n x^n + b_{n-1} x^{n-1} + \ldots + b_1 x + b_0} \qquad \text{(III-65)}$$

Eine *gebrochenrationale* Funktion ist für jedes $x \in \mathbb{R}$ definiert und stetig *mit Ausnahme* der Nullstellen des Nennerpolynoms. Man unterscheidet noch zwischen *echt* und *unecht* gebrochenrationalen Funktionen:

$n > m$: *Echt* gebrochenrationale Funktion
$n \leq m$: *Unecht* gebrochenrationale Funktion

Merke: Ist der Polynomgrad im Nenner *größer* als im Zähler, so ist die Funktion *echt* gebrochenrational, in allen anderen Fällen jedoch *unecht* gebrochenrational.

6 Gebrochenrationale Funktionen

■ **Beispiele**

(1) Zu den *echt* gebrochenrationalen Funktionen zählen alle *Potenzfunktionen* mit einem *negativen* ganzzahligen Exponenten:

$$y = x^{-n} = \frac{1}{x^n} \quad (n \in \mathbb{N}^*)$$

Die ersten Vertreter sind die Funktionen $y = \frac{1}{x}$ und $y = \frac{1}{x^2}$ (siehe hierzu auch die Bilder III-72 und III-73).

(2) *Echt* gebrochenrational sind auch folgende Funktionen (die *höchste* Potenz tritt jeweils im *Nennerpolynom* auf):

$$y = \frac{x^2 - 3x + 2}{x^3 - 4x + 1}, \quad y = \frac{x - 1}{(x + 2)(x + 5)}, \quad y = \frac{4x}{x^4 - 1}$$

(3) *Unecht* gebrochenrationale Funktionen sind dagegen:

$$y = \frac{x^2 - 1}{x^2 + 1}, \quad y = \frac{2x^3 + 2x^2 - 32x + 40}{x^3 + 2x^2 - 13x + 10}$$

(Zähler- und Nennerpolynom besitzen jeweils den *gleichen* Grad)

$$y = \frac{4x^4 - 2x + 5}{x^2 - 3x - 10}, \quad y = \frac{x^3 - 6x^2 + 8x}{x + 1}$$

(Das Zählerpolynom ist jeweils von *höherem* Grade) ■

6.2 Nullstellen, Definitionslücken, Pole

Nullstellen

Eine gebrochenrationale Funktion besitzt überall dort eine *Nullstelle* x_0, wo das Zählerpolynom $g(x)$ den Wert *null*, das Nennerpolynom $h(x)$ jedoch einen *von Null verschiedenen* Wert annimmt:

Nullstelle x_0: $\quad g(x_0) = 0 \quad$ und $\quad h(x_0) \neq 0 \quad$ (III-66)

■ **Beispiele**

(1) Wir berechnen die *Nullstellen* der Funktion $y = \frac{x^2 - 1}{x^2 + 1}$:

$$\frac{x^2 - 1}{x^2 + 1} = 0 \quad \Rightarrow \quad x^2 - 1 = 0 \quad \Rightarrow \quad x_{1/2} = \pm 1$$

(der Nenner $x^2 + 1$ ist für jedes x *ungleich* null). Sie liegen an den Stellen $x_1 = 1$ und $x_2 = -1$.

(2) $y = \dfrac{x^3 - 6x^2 + 8x}{x + 1}, \quad x \neq -1$

Wir bestimmen zunächst die Nullstellen des *Zählerpolynoms* (bitte nachrechnen):

$x^3 - 6x^2 + 8x = x(x^2 - 6x + 8) = 0 \quad \Rightarrow$

$x_1 = 0, \quad x_2 = 2, \quad x_3 = 4$

Sie sind zugleich die Nullstellen der *gebrochenrationalen Funktion*, da der Nenner an diesen Stellen von null verschieden ist. ∎

Definitionslücken, Pole

In den Nullstellen des Nennerpolynoms ist eine gebrochenrationale Funktion *nicht definiert*, da die Division durch die Zahl Null nicht erlaubt ist. Stellen dieser Art werden daher folgerichtig als *Definitionslücken* der Funktion bezeichnet. Eine gebrochenrationale Funktion vom Typ (III-65) besitzt daher *höchstens n* Definitionslücken. So ist beispielsweise die echt gebrochenrationale Funktion $y = 1/x$ an der Stelle $x_0 = 0$ *nicht* definiert. In der unmittelbaren Umgebung dieser Stelle zeigt die Funktion jedoch ein charakteristisches Verhalten: Bei Annäherung von der linken Seite her werden die Funktionswerte *kleiner* als jede noch so *kleine* Zahl, bei Annäherung von rechts her *wachsen* die Funktionswerte über *jede* Grenze hinaus (Bild III-72). Definitionslücken dieser Art werden als *Pole* oder *Unendlichkeitsstellen* bezeichnet. Ähnlich liegen die Verhältnisse bei der Funktion $y = 1/x^2$. Auch diese Funktion ist an der Stelle $x_0 = 0$ *nicht definiert*. Bei beliebiger Annäherung an diese Stelle (von links bzw. rechts) streben die Funktionswerte jeweils gegen ∞ (siehe Bild III-73). Wir haben es hier mit einem *Pol 2. Ordnung* zu tun (*zweifache* Nennernullstelle).

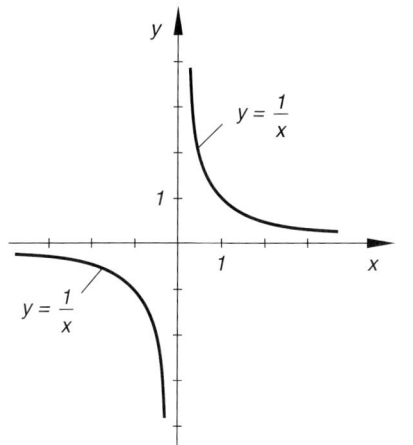

Bild III-72 Funktionsgraph von $y = 1/x$

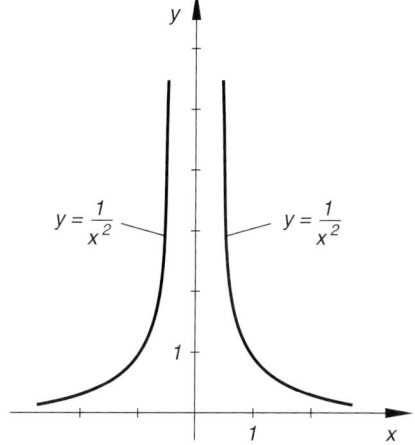

Bild III-73 Funktionsgraph von $y = 1/x^2$

Definition: Stellen, in deren unmittelbarer Umgebung die Funktionswerte über alle Grenzen hinaus *fallen* oder *wachsen*, heißen *Pole* oder *Unendlichkeitsstellen* der Funktion.

6 Gebrochenrationale Funktionen

Polstellen einer gebrochenrationalen Funktion sind demnach Stellen, in denen das *Nennerpolynom* $h(x)$ *verschwindet*, das *Zählerpolynom* $g(x)$ jedoch einen *von null verschiedenen* Wert annimmt:

Polstelle x_0: $\quad h(x_0) = 0 \quad$ und $\quad g(x_0) \neq 0 \qquad$ (III-67)

Die Funktionskurve schmiegt sich dabei *asymptotisch* an die in der Polstelle errichtete Parallele zur y-Achse an (sog. *senkrechte Asymptote*, auch *Polgerade* genannt). Verhält sich die Funktion bei der Annäherung von beiden Seiten her *gleichartig*, so liegt ein *Pol ohne Vorzeichenwechsel* vor. Es ist dann

$$\lim_{x \to x_0} f(x) = +\infty \quad \text{oder} \quad \lim_{x \to x_0} f(x) = -\infty \qquad \text{(III-68)}$$

Bei einem *Pol mit Vorzeichenwechsel* führt die Annäherung von rechts und links in *entgegengesetzte* Richtungen.

Allgemein gilt für einen Pol k-ter Ordnung (k-fache Nennernullstelle):

$$k = \begin{cases} \text{gerade} & \Rightarrow \text{Pol } \textit{ohne } \text{Vorzeichenwechsel} \\ \text{ungerade} & \Rightarrow \text{Pol } \textit{mit } \text{Vorzeichenwechsel} \end{cases}$$

- **Beispiel**

Die *echt* gebrochenrationale Funktion $y = \dfrac{x}{x^2 - 4}$ besitzt in $x_1 = 0$ eine *Nullstelle* und in $x_{2/3} = \pm 2$ jeweils einen Pol *mit Vorzeichenwechsel* (die Annäherung von links und rechts führt jeweils in *verschiedene* Richtungen). Die Kurve verläuft *punktsymmetrisch* (ungerade Funktion) und nähert sich für $|x| \to \infty$ beliebig der x-Achse (Bild III-74).

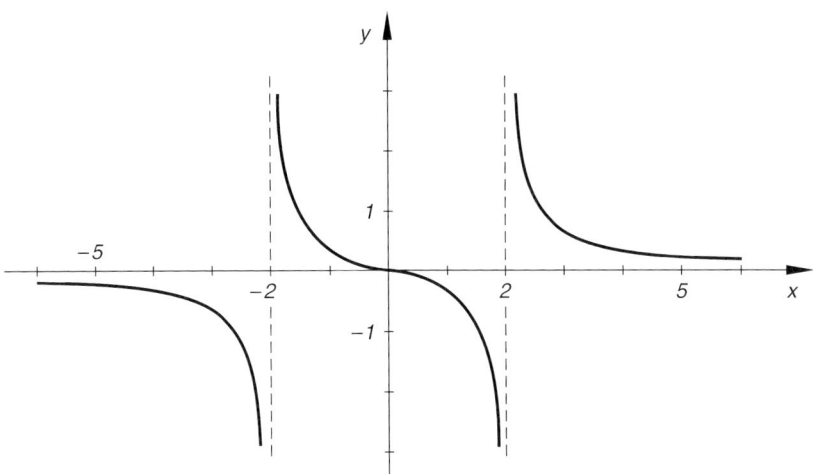

Bild III-74 Funktionsgraph von $y = \dfrac{x}{x^2 - 4}$

∎

Sonderfall: Zähler und Nenner haben gemeinsame Nullstellen

Ist x_0 eine α-fache Nullstelle des Zählers und zugleich eine β-fache Nullstelle des Nenners, so besitzt die gebrochenrationale Funktion $f(x) = g(x)/h(x)$ an dieser Stelle eine *Lücke* (wir erhalten den unbestimmten Ausdruck $0/0$). Zähler und Nenner lassen sich dann aber wie folgt zerlegen:

$$g(x) = (x - x_0)^\alpha \cdot g^*(x) \qquad \text{mit} \qquad g^*(x_0) \neq 0$$

$$h(x) = (x - x_0)^\beta \cdot h^*(x) \qquad \text{mit} \qquad h^*(x_0) \neq 0$$

Wir interessieren uns jetzt für den *Grenzwert* an der Stelle $x = x_0$:

$$\lim_{x \to x_0} f(x) = \lim_{x \to x_0} \frac{g(x)}{h(x)} = \lim_{x \to x_0} \frac{(x - x_0)^\alpha \cdot g^*(x)}{(x - x_0)^\beta \cdot h^*(x)} \qquad \text{(III-69)}$$

Wegen $x \neq x_0$ dürfen wir *vor* der Grenzwertbildung durch den Linearfaktor $x - x_0$ kürzen. Alles Weitere hängt dann im Wesentlichen davon ab, wo die nach dem Kürzen verbliebenen restlichen Linearfaktoren stehen. Dabei sind drei Fälle zu unterscheiden:

1. Fall: $\alpha > \beta$

Der Linearfaktor $x - x_0$ *verschwindet komplett* aus dem Nenner, im Zähler aber verbleiben $\alpha - \beta$ Faktoren. Dann gilt:

$$\lim_{x \to x_0} f(x) = \lim_{x \to x_0} \frac{(x - x_0)^{\alpha-\beta} \cdot g^*(x)}{h^*(x)} = \frac{0 \cdot g^*(x_0)}{h^*(x_0)} = 0 \qquad \text{(III-70)}$$

Der Grenzwert ist also *vorhanden* und die Lücke bei $x = x_0$ kann durch die nachträgliche Festsetzung $f(x_0) = 0$ *behoben* werden. Die (erweiterte) Funktion $f(x)$ hat dann an dieser Stelle eine *Nullstelle* und ist dort sogar *stetig*.

2. Fall: $\alpha = \beta$

Der Linearfaktor $x - x_0$ kürzt sich *komplett* heraus und wir erhalten einen von Null verschiedenen Grenzwert:

$$\lim_{x \to x_0} f(x) = \lim_{x \to x_0} \frac{g^*(x)}{h^*(x)} = \frac{g^*(x_0)}{h^*(x_0)} = c \neq 0 \qquad \text{(III-71)}$$

Die Lücke kann dann durch die nachträgliche Festsetzung $f(x_0) = c$ *behoben* werden.

3. Fall: $\beta > \alpha$

Es verbleiben $\beta - \alpha$ Faktoren im *Nenner*, wobei gilt:

$$\lim_{x \to x_0} f(x) = \lim_{x \to x_0} \frac{g^*(x)}{(x - x_0)^{\beta-\alpha} \cdot h^*(x)} = +\infty \qquad \text{oder} \qquad -\infty \qquad \text{(III-72)}$$

(uneigentlicher Grenzwert). Die Lücke an der Stelle $x = x_0$ lässt sich *nicht beheben*, $f(x)$ besitzt hier eine *Polstelle* der Ordnung $\beta - \alpha$.

■ **Beispiele**

(1) $f(x) = \dfrac{x^2 + x - 2}{x - 1} = \dfrac{(x-1)(x+2)}{x-1} \qquad (x \neq 1)$

Bei $x_1 = 1$ liegt eine *hebbare* Lücke, da der Grenzwert an dieser Stelle vorhanden ist:

$$\lim_{x \to 1} f(x) = \lim_{x \to 1} \frac{(x-1)(x+2)}{x-1} = \lim_{x \to 1} (x+2) = 3$$

Durch die nachträgliche Festsetzung $f(1) = 3$ wird $f(x)$ zu einer *überall* definierten und stetigen Funktion erweitert:

$$f(x) = \begin{cases} \dfrac{x^2+x-2}{x-1} & x \neq 1 \\ 3 & x = 1 \end{cases} \text{ für } = x + 2 \quad (\text{für } x \in \mathbb{R})$$

(2) $f(x) = \dfrac{x^2+x-2}{(x-1)^3} = \dfrac{(x-1)(x+2)}{(x-1)^3} \qquad (x \neq 1)$

Auch diese Funktion hat an der Stelle $x_1 = 1$ eine *Lücke*, die sich jedoch *nicht* beheben lässt, da der Grenzwert *nicht* vorhanden ist (der Linearfaktor $x - 1$ kann nur einmal gekürzt werden):

$$\lim_{x \to 1} f(x) = \lim_{x \to 1} \frac{(x-1)(x+2)}{(x-1)^3} = \lim_{x \to 1} \frac{x+2}{(x-1)^2} = \infty$$

$f(x)$ hat also bei $x_1 = 1$ eine *Unendlichkeitsstelle* (und zwar einen Pol *ohne* Vorzeichenwechsel).

(3) $f(x) = \dfrac{(x^2+x-2)^2}{x^2-2x+1} \qquad (x \neq 1)$

Die Zerlegung von Zähler und Nenner in *Linearfaktoren* führt zu der Darstellung

$$f(x) = \frac{(x^2+x-2)^2}{x^2-2x+1} = \frac{[(x-1)(x+2)]^2}{(x-1)^2} = \frac{(x-1)^2(x+2)^2}{(x-1)^2}$$

Die Funktion besitzt an der Stelle $x_1 = 1$ eine *Lücke* (Zähler und Nenner verschwinden), die jedoch behoben werden kann, da der Grenzwert an dieser Stelle vorhanden ist:

$$\lim_{x \to 1} f(x) = \lim_{x \to 1} \frac{(x-1)^2(x+2)^2}{(x-1)^2} = \lim_{x \to 1} (x+2)^2 = 3^2 = 9 \qquad ■$$

Wir können daher bei einer gebrochenrationalen Funktion auch wie folgt vorgehen: Zunächst zerlegen wir Zähler- und Nennerpolynom in *Linearfaktoren* und kürzen *gemeinsame* Faktoren, soweit vorhanden, heraus. Auf diese Weise lassen sich unter Umständen Definitionslücken *beheben* und der Definitionsbereich der Funktion damit *erweitern* (siehe hierzu auch das nachfolgende Beispiel).

Wir vereinbaren daher, bei der Bestimmung der *Null-* und *Polstellen* einer gebrochenrationalen Funktion wie folgt vorzugehen:

Bestimmung der Null- und Polstellen einer gebrochenrationalen Funktion

1. Man zerlege zunächst Zähler- *und* Nennerpolynom in *Linearfaktoren* und kürze (falls überhaupt vorhanden) *gemeinsame* Faktoren heraus.

2. Die im *Zähler* verbliebenen Linearfaktoren liefern dann die *Nullstellen*, die im *Nenner* verbliebenen Linearfaktoren die *Polstellen* der gebrochenrationalen Funktion.

■ **Beispiel**

$$y = \frac{2x^3 + 2x^2 - 32x + 40}{x^3 + 2x^2 - 13x + 10}$$

Zähler- und Nennerpolynom dieser *unecht* gebrochenrationalen Funktion werden zunächst in Linearfaktoren zerlegt (Horner-Schema verwenden), *gemeinsame* Linearfaktoren anschließend herausgekürzt:

$$y = \frac{2x^3 + 2x^2 - 32x + 40}{x^3 + 2x^2 - 13x + 10} = \frac{2(x-2)^2(x+5)}{(x-1)(x-2)(x+5)} \qquad (x \neq 1, 2, -5)$$

$$y = \frac{2(x-2)}{x-1} \qquad (x \neq 1)$$

Die ursprünglich vorhandenen Definitionslücken an den Stellen $x = 2$ und $x = -5$ wurden somit *behoben*! Die „neue" erweiterte Funktion besitzt jetzt nur noch *eine* Definitionslücke bei $x = 1$. Die verbliebenen Linearfaktoren des *Zählers* liefern dann die *Nullstellen*, die des *Nenners* die *Polstellen* der Funktion:

Nullstelle: $\quad x_1 = 2$

Polstelle: $\quad x_2 = 1 \quad$ (*Pol mit* Vorzeichenwechsel)

In Bild III-75 ist der Verlauf der *neuen* Funktion $y = \dfrac{2(x-2)}{x-1}$ skizziert. Sie besitzt nur noch *eine* Definitionslücke (Polstelle) bei $x_2 = 1$. Die ursprüngliche Funktion hat den gleichen Verlauf, jedoch bei -5 und 2 zwei *Lücken* (*Unstetigkeiten*).

6 Gebrochenrationale Funktionen

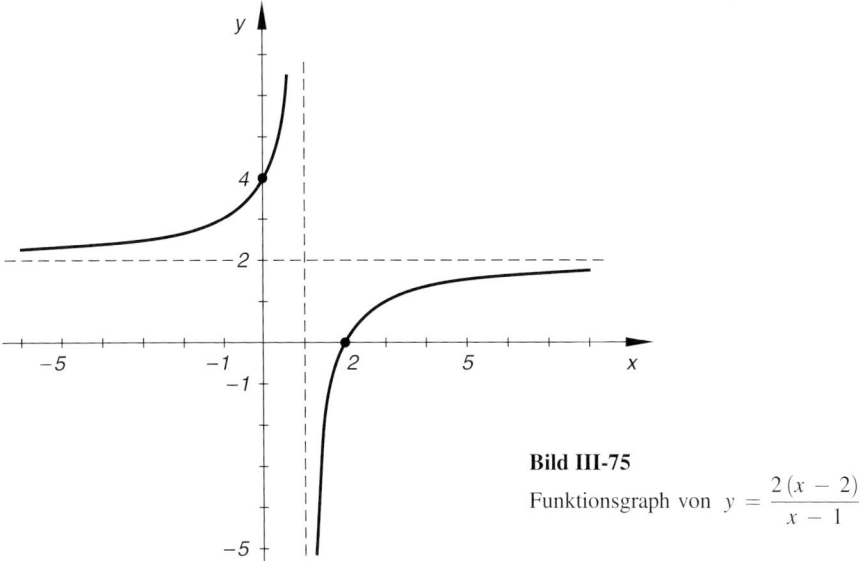

Bild III-75
Funktionsgraph von $y = \dfrac{2(x-2)}{x-1}$ ∎

6.3 Asymptotisches Verhalten einer gebrochenrationalen Funktion im Unendlichen

Eine *echt* gebrochenrationale Funktion $f(x)$ nähert sich für große x-Werte stets *asymptotisch* der *x-Achse*, da das Nennerpolynom infolge des *höheren* Grades *schneller* wächst als das Zählerpolynom. Die Gleichung der Asymptote im Unendlichen, d. h. für $x \to \pm\infty$ lautet daher $y = 0$ (*x*-Achse).

■ **Beispiele**

Die *echt* gebrochenrationalen Funktionen $y = \dfrac{1}{x}$ (Bild III-72), $y = \dfrac{1}{x^2}$ (Bild III-73) und $y = \dfrac{x}{x^2 - 4}$ (Bild III-74) nähern sich für $x \to \pm\infty$ jeweils *asymptotisch* der *x*-Achse. ∎

Bei einer *unecht* gebrochenrationalen Funktion $f(x)$ muss man wie folgt verfahren, um ihr Verhalten im *Unendlichen* beurteilen zu können: Zunächst wird die *unecht* gebrochene Funktion $f(x)$ durch *Polynomdivision* in eine *ganzrationale* Funktion (Polynomfunktion) $p(x)$ und eine *echt* gebrochene Funktion $r(x)$ zerlegt:

$$f(x) = p(x) + r(x) \qquad \text{(III-73)}$$

Diese Zerlegung ist stets möglich und eindeutig! Für $x \to \pm\infty$ verschwindet der echt gebrochenrationale Anteil $r(x)$ der Zerlegung und die gegebene Funktion zeigt daher in diesem Bereich ein *ähnliches* Verhalten wie die Polynomfunktion $p(x)$. Diese ist somit *Asymptote im Unendlichen*.

Wir fassen die Ergebnisse dieses Abschnitts wie folgt zusammen:

Bestimmung der Asymptote einer gebrochenrationalen Funktion im Unendlichen

1. Jede *echt* gebrochenrationale Funktion $y = f(x)$ nähert sich für $x \to \pm\infty$ beliebig der *x-Achse*. Daher ist $y = 0$ die Gleichung ihrer *Asymptote im Unendlichen*.

2. Eine *unecht* gebrochenrationale Funktion $y = f(x)$ wird zunächst durch *Polynomdivision* in eine *ganzrationale* Funktion (Polynomfunktion) $p(x)$ und eine *echt* gebrochenrationale Funktion $r(x)$ zerlegt:

$$f(x) = p(x) + r(x) \tag{III-74}$$

Für $x \to \pm\infty$ strebt $r(x) \to 0$ und die *unecht* gebrochene Funktion $f(x)$ nähert sich *asymptotisch* der Polynomfunktion $p(x)$, d. h. $y = p(x)$ ist die Gleichung ihrer *Asymptote im Unendlichen*.

Anmerkung

Die Kurve $y = f(x) = p(x) + r(x)$ schneidet ihre Asymptote $y = p(x)$ überall dort, wo die Restfunktion $r(x)$ *verschwindet*. Diese *Schnittpunkte* lassen sich somit aus der Gleichung $r(x) = 0$ berechnen.

■ **Beispiel**

$$y = \frac{0{,}5 x^3 - 1{,}5 x + 1}{x^2 + 3x + 2} \quad \text{(\textit{unecht} gebrochenrationale Funktion)}$$

Zähler- und Nennerpolynom werden in *Linearfaktoren* zerlegt, *gemeinsame* Faktoren (vereinbarungsgemäß) herausgekürzt:

$$y = \frac{0{,}5 x^3 - 1{,}5 x + 1}{x^2 + 3x + 2} = \frac{0{,}5 (x - 1)^2 (x + 2)}{(x + 1)(x + 2)} \quad (x \neq -1, -2)$$

(gemeinsamen Faktor $x + 2$ kürzen)

$$y = \frac{0{,}5 (x - 1)^2}{x + 1} = \frac{0{,}5 x^2 - x + 0{,}5}{x + 1} \quad (x \neq -1)$$

Nullstellen: $x_{1/2} = 1$ (*doppelte* Nullstelle, d. h. *Berührungspunkt* und zugleich *Extremwert*)

Polstelle: $x_3 = -1$ (Pol *mit* Vorzeichenwechsel)

Die ursprüngliche Definitionslücke bei $x = -2$ wurde *behoben*, die in ihrem Definitionsbereich *nachträglich* erweiterte Funktion besitzt damit nur noch eine einzige Definitionslücke an der Stelle $x = -1$ (Pol *mit* Vorzeichenwechsel).

6 Gebrochenrationale Funktionen

Wir zerlegen nun die *unecht* gebrochene erweiterte Funktion durch Polynomdivision in einen *ganzrationalen* und einen *echt* gebrochenrationalen Anteil:

$$y = (0{,}5x^2 - x + 0{,}5) : (x + 1) = 0{,}5x - 1{,}5 + \frac{2}{x+1}$$
$$\underline{-(0{,}5x^2 + 0{,}5x)}$$
$$-1{,}5x + 0{,}5$$
$$\underline{-(-1{,}5x - 1{,}5)}$$
$$2$$

Somit gilt:

$$y = \frac{0{,}5(x-1)^2}{x+1} = \frac{0{,}5x^2 - x + 0{,}5}{x+1} = 0{,}5x - 1{,}5 + \frac{2}{x+1}$$

Die Gleichung der *Asymptote im Unendlichen* lautet daher:

$$y = 0{,}5x - 1{,}5$$

Kurve und Asymptote besitzen *keine* Schnittpunkte, da die Restfunktion $r(x) = \dfrac{2}{x+1}$ *nirgends* verschwindet. In Bild III-76 ist der Funktionsverlauf graphisch dargestellt. Die ursprüngliche Funktion hat den gleichen Verlauf mit Ausnahme der Stelle $x = -2$ (dort besitzt sie eine *Lücke*).

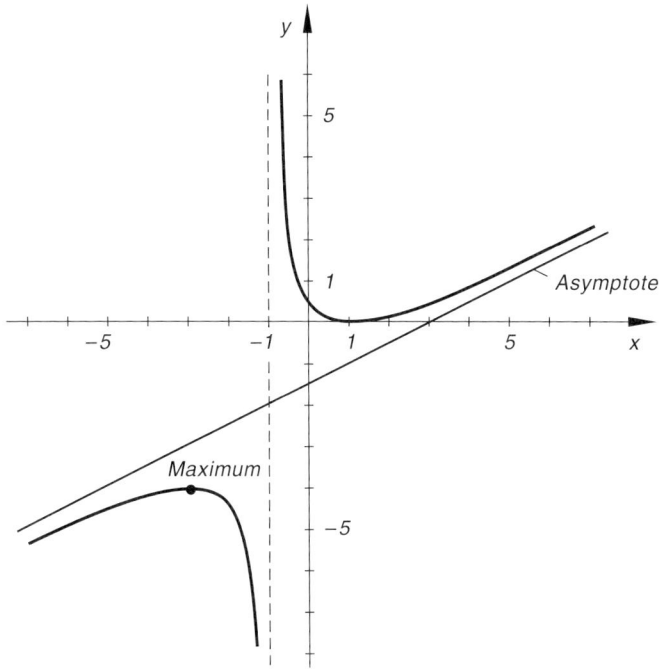

Bild III-76
Funktionsgraph von
$$y = \frac{0{,}5(x-1)^2}{x+1}$$

∎

6.4 Ein Anwendungsbeispiel: Kapazität eines Kugelkondensators

Wir betrachten einen aus zwei konzentrischen, leitenden Kugelschalen mit den Radien r_1 und r_2 bestehenden *Kugelkondensator* ($r_1 < r_2$; Bild III-77). Seine Kapazität beträgt:

$$C = \frac{4\pi\varepsilon_0\varepsilon_r r_1 r_2}{r_2 - r_1} \qquad \text{(III-75)}$$

(ε_0: Elektrische Feldkonstante; ε_r: Dielektrizitätskonstante der Kondensatorfüllung). Die Differenz zwischen Außen- und Innenradius bezeichnen wir mit x:

$$x = r_2 - r_1 > 0 \qquad \text{und somit} \qquad r_2 = r_1 + x \qquad \text{(III-76)}$$

Die Kapazitätsformel (III-75) geht dann über in:

$$C = \frac{4\pi\varepsilon_0\varepsilon_r r_1 (r_1 + x)}{x} \qquad (x > 0) \qquad \text{(III-77)}$$

Bei *fest* vorgegebenem Innenradius $r_1 = \text{const.} = R$ ist die Kapazität C nur noch von der Größe x abhängig:

$$C = C(x) = \frac{4\pi\varepsilon_0\varepsilon_r R(R+x)}{x} = 4\pi\varepsilon_0\varepsilon_r R \left(1 + \frac{R}{x}\right) \qquad (x > 0) \qquad \text{(III-78)}$$

Die Größen C und x sind über eine *unecht gebrochenrationale* Funktion miteinander verknüpft, die für $x \to \infty$ gegen den Grenzwert

$$\lim_{x \to \infty} C(x) = \lim_{x \to \infty} 4\pi\varepsilon_0\varepsilon_r R \left(1 + \frac{R}{x}\right) = 4\pi\varepsilon_0\varepsilon_r R \qquad \text{(III-79)}$$

strebt (Bild III-78).

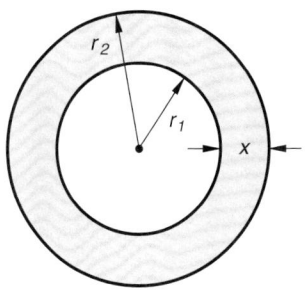

Bild III-77 Kugelkondensator

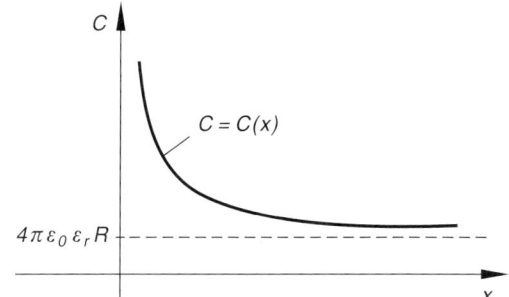

Bild III-78 Kapazität eines Kugelkondensators in Abhängigkeit vom Abstand der beiden Kugelschalen

7 Potenz- und Wurzelfunktionen

7.1 Potenzfunktionen mit ganzzahligen Exponenten

Die einfachsten *Potenzfunktionen* sind vom Typ

$$y = f(x) = x^n \qquad (n \in \mathbb{N}^*) \tag{III-80}$$

und gehören zu den *ganzrationalen* Funktionen. Sie sind überall in $\mathbb{R}$ definiert und stetig und *abwechselnd* gerade und ungerade:

$$f(-x) = \begin{cases} f(x) & n = \text{gerade} \\ -f(x) & n = \text{ungerade} \end{cases} \text{für} \tag{III-81}$$

∎ **Beispiele**

Bild III-79 zeigt die Graphen der *ungeraden* Potenzfunktionen $y = x$, $y = x^3$ und $y = x^5$, Bild III-80 die der *geraden* Potenzfunktionen $y = x^2$, $y = x^4$ und $y = x^6$.

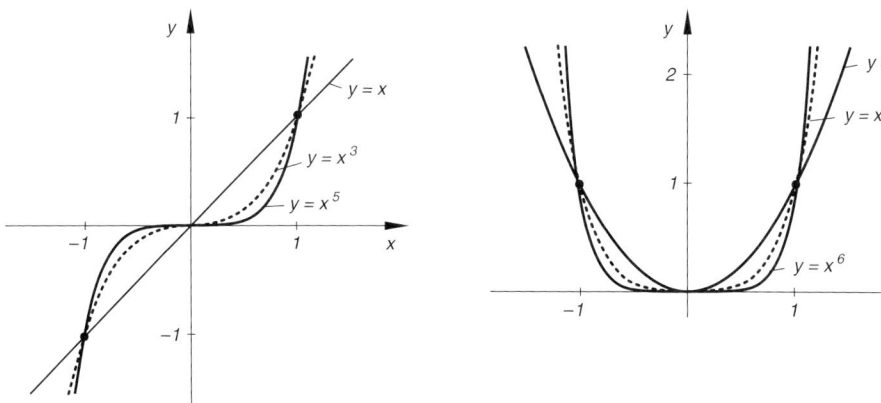

Bild III-79
Ungerade Potenzfunktionen

Bild III-80
Gerade Potenzfunktionen ∎

Für *negativ-ganzzahlige* Exponenten erhält man *gebrochenrationale* Funktionen vom Typ

$$y = x^{-n} = \frac{1}{x^n} \qquad (n \in \mathbb{N}^*) \tag{III-82}$$

Sie sind für jedes reelle $x \neq 0$ definiert und stetig und besitzen an der Stelle $x_0 = 0$ einen *Pol* mit oder ohne Vorzeichenwechsel, je nachdem ob n eine *ungerade* oder *gerade* Zahl ist. Für *gerades* n sind diese Potenzfunktionen *gerade*, für *ungerades* n *ungerade*.

■ **Beispiele**

(1) Die ersten Vertreter dieser Funktionen lauten wie folgt:

$$y = x^{-1} = \frac{1}{x} \qquad \text{(\textit{ungerade} Funktion; Bild III-81)}$$

$$y = x^{-2} = \frac{1}{x^2} \qquad \text{(\textit{gerade} Funktion; Bild III-82)}$$

Beide Funktionen sind für jedes $x \neq 0$ definiert und besitzen an der Stelle $x_0 = 0$ einen Pol *mit* bzw. *ohne* Vorzeichenwechsel.

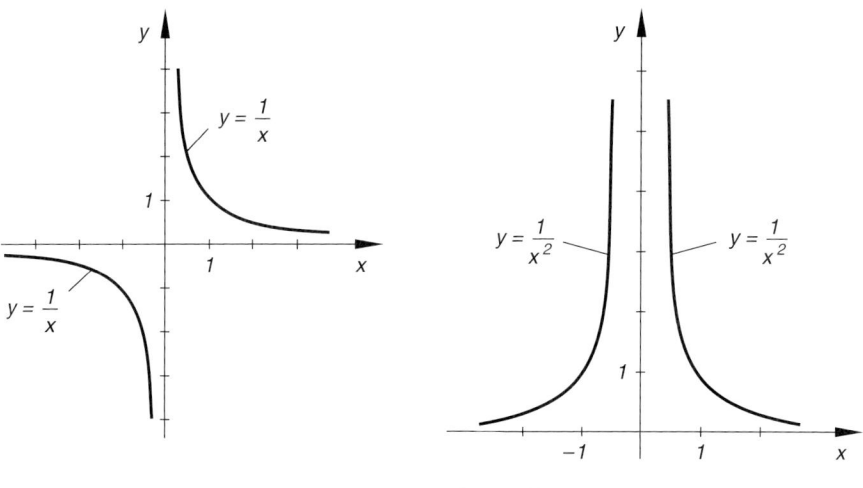

Bild III-81
Potenzfunktion $y = x^{-1} = 1/x$

Bild III-82
Potenzfunktion $y = x^{-2} = 1/x^2$

(2) Ein Beispiel aus der physikalischen Chemie liefert die *Zustandsgleichung* für 1 Mol eines *idealen Gases* bei konstanter Temperatur T. Druck p und Volumen V sind dabei zueinander *umgekehrt proportionale* Größen (Bild III-83):

$$pV = RT = \text{const.}$$

$$p = \frac{\text{const.}}{V}, \qquad V > 0$$

(R: allgemeine Gaskonstante)

Diese Kurven werden bekanntlich als *Isothermen* des idealen Gases bezeichnet.

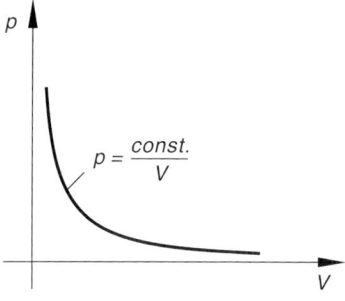

Bild III-83
Isotherme eines idealen Gases

(3) Gravitationsfeld der Erde

Eine Masse m erfährt im Gravitationsfeld der Erde die *Anziehungskraft*

$$F = F(r) = \gamma \cdot \frac{Mm}{r^2} \sim \frac{1}{r^2} \qquad (r \geq r_0)$$

wobei r der Abstand der Masse vom Erdmittelpunkt ist (M: Erdmasse; r_0: Erdradius; γ: Gravitationskonstante). ∎

7.2 Wurzelfunktionen

Bereits in Abschnitt 2.5 haben wir erkannt, dass die Potenzfunktion $y = x^2$ (*Normalparabel*) in ihrem Definitionsbereich $-\infty < x < \infty$ wegen *fehlender* Monotonie-Eigenschaft *nicht* umkehrbar ist. Beschränken wir uns jedoch auf den 1. Quadranten, d. h. auf das Intervall $x \geq 0$, so verläuft diese Funktion dort *streng monoton wachsend* und ist daher in diesem Intervall auch *umkehrbar*. Ihre *Umkehrfunktion* ist die als *Wurzelfunktion* bezeichnete Funktion

$$y = \sqrt[2]{x} \equiv \sqrt{x} \quad (x \geq 0) \tag{III-83}$$

Bild III-84 zeigt den Verlauf der „Halbparabel" und ihrer Umkehrfunktion. Aus dem gleichen Grund ist *jede* Potenzfunktion mit einem *geraden* Exponent, d. h. *jede* Potenzfunktion vom Typ $y = x^{2k}$ mit $k \in \mathbb{N}^*$ im Intervall $x \geq 0$ *umkehrbar*.

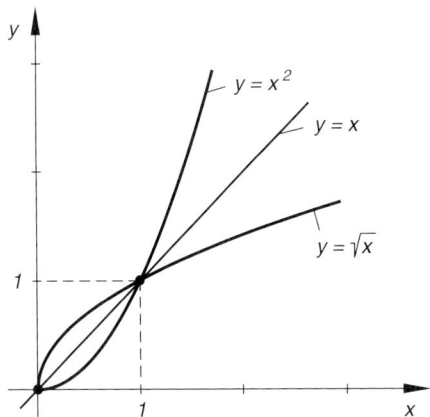

Bild III-84
Die Wurzelfunktion $y = \sqrt{x}$ als Umkehrfunktion der auf das Intervall $x \geq 0$ beschränkten Potenzfunktion $y = x^2$ („Halbparabel")

Wir betrachten nun die Potenzfunktion $y = x^3$ (siehe hierzu Bild III-79). Sie verläuft in ihrem *gesamten* Definitionsbereich $-\infty < x < \infty$ streng monoton wachsend und ist somit dort *umkehrbar*. Ihre Umkehrfunktion müsste daher konsequenterweise mit $y = \sqrt[3]{x}$ bezeichnet werden und wäre damit eine für *alle* $x \in \mathbb{R}$ definierte Funktion. Ähnlich liegen die Verhältnisse bei den übrigen Potenzfunktionen vom Typ $y = x^{2k-1}$ mit $k \in \mathbb{N}^*$ (Potenzen mit *ungeraden* Exponenten).

Aus *systematischen* Gründen erscheint es aber sinnvoll, die *Umkehrung* der Potenzfunktionen $y = x^n$ mit $n \in \mathbb{N}^*$ auf ein *allen* Potenzen *gemeinsames* Intervall zu beschränken, in dem diese Funktionen *streng monoton* verlaufen. Ein solches Intervall ist $x \geq 0$. Diese Überlegungen führen zu der folgenden Definition:

Definition: Die *Umkehrfunktionen* der auf das Intervall $x \geq 0$ *beschränkten* Potenzfunktionen vom Typ $y = x^n$ heißen *Wurzelfunktionen* (mit $n \in \mathbb{N}^*$). Symbolische Schreibweise:

$$y = \sqrt[n]{x} \qquad (x \geq 0) \tag{III-84}$$

(gelesen: *n*-te Wurzel aus *x*)

Anmerkungen

(1) Die Wurzelfunktionen sind *streng monoton wachsende* Funktionen.

(2) Die Definition des Begriffs *Wurzelfunktion* erfolgt in der mathematischen Literatur keineswegs einheitlich. Nach unserer Definition (III-84) sind die Wurzelfunktionen nur für *nichtnegative* Argumente, d. h. für $x \geq 0$ erklärt und dort stetig. Der Wertebereich ist $y \geq 0$, die Kurven verlaufen daher alle im ersten Quadranten.

■ **Beispiele**

(1) Die *Umkehrfunktion* der auf das Intervall $x \geq 0$ beschränkten Normalparabel $y = x^2$ ist die für $x \geq 0$ definierte *Wurzelfunktion* $y = \sqrt[2]{x} \equiv \sqrt{x}$ (siehe Bild III-84).

(2) Ein Beispiel aus den Anwendungen: In einem *LC*-Kreis mit der Induktivität L und der Kapazität C hängt die Schwingungsdauer T bei konstanter Induktivität L_0 wie folgt von der Kapazität C ab (Bild III-85):

$$T = 2\pi \cdot \sqrt{L_0 C} = \underbrace{2\pi \cdot \sqrt{L_0}}_{\text{const.}} \cdot \sqrt{C} = \text{const.} \cdot \sqrt{C} \qquad (\text{für } C \geq 0)$$

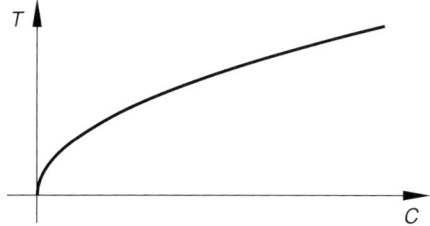

Bild III-85 Schwingungsdauer T in Abhängigkeit von der Kapazität C in einem *LC*-Kreis (bei konstanter Induktivität $L = L_0$)

7 Potenz- und Wurzelfunktionen

(3) Die sog. *kubische Parabel* $y = x^3$ verläuft in ihrem gesamten Definitionsbereich $-\infty < x < \infty$ *streng monoton wachsend*, ist dort also *umkehrbar*. Wie lautet ihre *Umkehrfunktion*?

Lösung: Die Wurzelfunktion $y = \sqrt[3]{x}$ $(x \geq 0)$ ist *definitionsgemäß* die Umkehrfunktion der auf den *1. Quadranten* beschränkten kubischen Parabel. Die Funktionsgleichung der Umkehrfunktion von $y = x^3$ für $x < 0$ lautet (wegen der Punktsymmetrie der Gesamtkurve):

$$y = -\sqrt[3]{-x} = -\sqrt[3]{|x|} \qquad (x < 0)$$

Insgesamt erhält man damit im Intervall $-\infty < x < \infty$ die folgende Darstellung für die gesuchte *Umkehrfunktion* der kubischen Parabel (Bild III-86):

$$y = f(x) = \left\{ \begin{array}{ll} \sqrt[3]{x} & x \geq 0 \\ -\sqrt[3]{|x|} & x < 0 \end{array} \right\} \text{ für }$$

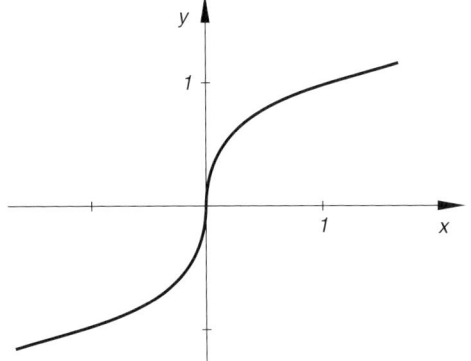

Bild III-86
Umkehrfunktion der kubischen Parabel $y = x^3$

Berechnung einiger Funktionswerte:

$$f(125) = \sqrt[3]{125} = 5$$
$$f(-1) = -\sqrt[3]{|-1|} = -\sqrt[3]{1} = -(1) = -1$$
$$f(-82{,}5) = -\sqrt[3]{|-82{,}5|} = -\sqrt[3]{82{,}5} = -(4{,}3533) = -4{,}3533$$

7.3 Potenzfunktionen mit rationalen Exponenten

Unter Verwendung der für alle $x \geq 0$ definierten *Wurzelfunktionen* sind wir jetzt in der Lage, den Begriff der *Potenzfunktion* auch auf *rationale* Exponenten auszudehnen:

> **Definition:** Unter einer *Potenzfunktion* mit dem *rationalen* Exponenten m/n verstehen wir die Funktion
> $$y = f(x) = x^{\frac{m}{n}} = \sqrt[n]{x^m} \qquad (x > 0) \tag{III-85}$$
> mit $m \in \mathbb{Z}$ und $n \in \mathbb{N}^*$.

Die *Potenzfunktion* $y = x^{m/n}$ ist also definitionsgemäß die *n*-te Wurzel aus der Potenz x^m. Man beachte, dass diese Funktion zunächst nur für $x > 0$ erklärt ist. Für *positive* Exponenten lässt sich jedoch der Definitionsbereich auf das Intervall $x \geq 0$ erweitern.

Die *Wurzelfunktionen* $y = \sqrt[n]{x}$ $(x \geq 0)$ sind auch als *Potenzfunktionen* mit *rationalem* Exponenten wie folgt darstellbar:

$$y = \sqrt[n]{x} = \sqrt[n]{x^1} = x^{1/n} \qquad (x \geq 0) \tag{III-86}$$

Anmerkungen

(1) Der Begriff der *Potenzfunktion* lässt sich auch auf beliebige *reelle* Exponenten a ausdehnen. Man setzt in diesem Falle

$$y = x^a = e^{\ln x^a} = e^{a \cdot \ln x} \qquad (x > 0) \tag{III-87}$$

Dies erklärt auch, warum der Definitionsbereich einer allgemeinen Potenzfunktion auf das Intervall $x > 0$ beschränkt werden muss[7].

(2) Die Potenzfunktionen sind für *positive* Exponenten *streng monoton wachsend*, für *negative* Exponenten dagegen *streng monoton fallend* (siehe hierzu auch die beiden nachfolgenden Beispiele).

■ **Beispiele**

(1) Die für $x \geq 0$ definierte *streng monoton wachsende* Potenzfunktion

$$y = x^{2/3} = \sqrt[3]{x^2}$$

besitzt den in Bild III-87 dargestellten Verlauf.

---

[7] $\ln x$ ist der *natürliche Logarithmus* von x und nur für $x > 0$ definiert. In Abschnitt 12 wird diese wichtige Funktion ausführlich behandelt. Die Basis e ist die Eulersche Zahl.

7 Potenz- und Wurzelfunktionen

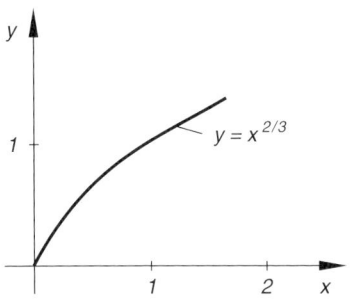

Bild III-87 Graph der Potenzfunktion
$y = x^{2/3}$ $(x \geq 0)$

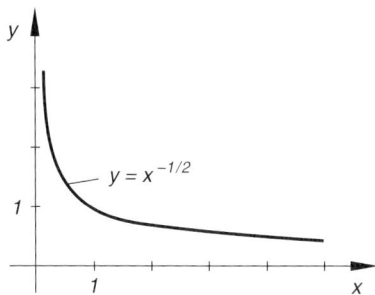

Bild III-88 Graph der Potenzfunktion
$y = x^{-1/2}$ $(x > 0)$

(2) Die für $x > 0$ erklärte und *streng monoton fallende* Potenzfunktion

$$y = x^{-1/2} = \frac{1}{x^{1/2}} = \frac{1}{\sqrt{x}}$$

ist in Bild III-88 graphisch dargestellt. ∎

7.4 Ein Anwendungsbeispiel: Beschleunigung eines Elektrons in einem elektrischen Feld

Ein Elektron erfährt in einem elektrischen Feld der konstanten Feldstärke E die Kraft $F = eE$ *entgegen* der Feldrichtung (e: Elementarladung)[8]. Es wird daher beschleunigt und nimmt dabei kinetische Energie auf. Die vom Feld verrichtete Arbeit beträgt $W = eU$, wobei U die vom Elektron durchlaufene Spannung ist. Nach dem Energiesatz gilt dann:

$$\frac{1}{2} m_0 v^2 = eU \qquad \text{(III-88)}$$

(m_0: Ruhemasse des Elektrons; v: Geschwindigkeit des Elektrons). Das Elektron erreicht damit nach Durchlaufen der Spannung U die Endgeschwindigkeit

$$v = \sqrt{2 \frac{e}{m_0} U} = \sqrt{2 \frac{e}{m_0}} \cdot \sqrt{U} = \text{const.} \cdot \sqrt{U} \qquad \text{(III-89)}$$

Die Größen v und U sind demnach über eine *Wurzelfunktion* miteinander verknüpft.

---

[8] E und F sind die Beträge der Feldstärke $\vec{E}$ bzw. der Kraft $\vec{F}$.

8 Kegelschnitte

8.1 Darstellung eines Kegelschnittes durch eine algebraische Gleichung 2. Grades mit konstanten Koeffizienten

Die durch *Schnitt* eines geraden *Doppelkegels* mit einer *Ebene* entstehenden (ebenen) Kurven werden unter der Bezeichnung *Kegelschnitte* zusammengefasst. Zu ihnen gehören *Kreis*, *Ellipse*, *Hyperbel* und *Parabel*. Sie lassen sich durch *algebraische Gleichungen 2. Grades* vom allgemeinen Typ

$$Ax^2 + By^2 + Cx + Dy + E = 0 \qquad (A^2 + B^2 \neq 0) \qquad \text{(III-90)}$$

beschreiben, wobei die *Symmetrieachsen* der Kegelschnitte *parallel* zu den Koordinatenachsen verlaufen. Über die *Art* und *Lage* des Kegelschnittes entscheiden ausschließlich die *konstanten* Koeffizienten A, B, C, D und E in der Gleichung (III-90).

Im Einzelnen gilt dabei (sog. *Entartungsfälle* eingeschlossen):

Kriterium zur Feststellung der Art eines Kegelschnittes

Kegelschnitte (Kreise, Ellipsen, Hyperbeln und Parabeln) mit *achsenparallelen* Symmetrieachsen lassen sich in einem kartesischen x, y-Koordinatensystem durch *algebraische Gleichungen 2. Grades* vom Typ

$$Ax^2 + By^2 + Cx + Dy + E = 0 \qquad (A^2 + B^2 \neq 0) \qquad \text{(III-91)}$$

beschreiben, wobei die konstanten Koeffizienten dieser Gleichung wie folgt über die *Art* eines Kegelschnittes entscheiden:

- Kreis: $\quad A = B$
- Ellipse: $\quad A \cdot B > 0, \quad A \neq B$
- Hyperbel: $\quad A \cdot B < 0$
- Parabel: $\quad A = 0, \quad B \neq 0 \quad$ oder $\quad B = 0, \quad A \neq 0$

Anmerkungen

(1) Bei *gleichem* Vorzeichen der Koeffizienten A und B handelt es sich also um eine *Ellipse* (im Sonderfall $A = B$ um einen *Kreis*), bei *unterschiedlichem* Vorzeichen dagegen um eine *Hyperbel*. Eine *Parabel* liegt immer dann vor, wenn *einer* der beiden Koeffizienten verschwindet (die Gleichung enthält dann nur ein quadratisches Glied).

(2) Es können sog. *Entartungsfälle* auftreten, wie das folgende einfache Beispiel zeigt. Für die algebraische Gleichung $x^2 + y^2 + 1 = 0$ gilt $A = B = 1$. Wir vermuten daher, dass es sich hier um einen *Kreis* handelt (andere Kegelschnitte scheiden jedenfalls aus). Eine geringfügige Umstellung der Gleichung auf die Form

8 Kegelschnitte

$x^2 + y^2 = -1$ zeigt jedoch, dass diese einen *Widerspruch* enthält. Denn die Summe zweier Quadrate (linke Seite) kann niemals negativ sein (rechte Seite). Daher gibt es *keine* Punkte $(x; y)$, die diese Gleichung erfüllen. Die oben angegebenen Bedingungen sind zwar *notwendig*, nicht aber hinreichend.

In den folgenden Abschnitten geben wir zunächst einen kurzen *Überblick* über die Gleichungen der einzelnen Kegelschnitte (Mittelpunktsgleichung bzw. Scheitelgleichung, Hauptform, Funktionsgleichungen). Dann zeigen wir anhand von konkreten Beispielen, wie man *Art* und *Lage* eines Kegelschnittes bestimmt.

Zusätzliche Informationen über die Kegelschnitte findet der Leser in der *Mathematischen Formelsammlung für Ingenieure und Naturwissenschaftler* des Autors.

8.2 Gleichungen eines Kreises

Der *Kreis* ist definitionsgemäß der geometrische Ort aller Punkte P einer Ebene, die von einem *festen* Punkt, dem *Kreismittelpunkt* M, den *gleichen* Abstand r (*Radius* genannt) besitzen (Bild III-89):

$\overline{MP}$ = const. = r

Bezeichnungen (siehe Bild III-89):

M: Mittelpunkt

r: Radius

P: Laufender Punkt auf dem Kreis

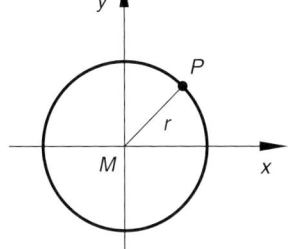

Bild III-89
Zur geometrischen Definition eines Kreises

Gleichungen eines Kreises

Mittelpunktsgleichung (Bild III-90):

$$x^2 + y^2 = r^2 \qquad M = (0; 0) \qquad \text{(III-92)}$$

$$y = \pm\sqrt{r^2 - x^2} \qquad (-r \leq x \leq r) \qquad \text{(III-93)}$$

(Oberer und unterer Halbkreis)

Hauptform der Kreisgleichung (verschobener Kreis; Bild III-91):

$$(x - x_0)^2 + (y - y_0)^2 = r^2 \qquad M = (x_0; y_0) \qquad \text{(III-94)}$$

$$y = y_0 \pm \sqrt{r^2 - (x - x_0)^2} \qquad (x_0 - r \leq x \leq x_0 + r) \qquad \text{(III-95)}$$

(Oberer und unterer Halbkreis)

Anmerkungen

(1) Der Mittelpunktskreis wird auch als *Ursprungskreis* bezeichnet.
(2) *Jede* durch den Mittelpunkt M gehende Gerade (Durchmesser) ist zugleich auch *Symmetrieachse*.
(3) Der *verschobene* Kreis lässt sich stets durch eine Koordinatentransformation (Parallelverschiebung des Koordinatensystems) auf den *Mittelpunktskreis* zurückführen. Als neuen Koordinatenursprung wählt man dabei den *Kreismittelpunkt* M. In Bild III-91 sind die neuen Koordinatenachsen durch *Strichelung* angedeutet.

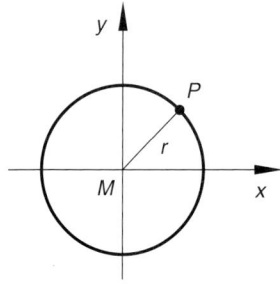

Bild III-90 Mittelpunktskreis

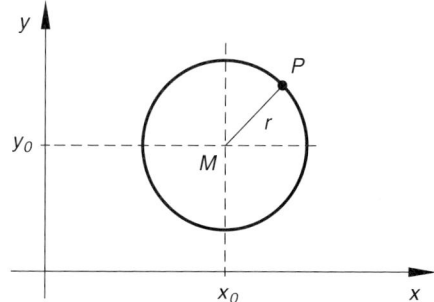

Bild III-91 Zur Hauptform der Kreisgleichung (verschobener Kreis)

8.3 Gleichungen einer Ellipse

Die *Ellipse* ist definitionsgemäß die Menge aller Punkte P einer Ebene, für die die *Summe* der Entfernungen von zwei festen Punkten, den sog. *Brennpunkten* F_1 und F_2, *konstant* ist (Bild III-92):

$$\overline{F_1 P} + \overline{F_2 P} = \text{const.} = 2a$$

Bezeichnungen (siehe Bild III-92):

M: Mittelpunkt
F_1, F_2: Brennpunkte
$a > 0$: Große Halbachse
$b > 0$: Kleine Halbachse
$e > 0$: Brennweite

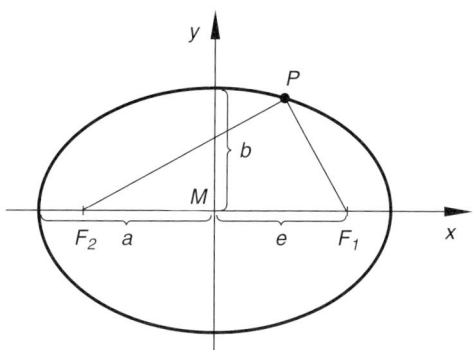

Bild III-92 Zur geometrischen Definition einer Ellipse

8 Kegelschnitte

Zwischen den Halbachsen a und b und der Brennweite e besteht die Beziehung

$$a^2 = b^2 + e^2 \tag{III-96}$$

Gleichungen einer Ellipse

Mittelpunktsgleichung (Bild III-93):

$$\frac{x^2}{a^2} + \frac{y^2}{b^2} = 1 \quad \text{oder} \quad b^2 x^2 + a^2 y^2 = a^2 b^2 \quad M = (0;0) \tag{III-97}$$

$$y = \pm \frac{b}{a} \sqrt{a^2 - x^2} \quad (-a \leq x \leq a) \tag{III-98}$$

(Obere und untere Halbellipse)

Hauptform der Ellipsengleichung (verschobene Ellipse; Bild III-94):

$$\frac{(x - x_0)^2}{a^2} + \frac{(y - y_0)^2}{b^2} = 1 \quad M = (x_0; y_0) \tag{III-99}$$

$$y = y_0 \pm \frac{b}{a} \sqrt{a^2 - (x - x_0)^2} \quad (x_0 - a \leq x \leq x_0 + a) \tag{III-100}$$

(Obere und untere Halbellipse)

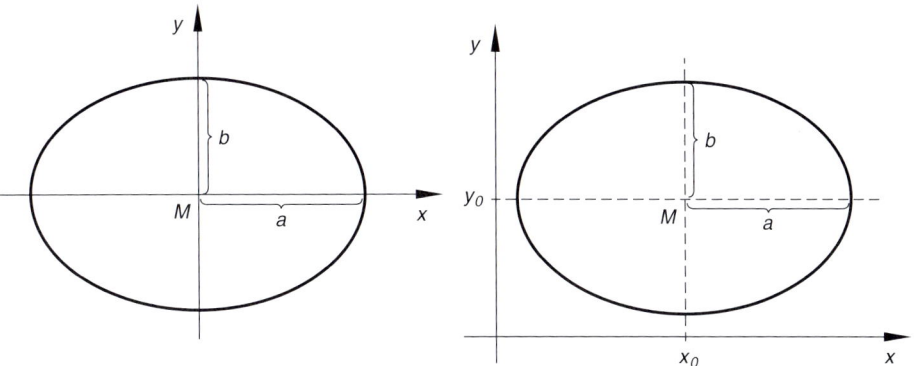

Bild III-93 Mittelpunktsellipse

Bild III-94 Zur Hauptform der Ellipsengleichung (verschobene Ellipse)

Anmerkungen

(1) Die Mittelpunktsellipse wird auch als *Ursprungsellipse* bezeichnet.
(2) Die durch den Mittelpunkt M gehenden Parallelen zu den Koordinatenachsen sind zugleich auch die (einzigen) *Symmetrieachsen*.
(3) Die *verschobene* Ellipse lässt sich stets durch eine Koordinatentransformation (Parallelverschiebung des Koordinatensystems) auf die *Mittelpunktsellipse* zurückführen. Man wählt dabei den *Ellipsenmittelpunkt M* als neuen Koordinatenursprung. In Bild III-94 sind die neuen Koordinatenachsen durch *Strichelung* angedeutet.
(4) Für den *Sonderfall* $a = b$ erhält man einen *Kreis* mit dem Radius $r = a$.
(5) Eine Ellipse lässt sich aus den vier *Scheitelpunkten* (Schnittpunkte mit den beiden Symmetrieachsen) leicht skizzieren.

8.4. Gleichungen einer Hyperbel

Die *Hyperbel* ist die Menge aller Punkte P einer Ebene, für die die *Differenz* der Entfernungen von zwei festen Punkten, den *Brennpunkten* F_1 und F_2, *konstant* ist (Bild III-95):

$$|\overline{F_1 P} - \overline{F_2 P}| = \text{const.} = 2a$$

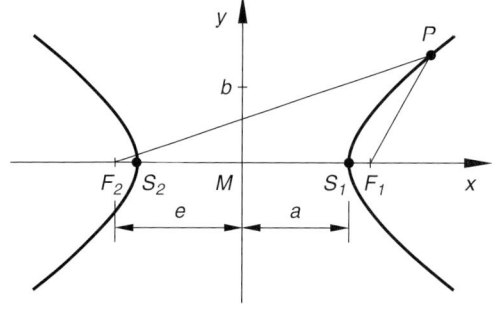

Bild III-95
Zur geometrischen Definition einer Hyperbel

Bezeichnungen (siehe Bild III-95):

M: Mittelpunkt
F_1, F_2: Brennpunkte
S_1, S_2: Scheitelpunkte
$a > 0$: Große oder reelle Halbachse
$b > 0$: Kleine oder imaginäre Halbachse $\left.\right\} e^2 = a^2 + b^2$
$e > 0$: Brennweite

8 Kegelschnitte

Gleichungen einer Hyperbel

Mittelpunktsgleichung (Bild III-96):

$$\frac{x^2}{a^2} - \frac{y^2}{b^2} = 1 \quad \text{oder} \quad b^2 x^2 - a^2 y^2 = a^2 b^2 \quad M = (0;0) \quad \text{(III-101)}$$

$$y = \pm \frac{b}{a} \sqrt{x^2 - a^2} \quad (|x| \geq a) \quad \text{(III-102)}$$

(Oberer und unterer Teil der Hyperbel)

Asymptoten im Unendlichen: $y = \pm \dfrac{b}{a} x$

Hauptform der Hyperbelgleichung (verschobene Hyperbel; Bild III-97):

$$\frac{(x-x_0)^2}{a^2} - \frac{(y-y_0)^2}{b^2} = 1 \quad M = (x_0; y_0) \quad \text{(III-103)}$$

$$y = y_0 \pm \frac{b}{a} \sqrt{(x-x_0)^2 - a^2} \quad (|x-x_0| \geq a) \quad \text{(III-104)}$$

(Oberer und unterer Teil der Hyperbel)

Asymptoten im Unendlichen: $y = y_0 \pm \dfrac{b}{a}(x - x_0)$

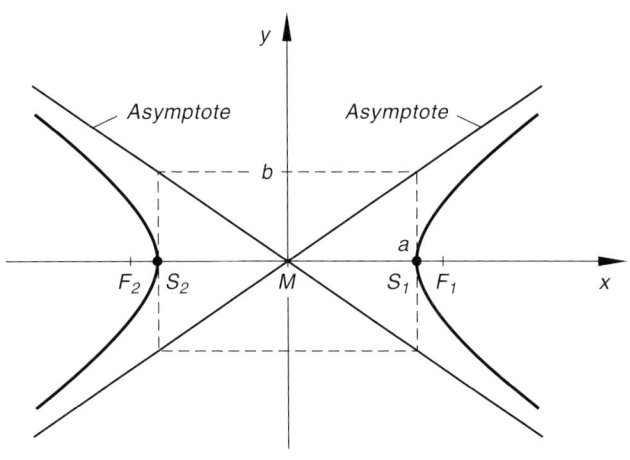

Bild III-96
Mittelpunktshyperbel

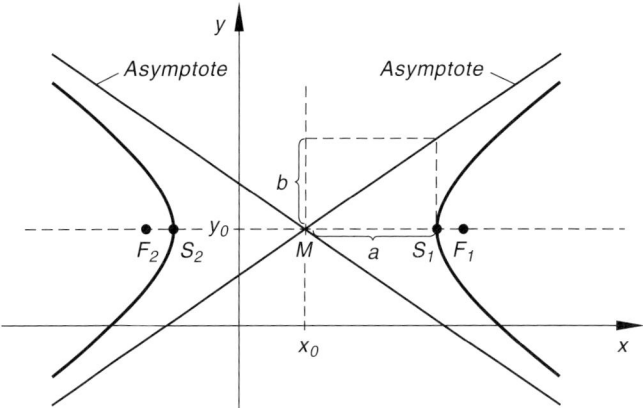

Bild III-97 Zur Hauptform der Hyperbelgleichung (verschobene Hyperbel)

Anmerkungen

(1) Die Mittelpunktshyperbel wird auch als *Ursprungshyperbel* bezeichnet.

(2) Die durch den Mittelpunkt M gehenden Parallelen zu den Koordinatenachsen sind zugleich auch die (einzigen) *Symmetrieachsen*.

(3) Die *verschobene* Hyperbel lässt sich stets durch eine Koordinatentransformation (Parallelverschiebung des Koordinatensystems) auf die *Mittelpunktshyperbel* zurückführen. Neuer Koordinatenursprung wird dabei der *Hyperbelmittelpunkt* M. Die neuen Koordinatenachsen sind in Bild III-97 durch *Strichelung* angedeutet.

(4) Im *Sonderfall* $a = b$ stehen die beiden Asymptoten aufeinander *senkrecht*. Die *Mittelpunktshyperbel* besitzt dann die *spezielle* Gleichung

$$\frac{x^2}{a^2} - \frac{y^2}{a^2} = 1 \quad \text{oder} \quad x^2 - y^2 = a^2 \tag{III-105}$$

und wird als *rechtwinklige* oder *gleichseitige* Hyperbel bezeichnet. Die Gleichungen der beiden *Asymptoten* lauten in diesem Sonderfall: $y = \pm x$.

(5) Weil a eine *geometrische* Bedeutung hat ($2a$ ist der Abstand der beiden Scheitelpunkte), b dagegen *keine*, wird a auch als „reelle" und b als „imaginäre" Halbachse bezeichnet.

(6) Der *ungefähre* Verlauf einer Hyperbel lässt sich aus den beiden *Scheitelpunkten* und den beiden *Asymptoten* leicht ermitteln. Die Asymptoten sind die Flächendiagonalen des in Bild III-96 gestrichelt gezeichneten Rechtecks mit den Seitenlängen $2a$ und $2b$.

8 Kegelschnitte

8.5. Gleichungen einer Parabel

Die *Parabel* ist als geometrischer Ort aller Punkte P einer Ebene definiert, die von einem festen Punkt, dem *Brennpunkt* F, und einer festen Geraden, *Leitlinie* genannt, *gleich weit* entfernt sind (Bild III-98):

$$\overline{FP} = \overline{AP}$$

Bezeichnungen (siehe Bild III-98):

- p: *Parameter* (der Betrag von p ist der Abstand zwischen Brennpunkt und Leitlinie)
- S: Scheitelpunkt der Parabel
- F: Brennpunkt (Brennweite: $e = \overline{FS} = |p/2|$)

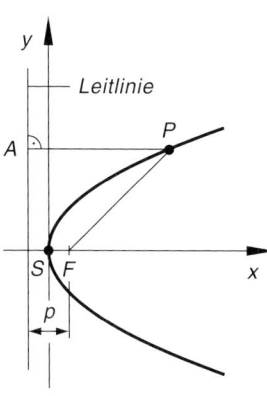

Bild III-98
Zur geometrischen Definition einer Parabel

Gleichungen einer Parabel

Scheitelgleichung (Bild III-99):

$$y^2 = 2px \qquad S = (0; 0) \qquad \text{(III-106)}$$

$p > 0$: Parabel ist nach *rechts* geöffnet (Bild III-99)

$$y = \pm \sqrt{2px} \qquad (x \geq 0) \qquad \text{(III-107)}$$

$p < 0$: Parabel ist nach *links* geöffnet

$$y = \pm \sqrt{2px} \qquad (x \leq 0) \qquad \text{(III-108)}$$

Hauptform der Parabelgleichung (verschobene Parabel; Bild III-100):

$$(y - y_0)^2 = 2p(x - x_0) \qquad S = (x_0; y_0) \qquad \text{(III-109)}$$

$p > 0$: Parabel ist nach *rechts* geöffnet (Bild III-100)

$$y = y_0 \pm \sqrt{2p(x - x_0)} \qquad (x \geq x_0) \qquad \text{(III-110)}$$

$p < 0$: Parabel ist nach *links* geöffnet

$$y = y_0 \pm \sqrt{2p(x - x_0)} \qquad (x \leq x_0) \qquad \text{(III-111)}$$

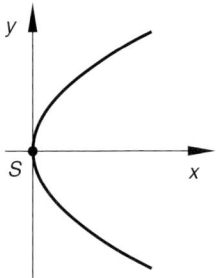

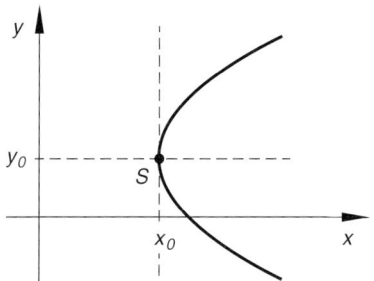

Bild III-99 Zur Scheitelgleichung der Parabel ($p > 0$)

Bild III-100 Zur Hauptform der Parabelgleichung (verschobene Parabel; $p > 0$)

Anmerkungen

(1) Die nach *oben* bzw. *unten* geöffneten Parabeln wurden bereits im Zusammenhang mit den Polynomfunktionen in Abschnitt 5.3 ausführlich behandelt.

(2) Die durch den Scheitelpunkt S gehende Parallele zur x-Achse ist zugleich auch die (einzige) *Symmetrieachse*.

(3) Die *Hauptform* (bei einer *verschobenen* Parabel) lässt sich stets durch eine Koordinatentransformation (Parallelverschiebung des Koordinatensystems) auf die *Scheitelgleichung* zurückführen. Man wählt dabei den *Scheitelpunkt S* als neuen Koordinatenursprung. Die neuen Koordinatenachsen sind in Bild III-100 durch *Strichelung* angedeutet.

(4) Der *ungefähre* Verlauf einer Parabel mit der Scheitelgleichung $y^2 = 2px$ lässt sich aus den folgenden fünf Parabelpunkten leicht ermitteln (Bild III-101):

$P_1 = S = (0; 0)$

$P_{2/3} = (p/2; \pm p)$

$P_{4/5} = (2p; \pm 2p)$

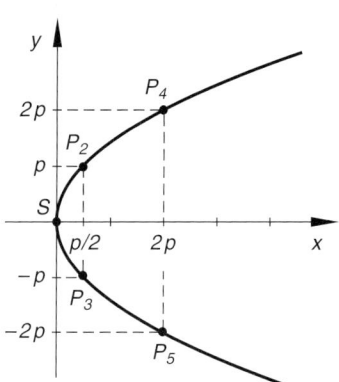

Bild III-101 Zur Konstruktion einer Parabel aus 5 Punkten (Skizze für $p > 0$)

8.6 Beispiele zu den Kegelschnitten

Bei der Feststellung der *Art* und *Lage* eines Kegelschnittes, dessen Gleichung in der allgemeinen Form (III-90) vorliegt, gehen wir schrittweise wie folgt vor:

1. Zunächst bestimmen wir anhand des in Abschnitt 8.1 beschriebenen Kriteriums aus den bekannten Koeffizienten der Kegelschnittgleichung die *Art* des vorliegenden Kegelschnittes (z. B. Kreis oder Ellipse).
2. Dann wird die *Lage* des Kegelschnittes ermittelt, indem man die von x bzw. y abhängigen Terme in der Kegelschnittgleichung – *jeweils für sich getrennt* – *quadratisch ergänzt* und die Kegelschnittgleichung schließlich auf die entsprechende *Hauptform* bringt, aus der sich die *Lageparameter* und alle weiteren benötigten Größen sofort ablesen lassen.

■ **Beispiele**

Hinweis: Ohne Rechnung lassen sich bereits aus der Kegelschnittgleichung wichtige Informationen gewinnen. Ein *unverschobener* Kegelschnitt liegt genau dann vor, wenn die Gleichung *keine* linearen Glieder enthält. Bei nur *einem* linearen Glied ist der Kegelschnitt in der *entsprechenden* Koordinatenrichtung verschoben (z. B. bei einem linearen x-Glied in Richtung der x-Achse, am Vorzeichen des Koeffizienten kann man die Richtung der Verschiebung erkennen). Sind *beide* Glieder vorhanden, so ist der Kegelschnitt in *beiden* Koordinatenrichtungen verschoben.

(1) Die *algebraische* Gleichung

$$2x^2 - 6x + 2y^2 + 4y = 11{,}5$$

beschreibt wegen $A = B = 2$ einen *Kreis*. Wegen der vorhandenen *linearen* Glieder liegt der Kreismittelpunkt *außerhalb* des Koordinatenursprungs (*verschobener* Kreis, in der x-Richtung nach rechts, in der y-Richtung nach unten verschoben). Durch *quadratische Ergänzung* lässt sich dann die Kreisgleichung wie folgt auf die *Hauptform* bringen:

$$\underbrace{2x^2 - 6x}_{x\text{-Term}} + \underbrace{2y^2 + 4y}_{y\text{-Term}} = 11{,}5 \qquad \text{(Faktor 2 ausklammern)}$$

$$2(x^2 - 3x) + 2(y^2 + 2y) = 11{,}5 \qquad \text{(Terme quadratisch ergänzen)}$$

$$2\underbrace{(x^2 - 3x + 1{,}5^2)}_{(x - 1{,}5)^2} + 2\underbrace{(y^2 + 2y + 1^2)}_{(y + 1)^2} = 11{,}5 + 2 \cdot 1{,}5^2 + 2 \cdot 1^2$$

$$2(x - 1{,}5)^2 + 2(y + 1)^2 = 11{,}5 + 4{,}5 + 2 = 18 \,|\, : 2$$

$$(x - 1{,}5)^2 + (y + 1)^2 = 9$$

Dies ist die Gleichung eines (verschobenen) *Kreises* mit dem *Mittelpunkt* $M = (1{,}5;\ -1)$ und dem *Radius* $r = 3$ (Bild III-102).

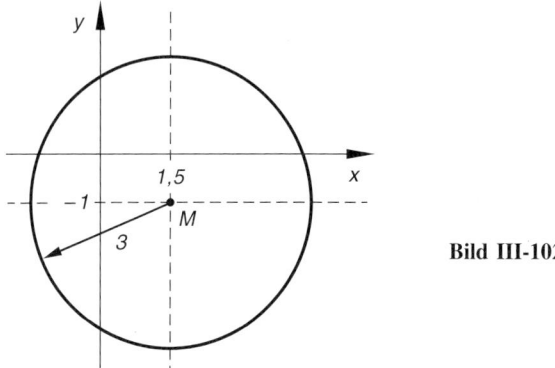

(2) Ein Massenpunkt bewege sich auf einer Kurve mit der Gleichung

$$16x^2 + 4y^2 + 76{,}8x - 24y + 64{,}16 = 0$$

Es handelt sich dabei offensichtlich um eine *Ellipse*. Denn aus $A = 16$ und $B = 4$ folgt:

$$A \cdot B = 16 \cdot 4 = 64 > 0$$

Um die Lage dieser wegen der vorhandenen linearen Glieder *verschobenen* Ellipse zu bestimmen, ordnen wir zunächst die Glieder wie folgt:

$$\underbrace{16x^2 + 76{,}8x}_{x\text{-Term}} + \underbrace{4y^2 - 24y}_{y\text{-Term}} = -64{,}16$$

Durch *quadratische Ergänzung* folgt dann weiter (vorher den Faktor 16 bzw. 4 ausklammern):

$$16(x^2 + 4{,}8x) + 4(y^2 - 6y) = -64{,}16$$

$$16\underbrace{(x^2 + 4{,}8x + 2{,}4^2)}_{(x+2{,}4)^2} + 4\underbrace{(y^2 - 6y + 3^2)}_{(y-3)^2} = -64{,}16 + 16 \cdot 2{,}4^2 + 4 \cdot 3^2$$

$$16(x+2{,}4)^2 + 4(y-3)^2 = -64{,}16 + 92{,}16 + 36 = 64 \;|\; :64$$

$$\frac{16(x+2{,}4)^2}{64} + \frac{4(y-3)^2}{64} = 1 \;\Rightarrow\; \frac{(x+2{,}4)^2}{4} + \frac{(y-3)^2}{16} = 1$$

Es handelt sich demnach um eine *achsenparallel* verschobene *Ellipse* mit den folgenden Eigenschaften (Bild III-103):

$$M = (-2{,}4;\, 3), \quad \text{Halbachsen:} \quad a = \sqrt{4} = 2, \quad b = \sqrt{16} = 4$$

8 Kegelschnitte

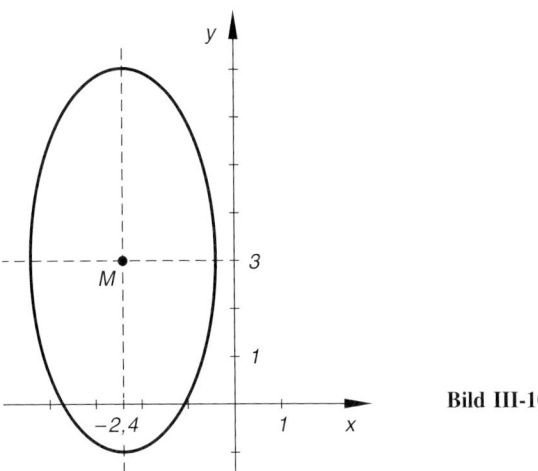

Bild III-103

(3) Die Kegelschnittgleichung

$$4x^2 - 9y^2 + 16x + 72y = 164$$

beschreibt eine *Hyperbel*, falls keine Entartung vorliegt. Denn es ist $A = 4$ und $B = -9$ und somit

$$A \cdot B = 4 \cdot (-9) = -36 < 0$$

Wegen der vorhandenen *linearen* Glieder handelt es sich dabei um eine *verschobene* Hyperbel. Wir ordnen zunächst die einzelnen Glieder und bringen anschließend die Kegelschnittgleichung durch *quadratische Ergänzung* auf die gewünschte *Hauptform* (Gleichung (III-103)):

$$\underbrace{4x^2 + 16x}_{x\text{-Term}} - \underbrace{9y^2 + 72y}_{y\text{-Term}} = 164 \qquad \text{(Faktor 4 bzw. } -9 \text{ ausklammern)}$$

$$4(x^2 + 4x) - 9(y^2 - 8y) = 164 \qquad \text{(Terme quadratisch ergänzen)}$$

$$4\underbrace{(x^2 + 4x + 2^2)}_{(x+2)^2} - 9\underbrace{(y^2 - 8y + 4^2)}_{(y-4)^2} = 164 + 4 \cdot 2^2 - 9 \cdot 4^2$$

$$4(x+2)^2 - 9(y-4)^2 = 164 + 16 - 144 = 36 \mid : 36$$

$$\frac{4(x+2)^2}{36} - \frac{9(y-4)^2}{36} = 1 \quad \Rightarrow \quad \frac{(x+2)^2}{9} - \frac{(y-4)^2}{4} = 1$$

Der *Mittelpunkt* der Hyperbel fällt in den Punkt $M = (-2; 4)$, die Werte der beiden *Halbachsen* betragen $a = \sqrt{9} = 3$ und $b = \sqrt{4} = 2$ (Bild III-104).

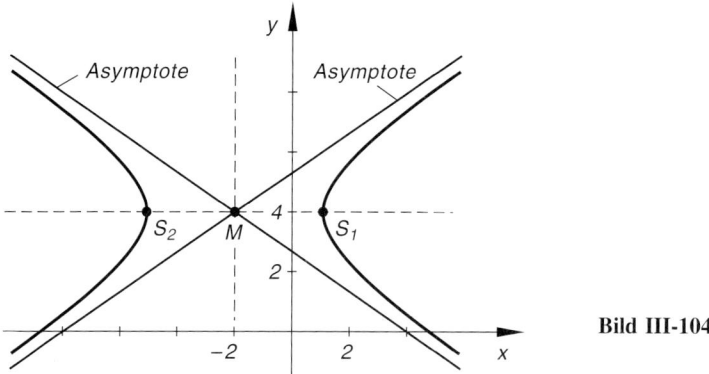

Bild III-104

(4) Durch die Gleichung

$$y^2 + 2x + 4y + 10 = 0$$

wird eine *Parabel* beschrieben, denn es ist $A = 0$ und $B = 1 \neq 0$. Der Scheitelpunkt dieser Parabel liegt wegen der vorhandenen *linearen* Glieder *außerhalb* des Koordinatenursprungs (*verschobene* Parabel). Wir bringen jetzt die Parabelgleichung durch *quadratische Ergänzung* des y-Terms auf die gewünschte *Hauptform* (Gleichung (III-109)):

$$\underbrace{y^2 + 4y}_{y\text{-Term}} = -2x - 10$$

$$\underbrace{y^2 + 4y + 2^2}_{(y+2)^2} = -2x - 10 + 2^2 = -2x - 6 = -2(x + 3)$$

$$(y + 2)^2 = -2(x + 3)$$

Der *Parameter* p besitzt den Wert $p = -1$, die verschobene *Parabel* ist demnach nach *links* geöffnet. Ihr *Scheitelpunkt* liegt im Punkt $S = (-3; -2)$. Bild III-105 zeigt den Verlauf dieser Parabel.

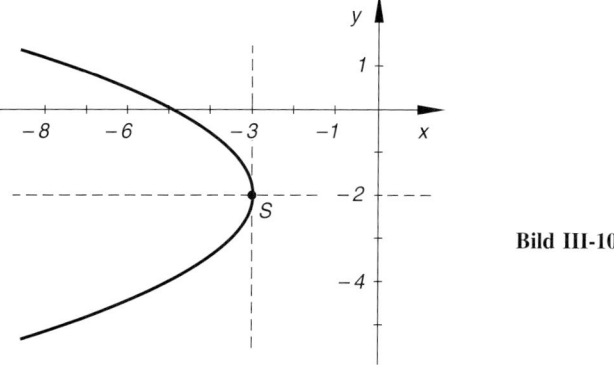

Bild III-105

9 Trigonometrische Funktionen

9.1 Grundbegriffe

Trigonometrische Funktionen (auch *Winkel-* oder *Kreisfunktionen* genannt) sind *periodische* Funktionen und daher zur Beschreibung und Darstellung *periodischer Bewegungsabläufe* besonders geeignet. Als Beispiele hierfür führen wir an:

– Mechanische und elektromagnetische Schwingungen (z. B. Federpendel, elektromagnetischer Schwingkreis)
– Biegeschwingungen, Torsionsschwingungen
– Gekoppelte mechanische oder elektromagnetische Schwingungen
– Ausbreitung von Wellen (Schallwellen, elektromagnetische Wellen)

Definition der trigonometrischen Funktionen im rechtwinkligen Dreieck

Die vier *trigonometrischen* Funktionen *Sinus*, *Kosinus*, *Tangens* und *Kotangens* sind zunächst nur für Winkel zwischen 0° und 90° als gewisse Seitenverhältnisse in einem *rechtwinkligen* Dreieck definiert (Bild III-106):

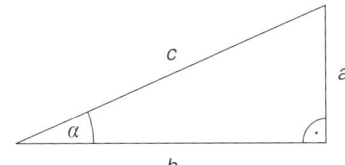

a: Gegenkathete
b: Ankathete $\Big\}$ bezüglich des Winkels α
c: Hypotenuse

Bild III-106

$$\sin \alpha = \frac{\text{Gegenkathete}}{\text{Hypotenuse}} = \frac{a}{c} \qquad (\text{III-112})$$

$$\cos \alpha = \frac{\text{Ankathete}}{\text{Hypotenuse}} = \frac{b}{c} \qquad (\text{III-113})$$

$$\tan \alpha = \frac{\text{Gegenkathete}}{\text{Ankathete}} = \frac{a}{b} = \frac{a/c}{b/c} = \frac{\sin \alpha}{\cos \alpha} \qquad (\text{III-114})$$

$$\cot \alpha = \frac{\text{Ankathete}}{\text{Gegenkathete}} = \frac{b}{a} = \frac{b/c}{a/c} = \frac{\cos \alpha}{\sin \alpha} = \frac{1}{\tan \alpha} \qquad (\text{III-115})$$

Winkelmaße (Grad- und Bogenmaß)

Winkel werden im *Grad-* oder *Bogenmaß* gemessen. Als *Gradmaß* verwenden wir das sog. *Altgrad*, d. h. eine Unterteilung des Kreises in 360 Grade. Das *Bogenmaß* definieren wir wie folgt:

> **Definition:** Unter dem *Bogenmaß* x eines Winkel α (im Gradmaß) verstehen wir die Maßzahl der Länge des Bogens, der dem Winkel α im Einheitskreis (Radius $r = 1$) gegenüberliegt (Bild III-107).

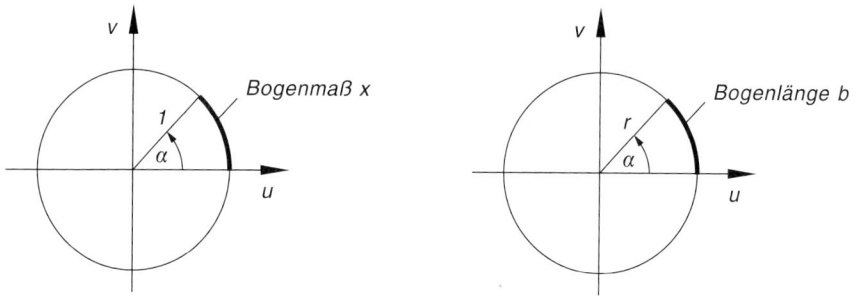

Bild III-107   **Bild III-108**

Anmerkungen

(1) Das *Bogenmaß* x lässt sich auch etwas allgemeiner definieren. Ist b die Länge des Bogens, der in einem Kreis vom Radius r dem Winkel α gegenüber liegt, so gilt (Bild III-108):

$$x = \frac{\text{Bogenlänge}}{\text{Radius}} = \frac{b}{r} \qquad \text{(III-116)}$$

Das Bogenmaß ist demnach eine *dimensionslose* Größe, die „Einheit" *Radiant* (rad) wird meist weggelassen. Bei einem vollen Umlauf wird der Winkel 2π überstrichen (entspricht dem Umfang des Einheitskreises).

(2) In der Vermessungstechnik erfolgt die Winkelangabe in *Gon* oder *Neugrad* (Unterteilung des Kreises bzw. Vollwinkels in 400 gon).

Zwischen dem Bogenmaß x und dem Gradmaß α besteht die *lineare* Beziehung

$$\frac{x}{\alpha} = \frac{2\pi}{360°} = \frac{\pi}{180°} \qquad \text{(III-117)}$$

Sie ermöglicht eine *Umrechnung* zwischen den beiden Winkelmaßen. Für die Einheiten 1 rad bzw. 1° gilt:

$$1 \text{ rad} \approx 57{,}2958°; \qquad 1° \approx 0{,}017\,453 \text{ rad}$$

9 Trigonometrische Funktionen

■ **Beispiele**

(1) Umrechnung vom Gradmaß (α) ins Bogenmaß (x): $x = \dfrac{\pi}{180°} \alpha$

α	30°	45°	90°	127,5°	180°	225°	310,5°
x	$\pi/6$	$\pi/4$	$\pi/2$	2,2253	π	$5\pi/4$	5,4192

(2) Umrechnung vom Bogenmaß (x) ins Gradmaß (α): $\alpha = \dfrac{180°}{\pi} x$

x	0,43	0,98	1,61	2,08	π	4,12
α	26,64°	56,15°	92,25°	119,18°	180°	236,06°

■

Drehsinn eines Winkels

Beim Abtragen der Winkel im Einheitskreis wird der folgende *Drehsinn* zugrunde gelegt: Im *Gegenuhrzeigersinn* überstrichene Winkel werden *positiv* (*positiver Drehsinn*), im *Uhrzeigersinn* überstrichene Winkel *negativ* gezählt (*negativer Drehsinn*) (Bild III-109).

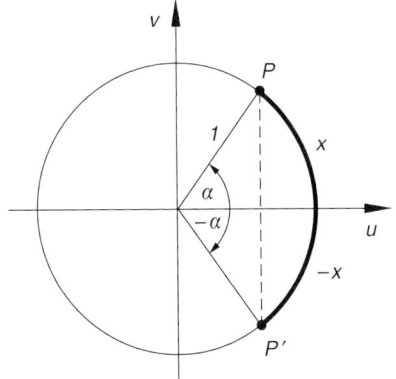

Bild III-109
Zur Festlegung des Drehsinns eines Winkels

Darstellung der Sinusfunktion im Einheitskreis

Wir sind nun in der Lage, die *Sinusfunktion* für *beliebige* positive und negative Winkel zu definieren. Ist P der zum Winkel α gehörende Punkt auf dem Einheitskreis (Bild III-110), so gilt per Definition (III-112) für den Sinus von α die Beziehung

$$\sin \alpha = \frac{\text{Gegenkathete}}{\text{Hypotenuse}} = \frac{\text{Ordinate von } P}{1} = \text{Ordinate von } P \qquad \text{(III-118)}$$

Der Sinus eines zwischen $0°$ und $90°$ gelegenen Winkels stellt sich somit im Einheitskreis als der *Ordinatenwert* des Punktes P dar. Wir verallgemeinern diesen Sachverhalt für *beliebige* (positive oder negative) Winkel und gelangen damit zu der folgenden allgemeingültigen Definition der Sinusfunktion:

Definition: Unter dem *Sinus* eines beliebigen Winkels α versteht man den *Ordinatenwert* des zu α gehörenden Punktes P auf dem Einheitskreis (Bild III-110).

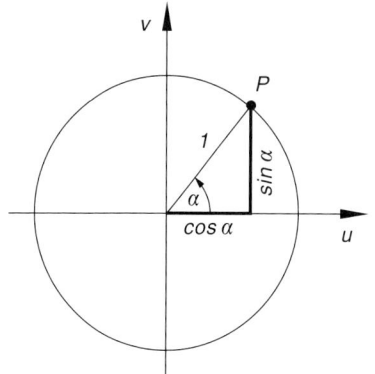

Bild III-110 Darstellung von Sinus und Kosinus im Einheitskreis

Bei einem *vollen* Umlauf auf dem Einheitskreis (im *positiven* Drehsinn) durchläuft der Winkel α alle Werte zwischen $0°$ und $360°$ und die Sinusfunktion $\sin \alpha$ dabei alle zwischen -1 und $+1$ gelegenen Werte. Bei nochmaligem Umlauf *wiederholen* sich diese Funktionswerte: Die Sinusfunktion ist daher eine *periodische* Funktion mit der (primitiven) Periode $p = 360°$ (bzw. $p = 2\pi$ im Bogenmaß):

$$\sin(\alpha + 360°) = \sin \alpha \qquad \text{(III-119)}$$

Diese Aussage gilt unverändert auch bei einem *mehrmaligen* Umlauf im positiven oder negativen Drehsinn. Bei n Umläufen gilt also:

$$\sin(\alpha \pm n \cdot 360°) = \sin \alpha \qquad (n \in \mathbb{N}^*) \qquad \text{(III-120)}$$

Wird der Einheitskreis im *negativen* Drehsinn (*Uhrzeigersinn*) durchlaufen, so tritt bei den Funktionswerten ein *Vorzeichenwechsel* ein, d. h. $\sin \alpha$ ist eine *ungerade* Funktion:

$$\sin(-\alpha) = -\sin \alpha \qquad \text{(III-121)}$$

Diese wichtige *Symmetrieeigenschaft* lässt sich unmittelbar aus Bild III-111 entnehmen.

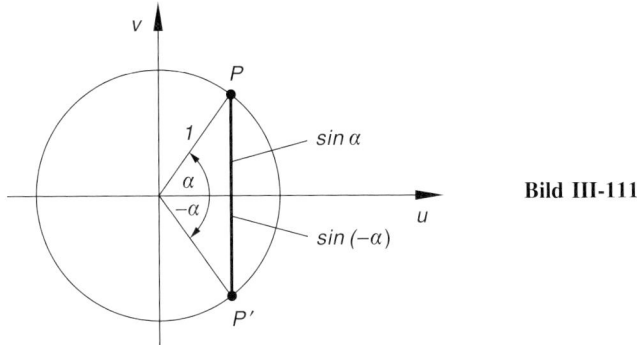

Bild III-111

Darstellung der Kosinusfunktion im Einheitskreis

Den Kosinus eines Winkels α findet man als *Abszissenwert* des Punktes P auf dem Einheitskreis wieder (Bild III-110). Dies folgt unmittelbar aus der Definitionsgleichung (III-113) des Kosinus:

$$\cos \alpha = \frac{\text{Ankathete}}{\text{Hypotenuse}} = \frac{\text{Abszisse von } P}{1} = \text{Abszisse von } P \qquad \text{(III-122)}$$

Analoge Überlegungen wie beim Sinus führen schließlich zu der für *beliebige* Winkel α definierten *Kosinusfunktion* $\cos \alpha$. Sie ist ebenfalls *periodisch* mit der (primitiven) Periode $p = 360°$ (bzw. $p = 2\pi$ im Bogenmaß):

$$\cos(\alpha + 360°) = \cos \alpha \qquad \text{(III-123)}$$

Entsprechend gilt bei n Umläufen (im positiven oder negativen Drehsinn):

$$\cos(\alpha \pm n \cdot 360°) = \cos \alpha \qquad (n \in \mathbb{N}^*) \qquad \text{(III-124)}$$

Im Gegensatz zur Sinusfunktion ist die Kosinusfunktion jedoch eine *gerade* Funktion:

$$\cos(-\alpha) = \cos \alpha \qquad \text{(III-125)}$$

Denn die zu den betragsmäßig gleichen *Winkeln* α und $-\alpha$ gehörenden Punkte P und P' auf dem Einheitskreis in Bild III-111 liegen *spiegelsymmetrisch* zur u-Achse und besitzen daher die *gleiche* Abszisse.

Anmerkung

Auch die beiden übrigen trigonometrischen Funktionen *Tangens* und *Kotangens* lassen sich im Einheitskreis durch Strecken bildlich darstellen. Wir verzichten jedoch auf diese Darstellung und definieren diese Funktionen in Abschnitt 9.3 mit Hilfe der dann bereits bekannten Sinus- und Kosinusfunktion.

9.2 Sinus- und Kosinusfunktion

In den Anwendungen treten *Sinus-* und *Kosinusfunktionen* fast ausschließlich als Funktionen eines im *Bogenmaß* x dargestellten Winkels auf (z. B. im Zusammenhang mit mechanischen oder elektromagnetischen Schwingungen). Wir verwenden daher für diese Funktionen die Schreibweisen $y = \sin x$ und $y = \cos x$. Die Eigenschaften beider Funktionen, die überall definiert und stetig sind, lassen sich unmittelbar aus dem Schaubild Bild III-112 ablesen und sind in der folgenden Tabelle 1 im Einzelnen aufgeführt.

Tabelle 1: Eigenschaften der Sinus- und Kosinusfunktion ($k \in \mathbb{Z}$; Bild III-112)

	$y = \sin x$	$y = \cos x$
Definitionsbereich	$-\infty < x < \infty$	$-\infty < x < \infty$
Wertebereich	$-1 \leq y \leq 1$	$-1 \leq y \leq 1$
Periode (primitive)	2π	2π
Symmetrie	ungerade	gerade
Nullstellen	$x_k = k \cdot \pi$	$x_k = \dfrac{\pi}{2} + k \cdot \pi$
Relative Maxima	$x_k = \dfrac{\pi}{2} + k \cdot 2\pi$	$x_k = k \cdot 2\pi$
Relative Minima	$x_k = \dfrac{3}{2}\pi + k \cdot 2\pi$	$x_k = \pi + k \cdot 2\pi$

Hinweis: Wegen der Periodizität der Funktionen genügt es, sich die Eigenschaften und den Kurvenverlauf im Periodenintervall $0 \leq x \leq 2\pi$ gut einzuprägen.

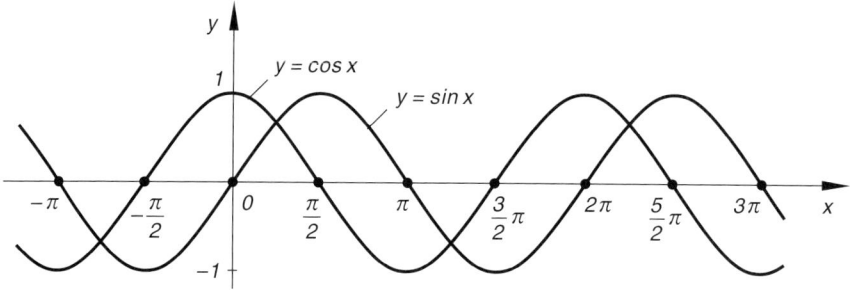

Bild III-112 Funktionsgraphen der Sinus- und Kosinusfunktion

9.3 Tangens- und Kotangensfunktion

Die *Tangens-* und *Kotangensfunktion* definieren wir in Verallgemeinerung der Beziehungen (III-114) bzw. (III-115) durch die folgenden Gleichungen:

$$\tan x = \frac{\sin x}{\cos x} \quad \text{und} \quad \cot x = \frac{\cos x}{\sin x} = \frac{1}{\tan x} \tag{III-126}$$

Diese Funktionen sind überall definiert und stetig mit Ausnahme der Nennernullstellen. Ihre in Tabelle 2 zusammengestellten Eigenschaften lassen sich daher aus den Eigenschaften der Sinus- und Kosinusfunktion herleiten. In den Bildern III-113 und III-114 sind die Funktionsgraphen von $y = \tan x$ und $y = \cot x$ skizziert.

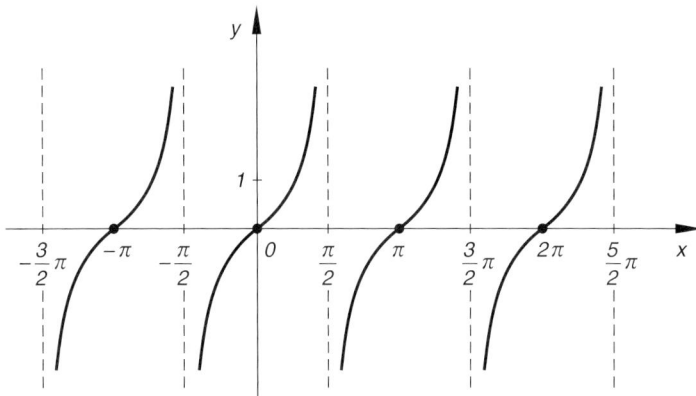

Bild III-113 Funktionsgraph der Tangensfunktion

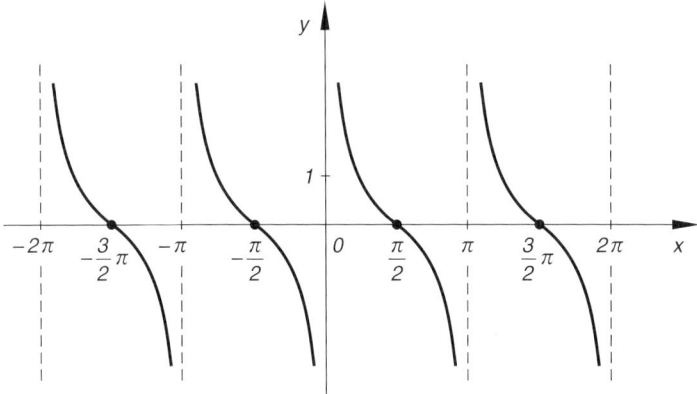

Bild III-114 Funktionsgraph der Kotangensfunktion

Tabelle 2: Eigenschaften der Tangens- und Kotangensfunktion ($k \in \mathbb{Z}$; Bild III-113 bzw. Bild III-114)

	$y = \tan x$	$y = \cot x$
Definitionsbereich	$x \in \mathbb{R}$ mit Ausnahme der Stellen $x_k = \dfrac{\pi}{2} + k \cdot \pi$	$x \in \mathbb{R}$ mit Ausnahme der Stellen $x_k = k \cdot \pi$
Wertebereich	$-\infty < y < \infty$	$-\infty < y < \infty$
Periode (primitive)	π	π
Symmetrie	ungerade	ungerade
Nullstellen	$x_k = k \cdot \pi$	$x_k = \dfrac{\pi}{2} + k \cdot \pi$
Pole	$x_k = \dfrac{\pi}{2} + k \cdot \pi$	$x_k = k \cdot \pi$
Senkrechte Asymptoten	$x = \dfrac{\pi}{2} + k \cdot \pi$	$x = k \cdot \pi$

Hinweis: Prägen Sie sich die Eigenschaften und den Kurvenverlauf in einem Periodenintervall gut ein (Periodenintervall des Tangens: $-\pi/2 < x < \pi/2$; Periodenintervall des Kotangens: $0 < x < \pi$).

9.4 Wichtige Beziehungen zwischen den trigonometrischen Funktionen

Zwischen den vier trigonometrischen Funktionen bestehen zahlreiche *Beziehungen*, von denen wir an dieser Stelle nur einige besonders *häufig* auftretende anführen können[9].

Aus Bild III-112 folgt unmittelbar, dass die *Kosinuskurve* als eine um $\pi/2$ nach *links* verschobene *Sinuskurve* aufgefasst werden kann. Daher ist

$$\cos x = \sin\left(x + \frac{\pi}{2}\right) \qquad \text{(III-127)}$$

Umgekehrt geht die *Sinuskurve* aus der *Kosinuskurve* durch Verschiebung um $\pi/2$ nach *rechts* hervor. Dies entspricht der Beziehung

$$\sin x = \cos\left(x - \frac{\pi}{2}\right) \qquad \text{(III-128)}$$

---

[9] Alle wesentlichen trigonometrischen Formeln findet der Leser in der Mathematischen Formelsammlung des Autors (Kap. III, Abschnitt 7).

9 Trigonometrische Funktionen

Zwischen der Sinus- und Kosinusfunktion besteht ferner die folgende wichtige Relation, die man durch Anwendung des *Satzes von Pythagoras* auf das in Bild III-115 eingezeichnete rechtwinklige Dreieck erhält:

„Trigonometrischer Pythagoras" im Bogenmaß (Bild III-115)

$$(\sin x)^2 + (\cos x)^2 = \sin^2 x + \cos^2 x = 1 \qquad \text{(III-129)}$$

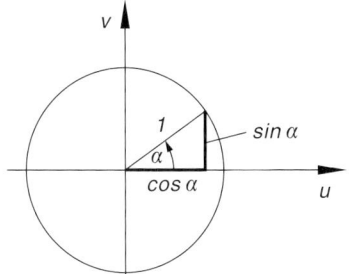

Bild III-115
Zur Herleitung des „trigonometrischen Pythagoras"
$\sin^2 \alpha + \cos^2 \alpha = 1$ (im Gradmaß) bzw.
$\sin^2 x + \cos^2 x = 1$ (im Bogenmaß)

Weitere häufig benutzte Zusammenhänge liefern die sog. *Additionstheoreme* für Sinus, Kosinus und Tangens (x_1, x_2 sind Winkel):

Additionstheoreme für die Sinus-, Kosinus- und Tangensfunktion

$$\sin(x_1 \pm x_2) = \sin x_1 \cdot \cos x_2 \pm \cos x_1 \cdot \sin x_2 \qquad \text{(III-130)}$$

$$\cos(x_1 \pm x_2) = \cos x_1 \cdot \cos x_2 \mp \sin x_1 \cdot \sin x_2 \qquad \text{(III-131)}$$

$$\tan(x_1 \pm x_2) = \frac{\tan x_1 \pm \tan x_2}{1 \mp \tan x_1 \cdot \tan x_2} \qquad \text{(III-132)}$$

Aus ihnen lassen sich weitere wichtige Beziehungen herleiten. Setzt man zum Beispiel in den *Additionstheoremen* von Sinus und Kosinus $x_1 = x_2 = x$ und nimmt jeweils das *obere* Vorzeichen, so erhält man folgende Formeln:

$$\sin(2x) = 2 \cdot \sin x \cdot \cos x \qquad \text{(III-133)}$$

$$\cos(2x) = \cos^2 x - \sin^2 x \qquad \text{(III-134)}$$

Aus diesen wiederum ergeben sich zusammen mit dem *trigonometrischen Pythagoras* (III-129) die Beziehungen

$$\sin^2 x = \frac{1}{2}[1 - \cos(2x)] \quad \text{und} \quad \cos^2 x = \frac{1}{2}[1 + \cos(2x)] \qquad \text{(III-135)}$$

9.5 Anwendungen in der Schwingungslehre

9.5.1 Harmonische Schwingungen (Sinusschwingungen)

9.5.1.1 Die allgemeine Sinus- und Kosinusfunktion

Bei der Beschreibung von (mechanischen oder elektromagnetischen) *Schwingungsvorgängen* benötigt man *Sinus-* und *Kosinusfunktionen* in der *allgemeinsten* Form

$$y = a \cdot \sin(bx + c) \qquad \text{bzw.} \qquad y = a \cdot \cos(bx + c) \qquad \text{(III-136)}$$

($a > 0, b > 0$). Die Bedeutung der drei Konstanten (Kurvenparameter) a, b und c und die von ihnen verursachten *Veränderungen* gegenüber der Ausgangsfunktion $y = \sin x$ bzw. $y = \cos x$ werden im Folgenden ausführlich beschrieben, wobei wir uns zunächst auf die Sinusfunktion beschränken werden. Wir gehen also von der *elementaren* Sinusfunktion $y = \sin x$ aus und untersuchen, welchen Einfluss die drei Kurvenparameter haben, wenn diese nacheinander *einzeln* eingeführt werden.

Bedeutung der Konstanten a $(y = \sin x \longrightarrow y = a \cdot \sin x)$

Der Faktor a in der Funktion $y = a \cdot \sin x$ bewirkt eine Veränderung der *Funktionswerte* gegenüber der Ausgangsfunktion $y = \sin x$. Der *neue* Wertebereich lautet: $-a \leq y \leq a$. Die Sinuskurve wird also in der y-Richtung gedehnt (falls $a > 1$) oder gestaucht (falls $a < 1$).

■ **Beispiel**

$y = 2 \cdot \sin x$: Die Ordinatenwerte haben sich verdoppelt.

Wertebereich: $-2 \leq y \leq 2$ (siehe Bild III-116)

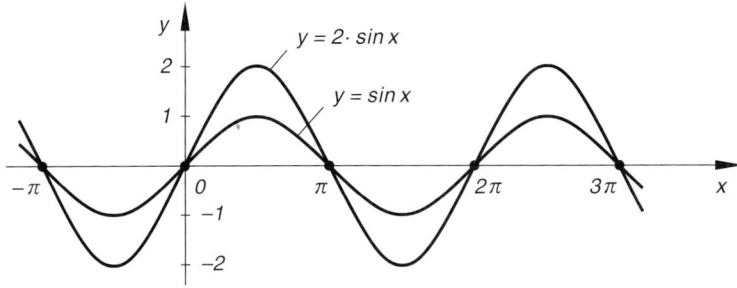

Bild III-116 Funktionsgraphen von $y = \sin x$ und $y = 2 \cdot \sin x$

■

9 Trigonometrische Funktionen

Bedeutung der Konstanten b ($y = \sin x \longrightarrow y = \sin(bx)$)

Der Faktor b im *Argument* der Sinusfunktion $y = \sin(bx)$ verändert gegenüber der Ausgangsfunktion $y = \sin x$ die *Periode*:

$$y = \sin(bx): \qquad \text{Periode } p = \frac{2\pi}{b} \qquad \text{(vorher: } p = 2\pi\text{)}$$

Denn es gilt:

$$\sin[b(x+p)] = \sin\left[b\left(x + \frac{2\pi}{b}\right)\right] = \sin(bx + 2\pi) = \sin(bx) \qquad \text{(III-137)}$$

Dabei bewirkt $b > 1$ eine *Verkleinerung*, $b < 1$ dagegen eine *Vergrößerung* der Periode. Die Sinuskurve wird also in der x-Richtung gestaucht oder gedehnt.

■ **Beispiele**

(1) $y = \sin(2x)$: Periode $p = 2\pi/2 = \pi$ (siehe Bild III-117)

Die Periode der Sinuskurve wurde halbiert, die Kurve somit in der x-Richtung gestaucht.

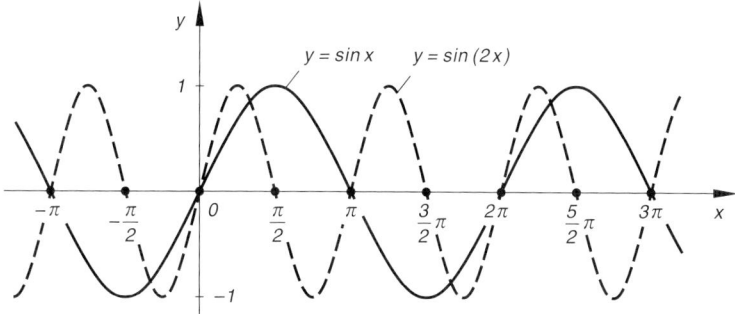

Bild III-117 Funktionsgraphen von $y = \sin x$ und $y = \sin(2x)$

(2) $y = \sin(\pi x)$: $\qquad p = 2\pi/\pi = 2$

$y = \sin(4x)$: $\qquad p = 2\pi/4 = \pi/2$

$y = \sin(0{,}2x)$: $\qquad p = 2\pi/0{,}2 = 10\pi$ ■

Bedeutung der Konstanten c ($y = \sin x \longrightarrow y = \sin(x + c)$)

Die Konstante c in der Sinusfunktion $y = \sin(x + c)$ bewirkt eine *Verschiebung* der Sinuskurve $y = \sin x$ längs der x-Achse. Während die erste *nichtnegative Nullstelle* von $y = \sin x$ bekanntlich an der Stelle $x_0 = 0$ liegt, befindet sich die entsprechende Nullstelle von $y = \sin(x + c)$ an der Stelle $x_0 = -c$ (man setzt das Argument der Funktion gleich null):

$$y = \sin(\underbrace{x + c}_{0}) = \sin 0 = 0 \quad \Rightarrow \quad x + c = 0 \quad \Rightarrow \quad x_0 = -c \qquad \text{(III-138)}$$

Die Kurve $y = \sin(x + c)$ „beginnt" also nicht an der Stelle $x_0 = 0$ wie die elementare Sinusfunktion $y = \sin x$, sondern an der Stelle $x_0 = -c$. Der Kurvenparameter c bewirkt also eine *Verschiebung* der Kurve längs der *x-Achse* um die Strecke $|c|$. Für $c > 0$ ist die Kurve nach *links*, für $c < 0$ dagegen nach *rechts* verschoben.

- **Beispiele**

    (1) $y = \sin(x + \pi)$: Diese Funktion ist gegenüber der Sinusfunktion $y = \sin x$ um π Einheiten nach *links* verschoben (die Kurve „beginnt" an der Stelle $x_0 = -\pi$, siehe hierzu Bild III-118). Sie lässt sich auch durch die Funktionsgleichung $y = -\sin x$ beschreiben (an der x-Achse *gespiegelte* Sinusfunktion). Dies folgt auch unmittelbar aus dem *Additionstheorem* der Sinusfunktion (Gleichung III-130 mit $x_1 = x$ und $x_2 = \pi$):

    $$y = \sin(x + \pi) = \sin x \cdot \underbrace{\cos \pi}_{-1} + \cos x \cdot \underbrace{\sin \pi}_{0} = -\sin x$$

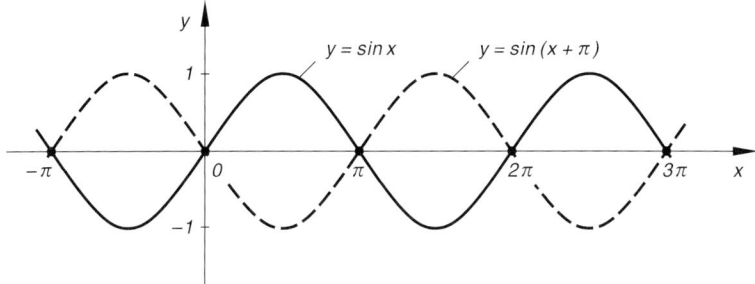

Bild III-118 Funktionsgraphen von $y = \sin x$ und $y = \sin(x + \pi)$

(2) $y = \sin(x - 1)$: Diese Funktion ist gegenüber der elementaren Sinusfunktion $y = \sin x$ um eine Einheit nach *rechts* verschoben, die „1. Nullstelle" liegt also bei $x_0 = 1$ (Bild III-119).

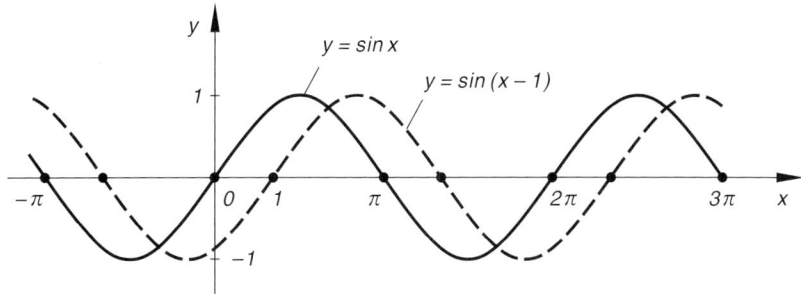

Bild III-119 Funktionsgraphen von $y = \sin x$ und $y = \sin(x - 1)$

9 Trigonometrische Funktionen

Eigenschaften der allgemeinen Sinusfunktion $y = a \cdot \sin(bx + c)$

Die drei Kurvenparameter $a > 0$, $b > 0$ und c in der *allgemeinen* Sinusfunktion $y = a \cdot \sin(bx + c)$ bewirken insgesamt gegenüber der *elementaren* Sinusfunktion $y = \sin x$ die folgenden *Veränderungen* in Periode, „1. Nullstelle" und Wertebereich:

Eigenschaften der allgemeinen Sinusfunktion $y = a \cdot \sin(bx + c)$ **(Bild III-120)**

Periode: $\quad p = 2\pi/b \quad$ (vorher: $p = 2\pi$)

1. Nullstelle: $\quad x_0 = -c/b \quad$ (vorher: $x_0 = 0$)

Wertebereich: $\quad -a \leq y \leq a \quad$ (vorher: $-1 \leq y \leq 1$)

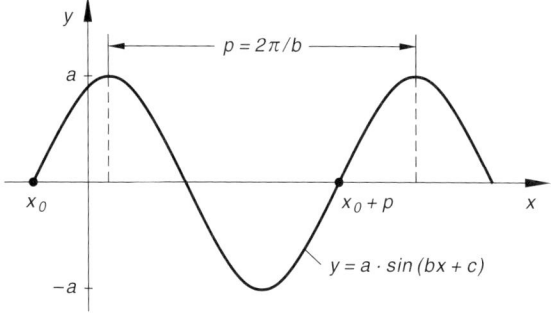

Bild III-120 Allgemeine Sinusfunktion $y = a \cdot \sin(bx + c)$ (gezeichnet für $c > 0$)

Hinweise für eine Skizze (siehe Bild III-121, gezeichnet für $x_0 > 0$)

Sie wählen x_0 als Anfangspunkt eines Periodenintervalls der Länge $p = 2\pi/b$: x_0 eintragen, dann von x_0 aus die Strecke p nach *rechts* abtragen, der Endpunkt des Periodenintervalls liegt dann bei $x_0 + p$. Über diesem Intervall liegt eine volle Sinuskurve (Nullstellen in den beiden Randpunkten und in der Mitte, dazwischen jeweils genau in der Mitte liegen Maximum bzw. Minimum). Am Schluss müssen Sie noch den Maßstab auf der y-Achse ändern ($-a \leq y \leq a$).

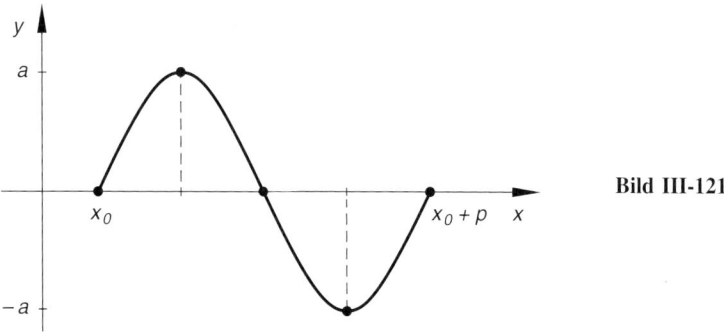

Bild III-121

Beispiel

$y = 2 \cdot \sin(0{,}5x + 0{,}5\pi)$ (Kurvenverlauf: siehe Bild III-122)

Periode: $\quad p = 2\pi/0{,}5 = 4\pi$

1. Nullstelle: $\quad 0{,}5x + 0{,}5\pi = 0 \;\Rightarrow\; 0{,}5x = -0{,}5\pi \;\Rightarrow\; x_0 = -\pi$

Wertebereich: $\quad -2 \leq y \leq 2$

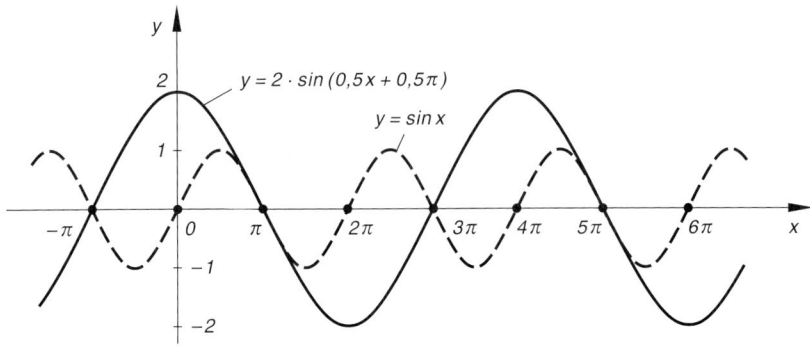

Bild III-122 Verlauf der Funktionen $y = \sin x$ und $y = 2 \cdot \sin(0{,}5x + 0{,}5\pi)$

■

Eigenschaften der allgemeinen Kosinusfunktion $y = a \cdot \cos(bx + c)$

Analoge Überlegungen führen bei einer *Kosinusfunktion* vom allgemeinen Typ $y = a \cdot \cos(bx + c)$ zu dem folgenden Ergebnis:

Eigenschaften der allgemeinen Kosinusfunktion $y = a \cdot \cos(bx + c)$
(Bild III-123)

Periode: $\quad p = 2\pi/b \quad$ (vorher: $p = 2\pi$)

1. Maximum: $\quad x_0 = -c/b \quad$ (vorher: $x_0 = 0$)

Wertebereich: $\quad -a \leq y \leq a \quad$ (vorher: $-1 \leq y \leq 1$)

Anmerkung

Eine *Skizze* der Kosinuskurve erhalten Sie, wenn Sie ähnlich wie bei der Sinuskurve vorgehen (Bezugspunkt ist diesmal das 1. Maximum an der Stelle x_0). *Alternative*: Die Kosinusfunktion zunächst in eine Sinusfunktion verwandeln (der Nullphasenwinkel vergrößert sich dabei um $\pi/2$), dann die bekannte Konstruktion auf die Sinusfunktion anwenden.

9 Trigonometrische Funktionen

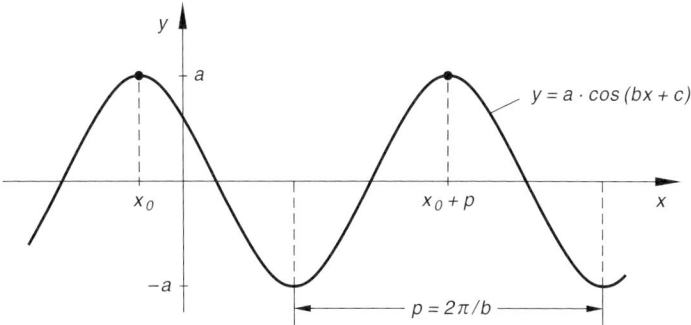

Bild III-123 Allgemeine Kosinusfunktion $y = a \cdot \cos(bx + c)$ (gezeichnet für $c > 0$)

9.5.1.2 Harmonische Schwingung eines Federpendels (Feder-Masse-Schwingers)

Die *Schwingung* eines *Federpendels* (Feder-Masse-Schwingers) kann als Modellfall einer *Sinusschwingung* (auch *harmonische Schwingung* genannt) betrachtet werden (Bild III-124). Schwingungen dieser Art treten auf, wenn ein *lineares Kraftgesetz* vorliegt (wie beispielsweise des *Hookesche* Gesetz bei einer elastischen Feder). Die *Auslenkung* y ist dann eine *periodische* Funktion der Zeit t und kann in der Sinusform

$$y = A \cdot \sin(\omega t + \varphi) \qquad (A > 0, \ \omega > 0) \tag{III-139}$$

dargestellt werden. Dabei bedeuten:

A: *Maximale* Auslenkung, *Amplitude* genannt

ω: *Kreisfrequenz* der Schwingung

φ: *Phase* (auch *Phasen-* oder *Nullphasenwinkel* genannt)

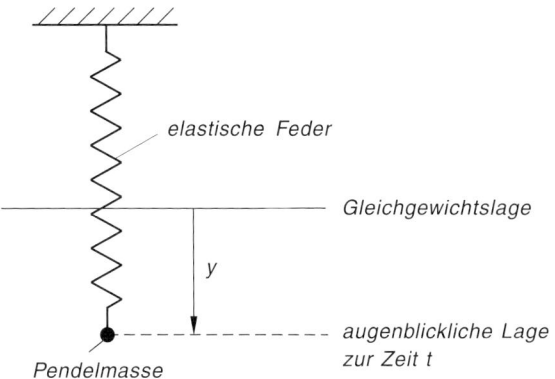

Bild III-124
Federpendel
(Feder-Masse-Schwinger)

Die Periodendauer der Funktion ist $p = 2\pi/\omega$ und wird in diesem Zusammenhang als *Schwingungsdauer* T bezeichnet. Dabei besteht zwischen Kreisfrequenz ω, Frequenz f und Schwingungsdauer T die folgende Beziehung:

$$\omega = 2\pi f = \frac{2\pi}{T} \qquad \left(f = \frac{1}{T}\right) \tag{III-140}$$

Die Sinusschwingung *beginnt* zur Zeit $t_0 = -\varphi/\omega$ (sog. *Phasenverschiebung*). Für $\varphi > 0$ ist die Kurve auf der Zeitachse nach *links*, für $\varphi < 0$ nach *rechts* verschoben.

■ **Beispiel**

Schwingung mit der Funktionsgleichung $y = 5\,\text{cm} \cdot \sin\left(2\,\text{s}^{-1} \cdot t + \frac{\pi}{2}\right)$, $t \geq 0\,\text{s}$:

$$A = 5\,\text{cm}, \qquad \omega = 2\,\text{s}^{-1}, \qquad T = \frac{2\pi}{\omega} = \frac{2\pi}{2\,\text{s}^{-1}} = \pi\,\text{s}$$

Phasenverschiebung: $2\,\text{s}^{-1} \cdot t + \frac{\pi}{2} = 0 \;\Rightarrow\; t_0 = -\frac{\pi}{4}\,\text{s}$

Bild III-125 zeigt den Schwingungsverlauf für $t \geq 0\,\text{s}$ (der gestrichelte Teil der Kurve hat keine physikalische Bedeutung, da die Schwingung erst zum Zeitpunkt $t = 0\,\text{s}$ beginnt).

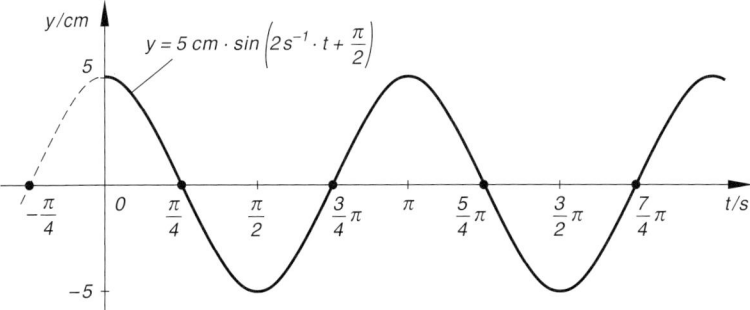

Bild III-125 Darstellung der Schwingung $y = 5\,\text{cm} \cdot \sin(2\,\text{s}^{-1} \cdot t + \pi/2)$, $t \geq 0\,\text{s}$ ■

9.5.2 Darstellung von Schwingungen im Zeigerdiagramm

Darstellung einer Sinusschwingung durch einen rotierenden Zeiger

Im Bereich der Schwingungslehre hat sich eine unter dem Namen *Zeigerdiagramm* bekannte Darstellungsform durchgesetzt, die in besonders einfacher und anschaulicher Weise Schwingungsvorgänge durch *rotierende*, d. h. *zeitabhängige Zeiger* beschreibt. Anwendung findet diese Darstellungsart beispielsweise bei der Behandlung von *Wechselstromkreisen*: Sinusförmige Wechselspannungen bzw. Wechselströme werden dabei durch

9 Trigonometrische Funktionen

rotierende Zeiger dargestellt. Auch bei der *Superposition (Überlagerung) von Schwingungen gleicher Frequenz* bedient man sich mit großem Vorteil des Zeigerdiagramms.

Eine *Sinusschwingung* vom allgemeinen Typ

$$y = A \cdot \sin(\omega t + \varphi) \tag{III-141}$$

mit $A > 0$ und $\omega > 0$ wird im Zeigerdiagramm durch einen mit der *Winkelgeschwindigkeit (Kreisfrequenz)* ω im Gegenuhrzeigersinn um den Nullpunkt rotierenden *Zeiger* der Länge A beschrieben (Bild III-126). Zu Beginn der Rotation, d. h. zur Zeit $t = 0$ befindet sich der Zeiger in der Position (1), sein Winkel gegenüber der Horizontalen beträgt φ. Der Phasenwinkel φ der Sinusschwingung (III-141) bestimmt somit die *Anfangslage* des rotierenden Zeigers. Bis zum Zeitpunkt t hat sich der Zeiger um den Winkel ωt in *positiver* Richtung weitergedreht und nimmt dann die Lage (2) ein (Drehwinkel *insgesamt*: $\varphi + \omega t$). Dabei entspricht die *Ordinate* der Zeigerspitze dem *augenblicklichen* Funktionswert von $y = A \cdot \sin(\omega t + \varphi)$. Bei einer vollen Drehung des Zeigers durchläuft dann die Ordinate *sämtliche* Funktionswerte der Sinusfunktion, also alle Werte aus dem Intervall $-A \leq y \leq A$.

Zwischen der Position des Zeigers und der *Ordinate* y seiner Pfeilspitze (die ja dem *augenblicklichen* Funktionswert der Sinusschwingung entspricht) besteht somit der folgende Zusammenhang:

Lage zur Zeit $t = 0$ (Position (1)): $y(0) = A \cdot \sin \varphi$

Lage zur Zeit $t > 0$ (Position (2)): $y(t) = A \cdot \sin(\omega t + \varphi)$

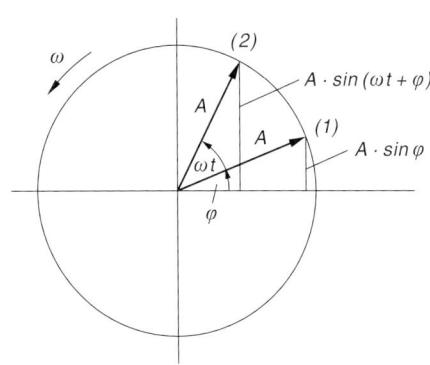

Bild III-126
Darstellung einer Sinusschwingung im Zeigerdiagramm

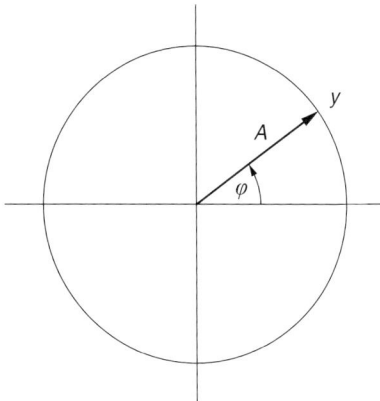

Bild III-127
Anfangslage eines rotierenden Sinuszeigers im Zeigerdiagramm

Wir fassen die wichtigsten Ergebnisse wie folgt zusammen:

Darstellung einer Sinusschwingung durch einen rotierenden Zeiger (Bild III-126)

Eine *sinusförmige* Schwingung vom Typ

$$y = A \cdot \sin(\omega t + \varphi) \qquad (A > 0, \; \omega > 0) \qquad \text{(III-142)}$$

lässt sich im *Zeigerdiagramm* durch einen im mathematisch *positiven* Drehsinn mit der Winkelgeschwindigkeit ω um den Ursprung rotierenden *Zeiger* der Länge A darstellen (Bild III-126). Der Zeiger „startet" dabei zur Zeit $t = 0$ aus der durch den Phasenwinkel φ eindeutig festgelegten Position heraus (Anfangslage (1) in Bild III-126). Zur Zeit $t > 0$ befindet er sich dann in der Position (2).

Wir treffen jetzt die folgende verbindliche *Vereinbarung*: Eine *sinusförmige* Schwingung wird im Zeigerdiagramm stets durch die *Anfangslage* des zugehörigen (rotierenden) Zeigers symbolisch dargestellt (Bild III-127).

■ **Beispiele**

Die durch die folgenden Funktionsgleichungen beschriebenen *harmonischen Schwingungen* (Sinusschwingungen) mit gleicher Amplitude $A = 4$ und gleicher Kreisfrequenz $\omega = 2$ sind im *Zeigerdiagramm* symbolisch darzustellen ($t \geq 0$):

$$y_1 = 4 \cdot \sin(2t) \qquad y_2 = 4 \cdot \sin\left(2t + \frac{\pi}{4}\right) \qquad y_3 = 4 \cdot \sin\left(2t + \frac{2\pi}{3}\right)$$

$$y_4 = 4 \cdot \sin(2t + \pi) \qquad y_5 = 4 \cdot \sin\left(2t - \frac{\pi}{6}\right) \qquad y_6 = 4 \cdot \sin\left(2t - \frac{2\pi}{3}\right)$$

Die Zeiger y_2, y_3, y_4, y_5 und y_6 lassen sich aus dem Zeiger $y_1 = 4 \cdot \sin(2t)$ durch Drehung um die folgenden Winkel gewinnen (Bild III-128):

Zeiger	y_2	y_3	y_4	y_5	y_6
Drehwinkel (Bogenmaß)	$\dfrac{\pi}{4}$	$\dfrac{2\pi}{3}$	π	$-\dfrac{\pi}{6}$	$-\dfrac{2\pi}{3}$
Drehwinkel (Gradmaß)	$45°$	$120°$	$180°$	$-30°$	$-120°$

Die sechs Zeiger rotieren mit der Winkelgeschwindigkeit $\omega = 2$ um den gemeinsamen Nullpunkt im Gegenuhrzeigersinn (Start zum Zeitpunkt $t = 0$). Die Spitzen der Zeiger liegen auf einem Kreis mit dem Radius $r = 4$ (siehe Bild III-128).

9 Trigonometrische Funktionen

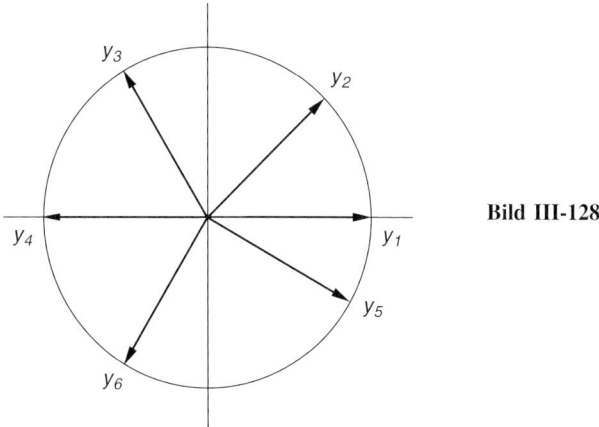

Bild III-128

∎

Darstellung einer Kosinusschwingung durch einen rotierenden Zeiger

Eine *Kosinusschwingung* vom allgemeinen Typ

$$y = A \cdot \cos(\omega t + \varphi) \qquad (A > 0, \ \omega > 0) \tag{III-143}$$

ist auch als *Sinusschwingung* in der Form

$$y = A \cdot \sin\left(\omega t + \underbrace{\varphi + \frac{\pi}{2}}_{\varphi^*}\right) = A \cdot \sin(\omega t + \varphi^*) \tag{III-144}$$

darstellbar und lässt sich somit durch einen mit der Winkelgeschwindigkeit ω rotierenden Sinuszeiger der Länge A beschreiben, der zu *Beginn* der Drehung die durch die Phase $\varphi^* = \varphi + \pi/2$ eindeutig festgelegte Position einnimmt (Bild III-129). Mit anderen Worten: Einer *Kosinusschwingung* mit dem Phasenwinkel φ entspricht eine *Sinusschwingung* mit einem um $\pi/2$ *vergrößerten* Phasenwinkel $\varphi^* = \varphi + \pi/2$. Eine *unverschobene* Kosinusschwingung $y = A \cdot \cos(\omega t)$ kann daher als eine Sinusschwingung mit dem Nullphasenwinkel $\pi/2$ aufgefasst werden. Der zugehörige Zeiger ist daher im Zeigerdiagramm nach *oben* abzutragen.

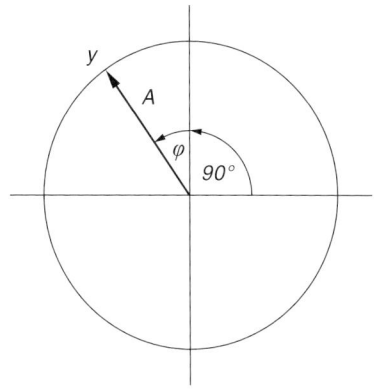

Bild III-129
Darstellung einer Kosinusschwingung
im Zeigerdiagramm (Anfangslage)

Beispiele

$$y_1 = 3 \cdot \cos(5t) \qquad y_2 = 3 \cdot \cos(5t + \pi) \qquad y_3 = 3 \cdot \cos\left(5t + \frac{\pi}{3}\right)$$

$$y_4 = 3 \cdot \cos(5t - 0{,}5) \qquad y_5 = 3 \cdot \cos\left(5t + \frac{7}{6}\pi\right) \qquad y_6 = 3 \cdot \cos\left(5t - \frac{4\pi}{3}\right)$$

Alle Schwingungen sind gleichfrequent ($\omega = 5$) und haben die *gleiche* Amplitude $A = 3$, die Spitzen der zugehörigen Zeiger liegen daher auf einem *Kreis* mit dem Radius $r = 3$. Der Zeiger der unverschobenen Kosinusschwingung y_1 ist nach *oben* abzutragen. Die Anfangslage der übrigen 5 Zeiger erhält man, indem man den Zeiger y_1 der Reihe nach um die Winkel π, $\pi/3$, $-0{,}5$, $7\pi/6$ und $-4\pi/3$ bzw. (im Gradmaß) um $180°$, $60°$, $-28{,}6°$, $210°$ und $-240°$ dreht, wie in Bild III-130 dargestellt. Vom Zeitpunkt $t = 0$ an rotieren die Zeiger um den gemeinsamen Nullpunkt mit der Winkelgeschwindigkeit $\omega = 5$ (im Gegenuhrzeigersinn).

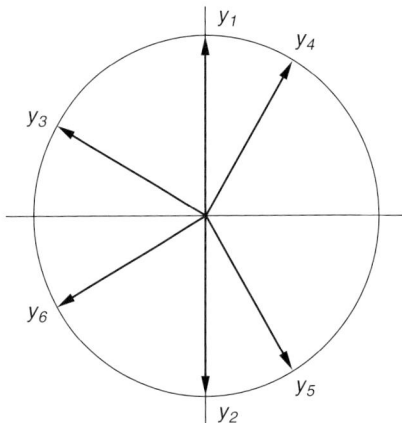

Bild III-130

■

Zeigerdiagramm für Sinus- und Kosinusschwingungen

Für die symbolische Darstellung von Sinus- und Kosinusschwingungen in einem Zeigerdiagramm gelten somit die folgenden **Regeln**:

Eine *unverschobene* Sinusschwingung $y = A \cdot \sin(\omega t)$ wird im Zeigerdiagramm durch einen nach *rechts* gerichteten Zeiger, eine *unverschobene* Kosinusschwingung $y = A \cdot \cos(\omega t)$ durch einen nach *oben* gerichteten Zeiger dargestellt (diese Regel gilt jeweils für $A > 0$, siehe Bild III-131). Lässt man auch einen *negativen* „Amplitudenfaktor" A zu, so bedeutet $A < 0$ eine *Vergrößerung* des Phasenwinkels um $180°$, d. h. eine *zusätzliche* Drehung des Zeigers um $180°$ im Gegenuhrzeigersinn. *Unverschobene Sinus- und Kosinusschwingungen mit einem negativen Amplitudenfaktor werden demnach in der jeweiligen Gegenrichtung d. h. nach links bzw. nach unten abgetragen* (Bild III-132).

9 Trigonometrische Funktionen 263

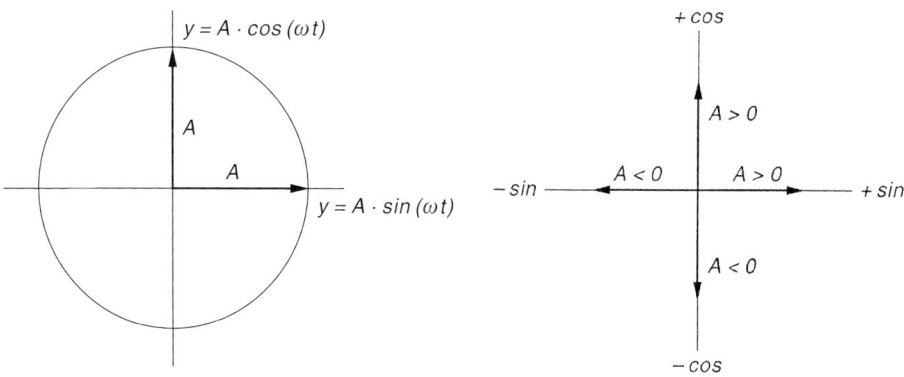

Bild III-131 Anfangslage einer unverschobenen Sinus- bzw. Kosinusschwingung

Bild III-132 Zeiger der unverschobenen Sinus- und Kosinusschwingungen

Somit gelten allgemein die folgenden **Regeln** für die Zeigerdarstellung von unverschobenen Sinus- und Kosinusschwingungen:

Schwingungstyp	$A > 0$	$A < 0$
$y = A \cdot \sin(\omega t)$	nach rechts abtragen	nach links abtragen
$y = A \cdot \cos(\omega t)$	nach oben abtragen	nach unten abtragen

Bei *phasenverschobenen* Schwingungen der allgemeinen Form $y = A \cdot \sin(\omega t + \varphi)$ bzw. $y = A \cdot \cos(\omega t + \varphi)$ erfolgt noch eine *zusätzliche* Drehung um den Winkel φ und zwar für $\varphi > 0$ im *Gegenuhrzeigersinn*, für $\varphi < 0$ dagegen im *Uhrzeigersinn*.

■ **Beispiele**

(1) Die durch die Funktionen

$$y_1 = 3 \cdot \sin\left(2t + \frac{\pi}{6}\right) \qquad y_2 = 2 \cdot \cos(2t - \pi)$$

$$y_3 = 4 \cdot \cos\left(2t + \frac{3\pi}{4}\right) \qquad y_4 = -4 \cdot \sin\left(2t - \frac{\pi}{12}\right)$$

$$y_5 = 4 \cdot \sin(2t + 1) \qquad y_6 = -3 \cdot \cos\left(2t + \frac{\pi}{4}\right)$$

beschriebenen (gleichfrequenten) Schwingungen sind im *Zeigerdiagramm* darzustellen. Die Lösung der Aufgabe ist in Bild III-133 dargestellt. Die Phasenwinkel betragen der Reihe nach im (positiven) Gradmaß: 30°; 180°; 135°; 165°; 57,3°; 225°.

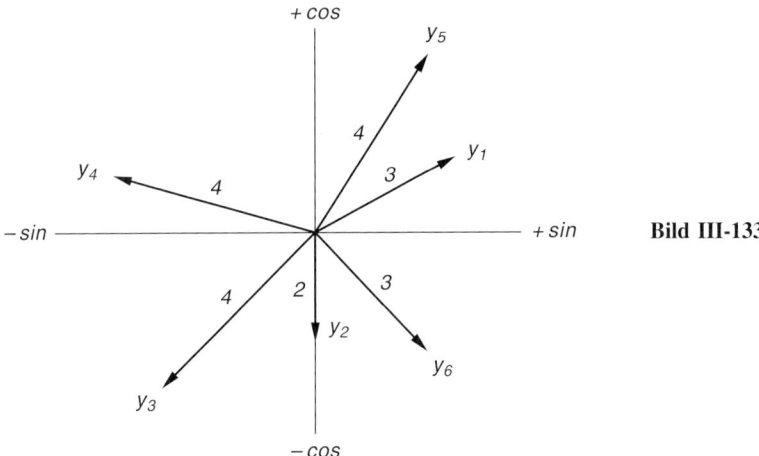

Bild III-133

(2) Die harmonischen Schwingungen mit den Gleichungen

$$y_1 = 3 \cdot \cos\left(\omega t - \frac{\pi}{4}\right) \quad \text{und} \quad y_2 = -3 \cdot \sin\left(\omega t - \frac{\pi}{6}\right)$$

sind durch *Sinusfunktionen* vom Typ

$$y = A \cdot \sin(\omega t + \varphi) \quad (A > 0)$$

darzustellen (die Kreisfrequenz ω ist zahlenmäßig nicht bekannt).

Lösung: Bild III-134 zeigt die *Anfangslage* der zugehörigen Zeiger der Länge 3.

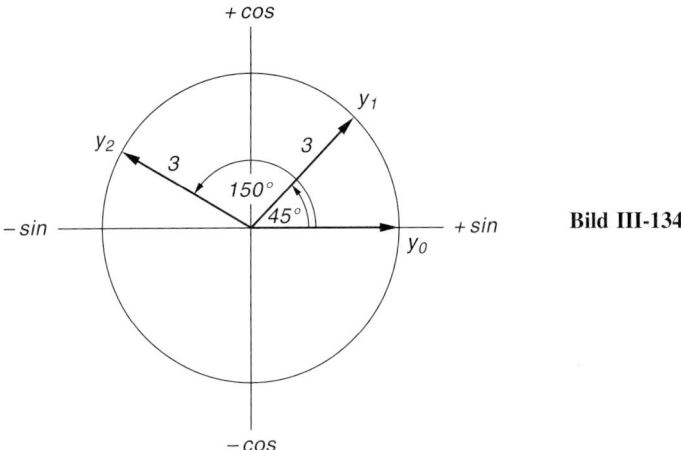

Bild III-134

Der Zeiger y_1 entsteht dabei durch Drehung des unverschobenen Sinuszeigers $y_0 = 3 \cdot \sin(\omega t)$ um den Winkel $\varphi_1 = 45° \,\widehat{=}\, \pi/4$ im *positiven* Drehsinn (Bild III-134). Daher ist

$$y_1 = 3 \cdot \cos\left(\omega t - \frac{\pi}{4}\right) = 3 \cdot \sin\left(\omega t + \frac{\pi}{4}\right)$$

Analog erhält man den Zeiger y_2 durch Drehung des Zeigers y_0 um den Winkel $\varphi_2 = 150° \,\widehat{=}\, 5\pi/6$ im *positiven* Drehsinn. Es gilt daher

$$y_2 = -3 \cdot \sin\left(\omega t - \frac{\pi}{6}\right) = 3 \cdot \sin\left(\omega t + \frac{5\pi}{6}\right)$$

Die vorgegebenen Schwingungen y_1 und y_2 können somit auch als *Sinusschwingungen* mit der *Amplitude* $A = 3$ und dem Phasenwinkel $\varphi = \pi/4$ bzw. $\varphi = 5\pi/6$ aufgefasst werden. ∎

9.5.3 Superposition (Überlagerung) gleichfrequenter Schwingungen

Nach dem *Superpositionsprinzip* der Physik entsteht durch *ungestörte Überlagerung* zweier *gleichfrequenter* sinusförmiger Schwingungen vom Typ

$$y_1 = A_1 \cdot \sin(\omega t + \varphi_1) \quad \text{und} \quad y_2 = A_2 \cdot \sin(\omega t + \varphi_2) \qquad \text{(III-145)}$$

eine *resultierende* Schwingung *gleicher* Frequenz:

$$y = y_1 + y_2 = A \cdot \sin(\omega t + \varphi) \qquad \text{(III-146)}$$

Amplitude A und Phase φ der Resultierenden sind dabei *eindeutig* durch die Amplituden A_1, A_2 und die Phasen φ_1, φ_2 der Einzelschwingungen y_1 und y_2 bestimmt (alle Amplituden > 0; $\omega > 0$).

Zeichnerische Lösung (Bild III-135)

Im *Zeigerdiagramm* werden die Zeiger von y_1 und y_2 zu einem *Parallelogramm* zusammengesetzt, dessen *Diagonale* die resultierende Schwingung nach Bild III-135 darstellt. Amplitude A und Phase φ lassen sich unmittelbar aus dem Diagramm ablesen.

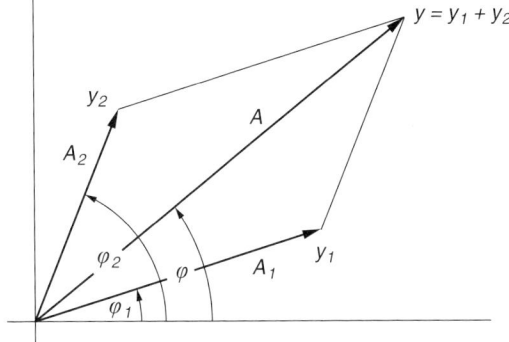

Bild III-135
Geometrische Addition zweier *gleichfrequenter* Schwingungen im Zeigerdiagramm

Berechnung von Amplitude A und Phase φ (Bild III-136)

Aus Bild III-136 gewinnt man durch Anwendung des *Satzes von Pythagoras* auf das rechtwinklige Dreieck mit den Katheten $u = u_1 + u_2$ und $v = v_1 + v_2$ und der Hypotenuse A die folgende Beziehung für die *Amplitude A* der *resultierenden* Schwingung:

$$A^2 = u^2 + v^2 = (u_1 + u_2)^2 + (v_1 + v_2)^2 =$$
$$= (A_1 \cdot \cos \varphi_1 + A_2 \cdot \cos \varphi_2)^2 + (A_1 \cdot \sin \varphi_1 + A_2 \cdot \sin \varphi_2)^2 =$$
$$= A_1^2 \cdot \cos^2 \varphi_1 + 2 A_1 A_2 \cdot \cos \varphi_1 \cdot \cos \varphi_2 + A_2^2 \cdot \cos^2 \varphi_2 + A_1^2 \cdot \sin^2 \varphi_1 +$$
$$+ 2 A_1 A_2 \cdot \sin \varphi_1 \cdot \sin \varphi_2 + A_2^2 \cdot \sin^2 \varphi_2 =$$
$$= A_1^2 \cdot \underbrace{(\cos^2 \varphi_1 + \sin^2 \varphi_1)}_{1} + A_2^2 \cdot \underbrace{(\cos^2 \varphi_2 + \sin^2 \varphi_2)}_{1} +$$
$$+ 2 A_1 A_2 \underbrace{(\cos \varphi_1 \cdot \cos \varphi_2 + \sin \varphi_1 \cdot \sin \varphi_2)}_{\cos (\varphi_1 - \varphi_2) = \cos (\varphi_2 - \varphi_1)} =$$
$$= A_1^2 + A_2^2 + 2 A_1 A_2 \cdot \cos (\varphi_2 - \varphi_1) \qquad (\text{III-147})$$

(unter Verwendung des *Additionstheorems* des Kosinus, siehe Gleichung III-131). Somit ist

$$A = \sqrt{A_1^2 + A_2^2 + 2 A_1 A_2 \cdot \cos (\varphi_2 - \varphi_1)} \qquad (\text{III-148})$$

Die *Phase* φ der resultierenden Schwingung berechnet man aus der Formel

$$\tan \varphi = \frac{v}{u} = \frac{v_1 + v_2}{u_1 + u_2} = \frac{A_1 \cdot \sin \varphi_1 + A_2 \cdot \sin \varphi_2}{A_1 \cdot \cos \varphi_1 + A_2 \cdot \cos \varphi_2} \qquad (\text{III-149})$$

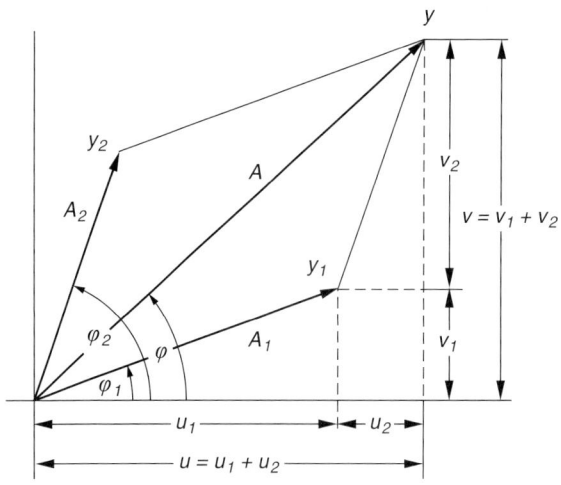

Hilfsgrößen:

$u_1 = A_1 \cdot \cos \varphi_1$

$u_2 = A_2 \cdot \cos \varphi_2$

$v_1 = A_1 \cdot \sin \varphi_1$

$v_2 = A_2 \cdot \sin \varphi_2$

Bild III-136
Zur Bestimmung der Amplitude und Phase einer resultierenden Schwingung

9 Trigonometrische Funktionen

Wir fassen zusammen:

Superposition zweier gleichfrequenter Schwingungen (Bild III-136)

Durch *ungestörte Überlagerung* zweier gleichfrequenter Schwingungen vom Typ

$$y_1 = A_1 \cdot \sin(\omega t + \varphi_1) \quad \text{und} \quad y_2 = A_2 \cdot \sin(\omega t + \varphi_2) \qquad \text{(III-150)}$$

mit $A_1 > 0$, $A_2 > 0$ und $\omega > 0$ entsteht eine *resultierende* Schwingung der *gleichen* Frequenz:

$$y = y_1 + y_2 = A \cdot \sin(\omega t + \varphi) \quad (\text{mit } A > 0) \qquad \text{(III-151)}$$

Amplitude A und *Phasenwinkel* φ lassen sich dabei aus den Amplituden A_1 und A_2 und den Phasenwinkeln φ_1 und φ_2 der beiden *Einzelschwingungen* wie folgt berechnen:

$$A = \sqrt{A_1^2 + A_2^2 + 2 A_1 A_2 \cdot \cos(\varphi_2 - \varphi_1)} \qquad \text{(III-152)}$$

$$\tan \varphi = \frac{A_1 \cdot \sin \varphi_1 + A_2 \cdot \sin \varphi_2}{A_1 \cdot \cos \varphi_1 + A_2 \cdot \cos \varphi_2} \qquad \text{(III-153)}$$

Anmerkungen

(1) Man beachte die Voraussetzungen: *Beide* Schwingungen müssen als *Sinusschwingungen* mit jeweils *positiver* Amplitude vorliegen. Die Formeln (III-152) und (III-153) gelten aber auch dann, wenn *beide* Einzelschwingungen in der *Kosinusform* mit jeweils *positiver* Amplitude vorgegeben sind. In diesem Fall ist die resultierende Schwingung eine gleichfrequente phasenverschobene *Kosinusschwingung*. Die Einzelschwingungen müssen also gegebenenfalls erst auf die *Sinusform* (oder *Kosinusform*) gebracht werden.

(2) Es ist ratsam, sich zunächst anhand einer *Skizze* über die *Lage* des *resultierenden* Zeigers zu informieren. Den Phasenwinkel φ erhält man dann aus Gleichung (III-153) unter Berücksichtigung des *Quadranten* (siehe hierzu auch das nachfolgende Beispiel (3)). Die dabei zu lösende Gleichung $\tan \varphi = \text{const.} = c$ besitzt in *Abhängigkeit vom Quadranten* die folgende Lösung (*Hauptwert* im Bogenmaß) [10]:

Quadrant	I	II, III	IV
$\varphi =$	$\arctan c$	$\arctan c + \pi$	$\arctan c + 2\pi$

Hinweis: Der Phasenwinkel φ muss in der Schwingungsgleichung aus Dimensionsgründen stets im *Bogenmaß* angegeben werden. Im Gradmaß muss in den Formeln π durch $180°$ und 2π durch $360°$ ersetzt werden.

---

[10] Die Funktion $y = \arctan x$ ist die *Umkehrfunktion* der auf das Intervall $-\pi/2 < x < \pi/2$ beschränkten *Tangensfunktion* und wird in Abschnitt 10.4 noch ausführlich behandelt.

Beispiele

(1) Wie lautet die durch *Superposition* der beiden gleichfrequenten *mechanischen* Schwingungen

$$y_1 = 4\,\text{cm} \cdot \sin(2\,\text{s}^{-1} \cdot t) \quad \text{und} \quad y_2 = 3\,\text{cm} \cdot \cos(2\,\text{s}^{-1} \cdot t - \pi/6)$$

entstandene *resultierende* Schwingung (für $t \geq 0$)?

Lösung: Zunächst wird die Kosinusschwingung y_2 mit Hilfe des Zeigerdiagramms in eine *Sinusschwingung* umgewandelt (Bild III-137):

$$y_2 = 3\,\text{cm} \cdot \cos(2\,\text{s}^{-1} \cdot t - \pi/6) = 3\,\text{cm} \cdot \sin(2\,\text{s}^{-1} \cdot t + \pi/3)$$

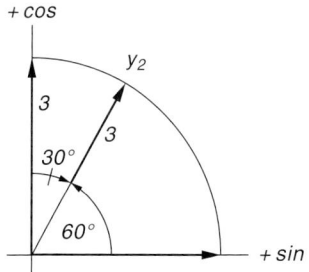

Bild III-137 Umwandlung einer Kosinusschwingung in eine Sinusschwingung

Mit $A_1 = 4\,\text{cm}$, $A_2 = 3\,\text{cm}$, $\varphi_1 = 0$ und $\varphi_2 = \pi/3$ erhält man aus den Gleichungen (III-152) und (III-153) die folgenden Werte für die *Amplitude* A und die Phase φ der *resultierenden* Schwingung (der resultierende Zeiger liegt im 1. Quandranten):

$$A = \sqrt{(4\,\text{cm})^2 + (3\,\text{cm})^2 + 2 \cdot 4\,\text{cm} \cdot 3\,\text{cm} \cdot \cos(\pi/3)} =$$

$$= \sqrt{16 + 9 + 12}\,\text{cm} = \sqrt{37}\,\text{cm} = 6{,}08\,\text{cm}$$

$$\tan\varphi = \frac{4\,\text{cm} \cdot \sin 0 + 3\,\text{cm} \cdot \sin(\pi/3)}{4\,\text{cm} \cdot \cos 0 + 3\,\text{cm} \cdot \cos(\pi/3)} = \frac{(0 + 2{,}5981)\,\text{cm}}{(4 + 1{,}5)\,\text{cm}} =$$

$$= \frac{2{,}5981\,\text{cm}}{5{,}5\,\text{cm}} = 0{,}4724 \quad \Rightarrow$$

$$\varphi = \arctan 0{,}4724 = 25{,}29° \triangleq 0{,}44$$

Die *resultierende* Schwingung lautet damit:

$$y = y_1 + y_2 = 4\,\text{cm} \cdot \sin(2\,\text{s}^{-1} \cdot t) + 3\,\text{cm} \cdot \cos(2\,\text{s}^{-1} \cdot t - \pi/6) =$$

$$= 6{,}08\,\text{cm} \cdot \sin(2\,\text{s}^{-1} \cdot t + 0{,}44) \quad \text{(für } t \geq 0\text{)}$$

(2) Die *gleichfrequenten Wechselspannungen*

$$u_1 = 50\,\text{V} \cdot \sin(314\,\text{s}^{-1} \cdot t) \quad \text{und} \quad u_2 = 80\,\text{V} \cdot \cos(314\,\text{s}^{-1} \cdot t)$$

werden zur *Überlagerung* gebracht (mit $t \geq 0$). Die durch *Superposition* entstehende *resultierende* Wechselspannung $u = u_0 \cdot \sin(314\,\text{s}^{-1} \cdot t + \varphi)$ kann unmittelbar aus dem *Zeigerdiagramm* berechnet werden (unverschobene Sinus- bzw. Kosinuszeiger, siehe Bild III-138):

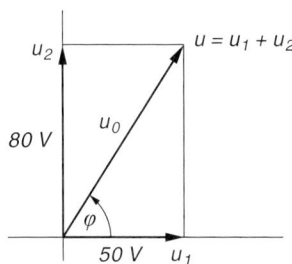

$$u_0 = \sqrt{(50\,\text{V})^2 + (80\,\text{V})^2} = 94{,}34\,\text{V}$$

$$\tan \varphi = \frac{80\,\text{V}}{50\,\text{V}} = 1{,}6 \quad \Rightarrow$$

$$\varphi = \arctan 1{,}6 = 57{,}99° \mathrel{\widehat{=}} 1{,}01$$

Bild III-138

Die *resultierende* Wechselspannung lässt sich somit durch die Funktion

$$u = u_1 + u_2 = 50\,\text{V} \cdot \sin(314\,\text{s}^{-1} \cdot t) + 80\,\text{V} \cdot \cos(314\,\text{s}^{-1} \cdot t) =$$

$$= 94{,}34\,\text{V} \cdot \sin(314\,\text{s}^{-1} \cdot t + 1{,}01) \quad \text{(für } t \geq 0\text{)}$$

beschreiben.

(3) Wir bringen die *gleichfrequenten* mechanischen Schwingungen

$$y_1 = 6\,\text{cm} \cdot \sin\left(\omega t + \frac{\pi}{6}\right) \quad \text{und} \quad y_2 = 10\,\text{cm} \cdot \sin\left(\omega t + \frac{5}{6}\pi\right)$$

zur ungestörten Überlagerung. Der Zeiger der *resultierenden* Schwingung $y = A \cdot \sin(\omega t + \varphi)$ liegt im 2. Quadranten ($90° < \varphi < 180°$), wie man dem Zeigerdiagramm entnehmen kann (siehe Bild III-139).

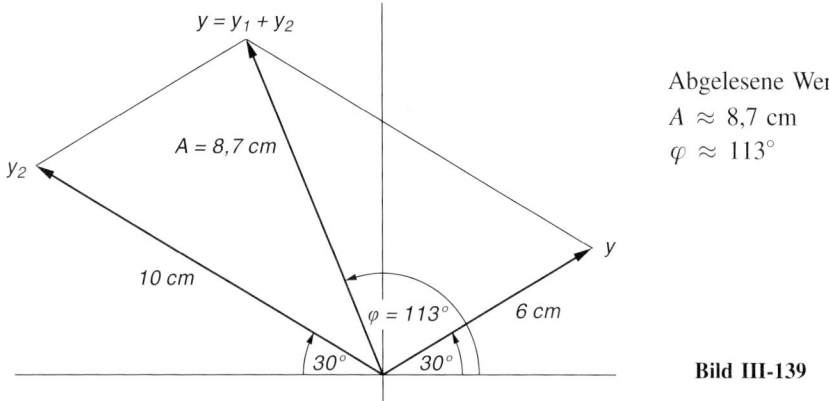

Abgelesene Werte:
$A \approx 8{,}7\,\text{cm}$
$\varphi \approx 113°$

Bild III-139

Für die *Amplitude* A erhalten wir nach Formel (III-152) den folgenden Wert:

$$A = \sqrt{(6\,\text{cm})^2 + (10\,\text{cm})^2 + 2 \cdot 6\,\text{cm} \cdot 10\,\text{cm} \cdot \cos\underbrace{\left(\frac{5}{6}\pi - \frac{\pi}{6}\right)}_{2\pi/3}} =$$

$$= \sqrt{36 + 100 - 60}\,\text{cm} = \sqrt{76}\,\text{cm} = 8{,}72\,\text{cm}$$

Den *Phasenwinkel* φ bestimmen wir aus Gleichung (III-153):

$$\tan\varphi = \frac{6\,\text{cm} \cdot \sin\left(\frac{\pi}{6}\right) + 10\,\text{cm} \cdot \sin\left(\frac{5}{6}\pi\right)}{6\,\text{cm} \cdot \cos\left(\frac{\pi}{6}\right) + 10\,\text{cm} \cdot \cos\left(\frac{5}{6}\pi\right)} =$$

$$= \frac{(3+5)\,\text{cm}}{(5{,}1962 - 8{,}6603)\,\text{cm}} = \frac{8}{-3{,}4641} = -2{,}3094$$

Diese Gleichung besitzt wegen $90° < \varphi < 180°$ die Lösung

$$\varphi = \arctan(-2{,}3094) + 180° = -66{,}59° + 180° = 113{,}41° \mathrel{\hat=} 1{,}98$$

Die *resultierende* Schwingung wird somit durch die Gleichung

$$y = y_1 + y_2 = 8{,}72\,\text{cm} \cdot \sin(\omega t + 1{,}98)$$

beschrieben. ∎

9.5.4 Lissajous-Figuren

Lissajous-Figuren entstehen durch *Überlagerung* zweier *aufeinander senkrecht* stehender Schwingungen, deren Frequenzen in einem *rationalen* Verhältnis stehen. Sie lassen sich z. B. auf einem Kathodenstrahloszillograph durch Anlegen von (sinusförmigen) Wechselspannungen an die beiden Kondensatorplattenpaare realisieren. Eine Sinusspannung am *horizontal* ablenkenden Plattenpaar (x-Richtung) bewirkt, dass der Elektronenstrahl eine Schwingung in *waagerechter* Richtung nach der Gleichung $x = a \cdot \sin(\omega t)$ ausführt. Eine Kosinusspannung *gleicher* Frequenz am *vertikal* ablenkenden Plattenpaar (y-Richtung) veranlasst den Elektronenstrahl zu einer periodischen Bewegung in *vertikaler* Richtung gemäß der Gleichung $y = b \cdot \cos(\omega t)$. Die *augenblickliche* Lage des Strahls bei *gleichzeitigem* Anlegen *beider* Spannungen wird dann durch die *Parameter-Gleichungen*

$$x = a \cdot \sin(\omega t), \qquad y = b \cdot \cos(\omega t) \qquad (t \geq 0)$$

beschrieben ($a > 0$, $b > 0$ und $\omega > 0$). Löst man diese Gleichungen nach $\sin(\omega t)$ bzw. $\cos(\omega t)$ auf und berücksichtigt die Beziehung (III-129), so erhält man als *Bahnkurve* des Elektronenstrahls eine unverschobene *Ellipse* mit den Halbachsen a und b (Bild III-140):

$$\sin^2(\omega t) + \cos^2(\omega t) = 1 \quad \Rightarrow \quad \left(\frac{x}{a}\right)^2 + \left(\frac{y}{b}\right)^2 = 1 \quad \Rightarrow \quad \frac{x^2}{a^2} + \frac{y^2}{b^2} = 1$$

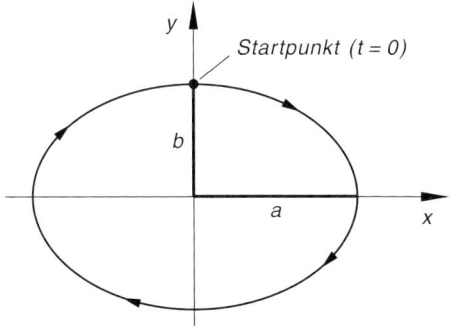

Bild III-140
Lissajous-Figur (Ellipse):
Die Pfeilrichtung kennzeichnet
den Durchlaufsinn des Elektronenstrahls

10 Arkusfunktionen

10.1 Das Problem der Umkehrung trigonometrischer Funktionen

Die *trigonometrischen* Funktionen ordnen einem Winkel x in *eindeutiger* Weise einen Funktionswert zu. In den Anwendungen jedoch stellt sich häufig genau das *umgekehrte* Problem (z. B. beim Lösen einer trigonometrischen Gleichung): Der Funktionswert einer bestimmten trigonometrischen Funktion ist bekannt, gesucht ist der zugehörige *Winkel*. So besitzt beispielsweise die einfache trigonometrische Gleichung $\tan x = 1$ *unendlich* viele Lösungen, d. h. es gibt *unendlich* viele Winkel, deren Tangens gleich eins ist. Die Lösungen dieser Gleichung können bequem auf zeichnerischem Wege als Schnittpunkte der Tangensfunktion $y = \tan x$ mit der Geraden $y = 1$ (Parallele zur x-Achse) ermittelt werden (Bild III-141). Sie liegen wegen der Periodizität der Tangensfunktion in regelmäßigen Abständen von einer Periodenlänge π:

$$x_k = \frac{\pi}{4} + k \cdot \pi \qquad (k \in \mathbb{Z})$$

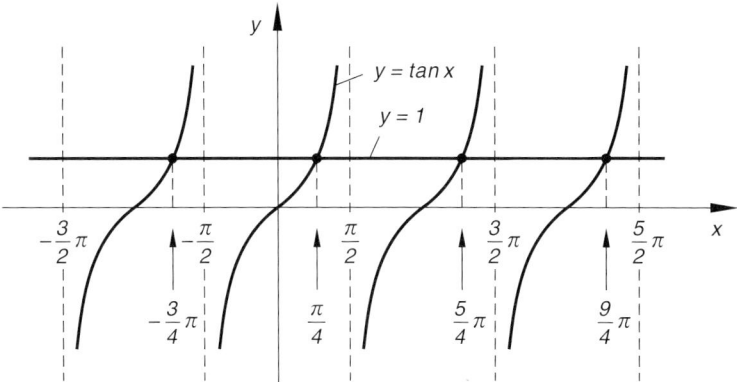

Bild III-141 Zur Umkehrung einer trigonometrischen Funktion

Die *Umkehrung* der Tangensfunktion ist demnach *nicht eindeutig*. Offensichtlich ist dies eine Folge der *fehlenden* Monotonieeigenschaft (bedingt durch die Periodizität). Ganz ähnlich liegen die Verhältnisse bei den übrigen trigonometrischen Funktionen.

Beschränken wir uns jedoch bei der Lösung der Gleichung $\tan x = 1$ auf den Winkelbereich $-\pi/2 < x < \pi/2$ (hier ist der Tangens *streng monoton wachsend*), so erhält man genau *eine* Lösung:

$$\tan x = 1 \quad \xrightarrow[-\pi/2 < x < \pi/2]{\text{Lösung im Intervall}} \quad x_0 = \pi/4$$

Zur Umkehrung der trigonometrischen Funktionen

Grundsätzlich lassen sich die trigonometrischen Funktionen infolge fehlender Monotonieeigenschaft *nicht* umkehren. Beschränkt man sich jedoch auf gewisse Intervalle, in denen die Funktionen *streng monoton* verlaufen und dabei *sämtliche* Funktionswerte annehmen, so ist *jede* der vier Winkelfunktionen dort *umkehrbar*. Die Umkehrfunktionen werden als *Arkusfunktionen* oder *zyklometrische* Funktionen bezeichnet. Ihre Funktionswerte sind im Bogen- oder Gradmaß dargestellte *Winkel*.

Bei der Auswahl der Intervalle, in denen die Umkehrung vorgenommen werden soll, gehen wir wie folgt vor:

Wenn möglich, wählen wir ein zum Nullpunkt *symmetrisches* Intervall, in dem die trigonometrische Funktion die für die Umkehrung nötigen Voraussetzungen erfüllt ($\rightarrow$ Sinus, Tangens). Falls dies jedoch nicht möglich ist, wählen wir ein im Nullpunkt beginnendes Intervall ($\rightarrow$ Kosinus, Kotangens).

Die Umkehrfunktionen der vier trigonometrischen Funktionen werden der Reihe nach mit $\arcsin x$, $\arccos x$, $\arctan x$ und $\text{arccot}\, x$ bezeichnet, auf den Taschenrechnern auch mit $\sin^{-1} x$, $\cos^{-1} x$, $\tan^{-1} x$ (nicht zu verwechseln mit den Kehrwerten; $\cot^{-1} x$ fehlt auf dem Rechner).

10.2 Arkussinusfunktion

Die Sinusfunktion verläuft in dem zum Nullpunkt symmetrischen Intervall $-\pi/2 \leq x \leq \pi/2$ *streng monoton wachsend*, durchläuft dabei ihren *gesamten* Wertevorrat und ist daher in diesem Intervall *umkehrbar*. Ihre Umkehrung führt zur *Arkussinusfunktion* (Bild III-142).

Definition: Die *Arkussinusfunktion* $y = \arcsin x$ ist die *Umkehrfunktion* der auf das Intervall $-\pi/2 \leq x \leq \pi/2$ beschränkten Sinusfunktion $y = \sin x$.

10 Arkusfunktionen

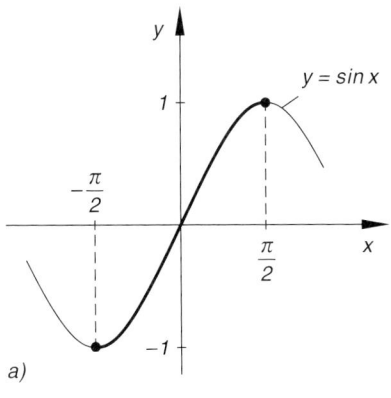
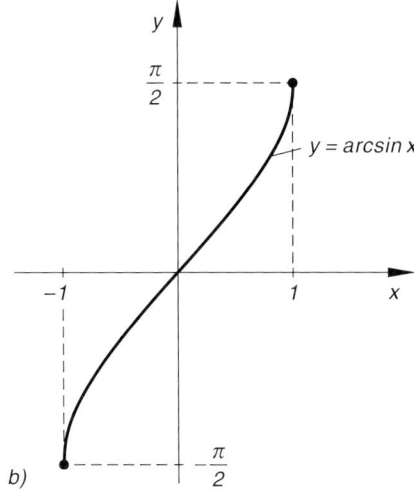

Bild III-142 Zur Umkehrung der Sinusfunktion
a) Funktionsgraph von $y = \sin x$
b) Funktionsgraph von $y = \arcsin x$

In der folgenden Tabelle 3 haben wir die wesentlichen Eigenschaften der Arkussinusfunktion zusammengestellt.

Tabelle 3: Eigenschaften der Arkussinusfunktion $y = \arcsin x$ (Bild III-142)

	$y = \sin x$	$y = \arcsin x$
Definitionsbereich	$-\dfrac{\pi}{2} \leq x \leq \dfrac{\pi}{2}$	$-1 \leq x \leq 1$
Wertebereich	$-1 \leq y \leq 1$	$-\dfrac{\pi}{2} \leq y \leq \dfrac{\pi}{2}$
Nullstellen	$x_0 = 0$	$x_0 = 0$
Symmetrie	ungerade	ungerade
Monotonie	streng monoton wachsend	streng monoton wachsend

Anmerkung

Der Arkussinus liefert nur Winkel aus dem 1. und 4. Quadranten.

■ **Beispiele**

$\arcsin 0 = 0 \qquad \arcsin 0{,}5 = \pi/6 \mathrel{\widehat=} 30° \qquad \arcsin(-0{,}75) = -0{,}8481$

$\sin(\arcsin x) = \arcsin(\sin x) = x \qquad$ (für $-1 \leq x \leq 1$)

$\arcsin x = -\dfrac{\pi}{6} \;\Rightarrow\; x = \sin(\arcsin x) = \sin\left(-\dfrac{\pi}{6}\right) = -0{,}5$ ■

10.3 Arkuskosinusfunktion

Die Kosinusfunktion ist im Intervall $0 \leq x \leq \pi$ *streng monoton fallend*, durchläuft dabei ihren *gesamten* Wertevorrat und ist daher dort *umkehrbar*. Ihre Umkehrung führt zur *Arkuskosinusfunktion* (Bild III-143).

> **Definition:** Die *Arkuskosinusfunktion* $y = \arccos x$ ist die *Umkehrfunktion* der auf das Intervall $0 \leq x \leq \pi$ beschränkten Kosinusfunktion $y = \cos x$.

Ihre Eigenschaften entnimmt man Tabelle 4.

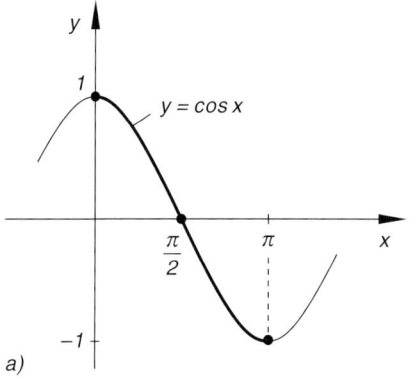
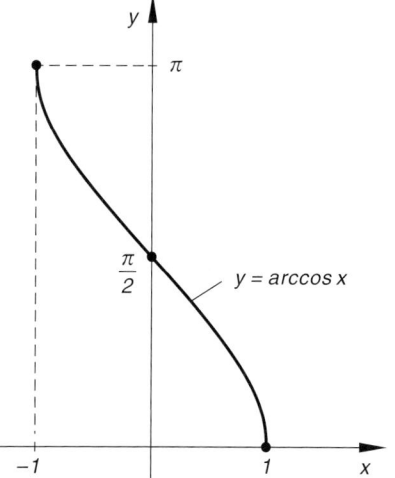

Bild III-143 Zur Umkehrung der Kosinusfunktion
a) Funktionsgraph von $y = \cos x$
b) Funktionsgraph von $y = \arccos x$

Tabelle 4: Eigenschaften der Arkuskosinusfunktion $y = \arccos x$ (Bild III-143)

	$y = \cos x$	$y = \arccos x$
Definitionsbereich	$0 \leq x \leq \pi$	$-1 \leq x \leq 1$
Wertebereich	$-1 \leq y \leq 1$	$0 \leq y \leq \pi$
Nullstellen	$x_0 = \dfrac{\pi}{2}$	$x_0 = 1$
Monotonie	streng monoton fallend	streng monoton fallend

Anmerkung
Der Arkuskosinus liefert nur Winkel aus dem 1. und 2. Quadranten.

■ **Beispiele**

$\arccos 0 = \dfrac{\pi}{2}$ $\arccos 0{,}5 = \dfrac{\pi}{3} \mathrel{\hat{=}} 60°$ $\arccos(-0{,}237) = 1{,}8101$ ■

10.4 Arkustangens- und Arkuskotangensfunktion

Die *Umkehrung* der Tangensfunktion erfolgt im zum Nullpunkt symmetrischen Intervall $-\pi/2 < x < \pi/2$, in dem der Tangens *streng monoton wachsend* verläuft und dabei seinen *gesamten* Wertebereich durchläuft. Die Umkehrfunktion wird als *Arkustangensfunktion* bezeichnet (Bild III-144).

> **Definition:** Die *Arkustangensfunktion* $y = \arctan x$ ist die *Umkehrfunktion* der auf das Intervall $-\pi/2 < x < \pi/2$ beschränkten Tangensfunktion $y = \tan x$.

Ihre Funktionseigenschaften sind in Tabelle 5 näher beschrieben.

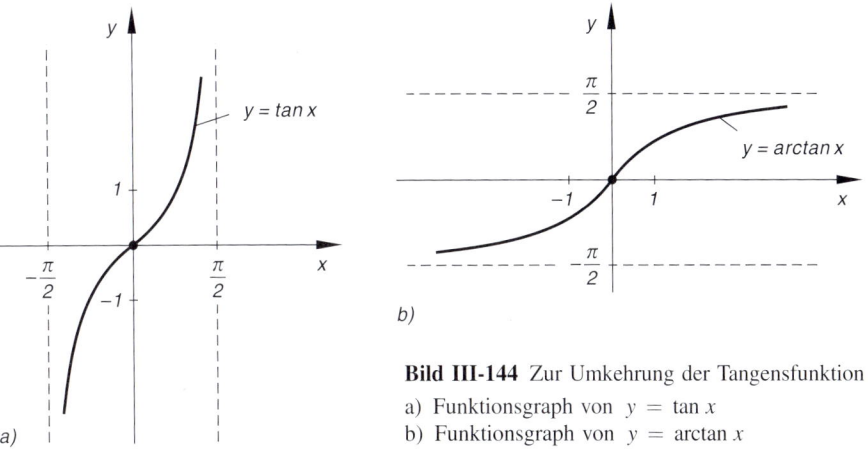

Bild III-144 Zur Umkehrung der Tangensfunktion
a) Funktionsgraph von $y = \tan x$
b) Funktionsgraph von $y = \arctan x$

Tabelle 5: Eigenschaften der Arkustangensfunktion $y = \arctan x$ (Bild III-144)

	$y = \tan x$	$y = \arctan x$
Definitionsbereich	$-\dfrac{\pi}{2} < x < \dfrac{\pi}{2}$	$-\infty < x < \infty$
Wertebereich	$-\infty < y < \infty$	$-\dfrac{\pi}{2} < y < \dfrac{\pi}{2}$
Nullstellen	$x_0 = 0$	$x_0 = 0$
Symmetrie	ungerade	ungerade
Monotonie	streng monoton wachsend	streng monoton wachsend
Asymptoten	$x = \pm \dfrac{\pi}{2}$	$y = \pm \dfrac{\pi}{2}$

Anmerkung
Der Arkustangens liefert nur Winkel aus dem 1. und 4. Quadranten.

Die *Kotangensfunktion* ist im Intervall $0 < x < \pi$ umkehrbar. Denn dort ist der Kotangens *streng monoton fallend* und durchläuft dabei seinen *gesamten* Wertebereich. Die Umkehrfunktion heißt *Arkuskotangensfunktion* (Bild III-145).

Definition: Die *Arkuskotangensfunktion* $y = \text{arccot}\, x$ ist die *Umkehrfunktion* der auf das Intervall $0 < x < \pi$ beschränkten *Kotangensfunktion* $y = \cot x$.

In Tabelle 6 sind die Eigenschaften dieser Funktion zusammengetragen.

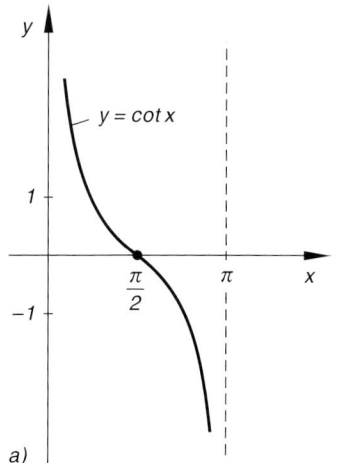
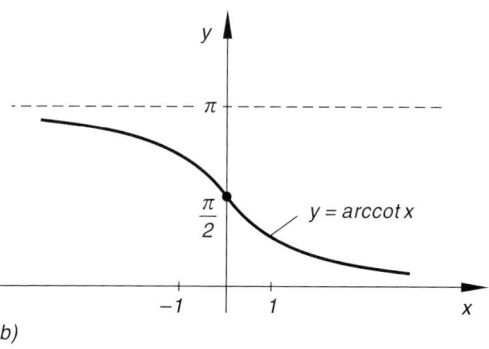

Bild III-145 Zur Umkehrung der Kotangensfunktion
a) Funktionsgraph von $y = \cot x$
b) Funktionsgraph von $y = \text{arccot}\, x$

Tabelle 6: Eigenschaften der Arkuskotangensfunktion $y = \text{arccot}\, x$ (Bild III-145)

	$y = \cot x$	$y = \text{arccot}\, x$
Definitionsbereich	$0 < x < \pi$	$-\infty < x < \infty$
Wertebereich	$-\infty < y < \infty$	$0 < y < \pi$
Nullstellen	$x_0 = \dfrac{\pi}{2}$	———
Monotonie	streng monoton fallend	streng monoton fallend
Asymptoten	$x = 0$ $x = \pi$	$y = 0$ $y = \pi$

10 Arkusfunktionen

Anmerkung

Die *Arkuskotangensfunktion* spielt in der Praxis *keine* nennenswerte Rolle. Sie fehlt daher auf den Taschenrechnern. Ihre Funktionswerte werden meist unter Verwendung der Beziehung

$$\operatorname{arccot} x = \frac{\pi}{2} - \arctan x \qquad (\text{III-154})$$

über die *Arkustangensfunktion* berechnet (x im Bogenmaß; bei Verwendung des *Gradmaßes* ist $\pi/2$ durch $90°$ zu ersetzen). Man erhält stets Winkel aus dem 1. und 2. Quadranten.

■ **Beispiele**

(1) $\arctan 1 = \dfrac{\pi}{4} \qquad \arctan 125{,}3 = 1{,}5628 \qquad \arctan(-3\pi) = -1{,}4651$

(2) $\operatorname{arccot} 0 = \dfrac{\pi}{2} - \arctan 0 = \dfrac{\pi}{2} - 0 = \dfrac{\pi}{2}$

$\operatorname{arccot} 1{,}51 = \dfrac{\pi}{2} - \arctan 1{,}51 = \dfrac{\pi}{2} - 0{,}9859 = 0{,}5849$

$\operatorname{arccot}(-23{,}5) = \dfrac{\pi}{2} - \arctan(-23{,}5) = \dfrac{\pi}{2} - (-1{,}5283) = 3{,}0991$

(3) Die *Superposition* der *gleichfrequenten* mechanischen Schwingungen

$$y_1 = 5\,\text{cm} \cdot \sin(3\,\text{s}^{-1} \cdot t) \quad \text{und} \quad y_2 = 6\,\text{cm} \cdot \cos(3\,\text{s}^{-1} \cdot t)$$

führt zu einer resultierenden Schwingung *gleicher* Frequenz, deren Amplitude A und Phase φ direkt aus dem Zeigerdiagramm (Bild III-146) berechnet werden können:

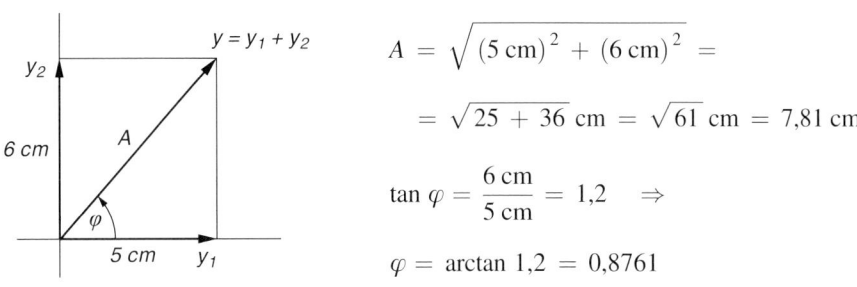

$$A = \sqrt{(5\,\text{cm})^2 + (6\,\text{cm})^2} =$$
$$= \sqrt{25 + 36}\,\text{cm} = \sqrt{61}\,\text{cm} = 7{,}81\,\text{cm}$$

$$\tan \varphi = \frac{6\,\text{cm}}{5\,\text{cm}} = 1{,}2 \quad \Rightarrow$$

$$\varphi = \arctan 1{,}2 = 0{,}8761$$

Bild III-146

Die Gleichung der *resultierenden Schwingung* lautet damit:

$$y = y_1 + y_2 = 5\,\text{cm} \cdot \sin(3\,\text{s}^{-1} \cdot t) + 6\,\text{cm} \cdot \cos(3\,\text{s}^{-1} \cdot t) =$$
$$= 7{,}81\,\text{cm} \cdot \sin(3\,\text{s}^{-1} \cdot t + 0{,}8761) \qquad ■$$

10.5 Trigonometrische Gleichungen

Unter einer *trigonometrischen Gleichung* versteht man eine Gleichung, bei der die Unbekannte x in den *Argumenten* trigonometrischer Funktionen auftritt. Den Lösungsmechanismus zeigen wir anhand eines ausgewählten Beispiels, da sich ein allgemeines Lösungsverfahren für Gleichungen dieser Art *nicht* angeben lässt. Der Lösungsweg ist von Fall zu Fall verschieden.

■ **Beispiel**

$$\sin(2x) = 1{,}5 \cdot \cos x$$

Störend ist zunächst, dass auf der linken Seite der doppelte Winkel $2x$ auftritt. Unter Verwendung der trigonometrischen Formel $\sin(2x) = 2 \cdot \sin x \cdot \cos x$ lässt sich diese Ungleichheit in den Argumenten beseitigen und die gegebene Gleichung wie folgt umformen (Vorsicht: nicht durch $\cos x$ dividieren, sonst gehen Lösungen verloren!):

$$2 \cdot \sin x \cdot \cos x = 1{,}5 \cdot \cos x \qquad \text{oder} \qquad 2 \cdot \sin x \cdot \cos x - 1{,}5 \cdot \cos x = 0$$

$$\cos x \,(2 \cdot \sin x - 1{,}5) = 0 \begin{cases} \cos x = 0 \\ 2 \cdot \sin x - 1{,}5 = 0 \end{cases}$$

(ein Produkt ist null, wenn *mindestens* ein Faktor null ist!). Die Ausgangsgleichung zerfällt damit in die beiden (wesentlich einfacheren) Gleichungen $\cos x = 0$ und $2 \cdot \sin x - 1{,}5 = 0$, mit deren Lösung wir uns jetzt beschäftigen wollen.

Lösungen der Gleichung $\cos x = 0$

Die Lösungen dieser Gleichung sind die *Nullstellen* der Kosinusfunktion. Sie liegen nach Bild III-147 bei

$$x_{1k} = \frac{\pi}{2} + k\pi \qquad (k \in \mathbb{Z})$$

Da es noch *weitere* Lösungen geben wird, müssen wir zur Kennzeichnung der einzelnen Werte *zwei* Indizes verwenden. Der *erste* Index (hier: 1) kennzeichnet dabei die verschiedenen Teillösungsmengen, der *zweite* Index k ist der *Laufindex* ($k \in \mathbb{Z}$).

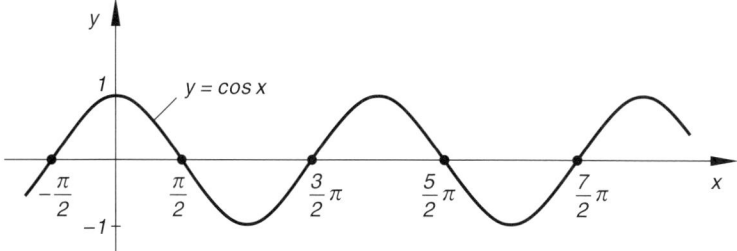

Bild III-147 Zur Lösung der Gleichung $\cos x = 0$

Lösungen der Gleichung $2 \cdot \sin x - 1{,}5 = 0$ **oder** $\sin x = 0{,}75$

Die Lösungen dieser trigonometrischen Gleichung ergeben sich als Schnittpunkte zwischen der Sinuskurve $y = \sin x$ und der Parallelen zur x-Achse mit der Gleichung $y = 0{,}75$ (Bild III-148).

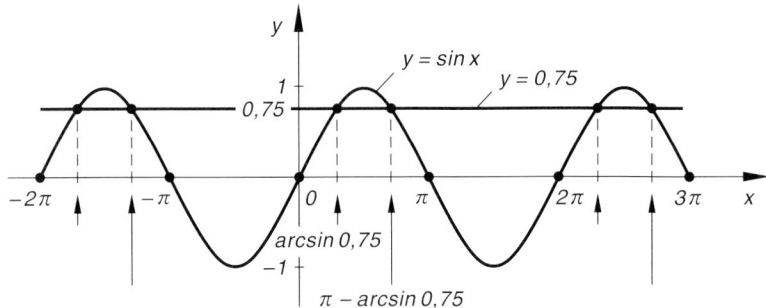

Bild III-148 Zur Lösung der Gleichung $\sin x = 0{,}75$

Anhand der Skizze erkennt man, dass die Gleichung *unendlich viele* Lösungen besitzt. Die im Intervall $-\pi/2 \leq x \leq \pi/2$ liegende Lösung findet man durch *Umkehrung*, d. h. mit Hilfe der Arkussinusfunktion:

$$\sin x = 0{,}75 \quad \Rightarrow \quad x_2 = \arcsin 0{,}75 = 0{,}848$$

Weitere Lösungen folgen offensichtlich wegen der *Periodizität* der Sinusfunktion im Abstand jeweils einer Periode 2π:

$$x_{2k} = \arcsin 0{,}75 + k \cdot 2\pi = 0{,}848 + k \cdot 2\pi \qquad (k \in \mathbb{Z})$$

Sie sind in Bild III-148 durch *kurze Pfeile* gekennzeichnet. Eine *weitere Lösung* liegt nach der Skizze aus *Symmetriegründen* bei

$$x_3 = \pi - \arcsin 0{,}75 = \pi - 0{,}848 = 2{,}294$$

Wegen der *Periodizität* sind auch

$$x_{3k} = \pi - \arcsin 0{,}75 + k \cdot 2\pi = 2{,}294 + k \cdot 2\pi \qquad (k \in \mathbb{Z})$$

Lösungen der Gleichung $\sin x = 0{,}75$. Sie entsprechen den *langen Pfeilen* in Bild III-148.

Damit besitzt die Ausgangsgleichung $\sin(2x) = 1{,}5 \cdot \cos x$ insgesamt folgende Lösungen:

$$\left. \begin{array}{l} x_{1k} = \dfrac{\pi}{2} + k \cdot \pi \\ x_{2k} = 0{,}848 + k \cdot 2\pi \\ x_{3k} = 2{,}294 + k \cdot 2\pi \end{array} \right\} \quad (k \in \mathbb{Z})$$

∎

11 Exponentialfunktionen

Exponentialfunktionen spielen in den Anwendungen eine bedeutende Rolle. Sie werden z. B. benötigt bei der Beschreibung von *Abkling-*, *Sättigungs-* und *Wachstumsprozessen* sowie bei *gedämpften Schwingungen* und in der *Statistik*.

11.1 Grundbegriffe

Zu den *Exponentialfunktionen* gelangt man durch Verallgemeinerung des Begriffes *Potenz*. Potenzen sind dabei Ausdrücke vom Typ a^n:

a: *Grundzahl* oder *Basiszahl* (kurz *Basis* genannt)

n: *Hochzahl* oder *Exponent*

Sie genügen den folgenden *Rechenregeln* (bei gleicher Basis):

Rechenregeln für Potenzen   **Zahlenbeispiele**

(1) $\quad a^m \cdot a^n = a^{m+n}$ $\qquad\qquad 2^3 \cdot 2^5 = 2^{3+5} = 2^8 = 256$

(2) $\quad \dfrac{a^m}{a^n} = a^{m-n}$ $\qquad\qquad \dfrac{3^5}{3^7} = 3^{5-7} = 3^{-2} = \dfrac{1}{3^2} = \dfrac{1}{9}$

(3) $\quad (a^m)^n = a^{m \cdot n}$ $\qquad\qquad (2^3)^5 = 2^{3 \cdot 5} = 2^{15} = 32\,768$

11.2 Definition und Eigenschaften einer Exponentialfunktion

Lässt man für den Exponenten in einer Potenz a^n mit *positiver* Basis $a \neq 1$ *beliebige reelle* Werte zu, so gelangt man zu den *Exponentialfunktionen*.

> **Definition:** Funktionen vom Typ $y = a^x$ mit *positiver* Basis $a > 0$ und $a \neq 1$ heißen *Exponentialfunktionen*.

Ihre Eigenschaften haben wir in Tabelle 7 zusammengetragen, wobei wir noch zwischen den Fällen $0 < a < 1$ und $a > 1$ unterscheiden.

Tabelle 7: Eigenschaften der Exponentialfunktionen (Bild III-149)

	$y = a^x \quad (0 < a < 1)$	$y = a^x \quad (a > 1)$
Definitionsbereich	$-\infty < x < \infty$	$-\infty < x < \infty$
Wertebereich	$0 < y < \infty$	$0 < y < \infty$
Monotonie	streng monoton fallend	streng monoton wachsend
Asymptoten	$y = 0 \quad$ (für $x \to \infty$)	$y = 0 \quad$ (für $x \to -\infty$)

Die streng monoton verlaufenden Exponentialfunktionen besitzen weder Nullstellen noch Extremwerte. Ihre Funktionsgraphen schneiden die y-Achse bei $y = 1$: $y(0) = a^0 = 1$. In Bild III-149 ist je ein Vertreter der *streng monoton fallenden* und der *streng monoton wachsenden* Exponentialfunktionen skizziert.

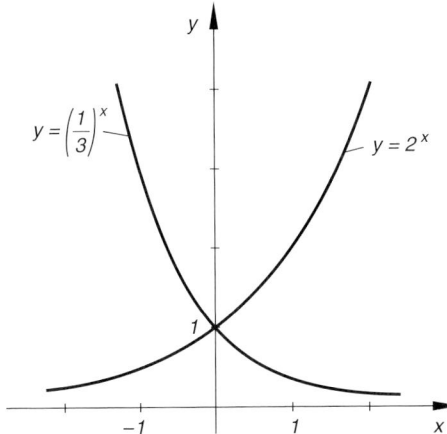

Bild III-149
Funktionsgraphen von $y = 2^x$ und $y = (1/3)^x$

Anmerkung

Die Exponentialfunktion $y = a^x$ ist nicht mit der Potenzfunktion $y = x^n$ zu verwechseln. Bei einer *Exponentialfunktion* ist die Basis a *fest*, der Exponent aber *variabel* (daher auch die Bezeichnung). Bei einer *Potenzfunktion* dagegen ist der Exponent *fest* und die Basis *variabel*.

■ **Beispiele**

(1) *Streng monoton wachsende* Exponentialfunktionen sind beispielsweise

$$y = 2^x \quad \text{(Bild III-149)}, \qquad y = 5^x \quad \text{und} \quad y = 10^x.$$

(2) *Streng monoton fallend* sind die folgenden Exponentialfunktionen:

$$y = \left(\frac{1}{3}\right)^x \quad \text{(Bild III-149)}, \qquad y = \left(\frac{1}{2}\right)^x \quad \text{und} \quad y = 0{,}1^x. \quad ■$$

Spezielle Exponentialfunktionen

Von besonderer Bedeutung sind die Exponentialfunktionen

$$y = e^x \quad \text{und} \quad y = \left(\frac{1}{e}\right)^x = e^{-x} \tag{III-155}$$

(Bild III-150). Dabei ist e die durch den *Grenzwert*

$$e = \lim_{n \to \infty} \left(1 + \frac{1}{n}\right)^n = 2{,}718\,281\ldots \tag{III-156}$$

definierte *Eulersche* Zahl. Die Funktion $y = e^x$ wird kurz als e-*Funktion* bezeichnet. Sie ist die mit Abstand wichtigste Exponentialfunktion.

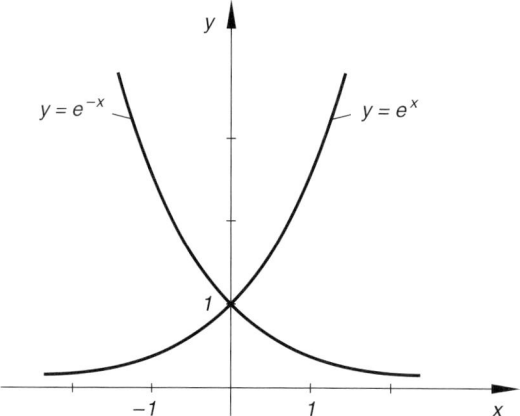

Bild III-150
Funktionsgraphen der e-Funktionen
$y = e^x$ und $y = e^{-x}$

Die Funktionsgraphen von $y = e^x$ und $y = e^{-x}$ sind dabei *spiegelsymmetrisch zur y-Achse* angeordnet (siehe hierzu Bild III-150). Diese Eigenschaft trifft allgemein für *jede* Basis $a > 0$ ($a \neq 1$) zu, d. h. die Kurven von $y = a^x$ und $y = a^{-x}$ gehen durch *Spiegelung an der y-Achse* ineinander über.

Neben den e-Funktionen $y = e^x$ und $y = e^{-x}$ spielen noch die beiden Exponentialfunktionen $y = 2^x$ und $y = 10^x$ eine gewisse Rolle. Sie werden beispielsweise im Zusammenhang mit der Darstellung von Zahlen benötigt (*Dualsystem, Dezimalsystem*).

Jede Exponentialfunktion vom allgemeinen Typ $y = a^x$ ist auch in der Form $y = e^{\lambda x}$ mit $\lambda = \ln a$, d. h. als eine spezielle e-*Funktion* darstellbar, wobei gilt [11]:

$\lambda > 0$: streng monoton *wachsende* Funktion

$\lambda < 0$: streng monoton *fallende* Funktion

11.3 Spezielle, in den Anwendungen häufig auftretende Funktionstypen mit e-Funktionen

11.3.1 Abklingfunktionen

Dieser in den Anwendungen meist in der *zeitabhängigen* Form

$$y = a \cdot e^{-\lambda t} \quad \text{oder} \quad y = a \cdot e^{-\frac{t}{\tau}} \quad (t \geq 0) \tag{III-157}$$

mit $a > 0$, $\lambda > 0$ und $\tau = 1/\lambda > 0$ auftretende Funktionstyp verläuft *streng monoton fallend* und strebt für $t \to \infty$ *asymptotisch* gegen die *t*-Achse, d. h. die *t*-Achse $y = 0$ ist *Asymptote im Unendlichen* (Bild III-151).

---

[11] In a ist der *natürliche Logarithmus* der Basiszahl a. Er wird in Abschnitt 12 noch ausführlich erklärt. Dort werden wir auch auf die Umrechnung $a^x = e^{\lambda x}$ mit $\lambda = \ln a$ zurückkommen.

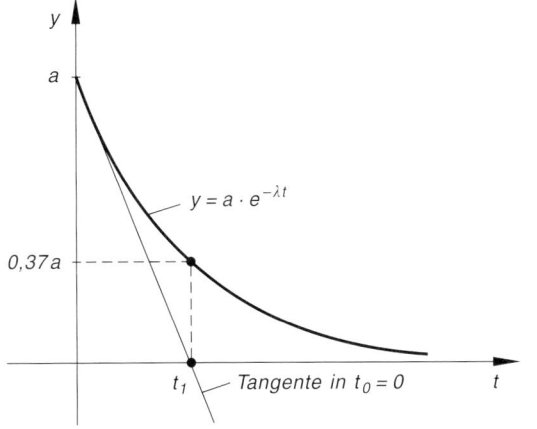

Bild III-151
Abklingfunktion vom Typ
$y = a \cdot e^{-\lambda t}$ (für $t \geq 0$)

Funktionen dieser Art werden als *Abklingfunktionen* bezeichnet. Sie beschreiben Vorgänge, bei denen eine Größe y im Laufe der Zeit vom Anfangswert a auf den Endwert 0 abklingt. Die Kurventangente in $t_0 = 0$ schneidet dabei die t-Achse an der Stelle $t_1 = 1/\lambda = \tau$. Der Funktionswert an dieser Stelle beträgt rund 37 % des „Anfangswertes" $y(0) = a$, d. h. es ist $y(t_1) = y(\tau) = 0{,}37\,a$.

■ **Beispiele**

(1) **Radioaktiver Zerfall:** Eine radioaktive Substanz zerfällt auf natürliche Weise nach dem *exponentiellen* Zerfallsgesetz

$$n(t) = n_0 \cdot e^{-\lambda t} \qquad (t \geq 0) \quad \text{(Bild III-152)}$$

Dabei bedeuten:

n_0: Anzahl der zu Beginn vorhandenen Atomkerne

$n(t)$: Anzahl der Atomkerne zur Zeit t

$\lambda > 0$: Zerfallskonstante

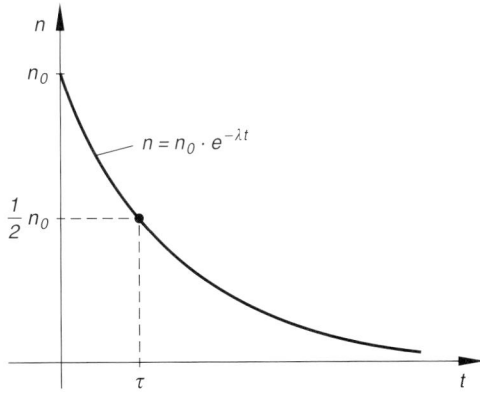

Bild III-152
Zerfallsgesetz beim radioaktiven Zerfall (τ: Halbwertszeit, in dieser Zeit ist genau die Hälfte zerfallen)

(2) Ein weiteres Beispiel liefert die *Entladung eines Kondensators* mit der Kapazität C über einen ohmschen Widerstand R. Die Kondensatorspannung u klingt dabei *exponentiell* mit der Zeit t ab:

$$u(t) = u_0 \cdot e^{-\frac{t}{RC}} \qquad (t \geq 0)$$

(u_0: Kondensatorspannung zu Beginn; RC: Zeitkonstante). Der Kurvenverlauf ist ähnlich wie beim radioaktiven Zerfall.

(3) Zwischen dem *Luftdruck* p und der *Höhe* h (gemessen gegenüber dem Meeresniveau $h = 0$) gilt unter der Annahme *konstanter* Lufttemperatur der folgende Zusammenhang (sog. *barometrische Höhenformel*):

$$p(h) = p_0 \cdot e^{-\frac{h}{7991\,\text{m}}} \qquad (h/\text{m} \geq 0)$$

($p_0 = 1{,}013$ bar). Der Luftdruck nimmt dabei mit zunehmender Höhe *exponentiell* ab. Die Kurve verläuft auch hier ähnlich wie beim radioaktiven Zerfall. ∎

Einen etwas *allgemeineren* Typ einer *Abklingfunktion* erhält man durch Hinzufügen einer *additiven Konstanten* b:

$$y = a \cdot e^{-\lambda t} + b \qquad \text{oder} \qquad y = a \cdot e^{-\frac{t}{\tau}} + b \qquad (t \geq 0) \qquad \text{(III-158)}$$

Diese Konstante beschreibt eine *Verschiebung* der Kurve längs der y-Achse, wobei gilt:

$b > 0$: Verschiebung nach *oben* um die Strecke b

$b < 0$: Verschiebung nach *unten* um die Strecke $|b|$

Funktionen von diesem Typ besitzen für $t \to \infty$ den *Grenzwert* b, d. h. $y = b$ ist *Asymptote im Unendlichen* (Bild III-153). Die Kurventangente in $t_0 = 0$ schneidet dabei die Asymptote an der Stelle $t_1 = 1/\lambda = \tau$. Der Funktionswert der Abklingfunktion an dieser Stelle beträgt $y(t_1) = y(\tau) = 0{,}37a + b$.

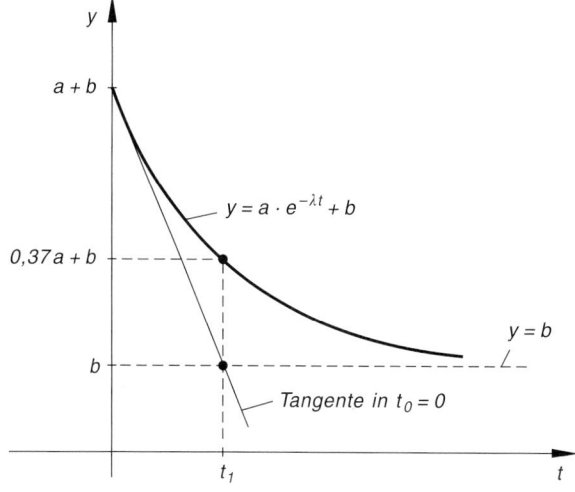

Bild III-153
Abklingfunktion vom Typ
$y = a \cdot e^{-\lambda t} + b,\ t \geq 0$
(gezeichnet für $b > 0$)

Beispiel

Ein Körper besitze zur Zeit $t = 0$ die Temperatur T_0 und werde in der Folgezeit durch vorbeiströmende Luft der (konstanten) Temperatur T_L gekühlt ($T_L < T_0$). Mit der Zeit nimmt dabei seine Temperatur T nach dem *Exponentialgesetz*

$$T(t) = (T_0 - T_L) \cdot e^{-kt} + T_L \qquad (t \geq 0)$$

ab (*Abkühlungsgesetz nach Newton*; k ist dabei eine *positive* Konstante). Die Körpertemperatur T strebt *asymptotisch* dem Grenzwert

$$T_\infty = \lim_{t \to \infty} T(t) = T_L$$

zu, d. h. der Körper kühlt sich im Laufe der Zeit so lange ab, bis er die Temperatur der Luft erreicht hat (Bild III-154).

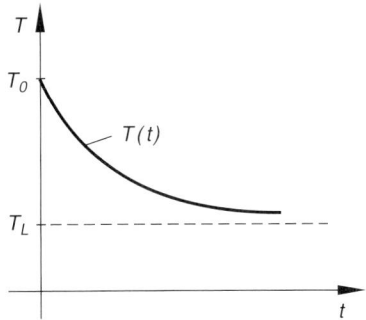

Bild III-154
Abkühlungsgesetz nach Newton

11.3.2 Sättigungsfunktionen

Dieser in den technischen Anwendungen weit verbreitete Funktionstyp tritt meist in der *zeitabhängigen* Form

$$y = a\left(1 - e^{-\lambda t}\right) \quad \text{oder} \quad y = a\left(1 - e^{-\frac{t}{\tau}}\right) \qquad (t \geq 0) \qquad \text{(III-159)}$$

auf und verläuft für $a > 0$, $\lambda > 0$ und $\tau = 1/\lambda > 0$ *streng monoton wachsend* (Bild III-155). Er wird bei der mathematischen Beschreibung von *Sättigungsprozessen* benötigt und daher folgerichtig als *Sättigungsfunktion* bezeichnet. Die physikalisch-technische Größe y nähert sich dabei im Laufe der Zeit ihrem *Endwert* (Sättigungswert) a (vom Anfangswert 0 aus). Der Funktionswert strebt dabei für $t \to \infty$ *asymptotisch* gegen den *Grenzwert* a, d. h. $y = a$ ist *Asymptote im Unendlichen*. Die Kurventangente in $t_0 = 0$ schneidet die Asymptote an der Stelle $t_1 = 1/\lambda = \tau$. Der Funktionswert an dieser Stelle beträgt rund 63 % des „Endwertes" a, d. h. es ist $y(t_1) = y(\tau) = 0{,}63\,a$.

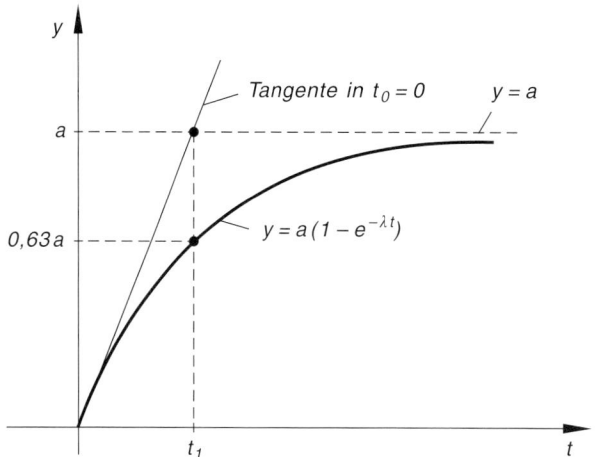

Bild III-155
Sättigungsfunktion vom Typ
$y = a(1 - e^{-\lambda t})$, $t \geq 0$

- **Beispiele**

(1) Die *Aufladung eines Kondensators* mit der Kapazität C über einen ohmschen Widerstand R erfolgt nach der Gleichung

$$u(t) = u_0 \left(1 - e^{-\frac{t}{RC}}\right) \qquad (t \geq 0)$$

Dabei ist $u(t)$ die Spannung am Kondensator zum Zeitpunkt t und u_0 der Endwert der Kondensatorspannung. Bild III-156 zeigt den Verlauf dieser *Sättigungsfunktion* für die Werte $u_0 = 100\,\text{V}$ und $RC = 1\,\text{ms}$.

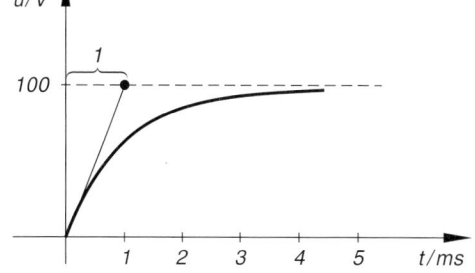

Bild III-156
Aufladung eines Kondensators
(gezeichnet für $u_0 = 100\,\text{V}$
und $RC = 1\,\text{ms}$)

(2) Bei einem *KFZ-Stoßdämpfer* legt der Kolben beim Einschieben einen Weg y nach dem Zeitgesetz

$$y = y_0 (1 - e^{-kt}) \qquad (t \geq 0)$$

zurück ($y_0 > 0$, $k > 0$).

11 Exponentialfunktionen

(3) **Fallschirmsprung unter der Annahme eines geschwindigkeitsproportionalen Luftwiderstandes**

Für die *Fallgeschwindigkeit* v gilt dann in Abhängigkeit von der Fallzeit t:

$$v(t) = \frac{mg}{k}\left(1 - e^{-\frac{k}{m}t}\right) \qquad (\text{für } t \geq 0)$$

(m: Masse des Fallschirmspringers mit Fallschirm; g: Erdbeschleunigung; $k > 0$: Reibungsfaktor).

Die Fallgeschwindigkeit nähert sich dabei im Laufe der Zeit asymptotisch ihrem Endwert („Sättigungswert") $v_E = mg/k$ (siehe hierzu Bild III-157):

$$v_E = \lim_{t \to \infty} v(t) = \lim_{t \to \infty} \frac{mg}{k}\left(1 - e^{-\frac{k}{m}t}\right) = \frac{mg}{k}$$

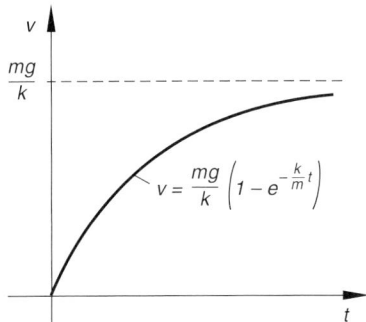

Bild III-157
Zeitlicher Verlauf der Fallgeschwindigkeit beim Fallschirmsprung

■

Etwas *allgemeiner* ist der folgende Typ einer *Sättigungsfunktion*:

$$y = a(1 - e^{-\lambda t}) + b \qquad \text{oder} \qquad y = a\left(1 - e^{-\frac{t}{\tau}}\right) + b \qquad \text{(III-160)}$$

(für $t \geq 0$). Die *additive Konstante* b beschreibt dabei eine *Verschiebung* der Kurve in Richtung der *y-Achse*:

$b > 0$: Verschiebung nach *oben* um die Strecke b

$b < 0$: Verschiebung nach *unten* um die Strecke $|b|$

Für $t \to \infty$ streben diese Sättigungsfunktionen gegen den *Grenzwert* $a + b$, d. h. $y = a + b$ ist *Asymptote im Unendlichen* (Bild III-158). Die Kurventangente in $t_0 = 0$ schneidet dabei die Asymptote an der Stelle $t_1 = 1/\lambda = \tau$. Der Funktionswert der Sättigungskurve an dieser Stelle beträgt $y(t_1) = y(\tau) = 0{,}63\,a + b$.

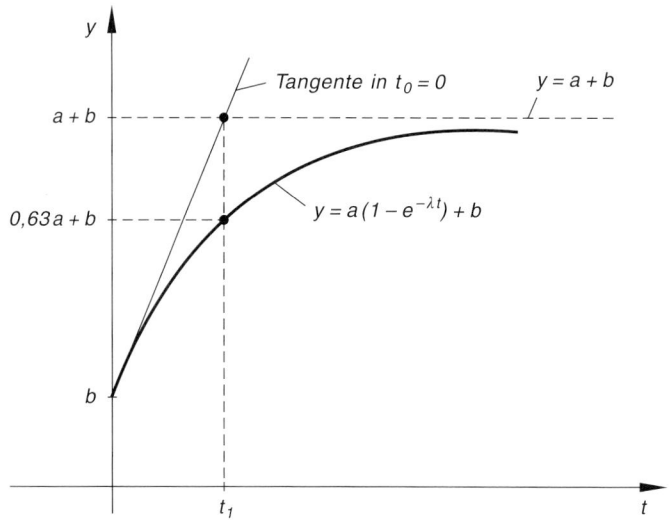

Bild III-158 *Sättigungsfunktion* vom Typ $y = a(1 - e^{-\lambda t}) + b$, $t \geq 0$ (gezeichnet für $b > 0$)

11.3.3 Wachstumsfunktionen

Zeitabhängige *Wachstumsprozesse* verlaufen meist *exponentiell* und lassen sich durch streng monoton *wachsende* Exponentialfunktionen vom Typ

$$y = y_0 \cdot e^{\alpha t} \qquad (t \geq 0) \tag{III-161}$$

beschreiben. Dabei bedeuten:

$y_0 > 0$: Anfangsbestand zur Zeit $t = 0$

$\alpha > 0$: Wachstumsrate

■ **Beispiel**

Die Vermehrung von Bakterien genügt dem folgenden Exponentialgesetz (Bild III-159):

$$n(t) = n_0 \cdot e^{\alpha t} \qquad (t \geq 0)$$

Dabei bedeuten:

n_0:   Anzahl der Bakterien zu Beginn $(t = 0)$

$n(t)$:   Anzahl der Bakterien zur Zeit t

$\alpha > 0$:   Wachstumsrate

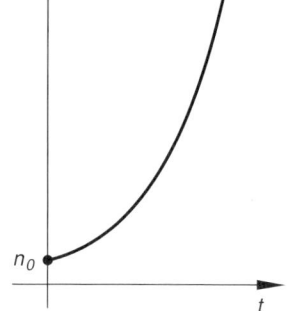

Bild III-159

■

11.3.4 Gedämpfte Schwingungen

Ungedämpfte harmonische Schwingungen lassen sich bekanntlich durch (zeitabhängige) phasenverschobene Sinus- oder Kosinusfunktionen beschreiben (siehe hierzu Abschnitt 9.5). Wird das schwingungsfähige (mechanische oder elektromagnetische) System jedoch *gedämpft*, so nimmt die Schwingungsamplitude im Laufe der Zeit ab und wir erhalten (bei *schwacher* Dämpfung) eine sog. *gedämpfte Schwingung*, die durch die Gleichung

$$y(t) = A \cdot e^{-\delta t} \cdot \sin(\omega t + \varphi) \qquad (t \geq 0) \qquad \text{(III-162)}$$

beschrieben werden kann (mit $A > 0$, $\omega > 0$ und $\delta > 0$). Der *streng monoton fallende* Exponentialfaktor $e^{-\delta t}$ sorgt dabei für die *Abnahme* der Schwingungsamplitude im Laufe der Zeit (Bild III-160).

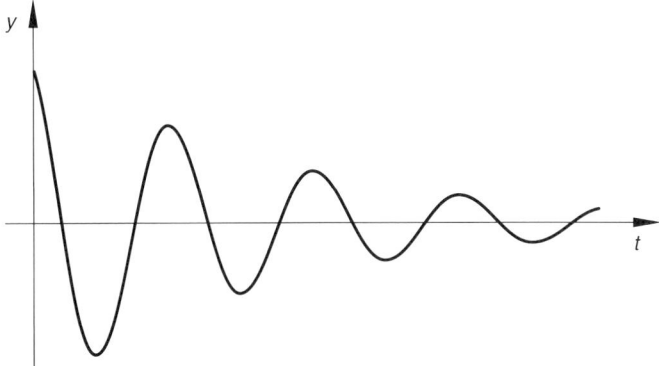

Bild III-160 Zeitlicher Verlauf einer gedämpften Schwingung

Kriechfall (aperiodisches Verhalten)

Der sog. Kriechfall (aperiodisches Verhalten) tritt ein, wenn ein schwingungsfähiges (mechanisches oder elektromagnetisches) System infolge zu großer *Dämpfung* (Reibung) zu keiner echten Schwingung mehr fähig ist, sondern sich im Laufe der Zeit *asymptotisch* der Gleichgewichtslage nähert (siehe hierzu die Bilder III-161 und III-162). Die bei der mathematischen Behandlung auftretenden Funktionen sind vom Typ

$$y(t) = A \cdot e^{-\lambda_1 t} + B \cdot e^{-\lambda_2 t} \qquad (t \geq 0) \qquad \text{(III-163)}$$

($\lambda_1 > 0$, $\lambda_2 > 0$, $\lambda_1 \neq \lambda_2$) und stellen eine *Überlagerung* zweier *streng monoton fallender* e-Funktionen dar. Für $t \to \infty$ streben diese Funktionen dabei dem *Grenzwert* null zu:

$$\lim_{t \to \infty} y(t) = \lim_{t \to \infty} (A \cdot e^{-\lambda_1 t} + B \cdot e^{-\lambda_2 t}) = 0$$

Das System befindet sich dann im *Gleichgewichtszustand*.

Wir behandeln in den folgenden Beispielen zwei typische Fälle.

■ **Beispiele**

(1) $y(t) = 10 \cdot e^{-2t} - 10 \cdot e^{-4t} = 10(e^{-2t} - e^{-4t})$ $\quad (t \geq 0)$

Diese Funktion beginnt bei $y(0) = 0$, erreicht zur Zeit $t_1 = 0{,}347$ ihr *Maximum* (dieser Wert wurde mit Hilfe der Differentialrechnung ermittelt) und strebt für $t \to \infty$ *asymptotisch* gegen die Zeitachse (Bild III-161).

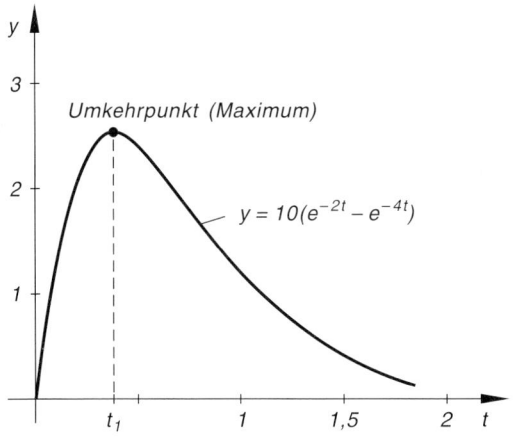

Bild III-161
Kriechfall bei starker Dämpfung (aperiodisches Verhalten)

Physikalische Interpretation (im Falle einer mechanischen Schwingung): Der Körper *entfernt* sich zunächst infolge seiner Anfangsgeschwindigkeit von der Gleichgewichtslage, erreicht dann den *Umkehrpunkt* (Maximum) und kehrt anschließend *asymptotisch* in die Gleichgewichtslage zurück.

(2) $y(t) = 2 \cdot e^{-2t} + 2 \cdot e^{-4t} = 2(e^{-2t} + e^{-4t})$ $\quad (t \geq 0)$

Diese *streng monoton* verlaufende *Kriechfunktion* fällt von ihrem *Maximalwert* zu Beginn $(y(0) = 4)$ *asymptotisch* gegen null ab (Bild III-162).

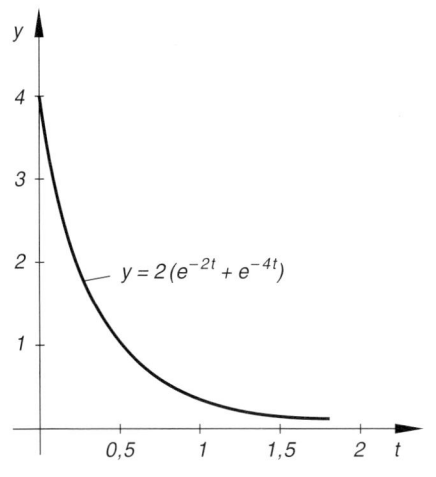

Bild III-162
Kriechfunktion bei starker Dämpfung (aperiodisches Verhalten)

■

11 Exponentialfunktionen

Aperiodischer Grenzfall

Der Übergang vom Schwingungsfall zum Kriechfall wird als *aperiodischer Grenzfall* bezeichnet (die Dämpfung ist so groß geworden, dass gerade keine Schwingung mehr möglich ist). Er wird durch die folgende Funktion beschrieben:

$$y(t) = (A + Bt) \cdot e^{-\lambda t} \qquad (\lambda > 0;\ t \geq 0) \tag{III-164}$$

Auch diese Funktion „kriecht" für $t \to \infty$ *asymptotisch* gegen die Zeitachse:

$$\lim_{t \to \infty} y(t) = \lim_{t \to \infty} (A + Bt) \cdot e^{-\lambda t} = 0$$

■ **Beispiel**

$$y(t) = (2 - 10t) \cdot e^{-3t} \qquad (t \geq 0)$$

Diese *Kriechfunktion* fällt zunächst *streng monoton* von ihrem *Maximalwert* $y(0) = 2$ zu Beginn, schneidet dann bei $t_1 = 0{,}2$ die Zeitachse und erreicht schließlich zur Zeit $t_2 = 0{,}53$ ihr *Minimum*, von wo aus sie *asymptotisch* gegen die Zeitachse strebt (Bild III-163).

Physikalische Interpretation (bei einer mechanischen Schwingung): Der Körper schwingt zunächst durch die Gleichgewichtslage hindurch bis zu seinem *Umkehrpunkt* und von dort aus *asymptotisch* zur Gleichgewichtslage zurück.

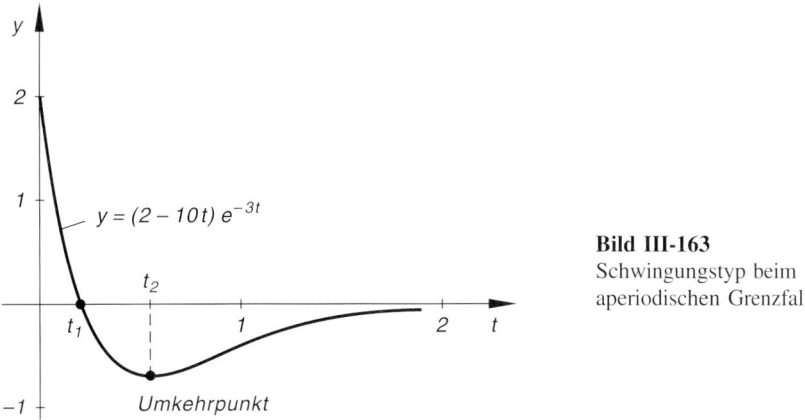

Bild III-163
Schwingungstyp beim aperiodischen Grenzfall

■

11.3.5 Gauß-Funktionen

Gauß-Funktionen spielen in der Wahrscheinlichkeitsrechnung, Statistik und Fehlerrechnung eine überragende Rolle (Stichwort: *Gaußsche Normalverteilung*, siehe Band 3). Die Gleichung einer *Gauß-Funktion* lautet dabei im einfachsten Fall wie folgt:

$$y = e^{-x^2} \qquad (x \in \mathbb{R}) \tag{III-165}$$

Die Kurve verläuft *spiegelsymmetrisch* zur y-Achse, besitzt an der Stelle $x = 0$ ihr einziges *Maximum* und fällt dann nach beiden Seiten hin *gleichmäßig* und *asymptotisch* gegen null ab. Wegen ihrer äußeren Gestalt, die stark einer *Glocke* ähnelt, wird sie auch als *Gaußsche Glockenkurve* bezeichnet (Bild III-164).

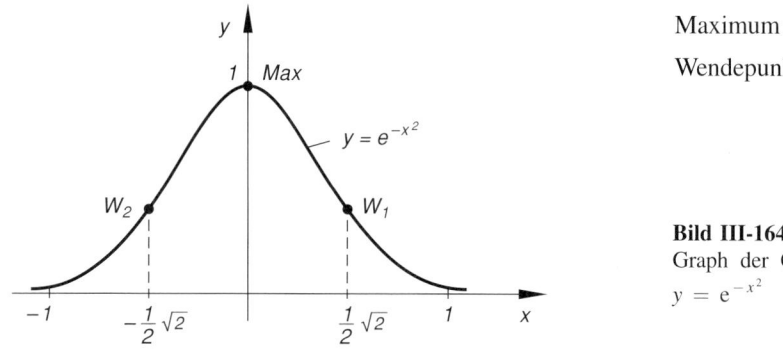

Maximum: (0; 1)

Wendepunkte: $x = \pm 1$

Bild III-164
Graph der Gauß-Funktion
$y = e^{-x^2}$

Durch die Gleichung

$$y = a \cdot e^{-b(x-x_0)^2} \qquad (x \in \mathbb{R}) \tag{III-166}$$

wird eine Gauß-Funktion in allgemeiner Form beschrieben. Sie enthält noch drei *Parameter* $a > 0$, $b > 0$ und x_0. Das *Symmetriezentrum* befindet sich jetzt an der Stelle x_0, an der die Funktion ihren *größten* Wert annimmt (*absolutes Maximum* $y_{\max} = a$).

Der Parameter b bestimmt dabei im Wesentlichen die *Breite* der Kurve (Breitenparameter). Bild III-165 zeigt den Verlauf dieser Glockenkurve.

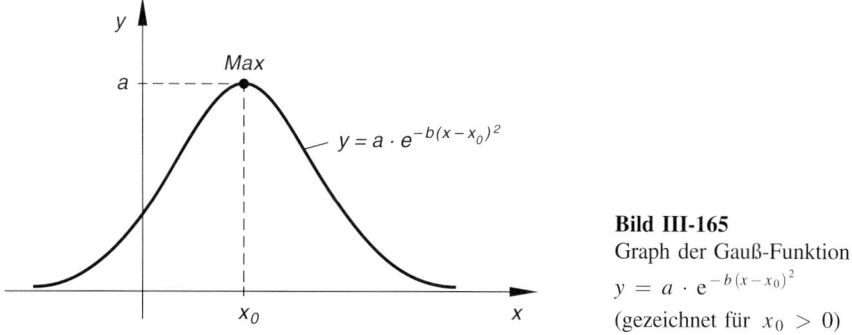

Bild III-165
Graph der Gauß-Funktion
$y = a \cdot e^{-b(x-x_0)^2}$
(gezeichnet für $x_0 > 0$)

12 Logarithmusfunktionen

12.1 Grundbegriffe

Jede *positive* reelle Zahl r ist als *Potenz* einer beliebigen *positiven* Basiszahl a mit $a \neq 1$ darstellbar:

$$r = a^x \qquad (r > 0, a > 0 \text{ und } a \neq 1) \tag{III-167}$$

Für den Exponenten x führt man die Bezeichnung *Logarithmus von r zur Basis* a ein und kennzeichnet ihn durch das Symbol

$$x = \log_a r \qquad \text{(III-168)}$$

Der Logarithmus von r zur Basis a ist demnach diejenige Zahl x, mit dem die Basis a zu *potenzieren ist*, um die Zahl r zu erhalten. Daher gilt:

$$r = a^x \quad \Leftrightarrow \quad x = \log_a r \qquad \text{(III-169)}$$

■ **Beispiele**

(1) $1000 = 10^3 \quad \Leftrightarrow \quad \log_{10} 1000 = \log_{10} 10^3 = 3$

(2) $\log_2 32 = 5 \quad \Leftrightarrow \quad 32 = 2^5$

(3) $0{,}01 = 10^{-2} \quad \Leftrightarrow \quad \log_{10} 0{,}01 = \log_{10} 10^{-2} = -2$ ■

Man beachte, dass Logarithmen definitionsgemäß nur für *positive* Zahlen und eine *positive* Basis a mit $a \neq 1$ erklärt sind. Ihre Berechnung erfolgt mit Hilfe spezieller *Reihen* (siehe hierzu auch Kap. VI). Die Werte werden *tabelliert* und können dann einer sog. *Logarithmentafel* entnommen werden oder (bequemer) auf einem *Taschenrechner* direkt abgelesen werden.

Für Logarithmen gelten folgende *Rechenregeln* (mit $u > 0$, $v > 0$ und $n \in \mathbb{R}$):

Rechenregeln für Logarithmen **Zahlenbeispiele**

(1) $\log_a (u \cdot v) = \log_a u + \log_a v \qquad \log_2 (8 \cdot 4) = \log_2 8 + \log_2 4 = 3 + 2 = 5$

(2) $\log_a \left(\dfrac{u}{v}\right) = \log_a u - \log_a v \qquad \log_3 \left(\dfrac{81}{27}\right) = \log_3 81 - \log_3 27 = 4 - 3 = 1$

(3) $\log_a u^n = n \cdot \log_a u \qquad \log_5 125^4 = 4 \cdot \log_5 125 = 4 \cdot 3 = 12$

Spezielle Logarithmen

Von besonderer Bedeutung ist in den Anwendungen der *natürliche Logarithmus*: Basiszahl ist die *Eulersche* Zahl e. Er wird durch das Symbol

$$\log_e r \equiv \ln r \qquad (\textit{Logarithmus naturalis}) \qquad \text{(III-170)}$$

gekennzeichnet (gelesen: *Natürlicher Logarithmus von r*). Daneben spielen auch noch die Logarithmen für die Basiszahlen $a = 10$ und $a = 2$ eine gewisse Rolle:

$$\log_{10} r \equiv \lg r \qquad (\textit{Zehnerlogarithmus}) \qquad \text{(III-171)}$$

(auch *Briggscher* oder *Dekadischer* Logarithmus genannt. Gelesen: *Zehnerlogarithmus von r*)

$$\log_2 r \equiv \operatorname{lb} r \qquad (\textit{Zweierlogarithmus}) \qquad \text{(III-172)}$$

(auch *Binärlogarithmus* genannt. Gelesen: *Zweierlogarithmus von r*)

Beispiele

Die folgenden Logarithmen wurden auf einem Taschenrechner abgelesen:

$\ln 50{,}3 = 3{,}9180$ | $\lg 108{,}56 = 2{,}0357$ | $\text{lb } 328{,}9 = 8{,}3615$

$\ln 0{,}014 = -4{,}2687$ | $\lg 0{,}783 = -0{,}1062$ | $\text{lb } 1{,}772 = 0{,}8254$

Basiswechsel $a \to b$

Logarithmen lassen sich problemlos von einer Basis a in eine andere Basis b wie folgt *umrechnen*:

$$\log_b r = \frac{\log_a r}{\log_a b} = \underbrace{\left(\frac{1}{\log_a b}\right)}_{K} \cdot \log_a r = K \cdot \log_a r \qquad \text{(III-173)}$$

Folgerung: Bei einem Basiswechsel *multiplizieren* sich die Logarithmen mit einer *Konstanten*. Dieser *Umrechnungsfaktor* bei einem Wechsel von der Basis a zur Basis b ist der *Kehrwert* von $\log_a b$.

So gilt beispielsweise für die Umrechnung zwischen dem *Zehnerlogarithmus* und dem *natürlichen Logarithmus*:

$$\ln r = \frac{\lg r}{\lg e} = \frac{\lg r}{0{,}4343} = 2{,}3026 \cdot \lg r \qquad \text{(III-174)}$$

$$\lg r = \frac{\ln r}{\ln 10} = \frac{\ln r}{2{,}3026} = 0{,}4343 \cdot \ln r \qquad \text{(III-175)}$$

Beispiele

(1) $\ln 4{,}765 = 1{,}5613$, $\quad \lg 4{,}765 = ?$

$\lg 4{,}765 = 0{,}4343 \cdot \ln 4{,}765 = 0{,}4343 \cdot 1{,}5613 = 0{,}6781$

(2) $\lg 144{,}08 = 2{,}1586$, $\quad \ln 144{,}08 = ?$

$\ln 144{,}08 = 2{,}3026 \cdot \lg 144{,}08 = 2{,}3026 \cdot 2{,}1586 = 4{,}9704$

(3) Beim Wechsel von der Basis $a = e$ zur Basis $b = 2$ multiplizieren sich die Logarithmen mit der folgenden Konstante:

$$K = \frac{1}{\log_e 2} = \frac{1}{\ln 2} = \frac{1}{0{,}6931} = 1{,}4427$$

12.2 Definition und Eigenschaften einer Logarithmusfunktion

Die Exponentialfunktionen verlaufen *streng monoton* (wachsend oder fallend) und sind somit in ihrem Definitionsbereich *umkehrbar*. Ihre Umkehrfunktionen werden als *Logarithmusfunktionen* bezeichnet.

Definition: Unter der *Logarithmusfunktion* $y = \log_a x$ versteht man die *Umkehrfunktion* der *Exponentialfunktion* $y = a^x$ $(a > 0, a \neq 1)$.

Die Eigenschaften der Logarithmusfunktionen sind in Tabelle 8 im Einzelnen aufgeführt. Sie ergeben sich unmittelbar aus den Eigenschaften der zugehörigen Exponentialfunktionen. Den Funktionsgraph einer speziellen Logarithmusfunktion erhält man durch *Spiegelung* der entsprechenden Exponentialfunktion an der Winkelhalbierenden des 1. und 3. Quadranten (siehe hierzu Bild III-167).

Tabelle 8: Eigenschaften der Logarithmusfunktionen (Bild III-166)

	$y = a^x$	$y = \log_a x$
Definitionsbereich	$-\infty < x < \infty$	$0 < x < \infty$
Wertebereich	$0 < y < \infty$	$-\infty < y < \infty$
Nullstellen	——	$x_0 = 1$
Monotonie	$0 < a < 1$: streng monoton *fallend* $a > 1$: streng monoton *wachsend*	
Asymptoten	$y = 0$ (x-Achse)	$x = 0$ (y-Achse)

Anmerkungen

(1) Man beachte, dass Logarithmen nur für *positive* reelle Zahlen $(x > 0)$ und eine *positive* Basis $a \neq 1$ gebildet werden können.

(2) Die Logarithmusfunktionen besitzen *unabhängig* von der Basis a genau *eine* Nullstelle bei $x_0 = 1$:

$$\log_a 1 = 0 \qquad\qquad\qquad (\text{III-176})$$

Alle Kurven gehen somit an dieser Stelle durch die *x*-Achse (siehe hierzu auch Bild III-166).

■ **Beispiele**

Bild III-166 zeigt den Verlauf der beiden Logarithmusfunktionen $y = \log_{0,5} x$ (Umkehrfunktion von $y = 0{,}5^x$) und $y = \ln x$ (Umkehrfunktion von $y = e^x$).

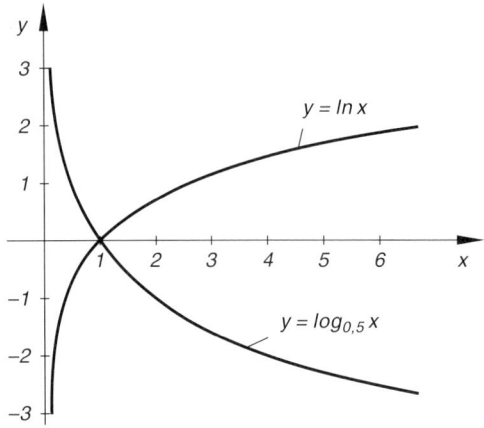

Bild III-166
Funktionsgraphen
der logarithmischen Funktionen
$y = \log_{0,5} x$ und $y = \ln x$

Spezielle Logarithmusfunktionen

Von großer praktischer Bedeutung ist die *Umkehrfunktion* der e-*Funktion*:

$$y = \log_e x \equiv \ln x \qquad (x > 0) \tag{III-177}$$

(*natürliche Logarithmusfunktion*). Sie wird auch kurz als ln-*Funktion* bezeichnet. Daneben spielen die Umkehrfunktionen von $y = 10^x$ und $y = 2^x$ nur eine untergeordnete Rolle. Auch sie werden wie folgt durch eigene Symbole gekennzeichnet:

$$y = \log_{10} x \equiv \lg x \qquad (x > 0) \tag{III-178}$$

$$y = \log_2 x \equiv \text{lb } x \qquad (x > 0) \tag{III-179}$$

In Bild III-167 zeigen wir, wie man die Funktionskurve von $y = \ln x$ durch *Spiegelung* der e-Funktion $y = e^x$ an der Winkelhalbierenden des 1. und 3. Quadranten erhält.

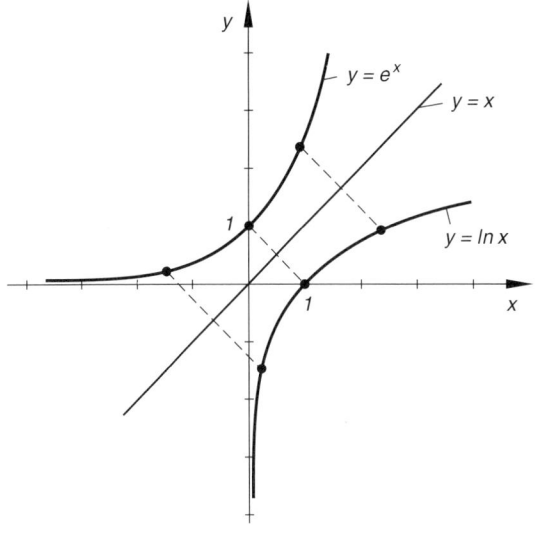

Bild III-167
Funktionsgraphen
der e-Funktion $y = e^x$
und ihrer
Umkehrfunktion $y = \ln x$

12 Logarithmusfunktionen

Weitere wichtige Rechenregeln

(1) $\log_a a^x = x \cdot \underbrace{\log_a a}_{1} = x \qquad (x \in \mathbb{R})$ \hfill (III-180)

$\ln e^x = x \cdot \underbrace{\ln e}_{1} = x \qquad (x \in \mathbb{R})$ \hfill (III-181)

(2) $a^{\log_a x} = x \qquad (x > 0)$ \hfill (III-182)

$e^{\ln x} = x \qquad (x > 0)$ \hfill (III-183)

(3) $\ln f(x) = \ln g(x) \;\Rightarrow\; f(x) = g(x)$ \hfill (III-184)

(Entlogarithmierung; $f(x) > 0$, $g(x) > 0$)

In Abschnitt 11.2 haben wir bereits erwähnt, dass sich *jede* Exponentialfunktion auf die e-Funktion zurückführen lässt. Mit Hilfe der Rechenregel (III-183) können wir die Exponentialfunktion $y = a^x$ wie folgt auf die e-Funktion „umschreiben":

$$y = a^x = e^{\ln a^x} = e^{x \cdot \ln a} = e^{(\ln a) \cdot x} = e^{\lambda x} \qquad (\text{mit } \lambda = \ln a) \tag{III-185}$$

■ **Beispiele**

(1) Die *Halbwertszeit* τ einer *radioaktiven* Substanz ist der Zeitraum, in dem genau die *Hälfte* der ursprünglich vorhandenen Atomkerne (n_0) zerfallen ist. Aus dem *Zerfallsgesetz*

$$n(t) = n_0 \cdot e^{-\lambda t} \qquad (t \geq 0)$$

folgt dann (siehe hierzu auch Bild III-152):

$$n(\tau) = n_0 \cdot e^{-\lambda \tau} = \frac{1}{2} n_0 \qquad \text{und somit} \qquad e^{-\lambda \tau} = \frac{1}{2}$$

Durch *Logarithmieren* auf beiden Seiten erhält man schließlich

$$\ln e^{-\lambda \tau} = \ln\left(\frac{1}{2}\right) \;\Rightarrow\; (-\lambda \tau) \cdot \underbrace{\ln e}_{1} = \underbrace{\ln 1}_{0} - \ln 2 \;\Rightarrow\;$$

$$-\lambda \tau = -\ln 2 \;\Rightarrow\; \tau = \frac{\ln 2}{\lambda} = \frac{0{,}6931}{\lambda}$$

Die Halbwertszeit τ einer radioaktiven Substanz ist somit zur Zerfallskonstanten λ umgekehrt proportional.

(2) Beim *Aufladen eines Kondensators* mit der Kapazität C über einen ohmschen Widerstand R gilt für die Kondensatorspannung u das folgende Zeitgesetz (siehe hierzu auch Bild III-156):

$$u(t) = u_0 \left(1 - e^{-\frac{t}{RC}}\right)$$

Wir berechnen für die speziellen Werte $R = 100\,\Omega$, $C = 10\,\mu F$ und $u_0 = 50\,V$ den Zeitpunkt T, in dem die Kondensatorspannung genau 90% ihres Endwertes u_0 erreicht hat:

$$u(T) = 90\% \quad \text{von} \quad 50\,V = 45\,V$$

Mit der Zeitkonstanten

$$RC = 100\,\Omega \cdot 10^{-5}\,F = 10^{-3}\,s = 1\,ms \qquad (1\,\mu F = 10^{-6}\,F)$$

erhalten wir die folgende Bestimmungsgleichung für T:

$$45\,V = 50\,V \left(1 - e^{-\frac{T}{1\,ms}}\right)$$

Wir dividieren jetzt durch $50\,V$ und isolieren dann die e-Funktion:

$$0{,}9 = 1 - e^{-\frac{T}{1\,ms}} \quad \Rightarrow \quad e^{-\frac{T}{1\,ms}} = 0{,}1$$

Beide Seiten werden jetzt *logarithmiert*:

$$\ln e^{-\frac{T}{1\,ms}} = \ln 0{,}1 \quad \Rightarrow \quad \left(-\frac{T}{1\,ms}\right) \cdot \underbrace{\ln e}_{1} = \ln 0{,}1 \quad \Rightarrow$$

$$-\frac{T}{1\,ms} = -2{,}3026 \quad \Rightarrow \quad T = 2{,}3026\,ms \approx 2{,}3\,ms$$

Nach rund $2{,}3$ ms erreicht die Kondensatorspannung 90% ihres Endwertes $u_0 = 50\,V$. ∎

12.3 Exponential- und Logarithmusgleichungen

Exponentialgleichungen

Eine *Exponentialgleichung* liegt vor, wenn die unbekannte Größe nur im *Exponenten* von *Potenzausdrücken* auftritt. Ein allgemeines Lösungsverfahren für Gleichungen dieser Art lässt sich leider nicht angeben. In vielen Fällen jedoch gelingt es, die Exponentialgleichung mit Hilfe von *elementaren Umformungen* und anschließendem *Logarithmieren* zu lösen. Wir geben zwei einfache Beispiele.

12 Logarithmusfunktionen

■ **Beispiele**

(1) Die *Exponentialgleichung* $e^{\cos x} = 1$ kann wie folgt durch *Logarithmieren* gelöst werden:

$$\ln e^{\cos x} = \ln 1 = 0 \;\Rightarrow\; (\cos x) \cdot \underbrace{\ln e}_{1} = \cos x = 0 \;\Rightarrow\;$$

$$x_k = \pi/2 + k \cdot \pi \qquad (k \in \mathbb{Z})$$

Die Gleichung besitzt demnach *unendlich* viele Lösungen (es sind die Nullstellen der Kosinusfunktion).

(2) $2^x + 4 \cdot 2^{-x} - 5 = 0$ oder $2^x + \dfrac{4}{2^x} - 5 = 0$

Wir lösen diese *Exponentialgleichung* durch die *Substitution* $z = 2^x$ und erhalten eine *quadratische* Gleichung mit zwei reellen Lösungen:

$$z + \frac{4}{z} - 5 = 0 \;|\; \cdot z$$

$$z^2 + 4 - 5z = 0 \quad \text{oder} \quad z^2 - 5z + 4 = 0$$

$$z_{1/2} = \frac{5}{2} \pm \sqrt{\frac{25}{4} - 4} = \frac{5}{2} \pm \frac{3}{2} \;\Rightarrow\; z_1 = 4, \quad z_2 = 1$$

Nach *Rücksubstitution* und anschließendem *Logarithmieren* folgt schließlich:

$$2^x = z_1 = 4 \;\Rightarrow\; \ln 2^x = \ln 4 = \ln 2^2 \;\Rightarrow\;$$

$$x \cdot \ln 2 = 2 \cdot \ln 2 \;|\; : \ln 2 \;\Rightarrow\; x_1 = 2$$

$$2^x = z_2 = 1 \;\Rightarrow\; \ln 2^x = \ln 1 = 0 \;\Rightarrow\; x \cdot \ln 2 = 0 \;\Rightarrow\; x_2 = 0$$

Die Exponentialgleichung besitzt somit die Lösungen $x_1 = 2$ und $x_2 = 0$. ∎

Logarithmusgleichungen

Gleichungen, in denen die Unbekannte nur im *Argument* von *Logarithmusfunktionen* auftritt, werden als *logarithmische* Gleichungen bezeichnet. Sie können häufig nach *elementaren Umformungen* und einer sich anschließenden *Entlogarithmierung* gelöst werden, wie die folgenden Beispiele zeigen werden.

■ **Beispiele**

(1) $\lg(4x - 5) = 1{,}5 \qquad (4x - 5 > 0, \text{ d. h. } x > 1{,}25)$

Diese *logarithmische* Gleichung kann durch *Entlogarithmierung* wie folgt gelöst werden (die Basis 10 wird mit der linken bzw. rechten Seite der Gleichung *potenziert*):

$$10^{\lg(4x-5)} = 10^{1,5} \;\Rightarrow\; 4x - 5 = 10^{1,5} = 31{,}6228 \;\Rightarrow\;$$

$$4x = 36{,}6228 \;\Rightarrow\; x_1 = 9{,}1557$$

Die Logarithmusgleichung besitzt genau *eine* Lösung $x_1 = 9{,}1557$.

(2) $\ln(x^2 - 1) = \ln x + 1$

Die gesuchten Lösungen dieser Gleichung müssen die Bedingungen $x^2 - 1 > 0$ und $x > 0$ erfüllen. Nur dann sind die logarithmischen Terme definiert. Somit sind nur Lösungen aus dem Intervall $x > 1$ möglich.

Da $1 = \ln e$ ist, lässt sich die Gleichung unter Verwendung der bekannten Rechenregeln für Logarithmen wie folgt umformen:

$$\ln(x^2 - 1) = \ln x + 1 = \ln x + \ln e = \ln(e x)$$

Durch *Entlogarithmieren* erhalten wir schließlich eine *quadratische* Gleichung mit zwei reellen Lösungen:

$$e^{\ln(x^2-1)} = e^{\ln(ex)} \Rightarrow x^2 - 1 = ex \Rightarrow x^2 - ex - 1 = 0 \Rightarrow$$

$$x_{1/2} = \frac{e}{2} \pm \sqrt{\frac{e^2}{4} + 1} = 1{,}3591 \pm 1{,}6874$$

Wegen der Bedingung $x > 1$ kommt allerdings nur die *positive* Lösung $x_1 = 1{,}3591 + 1{,}6874 = 3{,}0465$ infrage. ∎

13 Hyperbel- und Areafunktionen

13.1 Hyperbelfunktionen

13.1.1 Definition der Hyperbelfunktionen

In den Anwendungen treten vereinzelt Funktionen auf, die in der mathematischen Literatur unter der Bezeichnung *Hyperbelfunktionen* bekannt sind. Sie setzen sich aus den beiden speziellen Exponentialfunktionen $y = e^x$ und $y = e^{-x}$ wie folgt zusammen:

Definition: Die Definitionsgleichungen der *Hyperbelfunktionen* lauten:

Sinus hyperbolicus: $\quad y = \sinh x = \dfrac{1}{2}(e^x - e^{-x})$ (III-186)

Kosinus hyperbolicus: $\quad y = \cosh x = \dfrac{1}{2}(e^x + e^{-x})$ (III-187)

Tangens hyperbolicus: $\quad y = \tanh x = \dfrac{e^x - e^{-x}}{e^x + e^{-x}}$ (III-188)

Kotangens hyperbolicus: $\quad y = \coth x = \dfrac{e^x + e^{-x}}{e^x - e^{-x}}$ (III-189)

13 Hyperbel- und Areafunktionen

Anmerkungen

(1) Üblich sind auch die folgenden Bezeichnungen für die vier Hyperbelfunktionen: *Hyperbelsinus, Hyperbelkosinus, Hyperbeltangens* und *Hyperbelkotangens*.

(2) Die Bezeichnungen dieser Funktionen lassen auf eine gewisse *Verwandtschaft* mit der Hyperbel und den *trigonometrischen* Funktionen schließen. Ähnlich wie sich die trigonometrischen Funktionen am Einheitskreis darstellen lassen, kann man die Hyperbelfunktionen an der (rechtwinkligen) Einheitshyperbel erklären (wir wollen darauf aber nicht näher eingehen). Zwischen den Hyperbelfunktionen bestehen ferner *analoge* Beziehungen wie zwischen den Winkelfunktionen. Durch eine formale Substitution gewinnt man aus einer trigonometrischen Beziehung stets eine entsprechende hyperbolische Beziehung. Im *Gegensatz* zu den *trigonometrischen* Funktionen sind die *Hyperbelfunktionen* jedoch *nichtperiodische* Funktionen.

13.1.2 Die Hyperbelfunktionen $y = \sinh x$ und $y = \cosh x$

Die Eigenschaften der in Bild III-168 skizzierten (überall definierten und stetigen) *Hyperbelfunktionen* $y = \sinh x$ und $y = \cosh x$ sind in der Tabelle 9 zusammengestellt.

Tabelle 9: Eigenschaften der Hyperbelfunktionen $y = \sinh x$ und $y = \cosh x$ (Bild III-168)

	$y = \sinh x$	$y = \cosh x$
Definitionsbereich	$-\infty < x < \infty$	$-\infty < x < \infty$
Wertebereich	$-\infty < y < \infty$	$1 \leq y < \infty$
Symmetrie	ungerade	gerade
Nullstellen	$x_0 = 0$	———
Extremwerte	———	$x_0 = 0$ (Minimum)
Monotonie	streng monoton wachsend	———
Asymptoten	$y = \dfrac{1}{2} \cdot e^x$ (für $x \to \infty$)	$y = \dfrac{1}{2} \cdot e^x$ (für $x \to \infty$)

Näherungsformel für große x-Werte: $\sinh x \approx \cosh x \approx \dfrac{1}{2} \cdot e^x$

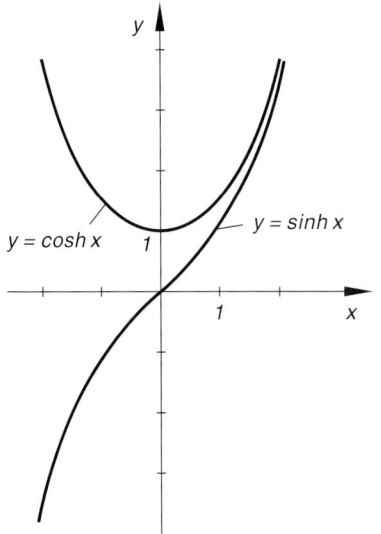

Bild III-168
Funktionsgraphen der Hyperbelfunktionen
$y = \sinh x$ und $y = \cosh x$

■ **Beispiele**

(1) Mit einem Taschenrechner wurden die folgenden Funktionswerte ermittelt:

$$\sinh 1{,}3 = 1{,}6984 \qquad \cosh 0{,}8 = 1{,}3374$$
$$\sinh (-0{,}5) = -0{,}5211 \qquad \cosh (-1{,}5) = 2{,}3524$$

$$\sinh 10 \approx \cosh 10 \approx \frac{1}{2} \cdot e^{10} = 11\,013{,}2329$$

(2) Eine an zwei Punkten P_1 und P_2 in gleicher Höhe befestigte, freihängende Kette nimmt unter dem Einfluss der Schwerkraft die geometrische Form einer sog. *Kettenlinie* an, die durch die *hyperbolische* Funktion

$$y = a \cdot \cosh (x/a) \qquad (a\colon \text{Parameter mit } a > 0)$$

beschrieben wird (Bild III-169).

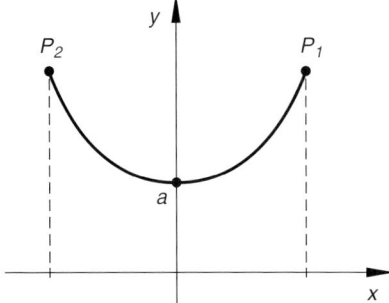

Bild III-169 Kettenlinie

■

13.1.3 Die Hyperbelfunktionen $y = \tanh x$ und $y = \coth x$

Die *Hyperbelfunktionen* $y = \tanh x$ und $y = \coth x$ besitzen die in Tabelle 10 aufgeführten Eigenschaften. Die zugehörigen Kurven sind in Bild III-170 dargestellt.

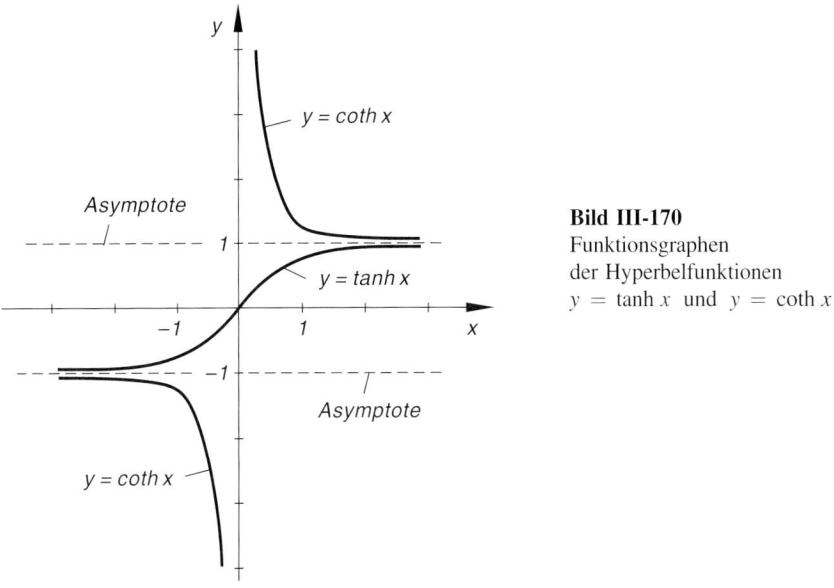

Bild III-170
Funktionsgraphen
der Hyperbelfunktionen
$y = \tanh x$ und $y = \coth x$

Tabelle 10: Eigenschaften der Hyperbelfunktionen $y = \tanh x$ und $y = \coth x$ (Bild III-170)

	$y = \tanh x$	$y = \coth x$
Definitionsbereich	$-\infty < x < \infty$	$|x| > 0$
Wertebereich	$-1 < y < 1$	$|y| > 1$
Symmetrie	ungerade	ungerade
Nullstellen	$x_0 = 0$	———
Pole	———	$x_0 = 0$
Monotonie	streng monoton wachsend	———
Asymptoten	$y = 1$ (für $x \to \infty$) $y = -1$ (für $x \to -\infty$)	$x = 0$ (Polgerade) $y = 1$ (für $x \to \infty$) $y = -1$ (für $x \to -\infty$)

■ **Beispiele**

Auf einem Taschenrechner wurden folgende Funktionswerte abgelesen:

$\tanh 2 = 0{,}9640$ $\qquad$ $\coth 1{,}2 = 1{,}1995$

$\tanh(-1{,}4) = -0{,}8854$ $\qquad$ $\coth(-2{,}3) = -1{,}0203$

$\tanh 5 = 0{,}9999 \approx 1$ $\qquad$ $\coth 5 = 1{,}0001 \approx 1$ ■

13.1.4 Wichtige Beziehungen zwischen den Hyperbelfunktionen

Aus den Definitionsgleichungen (III-186) bis (III-189) folgen unmittelbar die folgenden Beziehungen:

$$\tanh x = \frac{\sinh x}{\cosh x}, \qquad \coth x = \frac{\cosh x}{\sinh x} = \frac{1}{\tanh x} \qquad \text{(III-190)}$$

Von Bedeutung sind auch die sog. *Additionstheoreme* für $\sinh x$, $\cosh x$ und $\tanh x$. Sie lauten:

Additionstheoreme der Hyperbelfunktionen

$$\sinh(x_1 \pm x_2) = \sinh x_1 \cdot \cosh x_2 \pm \cosh x_1 \cdot \sinh x_2 \qquad \text{(III-191)}$$

$$\cosh(x_1 \pm x_2) = \cosh x_1 \cdot \cosh x_2 \pm \sinh x_1 \cdot \sinh x_2 \qquad \text{(III-192)}$$

$$\tanh(x_1 \pm x_2) = \frac{\tanh x_1 \pm \tanh x_2}{1 \pm \tanh x_1 \cdot \tanh x_2} \qquad \text{(III-193)}$$

Aus ihnen gewinnt man weitere wichtige Beziehungen wie z. B.:

$$\cosh^2 x - \sinh^2 x = 1 \qquad \text{(,,Hyperbolischer Pythagoras")} \qquad \text{(III-194)}$$

$$\sinh(2x) = 2 \cdot \sinh x \cdot \cosh x \qquad \text{(III-195)}$$

$$\cosh(2x) = \sinh^2 x + \cosh^2 x \qquad \text{(III-196)}$$

Die Exponentialfunktionen $y = e^x$ und $y = e^{-x}$ lassen sich durch die Hyperbelfunktionen $y = \sinh x$ und $y = \cosh x$ wie folgt ausdrücken:

$$e^x = \cosh x + \sinh x \qquad \text{und} \qquad e^{-x} = \cosh x - \sinh x \qquad \text{(III-197)}$$

Ferner gilt für $n \in \mathbb{N}^*$ die *Formel von Moivre*:

$$(\cosh x \pm \sinh x)^n = \cosh(nx) \pm \sinh(nx) = e^{\pm nx} \qquad \text{(III-198)}$$

13.2 Areafunktionen

13.2.1 Definition der Areafunktionen

Die *hyperbolischen* Funktionen $y = \sinh x$ und $y = \tanh x$ sind in ihrem *gesamten* Definitionsbereich *streng monoton wachsende* Funktionen und daher dort *umkehrbar*. Bei der Hyperbelfunktion $y = \cosh x$ müssen wir uns jedoch auf ein Teilintervall beschränken, in dem die Funktion ein *streng monotones* Verhalten zeigt und dabei *sämtliche* Funktionswerte durchläuft. Wir wählen das Intervall $x \geq 0$. Die hyperbolische Funktion $y = \coth x$ ist in den Teilintervallen $x < 0$ und $x > 0$ jeweils *streng monoton fallend*, durchläuft dabei den *gesamten* Wertevorrat und ist daher in diesen Teilintervallen *umkehrbar*. Die Umkehrung der Hyperbelfunktionen in den genannten Bereichen führt zu den *Areafunktionen*.

> **Definition:** Die *Umkehrfunktionen* der *Hyperbelfunktionen* heißen *Areafunktionen*. Bezeichnung und Schreibweise dieser Funktionen lauten:
>
> | | |
> |---|---|
> | *Areasinus hyperbolicus:* | $y = \operatorname{arsinh} x$ |
> | *Areakosinus hyperbolicus:* | $y = \operatorname{arcosh} x$ |
> | *Areatangens hyperbolicus:* | $y = \operatorname{artanh} x$ |
> | *Areakotangens hyperbolicus:* | $y = \operatorname{arcoth} x$ |

Anmerkung

Auf dem Taschenrechner werden diese Funktionen häufig auch mit $\sinh^{-1} x$, $\cosh^{-1} x$ usw. bezeichnet (nicht zu verwechseln mit den Kehrwerten).

13.2.2 Die Areafunktionen $y = \operatorname{arsinh} x$ und $y = \operatorname{arcosh} x$

Die wesentlichen Eigenschaften der *Areafunktionen* $y = \operatorname{arsinh} x$ und $y = \operatorname{arcosh} x$ sind in Tabelle 11 zusammengestellt. Ihren Kurvenverlauf erhält man aus den Funktionsbildern der entsprechenden Hyperbelfunktionen durch *Spiegelung* an der Winkelhalbierenden des 1. und 3. Quadranten (Bild III-171).

Tabelle 11: Eigenschaften der Areafunktionen $y = \operatorname{arsinh} x$ und $y = \operatorname{arcosh} x$ (Bild III-171)

	$y = \operatorname{arsinh} x$	$y = \operatorname{arcosh} x$
Definitionsbereich	$-\infty < x < \infty$	$1 \leq x < \infty$
Wertebereich	$-\infty < y < \infty$	$0 \leq y < \infty$
Symmetrie	ungerade	―――
Nullstellen	$x_0 = 0$	$x_0 = 1$
Monotonie	streng monoton wachsend	streng monoton wachsend

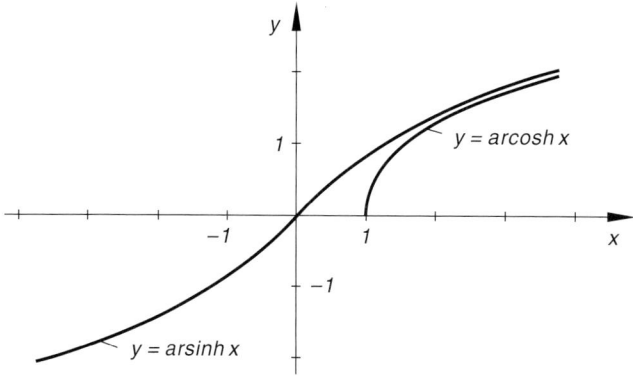

Bild III-171 Funktionsgraphen der Areafunktionen $y = \text{arsinh}\, x$ und $y = \text{arcosh}\, x$

13.2.3 Die Areafunktionen $y = \text{artanh}\, x$ und $y = \text{arcoth}\, x$

Die *Areafunktionen* $y = \text{artanh}\, x$ und $y = \text{arcoth}\, x$ besitzen die in der Tabelle 12 aufgeführten Eigenschaften und den in Bild III-172 skizzierten Funktionsverlauf.

Tabelle 12: Eigenschaften der Areafunktionen $y = \text{artanh}\, x$ und $y = \text{arcoth}\, x$ (Bild III-172)

	$y = \text{artanh}\, x$	$y = \text{arcoth}\, x$
Definitionsbereich	$-1 < x < 1$	$|x| > 1$
Wertebereich	$-\infty < y < \infty$	$|y| > 0$
Symmetrie	ungerade	ungerade
Nullstellen	$x_0 = 0$	———
Pole	$x_{1/2} = \pm 1$	$x_{1/2} = \pm 1$
Monotonie	streng monoton wachsend	———
Asymptoten	$x = \pm 1$ (Polgeraden)	$x = \pm 1$ (Polgeraden) $y = 0$ (für $x \to \pm\infty$)

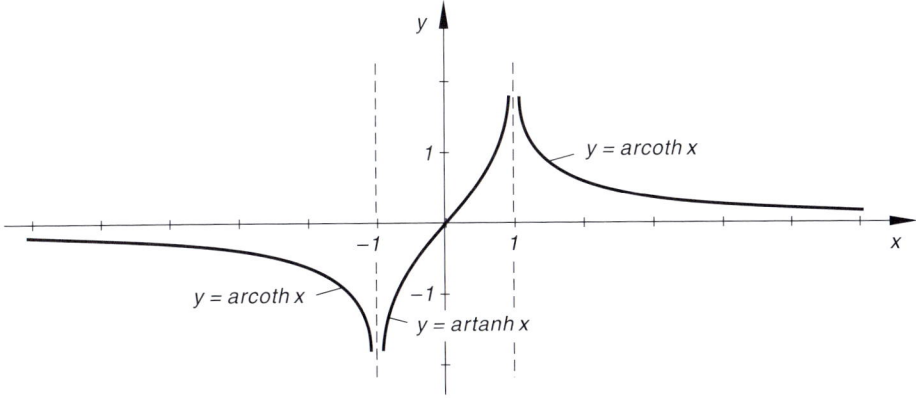

Bild III-172 Funktionsgraphen der Areafunktionen $y = \text{artanh } x$ und $y = \text{arcoth } x$

13.2.4 Darstellung der Areafunktionen durch Logarithmusfunktionen

Die *Areafunktionen* lassen sich unter Verwendung der ln-*Funktion* auch wie folgt als *logarithmische* Funktionen darstellen:

Darstellung der Areafunktionen durch Logarithmusfunktionen

$$y = \text{arsinh } x = \ln\left(x + \sqrt{x^2 + 1}\right) \qquad (-\infty < x < \infty) \qquad \text{(III-199)}$$

$$y = \text{arcosh } x = \ln\left(x + \sqrt{x^2 - 1}\right) \qquad (x \geq 1) \qquad \text{(III-200)}$$

$$y = \text{artanh } x = \frac{1}{2} \cdot \ln\left(\frac{1+x}{1-x}\right) \qquad (|x| < 1) \qquad \text{(III-201)}$$

$$y = \text{arcoth } x = \frac{1}{2} \cdot \ln\left(\frac{x+1}{x-1}\right) \qquad (|x| > 1) \qquad \text{(III-202)}$$

■ **Beispiele**

Ein Taschenrechner liefert die folgenden Funktionswerte:

$$\text{arsinh } 1{,}5 = \ln\left(1{,}5 + \sqrt{1{,}5^2 + 1}\right) = \ln 3{,}3028 = 1{,}1948$$

$$\text{arsinh } (-3{,}47) = \ln\left(-3{,}47 + \sqrt{(-3{,}47)^2 + 1}\right) = \ln 0{,}1412 = -1{,}9574$$

$$\operatorname{arcosh} 12{,}8 = \ln\left(12{,}8 + \sqrt{12{,}8^2 - 1}\right) = \ln 25{,}5609 = 3{,}2411$$

$$\operatorname{arcosh} 1{,}03 = \ln\left(1{,}03 + \sqrt{1{,}03^2 - 1}\right) = \ln 1{,}2768 = 0{,}2443$$

$$\operatorname{artanh} 0{,}72 = \frac{1}{2}\cdot \ln\left(\frac{1+0{,}72}{1-0{,}72}\right) = \frac{1}{2}\cdot \ln\left(\frac{1{,}72}{0{,}28}\right) = \frac{1}{2}\cdot \ln 6{,}1429 = 0{,}9076$$

$$\operatorname{artanh}(-0{,}29) = \frac{1}{2}\cdot \ln\left(\frac{1-0{,}29}{1+0{,}29}\right) = \frac{1}{2}\cdot \ln\left(\frac{0{,}71}{1{,}29}\right) = \frac{1}{2}\cdot \ln 0{,}5504 =$$
$$= -0{,}2986$$

$$\operatorname{arcoth} 14{,}7 = \frac{1}{2}\cdot \ln\left(\frac{14{,}7+1}{14{,}7-1}\right) = \frac{1}{2}\cdot \ln\left(\frac{15{,}7}{13{,}7}\right) = \frac{1}{2}\cdot \ln 1{,}1460 = 0{,}0681$$

$$\operatorname{arcoth}(-14{,}7) = \frac{1}{2}\cdot \ln\left(\frac{-14{,}7+1}{-14{,}7-1}\right) = \frac{1}{2}\cdot \ln\left(\frac{13{,}7}{15{,}7}\right) = \frac{1}{2}\cdot \ln 0{,}8726 =$$
$$= -0{,}0681 \qquad\blacksquare$$

13.2.5 Ein Anwendungsbeispiel: Freier Fall unter Berücksichtigung des Luftwiderstandes

Im *luftleeren* Raum erfährt bekanntlich jeder Körper die *gleiche* konstante Fallbeschleunigung g, sodass die Fallgeschwindigkeit v *proportional* zur Fallzeit t wächst:

$$v = v(t) = g\,t \qquad (t \geq 0) \tag{III-203}$$

In einem t, v-Diagramm erhält man den in Bild III-173 a) skizzierten *linearen* Verlauf.

Wesentlich anders liegen die Verhältnisse bei *Berücksichtigung* des *Luftwiderstandes*. Wir behandeln dieses Problem ausführlich in den Anwendungen der Integralrechnung (Kap. V, Abschnitt 10.1.1) sowie im Zusammenhang mit den Differentialgleichungen in Band 2 (Kap. IV). An dieser Stelle teilen wir nur das *Ergebnis* mit. Wird die Reibungskraft R proportional zum *Quadrat* der Geschwindigkeit v angenommen, $R = k \cdot v^2$ (k ist dabei eine *positive* Konstante), so erhält man für die Abhängigkeit der Fallgeschwindigkeit v von der Fallzeit t die *hyperbolische* Funktion

$$v = v(t) = v_E \cdot \tanh\left(\frac{g}{v_E}\,t\right) \qquad (t \geq 0) \tag{III-204}$$

($v_E = \sqrt{mg/k}$). Bild III-173 b) verdeutlicht, wie sich die Fallgeschwindigkeit v im Laufe der Zeit, d. h. für $t \to \infty$ asymptotisch ihrem *Endwert*

$$v_\infty = \lim_{t\to\infty}\left[v_E \cdot \tanh\left(\frac{g}{v_E}\,t\right)\right] = v_E \tag{III-205}$$

nähert.

Physikalische Deutung: Die Endgeschwindigkeit v_E wird erreicht, wenn sich Gewichtskraft $G = mg$ und Luftwiderstand $R = k \cdot v^2$ das *Gleichgewicht* halten und die Fallbewegung damit *kräftefrei* geworden ist:

$$k \cdot v_E^2 = mg \quad \Rightarrow \quad v_E = \sqrt{mg/k} \tag{III-206}$$

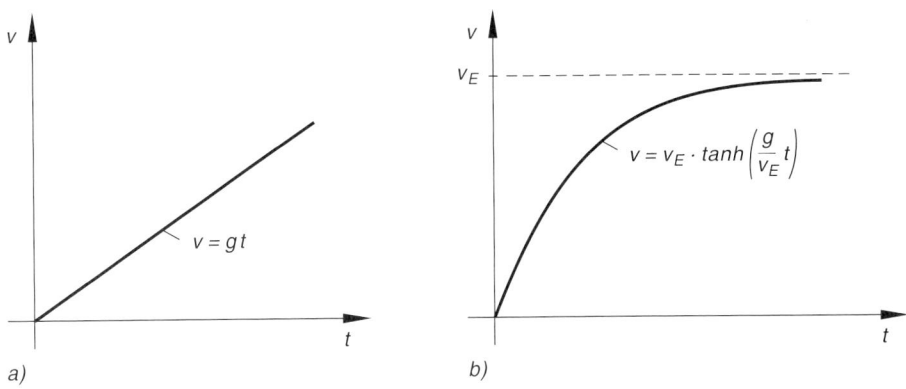

Bild III-173 Abhängigkeit der Fallgeschwindigkeit v von der Fallzeit t
  a) ohne Berücksichtigung des Luftwiderstandes
  b) mit Berücksichtigung des Luftwiderstandes

14 Spezielle ebene Kurven

Wir behandeln in diesem Abschnitt einige wichtige ebene Kurven, deren Gleichungen entweder in der *Parameterform* $x = x(t)$, $y = y(t)$ oder in der *Polarkoordinatenform* $r = r(\varphi)$ besonders einfach darstellbar sind.

14.1 Rollkurven oder Zykloiden

Als *Rollkurven* oder *Zykloiden* werden die (ebenen) *Bahnkurven* eines *festen* (markierten) Punktes P auf dem Umfang eines Kreises (einer Kreisscheibe oder eines Rades) bezeichnet, die dieser beim Abrollen auf einer *Leitkurve* (z. B. einer Geraden oder der Innen- bzw. Außenseite eines weiteren festen Kreises) beschreibt. Wir unterscheiden dabei zwischen

– *gewöhnlichen Zykloiden* (Abrollen auf einer *Geraden*, siehe Bild III-174)
– *Epizykloiden* (Abrollen auf der *Außenseite* eines festen Kreises),
– *Hypozykloiden* (Abrollen auf der *Innenseite* eines festen Kreises).

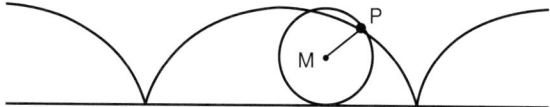

Bild III-174
Kurvenverlauf einer
gewöhnlichen Zykoide

14.1.1 Gewöhnliche Zykloiden

Ein Kreis (ein Rad oder eine Kreisscheibe) rollt auf einer *Geraden* ohne zu gleiten. Die dabei von einem zunächst beliebigen, dann aber *festen* (markierten) Punkt P auf dem *Umfang* des Kreises (Rades oder Kreisscheibe) beschriebene Kurve wird als *gewöhnliche Zykloide* bezeichnet (siehe Bild III-175.)

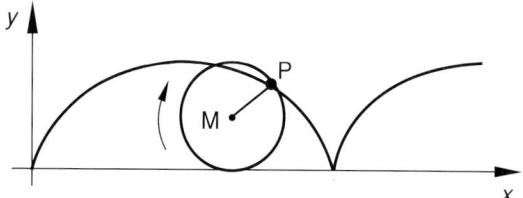

Bild III-175
Gewöhnliche Zykloide

Parameterdarstellung einer gewöhnlichen Zykloide in einem ebenen kartesischen Koordinatensystem

Als Gerade wählen wir die x-Achse eines (ebenen) kartesischen Koordinatensystems. Der Mittelpunkt M des abrollenden Kreises mit dem Radius R soll dabei zu Beginn der Bewegung auf der positiven y-Achse liegen (die Anfangskoordinaten lauten also $x_0 = 0$, $y_0 = R$). Dann beschreibt der *Berührungspunkt* $P = (x; y)$ des Kreises mit der x-Achse (identisch mit dem Nullpunkt des Koordinatensystems) beim Abrollen auf der x-Achse (nach rechts) eine *gewöhnliche Zykloide*. Die Koordinaten des markierten Punktes $P = (x; y)$ verändern sich dabei in Abhängigkeit vom sog. *Wälzwinkel* t (im Bogenmaß) wie folgt (siehe Bild III-176):

$$x = R(t - \sin t), \quad y = R(1 - \cos t) \tag{III-207}$$

($t = \geq 0$, Abrollen nach *rechts*).

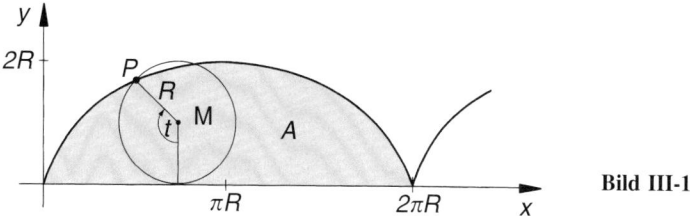

Bild III-176

Dies ist die *Parameterdarstellung* einer gewöhnlichen Zykloide mit dem Wälzwinkel t als Parameter für $t \geq 0$ (Abrollen auf der x-Achse nach *rechts*). Rollt der Kreis dagegen nach *links*, so ist $t \leq 0$. Die Gleichungen (III-207) gelten somit für das Intervall $-\infty < t < \infty$.

Parameterdarstellung einer gewöhnlichen Zykloide (siehe Bild III-176)

$$x = R(t - \sin t), \quad y = R(1 - \cos t) \qquad \text{(III-208)}$$

R: Radius des Kreises

t: Parameter („Wälzwinkel" im Bogenmaß) mit $-\infty < t < \infty$

Herleitung der Parameterdarstellung: Siehe Übungsaufgabe 1.

Eigenschaften einer gewöhnlichen Zykloide

(1) Nach jeder *vollen* Umdrehung des abrollenden Kreises wird ein weiterer Zykloidenbogen beschrieben.

(2) Die *Periode* $p = 2\pi R$ der Zykloide entspricht dem *Umfang* des Kreises. Diese Strecke wird vom Punkt P auf der x-Achse bei einer *vollen* Umdrehung zurückgelegt.

(3) *Fläche* unter einem Bogen (im Bild III-176 *grau* unterlegt): $A = 3\pi R^2$

(4) *Länge* (Umfang) eines Bogens: $s = 8R$

(5) *Spezielle Kurvenpunkte*

Spitzen auf der x-Achse: $x_k = k(2\pi R); \; k = 0, \pm 1, \pm 2, \ldots$

Scheitelpunkte (Hochpunkte): $x_k = (2k + 1)\pi R, \; y_k = 2R; \; k = 0, \pm 1, \pm 2, \ldots$

■ **Beispiele**

(1) Ein fester (markierter) Punkt auf der Lauffläche eines Autoreifen beschreibt beim Abrollen eine gewöhnliche Zykloide (Tipp: Beim nächsten Reifenwechsel ihres Autos können sie diese Aussage anschaulich verifizieren).

(2) Ein Beispiel aus der *Getriebetechnik*: Ein Zahnrad rollt entlang einer Zahnstange, wobei ein beliebiger Punkt auf dem Umfang des Zahnrades eine gewöhnliche Zykloide beschreibt. ■

14.1.2 Epizykloiden

Ein Punkt $P = (x;y)$ auf dem *Umfang* eines Kreises (Rades oder Kreisscheibe), der auf der *Außenseite* eines zweiten (festen) Kreises mit konstanter Winkelgeschwindigkeit und ohne zu gleiten abrollt, beschreibt eine sog. *Epizykloide* mit der folgenden *Parameterdarstellung* (siehe Bild III-177):

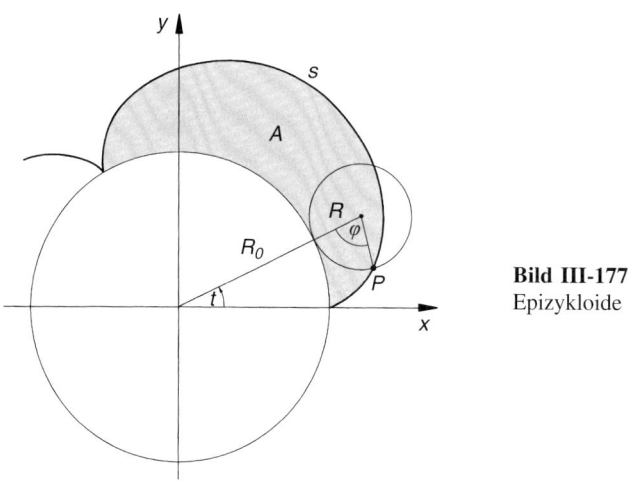

Bild III-177
Epizykloide

Parameterdarstellung einer Epizykloide (siehe Bild III-177)

$$x = (R_0 + R) \cdot \cos t - R \cdot \cos\left(\frac{R_0 + R}{R} \cdot t\right)$$

$$y = (R_0 + R) \cdot \sin t - R \cdot \sin\left(\frac{R_0 + R}{R} \cdot t\right)$$

(III-209)

R_0: Radius des *festen* Kreises

R: Radius des *abrollenden* Kreises

t: Parameter im Bogenmaß (Polarwinkel des Punktes, in dem sich die beiden Kreise berühren) mit $-\infty < t < \infty$

Eigenschaften einer gewöhnlichen Epizykloide

(1) Die Parametergleichungen III-209 lassen sich auch in Abhängigkeit vom sog. „Wälzwinkel" $\varphi = \dfrac{R_0}{R} \cdot t$ beschreiben ($-\infty < \varphi < \infty$; siehe Bild III-177).

(2) Die *Gestalt* (Form) der Kurve hängt vom Verhältnis $m = R_0/R$ der beiden Radien ab:

m = rational: Epizykloide ist in sich geschlossen

m = ganzzahlig: Epizykloide besteht aus genau *m* zusammenhängenden Bögen

(3) Der *Sonderfall* $m = 1$, d. h. $R = R_0$ führt zu einer sog. *Kardioide* oder *Herzkurve* (siehe hierzu Abschnitt 14.3).

(4) *Fläche* zwischen einem Bogen und dem festen Kreis (im Bild III-177 *grau* unterlegt):

$$A = \frac{\pi R^2 (3R_0 + 2R)}{R_0} = \frac{\pi R (3R_0 + 2R)}{m}$$

(5) *Länge* eines Bogens:

$$s = \frac{8R(R_0 + R)}{R_0} = \frac{8(R_0 + R)}{m}$$

14.1.3 Hypozykloiden

Ein Punkt $P = (x; y)$ auf dem *Umfang* eines Kreises (Rades oder Kreisscheibe), der auf der *Innenseite* eines zweiten (festen) Kreises mit konstanter Winkelgeschwindigkeit und ohne zu gleiten abrollt, beschreibt eine als *Hypozykloide* bezeichnete Bahnkurve mit der folgenden *Parameterdarstellung* (siehe Bild III-178):

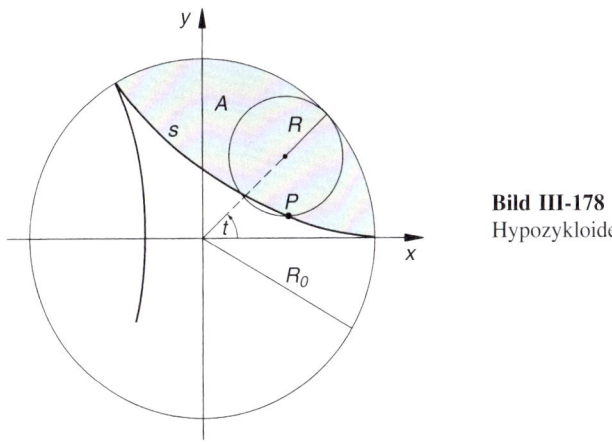

Bild III-178
Hypozykloide

> **Parameterdarstellung einer Hypozykloide (siehe Bild III-178)**
>
> $$\left.\begin{aligned} x &= (R_0 - R) \cdot \cos t + R \cdot \cos\left(\frac{R_0 - R}{R} \cdot t\right) \\ y &= (R_0 - R) \cdot \sin t - R \cdot \sin\left(\frac{R_0 - R}{R} \cdot t\right) \end{aligned}\right\} \quad \text{(III-210)}$$
>
> R_0: Radius des *festen* Kreises
>
> R: Radius des *abrollenden* Kreises $(R < R_0)$
>
> t: Winkelparameter im Bogenmaß (Polarwinkel des Punktes, in dem sich die beiden Kreise *berühren*) mit $-\infty < t < \infty$

Eigenschaften einer Hypozykloide

(1) Die *Gestalt* (Form) der Kurve hängt vom Verhältnis $m = R_0/R$ der beiden Radien ab:

m = rational: Hypozykloide ist in sich geschlossen

m = ganzzahlig: Hypozykloide besteht aus genau m zusammenhängenden Bögen

(2) Im *Sonderfall* $m = 4$, d. h. $R_0 = 4R$ erhält man eine sog. *Astroide* oder *Sternkurve* (siehe hierzu Abschnitt 14.2).

(3) *Fläche* zwischen einem Bogen und dem festen Kreis (im Bild III-178 *grau* unterlegt):

$$A = \frac{\pi R^2 (3R_0 - 2R)}{R_0} = \frac{\pi R (3R_0 - 2R)}{m}$$

(4) *Länge* (Umfang) eines Bogens:

$$s = \frac{8R(R_0 - R)}{R_0} = \frac{8(R_0 - R)}{m}$$

14.2 Astroide (Sternkurve)

Die *Astroide* oder *Sternkurve* ist ein *Sonderfall* der Hypozykloide für $R_0 = 4R = a > 0$ (siehe hierzu Abschnitt 14.1.3 und Übungsaufgabe 2).

14 Spezielle ebene Kurven

Parameterdarstellung einer Astroide (Sternkurve) (siehe Bild III-179)

$$x = a \cdot \cos^3 t, \quad y = a \cdot \sin^3 t \quad (0 \leq t < 2\pi) \tag{III-211}$$

t: Winkelparameter im Bogenmaß (Polarwinkel des Punktes, in dem sich die beiden Kreise *berühren*); siehe hierzu Abschnitt 14.1.3)

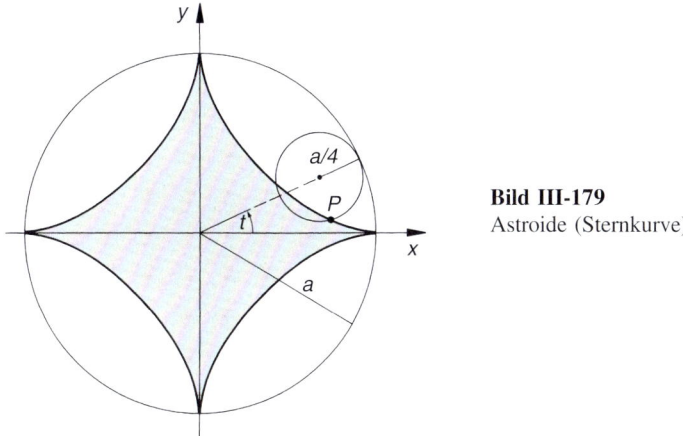

Bild III-179
Astroide (Sternkurve)

Eigenschaften einer Astroide (Sternkurve)

(1) Die Kurve lässt sich auch in kartesischen Koordinaten wie folgt darstellen:

$x^{2/3} + y^{2/3} = a^{2/3}$

(2) Die Kurve verläuft *spiegelsymmetrisch* zu *beiden* Koordinatenachsen.

(3) Von der geschlossenen Kurve umrandete *Fläche* (im Bild III-179 grau unterlegt):
$A = \dfrac{3}{8} \pi a^2$

(4) *Länge* (Umfang) der geschlossenen Kurve: $s = 6a$

14.3 Kardioide (Herzkurve)

Die *Kardioide* oder *Herzkurve* ist ein *Sonderfall* der Epizykloide für $R = R_0 = a/2 > 0$ (siehe hierzu Abschnitt 14.1.2).

Darstellung einer Kardioide (Herzkurve) in Polarkoordinaten (siehe Bild III-180)

$$r = a(1 + \cos \varphi) \quad (a > 0; \; 0 \leq \varphi < 2\pi) \tag{III-212}$$

φ: Winkelparameter im Bogenmaß (Polarwinkel des Punktes, in dem sich die beiden Kreise *berühren*); siehe hierzu Abschnitt 14.1.2)

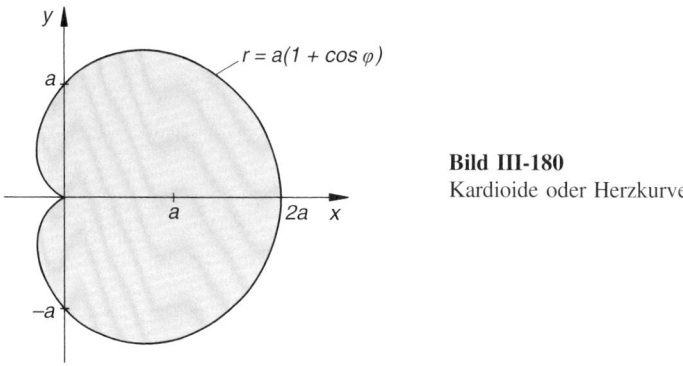

Bild III-180
Kardioide oder Herzkurve

Eigenschaften einer Kardioide (Herzkurve)

(1) Darstellung der Kurve in der *Parameterform* mit dem Winkelparameter φ im Intervall $0 \leq \varphi < 2\pi$:

$$x = r \cdot \cos \varphi = a(1 + \cos \varphi) \cdot \cos \varphi$$
$$y = r \cdot \sin \varphi = a(1 + \cos \varphi) \cdot \sin \varphi$$

(2) Darstellung der Kurve in *kartesischen* Koordinaten:

$$(x^2 + y^2)(x^2 + y^2 - 2ax) = a^2 y^2$$

(3) Die Kurve verläuft *spiegelsymmetrisch* zur x-Achse.

(4) Von der geschlossenen Kurve umrandete *Fläche* (im Bild III-180 *grau* unterlegt):
$$A = \frac{3}{8} \pi a^2$$

(5) *Länge* (Umfang) der geschlossenen Kurve: $s = 8a$.

14.4 Lemniskate oder Schleifenkurve von Bernoulli

Die *Lemniskate* oder *Schleifenkurve* von Bernoulli ist als geometrischer Ort aller Punkte P einer Ebene definiert, für die das *Produkt* der *Entfernungen* von zwei festen Punkten F_1 und F_2 *konstant* ist (Bild III-181):

$$\overline{(F_1 P)} \cdot \overline{(F_2 P)} = r_1 \cdot r_2 = \text{const.} = a^2 \tag{III-213}$$

14 Spezielle ebene Kurven

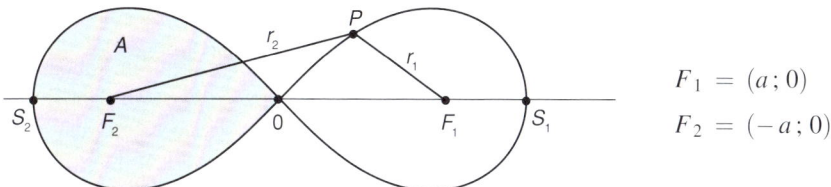

$$F_1 = (a; 0)$$
$$F_2 = (-a; 0)$$

Bild III-181 Zur Definition der Lemniskate

Die *Lemniskate* lässt sich in *Polarkoordinaten* besonders einfach darstellen:

Polarkoordinatendarstellung einer Lemniskate (Schleifenkurve) nach Bernoulli (siehe Bild III-181)

$$r = a\sqrt{2} \cdot \sqrt{\cos(2\varphi)} \quad (a > 0) \tag{III-214}$$

(mit $\cos(2\varphi) \geq 0$); φ im Bogenmaß

Eigenschaften einer Lemniskate (Schleifenkurve) von Bernoulli

(1) Kurvenpunkte existieren nur für Polarwinkel φ, die die Bedingung $\cos(2\varphi) \geq 0$ erfüllen, d. h. im Winkelbereich

$$0 \leq \varphi \leq 45° \quad \text{bzw.} \quad 135° \leq \varphi \leq 180°$$

(für den *oberhalb* der *x*-Achse liegenden Kurventeil).

(2) Die Lemniskate verläuft *spiegelsymmetrisch* zu *beiden* Koordinatenachsen.

(3) Scheitelpunkte: $S_{1/2} = (\pm a\sqrt{2}; 0)$

Doppelpunkt (zugleich Wendepunkt): Nullpunkt $0 = (0; 0)$

Tangenten im Doppelpunkt: $y = \pm x$

(4) *Fläche* einer *geschlossenen* Schleife (im Bild III-181 grau unterlegt): $A = a^2$

(5) Darstellung der Lemniskate in *kartesischen* Koordinaten:

$$(x^2 + y^2)^2 = 2a^2(x^2 - y^2)$$

14.5 Spiralen

Spiralen sind *ebene* Kurven mit *unendlich* vielen Windungen um ein Zentrum (auch Pol genannt), wobei der Abstand r eines Kurvenpunktes vom Pol *streng monoton* vom Drehwinkel φ abhängt. Bild III-182 zeigt den typischen Verlauf einer solchen Kurve. Diese in den technischen Disziplinen wichtigen Kurven lassen sich besonders einfach durch Polarkoordinaten r, φ in Form einer Gleichung $r = r(\varphi)$ darstellen. Wir behandeln in diesem Abschnitt die folgenden besonders wichtigen Spiralen:

— *Archimedische* Spirale
— *Logarithmische* Spirale

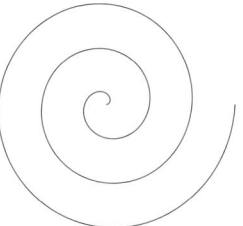

Bild III-182
Spiralförmige ebene Kurve

14.5.1 Archimedische Spirale

Ein Massenpunkt P bewegt sich mit der *konstanten* Geschwindigkeit v auf einem Strahl vom Nullpunkt (Pol) aus *radial* nach *außen*, wobei der Strahl sich gleichzeitig mit der *konstanten* Winkelgeschwindigkeit ω im Gegenuhrzeigersinn um den Pol dreht. Die dabei vom Massenpunkt P beschriebene ebene Bahnkurve wird als *Archimedische Spirale* bezeichnet und lässt sich in Polarkoordinaten $(r; \varphi)$ wie folgt darstellen (siehe Bild III-183):

Polarkoordinatendarstellung einer Archimedischen Spirale (siehe Bild III-183)

$$r = r(\varphi) = a \cdot \varphi \qquad (a = v/\omega > 0) \qquad \text{(III-215)}$$

φ: Drehwinkel (Polarwinkel) im Bogenmaß $(0 \leq \varphi < \infty)$; Drehung im Gegenuhrzeigersinn

---

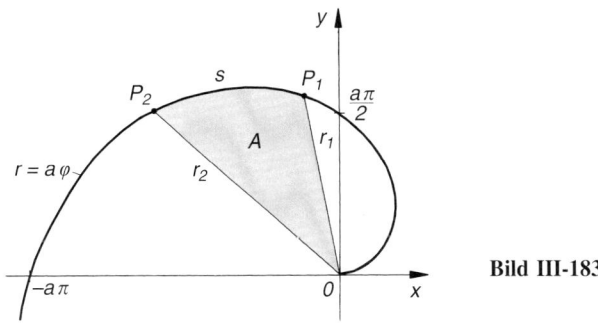

Bild III-183

Eigenschaften einer Archimedischen Spirale

(1) Bei der beschriebenen Bewegung des Massenpunktes wächst der Bahnradius r *proportional* zum Drehwinkel φ.

(2) *Jeder* vom Nullpunkt 0 ausgehende *Strahl* schneidet dabei aufeinander folgende Windungen in Punkten mit dem *konstanten* Abstand $d = 2\pi a$ (sog. Windungsabstand zweier aufeinanderfolgenden Spiralbögen).

(3) *Fläche* des Sektors $O P_1 P_2$ (im Bild III-183 *grau* unterlegt):

$$A = \frac{1}{6} a^2 \left(\varphi_2^3 - \varphi_1^3 \right)$$

r_1, r_2 bzw. φ_1, φ_2: Polarkoordinaten der Punkte P_1, P_2

(4) *Fläche*, die bei der ersten (vollen) Umdrehung von der Spirale eingeschlossen wird (im Winkelbereich von $\varphi_1 = 0$ bis $\varphi_2 = 2\pi$):

$$A = \frac{4}{3} \pi^3 a^2$$

(5) *Länge* (Umfang) des Bogens $\overset{\frown}{P_1 P_2}$:

$$s = \frac{a}{2} \left[\varphi \cdot \sqrt{\varphi^2 + 1} + \ln \left(\varphi + \sqrt{\varphi^2 + 1} \right) \right]_{\varphi_1}^{\varphi_2} =$$

$$= \frac{a}{2} \left[\varphi \cdot \sqrt{\varphi^2 + 1} + \operatorname{arsinh} \varphi \right]_{\varphi_1}^{\varphi_2}$$

Hinweis: $[f(\varphi)]_{\varphi_1}^{\varphi_2} = f(\varphi_2) - f(\varphi_1)$

Differenzbildung zweier Funktionswerte einer Funktion $f(\varphi)$

■ **Beispiele aus der Technik**

(1) Speichermedien wie z. B. Audio- oder Videokassetten rollen sich in Form einer *Archimedischen* Spirale auf.

(2) Spuren (Informationen) auf Schallplatten oder CD's sind in Form einer *Archimedischen* Spirale angeordnet. ■

14.5.2 Logarithmische Spirale

Eine Spirale wird als *Logarithmische Spirale* bezeichnet, wenn sich mit jeder Umdrehung um ihren Mittelpunkt (Zentrum, auch Pol genannt der *Abstand* r eines Kurvenpunktes vom Pol um den *gleichen* Faktor verändert. Besonders einfach lässt sich eine solche schneckenförmige Spirale in Polarkoordinaten r, φ beschreiben.

Polarkoordinatendarstellung einer Logarithmischen Spirale (Drehung im Gegenuhrzeigersinn, siehe Bild III-184)

$$r = a \cdot e^{b\varphi} \qquad (a > 0; b > 0) \tag{III-216}$$

φ: Drehwinkel (*Polarwinkel* des laufenden Kurvenpunktes) im Bogenmaß $(0 \leq \varphi < \infty)$; Drehung im Gegenuhrzeigersinn

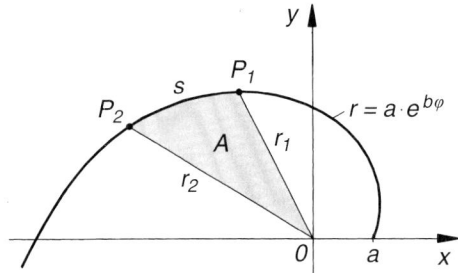

Bild III-184
Typischer Verlauf einer Logarithmischen Spirale

Eigenschaften einer Logarithmischen Spirale

(1) Der Bahnradius r (Abstand des laufenden Kurvenpunktes vom Pol) wächst *proportional* zur Bogenlänge.

(2) Jeder vom Pol ausgehende Strahl schneidet die Kurve unter dem gleichen Winkel.

(3) Darstellung der Kurve in der *Parameterform*:

$$x = r \cdot \cos \varphi = a \cdot e^{b\varphi} \cdot \cos \varphi; \quad y = r \cdot \sin \varphi = a \cdot e^{b\varphi} \cdot \sin \varphi$$

(4) *Fläche* des Sektors OP_1P_2 (im Bild III-184 grau unterlegt):

$$A = \frac{r_2^2 - r_1^2}{4b} = \frac{a^2}{4b} \left[e^{2b\varphi} \right]_{\varphi_1}^{\varphi_2}$$

r_1, r_2 bzw. φ_1, φ_2: Polarkoordinaten der Kurvenpunkte P_1, P_2

(5) Länge (Umfang) des Bogens $\overset{\frown}{P_1P_2}$:

$$s = \frac{\sqrt{1+b^2}}{b}(r_2 - r_1) = \frac{a \cdot \sqrt{1+b^2}}{b}\left[e^{b\varphi}\right]_{\varphi_1}^{\varphi_2}$$

(6) Erweiterung für Drehungen im *Uhrzeigersinn*, d.h. negative Drehwinkel ($\varphi \leq 0$): Die Kurve windet sich dann mit *abnehmenden* Abstand r immer enger um den Pol, ohne diesen jemals zu erreichen ($r \neq 0$).

Übungsaufgaben

Zu Abschnitt 1

1) Bestimmen Sie für die folgenden Funktionen den *größtmöglichen* Definitionsbereich sowie den Wertebereich:

   a) $y = \dfrac{x}{x^2 + 1}$ b) $y = \sqrt{x^2 - 1}$ c) $y = \ln|x|$

   d) $y = \dfrac{x^2}{4x^2 - 16}$ e) $y = \sqrt{x^2 - 0{,}5x - 3}$ f) $y = \dfrac{x-1}{x+1}$

2) Bestimmen Sie den jeweils *größtmöglichen* Definitionsbereich und zeichnen Sie anschließend den Verlauf der Funktion:

   a) $y = -\sqrt{2x + 6}$ b) $y = \dfrac{1}{|x-1|}$ c) $y = e^{|x|}$

3) Bei einem schwingungsfähigen mechanischen System wurden folgende Auslenkungen y in Abhängigkeit von der Zeit t gemessen (aperiodisches Verhalten):

t/s	0	0,1	0,2	0,3	0,4	0,5	0,6
y/cm	4	2,87	2,01	1,37	0,90	0,55	0,30

t/s	0,7	0,8	0,9	1	1,1	1,2	1,3
y/cm	0,12	0	$-0,08$	$-0,14$	$-0,17$	$-0,18$	$-0,19$

t/s	1,4	1,5	1,6	1,7	1,8	1,9	2
y/cm	$-0,18$	$-0,17$	$-0,16$	$-0,15$	$-0,14$	$-0,12$	$-0,11$

t/s	2,3	2,5	3	3,5
y/cm	$-0,08$	$-0,06$	$-0,03$	$-0,01$

Skizzieren Sie den Funktionsverlauf $y = y(t)$ in einem geeigneten Maßstab.

4) Eine Funktion ist durch die Parametergleichungen

$$x(t) = 0,5\,t, \qquad y(t) = \sqrt{t} + t - 2 \qquad (t \geq 0)$$

definiert. Stellen Sie die Funktion *explizit*, d. h. in der Form $y = y(x)$ dar und skizzieren Sie den Funktionsverlauf im Intervall $0 \leq t \leq 15$ (Schrittweite: $\Delta t = 1$). Welche Koordinaten gehören zu den Parameterwerten $t_1 = 1,5$ und $t_2 = 5$?

Zu Abschnitt 2

1) Bestimmen Sie das *Symmetrieverhalten* der folgenden Funktionen in ihrem *maximalen* Definitionsbereich:

   a) $y = 4x^2 - 16$ b) $y = \dfrac{x^3}{x^2 + 1}$ c) $y = \sin x \cdot \cos x$

   d) $y = |x^2 - 4|$ e) $y = \dfrac{x^2 - 1}{1 + x^2}$ f) $y = \sqrt{x^2 - 25}$

   g) $y = \dfrac{1}{x - 1}$ h) $y = 4 \cdot \sin^2 x$

2) Wo besitzen die folgenden Funktionen *Nullstellen*?

   a) $y = \dfrac{x^2 - 9}{x + 1}$ b) $y = \sin\left(x - \dfrac{\pi}{4}\right)$

   c) $y = x^4 - 4x^2 - 45$ d) $y = (x - 1) \cdot e^x$

3) Untersuchen Sie die folgenden Funktionen auf *Monotonie*:

a) $y = x^4$ b) $y = \sqrt{x-1}$ $(x \geq 1)$ c) $y = x^3 + 2x$

d) $y = |x^2 - 2x + 1|$ $(x \geq 1)$ e) $y = e^{2x}$

f) $y = -2 \cdot \ln(2x - 4)$ $(x > 2)$

4) Zeigen Sie: Die Funktion $y(t) = 2 \cdot \sin t - 4 \cdot \cos t$ hat die Periode $p = 2\pi$.

5) Wie lauten die *Umkehrfunktionen* von:

a) $y = \dfrac{1}{2x}$ $(x > 0)$ b) $y = \sqrt{3x}$ $(x > 0)$ c) $y = 2 \cdot e^{x-0,5}$

Zu Abschnitt 3

1) Wie ändert sich die Funktionsgleichung von $y = x^2 - \sin x + 3$

   a) bei Verschieben der Kurve um drei Einheiten in *positiver* x-Richtung und zwei Einheiten in *negativer* y-Richtung,

   b) bei Verschieben der Kurve um jeweils fünf Einheiten in *positiver* x-Richtung und *positiver* y-Richtung?

2) Führen Sie die Parabel mit der Funktionsgleichung $y = 2x^2 - 16x + 28,5$ durch eine geeignete *Koordinatentransformation (Parallelverschiebung)* auf die Parabel $y = 2x^2$ zurück.

3) Zeigen Sie, dass die Sinuskurve mit der Funktionsgleichung $y = \sin\left(x - \dfrac{\pi}{4}\right) - 2$ durch *Parallelverschiebung* der Sinuskurve $y = \sin x$ entsteht.

4) Der Mittelpunktskreis $x^2 + y^2 = 16$ soll *parallel* zu den Koordinatenachsen so verschoben werden, dass sein Mittelpunkt in den Punkt $M = (-2; 5)$ fällt. Wie verändert sich dabei die Kreisgleichung?

5) Wie lauten die *Polarkoordinaten* folgender Punkte?

   $P_1 = (4; -12)$ $P_2 = (-3; -3)$ $P_3 = (5; -4)$

   Lageskizze anfertigen, Winkel φ als *Hauptwert* angeben.

6) Von einem Punkt P sind die Polarkoordinaten r, φ bekannt. Wie lauten seine *kartesischen* Koordinaten?

   a) P: $r = 10$, $\varphi = 35°$ b) P: $r = 3,56$, $\varphi = 256,5°$

7) Skizzieren Sie den Verlauf der folgenden, in *Polarkoordinaten* dargestellten Kurven:

   a) $r(\varphi) = 1 + \sin \varphi$ $(0 \leq \varphi < 2\pi)$ b) $r(\varphi) = e^{0,5\varphi}$ $(0 \leq \varphi \leq \pi)$

8) Gegeben ist die in kartesischen Koordinaten dargestellte Kurve mit der (impliziten) Funktionsgleichung $(x^2 + y^2)^2 - 2xy = 0$.

   a) Wie lautet die Funktionsgleichung in *Polarkoordinaten*?
   b) Skizzieren Sie den Kurvenverlauf.

Zu Abschnitt 4

1) Bestimmen Sie das *Bildungsgesetz* der unendlichen Folgen:

   a) $0{,}2;\ 0{,}04;\ 0{,}008;\ \ldots$ b) $\dfrac{1}{2};\ \dfrac{4}{3};\ \dfrac{9}{4};\ \ldots$ c) $\dfrac{1}{2};\ \dfrac{2}{4};\ \dfrac{3}{8};\ \ldots$

2) Zeichnen Sie den *Graph* der Zahlenfolge
   $$\langle a_n \rangle = \left\langle \frac{n^2}{n^2 + 10} \right\rangle \quad (n \in \mathbb{N}^*)$$

3) Bestimmen Sie den *Grenzwert* der Zahlenfolgen für $n \to \infty$:

   a) $\langle a_n \rangle = \left\langle \dfrac{2n+1}{4n} \right\rangle$ b) $\langle a_n \rangle = \left\langle \dfrac{n^2+4}{n} \right\rangle$

   c) $\langle a_n \rangle = \left\langle \dfrac{n^2+4n-1}{n^2-3n} \right\rangle$

4) Berechnen Sie (gegebenenfalls nach *elementaren* Umformungen) die folgenden Grenzwerte:

   a) $\lim\limits_{x \to 1} \dfrac{x^2-1}{x^2+1}$ b) $\lim\limits_{x \to -3} \dfrac{x^2-x-12}{x+3}$ c) $\lim\limits_{x \to 0} \dfrac{\sin(2x)}{\sin x}$

   d) $\lim\limits_{x \to 2} \dfrac{(x-2)(3x+1)}{4x-8}$ e) $\lim\limits_{x \to \infty} \dfrac{x^3-2x+3}{x^2+1}$

   f) $\lim\limits_{x \to 0} \dfrac{\sqrt{1+x}-1}{x}$ g) $\lim\limits_{x \to \infty} \dfrac{x^2}{x^2-4x+1}$ h) $\lim\limits_{x \to 1} \dfrac{x^4-1}{x-1}$

5) Welchen Grenzwert besitzt die Funktion $f(x) = \dfrac{1-x}{1-\sqrt{x}}$ für $x \to 1$?

   Anleitung: Erweitern Sie zunächst die Funktionsgleichung mit $1+\sqrt{x}$.

6) Zeigen Sie: Die Funktion $f(x) = \sqrt{x+2} - \sqrt{x}$ besitzt für $x \to \infty$ den Grenzwert $g = 0$.

Übungsaufgaben

7) An welchen Stellen besitzen die folgenden Funktionen *Definitionslücken*?

  a) $y = \dfrac{x+2}{x-4}$ b) $y = \dfrac{x^2 + 4x + 8}{x^2 + 3x + 2}$ c) $y = \dfrac{\sin x}{x}$

  d) $y = \dfrac{1}{\sin x}$ e) $y = \dfrac{1}{x-1} - \dfrac{2}{(x+1)^2} + \dfrac{1}{3(x-8)}$

8) Zeigen Sie, dass die Funktion

$$f(x) = \begin{cases} x & x \leq 0 \\ x-2 & x > 0 \end{cases} \text{ für }$$

  an der Stelle $x_0 = 0$ *unstetig* ist.

9) Zeigen Sie: Die für alle $x \in \mathbb{R}$ definierte Funktion

$$f(x) = \begin{cases} \dfrac{x^2 - 1}{x - 1} & x \neq 1 \\ 2 & x = 1 \end{cases} \text{ für }$$

  ist an der Stelle $x_0 = 1$ *stetig*.

10) Lassen sich die Definitionslücken der Funktion $y = \dfrac{x^2 - x}{x^3 - x^2 + x - 1}$ beheben?

Zu Abschnitt 5

1) Geben Sie die Funktionsgleichung der durch $P_1 = (1,5;\, 2)$ und $P_2 = (-3;\, 3)$ verlaufenden Gerade in der *Hauptform* und in der *Achsenabschnittsform* an.

2) Der elektrische *Widerstand* R eines Leiters hängt nach der Gleichung

$$R = R_0 (1 + \alpha \, \Delta \vartheta)$$

  von der Temperatur ϑ ab (R_0: Widerstand bei 20 °C; $\alpha > 0$: Temperaturkoeffizient; $\Delta \vartheta$: Temperaturänderung gegenüber 20 °C). Welchen Widerstand besitzt eine Kupferleitung bei 50 °C, wenn ihr Widerstand bei 20 °C genau $R_0 = 100\,\Omega$ beträgt ($\alpha_{Cu} = 4 \cdot 10^{-3}/°C$)?

3) Bringen Sie die folgenden Parabelgleichungen in die *Produkt-* und *Scheitelpunktsform*:

  a) $y = -2x^2 - 4x + 3$ b) $y = 5x^2 + 20x + 20$

  c) $y = 2x^2 + 10x$ d) $y = 4x^2 + 8x - 60$

4) Gegeben sind die drei Punkte $P = (1; 2)$, $Q = (4; 3)$ und $R = (8; 0)$. Wie lautet die Gleichung der durch diese Punkte verlaufenden *Parabel* in der Normal-, Produkt- und Scheitelpunktsform? Wo liegt der Scheitelpunkt S der Parabel?

5) Die Flugbahn eines Geschosses laute (der Luftwiderstand bleibt *unberücksichtigt*):

$$y(x) = -x^2 + 5x + 4 \qquad \text{(Abschussort: } x = 0, \; y = 4)$$

  a) Welche maximale Höhe y_{max} erreicht das Geschoss?
  b) An welcher Stelle erreicht das Geschoss die Erdoberfläche $(y = 0)$?

6) Bestimmen Sie die Gleichung der *Parabel* mit den folgenden Eigenschaften:
  a) Nullstellen in $x_1 = 1$ und $x_2 = -5$
  b) Ordinate des Scheitelpunktes: $y_0 = 18$

7) Zerlegen Sie die folgenden Polynomfunktionen in *Linearfaktoren*. Wie lautet die jeweilige Produktdarstellung?

  a) $y = x^3 - 4x^2 + 4x - 16$ \qquad b) $y = 0{,}5(3x^2 - 1)$
  c) $y = -3x^3 + 18x^2 - 33x$ \qquad d) $y = -2x^3 + 8x^2 - 8x$
  e) $y = -x^3 - 6x^2 - 12x - 8$

8) Skizzieren Sie den Funktionsgraph von $z = 4t^3 - 16t^2 + 16t$ unter *ausschließlicher* Verwendung der Lage und Vielfachheit der Polynomnullstellen.

9) Die folgenden Polynomfunktionen besitzen mindestens eine *ganzzahlige* Nullstelle. Bestimmen Sie die übrigen Nullstellen und geben Sie die Funktionen in der Produktform an:

  a) $y = x^3 - 2x^2 - 5x + 6$ \qquad b) $z = -2t^4 - 2t^3 - 4t + 8$

10) Berechnen Sie den Funktionswert des Polynoms $f(x)$ an der Stelle x_0 unter Verwendung des Horner-Schemas:

  a) $f(x) = 4{,}5x^3 - 5{,}1x^2 + 4x - 3, \qquad x_0 = -1{,}51$
  b) $f(x) = -9{,}32x^3 - 2{,}54x + 10{,}56, \qquad x_0 = 3{,}56$

11) Zeigen Sie: Die Polynomfunktion $y = 3x^3 + 18x^2 + 9x - 30$ besitzt an der Stelle $x_1 = -5$ eine Nullstelle. Bestimmen Sie unter Verwendung des Horner-Schemas das 1. reduzierte Polynom, die übrigen Nullstellen, die Produktform des Polynoms sowie den Funktionswert an der Stelle $x_0 = -3{,}25$. Skizzieren Sie grob den Funktionsverlauf.

12) Von einer ganzrationalen Funktion 4. Grades sind folgende Eigenschaften bekannt:
   a) $y(x)$ ist eine *gerade* Funktion;
   b) Nullstellen liegen bei $x_1 = 3$ und $x_2 = 6$;
   c) Der Funktionsgraph schneidet die y-Achse an der Stelle $y(0) = -3$.

   Wie lautet die Funktionsgleichung?

13) Die folgenden Polynomfunktionen besitzen *mindestens zwei* ganzzahlige Nullstellen. Berechnen Sie unter Verwendung des Horner-Schemas sämtliche Nullstellen der Funktionen. Wie lautet die Zerlegung in Linearfaktoren?

   a) $y = x^4 - x^3 - x^2 - x - 2$ b) $y = 2x^4 + 8x^3 - 12x^2 - 8x + 10$

14) Bestimmen Sie das jeweilige Interpolationspolynom von Newton durch die vorgegebenen Stützpunkte:

   a) $P_0 = (-1; -2)$, $P_1 = (1; 10)$, $P_2 = (2; 11)$, $P_3 = (5; -10)$

   b) $P_0 = (-1; -13{,}1)$, $P_1 = (2; -17{,}9)$, $P_2 = (4; 32{,}9)$, $P_3 = (6; 322{,}9)$

   c) $A = (-4; 50{,}05)$, $B = (1; 7{,}8)$, $C = (2; -4{,}55)$, $D = (5; 91)$

   d) $P_0 = (-4; 594)$, $P_1 = (-2; -252)$, $P_2 = (1; -96)$, $P_3 = (3; 48)$, $P_4 = (8; 198)$

15) Von der logarithmischen Funktion $y = \ln(1 + x^2)$ sind im Intervall $1 \leq x \leq 2$ folgende fünf Werte bekannt:

k	0	1	2	3	4
x_k	1	1,25	1,5	1,75	2
y_k	0,693 147	0,940 983	1,178 655	1,401 799	1,609 438

Bestimmen Sie das Newtonsche Interpolationspolynom 4. Grades durch diese Punkte und berechnen Sie mit dieser Näherungsfunktion den Funktionswert an den Stellen $x_1 = 1{,}1$ und $x_2 = 1{,}62$. Vergleichen Sie die *berechneten* Werte mit den *exakten* Funktionswerten.

Zu Abschnitt 6

1) Wo besitzen die folgenden *gebrochenrationalen* Funktionen Nullstellen, wo Pole?

   a) $y = \dfrac{x^2 + x - 2}{x - 2}$

   b) $y = \dfrac{x^3 - 5x^2 - 2x + 24}{x^3 + 3x^2 + 2x}$

   c) $y = \dfrac{x^2 - 2x + 1}{x^2 - 1}$

   d) $y = \dfrac{x^3 - 4x^2 - 4x}{x^4 - 4}$

   e) $y = \dfrac{(x^2 - 1)(x^2 - 25)}{x^3 + 4x^2 - 5x}$

   Hinweis: Vorhandene Definitionslücken (falls möglich) vorher beheben.

2) Bestimmen Sie für die folgenden *gebrochenrationalen* Funktionen Nullstellen, Pole und ihre Asymptote im Unendlichen und skizzieren Sie grob den Funktionsverlauf:

   a) $y = \dfrac{x^2 - 4}{x^2 + 1}$

   b) $y = \dfrac{x^3 - 6x^2 + 12x - 8}{x^2 - 4}$

   c) $y = \dfrac{x^3 - 5x^2 + 8x - 4}{x^3 - 6x^2 + 12x - 8}$

   d) $y = \dfrac{(x - 1)^2}{(x + 1)^2}$

3) Eine *gebrochenrationale* Funktion besitzt die folgenden Eigenschaften:

   a) Nullstellen: $x_1 = 2$ (einfach), $x_2 = -4$ (doppelt)

   b) Pole: $x_3 = -1$, $x_4 = 1$ (jeweils von 1. Ordnung)

   c) Schnittstelle mit der y-Achse: $y(0) = 4$

   Weitere Nullstellen und Pole liegen *nicht* vor. Wie lautet die Funktionsgleichung?

4) Ein vom Strom I durchflossener Leiter ist von einem Magnetfeld umgeben, dessen Feldlinien in Form konzentrischer Kreise um die Leiterachse verlaufen. Für den Betrag der magnetischen Feldstärke H gilt dabei in Abhängigkeit vom Abstand r von der Leiterachse:

   $$H(r) = \dfrac{I}{2\pi r} \qquad (r > 0)$$

   Skizzieren Sie diese Funktion für $I = 10\,\text{A}$.

Zu Abschnitt 7

1) Skizzieren Sie die Potenzfunktion $y = x^{-3/2}$ im Intervall $0 < x \leq 3$ (punktweise Berechnung mit der Schrittweite $\Delta x = 0{,}2$).

2) Beim freien Fall *ohne* Berücksichtigung des Luftwiderstandes erreicht ein Körper nach Durchfallen der Strecke h die Geschwindigkeit $v = v(h) = \sqrt{2gh}$. Skizzieren Sie diese Funktion im Intervall $0 \leq h/\text{m} \leq 100$ ($g = 9{,}81\,\text{m/s}^2$).

Zu Abschnitt 8

1) $A = (2; 1)$, $B = (-5; 0)$ und $C = (8; 2)$ sind Punkte eines *Kreises*. Bestimmen Sie die Kreisgleichung. Welchen Radius besitzt der Kreis und wo liegt sein Mittelpunkt?

2) Bestimmen Sie die Gleichung eines *Kreises*, der die x-Achse in $P_1 = (3; 0)$ berührt und durch den Punkt $P_2 = (0; 1)$ geht.

3) Welche *Kegelschnitte* werden durch die folgenden *algebraischen* Gleichungen 2. Grades dargestellt? Wo liegt der Mittelpunkt bzw. Scheitelpunkt?

   Anleitung: Die Kegelschnittgleichung durch *quadratische Ergänzung* auf die jeweilige Hauptform bringen.

   a) $x^2 - 2x + y^2 + 4y - 20 = 0$ b) $x^2 - y^2 - 4 = 0$

   c) $9x^2 + 16y^2 - 18x = 135$ d) $2x^2 + 2y^2 + 12x - 6y = 0$

   e) $2y^2 - 9x + 12y = 0$ f) $x^2 - 2x + 4y^2 + 8y = 2$

   g) $4x^2 + 9y^2 - 4x + 24y = 127$ h) $y^2 + 2x = 4y$

4) Ein *parabolischer* Brückenträger besitzt die Spannweite 200 m. Die Fahrbahn liegt 10 m über den Auflagern und 20 m unterhalb des Scheitelpunktes des Trägers (Bild III-185). Bestimmen Sie die Gleichung des Brückenbogens und die Schnittpunkte von Fahrbahn und Bogen.

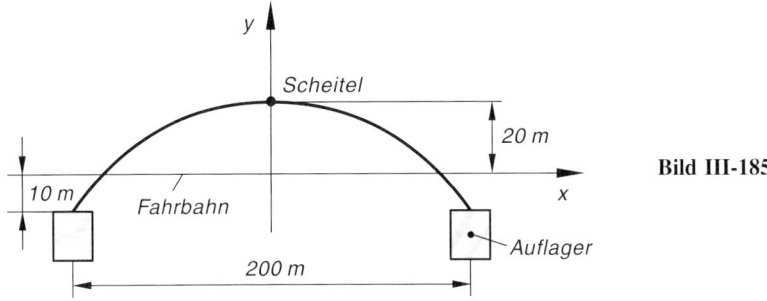

Bild III-185

Zu Abschnitt 9 und 10

1) Rechnen Sie die folgenden Winkel vom Grad- ins Bogenmaß bzw. vom Bogen- ins Gradmaß um:

Gradmaß	40,36°			278,19°	−78,46°		118,6°
Bogenmaß		1,4171	−5,6213			0,0843	

2) Berechnen Sie die folgenden Funktionswerte:

   a) $\sin 12{,}5°$ b) $\cos 128{,}3°$ c) $\cos 5{,}2$ d) $\tan(-3{,}18)$

   e) $\cos 1{,}4°$ f) $\cot 120°$ g) $\tan 14{,}8$ h) $\sin(-3{,}56)$

   i) $\cot(-1{,}46)$ j) $\sin\left(\dfrac{3}{8}\pi\right)$

3) Leiten Sie aus dem *Additionstheorem* der Kosinusfunktion die wichtige trigonometrische Beziehung $\sin^2 x + \cos^2 x = 1$ her (sog. *trigonometrischer Pythagoras*).

4) Die Sinusfunktion $y = \sin x$ ist im Intervall $0 \leq x \leq \pi$ durch eine Parabel zu ersetzen, die mit ihr in den beiden Nullstellen und dem Extremwert (Maximum) übereinstimmt. Wie lautet die Funktionsgleichung der Parabel?

5) Bestimmen Sie für die folgenden periodischen Funktionen Amplitude A, Periode p und Phasenverschiebung x_0:

   a) $y = 2 \cdot \sin\left(3x - \dfrac{\pi}{6}\right)$ b) $y = 5 \cdot \cos(2x + 4{,}2)$

   c) $y = 10 \cdot \sin(\pi x - 3\pi)$ d) $y = 2{,}4 \cdot \cos\left(4x - \dfrac{\pi}{2}\right)$

6) Skizzieren Sie den Funktionsverlauf von:

   a) $y = 4 \cdot \sin(3x + 2)$ b) $y = 2 \cdot \cos(2x - \pi)$

7) Von einer Sinusschwingung der Form $y(t) = A \cdot \sin(\omega t + \varphi)$ mit $A > 0$ und $\omega > 0$ sind folgende Daten bekannt:

   a) Das 1. Maximum $y_{\max} = 5\,\text{cm}$ wird nach $t_1 = 3\,\text{s}$,

   b) das 1. Minimum $y_{\min} = -5\,\text{cm}$ nach $t_2 = 10\,\text{s}$ erreicht.

   Bestimmen Sie A, ω und φ und skizzieren Sie den Funktionsverlauf.

8) Wie lautet die Funktionsgleichung des in Bild III-186 skizzierten *sinusförmigen* Wechselstroms $i(t) = i_0 \cdot \sin(\omega t + \varphi)$ mit $i_0 > 0$?

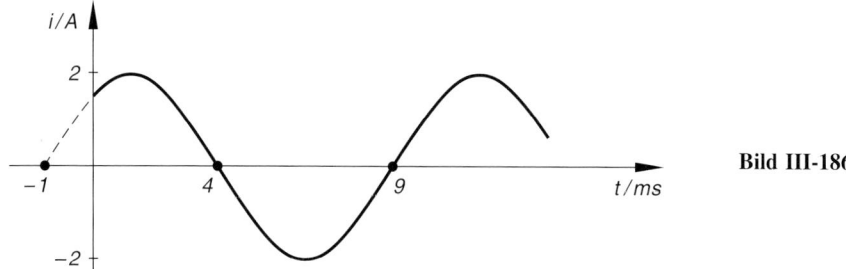

Bild III-186

9) Skizzieren Sie den Funktionsverlauf der folgenden *harmonischen* Schwingungen:

   a) $y = 2 \cdot \sin(2t - 4)$ b) $y = 3 \cdot \cos\left(0{,}5t - \dfrac{\pi}{8}\right)$

10) Skizzieren Sie ausgehend von der Funktion $y = \sin x$ die Funktion $y = 1 - \sin^2 x$. Wie groß ist ihre Periode, wo liegen ihre Nullstellen und relativen Extremwerte?

11) Die folgenden Schwingungen sind mit Hilfe des Zeigerdiagramms durch eine *Sinusschwingung* vom Typ $y(t) = A \cdot \sin(\omega t + \varphi)$ mit $A > 0$ und $\omega > 0$ darzustellen (Zeigerdiagramm verwenden; φ als Hauptwert angeben):

   a) $y = 5 \cdot \cos(3t + \pi)$ b) $y = 3 \cdot \cos(\pi t - \pi/6)$

   c) $y = -3 \cdot \cos\left(2t - \dfrac{\pi}{4}\right)$ d) $y = -4 \cdot \sin(0{,}5t + 3)$

12) Zeigen Sie anhand des *Zeigerdiagramms* die Richtigkeit der folgenden trigonometrischen Beziehungen:

   a) $\cos t = \sin\left(t + \dfrac{\pi}{2}\right)$ b) $\sin t = \cos\left(t - \dfrac{\pi}{2}\right)$

13) Berechnen Sie die folgenden Funktionswerte:

   a) $\arcsin 0{,}563$ b) $\arctan(-3{,}128)$ c) $\arccos 0{,}473$

   d) $5 \cdot \arcsin \sqrt{0{,}6}$ e) $\arctan(\pi/3)$ f) $\operatorname{arccot} \pi$

   g) $\arcsin 0{,}926$ h) $\arccos(-3 \cdot \sqrt{0{,}1})$

14) Gegeben sind die beiden *gleichfrequenten* Wechselspannungen $u_1(t)$ und $u_2(t)$. Berechnen Sie die durch *Superposition* entstehende resultierende Wechselspannung $u(t) = u_1(t) + u_2(t) = u_0 \cdot \sin(\omega t + \varphi)$.

   a) $u_1(t) = 100\,\text{V} \cdot \sin(\omega t)$
   $u_2(t) = 160\,\text{V} \cdot \cos\left(\omega t - \dfrac{\pi}{4}\right)$ $(\omega = 500\,\text{s}^{-1})$

   b) $u_1(t) = 380\,\text{V} \cdot \sin\left(\omega t - \dfrac{\pi}{6}\right)$
   $u_2(t) = 200\,\text{V} \cdot \sin\left(\omega t + \dfrac{\pi}{8}\right)$ $(\omega = 1000\,\text{s}^{-1})$

15) Bringen Sie die beiden *gleichfrequenten* mechanischen Schwingungen

$$y_1(t) = 12\,\text{cm} \cdot \sin\left(4{,}5\,\text{s}^{-1} \cdot t + \frac{\pi}{5}\right)$$

und

$$y_2(t) = 20\,\text{cm} \cdot \cos\left(4{,}5\,\text{s}^{-1} \cdot t + \frac{\pi}{3}\right)$$

zur ungestörten Überlagerung und berechnen Sie die Amplitude A und Phase φ der resultierenden Schwingung in der Sinusform. Skizzieren Sie ferner beide Einzelschwingungen sowie die resultierende Schwingung im Zeigerdiagramm.

16) Bestimmen Sie *sämtliche* reellen Lösungen der folgenden *trigonometrischen* Gleichungen:

a) $\sin(2x + 5) = 0{,}4$ b) $\tan 2(x + 1) = 1$

c) $\sqrt{\cos(x - 1)} = \dfrac{1}{\sqrt{2}}$ d) $\sin x = \sqrt{1 - \sin^2 x}$

17) Beweisen Sie: $\sin(\arccos x) = \sqrt{1 - x^2}$ $(-1 \leq x \leq 1)$

18) $x(t)$ und $y(t)$ sind zwei aufeinander *senkrecht* stehende Schwingungen *gleicher* Frequenz. Bestimmen Sie die durch ungestörte Überlagerung entstehenden *Lissajous-Figuren* für:

a) $x(t) = 3\,\text{cm} \cdot \sin(5\,\text{s}^{-1} \cdot t)$, $y(t) = -4\,\text{cm} \cdot \cos(5\,\text{s}^{-1} \cdot t)$

b) $x(t) = -5\,\text{cm} \cdot \cos(2\,\text{s}^{-1} \cdot t)$, $y(t) = -5\,\text{cm} \cdot \sin(2\,\text{s}^{-1} \cdot t)$

Zu Abschnitt 11, 12 und 13

1) Eine *radioaktive* Substanz zerfällt nach dem Zerfallsgesetz $n(t) = n_0 \cdot e^{-\lambda t}$ ($t \geq 0$). Für das Element Radon $^{222}_{86}\text{Rn}$ besitzt die Zerfallskonstante λ den Wert $\lambda = 2{,}0974 \cdot 10^{-6}\,\text{s}^{-1}$. Berechnen Sie die Halbwertszeit τ.

2) Wird ein Kondensator mit der Kapazität C über einen ohmschen Widerstand R entladen, so nimmt seine Ladung q exponentiell mit der Zeit t nach der Gleichung $q(t) = q_0 \cdot e^{-\frac{t}{RC}}$ mit $t \geq 0$ ab. Berechnen Sie den Zeitpunkt T, von dem an die Kondensatorladung *unter* 10% ihres Anfangswertes $q(0) = q_0$ gesunken ist (Zeitkonstante $RC = 0{,}3\,\text{ms}$).

3) Bestimmen Sie aus der *barometrischen Höhenformel* $p(h) = 1{,}013\,\text{bar} \cdot e^{-\frac{h}{7991\,\text{m}}}$ den Luftdruck p in den Höhen $h_1 = 500\,\text{m}$, $h_2 = 1000\,\text{m}$, $h_3 = 2000\,\text{m}$, $h_4 = 5000\,\text{m}$ und $h_5 = 8000\,\text{m}$.

4) Durch die Gleichung $y(t) = 2 \cdot e^{-0,2t} \cdot \cos(\pi t)$ mit $t \geq 0$ wird eine *gedämpfte Schwingung* beschrieben. Skizzieren Sie den Schwingungsvorgang im Intervall $0 \leq t \leq 2$ (Schrittweite: $\Delta t = 0,1$).

5) Wir betrachten einen Stromkreis mit einer Induktivität L und einem ohmschen Widerstand R. Beim Einschalten der Gleichspannungsquelle erreicht der Strom i infolge der *Selbstinduktion* erst nach einiger Zeit den nach dem Ohmschen Gesetz erwarteten Endwert i_0. Dabei gilt:

$$i(t) = i_0 \left(1 - e^{-\frac{R}{L}t}\right) \qquad (t \geq 0)$$

Berechnen Sie für die speziellen Werte $i_0 = 4\,\text{A}$, $R = 5\,\Omega$ und $L = 2,5\,\text{H}$ den Zeitpunkt t_1, in dem die Stromstärke 95 % ihres Endwertes erreicht hat. Skizzieren Sie die Strom-Zeit-Funktion.

6) Bestimmen Sie die Parameter a und b der Funktion $y = a \cdot e^{-bx} + 2$ so, dass die Punkte $A = (0; 10)$ und $B = (5; 3)$ auf der Kurve liegen.

7) Wie sind die Parameter a und b zu wählen, damit die Kurve $y = a \cdot e^{-bx^2}$ durch die Punkte $A = (3,5; 12)$ und $B = (8; 2,4)$ verläuft?

8) Eine Flüssigkeit mit der Anfangstemperatur T_0 wird durch ein Kühlmittel mit der (konstanten) Temperatur T_1 gekühlt ($T_1 < T_0$). Die Temperaturabnahme verläuft dabei *exponentiell* nach der Gleichung

$$T(t) = (T_0 - T_1) \cdot e^{-kt} + T_1 \qquad (t \geq 0; k > 0)$$

wobei $T(t)$ die Temperatur der Flüssigkeit zur Zeit t ist. In einem Versuch mit Öl werden bei einer Kühltemperatur von $T_1 = 20\,°\text{C}$ folgende Werte gemessen: Nach 50 min beträgt die Öltemperatur 85 °C, nach 150 min dagegen nur noch 30 °C. Bestimmen Sie T_0 und k und berechnen Sie anschließend, nach welcher Zeit t_1 das Öl eine Temperatur von 60 °C erreicht hat.

9) Der Kolben eines *KFZ-Stoßdämpfers* lege beim Einschieben einen Weg x nach dem Zeitgesetz

$$x(t) = 30\,\text{cm} \left(1 - e^{-\frac{t}{0,5\,\text{s}}}\right) \qquad (t \geq 0\,\text{s})$$

zurück. Nach welcher Zeit t_1 ist der Kolben um 15,2 cm eingeschoben?

10) Der *aperiodische Grenzfall* einer (gedämpften) Schwingung wird durch eine Funktion vom Typ $y(t) = (A + Bt) \cdot e^{-\lambda t}$ mit $t \geq 0$ beschrieben. Skizzieren Sie diese *Kriechfunktion* im Intervall $0 \leq t \leq 3$ für $A = 3$, $B = 8$ und $\lambda = 2$ (Wertetabelle mit der Schrittweite $\Delta t = 0,2$ anfertigen).

11) Ein durchhängendes Seil genüge der Gleichung $y = a \cdot \cosh(x/a)$ (*Kettenlinie*). Berechnen Sie gemäß der Skizze (Bild III-187) den Durchhang H für die Werte $a = 20$ m und $l = 90$ m.

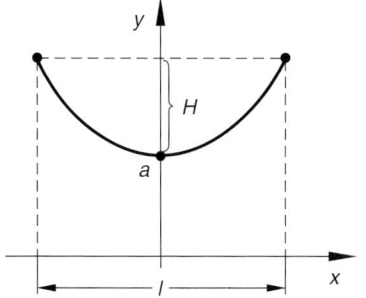

Bild III-187

12) Lösen Sie die folgenden *Exponentialgleichungen*:

   a) $e^{x^2 - 2x} = 2$ b) $e^x + 2 \cdot e^{-x} = 3$

13) Welche Lösungen besitzen die folgenden *logarithmischen* Gleichungen?

   a) $\ln \sqrt{x} + 1{,}5 \cdot \ln x = \ln(2x)$ b) $(\lg x)^2 - \lg x = 2$

Zu Abschnitt 14

1) Leiten Sie die Parameterdarstellung der gewöhnlichen Zykloide her.

2) Zeigen Sie, dass die *Astroide* ein *Sonderfall* der Hypozykloide ist für $R_0 = 4R$.

IV Differentialrechnung

1 Differenzierbarkeit einer Funktion

1.1 Das Tangentenproblem

Zunächst wollen wir anhand eines einfachen und überschaubaren Beispiels die *Problemstellung der Differentialrechnung* aufzeigen. Ausgangspunkt unserer Betrachtung ist dabei die Normalparabel mit der Funktionsgleichung $y = f(x) = x^2$. Wir stellen uns die Aufgabe, die *Steigung* der Kurventangente an der Stelle $x = 0{,}5$, d. h. im Kurvenpunkt $P = (0{,}5;\, 0{,}25)$ zu bestimmen, und lösen dieses Problem schrittweise wie folgt:

(1) In der Umgebung von P wird ein weiterer, von P *verschiedener* Parabelpunkt Q ausgewählt. Dieser kann, wie in Bild IV-1 skizziert, rechts von P oder auch links von P liegen. Bezeichnen wir die Abszissendifferenz der beiden Punkte mit Δx, so lauten ihre Koordinaten wie folgt ($\Delta x \neq 0$):

$$P = (0{,}5;\, 0{,}25), \qquad Q = (0{,}5 + \Delta x;\, (0{,}5 + \Delta x)^2) \tag{IV-1}$$

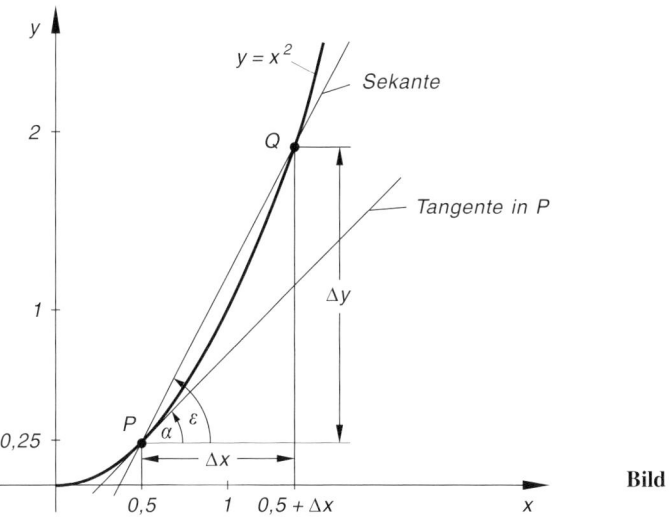

Bild IV-1

Die durch P und Q verlaufende *Sekante* besitzt dann die Steigung

$$m_s = \tan \varepsilon = \frac{\Delta y}{\Delta x} = \frac{(0{,}5 + \Delta x)^2 - 0{,}25}{\Delta x} = \frac{0{,}25 + \Delta x + (\Delta x)^2 - 0{,}25}{\Delta x} =$$

$$= \frac{\Delta x + (\Delta x)^2}{\Delta x} = \frac{\Delta x (1 + \Delta x)}{\Delta x} = 1 + \Delta x \tag{IV-2}$$

© Der/die Autor(en), exklusiv lizenziert an
Springer Fachmedien Wiesbaden GmbH, ein Teil von Springer Nature 2024
L. Papula, *Mathematik für Ingenieure und Naturwissenschaftler Band 1*,
https://doi.org/10.1007/978-3-658-45802-7_4

und stellt eine *erste Näherung* der gesuchten Tangente dar. Die Sekantensteigung m_s hängt dabei erwartungsgemäß noch von Δx, d. h. der Lage des Parabelpunktes Q ab.

(2) Wir lassen jetzt den Punkt Q *längs* der Parabel auf den Punkt P zuwandern ($Q \to P$). Dabei strebt die Abszissendifferenz Δx gegen null ($\Delta x \to 0$). Beim Grenzübergang geht die *Sekante* in die *Tangente* und die *Sekantensteigung* m_s damit in die *Tangentensteigung* m_t über. In unserem Beispiel erhalten wir (und zwar unabhängig davon, ob wir den Punkt Q links oder rechts von P gewählt haben):

$$m_t = \tan \alpha = \lim_{\Delta x \to 0} \frac{\Delta y}{\Delta x} = \lim_{\Delta x \to 0} (1 + \Delta x) = 1 \qquad \text{(IV-3)}$$

Die Kurventangente im Parabelpunkt $P = (0{,}5;\, 0{,}25)$ besitzt somit den Steigungswert $m_t = 1$. Symbolisch schreiben wir dafür:

$$y'(0{,}5) = f'(0{,}5) = 1 \qquad \text{(IV-4)}$$

(gelesen: y Strich an der Stelle 0,5 bzw. f Strich an der Stelle 0,5). Man bezeichnet diesen Grenzwert als *Ableitung der Funktion* $y = f(x) = x^2$ an der Stelle $x = 0{,}5$ und nennt die Funktion an dieser Stelle *differenzierbar*.

1.2 Ableitung einer Funktion

Wir formulieren nun das im vorangegangenen Abschnitt dargestellte *Tangentenproblem* in allgemeiner Form: *Gegeben* sei eine Funktion $y = f(x)$, *gesucht* wird die *Steigung der Kurventangente* an der Stelle x_0 d. h. im Kurvenpunkt $P = (x_0;\, y_0)$ mit $y_0 = f(x_0)$.

Die Lösung der gestellten Aufgabe erfolgt dabei in zwei Schritten:

(1) Zunächst wählen wir auf der Funktionskurve in der Nachbarschaft von $P = (x_0;\, y_0)$ einen weiteren, von P verschiedenen Kurvenpunkt Q aus (Bild IV-2).

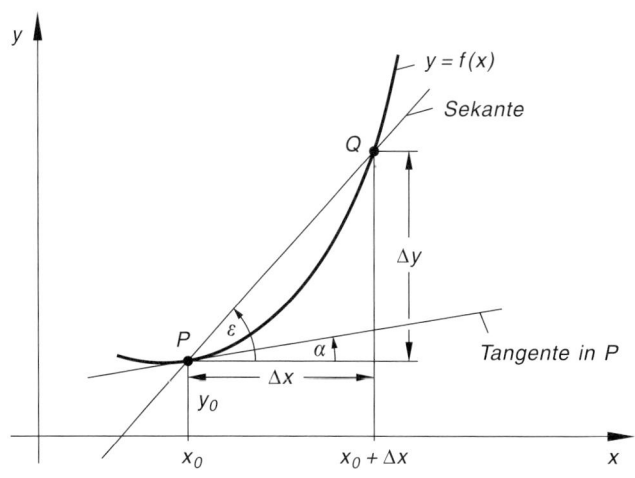

Bild IV-2
Zum Begriff der Ableitung einer Funktion

1 Differenzierbarkeit einer Funktion

Wird die Abszissendifferenz der beiden Punkte wieder mit Δx bezeichnet, so besitzen P und Q die folgenden Koordinaten:

$$P = (x_0; y_0) \quad \text{mit} \quad y_0 = f(x_0)$$
$$Q = (x_0 + \Delta x; f(x_0 + \Delta x)) \quad \text{mit} \quad \Delta x \neq 0 \tag{IV-5}$$

Die Steigung der durch die Punkte P und Q verlaufenden *Sekante* ist dann durch den sog. *Differenzenquotienten*

$$m_s = \tan \varepsilon = \frac{\Delta y}{\Delta x} = \frac{f(x_0 + \Delta x) - f(x_0)}{\Delta x} \tag{IV-6}$$

gegeben, wobei Δy die Ordinatendifferenz ist (siehe Bild IV-2).

(2) Wandert nun der Punkt Q längs der Kurve auf den Punkt P zu ($Q \rightarrow P$), so strebt *gleichzeitig* die Abszissendifferenz $\Delta x \rightarrow 0$ und beim *Grenzübergang* fällt die *Sekante* in die (gesuchte) *Tangente*. Die Tangentensteigung m_t ist somit der *Grenzwert* der Sekantensteigung m_s, d. h. der Grenzwert des Differenzenquotienten (IV-6) für $\Delta x \rightarrow 0$:

$$m_t = \tan \alpha = \lim_{\Delta x \to 0} \frac{\Delta y}{\Delta x} = \lim_{\Delta x \to 0} \frac{f(x_0 + \Delta x) - f(x_0)}{\Delta x} \tag{IV-7}$$

Man nennt diesen Grenzwert, falls er vorhanden ist, die *Ableitung der Funktion* $y = f(x)$ *an der Stelle* x_0 und kennzeichnet ihn durch eines der folgenden Symbole:

$$y'(x_0), \quad f'(x_0) \quad \text{oder} \quad \left.\frac{dy}{dx}\right|_{x=x_0} \tag{IV-8}$$

Der formale Quotient $\left.\dfrac{dy}{dx}\right|_{x=x_0}$ wird als *Differentialquotient* der Funktion $y = f(x)$ an der Stelle $x = x_0$ bezeichnet (gelesen: dy nach dx an der Stelle $x = x_0$). Wir kommen später darauf zurück.

Definition: Eine Funktion $y = f(x)$ heißt an der Stelle x_0 *differenzierbar*, wenn der Grenzwert

$$\lim_{\Delta x \to 0} \frac{\Delta y}{\Delta x} = \lim_{\Delta x \to 0} \frac{f(x_0 + \Delta x) - f(x_0)}{\Delta x} \tag{IV-9}$$

vorhanden ist. Man bezeichnet ihn als die (erste) *Ableitung* von $y = f(x)$ an der Stelle x_0 oder als *Differentialquotient* von $y = f(x)$ an der Stelle x_0 und kennzeichnet ihn durch das Symbol

$$y'(x_0), \quad f'(x_0) \quad \text{oder} \quad \left.\frac{dy}{dx}\right|_{x=x_0}$$

Anmerkungen

(1) Die Ableitung $y'(x_0)$ wird auch als *1. Ableitung* an der Stelle x_0 bezeichnet.

(2) Der Vorgang, der zur Bestimmung der Ableitung, d. h. zur Berechnung des Grenzwertes (IV-9) führt, heißt *Differentiation* oder *Differenzieren*.

(3) Wählt man den Punkt Q *rechts* (*links*) vom Punkte P, so erhält man beim Grenzübergang $Q \to P$ die *rechtsseitige* (*linksseitige*) *Ableitung*. Nur wenn beide Ableitungen *übereinstimmen*, ist die Funktion an der Stelle x_0 *differenzierbar* (siehe hierzu das nachfolgende Beispiel (4)).

(4) *Geometrische Interpretation der Ableitung:* Die *Differenzierbarkeit* einer Funktion $y = f(x)$ an der Stelle x_0 bedeutet, dass die Funktionskurve an dieser Stelle eine *eindeutig* bestimmte Tangente mit *endlicher* Steigung besitzt.

(5) Die Stelle x_0 ist eine *beliebige* Stelle aus dem Inneren des Intervalls. Wir lassen im Folgenden – wie allgemein üblich – den Index „0" weg und sprechen von der (ersten) Ableitung der Funktion $y = f(x)$ an der Stelle x.

(6) Die *Ableitungsfunktion* $y'(x) = f'(x)$ ordnet jeder Stelle x aus einem Intervall I als Funktionswert den *Steigungswert* (Grenzwert IV-9) zu. Man spricht dann kurz von der *Ableitung* der Funktion $y = f(x)$.

(7) Eine im Intervall I differenzierbare Funktion ist dort *stetig* (die Umkehrung gilt nicht, siehe hierzu das nachfolgende Beispiel (4)). Die Stetigkeit ist daher eine *notwendige* Bedingung für die Differenzierbarkeit einer Funktion.

(8) Eine Funktion $f(x)$ wird als *stetig differenzierbar* bezeichnet, wenn sie im Intervall I eine *stetige* Ableitung hat.

Eine weitere sehr nützliche Schreibweise für die Ableitung einer Funktion erhält man unter Verwendung des sog. *Differentialoperators* $\dfrac{d}{dx}$. Dieser erzeugt aus der Funktion $y = f(x)$ die *Ableitungsfunktion* $y' = f'(x)$:

$$\frac{d}{dx}[f(x)] = f'(x) \qquad (IV\text{-}10)$$

■ **Beispiele**

(1) $y = f(x) = \text{const.} = a \;\;\Rightarrow\;\; y' = f'(x) = 0$

Differenzenquotient: $\quad \dfrac{\Delta y}{\Delta x} = \dfrac{f(x + \Delta x) - f(x)}{\Delta x} = \dfrac{a - a}{\Delta x} = \dfrac{0}{\Delta x} = 0$

1. Ableitung: $\quad y' = \lim\limits_{\Delta x \to 0} \dfrac{\Delta y}{\Delta x} = \lim\limits_{\Delta x \to 0} 0 = 0$

1 Differenzierbarkeit einer Funktion

(2) $y = f(x) = x \;\Rightarrow\; y' = f'(x) = 1$

Differenzenquotient: $\dfrac{\Delta y}{\Delta x} = \dfrac{f(x + \Delta x) - f(x)}{\Delta x} = \dfrac{(x + \Delta x) - x}{\Delta x} = \dfrac{\Delta x}{\Delta x} = 1$

1. Ableitung: $y' = \lim\limits_{\Delta x \to 0} \dfrac{\Delta y}{\Delta x} = \lim\limits_{\Delta x \to 0} 1 = 1$

(3) $y = f(x) = x^2 \;\Rightarrow\; y' = f'(x) = 2x$

Differenzenquotient: $\dfrac{\Delta y}{\Delta x} = \dfrac{f(x + \Delta x) - f(x)}{\Delta x} = \dfrac{(x + \Delta x)^2 - x^2}{\Delta x} =$

$= \dfrac{x^2 + 2x \cdot \Delta x + (\Delta x)^2 - x^2}{\Delta x} =$

$= \dfrac{2x \cdot \Delta x + (\Delta x)^2}{\Delta x} = \dfrac{(2x + \Delta x)\Delta x}{\Delta x} = 2x + \Delta x$

1. Ableitung: $y' = \lim\limits_{\Delta x \to 0} \dfrac{\Delta y}{\Delta x} = \lim\limits_{\Delta x \to 0} (2x + \Delta x) = 2x$

So beträgt beispielsweise die Steigung der Tangente an der Stelle $x_1 = 0{,}5$ bzw. $x_2 = 1$:

$$y'(0{,}5) = 2 \cdot 0{,}5 = 1 \qquad \text{bzw.} \qquad y'(1) = 2 \cdot 1 = 2$$

(4) Die in Bild IV-3 dargestellte *Betragsfunktion*

$$y = f(x) = |x| = \begin{Bmatrix} x & & x \geq 0 \\ & \text{für} & \\ -x & & x < 0 \end{Bmatrix}$$

liefert ein Beispiel für eine stetige Funktion, die aber *nicht* überall in ihrem Definitionsbereich differenzierbar ist.

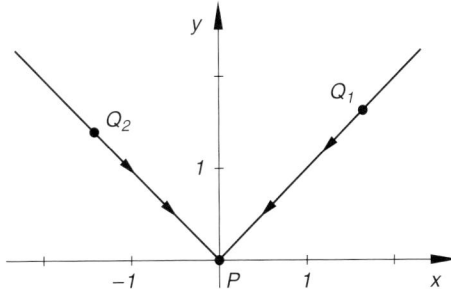

Bild IV-3 Betragsfunktion

Diese Funktion ist an der Stelle $x = 0$ *nicht differenzierbar*, da sie dort *keine* eindeutig bestimmte Tangente besitzt. Denn *rechts-* und *linksseitige* Ableitung in $x = 0$ sind zwar vorhanden, weichen jedoch voneinander ab:

Rechtsseitige Ableitung $(Q_1 \to P)$:

$$\lim_{\Delta x \to 0} \frac{f(0 + \Delta x) - f(0)}{\Delta x} = \lim_{\Delta x \to 0} \frac{\Delta x - 0}{\Delta x} = \lim_{\Delta x \to 0} (1) = 1$$

Linksseitige Ableitung $(Q_2 \to P)$:

$$\lim_{\Delta x \to 0} \frac{f(0 - \Delta x) - f(0)}{\Delta x} = \lim_{\Delta x \to 0} \frac{-\Delta x - 0}{\Delta x} = \lim_{\Delta x \to 0} (-1) = -1$$

■

1.3 Ableitung der elementaren Funktionen

Die *Ableitungen* der wichtigsten *elementaren* Funktionen lassen sich auf direktem Wege als Grenzwert des Differenzenquotienten nach der Definitionsgleichung (IV-9) gewinnen. Sie sind in der folgenden Tabelle 1 zusammengestellt.

Tabelle 1: Erste Ableitung der elementaren Funktionen

Funktion $f(x)$		Ableitung $f'(x)$
Konstante Funktion	$c = \text{const.}$	0
Potenzfunktion	$x^n \quad (n \in \mathbb{R})$	$n \cdot x^{n-1}$ (Potenzregel)
Wurzelfunktion	$\sqrt{x}$	$\dfrac{1}{2\sqrt{x}}$
Trigonometrische Funktionen	$\sin x$	$\cos x$
	$\cos x$	$-\sin x$
	$\tan x$	$\dfrac{1}{\cos^2 x}$
	$\cot x$	$-\dfrac{1}{\sin^2 x}$

1 Differenzierbarkeit einer Funktion

Tabelle 1 (Fortsetzung)

Funktion $f(x)$		Ableitung $f'(x)$
Arkusfunktionen	$\arcsin x$	$\dfrac{1}{\sqrt{1-x^2}}$
	$\arccos x$	$-\dfrac{1}{\sqrt{1-x^2}}$
	$\arctan x$	$\dfrac{1}{1+x^2}$
	$\text{arccot } x$	$-\dfrac{1}{1+x^2}$
Exponentialfunktionen	e^x	e^x
	a^x	$(\ln a) \cdot a^x$
Logarithmusfunktionen	$\ln x$	$\dfrac{1}{x}$
	$\log_a x$	$\dfrac{1}{(\ln a) \cdot x}$
Hyperbelfunktionen	$\sinh x$	$\cosh x$
	$\cosh x$	$\sinh x$
	$\tanh x$	$\dfrac{1}{\cosh^2 x}$
	$\coth x$	$-\dfrac{1}{\sinh^2 x}$
Areafunktionen	$\text{arsinh } x$	$\dfrac{1}{\sqrt{x^2+1}}$
	$\text{arcosh } x$	$\dfrac{1}{\sqrt{x^2-1}}$
	$\text{artanh } x$	$\dfrac{1}{1-x^2}$
	$\text{arcoth } x$	$\dfrac{1}{1-x^2}$

Wir beweisen jetzt exemplarisch die *Potenzregel*

$$\frac{d}{dx}(x^n) = n \cdot x^{n-1} \tag{IV-11}$$

für positiv-ganzzahlige Exponenten $(n \in \mathbb{N}^*)$. Dabei machen wir Gebrauch vom *Binomischen Lehrsatz* in der Form

$$(a+b)^n = a^n + \binom{n}{1} a^{n-1} \cdot b^1 + \binom{n}{2} a^{n-2} \cdot b^2 + \ldots + b^n \tag{IV-12}$$

(siehe Kap. I, Abschnitt 6). Für den *Differenzenquotient* der Potenzfunktion $f(x) = x^n$ folgt dann unter Verwendung dieser Entwicklungsformel mit $a = x$ und $b = \Delta x$:

$$\frac{\Delta y}{\Delta x} = \frac{f(x + \Delta x) - f(x)}{\Delta x} = \frac{(x + \Delta x)^n - x^n}{\Delta x} =$$

$$= \frac{x^n + \binom{n}{1} x^{n-1} \cdot \Delta x + \binom{n}{2} x^{n-2} \cdot (\Delta x)^2 + \ldots + (\Delta x)^n - x^n}{\Delta x} =$$

$$= \frac{\binom{n}{1} x^{n-1} \cdot \Delta x + \binom{n}{2} x^{n-2} \cdot (\Delta x)^2 + \ldots + (\Delta x)^n}{\Delta x} =$$

$$= \binom{n}{1} x^{n-1} + \binom{n}{2} x^{n-2} \cdot \Delta x + \ldots + (\Delta x)^{n-1} \tag{IV-13}$$

Beim Grenzübergang $\Delta x \to 0$ dürfen wir nach der Grenzwertregel (III-32) *gliedweise* vorgehen. Dabei verschwinden alle Glieder bis auf den *ersten* Summand. Folglich ist

$$\frac{d}{dx}(x^n) = \lim_{\Delta x \to 0} \left[\binom{n}{1} x^{n-1} + \binom{n}{2} x^{n-2} \cdot \Delta x + \ldots + (\Delta x)^{n-1} \right] =$$

$$= \binom{n}{1} x^{n-1} = n \cdot x^{n-1} \tag{IV-14}$$

Damit ist die Potenzregel für positiv-ganzzahlige Exponenten bewiesen. Sie gilt jedoch allgemein für *beliebige reelle* Exponenten. Auf den Beweis verzichten wir.

■ **Beispiele**

(1) $y = x^{2/3} \quad \Rightarrow \quad y' = \frac{2}{3} \cdot x^{-1/3} = \frac{2}{3 \cdot x^{1/3}} = \frac{2}{3 \cdot \sqrt[3]{x}}$

(2) $y = \frac{1}{\sqrt{x}} = \frac{1}{x^{1/2}} = x^{-1/2} \quad \Rightarrow$

$y' = -\frac{1}{2} \cdot x^{-3/2} = -\frac{1}{2 \cdot x^{3/2}} = -\frac{1}{2 \cdot \sqrt{x^3}}$ ∎

2 Ableitungsregeln

Wir behandeln in diesem Abschnitt eine Reihe von *Ableitungsregeln*, die das Differenzieren einer Funktion wesentlich erleichtern. Bei ihrer Herleitung benötigen wir die in Kap. III, Abschnitt 4.2.3 aufgeführten *Rechenregeln für Grenzwerte* und setzen ferner voraus, dass alle in den Formelausdrücken auftretenden Funktionen auch *differenzierbar* sind.

2.1 Faktorregel

Faktorregel

Ein *konstanter* Faktor bleibt beim Differenzieren erhalten:
$$y = C \cdot f(x) \quad \Rightarrow \quad y' = C \cdot f'(x) \qquad (C: \text{Reelle Konstante}) \qquad \text{(IV-15)}$$

Beweis der Faktorregel:

Wir setzen vorübergehend $y = g(x) = C \cdot f(x)$. Unter Verwendung der Grenzwertregel (III-31) gilt dann:

$$y' = \lim_{\Delta x \to 0} \frac{g(x + \Delta x) - g(x)}{\Delta x} = \lim_{\Delta x \to 0} \frac{C \cdot f(x + \Delta x) - C \cdot f(x)}{\Delta x} =$$

$$= \lim_{\Delta x \to 0} C \cdot \frac{f(x + \Delta x) - f(x)}{\Delta x} = C \cdot \lim_{\Delta x \to 0} \frac{f(x + \Delta x) - f(x)}{\Delta x} =$$

$$= C \cdot f'(x) \qquad \text{(IV-16)}$$

■ **Beispiele**

(1) $\quad y = 10 x^4 \quad \Rightarrow \quad y' = \dfrac{d}{dx}(10 x^4) = 10 \cdot \dfrac{d}{dx}(x^4) = 10 \cdot 4 x^3 = 40 x^3$

(2) $\quad y = -3 \cdot e^x \quad \Rightarrow \quad y' = \dfrac{d}{dx}(-3 \cdot e^x) = -3 \cdot \dfrac{d}{dx}(e^x) = -3 \cdot e^x$

(3) $\quad x = 4 \cdot \sin t \quad \Rightarrow \quad \dfrac{dx}{dt} = \dfrac{d}{dt}(4 \cdot \sin t) = 4 \cdot \dfrac{d}{dt}(\sin t) = 4 \cdot \cos t$

(4) $\quad y = 5 \cdot \ln x \quad \Rightarrow \quad y' = \dfrac{d}{dx}(5 \cdot \ln x) = 5 \cdot \dfrac{d}{dx}(\ln x) = 5 \cdot \dfrac{1}{x} = \dfrac{5}{x}$ ■

2.2 Summenregel

Summenregel

Bei einer *endlichen* Summe von Funktionen darf *gliedweise* differenziert werden:

$$y = f_1(x) + f_2(x) + \ldots + f_n(x) \Rightarrow$$
$$y' = f_1'(x) + f_2'(x) + \ldots + f_n'(x)$$
(IV-17)

Beweis der Summenregel:

Wir beweisen diese Ableitungsregel für $f(x) = f_1(x) + f_2(x)$, d. h. eine Summe aus *zwei* Funktionen. Unter Verwendung der Grenzwertregel (III-32) ist dann:

$$y' = \lim_{\Delta x \to 0} \frac{f(x + \Delta x) - f(x)}{\Delta x} =$$

$$= \lim_{\Delta x \to 0} \frac{f_1(x + \Delta x) + f_2(x + \Delta x) - f_1(x) - f_2(x)}{\Delta x} =$$

$$= \lim_{\Delta x \to 0} \left[\frac{f_1(x + \Delta x) - f_1(x)}{\Delta x} + \frac{f_2(x + \Delta x) - f_2(x)}{\Delta x} \right] =$$

$$= \lim_{\Delta x \to 0} \frac{f_1(x + \Delta x) - f_1(x)}{\Delta x} + \lim_{\Delta x \to 0} \frac{f_2(x + \Delta x) - f_2(x)}{\Delta x} =$$

$$= f_1'(x) + f_2'(x)$$
(IV-18)

Folgerung aus der Summen- und Faktorregel: Die Ableitung einer aus n Funktionen gebildeten *Linearkombination*

$$y = C_1 \cdot f_1(x) + C_2 \cdot f_2(x) + \ldots + C_n \cdot f_n(x)$$
(IV-19)

erfolgt *gliedweise*, wobei die konstanten Faktoren $C_1, C_2, \ldots, C_n$ erhalten bleiben:

$$y' = C_1 \cdot f_1'(x) + C_2 \cdot f_2'(x) + \ldots + C_n \cdot f_n'(x)$$
(IV-20)

Eine *Polynomfunktion* (ganzrationale Funktion) vom Grade n wird nach dieser Regel differenziert, wir erhalten wieder ein Polynom (vom Grade $n - 1$).

■ **Beispiele**

(1) $y = 4x^7 + 3 \cdot \cos x - 5 \cdot e^x + \ln x \Rightarrow y' = 28x^6 - 3 \cdot \sin x - 5 \cdot e^x + \dfrac{1}{x}$

(2) $y = 4 \cdot \arctan x - 2 \cdot \arccos x + 10 \cdot \sinh x + 3x \Rightarrow$

$y' = \dfrac{4}{1 + x^2} + \dfrac{2}{\sqrt{1 - x^2}} + 10 \cdot \cosh x + 3$

(3) Wir differenzieren das *Weg-Zeit-Gesetz* $s(t)$ einer gleichförmig beschleunigten Bewegung und erhalten die *Momentangeschwindigkeit* $v(t) = s'(t)$ (siehe hierzu auch Abschnitt 2.14.1):

$$s(t) = \frac{1}{2} a t^2 + v_0 t + s_0 \quad \Rightarrow \quad v(t) = s'(t) = \frac{ds}{dt} = at + v_0$$

(a: Beschleunigung; s_0, v_0: Wegmarke und Geschwindigkeit zu Beginn, d. h. zum Zeitpunkt $t = 0$) ∎

2.3 Produktregel

Produktregel

Die Ableitung einer in der *Produktform* $y = u(x) \cdot v(x)$ darstellbaren Funktion erhält man nach der *Produktregel*:

$$y' = u'(x) \cdot v(x) + v'(x) \cdot u(x) \tag{IV-21}$$

Anmerkungen

(1) In der Praxis verwendet man meist die folgende *Kurzschreibweise*:

$$y = uv \quad \Rightarrow \quad y' = u'v + v'u \tag{IV-22}$$

(2) Die *Produktregel* lässst sich auch wie folgt darstellen:

$$\frac{d}{dx}(uv) = u'v + v'u \tag{IV-23}$$

Beweis der Produktregel:

Der Differenzenquotient der Produktfunktion $y = f(x) = u(x) \cdot v(x)$ lautet:

$$\frac{\Delta y}{\Delta x} = \frac{f(x + \Delta x) - f(x)}{\Delta x} = \frac{u(x + \Delta x) \cdot v(x + \Delta x) - u(x) \cdot v(x)}{\Delta x} \tag{IV-24}$$

Gleichzeitig *addieren* und *subtrahieren* wir jetzt im Zähler den Term $u(x) \cdot v(x + \Delta x)$ und erhalten nach einer Umordnung der Glieder den folgenden Ausdruck:

$$\frac{\Delta y}{\Delta x} = \frac{u(x + \Delta x) \cdot v(x + \Delta x) - u(x) \cdot v(x + \Delta x) + u(x) \cdot v(x + \Delta x) - u(x) \cdot v(x)}{\Delta x} =$$

$$= \frac{[u(x + \Delta x) - u(x)] \cdot v(x + \Delta x) + u(x) \cdot [v(x + \Delta x) - v(x)]}{\Delta x} =$$

$$= \frac{[u(x + \Delta x) - u(x)] \cdot v(x + \Delta x)}{\Delta x} + \frac{u(x) \cdot [v(x + \Delta x) - v(x)]}{\Delta x} =$$

$$= \frac{u(x + \Delta x) - u(x)}{\Delta x} \cdot v(x + \Delta x) + u(x) \cdot \frac{v(x + \Delta x) - v(x)}{\Delta x} \tag{IV-25}$$

Beim Grenzübergang $\Delta x \to 0$ beachten wir die Grenzwertregeln (III-31) bis (III-33) und erhalten schließlich

$$y' = \lim_{\Delta x \to 0} \frac{u(x + \Delta x) - u(x)}{\Delta x} \cdot v(x + \Delta x) + \lim_{\Delta x \to 0} u(x) \cdot \frac{v(x + \Delta x) - v(x)}{\Delta x} =$$

$$= \left(\lim_{\Delta x \to 0} \frac{u(x + \Delta x) - u(x)}{\Delta x} \right) \cdot \left(\lim_{\Delta x \to 0} v(x + \Delta x) \right) +$$

$$+ u(x) \left(\lim_{\Delta x \to 0} \frac{v(x + \Delta x) - v(x)}{\Delta x} \right) =$$

$$= u'(x) \cdot v(x) + u(x) \cdot v'(x) = u'(x) \cdot v(x) + v'(x) \cdot u(x) \qquad \text{(IV-26)}$$

■ **Beispiele**

(1) $y = \underbrace{(4x^3 - 3x)}_{u} \underbrace{(2 \cdot e^x - \sin x)}_{v} = uv$

$u = 4x^3 - 3x \quad \Rightarrow \quad u' = 12x^2 - 3$

$v = 2 \cdot e^x - \sin x \quad \Rightarrow \quad v' = 2 \cdot e^x - \cos x$

$y' = u'v + v'u = (12x^2 - 3)(2 \cdot e^x - \sin x) + (2 \cdot e^x - \cos x)(4x^3 - 3x) =$

$= (8x^3 + 24x^2 - 6x - 6) \cdot e^x - (12x^2 - 3) \cdot \sin x - (4x^3 - 3x) \cdot \cos x$

(2) $y = \underbrace{\arctan x}_{u} \cdot \underbrace{\ln x}_{v} = uv$

$u = \arctan x \quad \Rightarrow \quad u' = \frac{1}{1 + x^2} \, ; \quad v = \ln x \quad \Rightarrow \quad v' = \frac{1}{x}$

$y' = u'v + v'u = \frac{1}{1 + x^2} \cdot \ln x + \frac{1}{x} \cdot \arctan x = \frac{\ln x}{1 + x^2} + \frac{\arctan x}{x}$

■

Die Produktregel lässt sich auch für Produktfunktionen mit *mehr* als zwei Faktoren formulieren. Bei *drei Faktoren* $u = u(x)$, $v = v(x)$ und $w = w(x)$ gilt beispielsweise:

Produktregel bei drei Faktorfunktionen

$$\frac{d}{dx}(uvw) = u'vw + uv'w + uvw' \qquad \text{(IV-27)}$$

2 Ableitungsregeln

■ **Beispiel**

$$y = \underbrace{5x^3}_{u} \cdot \underbrace{\sin x}_{v} \cdot \underbrace{e^x}_{w} = uvw$$

$u = 5x^3 \quad \Rightarrow \quad u' = 15x^2; \qquad v = \sin x \quad \Rightarrow \quad v' = \cos x;$

$w = e^x \quad \Rightarrow \quad w' = e^x$

$y' = u'vw + uv'w + uvw' =$

$= 15x^2 \cdot \sin x \cdot e^x + 5x^3 \cdot \cos x \cdot e^x + 5x^3 \cdot \sin x \cdot e^x =$

$= 5x^2 \cdot e^x \cdot (3 \cdot \sin x + x \cdot \cos x + x \cdot \sin x)$ ■

2.4 Quotientenregel

Quotientenregel

Die Ableitung einer Funktion, die als *Quotient* zweier Funktionen $u(x)$ und $v(x)$ in der Form $y = \dfrac{u(x)}{v(x)}$ darstellbar ist, erhält man nach der *Quotientenregel*:

$$y' = \frac{u'(x) \cdot v(x) - v'(x) \cdot u(x)}{v^2(x)} \qquad (v(x) \neq 0) \qquad \text{(IV-28)}$$

Anmerkungen

(1) Die in der Praxis übliche *Kurzschreibweise* lautet:

$$y = \frac{u}{v} \quad \Rightarrow \quad y' = \frac{u'v - v'u}{v^2} \qquad \text{(IV-29)}$$

(2) Die *Quotientenregel* lässt sich auch wie folgt formulieren:

$$\frac{d}{dx}\left(\frac{u}{v}\right) = \frac{u'v - v'u}{v^2} \qquad \text{(IV-30)}$$

Die Ableitung einer *gebrochenrationalen* Funktion erfolgt mit Hilfe der Quotientenregel, man erhält wiederum eine *gebrochenrationale* Funktion.

Auf den Beweis der Quotientenregel wollen wir an dieser Stelle verzichten. Wir werden ihn aber später im Zusammenhang mit der sog. *logarithmischen Differentiation* nachholen (siehe hierzu Abschnitt 2.7).

■ **Beispiele**

(1) $y = \dfrac{x^3 - 4x + 5}{2x^2 - 4x + 1} = \dfrac{u}{v}$

$u = x^3 - 4x + 5 \quad\Rightarrow\quad u' = 3x^2 - 4$

$v = 2x^2 - 4x + 1 \quad\Rightarrow\quad v' = 4x - 4 = 4(x - 1)$

$y' = \dfrac{u'v - v'u}{v^2} = \dfrac{(3x^2 - 4)(2x^2 - 4x + 1) - 4(x - 1)(x^3 - 4x + 5)}{(2x^2 - 4x + 1)^2} =$

$= \dfrac{6x^4 - 12x^3 + 3x^2 - 8x^2 + 16x - 4 - 4(x^4 - 4x^2 + 5x - x^3 + 4x - 5)}{(2x^2 - 4x + 1)^2} =$

$= \dfrac{6x^4 - 12x^3 - 5x^2 + 16x - 4 - 4(x^4 - x^3 - 4x^2 + 9x - 5)}{(2x^2 - 4x + 1)^2} =$

$= \dfrac{6x^4 - 12x^3 - 5x^2 + 16x - 4 - 4x^4 + 4x^3 + 16x^2 - 36x + 20}{(2x^2 - 4x + 1)^2} =$

$= \dfrac{2x^4 - 8x^3 + 11x^2 - 20x + 16}{(2x^2 - 4x + 1)^2}$

(2) $y = \dfrac{\ln x + x}{e^x} = \dfrac{u}{v}$

$u = \ln x + x \quad\Rightarrow\quad u' = \dfrac{1}{x} + 1 = \dfrac{1 + x}{x} = \dfrac{x + 1}{x}$

$v = e^x \quad\Rightarrow\quad v' = e^x$

$y' = \dfrac{u'v - v'u}{v^2} = \dfrac{\dfrac{x + 1}{x} \cdot e^x - e^x \cdot (\ln x + x)}{(e^x)^2} =$

$= \dfrac{e^x \cdot \left(\dfrac{x + 1}{x} - (\ln x + x)\right)}{e^x \cdot e^x} = \dfrac{\dfrac{x + 1}{x} - (\ln x + x)}{e^x} =$

$= \dfrac{\dfrac{x + 1 - x(\ln x + x)}{x}}{e^x} = \dfrac{x + 1 - x \cdot (\ln x + x)}{x \cdot e^x}$ ■

2.5 Kettenregel

Die bisher bekannten Ableitungsregeln (Faktor-, Summen-, Produkt- und Quotientenregel) versetzen uns in die Lage, *einfache* Funktionen problemlos zu differenzieren. Sie reichen jedoch nicht mehr aus, wenn es um die Ableitung *zusammengesetzter* oder *ineinander geschachtelter* Funktionen geht, die man auch als *mittelbare* oder *verkettete* Funktionen bezeichnet. Ein einfaches Anwendungsbeispiel soll dies verdeutlichen. Wenn wir uns für die Geschwindigkeit einer harmonisch nach der Gleichung

$$y = y(t) = A \cdot \sin(\omega t + \varphi), \quad t \geq 0$$

schwingenden Masse interessieren, müssen wir die *zeitliche Ableitung* dieser Funktion bilden [1]. Dies wird uns mit den bisher bekannten Ableitungsregeln *nicht* gelingen. Der Grund: Wir kennen zwar die Ableitung von $\sin t$, nicht aber die Ableitung der aus zwei *Grundfunktionen* zusammengesetzten Funktion $\sin(\omega t + \varphi)$. Diese Funktion setzt sich aus der *elementaren Sinusfunktion* $\sin u$ und der *linearen Funktion* $u = \omega t + \varphi$ zusammen, d.h. der Sinus ist hier eine Funktion der linearen Funktion $u = \omega t + \varphi$, hängt also über die Hilfsvariable u noch von der Variablen t ab.

Um die gewünschte Ableitung $y'(t)$ bilden zu können, benötigen wir eine weitere Ableitungsregel, die unter der Bezeichnung *Kettenregel* bekannt ist. Bei der Herleitung dieser wichtigen Regel lassen wir uns von den folgenden Überlegungen leiten:

Mit Hilfe einer geeigneten *Substitution* $u = u(x)$ versuchen wir, die vorgegebene Funktion $y = f(x)$ in eine einfacher gebaute und möglichst *elementare* Funktion $y = F(u)$ umzuwandeln:

$$y = f(x) \xrightarrow[u = u(x)]{\text{Substitution}} y = F(u)$$

Für die Funktionen $u = u(x)$ und $y = F(u)$ haben sich dabei die Bezeichnungen

$u = u(x)$: *Innere* Funktion

$y = F(u)$: *Äußere* Funktion

eingebürgert. Zwischen ihnen besteht dann der folgende Zusammenhang:

$$y = F(u) = F(u(x)) = f(x) \tag{IV-31}$$

y ist eine von der „Hilfsvariablen" u abhängige Funktion, wobei u wiederum von x abhängt (y hängt also über u von x ab, ist somit eine *mittelbare* Funktion von x). Die gesuchte Ableitung der Funktion $y = f(x)$ nach der Variablen x lässt sich dann als *Produkt* aus den *Ableitungen* der *äußeren* und der *inneren* Funktion gewinnen:

$$y' = \frac{dy}{dx} = \frac{dy}{du} \cdot \frac{du}{dx} \tag{IV-32}$$

---

[1] In Abschnitt 2.14.1 werden wir zeigen, dass die *1. Ableitung* des Weges nach der Zeit die *Momentangeschwindigkeit* ergibt.

(sog. *Kettenregel*; zuerst y nach u, dann u nach x differenzieren). Wir haben somit unsere Aufgabe gelöst, falls sowohl die äußere als auch die innere Funktion *elementar*, d. h. unter Verwendung der bekannten Ableitungsregeln in Verbindung mit der Tabelle 1 *differenzierbar* sind.

Mit den Bezeichnungen

$\dfrac{dy}{du}$: *Äußere Ableitung* (Ableitung der äußeren Funktion $y = F(u)$)

$\dfrac{du}{dx}$: *Innere Ableitung* (Ableitung der inneren Funktion $u = u(x)$)

lässt sich die Kettenregel allgemein wie folgt formulieren:

Kettenregel

Die Ableitung einer *zusammengesetzten* (*verketteten*) Funktion $y = F(u(x)) = f(x)$ erhält man als *Produkt* aus der *äußeren* und der *inneren* Ableitung:

$$y' = \frac{dy}{dx} = \frac{dy}{du} \cdot \frac{du}{dx} \qquad \text{(IV-33)}$$

Anmerkungen

(1) Für die *erfolgreiche* Anwendung der Kettenregel ist von entscheidender Bedeutung, dass es mit Hilfe einer *geeigneten Substitution* $u = u(x)$ gelingt, die vorgegebene Funktion $y = f(x)$ in eine *elementar differenzierbare* Funktion $y = F(u)$ überzuführen. Die nachfolgenden Beispiele werden dies unterstreichen.

(2) Man beachte, dass die *innere* Funktion $u = u(x)$ immer mit der Substitutionsgleichung identisch ist.

(3) In der äußeren Ableitung, die zunächst von der „Hilfsvariablen" u abhängt, muss am Schluss eine *Rücksubstitution* durchgeführt werden.

(4) Die Kettenregel lässt sich auch in der Form

$$y'(x) = F'(u) \cdot u'(x) \qquad \text{(IV-34)}$$

darstellen ($F'(u)$: *äußere* Ableitung; $u'(x)$: *innere* Ableitung).

Beweis der Kettenregel:

Wir wollen den Beweis dieser wichtigen Regel nur andeuten. Der Differenzenquotient lässt sich in der Form

$$\frac{\Delta y}{\Delta x} = \frac{\Delta y}{\Delta x} \cdot \frac{\Delta u}{\Delta u} = \frac{\Delta y}{\Delta u} \cdot \frac{\Delta u}{\Delta x} \qquad \text{(IV-35)}$$

2 Ableitungsregeln

darstellen und setzt sich somit aus den Differenzenquotienten der *äußeren* und der *inneren* Funktion zusammen. Beim Grenzübergang $\Delta x \to 0$ strebt auch $\Delta u \to 0$ und es gilt unter Verwendung der Grenzwertregel (III-33):

$$\frac{dy}{dx} = \lim_{\Delta x \to 0} \frac{\Delta y}{\Delta x} = \lim_{\Delta x \to 0} \left(\frac{\Delta y}{\Delta u} \cdot \frac{\Delta u}{\Delta x} \right) = \left(\lim_{\Delta x \to 0} \frac{\Delta y}{\Delta u} \right) \cdot \left(\lim_{\Delta x \to 0} \frac{\Delta u}{\Delta x} \right) =$$

$$= \left(\lim_{\Delta u \to 0} \frac{\Delta y}{\Delta u} \right) \cdot \left(\lim_{\Delta x \to 0} \frac{\Delta u}{\Delta x} \right) = \frac{dy}{du} \cdot \frac{du}{dx} \qquad \text{(IV-36)}$$

Die Kettenregel ist die *wichtigste* Ableitungsregel überhaupt. Die in Naturwissenschaft und Technik auftretenden Funktionen sind (von wenigen Ausnahmen abgesehen) stets *zusammengesetzte*, d. h. *verkettete* Funktionen, deren Ableitungen nur mit Hilfe der *Kettenregel* gebildet werden können.

- **Beispiele**

  Zur Vorgehensweise:

  Zunächst muss die vorliegende Funktion genau analysiert werden, d. h. man muss den *Funktionstyp* erkennen (z. B. ob es sich um eine Sinus- oder Kosinusfunktion, Wurzelfunktion, Logarithmus- oder Exponentialfunktion handelt). Dann wird die Funktion mit Hilfe einer geeigneten *Substitution* auf die *elementare Grundform* zurückgeführt (dies sind die in der Tabelle 1 aufgeführten elementaren Funktionen). Stellen Sie sich also *vor* dem Differenzieren die folgende Frage: Wie muss ich *substituieren*, damit die neue von der Hilfsvariablen u abhängige (äußere) Funktion *möglichst einfach* wird, d. h. in eine der in der Tabelle 1 enthaltenen Funktionen übergeht?

  In den nachfolgenden sechs Beispielen wird diese Vorgehensweise Schritt für Schritt erläutert.

  (1) $y = (3x - 4)^8$

  Grundform: *Potenzfunktion* u^8

  Substitution: $u = u(x) = 3x - 4$

  Äußere und innere Funktion:

  $y = F(u) = u^8 \quad \text{mit} \quad u = 3x - 4$

  Kettenregel (mit nachträglicher Rücksubstitution):

  $y' = \dfrac{dy}{dx} = \dfrac{dy}{du} \cdot \dfrac{du}{dx} = 8 u^7 \cdot 3 = 24 u^7 = 24 (3x - 4)^7$

(2) $y = e^{(4x^2 - 3x + 2)}$

    Grundform: *Exponentialfunktion* e^u

    Substitution: $u = u(x) = 4x^2 - 3x + 2$

    Äußere und innere Funktion:

$$y = F(u) = e^u \quad \text{mit} \quad u = 4x^2 - 3x + 2$$

    Kettenregel (mit nachträglicher Rücksubstitution):

$$y' = \frac{dy}{dx} = \frac{dy}{du} \cdot \frac{du}{dx} = e^u \cdot (8x - 3) = (8x - 3) \cdot e^{(4x^2 - 3x + 2)}$$

(3) $y = 10 \cdot \ln(1 + x^2)$

    Grundform: *Logarithmusfunktion* $\ln u$

    Substitution: $u = u(x) = 1 + x^2$

    Äußere und innere Funktion:

$$y = F(u) = 10 \cdot \ln u \quad \text{mit} \quad u = 1 + x^2$$

    Kettenregel (mit nachträglicher Rücksubstitution):

$$y' = \frac{dy}{dx} = \frac{dy}{du} \cdot \frac{du}{dx} = 10 \cdot \frac{1}{u} \cdot 2x = \frac{20x}{u} = \frac{20x}{1 + x^2}$$

(4) $y = \sqrt{x^3 + x^2 + 1}$

    Grundform: *Wurzelfunktion* $\sqrt{u}$

    Substitution: $u = u(x) = x^3 + x^2 + 1$

    Äußere und innere Funktion:

$$y = F(u) = \sqrt{u} \quad \text{mit} \quad u = x^3 + x^2 + 1$$

Kettenregel (mit nachträglicher Rücksubstitution):

$$y' = \frac{dy}{dx} = \frac{dy}{du} \cdot \frac{du}{dx} = \frac{1}{2\sqrt{u}} (3x^2 + 2x) = \frac{3x^2 + 2x}{2\sqrt{u}} =$$

$$= \frac{3x^2 + 2x}{2\sqrt{x^3 + x^2 + 1}}$$

2 Ableitungsregeln

(5) $y = y(t) = A \cdot \sin(\omega t + \varphi)$ (A, ω, φ: Konstanten)

Grundform: *Sinusfunktion* $\sin u$

Substitution: $u = u(t) = \omega t + \varphi$

Äußere und innere Funktion:

$$y = F(u) = A \cdot \sin u \quad \text{mit} \quad u = \omega t + \varphi$$

Kettenregel (mit nachträglicher Rücksubstitution):

$$y'(t) = \frac{dy}{dt} = \frac{dy}{du} \cdot \frac{du}{dt} = (A \cdot \cos u) \cdot \omega = A\omega \cdot \cos u =$$
$$= A\omega \cdot \cos(\omega t + \varphi)$$

(6) $y = \sqrt[3]{(x^2 - 4x + 10)^2} = (x^2 - 4x + 10)^{2/3}$

Grundform: *Potenzfunktion* $u^{2/3}$

Substitution: $u = u(x) = x^2 - 4x + 10$

Äußere und innere Funktion:

$$y = F(u) = u^{2/3} \quad \text{mit} \quad u = x^2 - 4x + 10$$

Kettenregel (mit nachträglicher Rücksubstitution):

$$y' = \frac{dy}{dx} = \frac{dy}{du} \cdot \frac{du}{dx} = \frac{2}{3} \cdot u^{-1/3} \cdot (2x - 4) = \frac{2(2x - 4)}{3 u^{1/3}} =$$
$$= \frac{4(x - 2)}{3 \sqrt[3]{u}} = \frac{4(x - 2)}{3 \sqrt[3]{x^2 - 4x + 10}} \qquad \blacksquare$$

In einigen Fällen müssen *mehrere Substitutionen hintereinander* ausgeführt werden (stets von *innen* nach *außen*), um die vorgebebene Funktion in eine *elementar differenzierbare* Funktion zu überführen. Wir geben hierfür ein Beispiel:

■ **Beispiel**

$y = \ln[\sin(2x - 3)]$

1. Substitution: $u = u(x) = 2x - 3 \quad \Rightarrow \quad y = \ln(\sin u)$

Diese Funktion ist noch *nicht* elementar differenzierbar. Erst eine weitere Substitution führt zum Ziel.

2. Substitution: $v = v(u) = \sin u \quad \Rightarrow \quad y = \ln v$

Somit gilt:

$$y = \ln v \quad \text{mit} \quad v = \sin u \quad \text{und} \quad u = 2x - 3$$

Die *Kettenregel* besitzt jetzt die folgende Gestalt:

$$y' = \frac{dy}{dx} = \frac{dy}{dv} \cdot \frac{dv}{du} \cdot \frac{du}{dx}$$

Erst y nach v differenzieren, dann v nach u und schließlich u nach x. *Formale Kontrolle* der richtigen Schreibweise der Kettenregel: Auf der rechten Seite kürzen sich die Differentiale du und dv heraus und wir erhalten wie auf der linken Seite den Quotienten dy/dx. Die *Kettenregel* liefert dann:

$$y' = \frac{dy}{dx} = \frac{dy}{dv} \cdot \frac{dv}{du} \cdot \frac{du}{dx} = \frac{1}{v} \cdot (\cos u) \cdot 2 = \frac{2 \cdot \cos u}{v}$$

Nach *stufenweiser Rücksubstitution* ($v \to u \to x$) folgt schließlich:

$$y' = \frac{2 \cdot \cos u}{v} = \frac{2 \cdot \cos u}{\sin u} = 2 \cdot \cot u = 2 \cdot \cot(2x - 3) \qquad \blacksquare$$

Die nachfolgende Tabelle 2 enthält die Ableitungen einiger in den Anwendungen häufig auftretender verketteter Funktionen.

Tabelle 2: Ableitung spezieller verketteter Funktionen ($g(x)$ ist eine beliebige differenzierbare Funktion)

Funktion	Grundform	Ableitung
$y = [g(x)]^n$	$y = u^n$	$y' = n[g(x)]^{n-1} \cdot g'(x)$
$y = \sin[g(x)]$	$y = \sin u$	$y' = \cos[g(x)] \cdot g'(x)$
$y = \cos[g(x)]$	$y = \cos u$	$y' = -\sin[g(x)] \cdot g'(x)$
$y = e^{g(x)}$	$y = e^u$	$y' = e^{g(x)} \cdot g'(x)$
$y = \ln[g(x)]$	$y = \ln u$	$y' = \dfrac{1}{g(x)} \cdot g'(x)$
$y = \sqrt{g(x)}$	$y = \sqrt{u}$	$y' = \dfrac{1}{2\sqrt{g(x)}} \cdot g'(x)$

Anmerkung

In allen Fällen wird $u = g(x)$ substituiert. In den Funktionen $\ln[g(x)]$ und $\sqrt{g(x)}$ wird $g(x) > 0$ vorausgesetzt.

2.6 Kombinationen mehrerer Ableitungsregeln

Beim Differenzieren komplizierter Funktionen müssen oft *mehrere* Ableitungsregeln eingesetzt werden, zum Beispiel die *Produkt-* oder *Quotientenregel* in Verbindung mit der *Kettenregel*. Wir zeigen das Vorgehen anhand von zwei Beispielen.

■ **Beispiele**

(1) $y = \dfrac{x^2}{(x^2+1)^3} = \dfrac{u}{v}$

Wir benötigen neben der *Quotientenregel* noch die *Kettenregel* (für die Ableitung des Nenners):

$$y' = \frac{u'v - v'u}{v^2} = \frac{2x(x^2+1)^3 - 3(x^2+1)^2 \cdot 2x \cdot x^2}{[(x^2+1)^3]^2} =$$

$$= \frac{(x^2+1)^2 [2x(x^2+1) - 6x^3]}{(x^2+1)^6} = \frac{2x^3 + 2x - 6x^3}{(x^2+1)^4} = \frac{2x - 4x^3}{(x^2+1)^4}$$

Die Ableitung des Nenners erfolgte dabei mit Hilfe der *Kettenregel*:

$$v = \underbrace{(x^2+1)}_{z}{}^3 = z^3 \quad \text{mit} \quad z = x^2 + 1$$

$$v' = \frac{dv}{dx} = \frac{dv}{dz} \cdot \frac{dz}{dx} = 3z^2 \cdot 2x = 3(x^2+1)^2 \cdot 2x$$

(2) Die in Bild IV-4 skizzierte *gedämpfte Schwingung* eines Feder-Masse-Schwingers genüge der Gleichung (Weg-Zeit-Gesetz)

$$y(t) = e^{-t} \cdot \cos(5t+6), \quad t \geq 0$$

Dabei beschreibt die Größe $y(t)$ die Lage (Auslenkung) der Masse zum Zeitpunkt t.

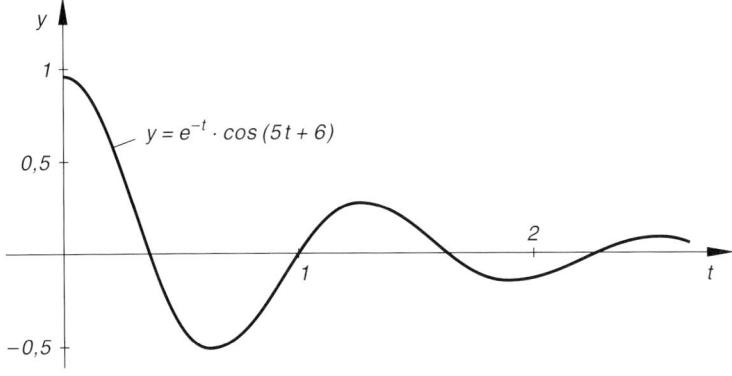

Bild IV-4

Wir interessieren uns für die *Geschwindigkeit* $v(t) = y'(t)$ der Masse (siehe hierzu auch Fußnote 1 auf S. 337). Mit Hilfe der *Produkt-* und *Kettenregel* erhalten wir:

$$y(t) = \underbrace{e^{-t}}_{\alpha} \cdot \underbrace{\cos(5t+6)}_{\beta} = \alpha\beta$$

$$\alpha = e^{-t} \quad \Rightarrow \quad \alpha' = e^{-t} \cdot (-1) = -e^{-t}$$

$$\beta = \cos(\underbrace{5t+6}_{z}) = \cos z \quad \text{mit} \quad z = 5t+6$$

$$\beta' = \frac{d\beta}{dt} = \frac{d\beta}{dz} \cdot \frac{dz}{dt} = (-\sin z) \cdot 5 = -5 \cdot \sin(5t+6)$$

$$v(t) = y'(t) = \alpha'\beta + \beta'\alpha =$$

$$= -e^{-t} \cdot \cos(5t+6) - 5 \cdot \sin(5t+6) \cdot e^{-t} =$$

$$= -e^{-t}[\cos(5t+6) + 5 \cdot \sin(5t+6)] \quad \blacksquare$$

2.7 Logarithmische Ableitung

Bei der Bildung der Ableitung von $f(x) = x^x$, $x > 0$ ist *keine* der bisher bekannten Ableitungsregeln direkt anwendbar, da die Variable x sowohl in der *Basis* als auch im *Exponenten* auftritt [2]. Dennoch gelingt die Differentiation dieser Funktion, wenn man die Funktionsgleichung zunächst *logarithmiert* und anschließend beide Seiten dieser Gleichung unter Verwendung von *Ketten-* und *Produktregel differenziert* (Substitution auf der linken Seite: $u = f(x)$):

$$\ln \underbrace{f(x)}_{u} = \ln x^x = x \cdot \ln x \quad \Rightarrow \quad \ln u = x \cdot \ln x \qquad \text{(IV-37)}$$

$$\frac{1}{u} \cdot u' = \frac{u'}{u} = \frac{f'(x)}{f(x)} = 1 \cdot \ln x + \frac{1}{x} \cdot x = \ln x + 1 \quad \Rightarrow$$

$$f'(x) = f(x)(\ln x + 1) = x^x(\ln x + 1) \qquad \text{(IV-38)}$$

Man bezeichnet diese Art des Differenzierens als *logarithmische Differentiation* und die dabei auftretende Ableitung der Funktion $\ln f(x)$ als *logarithmische Ableitung* von $f(x)$, wobei nach der *Kettenregel* gilt:

$$\frac{d}{dx}[\ln f(x)] = \frac{1}{f(x)} \cdot f'(x) = \frac{f'(x)}{f(x)} \qquad \text{(IV-39)}$$

---

[2] Man beachte, dass $f(x) = x^x$ weder eine Potenzfunktion *noch* eine Exponentialfunktion ist.

2 Ableitungsregeln

Wir fassen dieses Ergebnis wie folgt zusammen:

Logarithmische Differentiation

In vielen Fällen, beispielsweise bei Funktionen vom Typ $f(x) = [u(x)]^{v(x)}$ mit $u(x) > 0$, gelingt die *Differentiation* einer Funktion nach dem folgenden Schema:

1. *Logarithmieren* der Funktionsgleichung.
2. *Differenzieren* der *logarithmierten* Gleichung unter Verwendung der Kettenregel.

■ **Beispiele**

(1) $y = x^{\sin x} \qquad (x > 0)$

Die Funktionsgleichung wird zunächst *logarithmiert*:

$$\ln y = \ln x^{\sin x} = \sin x \cdot \ln x$$

Jetzt wird diese Gleichung *differenziert*, wobei zu beachten ist, dass y eine Funktion von x ist (*Kettenregel* anwenden beim Differenzieren der linken Seite, die rechte Seite wird nach der *Produktregel* differenziert):

$$\frac{1}{y} \cdot y' = \frac{y'}{y} = \cos x \cdot \ln x + \frac{1}{x} \cdot \sin x = \frac{x \cdot \cos x \cdot \ln x + \sin x}{x}$$

$$y' = \frac{y(x \cdot \cos x \cdot \ln x + \sin x)}{x} = \frac{x^{\sin x}(x \cdot \cos x \cdot \ln x + \sin x)}{x} =$$

$$= x^{(\sin x - 1)}(x \cdot \cos x \cdot \ln x + \sin x)$$

(2) Wir wollen jetzt die *Quotientenregel* (IV-28) mit Hilfe der *logarithmischen* Differentiation beweisen. Zunächst wird der Quotient $y = \dfrac{u}{v}$ logarithmiert:

$$y = \frac{u}{v} \quad \Rightarrow \quad \ln y = \ln\left(\frac{u}{v}\right) = \ln u - \ln v$$

Beim Differenzieren der logarithmierten Funktion ist zu beachten, dass y, u und v Funktionen von x sind (*Kettenregel* anwenden!):

$$\frac{1}{y} \cdot y' = \frac{1}{u} \cdot u' - \frac{1}{v} \cdot v' \qquad \text{oder} \qquad \frac{y'}{y} = \frac{u'}{u} - \frac{v'}{v} = \frac{u'v - v'u}{uv}$$

Durch Auflösen nach y' erhalten wir schließlich die bereits bekannte *Quotientenregel*:

$$y' = y \cdot \frac{u'v - v'u}{uv} = \frac{u}{v} \cdot \frac{u'v - v'u}{uv} = \frac{u'v - v'u}{v^2} \qquad ■$$

2.8 Ableitung der Umkehrfunktion

Gegeben sei eine *umkehrbare* Funktion $y = f(x)$ und ihre Ableitung $y' = f'(x)$. Wir suchen die *Ableitung der Umkehrfunktion* $y = f^{-1}(x) = g(x)$. Bei der Lösung des Problems schlagen wir den folgenden Weg ein:

Zunächst lösen wir die Funktionsgleichung $y = f(x)$ nach der Variablen x auf und erhalten *die nach x aufgelöste Funktionsgleichung* $x = f^{-1}(y) = g(y)$. Zwischen den Funktionen $y = f(x)$ und $x = g(y)$ besteht dann der folgende Zusammenhang:

$$f(x) = f(g(y)) = y \qquad \text{(IV-40)}$$

Die Funktion $f(g(y))$ ist dabei eine aus den beiden Funktionen f und g *zusammengesetzte* (*verkettete*) Funktion, wobei f die *äußere* und g die *innere* Funktion ist. *Differenziert* man die Gleichung $f(g(y)) = y$ unter Verwendung der *Kettenregel* beiderseits nach der Variablen y, so erhält man:

$$f'(x) \cdot g'(y) = 1 \qquad \text{(IV-41)}$$

Diese Beziehung lösen wir nach $g'(y)$ auf:

$$g'(y) = \frac{1}{f'(x)} \qquad (f'(x) \neq 0) \qquad \text{(IV-42)}$$

Hieraus erhält man die gewünschte *Ableitung der Umkehrfunktion*, indem man zunächst in der Ableitung $f'(x)$ die Variable x durch $g(y)$ *ersetzt* ($x = g(y)$) und anschließend auf *beiden* Seiten der Gleichung die Variablen x und y miteinander *vertauscht* (*Umbenennung* der beiden Variablen).

Wir fassen die Ergebnisse wie folgt zusammen:

Ableitung der Umkehrfunktion

Eine Funktion $y = f(x)$ sei umkehrbar, $x = g(y)$ die nach der Variablen x aufgelöste Form dieser Funktion. Dann besteht zwischen den Ableitungen dieser Funktionen der folgende Zusammenhang:

$$g'(y) = \frac{1}{f'(x)} \qquad (f'(x) \neq 0) \qquad \text{(IV-43)}$$

Hieraus erhält man durch die beiden folgenden Schritte die gesuchte *Ableitung der Umkehrfunktion* $y = g(x)$:

1. In der Ableitung $f'(x)$ wird zunächst die Variable x durch $g(y)$ *ersetzt*.
2. Anschließend werden auf *beiden* Seiten die Variablen x und y miteinander *vertauscht* (formale Umbenennung der beiden Variablen).

2 Ableitungsregeln

■ **Beispiele**

(1) *Gegeben:* $y = f(x) = e^x$ mit der Ableitung $f'(x) = e^x$

Gesucht: Ableitung der Umkehrfunktion $y = g(x) = \ln x$

Lösung: Wir lösen zunächst die Funktionsgleichung $y = e^x$ nach der Variablen x auf und erhalten $x = g(y) = \ln y$. Die Ableitung dieser Funktion ist nach Gleichung (IV-43):

$$g'(y) = \frac{1}{f'(x)} = \frac{1}{e^x} = \frac{1}{y}$$

(unter Berücksichtigung von $e^x = y$). Durch *Vertauschen* der beiden Variablen erhalten wir hieraus die gesuchte *Ableitung der Umkehrfunktion* $y = g(x) = \ln x$. Sie lautet:

$$g'(x) = \frac{d}{dx}(\ln x) = \frac{1}{x}$$

(2) *Gegeben:* $y = f(x) = \tan x$ und $f'(x) = \dfrac{1}{\cos^2 x} = \tan^2 x + 1$

Gesucht: Ableitung der Umkehrfunktion $y = g(x) = \arctan x$

Lösung: Die nach der Variablen x aufgelöste Form von $y = \tan x$ lautet:

$$x = g(y) = \arctan y$$

Wir bestimmen ihre Ableitung nach Gleichung (IV-43):

$$g'(y) = \frac{1}{f'(x)} = \frac{1}{\tan^2 x + 1} = \frac{1}{y^2 + 1}$$

(unter Berücksichtigung von $\tan x = y$). Durch *Vertauschen* der beiden Variablen erhalten wir die gesuchte *Ableitung der Umkehrfunktion* $y = g(x) = \arctan x$:

$$g'(x) = \frac{d}{dx}(\arctan x) = \frac{1}{x^2 + 1} = \frac{1}{1 + x^2}$$

■

2.9 Implizite Differentiation

Wir gehen von einer in der *impliziten* Form $F(x; y) = 0$ dargestellten Funktion aus. Gelingt es, diese Gleichung in eindeutiger Weise nach einer der beiden Variablen aufzulösen, so lässt sich die Ableitung der Funktion mit Hilfe der bekannten Ableitungsregeln meist ohne Schwierigkeiten bilden. Wir geben ein einfaches Beispiel.

Beispiel

Durch Auflösen der *Kreisgleichung* $x^2 + y^2 = 1$ oder $F(x; y) = x^2 + y^2 - 1 = 0$ nach der Variablen y erhalten wir zwei *Wurzelfunktionen*:

$$y = \pm \sqrt{1 - x^2} \quad (-1 \leq x \leq 1)$$

Unter Verwendung der *Kettenregel* (Substitution: $u = 1 - x^2$) ergeben sich hieraus die gesuchten Ableitungen:

$$y = \pm \sqrt{u} \quad \text{mit} \quad u = 1 - x^2$$

$$y' = \frac{dy}{dx} = \frac{dy}{du} \cdot \frac{du}{dx} = \pm \frac{1}{2\sqrt{u}} \cdot (-2x) = \mp \frac{x}{\sqrt{u}} = \mp \frac{x}{\sqrt{1 - x^2}}$$

■

In vielen Fällen jedoch ist die Auflösung der Funktionsgleichung $F(x; y) = 0$ nicht möglich oder nur mit großem Aufwand zu erreichen. Die Ableitung der Funktion nach der Variablen x kann dann durch *gliedweise Differentiation der impliziten Funktionsgleichung nach* x gewonnen werden. Dabei ist jedoch zu berücksichtigen, dass die Variable y eine von x *abhängige* Größe darstellt, also als eine von x abhängige Funktion zu betrachten ist. *Bei der Differentiation ist daher jeder Term, der die abhängige Variable y enthält, nach der Kettenregel zu differenzieren.* Durch Auflösen dieser Gleichung nach $y' = \dfrac{dy}{dx}$ erhält man schließlich die gewünschte Ableitung. Diese Art des Differenzierens wird daher als *implizite Differentiation* bezeichnet.

Implizite Differentiation

Der *Anstieg* einer in der *impliziten* Form $F(x; y) = 0$ dargestellten Funktionskurve lässt sich schrittweise wie folgt bestimmen:

1. *Gliedweise Differentiation* der Funktionsgleichung $F(x; y) = 0$ nach x, wobei die Variable y als eine Funktion von x anzusehen ist. Jeder Term in der Funktionsgleichung, der die abhängige Variable y enthält, ist daher unter Verwendung der *Kettenregel* zu differenzieren.

2. Auflösung der differenzierten Funktionsgleichung nach $y' = \dfrac{dy}{dx}$ führt zur gesuchten Ableitung (Anstieg der Kurventangente).

Anmerkung

Die Ableitung $y' = \dfrac{dy}{dx}$ enthält meist *beide* Variable. x und y sind jedoch *nicht* unabhängig voneinander, sondern über die implizite Funktionsgleichung $F(x; y) = 0$ miteinander *verknüpft*.

2 Ableitungsregeln

■ **Beispiele**

(1) Gegeben ist die in der *impliziten* Form dargestellte Funktion

$$F(x; y) = 2y^3 + 6x^3 - 24x + 6y = 0$$

Wir berechnen die Steigung der Kurventangente in den Schnittpunkten der Kurve mit der *x*-Achse.

Schnittpunkte mit der x-Achse: $y = 0$

$$6x^3 - 24x = 0 \quad \Rightarrow \quad 6x(x^2 - 4) = 0 \quad \Rightarrow \quad x_1 = 0, \quad x_{2/3} = \pm 2$$

$$S_1 = (0; 0), \quad S_2 = (2; 0), \quad S_3 = (-2; 0)$$

Implizite Differentiation:

$$\frac{d}{dx}[F(x; y)] = \frac{d}{dx}(2y^3 + 6x^3 - 24x + 6y) =$$

$$= 6y^2 \cdot y' + 18x^2 - 24 + 6y' = 0$$

Die Terme $2y^3$ und $6y$ wurden dabei nach der *Kettenregel* differenziert! Wir lösen die Gleichung jetzt nach y' auf und erhalten:

$$(6y^2 + 6) y' = 24 - 18x^2 \quad \Rightarrow$$

$$y' = \frac{24 - 18x^2}{6y^2 + 6} = \frac{6(4 - 3x^2)}{6(y^2 + 1)} = \frac{4 - 3x^2}{y^2 + 1}$$

Damit ergeben sich die folgenden Steigungswerte für die Kurventangente in den drei Schnittpunkten mit der *x*-Achse:

$$y'(S_1) = 4, \quad y'(S_2) = -8, \quad y'(S_3) = -8$$

(2) Wir bestimmen den Anstieg der Kurventangente im Punkt $P = (x; y)$ des Mittelpunktskreises $F(x; y) = x^2 + y^2 - 25 = 0$ durch *implizite Differentiation*:

$$\frac{d}{dx}[F(x; y)] = \frac{d}{dx}(x^2 + y^2 - 25) = 2x + 2y \cdot y' = 0 \quad \Rightarrow$$

$$2y \cdot y' = -2x \quad \Rightarrow \quad y' = -\frac{x}{y}$$

Für den Kreispunkt $P_1 = (3; 4)$ beispielsweise erhalten wir damit den Steigungswert $y'(P_1) = -3/4 = -0{,}75$. ∎

2.10 Differential einer Funktion

Wir betrachten auf dem Graph einer *differenzierbaren* Funktion $y = f(x)$ einen beliebigen Punkt $P = (x_0; y_0)$. Eine Änderung des Abszissenwertes um Δx zieht eine Änderung des Ordinatenwertes (Funktionswertes) um Δy nach sich und wir gelangen zu dem ebenfalls auf der Kurve gelegenen Punkt Q (Bild IV-5). P und Q besitzen dabei die folgenden Koordinaten:

$$P = (x_0; y_0 = f(x_0)), \qquad Q = (x_0 + \Delta x; f(x_0 + \Delta x)) \tag{IV-44}$$

Für die *Änderung des Funktionswertes* (auch *Zuwachs* genannt) gilt daher:

$$\Delta y = f(x_0 + \Delta x) - f(x_0) \tag{IV-45}$$

Die entsprechenden Koordinatenänderungen auf der in P errichteten *Kurventangente* bezeichnen wir als *Differentiale*:

    dx: *Unabhängiges* Differential

    dy: *Abhängiges* Differential, auch Differential df von $f(x)$ genannt

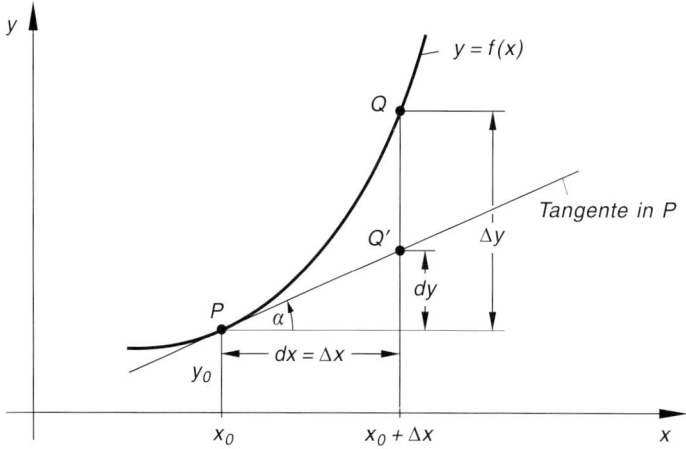

Bild IV-5 Zum Begriff des Differentials einer Funktion

dy ist die *Änderung des Ordinatenwertes*, wenn man von P aus längs der dortigen *Tangente* um $dx = \Delta x$ in der (positiven) *x*-Richtung fortschreitet. Dabei wird der Punkt Q' erreicht, der zwar ein Punkt der Tangente, im Allgemeinen jedoch *kein* Punkt der Kurve ist. Aus dem in Bild IV-5 eingezeichneten Steigungsdreieck ergibt sich unmittelbar der folgende Zusammenhang zwischen den beiden Differentialen (α ist der Steigungswinkel der Tangente):

$$\tan \alpha = f'(x_0) = \frac{dy}{dx} \quad \Rightarrow \quad dy = f'(x_0)\, dx \tag{IV-46}$$

2 Ableitungsregeln

Wir fassen zusammen:

Differential einer Funktion (Bild IV-5)

Das *Differential*

$$dy = df = f'(x_0)\, dx \qquad (\text{IV-47})$$

einer Funktion $y = f(x)$ beschreibt den *Zuwachs* der Ordinate auf der an der Stelle x_0 errichteten *Kurventangente* bei einer Änderung der Abszisse x um dx.

Anmerkungen

(1) Man beachte, dass die Koordinatenänderungen auf der *Funktionskurve* mit Δx und Δy, die entsprechenden Veränderungen auf der *Kurventangente* dagegen mit dx und dy bezeichnet werden, wobei $\Delta x = dx$ angenommen wird. Die Differenz $\Delta y - dy$ misst dann die *Ordinatenabweichung* zwischen der Kurve und ihrer Tangente bei einer Änderung des Argumentes x um Δx, ausgehend vom gemeinsamen Tangentenberührungspunkt P (siehe hierzu Bild IV-5).

(2) Aus der Beziehung $dy = f'(x)\, dx$ ziehen wir den Schluss, dass die Ableitung einer Funktion als *Quotient zweier Differentiale* aufgefasst werden darf:

$$y' = f'(x) = \frac{dy}{dx} = \lim_{\Delta x \to 0} \frac{\Delta y}{\Delta x}$$

Dies rechtfertigt die in Abschnitt 1.2 eingeführte Bezeichnung *Differentialquotient* für die Ableitung einer Funktion. Der Differentialquotient liefert somit die Steigung der im Kurvenpunkt P angelegten Tangente, dargestellt als Quotient aus der Ordinatenänderung dy und der Abszissenänderung dx.

Zum Abschluss wollen wir aus der Gleichung (IV-47) noch eine für die Praxis wichtige Folgerung ziehen. Für *kleine* Argumentsänderungen $\Delta x = dx$, also kleine Änderungen der Abszisse, gilt *näherungsweise*:

$$\Delta y \approx dy = f'(x_0)\, dx = f'(x_0)\, \Delta x \qquad (\text{IV-48})$$

Dies aber bedeutet: Die Funktion $y = f(x)$ darf in der *unmittelbaren* Umgebung des Punktes $P = (x_0; y_0)$ *näherungsweise* durch die dortige *Kurventangente*, d. h. durch eine *lineare* Funktion ersetzt werden. Anwendung findet diese Näherung u. a. bei der *Linearisierung von Funktionen* (z. B. von Kennlinien) sowie in der *Fehlerrechnung*. Beide Probleme werden an anderer Stelle eingehend behandelt (siehe hierzu Abschnitt 3.2 sowie Band 2, Kap. III, Abschnitt 2.5.5).

Beispiel

$y = f(x) = x^2 + e^{x-1}$,   Kurvenpunkt $P = (1; 2)$

Wir groß ist die Ordinatenänderung längs der *Kurve* bzw. längs der im Kurvenpunkt $P = (1; 2)$ errichteten *Tangente*, wenn man (von P aus) in *positiver x*-Richtung um $\Delta x = dx = 0{,}1$ fortschreitet?

Lösung:

Zuwachs auf der Kurve:

$$\Delta y = f(1{,}1) - f(1) = (1{,}1^2 + e^{0,1}) - 2 = 2{,}3152 - 2 = 0{,}3152$$

Zuwachs auf der Kurventangente:

$$f'(x) = 2x + e^{x-1} \quad \Rightarrow \quad f'(1) = 2 + e^0 = 2 + 1 = 3$$
$$dy = f'(1)\, dx = 3 \cdot 0{,}1 = 0{,}3$$

Die Ordinatenänderungen Δy und dy unterscheiden sich nur geringfügig voneinander (um rund 5 %). ∎

2.11 Höhere Ableitungen

Durch Differenzieren gewinnt man aus einer (differenzierbaren) Funktion $y = f(x)$ die 1. Ableitung $y' = f'(x)$. Falls auch $f'(x)$ eine *differenzierbare* Funktion darstellt, erhält man aus ihr durch *nochmaliges* Differenzieren die als *2. Ableitung* bezeichnete Funktion

$$y'' = f''(x) = \frac{d}{dx}(f'(x)) = \frac{d}{dx}\left(\frac{dy}{dx}\right) \tag{IV-49}$$

Sie ist die *1. Ableitung der 1. Ableitung* $y' = f'(x)$. Durch wiederholtes Differenzieren gelangt man schließlich zu den *Ableitungen höherer Ordnung*:

3. Ableitung: $y''' = f'''(x) = \dfrac{d}{dx}(f''(x))$

4. Ableitung: $y^{(4)} = f^{(4)}(x) = \dfrac{d}{dx}(f'''(x))$

⋮

n-te Ableitung: $y^{(n)} = f^{(n)}(x) = \dfrac{d}{dx}(f^{(n-1)}(x))$

⋮

(gelesen: y n Strich bzw. f n Strich von x). Sie werden der Reihe nach als *Ableitungen 1., 2., 3., ..., n-ter Ordnung* usw. bezeichnet.

2 Ableitungsregeln

Daneben ist die Schreibweise in Form *höherer Differentialquotienten* möglich:

$$y' = \frac{dy}{dx}, \quad y'' = \frac{d^2 y}{dx^2}, \quad y''' = \frac{d^3 y}{dx^3}, \quad \ldots, \quad y^{(n)} = \frac{d^n y}{dx^n}, \quad \ldots \tag{IV-50}$$

$\dfrac{d^n y}{dx^n}$ ist dabei der *Differentialquotient n-ter Ordnung* (gelesen: $d\,n\,y$ nach $d\,x$ hoch n).

■ **Beispiele**

(1) Die e-Funktion $y = e^x$ ist *beliebig oft* differenzierbar. Alle Ableitungen sind dabei *gleich* und ergeben wiederum die e-Funktion:

$$y' = y'' = y''' = \ldots = y^{(n)} = \ldots = e^x$$

(2) $y = 4x^3 + x \cdot \cos x$

Die ersten drei Ableitungen dieser Funktion lauten (jeweils unter Verwendung der *Produktregel*):

$$y' = \frac{d}{dx}(4x^3 + x \cdot \cos x) = 12 x^2 + \cos x - x \cdot \sin x$$

$$y'' = \frac{d}{dx}(12 x^2 + \cos x - x \cdot \sin x) =$$

$$= 24 x - \sin x - \sin x - x \cdot \cos x = 24 x - 2 \cdot \sin x - x \cdot \cos x$$

$$y''' = \frac{d}{dx}(24 x - 2 \cdot \sin x - x \cdot \cos x) =$$

$$= 24 - 2 \cdot \cos x - \cos x + x \cdot \sin x = 24 - 3 \cdot \cos x + x \cdot \sin x$$

(3) Mit Hilfe der *Produkt-* und *Kettenregel* bilden wir die ersten beiden Ableitungen der Funktion $y = e^{-x} \cdot \sin(2x)$:

$$y' = -e^{-x} \cdot \sin(2x) + 2 \cdot \cos(2x) \cdot e^{-x} =$$

$$= e^{-x}[-\sin(2x) + 2 \cdot \cos(2x)]$$

$$y'' = -e^{-x}[-\sin(2x) + 2 \cdot \cos(2x)] +$$

$$+ [-2 \cdot \cos(2x) - 4 \cdot \sin(2x)] \cdot e^{-x} =$$

$$= -e^{-x}[-\sin(2x) + 2 \cdot \cos(2x) + 2 \cdot \cos(2x) + 4 \cdot \sin(2x)] =$$

$$= -e^{-x}[3 \cdot \sin(2x) + 4 \cdot \cos(2x)] \qquad ■$$

2.12 Ableitung einer in der Parameterform dargestellten Funktion (Kurve)

Wir gehen von einer in der *Parameterform*

$$x = x(t), \quad y = y(t) \quad (a \leq t \leq b) \tag{IV-51}$$

gegebenen Funktion bzw. Kurve aus und interessieren uns für den *Anstieg* der Kurventangente in dem zum Parameterwert t gehörenden Kurvenpunkt $P = (x(t); y(t))$ (Bild IV-6).

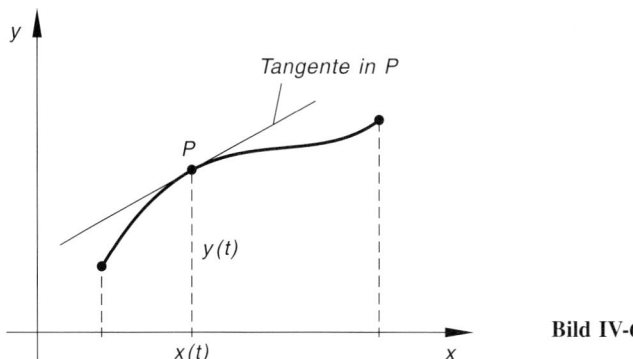

Bild IV-6

Dabei soll zunächst vorausgesetzt werden, dass es durch Elimination des Parameters t möglich ist, die Gleichung der Funktionskurve in der expliziten Form $y = f(x)$ darzustellen. y ist dann eine Funktion von x, wobei x wiederum vom Parameter t abhängt, d. h. y kann als eine *mittelbare* oder *verkettete* Funktion von t aufgefasst werden: $y = f(x(t))$. Nach der *Kettenregel* gilt dann (zunächst wird y nach x differenziert, dann x weiter nach t):

$$\frac{dy}{dt} = \frac{dy}{dx} \cdot \frac{dx}{dt} \quad \text{oder} \quad \dot{y} = y' \cdot \dot{x} \tag{IV-52}$$

Die Ableitungen nach dem Parameter t werden dabei üblicherweise durch *Punkte* ($\dot{x}, \dot{y}$), die Ableitungen nach der Variablen x weiterhin durch *Striche* gekennzeichnet. Durch Auflösen der Gleichung (IV-52) nach y' erhalten wir die wichtige Beziehung

$$y' = \frac{\dot{y}}{\dot{x}} \quad (\dot{x} \neq 0) \tag{IV-53}$$

die auch dann ihre Gültigkeit unverändert beibehält, wenn eine explizite Darstellung der in der Parameterform (IV-51) gegebenen Funktion *nicht* möglich ist.

2 Ableitungsregeln

Ableitung einer in der Parameterform gegebenen Funktion (Kurve; Bild IV-6)

Die *Ableitung* einer Funktion bzw. Kurve mit der Parameterdarstellung

$$x = x(t), \quad y = y(t) \quad (a \leq t \leq b) \tag{IV-54}$$

kann aus den Ableitungen der beiden Parametergleichungen wie folgt bestimmt werden:

$$y' = \frac{dy}{dx} = \frac{\dot{y}}{\dot{x}} \quad (\dot{x} \neq 0) \tag{IV-55}$$

Anmerkungen

(1) Die Ableitung $y' = \dfrac{dy}{dx}$ ist eine Funktion des *Parameters* t.

(2) In den naturwissenschaftlich-technischen Anwendungen bedeutet der Parameter t häufig die *Zeit* oder einen *Winkel*.

■ **Beispiele**

(1) Die Parameterdarstellung eines *Mittelpunktskreises* mit dem Radius $r = 5$ lautet:

$$x(t) = 5 \cdot \cos t, \quad y(t) = 5 \cdot \sin t \quad (0 \leq t < 2\pi)$$

(t: Winkelparameter; siehe Bild IV-7).

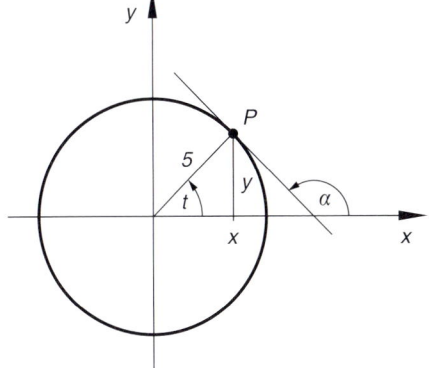

Bild IV-7
Zur Parameterdarstellung eines Mittelpunktskreises vom Radius $r = 5$

Wir bestimmen Steigung m und Steigungswinkel α der Kreistangente im zum Parameterwert $t_0 = \pi/4$ gehörenden Kurvenpunkt $P_0 = (x_0; y_0)$, dessen rechtwinklige Koordinaten wie folgt lauten:

$$\left. \begin{array}{l} x_0 = 5 \cdot \cos(\pi/4) = 3{,}54 \\ y_0 = 5 \cdot \sin(\pi/4) = 3{,}54 \end{array} \right\} \Rightarrow P_0 = (3{,}54;\ 3{,}54)$$

Für den *Anstieg* der Kreistangente erhält man nach Gleichung (IV-55):

$$y' = \frac{\dot{y}}{\dot{x}} = \frac{5 \cdot \cos t}{-5 \cdot \sin t} = -\frac{\cos t}{\sin t} = -\cot t$$

$$m = y'(P_0) = y'(t_0 = \pi/4) = -\cot(\pi/4) = -1$$

$$m = \tan \alpha = -1 \;\Rightarrow\; \alpha = 180° + \arctan(-1) = 180° - 45° = 135°$$

Die in $P_0 = (3{,}54;\, 3{,}54)$ errichtete Kurventangente besitzt demnach die Steigung $m = -1$ und den Steigungswinkel $\alpha = 135°$.

(2) Ein Punkt eines Kreises, der auf einer Geraden *abrollt*, beschreibt eine als *Rollkurve* oder (*gewöhnliche*) *Zykloide* bezeichnete *periodische* Bahnkurve (Bild IV-8). Sie ist in der Parameterform

$$x(t) = R(t - \sin t), \qquad y(t) = R(1 - \cos t) \qquad (t \geq 0)$$

darstellbar (*t*: Parameter = Wälzwinkel; *R*: Radius des Kreises). Nach einer vollen Umdrehung wiederholen sich die Ordinatenwerte, wobei sich der Abszissenwert um $2\pi R$ vergrößert hat (entspricht dem Umfang des Kreises, der in der positiven *x*-Richtung diese Strecke zurückgelegt hat).

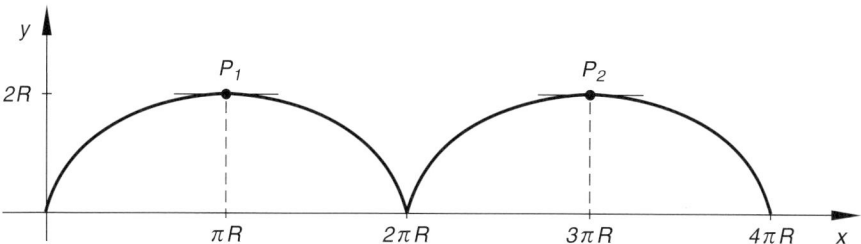

Bild IV-8 Gewöhnliche Zykloide (Rollkurve)

Wir wollen nun zeigen, dass die Zykloide für die Parameterwerte $t_1 = \pi$, $t_2 = 3\pi$, $t_3 = 5\pi$, ..., d.h. $t_n = (2n - 1)\pi$ mit $n \in \mathbb{N}^*$ *waagerechte* Tangenten besitzt. Mit den Ableitungen

$$\dot{x} = R(1 - \cos t), \qquad \dot{y} = R(0 + \sin t) = R \cdot \sin t$$

erhalten wir für den *Kurvenanstieg* y' nach Gleichung (IV-55) die Beziehung

$$y' = \frac{\dot{y}}{\dot{x}} = \frac{R \cdot \sin t}{R(1 - \cos t)} = \frac{\sin t}{1 - \cos t}$$

Für $t = t_n$ verlaufen die Tangenten *waagerecht*:

$$y'(t_n) = \frac{\sin t_n}{1 - \cos t_n} = \frac{\sin (2n - 1)\pi}{1 - \cos (2n - 1)\pi} = \frac{\sin \pi}{1 - \underbrace{\cos \pi}_{-1}} = \frac{0}{2} = 0$$

Den Parameterwerten t_n entsprechen dabei der Reihe nach die Kurvenpunkte

$t_1 = \pi:\quad P_1 = (\pi R; 2R)$

$t_2 = 3\pi:\quad P_2 = (3\pi R; 2R)$

$t_3 = 5\pi:\quad P_3 = (5\pi R; 2R)\quad$ usw.,

die im regelmäßigen Abstand von jeweils *einer* Periodendauer $2\pi R$ aufeinander folgen (siehe hierzu Bild IV-8). ∎

2.13 Anstieg einer in Polarkoordinaten dargestellten Kurve

$r = r(\varphi)$ mit $a \leq \varphi \leq b$ sei die Gleichung einer in *Polarkoordinaten* dargestellten Kurve. Wir bringen diese Gleichung zunächst in die *Parameterform*. Bekanntlich bestehen zwischen den kartesischen Koordinaten x, y und den Polarkoordinaten r, φ die Transformationsgleichungen $x = r \cdot \cos \varphi$ und $y = r \cdot \sin \varphi$. Setzt man nun in diese Gleichungen für die Abstandskoordinate r die Kurvengleichung $r(\varphi)$ ein, so erhält man die gewünschte *Parameterdarstellung* der Kurve $r = r(\varphi)$ in der Form

$$x = x(\varphi) = r(\varphi) \cdot \cos \varphi, \qquad y = y(\varphi) = r(\varphi) \cdot \sin \varphi \tag{IV-56}$$

mit der Winkelkoordinate φ als Parameter (Bild IV-9).

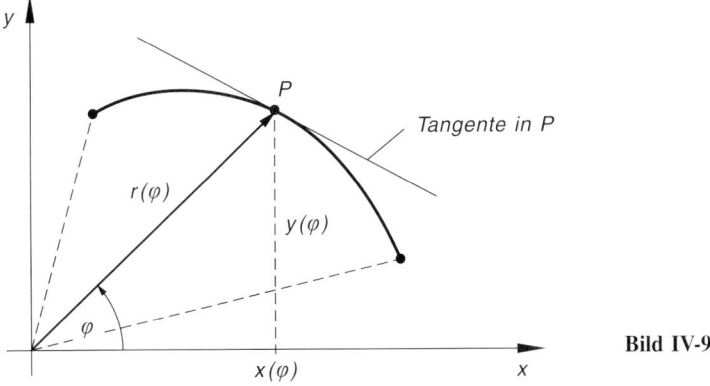

Bild IV-9

Die Ableitungen dieser Parametergleichungen nach dem *Winkelparameter* φ führen mit Hilfe der *Produktregel* zu den folgenden Gleichungen:

$$\begin{aligned}\dot{x} &= \dot{r}(\varphi) \cdot \cos \varphi - r(\varphi) \cdot \sin \varphi \\ \dot{y} &= \dot{r}(\varphi) \cdot \sin \varphi + r(\varphi) \cdot \cos \varphi\end{aligned} \tag{IV-57}$$

Mit diesen Beziehungen erhalten wir für den *Anstieg der Kurventangente* nach Gleichung (IV-55):

$$y' = \frac{\dot{y}}{\dot{x}} = \frac{\dot{r}(\varphi) \cdot \sin \varphi + r(\varphi) \cdot \cos \varphi}{\dot{r}(\varphi) \cdot \cos \varphi - r(\varphi) \cdot \sin \varphi} \tag{IV-58}$$

Wir fassen dieses Ergebnis zusammen:

Anstieg einer in Polarkoordinaten gegebenen Kurve (Bild IV-9)

Eine in *Polarkoordinaten* gegebene Kurve $r = r(\varphi)$ mit $a \leq \varphi \leq b$ lässt sich auch in der Parameterform

$$x = r(\varphi) \cdot \cos \varphi, \qquad y = r(\varphi) \cdot \sin \varphi \tag{IV-59}$$

mit dem Winkel φ als Parameter darstellen. Der *Anstieg* der Kurve, d. h. die *Steigung der Kurventangente* kann dann nach der Formel

$$y' = \frac{\dot{y}}{\dot{x}} = \frac{\dot{r}(\varphi) \cdot \sin \varphi + r(\varphi) \cdot \cos \varphi}{\dot{r}(\varphi) \cdot \cos \varphi - r(\varphi) \cdot \sin \varphi} \tag{IV-60}$$

berechnet werden.

Anmerkung

Die Ableitung $y' = \dfrac{dy}{dx}$ ist eine Funktion der *Winkelkoordinate* φ.

■ **Beispiel**

Wir untersuchen die als *Kardioide* oder *Herzkurve* bezeichnete Kurve mit der Gleichung

$$r(\varphi) = 1 + \cos \varphi \qquad (0 \leq \varphi < 2\pi)$$

auf Stellen mit *waagerechter* bzw. *senkrechter* Tangente. Aus der Parameterdarstellung

$$x(\varphi) = r(\varphi) \cdot \cos \varphi = (1 + \cos \varphi) \cos \varphi = \cos \varphi + \cos^2 \varphi$$
$$y(\varphi) = r(\varphi) \cdot \sin \varphi = (1 + \cos \varphi) \sin \varphi = \sin \varphi + \sin \varphi \cdot \cos \varphi$$

erhalten wir durch Differentiation nach dem Winkelparameter φ die benötigten Ableitungen $\dot{x}$ und $\dot{y}$. Sie lauten (unter Verwendung von *Ketten-* und *Produktregel*):

$$\dot{x} = -\sin \varphi + 2 \cdot \cos \varphi \cdot (-\sin \varphi) = -\sin \varphi (1 + 2 \cdot \cos \varphi)$$
$$\dot{y} = \cos \varphi + \cos \varphi \cdot \cos \varphi - \sin \varphi \cdot \sin \varphi = \cos \varphi + \cos^2 \varphi - \sin^2 \varphi =$$
$$= \cos \varphi + \cos^2 \varphi - (1 - \cos^2 \varphi) = \cos \varphi + \cos^2 \varphi - 1 + \cos^2 \varphi =$$
$$= 2 \cdot \cos^2 \varphi + \cos \varphi - 1$$

(unter Berücksichtigung der Beziehung $\sin^2 \varphi + \cos^2 \varphi = 1$).

Der *Anstieg der Kurve* beträgt daher nach Gleichung (IV-60)

$$y' = \frac{\dot{y}}{\dot{x}} = \frac{2 \cdot \cos^2 \varphi + \cos \varphi - 1}{-\sin \varphi \, (1 + 2 \cdot \cos \varphi)}$$

Kurvenpunkte mit einer waagerechten Tangente

In einem solchen Punkt ist $y' = 0$ d. h. $\dot{y} = 0$ und $\dot{x} \neq 0$:

$$\dot{y} = 0 \quad \Rightarrow \quad 2 \cdot \cos^2 \varphi + \cos \varphi - 1 = 0$$

Diese Gleichung lösen wir durch die *Substitution* $u = \cos \varphi$:

$$2u^2 + u - 1 = 0 \quad \Rightarrow \quad u_1 = 0{,}5, \quad u_2 = -1$$

Rücksubstitution führt zu zwei trigonometrischen Gleichungen, deren im Intervall $0 \leq \varphi < 2\pi$ gelegene Lösungen wir mit Hilfe von Bild IV-10 wie folgt bestimmen:

$$\cos \varphi = u_1 = 0{,}5 \quad \Rightarrow \quad \varphi_1 = \arccos 0{,}5 = \pi/3$$
$$\varphi_2 = 2\pi - \varphi_1 = 2\pi - \pi/3 = 5\pi/3$$
$$\cos \varphi = u_2 = -1 \quad \Rightarrow \quad \varphi_3 = \arccos(-1) = \pi$$

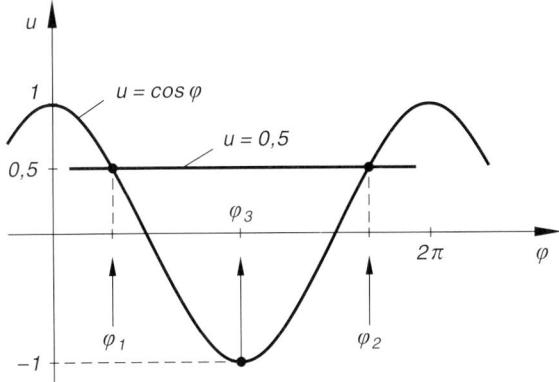

Bild IV-10 Lösungen der Gleichung $\cos \varphi = 0{,}5$ im Intervall $0 \leq \varphi < 2\pi$

$\dot{x}$ ist sowohl für $\varphi_1 = \pi/3$ als auch für $\varphi_2 = 5\pi/3$ von null verschieden. An diesen Stellen hat die Kardioide daher *waagerechte* Tangenten. Für $\varphi_3 = \pi$ dagegen wird auch $\dot{x}$ gleich *null*: $\dot{x}(\pi) = 0$. Die Ableitung y' ist daher an dieser Stelle zunächst *unbestimmt*:

$$y'(\pi) = \frac{\dot{y}(\pi)}{\dot{x}(\pi)} = \frac{0}{0} \quad \text{(sog. \emph{unbestimmter} Ausdruck)}$$

Eine *Grenzwertbetrachtung*, auf die wir an dieser Stelle nicht näher eingehen können, zeigt jedoch, dass die Kardioide auch für $\varphi_3 = \pi$ eine *waagerechte* Tangente besitzt [3]. Damit gibt es insgesamt drei Kurvenpunkte mit *waagerechter* Tangente. Sie lauten der Reihe nach (siehe hierzu auch Bild IV-12):

$$\varphi_1 = \frac{\pi}{3}: \quad A_1 = (0{,}75;\ 1{,}299)$$

$$\varphi_2 = \frac{5}{3}\pi: \quad A_2 = (0{,}75;\ -1{,}299)$$

$$\varphi_3 = \pi: \quad A_3 = (0;\ 0)$$

Kurvenpunkte mit einer senkrechten Tangente

In diesen Punkten ist der Anstieg $y' = \infty$, d.h. $\dot{x} = 0$ und $\dot{y} \neq 0$:

$$\dot{x} = 0 \quad \Rightarrow \quad -\sin\varphi\,(1 + 2\cdot\cos\varphi) = 0 \begin{cases} \sin\varphi = 0 \\ 1 + 2\cdot\cos\varphi = 0 \end{cases}$$

Wir lösen zunächst die untere Gleichung $1 + 2\cdot\cos\varphi = 0$ oder $\cos\varphi = -0{,}5$ (siehe hierzu Bild IV-11):

$$\cos\varphi = -0{,}5 \quad \Rightarrow \quad \varphi_1 = \arccos(-0{,}5) = \frac{2}{3}\pi$$

$$\varphi_2 = 2\pi - \varphi_1 = 2\pi - \frac{2}{3}\pi = \frac{4}{3}\pi$$

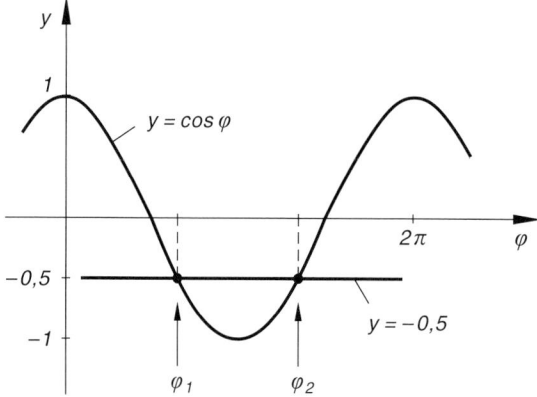

Bild IV-11 Lösungen der Gleichung $1 + 2\cdot\cos\varphi = 0$ im Intervall $0 \leq \varphi < 2\pi$

---

[3] Der zunächst *unbestimmte Ausdruck* $\dfrac{0}{0}$ lässt sich mit Hilfe der *Grenzwertregel von Bernoulli und de L'Hospital* berechnen und führt zu dem Wert 0 (siehe hierzu Beispiel (5) in Kap. VI, Abschnitt 3.3.3).

2 Ableitungsregeln

Die 2. Gleichung $\sin \varphi = 0$ besitzt im Intervall $0 \leq \varphi < 2\pi$ die beiden Lösungen $\varphi_3 = 0$ und $\varphi_4 = \pi$ (Nullstellen der Sinusfunktion im halboffenen Intervall $0 \leq \varphi < 2\pi$). Für $\varphi_4 = \pi$ tritt der bereits bei der Bestimmung der waagerechten Tangenten diskutierte *Sonderfall* ein. An dieser Stelle liegt *keine* senkrechte, sondern eine *waagerechte* Tangente, wie wir inzwischen wissen (Bild IV-12). $\dot{y}$ ist für $\varphi_1 = 2\pi/3$, $\varphi_2 = 4\pi/3$ und $\varphi_3 = 0$ jeweils ungleich null. An diesen Stellen besitzt die Kardioide *senkrechte* Tangenten:

$$\varphi_1 = \frac{2}{3}\pi: \quad B_1 = (-0{,}25;\ 0{,}433)$$

$$\varphi_2 = \frac{4}{3}\pi: \quad B_2 = (-0{,}25;\ -0{,}433)$$

$$\varphi_3 = 0: \quad B_3 = (2;\ 0)$$

Bild IV-12 zeigt den Verlauf der Kardioide mit ihren waagerechten und senkrechten Tangenten.

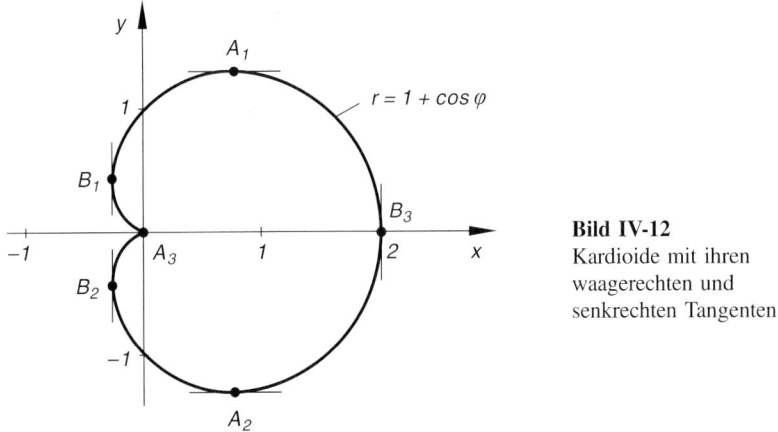

Bild IV-12
Kardioide mit ihren waagerechten und senkrechten Tangenten

∎

2.14 Einfache Anwendungsbeispiele aus Physik und Technik

2.14.1 Bewegung eines Massenpunktes (Geschwindigkeit, Beschleunigung)

Momentangeschwindigkeit eines Massenpunktes

Ein Massenpunkt bewege sich längs einer Geraden nach dem Weg-Zeit-Gesetz $s = s(t)$. Zur Zeit t befinde er sich an der Wegmarke $s(t)$, in dem darauf folgenden Zeitintervall Δt lege er den Weg Δs zurück. Er erreicht somit zur Zeit $t + \Delta t$ die Wegmarke $s(t + \Delta t) = s(t) + \Delta s$ (siehe Bild IV-13):

Bild IV-13 Zum Begriff der Momentangeschwindigkeit

Seine *durchschnittliche* Geschwindigkeit $\bar{v}$ in diesem Zeitraum beträgt dann definitionsgemäß

$$\bar{v} = \frac{\Delta s}{\Delta t} = \frac{s(t + \Delta t) - s(t)}{\Delta t} \qquad \text{(IV-61)}$$

Die zur Zeit t erreichte sog. *Momentangeschwindigkeit* erhält man aus dieser Gleichung für ein genügend kleines Zeitintervall Δt, d. h. für den *Grenzübergang* $\Delta t \to 0$:

$$v = \lim_{\Delta t \to 0} \frac{\Delta s}{\Delta t} = \lim_{\Delta t \to 0} \frac{s(t + \Delta t) - s(t)}{\Delta t} = \dot{s} \qquad \text{(IV-62)}$$

Die *Momentangeschwindigkeit ist somit die 1. Ableitung des Weges nach der Zeit:*

$$v = \dot{s} = \frac{ds}{dt} \qquad \text{(IV-63)}$$

Momentanbeschleunigung eines Massenpunktes

Die *Beschleunigung* einer Bewegung misst die Geschwindigkeitsänderung Δv in dem Zeitintervall Δt. Der Massenpunkt besitzt zur Zeit t die Geschwindigkeit $v(t)$ und zum Zeitpunkt $t + \Delta t$ die Geschwindigkeit $v(t + \Delta t)$ (siehe Bild IV-14):

```
      t         Δt       t + Δt
──────┼──────────────────┼──────────▶
     v(t)       Δv      v(t + Δt)
```

Bild IV-14 Zum Begriff der Momentanbeschleunigung

Die *durchschnittliche* Beschleunigung $\bar{a}$ zwischen den Zeitmarken t und $t + \Delta t$ beträgt dann definitionsgemäß

$$\bar{a} = \frac{\Delta v}{\Delta t} = \frac{v(t + \Delta t) - v(t)}{\Delta t} \qquad \text{(IV-64)}$$

Für $\Delta t \to 0$, d. h. für ein genügend kleines Zeitintervall Δt, erhalten wir hieraus die *Momentanbeschleunigung* a:

$$a = \lim_{\Delta t \to 0} \frac{\Delta v}{\Delta t} = \lim_{\Delta t \to 0} \frac{v(t + \Delta t) - v(t)}{\Delta t} = \dot{v} \qquad \text{(IV-65)}$$

Die Momentanbeschleunigung ist daher die 1. Ableitung der Geschwindigkeit nach der Zeit und damit zugleich die 2. Ableitung des Weges nach der Zeit:

$$a = \dot{v} = \frac{dv}{dt} = \ddot{s} \qquad \text{(IV-66)}$$

2 Ableitungsregeln

Wir fassen diese wichtigen Ergebnisse zusammen:

Bestimmung von Geschwindigkeit und Beschleunigung aus der Weg-Zeit-Funktion

Geschwindigkeit v und Beschleunigung a erhält man als 1. bzw. 2. Ableitung der Weg-Zeit-Funktion $s = s(t)$ nach der Zeit t:

$$v(t) = \frac{ds}{dt} = \dot{s}(t) \quad \text{und} \quad a(t) = \frac{dv}{dt} = \dot{v}(t) = \ddot{s}(t) \qquad \text{(IV-67)}$$

■ **Beispiele**

(1) Das *Weg-Zeit-Gesetz* für den *freien Fall ohne* Berücksichtigung des Luftwiderstandes lautet wie folgt (Fallweg aus der Ruhe heraus):

$$s(t) = \frac{1}{2} g t^2 \qquad (t \geq 0; \; g: \text{ Erdbeschleunigung})$$

Geschwindigkeit und Beschleunigung erhält man hieraus durch ein- bzw. zweimaliges Differenzieren nach der Zeit t:

$$v(t) = \dot{s} = \frac{1}{2} g \cdot 2t = gt \quad \text{und} \quad a(t) = \dot{v} = \ddot{s} = g \cdot 1 = g$$

(2) Die *harmonische Schwingung* eines Federpendels (Feder-Masse-Schwingers) lässt sich durch das *Weg-Zeit-Gesetz*

$$y = y(t) = A \cdot \sin(\omega t + \varphi) \qquad (t \geq 0)$$

beschreiben ($A > 0$: Amplitude; $\omega > 0$: Kreisfrequenz; φ: Phase). Unter Verwendung der *Kettenregel* erhalten wir hieraus durch ein- bzw. zweimaliges *Differenzieren* nach der Zeit t Geschwindigkeit v und Beschleunigung a:

$$v(t) = \dot{y} = A\omega \cdot \cos(\omega t + \varphi)$$

$$a(t) = \dot{v} = \ddot{y} = -A\omega^2 \cdot \sin(\omega t + \varphi) =$$

$$= -\omega^2 \cdot \underbrace{A \cdot \sin(\omega t + \varphi)}_{y} = -\omega^2 \cdot y$$

Die *Rückstellkraft* der Feder ist $F = ma = -m\omega^2 \cdot y$ und damit eine der Auslenkung y proportionale Größe (*Hookesches Gesetz* $F = -c \cdot y$). Die Federkonstante c genügt daher der Gleichung $c = m\omega^2$, aus der man für die Kreisfrequenz ω und die Schwingungsdauer T die folgenden Beziehungen gewinnt:

$$\omega = \sqrt{\frac{c}{m}} \quad \text{und} \quad T = \frac{2\pi}{\omega} = 2\pi \cdot \sqrt{\frac{m}{c}}$$

(3) Ein Feder-Masse-Schwinger ist so stark gedämpft, dass gerade der *aperiodische Grenzfall* eintritt (Übergang vom Schwingungsfall zum aperiodischen Verhalten). Das Weg-Zeit-Gesetz lautet dann wie folgt (siehe hierzu Bild IV-15):

$$y = y(t) = (A + Bt) \cdot e^{-\delta t} \qquad (t \geq 0)$$

(y: Auslenkung; t: Zeit; $\delta > 0$: Dämpfungsfaktor; A, B: von den Anfangsbedingungen abhängige Konstanten). Wir bestimmen *Geschwindigkeit* v und *Beschleunigung* a als Funktionen der Zeit (jeweils mit Hilfe der *Produkt-* und *Kettenregel*):

$$v = \dot{y}(t) = B \cdot e^{-\delta t} - \delta \cdot e^{-\delta t} \cdot (A + Bt) = (B - \delta A - \delta B t) \cdot e^{-\delta t}$$

$$a = \dot{v} = \ddot{y}(t) = -\delta B \cdot e^{-\delta t} - \delta \cdot e^{-\delta t} \cdot (B - \delta A - \delta B t) =$$

$$= -\delta \cdot e^{-\delta t} \cdot (B + B - \delta A - \delta B t) = \delta(\delta A - 2B + \delta B t) \cdot e^{-\delta t}$$

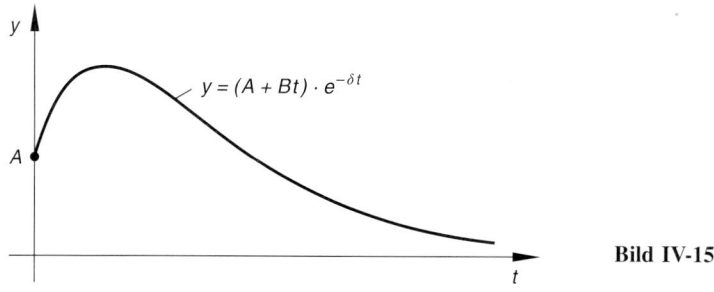

Bild IV-15

∎

2.14.2 Induktionsgesetz

Das *Induktionsgesetz* der Physik lautet: *Ein zeitlich veränderlicher Induktionsfluss Φ erzeugt in einem elektrischen Leiter eine im Allgemeinen zeitabhängige Spannung u nach der Gleichung*

$$u = -n \frac{d\Phi}{dt} = -n\dot{\Phi} \qquad (\text{IV-68})$$

Die Induktionsspannung ist also der *Ableitung des Induktionsflusses* Φ *nach der Zeit* t direkt proportional (n: Anzahl der Windungen). Wir wenden jetzt dieses Gesetz auf eine in einem konstanten Magnetfeld mit der magnetischen Flussdichte B mit der Winkelgeschwindigkeit ω rotierende Spule an (Bild IV-16):

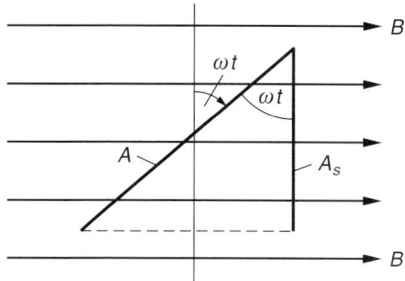

A: Querschnittsfläche der Spule (senkrecht zur Papierebene)

A_s: Wirksame Querschnittsfläche der Spule (senkrecht zum Magnetfeld)

Φ: Induktionsfluss ($\Phi = BA_s$)

Bild IV-16 Zum Induktionsgesetz

Nach t Sekunden hat sich die Spule um den Winkel ωt aus der Anfangsstellung (senkrecht zu den Feldlinien) herausgedreht. Die wirksame Spulenfläche A_s beträgt dann $A_s = A \cdot \cos(\omega t)$, wie man dem Bild IV-16 entnehmen kann. Nach dem Induktionsgesetz (IV-68) erhält man die folgende *sinusförmige Wechselspannung*:

$$u = -n\frac{d\Phi}{dt} = -n\frac{d}{dt}(BA_s) = -n\frac{d}{dt}(BA \cdot \cos(\omega t)) =$$

$$= -nBA\frac{d}{dt}(\cos(\omega t)) = \underbrace{nBA\omega}_{u_0} \cdot \sin(\omega t) = u_0 \cdot \sin(\omega t) \tag{IV-69}$$

$u_0 = nBA\omega$ ist der *Scheitelwert* der in Bild IV-17 dargestellten Induktionsspannung.

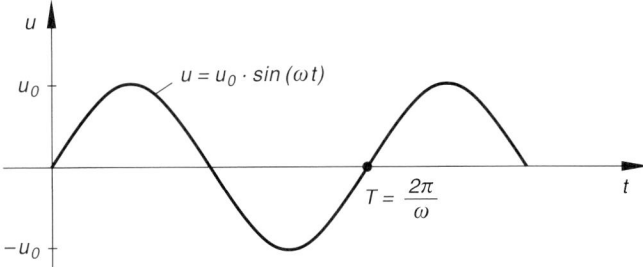

Bild IV-17 Induzierte sinusförmige Wechselspannung

2.14.3 Elektrischer Schwingkreis

Wir betrachten einen aus Kondensator (Kapazität C) und Spule (Induktivität L) bestehenden elektrischen Schwingkreis (Bild IV-18). Führen wir dem Kondensator zum Zeitpunkt $t = 0$ durch kurzzeitiges Aufladen auf die Spannung u_0 elektrische Feldenergie zu, so entstehen in diesem Kreis *ungedämpfte elektrische Schwingungen* (der ohmsche Widerstand sei vernachlässigbar klein): Spannung, Strom, elektrisches und magnetisches Feld ändern sich *periodisch* mit der Schwingungsdauer $T = 2\pi\sqrt{LC}$ (*Thomsonsche Schwingungsgleichung*).

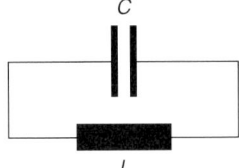

Bild IV-18 Elektrischer Schwingkreis (*LC*-Kreis)

Die am Kondensator liegende *Spannung* beträgt dann in Abhängigkeit von der Zeit $t \geq 0$:

$$u = u_0 \cdot \cos(\omega t) \qquad (\omega = 2\pi/T = 1/\sqrt{LC}) \tag{IV-70}$$

Für die auf den Kondensatorplatten befindliche *Ladung* gilt

$$q = Cu = Cu_0 \cdot \cos(\omega t) = q_0 \cdot \cos(\omega t) \qquad (q_0 = Cu_0) \tag{IV-71}$$

In dem Schwingkreis fließt somit der folgende *sinusförmige Wechselstrom*:

$$i = -\frac{dq}{dt} = -\frac{d}{dt}[q_0 \cdot \cos(\omega t)] = q_0 \omega \cdot \sin(\omega t) = i_0 \cdot \sin(\omega t) \tag{IV-72}$$

Dabei ist $i_0 = q_0 \omega = Cu_0 \omega$ der *Scheitelwert* des Wechselstromes.

3 Anwendungen der Differentialrechnung

3.1 Tangente und Normale

$P = (x_0; y_0)$ sei ein Punkt auf der Kurve mit der Gleichung $y = f(x)$ (Bild IV-19). Der *Anstieg* der Kurventangente in P ist dann $m_t = f'(x_0)$. Die *Tangentengleichung* lautet damit in der Punkt-Steigungs-Form (III-43) wie folgt:

$$\frac{y - y_0}{x - x_0} = f'(x_0) \qquad (y_0 = f(x_0)) \tag{IV-73}$$

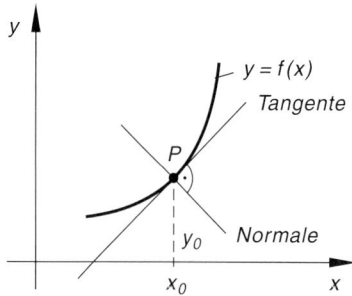

Bild IV-19
Tangente und Normale im Kurvenpunkt P

Die *Normale* im Kurvenpunkt P ist eine Gerade, die *senkrecht* zur Kurventangente verläuft (Bild IV-19). Ihre Steigung m_n ist daher das *negativ Reziproke* der Tangentensteigung m_t:

$$m_n = -\frac{1}{m_t} = -\frac{1}{f'(x_0)} \tag{IV-74}$$

Die *Gleichung der Normale* lässt sich somit in der Punkt-Steigungs-Form

$$\frac{y - y_0}{x - x_0} = -\frac{1}{f'(x_0)} \qquad (f'(x_0) \neq 0) \tag{IV-75}$$

darstellen.

Wir fassen zusammen:

> **Tangenten- und Normalengleichung (Bild IV-19)**
>
> *Tangente* und *Normale* besitzen im Punkt $P = (x_0; y_0)$ der Kurve $y = f(x)$ die folgenden Gleichungen (jeweils in der Punkt-Steigungs-Form):
>
> Tangente: $\quad \dfrac{y - y_0}{x - x_0} = f'(x_0) \hfill$ (IV-76)
>
> Normale: $\quad \dfrac{y - y_0}{x - x_0} = -\dfrac{1}{f'(x_0)} \quad (f'(x_0) \neq 0) \hfill$ (IV-77)

■ **Beispiel**

Wie lauten die Gleichungen der *Tangente* und *Normale* im Schnittpunkt der Parabel $y = x^2 - 2x + 1$ mit der y-Achse (Bild IV-20)?

Lösung:

Schnittpunkt mit der y-Achse: $\quad P = (0; 1)$

Tangentensteigung: $\quad y' = 2x - 2 \quad \Rightarrow \quad m_t = y'(0) = -2$

Tangente: $\quad \dfrac{y - 1}{x - 0} = -2 \quad \Rightarrow \quad y - 1 = -2x \quad \Rightarrow \quad y = -2x + 1$

Normale: $\quad \dfrac{y - 1}{x - 0} = \dfrac{1}{2} \quad \Rightarrow \quad y - 1 = \dfrac{1}{2}x \quad \Rightarrow \quad y = \dfrac{1}{2}x + 1$

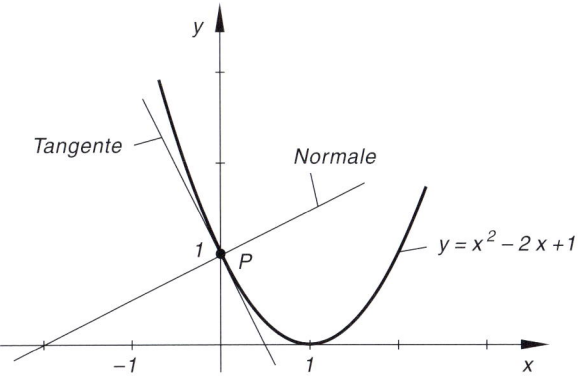

Bild IV-20 Parabel $y = x^2 - 2x + 1$ mit Tangente und Normale im Kurvenpunkt $P = (0; 1)$

■

3.2 Linearisierung einer Funktion

Eine *nichtlineare* Funktion $y = f(x)$ lässt sich in der Umgebung eines Kurvenpunktes $P = (x_0; y_0)$ *näherungsweise* durch die dortige *Tangente*, d. h. durch eine *lineare Funktion* ersetzen (Bild IV-21). Diesen Vorgang bezeichnet man als *Linearisierung einer Funktion*. Die Funktionsgleichung der in P errichteten *Tangente* lautet nach Gleichung (IV-76):

$$\frac{y - y_0}{x - x_0} = f'(x_0) \tag{IV-78}$$

Wir können diese Gleichung aber auch in der Form

$$y - y_0 = f'(x_0) \cdot (x - x_0) \quad \text{oder} \quad \Delta y = f'(x_0) \cdot \Delta x \tag{IV-79}$$

mit $x - x_0 = \Delta x$ und $y - y_0 = \Delta y$ darstellen. Sie liefert in der *unmittelbaren* Umgebung des Kurvenpunktes P, der in den technischen Anwendungen meist als *Arbeitspunkt* bezeichnet wird, eine brauchbare *lineare Näherung* für den tatsächlichen Funktionsverlauf.

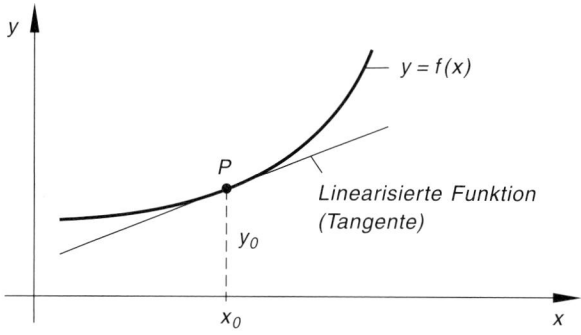

Bild IV-21 Zur Linearisierung einer Funktion $y = f(x)$ in der Umgebung des „Arbeitspunktes" $P = (x_0; y_0)$

Wir fassen zusammen:

Linearisierung einer Funktion (Bild IV-21)

In der Umgebung des Kurvenpunktes (*Arbeitspunktes*) $P = (x_0; y_0)$ kann die *nichtlineare* Funktion $y = f(x)$ *näherungsweise* durch die *lineare* Funktion (Kurventangente)

$$y - y_0 = f'(x_0) \cdot (x - x_0) \quad \text{oder} \quad \Delta y = f'(x_0) \cdot \Delta x \tag{IV-80}$$

ersetzt werden. Dabei bedeuten:

$\Delta x, \Delta y$: *Relativkoordinaten*, bezogen auf den Arbeitspunkt P

3 Anwendungen der Differentialrechnung

In den naturwissenschaftlich-technischen Anwendungen (insbesondere in der Automation und Regelungstechnik) interessieren häufig nur die *Abweichungen* der Größen (Koordinaten) vom *Arbeitspunkt P*. Man führt dann zunächst durch *Parallelverschiebung* ein neues u, v-Koordinatensystem mit dem Arbeitspunkt $P = (x_0; y_0)$ als Koordinatenursprung ein (Bild IV-22).

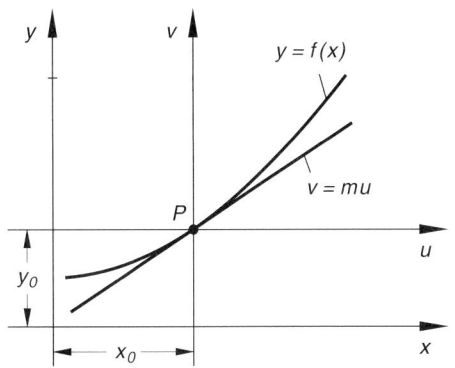

Bild IV-22
Koordinatentransformation $x, y \to u, v$

Zwischen dem „alten" x, y-System und dem „neuen" u, v-System bestehen dabei folgende *Transformationsgleichungen*:

$$u = x - x_0, \quad v = y - y_0 \tag{IV-81}$$

Die *linearisierte* Funktion (IV-80) besitzt dann im neuen u, v-System die besonders einfache Funktionsgleichung

$$v = mu \quad (\text{mit } m = f'(x_0)) \tag{IV-82}$$

Die Koordinaten u und v sind die *Abweichungen* gegenüber dem Arbeitspunkt P (Koordinatenursprung), also *Relativkoordinaten*.

■ **Beispiele**

(1) Die e-Funktion $y = e^x$ soll in der Umgebung der Stelle $x_0 = 0$ durch eine *lineare* Funktion *angenähert* werden (Bild IV-23).

Lösung:

Tangentenberührungspunkt: $P = (0; 1)$

Tangentensteigung: $y' = e^x \Rightarrow m_t = y'(0) = e^0 = 1$

Tangente: $\dfrac{y-1}{x-0} = 1 \Rightarrow y - 1 = x \Rightarrow y = x + 1$

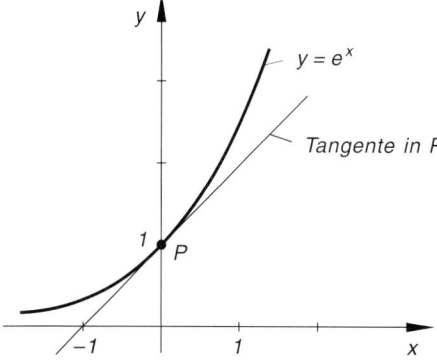

Bild IV-23
Zur Linearisierung
der e-Funktion
in der Umgebung des
Punktes $P = (0;\ 1)$

In der unmittelbaren Umgebung der Stelle $x_0 = 0$ kann somit die e-Funktion *näherungsweise* durch die *lineare* Funktion $y = x + 1$ ersetzt werden:

$$y = e^x \approx x + 1 \quad \text{(für } |x| \ll 1\text{)}$$

Mit dieser Näherungsfunktion berechnen wir einige Funktionswerte und vergleichen sie mit den *exakten* Werten:

x	0,01	0,05	0,1	0,2
Näherungswert $y = x + 1$	1,010 000	1,050 000	1,100 000	1,200 000
Exakter Wert $y = e^x$	1,010 050	1,051 271	1,105 171	1,221 403

Folgerung: Die Näherung ist erwartungsgemäß um so *besser*, je *weniger* wir uns vom *Entwicklungszentrum* $x_0 = 0$ entfernen.

(2) Die Schwingungsdauer T einer *ungedämpften elektromagnetischen Schwingung* wird nach der *Thomsonschen Formel*

$$T = 2\pi \sqrt{LC}$$

berechnet (L: Eigeninduktivität; C: Kapazität). Für die Werte $L = 0{,}1\,\text{H}$ und $C = 10\,\mu\text{F} = 10^{-5}\,\text{F}$ beispielsweise erhält man:

$$T = 2\pi \sqrt{0{,}1\,\text{H} \cdot 10^{-5}\,\text{F}} = 6{,}28 \cdot 10^{-3}\,\text{s} = 6{,}28\,\text{ms}$$

Eine *geringfügige* Änderung der Kapazität C um ΔC zieht bei *unveränderter* Induktivität eine *geringfügige* Änderung der Schwingungsdauer T um ΔT nach sich, wobei näherungsweise der folgende *lineare* Zusammenhang gilt (wir ersetzen die Kurve durch ihre Tangente):

$$\frac{\Delta T}{\Delta C} \approx \frac{dT}{dC} = \frac{d}{dC}\left(2\pi \sqrt{LC}\right) = \frac{d}{dC}\left(2\pi \sqrt{L} \cdot \sqrt{C}\right) =$$

$$= 2\pi \sqrt{L} \cdot \frac{d}{dC}\left(\sqrt{C}\right) = 2\pi \sqrt{L} \cdot \frac{1}{2\sqrt{C}} = \pi \sqrt{\frac{L}{C}}$$

Eine *Zunahme der Kapazität* um beispielsweise $\Delta C = 0{,}2\,\mu F = 2 \cdot 10^{-7}\,F$ bewirkt eine *Erhöhung der Schwingungsdauer* um

$$\Delta T \approx \pi \sqrt{\frac{L}{C}}\, \Delta C = \pi \sqrt{\frac{0{,}1\,H}{10^{-5}\,F}} \cdot 2 \cdot 10^{-7}\,F = 0{,}06\,ms$$

Die Schwingungsdauer beträgt somit bei einer Kapazität von $C = (10 + 0{,}2)\,\mu F = 10{,}2\,\mu F$ *näherungsweise* $T = (6{,}28 + 0{,}06)\,ms = 6{,}34\,ms$. Der *exakte* Wert ist $T = 6{,}35\,ms$.

■

3.3 Monotonie und Krümmung einer Kurve

3.3.1 Geometrische Vorbetrachtungen

Das Verhalten einer (zweimal differenzierbaren) Funktion $y = f(x)$ in der Umgebung eines Kurvenpunktes $P = (x_0; y_0)$ wird im Wesentlichen durch die *ersten beiden Ableitungen* y' und y'' bestimmt.

Geometrische Deutung der 1. Ableitung

Die *1. Ableitung* $y' = f'(x)$ gibt die *Steigung der Kurventangente* an und gestattet daher auch Aussagen über das *Monotonie*verhalten der Funktion an der betreffenden Stelle:

$f'(x_0) > 0$: Die Funktionskurve *wächst streng monoton* beim Durchgang durch den Kurvenpunkt P (Bild IV-24).

$f'(x_0) < 0$: Die Funktionskurve *fällt streng monoton* beim Durchgang durch den Kurvenpunkt P (Bild IV-25).

Dabei wird die Kurve stets in Richtung *zunehmender x*-Werte durchlaufen.

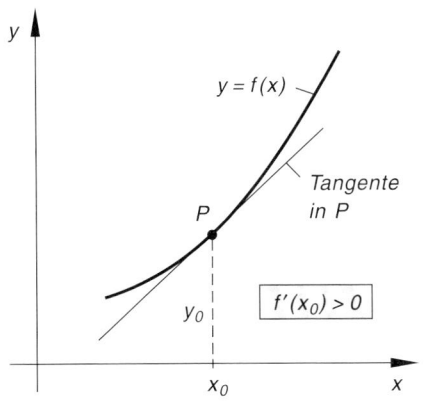
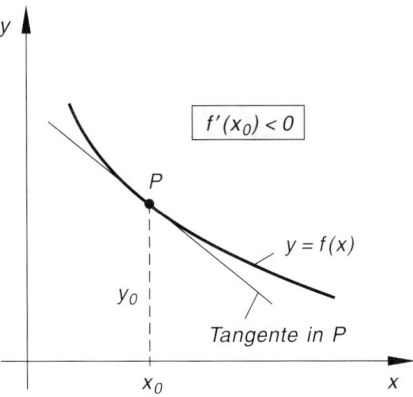

Bild IV-24 Streng monoton wachsende Funktion   **Bild IV-25** Streng monoton fallende Funktion

Geometrische Deutung der 2. Ableitung

Die *2. Ableitung* $y'' = f''(x)$ ist die Ableitungsfunktion der 1. Ableitung $y' = f'(x)$. Sie beschreibt daher das *Monotonie*-Verhalten von $f'(x)$ und bestimmt damit das *Krümmungsverhalten* der Funktionskurve:

$f''(x_0) > 0$: Die Steigung der Kurventangente nimmt beim Durchgang durch den Kurvenpunkt P *zu*, d. h. die Tangente dreht sich im *positiven* Drehsinn (*Gegenuhrzeigersinn*). Die Kurve besitzt daher in P *Linkskrümmung* (Bild IV-26).

$f''(x_0) < 0$: Die Steigung der Kurventangente nimmt beim Durchgang durch den Kurvenpunkt P *ab*, d. h. die Tangente dreht sich im *negativen* Drehsinn (*Uhrzeigersinn*). Die Kurve besitzt daher in P *Rechtskrümmung* (Bild IV-27).

Statt von Links- bzw. Rechtskrümmung spricht man häufig auch von einer *konvex* bzw. *konkav* gekrümmten Kurve.

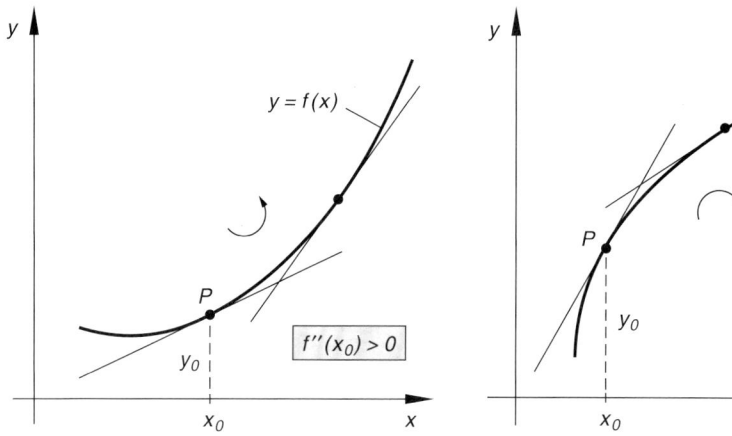

Bild IV-26 Zum Begriff der Linkskrümmung einer Kurve

Bild IV-27 Zum Begriff der Rechtskrümmung einer Kurve

3.3.2 Monotonie

Mit Hilfe der 1. Ableitung lassen sich also Aussagen über das *Monotonieverhalten* einer in einem Intervall I differenzierbaren Funktion $y = f(x)$ gewinnen. Es gilt die folgende Aussage:

$$y' = f'(x) > 0 \Rightarrow \text{streng monoton wachsend}$$
$$y' = f'(x) < 0 \Rightarrow \text{streng monoton fallend}$$

Für $f'(x) \geq 0$ verläuft die Funktion monoton wachsend, für $f'(x) \leq 0$ dagegen monoton fallend.

3 Anwendungen der Differentialrechnung

■ **Beispiele**

(1) Die e-Funktion $y = e^x$ ist wegen $y' = e^x > 0$ in ihrem *gesamten* Definitionsbereich *streng monoton wachsend*, während die Exponentialfunktion $y = e^{-x}$ wegen $y' = -e^{-x} < 0$ überall *streng monoton fällt* (siehe hierzu auch Bild III-150 in Kap. III). Auch der natürliche Logarithmus $y = \ln x$, $x > 0$ ist wegen $y' = 1/x > 0$ eine *streng monoton wachsende* Funktion (siehe hierzu auch Bild III-166 in Kap. III).

(2) Die Polynomfunktion $y = x^3 + 3x + 5$ verläuft im gesamten Definitionsbereich $(x \in \mathbb{R})$ *streng monoton wachsend*: Denn es gilt:

$$y' = 3x^2 + 3 = 3(x^2 + 1) \geq 3 > 0 \qquad \text{(für alle } x \in \mathbb{R}\text{)}$$

(3) Wir untersuchen das Monotonieverhalten der überall differenzierbaren Funktion

$$y = (2 - 2x - x^2) \cdot e^{1-x}$$

Die für die Untersuchung benötigte 1. Ableitung erhalten wir mit Hilfe der *Produkt-* und *Kettenregel*:

$$y' = (-2 - 2x) \cdot e^{1-x} + e^{1-x} \cdot (-1) \cdot (2 - 2x - x^2) =$$
$$= (-2 - 2x - 2 + 2x + x^2) \cdot e^{1-x} = (x^2 - 4) \cdot e^{1-x}$$

Wegen $e^{1-x} > 0$ für jedes reelle x bestimmt der Faktor $x^2 - 4$ das Vorzeichen der 1. Ableitung y' und damit das Monotonieverhalten der Funktion. Wir müssen daher zwei Fälle unterscheiden:

$$\boxed{1.\text{ Fall}: \quad x^2 - 4 > 0} \quad \Rightarrow \quad x^2 > 4 \quad \Rightarrow \quad |x| > 2$$

Die Ableitung y' ist hier *positiv*, die Funktion verläuft daher in den Intervallen $x < -2$ und $x > 2$ *streng monoton wachsend*.

$$\boxed{2.\text{ Fall}: \quad x^2 - 4 < 0} \quad \Rightarrow \quad x^2 < 4 \quad \Rightarrow \quad |x| < 2$$

Die Ableitung ist *negativ*. Im Intervall $-2 < x < 2$ verläuft die Funktion somit *streng monoton fallend*.

An den Stellen $x_{1/2} = \pm 2$ verschwindet die 1. Ableitung, die Funktion besitzt hier *waagerechte* Tangenten (und Extremwerte). Der Verlauf der Kurve ist in Bild IV-28 dargestellt.

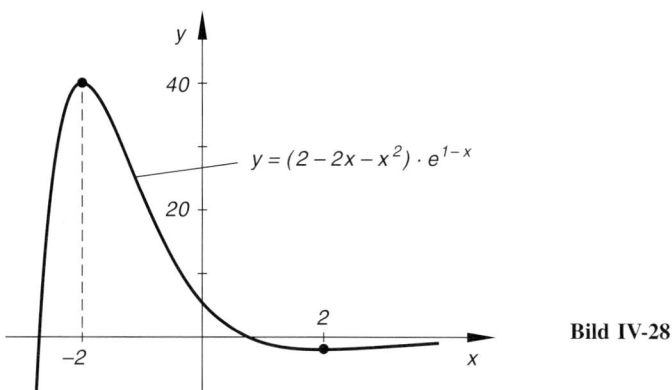

Bild IV-28

■

3.3.3 Krümmung einer ebenen Kurve

Kurvenkrümmung

In Abschnitt 3.3.1 hatten wir bereits erkannt, dass man mit Hilfe der 2. Ableitung *qualitative* Aussagen über das Krümmungsverhalten einer ebenen Kurve $y = f(x)$ in einem Kurvenpunkt $P = (x; y)$ treffen kann. Das *Vorzeichen* dieser Ableitung entscheidet dabei wie folgt über die *Art* der Kurvenkrümmung (*Links-* oder *Rechtskrümmung*, siehe Bild IV-29):

$$y'' = f''(x) > 0 \quad \Rightarrow \quad \text{Linkskrümmung}$$
$$y'' = f''(x) < 0 \quad \Rightarrow \quad \text{Rechtskrümmung}$$

Bei Linkskrümmung liegen die Tangenten *unterhalb*, bei Rechtskrümmung *oberhalb* der Kurve.

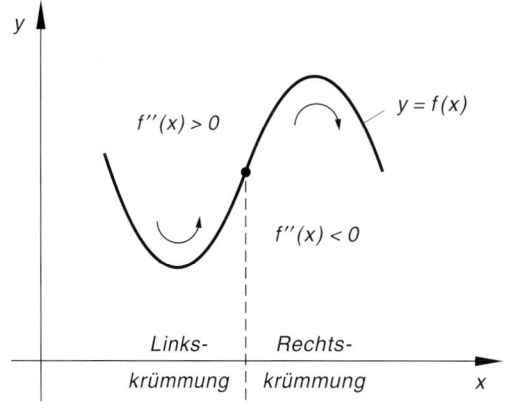

Bild IV-29
Krümmungsarten einer Kurve
(Links- und Rechtskrümmung)

Damit wissen wir aber noch nichts über die *Stärke* der Kurvenkrümmung, d. h. darüber, ob die Kurve in der unmittelbaren Umgebung des betrachteten Kurvenpunktes *P* *stark* oder eher *schwach* vom *geradlinigen* (tangentialen) Verlauf abweicht. Ein geeignetes *quantitatives* Maß für die *Stärke* der Kurvenkrümmung ist die aus der 1. und 2. Ableitung gebildete Größe

$$\kappa = \frac{y''}{\left[1 + (y')^2\right]^{3/2}} = \frac{f''(x)}{\left[1 + [f'(x)]^2\right]^{3/2}} \qquad (\text{IV-83})$$

Sie wird als *Krümmung* der Kurve $y = f(x)$ im Kurvenpunkt $P = (x; y)$ bezeichnet und ist eine *Funktion* der Koordinate x, d. h. die Krümmung einer Kurve *ändert* sich (von wenigen Ausnahmen abgesehen) von Kurvenpunkt zu Kurvenpunkt: $\kappa = \kappa(x)$.

Wir fassen zusammen:

Krümmung einer ebenen Kurve (Bild IV-29)

Die *Krümmung* einer ebenen Kurve $y = f(x)$ im Kurvenpunkt $P = (x; y)$ ist ein Maß dafür, wie *stark* der Kurvenverlauf in der unmittelbaren Umgebung dieses Punktes von einer *Geraden* abweicht. Sie lässt sich in Abhängigkeit von der Abszisse x des Kurvenpunktes P wie folgt berechnen:

$$\kappa = \kappa(x) = \frac{y''}{\left[1 + (y')^2\right]^{3/2}} = \frac{f''(x)}{\left[1 + [f'(x)]^2\right]^{3/2}} \qquad (\text{IV-84})$$

Das *Vorzeichen* der Krümmung bestimmt dabei die *Art* der Kurvenkrümmung. Es gilt (siehe Bild IV-29):

$\kappa > 0 \quad \Leftrightarrow \quad$ Linkskrümmung

$\kappa < 0 \quad \Leftrightarrow \quad$ Rechtskrümmung

Anmerkungen

(1) Man beachte, dass sich die Krümmung einer Kurve im Allgemeinen von Kurvenpunkt zu Kurvenpunkt *ändert*.
Ausnahmen: Geraden und Kreise (siehe nachfolgende Beispiele).

(2) Die Krümmung einer Kurve ist ein Maß für die *Änderungs-* oder *Wachstumsgeschwindigkeit* des Steigungswinkels der Kurventangente.

(3) Eine exakte Definition des Begriffes *Krümmung einer Kurve* sowie die Herleitung der Berechnungsformel (IV-84) erfolgt in Band 3 im Rahmen der *Vektoranalysis* (Kapitel I, Abschnitt 1.6).

■ **Beispiele**

(1)   Für eine *lineare* Funktion $y = mx + b$ gilt $y' = m$, $y'' = 0$ und somit nach Formel (IV-84) auch $\kappa = 0$. Dieses Ergebnis war zu erwarten, da lineare Funktionen bekanntlich *geradlinig* verlaufen.

(2)   Der Mittelpunktskreis $x^2 + y^2 = r^2$ setzt sich aus zwei *Halbkreisen* mit den Funktionsgleichungen

$$y = \pm \sqrt{r^2 - x^2}, \quad -r \leq x \leq r$$

zusammen (*oberer* und *unterer* Halbkreis).

Oberer Halbkreis: $y = \sqrt{r^2 - x^2} = (r^2 - x^2)^{1/2}$

Wir bilden zunächst die benötigten Ableitungen y' und y'' mit Hilfe der *Kettenregel* bzw. der *Produkt-* und *Kettenregel* (bei der 2. Ableitung):

$$y' = \frac{1}{2}(r^2 - x^2)^{-1/2} \cdot (-2x) = -x(r^2 - x^2)^{-1/2}$$

$$y'' = -1(r^2 - x^2)^{-1/2} - \frac{1}{2}(r^2 - x^2)^{-3/2} \cdot (-2x) \cdot (-x) =$$

$$= -(r^2 - x^2)^{-1/2} - x^2(r^2 - x^2)^{-3/2} =$$

$$= \frac{-1}{(r^2 - x^2)^{1/2}} + \frac{-x^2}{(r^2 - x^2)^{3/2}} = \frac{-1(r^2 - x^2) - x^2}{(r^2 - x^2)^{3/2}} =$$

$$= \frac{-r^2 + x^2 - x^2}{(r^2 - x^2)^{3/2}} = \frac{-r^2}{(r^2 - x^2)^{3/2}}$$

(in der vorletzten Zeile haben wir den Hauptnenner gebildet, d. h. den 1. Teilbruch mit $r^2 - x^2$ erweitert). Somit ist

$$1 + (y')^2 = 1 + \left[-x(r^2 - x^2)^{-1/2}\right]^2 = 1 + x^2(r^2 - x^2)^{-1} =$$

$$= 1 + \frac{x^2}{(r^2 - x^2)^1} = \frac{1(r^2 - x^2) + x^2}{r^2 - x^2} = \frac{r^2}{r^2 - x^2}$$

und weiter

$$\left[1 + (y')^2\right]^{3/2} = \left(\frac{r^2}{r^2 - x^2}\right)^{3/2} = \frac{(r^2)^{3/2}}{(r^2 - x^2)^{3/2}} = \frac{r^3}{(r^2 - x^2)^{3/2}}$$

3 Anwendungen der Differentialrechnung

Die *Kurvenkrümmung* beträgt damit nach Formel (IV-84)

$$\kappa = \frac{y''}{\left[1+(y')^2\right]^{3/2}} = \frac{\dfrac{-r^2}{(r^2-x^2)^{3/2}}}{\dfrac{r^3}{(r^2-x^2)^{3/2}}} = \frac{-r^2}{(r^2-x^2)^{3/2}} \cdot \frac{(r^2-x^2)^{3/2}}{r^3} =$$

$$= \frac{-r^2}{r^3} = -\frac{1}{r} < 0$$

(grau unterlegte Ausdrücke kürzen). Der obere Halbkreis besitzt also *konstante Rechtskrümmung* (siehe Bild IV-30).

Unterer Halbkreis: $y = -\sqrt{r^2-x^2} = -(r^2-x^2)^{1/2}$

Eine analoge Rechnung führt zu dem Ergebnis $\kappa = 1/r > 0$. Der *untere* Halbkreis hat demnach *konstante Linkskrümmung* (siehe Bild IV-30).

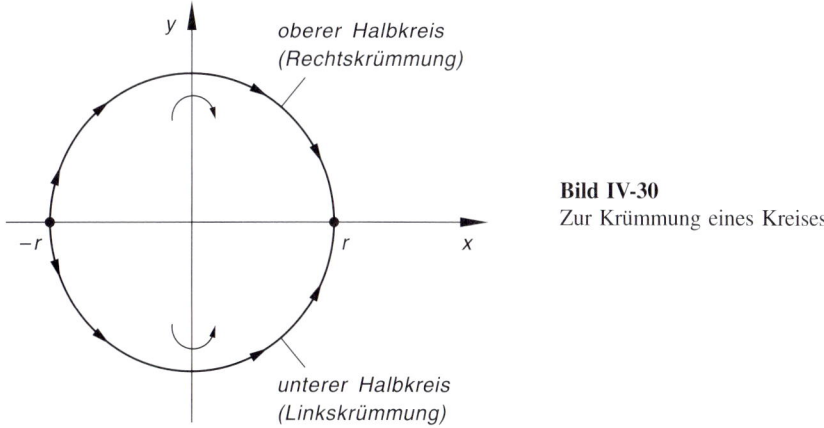

Bild IV-30
Zur Krümmung eines Kreises

Folgerung: Die Ergebnisse sind anschaulich einleuchtend, da beide Halbkreise jeweils von *links nach rechts*, d. h. in Richtung der *positiven x*-Achse durchlaufen werden. Wegen $|\kappa| = 1/r =$ const. ist der Kreis eine Kurve mit *konstanter* Krümmung, das *unterschiedliche* Vorzeichen für die Krümmung der beiden Halbkreise kennzeichnet lediglich die *Art* der Kurvenkrümmung (*Rechts-* bzw. *Linkskrümmung*).

(3) Anhand des Kurvenbildes (Bild IV-31) *vermuten* wir, dass die logarithmische Funktion $y = \ln x$, $x > 0$ überall nach *rechts* gekrümmt ist. Diese Vermutung soll auf rechnerischem Wege bestätigt werden. Ferner interessieren wir uns für die Stärke der Kurvenkrümmung.

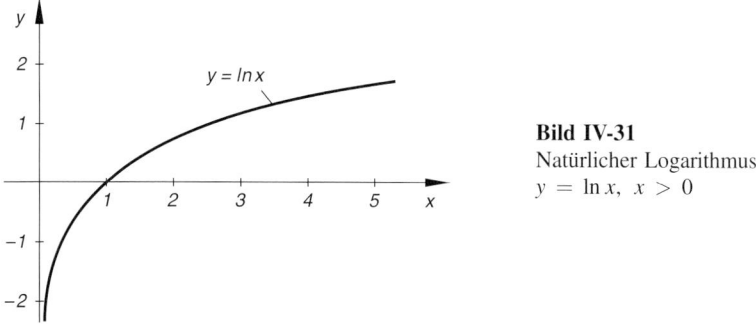

Bild IV-31
Natürlicher Logarithmus
$y = \ln x, \; x > 0$

Lösung: Mit Hilfe der 2. Ableitung lässt sich die *Art* der Kurvenkrümmung leicht feststellen:

$$y' = \frac{1}{x}, \qquad y'' = -\frac{1}{x^2} < 0 \qquad (\text{wegen } x^2 > 0)$$

Diese ist stets *negativ*, die Kurve ist daher in jedem Punkt nach *rechts* gekrümmt (wie vermutet). Die *Stärke* der Krümmung berechnen wir nach Formel (IV-84). Mit

$$1 + (y')^2 = 1 + \left(\frac{1}{x}\right)^2 = 1 + \frac{1}{x^2} = \frac{x^2 + 1}{x^2}$$

und somit

$$\left[1 + (y')^2\right]^{3/2} = \left(\frac{x^2 + 1}{x^2}\right)^{3/2} = \frac{(x^2 + 1)^{3/2}}{(x^2)^{3/2}} = \frac{(x^2 + 1)^{3/2}}{x^3}$$

erhalten wir für die Kurvenkrümmung in Abhängigkeit von der Koordinate x den folgenden Ausdruck:

$$\kappa(x) = \frac{y''}{\left[1 + (y')^2\right]^{3/2}} = \frac{-\dfrac{1}{x^2}}{\dfrac{(x^2 + 1)^{3/2}}{x^3}} = -\frac{1}{x^2} \cdot \frac{x^3}{(x^2 + 1)^{3/2}} =$$

$$= -\frac{x}{(x^2 + 1)^{3/2}} \qquad (x > 0)$$

(4) Wir bestimmen das Krümmungsverhalten der Kurve $y = x \cdot e^{-x}$ und speziell die Krümmung im Nullpunkt. Mit den beiden Ableitungen

$$y' = 1 \cdot e^{-x} - e^{-x} \cdot x = (1 - x) \cdot e^{-x}$$

$$y'' = -1 \cdot e^{-x} - e^{-x} \cdot (1 - x) = (-1 - 1 + x) \cdot e^{-x} = (x - 2) \cdot e^{-x}$$

die wir jeweils mit Hilfe der Produkt- und Kettenregel erhalten haben, folgt nach Formel (IV-84):

$$\kappa(x) = \frac{y''}{\left[1 + (y')^2\right]^{3/2}} = \frac{(x - 2) \cdot e^{-x}}{\left[1 + (1 - x)^2 \cdot e^{-2x}\right]^{3/2}}$$

Das Krümmungsverhalten wird im Wesentlichen durch die 2. Ableitung y'' bestimmt (der Nenner des Bruches ist stets positiv). Wegen $e^{-x} > 0$ für jedes reelle x hängt die *Krümmungsart* (Links- oder Rechtskrümmung) nur vom *Vorzeichen* des Faktors $x - 2$ im Zähler ab. Es gilt dann (Bild IV-32):

Linkskrümmung: $\quad y'' > 0 \quad \Rightarrow \quad x - 2 > 0 \quad \Rightarrow \quad x > 2$

Rechtskrümmung: $\quad y'' < 0 \quad \Rightarrow \quad x - 2 < 0 \quad \Rightarrow \quad x < 2$

Im Nullpunkt beträgt die Krümmung $\kappa(0) = -\dfrac{1}{2}\sqrt{2} < 0$ (Rechtskrümmung).

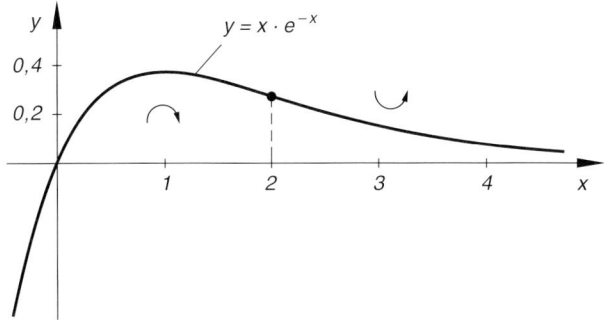

Bild IV-32 Krümmungsverhalten der Kurve $y = x \cdot e^{-x}$ (die Drehpfeile kennzeichnen die Art der Krümmung, d. h. den Drehsinn der Tangente)

■

Krümmungskreis

Eine ebene Kurve $y = f(x)$ kann in der unmittelbaren Umgebung des Kurvenpunktes $P = (x; y)$ durch einen speziellen Kreis, den sog. *Krümmungskreis*, angenähert werden (Bild IV-33). Dabei gilt: Kurve und Krümmungskreis haben im Berührungspunkt P eine *gemeinsame Tangente* und *dieselbe Krümmung*, d. h. sie stimmen in P in ihren ersten beiden Ableitungen überein (sog. *Berührung 2. Ordnung*).

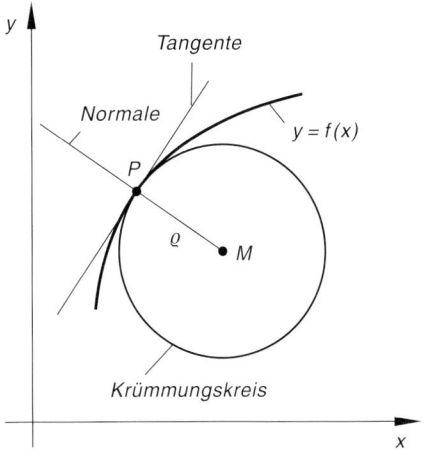

Bild IV-33
Krümmungskreis einer Kurve im Kurvenpunkt P

Der Radius ϱ des *Krümmungskreises* wird als *Krümmungsradius* bezeichnet und ist der *Kehrwert* des Betrages der Kurvenkrümmung:

$$\varrho = \frac{1}{|\kappa|} = \frac{\left[1 + (y')^2\right]^{3/2}}{|y''|} \qquad \text{(IV-85)}$$

Der Mittelpunkt M des Krümmungskreises, auch *Krümmungsmittelpunkt* genannt, liegt dabei auf der *Kurvennormale* des Punktes P.

Wir fassen zusammen und ergänzen:

Krümmungskreis einer Kurve (Bild IV-33)

Der *Krümmungskreis* einer Kurve $y = f(x)$ im Kurvenpunkt $P = (x; y)$ berührt die Kurve dort von 2. Ordnung (*gemeinsame Tangente, dieselbe Krümmung*). Der *Krümmungsradius* beträgt

$$\varrho = \frac{1}{|\kappa|} = \frac{\left[1 + (y')^2\right]^{3/2}}{|y''|} \qquad \text{(IV-86)}$$

Die Koordinaten x_0 und y_0 des *Krümmungsmittelpunktes* M können aus den folgenden Gleichungen berechnet werden:

$$x_0 = x - y' \cdot \frac{1 + (y')^2}{y''}, \qquad y_0 = y + \frac{1 + (y')^2}{y''} \qquad \text{(IV-87)}$$

Dabei bedeuten:

x, y: Koordinaten des Kurvenpunktes P

y', y'': 1. bzw. 2. Ableitung von $y = f(x)$ in P

Anmerkungen

(1) Der *Krümmungskreis* ist derjenige Kreis, der sich in der Umgebung des Berührungspunktes (Kurvenpunktes) P *optimal* an die Kurve *anschmiegt*. Er ist (von Ausnahmen abgesehen) von Kurvenpunkt zu Kurvenpunkt verschieden.

(2) Der Krümmungsradius ϱ ist eine *Funktion* der Koordinate x des Kurvenpunktes P: $\varrho = \varrho(x)$.

(3) Der Krümmungsmittelpunkt liegt stets auf der *Kurvennormale* des Berührungspunktes P.

(4) **Sonderfälle**

Gerade: Es ist $\kappa = 0$ und somit $\varrho = \infty$. Die Gerade kann daher als ein Kreis mit einem *unendlich großen* Radius aufgefasst werden.

Kreis: Es ist $|\kappa| = 1/r$ und somit $\varrho = r = $ const.. Kreis und Krümmungskreis sind daher in jedem Punkt *identisch*.

(5) Die *Verbindungslinie aller Krümmungsmittelpunkte* einer Kurve heißt *Evolute*, die Kurve selbst wird in diesem Zusammenhang als *Evolvente* bezeichnet. Die Gleichungen (IV-87) beschreiben die Abhängigkeit der Koordinaten x_0 und y_0 des Krümmungsmittelpunktes M von der Abszisse x des (laufenden) Kurvenpunktes P und bilden somit eine *Parameterdarstellung* der zur Kurve $y = f(x)$ gehörenden *Evolute* (Kurvenparameter ist die Koordinate x).

■ **Beispiel**

Wir bestimmen den *Krümmungskreis der Kettenlinie* mit der Gleichung $y = \cosh x$ im tiefsten Kurvenpunkt $P = (0; 1)$. Die dabei benötigten Ableitungen lauten:

$$y' = \sinh x, \qquad y'' = \cosh x$$

Damit erhalten wir für den *Krümmungsradius* in Abhängigkeit von der Koordinate x den folgenden allgemeinen Ausdruck, wobei wir von der hyperbolischen Beziehung $\cosh^2 x - \sinh^2 x = 1$ Gebrauch machen:

$$\varrho(x) = \frac{[1 + (y')^2]^{3/2}}{|y''|} = \frac{[1 + \sinh^2 x]^{3/2}}{\cosh x} = \frac{[\cosh^2 x]^{3/2}}{\cosh x} =$$

$$= \frac{\cosh^3 x}{\cosh x} = \cosh^2 x$$

Im Kurvenpunkt $P = (0; 1)$ gilt dann:

$$\varrho(0) = \cosh^2 0 = 1^2 = 1$$

Der Krümmungsmittelpunkt M liegt bekanntlich auf der Kurvennormale, hier also wegen der Achsensymmetrie der Kettenlinie auf der *y-Achse* und zwar im Abstand $\varrho(0) = 1$ *oberhalb* des Punktes P. Die Koordinaten von M besitzen daher die Werte $x_0 = 0$ und $y_0 = 2$ (siehe Bild IV-34). Dieses Ergebnis liefern uns auch die Gleichungen (IV-87).

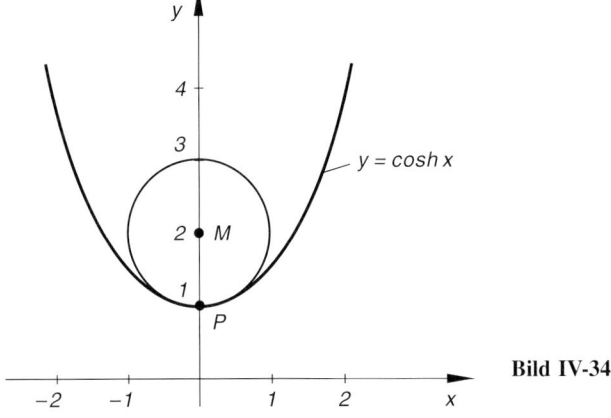

Bild IV-34 ■

3.4 Charakteristische Kurvenpunkte

3.4.1 Relative oder lokale Extremwerte

Wir beschäftigen uns jetzt mit jenen Stellen, in denen eine Funktion $y = f(x)$ einen *größten* bzw. *kleinsten* Funktionswert, bezogen auf die unmittelbare beidseitige Umgebung, annimmt.

> **Definition:** Eine Funktion $y = f(x)$ besitzt an der Stelle x_0 ein *relatives Maximum* bzw. ein *relatives Minimum*, wenn in einer gewissen Umgebung von x_0 stets
>
> $$f(x_0) > f(x) \qquad \text{bzw.} \qquad f(x_0) < f(x) \qquad (\text{IV-88})$$
>
> ist $(x \neq x_0)$.

So besitzt beispielsweise die in Bild IV-35 skizzierte Funktion in x_1 und x_3 jeweils ein *relatives Maximum*, an den Stellen x_2 und x_4 dagegen jeweils ein *relatives Minimum* (eingezeichnet ist ferner die jeweilige Kurventangente).

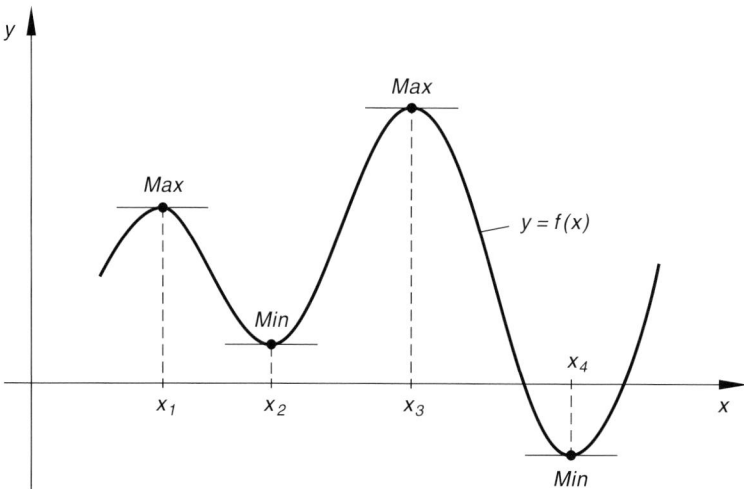

Bild IV-35 Zum Begriff eines relativen Extremwertes

Anmerkungen

(1) Die relativen Maxima und Minima einer Funktion werden unter dem Sammelbegriff *Relative Extremwerte* zusammengefasst.

(2) Ein *relativer* Extremwert wird auch als *lokaler* Extremwert bezeichnet. Damit soll zum Ausdruck gebracht werden, dass die extreme Lage im Allgemeinen nur in der *unmittelbaren* Umgebung, d. h. *lokal* angenommen wird.

3 Anwendungen der Differentialrechnung

(3) Die den relativen Maxima bzw. Minima entsprechenden Kurvenpunkten werden als *Hoch-* bzw. *Tiefpunkte* bezeichnet.

(4) Relative Extremwerte sind nur im *Innern* eines Intervalls möglich, nicht aber in den Randpunkten.

(5) Eine Funktion kann durchaus *mehrere* relative Maxima und Minima besitzen. So hat beispielsweise die Sinusfunktion $y = \sin x$ infolge ihrer Periodizität sogar *unendlich* viele relative Maxima und Minima (Bild IV-36). Sie liegen an den Stellen

$$\left.\begin{array}{l} x_k = \dfrac{\pi}{2} + k \cdot 2\pi \quad \text{(Relative Maxima)} \\[1em] x_k = \dfrac{3}{2}\pi + k \cdot 2\pi \quad \text{(Relative Minima)} \end{array}\right\} \quad (k \in \mathbb{Z})$$

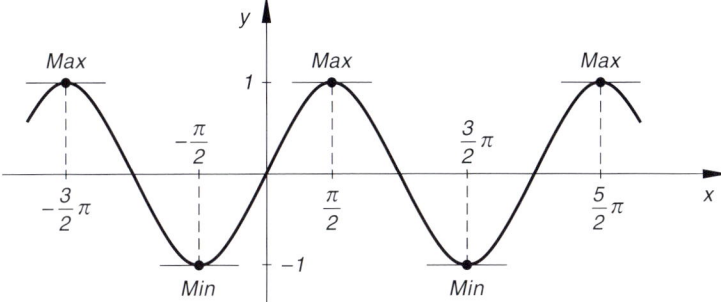

Bild IV-36 Die Sinusfunktion $y = \sin x$ als Beispiel für eine Funktion mit unendlich vielen relativen Extremwerten

Bei einer *differenzierbaren* Funktion verläuft die Kurventangente in einem *Extremum* stets *waagerecht* (siehe Bild IV-35). So ist beispielsweise in einem relativen Minimum x_0 die Steigung der *linksseitigen* Sekante *nie positiv*, die Steigung der *rechtsseitigen* Sekante dagegen *nie negativ*. Beim Grenzübergang fallen links- und rechtsseitige Sekante in die *gemeinsame* Tangente, deren Steigung daher der Bedingung $0 \leq f'(x_0) \leq 0$ genügt, woraus unmittelbar $f'(x_0) = 0$ folgt. Wir können damit das folgende *notwendige Kriterium für einen relativen Extremwert* formulieren:

Notwendige Bedingung für einen relativen Extremwert (Bild IV-35)

Eine differenzierbare Funktion $y = f(x)$ besitzt in einem *relativen Extremum* x_0 stets eine *waagerechte* Tangente. Die Bedingung $f'(x_0) = 0$ ist daher eine *notwendige* Voraussetzung für die Existenz eines relativen Extremwertes an der Stelle x_0.

Dieses Kriterium ist zwar *notwendig*, jedoch *keinesfalls hinreichend*. Mit anderen Worten: In einem Hoch- oder Tiefpunkt verläuft die Kurventangente *stets waagerecht*, jedoch ist *nicht* jeder Kurvenpunkt mit waagerechter Tangente ein Extremwert, wie das folgende Beispiel zeigt.

■ **Beispiel**

Die kubische Parabel $y = x^3$ besitzt im Nullpunkt $P = (0; 0)$ zwar eine *waagerechte* Tangente, denn es ist $f'(0) = 0$, jedoch *keinen* Extremwert. Wegen der *Punktsymmetrie* der Kurve liegen alle Kurvenpunkte mit $x > 0$ oberhalb, alle Punkte mit $x < 0$ jedoch unterhalb der x-Achse. In jeder noch so kleinen Umgebung des Nullpunktes gibt es daher Kurvenpunkte mit *positiver* und solche mit *negativer* Ordinate (Bild IV-37).

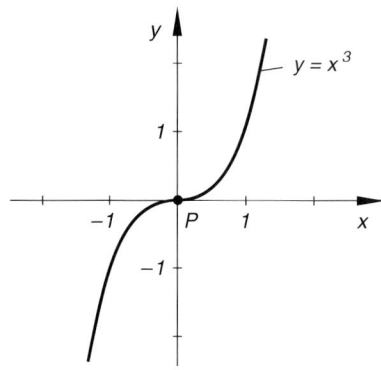

Bild IV-37 Kubische Parabel $y = x^3$

■

Die Bedingung $y' = 0$ reicht daher für die Existenz eines relativen Extremwertes *nicht* aus. Eine Funktion $y = f(x)$ besitzt jedoch *mit Sicherheit* in x_0 ein relatives Maximum bzw. relatives Minimum, wenn die dortige Kurventangente *waagerecht* verläuft und die Kurve an dieser Stelle *Rechts-* bzw. *Linkskrümmung* besitzt (siehe hierzu Bild IV-35). Dies ist der Fall, wenn an der Stelle x_0 die 1. Ableitung *verschwindet* und zugleich die 2. Ableitung entweder *kleiner* oder *größer* als null und somit *ungleich* null ist. Diese Überlegungen führen schließlich zu dem folgenden *hinreichenden Kriterium für relative Extremwerte* bei einer (mindestens) zweimal differenzierbaren Funktion:

Hinreichende Bedingungen für einen relativen Extremwert (Bild IV-35)

Eine (mindestens) zweimal differenzierbare Funktion $y = f(x)$ besitzt an der Stelle x_0 mit Sicherheit einen *relativen Extremwert*, wenn die Bedingungen

$$f'(x_0) = 0 \quad \text{und} \quad f''(x_0) \neq 0 \tag{IV-89}$$

erfüllt sind. Für $f''(x_0) > 0$ liegt dabei ein *relatives Minimum* vor, für $f''(x_0) < 0$ dagegen ein *relatives Maximum*.

3 Anwendungen der Differentialrechnung

■ **Beispiele**

(1) Die Normalparabel $y = x^2$ besitzt in $x_0 = 0$ ein *relatives* (und sogar absolutes) *Minimum* (siehe Bild IV-38; absolutes Minimum = kleinster Funktionswert im gesamten Definitionsbereich):

$$y = x^2, \qquad y' = 2x, \qquad y'' = 2$$

$$y'(0) = 0, \qquad y''(0) = 2 > 0 \quad \Rightarrow \quad \text{Relatives Minimum in } (0;0)$$

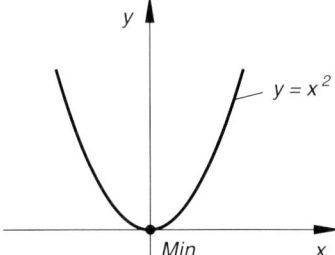

Bild IV-38
Normalparabel $y = x^2$

(2) Wir bestimmen die *relativen Extremwerte* der Funktion $y = \dfrac{x^2}{1+x^2}$. Dazu benötigen wir die ersten beiden Ableitungen:

$$y' = \frac{2x(1+x^2) - 2x \cdot x^2}{(1+x^2)^2} = \frac{2x + 2x^3 - 2x^3}{(1+x^2)^2} = \frac{2x}{(1+x^2)^2}$$

$$y'' = \frac{2(1+x^2)^2 - 2(1+x^2)(2x)\,2x}{(1+x^2)^4} =$$

$$= \frac{(1+x^2)[2(1+x^2) - 8x^2]}{(1+x^2)^4} = \frac{2 + 2x^2 - 8x^2}{(1+x^2)^3} = \frac{2 - 6x^2}{(1+x^2)^3}$$

Diese Ableitungen wurden gebildet mit Hilfe der *Quotientenregel* bzw. der *Quotienten-* und *Kettenregel* (bei der 2. Ableitung).

Aus der für relative Extremwerte notwendigen Bedingung $y' = 0$ berechnen wir zunächst die Stellen mit einer *waagerechten* Kurventangente:

$$y' = 0 \quad \Rightarrow \quad \frac{2x}{(1+x^2)^2} = 0 \quad \Rightarrow \quad 2x = 0 \quad \Rightarrow \quad x_1 = 0, \; y_1 = 0$$

Der Kurvenpunkt $(0;0)$ ist ein *Tiefpunkt*, da die Kurve an dieser Stelle *Linkskrümmung* besitzt:

$$y''(0) = \frac{2 - 0}{(1+0)^3} = 2 > 0 \quad \Rightarrow \quad \text{Minimum in } (0;0)$$

Der Verlauf der Kurve ist in Bild IV-39 skizziert.

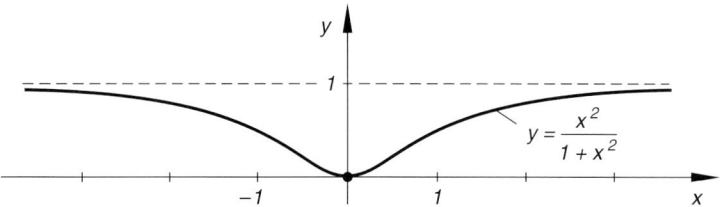

Bild IV-39 Funktionsgraph von $y = \dfrac{x^2}{1+x^2}$

(3) Wo liegen die *relativen Extremwerte* der Funktion $y = x^2 \cdot e^{-0,5x}$?

Lösung: Zunächst bilden wir mit Hilfe der *Produkt-* und *Kettenregel* die benötigten Ableitungen y' und y'':

$$y' = 2x \cdot e^{-0,5x} - 0,5 \cdot e^{-0,5x} \cdot x^2 = (2x - 0,5x^2) \cdot e^{-0,5x}$$

$$y'' = (2 - x) \cdot e^{-0,5x} - 0,5 \cdot e^{-0,5x} \cdot (2x - 0,5x^2) =$$

$$= (2 - x - x + 0,25x^2) \cdot e^{-0,5x} = (0,25x^2 - 2x + 2) \cdot e^{-0,5x}$$

Aus der *notwendigen* Bedingung $y' = 0$ folgt dann wegen $e^{-0,5x} \neq 0$:

$$(2x - 0,5x^2) \cdot e^{-0,5x} = 0 \;\Rightarrow\; 2x - 0,5x^2 = 0 \;\Rightarrow$$

$$\Rightarrow\; x(2 - 0,5x) = 0 \;\Rightarrow$$

$$\Rightarrow\; x_1 = 0, \;\; x_2 = 4$$

An diesen Stellen besitzt die Kurve somit *waagerechte* Tangenten. Die zugehörigen Ordinatenwerte sind $y_1 = 0$ und $y_2 = 2{,}165$. Wir setzen jetzt die gefundenen x-Werte in die 2. Ableitung ein und prüfen, ob die *hinreichende* Bedingung für einen relativen Extremwert erfüllt ist:

$$y''(x_1 = 0) = 2 \cdot e^0 = 2 \cdot 1 = 2 > 0 \;\Rightarrow\; \textit{Relatives Minimum}$$

$$y''(x_2 = 4) = (4 - 8 + 2) \cdot e^{-2} =$$

$$= -2 \cdot e^{-2} = -0{,}271 < 0 \;\Rightarrow\; \textit{Relatives Maximum}$$

Die Funktionskurve besitzt daher einen *Tiefpunkt* in $(0;\, 0)$ und einen *Hochpunkt* in $(4;\, 2{,}165)$. Ihr Verlauf ist in Bild IV-40 skizziert.

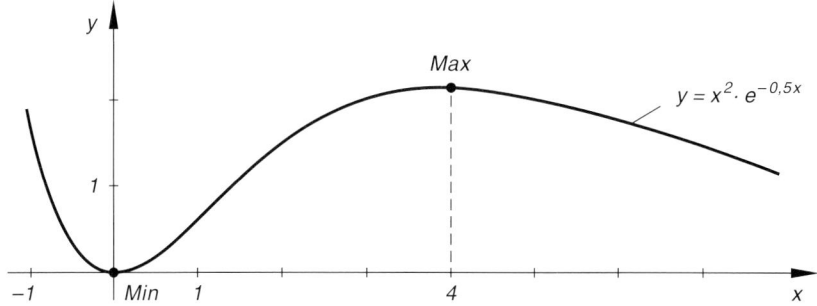

Bild IV-40 Funktionsgraph von $y = x^2 \cdot e^{-0,5x}$

(4) $f(x)$ sei eine Polynomfunktion vom Grade $n \geq 2$ mit einer *doppelten* Nullstelle an der Stelle x_0. Wir zeigen, dass $f(x)$ an dieser Stelle einen *relativen Extremwert* besitzt.

Die Polynomfunktion ist wegen der doppelten Nullstelle in der Form

$$f(x) = (x - x_0)^2 \cdot g(x) \qquad \text{mit} \qquad g(x_0) \neq 0$$

darstellbar, wobei $g(x)$ eine Polynomfunktion vom Grade $n - 2$ ist (siehe hierzu auch Kap. III, Abschnitt 5.4). Die benötigten ersten beiden Ableitungen $f'(x)$ und $f''(x)$ erhalten wir unter Verwendung der *Produkt-* und *Kettenregel*:

$$f'(x) = 2(x - x_0) \cdot g(x) + (x - x_0)^2 \cdot g'(x)$$

$$f''(x) = 2 \cdot g(x) + 2(x - x_0) \cdot g'(x) + 2(x - x_0) \cdot g'(x) +$$

$$+ (x - x_0)^2 \cdot g''(x) =$$

$$= 2 \cdot g(x) + 4(x - x_0) \cdot g'(x) + (x - x_0)^2 \cdot g''(x)$$

An der Stelle x_0 gilt dann:

$$f'(x_0) = 2 \cdot 0 \cdot g(x_0) + 0^2 \cdot g'(x_0) = 0$$

$$f''(x_0) = 2 \cdot g(x_0) + 4 \cdot 0 \cdot g'(x_0) + 0^2 \cdot g''(x_0) = 2 \cdot \underbrace{g(x_0)}_{\neq 0} \neq 0$$

Die *hinreichende* Bedingung für einen relativen Extremwert ist somit erfüllt. Für $g(x_0) > 0$ erhält man ein *relatives Minimum*, für $g(x_0) < 0$ ein *relatives Maximum* (siehe hierzu Bild IV-41, gezeichnet für $g(x_0) > 0$):

$$(x_0; 0) \begin{cases} \text{Tiefpunkt für } g(x_0) > 0 \\ \text{Hochpunkt für } g(x_0) < 0 \end{cases}$$

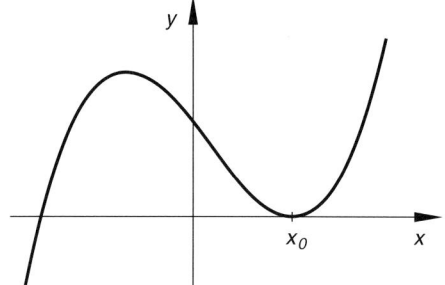

Bild IV-41
Polynom mit einer doppelten
Nullstelle bei x_0

∎

3.4.2 Wendepunkte, Sattelpunkte

Von Bedeutung sind auch jene Kurvenpunkte, in denen sich der *Drehsinn* der Kurventangente *ändert*. Sie werden als *Wendepunkte* bezeichnet.

Definitionen: (1) Kurvenpunkte, in denen sich der Drehsinn der Tangente ändert, heißen *Wendepunkte* (Bild IV-42).

(2) Wendepunkte mit *waagerechter* Tangente werden als *Sattelpunkte* bezeichnet (Bild IV-43).

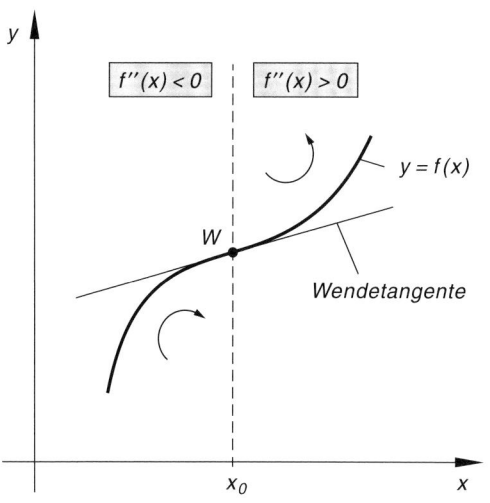

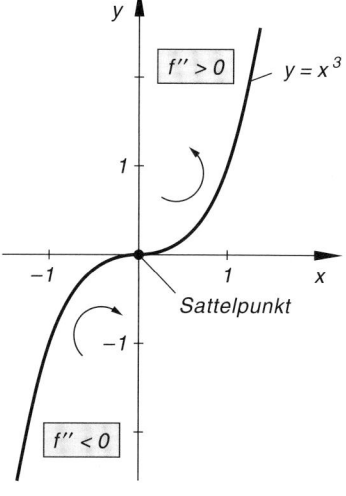

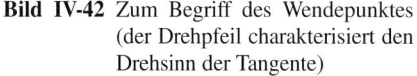

Bild IV-42 Zum Begriff des Wendepunktes (der Drehpfeil charakterisiert den Drehsinn der Tangente)

Bild IV-43 Zum Begriff des Sattelpunktes (am Beispiel der kubischen Parabel)

In den *Wendepunkten* einer Funktion findet demnach eine *Änderung der Krümmungsart* statt: Die Kurve geht dabei von einer *Rechtskurve* in eine *Linkskurve* über oder *umgekehrt* (siehe Bild IV-42). Daher ist in solchen Punkten *notwendigerweise* $y'' = 0$.

3 Anwendungen der Differentialrechnung

Diese Bedingung reicht jedoch *nicht* aus. Mit *Sicherheit* liegt ein Wendepunkt erst dann vor, wenn die *2. Ableitung* an der betreffenden Stelle ihr Vorzeichen *ändert*. Dies aber ist genau dann der Fall, wenn die Ableitung von y'', also die *3. Ableitung* y''' an dieser Stelle einen *von null verschiedenen* Wert annimmt.

Wir fassen diese Aussagen wie folgt zusammen:

Hinreichende Bedingungen für einen Wendepunkt (Bild IV-42)

Eine (mindestens) dreimal differenzierbare Funktion $y = f(x)$ besitzt an der Stelle x_0 einen *Wendepunkt*, wenn dort die Bedingungen

$$f''(x_0) = 0 \quad \text{und} \quad f'''(x_0) \neq 0 \qquad \text{(IV-90)}$$

erfüllt sind.

Anmerkungen

(1) In einem Wendepunkt *verschwindet* die 2. Ableitung und damit auch die *Kurvenkrümmung* κ (*notwendige Bedingung* für einen Wendepunkt).

(2) Die in einem *Wendepunkt* errichtete Tangente heißt *Wendetangente* (siehe hierzu Bild IV-42).

(3) Ein Wendepunkt mit *waagerechter* Tangente wird als *Sattel*- oder *Terrassenpunkt* bezeichnet. Ein solcher Punkt liegt vor, wenn an der Stelle x_0 die folgenden (hinreichenden) Bedingungen erfüllt sind:

$$f'(x_0) = 0, \quad f''(x_0) = 0 \quad \text{und} \quad f'''(x_0) \neq 0 \qquad \text{(IV-91)}$$

■ **Beispiele**

(1) Bei den *trigonometrischen* Funktionen fallen die *Wendepunkte* mit den jeweiligen *Nullstellen* zusammen (siehe hierzu die Bilder III-112, III-113 und III-114).

Wir führen den Nachweis für die Sinusfunktion $y = \sin x$, beschränken uns dabei auf das Periodenintervall $0 \leq x < 2\pi$:

$$y' = \cos x, \quad y'' = -\sin x, \quad y''' = -\cos x$$

$$y'' = 0 \;\Rightarrow\; -\sin x = 0 \;\Rightarrow\; \sin x = 0 \;\Rightarrow\; x_1 = 0, \; x_2 = \pi$$

$$y'''(x_1 = 0) = -\cos 0 = -1 \neq 0$$

$$y'''(x_2 = \pi) = -\cos \pi = -(-1) = 1 \neq 0$$

Die *hinreichende Bedingung* $y'' = 0$, $y''' \neq 0$ ist in den Nullstellen $x_1 = 0$ und $x_2 = \pi$ erfüllt, die Behauptung damit bewiesen (siehe hierzu auch Bild IV-44).

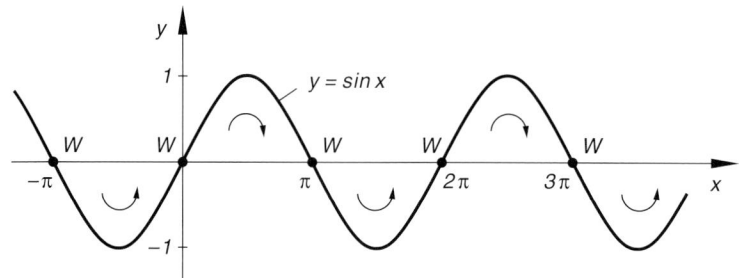

Bild IV-44 Wendepunkte der Sinusfunktion $y = \sin x$

(2) *Behauptung:* Die Funktion $y = -\dfrac{2}{3}x^3 + 2x^2 - 2x + 2$ besitzt an der Stelle $x_0 = 1$ einen *Sattelpunkt*.

Beweis: Wir zeigen, dass die folgenden Bedingungen erfüllt sind:

$$y'(1) = 0, \qquad y''(1) = 0 \quad \text{und} \quad y'''(1) \neq 0$$

Denn es gilt:

$$y' = -2x^2 + 4x - 2 \quad \Rightarrow \quad y'(1) = 0 \quad \Rightarrow \quad \text{waagerechte Tangente}$$

$$\left. \begin{array}{l} y'' = -4x + 4 \quad \Rightarrow \quad y''(1) = 0 \\ y''' = -4 \quad \Rightarrow \quad y'''(1) = -4 \neq 0 \end{array} \right\} \Rightarrow \text{Wendepunkt}$$

Die Funktion besitzt somit an der Stelle $x_0 = 1$ einen Wendepunkt mit waagerechter Tangente, d. h. also einen *Sattelpunkt* (die Ordinate ist $y_0 = 4/3$). Damit ist die Behauptung bewiesen (siehe auch Bild IV-45).

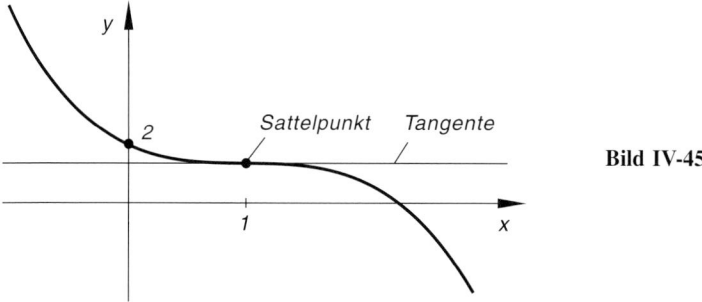

Bild IV-45

(3) Wo besitzt die Funktion $y = (x^2 - x) \cdot e^{-x}$ *Wendepunkte* bzw. *Sattelpunkte*?

Lösung: Mit Hilfe der *Produkt-* und *Kettenregel* erhalten wir die für die Untersuchung benötigten ersten drei Ableitungen:

$$y' = (2x - 1) \cdot e^{-x} + e^{-x} \cdot (-1)(x^2 - x) =$$
$$= (2x - 1 - x^2 + x) \cdot e^{-x} = (-x^2 + 3x - 1) \cdot e^{-x}$$

3 Anwendungen der Differentialrechnung

$$y'' = (-2x + 3) \cdot e^{-x} + e^{-x} \cdot (-1)(-x^2 + 3x - 1) =$$
$$= (-2x + 3 + x^2 - 3x + 1) \cdot e^{-x} = (x^2 - 5x + 4) \cdot e^{-x}$$
$$y''' = (2x - 5) \cdot e^{-x} + e^{-x} \cdot (-1) \cdot (x^2 - 5x + 4) =$$
$$= (2x - 5 - x^2 + 5x - 4) \cdot e^{-x} = (-x^2 + 7x - 9) \cdot e^{-x}$$

Aus der für Wendepunkte *notwendigen Bedingung* $y'' = 0$ folgt dann wegen $e^{-x} \neq 0$:

$$y'' = 0 \quad \Rightarrow \quad x^2 - 5x + 4 = 0 \quad \Rightarrow \quad x_1 = 1, \quad x_2 = 4$$

Die 3. Ableitung ist an diesen Stellen von null verschieden:

$$y'''(x_1 = 1) = (-1 + 7 - 9) \cdot e^{-1} = -3 \cdot e^{-1} \neq 0$$
$$y'''(x_2 = 4) = (-16 + 28 - 9) \cdot e^{-4} = 3 \cdot e^{-4} \neq 0$$

Es handelt sich also um *Wendepunkte*. Sie lauten:

$$W_1 = (1; 0) \quad \text{und} \quad W_2 = (4; 0{,}22)$$

Es sind jedoch *keine* Sattelpunkte, da die Wendetangenten nicht parallel zur *x*-Achse verlaufen:

$$y'(x_1 = 1) = (-1 + 3 - 1) \cdot e^{-1} = e^{-1} \neq 0$$
$$y'(x_2 = 4) = (-16 + 12 - 1) \cdot e^{-4} = -5 \cdot e^{-4} \neq 0$$

Bild IV-46 zeigt den Verlauf der Kurve mit den beiden Wendepunkten (W_1 fällt mit der Nullstelle bei 1 zusammen).

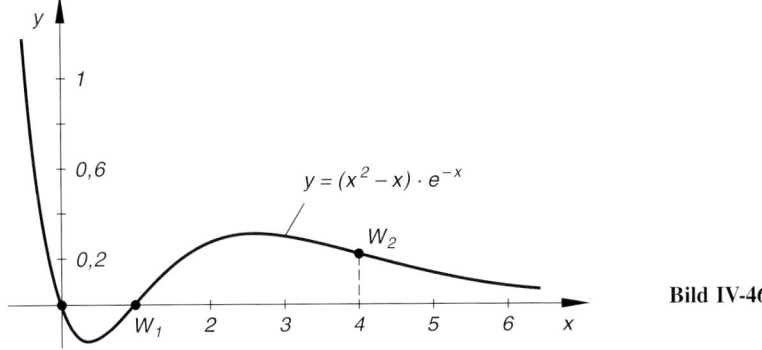

Bild IV-46

∎

3.4.3 Ergänzungen

Die Bestimmung der *relativen Extremwerte* einer Funktion $y = f(x)$ erfolgte bisher nach dem folgenden Schema:

1. Zunächst werden aus der *notwendigen* Bedingung $f'(x) = 0$ alle Stellen mit einer *waagerechten* Tangente ermittelt.
2. Dann prüft man anhand der 2. Ableitung, wie sich die *Kurvenkrümmung* in diesen Punkten verhält und ob das *hinreichende* Kriterium für relative Extremwerte, d. h. die Bedingungen (IV-89) *erfüllt* sind.

In einigen Fällen jedoch *versagt* dieses Verfahren, wenn nämlich an der betreffenden Stelle x_0 neben der 1. Ableitung auch die 2. Ableitung *verschwindet*, also $f'(x_0) = 0$ und $f''(x_0) = 0$ gilt. Jetzt prüft man, ob an dieser Stelle vielleicht ein *Sattelpunkt* vorliegt. Dies ist der Fall, wenn $f'''(x_0) \neq 0$ ist. *Verschwindet* jedoch auch die 3. Ableitung an der Stelle x_0, so muss man auf das folgende *allgemeine* Kriterium zurückgreifen, das wir hier ohne Beweis anführen:

Allgemeines Kriterium für einen relativen Extremwert

Eine Funktion $y = f(x)$ besitze an der Stelle x_0 eine *waagerechte* Tangente, d. h. es gelte also $f'(x_0) = 0$. Die *nächstfolgende* an dieser Stelle *nichtverschwindende* Ableitung sei die *n*-te Ableitung $f^{(n)}(x_0)$ (mit $n > 1$). Dann besitzt die Funktion an der Stelle x_0 einen *relativen Extremwert*, falls die Ordnung n dieser Ableitung *gerade* ist und zwar

$$\text{ein } relatives \ Minimum \text{ für } f^{(n)}(x_0) > 0$$

$$\text{ein } relatives \ Maximum \text{ für } f^{(n)}(x_0) < 0 \qquad \text{(IV-92)}$$

Ist die Ordnung n jedoch *ungerade*, so besitzt die Funktion an der Stelle x_0 einen *Sattelpunkt*.

■ **Beispiele**

(1) Wir zeigen, dass die Funktion $y = x^4$ an der Stelle $x_0 = 0$ einen relativen (und sogar absoluten) *Extremwert* besitzt:

$$\begin{aligned} y' &= 4x^3 & \Rightarrow \quad y'(0) &= 0 \quad (waagerechte \text{ Tangente}) \\ y'' &= 12x^2 & \Rightarrow \quad y''(0) &= 0 \\ y''' &= 24x & \Rightarrow \quad y'''(0) &= 0 \\ y^{(4)} &= 24 & \Rightarrow \quad y^{(4)}(0) &= 24 \neq 0 \end{aligned}$$

Die auf y' *nächstfolgende* an der Stelle $x_0 = 0$ *nichtverschwindende* Ableitung $y^{(4)}$ ist von vierter und damit *gerader* Ordnung. Daher hat die Funktion an dieser

Stelle einen *relativen Extremwert* und zwar wegen $y^{(4)}(0) = 24 > 0$ ein *relatives Minimum* (Bild IV-47).

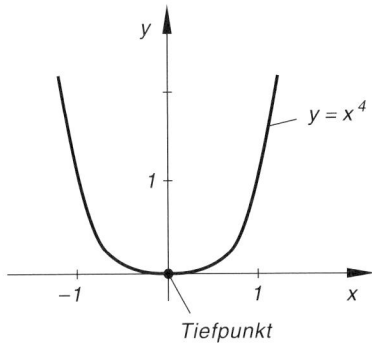

Bild IV-47 Funktionsgraph von $y = x^4$

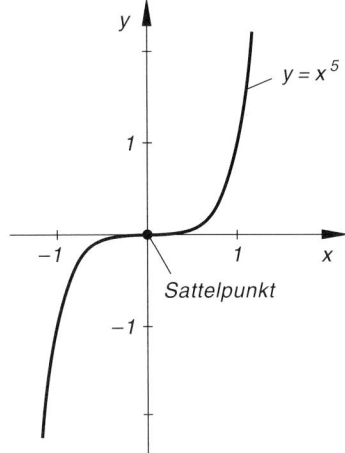

Bild IV-48
Funktionsgraph von $y = x^5$

(2) Besitzt die Funktion $y = x^5$ *relative Extremwerte*?

Um diese Frage zu beantworten, bestimmen wir zunächst alle Stellen mit einer *waagerechten* Tangente:

$$y' = 5x^4$$
$$y' = 0 \quad \Rightarrow \quad 5x^4 = 0 \quad \Rightarrow \quad x_1 = 0$$

Die Ordnung der *nächsten*, an der Stelle $x_1 = 0$ *nichtverschwindenden* Ableitung entscheidet darüber, ob ein *relativer Extremwert* oder ein *Sattelpunkt* vorliegt:

$$y'' = 20x^3 \quad \Rightarrow \quad y''(0) = 0$$
$$y''' = 60x^2 \quad \Rightarrow \quad y'''(0) = 0$$
$$y^{(4)} = 120x \quad \Rightarrow \quad y^{(4)}(0) = 0$$
$$y^{(5)} = 120 \quad \Rightarrow \quad y^{(5)}(0) = 120 \neq 0$$

Erst die 5. Ableitung besitzt für $x_1 = 0$ einen von null verschiedenen Wert. Die Ordnung dieser Ableitung ist *ungerade*, die Funktion $y = x^5$ besitzt somit an der Stelle $x_1 = 0$ einen *Sattelpunkt. Relative Extremwerte* sind bei dieser Funktion *nicht* vorhanden (siehe hierzu Bild IV-48). ∎

3.5 Extremwertaufgaben

In zahlreichen Anwendungen stellt sich das folgende Problem: Von einer vorgegebenen Funktion $y = f(x)$ ist der *größte* (bzw. der *kleinste*) Funktionswert in einem gewissen Intervall I zu bestimmen[4]. Problemstellungen dieser Art werden als *Extremwertaufgaben* bezeichnet. Bei der Lösung einer solchen Aufgabe geht man so vor, dass man zunächst mit Hilfe der Differentialrechnung die im Innern des Intervalls gelegenen *relativen* Extremwerte berechnet. Das gesuchte *absolute Maximum* (oder *absolute Minimum*) kann aber auch in einem *Randpunkt* des Intervalls I liegen (siehe hierzu das nachfolgende Beispiel (3)). Durch einen Vergleich der Randwerte mit den im Intervallinnern gelegenen relativen Extremwerten erhält man die Lösung der gestellten Aufgabe.

Lösungsverfahren für Extremwertaufgaben

Von einer zweimal differenzierbaren Funktion $y = f(x)$ lässt sich der *größte* (bzw. der *kleinste*) Wert in einem vorgegebenen Intervall I wie folgt bestimmen:

1. Zunächst werden mit Hilfe der Differentialrechnung die im Innern des Intervalls I liegenden *relativen Maxima* (bzw. *relativen Minima*) berechnet.

2. Durch Vergleich dieser Werte mit den Funktionswerten in den *Randpunkten* des Intervalls erhält man den gesuchten *größten* (oder *kleinsten*) Wert der Funktion $y = f(x)$ im Intervall I.

Anmerkungen

(1) Bei einem *offenen* Intervall kann der gesuchte größte bzw. kleinste Wert nur im *Innern* des Intervalles I liegen (er ist dann einer der relativen Extremwerte).

(2) Die Funktion $y = f(x)$, deren *absolutes* Maximum bzw. Minimum im Intervall I bestimmt werden soll, heißt in diesem Zusammenhang auch *Zielfunktion*.

(3) Bei zahlreichen Extremwertaufgaben ist die Gleichung der Zielfunktion $y = f(x)$ zunächst noch unbekannt und muss daher erst aufgestellt werden. Dabei *kann* der Fall eintreten, dass die Größe y zunächst von *mehr* als einer Variablen abhängt. Diese Variablen sind jedoch nicht unabhängig voneinander, sondern durch sog. *Neben-* oder *Kopplungsbedingungen* miteinander verknüpft. *Das Aufstellen der Nebenbedingungen ist dann oft das eigentliche Problem bei der Lösung einer Extremwertaufgabe.* Man findet diese Bedingungen häufig durch Anwendung *elementarer geometrischer Lehrsätze* (wie z. B. Satz des Pythagoras, Strahlensätze, Höhensatz). Mit Hilfe der Nebenbedingungen lässt sich dann die Größe y als eine nur noch von der *einen* Variablen x abhängige Funktion $y = f(x)$ darstellen (siehe hierzu auch das nachfolgende Beispiel (4)).

---

[4] Der größte (bzw. kleinste) Wert einer Funktion in einem Intervall wird auch als absolutes Maximum (bzw. absolutes Minimum) bezeichnet.

3 Anwendungen der Differentialrechnung

■ **Beispiele**

(1) *Problemstellung*: Einem *Quadrat* mit der vorgegebenen Seitenlänge a ist ein *Rechteck* mit *größtem* Flächeninhalt einzubeschreiben (Bild IV-49). Die Rechteckseiten sollen dabei *parallel* zu den Flächendiagonalen des Quadrates verlaufen.

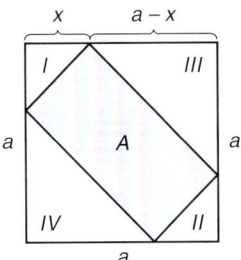

Bild IV-49

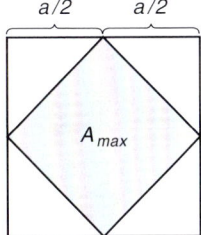

Bild IV-50

Lösung:

Offensichtlich gibt es *unendlich* viele Möglichkeiten, dem vorgegebenen Quadrat ein Rechteck einzubeschreiben. In Bild IV-49 ist ein solches Rechteck dargestellt (*grau* unterlegt). *Zielgröße* ist dabei der *Flächeninhalt* A des einbeschriebenen Rechteckes in Abhängigkeit von der (eingezeichneten) Strecke x. Diese Funktion bestimmen wir wie folgt: Vom Quadrat mit dem Flächeninhalt a^2 ziehen wir die Flächen der vier rechtwinkligen Dreiecke I, II, III und IV ab. Die Dreiecke I und II ergänzen sich dabei zu einem Quadrat vom Flächeninhalt x^2, ebenso die Dreiecke III und IV zu einem Quadrat vom Flächeninhalt $(a - x)^2$. Daher gilt:

$$A(x) = a^2 - x^2 - (a - x)^2 = a^2 - x^2 - a^2 + 2ax - x^2 =$$
$$= 2ax - 2x^2$$

Wir ermitteln jetzt das im offenen Intervall $0 < x < a$ gelegene *absolute Maximum* dieser Flächenfunktion [5]:

$$A'(x) = 2a - 4x, \quad A''(x) = -4$$
$$A'(x) = 0 \Rightarrow 2a - 4x = 0 \Rightarrow x_1 = a/2$$
$$A''(x_1 = a/2) = -4 < 0$$

Die *hinreichende* Bedingung für ein *Maximum* ist somit für den Wert $x_1 = a/2$ erfüllt. Lösung der gestellten Aufgabe ist demnach ein *Quadrat* vom Flächeninhalt $A(x_1 = a/2) = a^2/2$, dessen Ecken auf den Seitenmitten des gegebenen Quadrates liegen (Bild IV-50). Dieses *spezielle* Rechteck (Quadrat) besitzt im Vergleich zu allen anderen möglichen Rechtecken den *größten* Flächeninhalt.

---

[5] Die speziellen Werte $x = 0$ bzw. $x = a$ kommen als Lösungen *nicht* infrage, da in diesen Fällen das Rechteck *entartet* ist (eine der beiden Seiten hat dann jeweils die Länge 0).

Hinweis

Die Flächenfunktion $A(x)$ ist eine quadratische Funktion von x und entspricht der in Bild IV-51 skizzierten nach unten geöffneten Parabel mit Nullstellen bei $x = 0$ und $x = a$. Das gesuchte *absolute Maximum* der Fläche $A(x)$ im offenen Intervall $0 < x < a$ ist daher die *Ordinate* des Scheitelpunktes S, der wegen der Symmetrie der Kurve genau in der Mitte zwischen den beiden Nullstellen, also an der Stelle $x_1 = a/2$ liegen muss. Daher gilt:

$$A_{\max} = A(x = a/2) = a^2/2$$

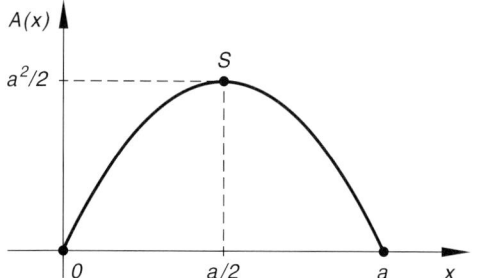

Bild IV-51

(2) In einem *Wechselstromkreis* sind ein ohmscher Widerstand R, eine Spule mit der Induktivität L und ein Kondensator mit der Kapazität C in *Reihe* geschaltet (Bild IV-52). Beim Anlegen einer sinusförmigen Wechselspannung $u = u_0 \cdot \sin(\omega t)$ entsteht ein elektrischer Reihenschwingkreis, der zu erzwungenen Schwingungen angeregt wird. Es fließt in dem Kreis ein Wechselstrom $i = i_0 \cdot \sin(\omega t + \varphi)$, dessen Scheitelwert i_0 nach der Formel

$$i_0 = \frac{u_0}{\sqrt{R^2 + \left(\omega L - \dfrac{1}{\omega C}\right)^2}} \qquad (\omega > 0)$$

berechnet wird (u_0: Scheitelwert der Spannung; ω: Kreisfrequenz). Der im Nenner stehende Ausdruck

$$Z = \sqrt{R^2 + \left(\omega L - \dfrac{1}{\omega C}\right)^2}$$

ist dabei der *Scheinwiderstand* des Stromkreises. Bei welcher Kreisfrequenz ω_r erreicht der Scheitelwert i_0 sein Maximum?

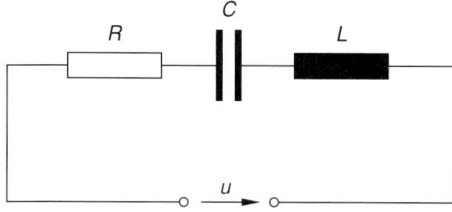

Bild IV-52
Wechselstromkreis
in Reihenschaltung

3 Anwendungen der Differentialrechnung

Lösung: i_0 wird am *größten*, wenn der Scheinwiderstand seinen *kleinsten* Wert annimmt. Dies ist genau dann der Fall, wenn der unter der Wurzel stehende Ausdruck (also der Wurzelradikand) am *kleinsten* wird. Es genügt daher, das (absolute) *Minimum der Zielfunktion*

$$y = f(\omega) = Z^2 = R^2 + \left(\omega L - \frac{1}{\omega C}\right)^2$$

im offenen Intervall $0 < \omega < \infty$ zu bestimmen. Dazu benötigen wir die ersten beiden Ableitungen, die wir mit der *Kettenregel* bzw. der *Produkt-* und *Kettenregel* erhalten (bitte nachrechnen):

$$y'(\omega) = 2\left(\omega L - \frac{1}{\omega C}\right)\left(L + \frac{1}{\omega^2 C}\right)$$

$$y''(\omega) = 2\left(L + \frac{1}{\omega^2 C}\right)^2 - \frac{4}{\omega^3 C}\left(\omega L - \frac{1}{\omega C}\right)$$

Aus der *notwendigen* Bedingung $y'(\omega) = 0$ folgt dann:

$$2\left(\omega L - \frac{1}{\omega C}\right)\underbrace{\left(L + \frac{1}{\omega^2 C}\right)}_{\neq 0} = 0 \quad \Rightarrow \quad \left(\omega L - \frac{1}{\omega C}\right) = 0 \quad \Rightarrow$$

$$\omega L = \frac{1}{\omega C} \quad \Rightarrow \quad \omega^2 = \frac{1}{LC} \quad \Rightarrow \quad \omega_r = \frac{1}{\sqrt{LC}}$$

Auch die *hinreichende* Bedingung ist für diesen Wert erfüllt (der 2. Summand in y'' verschwindet für $\omega = \omega_r$):

$$y''\left(\omega_r = \frac{1}{\sqrt{LC}}\right) = 2\left(L + \frac{LC}{C}\right)^2 - 0 = 2(L + L)^2 = 8L^2 > 0$$

Der Scheitelwert i_0 des Stromes erreicht daher sein *absolutes Maximum* bei der Kreisfrequenz $\omega_r = 1/\sqrt{LC}$ (sog. *Resonanzkreisfrequenz*). Der Scheinwiderstand Z ist dann gleich dem ohmschen Widerstand R und es gilt $i_0 = u_0/R$.

(3) Die *Biegelinie* eines einseitig eingespannten und am freien Ende durch eine Kraft vom Betrage F auf Biegung beanspruchten Balkens der Länge l lautet wie folgt (Bild IV-53):

$$y(x) = \frac{F}{2EI}\left(lx^2 - \frac{1}{3}x^3\right) \qquad (0 \leq x \leq l)$$

(siehe hierzu auch Kap. III, Abschnitt 5.7, in dem dieses Anwendungsbeispiel erstmals angesprochen wurde; E und I sind positive Konstanten). An welcher Stelle des Balkens ist die Durchbiegung y am *größten*?

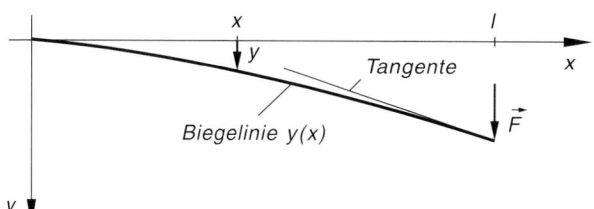

Bild IV-53
Biegelinie

Lösung: Zunächst ermitteln wir die im Intervall $0 \leq x \leq l$ gelegenen *relativen* Extremwerte:

$$y' = \frac{F}{2EI}(2lx - x^2), \qquad y'' = \frac{F}{2EI}(2l - 2x) = \frac{F}{EI}(l - x)$$

$$y' = 0 \quad\Rightarrow\quad 2lx - x^2 = x(2l - x) = 0 \quad\Rightarrow\quad x_1 = 0, \quad x_2 = 2l$$

Der zweite Wert $(x_2 = 2l)$ liegt *außerhalb* des Intervalles und kommt daher *nicht* infrage (Scheinlösung). An der Stelle $x_1 = 0$, d. h. an der *Einspannstelle* ist die Durchbiegung des Balkens wegen

$$y''(x_1 = 0) = \frac{Fl}{EI} > 0$$

am *kleinsten*:

$$y_{\min} = y(x_1 = 0) = 0$$

(physikalisch einleuchtend: wegen der Einspannung ist eine Durchbiegung hier nicht möglich). Die *maximale* Durchbiegung erfährt der Balken daher im *rechten* Randpunkt $x = l$, d. h. am *freien* Ende, wo auch die Kraft einwirkt:

$$y_{\max} = y(x = l) = \frac{F}{2EI}\left(l^3 - \frac{1}{3}l^3\right) = \frac{F}{2EI} \cdot \frac{2}{3} l^3 = \frac{Fl^3}{3EI}$$

Wir haben es hier mit dem eingangs geschilderten Sonderfall eines *Randextremwertes* zu tun. Mit Hilfe der Differentialrechnung können nur relative Extremwerte mit *waagerechter* Tangente bestimmt werden. Dies aber trifft für den am freien Ende liegenden Randpunkt des Balkens gerade *nicht* zu. Die dortige Tangente an die Biegelinie verläuft gegen die Horizontale geneigt (siehe Bild IV-53).

(4) Wir behandeln ein weiteres Beispiel aus der *Festigkeitslehre*: Aus einem Baumstamm mit kreisförmigem Querschnitt soll ein Balken mit rechteckigem Querschnitt so herausgeschnitten werden, dass sein *Widerstandsmoment* $W = \dfrac{1}{6} bh^2$ einen *größten* Wert annimmt (Bild IV-54).

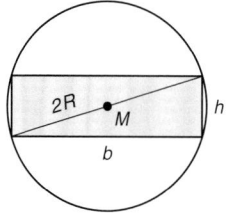

b: Breite des Balkens
h: Dicke des Balkens
$2R$: Durchmesser des Baumstammes

Bild IV-54 Zum Widerstandsmoment eines Balkens

Lösung: Das Widerstandsmoment W hängt von den Größen b und h ab, die jedoch *nicht* unabhängig voneinander sind, sondern über den *Satz des Pythagoras* mit dem Radius R des Baumstammes wie folgt verknüpft sind:

$$b^2 + h^2 = (2R)^2 = 4R^2 \quad \Rightarrow \quad h^2 = 4R^2 - b^2$$

Mit Hilfe dieser als *Nebenbedingung* oder auch *Kopplungsbedingung* bezeichneten Beziehung lässt sich das Widerstandsmoment W als eine *nur* von der Größe b abhängige Funktion darstellen:

$$W(b) = \frac{1}{6} b h^2 = \frac{1}{6} b (4R^2 - b^2) = \frac{1}{6} (4R^2 b - b^3)$$

($0 < b < 2R$). Die „Randwerte" $b = 0$ und $b = 2R$ kommen als Lösungen *nicht* infrage [6]. Wir bestimmen jetzt das *absolute Maximum* unserer *Zielfunktion* $W(b)$ im offenen Intervall $0 < b < 2R$. Die dabei benötigten Ableitungen lauten:

$$\frac{dW}{db} = \frac{1}{6} (4R^2 - 3b^2), \qquad \frac{d^2 W}{db^2} = \frac{1}{6} (-6b) = -b$$

Aus der für ein Maximum *notwendigen* Bedingung $\frac{dW}{db} = 0$ folgt dann:

$$4R^2 - 3b^2 = 0 \quad \Rightarrow \quad 3b^2 = 4R^2 \quad \Rightarrow$$

$$b^2 = \frac{4}{3} R^2 = \frac{4}{9} \cdot 3R^2 \quad \Rightarrow \quad b_{1/2} = \pm \frac{2}{3} \sqrt{3}\, R \approx \pm 1{,}155 R$$

Der *negative* Wert scheidet dabei als Lösung aus, der *positive* Wert dagegen liegt (wie gefordert) im Intervall $0 < b < 2R$ und erweist sich wegen

$$\frac{d^2 W}{db^2} \left(b_1 = \frac{2}{3} \sqrt{3}\, R \right) = -\frac{2}{3} \sqrt{3}\, R < 0$$

als das gesuchte *Maximum*. Der Balkenbreite $b = \frac{2}{3} \sqrt{3}\, R$ entspricht eine Höhe von $h = \frac{2}{3} \sqrt{6}\, R$ (ermittelt aus der Nebenbedingung). Für diese Werte ist das Widerstandsmoment des Balkens am *größten*. Es beträgt dann (bitte nachrechnen)

$$W_{\max} = W \left(b = \frac{2}{3} \sqrt{3}\, R \right) = \frac{8}{27} \sqrt{3}\, R^3$$

Hinweis

Das Widerstandsmoment W lässt sich sowohl durch die Balkenbreite b als auch durch die Balkendicke h ausdrücken. Wir haben uns hier für die erste Variante entschieden, weil dann der funktionale Zusammenhang besonders einfach ist (W ist eine Polynomfunktion 3. Grades von b). Drückt man jedoch W durch h aus, so erhält man (wiederum unter Verwendung der Nebenbedingung) die weitaus komplizierte Funktion

$$W(h) = \frac{1}{6} \sqrt{4R^2 - h^2} \cdot h^2 = \frac{1}{6} \sqrt{4R^2 h^4 - h^6} \qquad (0 < h < 2R)$$

---

[6] $b = 0$: Balken der Breite 0; $b = 2R$: Balken der Dicke 0

Das gesuchte *absolute Maximum* dieser Funktion lässt sich jedoch über die *Zielfunktion*

$$y = 4R^2 h^4 - h^6 \quad (0 < h < 2R)$$

bestimmen (Radikand der Wurzel). ∎

3.6 Kurvendiskussion

Der Verlauf einer Funktion lässt sich in seinen *wesentlichen* Zügen aus bestimmten charakteristischen Kurvenpunkten und Funktionsmerkmalen wie beispielsweise Nullstellen, Symmetrie, relativen Extremwerten, Wendepunkten und Asymptoten leicht erschließen. *Kurvendiskussion* bedeutet daher an dieser Stelle: *Untersuchung und Feststellung der Funktionseigenschaften und des Funktionsverlaufs mit den Hilfsmitteln der Differentialrechnung.* Wir empfehlen, die Diskussion einer Funktion nach dem folgenden Schema vorzunehmen:

— Definitionsbereich / Definitionslücken
— Symmetrie (gerade, ungerade Funktion)
— Nullstellen, Schnittpunkt mit der *y*-Achse
— Pole, senkrechte Asymptoten (Polgeraden)
— Ableitungen (in der Regel bis zur 3. Ordnung)
— Relative Extremwerte (Maxima und Minima)
— Wendepunke, Sattelpunkte
— Verhalten der Funktion für $x \to \pm \infty$, Asymptoten im Unendlichen
— Wertebereich der Funktion
— Zeichnung der Funktion in einem geeigneten Maßstab

Auch Untersuchungen des *Monotonie-* und *Krümmungsverhaltens* sind oft sehr nützlich.

∎ **Beispiele**

(1) $y = \dfrac{-5x^2 + 5}{x^3}$ (echt gebrochenrationale Funktion; $x \neq 0$)

Definitionsbereich: Die Funktion ist für jedes reelle $x \neq 0$ definiert. An der Stelle $x_0 = 0$ besitzt sie eine *Definitionslücke*.

Symmetrie: Der Zähler ist eine *gerade*, der Nenner eine *ungerade* Funktion. Daher ist die Funktion selbst *ungerade* (*Punktsymmetrie*).

Nullstellen, Pole: Zähler und Nenner werden zunächst in *Linearfaktoren* zerlegt, aus denen sich dann die Nullstellen bzw. Pole der Funktion unmittelbar ablesen lassen:

$$y = \frac{-5x^2 + 5}{x^3} = \frac{-5(x^2 - 1)}{x^3} = \frac{-5(x+1)(x-1)}{x^3}$$

Wir stellen fest: Zähler und Nenner haben *keine* gemeinsamen Nullstellen.

Nullstellen: $x_1 = -1$, $x_2 = 1$

Pole: $x_3 = 0$ (Pol *mit* Vorzeichenwechsel wegen der Punktsymmetrie)

Senkrechte Asymptote (Polgerade): $x = 0$ (y-Achse)

Ableitungen der Funktion (jeweils mit Hilfe der Quotientenregel):

$$y' = \frac{5(x^2 - 3)}{x^4}, \qquad y'' = \frac{-10(x^2 - 6)}{x^5}, \qquad y''' = \frac{30(x^2 - 10)}{x^6}$$

Relative Extremwerte: $y' = 0$ und $y'' \neq 0$

$$y' = 0 \quad \Rightarrow \quad x^2 - 3 = 0 \quad \Rightarrow \quad x_{4/5} = \pm\sqrt{3}$$

$$y''(x_4 = \sqrt{3}) = \frac{10}{9}\sqrt{3} > 0 \quad \Rightarrow$$

Relatives Minimum an der Stelle $x_4 = \sqrt{3}$

$$\text{Min} = \left(\sqrt{3};\; -\frac{10}{9}\sqrt{3}\right) = (1{,}73;\; -1{,}92)$$

$$y''(x_5 = -\sqrt{3}) = -\frac{10}{9}\sqrt{3} < 0 \quad \Rightarrow$$

Relatives Maximum an der Stelle $x_5 = -\sqrt{3}$

$$\text{Max} = \left(-\sqrt{3};\; \frac{10}{9}\sqrt{3}\right) = (-1{,}73;\; 1{,}92)$$

Wendepunkte: $y'' = 0$ und $y''' \neq 0$

$$y'' = 0 \quad \Rightarrow \quad x^2 - 6 = 0 \quad \Rightarrow \quad x_{6/7} = \pm\sqrt{6}$$

$$y'''(x_{6/7} = \pm\sqrt{6}) = -\frac{5}{9} \neq 0 \quad \Rightarrow \quad \text{Wendepunkte für } x_{6/7} = \pm\sqrt{6}$$

$$W_1 = \left(\sqrt{6};\; -\frac{25}{36}\sqrt{6}\right) = (2{,}45;\; -1{,}70)$$

$$W_2 = \left(-\sqrt{6};\; \frac{25}{36}\sqrt{6}\right) = (-2{,}45;\; 1{,}70)$$

Krümmungsverhalten:

Wir zerlegen zunächst den Definitionsbereich in vier Teilbereiche (Intervalle) gemäß Bild IV-55 und untersuchen dann das Krümmungsverhalten in den einzelnen Intervallen.

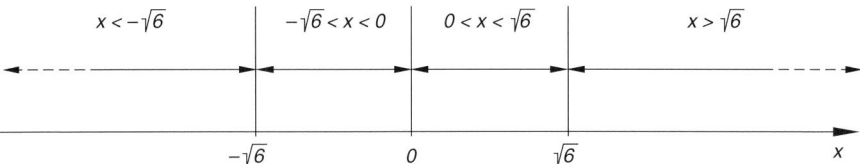

Bild IV-55

Im Intervall $0 < x < \sqrt{6}$ beispielsweise gilt $y'' > 0$, da Zähler und Nenner der 2. Ableitung dort *positiv* sind. Die Kurve ist hier also nach *links* gekrümmt. Für die übrigen Teilintervalle erhalten wir analog folgende Aussagen:

Teilintervall	Krümmungsart
$-\infty < x < -\sqrt{6}$	$y'' > 0 \Rightarrow$ Linkskrümmung
$-\sqrt{6} < x < 0$	$y'' < 0 \Rightarrow$ Rechtskrümmung
$0 < x < \sqrt{6}$	$y'' > 0 \Rightarrow$ Linkskrümmung
$\sqrt{6} < x < \infty$	$y'' < 0 \Rightarrow$ Rechtskrümmung

Verhalten der Funktion im Unendlichen:

Die Funktion ist *echt* gebrochen und strebt daher für $x \to \pm\infty$ *asymptotisch* gegen die x-Achse.

Asymptote im Unendlichen: $y = 0$ (x-Achse)

Wertebereich: $-\infty < y < \infty$

Zeichnung der Funktion:

Der Funktionsverlauf ist in Bild IV-56 dargestellt. Dabei wurde auf beiden Achsen der *gleiche* Maßstab gewählt.

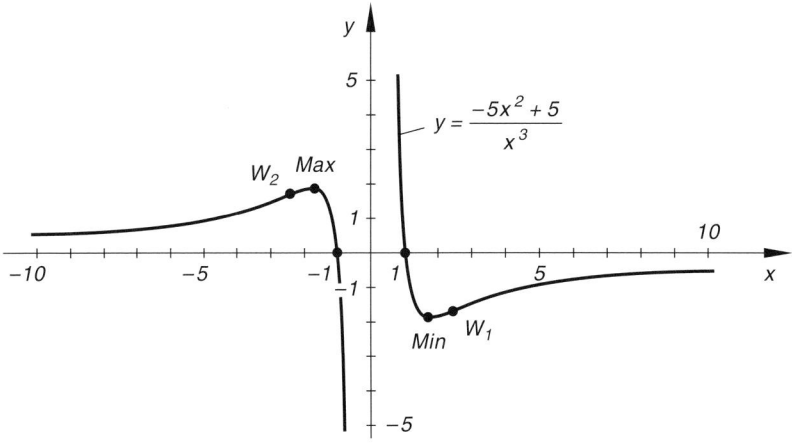

Bild IV-56 Funktionsgraph von $y = \dfrac{-5x^2 + 5}{x^3}$, $x \neq 0$

(2) Wir untersuchen den Verlauf einer durch die Funktionsgleichung

$$y = y(t) = 3 \cdot e^{-0,1\,t} \cdot \cos t \qquad (t \geq 0)$$

beschriebenen *gedämpften Schwingung*[7].

Definitionsbereich: $t \geq 0$ (aus physikalischen Gründen)

Nullstellen: $y = 0$

$$\underbrace{3 \cdot e^{-0,1\,t}}_{\neq 0} \cdot \cos t = 0 \quad \Rightarrow \quad \cos t = 0$$

Lösungen sind die *positiven* Nullstellen der Kosinusfunktion:

$$t_k = \frac{\pi}{2} + k\pi \qquad (k \in \mathbb{N})$$

Ableitungen der Funktion (mit Hilfe der Produkt- und Kettenregel):

$$y = 3 \cdot \underbrace{e^{-0,1\,t}}_{u} \cdot \underbrace{\cos t}_{v} = 3\,(u\,v)$$

$$\dot{y} = 3\,(\dot{u}v + \dot{v}u) = 3\,[-0,1 \cdot e^{-0,1\,t} \cdot \cos t - \sin t \cdot e^{-0,1\,t}] =$$
$$= -3 \cdot e^{-0,1\,t} \cdot (\sin t + 0,1 \cdot \cos t)$$

Analog erhält man die 2. und 3. Ableitung:

$$\ddot{y} = 3 \cdot e^{-0,1\,t} \cdot (0,2 \cdot \sin t - 0,99 \cdot \cos t)$$
$$\dddot{y} = 3 \cdot e^{-0,1\,t} \cdot (0,97 \cdot \sin t + 0,299 \cdot \cos t)$$

Relative Extremwerte: $\dot{y} = 0$ und $\ddot{y} \neq 0$

$$\dot{y} = 0 \quad \Rightarrow \quad \underbrace{-3 \cdot e^{-0,1\,t}}_{\neq 0} \cdot (\sin t + 0,1 \cdot \cos t) = 0 \quad \Rightarrow$$

$$\sin t + 0,1 \cdot \cos t = 0 \quad \Rightarrow \quad \sin t = -0,1 \cdot \cos t \quad \Rightarrow$$

$$\frac{\sin t}{\cos t} = -0,1 \quad \Rightarrow \quad \tan t = -0,1$$

Die im Intervall $t \geq 0$ gelegenen Lösungen dieser trigonometrischen Gleichung lassen sich anhand der folgenden Skizze leicht bestimmen (Bild IV-57):

---

[7] *Mechanisches Modell:* Feder-Masse-Schwinger. $y(t)$ ist dann die Auslenkung (Lagekoordinate) in Abhängigkeit von der Zeit t.

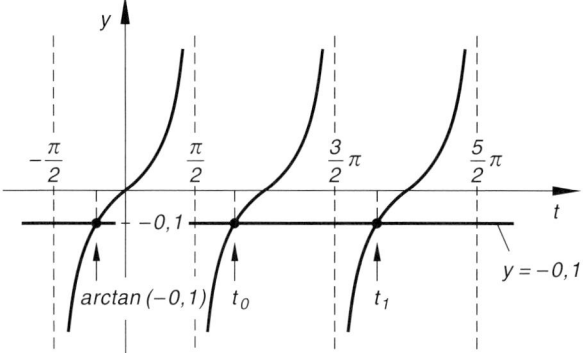

Bild IV-57 Positive Lösungen der Gleichung $\tan t = -0{,}1$ (Skizze)

Die erste *positive* Lösung liegt bei $t_0 = \arctan(-0{,}1) + \pi = 3{,}04$, alle weiteren (positiven) Lösungen in Abständen von jeweils einer Periode:

$$t_k = 3{,}04 + k\pi \qquad (k \in \mathbb{N})$$

Wie verhält sich die 2. Ableitung an diesen Stellen? Für *gerades* k (einschließlich $k = 0$) ist $\ddot{y}$ *positiv*:

$$\ddot{y}(3{,}04 + k\pi) = 3 \cdot e^{-0{,}1(3{,}04+k\pi)} \cdot [0{,}2 \cdot \sin(3{,}04 + k\pi) -$$
$$- 0{,}99 \cdot \cos(3{,}04 + k\pi)] =$$
$$= 3 \cdot [0{,}2 \cdot \sin 3{,}04 - 0{,}99 \cdot \cos 3{,}04] \cdot e^{-0{,}1(3{,}04+k\pi)} =$$
$$= 3{,}016 \cdot e^{-0{,}1(3{,}04+k\pi)} > 0 \qquad (k = 0, 2, 4, \ldots)$$

(Wir erinnern: Sinus und Kosinus sind periodische Funktionen mit der primitiven Periode 2π).

An diesen Stellen liegen daher *relative Minima*. Sie beginnen mit

$\text{Min}_1 = (3{,}04;\ -2{,}20)$

$\text{Min}_2 = (9{,}32;\ -1{,}17)$

$\text{Min}_3 = (15{,}61;\ -0{,}63) \qquad \text{usw.}$

Für *ungerades* k ist die 2. Ableitung *negativ*:

$$\ddot{y}(3{,}04 + k\pi) = -3{,}016 \cdot e^{-0{,}1(3{,}04+k\pi)} < 0 \qquad (k = 1, 3, 5, \ldots)$$

Wir erhalten an diesen Stellen daher *relative Maxima*:

$\text{Max}_1 = (6{,}18;\ 1{,}61)$

$\text{Max}_2 = (12{,}47;\ 0{,}86)$

$\text{Max}_3 = (18{,}75;\ 0{,}46) \qquad \text{usw.}$

Minima und Maxima folgen daher abwechselnd aufeinander im Abstand einer halben Periode.

Wendepunkte: $\ddot{y} = 0$ *und* $\dddot{y} \neq 0$

$$\ddot{y} = 0 \quad \Rightarrow \quad \underbrace{3 \cdot e^{-0,1t}}_{\neq 0} (0,2 \cdot \sin t - 0,99 \cdot \cos t) = 0 \quad \Rightarrow$$

$$0,2 \cdot \sin t - 0,99 \cdot \cos t = 0 \quad \Rightarrow \quad 0,2 \cdot \sin t = 0,99 \cdot \cos t \quad \Rightarrow$$

$$\frac{\sin t}{\cos t} = \frac{0,99}{0,2} = 4,95 \quad \Rightarrow \quad \tan t = 4,95$$

Die *positiven* Lösungen dieser Gleichung lauten nach Bild IV-58:

$$t_k = \arctan 4,95 + k\pi = 1,37 + k\pi \qquad (k \in \mathbb{N})$$

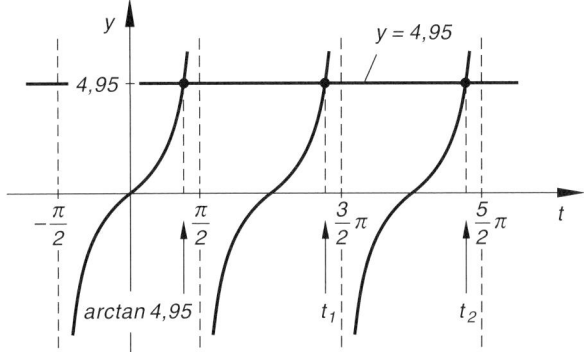

Bild IV-58 Positive Lösungen der Gleichung $\tan t = 4,95$ (Skizze)

Die 3. Ableitung ist an diesen Stellen *abwechselnd positiv* und *negativ* und damit von null verschieden, so dass tatsächlich *Wendepunkte* vorliegen. Sie beginnen mit

$$W_1 = (\ 1{,}37;\ 0{,}52) \qquad W_2 = (\ 4{,}51;\ -0{,}38)$$
$$W_3 = (\ 7{,}65;\ 0{,}28) \qquad W_4 = (10{,}80;\ -0{,}20)$$
$$W_5 = (13{,}94;\ 0{,}15) \qquad \text{usw.}$$

Wertebereich: $-2{,}20 \leq y \leq 3$

(Der größte Wert wird dabei für $t = 0$, der kleinste im 1. Minimum angenommen!).

Zeichnung der Funktion:

Der Funktionsverlauf ist in Bild IV-59 skizziert, wobei auf beiden Achsen der *gleiche* Maßstab verwendet wurde.

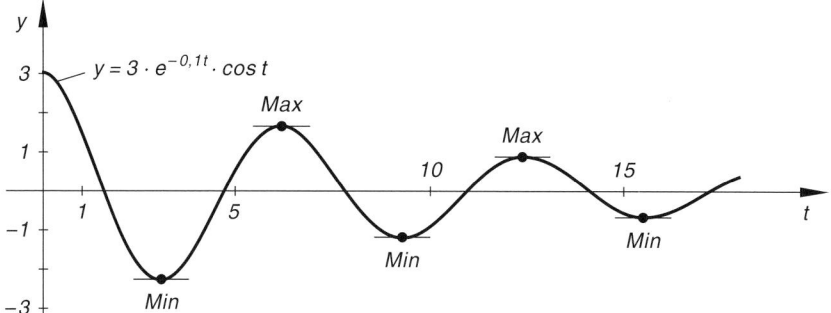

Bild IV-59 Verlauf einer gedämpften Schwingung, dargestellt am Beispiel der Funktion $y = 3 \cdot e^{-0,1t} \cdot \cos t$ für $t \geq 0$

∎

3.7 Näherungsweise Lösung einer Gleichung nach dem Tangentenverfahren von Newton

3.7.1 Iterationsverfahren

Die Bestimmung der Lösungen einer Gleichung $f(x) = 0$ mit der Unbekannten x gehört zu den wichtigsten Aufgaben der „praktischen" Mathematik[8]. Ist x_1 eine solche Lösung, d. h. $f(x_1) = 0$, so kann der Wert x_1 auch als eine *Nullstelle* der Funktion $y = f(x)$ aufgefasst werden. Die Lösungen einer Gleichung vom Typ $f(x) = 0$ sind also die Nullstellen der Funktion $y = f(x)$.

Das von *Newton* stammende Näherungsverfahren zur Berechnung der *reellen* Nullstellen einer Funktion $y = f(x)$ ist ein sog. *Iterationsverfahren*, das von einem *Näherungswert* x_0 (auch *Anfangswert*, *Startwert* oder *Rohwert* genannt) ausgeht und durch *wiederholtes* Anwenden einer bestimmten *Rechenvorschrift* eine Folge von Näherungswerten $x_0, x_1, x_2, \ldots, x_n, \ldots$ konstruiert, die unter bestimmten Voraussetzungen gegen die *exakte* Lösung ξ konvergiert:

$$x_0, x_1, x_2, \ldots, x_n, \ldots \longrightarrow \xi \qquad \text{(IV-93)}$$

Diese Rechenvorschrift (*Iterationsvorschrift*) ist in Form einer Gleichung vom Typ

$$x_n = F(x_{n-1}) \qquad (n = 1, 2, 3, \ldots) \qquad \text{(IV-94)}$$

darstellbar. Durch Einsetzen des Startwertes x_0 in die Rechenvorschrift erhält man die *1. Näherung* $x_1 = F(x_0)$. Fasst man jetzt x_1 als einen *neuen* (verbesserten) „Anfangswert" für die (unbekannte) exakte Lösung (Nullstelle) ξ auf, so erhält man durch Einsetzen von x_1 in die Iterationsgleichung (IV-94) die *2. Näherung* $x_2 = F(x_1)$ usw..

---

[8] In den Anwendungen sind in der Regel nur die *reellen* Lösungen einer Gleichung von Bedeutung. Daher beschränken wir uns auf diesen wichtigsten Fall.

3 Anwendungen der Differentialrechnung

Die so konstruierte Folge von Näherungswerten konvergiert dann unter *gewissen Voraussetzungen* gegen die gesuchte exakte Lösung ξ.

3.7.2 Tangentenverfahren von Newton

Das *Newtonsche Tangentenverfahren* geht von den folgenden Überlegungen aus:

(1) Ist x_0 irgendein geeigneter *Näherungswert* für die (unbekannte) Nullstelle ξ einer Funktion $y = f(x)$, so wird im *1. Schritt* der Funktionsgraph von $y = f(x)$ durch die im Kurvenpunkt $P_0 = (x_0; y_0)$ errichtete *Kurventangente* mit der Gleichung

$$\frac{y - y_0}{x - x_0} = f'(x_0) \qquad \text{(mit } y_0 = f(x_0)) \tag{IV-95}$$

ersetzt. Diese Tangente schneidet dabei die *x*-Achse an der Stelle x_1, die in der Regel eine *bessere* Näherung für die gesuchte Nullstelle darstellt als der Startwert x_0 (Bild IV-60). Der Wert x_1 wird dabei aus der Gleichung

$$\frac{0 - y_0}{x_1 - x_0} = f'(x_0) \tag{IV-96}$$

berechnet (Schnittpunkt mit der *x*-Achse: $S_1 = (x_1; 0)$).

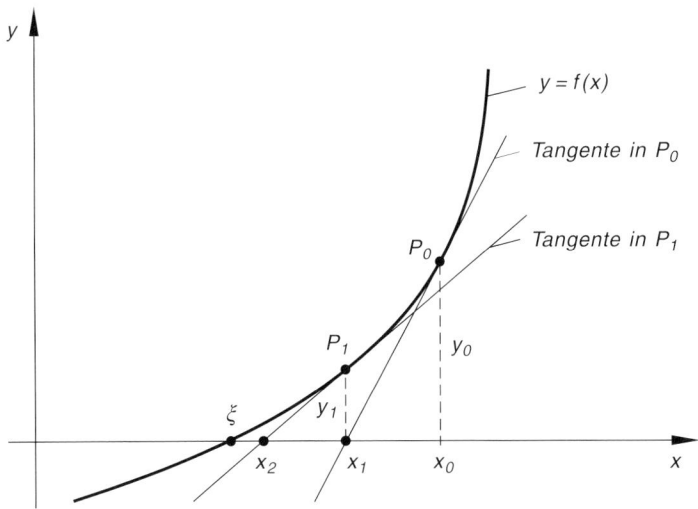

Bild IV-60 Zum Tangentenverfahren von Newton

Durch Auflösen dieser Gleichung nach x_1 erhält man den *1. Näherungswert*

$$x_1 = x_0 - \frac{y_0}{f'(x_0)} = x_0 - \frac{f(x_0)}{f'(x_0)} \tag{IV-97}$$

der eine *Verbesserung* gegenüber dem Startwert x_0 darstellt. Bild IV-60 verdeutlicht diese Aussage. Dabei muss ausdrücklich $f'(x_0) \neq 0$ vorausgesetzt werden. Auf dieses Thema gehen wir später noch ein.

(2) Den Näherungswert x_1 fassen wir nun als Anfangswert eines weiteren Iterationsschrittes auf. Die im Kurvenpunkt $P_1 = (x_1; y_1)$ errichtete *Kurventangente* besitzt die Gleichung

$$\frac{y - y_1}{x - x_1} = f'(x_1) \qquad (\text{mit } y_1 = f(x_1)) \tag{IV-98}$$

Ihr Schnittpunkt $S_2 = (x_2; 0)$ mit der x-Achse liefert die 2. *Näherung* x_2 für die gesuchte Nullstelle der Funktion:

$$\frac{0 - y_1}{x_2 - x_1} = f'(x_1) \quad \Rightarrow \quad x_2 = x_1 - \frac{y_1}{f'(x_1)} = x_1 - \frac{f(x_1)}{f'(x_1)} \tag{IV-99}$$

Dieser Wert ist eine *bessere* Näherung als der Wert x_1 aus der 1. Näherung.

(3) Jetzt wird x_2 als Startwert betrachtet und das beschriebene Verfahren wiederholt. Nach n Schritten gelangen wir schließlich zur *n*-ten *Näherung* x_n, die aus der *allgemeinen Iterationsvorschrift*

$$x_n = x_{n-1} - \frac{f(x_{n-1})}{f'(x_{n-1})} \qquad (n = 1, 2, 3, \ldots) \tag{IV-100}$$

berechnet wird (*Newtonsches Tangentenverfahren*).

Bevor wir das Newtonsche Iterationsverfahren auf konkrete Beispiele anwenden, wollen wir noch auf drei wichtige Punkte näher eingehen:

Konvergenzkriterium

Die *Konvergenz* der nach dem Newtonschen Tangentenverfahren konstruierte Folge von Näherungswerten $x_0, x_1, x_2, \ldots, x_n, \ldots$ gegen die *exakte* Lösung ξ ist mit *Sicherheit* gewährleistet, wenn im Intervall $[a, b]$, in dem *alle* Näherungswerte liegen sollen, die Bedingung

$$\left| \frac{f(x) \cdot f''(x)}{[f'(x)]^2} \right| < 1 \qquad (f'(x) \neq 0) \tag{IV-101}$$

stets erfüllt ist (*hinreichende* Konvergenzbedingung). Dabei wird vorausgesetzt, dass $f(x)$ (mindestens) zweimal differenzierbar ist.

„Günstig" ist somit ein Startwert x_0, bei dem sowohl der Funktionswert $f(x_0)$ als auch die 2. Ableitung $f''(x_0)$ *möglichst klein* sind (dann nämlich ist der Zähler der Konvergenzbedingung klein). Die 1. Ableitung $f'(x_0)$ sollte dagegen *nicht zu klein* sein (sonst wird der Nenner der Konvergenzbedingung zu klein und der Bruch damit zu groß). Mit anderen Worten: Der dem Startwert entsprechende Kurvenpunkt sollte eine *möglichst kleine Ordinate* haben, die Kurve an dieser Stelle *möglichst schwach gekrümmt* sein und die dortige Kurventangente *nicht zu flach* verlaufen.

Ist die Konvergenzbedingung jedoch bereits für den Startwert x_0 *nicht* erfüllt, so ist dieser Wert als Startwert *ungeeignet*, d. h., es ist *nicht* sichergestellt, dass die aus diesem Startwert x_0 resultierende Folge von Näherungswerten gegen die gesuchte Lösung strebt. In einem solchen Fall ist es in der Regel günstiger, sich nach einem neuen, *besseren* Startwert umzusehen.

Ungeeignete Startwerte

Völlig ungeeignet sind dagegen Startwerte, in deren unmittelbarer Umgebung die Kurventangente *nahezu parallel* zur x-Achse verläuft. In solchen Punkten ist nämlich $f'(x)$ nur wenig von null verschieden: Der Schnittpunkt der nur schwach geneigten Kurventangente mit der x-Achse liegt daher meist in *großer* Entfernung vom Startwert x_0. Die Folge der Näherungswerte konvergiert daher in diesem Falle im Allgemeinen *nicht* gegen die gesuchte Lösung. Dies folgt auch unmittelbar aus dem Konvergenzkriterium (IV-101). Denn der Ausdruck der *linken* Seite in diesem Kriterium wird immer dann *sehr groß* sein, wenn der Nenner und damit die Ableitung $f'(x)$ *sehr klein* ist. Dieser Fall wird aber genau dann eintreten, wenn die Kurventangente *flach* verläuft (wie beispielsweise in der Nähe eines *relativen Extremwertes* oder eines *Sattelpunktes*, siehe hierzu Bild IV-61). Das Konvergenzkriterium (IV-101) kann daher in einem solchen Fall *nicht* erfüllt werden.

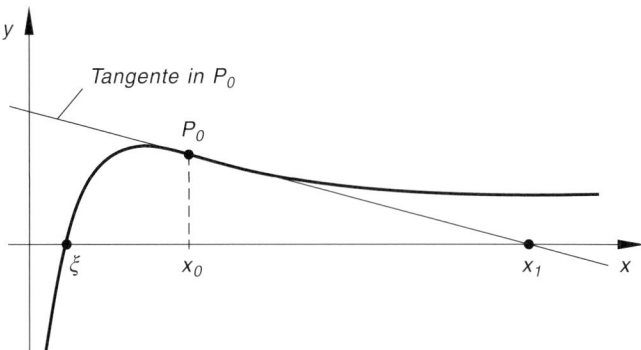

Bild IV-61 Ungeeigneter Startwert in der Nähe eines Extremwertes

Beschaffung eines geeigneten Startwertes x_0

Zu Beginn dieses Abschnittes haben wir bereits darauf hingewiesen, dass man die Lösungen einer Gleichung $f(x) = 0$ auch als *Nullstellen* der Funktion $y = f(x)$ auffassen kann. Die *ungefähre* Lage dieser (zunächst noch unbekannten) Nullstellen lässt sich in vielen Fällen auf *graphischem* Wege durch Zeichnen des zugehörigen Funktionsgraphen ermitteln.

Bei komplizierter gebauten Gleichungen kann man versuchen, diese durch *Termumstellungen* auf die folgende Form zu bringen:

$$f(x) = 0 \quad \Leftrightarrow \quad f_1(x) = f_2(x) \qquad \text{(IV-102)}$$

(*Aufspalten* der Funktion $f(x)$ in zwei *einfacher* gebaute Funktionen $f_1(x)$ und $f_2(x)$). Die Lösungen dieser Gleichung erhält man dann auf zeichnerischem Wege als *Schnittpunkte* der beiden Kurven $y = f_1(x)$ und $y = f_2(x)$. Da die Funktionen $y = f_1(x)$ und $y = f_2(x)$ wesentlich *einfacher* gebaut sind als die Ausgangsfunktion $y = f(x)$, ist das Zeichnen der zugehörigen Kurven im Allgemeinen kein großes Problem. Die Abszissenwerte der Kurvenschnittpunkte liefern dann geeignete *Rohwerte* (Startwerte) für die gesuchten Lösungen der Gleichung $f(x) = 0$ und können direkt aus der Skizze abgelesen werden.

Wir fassen diese wichtigen Ergebnisse wie folgt zusammen:

Tangentenverfahren von Newton (Bild IV-60)

Ausgehend von einem *geeigneten* Startwert x_0, der die *Konvergenzbedingung*

$$\left| \frac{f(x_0) \cdot f''(x_0)}{[f'(x_0)]^2} \right| < 1 \tag{IV-103}$$

erfüllen soll, erhält man aus der *Iterationsvorschrift*

$$x_n = x_{n-1} - \frac{f(x_{n-1})}{f'(x_{n-1})} \quad (n = 1, 2, 3, \ldots) \tag{IV-104}$$

eine Folge von *Näherungswerten* x_0, x_1, x_2, ... für die (unbekannte) Lösung der Gleichung $f(x) = 0$. Diese Folge konvergiert *mit Sicherheit* gegen die gesuchte Lösung, wenn die Konvergenzbedingung (IV-103) für *jeden* dieser Näherungswerte erfüllt ist.

Den für dieses Verfahren benötigten *Startwert* x_0 erhält man in vielen Fällen am bequemsten auf *graphischem* Wege nach einer der beiden folgenden Methoden:

1. Methode: Man zeichnet grob den Verlauf der Funktion $y = f(x)$ und liest aus der Skizze die *ungefähre* Lage der (gesuchten) Nullstelle ab. Dieser Näherungswert wird dann als *Startwert* x_0 verwendet.

2. Methode: Zunächst wird die Gleichung $f(x) = 0$ durch *Termumstellungen* in eine geeignetere Form vom Typ

$$f_1(x) = f_2(x) \tag{IV-105}$$

gebracht. Dann werden die Kurven $y = f_1(x)$ und $y = f_2(x)$ grob skizziert und der *Abszissenwert* des Kurvenschnittpunktes abgelesen. Er liefert den benötigten *Startwert* x_0.

Anmerkungen

(1) Die Anzahl der *gültigen* Dezimalstellen der Näherungslösungen *verdoppelt* sich nahezu mit jedem Iterationsschritt.

(2) Besitzt die Gleichung $f(x) = 0$ *mehrere* Lösungen, so muss man zu *jeder* der noch unbekannten Lösungen einen geeigneten Startwert bestimmen und dann das Newton-Verfahren für die einzelnen Startwerte *getrennt* anwenden.

Wir zeigen nun die Brauchbarkeit des Newtonschen Tangentenverfahrens an zwei ausgewählten Beispielen.

3 Anwendungen der Differentialrechnung

■ **Beispiele**

(1) $f(x) = 2{,}2 x^3 - 7{,}854 x^2 + 6{,}23 x - 22{,}2411 = 0$

Um uns einen *Überblick* über die Lage der Nullstellen von $f(x)$ zu verschaffen (bis zu drei Nullstellen sind möglich), berechnen wir einige Funktionswerte und skizzieren in diesem Bereich *grob* den Funktionsverlauf (Bild IV-62):

Wertetabelle:

x	y
0	$-22{,}24$
1	$-21{,}67$
2	$-23{,}60$
3	$-14{,}84$
4	$+17{,}81$

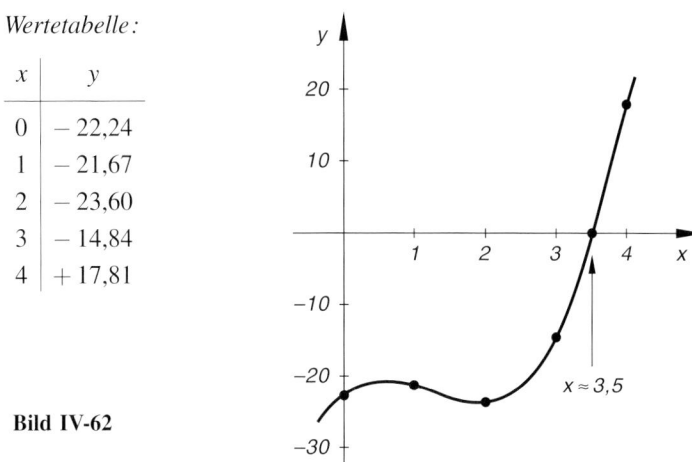

Bild IV-62

Anhand der Skizze erkennt man, dass eine Lösung der Gleichung zwischen $x = 3$ und $x = 4$ liegen muss. Wir wählen daher als *Startwert* $x_0 = 3{,}5$. Bevor wir mit der Newton-Iteration beginnen, prüfen wir noch mit Hilfe des Konvergenzkriteriums (IV-103), ob dieser Wert auch als Startwert „geeignet" ist. Für das Kriterium benötigen wir noch den Funktionswert $f(3{,}5)$ sowie die Ableitungswerte $f'(3{,}5)$ und $f''(3{,}5)$:

$$\begin{aligned}
f(x) &= 2{,}2 x^3 - 7{,}854 x^2 + 6{,}23 x - 22{,}2411 & \Rightarrow \quad f(3{,}5) &= -2{,}3226 \\
f'(x) &= 6{,}6 x^2 - 15{,}708 x + 6{,}23 & \Rightarrow \quad f'(3{,}5) &= 32{,}1020 \\
f''(x) &= 13{,}2 x - 15{,}708 & \Rightarrow \quad f''(3{,}5) &= 30{,}4920
\end{aligned}$$

Das Konvergenzkriterium (IV-103) führt dann zu dem folgenden Ergebnis:

$$\left| \frac{f(3{,}5) \cdot f''(3{,}5)}{[f'(3{,}5)]^2} \right| = \left| \frac{(-2{,}3226) \cdot 30{,}4920}{32{,}1020^2} \right| = 0{,}0687 < 1$$

Folgerung: Der Startwert $x_0 = 3{,}5$ ist also *geeignet*. Mit der Iterationsformel (IV-104) erhalten wir im 1. Schritt einen *verbesserten* Näherungswert:

$$x_1 = x_0 - \frac{f(x_0)}{f'(x_0)} = 3{,}5 - \frac{f(3{,}5)}{f'(3{,}5)} = 3{,}5 - \frac{-2{,}3226}{32{,}1020} = 3{,}5724$$

Die weiteren Näherungswerte lauten dann:

n	x_{n-1}	$f(x_{n-1})$	$f'(x_{n-1})$	x_n
1	3,5	$-2,3226$	32,1020	3,5724
2	3,5724	0,0823	34,3442	3,5700
3	3,5700	0,0000	–	–

Bereits nach *zwei* Iterationsschritten erhalten wir die (sogar exakte) Lösung $x = 3,5700$.

Anmerkung zum verwendeten Startwert

Hätten wir als Startwert z. B. den *gröberen* Wert $x_0 = 4$ gewählt, so wäre *ein* weiterer Interationsschritt nötig gewesen:

n	x_{n-1}	$f(x_{n-1})$	$f'(x_{n-1})$	x_n
1	4	17,8149	48,9980	3,6364
2	3,6364	2,3453	36,3839	3,5719
3	3,5719	0,0652	34,3285	3,5700
4	3,5700	0,0000	–	–

Allgemein gilt daher die **Faustregel:** *Je genauer der Startwert x_0, um so weniger Iterationsschritte werden benötigt.*

Besitzt die vorgegebene Gleichung 3. Grades noch *weitere* Lösungen (bis zu *drei* Lösungen sind ja bekanntlich möglich)? Um diese Frage zu beantworten, *reduzieren* wir die Gleichung zunächst mit Hilfe des *Horner-Schemas* (Abspaltung des Linearfaktors $x - 3,57$, der zur bereits bekannten Lösung 3,57 gehört):

	2,2	$-7,854$	6,23	$-22,2411$
$x = 3,57$		7,854	0	22,2411
	2,2	0	6,23	0

Das 1. reduzierte Polynom $f_1(x) = 2,2x^2 + 0x + 6,23 = 2,2x^2 + 6,23$ hat *keine* reellen Nullstellen. Damit besitzt die Ausgangsgleichung *genau* eine reelle Lösung an der Stelle $x = 3,57$.

(2) Die Lösungen der *transzendenten* Gleichung $x^2 + 2 - e^x = 0$ oder (nach einer Termumstellung) $x^2 + 2 = e^x$ können als die Abszissenwerte der Schnittpunkte der Parabel $y = x^2 + 2$ mit der Exponentialfunktion $y = e^x$ aufgefasst werden. Aus der graphischen Darstellung in Bild IV-63 folgt, dass *genau eine* Lösung in der Nähe von $x_0 = 1,5$ existiert.

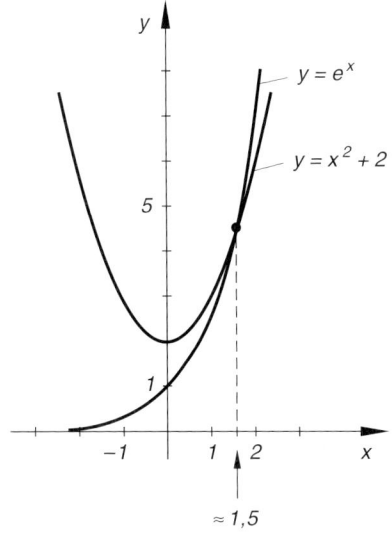

Bild IV-63
Graphische Ermittlung
einer Näherungslösung
der Gleichung $x^2 + 2 = e^x$

Dieser Wert ist als Startwert *geeignet*, da er das Konvergenzkriterium erfüllt:

$$f(x) = x^2 + 2 - e^x \quad \Rightarrow \quad f(1{,}5) = -0{,}2317$$

$$f'(x) = 2x - e^x \quad \Rightarrow \quad f'(1{,}5) = -1{,}4817$$

$$f''(x) = 2 - e^x \quad \Rightarrow \quad f''(1{,}5) = -2{,}4817$$

$$\left| \frac{f(1{,}5) \cdot f''(1{,}5)}{[f'(1{,}5)]^2} \right| = \left| \frac{(-0{,}2317) \cdot (-2{,}4817)}{(-1{,}4817)^2} \right| = 0{,}2619 < 1$$

Damit ergeben sich aus der Iterationsformel (IV-104) folgende *Näherungswerte*:

n	x_{n-1}	$f(x_{n-1})$	$f'(x_{n-1})$	x_n
1	1,5	$-0{,}2317$	$-1{,}4817$	1,3436
2	1,3436	$-0{,}0276$	$-1{,}1456$	1,3195
3	1,3195	$-0{,}0005$	$-1{,}1026$	1,3190
4	1,3190	$+0{,}0000$	$-$	$-$

Die *einzige* Lösung der *transzendenten* Gleichung $x^2 + 2 - e^x = 0$ liegt daher an der Stelle $x = 1{,}3190$.

∎

Übungsaufgaben

Zu Abschnitt 1

1) Berechnen Sie auf dem *direkten* Wege über den *Differenzenquotienten* die Ableitung der Funktion $f(x) = x^3$

   a) an der Stelle $x_0 = 1$,   b) an der (beliebigen) Stelle x_0.

2) Differenzieren Sie die folgenden Funktionen von x nach der *Potenzregel*:

   a) $y = 4x^5$ b) $y = 2 \cdot x^{a+1}$ c) $y = \sqrt[4]{x^3}$

   d) $y = \dfrac{x^2}{\sqrt[3]{x}}$ e) $y = \sqrt[3]{x^4}$ f) $y = x^{1/2}$

Zu Abschnitt 2

1) Differenzieren Sie die folgenden Funktionen nach der *Summenregel*:

   a) $y = -10x^4 + 2x^3 - 2$ b) $z(t) = a \cdot \cos t - t^2 + e^t + 1$

   c) $y = \dfrac{10}{x^3} - 3 \cdot \lg x + \tan x$ d) $y = 4\sqrt[3]{x^5} - 4 \cdot e^x + \sin x$

2) Differenzieren Sie die folgenden Funktionen nach der *Produktregel*:

   a) $y = (4x^3 - 2x + 1)(x^2 - 2x + 5)$

   b) $y = \tan^2 x$ c) $y = \sin x \cdot \cos x$ d) $y = (3x + 5x^2 - 1)^2$

   e) $y = 2x \cdot \ln x$ f) $y = e^t \cdot \cos t$ g) $y = x^n \cdot e^x$

   h) $y = \ln x \cdot \cosh x$ i) $y = x^2 \cdot \arcsin x$ j) $y = 2x \cdot e^x \cdot \cos x$

3) Differenzieren Sie die folgenden Funktionen nach der *Quotientenregel*:

   a) $y = \dfrac{5x^5 - 6x^2 + 1}{x^2 + 2x + 1}$ b) $y = \dfrac{10x}{x^2 + 1}$ c) $y = \dfrac{\ln x}{x^2}$

   d) $y = \dfrac{2x^3 - 6x^2 + x - 3}{x^3 - 5x}$ e) $y = e^{-x} \cdot \ln x$ f) $y = \dfrac{\ln x}{x}$

   g) $y = \cot x = \dfrac{\cos x}{\sin x}$ h) $y = \dfrac{1 + \cos x}{1 - \sin x}$ i) $y = \dfrac{\arctan x}{e^x}$

   j) $y = \tanh x = \dfrac{\sinh x}{\cosh x}$ k) $y = \dfrac{x^{1/2} - x^2}{x^2 + 1}$ l) $y = \dfrac{e^x}{x - 1}$

4) Differenzieren Sie die folgenden Funktionen nach der *Kettenregel*:

   a) $y = 5(4x^3 - x^2 + 1)^5$
   b) $y = \dfrac{10}{x^3 - 2x + 5}$
   c) $y = \sin(x + 2)$
   d) $y = 2 \cdot \cos(10t - \pi/3)$
   e) $y = 3 \cdot e^{-4x}$
   f) $y = \sin^2(2x - 4)$
   g) $y = 2 \cdot \ln(x^3 - 2x)$
   h) $y = e^{x^2 - 2x + 5}$
   i) $y = \arccos\sqrt{x^2 - 1}$
   j) $y = \arctan(x^2 + 1)$
   k) $y = \sqrt[3]{(x^2 - 4x + 10)^2}$
   l) $y = (x^3 - 4x + 5)^{-5/3}$
   m) $y = 5 \cdot \cos(x^2 + 2x - 1)^2$
   n) $y = \ln|\cos x|$

5) Differenzieren Sie die folgenden Funktionen:

   a) $y(t) = e^{-2t} \cdot \cos t$
   b) $u = e^{x \cdot \sin x}$
   c) $y = (x^2 - 1)^2 \cdot (x + 5)^3$
   d) $y = (2x^2 - 4x + 5) \cdot \sin(2x)$
   e) $y = e^{2x} \cdot \arcsin(x - 1)$
   f) $z = (2 - 3t) \cdot e^{-5t}$
   g) $y = x \cdot \ln(x + e^x)^2$
   h) $y = 4^{x \cdot \ln x}$
   i) $y = \sin(x^2 + 1) \cdot \cos(4x)$
   j) $y = 4 \cdot \cos(x - 4) + \sin(2x + 3)$
   k) $y = \ln\left(\dfrac{1}{x^2}\right) + \ln\dfrac{x + 4}{x}$
   l) $y(t) = \ln(\tanh t)$
   m) $y = \left(\dfrac{1 + x}{x}\right)^n$
   n) $y = 2x\sqrt{x^2 - 1}$
   o) $y = \sqrt{\sin x}$
   p) $y(t) = A \cdot e^{-at} + B \cdot e^{-bt}$
   q) $y(t) = A \cdot \sin(\omega t + \varphi)$
   r) $v(t) = (A + Bt) \cdot e^{-\delta t}$
   s) $y(u) = x^2 u^3 \cdot e^{xu}$
   t) $u(t) = \sin(tx) \cdot \ln(x^2 t)$

6) Bestimmen Sie die jeweiligen Kurvenpunkte mit *waagerechter* Tangente:

   a) $y = 5 \cdot e^{-x^2}$
   b) $y = 3(x - 2)^2 (x - 1)$
   c) $y = \sin x \cdot \cos x$
   d) $y = [1 - e^{-x+2}]^2$
   e) $y = 4x^3 - 6x^2 - 9x$
   f) $y(t) = (2 - t) \cdot e^{-5t}$

7) In welchen Punkten der Kurve mit der Funktionsgleichung $y = \dfrac{1}{3}x^3 - x$ verlaufen die Tangenten *parallel* zur Geraden $y = \dfrac{1}{4}x - 2$?

8) Bestimmen Sie für die folgenden Funktionen alle Kurvenpunkte mit einer Tangente *parallel* zur *x*-Achse:

   a) $y = x \cdot e^{-x^2}$ b) $y = 5 + 3x^2 - \dfrac{1}{2} x^4$

9) Bestimmen Sie den auf der Kurve $y = 2 \cdot e^{3t}$ gelegenen Punkt, dessen Tangente mit der positiven *t*-Achse einen Winkel von $30°$ bildet.

10) Bilden Sie die 1. Ableitung der nachstehenden Funktionen durch *logarithmische Differentiation*:

   a) $y = x^{\cos x}$ b) $y = e^{x \cdot \cos x}$ c) $y = 2 \cdot e^{-1/x}$

11) Beweisen Sie die *Potenzregel* mit Hilfe der *logarithmischen Differentiation*. Hinweis: $y = x^n$ erst logarithmieren, dann differenzieren.

12) Bilden Sie die 1. Ableitung über die jeweilige *Umkehrfunktion* und deren als bekannt vorausgesetzten Ableitung:

   a) $y = \arcsin x$ b) $y = \sqrt{x+1}$ c) $y = \ln x$

13) Durch *implizite Differentiation* gewinne man die Ableitung $y' = \dfrac{dy}{dx}$ der folgenden Funktionen (Kurven):

   a) *Kreis*: $\quad x^2 + y^2 = r^2$

   b) *Ellipse*: $\quad b^2 x^2 + a^2 y^2 = a^2 b^2$

   c) *Kardioide*: $(x^2 + y^2)^2 - 2x(x^2 + y^2) = y^2$

   d) $x^2 = y^3$

   e) $y^3 - 2xy^2 = \dfrac{1}{x}$

14) Bestimmen Sie durch *implizite Differentiation* den Anstieg der Kreistangente im Punkte $P_0 = (4; y_0 > 0)$ des Kreises $(x-2)^2 + (y-1)^2 = 25$.

15) Differenzieren Sie die folgenden Funktionen *zweimal*:

   a) $y = e^{-0,8t} \cdot \cos t$ b) $y = x^3 \cdot \ln x - x \cdot \arctan x$

   c) $y = \dfrac{x^2}{1 + x^2}$ d) $y(t) = A \cdot \sin(\omega t + \varphi)$

   e) $y = 4^{x \cdot \sin x}$ f) $y = \dfrac{(x-2)(x+5)}{x^3 + x^2 - 2}$

16) Bilden Sie die jeweils verlangte Ableitung:

a) $y = e^{-2t} \cdot \sin(4t+5)$, $\ddot{y}(0) = ?$

b) $y = x \cdot \ln x$, $y'''(x) = ?$, $y'''(1) = ?$

c) $y = \left(\dfrac{x-1}{x+1}\right)^2$, $y'(0) = ?$, $y''(0) = ?$, $y'''(0) = ?$

17) Bilden Sie den 1. Differentialquotient $\dfrac{dy}{dx} = y'$ für die folgenden in der *Parameterform* dargestellten Funktionen:

a) $x = \sqrt{t}$, $y = \sqrt{t+1}$, $t > 0$, $y'(t_0 = 1) = ?$

b) *Astroide:* $x = \cos^3 t$, $y = \sin^3 t$, $-\infty < t < \infty$

c) $x = \arcsin t$, $y = t^2$, $-1 < t < 1$

d) $x = t^2$, $y = t^3$, $-\infty < t < \infty$, $y'(t_0 = 3) = ?$

18) Die *Mittelpunktsellipse* mit den Halbachsen a und b besitzt die Parameterdarstellung $x = a \cdot \cos t$, $y = b \cdot \sin t$ ($0 \leq t < 2\pi$). Bestimmen Sie den Anstieg der zum Parameterwert $t_0 = \pi/4$ gehörenden Ellipsentangente. Wo besitzt die Ellipse *waagerechte* bzw. *senkrechte* Tangenten?

19) Die durch die Parameterdarstellung

$$x = \frac{t^2-1}{t^2+1}, \quad y = \frac{t(t^2-1)}{t^2+1}, \quad -\infty < t < \infty$$

definierte Kurve heißt *Strophoide*. Bestimmen Sie die Kurvenpunkte mit *waagerechter* bzw. *senkrechter* Tangente und skizzieren Sie den Kurvenverlauf.

20) Bilden Sie die 1. Ableitung $y' = \dfrac{dy}{dx}$ der nachstehenden in *Polarkoordinaten* dargestellten Funktionen (Kurven):

a) $r = e^{\varphi}$ b) $r = e^{\varphi} \cdot \sin \varphi$ c) $r = \dfrac{1}{\varphi}$

21) Bestimmen Sie die *waagerechten* und *senkrechten* Tangenten der in Polarkoordinaten dargestellten *Lemniskate* $r = \sqrt{\cos(2\varphi)}$ und skizzieren Sie den Kurvenverlauf.

22) Für die *logarithmische Spirale* $r = e^{\varphi}$ bestimme man alle im Intervall $0 \leq \varphi \leq 2\pi$ gelegenen Punkte mit *waagerechter* bzw. *senkrechter* Tangente.

23) Die Weg-Zeit-Funktion $s(t) = 1{,}8\,\text{m s}^{-2} \cdot t^2 + 4\,\text{m s}^{-1} \cdot t + 10\,\text{m}$ beschreibe die geradlinige Bewegung eines Massenpunktes. Berechnen Sie den Weg s, die Geschwindigkeit v und die Beschleunigung a nach $t = 10\,\text{s}$.

24) Die *gedämpfte Schwingung* eines elastischen Federpendels werde durch die Gleichung $y(t) = 2 \cdot e^{-0,1t} \cdot \sin(4t)$ beschrieben. Berechnen Sie Auslenkung y, Geschwindigkeit v und Beschleunigung a zur Zeit $t = 3$ (in willkürlichen Einheiten).

25) Eine *ungedämpfte mechanische Schwingung* unterliege dem Weg-Zeit-Gesetz $y(t) = 10\,\text{cm} \cdot \cos(2\,\text{s}^{-1} \cdot t - \pi/3)$. Bestimmen Sie die Geschwindigkeit-Zeit-Funktion $v = v(t)$ und die Beschleunigung-Zeit-Funktion $a = a(t)$ und berechnen Sie ihre Werte nach 3,2 s.

Zu Abschnitt 3

1) Bestimmen Sie die *Tangenten-* und *Normalengleichung* an der angegebenen Stelle:

   a) $y = 10(1 - e^{-0,2t})$ in $t_0 = 2$

   b) $y = \sqrt{16 - x^2} + 2x$ in $x_0 = 1,2$

   c) $y = 4 \cdot \ln(x^2 - 4x + 3)$ in $x_0 = 4$

2) *Zeigen Sie:* Die an der Stelle $t_0 = 0$ errichtete Kurventangente der Funktion $y = A(1 - e^{-t/T})$ mit $A > 0$ und $T > 0$ schneidet die Asymptote $y = A$ an der Stelle $t_1 = T$.

3) *Linearisieren* Sie die folgenden Funktionen in der Umgebung der jeweils genannten Stelle:

   a) $y = \sqrt{1 + x^4}$, $x_0 = 1$

   b) $y = 3 \cdot \ln(1 + 3x^5)$, $x_0 = 3$

   c) $r = 2 \cdot \cos\varphi$, $\varphi_0 = \pi/8$ (Kurve in Polarkoordinatendarstellung)

4) Die Funktion $y = \ln x$ ist in der unmittelbaren Umgebung der Stelle $x_0 = 5$ zu *linearisieren*, d.h. durch die dortige Kurventangente zu ersetzen. Berechnen Sie mit dieser Näherungsfunktion die Funktionswerte an den Stellen $x_1 = 4,8$ und $x_2 = 5,3$ und vergleichen Sie das Ergebnis mit den *exakten* Werten.

5) Untersuchen Sie das *Monotonie-* und *Krümmungsverhalten* der Polynomfunktion $y = \dfrac{2}{3}x^3 - 4x^2 + 9x + 1$.

6) Wie lautet die Gleichung der Tangente, die vom Punkte $A = (-1;\,0)$ aus an den Funktionsgraphen von $y = \sqrt{x}$ gelegt wird? Welche Koordinaten hat der Tangentenberührungspunkt P_0?

7) Zeigen Sie, dass die e-Funktion überall *Linkskrümmung* hat. Wie groß sind Krümmung und Krümmungsradius an der Stelle $x = 0$?

8) Welche Krümmung und welchen Krümmungsradius besitzt die Mittelpunktellipse mit den Halbachsen a und b im Schnittpunkt mit der *positiven* y-Achse?

9) Berechnen Sie die Krümmung der Gauß-Funktion $y = e^{-0,5 x^2}$ in den beiden *Wendepunkten* (diese liegen bei $x_{1/2} = \pm 1$).

10) Bestimmen Sie den jeweiligen Krümmungskreis (Angabe von Radius ϱ und Mittelpunkt M):

   a) Sinusfunktion $y = \sin x$, Hochpunkt $P = (\pi/2;\ 1)$

   b) Normalparabel $y = x^2$, Scheitelpunkt $S = (0;\ 0)$

   c) $y = (1 - e^{-x})^2$, $P = (0;\ 0)$

11) Zeigen Sie, dass die Funktion $V(r) = -D\left(\dfrac{2a}{r} - \dfrac{a^2}{r^2}\right)$, $r > 0$ an der Stelle $r_0 = a$ ein *relatives* (und sogar *absolutes*) Minimum besitzt (a und D sind *positive* Konstanten).

12) Wo besitzen die folgenden Funktionen *relative Extremwerte*?

   a) $y = -8x^3 + 12x^2 + 18x$ b) $z = t^4 - 8t^2 + 16$

   c) $u = \sqrt{1+z} + \sqrt{1-z}$ d) $y = x \cdot e^{-x}$

   e) $y = \sin x \cdot \cos x$ f) $y = \dfrac{2x - 2x^2}{x^2 - x - 6}$

13) Es ist zu zeigen, dass die Funktion

$$y = x^6 - 16x^5 + 105x^4 - 360x^3 + 675x^2 - 648x + 243$$

an der Stelle $x_1 = 3$ einen *Sattelpunkt* besitzt.

14) Zeigen Sie, dass bei den vier *trigonometrischen* Funktionen die *Wendepunkte* mit den *Nullstellen* zusammenfallen und berechnen Sie die Steigung der Wendetangenten.

15) Ein Balken auf zwei Stützen (Stützweite l) hat bei gleichmäßig verteilter Last q im Abstand x vom linken Auflager das *Biegemoment*

$$M(x) = \frac{q}{2}(l - x)x \qquad (0 \leq x \leq l;\ \text{Auflager: } x = 0 \text{ und } x = l)$$

An welcher Stelle ist das Biegemoment am größten?

16) Zeigen Sie: Eine Parabel besitzt in ihrem *Scheitelpunkt* $S = (x_0;\ y_0)$ die *größte Krümmung* (dem Betrage nach).

Hinweis: Gehen Sie von der *Scheitelpunktsform* der Parabel aus.

17) Die Bremskraft einer *Wirbelstromscheibenbremse* ist durch die Gleichung

$$K(v) = \frac{a^2 v}{v^2 + b^2} \qquad (v \geq 0;\ a > 0;\ b > 0)$$

als Funktion der Umfangsgeschwindigkeit v gegeben.

a) Bei welcher Umfangsgeschwindigkeit ist die Bremskraft am *größten*?
b) Wie groß ist dann die Bremskraft?

18) Die *Leistungsaufnahme* eines Verbrauchers vom Widerstand R, der durch eine Zweipolquelle (Innenwiderstand R_i; Quellspannung U_0) gespeist wird, beträgt

$$P(R) = U_0^2 \frac{R}{(R + R_i)^2}$$

Zeigen Sie, dass der Verbraucherwiderstand R die *größtmögliche* Leistung aufnimmt, wenn $R = R_i$ gewählt wird (sog. *Leistungsanpassung*).

19) Einem Kreis vom Radius R soll ein Rechteck mit *größtem Flächenmoment* $I = \frac{1}{12} a b^3$ einbeschrieben werden (a, b: Seitenlängen des Rechtecks).

Hinweis: Das Flächenmoment ist bezogen auf eine zur Rechteckseite a parallele, durch den Flächenschwerpunkt verlaufende Bezugsachse.

20) Wie ist der rechteckige Querschnitt eines Kanals zu dimensionieren, damit der Materialverbrauch am *kleinsten* wird? (Querschnittsfläche des Kanals: $A = 4\,\text{m}^2$)

21) Einer Kugel vom Radius $R = 2\,\text{m}$ ist ein senkrechter Kreiszylinder *größten* Volumens einzubeschreiben.

22) Zwei Massenpunkte A und B bewegen sich längs der beiden Koordinatenachsen gleichförmig mit den Geschwindigkeiten $v_A = 0{,}5$ m/s bzw. $v_B = 0{,}6$ m/s in Richtung Koordinatenursprung. Zu Beginn (d. h. zur Zeit $t = 0$ s) befinden sie sich an den Orten $x(0) = 15$ m bzw. $y(0) = 12$ m. Nach welcher Zeit ist ihr gegenseitiger Abstand am *kleinsten*?

23) Unter sämtlichen Kreiszylindern vom Rauminhalt $V = 1000\,\text{cm}^3$ ist derjenige mit *minimaler* Gesamtoberfläche zu bestimmen.

24) Diskutieren Sie den Verlauf der folgenden Funktionen:

a) $y = \dfrac{x^2 + 1}{x - 3}$ b) $y = \dfrac{(x - 1)^2}{x + 1}$ c) $y = \dfrac{1}{2} x + \sqrt{9 - x^2}$

d) $y = \dfrac{\ln x}{x}$ e) $y = \sin^2 x$ f) $y = \sin x + \cos x$

g) $y = (1 - e^{-2x})^2$

25) Diskutieren Sie den Verlauf der folgenden *aperiodischen* Bewegungen eines Feder-Masse-Schwingers (y: Auslenkung; t: Zeit):

a) $y = 4(e^{-t} - e^{-3t})$ $\quad (t \geq 0)$

b) $y = 5(1 - 3t) \cdot e^{-2t}$ $\quad (t \geq 0)$

26) Eine sog. Parabel 3. Ordnung vom Typ $y = ax^3 + bx^2 + cx + d$ geht durch den Koordinatenursprung und besitzt im Punkt $(1; -2)$ einen *Wendepunkt*. Die *Wendetangente* schneidet dabei die x-Achse an der Stelle $x_1 = 2$. Bestimmen Sie aus diesen Funktionseigenschaften die vier Koeffizienten a, b, c und d.

27) Bestimmen Sie nach dem *Tangentenverfahren von Newton* sämtliche (reellen) Lösungen der folgenden Gleichungen mit einer Genauigkeit von *vier* Dezimalstellen nach dem Komma:

a) $x^2 - 2 \cdot \cos x = 0$ $\qquad$ b) $\ln \sqrt{x} = 4 \cdot e^{-0,3x}$

c) $u^3 = 1,5u + 1$ $\qquad$ d) $x \cdot e^{-x} = -0,5$

28) Bestimmen Sie nach dem *Newtonschen Tangentenverfahren* die im Intervall $\left(-\dfrac{\pi}{2}; \dfrac{\pi}{2}\right)$ liegenden Lösungen der Gleichung $\tan x = x + 2$ (auf *vier* Dezimalstellen nach dem Komma genau).

V Integralrechnung

1 Integration als Umkehrung der Differentiation

Das *Grundproblem* der in Kapitel IV behandelten Differentialrechnung besteht in der Bestimmung der *Ableitung* einer vorgegebenen Funktion $y = f(x)$. Dieser Vorgang wird als *Differentiation* bezeichnet und lässt sich schematisch wie folgt darstellen:

$$y = f(x) \quad \xrightarrow{\text{Differentiation}} \quad y' = f'(x)$$

In den naturwissenschaftlich-technischen Anwendungen stellt sich aber auch häufig das *umgekehrte* Problem: Von einer zunächst noch *unbekannten* Funktion $y = f(x)$ ist die Ableitung $y' = f'(x)$ bekannt und die Funktion selbst ist zu bestimmen. *Die Aufgabe besteht also darin, von der gegebenen Ableitung auf die Funktion zu schließen:*

$$y' = f'(x) \quad \longrightarrow \quad y = f(x)$$

Auf ein solches Problem stößt man beispielsweise in der *Mechanik*, wenn von einer Bewegung das *Geschwindigkeits-Zeit-Gesetz* $v = v(t)$ bekannt ist und daraus dann das *Weg-Zeit-Gesetz* $s = s(t)$ ermittelt werden soll. Denn bekanntlich ist die Geschwindigkeit die *1. Ableitung* des Weges nach der Zeit: $v = \dot{s}$ (siehe hierzu auch Kap. IV, Abschnitt 2.14.1). Auch hier soll also von der *bekannten* Ableitung $\dot{s}$ einer noch *unbekannten* Funktion $s = s(t)$ auf die Funktion selbst geschlossen werden:

$$\dot{s} = v(t) \quad \longrightarrow \quad s = s(t)$$

■ **Beispiele**

Aufgrund der Kenntnisse aus der Differentialrechnung lassen sich die folgenden Aufgaben leicht lösen.

(1) *Gegeben:* $y' = 1$

Gesucht: Sämtliche Funktionen $y = f(x)$ mit der 1. Ableitung $y' = 1$

Lösung: Jede lineare Funktion vom Typ $y = x + C$ ist wegen

$$y' = \frac{d}{dx}(x + C) = 1 + 0 = 1$$

eine Lösung der gestellten Aufgabe (*C*: beliebige reelle Zahl). Es handelt sich dabei um die in Bild V-1 skizzierte *parallele Geradenschar*. Für *jeden* Wert des

1 Integration als Umkehrung der Differentiation

Parameters C erhält man genau *eine* Gerade. Weitere Lösungen gibt es nicht. *Geometrische* Bedeutung des Parameters C: Schnittstelle mit der y-Achse (Achsenabschnitt).

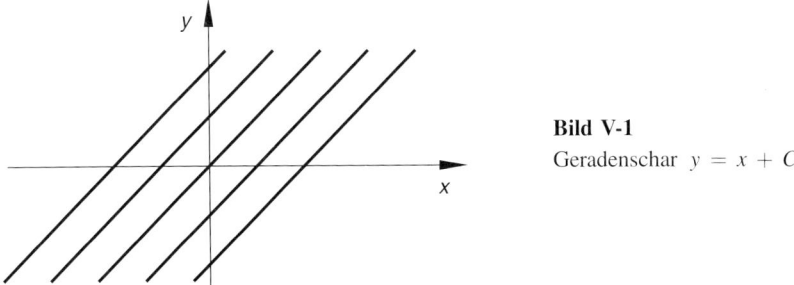

Bild V-1
Geradenschar $y = x + C$

(2) *Gegeben:* $y' = 2x$

Gesucht: Sämtliche Funktionen $y = f(x)$ mit der 1. Ableitung $y' = 2x$

Lösung:

$$y = x^2 + C \qquad (\textit{Parabelschar}, \text{ siehe Bild V-2})$$

Denn für jedes (reelle) C ist

$$y' = \frac{d}{dx}(x^2 + C) = 2x + 0 = 2x$$

Geometrische Bedeutung des Parameters C: Er bestimmt die Lage des *Scheitelpunktes* auf der y-Achse.

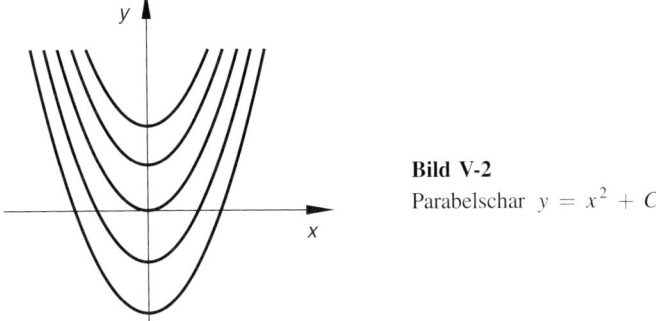

Bild V-2
Parabelschar $y = x^2 + C$

(3) **Bewegung einer Masse mit konstanter Beschleunigung a längs einer Geraden**

Aus dem als bekannt vorausgesetzten *Geschwindigkeit-Zeit-Gesetz* $v = at + v_0$ für $t \geq 0$ schließen wir wie folgt auf das *Weg-Zeit-Gesetz*:

$$v = \dot{s} = at + v_0 \quad \Rightarrow \quad s = \frac{1}{2}at^2 + v_0 t + C$$

($v_0 = v(t=0)$: Anfangsgeschwindigkeit zur Zeit $t = 0$). Denn es gilt:

$$\dot{s} = \frac{d}{dt}\left(\frac{1}{2}at^2 + v_0 t + C\right) = \frac{1}{2}a \cdot 2t + v_0 \cdot 1 + 0 = at + v_0$$

Die Konstante C ermitteln wir aus der Anfangslage $s(t=0) = s_0$:

$$s(t=0) = s_0 \quad\Rightarrow\quad \frac{1}{2}a \cdot 0^2 + v_0 \cdot 0 + C = s_0 \quad\Rightarrow\quad C = s_0$$

Somit:

$$s = \frac{1}{2}at^2 + v_0 t + s_0 \qquad (\text{für } t \geq 0) \qquad\blacksquare$$

Wir nehmen noch folgende *Umbenennungen* vor:

$f(x)$: Vorgegebene *1. Ableitung* einer (zunächst noch unbekannten) Funktion

$F(x)$: *Jede* Funktion mit der 1. Ableitung $F'(x) = f(x)$

Eine Funktion $F(x)$ mit dieser Eigenschaft wird als eine *Stammfunktion* von $f(x)$ bezeichnet.

Wir definieren daher:

Definition: Eine differenzierbare Funktion $F(x)$ heißt eine *Stammfunktion* von $f(x)$, wenn

$$F'(x) = f(x) \qquad (V\text{-}1)$$

gilt.

■ **Beispiele**

(1) $f(x) = 2x \quad\Rightarrow\quad F(x) = x^2 + C \qquad (C \in \mathbb{R};\ \textit{Parabelschar} \text{ aus Bild V-2})$

Denn die 1. Ableitung von $F(x)$ ergibt genau $f(x)$:

$$F'(x) = \frac{d}{dx}(x^2 + C) = 2x + 0 = 2x = f(x)$$

(2) $f(x) = \cos x \quad\Rightarrow\quad F(x) = \sin x + C \qquad (C \in \mathbb{R})$

Denn es ist:

$$F'(x) = \frac{d}{dx}(\sin x + C) = \cos x + 0 = \cos x = f(x)$$

1 Integration als Umkehrung der Differentiation

(3) $f(x) = e^x + \dfrac{1}{1+x^2} \;\Rightarrow\; F(x) = e^x + \arctan x + C \qquad (C \in \mathbb{R})$

Denn es gilt:

$$F'(x) = \frac{d}{dx}\left(e^x + \arctan x + C\right) = e^x + \frac{1}{1+x^2} + 0 =$$

$$= e^x + \frac{1}{1+x^2} = f(x)$$

(4) $f(x) = \dfrac{1}{\cos^2 x} \;\Rightarrow\; F(x) = \tan x + C \qquad (C \in \mathbb{R};\ \cos x \neq 0)$

Denn die erste Ableitung von $F(x)$ ergibt genau die Funktion $f(x)$:

$$F'(x) = \frac{d}{dx}\left(\tan x + C\right) = \frac{1}{\cos^2 x} + 0 = \frac{1}{\cos^2 x} = f(x)$$

(5) $F(x) = \ln\left(x + \sqrt{a^2 + x^2}\right)$ ist eine Stammfunktion von $f(x) = \dfrac{1}{\sqrt{a^2+x^2}}$, denn es gilt (unter Verwendung der *Kettenregel*):

$$F'(x) = \frac{d}{dx}\ln\left(x + \sqrt{a^2+x^2}\right) = \frac{1}{x+\sqrt{a^2+x^2}}\left(1 + \frac{2x}{2\sqrt{a^2+x^2}}\right) =$$

$$= \frac{1}{x+\sqrt{a^2+x^2}} \cdot \frac{\sqrt{a^2+x^2}+x}{\sqrt{a^2+x^2}} = \frac{1}{\sqrt{a^2+x^2}} = f(x) \qquad \blacksquare$$

Anhand dieser Beispiele lassen sich die *wesentlichen Eigenschaften der Stammfunktionen* erkennen. Wir fassen sie wie folgt zusammen:

Eigenschaften der Stammfunktionen

1. Es gibt zu jeder *stetigen* Funktion $f(x)$ unendlich viele Stammfunktionen.

2. Zwei beliebige Stammfunktionen $F_1(x)$ und $F_2(x)$ von $f(x)$ unterscheiden sich durch eine *additive* Konstante:

$$F_1(x) - F_2(x) = \text{const.} \tag{V-2}$$

3. Ist $F_1(x)$ eine *beliebige* Stammfunktion von $f(x)$, so ist auch $F_1(x) + C$ eine Stammfunktion von $f(x)$. Daher lässt sich die *Menge aller Stammfunktionen* in der Form

$$F(x) = F_1(x) + C \tag{V-3}$$

darstellen (C ist dabei eine *beliebige reelle* Konstante).

Der zum Auffinden *sämtlicher* Stammfunktionen führende Prozess heißt *Integration*:

> **Definition:** Das Aufsuchen *sämtlicher* Stammfunktionen $F(x)$ zu einer vorgegebenen stetigen Funktion $f(x)$ wird als *Integration* bezeichnet:
> $$f(x) \xrightarrow{\text{Integration}} F(x) \quad \text{mit} \quad F'(x) = f(x) \quad \text{(V-4)}$$

Wir können daher die Integration als Umkehrung der Differentiation auffassen. Während der *Differentiationsprozess* aus einer vorgegebenen Funktion die *Ableitung* erzeugt, wird durch den Prozess der *Integration* aus einer vorgegebenen Ableitungsfunktion die *Gesamtheit der Stammfunktionen* ermittelt.

2 Das bestimmte Integral als Flächeninhalt

In diesem Abschnitt beschäftigen wir uns mit dem sog. *Flächenproblem*, d. h. der Aufgabe, die *Fläche* zwischen einer Kurve $y = f(x)$ und der x-Achse im Intervall $a \leq x \leq b$ zu bestimmen. Die Lösung dieser Aufgabe wird uns dabei zu dem wichtigen Begriff des *bestimmten Integrals* einer Funktion $f(x)$ führen.

Zunächst aber soll das Problem an einem einfachen Beispiel näher erläutert werden.

2.1 Ein einführendes Beispiel

Wir stellen uns die Aufgabe, den *Flächeninhalt* A zwischen der Normalparabel $y = x^2$ und der x-Achse im Intervall $1 \leq x \leq 2$ zu berechnen (Bild V-3).

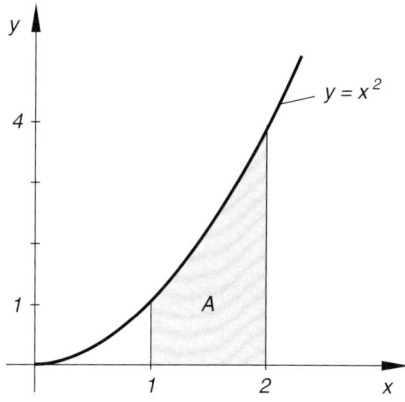

Bild V-3
Zur Bestimmung der Fläche zwischen der Parabel $y = x^2$ und der x-Achse im Intervall $1 \leq x \leq 2$

2 Das bestimmte Integral als Flächeninhalt

Dabei verfahren wir wie folgt:

(1) Das Flächenstück wird zunächst durch Schnitte parallel zur y-Achse in n Streifen *gleicher* Breite Δx zerlegt.

(2) Anschließend wird jeder Streifen in geeigneter Weise durch ein *Rechteck* ersetzt (der Flächeninhalt eines Rechtecks lässt sich nämlich *elementar* als Produkt der beiden Seiten berechnen). Der gesuchte Flächeninhalt A ist dann *näherungsweise* gleich der Summe aller Rechtecksflächen.

(3) Dabei gilt: *Je größer die Anzahl der Streifen, umso besser die Näherung!* Beim *Grenzübergang* $n \to \infty$ strebt die Summe der Rechtecksflächen gegen den gesuchten Flächeninhalt A.

Wir wollen jetzt das beschriebene Verfahren für eine Zerlegung der Fläche in 5, 10 bzw. 20 Streifen näher studieren.

Zerlegung der Fläche in $n = 5$ Streifen

Streifenbreite: $\Delta x = 0{,}2$

Die Teilpunkte $P_0, P_1, \ldots, P_5$ auf der Parabel besitzen die folgenden Koordinaten (siehe hierzu die Bilder V-4 und V-5):

	P_0	P_1	P_2	P_3	P_4	P_5
x	1	1,2	1,4	1,6	1,8	2
y	1^2	$1{,}2^2$	$1{,}4^2$	$1{,}6^2$	$1{,}8^2$	2^2

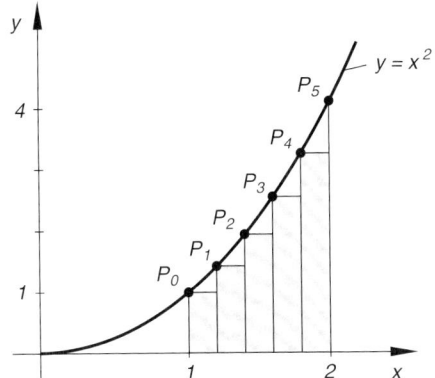

Bild V-4 Zum Begriff der Untersumme   **Bild V-5** Zum Begriff der Obersumme

Untersumme (Bild V-4)

Jeder Streifen wird durch ein zu *klein* ausfallendes Rechteck ersetzt (die Höhe entspricht dem Ordinatenwert im jeweiligen *linken* Randpunkt, siehe hierzu Bild V-4). Die Summe dieser Rechtecksflächen bezeichnet man daher als *Untersumme* U_5. Es ist:

$$U_5 = 1^2 \cdot 0{,}2 + 1{,}2^2 \cdot 0{,}2 + 1{,}4^2 \cdot 0{,}2 + 1{,}6^2 \cdot 0{,}2 + 1{,}8^2 \cdot 0{,}2 =$$
$$= (1^2 + 1{,}2^2 + 1{,}4^2 + 1{,}6^2 + 1{,}8^2) \cdot 0{,}2 = 2{,}04 \qquad \text{(V-5)}$$

Obersumme (Bild V-5)

Jetzt ersetzen wir jeden Streifen durch ein zu *groß* ausfallendes Rechteck (als Höhe wählen wir den Ordinatenwert im jeweiligen *rechten* Randpunkt, siehe hierzu Bild V-5). Die Summe dieser Rechtecksflächen heißt daher *Obersumme* O_5. Es ist:

$$O_5 = 1{,}2^2 \cdot 0{,}2 + 1{,}4^2 \cdot 0{,}2 + 1{,}6^2 \cdot 0{,}2 + 1{,}8^2 \cdot 0{,}2 + 2^2 \cdot 0{,}2 =$$
$$= (1{,}2^2 + 1{,}4^2 + 1{,}6^2 + 1{,}8^2 + 2^2) \cdot 0{,}2 = 2{,}64 \qquad (\text{V-6})$$

Flächeninhalt A

In beiden Fällen (Unter- bzw. Obersumme) haben wir den tatsächlichen Kurvenverlauf durch eine *treppenförmige* Kurve ersetzt.

Der gesuchte Flächeninhalt A liegt dabei *zwischen* Unter- und Obersumme:

$$U_5 \leq A \leq O_5, \qquad \text{d. h.} \qquad 2{,}04 \leq A \leq 2{,}64 \qquad (\text{V-7})$$

Die Abweichung zwischen den beiden Summen beträgt 0,6, d. h. diese Näherung ist noch viel zu *grob*.

Zerlegung der Fläche in $n = 10$ Streifen

Streifenbreite: $\Delta x = 0{,}1$

Für *Unter-* und *Obersumme* ergeben sich jetzt folgende Werte:

$$U_{10} = 1^2 \cdot 0{,}1 + 1{,}1^2 \cdot 0{,}1 + 1{,}2^2 \cdot 0{,}1 + \ldots + 1{,}9^2 \cdot 0{,}1 =$$
$$= (1^2 + 1{,}1^2 + 1{,}2^2 + \ldots + 1{,}9^2) \cdot 0{,}1 = 2{,}185 \qquad (\text{V-8})$$

$$O_{10} = 1{,}1^2 \cdot 0{,}1 + 1{,}2^2 \cdot 0{,}1 + 1{,}3^2 \cdot 0{,}1 + \ldots + 2^2 \cdot 0{,}1 =$$
$$= (1{,}1^2 + 1{,}2^2 + 1{,}3^2 + \ldots + 2^2) \cdot 0{,}1 = 2{,}485 \qquad (\text{V-9})$$

Dabei gilt für den Flächeninhalt A:

$$U_{10} \leq A \leq O_{10}, \qquad \text{d. h.} \qquad 2{,}185 \leq A \leq 2{,}485 \qquad (\text{V-10})$$

Die Abweichung zwischen Ober- und Untersumme beträgt jetzt nur noch 0,3, hat sich also genau *halbiert*. Eine weitere Verbesserung erhält man durch abermalige Verdoppelung der Streifenanzahl.

Zerlegung der Fläche in $n = 20$ Streifen

Streifenbreite: $\Delta x = 0{,}05$

$$U_{20} = (1^2 + 1{,}05^2 + 1{,}10^2 + \ldots + 1{,}95^2) \cdot 0{,}05 = 2{,}25875 \qquad (\text{V-11})$$

$$O_{20} = (1{,}05^2 + 1{,}10^2 + 1{,}15^2 + \ldots + 2^2) \cdot 0{,}05 = 2{,}40875 \qquad (\text{V-12})$$

$$U_{20} \leq A \leq O_{20}, \qquad \text{d. h.} \qquad 2{,}25875 \leq A \leq 2{,}40875 \qquad (\text{V-13})$$

Die Differenz zwischen Ober- und Untersumme beträgt jetzt nur noch 0,15.

Grenzübergang für $n \to \infty$

Bei einer *Vergrößerung* der Streifenanzahl n nehmen offensichtlich die Untersummen *zu* und die Obersummen *ab*, die *Differenz* zwischen Ober- und Untersumme wird dabei immer *kleiner*, wie die folgenden Rechenergebnisse für Zerlegungen in 5, 10, 20, 50, 100 und 1000 Streifen deutlich zeigen:

n	5	10	20	50	100	1000
U_n	2,04	2,185	2,258 75	2,3034	2,318 35	2,331 833 5
O_n	2,64	2,485	2,408 75	2,3634	2,348 35	2,334 833 5
$O_n - U_n$	0,6	0,3	0,15	0,06	0,03	0,003

Bei *beliebig feiner* Zerlegung, d. h. für den *Grenzübergang* $n \to \infty$ streben Ober- und Untersumme gegen einen *gemeinsamen* Grenzwert, der *geometrisch* den gesuchten *Flächeninhalt* A darstellt. In unserem Beispiel ergibt sich dabei, wie wir später noch zeigen werden, der folgende Wert:

$$A = \lim_{n \to \infty} U_n = \lim_{n \to \infty} O_n = \frac{7}{3} = 2,\overline{3} \ldots \qquad (V\text{-}14)$$

2.2 Das bestimmte Integral

Wir *verallgemeinern* jetzt das im vorherigen Abschnitt dargelegte *Flächenproblem*. Um zu einer möglichst *anschaulichen* Deutung des Integralbegriffes zu gelangen, wollen wir zunächst von der stetigen Funktion $y = f(x)$ voraussetzen, dass sie im gesamten Intervall $a \leq x \leq b$ *oberhalb* der x-Achse verläuft und dabei *monoton wächst* (Bild V-6).

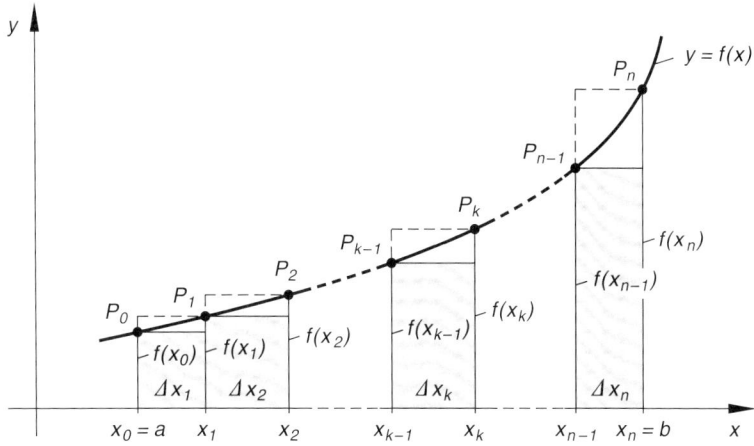

Bild V-6 Zum Flächenproblem der Integralrechnung

Unsere Aufgabe besteht nun darin, den *Flächeninhalt* A zwischen der Kurve $y = f(x)$ und der *x*-Achse im Intervall $a \leq x \leq b$ zu berechnen. Dabei verfahren wir wiederum wie folgt:

(1) Zunächst zerlegen wir die Fläche in n achsenparallele Streifen, deren *Breite* wir der Reihe nach mit $\Delta x_1, \Delta x_2, \ldots, \Delta x_k, \ldots, \Delta x_n$ bezeichnen. Die Streifenbreiten dürfen also durchaus unterschiedlich sein.

(2) Dann ersetzen wir jeden Streifen durch ein *Rechteck*. Wählt man als Höhe des Rechtecks den jeweils *kleinsten* Funktionswert (Ordinate des *linken* Randpunktes), so besitzen die in Bild V-6 *grau* unterlegten Rechtecke der Reihe nach den folgenden Flächeninhalt:

$$\underline{A_1} = f(x_0)\, \Delta x_1$$

$$\underline{A_2} = f(x_1)\, \Delta x_2$$

$$\vdots$$

$$\underline{A_k} = f(x_{k-1})\, \Delta x_k \tag{V-15}$$

$$\vdots$$

$$\underline{A_n} = f(x_{n-1})\, \Delta x_n$$

Der gesuchte Flächeninhalt A ist dann gewiss *nicht kleiner* als die als *Untersumme* U_n bezeichnete Summe dieser Rechtecksflächen:

$$U_n = \underline{A_1} + \underline{A_2} + \ldots + \underline{A_k} + \ldots + \underline{A_n} =$$

$$= f(x_0)\, \Delta x_1 + f(x_1)\, \Delta x_2 + \ldots + f(x_{k-1})\, \Delta x_k + \ldots + f(x_{n-1})\, \Delta x_n =$$

$$= \sum_{k=1}^{n} f(x_{k-1})\, \Delta x_k \leq A \tag{V-16}$$

Wählt man jedoch als Rechteckshöhe den jeweils *größten* Funktionswert (Ordinate des *rechten* Randpunktes), so ist der Flächeninhalt dieser zu *groß* ausfallenden Rechtecke der Reihe nach

$$\overline{A_1} = f(x_1)\, \Delta x_1$$

$$\overline{A_2} = f(x_2)\, \Delta x_2$$

$$\vdots$$

$$\overline{A_k} = f(x_k)\, \Delta x_k \tag{V-17}$$

$$\vdots$$

$$\overline{A_n} = f(x_n)\, \Delta x_n$$

2 Das bestimmte Integral als Flächeninhalt

Der Flächeninhalt A ist dann gewiss *nicht größer* als die als *Obersumme* O_n bezeichnete Summe dieser Rechtecksflächen:

$$O_n = \overline{A_1} + \overline{A_2} + \ldots + \overline{A_k} + \ldots + \overline{A_n} =$$
$$= f(x_1) \Delta x_1 + f(x_2) \Delta x_2 + \ldots + f(x_k) \Delta x_k + \ldots + f(x_n) \Delta x_n =$$
$$= \sum_{k=1}^{n} f(x_k) \Delta x_k \geq A \qquad \text{(V-18)}$$

Die gesuchte Fläche A liegt damit *zwischen* Unter- und Obersumme:

$$U_n \leq A \leq O_n \qquad \text{(V-19)}$$

(3) Mit *zunehmender Verfeinerung* der Zerlegung nehmen die Untersummen *zu*, die Obersummen jedoch *ab*. Wir zeigen dies am Beispiel der *Verdoppelung* der Streifenanzahl $(n \to 2n)$. Jeder Streifen der Breite h soll dabei durch *Halbierung* in zwei gleichbreite neue Streifen mit der Breite $h/2$ übergehen (Bild V-7).

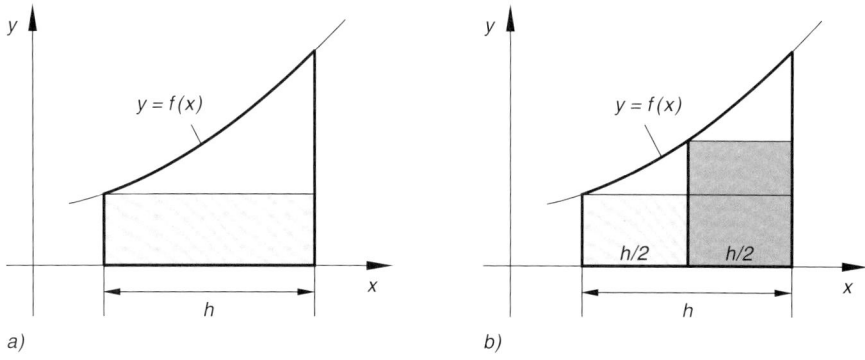

Bild V-7 Halbierung der Streifen bewirkt eine Zunahme der Untersumme

Das in Teilbild a) grau unterlegte Rechteck gehört zur *alten* Untersumme und wird durch die beiden in Teilbild b) hell- bzw. dunkelgrau unterlegten Rechtecke ersetzt, deren Gesamtfläche *größer* ist als die Fläche des ursprünglichen Rechtecks in Teilbild a). Daher nimmt die Untersumme *zu*. Analog kann man zeigen, dass die Obersumme bei einer Verdoppelung der Streifenanzahl *abnimmt* (jedes Rechteck wird durch zwei neue Rechtecke mit einer *kleineren* Gesamtfläche ersetzt). Beim Grenzübergang $n \to \infty$ streben Unter- und Obersumme gegen einen *gemeinsamen* Grenzwert, wenn zugleich die Breite Δx_k *sämtlicher* Streifen gegen null geht $(k = 1, 2, \ldots, n)$. Diesen Grenzwert bezeichnet man dann als das *bestimmte Integral der Funktion* $f(x)$ *in den Grenzen von* $x = a$ *bis* $x = b$ und schreibt dafür symbolisch:

$$\lim_{n \to \infty} U_n = \lim_{n \to \infty} O_n = \int_a^b f(x)\, dx \qquad \text{(V-20)}$$

In unserer *geometrischen* Betrachtungsweise bedeutet er den *Flächeninhalt A* zwischen der Kurve mit der Funktionsgleichung $y = f(x)$ und der *x*-Achse im Intervall $a \leq x \leq b$. Es gilt daher (wir können uns auf den Grenzwert der Obersumme beschränken):

$$A = \lim_{n \to \infty} O_n = \lim_{n \to \infty} \sum_{k=1}^{n} f(x_k) \Delta x_k = \int_a^b f(x)\, dx \qquad \text{(V-21)}$$

Wir führen noch die folgenden allgemein üblichen Bezeichnungen ein:

- *x:*   *Integrationsvariable*
- *f(x):*   *Integrandfunktion* (kurz: *Integrand*)
- *a:*   *Untere Integrationsgrenze*
- *b:*   *Obere Integrationsgrenze*

Das *bestimmte Integral* einer Funktion $f(x)$ in den Grenzen von $x = a$ bis $x = b$ lässt sich somit allgemein wie folgt definieren:

Definition: Der Grenzwert

$$\lim_{n \to \infty} \sum_{k=1}^{n} f(x_k) \Delta x_k \qquad \text{(V-22)}$$

heißt, falls er vorhanden ist, das *bestimmte Integral der Funktion f(x) in den Grenzen von $x = a$ bis $x = b$* und wird durch das Symbol $\int_a^b f(x)\, dx$ gekennzeichnet.

Anmerkungen

(1) Das bestimmte Integral ist also der *Grenzwert* einer Folge von Summen. Dieser Grenzwert ist *vorhanden*, wenn der Integrand $f(x)$ im *endlichen* Integrationsintervall $a \leq x \leq b$ beschränkt[1] ist und dort höchstens *endlich* viele Unstetigkeitsstellen (Sprungstellen, hebbare Unstetigkeiten) besitzt. Für *stetige* Funktionen sind diese Bedingungen *stets* erfüllt.

(2) Eine Funktion $f(x)$, deren bestimmtes Integral existiert, heißt *integrierbar*. Stetige Funktionen sind demnach *stets* integrierbar.

(3) Der Integralwert kann positiv, negativ oder null sein. Er ist dabei *unabhängig* von der vorgenommenen Streifenzerlegung, sofern nur die Breite eines jeden Streifens gegen null strebt ($\Delta x_k \to 0$ für $n \to \infty$).

---

[1] Es gilt in diesem Intervall also $|f(x)| < K$, wobei K eine positive Konstante ist.

(4) Man beachte, dass das Integrationsintervall $a \leq x \leq b$ *endlich* ist. In der Regel ist $a < b$ (Integration in *positiver* x-Richtung). Aber auch der Fall $a > b$ ist möglich (jetzt wird von rechts nach links, d. h. in *negativer* x-Richtung integriert). Eine geometrisch anschauliche Interpretation des bestimmten Integrals als *Flächeninhalt* ist nur für $f(x) \geq 0$ und $a < b$ möglich.

Anschauliche Interpretation der symbolischen Schreibweise

Wir möchten noch auf eine zwar nicht ganz präzise, dafür jedoch sehr *anschauliche* Interpretation der in der Integralrechnung verwendeten Symbolik hinweisen. Der in Bild V-8 skizzierte (*dick* umrandete) *infinitesimal* schmale Streifen der Breite dx besitzt einen Flächeninhalt, der *näherungsweise* mit dem Flächeninhalt $dA = f(x)\,dx$ des eingezeichneten (*grau* unterlegten) rechteckigen *Flächenelementes* übereinstimmt. Deutet man das Integralzeichen als eine Art gestrecktes *Summenzeichen*, so kann das bestimmte Integral $\int_a^b f(x)\,dx$ als *Summe* aller zwischen $x = a$ und $x = b$ gelegenen *infinitesimal schmalen* Streifenflächen vom Flächeninhalt $dA = f(x)\,dx$ aufgefasst werden:

$$A = \int_{x=a}^{x=b} dA = \int_a^b f(x)\,dx \tag{V-23}$$

(„Summiere über alle Flächenelemente $dA = f(x)\,dx$, die in der Fläche zwischen $x = a$ und $x = b$ liegen"). Die Fläche A wird gewissermaßen aus unendlich vielen Flächenelementen zusammengesetzt, wobei das „erste" Element bei $x = a$ und das „letzte" Element bei $x = b$ liegt. Bild V-9 verdeutlicht diese geometrische Interpretation.

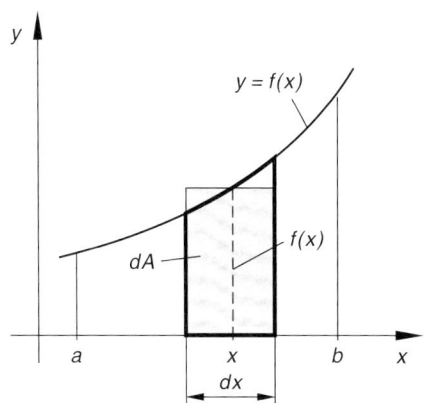
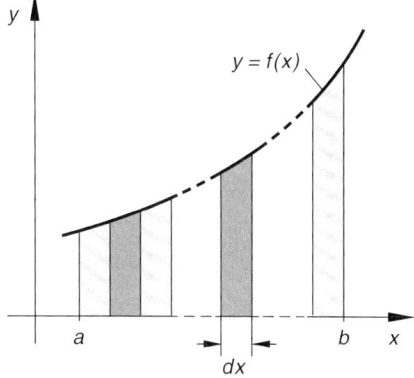

Bild V-8
Zur anschaulichen geometrischen
Interpretation des bestimmten Integrals

Bild V-9
Das bestimmte Integral als *unendliche*
Summe von Flächenelementen

Beispiel

Wir kehren jetzt zu dem Beispiel des vorangegangenen Abschnitts zurück und wollen den Flächeninhalt zwischen der Parabel $y = f(x) = x^2$ und der x-Achse im Intervall $1 \leq x \leq 2$ als *Grenzwert der Obersumme* O_n berechnen. Da der Integralwert *unabhängig* von der Art der Zerlegung ist, wählen wir hier zweckmäßigerweise eine Unterteilung in Streifen *gleicher* Breite Δx (sog. *äquidistante* Zerlegung, Bild V-10).

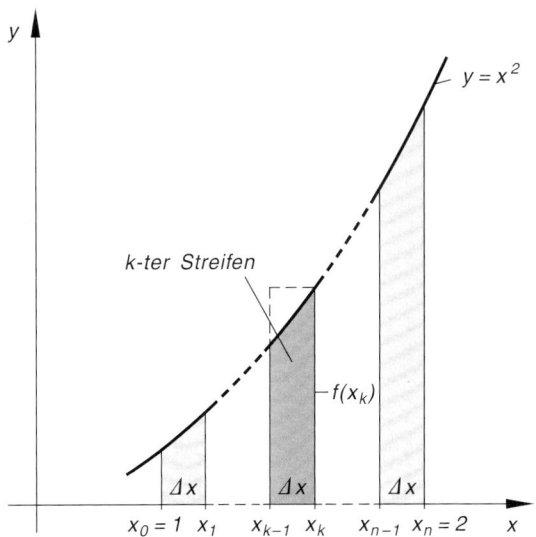

Bild V-10 Zur Berechnung des bestimmten Integrals $\int_{1}^{2} x^2 \, dx$ als Grenzwert der Obersumme

Bei n Streifen beträgt die *Streifenbreite* $\Delta x = (2 - 1)/n = 1/n$. Die Abszissenwerte der insgesamt $n + 1$ Teilpunkte auf der x-Achse lauten dann der Reihe nach wie folgt:

x_0	x_1	x_2	...	x_k	...	x_n
1	$1 + \Delta x$	$1 + 2 \cdot \Delta x$	...	$1 + k \cdot \Delta x$	...	2

Für den in Bild V-10 *dunkelgrau* unterlegten *k-ten* Streifen gilt dann *näherungsweise*:

Streifenhöhe: $\quad f(x_k) = x_k^2 = (1 + k \cdot \Delta x)^2 = \left(1 + \dfrac{k}{n}\right)^2$

Streifenbreite: $\quad \Delta x = \dfrac{1}{n}$

Streifenfläche: $\quad f(x_k)\,\Delta x = \left(1 + \dfrac{k}{n}\right)^2 \cdot \dfrac{1}{n}$

2 Das bestimmte Integral als Flächeninhalt

Damit erhält man für die Obersumme nach Gleichung (V-18):

$$O_n = \sum_{k=1}^{n} f(x_k)\,\Delta x = \sum_{k=1}^{n} \left(1 + \frac{k}{n}\right)^2 \cdot \frac{1}{n} = \sum_{k=1}^{n} \left(1 + \frac{2k}{n} + \frac{k^2}{n^2}\right) \cdot \frac{1}{n} =$$

$$= \sum_{k=1}^{n} \left(\frac{1}{n} + \frac{2k}{n^2} + \frac{k^2}{n^3}\right) = \sum_{k=1}^{n} \frac{1}{n} + \frac{2}{n^2} \cdot \sum_{k=1}^{n} k + \frac{1}{n^3} \cdot \sum_{k=1}^{n} k^2$$

Die dabei auftretenden endlichen Summen werden unter Verwendung der folgenden Formelausdrücke berechnet, die wir der **Mathematischen Formelsammlung** des Autors entnommen haben (Abschnitt I.3.4):

$$\sum_{k=1}^{n} \frac{1}{n} = \underbrace{\frac{1}{n} + \frac{1}{n} + \ldots + \frac{1}{n}}_{n \text{ Summanden}} = n \cdot \frac{1}{n} = 1$$

$$\sum_{k=1}^{n} k = 1 + 2 + 3 + \ldots + n = \frac{n(n+1)}{2}$$

$$\sum_{k=1}^{n} k^2 = 1^2 + 2^2 + 3^2 + \ldots + n^2 = \frac{n(n+1)(2n+1)}{6}$$

Mit diesen Ausdrücken lässt sich die Obersumme auch wie folgt schreiben:

$$O_n = 1 + \frac{2}{n^2} \cdot \frac{n(n+1)}{2} + \frac{1}{n^3} \cdot \frac{n(n+1)(2n+1)}{6} =$$

$$= 1 + \frac{n+1}{n} + \frac{1}{6}\left(\frac{n+1}{n}\right)\left(\frac{2n+1}{n}\right) =$$

$$= 1 + \left(1 + \frac{1}{n}\right) + \frac{1}{6}\left(1 + \frac{1}{n}\right)\left(2 + \frac{1}{n}\right) =$$

$$= 2 + \frac{1}{n} + \frac{1}{6}\left(1 + \frac{1}{n}\right)\left(2 + \frac{1}{n}\right)$$

Beim *Grenzübergang* $n \to \infty$ strebt die Streifenbreite $\Delta x = 1/n$ gegen *Null* und die *Obersumme* O_n geht dabei *definitionsgemäß* in das *bestimmte Integral* $\int_{1}^{2} x^2\, dx$ über, das den gesuchten *Flächeninhalt* A darstellt:

$$A = \int_{1}^{2} x^2\, dx = \lim_{n \to \infty} O_n = \lim_{n \to \infty} \left\{ 2 + \frac{1}{n} + \frac{1}{6}\left(1 + \frac{1}{n}\right)\left(2 + \frac{1}{n}\right) \right\} =$$

$$= 2 + 0 + \frac{1}{6}(1+0)(2+0) = 2 + 0 + \frac{1}{6} \cdot 1 \cdot 2 = 2 + \frac{1}{3} = \frac{7}{3}$$

Fazit: Die direkte Berechnung eines bestimmten Integrals über den Grenzwert (V-22) ist — wie dieses einfache Beispiel bereits zeigt — eine meist schwierige und aufwändige Angelegenheit.
∎

3 Unbestimmtes Integral und Flächenfunktion

Unter den in Abschnitt 2.2 genannten Voraussetzungen repräsentiert das *bestimmte Integral* $\int_a^b f(t)\,dt$ den Flächeninhalt A zwischen der Kurve $y = f(t)$ und der t-Achse im Intervall $a \leq t \leq b$ (Bild V-11)[2].

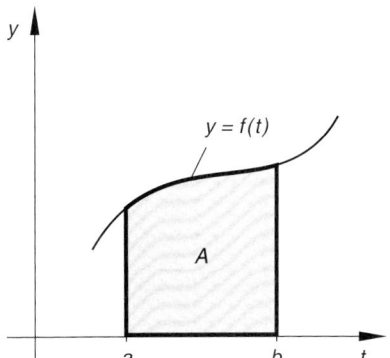
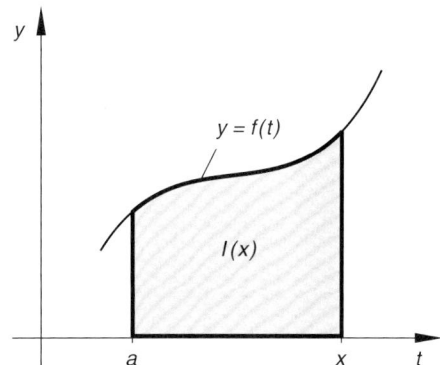

Bild V-11 Das bestimmte Integral als Flächeninhalt

Bild V-12 Zum Begriff des unbestimmten Integrals (Flächenfunktion)

Betrachtet man in diesem Integral die *untere* Integrationsgrenze a als *fest*, die *obere* Integrationsgrenze b dagegen als *variabel*, so hängt der Integralwert nur noch von der *oberen* Grenze ab: *Der Integralwert ist daher eine Funktion der oberen Grenze*. Um auch nach außen hin zu dokumentieren, dass die obere Grenze *variabel* ist, ersetzen wir b durch x und erhalten die Funktion

$$I(x) = \int_a^x f(t)\,dt \tag{V-24}$$

(siehe Bild V-12). Sie wird als ein *unbestimmtes Integral von* $f(t)$ bezeichnet, da die obere Grenze *unbestimmt* ist (im Sinne von *variabel*).

---

[2] Die *Bezeichnung* der Integrationsvariablen ist dabei *ohne* jede Bedeutung. Um im Folgenden Missverständnisse zu vermeiden, kennzeichnen wir in diesem Abschnitt die Integrationsvariable durch das Buchstabensymbol t (anstatt von x).

3 Unbestimmtes Integral und Flächenfunktion

Geometrische Deutung des unbestimmten Integrals

Das *unbestimmte Integral* $I(x) = \int_a^x f(t)\,dt$ beschreibt für $x \geq a$ den *Flächeninhalt* zwischen der Kurve $y = f(t)$ und der t-Achse im Intervall $a \leq t \leq x$ in Abhängigkeit von der oberen Grenze x und wird daher auch als *Flächenfunktion* bezeichnet (Bild V-12). Für *verschiedene* x-Werte erhält man im Allgemeinen *verschiedene* Flächeninhalte. Aus dem *unbestimmten* Integral wird dabei jeweils ein *bestimmtes* Integral (die obere Integrationsgrenze besitzt dann einen *festen* Wert). In Bild V-13 sind die Funktionswerte der Flächenfunktion $I(x)$ für zwei *verschiedene* obere Grenzen x_1 und x_2 geometrisch als Flächeninhalte dargestellt.

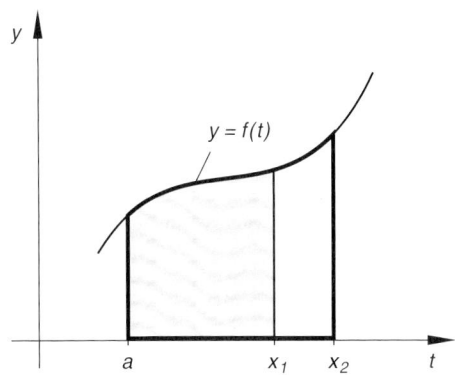

Grau unterlegte Fläche:

$$I(x_1) = \int_a^{x_1} f(t)\,dt$$

Stark umrandete Fläche:

$$I(x_2) = \int_a^{x_2} f(t)\,dt$$

Bild V-13 Das unbestimmte Integral als Funktion der oberen Integrationsgrenze

Wählt man als *untere* Grenze a^* (anstatt von a), so ist auch

$$I^*(x) = \int_{a^*}^x f(t)\,dt \tag{V-25}$$

ein *unbestimmtes Integral* (eine *Flächenfunktion*) von $f(t)$. Zwischen $I(x)$ und $I^*(x)$ besteht dabei der folgende Zusammenhang, den man unmittelbar aus Bild V-14 entnehmen kann:

$$I(x) - I^*(x) = \int_a^x f(t)\,dt - \int_{a^*}^x f(t)\,dt = \int_a^{a^*} f(t)\,dt \tag{V-26}$$

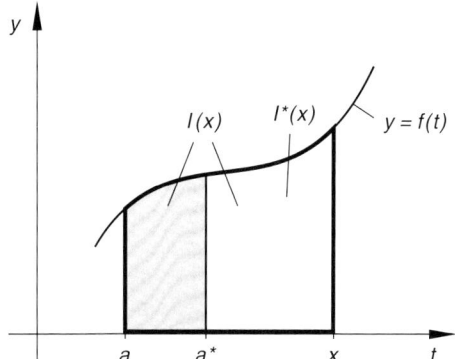

Bild V-14
Flächenfunktionen (unbestimmte Integrale) unterscheiden sich in der unteren Grenze voneinander

Die beiden Flächenfunktionen unterscheiden sich demnach durch das *bestimmte* Integral $\int_{a}^{a^*} f(t)\, dt$, d.h. durch eine *Konstante*. Ihr Wert ist nichts anderes als der *Flächeninhalt* zwischen der Kurve $y = f(t)$ und der t-Achse im Intervall $a \leq t \leq a^*$ (*grau* unterlegte Fläche in Bild V-14; Voraussetzung: $a^* > a$). Da aber für die Wahl der *unteren* Integrationsgrenze a, von der an die Flächenberechnung erfolgt, grundsätzlich *beliebig* viele Möglichkeiten existieren, gibt es entsprechend auch *unendlich* viele unbestimmte Integrale der Funktion $y = f(t)$. Sie unterscheiden sich in der *unteren* Grenze voneinander.

Wir können daher den folgenden Satz aussprechen:

Eigenschaften der unbestimmten Integrale

1. Das *unbestimmte* Integral $I(x) = \int_{a}^{x} f(t)\, dt$ repräsentiert den *Flächeninhalt* zwischen der Funktion $y = f(t)$ und der t-Achse im Intervall $a \leq t \leq x$ in Abhängigkeit von der *oberen* Grenze x.

2. Zu jeder *stetigen* Funktion $f(t)$ gibt es *unendlich viele* unbestimmte Integrale, die sich in ihrer *unteren* Grenze voneinander unterscheiden.

3. Die Differenz zweier unbestimmter Integrale $I_1(x)$ und $I_2(x)$ von $f(t)$ ist eine *Konstante*.

3 Unbestimmtes Integral und Flächenfunktion

Anmerkungen

(1) Die *geometrische* Deutung eines unbestimmten Integrals als *Flächenfunktion* ist nur möglich, wenn $f(x) \geq 0$ und $x \geq a$ ist. Denn nur dann liegt die Kurve und damit das Flächenstück *oberhalb* der x-Achse, wobei die Integration von links nach rechts, d. h. in *positiver* x-Richtung erfolgt. Diese Einschränkungen werden später fallen gelassen.

(2) Man beachte den *fundamentalen Unterschied* zwischen einem bestimmten und einem unbestimmten Integral:

    Bestimmtes Integral: Reeller Zahlenwert

    Unbestimmtes Integral: Funktion der oberen Grenze

■ **Beispiel**

$I_1(x) = \int_0^x t^2 \, dt$ und $I_2(x) = \int_1^x t^2 \, dt$ sind zwei *unbestimmte Integrale* der Normalparabel $f(t) = t^2$ und repräsentieren die in Bild V-15 dargestellten Flächen (die Flächenberechnung beginnt bei $t = 0$ bzw. $t = 1$ und endet an der Stelle $x \geq 1$). Sie unterscheiden sich dabei durch das *bestimmte Integral* $\int_0^1 t^2 \, dt$, d. h. durch eine Konstante, deren Wert der im Bild *grau* unterlegten Fläche entspricht:

$$I_1(x) - I_2(x) = \int_0^x t^2 \, dt - \int_1^x t^2 \, dt = \int_0^1 t^2 \, dt = \text{const.}$$

Die Konstante besitzt – wie wir später in Abschnitt 6 (1. Beispiel) noch zeigen werden – den Wert $1/3$ (Fläche unter der Normalparabel $y = t^2$ zwischen $t = 0$ und $t = 1$).

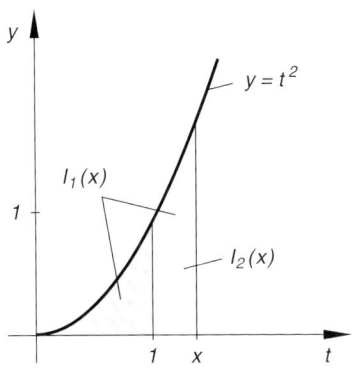

Bild V-15

■

4 Der Fundamentalsatz der Differential- und Integralrechnung

Wird die *obere* Grenze x im unbestimmten Integral $I(x) = \int\limits_a^x f(x)\, dx$ um Δx vergrößert, so wächst der Flächeninhalt nach Bild V-16 um

$$\Delta I = I(x + \Delta x) - I(x) \tag{V-27}$$

(*grau* unterlegte Fläche in Bild V-16) [3].

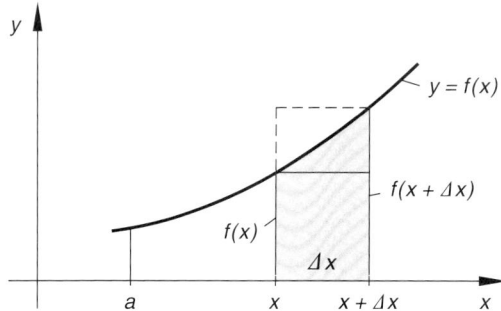

Bild V-16

Zur Herleitung des Fundamentalsatzes der Differential- und Integralrechnung

Dieser *Flächenzuwachs* liegt zwischen den Flächeninhalten der beiden eingezeichneten Rechtecke gleicher Breite Δx. Das *kleinere* Rechteck besitzt die Höhe $f(x)$ und damit den Flächeninhalt $f(x)\Delta x$, das *größere* Rechteck die Höhe $f(x + \Delta x)$ und damit den Flächeninhalt $f(x + \Delta x)\Delta x$. Zwischen den drei Flächeninhalten besteht daher die Beziehung

$$f(x)\Delta x \leq \Delta I \leq f(x + \Delta x)\Delta x \tag{V-28}$$

Nach Division durch Δx wird daraus:

$$f(x) \leq \frac{\Delta I}{\Delta x} \leq f(x + \Delta x) \tag{V-29}$$

Beim *Grenzübergang* $\Delta x \to 0$ bleibt diese Ungleichung *erhalten*:

$$\lim_{\Delta x \to 0} f(x) \leq \lim_{\Delta x \to 0} \frac{\Delta I}{\Delta x} \leq \lim_{\Delta x \to 0} f(x + \Delta x) \tag{V-30}$$

---

[3] Wir lassen die unterschiedliche Kennzeichnung zwischen der *Integrationsvariablen* und der *oberen* Grenze fallen. Ferner nehmen wir der Einfachheit halber an, dass die Funktion $f(x)$ im gesamten Integrationsbereich *oberhalb* der x-Achse verläuft und dabei *monoton wächst*.

4 Der Fundamentalsatz der Differential- und Integralrechnung

Der in der *Mitte* eingeschlossene Grenzwert ist dabei *definitionsgemäß* die *1. Ableitung* $I'(x)$ der Flächenfunktion $I(x)$, während die beiden äußeren Grenzwerte wegen der vorausgesetzten *Stetigkeit* von $f(x)$ jeweils den Funktionswert $f(x)$ ergeben:

$$\lim_{\Delta x \to 0} \frac{\Delta I}{\Delta x} = \lim_{\Delta x \to 0} \frac{I(x + \Delta x) - I(x)}{\Delta x} = I'(x) \tag{V-31}$$

$$\lim_{\Delta x \to 0} f(x) = \lim_{\Delta x \to 0} f(x + \Delta x) = f(x) \tag{V-32}$$

Damit erhält man die *Ungleichung*

$$f(x) \leq I'(x) \leq f(x) \tag{V-33}$$

die aber nur dann bestehen kann, wenn

$$I'(x) = f(x) \tag{V-34}$$

ist. Damit haben wir gezeigt, dass die erste Ableitung eines unbestimmten Integrals $I(x) = \int_a^x f(x)\,dx$ zum Integranden $f(x)$ führt. *Dies aber bedeutet, dass $I(x)$ eine Stammfunktion von $f(x)$ ist.*

Wir fassen diese bedeutende Aussage in dem sog. *Fundamentalsatz der Differential- und Integralrechnung* wie folgt zusammen:

Fundamentalsatz der Differential- und Integralrechnung

Jedes unbestimmte Integral $I(x) = \int_a^x f(x)\,dx$ der stetigen Funktion $f(x)$ ist eine Stammfunktion von $f(x)$:

$$I(x) = \int_a^x f(x)\,dx \quad \Rightarrow \quad I'(x) = f(x) \tag{V-35}$$

Die Aussage des Fundamentalsatzes lässt sich auch wie folgt verdeutlichen:

$$I(x) = \underset{\text{Differentiation}}{\underbrace{\int_a^x f(x)\,dx}} \tag{V-36}$$

Wir ziehen noch einige **Folgerungen** aus dem Fundamentalsatz:

(1) $I(x)$ ist wegen $I'(x) = f(x)$ eine *stetig differenzierbare* Funktion.

(2) *Jedes* unbestimmte Integral $I(x)$ der Funktion $f(x)$ lässt sich in der Form

$$I(x) = \int_a^x f(x)\,dx = F(x) + C_1 \tag{V-37}$$

darstellen, wobei $F(x)$ *irgendeine* (spezielle) Stammfunktion von $f(x)$ und C_1 eine *geeignete* (reelle) Konstante bedeutet, deren Wert noch von der *unteren* Grenze a abhängen wird.

(3) Da es zu einer *stetigen* Funktion $f(x)$ *unendlich* viele unbestimmte Integrale gibt, kennzeichnet man diese *Funktionenschar* durch Weglassen der Integrationsgrenzen in folgender Weise:

$$\int f(x)\,dx: \text{ Menge aller unbestimmten Integrale von } f(x)$$

Sie ist stets in der Form

$$\int f(x)\,dx = F(x) + C \qquad (F'(x) = f(x)) \tag{V-38}$$

darstellbar, wobei $F(x)$ *irgendeine* (spezielle) Stammfunktion von $f(x)$ bedeutet und der Parameter C *alle* reellen Werte durchläuft. Die Konstante C heißt in diesem Zusammenhang auch *Integrationskonstante*.

(4) Für *stetige* Funktionen besteht *kein Unterschied* zwischen den Begriffen „Stammfunktion" und „unbestimmtes Integral".

■ **Beispiele**

(1) $\int (2x + 1)\,dx = ?$

Wir wissen: Es genügt, *irgendeine* Stammfunktion $F(x)$ von $f(x) = 2x + 1$ zu finden. Die Funktion $F(x) = x^2 + x$ besitzt die geforderte Eigenschaft:

$$F'(x) = \frac{d}{dx}(x^2 + x) = 2x + 1 = f(x)$$

Daher gilt:

$$\int (2x + 1)\,dx = F(x) + C = x^2 + x + C \qquad (C \in \mathbb{R})$$

4 Der Fundamentalsatz der Differential- und Integralrechnung

(2) $\int e^x \, dx = ?$

Eine Stammfunktion zum Integranden $f(x) = e^x$ ist $F(x) = e^x$, da

$$F'(x) = \frac{d}{dx}(e^x) = e^x = f(x)$$

ergibt. Daher ist:

$$\int e^x \, dx = F(x) + C = e^x + C \qquad (C \in \mathbb{R})$$

die *Gesamtheit der unbestimmten Integrale* von $f(x) = e^x$.

(3) $\int \frac{4}{1+x^2} \, dx = ?$

$F(x) = 4 \cdot \arctan x$ ist *eine* Stammfunktion des Integranden $f(x) = \frac{4}{1+x^2}$:

$$F'(x) = \frac{d}{dx}(4 \cdot \arctan x) = 4 \cdot \frac{1}{1+x^2} = \frac{4}{1+x^2} = f(x)$$

Daraus folgt:

$$\int \frac{4}{1+x^2} \, dx = F(x) + C = 4 \cdot \arctan x + C \qquad (C \in \mathbb{R})$$

(4) Aus einer *Integraltafel* entnehmen wir die folgende Integralformel:

$$\int \ln x \, dx = x \cdot \ln x - x + C \qquad (C \in \mathbb{R})$$

Wir *überprüfen* diese Formel, indem wir die *Ableitung* der auf der rechten Seite stehenden Funktion bilden. Sie führt (wie erwartet) zum Integranden $\ln x$:

$$\frac{d}{dx}(x \cdot \ln x - x + C) = 1 \cdot \ln x + x \cdot \frac{1}{x} - 1 + 0 =$$

$$= \ln x + 1 - 1 = \ln x$$

Damit haben wir nachgewiesen, dass die Funktion $F(x) = x \cdot \ln x - x + C$ in der Tat eine *Stammfunktion* von $f(x) = \ln x$ ist. Die Integralformel ist somit *richtig*. Man bezeichnet diese Art der Beweisführung auch als *Verifizierung*.

(5) **Fallgesetze im luftleeren Raum**

Aus dem Geschwindigkeit-Zeit-Gesetz

$$v(t) = gt + v_0 \qquad \text{(für } t \geq 0\text{)}$$

erhält man wegen $v(t) = \dot{s}(t)$ durch *Integration* das folgende Zeitgesetz für den Fallweg s des frei fallenden Körpers:

$$s(t) = \int \dot{s}(t)\,dt = \int v(t)\,dt = \int (gt + v_0)\,dt =$$

$$= \frac{1}{2} gt^2 + v_0 t + C = \frac{1}{2} gt^2 + v_0 t + s_0$$

(g: Erdbeschleunigung; v_0: Anfangsgeschwindigkeit zur Zeit $t = 0$; $C = s_0$: Wegmarke zur Zeit $t = 0$). Denn es gilt:

$$\dot{s}(t) = \frac{d}{dt}\left(\frac{1}{2} gt^2 + v_0 t + s_0\right) = gt + v_0 = v(t) \qquad \blacksquare$$

5 Grund- oder Stammintegrale

In Kap. IV, Abschnitt 1.3 wurden die *Ableitungen der elementaren Funktionen* in tabellarischer Form zusammengestellt. Die dortige Tabelle 1 enthält in der *linken* Spalte die jeweilige *Funktion* $f(x)$ und in der *rechten* Spalte die zugehörige *Ableitung* $f'(x)$. Nach dem *Fundamentalsatz der Differential- und Integralrechnung* besteht dann zwischen der (stetig differenzierbaren) Funktion $f(x)$ und ihrer Ableitung $f'(x)$ der Zusammenhang

$$\int f'(x)\,dx = f(x) + C \qquad (C \in \mathbb{R}) \tag{V-39}$$

So gelten beispielsweise die folgenden Beziehungen (mit $C \in \mathbb{R}$):

$$\int x^n\,dx = \frac{x^{n+1}}{n+1} + C \quad \text{(für } n \neq -1\text{)}, \qquad \int \cos x\,dx = \sin x + C$$

$$\int e^x\,dx = e^x + C, \qquad \int \frac{1}{\cos^2 x}\,dx = \tan x + C$$

Mit anderen Worten: Die in der *linken* Spalte der Ableitungstabelle aus Kap. IV aufgeführte Funktion ist eine *Stammfunktion* oder ein *unbestimmtes Integral* der in der *rechten* Spalte stehenden Funktion. Die auf diese Weise erhaltenen (unbestimmten) Integrale heißen *Grund-* oder *Stammintegrale*. Wir haben sie in der nachfolgenden Tabelle zusammengetragen.

5 Grund- oder Stammintegrale

Tabelle 1: Grund- oder Stammintegrale $(C, C_1, C_2 \in \mathbb{R})$

$\int 0 \, dx = C$	$\int 1 \, dx = x + C$
$\int x^n \, dx = \dfrac{x^{n+1}}{n+1} + C \quad (n \neq -1)$ (Potenzregel)	$\int \dfrac{1}{x} \, dx = \ln |x| + C$
$\int e^x \, dx = e^x + C$	$\int a^x \, dx = \dfrac{a^x}{\ln a} + C$
$\int \sin x \, dx = -\cos x + C$	$\int \cos x \, dx = \sin x + C$
$\int \dfrac{1}{\cos^2 x} \, dx = \tan x + C$	$\int \dfrac{1}{\sin^2 x} \, dx = -\cot x + C$
$\int \dfrac{1}{\sqrt{1-x^2}} \, dx = \begin{cases} \arcsin x + C_1 \\ -\arccos x + C_2 \end{cases}$	$\int \dfrac{1}{1+x^2} \, dx = \begin{cases} \arctan x + C_1 \\ -\text{arccot}\, x + C_2 \end{cases}$
$\int \sinh x \, dx = \cosh x + C$	$\int \cosh x \, dx = \sinh x + C$
$\int \dfrac{1}{\cosh^2 x} \, dx = \tanh x + C$	$\int \dfrac{1}{\sinh^2 x} \, dx = -\coth x + C$
$\int \dfrac{1}{\sqrt{x^2+1}} \, dx = \text{arsinh}\, x + C = \ln\left(x + \sqrt{x^2+1}\right) + C$	
$\int \dfrac{1}{\sqrt{x^2-1}} \, dx = \text{sgn}(x) \cdot \text{arcosh}\,|x| + C = \ln\left|x + \sqrt{x^2-1}\right| + C \quad (|x| > 1)$	
$\int \dfrac{1}{1-x^2} \, dx = \begin{cases} \text{artanh}\, x + C_1 = \dfrac{1}{2} \cdot \ln\left(\dfrac{1+x}{1-x}\right) + C_1 & |x| < 1 \\ & \text{für} \\ \text{arcoth}\, x + C_2 = \dfrac{1}{2} \cdot \ln\left(\dfrac{x+1}{x-1}\right) + C_2 & |x| > 1 \end{cases}$	

6 Berechnung bestimmter Integrale unter Verwendung einer Stammfunktion

Zur Berechnung eines *bestimmten* Integrals $\int_a^b f(x)\,dx$ genügt — wie wir gleich zeigen werden — die Kenntnis *einer* beliebigen Stammfunktion des Integranden $f(x)$. Zunächst aber betrachten wir das *unbestimmte* Integral $I(x) = \int_a^x f(x)\,dx$. Es ist bekanntlich in der Form

$$I(x) = \int_a^x f(x)\,dx = F(x) + C \tag{V-40}$$

darstellbar, wobei $F(x)$ *irgendeine* spezielle (als bekannt vorausgesetzte) Stammfunktion von $f(x)$ bedeutet und C eine geeignete reelle Konstante. Diese wird aus der Gleichung

$$I(a) = \int_a^a f(x)\,dx = F(a) + C = 0$$

zu $C = -F(a)$ bestimmt[4]. Somit ist

$$I(x) = \int_a^x f(x)\,dx = F(x) - F(a) \tag{V-41}$$

Für $x = b$ erhält man hieraus den Wert des gesuchten *bestimmten* Integrals als *Differenz* der Funktionswerte von $F(x)$ an der oberen und unteren Integrationsgrenze:

$$\int_a^b f(x)\,dx = F(b) - F(a) \tag{V-42}$$

Der Integralwert ist dabei *völlig unabhängig* von der getroffenen Wahl der Stammfunktion. Wählt man statt $F(x)$ die Stammfunktion $F_1(x)$, so unterscheiden sich diese Funktionen bekanntlich nur durch eine additive Konstante K, d. h. es gilt $F(x) = F_1(x) + K$. Die Berechnung des bestimmten Integral nach Formel (V-42) ergibt dann:

$$\int_a^b f(x)\,dx = F(b) - F(a) = [F_1(b) + K] - [F_1(a) + K] =$$

$$= F_1(b) + K - F_1(a) - K = F_1(b) - F_1(a) \tag{V-43}$$

---

[4] Fallen die Integrationsgrenzen *zusammen* ($a = b$), so ist der Integralwert (Flächeninhalt!) gleich null.

6 Berechnung bestimmter Integrale unter Verwendung einer Stammfunktion

Die Konstante K fällt somit bei der Differenzbildung heraus. Der Wert des bestimmten Integrals kann daher auch mit der Stammfunktion $F_1(x)$, d. h. mit einer *beliebigen* Stammfunktion berechnet werden.

Ein *bestimmtes* Integral lässt sich daher wie folgt schrittweise berechnen:

Berechnung eines bestimmten Integrals $\int_a^b f(x)\,dx$

Die Berechnung eines bestimmten Integrals erfolgt in zwei Schritten:

1. Zunächst wird *irgendeine* Stammfunktion $F(x)$ zum Integranden $f(x)$ bestimmt ($F'(x) = f(x)$).

2. Mit dieser Stammfunktion berechnet man die Werte $F(a)$ und $F(b)$ an den beiden Integrationsgrenzen und daraus die *Differenz* $F(b) - F(a)$. Dann gilt:

$$\int_a^b f(x)\,dx = \Big[F(x)\Big]_a^b = F(b) - F(a) \qquad \text{(V-44)}$$

Dabei ist das Symbol $\Big[F(x)\Big]_a^b$ eine *verkürzte* Schreibweise für die Differenz $F(b) - F(a)$.

Anmerkungen

(1) Merke: Erst die obere, dann die untere Grenze einsetzen.

(2) In der Praxis liegt das Hauptproblem in der Bestimmung einer *Stammfunktion* des Integranden. Gelingt dieses Vorhaben, so hat man das Integral in *geschlossener Form* dargestellt. In den meisten Fällen ist dies jedoch nicht so ohne Weiteres möglich. Man ist dann auf spezielle Verfahren wie z. B. Integralsubstitutionen oder numerische Integrationsmethoden angewiesen. In Abschnitt 8 kommen wir auf dieses Problem ausführlich zurück.

■ **Beispiele**

(1) Wir berechnen das Integral $\int_0^1 x^2\,dx$ unter Verwendung der *Potenzregel* (für $n = 2$):

$$\int_0^1 x^2\,dx = \left[\frac{1}{3}x^3\right]_0^1 = \frac{1}{3} - 0 = \frac{1}{3}$$

(2) $\int_{1}^{2} (x^3 - 2x^2 + 5)\, dx = ?$

Eine *Stammfunktion* $F(x)$ lässt sich leicht unter Verwendung der *Potenzregel* der Integralrechnung bestimmen (wir dürfen dabei $C = 0$ setzen):

$$F(x) = \frac{1}{4} x^4 - \frac{2}{3} x^3 + 5x$$

Für den Integralwert erhält man dann nach Gleichung (V-44):

$$\int_{1}^{2} (x^3 - 2x^2 + 5)\, dx = \left[\frac{1}{4} x^4 - \frac{2}{3} x^3 + 5x \right]_{1}^{2} =$$

$$= \left(4 - \frac{16}{3} + 10 \right) - \left(\frac{1}{4} - \frac{2}{3} + 5 \right) =$$

$$= \left(14 - \frac{16}{3} \right) - \left(\frac{3 - 8 + 60}{12} \right) =$$

$$= \frac{42 - 16}{3} - \frac{55}{12} = \frac{26}{3} - \frac{55}{12} = \frac{104 - 55}{12} = \frac{49}{12}$$

(3) Der *Flächeninhalt* unter der Sinuskurve $y = \sin x$ im Bereich der *ersten Halbperiode* lässt sich mit Hilfe des bestimmten Integrals $A = \int_{0}^{\pi} \sin x\, dx$ berechnen (*grau* unterlegte Fläche in Bild V-17).

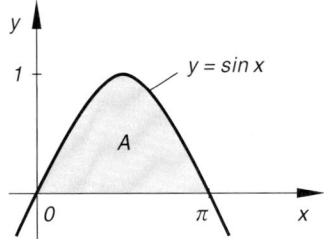

Bild V-17

Zur Berechnung der Fläche unter der Sinuskurve im Intervall $0 \leq x \leq \pi$

Eine *Stammfunktion* des Integranden $f(x) = \sin x$ ist $F(x) = -\cos x$, da $F'(x) = \sin x = f(x)$ ist. Daher gilt:

$$A = \int_{0}^{\pi} \sin x\, dx = \left[-\cos x \right]_{0}^{\pi} = -\left[\cos x \right]_{0}^{\pi} = -(\cos \pi - \cos 0) =$$

$$= -(-1 - 1) = -(-2) = 2$$

(4) Die Stirnflächen eines Rohres der Länge l besitzen die (konstanten) Temperaturen T_1 bzw. $T_2 > T_1$ (Bild V-18). Wie sieht die *Temperaturverteilung* $T(x)$ längs des Rohres aus, wenn bekannt ist, dass die *2. Ableitung* $T''(x)$ dieser Funktion *verschwindet*?

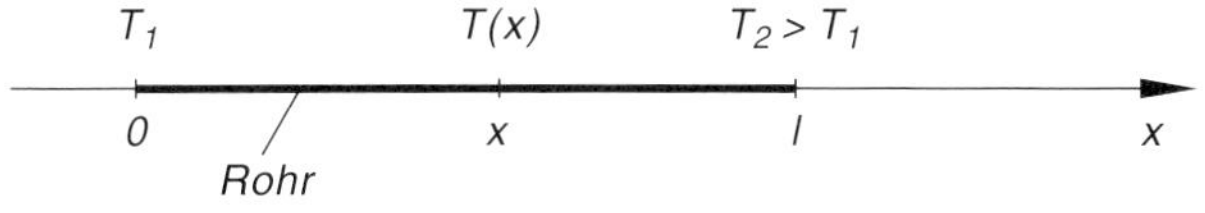

```
T₁            T(x)        T₂ > T₁
────────────────────────────────────▶
   0           x           l         x
     Rohr
```

Bild V-18 Zur Bestimmung der Temperaturverteilung längs eines Rohres

Lösung: Die *Temperaturverteilungsfunktion* $T(x)$ erhält man aus $T''(x) = 0$ durch *zweimalige* (unbestimmte) Integration:

$$T'(x) = \int T''(x)\,dx = \int 0\,dx = C_1$$

$$T(x) = \int T'(x)\,dx = \int C_1\,dx = C_1 x + C_2$$

Die beiden Integrationskonstanten C_1 und C_2 werden aus den vorgegebenen Temperaturwerten an den beiden Stirnflächen des Rohres wie folgt berechnet:

$$T(0) = T_1 \;\Rightarrow\; C_1 \cdot 0 + C_2 = T_1 \;\Rightarrow\; C_2 = T_1$$

$$T(x) = C_1 x + T_1$$

$$T(l) = T_2 \;\Rightarrow\; C_1 \cdot l + T_1 = T_2 \;\Rightarrow\; C_1 = \frac{T_2 - T_1}{l}$$

Die Temperaturverteilung $T(x)$ längs des Rohres verläuft somit *linear* ansteigend nach der Funktionsgleichung

$$T(x) = \frac{T_2 - T_1}{l} x + T_1 \qquad (0 \leq x \leq l)$$

und besitzt den in Bild V-19 skizzierten Verlauf.

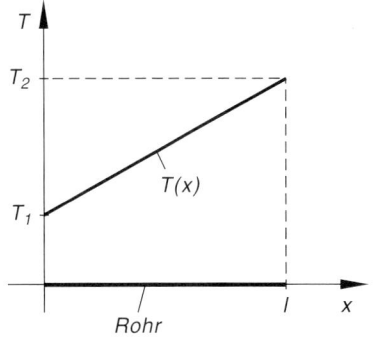

Bild V-19
Temperaturverteilung längs eines Rohres

7 Elementare Integrationsregeln

Für den Umgang mit *bestimmten* Integralen gelten gewisse Rechenregeln, die wir im Folgenden ohne Beweis mitteilen. Sie ergeben sich unmittelbar aus der Definition des bestimmten Integrals als Grenzwert der Ober- bzw. Untersumme.

REGEL 1: Faktorregel

Ein *konstanter Faktor* darf *vor* das Integral gezogen werden:

$$\int_a^b C \cdot f(x)\, dx = C \cdot \int_a^b f(x)\, dx \qquad (C\text{: Konstante}) \qquad \text{(V-45)}$$

■ **Beispiel**

$$\int_0^\pi 4 \cdot \sin x\, dx = 4 \cdot \int_0^\pi \sin x\, dx = 4\left[-\cos x\right]_0^\pi = -4\left[\cos x\right]_0^\pi =$$

$$= -4(\cos \pi - \cos 0) = -4(-1 - 1) = -4(-2) = 8 \qquad ■$$

REGEL 2: Summenregel

Eine *endliche* Summe von Funktionen darf *gliedweise* integriert werden:

$$\int_a^b (f_1(x) + \ldots + f_n(x))\, dx = \int_a^b f_1(x)\, dx + \ldots + \int_a^b f_n(x)\, dx$$

$$\text{(V-46)}$$

Anmerkungen

(1) Faktor- und Summenregel gelten sinngemäß auch für *unbestimmte* Integrale.

(2) **Folgerung** aus den beiden Regeln: Eine *Linearkombination* von Funktionen darf *gliedweise* integriert werden, wobei die konstanten Faktoren *erhalten bleiben* (d. h. vor die Teilintegrale gezogen werden). *Ganzrationale Funktionen* (*Polynome*) werden auf diese Weise integriert. Aus einem Polynom vom Grade n wird dabei ein solches vom Grade $n + 1$.

7 Elementare Integrationsregeln

■ **Beispiel**

$$\int_0^1 (3\cdot e^x - 2x)\, dx = \int_0^1 3\cdot e^x\, dx + \int_0^1 (-2x)\, dx = 3\cdot \int_0^1 e^x\, dx - 2\cdot \int_0^1 x\, dx =$$

$$= 3\left[e^x\right]_0^1 - 2\left[\frac{1}{2}x^2\right]_0^1 = 3\left[e^x\right]_0^1 - \left[x^2\right]_0^1 =$$

$$= 3(e - 1) - (1 - 0) = 3e - 3 - 1 = 3e - 4 = 4{,}1548$$

■

REGEL 3: Vertauschungsregel

Vertauschen der beiden Integrationsgrenzen bewirkt einen *Vorzeichenwechsel* des Integrals:

$$\int_b^a f(x)\, dx = -\int_a^b f(x)\, dx \qquad \text{(V-47)}$$

■ **Beispiel**

$$\int_{\pi/2}^0 \cos x\, dx = -\int_0^{\pi/2} \cos x\, dx = -\left[\sin x\right]_0^{\pi/2} = -[\underbrace{\sin(\pi/2)}_{1} - \underbrace{\sin 0}_{0}] = -1$$

■

REGEL 4: Fallen die Integrationsgrenzen *zusammen* ($a = b$), so ist der Integralwert gleich *null*:

$$\int_a^a f(x)\, dx = 0 \qquad \text{(V-48)}$$

Anmerkung

Geometrisch einleuchtende Deutung: Zwischen den seitlichen Begrenzungen liegt keine Fläche mehr, der Flächeninhalt verschwindet somit.

■ **Beispiel**

$$\int_1^1 \frac{2}{x}\, dx = 2\cdot \int_1^1 \frac{1}{x}\, dx = 2\left[\ln|x|\right]_1^1 = 2(\ln 1 - \ln 1) = 0$$

■

> **REGEL 5: Zerlegung des Integrationsintervalls in zwei Teilintervalle (Bild V-20)**
>
> Für jede Stelle c aus dem Integrationsintervall $a \leq c \leq b$ gilt:
>
> $$\int_a^b f(x)\,dx = \int_a^c f(x)\,dx + \int_c^b f(x)\,dx \qquad \text{(V-49)}$$

Diese Regel besagt anschaulich, dass die Fläche A unter der Kurve $y = f(x)$ auch als *Summe zweier Teilflächen* A_1 und A_2 darstellbar ist (Bild V-20):

$$A = A_1 + A_2 \;\Rightarrow\; \int_a^b f(x)\,dx = \int_a^c f(x)\,dx + \int_c^b f(x)\,dx \qquad \text{(V-50)}$$

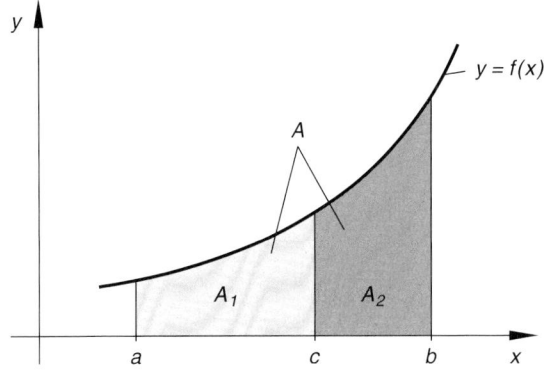

Bild V-20
Zur Zerlegung des Integrationsintervalles in zwei Teilintervalle

■ **Beispiel**

Die in Bild V-21 skizzierte Fläche muss als *Summe* zweier Teilflächen berechnet werden, da sich die *obere* Flächenberandung *nicht* durch eine einzige Funktionsgleichung beschreiben lässt, sondern nur *abschnittsweise* durch (unterschiedliche) Gleichungen beschrieben werden kann:

$$y = \begin{cases} x^2 & 0 \leq x \leq 1 \\ -x + 2 & 1 \leq x \leq 2 \end{cases} \text{ für}$$

$$A = A_1 + A_2 = \int_0^1 x^2\,dx + \int_1^2 (-x + 2)\,dx = \left[\frac{1}{3}x^3\right]_0^1 + \left[-\frac{1}{2}x^2 + 2x\right]_1^2 =$$

$$= \left(\frac{1}{3} - 0\right) + \left[(-2 + 4) - \left(-\frac{1}{2} + 2\right)\right] = \frac{1}{3} + 2 - \frac{3}{2} = \frac{1}{3} + \frac{1}{2} = \frac{5}{6}$$

8 Integrationsmethoden

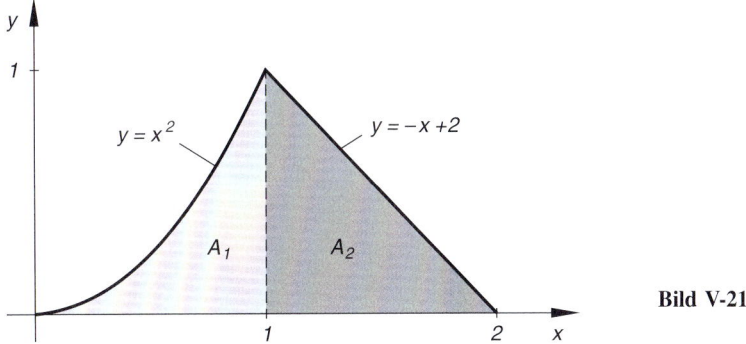

Bild V-21

8 Integrationsmethoden

In diesem Abschnitt werden die wichtigsten Methoden zur Berechnung von *unbestimmten* und *bestimmten Integralen* dargestellt. Zu diesen Integrationstechniken gehören:

− Die Integration durch *Substitution*
− Die Methode der *Partiellen Integration*
− Die Integration *echt* gebrochenrationaler Funktionen durch *Partialbruchzerlegung*
− Die *numerische Integration*

Den ersten drei aufgeführten Integrationstechniken liegt dabei das gemeinsame Ziel zugrunde, komplizierter gebaute Integrale auf *einfachere* Integrale, im Idealfall auf die in Abschnitt 5 behandelten *Grund-* oder *Stammintegrale* zurückzuführen.

8.1 Integration durch Substitution

Viele der in den Anwendungen auftretenden Integrale lassen sich mit Hilfe einer geeigneten *Variablen-Substitution* in *einfacher* gebaute und häufig sogar in *Grund-* oder *Stammintegrale* überführen. Wir wollen zunächst die wesentlichen Züge dieser Integrationsmethode an einem einfachen Beispiel näher erläutern.

8.1.1 Ein einführendes Beispiel

Das unbestimmte Integral $\int x \cdot \cos(x^2)\, dx$ gehört *nicht* zu den Grundintegralen, lässt sich jedoch durch die *Substitution* $u = x^2$ in ein solches Integral überführen (u ist eine *Hilfsvariable*). Dabei ist zu beachten, dass auch das *alte* Differential dx durch die *neue* Variable u und deren Differential du auszudrücken ist. Dies geschieht (nicht nur in diesem Beispiel) durch *Differentiation der Substitutionsgleichung*, wobei wir die Ableitung als *Differentialquotient* schreiben und diesen dann nach dem Differential dx auflösen:

$$u = x^2 \quad \Rightarrow \quad \frac{du}{dx} = 2x \quad \Rightarrow \quad dx = \frac{du}{2x} \qquad \text{(V-51)}$$

Die *vollständige Substitution* besteht dann aus den beiden Gleichungen

$$u = x^2 \quad \text{und} \quad dx = \frac{du}{2x} \tag{V-52}$$

Unter Verwendung dieser Beziehungen geht das Integral $\int x \cdot \cos(x^2)\, dx$ in ein *elementar lösbares* Integral (*Grundintegral*) über:

$$\int x \cdot \cos(x^2)\, dx = \int x \cdot \cos u \cdot \frac{du}{2x} = \frac{1}{2} \cdot \int \cos u\, du = \frac{1}{2} \cdot \sin u + C \tag{V-53}$$

Nach *Rücksubstitution* erhält man schließlich:

$$\int x \cdot \cos(x^2)\, dx = \frac{1}{2} \cdot \sin(x^2) + C \quad (C \in \mathbb{R}) \tag{V-54}$$

Die gestellte Aufgabe ist damit gelöst.

8.1.2 Spezielle Integralsubstitutionen

Der anhand des einführenden Beispiels dargelegte *Lösungsmechanismus* besteht demnach aus vier *hintereinander* auszuführenden Schritten:

Berechnung eines (unbestimmten) Integrals mittels einer geeigneten Substitution

1. *Aufstellung der Substitutionsgleichungen*:

$$u = g(x), \quad \frac{du}{dx} = g'(x), \quad dx = \frac{du}{g'(x)} \tag{V-55}$$

2. *Durchführung der Integralsubstitution* durch Einsetzen der Substitutionsgleichungen in das vorgegebene (unbestimmte) Integral $\int f(x)\, dx$:

$$\int f(x)\, dx = \int \varphi(u)\, du \tag{V-56}$$

Das *neue Integral* enthält nur noch die „Hilfsvariable" u und deren Differential du. Der Integrand ist eine nur noch von u abhängige Funktion $\varphi(u)$.

3. *Integration (Berechnung des neuen Integrals)*:

$$\int \varphi(u)\, du = \Phi(u) \quad (\Phi'(u) = \varphi(u)) \tag{V-57}$$

4. *Rücksubstitution (mittels der Substitutionsgleichung $u = g(x)$)*:

$$\int f(x)\, dx = \Phi(u) = \Phi(g(x)) = F(x) \quad (F'(x) = f(x)) \tag{V-58}$$

Anmerkungen

(1) Vorausgesetzt werden muss, dass die Substitutionsfunktion im Integrationsintervall *stetig differenzierbar* und *umkehrbar* ist.

(2) Eine Integralsubstitution wird als „geeignet" oder „sinnvoll" angesehen, wenn sie zu einer *Vereinfachung* des Integrals führt. Im Idealfall erhält man ein Grund- oder Stammintegral.

(3) Die Substitution muss *vollständig* sein, d. h. nach Einsetzen der Substitutionsgleichungen darf die „alte" Variable x im Integral nicht mehr vorkommen.

(4) In bestimmten Fällen (z. B. bei Integralen mit Wurzelausdrücken wie $\sqrt{x^2 - a^2}$) ist es günstiger, die Hilfsvariable u durch eine Substitution vom Typ $x = h(u)$ einzuführen. In dieser Gleichung ist die „neue" Variable u die unabhängige und die „alte" Variable x die abhängige Größe. Die *Substitutionsgleichungen* lauten dann wie folgt:

$$x = h(u), \qquad \frac{dx}{du} = h'(u), \qquad dx = h'(u)\,du \qquad \text{(V-59)}$$

(5) Bei einem *bestimmten Integral* kann auf die *Rücksubstitution verzichtet* werden, wenn man die *Integrationsgrenzen* unter Verwendung der Substitutionsgleichung $u = g(x)$ bzw. $x = h(u)$ *mitsubstituiert* (siehe hierzu das nachfolgende Beispiel).

■ **Beispiel**

Wir lösen das bestimmte Integral $I = \int_0^1 x\sqrt{1 + x^2}\,dx$ wie folgt durch *Substitution*, wobei wir die Integrationsgrenzen mitsubstituieren:

$$u = 1 + x^2, \qquad \frac{du}{dx} = 2x, \qquad dx = \frac{du}{2x}$$

Untere Grenze: $x = 0 \;\Rightarrow\; u = 1 + 0^2 = 1$

Obere Grenze: $x = 1 \;\Rightarrow\; u = 1 + 1^2 = 2$

$$I = \int_0^1 x\sqrt{1+x^2}\,dx = \int_{u=1}^{u=2} x\sqrt{u}\,\frac{du}{2x} = \frac{1}{2}\cdot\int_1^2 \sqrt{u}\,du = \frac{1}{2}\cdot\int_1^2 u^{1/2}\,du =$$

$$= \frac{1}{2}\left[\frac{u^{3/2}}{3/2}\right]_1^2 = \frac{1}{3}\left[\sqrt{u^3}\right]_1^2 = \frac{1}{3}(\sqrt{8} - 1) = 0{,}6095$$

■

In der folgenden Tabelle 2 geben wir eine *Übersicht* über einige besonders *häufig* auftretende Integraltypen, die unter Verwendung einer *geeigneten* Substitution gelöst werden können. Zu jedem Integraltyp wird eine Reihe von Beispielen angeführt.

Tabelle 2: Integralsubstitutionen

Integraltyp	Substitution	Beispiele	Substitution
(A) $\int f(ax+b)\,dx$ *Merkmal:* Die Variable x tritt in der linearen Form $ax+b$ auf ($a \neq 0$)	$u = ax+b$ $dx = \dfrac{du}{a}$	1. $\int (2x-3)^6\,dx$ 2. $\int \sqrt{4x+5}\,dx$ 3. $\int e^{4x+2}\,dx$	$u = 2x-3$ $u = 4x+5$ $u = 4x+2$
(B) $\int f(x)\cdot f'(x)\,dx$ *Merkmal:* Der Integrand ist das Produkt aus einer Funktion $f(x)$ und ihrer Ableitung $f'(x)$	$u = f(x)$ $dx = \dfrac{du}{f'(x)}$	1. $\int \sin x \cdot \cos x\,dx$ 2. $\int \dfrac{\ln x}{x}\,dx$	$u = \sin x$ $u = \ln x$
(C) $\int \dfrac{f'(x)}{f(x)}\,dx$ *Merkmal:* Im Zähler des Integranden steht die *Ableitung* des Nenners	$u = f(x)$ $dx = \dfrac{du}{f'(x)}$	1. $\int \dfrac{2x-3}{x^2-3x+1}\,dx$ 2. $\int \dfrac{e^x}{e^x+5}\,dx$	$u = x^2-3x+1$ $u = e^x+5$
(D) $\int f(x;\sqrt{a^2-x^2})\,dx$ *Merkmal:* Der Integrand enthält eine Wurzel vom Typ $\sqrt{a^2-x^2}$	$x = a\cdot \sin u$ $dx = a\cdot \cos u\,du$ $\sqrt{a^2-x^2} =$ $= a\cdot \cos u$	1. $\int \sqrt{r^2-x^2}\,dx$ 2. $\int x\sqrt{r^2-x^2}\,dx$ 3. $\int \dfrac{x}{\sqrt{4-x^2}}\,dx$	$x = r\cdot \sin u$ $x = r\cdot \sin u$ $x = 2\cdot \sin u$
(E) $\int f(x;\sqrt{x^2+a^2})\,dx$ *Merkmal:* Der Integrand enthält eine Wurzel vom Typ $\sqrt{x^2+a^2}$	$x = a\cdot \sinh u$ $dx = a\cdot \cosh u\,du$ $\sqrt{x^2+a^2} =$ $= a\cdot \cosh u$	1. $\int \sqrt{x^2+1}\,dx$ 2. $\int \dfrac{dx}{\sqrt{x^2+4}}$	$x = \sinh u$ $x = 2\cdot \sinh u$
(F) $\int f(x;\sqrt{x^2-a^2})\,dx$ *Merkmal:* Der Integrand enthält eine Wurzel vom Typ $\sqrt{x^2-a^2}$	$x = a\cdot \cosh u$ $dx = a\cdot \sinh u\,du$ $\sqrt{x^2-a^2} =$ $= a\cdot \sinh u$	1. $\int \sqrt{x^2-9}\,dx$ 2. $\int \dfrac{x}{\sqrt{x^2-25}}\,dx$	$x = 3\cdot \cosh u$ $x = 5\cdot \cosh u$

8 Integrationsmethoden

Anmerkungen zur Tabelle 2

(1) Integrale vom Typ (B) bzw. (C) sind in *geschlossener Form* wie folgt lösbar:

$$\int f(x) \cdot f'(x)\, dx = \frac{1}{2} [f(x)]^2 + C$$

$$\int \frac{f'(x)}{f(x)}\, dx = \ln |f(x)| + C$$

(2) Integrale vom Typ (D) bis (F): Die angegebenen Substitutionen *beseitigen* die Wurzeln. Man erhält Integrale mit *trigonometrischen* bzw. *hyperbolischen* Funktionen, die in der Regel noch keine Grund- oder Stammintegrale sind und daher (gegebenenfalls) mit einer anderen Methode bzw. unter Verwendung von Umrechnungsformeln weiterbehandelt werden müssen.

(3) Weitere Integralsubstitutionen findet der Leser in der **Mathematischen Formelsammlung** des Autors (Kap. V, Abschnitt 3.1.2).

■ **Beispiele**

(1) $I = \displaystyle\int \frac{6x^2}{(1 - 4x^3)^3}\, dx = ?$

Die *Substitution* $u = 1 - 4x^3$ scheint geeignet, da sie eine deutliche Vereinfachung im Nenner des Integranden bewirkt:

Substitutionsgleichungen:

$$u = 1 - 4x^3, \qquad \frac{du}{dx} = -12x^2, \qquad dx = \frac{du}{-12x^2} = \frac{du}{-2(6x^2)}$$

Integralsubstitution:

$$I = \int \frac{6x^2}{(1 - 4x^3)^3}\, dx = \int \frac{6x^2}{u^3} \cdot \frac{du}{-2(6x^2)} = -\frac{1}{2} \cdot \int \frac{1}{u^3}\, du$$

Integration und Rücksubstitution:

Das neue Integral ist bereits ein *Grundintegral*. Mit Hilfe der *Potenzregel* der Integralrechnung erhalten wir:

$$I = -\frac{1}{2} \cdot \int \frac{1}{u^3}\, du = -\frac{1}{2} \cdot \int u^{-3}\, du = -\frac{1}{2} \cdot \frac{u^{-2}}{-2} + C =$$

$$= \frac{1}{4u^2} + C = \frac{1}{4(1 - 4x^3)^2} + C$$

Lösung:

$$I = \int \frac{6x^2}{(1 - 4x^3)^3}\, dx = \frac{1}{4(1 - 4x^3)^2} + C \qquad (C \in \mathbb{R})$$

(2) $I = \displaystyle\int 2 \cdot \sin x \cdot \cos x \, dx = ?$

Dieses Integral ist vom Typ *(B)* (der Faktor 2 stört nicht, da er vor das Integral gezogen werden darf) und lässt sich daher wie folgt lösen:

$$u = \sin x, \qquad \frac{du}{dx} = \cos x, \qquad dx = \frac{du}{\cos x}$$

$$I = 2 \cdot \int \sin x \cdot \cos x \, dx = 2 \cdot \int u \cdot \cos x \cdot \frac{du}{\cos x} = 2 \cdot \int u \, du =$$

$$= 2 \cdot \frac{1}{2} u^2 + C = u^2 + C$$

Rücksubstitution führt zur gesuchten Lösung:

$$I = \int 2 \cdot \sin x \cdot \cos x \, dx = \sin^2 x + C \qquad (C \in \mathbb{R})$$

(3) $I = \displaystyle\int \frac{3x^2 - 6}{x^3 - 6x + 1} \, dx = ?$

Dieses unbestimmte Integral ist vom Integraltyp *(C)* aus Tabelle 2, da im Zähler des Integranden genau die *Ableitung* des Nenners steht. Wir lösen dieses Integral schrittweise wie folgt:

Substitutionsgleichungen (Nenner substituieren):

$$u = x^3 - 6x + 1, \qquad \frac{du}{dx} = 3x^2 - 6, \qquad dx = \frac{du}{3x^2 - 6}$$

Integralsubstitution:

$$I = \int \frac{3x^2 - 6}{x^3 - 6x + 1} \, dx = \int \frac{3x^2 - 6}{u} \cdot \frac{du}{3x^2 - 6} = \int \frac{1}{u} \, du$$

Integration und Rücksubstitution:

Das neue Integral ist bereits ein *Grund-* oder *Stammintegral*:

$$I = \int \frac{1}{u} \, du = \ln |u| + C = \ln |x^3 - 6x + 1| + C$$

Lösung:

$$I = \int \frac{3x^2 - 6}{x^3 - 6x + 1} \, dx = \ln |x^3 - 6x + 1| + C \qquad (C \in \mathbb{R})$$

(4) $I = \displaystyle\int_0^{\pi/2} \frac{\cos x}{1 + \sin^2 x} \, dx = ?$

1. Lösungsweg: Wir lösen das bestimmte Integral durch die *Substitution* $u = \sin x$ mit anschließender Rücksubstitution, wobei wir zunächst *unbestimmt* integrieren.

Substitutionsgleichungen:

$$u = \sin x, \qquad \frac{du}{dx} = \cos x, \qquad dx = \frac{du}{\cos x}$$

Integralsubstitution (ohne Grenzen, d. h. unbestimmt):

$$\int \frac{\cos x}{1 + \sin^2 x} \, dx = \int \frac{\cos x}{1 + u^2} \cdot \frac{du}{\cos x} = \int \frac{1}{1 + u^2} \, du$$

Integration und Rücksubstitution:

$$\int \frac{1}{1 + u^2} \, du = \arctan u + C = \arctan(\sin x) + C$$

Berechnung des bestimmten Integrals ($C = 0$ gesetzt, da die Berechnung eines bestimmten Integrals mit Hilfe einer *beliebigen* Stammfunktion des Integranden erfolgen kann):

$$I = \int_0^{\pi/2} \frac{\cos x}{1 + \sin^2 x} \, dx = \left[\arctan(\sin x) \right]_0^{\pi/2} =$$

$$= \arctan(\underbrace{\sin(\pi/2)}_{1}) - \arctan(\underbrace{\sin 0}_{0}) =$$

$$= \arctan 1 - \arctan 0 = \frac{\pi}{4} - 0 = \frac{\pi}{4}$$

2. Lösungsweg: Wir verwenden die *gleiche* Substitution, verzichten aber auf die Rücksubstitution. Dafür müssen die Integrationsgrenzen auf die neue Hilfsvariable u *umgeschrieben* werden.

Untere Grenze: $\quad x = 0 \quad \Rightarrow \quad u = \sin 0 = 0$

Obere Grenze: $\quad x = \pi/2 \quad \Rightarrow \quad u = \sin(\pi/2) = 1$

Somit gilt:

$$I = \int_0^{\pi/2} \frac{\cos x}{1 + \sin^2 x} \, dx = \int_{u=0}^{u=1} \frac{\cos x}{1 + u^2} \cdot \frac{du}{\cos x} = \int_0^1 \frac{1}{1 + u^2} \, du =$$

$$= \left[\arctan u \right]_0^1 = \arctan 1 - \arctan 0 = \frac{\pi}{4} - 0 = \frac{\pi}{4}$$

(5) Wir berechnen den *Flächeninhalt eines Kreises* vom Radius r (Bild V-22).

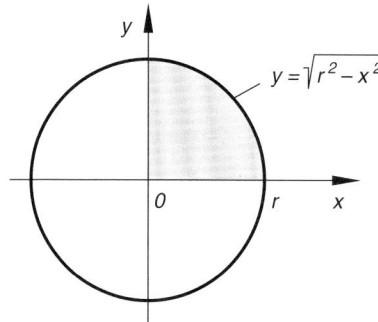

Bild V-22
Zur Berechnung des Flächeninhaltes eines Kreises

Aus *Symmetriegründen* beschränken wir uns dabei auf den im *1. Quadranten* liegenden *Viertelkreis* (in Bild V-22 *grau* unterlegt):

$$A_{\text{Kreis}} = 4 \cdot \int_0^r \sqrt{r^2 - x^2} \, dx$$

Dieses Integral ist vom Typ (D) der Tabelle 2 und wird durch die *Substitution*

$$x = r \cdot \sin u, \qquad dx = r \cdot \cos u \, du, \qquad \sqrt{r^2 - x^2} = r \cdot \cos u$$

gelöst, wobei wir die Integrationsgrenzen *mitsubstituieren* wollen. Wir lösen daher die Substitutionsgleichung $x = r \cdot \sin u$ zunächst nach u auf:

$$x = r \cdot \sin u \quad \Rightarrow \quad \sin u = \frac{x}{r} \quad \Rightarrow \quad u = \arcsin\left(\frac{x}{r}\right)$$

Mit dieser Beziehung berechnen wir dann die *neuen* Integrationsgrenzen:

Untere Grenze: $x = 0 \quad \Rightarrow \quad u = \arcsin 0 = 0$

Obere Grenze: $x = r \quad \Rightarrow \quad u = \arcsin 1 = \pi/2$

Nach Durchführung der Substitution erhält man das folgende Integral:

$$A_{\text{Kreis}} = 4 \cdot \int_0^r \sqrt{r^2 - x^2} \, dx = 4 \cdot \int_0^{\pi/2} r \cdot \cos u \cdot r \cdot \cos u \, du =$$

$$= 4 \cdot \int_0^{\pi/2} r^2 \cdot \cos^2 u \, du = 4r^2 \cdot \int_0^{\pi/2} \cos^2 u \, du$$

8 Integrationsmethoden

Dieses Integral ist zwar noch *kein* Grundintegral, kann jedoch mit Hilfe der aus der **Mathematischen Formelsammlung** entnommenen trigonometrischen Beziehung

$$\cos^2 u = \frac{1}{2}(1 + \cos(2u))$$

wesentlich *vereinfacht* werden:

$$A_{\text{Kreis}} = 4r^2 \cdot \int_0^{\pi/2} \cos^2 u \, du = 4r^2 \cdot \frac{1}{2} \cdot \int_0^{\pi/2} (1 + \cos(2u)) \, du =$$

$$= 2r^2 \cdot \int_0^{\pi/2} 1 \, du + 2r^2 \cdot \int_0^{\pi/2} \cos(2u) \, du =$$

$$= 2r^2 \left[u \right]_0^{\pi/2} + 2r^2 \cdot \underbrace{\int_0^{\pi/2} \cos(2u) \, du}_{0} =$$

$$= 2r^2 \left(\frac{\pi}{2} - 0 \right) + 2r^2 \cdot 0 = \pi r^2$$

Wir müssen noch zeigen, dass das Integral $\int_0^{\pi/2} \cos(2u) \, du$ auch tatsächlich *verschwindet*. Dieses Integral ist vom Typ (A) aus Tabelle 2 und wird durch die folgende lineare Substitution gelöst (die Substitutionsvariable bezeichnen wir mit t):

$$t = 2u, \quad \frac{dt}{du} = 2, \quad du = \frac{1}{2} dt$$

Die *neuen* Integrationsgrenzen in t sind dabei ($t = 2u$):

Untere Grenze: $u = 0 \quad \Rightarrow \quad t = 0$

Obere Grenze: $u = \pi/2 \quad \Rightarrow \quad t = \pi$

Daher ist

$$\int_0^{\pi/2} \cos(2u) \, du = \frac{1}{2} \cdot \int_0^{\pi} \cos t \, dt = \frac{1}{2} \left[\sin t \right]_0^{\pi} = \frac{1}{2} (\sin \pi - \sin 0) =$$

$$= \frac{1}{2} (0 - 0) = 0 \qquad \blacksquare$$

8.2 Partielle Integration oder Produktintegration

Aus der *Produktregel* der Differentialrechnung in der speziellen Form

$$\frac{d}{dx}\left(u(x) \cdot v(x)\right) = u'(x) \cdot v(x) + u(x) \cdot v'(x) \qquad \text{(V-60)}$$

gewinnt man durch Umformung und anschließende Integration eine unter der Bezeichnung *Partielle Integration* oder *Produktintegration* bekannte Integrationsmethode. Zunächst wird Gleichung (V-60) wie folgt umgestellt:

$$u(x) \cdot v'(x) = \frac{d}{dx}\left(u(x) \cdot v(x)\right) - u'(x) \cdot v(x) \qquad \text{(V-61)}$$

Unbestimmte Integration auf beiden Seiten führt dann zu

$$\int u(x) \cdot v'(x) \, dx = \int \frac{d}{dx}\left(u(x) \cdot v(x)\right) dx - \int u'(x) \cdot v(x) \, dx \qquad \text{(V-62)}$$

Dabei gilt:

$$\int \frac{d}{dx}\left(u(x) \cdot v(x)\right) dx = u(x) \cdot v(x) \qquad \text{(V-63)}$$

Denn die (unbestimmte) Integration ist ja bekanntlich die *Umkehrung* der Differentiation, hebt diese also auf. Die Integrationskonstante wird an dieser Stelle üblicherweise weggelassen, muss jedoch gegebenenfalls im Endergebnis hinzugefügt werden. Gleichung (V-62) kann daher auch in der Form

$$\int u(x) \cdot v'(x) \, dx = u(x) \cdot v(x) - \int u'(x) \cdot v(x) \, dx \qquad \text{(V-64)}$$

geschrieben werden. Diese Beziehung wird in der mathematischen Literatur als *Formel der partiellen Integration* bezeichnet (auch *Produktintegration* genannt) und ermöglicht unter *gewissen* Voraussetzungen die Integration einer Funktion $f(x)$, wie wir gleich zeigen werden [5].

Bei der Berechnung eines Integrals $\int f(x) \, dx$ mittels *partieller Integration* wird der Integrand $f(x)$ zunächst in *geeigneter* Weise in *zwei* Faktorfunktionen zerlegt, die wir mit $u(x)$ und $v'(x)$ bezeichnen wollen:

$$f(x) = u(x) \cdot v'(x) \qquad \text{(V-65)}$$

Dabei ist $v'(x)$ die *Ableitung* einer (zunächst noch *unbekannten*) Funktion $v(x)$.

---

[5] Der Nutzen dieser etwas seltsamen Formel ist auf den ersten Blick nur schwer zu erkennen.

8 Integrationsmethoden

Das Integral $\int f(x)\,dx$ lässt sich dann auch wie folgt schreiben:

$$\int f(x)\,dx = \int u(x) \cdot v'(x)\,dx \qquad \text{(V-66)}$$

Unter Verwendung der Formel (V-64) wird hieraus schließlich:

$$\int f(x)\,dx = \int u(x) \cdot v'(x)\,dx = u(x) \cdot v(x) - \int u'(x) \cdot v(x)\,dx \qquad \text{(V-67)}$$

Damit haben wir Folgendes erreicht:

Das Ausgangsintegral $\int f(x)\,dx = \int u(x) \cdot v'(x)\,dx$ lässt sich nach dieser Formel auf „indirektem" Wege über das *Hilfsintegral* $\int u'(x) \cdot v(x)\,dx$ der rechten Gleichungsseite berechnen, wenn die folgenden Voraussetzungen erfüllt sind:

1. Zu der Faktorfunktion $v'(x)$ lässt sich problemlos eine *Stammfunktion* $v(x)$ finden.

2. Das auf der rechten Seite stehende *Hilfsintegral* $\int u'(x) \cdot v(x)\,dx$ ist *elementar* lösbar und im Idealfall ein *Grund-* oder *Stammintegral*.

Die Erfahrung zeigt, dass man dieses Ziel in vielen (aber nicht allen) Fällen mit Hilfe einer „geeigneten" Zerlegung des Integranden erreichen kann.

Wir fassen diese wichtigen Ergebnisse wie folgt zusammen:

Berechnung eines Integrals mittels partieller Integration (auch „Produktintegration" genannt)

Der Integrand $f(x)$ des vorgegebenen unbestimmten Integrals $\int f(x)\,dx$ wird zunächst in „geeigneter" Weise in ein *Produkt* aus einer Funktion $u(x)$ und der *Ableitung* $v'(x)$ einer (zunächst noch unbekannten) Funktion $v(x)$ zerlegt:

$$\int \underbrace{f(x)}_{}\,dx = \int \underbrace{u(x) \cdot v'(x)}_{}\,dx$$

Zerlegung in ein Produkt

Dieses Integral lässt sich dann auch wie folgt darstellen (sog. *Formel der partiellen Integration*):

$$\int f(x)\, dx = \int u(x) \cdot v'(x)\, dx = u(x) \cdot v(x) - \int u'(x) \cdot v(x)\, dx \qquad \text{(V-68)}$$

Die Integration *gelingt*, wenn die Faktorfunktionen $u(x)$ und $v'(x)$ die folgenden Voraussetzungen erfüllen:

1. Zu der Faktorfunktion $v'(x)$ lässt sich *problemlos* eine *Stammfunktion* $v(x)$ bestimmen.

2. Das auf der rechten Seite der Integrationsformel (V-68) auftretende *Hilfsintegral* $\int u'(x) \cdot v(x)\, dx$ ist *elementar* lösbar, im Idealfall sogar ein *Grund-* oder *Stammintegral*.

Anmerkungen

(1) Ob die Integration nach der Formel (V-68) gelingt, hängt im Wesentlichen von der *richtigen*, d. h. *sinnvollen Zerlegung* des Integranden $f(x)$ in die beiden Faktorfunktionen $u(x)$ und $v'(x)$ ab. Insbesondere $v'(x)$ muss so gewählt werden, dass sich ohne Schwierigkeiten eine Stammfunktion $v(x)$ angeben lässt ($v'(x)$ ist der *kritische* Faktor).

(2) In einigen Fällen muss man das Integrationsverfahren *mehrmals* nacheinander anwenden, ehe man auf ein Grundintegral stößt (siehe hierzu das nachfolgende Beispiel (3)).

(3) Häufig führt die *Partielle Integration* zwar auf ein einfacheres Integral, das aber noch *kein* Grund- oder Stammintegral darstellt. In diesem Fall muss das „neue" Integral gegebenenfalls nach einer *anderen* Integrationsmethode (z. B. mittels einer Integralsubstitution) weiterbehandelt werden, bis man schließlich auf ein *Grundintegral* stößt.

(4) Die Formel der partiellen Integration gilt sinngemäß auch für *bestimmte* Integrale. Sie lautet dann:

$$\int_a^b f(x)\, dx = \int_a^b u(x) \cdot v'(x)\, dx = \Big[u(x) \cdot v(x) \Big]_a^b - \int_a^b u'(x) \cdot v(x)\, dx$$

$$\text{(V-69)}$$

(5) Die Integrale in der Formel (V-68) müssen natürlich existieren. Dies ist der Fall, wenn $u(x)$ und $v(x)$ *stetig differenzierbare* Funktionen sind.

8 Integrationsmethoden

■ **Beispiele**

(1) $\int x \cdot e^x \, dx = ?$

Wir *zerlegen* den Integrand $f(x) = x \cdot e^x$ wie folgt:

$$u(x) = x, \quad v'(x) = e^x \quad \Rightarrow \quad u'(x) = 1, \quad v(x) = e^x$$

Die *Formel der partiellen Integration* liefert dann unmittelbar ein *elementar* lösbares Integral:

$$\int \underset{u\ v'}{x \cdot e^x} \, dx = \underset{u\ v}{x \cdot e^x} - \int \underset{u'\ v}{1 \cdot e^x} \, dx = x \cdot e^x - \int e^x \, dx =$$

$$= x \cdot e^x - e^x + C = (x - 1) \cdot e^x + C \qquad (C \in \mathbb{R})$$

Um zu zeigen, dass die *Art* der Zerlegung des Integranden von *entscheidender* Bedeutung ist, wollen wir diesmal im gleichen Integral eine andere Zerlegung des Integranden $f(x) = x \cdot e^x$ vornehmen und zwar:

$$f(x) = \underset{v'\ u}{x \cdot e^x}$$

Auch bei dieser Zerlegung lässt sich zum „kritischen" Faktor $v'(x) = x$ problemlos eine *Stammfunktion* bestimmen:

$$u(x) = e^x, \quad v'(x) = x \quad \Rightarrow \quad u'(x) = e^x, \quad v(x) = \frac{1}{2} x^2$$

Die *Formel der Partiellen Integration* führt diesmal aber zu einem „Hilfsintegral", das nicht etwa (wie gewünscht) einfacher, sondern sogar *komplizierter* gebaut ist als das Ausgangsintegral:

$$\int \underset{v'\ u}{x \cdot e^x} \, dx = \underset{u\ v}{e^x \cdot \frac{1}{2} x^2} - \int \underset{u'\ v}{e^x \cdot \frac{1}{2} x^2} \, dx = \frac{1}{2} x^2 \cdot e^x - \frac{1}{2} \cdot \underbrace{\int x^2 \cdot e^x \, dx}_{\text{Dieses Integral ist } komplizierter \text{ gebaut als das Ausgangsintegral}}$$

Die vorgenommene Zerlegung des Integranden ist keineswegs „falsch", offensichtlich jedoch *ungeeignet*, d. h. mit dieser Zerlegung lässt sich das Ausgangsintegral $\int x \cdot e^x \, dx$ nicht in ein elementar lösbares Integral bzw. in ein Grund- oder Stammintegral überführen (die Potenz im Integral hat sich bei dieser Zerlegung erhöht: $x \rightarrow x^2$).

(2) Das unbestimmte Integral $\int \ln x \, dx$ lässt sich auch in der Form

$$\int \ln x \, dx = \int (\ln x) \cdot 1 \, dx$$

darstellen („mathematischer Trick": Faktor 1 ergänzen). Wir nehmen jetzt die folgende Zerlegung des Integranden $f(x) = (\ln x) \cdot 1$ vor:

$$u(x) = \ln x, \quad v'(x) = 1 \quad \Rightarrow \quad u'(x) = \frac{1}{x}, \quad v(x) = x$$

Damit gilt nach Formel (V-68):

$$\int \ln x \, dx = \int \underbrace{(\ln x)}_{u} \cdot \underbrace{1}_{v'} \, dx = \underbrace{(\ln x)}_{u} \cdot \underbrace{x}_{v} - \int \underbrace{\frac{1}{x}}_{u'} \cdot \underbrace{x}_{v} \, dx =$$

$$= x \cdot \ln x - \int 1 \, dx = x \cdot \ln x - x + C =$$

$$= x (\ln x - 1) + C \qquad (C \in \mathbb{R})$$

(3) $\int x^2 \cdot \cos x \, dx = ?$

Mit der *Zerlegung*

$$u(x) = x^2, \quad v'(x) = \cos x \quad \Rightarrow \quad u'(x) = 2x, \quad v(x) = \sin x$$

erhält man zunächst:

$$\int \underbrace{x^2}_{u} \cdot \underbrace{\cos x}_{v'} \, dx = \underbrace{x^2}_{u} \cdot \underbrace{\sin x}_{v} - \int \underbrace{2x}_{u'} \cdot \underbrace{\sin x}_{v} \, dx =$$

$$= x^2 \cdot \sin x - 2 \cdot \underbrace{\int x \cdot \sin x \, dx}_{I} = x^2 \cdot \sin x - 2I$$

Das dabei auftretende Hilfsintegral $I = \int x \cdot \sin x \, dx$ ist zwar *einfacher* gebaut als das Ausgangsintegral (*Potenzerniedrigung*: $x^2 \to x$), aber leider noch *kein* Grundintegral. Es lässt sich aber nach der gleichen Integrationstechnik weiterbehandeln. Wir zerlegen nun wie folgt (konsequenterweise müssen wir wieder die Potenz – hier also x – mit u bezeichnen):

$$u(x) = x, \quad v'(x) = \sin x \quad \Rightarrow \quad u'(x) = 1, \quad v(x) = -\cos x$$

Dann gilt:

$$I = \int x \cdot \sin x \, dx = x \cdot (-\cos x) - \int 1 \cdot (-\cos x) \, dx =$$
$$\downarrow\downarrow\uparrow\uparrow\uparrow\uparrow$$
$$uv'uvu'v$$

$$= -x \cdot \cos x + \int \cos x \, dx = -x \cdot \cos x + \sin x + C_1$$

Damit haben wir das Ausgangsintegral $\int x^2 \cdot \cos x \, dx$ gelöst:

$$\int x^2 \cdot \cos x \, dx = x^2 \cdot \sin x - 2I =$$
$$= x^2 \cdot \sin x - 2(-x \cdot \cos x + \sin x + C_1) =$$
$$= x^2 \cdot \sin x + 2x \cdot \cos x - 2 \cdot \sin x - 2C_1 =$$
$$= x^2 \cdot \sin x + 2x \cdot \cos x - 2 \cdot \sin x + C$$

Dabei wurde $C = -2C_1$ gesetzt ($C_1, C \in \mathbb{R}$).

(4) $\int x^n \cdot e^{ax} \, dx = ?$ ($n \in \mathbb{N}^*$; $a \in \mathbb{R}$)

Wir nehmen zunächst die folgende *Zerlegung* vor:

$$u(x) = x^n, \quad v'(x) = e^{ax} \quad \Rightarrow \quad u'(x) = n \cdot x^{n-1}, \quad v(x) = \frac{1}{a} \cdot e^{ax}$$

und erhalten nach der *Formel der Partiellen Integration* (V-68):

$$\int x^n \cdot e^{ax} \, dx = uv - \int u'v \, dx = \frac{1}{a} \cdot x^n \cdot e^{ax} - \frac{n}{a} \cdot \int x^{n-1} \cdot e^{ax} \, dx$$
$$\downarrow\downarrow$$
$$uv'$$

Damit haben wir das Ausgangsintegral $\int x^n \cdot e^{ax} \, dx$ gegen ein *einfacher* gebautes Integral vom *gleichen* Typ eingetauscht (der Exponent hat sich um 1 *verkleinert*: $x^n \to x^{n-1}$). Formeln dieser Art bezeichnet man als *Rekursionsformeln*. Durch *mehrmaliges* Anwenden dieser Formel (hier: *n*-mal) gelangt man schließlich zu dem „Grundintegral" $\int e^{ax} \, dx$.

Rechenbeispiel

$$\int x^2 \cdot e^{4x} \, dx = ? \qquad n = 2, \qquad a = 4$$

Der *1. Schritt* führt zu:

$$\int x^2 \cdot e^{4x} \, dx = \frac{1}{4} x^2 \cdot e^{4x} - \frac{2}{4} \cdot \underbrace{\int x \cdot e^{4x} \, dx}_{I} = \frac{1}{4} x^2 \cdot e^{4x} - \frac{1}{2} I$$

Im *2. Schritt* wenden wir dieselbe Rekursionsformel auf das neue (aber einfachere) Integral der rechten Seite an (diesmal ist $n = 1$ und $a = 4$):

$$I = \int x \cdot e^{4x} \, dx = \frac{1}{4} x \cdot e^{4x} - \frac{1}{4} \cdot \int 1 \cdot e^{4x} \, dx =$$

$$= \frac{1}{4} x \cdot e^{4x} - \frac{1}{4} \cdot \int e^{4x} \, dx = \frac{1}{4} x \cdot e^{4x} - \frac{1}{16} \cdot e^{4x} + C_1$$

Damit erhalten wir die folgende Lösung:

$$\int x^2 \cdot e^{4x} \, dx = \frac{1}{4} x^2 \cdot e^{4x} - \frac{1}{2} I =$$

$$= \frac{1}{4} x^2 \cdot e^{4x} - \frac{1}{2} \left(\frac{1}{4} x \cdot e^{4x} - \frac{1}{16} \cdot e^{4x} + C_1 \right) =$$

$$= \frac{1}{4} x^2 \cdot e^{4x} - \frac{1}{8} x \cdot e^{4x} + \frac{1}{32} \cdot e^{4x} - \frac{1}{2} C_1 =$$

$$= \frac{1}{4} \left(x^2 - \frac{1}{2} x + \frac{1}{8} \right) \cdot e^{4x} + C$$

Dabei wurde $C = -C_1/2$ gesetzt ($C_1, C \in \mathbb{R}$). ∎

8.3 Integration einer echt gebrochenrationalen Funktion durch Partialbruchzerlegung des Integranden

Für *echt* gebrochenrationale Funktionen ist eine spezielle Integrationstechnik unter der Bezeichnung *Integration durch Partialbruchzerlegung* entwickelt worden. Wir werden sie im Folgenden ausführlich behandeln.

Ist die Funktion jedoch *unecht* gebrochen, so muss sie zunächst in eine *ganzrationale* und eine *echt* gebrochenrationale Funktion zerlegt werden. Diese Zerlegung ist *stets* möglich und *eindeutig* (siehe hierzu Kap. III, Abschnitt 6.3). Wir geben zunächst ein Beispiel.

∎ **Beispiel**

Die *unecht* gebrochenrationale Funktion $y = \dfrac{2x^3 - 14x^2 + 14x + 30}{x^2 - 4}$ wird durch *Polynomdivision* in einen *ganzrationalen* und einen *echt* gebrochenrationalen Anteil zerlegt:

$$
\begin{array}{l}
(2x^3 - 14x^2 + 14x + 30) : (x^2 - 4) = 2x - 14 + \dfrac{22x - 26}{x^2 - 4} \\
\underline{-(2x^3 \qquad\quad - 8x)} \\
\qquad\quad -14x^2 + 22x + 30 \\
\qquad\quad \underline{-(-14x^2 + \qquad + 56)} \\
\qquad\qquad\qquad 22x - 26
\end{array}
$$

Ganzrationaler Anteil: $\qquad p(x) = 2x - 14$

Echt gebrochenrationaler Anteil: $\quad r(x) = \dfrac{22x - 26}{x^2 - 4}$ ∎

8 Integrationsmethoden

8.3.1 Partialbruchzerlegung

Jede *echt* gebrochenrationale Funktion vom Typ $f(x) = \dfrac{Z(x)}{N(x)}$ lässt sich mit Hilfe *algebraischer* Methoden in eindeutiger Weise in eine endliche Summe aus sog. *Partial-* oder *Teilbrüchen* zerlegen, die dann ohne große Schwierigkeiten gliedweise integriert werden können ($Z(x)$: Zählerpolynom, $N(x)$: Nennerpolynom).

Wir gehen dabei wie folgt vor:

Partialbruchzerlegung einer echt gebrochenrationalen Funktion

Eine *echt* gebrochenrationale Funktion vom Typ $f(x) = \dfrac{Z(x)}{N(x)}$ lässt sich schrittweise wie folgt in eine Summe aus *Partial-* oder *Teilbrüchen* zerlegen:

1. Zunächst werden die reellen *Nullstellen des Nennerpolynoms* $N(x)$ nach *Lage* und *Vielfachheit* bestimmt [6].

2. *Jeder* Nullstelle des Nennerpolynoms wird ein *Partialbruch* in folgender Weise zugeordnet:

   x_1: *Einfache* Nullstelle $\longrightarrow \dfrac{A}{x - x_1}$

   x_1: *Zweifache* Nullstelle $\longrightarrow \dfrac{A_1}{x - x_1} + \dfrac{A_2}{(x - x_1)^2}$

   $\vdots$

   x_1: *r-fache* Nullstelle $\longrightarrow \dfrac{A_1}{x - x_1} + \dfrac{A_2}{(x - x_1)^2} + \ldots + \dfrac{A_r}{(x - x_1)^r}$

   $A, A_1, A_2, \ldots, A_r$ sind dabei (zunächst noch unbekannte) Konstanten.

3. Die *echt* gebrochenrationale Funktion $f(x) = \dfrac{Z(x)}{N(x)}$ ist dann als *Summe aller Partialbrüche* darstellbar (Anzahl der Partialbrüche = Anzahl der Nullstellen des Nennerpolynoms $N(x)$).

4. *Bestimmung der in den Partialbrüchen auftretenden Konstanten:* Zunächst werden alle Brüche auf einen *gemeinsamen* Nenner (*Hauptnenner*) gebracht. Durch Einsetzen geeigneter *x*-Werte (z. B. der Nennernullstellen) erhält man ein einfaches *lineares Gleichungssystem* für die unbekannten Konstanten, das z. B. mit Hilfe des *Gaußschen Algorithmus* gelöst werden kann.

   Eine weitere Methode zur Bestimmung der Konstanten ist der *Koeffizientenvergleich*.

---

[6] Wir setzen hier voraus, dass der Nenner *ausschließlich* reelle Nullstellen besitzt (zum Vorgehen bei *komplexen* Nullstellen siehe *Formelsammlung*, Kap. V, Abschnitt 3.3).

■ **Beispiele**

(1) Der Nenner einer echt gebrochenrationalen Funktion besitze die folgenden *einfachen* Nullstellen: $x_1 = 2$, $x_2 = 5$ und $x_3 = -4$. Die zugehörigen *Partialbrüche* lauten dann der Reihe nach:

$$\frac{A}{x-2}, \quad \frac{B}{x-5}, \quad \frac{C}{x+4}$$

(2) Wie lautet die *Partialbruchzerlegung* der *echt* gebrochenrationalen Funktion

$$y = f(x) = \frac{x+1}{x^3 - 5x^2 + 8x - 4}?$$

Lösung: Wir berechnen zunächst die *Nennernullstellen:*

$$N(x) = x^3 - 5x^2 + 8x - 4 = 0 \quad \Rightarrow \quad x_1 = 1, \quad x_{2/3} = 2$$

($x_1 = 1$ durch Probieren gefunden; das Horner-Schema liefert dann das 1. reduzierte Polynom, aus dem sich die weiteren Nullstellen ergeben). Ihnen ordnen wir die folgenden *Partialbrüche* zu:

$$x_1 = 1 \text{ (\emph{einfache} Nullstelle)} \quad \longrightarrow \quad \frac{A}{x-1}$$

$$x_{2/3} = 2 \text{ (\emph{doppelte} Nullstelle)} \quad \longrightarrow \quad \frac{B}{x-2} + \frac{C}{(x-2)^2}$$

Damit lässt sich die Funktion $f(x)$ wie folgt darstellen (Zerlegung in *Partialbrüche*):

$$f(x) = \frac{x+1}{x^3 - 5x^2 + 8x - 4} = \frac{x+1}{(x-1)(x-2)^2} =$$

$$= \frac{A}{x-1} + \frac{B}{x-2} + \frac{C}{(x-2)^2}$$

Um die Konstanten A, B und C bestimmen zu können, müssen die Brüche zunächst *gleichnamig* gemacht werden (*Hauptnenner:* $(x-1)(x-2)^2$; die Brüche müssen der Reihe nach mit $(x-2)^2$, $(x-1)(x-2)$ bzw. $(x-1)$ erweitert werden):

$$\frac{x+1}{(x-1)(x-2)^2} = \frac{A(x-2)^2 + B(x-1)(x-2) + C(x-1)}{(x-1)(x-2)^2}$$

Aus dieser Gleichung folgt dann durch Multiplikation mit dem Hauptnenner:

$$x + 1 = A(x-2)^2 + B(x-1)(x-2) + C(x-1)$$

Wir setzen jetzt der Reihe nach die Werte $x = 1$, $x = 2$ (also die beiden Nullstellen des Nenners) und $x = 0$ ein und erhalten ein eindeutig lösbares lineares Gleichungssystem für die drei Unbekannten A, B und C:

$\boxed{x = 1}\quad \Rightarrow\quad 2 = A\quad \Rightarrow\quad A = 2$

$\boxed{x = 2}\quad \Rightarrow\quad 3 = C\quad \Rightarrow\quad C = 3$

$\boxed{x = 0}\quad \Rightarrow\quad 1 = 4A + 2B - C\quad \Rightarrow\quad 1 = 4 \cdot 2 + 2B - 3$

$\quad\Rightarrow\quad 1 = 5 + 2B\quad \Rightarrow\quad 2B = -4\quad \Rightarrow\quad B = -2$

Die gesuchte *Partialbruchzerlegung* lautet damit:

$$\frac{x + 1}{x^3 - 5x^2 + 8x - 4} = \frac{2}{x - 1} - \frac{2}{x - 2} + \frac{3}{(x - 2)^2}$$

∎

8.3.2 Integration der Partialbrüche

Die in der *Partialbruchzerlegung* einer *echt* gebrochenrationalen Funktion auftretenden Funktionen sind vom Typ[7]

$$\frac{1}{x - x_1} \quad \text{bzw.} \quad \frac{1}{(x - x_1)^n} \quad (n \geq 2) \tag{V-70}$$

Mit Hilfe der *Substitution*

$$u = x - x_1, \quad \frac{du}{dx} = 1 \quad \text{und somit} \quad dx = du$$

ist ihre Integration *elementar* durchführbar und liefert die folgenden Lösungen ($C_1, C_2 \in \mathbb{R}$):

$$\int \frac{dx}{x - x_1} = \int \frac{du}{u} = \ln|u| + C_1 = \ln|x - x_1| + C_1 \tag{V-71}$$

$$\int \frac{dx}{(x - x_1)^n} = \int \frac{du}{u^n} = \int u^{-n}\, du = \frac{u^{-n+1}}{-n + 1} + C_2 = \frac{1}{(1 - n)u^{n-1}} + C_2 =$$

$$= \frac{1}{(1 - n)(x - x_1)^{n-1}} + C_2 \tag{V-72}$$

---

[7] Die in den Partialbrüchen auftretenden Konstanten können bei der Integration *vor* das Integral gezogen werden und haben somit *keinen* Einfluss auf die nachfolgenden Überlegungen.

Bevor wir das beschriebene Verfahren zur *Integration gebrochenrationaler Funktionen durch Partialbruchzerlegung des Integranden* auf konkrete Beispiele anwenden, fassen wir die einzelnen Schritte, die zur *Integration* führen, wie folgt zusammen:

Integration einer gebrochenrationalen Funktion durch Partialbruchzerlegung

Die Integration einer *gebrochenrationalen* Funktion $f(x) = \dfrac{Z(x)}{N(x)}$ wird nach dem folgenden Schema durchgeführt:

1. Zerlegung von $f(x)$ in eine *ganzrationale* Funktion $p(x)$ und eine *echt* gebrochenrationale Funktion $r(x)$ (z. B. durch Polynomdivision)[8]:

$$f(x) = p(x) + r(x) \qquad (\text{V-73})$$

2. Darstellung des *echt* gebrochenrationalen Anteils $r(x)$ als *Summe von Partialbrüchen* (sog. *Partialbruchzerlegung*).

3. Integration des ganzrationalen Anteils $p(x)$ und *sämtlicher* Partialbrüche.

■ **Beispiele**

(1) $\displaystyle\int \dfrac{2x^3 - 14x^2 + 14x + 30}{x^2 - 4}\, dx = ?$

Der Integrand ist *unecht* gebrochenrational und wird durch *Polynomdivision* in einen *ganzrationalen* und einen *echt* gebrochenrationalen Anteil zerlegt (diese Zerlegung wurde bereits zu Beginn dieses Abschnitts durchgeführt):

$$f(x) = \dfrac{2x^3 - 14x^2 + 14x + 30}{x^2 - 4} = 2x - 14 + \dfrac{22x - 26}{x^2 - 4}$$

Zerlegung des echt gebrochenrationalen Anteils in Partialbrüche

$$r(x) = \dfrac{22x - 26}{x^2 - 4}$$

Nullstellen des Nenners: $x^2 - 4 = 0 \;\Rightarrow\; x_1 = 2,\; x_2 = -2$

Zuordnung der Partialbrüche:

$x_1 = 2$ (*einfache* Nullstelle) $\longrightarrow \dfrac{A}{x - 2}$

$x_2 = -2$ (*einfache* Nullstelle) $\longrightarrow \dfrac{B}{x + 2}$

---

[8] Diese Zerlegung *entfällt*, wenn die Funktion $f(x)$ bereits *echt* gebrochenrational ist.

Partialbruchzerlegung:

$$\frac{22x - 26}{x^2 - 4} = \frac{22x - 26}{(x - 2)(x + 2)} = \frac{A}{x - 2} + \frac{B}{x + 2}$$

Bestimmung der Konstanten A und B (zunächst Hauptnenner bilden):

$$\frac{22x - 26}{(x - 2)(x + 2)} = \frac{A(x + 2) + B(x - 2)}{(x - 2)(x + 2)} \quad | \cdot (x - 2)(x + 2)| \quad \Rightarrow$$

$$22x - 26 = A(x + 2) + B(x - 2)$$

Wir setzen für x der Reihe nach die Werte der beiden Nennernullstellen ein:

$\boxed{x = 2} \quad \Rightarrow \quad 18 = 4A \quad \Rightarrow \quad A = 4{,}5$

$\boxed{x = -2} \quad \Rightarrow \quad -70 = -4B \quad \Rightarrow \quad B = 17{,}5$

Die Partialbruchzerlegung ist damit *abgeschlossen.* Sie lautet:

$$\frac{22x - 26}{x^2 - 4} = \frac{4{,}5}{x - 2} + \frac{17{,}5}{x + 2}$$

Durchführung der Integration

$$\int \frac{2x^3 - 14x^2 + 14x + 30}{x^2 - 4}\, dx = \int (2x - 14)\, dx + \int \frac{22x - 26}{x^2 - 4}\, dx =$$

$$= x^2 - 14x + \int \left(\frac{4{,}5}{x - 2} + \frac{17{,}5}{x + 2} \right) dx =$$

$$= x^2 - 14x + 4{,}5 \cdot \ln|x - 2| + 17{,}5 \cdot \ln|x + 2| + C \qquad (C \in \mathbb{R})$$

(2) $\int \dfrac{x^2 - 5x + 8}{x^4 - 6x^2 + 8x - 3}\, dx = ?$

Der Integrand ist bereits *echt* gebrochenrational. Wir zerlegen ihn in *Partialbrüche*. Zunächst werden die *Nullstellen des Nenners* ermittelt (z. B. mit Hilfe des Horner-Schemas):

$$x^4 - 6x^2 + 8x - 3 = 0 \quad \Rightarrow \quad x_1 = 1 \text{ (3-fach)}, \quad x_2 = -3$$

Die zugehörigen *Partialbrüche* lauten daher:

$x_1 = 1$ (*3-fache* Nullstelle) $\quad \longrightarrow \quad \dfrac{A_1}{x - 1} + \dfrac{A_2}{(x - 1)^2} + \dfrac{A_3}{(x - 1)^3}$

$x_2 = -3$ (*einfache* Nullstelle) $\quad \longrightarrow \quad \dfrac{B}{x + 3}$

Die Integrandfunktion ist daher in der Form

$$\frac{x^2 - 5x + 8}{x^4 - 6x^2 + 8x - 3} = \frac{x^2 - 5x + 8}{(x-1)^3 (x+3)} =$$

$$= \frac{A_1}{x-1} + \frac{A_2}{(x-1)^2} + \frac{A_3}{(x-1)^3} + \frac{B}{x+3}$$

darstellbar.

Bestimmung der Konstanten A_1, A_2, A_3 und B (Hauptnenner bilden):

$$\frac{x^2 - 5x + 8}{(x-1)^3 (x+3)} =$$

$$= \frac{A_1 (x-1)^2 (x+3) + A_2 (x-1)(x+3) + A_3 (x+3) + B(x-1)^3}{(x-1)^3 (x+3)}$$

Die Gleichung wird beiderseits mit dem Hauptnenner $(x-1)^3 (x+3)$ multipliziert, anschließend werden für x der Reihe nach die Werte 1, -3, 0 und -1 eingesetzt:

$$x^2 - 5x + 8 =$$

$$= A_1 (x-1)^2 (x+3) + A_2 (x-1)(x+3) + A_3 (x+3) + B(x-1)^3$$

$\boxed{x = 1}$ $\Rightarrow$ $\quad 4 = 4A_3$ $\Rightarrow$ $\quad A_3 = 1$

$\boxed{x = -3}$ $\Rightarrow$ $\quad 32 = -64B$ $\Rightarrow$ $\quad B = -0{,}5$

$\boxed{x = 0}$ $\Rightarrow$ $\quad 8 = 3A_1 - 3A_2 + 3A_3 - B$

$\qquad\qquad\qquad 8 = 3A_1 - 3A_2 + 3 + 0{,}5$

$\qquad\qquad\qquad 4{,}5 = 3A_1 - 3A_2 \mid : 3$

$\qquad\qquad$ (I) $\quad 1{,}5 = A_1 - A_2 \quad$ oder $\quad A_1 - A_2 = 1{,}5$

$\boxed{x = -1}$ $\Rightarrow$ $\quad 14 = 8A_1 - 4A_2 + 2A_3 - 8B$

$\qquad\qquad\qquad 14 = 8A_1 - 4A_2 + 2 + 4$

$\qquad\qquad\qquad 8 = 8A_1 - 4A_2 \mid : 4$

$\qquad\qquad$ (II) $\quad 2 = 2A_1 - A_2 \quad$ oder $\quad 2A_1 - A_2 = 2$

Aus den Gleichungen (I) und (II) folgt durch Differenzbildung:

$$\left.\begin{array}{ll}\text{(I)} & A_1 - A_2 = 1{,}5 \\ \text{(II)} & 2A_1 - A_2 = 2\end{array}\right\} -$$

$$\overline{\quad -A_1 \quad\; = -0{,}5} \Rightarrow A_1 = 0{,}5 \Rightarrow A_2 = -1$$

Die *Partialbruchzerlegung* ist damit vollzogen:

$$\frac{x^2 - 5x + 8}{x^4 - 6x^2 + 8x - 3} = \frac{0{,}5}{x - 1} - \frac{1}{(x - 1)^2} + \frac{1}{(x - 1)^3} - \frac{0{,}5}{x + 3}$$

Durchführung der (gliedweisen) Integration:

$$\int \frac{x^2 - 5x + 8}{x^4 - 6x^2 + 8x - 3}\, dx =$$

$$= \int \frac{0{,}5}{x - 1}\, dx - \int \frac{dx}{(x - 1)^2} + \int \frac{dx}{(x - 1)^3} - \int \frac{0{,}5}{x + 3}\, dx =$$

$$= 0{,}5 \cdot \ln|x - 1| + \frac{1}{x - 1} - \frac{1}{2(x - 1)^2} - 0{,}5 \cdot \ln|x + 3| + C =$$

$$= 0{,}5 \cdot \ln\left|\frac{x - 1}{x + 3}\right| + \frac{1}{x - 1} - \frac{1}{2(x - 1)^2} + C \qquad (C \in \mathbb{R}) \qquad \blacksquare$$

8.4 Numerische Integrationsmethoden

In vielen Fällen ist die Integration einer stetigen Funktion in geschlossener Form nicht möglich oder aber vom Arbeits- und Rechenaufwand her nicht vertretbar. So sind wir beispielsweise nicht in der Lage, das in der *Wahrscheinlichkeitsrechnung* und *Statistik* so bedeutende Integral $F(x) = \int_0^x e^{-t^2}\, dt$ durch einen analytischen Funktionsausdruck zu beschreiben. In diesem Fall ist man dann auf die *punktweise* Berechnung der Stammfunktion unter Verwendung spezieller *Näherungsverfahren* angewiesen (sog. *numerische Integration*)[9]. Numerische Integrationstechniken sind daher ihrem Charakter nach stets *Näherungsverfahren* und können in den folgenden Fällen zur Lösung des Problems herangezogen werden:

- Das Integral ist elementar, d. h. in geschlossener Form *nicht* lösbar.
- Der Integrand ist in Form einer *Wertetabelle* gegeben.
- Der Integrand liegt als *Funktionskurve* (Funktionsgraph) vor.
- Die Integration ist in geschlossener Form zwar grundsätzlich durchführbar, jedoch zu *aufwändig*.

Wir behandeln in diesem Abschnitt zwei Näherungsverfahren zur Berechnung bestimmter Integrale (*Trapezformel, Simpsonsche Formel*). In beiden Fällen setzen wir bei der Herleitung der Formelausdrücke voraus, dass die *stetige* Integrandfunktion $y = f(x)$ im Integrationsintervall $a \leq x \leq b$ *oberhalb* der x-Achse verläuft, sodass das bestimmte

---

[9] Eine weitere Möglichkeit besteht in der *Potenzreihenentwicklung* des Integranden und anschließender (gliedweiser) Integration (siehe hierzu Kap. VI, Abschnitt 3.3.2).

Integral $\int_a^b f(x)\,dx$ als *Flächeninhalt* interpretiert werden darf. Die Fläche wird dann (ähnlich wie bei der Einführung des Begriffes „bestimmtes Integral" in Abschnitt 2) in *achsenparallele* Streifen gleicher Breite zerlegt. Anschließend werden die oberen Berandungen der Streifen durch *möglichst einfache* Kurven ersetzt (Geraden, Parabeln).

8.4.1 Trapezformel

Wir zerlegen das Integrationsintervall $a \leq x \leq b$ in n Teilintervalle *gleicher* Länge h (auch *Schrittweite* genannt):

$$h = \frac{b-a}{n} \qquad (\text{V-74})$$

Die Randpunkte der Teilintervalle werden als *Stützstellen* bezeichnet. Sie lauten der Reihe nach (Bild V-23):

$$x_0 = a, \quad x_1 = x_0 + h = a + h, \quad x_2 = x_0 + 2h = a + 2h, \ldots$$

$$\ldots, \quad x_k = x_0 + k \cdot h = a + k \cdot h, \quad \ldots, \quad x_n = b \qquad (\text{V-75})$$

Die zugehörigen Funktionswerte y_k heißen *Stützwerte*:

$$y_k = f(x_k) = f(x_0 + k \cdot h) = f(a + k \cdot h) \qquad (k = 0, 1, 2, \ldots, n) \qquad (\text{V-76})$$

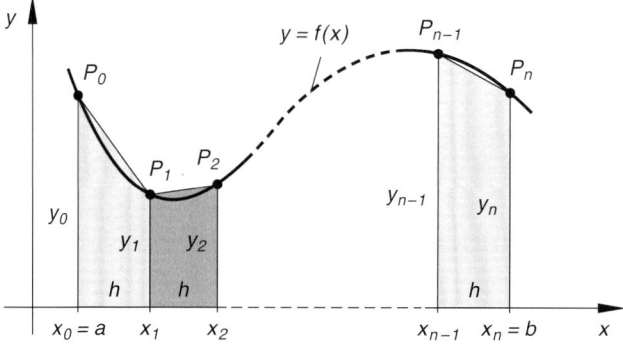

Bild V-23 Zur Herleitung der Trapezformel

Die Fläche unter der Kurve $y = f(x)$, $a \leq x \leq b$ zerfällt damit in n achsenparallele Streifen der Breite h. Ersetzt man in *jedem* Streifen den dortigen *Kurvenbogen* durch die *Sehne* (diese verläuft geradlinig durch die beiden Randpunkte), so erhält man eine *Näherung* in Form eines *Trapezes*.

8 Integrationsmethoden

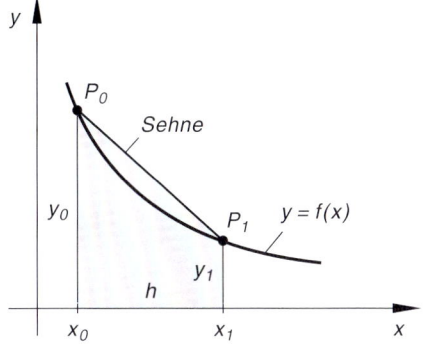

Bild V-24
Zur näherungsweisen Berechnung des 1. Flächenstreifens bei der Trapezformel

So wird beispielsweise der *1. Streifen* durch das in Bild V-24 *grau* unterlegte *Trapez* vom Flächeninhalt

$$A_1 = \frac{y_0 + y_1}{2} h \qquad \text{(V-77)}$$

ersetzt [10]. Analog erhält man für die Flächeninhalte der übrigen $n-1$ Streifen *näherungsweise*

$$A_2 = \frac{y_1 + y_2}{2} h, \quad A_3 = \frac{y_2 + y_3}{2} h, \quad \ldots, \quad A_n = \frac{y_{n-1} + y_n}{2} h \qquad \text{(V-78)}$$

Für *großes* n ist die *Summe aller Trapezflächen* eine gute *Näherung* für den gesuchten Flächeninhalt. Wir erhalten somit die folgende Näherungsformel:

$$\int_a^b f(x)\, dx \approx A_1 + A_2 + A_3 + \ldots + A_n =$$

$$= \frac{y_0 + y_1}{2} h + \frac{y_1 + y_2}{2} h + \frac{y_2 + y_3}{2} h + \ldots + \frac{y_{n-1} + y_n}{2} h =$$

$$= \left[(y_0 + \underbrace{y_1) + (y_1}_{2y_1} + \underbrace{y_2) + (y_2}_{2y_2} + \underbrace{y_3) + \ldots + (y_{n-1}}_{2y_3} \underbrace{}_{2y_{n-1}} + y_n) \right] \frac{h}{2} =$$

$$= \left(y_0 + 2y_1 + 2y_2 + 2y_3 + \ldots + 2y_{n-1} + y_n \right) \frac{h}{2} \qquad \text{(V-79)}$$

Die *inneren* Ordinaten (Stützwerte) treten dabei *doppelt* auf. Wir können diesen Ausdruck noch wie folgt vereinfachen:

---

[10] Der *Flächeninhalt* eines *Trapezes* wird nach der aus der Elementarmathematik bekannten Formel

$$A = \frac{a + b}{2} h$$

berechnet (siehe hierzu Bild V-25).

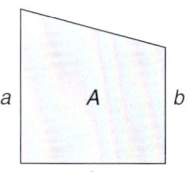

Bild V-25

$$\int_a^b f(x)\,dx \approx \left(\underbrace{(y_0 + y_n)}_{\Sigma_1} + 2\underbrace{(y_1 + y_2 + y_3 + \ldots + y_{n-1})}_{\Sigma_2} \right) \frac{h}{2} =$$

$$= \left(\Sigma_1 + 2 \cdot \Sigma_2 \right) \frac{h}{2} = \left(\frac{1}{2} \cdot \Sigma_1 + \Sigma_2 \right) h \tag{V-80}$$

Diese Formel gestattet die *näherungsweise* Berechnung eines bestimmten Integrals, wenn von der Integrandfunktion $n + 1$ *Stützwerte* (Funktionswerte) bekannt sind (sog. *Trapezformel*).

Wir fassen zusammen:

Trapezformel (Bild V-23)

$$\int_a^b f(x)\,dx \approx \left[\frac{1}{2} \underbrace{(y_0 + y_n)}_{\Sigma_1} + \underbrace{(y_1 + y_2 + y_3 + \ldots + y_{n-1})}_{\Sigma_2} \right] h =$$

$$= \left(\frac{1}{2} \cdot \Sigma_1 + \Sigma_2 \right) h \tag{V-81}$$

Dabei bedeuten:

y_k: Stützwerte der Funktion $y = f(x)$, berechnet an den Stützstellen
$x_k = a + k \cdot h \qquad (k = 0, 1, \ldots, n)$

h: Streifenbreite (Schrittweite) $\left(h = \dfrac{b - a}{n} \right)$

Σ_1: Summe der beiden *äußeren* Stützwerte (Ordinaten der beiden *Randpunkte*)

Σ_2: Summe der *inneren* Stützwerte

Anmerkungen

(1) Die Näherung durch die Trapezformel (V-81) ist umso *besser*, je *feiner* die Intervallunterteilung ist. Sie liefert für $n \to \infty$ den *exakten* Integralwert.

(2) Die Trapezformel gilt *unabhängig* von der *geometrischen* Interpretation, sofern der Integrand $f(x)$ eine *stetige* Funktion ist.

(3) Die Randkurve $y = f(x)$, $a \leq x \leq b$ wird bei diesem Näherungsverfahren durch einen *Streckenzug* ersetzt (stückweise geradlinige Berandung).

(4) Man beachte: Die Stützwerte gehen mit *unterschiedlichen* Gewichtungsfaktoren in die Rechnung ein (Randordinaten mit dem Faktor $1/2$, innere Ordinaten mit dem Faktor 1).

8 Integrationsmethoden

■ **Beispiel**

Wir berechnen das Integral $\int_0^1 e^{-x^2} dx$ näherungsweise für $n = 5$ bzw. $n = 10$ Streifen.

Zerlegung in $n = 5$ Streifen (siehe Bild V-26)

$$\int_0^1 e^{-x^2} dx \approx \left(\frac{1}{2} y_0 + y_1 + y_2 + y_3 + y_4 + \frac{1}{2} y_5\right) h = \left(\frac{1}{2} \cdot \Sigma_1 + \Sigma_2\right) h$$

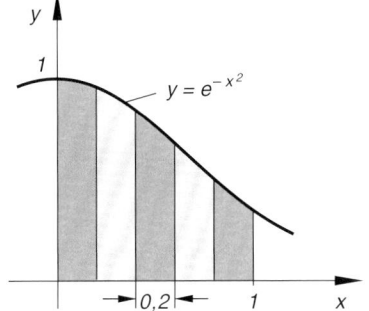

Bild V-26
Näherungsweise Berechnung des Integrals
$\int_0^1 e^{-x^2} dx$ nach der *Trapezformel*
für $n = 5$ Streifen der Breite $h = 0{,}2$

Streifenbreite (Schrittweite): $h = 0{,}2$

k	Stützstellen x_k	Stützwerte $y_k = e^{-x_k^2}$	
0	0	1	
1	0,2		0,9608
2	0,4		0,8521
3	0,6		0,6977
4	0,8		0,5273
5	1	0,3679	
		$\Sigma_1 = 1{,}3679$	$\Sigma_2 = 3{,}0379$

Die Trapezformel liefert damit für $n = 5$ Streifen den folgenden *Näherungswert*:

$$\int_0^1 e^{-x^2} dx \approx \left(\frac{1}{2} \cdot \Sigma_1 + \Sigma_2\right) h = \left(\frac{1}{2} \cdot 1{,}3679 + 3{,}0379\right) \cdot 0{,}2 = 0{,}7444$$

Die Abweichung des Näherungswertes 0,7444 vom *exakten* Wert 0,7468 (auf vier Stellen nach dem Komma genau) beträgt rund 0,3 %.

Zerlegung in $n = 10$ Streifen

$$\int_0^1 e^{-x^2}\, dx \approx \left(\frac{1}{2} y_0 + y_1 + y_2 + \ldots + y_9 + \frac{1}{2} y_{10}\right) h = \left(\frac{1}{2} \cdot \Sigma_1 + \Sigma_2\right) h$$

Streifenbreite (Schrittweite): $h = 0{,}1$

k	Stützstellen x_k	Stützwerte $y_k = e^{-x_k^2}$	
0	0	1	
1	0,1		0,9900
2	0,2		0,9608
3	0,3		0,9139
4	0,4		0,8521
5	0,5		0,7788
6	0,6		0,6977
7	0,7		0,6126
8	0,8		0,5273
9	0,9		0,4449
10	1	0,3679	
		$\Sigma_1 = 1{,}3679$	$\Sigma_2 = 6{,}7781$

Hinweis zu dieser Tabelle

Die Stützwerte aus der vorherigen Zerlegung in $n = 5$ Streifen konnten unverändert *übernommen* werden, die *zusätzlich* benötigten Ordinatenwerte befinden sich in den *grau* unterlegten Zeilen (es handelt sich dabei um die Stützwerte y_1, y_3, y_5, y_7 und y_9).

Die Trapezformel (V-81) liefert dann für $n = 10$ Streifen den folgenden *Näherungswert*, der nur noch um rund 0,1% *unterhalb* des exakten Wertes 0,7468 liegt:

$$\int_0^1 e^{-x^2}\, dx \approx \left(\frac{1}{2} \cdot \Sigma_1 + \Sigma_2\right) h = \left(\frac{1}{2} \cdot 1{,}3679 + 6{,}7781\right) \cdot 0{,}1 = 0{,}7462$$

■

8.4.2 Simpsonsche Formel

Die nach der *Trapezformel* (V-81) berechneten Näherungswerte konvergieren *relativ langsam* gegen den exakten Integralwert: Die *geradlinige* Berandung der Streifen durch die *Sehne* ist offenbar eine zu *grobe* Näherung. Zu besseren Ergebnissen gelangt man, wenn man nach *Simpson* die krummlinige obere Begrenzung der einzelnen Flächenstreifen durch *parabelförmige* Randkurven ersetzt.

Das numerische Integrationsverfahren nach *Simpson* geht dabei von den folgenden Überlegungen aus: Zunächst wird das Integrationsintervall $a \leq x \leq b$ in eine *gerade* Anzahl $2n$ von Teilintervallen *gleicher* Länge (*Schrittweite*)

$$h = (b - a)/2n \tag{V-82}$$

zerlegt. Dies führt zu den $2n + 1$ *Stützstellen*

$$x_0 = a, \quad x_1 = x_0 + h = a + h, \quad x_2 = x_0 + 2h = a + 2h, \quad \ldots$$
$$\ldots, \quad x_k = x_0 + k \cdot h = a + k \cdot h, \quad \ldots, \quad x_{2n} = b \tag{V-83}$$

mit den *Stützwerten* (Funktionswerten)

$$y_k = f(x_k) = f(a + k \cdot h) \qquad (k = 0, 1, 2, \ldots, 2n) \tag{V-84}$$

(Bild V-27). Man erhält auf diese Weise genau $2n$ sog. „einfache" Streifen. Dann werden jeweils *zwei benachbarte* (einfache) Streifen zu einem sog. *Doppelstreifen* zusammengefasst. Aus $2n$ *einfachen* Streifen der Breite h entstehen daher genau n *Doppelstreifen* der Breite $2h$ (in Bild V-27 abwechselnd hell- und dunkelgrau unterlegt) und es ist unmittelbar einleuchtend, warum das Integrationsintervall $a \leq x \leq b$ in eine *gerade* Anzahl von Teilintervallen zerlegt werden muss.

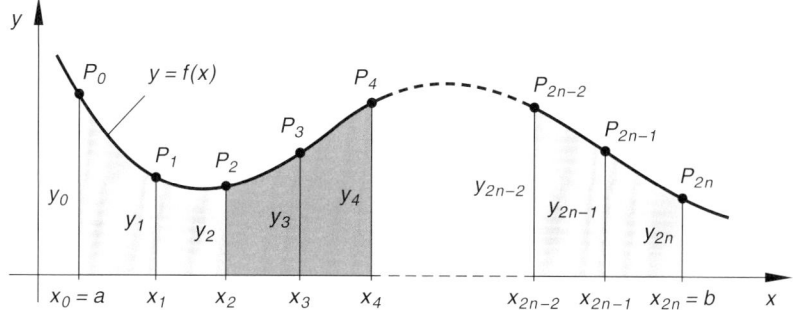

Bild V-27 Zur Herleitung der Simpsonschen Formel
(Zerlegung der Fläche in $2n$ „einfache" Streifen der Breite h)

Wir gehen jetzt zur *näherungsweisen* Berechnung des Flächeninhalts der n *Doppelstreifen* über. In dem *1. Doppelstreifen* (*hellgrau* unterlegt in Bild V-28) wird die *krummlinige* Berandung durch eine durch die drei Kurvenpunkte P_0, P_1 und P_2 verlaufende *Parabel* mit der Funktionsgleichung

$$y = a_2 x^2 + a_1 x + a_0 \tag{V-85}$$

ersetzt (Bild V-28).

Die Koeffizienten a_2, a_1, a_0 in der Parabelgleichung (V-85) sind dabei *eindeutig* durch die Koordinaten der drei Punkte bestimmt. Sie brauchen jedoch (wie sich etwas später noch zeigen wird) *nicht* berechnet zu werden, da sie nur *indirekt* in die Endformel eingehen.

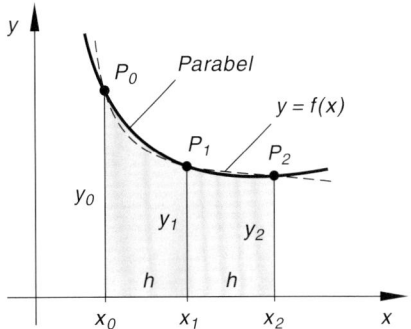

Bild V-28

Zur näherungsweisen Berechnung des 1. Doppelstreifens bei der Simpsonschen Formel

Der Flächeninhalt A_1 zwischen der Parabel und der x-Achse im Teilintervall $x_0 \leq x \leq x_0 + 2h$ liefert dann einen *Näherungswert* für den tatsächlichen Flächeninhalt des 1. Doppelstreifens. Er lässt sich mittels *elementarer* Integration wie folgt berechnen:

$$A_1 = \int_{x_0}^{x_0+2h} (a_2 x^2 + a_1 x + a_0)\, dx = \left[\frac{1}{3} a_2 x^3 + \frac{1}{2} a_1 x^2 + a_0 x\right]_{x_0}^{x_0+2h} =$$

$$= \frac{1}{3} a_2 (x_0 + 2h)^3 + \frac{1}{2} a_1 (x_0 + 2h)^2 + a_0 (x_0 + 2h) -$$

$$- \frac{1}{3} a_2 x_0^3 - \frac{1}{2} a_1 x_0^2 - a_0 x_0 \qquad (V\text{-}86)$$

Wir entwickeln noch die Binome mit Hilfe der bekannten binomischen Formel aus Kap. I (Abschnitt 6), ordnen die Glieder und fassen zusammen (bitte nachrechnen):

$$A_1 = (6 a_2 x_0^2 + 12 a_2 x_0 h + 8 a_2 h^2 + 6 a_1 x_0 + 6 a_1 h + 6 a_0)\, \frac{h}{3} \qquad (V\text{-}87)$$

Der in der Klammer stehende Ausdruck ist dabei nichts anderes als die Summe

$$y_0 + 4 y_1 + y_2 = f(x_0) + 4 f(x_1) + f(x_2) \qquad (V\text{-}88)$$

gebildet aus den Ordinaten der drei Punkte P_0, P_1 und P_2 und jeweils berechnet mit Hilfe der Parabelgleichung (V-85):

8 Integrationsmethoden

$$y_0 = f(x_0) = a_2 x_0^2 + a_1 x_0 + a_0$$
$$y_1 = f(x_1) = f(x_0 + h) = a_2 (x_0 + h)^2 + a_1 (x_0 + h) + a_0 \qquad \text{(V-89)}$$
$$y_2 = f(x_2) = f(x_0 + 2h) = a_2 (x_0 + 2h)^2 + a_1 (x_0 + 2h) + a_0$$

(bitte nachrechnen). Denn an den Stützstellen x_0, $x_1 = x_0 + h$ und $x_2 = x_0 + 2h$ stimmen die Funktionswerte von *Kurve* und *Parabel* überein. Der *1. Doppelstreifen* besitzt daher *näherungsweise* den Flächeninhalt

$$A_1 = \left(y_0 + 4y_1 + y_2\right) \frac{h}{3} \qquad \text{(V-90)}$$

Analog erhält man für die übrigen $n - 1$ Doppelstreifen *näherungsweise* folgende Flächeninhalte:

$$A_2 = \left(y_2 + 4y_3 + y_4\right) \frac{h}{3}, \quad A_3 = \left(y_4 + 4y_5 + y_6\right) \frac{h}{3}, \quad \ldots,$$
$$\ldots, \quad A_n = \left(y_{2n-2} + 4y_{2n-1} + y_{2n}\right) \frac{h}{3} \qquad \text{(V-91)}$$

Durch Summation über *sämtliche* Doppelstreifen erhält man schließlich den folgenden *Näherungswert* für den gesuchten Flächeninhalt[11]:

$$\int_a^b f(x)\, dx \approx A_1 + A_2 + \ldots + A_n =$$

$$= \left[(y_0 + 4y_1 + \underbrace{y_2) + (y_2}_{2y_2} + 4y_3 + \underbrace{y_4) +}_{2y_4} \ldots + \underbrace{(y_{2n-2}}_{2y_{2n-2}} + 4y_{2n-1} + y_{2n}) \right] \frac{h}{3} =$$

$$= \left[y_0 + 4y_1 + 2y_2 + 4y_3 + 2y_4 + \ldots + 2y_{2n-2} + 4y_{2n-1} + y_{2n} \right] \frac{h}{3} =$$

$$= \left[\underbrace{(y_0 + y_{2n})}_{\Sigma_0} + 4 \underbrace{(y_1 + y_3 + \ldots + y_{2n-1})}_{\Sigma_1} + 2 \underbrace{(y_2 + y_4 + \ldots + y_{2n-2})}_{\Sigma_2} \right] \frac{h}{3} =$$

$$= \left(\Sigma_0 + 4 \cdot \Sigma_1 + 2 \cdot \Sigma_2\right) \frac{h}{3} \qquad \text{(V-92)}$$

---

[11] Wir gehen ähnlich vor wie bei der Herleitung der Trapezformel. Den allen Summanden gemeinsamen Faktor $h/3$ haben *wir* bereits ausgeklammert. Dann berücksichtigen wir, dass die beiden Randordinaten einfach, die inneren Stützwerte dagegen abwechselnd mit dem Faktor 4 bzw. 2 auftreten.

Diese als *Simpsonsche Formel* bezeichnete Näherung für das bestimmte Integral $\int\limits_a^b f(x)\,dx$ lässt sich dann auch wie folgt darstellen:

Simpsonsche Formel (Bild V-27)

$$\int\limits_a^b f(x)\,dx \approx \Big[\underbrace{(y_0 + y_{2n})}_{\Sigma_0} + 4\underbrace{(y_1 + y_3 + \ldots + y_{2n-1})}_{\Sigma_1} +$$

$$+ 2\underbrace{(y_2 + y_4 + \ldots + y_{2n-2})}_{\Sigma_2} \Big] \frac{h}{3} =$$

$$= \Big(\Sigma_0 + 4 \cdot \Sigma_1 + 2 \cdot \Sigma_2\Big) \frac{h}{3} \qquad\qquad \text{(V-93)}$$

Dabei bedeuten:

y_k: Stützwerte der Funktion $y = f(x)$, berechnet an den $2n + 1$ Stützstellen $x_k = a + k \cdot h \qquad (k = 0, 1, \ldots, 2n)$

h: Breite eines *einfachen* Streifens (Schrittweite) $\left(h = \dfrac{b-a}{2n}\right)$

Σ_0: Summe der beiden *äußeren* Stützwerte (Ordinaten der beiden *Randpunkte*)

Σ_1: Summe der *inneren* Stützwerte mit einem *ungeraden* Index

Σ_2: Summe der *inneren* Stützwerte mit einem *geraden* Index

---

Anmerkungen

(1) Auch diese Formel gilt *unabhängig* von der *geometrischen* Interpretation für jede *stetige* Integrandfunktion $f(x)$.

(2) Beim Grenzübergang $n \to \infty$ streben die Näherungswerte gegen den *exakten* Integralwert.

(3) *Nachteil* der Simpsonschen Formel: Sie ist nur anwendbar für eine Zerlegung in eine *gerade* Anzahl von (einfachen) Streifen, d. h. man benötigt stets eine *ungerade* Anzahl von Stützwerten.

(4) Beachten Sie die unterschiedlichen Gewichtungsfaktoren der Stützwerte (symmetrische Verteilung: 1, 4, 2, 4, 2, ..., 2, 4, 2, 4, 1).

8 Integrationsmethoden

(5) Einen *verbesserten* Näherungswert I_v erhält man folgendermaßen: Ist I_h der Näherungswert bei der Schrittweite h und I_{2h} der Näherungswert bei der *doppelten* Schrittweite $2h$, so ist der Fehler ΔI von I_h *näherungsweise* durch

$$\Delta I = \frac{1}{15}\left(I_h - I_{2h}\right) \tag{V-94}$$

gegeben. Einen gegenüber der Schrittweite h *verbesserten* Wert I_v erzielt man dann nach der Formel

$$I_v = I_h + \Delta I \tag{V-95}$$

(*Voraussetzung:* $2n$ ist durch 4 teilbar).

■ **Beispiel**

Wir wollen den Flächeninhalt unter der Kurve $y = f(x) = \sqrt{1 + e^{0,5x^2}}$ im Intervall $1 \leq x \leq 2,6$ *näherungsweise* mit Hilfe der *Simpsonschen Formel* für eine Zerlegung in $2n = 8$ *einfache* Streifen und damit $n = 4$ Doppelstreifen berechnen (siehe Bild V-29).

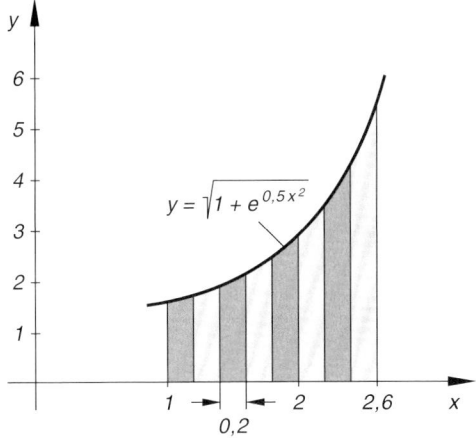

Bild V-29
Zur Berechnung des Flächeninhaltes unter der Kurve $y = \sqrt{1 + e^{0,5x^2}}$ im Intervall $1 \leq x \leq 2,6$

Um den dabei begangenen *Fehler* abschätzen zu können und um gleichzeitig einen *verbesserten* Näherungswert zu erhalten, wird eine sog. *Zweitrechnung* mit *halber* Streifenanzahl (also *vier* einfachen und damit *zwei* Doppelstreifen) durchgeführt. Der Mehraufwand an Rechenarbeit ist dabei relativ *gering*, da die bei der *Zweitrechnung* benötigten Stützwerte bereits aus der *Erstrechnung* bekannt sind. Die Schrittweiten betragen somit:

Erstrechnung: $(2n = 8$, d. h. $n = 4)$: $\quad h = 0,2$

Zweitrechnung: $(2n^* = 4$, d. h. $n^* = 2)$: $\quad h^* = 2h = 0,4$

k	Stützstellen x_k	Erstrechnung (Schrittweite: $h = 0{,}2$) Stützwerte $y_k = \sqrt{1 + e^{0{,}5 x_k^2}}$			Zweitrechnung (Schrittweite: $h^* = 2h = 0{,}4$) Stützwerte $y_k = \sqrt{1 + e^{0{,}5 x_k^2}}$		
0	1	1,6275			1,6275		
1	1,2		1,7477				
2	1,4	1,9143				1,9143	
3	1,6		2,1440				
4	1,8	2,4603					2,4603
5	2		2,8964				
6	2,2	3,4994				3,4994	
7	2,4		4,3375				
8	2,6	5,5110			5,5110		
		$\Sigma_0 = 7{,}1385$	$\Sigma_1 = 11{,}1256$	$\Sigma_2 = 7{,}8740$	$\Sigma_0^* = 7{,}1385$	$\Sigma_1^* = 5{,}4137$	$\Sigma_2^* = 2{,}4603$

Hinweis zur Tabelle: Die *grau* unterlegten Stützstellen und Stützwerte der Erstrechnung entfallen bei der Zweitrechnung.

Erstrechnung: $2n = 8$, $n = 4$, $h = 0{,}2$

$$I_h = \int_1^{2,6} \sqrt{1 + e^{0,5x^2}}\, dx = \left(\Sigma_0 + 4 \cdot \Sigma_1 + 2 \cdot \Sigma_2\right) \frac{h}{3} =$$

$$= \left(7{,}1385 + 4 \cdot 11{,}1256 + 2 \cdot 7{,}8740\right) \cdot \frac{0{,}2}{3} = 4{,}4926$$

Zweitrechnung: $2n^* = 4$, $n^* = 2$, $h^* = 2h = 0{,}4$

$$I_{2h} = I_h^* = \left(\Sigma_0^* + 4 \cdot \Sigma_1^* + 2 \cdot \Sigma_2^*\right) \frac{h^*}{3} = \left(\Sigma_0^* + 4 \cdot \Sigma_1^* + 2 \cdot \Sigma_2^*\right) \frac{2h}{3} =$$

$$= \left(7{,}1385 + 4 \cdot 5{,}4137 + 2 \cdot 2{,}4603\right) \cdot \frac{0{,}4}{3} = 4{,}4952$$

Der Fehler für die Erstrechnung beträgt damit rund

$$\Delta I = \frac{1}{15}\left(I_h - I_{2h}\right) = \frac{1}{15}\left(4{,}4926 - 4{,}4952\right) = -0{,}0002$$

Einen *verbesserten* Wert liefert die Formel (V-95):

$$I_v = I_h + \Delta I = 4{,}4926 - 0{,}0002 = 4{,}4924 \qquad \blacksquare$$

9 Uneigentliche Integrale

Bei den bisher behandelten bestimmten Integralen haben wir stets die folgenden Eigenschaften vorausgesetzt:

1. Der Integrand $f(x)$ ist eine *stetige* Funktion;
2. Die Integrationsgrenzen a und b und damit auch das Integrationsintervall sind *endlich*.

Solche Integrale werden auch als *eigentliche* Integrale bezeichnet. In den naturwissenschaftlich-technischen Anwendungen treten aber auch Integrale auf, bei denen mindestens eine der beiden genannten Eigenschaften *nicht* vorhanden ist. Integrale dieser Art, mit denen wir uns in diesem Abschnitt beschäftigen wollen, werden als *uneigentliche* Integrale bezeichnet.

9.1 Unendliches Integrationsintervall

In den Anwendungen treten vereinzelt Integrale mit einem *unendlichen* Integrationsintervall auf. Sie sind zunächst *nicht* definiert (siehe hierzu die Integraldefinition (V-22)). *Formal* lassen sie sich auf einen der folgenden Integraltypen zurückführen:

$$\int_a^\infty f(x)\,dx, \quad \int_{-\infty}^a f(x)\,dx, \quad \int_{-\infty}^\infty f(x)\,dx$$

Wir geben zunächst zwei anschauliche Anwendungsbeispiele.

■ **Beispiele**

(1) Im *Gravitationsfeld der Erde* soll eine Masse m aus der Entfernung r_0 (vom Erdmittelpunkt aus gemessen) ins *Unendliche* ($r = \infty$) gebracht werden (Bild V-30; siehe hierzu auch Beispiel (3) im späteren Abschnitt 10.6).

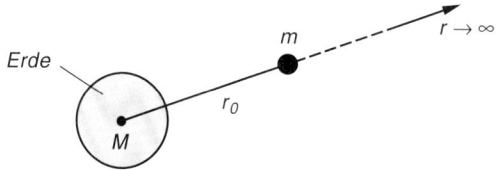

Bild V-30
Arbeit im Gravitationsfeld der Erde

Die Berechnung der dabei aufzuwendenden *Arbeit* W führt zu dem folgenden *uneigentlichen Integral*:

$$W = \int_{r_0}^\infty \gamma \frac{mM}{r^2}\,dr = \gamma mM \cdot \int_{r_0}^\infty \frac{1}{r^2}\,dr$$

(γ: Gravitationskonstante; M: Erdmasse)

(2) Bei der Bestimmung des *Flächeninhaltes* A zwischen der Kurve $y = \dfrac{1}{1+x^2}$ und der x-Achse stößt man auf das folgende *uneigentliche Integral* (siehe Bild V-31):

$$A = \int_{-\infty}^\infty \frac{1}{1+x^2}\,dx$$

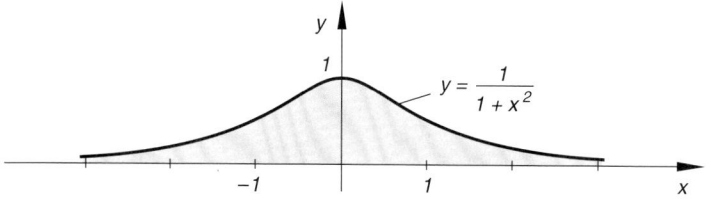

Bild V-31 Zur Berechnung der Fläche unterhalb der Kurve $y = \dfrac{1}{1+x^2}$ ■

9 Uneigentliche Integrale

Um einem *uneigentlichen* Integral einen *Wert* zuweisen zu können, muss der in Abschnitt 2 erklärte Integralbegriff *erweitert* werden. Wir beschränken uns dabei auf Integrale vom Typ $\int_a^\infty f(x)\, dx$, wobei wie bisher die *Stetigkeit* des Integranden $f(x)$ im Integrationsintervall $x \geq a$ vorausgesetzt wird. Im Einzelnen wird dabei wie folgt verfahren:

Berechnung eines uneigentlichen Integrals vom Typ $\int_a^\infty f(x)\, dx$

1. Zunächst wird über das *endliche* Intervall $a \leq x \leq \lambda$ integriert ($\lambda > a$). Das Integral ist *vorhanden*, sein Wert hängt aber noch von der gewählten oberen Grenze λ ab:

$$I(\lambda) = \int_a^\lambda f(x)\, dx \tag{V-96}$$

2. Dann wird der *Grenzwert* von $I(\lambda)$ für $\lambda \to \infty$ berechnet. Ist er vorhanden, so setzt man definitionsgemäß

$$\int_a^\infty f(x)\, dx = \lim_{\lambda \to \infty} I(\lambda) = \lim_{\lambda \to \infty} \int_a^\lambda f(x)\, dx \tag{V-97}$$

und nennt das uneigentliche Integral *konvergent*. Andernfalls spricht man von einem *divergenten* uneigentlichen Integral.

Anmerkung

Analog werden die *uneigentlichen Integrale* $\int_{-\infty}^a f(x)\, dx$ und $\int_{-\infty}^\infty f(x)\, dx$ durch *Grenzwerte* erklärt. Bei letzterem Integral wird das unendliche Integrationsintervall durch einen *beliebigen* Teilpunkt $x = c$ zunächst in zwei Teilintervalle zerlegt und dann die beiden uneigentlichen Integrale (wie oben geschildert) berechnet. Wenn *beide* Integrale (Grenzwerte) existieren, gilt dies auch für das Ausgangsintegral.

■ **Beispiele**

(1) $\int_{1}^{\infty} \frac{1}{x^3} \, dx = ?$

Wir integrieren zunächst von $x = 1$ bis zur Stelle $x = \lambda > 1$ und erhalten nach der *Potenzregel* der Integralrechnung:

$$I(\lambda) = \int_{1}^{\lambda} \frac{1}{x^3} \, dx = \int_{1}^{\lambda} x^{-3} \, dx = \left[\frac{x^{-2}}{-2}\right]_{1}^{\lambda} = \left[-\frac{1}{2x^2}\right]_{1}^{\lambda} = \frac{1}{2} - \frac{1}{2\lambda^2}$$

Im *zweiten* Schritt vollziehen wir den *Grenzübergang* für $\lambda \to \infty$:

$$\lim_{\lambda \to \infty} I(\lambda) = \lim_{\lambda \to \infty} \left(\frac{1}{2} - \frac{1}{2\lambda^2}\right) = \frac{1}{2} - 0 = \frac{1}{2}$$

Das *uneigentliche* Integral ist daher *konvergent* und besitzt den Wert $1/2$:

$$\int_{1}^{\infty} \frac{1}{x^3} \, dx = \lim_{\lambda \to \infty} \int_{1}^{\lambda} \frac{1}{x^3} \, dx = \lim_{\lambda \to \infty} I(\lambda) = \frac{1}{2}$$

(2) Wir berechnen das zu Beginn erwähnte *Arbeitsintegral* (Arbeit an einer Masse im Gravitationsfeld der Erde)

$$W = \int_{r_0}^{\infty} \gamma \frac{mM}{r^2} \, dr = \gamma mM \cdot \int_{r_0}^{\infty} \frac{1}{r^2} \, dr$$

und erhalten zunächst mit der (endlichen) *oberen* Grenze $r = \lambda > r_0$:

$$W(\lambda) = \gamma mM \cdot \int_{r_0}^{\lambda} \frac{1}{r^2} \, dr = \gamma mM \left[-\frac{1}{r}\right]_{r_0}^{\lambda} = \gamma mM \left(\frac{1}{r_0} - \frac{1}{\lambda}\right)$$

Der *Grenzwert* für $\lambda \to \infty$ ist *vorhanden* und führt zu

$$\lim_{\lambda \to \infty} W(\lambda) = \lim_{\lambda \to \infty} \gamma mM \left(\frac{1}{r_0} - \frac{1}{\lambda}\right) = \gamma mM \left(\frac{1}{r_0} - 0\right) = \frac{\gamma mM}{r_0}$$

Die aufzuwendende *Arbeit gegen die Gravitationskraft* beträgt daher:

$$W = \int_{r_0}^{\infty} \gamma \frac{mM}{r^2} \, dr = \gamma mM \cdot \int_{r_0}^{\infty} \frac{1}{r^2} \, dr = \lim_{\lambda \to \infty} W(\lambda) = \frac{\gamma mM}{r_0}$$

9 Uneigentliche Integrale

(3) Das *uneigentliche* Integral $\int_0^\infty \sqrt{x}\, dx$ ist dagegen *divergent*, wie wir gleich zeigen werden. Zunächst aber integrieren wir von $x = 0$ bis hin zu $x = \lambda > 0$ (grau unterlegte Fläche in Bild V-32):

$$I(\lambda) = \int_0^\lambda \sqrt{x}\, dx = \int_0^\lambda x^{1/2}\, dx = \frac{2}{3}\left[x^{3/2}\right]_0^\lambda = \frac{2}{3}(\lambda^{3/2} - 0) = \frac{2}{3}\sqrt{\lambda^3}$$

Beim *Grenzübergang* $\lambda \to \infty$ strebt der Integralwert $I(\lambda)$ jedoch *über alle Grenzen*:

$$\lim_{\lambda \to \infty} I(\lambda) = \lim_{\lambda \to \infty} \frac{2}{3}\sqrt{\lambda^3} = \infty$$

Geometrische Interpretation: Die von der Kurve $y = \sqrt{x}$ und der positiven x-Achse eingeschlossene Fläche ist *unendlich* groß (siehe Bild V.32):

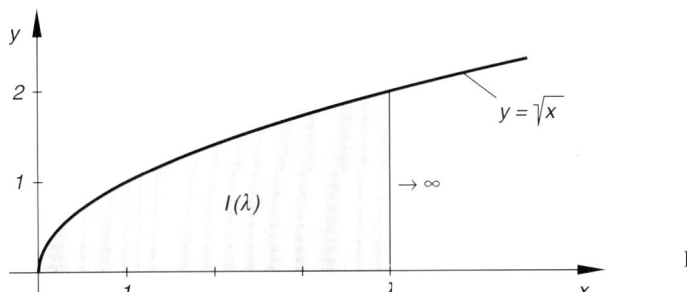

Bild V-32

(4) Für die *Fläche A* zwischen der Kurve $y = \dfrac{1}{1 + x^2}$ und der x-Achse (siehe hierzu auch Bild V-31) erhalten wir den folgenden Wert:

$$A = \int_{-\infty}^{\infty} \frac{1}{1+x^2}\, dx = 2 \cdot \int_0^\infty \frac{1}{1+x^2}\, dx = 2 \cdot \lim_{\lambda \to \infty} \int_0^\lambda \frac{1}{1+x^2}\, dx =$$

$$= 2 \cdot \lim_{\lambda \to \infty} \left[\arctan x\right]_0^\lambda = 2 \cdot \lim_{\lambda \to \infty} (\arctan \lambda - \underbrace{\arctan 0}_{0}) =$$

$$= 2 \cdot \lim_{\lambda \to \infty} (\arctan \lambda) = 2 \cdot \frac{\pi}{2} = \pi$$

Bei der Flächenberechnung haben wir dabei die *Achsensymmetrie* von Kurve und Fläche berücksichtigt (Faktor 2). ∎

9.2 Integrand mit einer Unendlichkeitsstelle (Pol)

Der Integrand $f(x)$ soll an der *oberen* Integrationsgrenze $x = b$ eine *Unendlichkeitsstelle* (Polstelle) besitzen (Bild V-33). Das Integral $\int_a^b f(x)\,dx$ ist daher wegen des *unbeschränkten* Integranden zunächst *nicht definiert*.

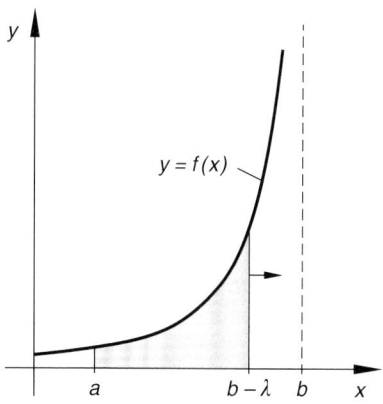

Bild V-33
Integrand $f(x)$ mit einer Polstelle an der oberen Grenze b

Man geht dann in diesem Sonderfall wie folgt vor:

Uneigentliches Integral mit einer Unendlichkeitsstelle im Integranden

Der Integrand $f(x)$ des uneigentlichen Integrals $\int_a^b f(x)\,dx$ hat an der *oberen* Grenze $x = b$ eine *Unendlichkeitsstelle* (*Pol*). Wir gehen dann wie folgt vor:

1. Zunächst wird von der Stelle $x = a$ bis zur Stelle $x = b - \lambda$ integriert (mit $\lambda > 0$; siehe Bild V-33). Das bestimmte Integral ist *vorhanden*, der Integralwert hängt aber noch vom *Parameter* λ ab:

$$I(\lambda) = \int_a^{b-\lambda} f(x)\,dx \qquad \text{(V-98)}$$

2. Ist der Grenzwert dieses Integrals für $\lambda \to 0$ *vorhanden*, so setzt man definitionsgemäß

$$\int_a^b f(x)\,dx = \lim_{\lambda \to 0} I(\lambda) = \lim_{\lambda \to 0} \int_a^{b-\lambda} f(x)\,dx \qquad \text{(V-99)}$$

und nennt das uneigentliche Integral *konvergent*. Anderenfalls spricht man von einem *divergenten* uneigentlichen Integral.

9 Uneigentliche Integrale

Anmerkungen

(1) Analog verfährt man, wenn die Polstelle an der *unteren* Grenze $x = a$ liegt. Man integriert dann zunächst von $x = a + \lambda$ (mit $\lambda > 0$) bis hin zu $x = b$ und bestimmt dann den *Grenzwert* für $\lambda \to 0$.

(2) Liegt der Pol im *Innern* des Integrationsbereiches an der Stelle $x = c$, so muss das Integral zunächst in *zwei* Teilintegrale aufgespalten werden. Man integriert von $x = a$ bis hin zu $x = c - \lambda$ und dann weiter von der Stelle $x = c + \mu$ bis hin zu $x = b$ ($\lambda > 0$, $\mu > 0$; Bild V-34). Dann werden die *Grenzwerte* für $\lambda \to 0$ bzw. $\mu \to 0$ bestimmt. Das uneigentliche Integral *konvergiert* nur, wenn *beide* Grenzwerte vorhanden sind (Integralwert = Summe der beiden Grenzwerte).

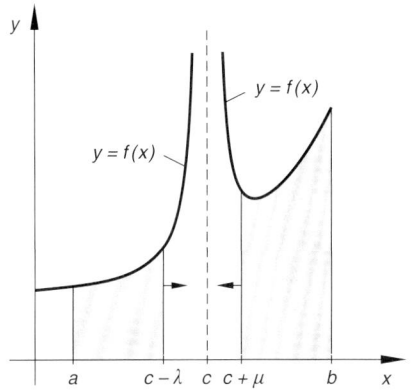

Bild V-34
Integrand $f(x)$ mit einer Polstelle bei c im Innern des Integrationsintervalls

■ **Beispiele**

(1) $\int\limits_{0}^{1} \frac{1}{\sqrt{1 - x}} \, dx = \,?$

Der Integrand hat an der *oberen* Integrationsgrenze $x = 1$ eine *Unendlichkeitsstelle* (Bild V-35).

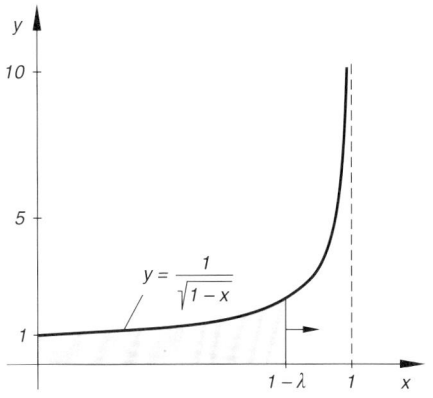

Bild V-35

Zunächst integrieren wir daher von $x = 0$ bis $x = 1 - \lambda$ mit $\lambda > 0$:

$$I(\lambda) = \int_{0}^{1-\lambda} \frac{1}{\sqrt{1-x}}\, dx = -2\left[\sqrt{1-x}\right]_0^{1-\lambda} =$$

$$= -2(\sqrt{\lambda} - \sqrt{1}) = -2(\sqrt{\lambda} - 1) = 2(1 - \sqrt{\lambda})$$

Das Integral haben wir dabei durch die *lineare Substitution* $u = 1 - x$ gelöst (bitte nachrechnen). Jetzt führen wir den *Grenzübergang* $\lambda \to 0$ durch und erhalten:

$$\lim_{\lambda \to 0} 2(1 - \sqrt{\lambda}) = 2(1 - \sqrt{0}) = 2(1 - 0) = 2$$

Das uneigentliche Integral ist also *konvergent* und es gilt definitionsgemäß:

$$\int_0^1 \frac{1}{\sqrt{1-x}}\, dx = \lim_{\lambda \to 0} \int_0^{1-\lambda} \frac{1}{\sqrt{1-x}}\, dx = \lim_{\lambda \to 0} I(\lambda) = 2$$

(2) Die Berechnung des *Flächeninhaltes* unter der Kurve $y = \dfrac{e^{-\sqrt{x}}}{\sqrt{x}}$, $0 < x \leq 4$ führt auf das *uneigentliche* Integral

$$A = \int_0^4 \frac{e^{-\sqrt{x}}}{\sqrt{x}}\, dx$$

da die Funktionsgleichung an der Stelle $x = 0$ *nicht definiert* ist (Bild V-36).

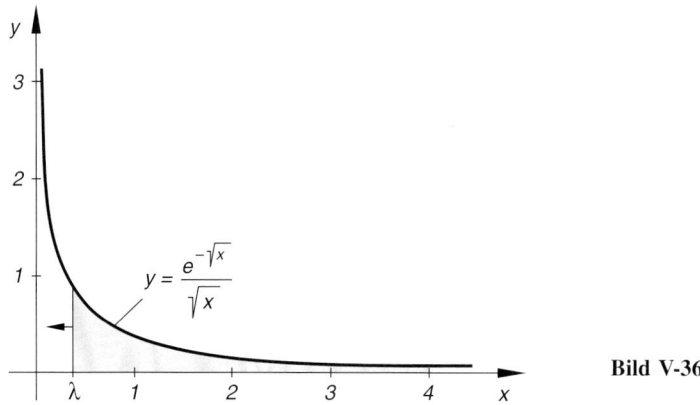

Bild V-36

Wir integrieren daher zunächst von der Stelle $x = \lambda > 0$ bis hin zur Stelle $x = 4$ (grau unterlegte Fläche in Bild V-36). Das anfallende Integral

$$A(\lambda) = \int_{\lambda}^{4} \frac{e^{-\sqrt{x}}}{\sqrt{x}}\, dx$$

lösen wir dabei wie folgt durch *Substitution* (die Integrationsgrenzen werden mitsubstituiert):

$$u = \sqrt{x}, \qquad \frac{du}{dx} = \frac{1}{2\sqrt{x}}, \qquad dx = 2\sqrt{x}\, du = 2u\, du$$

Untere Grenze: $x = \lambda \ \Rightarrow \ u = \sqrt{\lambda}$

Obere Grenze: $x = 4 \ \Rightarrow \ u = \sqrt{4} = 2$

$$A(\lambda) = \int_{\lambda}^{4} \frac{e^{-\sqrt{x}}}{\sqrt{x}}\, dx = \int_{\sqrt{\lambda}}^{2} \frac{e^{-u}}{u} \cdot 2u\, du = 2 \cdot \int_{\sqrt{\lambda}}^{2} e^{-u}\, du =$$

$$= 2\left[-e^{-u}\right]_{\sqrt{\lambda}}^{2} = 2\left(-e^{-2} + e^{-\sqrt{\lambda}}\right) = 2\left(e^{-\sqrt{\lambda}} - e^{-2}\right)$$

Der *Grenzwert* für $\lambda \to 0$ führt zu dem folgenden Ergebnis:

$$A = \lim_{\lambda \to 0} A(\lambda) = \lim_{\lambda \to 0} 2\left(e^{-\sqrt{\lambda}} - e^{-2}\right) = 2\left(e^{-\sqrt{0}} - e^{-2}\right) =$$

$$= 2\left(e^{0} - e^{-2}\right) = 2\left(1 - e^{-2}\right) \approx 1{,}7293$$

Das Flächenstück hat also einen *endlichen* Flächeninhalt (*konvergentes* uneigentliches Integral). ∎

10 Anwendungen der Integralrechnung

10.1 Einfache Beispiele aus Physik und Technik

10.1.1 Integration der Bewegungsgleichung

In Kap. IV (Abschnitt 2.14.1) haben wir uns bereits mit der Bewegung eines Massenpunktes beschäftigt und dabei gezeigt, dass man *Geschwindigkeit* v und *Beschleunigung* a durch *ein-* bzw. *zweimaliges Differenzieren* der als bekannt vorausgesetzten *Weg-Zeit-Funktion* $s = s(t)$ erhalten kann:

$$v = \frac{ds}{dt} = \dot{s}, \qquad a = \frac{dv}{dt} = \dot{v} = \ddot{s} \qquad \text{(V-100)}$$

Umgekehrt lassen sich *Weg* s und *Geschwindigkeit* v einer Bewegung durch *Integration* der *Beschleunigung-Zeit-Funktion* $a = a(t)$ gewinnen. Unterliegt ein Körper der Masse m einer *zeitlich veränderlichen* Kraft vom Betrage $F = F(t)$, so folgt aus der *Newtonschen Bewegungsgleichung* $F = ma$ für die *Beschleunigung-Zeit-Funktion*

$$a = a(t) = \frac{F(t)}{m} \qquad \text{(V-101)}$$

Ist $F(t)$ und damit $a(t)$ bekannt, so erhält man aus dieser Gleichung durch *Integration* die *Geschwindigkeit-Zeit-Funktion*

$$v = v(t) = \int \dot{v}\,dt = \int a(t)\,dt \tag{V-102}$$

und hieraus durch *nochmalige Integration* die *Weg-Zeit-Funktion*

$$s = s(t) = \int \dot{s}\,dt = \int v(t)\,dt \tag{V-103}$$

Die dabei auftretenden *Integrationskonstanten* werden in der Regel durch die *Anfangswerte* $s(0) = s_0$ und $v(0) = v_0$ festgelegt, wobei s_0 die *Wegmarke zu Beginn* (d. h. zur Zeit $t = 0$) und v_0 die *Anfangsgeschwindigkeit* bedeuten.

Wir fassen dieses Ergebnis wie folgt zusammen:

Integration der Bewegungsgleichung $F = F(t)$ **bzw.** $a = a(t)$ $(F = ma)$

Geschwindigkeit v und *Weg* s erhält man durch *ein-* bzw. *zweimalige Integration* der Beschleunigung-Zeit-Funktion $a = a(t)$:

$$v = \int a(t)\,dt, \qquad s = \int v(t)\,dt \tag{V-104}$$

■ **Beispiele**

(1) **Bewegung mit konstanter Beschleunigung**

Eine Bewegung erfolge mit *konstanter* Beschleunigung a längs einer Geraden. Weg und Geschwindigkeit zu Beginn (d. h. zur Zeit $t = 0$) seien $s(0) = s_0$ und $v(0) = v_0$. Dann gilt für die *Geschwindigkeit* v:

$$v = \int a\,dt = a \cdot \int 1\,dt = at + C_1$$

Die Integrationskonstante wird aus dem *Anfangswert* $v(0) = v_0$ berechnet:

$$v(0) = v_0 \quad \Rightarrow \quad a \cdot 0 + C_1 = v_0 \quad \Rightarrow \quad C_1 = v_0$$

$$v = at + v_0$$

Durch *nochmalige Integration* erhalten wir das *Weg-Zeit-Gesetz*:

$$s = \int v(t)\,dt = \int (at + v_0)\,dt = \frac{1}{2}at^2 + v_0 t + C_2$$

Aus dem *Anfangswert* $s(0) = s_0$ folgt $C_2 = s_0$, und das *Weg-Zeit-Gesetz* nimmt damit die folgende Gestalt an:

$$s = \frac{1}{2}at^2 + v_0 t + s_0 \qquad \text{(für } t \geq 0\text{)}$$

10 Anwendungen der Integralrechnung

(2) **Freier Fall unter Berücksichtigung des Luftwiderstandes**

Wir untersuchen die *Fallgeschwindigkeit* v als Funktion der Fallzeit t unter Berücksichtigung des Luftwiderstandes. Der Schwerkraft (dem Gewicht) mg wirkt dabei die *Reibungskraft* kv^2 entgegen ($k > 0$: Reibungskoeffizient). Nach dem *Grundgesetz der Mechanik* erhält man damit die folgende *Bewegungsgleichung für den freien Fall*:

$$ma = mg - kv^2 \quad \text{oder} \quad a = g - \frac{k}{m} v^2$$

Bevor wir diese Gleichung integrieren, bringen wir sie noch unter Berücksichtigung von $a = \dfrac{dv}{dt}$ auf die folgende Gestalt:

$$\frac{dv}{dt} = g - \frac{k}{m} v^2 = g \left(1 - \frac{k}{mg} v^2\right) \Rightarrow \frac{dv}{g\left(1 - \dfrac{k}{mg} v^2\right)} = dt$$

Mit Hilfe der *Substitution*

$$x = \sqrt{\frac{k}{mg}}\, v, \quad \frac{dx}{dv} = \sqrt{\frac{k}{mg}}, \quad dv = \sqrt{\frac{mg}{k}}\, dx$$

erhalten wir schließlich:

$$\sqrt{\frac{mg}{k}} \cdot \frac{dx}{g(1 - x^2)} = \sqrt{\frac{m}{gk}} \cdot \frac{dx}{1 - x^2} = dt$$

Unbestimmte *Integration auf beiden Seiten* führt zu:

$$\sqrt{\frac{m}{gk}} \cdot \int \frac{dx}{1 - x^2} = \int dt \Rightarrow \sqrt{\frac{m}{gk}} \cdot \operatorname{artanh} x = t + C$$

Nach *Rücksubstitution* ergibt sich hieraus:

$$\sqrt{\frac{m}{gk}} \cdot \operatorname{artanh}\left(\sqrt{\frac{k}{mg}}\, v\right) = t + C$$

Der *freie Fall* erfolge aus der *Ruhe* heraus, d. h. zur Zeit $t = 0$ sei $v(0) = 0$. Aus diesem *Anfangswert* erhält man für die Integrationskonstante den Wert $C = 0$ (da $\operatorname{artanh} 0 = 0$ ist). Somit gilt:

$$\sqrt{\frac{m}{gk}} \cdot \operatorname{artanh}\left(\sqrt{\frac{k}{mg}}\, v\right) = t \Rightarrow \operatorname{artanh}\left(\sqrt{\frac{k}{mg}}\, v\right) = \sqrt{\frac{gk}{m}}\, t$$

Durch *Umkehrung* erhalten wir schließlich das Geschwindigkeit-Zeit-Gesetz:

$$\sqrt{\frac{k}{mg}}\, v = \tanh\left(\sqrt{\frac{gk}{m}}\, t\right) \quad \Rightarrow \quad v = v(t) = \sqrt{\frac{mg}{k}} \cdot \tanh\left(\sqrt{\frac{gk}{m}}\, t\right)$$

Für $t \to \infty$ strebt die Fallgeschwindigkeit gegen die *konstante Endgeschwindigkeit*

$$v_E = \lim_{t \to \infty} v(t) = \lim_{t \to \infty} \left(\sqrt{\frac{mg}{k}} \cdot \tanh\left(\sqrt{\frac{gk}{m}}\, t\right)\right) = \sqrt{\frac{mg}{k}}$$

(Zur Erinnerung: Für $x \to \infty$ strebt bekanntlich $\tanh x$ gegen 1).

Gewichtskraft und Reibungskraft sind dann im *Gleichgewicht* und der Körper fällt *kräftefrei*, d. h. mit *konstanter* Geschwindigkeit. Die *Geschwindigkeit-Zeit-Funktion* lässt sich damit auch in der Form

$$v = v(t) = v_E \cdot \tanh\left(\frac{g}{v_E}\, t\right) \qquad (t \geq 0)$$

darstellen. Ihr Verlauf ist in Bild V-37 skizziert.

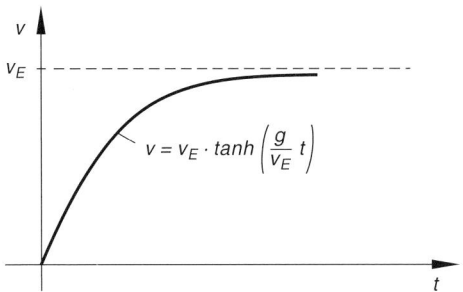

Bild V-37
Fallgeschwindigkeit v als Funktion der Fallzeit t unter Berücksichtigung des Luftwiderstandes

∎

10.1.2 Biegelinie (elastische Linie) eines einseitig eingespannten Balkens

Wir beschäftigen uns jetzt mit einem typischen Problem aus der *Festigkeitslehre*: Ein einseitig fest eingespannter homogener Balken der Länge l mit konstanter Querschnittsfläche werde durch eine am freien Balkenende einwirkende Kraft vom Betrage F auf *Biegung* beansprucht (Bild V-38).

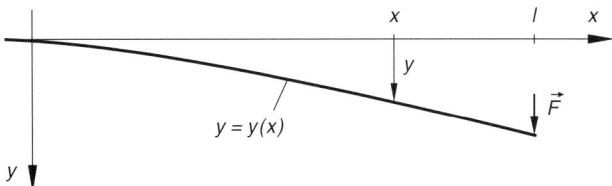

Bild V-38 Biegelinie $y = y(x)$ eines einseitig eingespannten Balkens unter dem Einfluss einer konstanten Kraft vom Betrage F am freien Ende

Die *Durchbiegung* y ist dabei *von Ort zu Ort verschieden*, d. h. *eine Funktion* $y = y(x)$ *der Ortskoordinate* x (wir messen x vom *eingespannten* Balkenende aus). In der Festigkeitslehre wird gezeigt, dass die 2. Ableitung der elastischen Linie der *Biegegleichung*[12]

$$y'' = -\frac{M_b}{EI} \qquad \text{(V-105)}$$

genügt. In dieser Gleichung bedeuten:

- E: *Elastizitätsmodul* (Materialkonstante)
- I: *Flächenmoment* des Balkenquerschnitts
- M_b: *Biegemoment* (von Ort zu Ort verschieden)

In unserem Beispiel ist das Produkt EI (*Biegesteifigkeit* genannt) eine Konstante. Für das *Biegemoment* an der Stelle x gilt dabei:

$$M_b = -F(l - x) \qquad \text{(V-106)}$$

(die konstante Kraft wirkt im Abstand $l - x$ von der betrachteten Stelle). Damit nimmt die *Biegegleichung* die folgende Gestalt an:

$$y'' = \frac{F}{EI}(l - x) \qquad (0 \leq x \leq l) \qquad \text{(V-107)}$$

Die Gleichung der gesuchten *Biegelinie* $y = y(x)$ erhält man nach *zweimaliger Integration der Biegegleichung* (V-107):

$$y' = \int y'' \, dx = \frac{F}{EI} \cdot \int (l - x) \, dx = \frac{F}{EI} \left(lx - \frac{1}{2}x^2 + C_1 \right) \qquad \text{(V-108)}$$

$$y = \int y' \, dx = \frac{F}{EI} \cdot \int \left(lx - \frac{1}{2}x^2 + C_1 \right) dx =$$

$$= \frac{F}{EI} \left(\frac{1}{2}lx^2 - \frac{1}{6}x^3 + C_1 x + C_2 \right) \qquad \text{(V-109)}$$

Die Integrationskonstanten C_1 und C_2 bestimmen wir aus den *Randwerten*

$$\begin{aligned} y(0) &= 0 \quad (\textit{keine Durchbiegung am eingespannten Ende } x = 0) \\ y'(0) &= 0 \quad (\textit{waagerechte Tangente am eingespannten Ende } x = 0) \end{aligned} \qquad \text{(V-110)}$$

wie folgt:

$$y'(0) = 0 \quad \Rightarrow \quad \frac{F}{EI}(0 - 0 + C_1) = \frac{F}{EI} \cdot C_1 = 0 \quad \Rightarrow \quad C_1 = 0$$

$$y(0) = 0 \quad \Rightarrow \quad \frac{F}{EI}(0 - 0 + 0 + C_2) = \frac{F}{EI} \cdot C_2 = 0 \quad \Rightarrow \quad C_2 = 0$$

---

[12] Die Biegegleichung ist eine sog. *Differentialgleichung 2. Ordnung* (siehe hierzu Kap. IV in Band 2). Sie gilt nur *näherungsweise* unter der Voraussetzung, dass die Durchbiegungen *klein* sind gegen die Balkenlänge, d. h. $y \ll l$ ist.

Die *Biegelinie* lautet damit (Polynomfunktion 3. Grades):

$$y = \frac{F}{EI}\left(\frac{1}{2}lx^2 - \frac{1}{6}x^3\right) = \frac{F}{6EI}(3lx^2 - x^3) \qquad (0 \leq x \leq l) \qquad \text{(V-111)}$$

Die Durchbiegung ist am *freien* Ende $(x = l)$ am *größten*. Sie beträgt dort

$$y_{\max} = y(x = l) = \frac{F}{6EI}(3l^3 - l^3) = \frac{F}{6EI} \cdot 2l^3 = \frac{Fl^3}{3EI} \qquad \text{(V-112)}$$

Es handelt sich dabei um ein *Randmaximum* (siehe hierzu auch das Beispiel (3) aus Kap. IV, Abschnitt 3.5).

10.1.3 Spannung zwischen zwei Punkten eines elektrischen Feldes

Wir betrachten das *elektrostatische Feld* in der Umgebung einer *positiven Punktladung* Q. Es besitzt die in Bild V-39 skizzierte *radiale* Struktur.

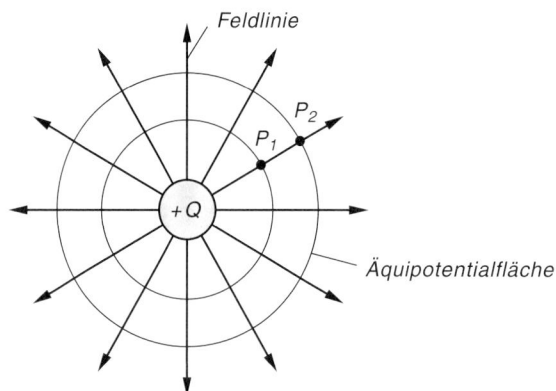

Bild V-39

Elektrostatisches Feld in der Umgebung einer positiven Punktladung Q (*ebener* Schnitt durch Q)

Die *elektrische Feldstärke* vom Betrage E hängt dabei aus *Symmetriegründen* nur vom *Abstand* r von der Punktladung Q ab. In unserem Beispiel ist

$$E = E(r) = \frac{Q}{4\pi\varepsilon_0\varepsilon_r r^2} \qquad (r > 0) \qquad \text{(V-113)}$$

(ε_0: Elektrische Feldkonstante; ε_r: *Relative* Dielektrizitätskonstante des Mediums).

Auch das *Potential* eines Punktes des elektrischen Feldes ist *kugelsymmetrisch*: Die *Äquipotentialflächen sind konzentrische Kugelschalen* (Mittelpunkt: Ladung Q). Zwischen zwei Punkten P_1 und P_2 des Feldes mit den Abständen r_1 bzw. r_2 von der felderzeugenden Ladung Q besteht dann definitionsgemäß die folgende *Potentialdifferenz* (Spannung):

$$U_{12} = \int_{r_1}^{r_2} E(r)\, dr \qquad \text{(V-114)}$$

Für die *Feldstärke* setzen wir den Ausdruck (V-113) ein und erhalten schließlich:

$$U_{12} = \int_{r_1}^{r_2} E(r)\, dr = \int_{r_1}^{r_2} \frac{Q}{4\pi\varepsilon_0\varepsilon_r r^2}\, dr = \frac{Q}{4\pi\varepsilon_0\varepsilon_r} \cdot \int_{r_1}^{r_2} \frac{dr}{r^2} =$$

$$= \frac{Q}{4\pi\varepsilon_0\varepsilon_r} \cdot \int_{r_1}^{r_2} r^{-2}\, dr = \frac{Q}{4\pi\varepsilon_0\varepsilon_r}\left[\frac{r^{-1}}{-1}\right]_{r_1}^{r_2} = \frac{Q}{4\pi\varepsilon_0\varepsilon_r}\left[-\frac{1}{r}\right]_{r_1}^{r_2} =$$

$$= \frac{Q}{4\pi\varepsilon_0\varepsilon_r}\left(\frac{1}{r_1} - \frac{1}{r_2}\right) \tag{V-115}$$

10.2 Flächeninhalt

10.2.1 Bestimmtes Integral und Flächeninhalt (Ergänzungen)

Im Abschnitt 2 wurde das bestimmte Integral $\int_a^b f(x)\, dx$ als Flächeninhalt A zwischen der Kurve $y = f(x)$, der x-Achse und den Parallelen $x = a$ und $x = b$ eingeführt (Bild V-40). Diese *geometrische* Interpretation ist jedoch nur zulässig, wenn die (stetige) Integrandfunktion $f(x)$ überall im Integrationsbereich die Bedingung $f(x) \geq 0$ erfüllt, die Kurve also *oberhalb* der x-Achse verläuft und ferner $a < b$ ist.

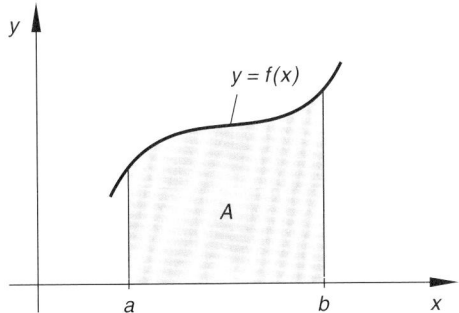

Bild V-40

Das bestimmte Integral als Flächeninhalt

■ **Beispiel**

Wir suchen den *Flächeninhalt* A, der von der Parabel $y = x^2 - 2x + 3$, der x-Achse und den Parallelen $x = 0$ und $x = 3$ begrenzt wird (Bild V-41). Da die Parabel im Intervall $0 \leq x \leq 3$ *oberhalb* der x-Achse verläuft, gilt:

$$A = \int_0^3 (x^2 - 2x + 3)\, dx = \left[\frac{1}{3}x^3 - x^2 + 3x\right]_0^3 = (9 - 9 + 9) - (0) = 9$$

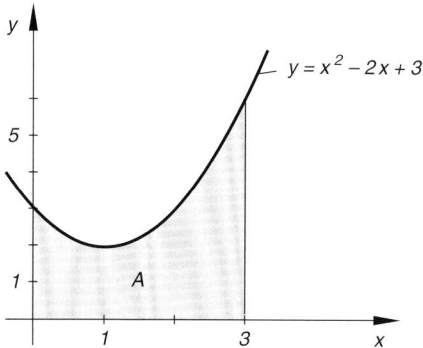

Bild V-41

Zur Berechnung der Fläche unter der Parabel $y = x^2 - 2x + 3$ im Intervall $0 \leq x \leq 3$

∎

Liegt das Flächenstück jedoch, wie in Bild V-42 skizziert, vollständig *unterhalb* der x-Achse, so ist der Integralwert $\int_a^b f(x)\, dx$ *negativ* und kann daher *nicht* dem gesuchten Flächeninhalt A entsprechen. In diesem Fall geht man wie folgt vor: Man *spiegelt* die Fläche an der *x-Achse* und erhält das in Bild V-43 *dunkelgrau* unterlegte Flächenstück vom *gleichen* Flächeninhalt A.

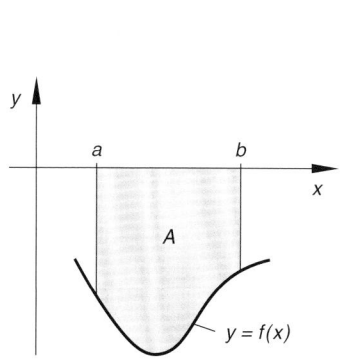

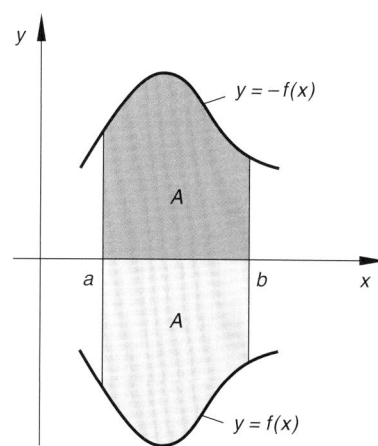

Bild V-42 Fläche unterhalb der x-Achse　　　**Bild V-43** Spiegelung der Fläche an der x-Achse

Dieses Flächenstück liegt *oberhalb* der x-Achse und wird von der *gespiegelten* Kurve mit der Gleichung $y = -f(x)$ und der x-Achse berandet [13]. Den gesuchten Flächeninhalt A erhalten wir damit durch Integration über die Funktion $y = -f(x)$ in den Grenzen von $x = a$ bis $x = b$:

$$A = \int_a^b [-f(x)]\, dx = -\int_a^b f(x)\, dx \qquad \text{(V-116)}$$

---

[13] Bei der Spiegelung einer Kurve an der x-Achse multiplizieren sich die Ordinaten (Funktionswerte) mit -1.

10 Anwendungen der Integralrechnung

Die *gespiegelte* Kurve können wir aber auch durch die Gleichung $y = |f(x)|$ beschreiben. Der Flächeninhalt A lässt sich daher auch durch das Integral

$$A = \int_a^b |f(x)|\, dx = \left| \int_a^b f(x)\, dx \right| \tag{V-117}$$

berechnen, wobei Betragsbildung und Integration miteinander vertauschbar sind.

■ **Beispiel**

Welchen *Flächeninhalt* A bildet die Tangenskurve $y = \tan x$ im Intervall $-1 \leq x \leq 0$ mit der x-Achse (in Bild V-44 grau unterlegt)?

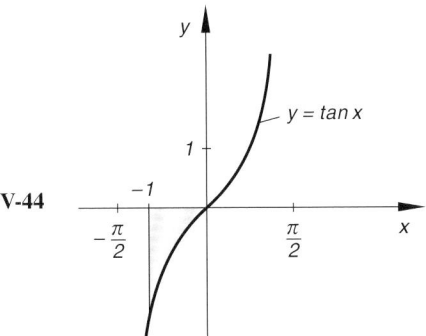

Bild V-44

Lösung (unter Verwendung einer Integraltafel):

$$A = -\int_{-1}^{0} \tan x\, dx = -\Big[-\ln|\cos x| \Big]_{-1}^{0} = \Big[\ln|\cos x| \Big]_{-1}^{0} =$$

$$= \ln|\cos 0| - \ln|\cos(-1)| = \ln 1 - \ln 0{,}54 = 0 - (-0{,}62) = 0{,}62 \quad ■$$

Der *allgemeinste* Fall tritt ein, wenn die Fläche *teils oberhalb* und *teils unterhalb* der x-Achse liegt. Wir müssen dann die Fläche so in *Teilflächen* zerlegen, dass diese entweder *vollständig oberhalb* oder *vollständig unterhalb* der x-Achse liegen (Bild V-45). Die entsprechenden Integralbeiträge sind daher *positiv* oder *negativ*, je nachdem, ob die Kurve gerade *oberhalb* oder *unterhalb* der x-Achse verläuft (die *positiven* Beiträge sind in Bild V-45 *dunkelgrau*, die *negativen* Beiträge *hellgrau* unterlegt).

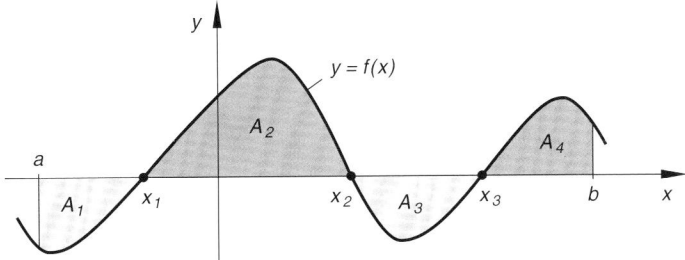

Bild V-45 Zur Berechnung des Flächeninhaltes im allgemeinsten Fall (Zerlegung der Fläche in Teilflächen)

Für die Berechnung dieser Teilflächen benötigen wir daher als zusätzliche Information die im Integrationsintervall $a \leq x \leq b$ gelegenen *Nullstellen* der Funktion $y = f(x)$. So besitzt z. B. die in Bild V-45 skizzierte Funktion genau drei im Integrationsintervall liegende Nullstellen x_1, x_2 und x_3 (nach steigender Größe geordnet). In den Teilintervallen $a \leq x \leq x_1$ und $x_2 \leq x \leq x_3$ liegt dabei die Kurve *unterhalb* der x-Achse, die entsprechenden Integralbeiträge I_1 und I_3 sind daher *negativ*. In den Teilintervallen $x_1 \leq x \leq x_2$ und $x_3 \leq x \leq b$ dagegen verläuft die Kurve *oberhalb* der x-Achse, die entsprechenden Integralbeiträge I_2 und I_4 sind somit *positiv*. Die Gesamtfläche A ist dann als *Summe* der *Beträge* aller Teilintegrale darstellbar:

$$A = A_1 + A_2 + A_3 + A_4 = |I_1| + I_2 + |I_3| + I_4 =$$

$$= \left| \int_a^{x_1} f(x)\, dx \right| + \int_{x_1}^{x_2} f(x)\, dx + \left| \int_{x_2}^{x_3} f(x)\, dx \right| + \int_{x_3}^{b} f(x)\, dx \qquad \text{(V-118)}$$

Wir fassen die Ergebnisse über die Flächenberechnung wie folgt zusammen:

Flächeninhalt zwischen einer Kurve und der x-Achse

Bei der Berechnung des *Flächeninhaltes* A zwischen einer Kurve $y = f(x)$, $a \leq x \leq b$ und der x-Achse sind die folgenden Fälle zu unterscheiden:

1. Fall: Die Kurve verläuft *oberhalb* der x-Achse (Bild V-40). Dann gilt:

$$A = \int_a^b f(x)\, dx \qquad \text{(V-119)}$$

2. Fall: Die Kurve verläuft *unterhalb* der x-Achse (Bild V-42). Dann gilt:

$$A = \left| \int_a^b f(x)\, dx \right| = - \int_a^b f(x)\, dx \qquad \text{(V-120)}$$

3. Fall: Die Kurve verläuft *teils* oberhalb, *teils* unterhalb der x-Achse (Bild V-45). In diesem Fall muss die Fläche zunächst so in *Teilflächen* zerlegt werden, dass diese entweder vollständig *oberhalb* oder vollständig *unterhalb* der x-Achse liegen. Dazu werden die *Nullstellen* der Funktion $y = f(x)$ im Intervall $a \leq x \leq b$ benötigt. Anhand einer Skizze lässt sich dann die Zerlegung der Fläche in Teilflächen mit den genannten Eigenschaften problemlos durchführen. Die Berechnung der Teilflächen erfolgt dabei mit Hilfe der Integralformeln (V-119) und (V-120). Die gesuchte Gesamtfläche ist dann die *Summe* aller Teilflächen.

Beispiel

Wir berechnen den in Bild V-46 skizzierten Flächeninhalt zwischen der Polynomfunktion $y = x^3 - 3x^2 - 6x + 8$, der x-Achse und den Parallelen $x = -2{,}5$ und $x = 3$.

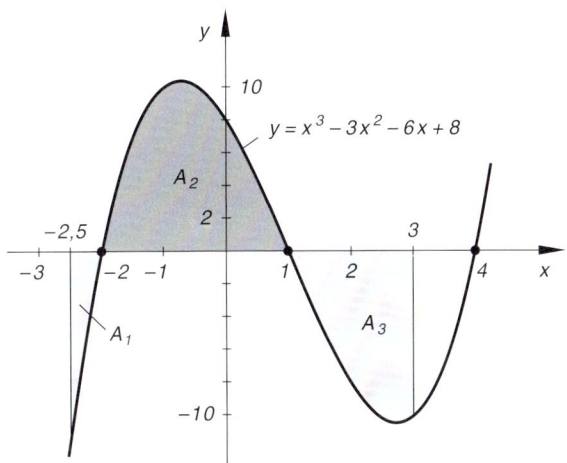

Bild V-46 Zur Berechnung der Fläche zwischen der Kurve $y = x^3 - 3x^2 - 6x + 8$, der x-Achse und den Parallelen $x = -2{,}5$ und $x = 3$

Die *Nullstellen* der Funktion sind der Reihe nach $x_1 = -2$, $x_2 = 1$ und $x_3 = 4$ (die Nullstelle bei $x = 1$ findet man leicht durch Probieren, die restlichen mit Hilfe des Horner-Schemas). Sie liegen bis auf den letzten Wert im Intervall $-2{,}5 \leq x \leq 3$ (Bild V-46). Die Fläche zerfällt damit in *drei Teilflächen*, die jeweils *abwechselnd unter-* und *oberhalb* der x-Achse liegen. Es sind daher die folgenden drei Teilintegrale zu berechnen [14]:

$$I_1 = \int_{-2,5}^{-2} (x^3 - 3x^2 - 6x + 8)\, dx = \left[\frac{1}{4}x^4 - x^3 - 3x^2 + 8x\right]_{-2,5}^{-2} = -2{,}64$$

$$I_2 = \int_{-2}^{1} (x^3 - 3x^2 - 6x + 8)\, dx = \left[\frac{1}{4}x^4 - x^3 - 3x^2 + 8x\right]_{-2}^{1} = 20{,}25$$

$$I_3 = \int_{1}^{3} (x^3 - 3x^2 - 6x + 8)\, dx = \left[\frac{1}{4}x^4 - x^3 - 3x^2 + 8x\right]_{1}^{3} = -14$$

Der gesuchte *Flächeninhalt* beträgt damit:

$$A = A_1 + A_2 + A_3 = |I_1| + I_2 + |I_3| = |-2{,}64| + 20{,}25 + |-14| =$$
$$= 2{,}64 + 20{,}25 + 14 = 36{,}89$$

---

[14] Die Integrale unterscheiden sich nur in den Grenzen, Integrand und Stammfunktion sind gleich.

10.2.2 Flächeninhalt zwischen zwei Kurven

Wir betrachten ein Flächenstück, das von den Kurven $y_o = f_o(x)$ und $y_u = f_u(x)$ sowie den beiden Parallelen $x = a$ und $x = b$ berandet wird (Bild V-47). Dabei soll *überall* im Intervall $a \leq x \leq b$ die Bedingung $f_o(x) \geq f_u(x)$ erfüllt sein, d. h. die Kurve $y_o = f_o(x)$ verläuft zwischen $x = a$ und $x = b$ oberhalb der Kurve $y_u = f_u(x)$ (dieses Verhalten wird durch die Indizes zum Ausdruck gebracht: o = oben, u = unten).

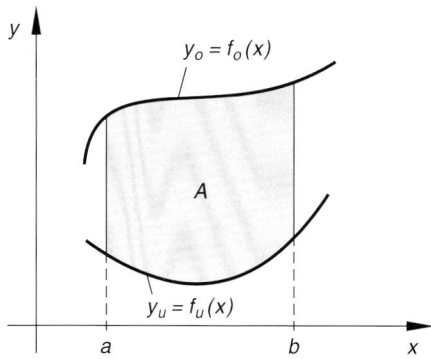

Bild V-47
Zur Berechnung der zwischen zwei Kurven gelegenen Fläche A

Wir berechnen den Flächeninhalt A zwischen den beiden Kurven als *Differenz zweier Flächen*. Nach Bild V-47 gilt nämlich:

$$A = \int_a^b y_o \, dx - \int_a^b y_u \, dx = \int_a^b f_o(x) \, dx - \int_a^b f_u(x) \, dx \tag{V-121}$$

Das *erste* Integral beschreibt dabei die *unterhalb* der Kurve $y_o = f_o(x)$ liegende Fläche, das *zweite* Integral entsprechend den Flächeninhalt *unterhalb* der Kurve $y_u = f_u(x)$. Die Integraldifferenz (V-121) lässt sich noch zu *einem* Integral zusammenfassen:

Flächeninhalt zwischen zwei Kurven (Bild V-47)

$$A = \int_a^b (y_o - y_u) \, dx = \int_a^b [f_o(x) - f_u(x)] \, dx \tag{V-122}$$

Dabei bedeuten:

$y_o = f_o(x)$: Gleichung der *oberen* Randkurve

$y_u = f_u(x)$: Gleichung der *unteren* Randkurve

Voraussetzung: $f_o(x) \geq f_u(x)$ im Intervall $a \leq x \leq b$

10 Anwendungen der Integralrechnung

Anmerkungen

(1) Die Lage des Flächenstücks spielt dabei *keine* Rolle, solange *überall* im Intervall $a \leq x \leq b$ die Bedingung $f_o(x) \geq f_u(x)$ erfüllt ist. Der Formelausdruck (V-122) bleibt daher auch für die in den Bildern V-48 a) und V-48 b) skizzierten Flächen *gültig*.

Begründung: Wir verschieben das Flächenstück parallel zur y-Achse nach oben, bis es *oberhalb* der x-Achse liegt. Dabei vergrößern sich die Ordinaten aller Flächenpunkte um eine Konstante K. Dann unterscheiden sich die Gleichungen der neuen Randkurven von denen der alten Randkurven ebenfalls um diese Konstante. Bei der Differenzbildung im Integranden des Integrals (V-122) fällt die Konstante K heraus.

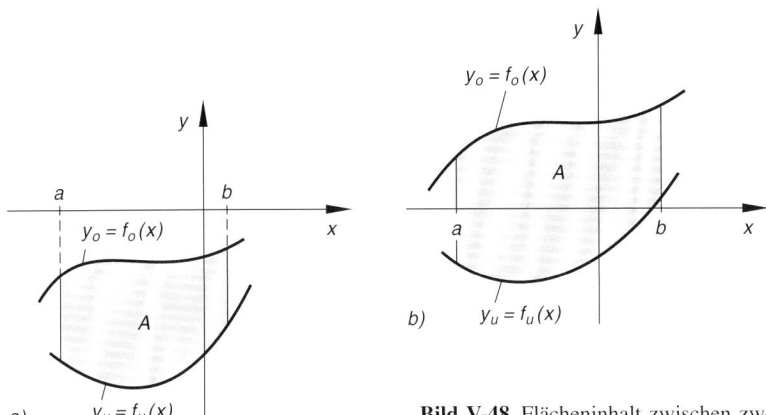

Bild V-48 Flächeninhalt zwischen zwei Kurven

(2) Die Integralformel (V-122) gilt *nur* unter der Voraussetzung, dass sich die beiden Randkurven der Fläche an *keiner* Stelle des Intervalls $a \leq x \leq b$ durchschneiden, d. h. überall in diesem Intervall muss die Bedingung $f_o(x) \geq f_u(x)$ *erfüllt* sein. Andernfalls ist die Fläche so in *Teilflächen* zu zerlegen, dass die beiden Randkurven einer *jeden* Teilfläche diese Bedingung erfüllen. Zur Berechnung dieser Teilflächen werden daher die im Intervall $a \leq x \leq b$ gelegenen *Schnittpunkte* beider Kurven benötigt. Bild V-49 verdeutlicht das Vorgehen bei *zwei* Teilflächen A_1 und A_2, d. h. bei *einem* im Innern des Intervalls $a \leq x \leq b$ gelegenen *Schnittpunkt* S mit dem Abszissenwert x_1.

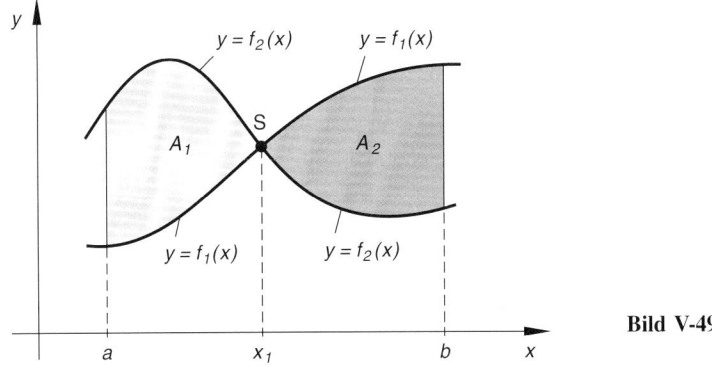

Bild V-49

In den beiden Teilintervallen gelten dann folgende Beziehungen:

Im Intervall $a \leq x \leq x_1$: $f_2(x) \geq f_1(x)$

Im Intervall $x_1 \leq x \leq b$: $f_1(x) \geq f_2(x)$

Mit anderen Worten: Im ersten Intervall liegt $f_2(x)$ *oberhalb* von $f_1(x)$, im zweiten Intervall ist es genau *umgekehrt*.

Die *Gesamtfläche* A berechnet sich daher wie folgt:

$$A = A_1 + A_2 = \int_a^{x_1} [f_2(x) - f_1(x)]\, dx + \int_{x_1}^b [f_1(x) - f_2(x)]\, dx =$$

$$= \int_a^{x_1} [f_2(x) - f_1(x)]\, dx + \left| \int_{x_1}^b [f_2(x) - f_1(x)]\, dx \right| \tag{V-123}$$

■ **Beispiele**

(1) Man bestimme den *Flächeninhalt* zwischen der Parabel $y = -0{,}5x^2 + 6$ und der Geraden $y = 1{,}5x + 2$ (Bild V-50).

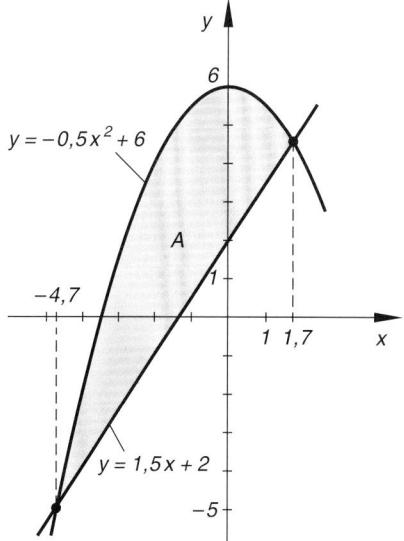

Bild V-50 Zur Berechnung der Fläche zwischen der Parabel $y = -0{,}5x^2 + 6$ und der Geraden $y = 1{,}5x + 2$

10 Anwendungen der Integralrechnung

Lösung: Zunächst berechnen wir die *Kurvenschnittpunkte*:

$$-0,5 x^2 + 6 = 1,5 x + 2 \quad \Rightarrow \quad x^2 + 3x - 8 = 0 \quad \Rightarrow$$

$$x_1 = -4,7, \quad x_2 = 1,7$$

Das Flächenstück wird im Intervall $-4,7 \leq x \leq 1,7$ *oben* von der *Parabel* und *unten* von der *Geraden* begrenzt. Daher gilt für den Flächeninhalt:

$$A = \int_{-4,7}^{1,7} [(-0,5 x^2 + 6) - (1,5 x + 2)]\, dx =$$

$$= \int_{-4,7}^{1,7} (-0,5 x^2 + 6 - 1,5 x - 2)\, dx = \int_{-4,7}^{1,7} (-0,5 x^2 - 1,5 x + 4)\, dx =$$

$$= \left[-\frac{1}{6} x^3 - \frac{3}{4} x^2 + 4x \right]_{-4,7}^{1,7} = 3,81 - (-18,06) = 21,87$$

(2) Wir berechnen die zwischen der Sinus- und Kosinuskurve liegende *Fläche* im Bereich zweier *aufeinanderfolgender* Schnittpunkte. Die in Bild V-51 *grau* unterlegten Teile sind wegen der Periodizität der Randkurven *flächengleich*.

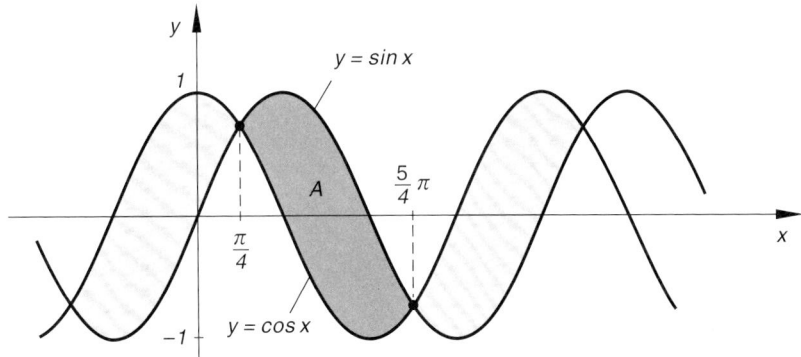

Bild V-51 Flächenstück zwischen der Sinus- und Kosinuskurve im Bereich zweier aufeinanderfolgender Schnittpunkte

Aus der *trigonometrischen* Gleichung

$$\sin x = \cos x \quad \text{oder} \quad \frac{\sin x}{\cos x} = \tan x = 1$$

berechnen wir zunächst die *Kurvenschnittpunkte*. Sie liegen an den Stellen

$$x_k = \arctan 1 + k \cdot \pi = \frac{\pi}{4} + k \cdot \pi \quad (k = 0, \pm 1, \pm 2, \ldots)$$

Wir entscheiden uns dabei für den in Bild V-51 skizzierten *dunkelgrau* unterlegten Bereich zwischen den ersten beiden *positiven* Schnittpunkten, d. h. für das Intervall $\frac{\pi}{4} \leq x \leq \frac{5}{4}\pi$. In diesem Intervall verläuft die Sinuskurve *oberhalb* der Kosinuskurve. Der gesuchte *Flächeninhalt* wird daher über das folgende Integral berechnet:

$$A = \int_{\pi/4}^{5\pi/4} (\sin x - \cos x)\, dx = \Big[-\cos x - \sin x\Big]_{\pi/4}^{5\pi/4} =$$

$$= \left(-\cos\left(\frac{5}{4}\pi\right) - \sin\left(\frac{5}{4}\pi\right)\right) - \left(-\cos\left(\frac{\pi}{4}\right) - \sin\left(\frac{\pi}{4}\right)\right) =$$

$$= \left(\frac{1}{2}\sqrt{2} + \frac{1}{2}\sqrt{2}\right) + \left(\frac{1}{2}\sqrt{2} + \frac{1}{2}\sqrt{2}\right) = 2\sqrt{2} = 2{,}83$$

(3) Wir interessieren uns für den *Flächeninhalt* A zwischen der Parabel $y = 2{,}5x^2 - 8{,}75x$ und der Kurve $y = 2x^3 - 12x^2 + 16x$. Zunächst aber bestimmen wir die dabei benötigten *Kurvenschnittpunkte*:

$$2x^3 - 12x^2 + 16x = 2{,}5x^2 - 8{,}75x \Rightarrow$$

$$2x^3 - 14{,}5x^2 + 24{,}75x = x(2x^2 - 14{,}5x + 24{,}75) = 0 \Rightarrow$$

$$x_1 = 0, \quad x_2 = 2{,}75, \quad x_3 = 4{,}5$$

Die gesuchte Fläche A besteht somit aus *zwei* Teilflächen A_1 und A_2, die wir jetzt berechnen wollen (Bild V-52).

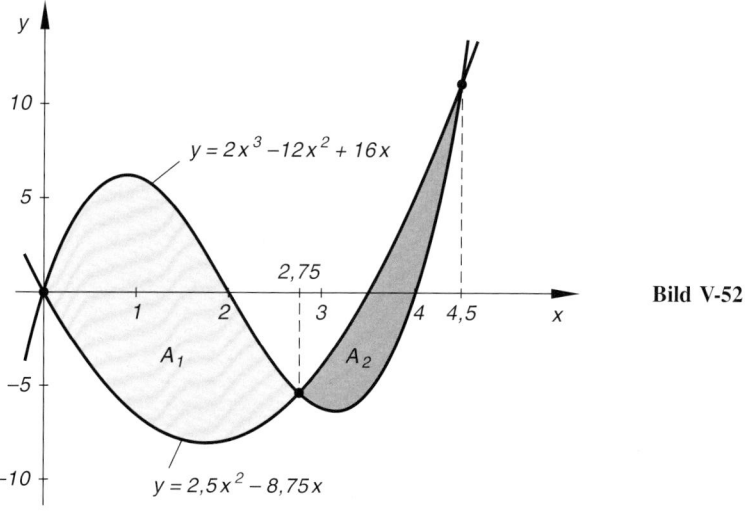

Bild V-52

10 Anwendungen der Integralrechnung   523

Im Intervall $0 \leq x \leq 2{,}75$ ist die Parabel die *untere*, im Intervall $2{,}75 \leq x \leq 4{,}5$ dagegen die *obere* Berandung der Fläche. Daher gilt:

$$A_1 = \int_0^{2,75} [(2x^3 - 12x^2 + 16x) - (2{,}5x^2 - 8{,}75x)]\, dx =$$

$$= \int_0^{2,75} (2x^3 - 14{,}5x^2 + 24{,}75x)\, dx =$$

$$= \left[\frac{1}{2}x^4 - \frac{14{,}5}{3}x^3 + \frac{24{,}75}{2}x^2\right]_0^{2,75} = 21{,}6634$$

$$A_2 = \int_{2,75}^{4,5} [(2{,}5x^2 - 8{,}75x) - (2x^3 - 12x^2 + 16x)]\, dx =$$

$$= \int_{2,75}^{4,5} (-2x^3 + 14{,}5x^2 - 24{,}75x)\, dx =$$

$$= \left[-\frac{1}{2}x^4 + \frac{14{,}5}{3}x^3 - \frac{24{,}75}{2}x^2\right]_{2,75}^{4,5} = 6{,}4759$$

Somit erhalten wir eine *Gesamtfläche* von

$$A = A_1 + A_2 = 21{,}6634 + 6{,}4759 = 28{,}1393 \approx 28{,}14$$

(4) Die in Bild V-53 skizzierte *geschlossene* Kurve wird durch die Gleichung $y^2 = 25x^2 - x^4$ beschrieben. Sie ist sowohl zur *x*-Achse als auch zur *y*-Achse spiegelsymmetrisch. Bei der Berechnung der eingeschlossenen Fläche können wir uns daher auf den *1. Quadranten* beschränken.

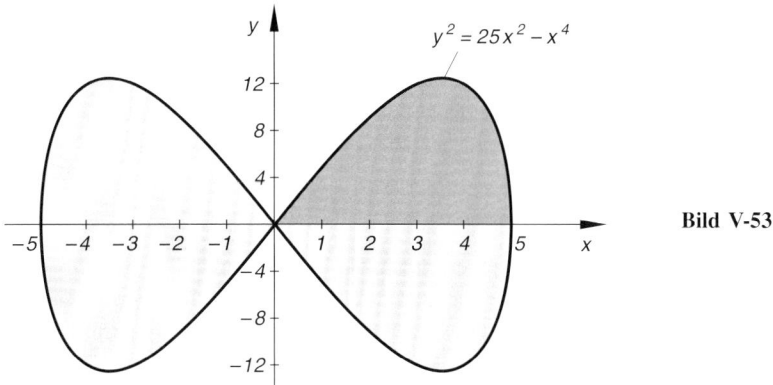

Bild V-53

Die *obere* Randkurve lautet dann:

$$y = \sqrt{25x^2 - x^4} = \sqrt{x^2(25 - x^2)} = x \cdot \sqrt{25 - x^2}, \quad 0 \leq x \leq 5$$

Das anfallende Integral

$$A = 4 \cdot \int_0^5 x \cdot \sqrt{25 - x^2} \, dx$$

lösen wir durch *Substitution* wie folgt, wobei wir die Integrationsgrenzen mitsubstituieren:

$$u = 25 - x^2, \quad \frac{du}{dx} = -2x, \quad dx = \frac{du}{-2x}$$

Untere Grenze: $\quad x = 0 \quad \Rightarrow \quad u = 25 - 0 = 25$

Obere Grenze: $\quad x = 5 \quad \Rightarrow \quad u = 25 - 25 = 0$

$$A = 4 \cdot \int_{u=25}^{u=0} x \cdot \sqrt{u} \cdot \frac{du}{-2x} = -2 \cdot \int_{25}^{0} \sqrt{u} \, du = 2 \cdot \int_{0}^{25} \sqrt{u} \, du =$$

$$= 2 \cdot \int_0^{25} u^{1/2} \, du = 2 \left[\frac{u^{3/2}}{3/2} \right]_0^{25} = \frac{4}{3} \left[\sqrt{u^3} \right]_0^{25} = \frac{4}{3} \left[u \cdot \sqrt{u} \right]_0^{25} =$$

$$= \frac{4}{3}(25 \cdot 5 - 0) = \frac{4}{3} \cdot 125 = \frac{500}{3} \qquad \blacksquare$$

10.3 Volumen eines Rotationskörpers (Rotationsvolumen)

Rotationskörper entstehen durch *Drehung* einer ebenen Kurve um eine in der Kurvenebene liegende Achse. Zu ihnen gehören beispielsweise die *Kugel*, der *Kreiskegel*, der *Zylinder*, das *Rotationsparaboloid* und der *Torus*.

Rotation einer Kurve um die *x*-Achse

Die über dem Intervall $a \leq x \leq b$ gelegene Kurve mit der Funktionsgleichung $y = f(x)$ erzeugt bei *Rotation um die x-Achse* den in Bild V-54 skizzierten *Rotationskörper*. Dieser wird jetzt durch Schnitte *senkrecht* zur Drehachse in eine große Anzahl n von Scheiben *gleicher* Dicke Δx zerlegt.

10 Anwendungen der Integralrechnung

Im Folgenden betrachten wir eine *wahllos* herausgegriffene Scheibe (in Bild V-54 *grau* unterlegt).

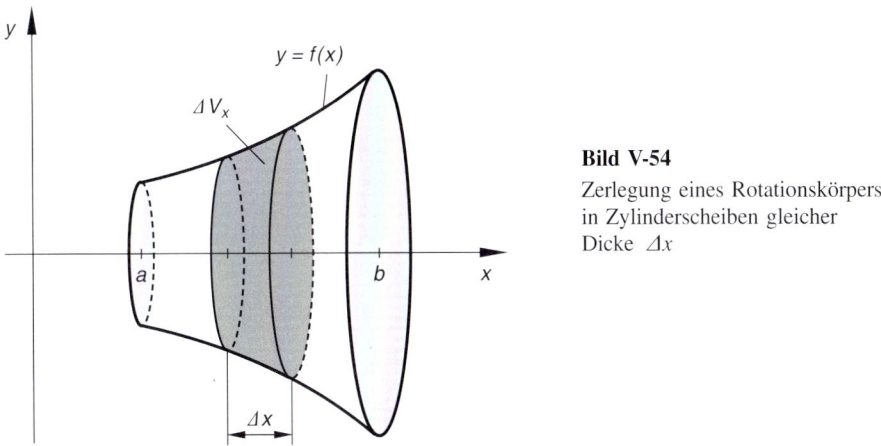

Bild V-54
Zerlegung eines Rotationskörpers in Zylinderscheiben gleicher Dicke Δx

Sie wird durch eine *kreisförmige Zylinderscheibe* gleicher Dicke ersetzt, die durch *Rotation* des in Bild V-55 skizzierten *Rechtecks* mit den Seitenlängen $y = f(x)$ und Δx um die *x-Achse* entsteht.

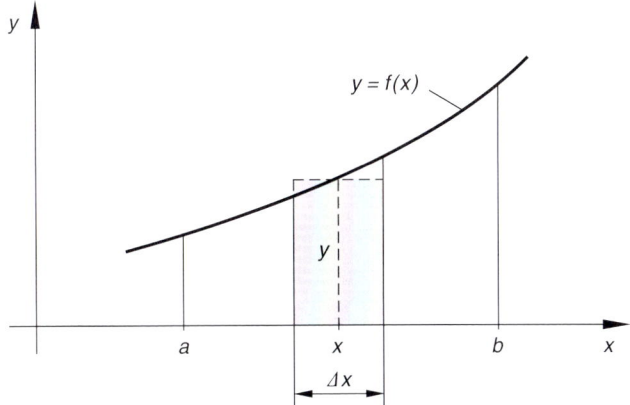

Bild V-55 Durch Rotation des eingezeichneten (grau unterlegten) Rechtecks um die x-Achse entsteht eine kreisförmige Zylinderscheibe vom Volumen $\Delta V_x = \pi y^2 \Delta x$

Das Volumen dieser zylindrischen Ersatzscheibe ist dann

$$\Delta V_x = (\text{Grundfläche}) \cdot (\text{Höhe}) = \pi y^2 \Delta x \tag{V-124}$$

(Scheibenradius: y; Scheibendicke: Δx; Querschnittsfläche der Scheibe: πy^2).

Ebenso verfährt man mit den übrigen Scheiben. Die *Summation* über *sämtliche* Zylinderscheiben liefert dann einen *Näherungswert* für das Rotationsvolumen V_x, der bei *beliebiger* Verfeinerung der Zerlegung gegen den *exakten* Wert strebt. Beim *Grenzübergang* $n \to \infty$ geht die Scheibendicke Δx gegen null und man erhält für V_x die folgende Integralformel:

Rotationsvolumen bei Drehung einer Kurve um die *x*-Achse (Bild V-54)

Bei Drehung einer Kurve mit der Gleichung $y = f(x)$, $a \leq x \leq b$ um die *x*-Achse entsteht ein Rotationskörper vom *Volumen*

$$V_x = \pi \cdot \int_a^b y^2 \, dx = \pi \cdot \int_a^b [f(x)]^2 \, dx \qquad \text{(V-125)}$$

Zu diesem Ergebnis gelangt man auch durch eine in den technischen Anwendungen übliche und sehr beliebte *formale* Betrachtungsweise. Wir gehen dabei von einer *infinitesimal dünnen Scheibe* der Dicke dx aus (in Bild V-56 *grau* unterlegt):

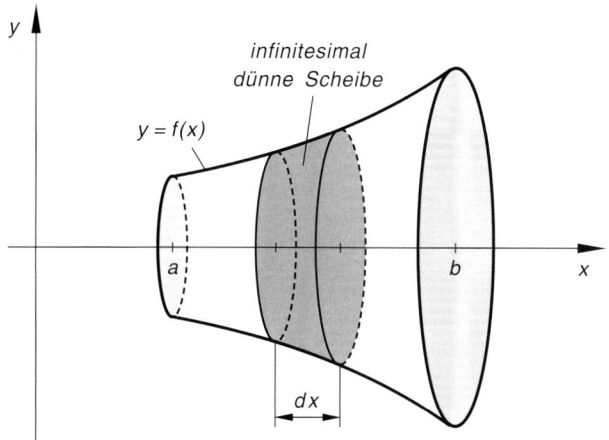

Bild V-56

Der Rotationskörper wird aus infinitesimal dünnen Zylinderscheiben der Dicke dx zusammengesetzt

Das *Volumen* einer solchen nahezu zylindrischen Scheibe (auch *Volumenelement* genannt) beträgt dann

$$dV_x = \pi y^2 \, dx \qquad \text{(V-126)}$$

Jetzt *summieren*, d. h. *integrieren* wir über *sämtliche* zwischen $x = a$ und $x = b$ gelegenen *infinitesimal dünnen Scheiben* und erhalten schließlich für das *Rotationsvolumen* die bereits bekannte Formel

$$V_x = \int_{x=a}^{x=b} dV_x = \int_a^b \pi y^2 \, dx = \pi \cdot \int_a^b y^2 \, dx = \pi \cdot \int_a^b [f(x)]^2 \, dx \qquad \text{(V-127)}$$

10 Anwendungen der Integralrechnung

Rotation einer Kurve um die y-Achse

Analog verfährt man bei Körpern, die durch *Rotation* eines Kurvenstücks um die *y*-Achse entstanden sind (Bild V-57).

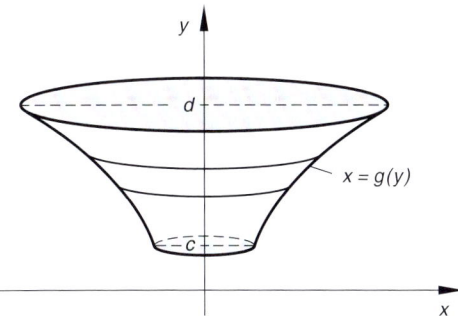

Bild V-57
Zur *y*-Achse rotationssymmetrischer Körper

Die entsprechende Integralformel für das Rotationsvolumen lautet:

Rotationsvolumen bei Drehung einer Kurve um die y-Achse (Bild V-57)

Bei Drehung einer Kurve mit der Gleichung $x = g(y)$, $c \leq y \leq d$ um die *y*-Achse entsteht ein Rotationskörper vom *Volumen*

$$V_y = \pi \cdot \int_c^d x^2 \, dy = \pi \cdot \int_c^d [g(y)]^2 \, dy \qquad \text{(V-128)}$$

Anmerkung

Die Gleichung der rotierenden Kurve liegt meist in der Form $y = f(x)$ vor und muss dann erst noch nach der Variablen x aufgelöst werden. Die auf diese Weise erhaltene Funktion $x = g(y)$ ist die „nach der Variablen x aufgelöste Form von $y = f(x)$".

■ **Beispiele**

(1) Durch Drehung der über dem Intervall $0 \leq x \leq \pi/2$ gelegenen *Kosinuskurve* $y = \cos x$ um die *x*-Achse entsteht der in Bild V-58 skizzierte *Rotationskörper*. Sein Volumen beträgt nach Integralformel (V-125):

$$V_x = \pi \cdot \int_0^{\pi/2} \cos^2 x \, dx = \pi \left[\frac{1}{2} x + \frac{1}{4} \cdot \sin(2x) \right]_0^{\pi/2} =$$

$$= \pi \left[\left(\frac{\pi}{4} + \frac{1}{4} \cdot \underbrace{\sin \pi}_{0} \right) - \left(0 + \frac{1}{4} \cdot \underbrace{\sin 0}_{0} \right) \right] = \pi \cdot \frac{\pi}{4} = \frac{\pi^2}{4}$$

Das Integral wurde der Integraltafel der Mathematischen Formelsammlung des Autors entnommen (Nr. 229 mit $a = 1$).

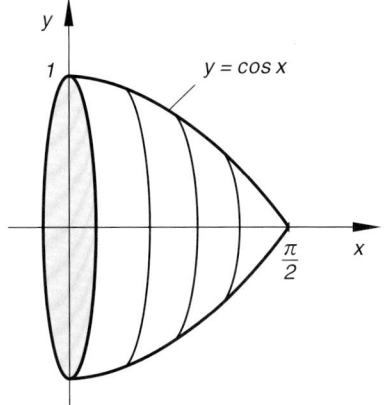

Bild V-58
Rotationskörper, entstanden
durch Drehung der Kurve
$y = \cos x$, $0 \leq x \leq \pi/2$
um die x-Achse

(2) Durch Rotation des in Bild V-59 skizzierten Kreisabschnitts der Höhe h um die x-Achse entsteht ein sog. *Kugelabschnitt* (auch Kugelkappe oder Kalotte genannt) mit dem folgenden *Volumen*:

$$V_x = \pi \cdot \int_{r-h}^{r} \left(\sqrt{r^2 - x^2}\right)^2 dx = \pi \cdot \int_{r-h}^{r} (r^2 - x^2)\, dx =$$

$$= \pi \left[r^2 x - \frac{1}{3} x^3 \right]_{r-h}^{r} = \pi \left[r^3 - \frac{1}{3} r^3 - r^2(r-h) + \frac{1}{3}(r-h)^3 \right] =$$

$$= \pi \left[r^3 - \frac{1}{3} r^3 - r^3 + r^2 h + \frac{1}{3}(r^3 - 3r^2 h + 3rh^2 - h^3) \right] =$$

$$= \pi \left[-\frac{1}{3} r^3 + r^2 h + \frac{1}{3} r^3 - r^2 h + rh^2 - \frac{1}{3} h^3 \right] =$$

$$= \pi \left(rh^2 - \frac{1}{3} h^3 \right) = \pi h^2 \left(r - \frac{1}{3} h \right) = \frac{\pi}{3} h^2 (3r - h)$$

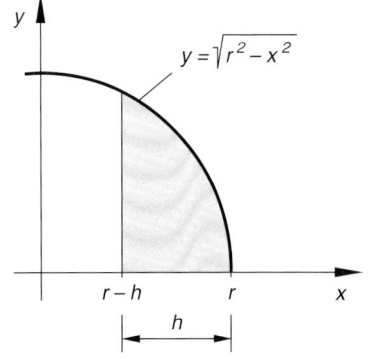

Bild V-59
Der grau unterlegte Kreisabschnitt
erzeugt bei Rotation um die x-Achse
einen Kugelabschnitt

10 Anwendungen der Integralrechnung   529

Im Grenzfall $h = 2r$ erhält man eine *Vollkugel* mit dem (bekannten) Volumen

$$V_{\text{Kugel}} = \frac{\pi}{3} (2r)^2 (3r - 2r) = \frac{\pi}{3} \cdot 4r^2 \cdot r = \frac{4}{3} \pi r^3$$

(3) Welchen *Rauminhalt* besitzt der Körper, der durch Drehung der in Bild V-60 skizzierten (*grau* unterlegten) Fläche um die y-Achse entsteht?

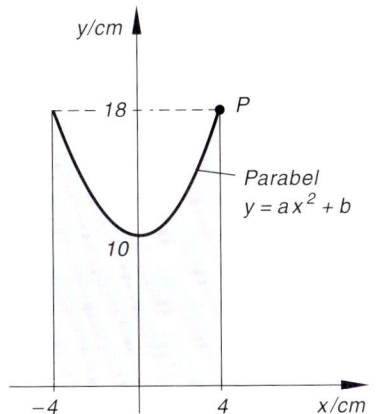

Bild V-60

Lösung: Zunächst bestimmen wir die *Gleichung* der Parabel, die wir wegen der Achsensymmetrie in der Form $y = ax^2 + b$ ansetzen dürfen:

$b = 10 \text{ cm}$; $P = (4 \text{ cm}; 18 \text{ cm})$ ist ein *Punkt der Parabel* $\Rightarrow$

$a \cdot (4 \text{ cm})^2 + 10 \text{ cm} = 18 \text{ cm} \quad \Rightarrow \quad 16 \text{ cm}^2 \cdot a = 8 \text{ cm} \quad \Rightarrow$

$a = 0{,}5 \text{ cm}^{-1}$

Die *Parabelgleichung* lautet somit:

$y = 0{,}5 \text{ cm}^{-1} \cdot x^2 + 10 \text{ cm}$

Das gesuchte *Rotationsvolumen* V berechnen wir nach der aus Bild V-60 ersichtlichen Formel

$V = V_{\text{Zylinder}} - V_{\text{Paraboloid}}$

Dabei ist V_{Zylinder} das Volumen des *Zylinders* mit dem Radius $r = 4 \text{ cm}$ und der Höhe $h = 18 \text{ cm}$:

$V_{\text{Zylinder}} = \pi r^2 h = \pi (4 \text{ cm})^2 \cdot 18 \text{ cm} = 904{,}78 \text{ cm}^3$

$V_{\text{Paraboloid}}$ ist das Volumen des *Rotationsparaboloids*, das durch Drehung der über dem Intervall $10 \leq y/\text{cm} \leq 18$ gelegenen Parabel um die y-Achse entsteht und mit Hilfe der Integralformel (V-128) berechnet werden kann. Dazu lösen wir zunächst die Parabelgleichung nach x^2 auf:

$0{,}5 \text{ cm}^{-1} \cdot x^2 = y - 10 \text{ cm} \,|\, \cdot 2 \text{ cm} \quad \Rightarrow \quad x^2 = 2 \text{ cm} \cdot (y - 10 \text{ cm})$

Diesen Ausdruck setzen wir jetzt in die Volumenformel (V-128) ein und erhalten damit für das Volumen des Rotationsparaboloids:

$$V_{\text{Paraboloid}} = \pi \cdot \int_{10\,\text{cm}}^{18\,\text{cm}} x^2 \, dy = 2\pi \, \text{cm} \cdot \int_{10\,\text{cm}}^{18\,\text{cm}} (y - 10\,\text{cm}) \, dy =$$

$$= 2\pi \, \text{cm} \left[\frac{1}{2} y^2 - 10\,\text{cm} \cdot y \right]_{10\,\text{cm}}^{18\,\text{cm}} =$$

$$= 2\pi \, \text{cm} \left[(162 - 180) - (50 - 100) \right] \text{cm}^2 =$$

$$= 2\pi (-18 + 50) \, \text{cm}^3 = 2\pi \cdot 32 \, \text{cm}^3 = 201{,}06 \, \text{cm}^3$$

Für das gesuchte *Rotationsvolumen* V ergibt sich damit der folgende Wert:

$$V = V_{\text{Zylinder}} - V_{\text{Paraboloid}} = 904{,}78 \, \text{cm}^3 - 201{,}06 \, \text{cm}^3 = 703{,}72 \, \text{cm}^3 \quad \blacksquare$$

10.4 Bogenlänge einer ebenen Kurve

Wir stellen uns die Aufgabe, die *Länge* einer über dem Intervall $a \leq x \leq b$ gelegenen Kurve mit der Funktionsgleichung $y = f(x)$ zu berechnen, und bedienen uns dabei der bereits in Abschnitt 10.3 erwähnten *formalen* Betrachtungsweise. Zunächst zerlegen wir die Kurve in eine große Anzahl von *Segmenten*. Wahllos greifen wir ein von den beiden Randpunkten P und Q begrenztes, *infinitesimal kurzes Kurvenstück* (Segment) heraus und ersetzen den Kurvenbogen durch das *Linienelement ds*, d. h. durch die entsprechende Strecke auf der in P errichteten *Kurventangente* (Bild V-61).

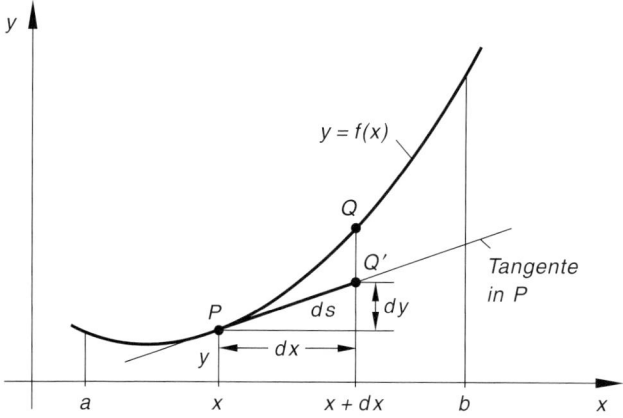

Bild V-61 Zur Bestimmung der Bogenlänge eines ebenen Kurvenstücks

10 Anwendungen der Integralrechnung

Aus dem eingezeichneten Steigungsdreieck mit den beiden Katheten dx und dy und der Hypotenuse ds folgt dann nach dem *Satz des Pythagoras*:

$$(ds)^2 = (dx)^2 + (dy)^2 = (dx)^2 + (dy)^2 \cdot \frac{(dx)^2}{(dx)^2} = \left[1 + \frac{(dy)^2}{(dx)^2}\right](dx)^2 =$$

$$= \left[1 + \left(\frac{dy}{dx}\right)^2\right](dx)^2 = [1 + (y')^2](dx)^2 \qquad \text{(V-129)}$$

Damit ist

$$ds = \sqrt{1 + (y')^2}\, dx = \sqrt{1 + [f'(x)]^2}\, dx \qquad \text{(V-130)}$$

Mit den restlichen Segmenten verfahren wir in gleicher Weise.

Durch Summation, d. h. Integration über sämtliche Linienelemente [15] erhält man schließlich die folgende Integralformel für die Bogenlänge der Kurve $y = f(x)$ im Intervall $a \leq x \leq b$:

Bogenlänge einer ebenen Kurve (Bild V-61)

Eine *ebene* Kurve mit der Gleichung $y = f(x)$, $a \leq x \leq b$ besitzt die *Bogenlänge*

$$s = \int_a^b \sqrt{1 + (y')^2}\, dx = \int_a^b \sqrt{1 + [f'(x)]^2}\, dx \qquad \text{(V-131)}$$

■ **Beispiel**

Wir wollen die bereits aus der Schulmathematik bekannte Formel für den *Umfang eines Kreises* vom Radius r herleiten (Bild V-62).

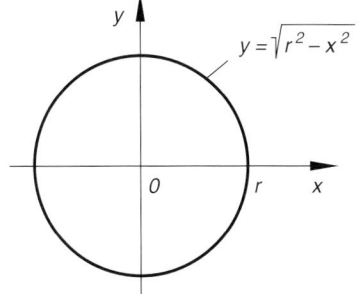

Bild V-62
Zur Berechnung des Kreisumfangs

---

[15] Andere übliche Bezeichnungen für das *Linienelement* sind *Bogenelement* oder *Bogendifferential*.

Lösung: Aus der Kurvengleichung $y = \sqrt{r^2 - x^2}$ (Gleichung des *oberen* Halbkreises) erhalten wir durch Differentiation mit Hilfe der Kettenregel

$$y' = \frac{1}{2\sqrt{r^2 - x^2}} \cdot (-2x) = -\frac{x}{\sqrt{r^2 - x^2}}$$

und weiter

$$1 + (y')^2 = 1 + \frac{x^2}{r^2 - x^2} = \frac{r^2 - x^2 + x^2}{r^2 - x^2} = \frac{r^2}{r^2 - x^2}$$

Für den Integrand $\sqrt{1 + (y')^2}$ des bei der Umfangsberechnung anfallenden Integrals (V-131) bekommen wir damit den folgenden Ausdruck:

$$\sqrt{1 + (y')^2} = \frac{r}{\sqrt{r^2 - x^2}}$$

Bei der Integration beschränken wir uns wegen der Achsensymmetrie der Kreislinie auf den im 1. Quadranten gelegenen *Viertelkreis* und müssen daher den Integralwert noch mit dem Faktor 4 multiplizieren. Somit gilt:

$$s = 4 \cdot \int_0^r \frac{r}{\sqrt{r^2 - x^2}} \, dx = 4r \cdot \int_0^r \frac{dx}{\sqrt{r^2 - x^2}}$$

Dieses Integral lässt sich durch eine *Substitution vom Typ (D)* der Tabelle 2 aus Abschnitt 8.1.2 wie folgt lösen (die Grenzen werden mitsubstituiert):

$$x = r \cdot \sin u, \qquad dx = r \cdot \cos u \, du, \qquad \sqrt{r^2 - x^2} = r \cdot \cos u,$$

$$u = \arcsin(x/r)$$

Untere Grenze: $\quad x = 0 \quad \Rightarrow \quad u = \arcsin 0 = 0$

Obere Grenze: $\quad x = r \quad \Rightarrow \quad u = \arcsin 1 = \pi/2$

Wir erhalten die aus der Elementarmathematik bereits bekannte Formel für den Umfang eines Kreises:

$$s = 4r \cdot \int_0^r \frac{dx}{\sqrt{r^2 - x^2}} = 4r \cdot \int_0^{\pi/2} \frac{r \cdot \cos u \, du}{r \cdot \cos u} = 4r \cdot \int_0^{\pi/2} 1 \, du =$$

$$= 4r \left[u \right]_0^{\pi/2} = 4r \left(\frac{\pi}{2} - 0 \right) = 4r \cdot \frac{\pi}{2} = 2\pi r$$

∎

10.5 Mantelfläche eines Rotationskörpers (Rotationsfläche)

Die durch Drehung einer ebenen Kurve um eine in der Kurvenebene liegende Achse entstehende Fläche heißt *Mantelfläche* oder *Rotationsfläche* des Drehkörpers.

Rotation einer Kurve um die *x*-Achse

Der Rotationskörper entstehe durch *Drehung* der Kurve $y = f(x)$, $a \leq x \leq b$ um die *x*-Achse (Bild V-63). Wir zerlegen ihn wiederum in eine große Anzahl dünner Scheiben.

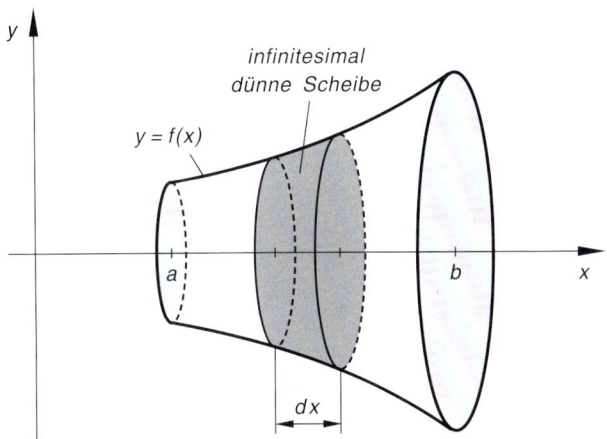

Bild V-63 Zerlegung eines Rotationskörpers in infinitesimal dünne Scheiben der Dicke dx

Eine solche (in Bild V-63 *grau* unterlegte) Scheibe der Dicke dx erhalten wir durch Drehung des in Bild V-64 skizzierten Kurvenbogens $\overset{\frown}{PQ}$ um die *x*-Achse. Ersetzen wir diesen Bogen durch das zugehörige *Linienelement ds*, so erzeugt dieses bei der Rotation um die *x*-Achse einen *Kegelstumpf*, dessen Mantelfläche einen *Näherungswert* für die Mantelfläche der Scheibe darstellt.

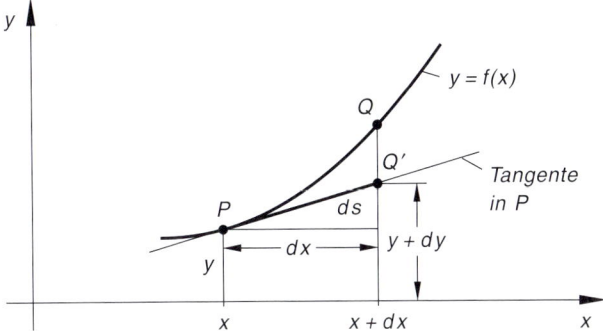

Bild V-64 Zur Bestimmung der Mantelfläche eines zur *x*-Achse symmetrischen Rotationskörpers

Für die *Mantelfläche eines Kegelstumpfes* liefert uns die Elementarmathematik die bekannte Formel [16)]

$$M_{\text{Kegelstumpf}} = \pi (r_1 + r_2) s \qquad (V\text{-}132)$$

Wir übertragen diese Formel auf unseren durch Drehung des Linienelementes ds um die x-Achse erzeugten infinitesimal dünnen Kegelstumpf. Für diesen gilt:

$$r_1 = y, \qquad r_2 = y + dy \qquad \text{und} \qquad s = ds \qquad (V\text{-}133)$$

Seine Mantelfläche dM_x beträgt somit

$$dM_x = \pi [y + (y + dy)] \, ds = \pi (2y + dy) \, ds \qquad (V\text{-}134)$$

und weiter, da $dy \ll y$ angenommen werden darf:

$$dM_x = \pi \cdot 2y \, ds = 2\pi \cdot y \, ds \qquad (V\text{-}135)$$

Berücksichtigt man noch die Beziehung (V-130) für das Linienelement ds, so ist die Mantelfläche des Kegelstumpfes und damit auch (näherungsweise) die *Mantelfläche der infinitesimal dünnen Scheibe* durch das *Differential*

$$dM_x = 2\pi \cdot y \cdot \sqrt{1 + (y')^2} \, dx = 2\pi \cdot f(x) \cdot \sqrt{1 + [f'(x)]^2} \, dx \qquad (V\text{-}136)$$

gegeben. Durch *Integration* erhält man schließlich:

Mantelfläche eines Rotationskörpers (Rotationsfläche bei Drehung einer Kurve um die x-Achse; Bild V-63)

Bei Drehung einer Kurve mit der Gleichung $y = f(x)$, $a \leq x \leq b$ um die x-Achse entsteht ein Rotationskörper mit der *Mantel-* oder *Rotationsfläche*

$$M_x = 2\pi \cdot \int_a^b y \cdot \sqrt{1 + (y')^2} \, dx = 2\pi \cdot \int_a^b f(x) \cdot \sqrt{1 + [f'(x)]^2} \, dx$$

(V-137)

[16)] Die Mantelfläche eines Kegelstumpfes wird nach der Formel

$$M_{\text{Kegelstumpf}} = \pi (r_1 + r_2) s$$

berechnet (siehe hierzu Bild V-65). r_1 und r_2 sind dabei die Radien der beiden Kreisflächen, s die Länge der Mantellinie.

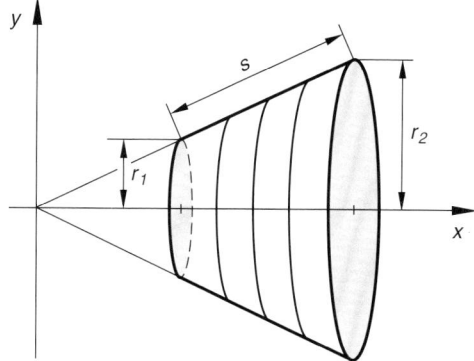

Bild V-65 Kegelstumpf

Rotation einer Kurve um die y-Achse

Bei Rotation einer Kurve $x = g(y)$, $c \leq y \leq d$ um die y-Achse erhält man nach analogen Überlegungen den folgenden Formelausdruck für die *Mantel-* oder *Rotationsfläche* des entstandenen Drehkörpers (siehe hierzu Bild V-57):

Mantelfläche eines Rotationskörpers (Rotationsfläche bei Drehung einer Kurve um die y-Achse; Bild V-57)

Bei Drehung einer Kurve mit der Gleichung $x = g(y)$, $c \leq y \leq d$ um die y-Achse entsteht ein Rotationskörper mit der *Mantel-* oder *Rotationsfläche*

$$M_y = 2\pi \cdot \int_c^d x \cdot \sqrt{1 + (x')^2}\, dy = 2\pi \cdot \int_c^d g(y) \cdot \sqrt{1 + [g'(y)]^2}\, dy$$

(V-138)

■ Beispiele

(1) Die Aufgabe besteht in der Berechnung der *Oberfläche* (*Mantelfläche*) *einer Kugel* vom Radius r. Die Kugeloberfläche soll dabei durch Drehung des in Bild V-66 skizzierten *Halbkreises* um die *x-Achse* erzeugt werden.

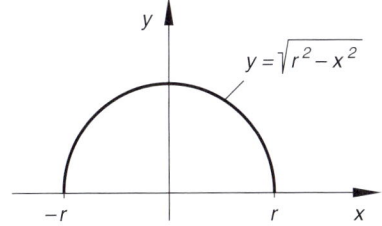

Bild V-66
Durch Rotation eines Halbkreises um die x-Achse entsteht eine Kugel

Wir erhalten nach Formel (V-137) mit

$$y = \sqrt{r^2 - x^2}, \qquad y' = -\frac{x}{\sqrt{r^2 - x^2}}, \qquad \sqrt{1 + (y')^2} = \frac{r}{\sqrt{r^2 - x^2}}$$

das folgende Ergebnis, wobei wir uns wegen der *Achsensymmetrie* auf das Integrationsintervall $0 \leq x \leq r$ beschränken dürfen (Faktor 2):

$$M_x = 2 \cdot 2\pi \cdot \int_0^r \sqrt{r^2 - x^2} \cdot \frac{r}{\sqrt{r^2 - x^2}}\, dx = 4\pi \cdot \int_0^r r\, dx =$$

$$= 4\pi r \cdot \int_0^r 1\, dx = 4\pi r \left[x\right]_0^r = 4\pi r(r - 0) = 4\pi r^2$$

(2) Durch Rotation der Normalparabel $y = x^2$ um die *y-Achse* entsteht ein *Rotationsparaboloid*. Es ist die Mantelfläche dieses Drehkörpers zu berechnen für den Fall, dass das Paraboloid in der Höhe $h = 2$ abgeschnitten wird (Bild V-67).

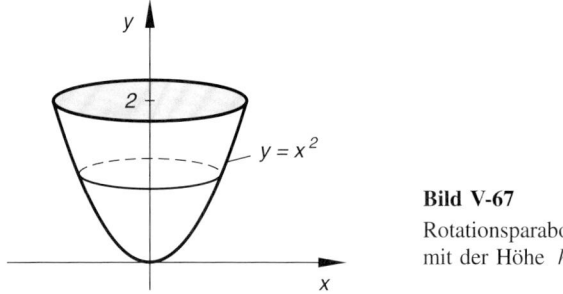

Bild V-67

Rotationsparaboloid mit der Höhe $h = 2$

Lösung: Zunächst lösen wir die Parabelgleichung nach x auf und erhalten:

$$y = x^2 \quad \Rightarrow \quad x = g(y) = \sqrt{y} \quad \text{(1. Quadrant)}$$

Ferner ist:

$$x' = g'(y) = \frac{1}{2\sqrt{y}}, \qquad 1 + (x')^2 = 1 + \frac{1}{4y} = \frac{4y + 1}{4y}$$

Für die Mantelfläche M_y folgt dann nach Formel (V-138):

$$M_y = 2\pi \cdot \int_0^2 \sqrt{y} \cdot \sqrt{\frac{4y+1}{4y}} \, dy = 2\pi \cdot \int_0^2 \sqrt{y \cdot \frac{4y+1}{4y}} \, dy =$$

$$= 2\pi \cdot \int_0^2 \sqrt{\frac{4y+1}{4}} \, dy = 2\pi \cdot \int_0^2 \frac{\sqrt{4y+1}}{2} \, dy = \pi \cdot \int_0^2 \sqrt{4y+1} \, dy$$

Dieses Integral wird durch die folgende lineare *Substitution* gelöst (Typ (A) der Tabelle 2 aus Abschnitt 8.1.2):

$$u = 4y + 1, \qquad \frac{du}{dy} = 4, \qquad dy = \frac{du}{4}$$

Untere Grenze: $y = 0 \quad \Rightarrow \quad u = 0 + 1 = 1$

Obere Grenze: $y = 2 \quad \Rightarrow \quad u = 8 + 1 = 9$

10 Anwendungen der Integralrechnung

Für die *Mantelfläche* des Rotationsparaboloids ergibt sich damit der folgende Wert:

$$M_y = \pi \cdot \int_0^2 \sqrt{4y+1}\, dy = \pi \cdot \int_1^9 \sqrt{u} \cdot \frac{du}{4} = \frac{\pi}{4} \cdot \int_1^9 \sqrt{u}\, du =$$

$$= \frac{\pi}{4} \cdot \int_1^9 u^{1/2}\, du = \frac{\pi}{4} \left[\frac{u^{3/2}}{3/2} \right]_1^9 = \frac{\pi}{6} \left[\sqrt{u^3} \right]_1^9 = \frac{\pi}{6} \left[u\sqrt{u} \right]_1^9 =$$

$$= \frac{\pi}{6}(27 - 1) = \frac{\pi}{6} \cdot 26 = \frac{13}{3}\pi = 13{,}61 \qquad \blacksquare$$

10.6 Arbeits- und Energiegrößen

Wird ein Massenpunkt m durch eine *konstante* Kraft $\vec{F}$ längs einer Geraden um die Strecke $\vec{s}$ verschoben, so ist die dabei verrichtete *Arbeit* definitionsgemäß gleich dem *Skalarprodukt* aus dem Kraftvektor $\vec{F}$ und dem Verschiebungsvektor $\vec{s}$:

$$W = \vec{F} \cdot \vec{s} = |\vec{F}| \cdot |\vec{s}| \cdot \cos\varphi = F \cdot s \cdot \cos\varphi = F_s \cdot s \qquad \text{(V-139)}$$

(siehe hierzu die Definitionsformel (II-87) aus Kap. II, Abschnitt 3.3.5). F_s ist dabei die *Kraftkomponente in Richtung des Weges* und φ der Winkel zwischen der *Kraft-* und der *Wegrichtung* (Bild V-68).

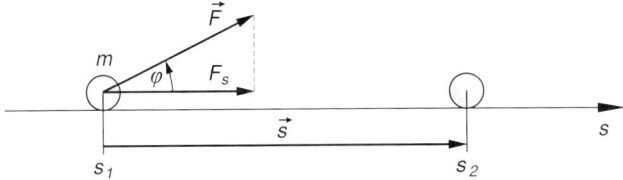

Bild V-68 Zum Begriff der physikalischen Arbeit an einem Massenpunkt

Im Allgemeinen jedoch ist die Kraft *nicht* konstant, sondern noch *von Ort zu Ort verschieden*, d. h. eine *Funktion des Ortes* s: $\vec{F} = \vec{F}(s)$. Als Beispiel sei die *Gravitationskraft* genannt (siehe hierzu auch das nachfolgende Beispiel (3)). Bei der Berechnung der *Arbeit*, die eine *ortsabhängige* Kraft $\vec{F}(s)$ mit der in der Wegrichtung wirkenden Komponente $F_s(s)$ bei einer Verschiebung des Massenpunktes längs einer Geraden von s_1 nach s_2 verrichtet, gehen wir wie folgt vor. Die Wegstrecke wird so in eine *große Anzahl* von *Teilstrecken* zerlegt, dass die Kraft längs einer jeden Teilstrecke als *nahezu konstant* angenommen werden kann. Die in dem *infinitesimal kleinen Wegintervall* von s bis $s + ds$ verrichtete Arbeit ist dann definitionsgemäß durch das *Skalarprodukt*

$$dW = \vec{F} \cdot d\vec{s} = F_s(s)\, ds \qquad \text{(V-140)}$$

gegeben (siehe hierzu Bild V-69).

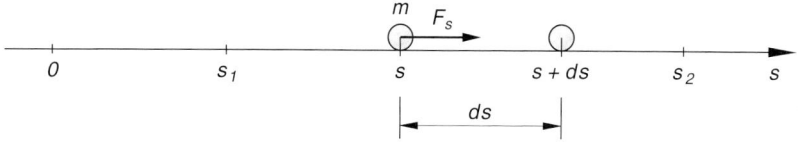

Bild V-69 Zur Herleitung des Arbeitsintegrals bei einer *ortsabhängigen* Kraft

Die längs des *geradlinigen* Weges von s_1 nach s_2 geleistete *Arbeit* W erhält man dann durch Integration:

Arbeit einer ortsabhängigen Kraft (Arbeitsintegral; Bild V-69)

Eine vom Ort s abhängige Kraft $\vec{F} = \vec{F}(s)$ verrichtet bei einer *geradlinigen* Verschiebung eines Massenpunktes die *Arbeit*

$$W = \int_{s_1}^{s_2} dW = \int_{s_1}^{s_2} \vec{F} \cdot d\vec{s} = \int_{s_1}^{s_2} F_s(s)\, ds \qquad (V\text{-}141)$$

Dabei bedeuten:

$F_s(s)$: Kraftkomponente in *Wegrichtung* (ortsabhängig)

s_1, s_2: Wegmarken *vor* bzw. *nach* der Verschiebung

Anmerkung

Das durch Gleichung (V-141) definierte *Arbeitsintegral* wird auch als *Wegintegral der Kraft* bezeichnet. Die Integration erfolgt über die ortsabhängige Kraftkomponente in Wegrichtung.

■ **Beispiele**

(1) **Kinetische Energie einer Masse**

Wir wollen die *kinetische Energie* eines Körpers der Masse m berechnen, der durch eine (konstante oder ortsabhängige) Kraft $\vec{F}$ aus der Ruhe heraus auf die *Endgeschwindigkeit* v_0 beschleunigt wird (Bild V-70).

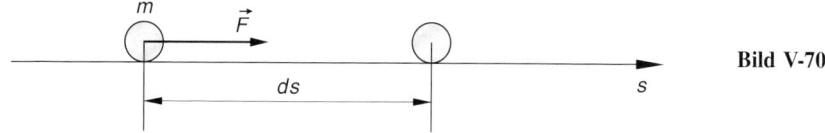

Bild V-70

10 Anwendungen der Integralrechnung

Für die beschleunigende Kraft vom Betrage F gilt nach dem *Grundgesetz der Mechanik*:

$$F = ma = m\frac{dv}{dt} \qquad \left(a = \frac{dv}{dt}\right)$$

(a: Beschleunigung; v: Geschwindigkeit). Sie verrichtet dabei auf der *infinitesimal kleinen Wegstrecke* ds die Arbeit

$$dW = F\,ds = m\frac{dv}{dt}\,ds = m\frac{ds}{dt}\,dv = m\,v\,dv$$

Denn der Differentialquotient ds/dt ist nichts anderes als die *Momentangeschwindigkeit* v. Durch *Integration* erhält man schließlich die *Beschleunigungsarbeit*

$$W = \int_{v=0}^{v=v_0} dW = \int_0^{v_0} m\,v\,dv = m\cdot\int_0^{v_0} v\,dv = m\left[\frac{1}{2}v^2\right]_0^{v_0} = \frac{1}{2}m\,v_0^2$$

Definitionsgemäß besitzt dann die Masse m kinetische Energie vom gleichen Betrage.

(2) **Spannungsarbeit an einer elastischen Feder**

Um eine *elastische Feder* aus der Gleichgewichtslage heraus um die Strecke s_0 zu *dehnen*, muss man mit einer Kraft $F(s)$ einwirken, die in *jeder* Lage der momentanen Rückstellkraft $F^* = -c\,s$ (*Hookesches Gesetz*) das Gleichgewicht hält (Bild V-71) [17]:

$$F(s) = -F^* = c\,s \qquad (c > 0: Federkonstante)$$

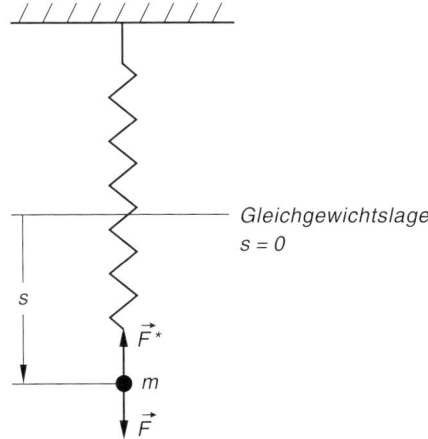

Bild V-71
Zur Berechnung der Spannungsarbeit an einer elastischen Feder

---
[17] Alle Kräfte wirken in der *Längsrichtung* der Feder.

Die dabei verrichtete *Arbeit* beträgt dann nach Formel (V-141) unter Berücksichtigung von $F_s(s) = F(s) = cs$:

$$W = \int_0^{s_0} F_s(s)\, ds = \int_0^{s_0} cs\, ds = c \cdot \int_0^{s_0} s\, ds = c \left[\frac{1}{2} s^2 \right]_0^{s_0} = \frac{1}{2} c s_0^2$$

Die gespannte Feder besitzt jetzt *Spannungsenergie* vom gleichen Betrage.

(3) **Arbeit im Gravitationsfeld der Erde**

Wir berechnen die *Arbeit*, die man im Gravitationsfeld der Erde aufwenden muss, um eine auf der *Erdoberfläche* liegende Masse m entgegen der Schwerkraft um die Strecke h in *radialer* Richtung anzuheben (Bild V-72; r_0 ist der Erdradius).

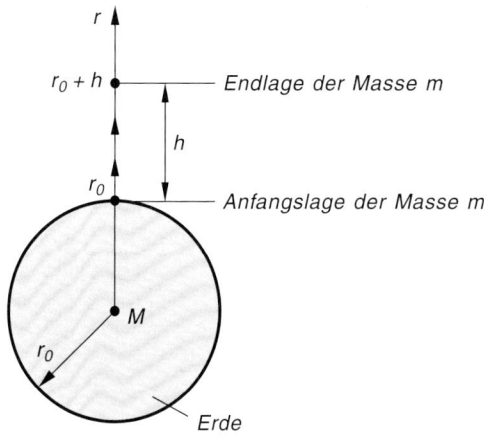

Bild V-72
Arbeit im Gravitationsfeld der Erde

Dazu benötigen wir eine Kraft $F(r)$, die der in Richtung Erdmittelpunkt wirkenden *Gravitationskraft*

$$F^*(r) = -\gamma \frac{mM}{r^2} \qquad (r > 0)$$

das *Gleichgewicht* hält. Somit gilt:

$$F(r) = -F^*(r) = \gamma \frac{mM}{r^2}$$

Dabei ist γ die Gravitationskonstante und r der Abstand der Masse m vom Erdmittelpunkt.

10 Anwendungen der Integralrechnung

Beim *Anheben* um die Strecke h aus der Anfangslage $r = r_0$ wird dabei die Arbeit

$$W = \int_{r_0}^{r_0+h} F(r)\,dr = \gamma m M \cdot \int_{r_0}^{r_0+h} \frac{1}{r^2}\,dr = \gamma m M \cdot \int_{r_0}^{r_0+h} r^{-2}\,dr =$$

$$= \gamma m M \left[\frac{r^{-1}}{-1}\right]_{r_0}^{r_0+h} = \gamma m M \left[-\frac{1}{r}\right]_{r_0}^{r_0+h} = \gamma m M \left[\frac{1}{r_0} - \frac{1}{r_0+h}\right] =$$

$$= \gamma m M \left[\frac{r_0 + h - r_0}{r_0(r_0+h)}\right] = \gamma m M \frac{h}{r_0(r_0+h)}$$

verrichtet. Für $h \ll r_0$, d. h. in *Erdnähe* gilt $r_0 + h \approx r_0$ und man erhält hieraus die bereits aus der Schulphysik bekannte Formel für die *Hubarbeit* (bzw. *potentielle Energie*):

$$W \approx \gamma m M \frac{h}{r_0^2} = m \underbrace{\left(\gamma \frac{M}{r_0^2}\right)}_{g} h = m g h$$

g ist dabei die *Fallbeschleunigung an der Erdoberfläche* $\left(\text{folgt aus der Gleichung } m g = \gamma \frac{m M}{r_0^2}\right).$

(4) Arbeit eines Gases

Wir betrachten eine in einem zylindrischen Gefäß eingeschlossene *Gasmenge*, deren *Zustand* durch die drei *Zustandsvariablen* p (*Druck*), V (*Volumen*) und T (*absolute Temperatur*) beschrieben wird. Das Gefäß sei dabei durch einen (beweglichen) Kolben abgeschlossen (Bild V-73).

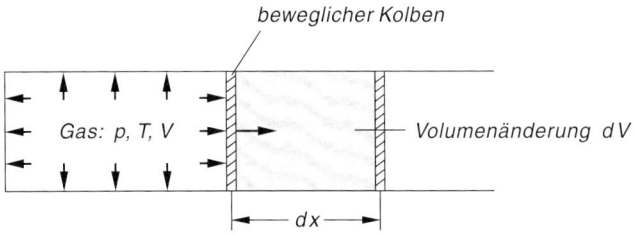

Bild V-73 Zur Berechnung der isothermen Ausdehnungsarbeit eines Gases

Der Gasdruck p erzeugt eine auf den Kolben nach *außen* wirkende Kraft vom Betrage $F = p A$ (A: Querschnittsfläche des Kolbens). Durch eine gleich große *Gegenkraft* wird zunächst eine Ausdehnung des Gases verhindert. Ist die äußere Kraft jedoch etwas *kleiner* als die Druckkraft des Gases, so dehnt sich dieses aus und verrichtet bei einer Verschiebung des Kolbens um die *infinitesimal kleine Strecke* dx die *Arbeit*

$$dW = F\,dx = p A\,dx = p\,dV$$

Dabei ist $dV = A\,dx$ die *differentielle Zunahme* des Gasvolumens bei dieser Verschiebung. Die bei einer *isothermen Ausdehnung* vom Anfangsvolumen V_1 auf das Endvolumen V_2 insgesamt vom Gas verrichtete *Arbeit* erhält man dann durch *Integration*[18]:

$$W = - \int\limits_{V=V_1}^{V=V_2} dW = - \int\limits_{V_1}^{V_2} p(V)\,dV = \int\limits_{V_2}^{V_1} p(V)\,dV$$

Wir berechnen jetzt mit dieser Integralformel die *isotherme Ausdehnungsarbeit eines realen Gases*, dessen Verhalten in vielen Fällen in guter Näherung durch die sog. *van der Waalssche Zustandsgleichung*

$$\left(p + \frac{n^2 a}{V^2}\right)(V - nb) = nRT$$

beschrieben werden kann (a und b sind dabei zwei *stoffabhängige* positive Konstanten; n: Molzahl; R: allgemeine Gaskonstante). Durch Auflösen dieser Gleichung nach p erhält man

$$p = \frac{nRT}{V - nb} - \frac{n^2 a}{V^2} \quad (\text{mit} \quad V > nb)$$

und damit bei *isothermer* Prozessführung ($T = constant$):

$$W = \int\limits_{V_2}^{V_1} p(V)\,dV = \int\limits_{V_2}^{V_1} \left(\frac{nRT}{V - nb} - \frac{n^2 a}{V^2}\right) dV =$$

$$= \left[nRT \cdot \ln(V - nb) + \frac{n^2 a}{V}\right]_{V_2}^{V_1} =$$

$$= nRT \left[\ln(V - nb)\right]_{V_2}^{V_1} + n^2 a \left[\frac{1}{V}\right]_{V_2}^{V_1} =$$

$$= nRT \left[\ln(V_1 - nb) - \ln(V_2 - nb)\right] + n^2 a \left(\frac{1}{V_1} - \frac{1}{V_2}\right) =$$

$$= nRT \cdot \ln\left(\frac{V_1 - nb}{V_2 - nb}\right) + n^2 a \left(\frac{1}{V_1} - \frac{1}{V_2}\right)$$

Für ein *ideales* Gas ist $a = b = 0$ und die *van der Waalssche Zustandsgleichung* geht in die bekannte *Zustandsgleichung eines idealen Gases* über: $pV = nRT$. Die *isotherme Ausdehnungsarbeit* eines *idealen* Gases beträgt dann

$$W = nRT \cdot \ln\left(\frac{V_1}{V_2}\right)$$

∎

---

[18] *Isotherm* bedeutet: bei *konstanter* Temperatur. Der Druck p hängt dann nur vom Volumen V ab. In der **Thermodynamik** gilt die folgende **Konvention**: $W > 0$ bei Kompression des Gases ($V_2 < V_1$, Zufuhr von Arbeit), $W < 0$ bei Expansion ($V_2 > V_1$). Aus diesem Grund muss die Formel zur Berechnung der Gasarbeit ein **negatives** Vorzeichen vor dem Integral erhalten.

10.7 Lineare und quadratische Mittelwerte

Mittelwerte spielen in Naturwissenschaft und Technik eine bedeutende Rolle (z. B.: mittlere Geschwindigkeit eines Fahrzeugs in einem bestimmten Zeitraum, Effektivwerte von Strom und Spannung bei Wechselströmen usw.). Wir unterscheiden dabei zwischen *linearen* und *quadratischen Mittelwerten*.

Linearer Mittelwert

Definition: Unter dem *linearen Mittelwert* einer Funktion $y = f(x)$ im Intervall $a \leq x \leq b$ versteht man die Größe

$$\bar{y}_{\text{linear}} = \frac{1}{b-a} \cdot \int_a^b f(x)\, dx \qquad \text{(V-142)}$$

Anmerkung

Man beachte, dass der lineare Mittelwert vom Intervall $a \leq x \leq b$ abhängig ist.

Der *lineare Mittelwert* einer Funktion lässt sich wie folgt *geometrisch* deuten (wir setzen dabei $f(x) > 0$ voraus):

Über dem Intervall $a \leq x \leq b$ soll ein *Rechteck* mit der (zunächst noch unbekannten) Höhe h errichtet werden und zwar so, dass es den *gleichen* Flächeninhalt besitzt wie das von der Kurve $y = f(x)$, der x-Achse und den beiden Parallelen $x = a$ und $x = b$ begrenzte Flächenstück (Bild V-74).

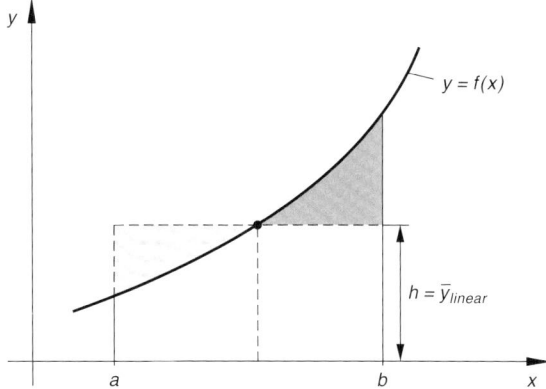

Bild V-74 Zum Begriff des *linearen Mittelwertes* einer Funktion $y = f(x)$ im Intervall $a \leq x \leq b$ (die beiden grau unterlegten Teilflächen sind flächengleich)

Somit muss gelten:

$$h(b-a) = \int_a^b f(x)\, dx \qquad \text{(V-143)}$$

Für die Höhe h erhalten wir daraus den Wert

$$h = \frac{1}{b-a} \cdot \int_a^b f(x)\, dx \qquad \text{(V-144)}$$

Dies aber ist genau der *lineare Mittelwert* der Funktion $y = f(x)$ im Intervall $a \leq x \leq b$, d. h. es gilt $h = \bar{y}_{\text{linear}}$. Der *lineare Mittelwert* ist somit eine Art *mittlere Ordinate* der Kurve $y = f(x)$ im Intervall $a \leq x \leq b$.

Quadratischer Mittelwert

Definition: Unter dem *quadratischen Mittelwert einer Funktion* $y = f(x)$ im Intervall $a \leq x \leq b$ versteht man die Größe

$$\bar{y}_{\text{quadratisch}} = \sqrt{\frac{1}{b-a} \cdot \int_a^b [f(x)]^2\, dx} \qquad \text{(V-145)}$$

Zeitliche Mittelwerte

In der *Elektrotechnik* werden *lineare* und *quadratische* Mittelwerte von *zeitabhängigen* periodischen Funktionen $y = f(t)$ benötigt. Sie werden jeweils über eine Periodendauer T gebildet. Beispiele dafür sind der *Effektivwert* eines Wechselstroms bzw. einer Wechselspannung sowie die *durchschnittliche Wirkleistung* eines Wechselstroms.

Zusammenfassend gilt somit:

Linearer und quadratischer zeitlicher Mittelwert einer periodischen Funktion

Der *lineare* bzw. *quadratische zeitliche Mittelwert* einer periodischen Funktion $y = f(t)$ mit der Periodendauer T lässt sich wie folgt berechnen (die Integration erfolgt über ein Periodenintervall der Länge T):

$$\bar{y}_{\text{linear}} = \frac{1}{T} \cdot \int_{(T)} f(t)\, dt \qquad \text{(V-146)}$$

$$\bar{y}_{\text{quadratisch}} = \sqrt{\frac{1}{T} \cdot \int_{(T)} [f(t)]^2\, dt} \qquad \text{(V-147)}$$

10 Anwendungen der Integralrechnung

■ **Beispiele**

(1) Wir berechnen den *linearen Mittelwert* der Logarithmusfunktion $y = \ln x$ im Intervall $1 \leq x \leq 5$ (Bild V-75). Das dabei anfallende Integral entnehmen wir der Integraltafel der Mathematischen Formelsammlung des Autors (Integral Nr. 332):

$$\bar{y}_{\text{linear}} = \frac{1}{5-1} \cdot \int_1^5 \ln x \, dx = \frac{1}{4} \left[x(\ln x - 1) \right]_1^5 =$$

$$= \frac{1}{4} \left[5(\ln 5 - 1) - 1(\ln 1 - 1) \right] = \frac{1}{4} \left(3{,}0472 + 1 \right) \approx 1{,}012$$

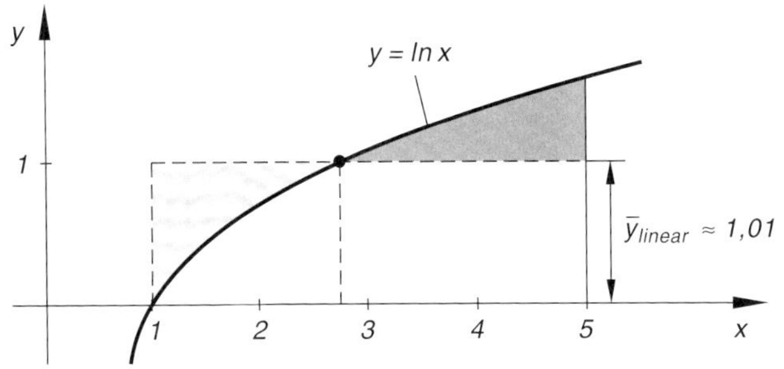

Bild V-75

(2) **Durchschnittsgeschwindigkeit eines Fahrzeugs in einem Zeitintervall**

Aus der Physik ist bekannt: Die *Durchschnittsgeschwindigkeit* $\bar{v}$ eines Fahrzeugs in einem Zeitintervall $\Delta t = t_2 - t_1$ wird ermittelt, indem man den in diesem Zeitintervall zurückgelegten Weg $\Delta s = s_2 - s_1$ durch das Zeitintervall dividiert:

$$\bar{v} = \frac{\Delta s}{\Delta t} = \frac{s_2 - s_1}{t_2 - t_1} \qquad \text{(siehe hierzu Bild V-76)}$$

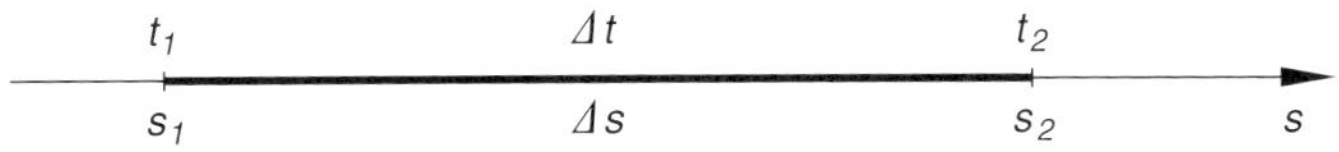

Bild V-76

$\bar{v}$ ist aber nichts anderes als der *lineare Mittelwert* des Geschwindigkeit-Zeit-Gesetzes $v = v(t)$ im Zeitintervall $\Delta t = t_2 - t_1$. Denn aus der Definitionsformel (V-142) folgt unmittelbar unter Beachtung der bereits aus Abschnitt 10.1.1 bekannten Beziehung $s(t) = \int v(t) \, dt$:

$$\bar{v}_{\text{linear}} = \frac{1}{t_2 - t_1} \cdot \int_{t_1}^{t_2} v(t) \, dt = \frac{1}{t_2 - t_1} \left[s(t) \right]_{t_1}^{t_2} =$$

$$= \frac{1}{t_2 - t_1} \left[s(t_2) - s(t_1) \right] = \frac{s_2 - s_1}{t_2 - t_1} = \frac{\Delta s}{\Delta t} = \bar{v}$$

(unter Beachtung von $s(t_1) = s_1$ und $s(t_2) = s_2$).

(3) **Durchschnittliche Leistung P eines sinusförmigen Wechselstroms**

In einem *Wechselstromkreis* erzeuge die (zeitabhängige) sinusförmige Wechselspannung $u(t) = u_0 \cdot \sin(\omega t)$ den phasenverschobenen Wechselstrom $i(t) = i_0 \cdot \sin(\omega t + \varphi)$ gleicher Kreisfrequenz ω (u_0, i_0: Scheitelwerte von Spannung bzw. Strom; φ: Phasenverschiebung zwischen Strom und Spannung). Die *momentane* (*zeitabhängige*) Leistung p ist dann definitionsgemäß das Produkt aus Spannung u und Stromstärke i:

$$p = p(t) = u(t) \cdot i(t) = u_0 i_0 \cdot \sin(\omega t) \cdot \sin(\omega t + \varphi) =$$

$$= u_0 i_0 \cdot \sin(\omega t) [\sin(\omega t) \cdot \cos \varphi + \cos(\omega t) \cdot \sin \varphi] =$$

$$= u_0 i_0 [\cos \varphi \cdot \sin^2(\omega t) + \sin \varphi \cdot \sin(\omega t) \cdot \cos(\omega t)]$$

(wir haben dabei das *Additionstheorem der Sinusfunktion* verwendet). Den *linearen zeitlichen Mittelwert* während einer Periode T berechnet man definitionsgemäß aus Gleichung (V-146), wobei wir $\bar{p}_{\text{linear}} = P$ setzen:

$$P = \bar{p}_{\text{linear}} = \frac{1}{T} \cdot \int_0^T p(t)\, dt = \frac{1}{T} \cdot \int_0^T u(t) \cdot i(t)\, dt =$$

$$= \frac{u_0 i_0}{T} \cdot \int_0^T [\cos \varphi \cdot \sin^2(\omega t) + \sin \varphi \cdot \sin(\omega t) \cdot \cos(\omega t)]\, dt =$$

$$= \frac{u_0 i_0}{T} \left\{ \cos \varphi \cdot \int_0^T \sin^2(\omega t)\, dt + \sin \varphi \cdot \int_0^T \sin(\omega t) \cdot \cos(\omega t)\, dt \right\}$$

In der *Integraltafel* der Mathematischen Formelsammlung des Autors finden wir für die beiden Integrale die folgenden Lösungen:

$$\int \sin^2(\omega t)\, dt = \frac{1}{2} t - \frac{1}{4\omega} \cdot \sin(2\omega t) \qquad \text{(Integral Nr. 205, } a = \omega\text{)}$$

$$\int \sin(\omega t) \cdot \cos(\omega t)\, dt = \frac{1}{2\omega} \cdot \sin^2(\omega t) \qquad \text{(Integral Nr. 254, } a = \omega\text{)}$$

Für die *durchschnittliche Wirkleistung* während einer Periode erhalten wir damit unter Berücksichtigung von $\omega T = 2\pi$ und $\sin 0 = \sin(2\pi) = \sin(4\pi) = 0$ den folgenden Ausdruck für die Wirkleistung:

10 Anwendungen der Integralrechnung   547

$$P = \frac{u_0 i_0}{T} \left\{ \cos \varphi \left[\frac{1}{2} t - \frac{1}{4\omega} \cdot \sin(2\omega t) \right]_0^T + \sin \varphi \left[\frac{1}{2\omega} \cdot \sin^2(\omega t) \right]_0^T \right\} =$$

$$= \frac{u_0 i_0}{T} \left\{ \cos \varphi \left(\frac{1}{2} T - \frac{1}{4\omega} \cdot \sin(2\omega T) \right) + \sin \varphi \cdot \frac{1}{2\omega} \cdot \sin^2(\omega T) \right\} =$$

$$= \frac{u_0 i_0}{T} \left\{ \cos \varphi \left(\frac{T}{2} - \frac{1}{4\omega} \cdot \underbrace{\sin(4\pi)}_{0} \right) + \frac{\sin \varphi}{2\omega} \cdot \underbrace{\sin^2(2\pi)}_{0} \right\} =$$

$$= \frac{u_0 i_0}{T} \cdot \cos \varphi \cdot \frac{T}{2} = \frac{u_0 i_0}{2} \cdot \cos \varphi$$

Die *Scheitelwerte* u_0 und i_0 lassen sich noch wie folgt durch die *Effektivwerte* U und I ausdrücken (siehe hierzu auch das nachfolgende Beispiel):

$$u_0 = U\sqrt{2}, \quad i_0 = I\sqrt{2}$$

Unter Berücksichtigung dieser Beziehungen erhält man für den *Mittelwert der Wirkleistung* eines sinusförmigen Wechselstroms

$$P = \frac{u_0 i_0}{2} \cdot \cos \varphi = \frac{U\sqrt{2} \cdot I\sqrt{2}}{2} \cdot \cos \varphi = UI \cdot \cos \varphi$$

(4) **Effektivwerte von Strom und Spannung (quadratische Mittelwerte)**

Der *Effektivwert* eines Wechselstroms bzw. einer Wechselspannung ist definitionsgemäß der *quadratische zeitliche Mittelwert* während einer Periode T:

$$I = \sqrt{\frac{1}{T} \cdot \int_0^T [i(t)]^2 \, dt}, \quad U = \sqrt{\frac{1}{T} \cdot \int_0^T [u(t)]^2 \, dt}$$

Für einen *sinusförmigen* Wechselstrom $i(t) = i_0 \cdot \sin(\omega t)$ erhält man unter Berücksichtigung von $\omega T = 2\pi$ und $\sin 0 = \sin(4\pi) = 0$ für das Integral in der 1. Gleichung:

$$\int_0^T [i(t)]^2 \, dt = i_0^2 \cdot \underbrace{\int_0^T \sin^2(\omega t) \, dt}_{\text{Integral Nr. 205 mit } a = \omega} = i_0^2 \left[\frac{1}{2} t - \frac{1}{4\omega} \cdot \sin(2\omega t) \right]_0^T =$$

$$= i_0^2 \left(\frac{T}{2} - \frac{1}{4\omega} \cdot \sin(2\omega T) \right) = i_0^2 \left(\frac{T}{2} - \frac{1}{4\omega} \cdot \underbrace{\sin(4\pi)}_{0} \right) = \frac{i_0^2 T}{2}$$

Der *Effektivwert* des Wechselstroms beträgt somit:

$$I = \sqrt{\frac{1}{T} \cdot \int_0^T [i(t)]^2 \, dt} = \sqrt{\frac{1}{T} \cdot \frac{i_0^2 T}{2}} = \sqrt{\frac{i_0^2}{2}} = \frac{i_0}{\sqrt{2}} = 0{,}707 \cdot i_0$$

Analog berechnet sich der *Effektivwert* einer sinusförmigen Wechselspannung $u(t) = u_0 \cdot \sin(\omega t)$ zu

$$U = \frac{u_0}{\sqrt{2}} = 0{,}707 \cdot u_0 \qquad \blacksquare$$

10.8 Schwerpunkt homogener Flächen und Körper

10.8.1 Grundbegriffe

Statisches Moment einer Kraft

Ein *Massenpunkt* der Masse m besitze von einer (vertikalen) Bezugsachse den *senkrechten* Abstand r (Bild V-77). Dann erzeugt die Gewichtskraft $G = mg$ definitionsgemäß ein *statisches Moment*[19] vom Betrage

$$M = Gr = mgr \qquad (\text{V-148})$$

Bei einem *räumlichen* Körper muss die Masse m zunächst in eine *große* Anzahl von *Teilmassen* zerlegt werden. Wir betrachten jetzt ein solches *infinitesimal kleines Massenelement* dm im senkrechten Abstand r von der Bezugsachse (Bild V-78).

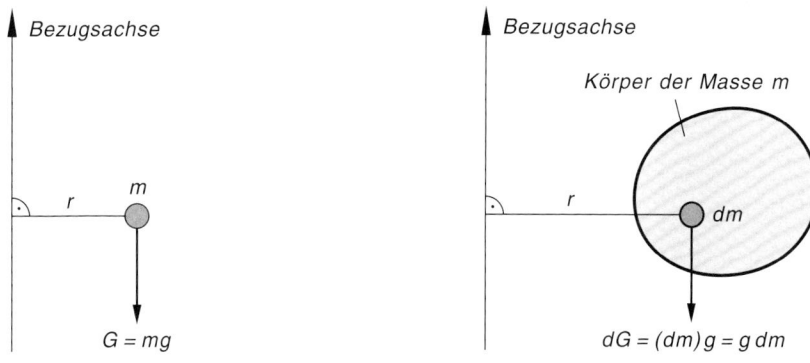

Bild V-77   **Bild V-78**

Dieses Massenelement liefert dann zum *Gesamtmoment* M den folgenden Beitrag:

$$dM = (dG)\,r = (dm)\,g\,r = g\,r\,dm \qquad (\text{V-149})$$

($dG = dm \cdot g = g\,dm$ ist das Gewicht des Massenelementes dm).

Durch Aufsummieren *sämtlicher* Teilbeträge dM, d. h. durch *Integration* erhält man schließlich das *Gesamtmoment* M:

$$M = \int_{(m)} dM = \int_{(m)} g\,r\,dm \qquad (\text{V-150})$$

---

[19] Andere, übliche Bezeichnungen sind *Drehmoment* oder *Moment 1. Ordnung*.

Schwerpunkt oder Massenmittelpunkt eines Körpers

Unter dem *Schwerpunkt S* eines Körpers (auch *Massenmittelpunkt* genannt) wird definitionsgemäß derjenige *Punkt* verstanden, in dem die *Gesamtmasse* des Körpers vereinigt gedacht werden muss, damit dieser fiktive Massenpunkt ein *gleich großes* statisches Moment erzeugt wie der reale Körper selbst (Bild V-79).

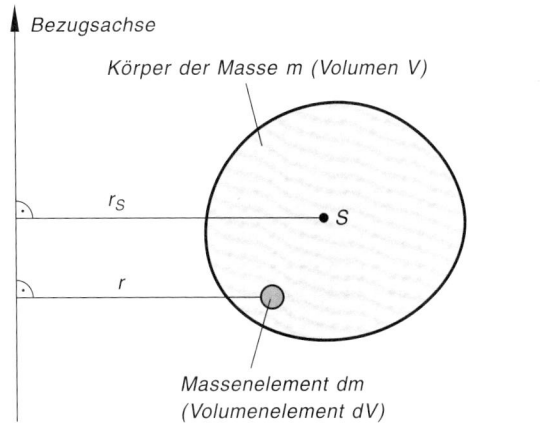

Bild V-79
Schwerpunkt eines räumlichen Körpers

Ist r_S der *senkrechte* Abstand des *Schwerpunktes S* von der Bezugsachse (bzw. Bezugsebene), so gilt also

$$M = m g r_S = \int_{(m)} g r \, dm = g \cdot \int_{(m)} r \, dm \qquad \text{(V-151)}$$

und weiter (nach Kürzen durch g)

$$m r_S = \int_{(m)} r \, dm \qquad \text{(V-152)}$$

Bei allen weiteren Betrachtungen gehen wir von einem *homogenen* Körper der *konstanten* Dichte ϱ aus. Da $m = \varrho V$ und somit $dm = \varrho \, dV$ ist, lässt sich die Beziehung (V-152) auch auf die Form

$$\varrho V r_S = \int_{(V)} r \varrho \, dV = \varrho \cdot \int_{(V)} r \, dV \qquad \text{oder} \qquad V r_S = \int_{(V)} r \, dV \qquad \text{(V-153)}$$

bringen. dV ist dabei das *Volumen* des Massenelementes dm und wird daher auch als *Volumenelement* bezeichnet, V ist das *Gesamtvolumen* des Körpers mit der Masse m. Die Integration ist über das *gesamte* Volumen zu erstrecken (Summation über sämtliche Volumenelemente). Aus dieser Gleichung gewinnt man für den *Schwerpunktsabstand* r_S die wichtige Integralformel

$$r_S = \frac{1}{V} \cdot \int_{(V)} r \, dV \qquad \text{(V-154)}$$

Durch Wahl einer geeigneten Bezugsachse in *jeder* der drei Koordinatenebenen erhält man hieraus die folgenden Formeln für die *Schwerpunktskoordinaten* x_S, y_S und z_S:

Schwerpunkt eines homogenen räumlichen Körpers (Bild V-79)

Für die *Schwerpunktskoordinaten* x_S, y_S und z_S eines *homogenen* räumlichen Körpers vom Volumen V gelten die folgenden Integralformeln:

$$x_S = \frac{1}{V} \cdot \int\limits_{(V)} x \, dV, \quad y_S = \frac{1}{V} \cdot \int\limits_{(V)} y \, dV, \quad z_S = \frac{1}{V} \cdot \int\limits_{(V)} z \, dV$$

(V-155)

10.8.2 Schwerpunkt einer homogenen ebenen Fläche

Bei *flächenhaften* Körpern mit *konstanter* Dicke h wie z. B. *dünnen Scheiben* oder *Platten* liegt der Schwerpunkt S im Abstand $h/2$ oberhalb der (ebenen) Grundfläche vom Flächeninhalt A (die Grundfläche legen wir in die x, y-Ebene). Die *Schwerpunktskoordinaten* x_S, y_S und z_S lassen sich dann aus den Gleichungen (V-155) unter Berücksichtigung von $V = Ah$ und $dV = (dA)h = h \, dA$ wie folgt bestimmen:

$$x_S = \frac{1}{V} \cdot \int\limits_{(V)} x \, dV = \frac{1}{Ah} \cdot \int\limits_{(A)} x h \, dA = \frac{h}{Ah} \cdot \int\limits_{(A)} x \, dA = \frac{1}{A} \cdot \int\limits_{(A)} x \, dA$$

$$y_S = \frac{1}{V} \cdot \int\limits_{(V)} y \, dV = \frac{1}{Ah} \cdot \int\limits_{(A)} y h \, dA = \frac{h}{Ah} \cdot \int\limits_{(A)} y \, dA = \frac{1}{A} \cdot \int\limits_{(A)} y \, dA \quad \text{(V-156)}$$

$$z_S = \frac{h}{2}$$

Dabei ist die Integration über die *gesamte Grundfläche* A zu erstrecken. Für $h \to 0$ erhält man eine in der x, y-Ebene liegende Fläche vom Flächeninhalt A, deren *Schwerpunktskoordinaten* x_S und y_S wie folgt berechnet werden ($z_S = 0$ für $h \to 0$; siehe Bild V-80):

Schwerpunkt einer homogenen ebenen Fläche (Bild V-80)

Für die *Schwerpunktskoordinaten* x_S und y_S einer *homogenen* ebenen Fläche vom Flächeninhalt A gelten die folgenden Integralformeln:

$$x_S = \frac{1}{A} \cdot \int\limits_{(A)} x \, dA, \quad y_S = \frac{1}{A} \cdot \int\limits_{(A)} y \, dA$$

(V-157)

10 Anwendungen der Integralrechnung

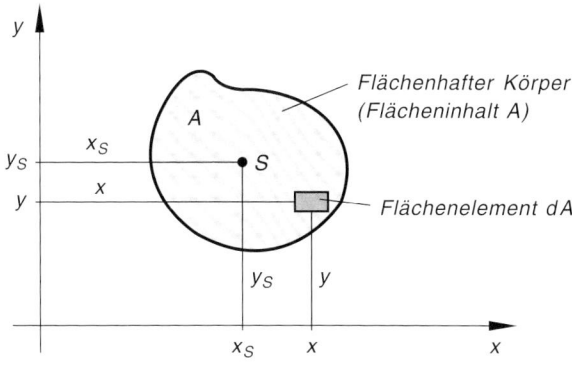

Bild V-80
Schwerpunkt S eines flächenhaften Körpers konstanter Dichte

Anmerkungen

(1) *Modell* einer homogenen Fläche: hauchdünne homogene Platte.

(2) Summiert, d. h. integriert wird über *alle* Flächenelemente dA in der Fläche A.

(3) Die in den Gleichungen (V-157) auftretenden Integrale sind die wie folgt definierten *statischen Momente der Fläche* A:

$$M_x = \int\limits_{(A)} dM_x = \int\limits_{(A)} y\, dA = y_S A: \quad \text{Statisches Moment bezüglich der } x\text{-Achse}$$

$$M_y = \int\limits_{(A)} dM_y = \int\limits_{(A)} x\, dA = x_S A: \quad \text{Statisches Moment bezüglich der } y\text{-Achse}$$

$dM_x = y\, dA$ und $dM_y = x\, dA$ sind dabei die *statischen Momente* des Flächenelementes dA bezüglich der x-Achse bzw. y-Achse.

Wir gehen jetzt zur Berechnung der *Schwerpunktskoordinaten* x_S und y_S einer *homogenen ebenen Fläche* über, die von der Kurve $y = f(x)$, der x-Achse und den Geraden $x = a$ und $x = b$ berandet wird (Bild V-81).

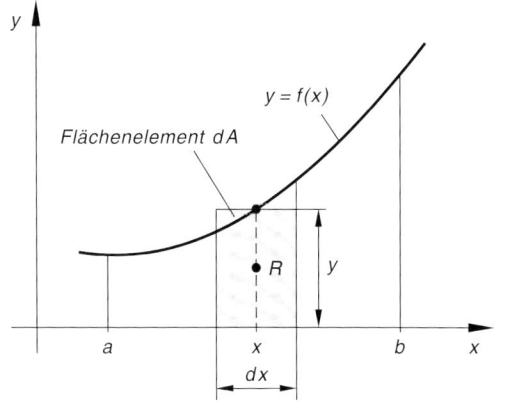

Bild V-81
Zur Berechnung des Schwerpunktes einer homogenen ebenen Fläche

In der bereits bekannten Weise zerlegen wir zunächst die Fläche in eine große Anzahl von *rechteckigen* Streifen. Das im Bild V-81 skizzierte (grau unterlegte) Flächenelement besitzt die Breite dx, die Höhe y und somit den Flächeninhalt $dA = y\, dx$. Der Schwerpunkt R dieses Streifens liegt dann aus Symmetriegründen im Schnittpunkt der beiden *Flächendiagonalen*. Seine Koordinaten x_R und y_R lauten daher wie folgt:

$$x_R = x, \qquad y_R = \frac{1}{2} y \tag{V-158}$$

Zu den *statischen Momenten* M_x und M_y der *Gesamtfläche* A liefert dieses Flächenelement dann die folgenden Beiträge:

$$dM_x = y_R\, dA = \frac{1}{2} y (y\, dx) = \frac{1}{2} y^2\, dx$$

$$dM_y = x_R\, dA = x (y\, dx) = x y\, dx \tag{V-159}$$

Durch *Summation* über *sämtliche* in der Fläche liegenden streifenförmigen Flächenelemente, d. h. durch *Integration* in den Grenzen von $x = a$ bis $x = b$ erhalten wir schließlich folgende Integralformeln für die statischen Momente M_x und M_y der Fläche:

$$M_x = \int_{(A)} dM_x = \frac{1}{2} \cdot \int_a^b y^2\, dx = \frac{1}{2} \cdot \int_a^b [f(x)]^2\, dx$$

$$M_y = \int_{(A)} dM_y = \int_a^b x y\, dx = \int_a^b x \cdot f(x)\, dx \tag{V-160}$$

Andererseits ist $M_x = y_S A$ und $M_y = x_S A$. Unter Berücksichtigung dieser Beziehungen gehen die Gleichungen (V-160) über in

$$y_S A = \frac{1}{2} \cdot \int_a^b y^2\, dx = \frac{1}{2} \cdot \int_a^b [f(x)]^2\, dx$$

$$x_S A = \int_a^b x y\, dx = \int_a^b x \cdot f(x)\, dx \tag{V-161}$$

Durch Auflösen nach x_S bzw. y_S gewinnt man hieraus die folgenden *Integralformeln* für die Koordinaten des *Flächenschwerpunktes* S:

Schwerpunkt einer homogenen ebenen Fläche zwischen einer Kurve und der x-Achse (Bild V-81)

Die Koordinaten x_S und y_S des *Schwerpunktes* einer *homogenen* ebenen Fläche, die von einer Kurve $y = f(x)$, $a \leq x \leq b$ und der x-Achse berandet wird, lassen sich wie folgt berechnen:

$$x_S = \frac{1}{A} \cdot \int_a^b xy\, dx = \frac{1}{A} \cdot \int_a^b x \cdot f(x)\, dx$$

$$y_S = \frac{1}{2A} \cdot \int_a^b y^2\, dx = \frac{1}{2A} \cdot \int_a^b [f(x)]^2\, dx$$

(V-162)

A: Flächeninhalt, berechnet nach der Integralformel (V-119)

Voraussetzung: Die Kurve $y = f(x)$ liegt im Intervall $a \leq x \leq b$ *oberhalb* der x-Achse.

Auf analoge Art und Weise lassen sich Formelausdrücke für die Schwerpunktskoordinaten x_S bzw. y_S einer Fläche herleiten, die von den beiden Kurven $y_o = f_o(x)$ und $y_u = f_u(x)$ und den beiden Geraden $x = a$ und $x = b$ berandet wird (Bild V-82). Wir setzen dabei voraus, dass *überall* im Intervall $a \leq x \leq b$ die Bedingung $f_o(x) \geq f_u(x)$ erfüllt ist.

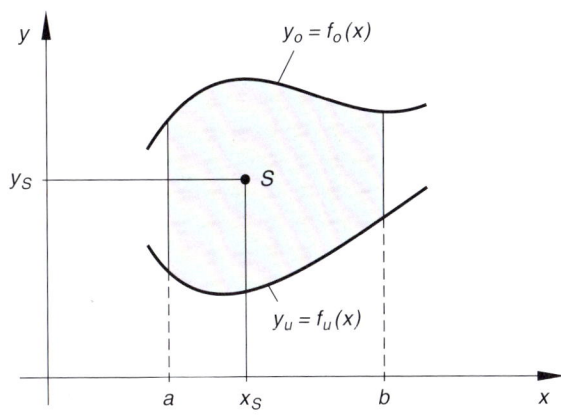

Bild V-82

Schwerpunkt einer von zwei Kurven berandeten homogenen Fläche

Die Integralformeln für die Koordinaten des *Flächenschwerpunktes* lauten dann wie folgt:

Schwerpunkt einer homogenen ebenen Fläche zwischen zwei Kurven (Bild V-82)

Die Koordinaten x_S und y_S des *Schwerpunktes* einer *homogenen* ebenen Fläche, die von den Kurven $y_o = f_o(x)$ und $y_u = f_u(x)$ und den beiden Parallelen $x = a$ und $x = b$ berandet wird, lassen sich wie folgt berechnen:

$$x_S = \frac{1}{A} \cdot \int_a^b x(y_o - y_u)\, dx = \frac{1}{A} \cdot \int_a^b x[f_o(x) - f_u(x)]\, dx$$

(V-163)

$$y_S = \frac{1}{2A} \cdot \int_a^b (y_o^2 - y_u^2)\, dx = \frac{1}{2A} \cdot \int_a^b [(f_o(x))^2 - (f_u(x))^2]\, dx$$

A: Flächeninhalt, berechnet nach der Integralformel (V-122)

Voraussetzung: $f_o(x) \geq f_u(x)$ im Intervall $a \leq x \leq b$

Anmerkung

Ist die untere Berandung die x-Achse, also $y_u = f_u(x) = 0$, so erhält man aus den Integralformeln (V-163) den bereits bekannten *Sonderfall* (V-162).

■ **Beispiele**

(1) Wir berechnen die *Schwerpunktskoordinaten* einer *oberhalb* der x-Achse liegenden homogenen *Halbkreisfläche* vom Radius R (hauchdünne halbkreisförmige Platte aus einem homogenen Material; Bild V-83).

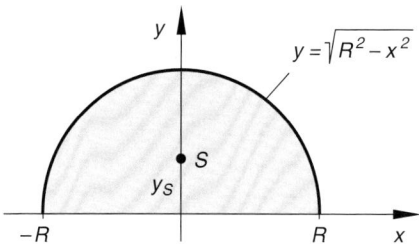

Bild V-83 Zur Berechnung der Schwerpunktskoordinaten einer homogenen Halbkreisfläche

Aus *Symmetriegründen* liegt der Schwerpunkt S auf der *y-Achse*, also ist $x_S = 0$ (eine Berechnung dieser Koordinate erübrigt sich). Für die Ordinate y_S des Flächenschwerpunktes S erhalten wir nach Formel (V-162) mit $A = \pi R^2/2$ und unter Berücksichtigung der *Achsensymmetrie*:

$$y_S = \frac{1}{\pi R^2} \cdot \int_{-R}^{R} \left(\sqrt{R^2 - x^2}\right)^2 dx = \frac{1}{\pi R^2} \cdot 2 \cdot \int_{0}^{R} (R^2 - x^2) \, dx =$$

$$= \frac{2}{\pi R^2} \left[R^2 x - \frac{1}{3} x^3\right]_0^R = \frac{2}{\pi R^2} \left(R^3 - \frac{1}{3} R^3\right) = \frac{2}{\pi R^2} \cdot \frac{2}{3} R^3 =$$

$$= \frac{4}{3\pi} R = 0{,}424\, R$$

Flächenschwerpunkt: $S = (0;\, 0{,}424\, R)$

(2) Die Aufgabe besteht in der Berechnung des *Schwerpunktes* S des in Bild V-84 skizzierten flächenhaften *Werkstückes* aus einem *homogenen* Material.

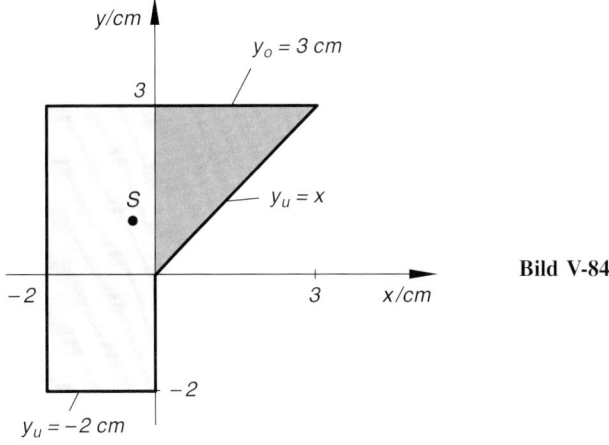

Bild V-84

Lösung: Wir berechnen zunächst auf *elementarem* Wege den Flächeninhalt A des Werkstückes, das sich aus einem Rechteck (*hellgrau* unterlegt) und einem gleichschenkligen Dreieck (*dunkelgrau* unterlegt) zusammensetzt:

$$A = 2\,\text{cm} \cdot 5\,\text{cm} + \frac{1}{2} \cdot 3\,\text{cm} \cdot 3\,\text{cm} = 10\,\text{cm}^2 + 4{,}5\,\text{cm}^2 = 14{,}5\,\text{cm}^2$$

Das Flächenstück wird im Intervall $-2 \leq x/\text{cm} \leq 3$ *oben* von der Geraden $y_o = f_o(x) = 3\,\text{cm}$ berandet. Die *untere* Berandung besteht dagegen aus *zwei* Teilstücken:

$$y_u = f_u(x) = \begin{Bmatrix} -2\,\text{cm} & & -2 \leq x/\text{cm} \leq 0 \\ & \text{für} & \\ x & & 0 \leq x/\text{cm} \leq 3 \end{Bmatrix}$$

Wir berechnen zunächst die *Schwerpunktskoordinate* x_S, wobei wir das Integral in *zwei* Teilintegrale aufspalten müssen:

$$x_S = \frac{1}{14{,}5 \text{ cm}^2} \left(\int_{-2\text{ cm}}^{0\text{ cm}} x\,(3 \text{ cm} + 2 \text{ cm})\,dx + \int_{0\text{ cm}}^{3\text{ cm}} x\,(3 \text{ cm} - x)\,dx \right) =$$

$$= \frac{1}{14{,}5 \text{ cm}^2} \left(\int_{-2\text{ cm}}^{0\text{ cm}} 5 \text{ cm} \cdot x\,dx + \int_{0\text{ cm}}^{3\text{ cm}} (3 \text{ cm} \cdot x - x^2)\,dx \right) =$$

$$= \frac{1}{14{,}5 \text{ cm}^2} \left(\left[2{,}5 \text{ cm} \cdot x^2 \right]_{-2\text{ cm}}^{0\text{ cm}} + \left[1{,}5 \text{ cm} \cdot x^2 - \frac{1}{3} x^3 \right]_{0\text{ cm}}^{3\text{ cm}} \right) =$$

$$= \frac{1}{14{,}5 \text{ cm}^2} (-10 \text{ cm}^3 + 4{,}5 \text{ cm}^3) = \frac{-5{,}5 \text{ cm}^3}{14{,}5 \text{ cm}^2} = -0{,}38 \text{ cm}$$

Für die *Schwerpunktskoordinate* y_S erhält man analog:

$$y_S = \frac{1}{29 \text{ cm}^2} \left(\int_{-2\text{ cm}}^{0\text{ cm}} (9 \text{ cm}^2 - 4 \text{ cm}^2)\,dx + \int_{0\text{ cm}}^{3\text{ cm}} (9 \text{ cm}^2 - x^2)\,dx \right) =$$

$$= \frac{1}{29 \text{ cm}^2} \left(\int_{-2\text{ cm}}^{0\text{ cm}} 5 \text{ cm}^2\,dx + \int_{0\text{ cm}}^{3\text{ cm}} (9 \text{ cm}^2 - x^2)\,dx \right) =$$

$$= \frac{1}{29 \text{ cm}^2} \left(\left[5 \text{ cm}^2 \cdot x \right]_{-2\text{ cm}}^{0\text{ cm}} + \left[9 \text{ cm}^2 \cdot x - \frac{1}{3} x^3 \right]_{0\text{ cm}}^{3\text{ cm}} \right) =$$

$$= \frac{1}{29 \text{ cm}^2} (10 \text{ cm}^3 + 18 \text{ cm}^3) = \frac{28 \text{ cm}^3}{29 \text{ cm}^2} = 0{,}97 \text{ cm}$$

Der *Flächenschwerpunkt* S besitzt damit die folgenden Koordinaten:

$$x_S = -0{,}38 \text{ cm}, \qquad y_S = 0{,}97 \text{ cm}. \qquad \blacksquare$$

10.8.3 Schwerpunkt eines homogenen Rotationskörpers

Bei einem homogenen *Rotationskörper* liegt der *Schwerpunkt* stets auf der *Drehachse*. Fällt ferner die Rotationsachse in eine der Koordinatenachsen (x-Achse oder y-Achse), so besitzen *zwei* der drei Schwerpunktskoordinaten den Wert *null*.

10 Anwendungen der Integralrechnung

Rotation einer Kurve um die *x*-Achse

Der Rotationskörper wird durch Drehung des Kurvenstücks $y = f(x)$, $a \leq x \leq b$ um die *x-Achse* erzeugt (Bild V-85).

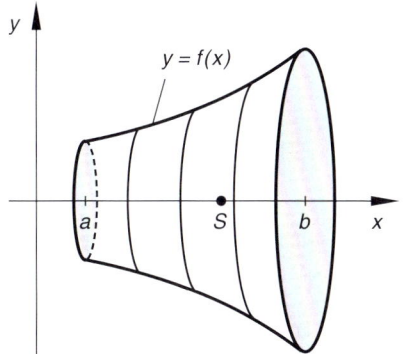

Bild V-85
Zur Berechnung des Schwerpunktes eines zur *x*-Achse symmetrischen homogenen Rotationskörpers

Der *Schwerpunkt* S liegt daher auf der *x-Achse*, d. h. es ist $y_S = z_S = 0$. Für die *x*-Koordinate folgt dann aus Gleichung (V-155) unter Berücksichtigung des Volumenelementes $dV_x = \pi y^2 \, dx$ (Zylinderscheibe der Dicke dx, Radius y):

$$x_S = \frac{1}{V_x} \cdot \int_{(V)} x \, dV_x = \frac{1}{V_x} \cdot \int_a^b x \cdot \pi y^2 \, dx = \frac{\pi}{V_x} \cdot \int_a^b x y^2 \, dx \qquad \text{(V-164)}$$

Schwerpunkt eines homogenen Rotationskörpers (Rotationsachse = *x*-Achse; Bild V-85)

Der *Schwerpunkt* S eines *homogenen* Rotationskörpers, der durch Drehung einer Kurve $y = f(x)$, $a \leq x \leq b$ um die *x*-Achse entsteht, liegt auf der *Drehachse* (hier also auf der *x*-Achse). Daher *verschwinden* die Schwerpunktskoordinaten y_S und z_S:

$$y_S = 0 \quad \text{und} \quad z_S = 0 \qquad \text{(V-165)}$$

Die *x*-Koordinate des Schwerpunktes lässt sich wie folgt berechnen:

$$x_S = \frac{\pi}{V_x} \cdot \int_a^b x y^2 \, dx = \frac{\pi}{V_x} \cdot \int_a^b x \cdot [f(x)]^2 \, dx \qquad \text{(V-166)}$$

V_x: Rotationsvolumen, berechnet nach der Integralformel (V-125)

Rotation einer Kurve um die y-Achse

Analoge Formeln erhält man bei Drehung der Kurve $x = g(y)$, $c \leq y \leq d$ um die *y-Achse* (Bild V-86).

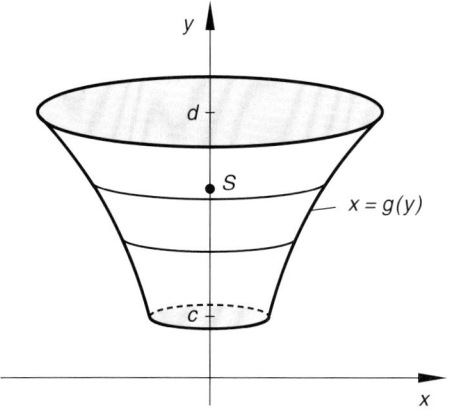

Bild V-86
Zur Berechnung des Schwerpunktes eines zur *y*-Achse symmetrischen homogenen Rotationskörpers

---

Schwerpunkt eines homogenen Rotationskörpers (Rotationsachse = y-Achse; Bild V-86)

Der *Schwerpunkt S* eines *homogenen* Rotationskörpers, der durch Drehung einer Kurve $x = g(y)$, $c \leq y \leq d$ um die *y-Achse* entsteht, liegt auf der *Drehachse* (hier also auf der *y*-Achse). Daher *verschwinden* die Schwerpunktskoordinaten x_S und z_S:

$$x_S = 0 \quad \text{und} \quad z_S = 0 \qquad (\text{V-167})$$

Die *y*-Koordinate des Schwerpunktes lässt sich wie folgt berechnen:

$$y_S = \frac{\pi}{V_y} \cdot \int_c^d y x^2 \, dy = \frac{\pi}{V_y} \cdot \int_c^d y \cdot [g(y)]^2 \, dy \qquad (\text{V-168})$$

V_y: Rotationsvolumen, berechnet nach der Integralformel (V-128)

Anmerkung

In der Regel liegt die Funktionsgleichung in der Form $y = f(x)$ vor und muss dann noch nach x aufgelöst werden $\rightarrow x = g(y)$.

■ **Beispiele**

(1) Wo liegt der *Schwerpunkt S* des *homogenen* Drehkörpers, der durch Rotation der in Bild V-87 a) *grau* unterlegten Fläche um die *x-Achse* entsteht?

10 Anwendungen der Integralrechnung

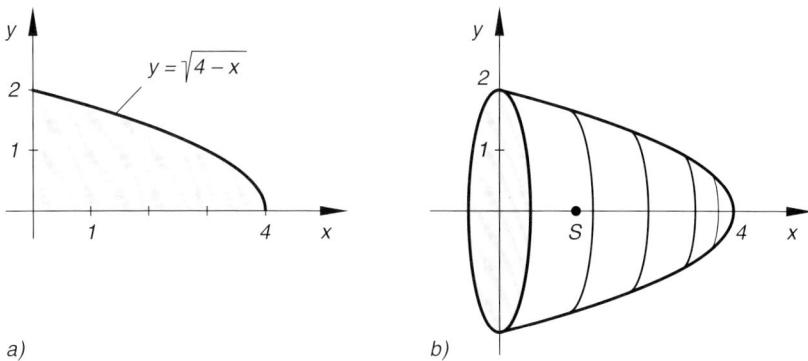

Bild V-87 Durch Drehung der Kurve $y = \sqrt{4-x}$, $0 \leq x \leq 4$ (Bild a)) um die x-Achse entsteht der in Bild b) skizzierte homogene Drehkörper

Lösung: Aus Symmetriegründen ist $y_S = z_S = 0$. Für die Berechnung der Schwerpunktskoordinate x_S benötigen wir noch das *Rotationsvolumen* V_x, für das uns die Integralformel (V-125) den folgenden Wert liefert:

$$V_x = \pi \cdot \int_0^4 \left(\sqrt{4-x}\right)^2 dx = \pi \cdot \int_0^4 (4-x)\, dx = \pi \left[4x - \frac{1}{2}x^2\right]_0^4 =$$

$$= \pi(16 - 8) = 8\pi$$

Damit erhalten wir für die *Schwerpunktskoordinate* x_S nach der Formel (V-166)

$$x_S = \frac{\pi}{8\pi} \cdot \int_0^4 x\left(\sqrt{4-x}\right)^2 dx = \frac{1}{8} \cdot \int_0^4 x(4-x)\, dx =$$

$$= \frac{1}{8} \cdot \int_0^4 (4x - x^2)\, dx = \frac{1}{8}\left[2x^2 - \frac{1}{3}x^3\right]_0^4 = \frac{1}{8}\left(32 - \frac{64}{3}\right) =$$

$$= \frac{1}{8} \cdot \frac{96 - 64}{3} = \frac{1}{8} \cdot \frac{32}{3} = \frac{4}{3}$$

Der *Schwerpunkt* S des *Rotationskörpers* besitzt demnach die Koordinaten $x_S = 4/3$, $y_S = 0$ und $z_S = 0$.

(2) Durch Rotation des in Bild V-88 skizzierten Geradenstücks um die x-Achse entsteht ein (homogener) gerader *Kreiskegel* mit dem Grundflächenradius r und der Höhe h.

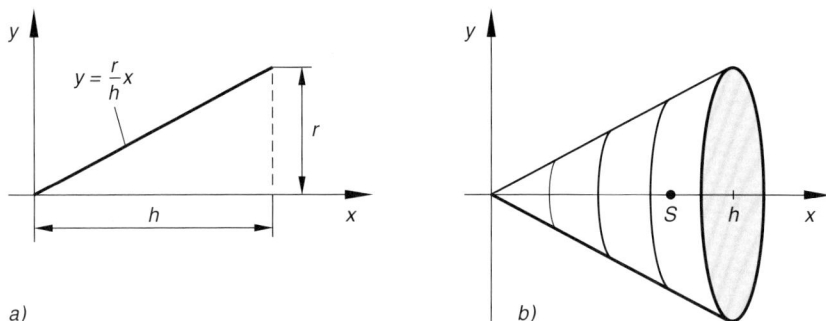

Bild V-88 Zur Berechnung des Schwerpunktes eines homogenen geraden Kreiskegels
a) Geradenstück mit der Gleichung $y = \dfrac{r}{h} x$, $0 \leq x \leq h$
b) Durch Rotation des Geradenstücks um die x-Achse erzeugter Kegel

Der Schwerpunkt S liegt aus *Symmetriegründen* auf der x-Achse, d. h. es gilt $y_S = z_S = 0$. Für die Koordinate x_S erhalten wir nach Formel (V-166) den folgenden Wert (das Kegelvolumen beträgt bekanntlich $V = \pi r^2 h/3$):

$$x_S = \frac{\pi}{\frac{1}{3}\pi r^2 h} \cdot \int_0^h x \left(\frac{r}{h} x\right)^2 dx = \frac{3}{r^2 h} \cdot \int_0^h x \cdot \frac{r^2}{h^2} \cdot x^2 \, dx =$$

$$= \frac{3}{r^2 h} \cdot \frac{r^2}{h^2} \cdot \int_0^h x^3 \, dx = \frac{3}{h^3} \left[\frac{1}{4} x^4\right]_0^h = \frac{3}{h^3} \cdot \frac{1}{4} h^4 = \frac{3}{4} h$$

Der *Schwerpunkt des Kegels* liegt also auf der Symmetrieachse im Abstand $3h/4$ von der Kegelspitze (von der Grundfläche aus gemessen beträgt der Abstand $h/4$).

(3) Wir berechnen die Lage des *Schwerpunktes einer homogenen Halbkugel* vom Radius r. Dieser Rotationskörper lässt sich durch Drehung der in Bild V-89 skizzierten *Viertelkreisfläche* um die y-Achse erzeugen.

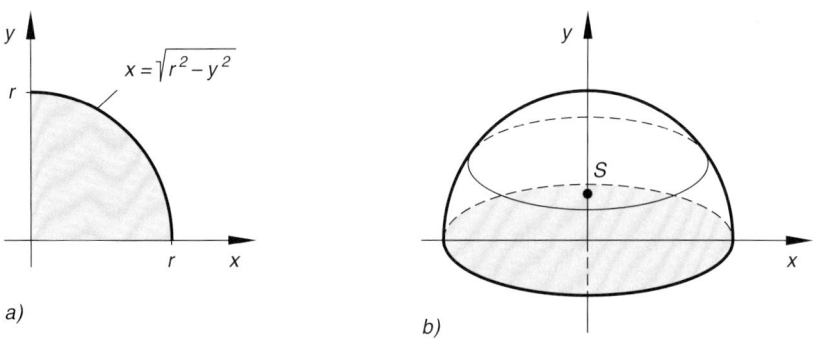

Bild V-89 Durch Rotation der in Bild a) gezeichneten Viertelkreislinie um die y-Achse entsteht die in Bild b) skizzierte homogene Halbkugel

10 Anwendungen der Integralrechnung

Die Funktionsgleichung der rotierenden Kreislinie erhält man durch Auflösen der Kreisgleichung $x^2 + y^2 = r^2$ nach x:

$$x = g(y) = \sqrt{r^2 - y^2} \qquad (0 \leq y \leq r)$$

Wegen der *Rotationssymmetrie* liegt der Schwerpunkt diesmal auf der *y-Achse*: $x_S = z_S = 0$. Für y_S liefert die Integralformel (V-168) den folgenden Wert (das Volumen einer Halbkugel ist bekanntlich $V = 2\pi r^3/3$):

$$y_S = \frac{\pi}{\frac{2}{3}\pi r^3} \cdot \int_0^r y\left(\sqrt{r^2 - y^2}\right)^2 dy = \frac{3}{2r^3} \cdot \int_0^r y(r^2 - y^2)\, dy =$$

$$= \frac{3}{2r^3} \cdot \int_0^r (r^2 y - y^3)\, dy = \frac{3}{2r^3} \left[\frac{1}{2} r^2 y^2 - \frac{1}{4} y^4\right]_0^r =$$

$$= \frac{3}{2r^3} \left(\frac{1}{2} r^4 - \frac{1}{4} r^4\right) = \frac{3}{2r^3} \cdot \frac{1}{4} r^4 = \frac{3}{8} r$$

Der *Schwerpunkt einer Halbkugel* liegt daher auf der *Symmetrieachse* im Abstand von $3r/8$ *oberhalb* der Grundfläche. ∎

10.9 Massenträgheitsmomente

10.9.1 Grundbegriffe und einfache Beispiele

Massenträgheitsmomente treten im Zusammenhang mit *Drehbewegungen* von punktförmigen, flächenhaften oder räumlichen Massen auf. Sie spielen dort eine ähnliche Rolle wie die *Massen* bei *Translationsbewegungen*.

Ein Massenpunkt der Masse m besitze bezüglich einer vorgegebenen Drehachse (Bezugsachse) den *senkrechten* Abstand r (Bild V-90). Dann versteht man definitionsgemäß unter dem *Massenträgheitsmoment* J bezüglich dieser Achse das Produkt

$$J = r^2 m \qquad (\text{V-169})$$

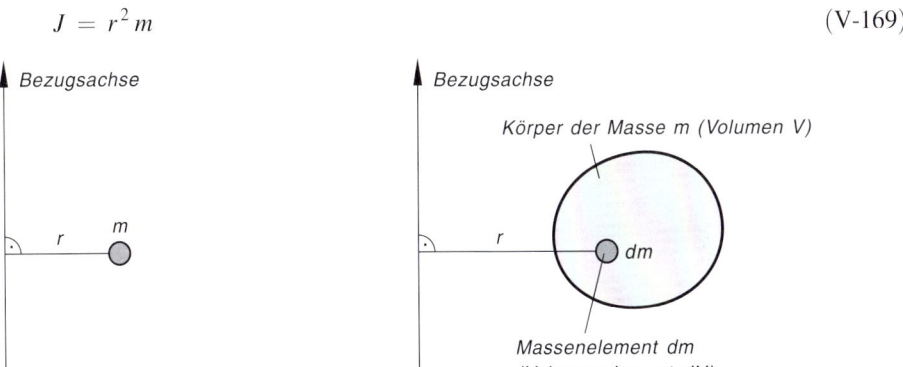

Bild V-90

Bild V-91 Zum Begriff des Massenträgheitsmomentes eines räumlichen Körpers

Bei *kontinuierlichen* Massen wird der Körper in eine *große* Anzahl *infinitesimal kleiner Massenelemente* dm zerlegt. *Jedes* Massenelement dm steuert dann den Beitrag

$$dJ = r^2\, dm \qquad (\text{V-170})$$

zum *Gesamtmassenträgheitsmoment* J des Körpers bei (r ist der senkrechte Abstand des Massenelementes von der Bezugsachse, siehe hierzu Bild V-91). Durch *Summation*, d. h. *Integration* über *sämtliche* Beiträge dJ erhält man schließlich bei *homogener Massenverteilung*, d. h. konstanter Dichte ϱ und unter Berücksichtigung der Beziehung $dm = \varrho\, dV$ das Massenträgheitsmoment J des räumlichen Körpers:

Massenträgheitsmoment eines homogenen räumlichen Körpers (Bild V-91)

$$J = \int_{(m)} dJ = \int_{(m)} r^2\, dm = \varrho \cdot \int_{(V)} r^2\, dV \qquad (\text{V-171})$$

Dabei bedeuten:

r: *Senkrechter* Abstand des Massenelementes dm bzw. Volumenelementes dV von der gewählten Bezugsachse

ϱ: *Konstante* Dichte des Körpers

Man beachte: Das Massenträgheitsmoment ist keine absolute Größe, sondern stets abhängig von der gewählten Bezugsachse (siehe hierzu auch den sog. *Satz von Steiner* im folgenden Abschnitt 10.9.2).

■ **Beispiele**

(1) Für eine *homogene kreisförmige Scheibe* vom Radius R und der Dicke h ist das *Massenträgheitsmoment* J bezüglich der *Symmetrieachse* (Zylinderachse) zu berechnen (die konstante Dichte sei ϱ).

Lösung: Wir zerlegen zunächst die Scheibe in eine große Anzahl *konzentrischer Ringe* (Bild V-92).

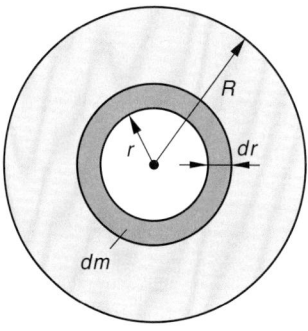

Bild V-92
Zur Berechnung des Massenträgheitsmomentes einer homogenen kreisförmigen Scheibe (Zerlegung in *ringförmige* Elemente)

Ein solcher *infinitesimal schmaler Ring* vom Innenradius r und der Breite dr (in Bild V-92 *dunkelgrau* unterlegt) besitzt die Querschnittsfläche

$$dA = 2\pi r \, dr$$

Begründung: Wenn man den Kreisring an einer Stelle aufschneidet und „gerade" biegt, erhält man einen nahezu rechteckigen Streifen mit den Seitenlängen $2\pi r$ und dr.

Der Kreisring besitzt damit den Masseninhalt

$$dm = \varrho \, dV = \varrho \, (dA) \, h = \varrho \, (2\pi r \, dr) \, h = 2\pi \varrho h r \, dr$$

Sein Beitrag zum *Trägheitsmoment* J der Scheibe beträgt definitionsgemäß

$$dJ = r^2 \, dm = r^2 \cdot 2\pi \varrho h r \, dr = 2\pi \varrho h r^3 \, dr$$

Durch Summation, d. h. *Integration* über alle zwischen $r = 0$ und $r = R$ gelegenen Ringelemente erhält man schließlich

$$J = \int_{(m)} dJ = 2\pi \varrho h \cdot \int_0^R r^3 \, dr = 2\pi \varrho h \left[\frac{1}{4} r^4\right]_0^R = \frac{1}{2} \pi \varrho h R^4$$

Beachtet man, dass die Scheibenmasse durch $m = \varrho V = \varrho \pi R^2 h$ gegeben ist, so lässt sich das Massenträgheitsmoment der Scheibe auch wie folgt durch Masse m und Radius R ausdrücken:

$$J = \frac{1}{2} \pi \varrho h R^4 = \frac{1}{2} \underbrace{(\varrho \pi R^2 h)}_{m} R^2 = \frac{1}{2} m R^2$$

(2) Es ist das *Massenträgheitsmoment* eines *homogenen zylindrischen Stabes* bezüglich der *Schwerpunktachse* zu bestimmen, die *senkrecht* zur Stabachse verläuft (Bild V-93). Dabei wird vorausgesetzt, dass der Durchmesser des Stabes *klein* ist gegenüber der Stablänge (l: Stablänge; A: Querschnittsfläche des Stabes; ϱ: Konstante Dichte des Materials).

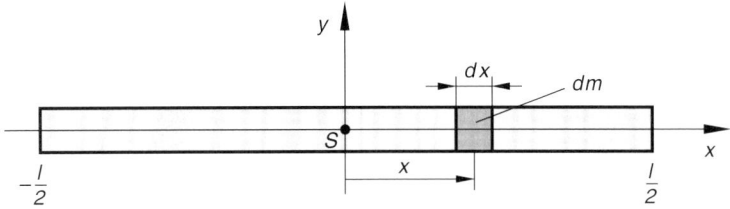

Bild V-93 Zur Berechnung des Massenträgheitsmomentes eines homogenen Stabes (Zerlegung in Zylinderscheiben)

Lösung: Aus *Symmetriegründen* liegt der *Schwerpunkt S* in der Stabmitte. Wir wählen ihn daher als *Ursprung* des Koordinatensystems (Bild V-93). Die y-Achse ist dann die *Bezugsachse* (Schwerpunktachse).

Der Stab wird nun durch Schnitte senkrecht zur Stabachse in eine *große* Anzahl von *Zylinderscheiben* zerlegt. Ein solches *infinitesimal dünnes Scheibchen* der Dicke dx besitzt den Masseninhalt

$$dm = \varrho \, dV = \varrho A \, dx$$

und liefert damit zum *Gesamtträgheitsmoment J* den Beitrag

$$dJ = x^2 \, dm = x^2 \cdot \varrho A \, dx = \varrho A x^2 \, dx$$

Denn der Abstand dieser in Bild V-93 *dunkelgrau* unterlegten Scheibe von der gewählten Bezugsachse (y-Achse) ist durch die Koordinate x gegeben. Durch *Integration* sämtlicher zwischen $x = -l/2$ und $x = l/2$ gelegener Elemente erhält man schließlich das gesuchte *Massenträgheitsmoment*[20]:

$$J = \int_{(m)} dJ = \varrho A \cdot \int_{-l/2}^{l/2} x^2 \, dx = 2\varrho A \cdot \int_0^{l/2} x^2 \, dx = 2\varrho A \left[\frac{1}{3} x^3\right]_0^{l/2} =$$

$$= 2\varrho A \left[\frac{1}{3} \left(\frac{l}{2}\right)^3\right] = 2\varrho A \cdot \frac{1}{3} \cdot \frac{l^3}{8} = \frac{1}{12} \varrho A l^3$$

Wir drücken das Massenträgheitsmoment J noch durch die Zylindermasse $m = \varrho V = \varrho A l$ und die Stablänge l aus und bekommen die aus der Mechanik bereits bekannte Formel

$$J = \frac{1}{12} \varrho A l^3 = \frac{1}{12} \underbrace{(\varrho A l)}_{m} l^2 = \frac{1}{12} m l^2$$

∎

10.9.2 Satz von Steiner

Von besonderer Bedeutung sind in den Anwendungen Massenträgheitsmomente, die auf eine durch den *Körperschwerpunkt S* verlaufende Achse bezogen werden (sog. *Schwerpunktachsen*). Trägheitsmomente dieser Art werden im Folgenden durch das Symbol J_S gekennzeichnet. Ist nun das Trägheitsmoment J_S (bezogen auf eine bestimmte Schwerpunktachse) bekannt, so lässt sich daraus mit Hilfe einer von *Steiner* stammenden Bezie-

---

[20] Aus Symmetriegründen können wir die Integration auf das Intervall von $x = 0$ bis $x = l/2$ beschränken (Faktor 2).

hung das Trägheitsmoment J_A bezüglich einer zur gewählten Schwerpunktachse *parallel* verlaufenden Bezugsachse A wie folgt berechnen (Bild V-94):

Satz von Steiner für Massenträgheitsmomente (Bild V-94)

$$J_A = J_S + m\,d^2 \tag{V-172}$$

Dabei bedeuten:

J_S: Massenträgheitsmoment des Körpers, bezogen auf eine (spezielle) *Schwerpunktachse S*

J_A: Massenträgheitsmoment des Körpers, bezogen auf eine zu dieser speziellen Schwerpunktachse S *parallele* Bezugsachse A

m: Masse des homogenen Körpers

d: Abstand der beiden (parallelen) Achsen

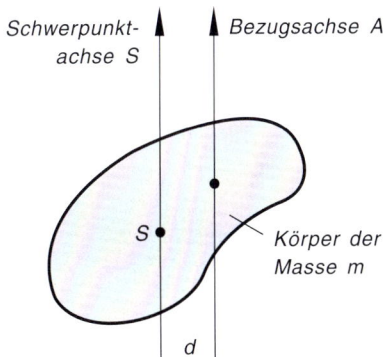

Bild V-94 Zum Satz von Steiner

Anmerkungen

(1) Der *Summand* $m\,d^2$ im *Steinerschen Satz* ist das Massenträgheitsmoment der im *Schwerpunkt* vereinigten Gesamtmasse m bezüglich der *neuen* Bezugsachse A.

(2) Der *Satz von Steiner* ermöglicht die Berechnung eines Massenträgheitsmomentes bezüglich einer (beliebigen) Achse A, wenn das Trägheitsmoment bezüglich der zu A parallelen *Schwerpunktachse S* bekannt ist.

(3) Verschiebt man eine Schwerpunktachse parallel zu sich selbst, so *vergrößert* sich das Massenträgheitsmoment. Das Massenträgheitsmoment hat somit seinen *kleinsten* Wert, wenn die Bezugsachse durch den Schwerpunkt geht (im Vergleich zu allen Parallelachsen).

■ **Beispiel**

Im vorangegangenen Abschnitt haben wir das Massenträgheitsmoment J_S eines homogenen zylindrischen Stabes der Länge l bezüglich einer *Schwerpunktachse* senkrecht zur Stabachse berechnet:

$$J_S = \frac{1}{12} m l^2$$

Jetzt interessieren wir uns für das Massenträgheitsmoment J_A des gleichen Stabes bezüglich einer zu dieser Schwerpunktachse *parallelen* Bezugsachse durch einen der beiden *Endpunkte* des Stabes (neue Bezugsachse ist die y-Achse, siehe Bild V-95).

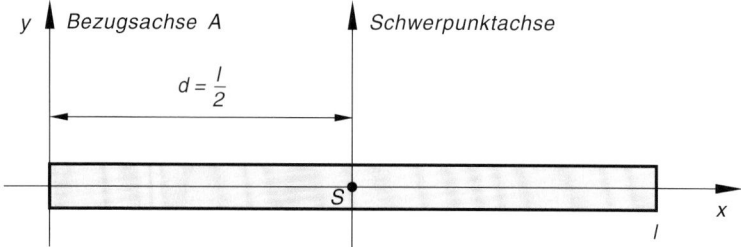

Bild V-95 Anwendung des Steinerschen Satzes auf einen homogenen Zylinderstab

Der Abstand der beiden Achsen beträgt $d = l/2$. Aus dem *Steinerschen Satz* folgt dann:

$$J_A = J_S + m d^2 = \frac{1}{12} m l^2 + m \left(\frac{l}{2}\right)^2 = \frac{1}{12} m l^2 + \frac{1}{4} m l^2 =$$

$$= \left(\frac{1}{12} + \frac{1}{4}\right) m l^2 = \frac{1+3}{12} m l^2 = \frac{4}{12} m l^2 = \frac{1}{3} m l^2 = 4 J_S$$

Das Massenträgheitsmoment hat sich demnach bei der Achsenverschiebung *vervierfacht*!
■

10.9.3 Massenträgheitsmoment eines homogenen Rotationskörpers

Rotation einer Kurve um die x-Achse

Wir betrachten einen *homogenen Rotationskörper*, der durch Drehung des Kurvenstücks $y = f(x)$, $a \leq x \leq b$ um die x-Achse entstanden ist und zerlegen ihn wiederum in der bereits bekannten Weise in eine *große* Anzahl *dünner* Scheiben (siehe hierzu auch Bild V-56). Ein solches Zylinderscheibchen der Dicke dx erhält man, wenn man das in Bild V-96 skizzierte (*grau* unterlegte) Rechteck mit den Seitenlängen y und dx um die x-Achse rotieren lässt.

10 Anwendungen der Integralrechnung

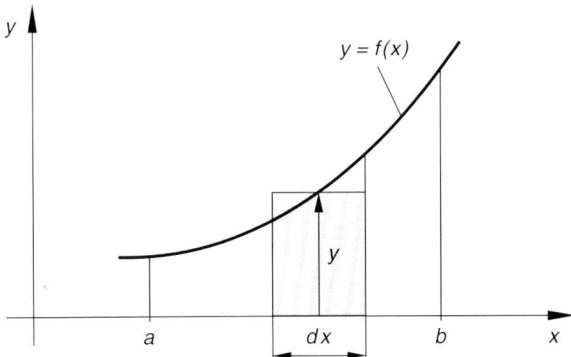

Bild V-96 Zur Bestimmung des Massenträgheitsmomentes eines zur x-Achse
symmetrischen homogenen Rotationskörpers bezüglich dieser Achse

Für das *Massenträgheitsmoment* einer Zylinderscheibe haben wir in Abschnitt 10.9.1, Beispiel (1) bereits den Formelausdruck

$$J_{\text{Zylinder}} = \frac{1}{2} m R^2 \tag{V-173}$$

hergeleitet (m: Zylindermasse; R: Radius der kreisförmigen Grundfläche). Aus dieser Formel erhält man den Beitrag dJ_x, den unser Zylinderscheibchen zum Trägheitsmoment J_x, des Rotationskörpers beisteuert, mit Hilfe der *formalen Substitutionen*

$$R \to y = f(x) \quad \text{und} \quad m \to dm \tag{V-174}$$

Es ist also

$$dJ_x = \frac{1}{2} (dm) y^2 = \frac{1}{2} y^2 \, dm \tag{V-175}$$

Das Massenelement dm lässt sich noch durch die Dichte ϱ des homogenen Körpers und das Volumenelement $dV = \pi y^2 \, dx$ ausdrücken ($dm = \varrho \, dV$). Dies führt zu dem Ausdruck

$$dJ_x = \frac{1}{2} y^2 \, dm = \frac{1}{2} y^2 (\varrho \, dV) = \frac{1}{2} y^2 \varrho \pi y^2 \, dx = \frac{1}{2} \pi \varrho y^4 \, dx \tag{V-176}$$

Durch *Summation*, d. h. *Integration* über die Beiträge *sämtlicher* zwischen $x = a$ und $x = b$ liegender Scheibchen erhält man schließlich für das *Massenträgheitsmoment* J_x des Rotationskörpers den Formelausdruck

$$J_x = \int_{x=a}^{x=b} dJ_x = \frac{1}{2} \pi \varrho \cdot \int_a^b y^4 \, dx = \frac{1}{2} \pi \varrho \cdot \int_a^b [f(x)]^4 \, dx \tag{V-177}$$

Wir fassen zusammen:

Massenträgheitsmoment eines homogenen Rotationskörpers (Rotations- und Bezugsachse: *x*-Achse; siehe hierzu auch Bild V-56 und Bild V-96)

Durch Drehung einer Kurve $y = f(x)$, $a \leq x \leq b$ um die *x-Achse* entsteht ein Rotationskörper, dessen *Massenträgheitsmoment* J_x bezüglich der *Rotationsachse* (d. h. hier der *x*-Achse) sich wie folgt berechnen lässt:

$$J_x = \frac{1}{2}\pi\varrho \cdot \int_a^b y^4\, dx = \frac{1}{2}\pi\varrho \cdot \int_a^b [f(x)]^4\, dx \tag{V-178}$$

ϱ: Konstante Dichte des (homogen gefüllten) Rotationskörpers

Rotation einer Kurve um die *y*-Achse

Ein analoger Ausdruck lässt sich herleiten für das *Massenträgheitsmoment* J_y eines zur *y-Achse* rotationssymmetrischen homogenen Körpers, der durch Drehung der Kurve $x = g(y)$, $c \leq y \leq d$ um die *y*-Achse entstanden ist (siehe hierzu auch Bild V-57).

Massenträgheitsmoment eines homogenen Rotationskörpers (Rotations- und Bezugsachse: *y*-Achse; siehe hierzu auch Bild V-57)

Durch Drehung einer Kurve $x = g(y)$, $c \leq x \leq d$ um die *y-Achse* entsteht ein Rotationskörper, dessen *Massenträgheitsmoment* J_y bezüglich der *Rotationsachse* (d. h. hier der *y*-Achse) sich wie folgt berechnen lässt:

$$J_y = \frac{1}{2}\pi\varrho \cdot \int_c^d x^4\, dy = \frac{1}{2}\pi\varrho \cdot \int_c^d [g(y)]^4\, dy \tag{V-179}$$

ϱ: Konstante Dichte des (homogen gefüllten) Rotationskörpers

■ **Beispiele**

(1) Man berechne das *Massenträgheitsmoment* J_x eines *homogenen* stromlinienförmigen Körpers der *konstanten* Dichte ϱ, der durch Rotation der Kurve $y = (4 - x)\sqrt{2x}$ im Bereich ihrer beiden Nullstellen um die *x-Achse* entsteht (Bild V-97).

10 Anwendungen der Integralrechnung

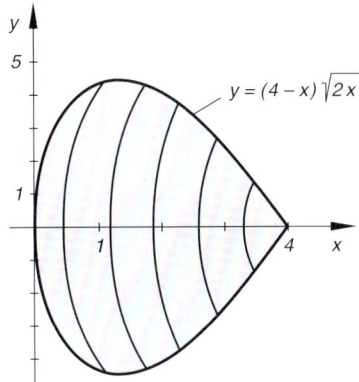

Bild V-97
Der skizzierte homogene Körper entsteht durch Drehung der Kurve
$y = (4 - x)\sqrt{2x}$, $0 \leq x \leq 4$
um die x-Achse

Lösung: Wir berechnen zunächst die benötigten *Nullstellen* der Funktion:

$$y = 0 \quad \Rightarrow \quad (4 - x)\sqrt{2x} = 0 \quad \Rightarrow \quad x_1 = 0, \quad x_2 = 4$$

Unter Verwendung der Integralformel (V-178) erhalten wir dann für das gesuchte *Massenträgheitsmoment* zunächst:

$$J_x = \frac{1}{2}\pi\varrho \cdot \int_0^4 \left[(4-x)\sqrt{2x}\right]^4 dx = \frac{1}{2}\pi\varrho \cdot \int_0^4 (4-x)^4 \cdot 4x^2 \, dx =$$

$$= 2\pi\varrho \cdot \int_0^4 (4-x)^4 \cdot x^2 \, dx$$

Das Binom $(4 - x)^4$ entwickeln wir nach der aus Kap. I, Abschnitt 6 bekannten binomischen Formel (bitte nachrechnen):

$$(4 - x)^4 = (x - 4)^4 = x^4 - 16x^3 + 96x^2 - 256x + 256$$

Damit erhalten wir für das gesuchte Massenträgheitsmoment:

$$J_x = 2\pi\varrho \cdot \int_0^4 (x^4 - 16x^3 + 96x^2 - 256x + 256)x^2 \, dx =$$

$$= 2\pi\varrho \cdot \int_0^4 (x^6 - 16x^5 + 96x^4 - 256x^3 + 256x^2) \, dx =$$

$$= 2\pi\varrho \left[\frac{1}{7}x^7 - \frac{8}{3}x^6 + \frac{96}{5}x^5 - 64x^4 + \frac{256}{3}x^3\right]_0^4 =$$

$$= 2\pi\varrho \left(\frac{1}{7} \cdot 4^7 - \frac{8}{3} \cdot 4^6 + \frac{96}{5} \cdot 4^5 - 64 \cdot 4^4 + \frac{256}{3} \cdot 4^3\right) =$$

$$= 2\pi\varrho \left(\frac{1}{7} \cdot 4^7 - \frac{2}{3} \cdot 4^7 + \frac{6}{5} \cdot 4^7 - 4^7 + \frac{1}{3} \cdot 4^7\right) =$$

$$= 2 \cdot 4^7 \cdot \pi\varrho \left(\frac{1}{7} - \frac{2}{3} + \frac{6}{5} - 1 + \frac{1}{3}\right) =$$

$$= 2 \cdot 4^7 \cdot \pi\varrho \cdot \frac{15 - 70 + 126 - 105 + 35}{105} =$$

$$= 2 \cdot 4^7 \cdot \pi\varrho \cdot \frac{1}{105} = \frac{2 \cdot 4^7 \cdot \pi}{105} \cdot \varrho = 980{,}42 \cdot \varrho$$

(2) Die Aufgabe besteht in der Berechnung des *Massenträgheitsmomentes einer homogenen Kugel* bezüglich eines beliebigen Kugeldurchmessers (Radius der Kugel: R; Konstante Dichte: ϱ). Als Bezugsachse wählen wir den in die *y-Achse* fallenden Kugeldurchmesser. Aus *Symmetriegründen* können wir uns bei der Rechnung auf die in Bild V-89 skizzierte *Halbkugel* beschränken. Diese entsteht durch Rotation der im *1. Quadranten* liegenden Viertelkreislinie mit der nach der Variablen x aufgelösten Funktionsgleichung

$$x = g(y) = \sqrt{R^2 - y^2} \qquad (0 \leq y \leq R)$$

um die *y-Achse*. Für das Massenträgheitsmoment J_y der *Vollkugel* erhält man somit unter Verwendung der Integralformel (V-179) den folgenden Ausdruck:

$$J_y = 2 \cdot \frac{1}{2}\pi\varrho \cdot \int_0^R \left(\sqrt{R^2 - y^2}\right)^4 dy = \pi\varrho \cdot \int_0^R (R^2 - y^2)^2 \, dy =$$

$$= \pi\varrho \cdot \int_0^R (R^4 - 2R^2 y^2 + y^4) \, dy = \pi\varrho \left[R^4 y - \frac{2}{3} R^2 y^3 + \frac{1}{5} y^5\right]_0^R =$$

$$= \pi\varrho \left(R^5 - \frac{2}{3} R^5 + \frac{1}{5} R^5\right) = \pi\varrho R^5 \left(1 - \frac{2}{3} + \frac{1}{5}\right) =$$

$$= \pi\varrho R^5 \cdot \frac{15 - 10 + 3}{15} = \pi\varrho R^5 \cdot \frac{8}{15} = \frac{8}{15} \pi\varrho R^5$$

(der Faktor 2 tritt auf, weil wir uns bei der Integration auf eine *Halbkugel* beschränkt haben). Berücksichtigt man noch, dass Volumen V und Masse m einer Kugel durch die Formeln

$$V = \frac{4}{3} \pi R^3 \qquad \text{und} \qquad m = \varrho V = \varrho \cdot \frac{4}{3} \pi R^3 = \frac{4}{3} \pi \varrho R^3$$

gegeben sind, so erhält man schließlich für das gesuchte *Massenträgheitsmoment einer Kugel*, bezogen auf einen (beliebigen) Kugeldurchmesser, die aus der Physik bekannte Formel

$$J_y = \frac{8}{15} \pi\varrho R^5 = \frac{2}{5} \underbrace{\left(\frac{4}{3} \pi\varrho R^3\right)}_{m} R^2 = \frac{2}{5} m R^2$$

■

Übungsaufgaben

Hinweis: In den Abschnitten 1 bis 7 wurden die wichtigsten Grundbegriffe der Integralrechnung behandelt (Stammfunktion, bestimmtes und unbestimmtes Integral, Grundintegrale usw.). Dem Leser wird empfohlen, diese Abschnitte gründlich durchzuarbeiten, bevor er sich erstmals mit den nachfolgenden Übungsaufgaben auseinandersetzt.

Zu Abschnitt 1 bis 7

1) Bestimmen Sie *sämtliche* Stammfunktionen von:

   a) $f(x) = 4x^5 - 6x^3 + 8x^2 - 3x + 5$
   b) $f(t) = 3 \cdot \sin t - 4 \cdot \cos t$

   c) $f(t) = 2 \cdot e^t - \dfrac{5}{t} + 1$
   d) $f(x) = \dfrac{1 - 2x^2 - 4x^3}{2x} + 3$

   e) $f(z) = \dfrac{5}{3 + 3z^2} - \dfrac{1}{4} z^4$
   f) $f(x) = \dfrac{-2}{\sqrt{1-x^2}} - \dfrac{1}{\cos^2 x}$

   g) $f(u) = 3 \cdot \sin u - \dfrac{6}{u} + 7u^2$
   h) $f(x) = -3 \cdot e^x - \cos x$

2) Lösen Sie die nachstehenden unbestimmten Integrale (sie lassen sich auf Grundintegrale zurückführen):

   a) $\displaystyle\int (e^x + x^2 - 2x + \sin x)\, dx$
   b) $\displaystyle\int \left(10^x - \dfrac{1}{\sin^2 x}\right) dx$

   c) $\displaystyle\int (2x - 3)^2 \, dx$
   d) $\displaystyle\int 2(\cos x + ax)\, dx$

   e) $\displaystyle\int \left(-\dfrac{3}{1+t^2} - \dfrac{1}{t}\right) dt$
   f) $\displaystyle\int \left(\dfrac{10}{\cosh^2 x} - 3 \cdot a^x - b \cdot \sin x\right) dx$

   g) $\displaystyle\int \left(5 \cdot 3^x - \dfrac{1}{2\sqrt{x}}\right) dx$
   h) $\displaystyle\int \dfrac{\sqrt[3]{x^5} \cdot \sqrt{x}}{\sqrt[5]{x^4}}\, dx$

   i) $\displaystyle\int \sqrt{x\sqrt{x}}\, dx$
   j) $\displaystyle\int \dfrac{\tan x}{\sin(2x)}\, dx$

3) Welchen Wert besitzen die folgenden bestimmten Integrale?

a) $\displaystyle\int_0^4 (x^3 - 5x^2 + 1{,}5x - 10)\, dx$

b) $\displaystyle\int_1^e \frac{dt}{t}$

c) $\displaystyle\int_1^4 \frac{1-z^2}{z}\, dz$

d) $\displaystyle\int_0^\pi (a \cdot \sin t - b \cdot \cos t)\, dt$

e) $\displaystyle\int_1^2 5\sqrt{x}\, dx$

f) $\displaystyle\int_\pi^2 \cos \varphi\, d\varphi$

g) $\displaystyle\int_0^2 3(1 - e^x)\, dx$

h) $\displaystyle\int_{0,5}^5 \left(\frac{4}{t} - 2x\right) dt$

i) $\displaystyle\int_0^{0,5} \frac{3}{\sqrt{1-x^2}}\, dx$

j) $\displaystyle\int_0^{\pi/4} \frac{1 - \cos^2 x}{2 \cdot \cos^2 x}\, dx$

k) $\displaystyle\int_1^4 \frac{1-u^2}{\sqrt{u}}\, du$

l) $\displaystyle\int_1^9 \sqrt{x}\,(2 - x)\, dx$

4) Wie lautet die Funktionsgleichung der durch den Punkt $P_1 = (0; 2)$ verlaufenden Kurve mit der folgenden Ableitung?

$$y' = \sin x + 3 \cdot e^x - \frac{1}{3}x^2 + \frac{4}{1+x^2}$$

5) Berechnen Sie das bestimmte Integral $\displaystyle\int_0^a x^3\, dx$ mit $a > 0$ als *Grenzwert der Obersumme* nach Definitionsgleichung (V-21).

Anleitung: Man unterteile das Integrationsintervall $0 \leq x \leq a$ mit Hilfe der Teilpunkte $x_k = k \cdot \dfrac{a}{n}$ mit $k = 0, 1, \ldots, n$ in n gleiche Teile und verwende ferner die Formel

$$\sum_{k=1}^n k^3 = 1^3 + 2^3 + \ldots + n^3 = \frac{n^2(n+1)^2}{4}$$

(siehe Formelsammlung).

6) Die im Folgenden aufgeführten Integralformeln haben wir einer *Integraltafel* entnommen. Zeigen Sie nach dem sog. *Verifizierungsprinzip* die Gültigkeit dieser Beziehungen (die *Ableitung* der auf der rechten Seite stehenden Funktion $F(x)$ muss in diesem Fall zum Integrand $f(x)$ führen, d. h. es muss $F'(x) = f(x)$ gelten):

a) $\int e^{-x}(1-x)\,dx = x \cdot e^{-x} + C$

b) $\int \dfrac{\sqrt{x^2-4}}{x}\,dx = \sqrt{x^2-4} - 2 \cdot \arccos\left(\dfrac{2}{x}\right) + C$

c) $\int \cos x \cdot e^{\sin x}\,dx = e^{\sin x} + C$

d) $\int \sin(3x) \cdot \cos(3x)\,dx = \dfrac{1}{6} \cdot \sin^2(3x) + C$

7) Zeigen Sie: $F_1(x) = x^2 \cdot e^x + 2$ ist *eine* Stammfunktion von $f(x) = (x^2 + 2x) \cdot e^x$. Wie lautet die *Gesamtheit* der Stammfunktionen?

8) Welchen Flächeninhalt schließt der Funktionsgraph von $y = -0{,}25\,x^2 + 4$ mit der x-Achse ein?

9) Berechnen Sie die im Intervall $-\pi/2 \leq x \leq \pi/2$ unter der Kosinuskurve liegende Fläche.

10) Berechnen Sie die Fläche zwischen der Parabel $y = -3(x-2)^2 + 5$ und der x-Achse.

11) Für den *Zerfall einer radioaktiven Substanz* gilt:

$$\frac{dn}{dt} = -\lambda n \qquad \text{oder} \qquad \frac{dn}{n} = -\lambda\,dt$$

Dabei ist n die Anzahl der zur *Zeit* t noch vorhandenen Atomkerne, $\lambda > 0$ die sog. *Zerfallskonstante*. Wie lautet das *Zerfallsgesetz* $n = n(t)$, wenn zur Zeit $t = 0$ genau n_0 Atomkerne vorhanden sind?

Zu Abschnitt 8

1) Lösen Sie die folgenden Integrale unter Verwendung einer *geeigneten Substitution*:

   a) $\displaystyle\int \frac{x^2}{\sqrt{1+x^3}}\, dx$
   b) $\displaystyle\int (5x+12)^{0,5}\, dx$
   c) $\displaystyle\int \sqrt[3]{1-t}\, dt$

   d) $\displaystyle\int \frac{\arctan z}{1+z^2}\, dz$
   e) $\displaystyle\int_0^\pi \cos^3 x \cdot \sin x\, dx$
   f) $\displaystyle\int \frac{2x+6}{x^2+6x-12}\, dx$

   g) $\displaystyle\int \frac{dx}{x \cdot \ln x}$
   h) $\displaystyle\int x \cdot \sin(x^2)\, dx$
   i) $\displaystyle\int \frac{3x^2-2}{2x^3-4x+2}\, dx$

   j) $\displaystyle\int_{-1}^1 \frac{t\, dt}{\sqrt{1+t^2}}$
   k) $\displaystyle\int_0^{\pi/2} \sin(3t-\pi/4)\, dt$
   l) $\displaystyle\int_{-1}^1 \frac{5+x}{5-x}\, dx$

   m) $\displaystyle\int x^2 \cdot e^{x^3-2}\, dx$
   n) $\displaystyle\int \frac{\tan(z+5)}{\cos^2(z+5)}\, dz$
   o) $\displaystyle\int \frac{\sqrt{4-x^2}}{x^2}\, dx$

2) Lösen Sie das Integral $I = \displaystyle\int x\sqrt{1-x^2}\, dx$ mit Hilfe der *Variablensubstitution* $u = \sqrt{1-x^2}$. Welche Substitution führt ebenfalls zum Ziel?

3) Welchen Flächeninhalt schließt die Kurve $y = \sqrt{6-2x}$ mit den beiden Koordinatenachsen ein?

4) Zeigen Sie, dass sich das Integral $I = \displaystyle\int \frac{2-x}{1+\sqrt{x}}\, dx$ mit Hilfe der *Substitution* $u = 1+\sqrt{x}$ lösen lässt.

5) Lösen Sie die folgenden Integrale durch *Partielle Integration*:

   a) $\displaystyle\int x \cdot \ln x\, dx$
   b) $\displaystyle\int x \cdot \cos x\, dx$
   c) $\displaystyle\int_1^5 \ln t\, dt$

   d) $\displaystyle\int x \cdot \sin(3x)\, dx$
   e) $\displaystyle\int_0^{0,8} x \cdot e^x\, dx$
   f) $\displaystyle\int \sin^2(\omega t)\, dt$

Übungsaufgaben

6) Lösen Sie die folgenden Integrale durch *zweimalige partielle Integration*:

   a) $\int e^x \cdot \cos x \, dx$ b) $\int x^2 \cdot e^{-x} \, dx$

7) Lösen Sie die folgenden Integrale durch *Partialbruchzerlegung* des Integranden:

   a) $\int \dfrac{1}{x^2 - a^2} \, dx \quad (a \neq 0)$ b) $\int \dfrac{4x^3}{x^3 + 2x^2 - x - 2} \, dx$

   c) $\int \dfrac{3z}{z^3 + 3z^2 - 4} \, dz$ d) $\int \dfrac{4x - 2}{x^2 - 2x - 63} \, dx$

   e) $\int \dfrac{2x + 1}{x^3 - 6x^2 + 9x} \, dx$

8) Berechnen Sie die zwischen den Kurven $y = \ln x$, $y = 0$ und $x = 5$ liegende Fläche.

9) Welchen Flächeninhalt schließt die Kurve mit der Funktionsgleichung $y = \dfrac{x^2 - 4}{x - 5}$ mit der x-Achse ein (Skizze)?

10) Lösen Sie die folgenden Integrale unter Verwendung einer *geeigneten* Integrationsmethode:

    a) $\int \dfrac{\sqrt{\ln x}}{x} \, dx$ b) $\int \cot x \, dx$ c) $\int x \cdot \cosh x \, dx$

    d) $\int \sin x \cdot e^{\cos x} \, dx$ e) $\int \dfrac{x^3}{(x^2 - 1)(x + 1)} \, dx$ f) $\int_0^2 \dfrac{x - 4}{x + 1} \, dx$

    g) $\int \dfrac{(\ln x)^3}{x} \, dx$ h) $\int \dfrac{12x^2}{2x^3 - 1} \, dx$ i) $\int x \cdot \arctan x \, dx$

    j) $\int \sqrt{x^2 - 2x} \, dx$ k) $\int \dfrac{x^2}{x^3 - 8x^2 + 21x - 18} \, dx$ l) $\int \arctan x \, dx$

11) Zeigen Sie (unter Verwendung der Integraltafel der Formelsammlung): Der Flächeninhalt einer Ellipse mit den Halbachsen a und b beträgt $A = \pi a b$.

12) Welchen Wert besitzt das Integral $I = \int_{-\pi}^{\pi} \sin(mx) \cdot \sin(nx)\, dx$ für

a) $m = n$, b) $m \neq n$ $(m, n \in \mathbb{N}^*)$?

Anleitung: Umformung des Integranden mit Hilfe der trigonometrischen Formel $\sin \alpha \cdot \sin \beta = \dfrac{1}{2}\left(\cos(\alpha - \beta) - \cos(\alpha + \beta)\right)$.

13) Berechnen Sie das Integral $\int_{1}^{2} \dfrac{1 - e^{-x}}{x}\, dx$ näherungsweise

a) nach der *Trapezformel*, b) nach der *Simpsonschen* Formel

für jeweils 10 (einfache) Streifen (Endergebnis auf vier Nachkommastellen).

14) Berechnen Sie die folgenden Integrale näherungsweise nach *Simpson* (n: Anzahl der Doppelstreifen):

a) $\int_{1}^{4} \sqrt{1 + 2t^4}\, dt, \quad n = 10$ b) $\int_{0,5}^{1} \dfrac{x^3}{e^x - 1}\, dx, \quad n = 5$

c) $\int_{1}^{3} \dfrac{e^x}{x^2}\, dx, \quad n = 5$ (Endergebnis jeweils auf vier Nachkommastellen genau)

Zu Abschnitt 9

1) Bestimmen Sie den Wert der folgenden (*konvergenten*) uneigentlichen Integrale:

a) $\int_{0}^{\infty} e^{-x}\, dx$ b) $\int_{0}^{\infty} x \cdot e^{-x}\, dx$ c) $\int_{-\infty}^{2} e^{x}\, dx$

2) Zeigen Sie, dass das uneigentliche Integral $\int_{0}^{\infty} x^2 \cdot e^{-2x}\, dx$ konvergent ist und den Wert $1/4$ besitzt.

3) Berechnen Sie den Flächeninhalt, den die drei Kurven mit den Funktionsgleichungen $y = e^{ax}$, $y = e^{-bx}$ und $y = 0$ miteinander einschließen ($a > 0$; $b > 0$; Skizze anfertigen).

4) Bestimmen Sie den Wert der folgenden *uneigentlichen* Integrale (falls sie existieren):

a) $\displaystyle\int_{-1}^{0} \frac{1}{\sqrt{1+x}}\, dx$
b) $\displaystyle\int_{-1}^{1} \frac{1}{x^2}\, dx$
c) $\displaystyle\int_{0}^{10} \frac{e^x}{e^x - 1}\, dx$

Zu Abschnitt 10

Hinweis: Die anfallenden Integrale dürfen einer Integraltafel entnommen werden.

1) Bestimmen Sie das *Weg-Zeit-Gesetz* $s = s(t)$ sowie das *Geschwindigkeit-Zeit-Gesetz* $v = v(t)$ eines Fahrzeugs für den Fall

   a) einer *konstanten* Bremsverzögerung $a = -2 \, \text{m/s}^2$,

   b) einer *periodischen* Bremsverzögerung $a = -(1 + \cos(\pi \, \text{s}^{-1} \cdot t)) \, \text{m/s}^2$,

   wenn in beiden Fällen die Anfangsbedingungen wie folgt lauten: $s(0\,\text{s}) = 0\,\text{m}$, $v(0\,\text{s}) = 30\,\text{m/s}$.

2) Die Bewegungsgleichung eines Federpendels laute: $a(t) = -\omega^2 \cdot \cos(\omega t)$. Gewinnen Sie hieraus durch *Integration* die Geschwindigkeit-Zeit-Funktion $v = v(t)$ und die Weg-Zeit-Funktion $s = s(t)$ für die Anfangswerte $s(0) = 1$ und $v(0) = 0$.

3) Die Biegegleichung eines Balkens der Länge l, der in den beiden Endpunkten ($x = 0$ bzw. $x = l$) unterstützt wird, lautet bei *gleichmäßiger* Streckenlast F wie folgt:

$$y'' = -\frac{F}{2EI}(lx - x^2) \qquad (0 \leq x \leq l)$$

   (E: Elastizitätsmodul; I: Flächenmoment). Bestimmen Sie durch Integration dieser Gleichung die *Biegelinie* für die Randwerte $y(0) = 0$ und $y'(l/2) = 0$.

4) Die Fallgeschwindigkeit v eines aus der Ruhe heraus *frei* fallenden Körpers hängt bei Berücksichtigung des Luftwiderstandes wie folgt von der Fallzeit t ab:

$$v = v_E \cdot \tanh\left(\frac{g}{v_E} t\right) \qquad (t \geq 0)$$

   (g: Erdbeschleunigung; v_E: Endgeschwindigkeit). Bestimmen Sie durch *Integration* den Fallweg s als Funktion der Fallzeit t (zu Beginn sei $s(0) = 0$).

5) Welche Fläche schließt die Kurve $y = 0{,}2\,x(x^2 - 4)$ mit der x-Achse im Intervall $-3 \leq x \leq 3$ ein?

6) Bestimmen Sie den Flächeninhalt zwischen den Parabeln $y = x^2 - 2$ und $y = -x^2 + 2x + 2$.

7) Berechnen Sie den Flächeninhalt zwischen der Parabel $y = x^2 - 2x - 1$ und der Geraden $y = -x + 5$.

8) Berechnen Sie die von den Kurven $y = 2 \cdot \cosh x - 2$ und $y = -x^2 + 3$ eingeschlossene Fläche.

   Hinweis: Bestimmung der Kurvenschnittpunkte *näherungsweise* nach dem *Newtonschen Tangentenverfahren*.

9) Berechnen Sie den Flächeninhalt zwischen dem Kreis $(x - 2)^2 + y^2 = 4$ und der Parabel $y = x^2$ (Berechnung der Schnittpunkte nach dem Tangentenverfahren).

10) Zeigen Sie: Das durch Rotation der Ellipse $b^2 x^2 + a^2 y^2 = a^2 b^2$ um die *y-Achse* entstandene *Rotationsellipsoid* besitzt das Volumen $V_y = 4\pi a^2 b/3$.

11) Welches Volumen besitzt der Drehkörper, der durch Rotation des von der Kurve $y = (x - 2)^2 \cdot \sqrt{3x}$ und der positiven *x*-Achse berandeten Flächenstücks um die *x*-Achse entsteht?

12) Durch Rotation der Kurve $y = \sqrt{x}$ um die *y-Achse* entsteht ein *trichterförmiger* Drehkörper. Bestimmen Sie sein Volumen, wenn er in der Höhe $y = 5$ abgeschnitten wird.

13) Bestimmen Sie das Rotationsvolumen eines Körpers, der durch Drehung des Kurvenstücks $y = \sqrt{x^2 - 9}$, $3 \leq x \leq 5$

   a) um die *x-Achse*,

   b) um die *y-Achse*

   entsteht.

14) Welche Länge besitzt ein Drahtseil, das gemäß der Funktion $y = 5 \cdot \cosh(x/5)$ (Kettenlinie) durchhängt, wenn beide Aufhängepunkte (spiegelsymmetrisch zur *y*-Achse) die gleiche Höhe und einen Abstand von 14,3 voneinander besitzen?

15) Berechnen Sie die Bogenlänge der Kurve $y = 4{,}2 \cdot \ln x^3$ im Intervall von $x = 1$ bis $x = e$.

16) Wie lang ist der Bogen des Funktionsgraphen von $y = x^{3/2}$ über dem Intervall $1 \leq x \leq 7{,}45$?

17) Bestimmen Sie die Länge des *Sinusbogens* über dem Intervall $[0, \pi]$.

   Anleitung: Berechnung des Integrals nach der *Simpsonschen* Formel für $n = 10$ Doppelstreifen.

18) Berechnen Sie die Mantelfläche, die durch Rotation der Kurve $y = \sqrt{x}$, $0 \leq x \leq 4$ um die *y-Achse* entsteht.

19) Welche Rotationsfläche (Mantelfläche) erzeugt die Kurve $y = \ln \sqrt{x}$, $1 \leq x \leq 3$ bei Drehung um die *x-Achse*? (Näherungsweise Berechnung des Integrals nach *Simpson* für $n = 10$ Doppelstreifen.)

20) Zeigen Sie: Durch Rotation des in Bild V-98 skizzierten Kreisabschnittes der Breite h um die *x*-Achse entsteht eine *Kugelschicht* der Dicke h mit der Mantelfläche $M_x = 2\pi r h$.

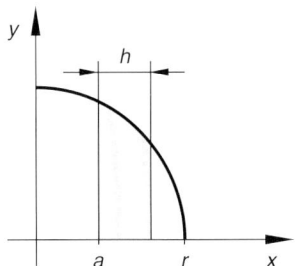

Bild V-98

21) Welche Arbeit muss aufgebracht werden, um eine dem *Hookeschen Gesetz* genügende elastische Stahlfeder mit der Federkonstanten $c = 8{,}45 \cdot 10^5$ N/m um die Strecke $s_0 = 17{,}3$ cm zusammenzudrücken?

22) Für die *adiabatische* Zustandsänderung eines *idealen* Gases gilt die *Poissonsche* Gleichung $pV^k = p_0 V_0^k = \text{constant}$. Berechnen Sie die Ausdehnungsarbeit
$$W = \int_{V_0}^{V_1} p(V)\, dV$$
für ein solches Gas (V_0, V_1: Anfangs- bzw. Endvolumen).

23) Ein *ideales* Gas besitzt im Ausgangszustand das Volumen $V_1 = 2{,}75\,\text{m}^3$ und den Druck $p_1 = 1250\,\text{N/m}^2$. Es wird *isotherm*, d. h. unter Konstanthaltung der Temperatur auf das Volumen $V_2 = 0{,}76\,\text{m}^3$ komprimiert. Welche Arbeit wurde dabei am Gas verrichtet? Zustandsgleichung des idealen Gases: $pV = \text{const.}$

24) Durch Rotation der Kurve $y = \sqrt{1\,\text{m} \cdot x}$ um die *y-Achse* entsteht ein trichterförmiger Behälter (siehe hierzu Aufgabe 12). Er soll von einem Wasserreservoir aus bis zu einer Höhe von $h = 5$ m gefüllt werden. Berechnen Sie die erforderliche *Mindestarbeit* (Dichte des Wassers: $\varrho = 1\,\text{g/cm}^3 = 1000\,\text{kg/m}^3$).

Anleitung: Der Wasserpegel im Trichter habe die Höhe y erreicht. Um den Pegel geringfügig um dy zu erhöhen, muss die Wassermenge dm aus dem Reservoir ($y = 0$) in diese Höhe gebracht werden. Die dabei verrichtete Hubarbeit beträgt definitionsgemäß $dW = (dm)\,g\,y$ (siehe Bild V-99; $g = 9{,}81\,\text{m/s}^2$: Erdbeschleunigung).

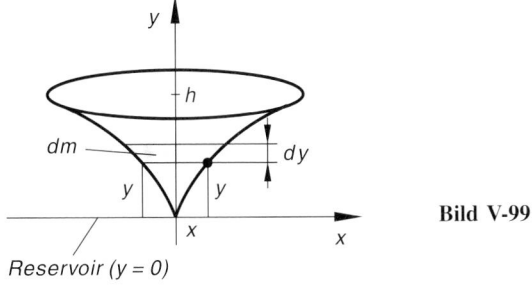

Bild V-99

25) Berechnen Sie den *linearen* und den *quadratischen Mittelwert* der Sinusfunktion im Intervall $0 \leq x \leq \pi$.

26) Ein *Einweggleichrichter* erzeuge den in Bild V-100 skizzierten Strom $i(t)$ mit der Periodendauer $T = 2\pi/\omega$. Berechnen Sie den *linearen Mittelwert* während einer Periode (er wird als *Gleichrichtwert* bezeichnet).

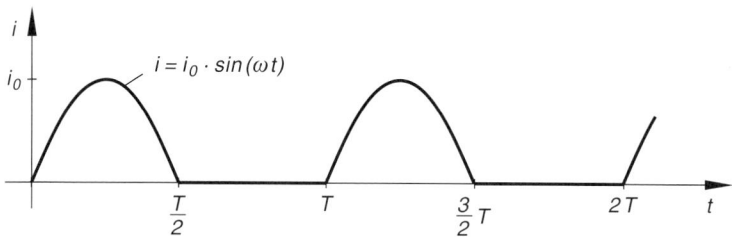

Bild V-100

27) In einem *Wechselstromkreis* erzeuge die Wechselspannung $u(t) = u_0 \cdot \sin(\omega t)$ den Wechselstrom $i(t) = i_0 \cdot \cos(\omega t)$. Berechnen Sie die *mittlere Leistung* P während einer Periode $T = 2\pi/\omega$ (*linearer Mittelwert*).

Hinweis: Für die *momentane* Leistung gilt definitionsgemäß $p(t) = u(t) \cdot i(t)$.

28) Bestimmen Sie die Lage des Schwerpunktes der homogenen Fläche, die von den Parabeln mit den Funktionsgleichungen $y = -x^2$ und $y = x^2 - 4$ eingeschlossen wird.

29) Bestimmen Sie den Flächenschwerpunkt der in Bild V-101 skizzierten homogenen Fläche (Quadrat mit aufgesetztem Halbkreis).

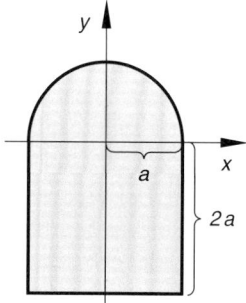

Bild V-101

30) Wo liegt der Schwerpunkt einer homogenen Viertelkreisfläche (Radius R)?

31) Bestimmen Sie den Schwerpunkt der Fläche, die von der Geraden $y = x + 2$ und der Parabel $y = x^2 - 4$ berandet wird.

32) Durch Rotation der Kurve $y = \sqrt{\cos x}$, $0 \leq x \leq \pi/2$ um die *x-Achse* entsteht ein Drehkörper. Wo befindet sich der Schwerpunkt des Körpers?

33) Für den durch Drehung des im 1. Quadranten gelegenen Teils der Ellipse mit der Gleichung $b^2 x^2 + a^2 y^2 = a^2 b^2$ um die *y-Achse* entstandenen Rotationskörper ist der Schwerpunkt zu bestimmen.

34) Wo liegt der Schwerpunkt des Rotationskörpers, der durch Drehung der Kurve $y = \ln x$, $1 \leq x \leq e$ um die *x-Achse* entsteht?

35) Berechnen Sie das Massenträgheitsmoment eines homogenen *Rotationsellipsoids*, das durch Drehung der Ellipse $b^2 x^2 + a^2 y^2 = a^2 b^2$ um die *y-Achse* entsteht (Dichte ϱ).

36) Für einen homogenen geraden *Kreiskegel* (Radius R, Höhe H, Dichte ϱ) ist das auf die Symmetrieachse bezogene Massenträgheitsmoment zu berechnen.

37) Berechnen Sie unter Verwendung des *Satzes von Steiner* das Massenträgheitsmoment eines homogenen *Vollzylinders* bezüglich einer *Mantellinie* (Zylinderhöhe H, Grundkreisradius R, Dichte ϱ).

VI Potenzreihenentwicklungen

1 Unendliche Reihen

1.1 Ein einführendes Beispiel

Wir betrachten die unendliche *geometrische* Zahlenfolge

$$\langle a_n \rangle = 1;\ 0{,}2;\ 0{,}2^2;\ 0{,}2^3;\ \ldots \tag{VI-1}$$

mit dem *Bildungsgesetz*

$$a_n = 0{,}2^{n-1} \qquad (n \in \mathbb{N}^*) \tag{VI-2}$$

Aus den Gliedern dieser Folge bilden wir sog. *Partial-* oder *Teilsummen*, indem wir Glied für Glied aufsummieren. Die ersten *Partialsummen* lauten dann wie folgt:

$$\begin{aligned}
s_1 &= 1 \\
s_2 &= 1 + 0{,}2 = 1{,}2 \\
s_3 &= 1 + 0{,}2 + 0{,}2^2 = 1{,}24 \\
s_4 &= 1 + 0{,}2 + 0{,}2^2 + 0{,}2^3 = 1{,}248 \\
&\vdots
\end{aligned} \tag{VI-3}$$

Wir fassen sie zu einer neuen (unendlichen) Folge, der sog. *Partialsummenfolge*

$$\langle s_n \rangle = s_1,\ s_2,\ s_3,\ s_4,\ \ldots \tag{VI-4}$$

mit dem *Bildungsgesetz*

$$s_n = 1 + 0{,}2 + 0{,}2^2 + 0{,}2^3 + \ldots + 0{,}2^{n-1} = \sum_{k=1}^{n} 0{,}2^{k-1} \tag{VI-5}$$

zusammen. s_n ist dabei die *n*-te *Partialsumme*, d. h. die Summe der ersten n Glieder der Zahlenfolge (VI-1). Für die Partialsummenfolge $\langle s_n \rangle$ führen wir die neue Bezeichnung *Unendliche Reihe* ein und schreiben dafür symbolisch [1]:

$$1 + 0{,}2 + 0{,}2^2 + 0{,}2^3 + \ldots + 0{,}2^{n-1} + \ldots = \sum_{n=1}^{\infty} 0{,}2^{n-1} \tag{VI-6}$$

---

[1] Zur Erinnerung: Summen enthalten immer *endlich* viele Summanden. Die gewählte (allgemein übliche) Schreibweise für eine unendliche Reihe suggeriert, dass hier eine Summe mit *unendlich* vielen Gliedern (Summanden) gebildet wird. Dies jedoch ist allein aus zeitlicher Sicht *nicht* möglich! Um Missverständnissen gleich vorzubeugen: Die bekannten Rechenregeln für Summen dürfen *nicht* auf unendliche Reihen übertragen werden (siehe hierzu die späteren Ausführungen über den Umgang mit unendlichen Reihen in Abschnitt 1.2.3).

© Der/die Autor(en), exklusiv lizenziert an
Springer Fachmedien Wiesbaden GmbH, ein Teil von Springer Nature 2024
L. Papula, *Mathematik für Ingenieure und Naturwissenschaftler Band 1*,
https://doi.org/10.1007/978-3-658-45802-7_6

1 Unendliche Reihen

Es stellt sich nun die Frage nach dem *Summenwert* einer unendlichen Reihe. Bei einer *endlichen* Reihe wird dieser durch *Addition* der endlich vielen Reihenglieder ermittelt. Bei einer *unendlichen* Reihe dagegen bilden wir den *Grenzwert der Partialsummenfolge* $\langle s_n \rangle$ und fassen ihn (falls er überhaupt vorhanden ist) als *Summenwert* der Reihe auf.

Wir kehren jetzt zu unserem Beispiel zurück und untersuchen, ob die Partialsummenfolge (VI-4) für $n \to \infty$ konvergiert, d. h. einen Grenzwert besitzt. Zunächst jedoch leiten wir eine *Berechnungsformel* für den *Summenwert* der n-ten Partialsumme

$$s_n = 1 + 0{,}2 + 0{,}2^2 + 0{,}2^3 + \ldots + 0{,}2^{n-1} \qquad \text{(VI-7)}$$

her, die wir für die spätere Grenzwertbildung benötigen. Dazu wird die Partialsumme s_n beiderseits gliedweise mit 0,2 multipliziert und anschließend wie folgt die Differenz $s_n - 0{,}2 \cdot s_n$ gebildet:

$$\left. \begin{array}{l} s_n = 1 + 0{,}2 + 0{,}2^2 + 0{,}2^3 + \ldots + 0{,}2^{n-1} \\ 0{,}2 \cdot s_n = \quad\;\; 0{,}2 + 0{,}2^2 + 0{,}2^3 + \ldots + 0{,}2^{n-1} + 0{,}2^n \end{array} \right\} -$$

$$s_n - 0{,}2 \cdot s_n = 1 + 0 + 0 + 0 + \ldots + 0 - 0{,}2^n$$

$$0{,}8 \cdot s_n = 1 - 0{,}2^n$$

(die jeweils *grau* markierten untereinander stehenden Glieder heben sich bei der Differenzbildung jeweils auf).

Wir lösen jetzt diese Gleichung nach s_n auf und erhalten damit eine einfache *Berechnungsformel* für die n-te Partialsumme:

$$s_n = 1{,}25 \, (1 - 0{,}2^n) \qquad \text{(VI-8)}$$

Diese Formel liefert uns beispielsweise für $n = 5$ bzw. $n = 10$ die folgenden Summenwerte:

$$s_5 = 1{,}25 \, (1 - 0{,}2^5) = 1{,}25 \, (1 - 0{,}00032) = 1{,}2496$$

$$s_{10} = 1{,}25 \, (1 - 0{,}2^{10}) = 1{,}25 \, (1 - 0{,}000\,000\,102) = 1{,}249\,999\,872$$

Selbstverständlich erhalten wir diese Werte auch auf dem direkten Wege, d. h. durch Aufaddieren der ersten 5 bzw. 10 Reihenglieder (bitte nachrechnen).

Für $n \to \infty$ strebt die Partialsummenfolge gegen den *Grenzwert*

$$\lim_{n \to \infty} s_n = \lim_{n \to \infty} 1{,}25 \, (1 - 0{,}2^n) = 1{,}25 \qquad \text{(VI-9)}$$

da $\lim_{n \to \infty} 0{,}2^n = 0$ ist. Die unendliche Reihe (VI-6) besitzt somit definitionsgemäß den *Summenwert* $s = 1{,}25$. Wir schreiben dafür *symbolisch*:

$$\sum_{n=1}^{\infty} 0{,}2^{n-1} = 1 + 0{,}2 + 0{,}2^2 + 0{,}2^3 + 0{,}2^{n-1} + \ldots = 1{,}25 \qquad \text{(VI-10)}$$

Durch diese Schreibweise wollen wir zum Ausdruck bringen, dass sich die Partialsummen mit *zunehmender* Anzahl von Gliedern immer weniger von der Zahl 1,25 unterscheiden.

1.2 Grundbegriffe

1.2.1 Definition einer unendlichen Reihe

Wir gehen aus von einer *unendlichen Zahlenfolge*

$$\langle a_n \rangle = a_1, \; a_2, \; a_3, \; \ldots, \; a_n, \; \ldots \tag{VI-11}$$

und bilden aus den Gliedern dieser Folge wie folgt *Partial-* oder *Teilsummen*:

$$\begin{aligned}
s_1 &= a_1 \\
s_2 &= a_1 + a_2 \\
s_3 &= a_1 + a_2 + a_3 \\
&\vdots \\
s_n &= a_1 + a_2 + a_3 + \ldots + a_n = \sum_{k=1}^{n} a_k \\
&\vdots
\end{aligned} \tag{VI-12}$$

Die Folge $\langle s_n \rangle$ dieser Teilsummen heißt dann *Unendliche Reihe*.

Definition: Die Folge $\langle s_n \rangle$ der Partialsummen einer unendlichen Zahlenfolge $\langle a_n \rangle$ heißt *unendliche Reihe*. Symbolische Schreibweise:

$$\sum_{n=1}^{\infty} a_n = a_1 + a_2 + a_3 + \ldots + a_n + \ldots \tag{VI-13}$$

Anmerkungen

(1) a_n ist das *n*-te Reihenglied.

(2) Der Laufindex n im Summensymbol kann auch bei der Zahl 0 oder einer anderen natürlichen Zahl beginnen.

(3) Die Glieder einer unendlichen Reihe sind (reelle) *Zahlen*. Daher spricht man in diesem Zusammenhang auch von einer *Zahlenreihe* oder *numerischen* Reihe.

(4) Unter dem *Bildungsgesetz* einer unendlichen Reihe $\sum_{n=1}^{\infty} a_n$ versteht man einen funktionalen Zusammenhang $a_n = f(n)$, aus dem sich die Reihenglieder in Abhängigkeit von der natürlichen Zahl n berechnen lassen. Die Zuordnung $f(n) = a_n$ kann auch als eine Funktion der *diskreten* Variablen n aufgefasst werden (mit $n \in \mathbb{N}^*$).

Beispiele

(1) Aus der unendlichen Zahlenfolge

$$\left\langle a_n = \frac{1}{n} \right\rangle = 1, \frac{1}{2}, \frac{1}{3}, \ldots, \frac{1}{n}, \ldots \qquad (n \in \mathbb{N}^*)$$

entsteht durch Partialsummenbildung die sog. *harmonische Reihe*

$$\sum_{n=1}^{\infty} \frac{1}{n} = 1 + \frac{1}{2} + \frac{1}{3} + \ldots + \frac{1}{n} + \ldots$$

(2) Aus der *geometrischen Folge*

$$\langle a_n = a q^{n-1} \rangle = a, \ aq, \ aq^2, \ \ldots, \ aq^{n-1}, \ldots \qquad (n \in \mathbb{N}^*)$$

erhalten wir durch Partialsummenbildung die sog. *geometrische Reihe*

$$\sum_{n=1}^{\infty} a q^{n-1} = a + aq + aq^2 + \ldots + aq^{n-1} + \ldots$$

(3) Die Glieder der unendlichen Reihe

$$2{,}1 + 2{,}01 + 2{,}001 + 2{,}0001 + \ldots$$

genügen dem folgenden *Bildungsgesetz*:

$$a_n = 2 + 0{,}1^n \qquad (n \in \mathbb{N}^*)$$

1.2.2 Konvergenz und Divergenz einer unendlichen Reihe

In dem einführenden Beispiel haben wir den *Summenwert* der vorgegebenen unendlichen Zahlenreihe als *Grenzwert* der zugehörigen *Partialsummenfolge* bestimmt. Dies führt zu der folgenden Definition:

Definition: Eine unendliche Reihe $\sum_{n=1}^{\infty} a_n$ heißt *konvergent*, wenn die Folge ihrer Partialsummen $s_n = \sum_{k=1}^{n} a_k$ einen Grenzwert s besitzt:

$$\lim_{n \to \infty} s_n = \lim_{n \to \infty} \sum_{k=1}^{n} a_k = s \qquad \text{(VI-14)}$$

Dieser Grenzwert wird als *Summenwert* der unendlichen Reihe bezeichnet. Symbolische Schreibweise:

$$\sum_{n=1}^{\infty} a_n = a_1 + a_2 + a_3 + \ldots + a_n + \ldots = s \qquad \text{(VI-15)}$$

Besitzt die Partialsummenfolge $\langle s_n \rangle$ jedoch *keinen* Grenzwert, so heißt die unendliche Reihe *divergent*.

Anmerkungen

(1) Der *Summenwert* einer unendlichen Reihe ist also definitionsgemäß der *Grenzwert einer unendlichen Folge*, nämlich der Grenzwert der *Partialsummenfolge* $\langle s_n \rangle$. Die Konvergenz einer *unendlichen Reihe* wird damit auf die Konvergenz einer *unendlichen Folge* zurückgeführt (siehe hierzu Kap. III, Abschnitt 4.1.2).

(2) Eine *konvergente* unendliche Reihe besitzt also stets einen (eindeutigen) Summenwert, einer *divergenten* unendlichen Reihe lässt sich dagegen *kein* Summenwert zuordnen. Ist $s = +\infty$ oder $s = -\infty$, so nennt man die unendliche Reihe auch *bestimmt divergent*.

(3) Eine unendliche Reihe heißt *absolut konvergent*, wenn die aus den *Beträgen* ihrer Glieder gebildete Reihe *konvergiert*. Eine absolut konvergente Reihe ist *stets* konvergent, d. h. aus der Konvergenz der Reihe $\sum_{n=1}^{\infty} |a_n|$ folgt stets die Konvergenz der Reihe $\sum_{n=1}^{\infty} a_n$ (die Umkehrung jedoch gilt *nicht*).

■ **Beispiele**

(1) Wir zeigen, dass die als *geometrische Reihe*[2] bezeichnete unendliche Reihe

$$\sum_{n=1}^{\infty} q^{n-1} = 1 + q^1 + q^2 + q^3 + \ldots + q^{n-1} + \ldots$$

für $|q| < 1$ *konvergiert*, für $|q| \geq 1$ dagegen *divergiert*.
Zunächst bilden wir mit der *n*-ten *Partialsumme*

$$s_n = 1 + q^1 + q^2 + q^3 + \ldots + q^{n-1}$$

die Differenz $s_n - q \cdot s_n$ und erhalten daraus eine einfache Formel für den *Summenwert* von s_n:

$$\left. \begin{array}{l} s_n = 1 + q^1 + q^2 + q^3 + \ldots + q^{n-2} + q^{n-1} \\ q \cdot s_n = q^1 + q^2 + q^3 + \ldots + q^{n-2} + q^{n-1} + q^n \end{array} \right\} -$$

$$s_n - q \cdot s_n = 1 - q^n$$

$$s_n (1 - q) = 1 - q^n$$

$$s_n = \frac{1 - q^n}{1 - q} \qquad (q \neq 1)$$

(die jeweils *grau* markierten untereinander stehenden Summanden heben sich bei der Differenzbildung jeweils auf).

---

[2] Eine unendliche Reihe heißt *geometrisch*, wenn der Quotient zweier aufeinanderfolgender Glieder *konstant* ist. Die hier vorliegende Reihe besitzt den Quotienten q.

1 Unendliche Reihen

Die Folge der Partialsummen s_n besitzt dann für $|q| < 1$ den *Grenzwert*

$$s = \lim_{n \to \infty} s_n = \lim_{n \to \infty} \frac{1 - q^n}{1 - q} = \frac{1}{1 - q} \cdot \lim_{n \to \infty} (1 - q^n) =$$

$$= \frac{1}{1 - q} \left(1 - \lim_{n \to \infty} q^n\right) = \frac{1}{1 - q} (1 - 0) = \frac{1}{1 - q}$$

da in diesem Fall $\lim_{n \to \infty} q^n = 0$ ist. Für $|q| \geq 1$ dagegen *divergiert* die Zahlenfolge $\langle q^n \rangle$. Die unendliche *geometrische* Reihe besitzt somit für $|q| < 1$ den *Summenwert*

$$\sum_{n=1}^{\infty} q^{n-1} = 1 + q^1 + q^2 + q^3 + \ldots + q^{n-1} + \ldots = \frac{1}{1 - q}$$

Zahlenbeispiel für $q = 1/3$

$$\sum_{n=1}^{\infty} \left(\frac{1}{3}\right)^{n-1} = \left(\frac{1}{3}\right)^0 + \left(\frac{1}{3}\right)^1 + \left(\frac{1}{3}\right)^2 + \ldots + \left(\frac{1}{3}\right)^{n-1} + \ldots =$$

$$= 1 + \frac{1}{3} + \frac{1}{9} + \ldots + \left(\frac{1}{3}\right)^{n-1} + \ldots = \frac{1}{1 - \frac{1}{3}} = \frac{1}{\frac{2}{3}} = \frac{3}{2}$$

(2) Auf eine *geometrische Reihe* stößt man auch bei der Lösung der folgenden Aufgabe: Aus *Halbkreisen* soll, wie in Bild VI-1 dargelegt, eine *Spirale* gebildet werden, wobei die Radien von Halbkreis zu Halbkreis um jeweils 20 % abnehmen. Welche Gesamtlänge L besitzt diese aus *unendlich* vielen Halbkreisen gebildete Spirale, wenn der Radius des 1. Halbkreises R ist?

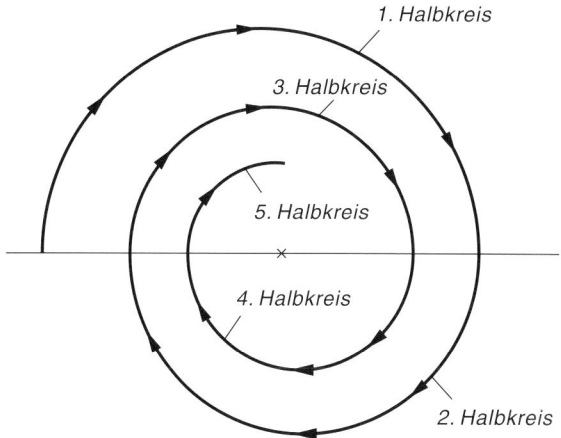

Bild VI-1 Zur Längenberechnung einer Spirale, zusammengesetzt aus ∞ vielen Halbkreisen

Lösung: Die ersten n Halbkreise haben der Reihe nach folgende Längen:

$$L_1 = \pi R, \qquad L_2 = \pi(0{,}8\,R) = 0{,}8 \cdot \pi R,$$

$$L_3 = \pi(0{,}8 \cdot 0{,}8\,R) = 0{,}8^2 \cdot \pi R, \quad \ldots, \quad L_n = 0{,}8^{n-1} \cdot \pi R$$

Damit beträgt die *Gesamtlänge* der ersten n Halbkreise (wir bezeichnen diese Partialsumme mit $L(n)$):

$$L(n) = L_1 + L_2 + L_3 + \ldots + L_n =$$

$$= \pi R + 0{,}8 \cdot \pi R + 0{,}8^2 \cdot \pi R + \ldots + 0{,}8^{n-1} \cdot \pi R =$$

$$= \pi R(1 + 0{,}8 + 0{,}8^2 + \ldots + 0{,}8^{n-1}) = \pi R \cdot \sum_{k=1}^{n} 0{,}8^{n-1}$$

Vergrößert man die Anzahl n der Halbkreise beliebig, d. h. lässt man $n \to \infty$ laufen, so entsteht eine *geometrische Reihe* (Quotient zweier aufeinander folgender Reihenglieder: $q = 0{,}8$):

$$\pi R(1 + 0{,}8 + 0{,}8^2 + \ldots + 0{,}8^{n-1} + \ldots) = \pi R \cdot \sum_{n=1}^{\infty} 0{,}8^{n-1}$$

Der *Summenwert* dieser Reihe entspricht der gesuchten Länge L der Spirale:

$$L = \pi R(1 + 0{,}8 + 0{,}8^2 + \ldots + 0{,}8^{n-1} + \ldots) = \pi R \cdot \frac{1}{1 - 0{,}8} = 5\pi R$$

Die Spirale hat also, obwohl aus *unendlich* vielen Halbkreisen zusammengesetzt, eine *endliche* Länge!

(3) Wir zeigen, dass die unendliche Reihe

$$\sum_{n=1}^{\infty} n = 1 + 2 + 3 + \ldots + n + \ldots$$

bestimmt divergent ist. Die für die Grenzwertbildung benötigte n-te Partialsumme s_n kann dabei nach der Formel

$$s_n = \sum_{k=1}^{n} k = 1 + 2 + 3 + \ldots + n = \frac{n(n+1)}{2}$$

berechnet werden (diese Formel für die Summe der ersten n positiven ganzen Zahlen haben wir der **Formelsammlung** des Autors entnommen → Kap. I, Abschnitt 3.4). Beim Grenzübergang $n \to \infty$ erhalten wir hieraus:

$$s = \sum_{n=1}^{\infty} n = \lim_{n \to \infty} s_n = \lim_{n \to \infty} \frac{n(n+1)}{2} = \infty$$

Die Reihe ist somit − wie behauptet − *bestimmt divergent*.

■

1.2.3 Über den Umgang mit unendlichen Reihen

Die *formale* (*symbolische*) Schreibweise einer unendlichen Reihe in Form einer *Summe* aus *unendlich* vielen Summanden führt häufig zu Missverständnissen. Eine unendliche Reihe darf nämlich *nicht* als eine Erweiterung des Summenbegriffes von endlich vielen Summanden auf unendlich viele Summanden aufgefasst werden! Denn die für endliche Summen (d. h. Summen mit *endlich* vielen Summanden) gültigen Rechenregeln gelten im Allgemeinen *nicht* für unendliche Reihen. Bei einer (endlichen) Summe ist der Summenwert unabhängig von der Reihenfolge der Summanden (diese dürfen bekanntlich beliebig umgestellt werden) und auch unabhängig davon, ob und wie Klammern gesetzt werden [3]. Bei einer unendlichen Reihe kann sich jedoch der *Summenwert* der Reihe (sofern er überhaupt vorhanden ist) *ändern*, wenn man z. B. die Reihenfolge der Glieder verändert oder Glieder durch *Klammern* zusammenfasst.

Ein einfaches Beispiel soll diese wichtige Aussage verdeutlichen. Wir unterstellen zunächst, dass die für (endliche) Summen geltenden Rechenregeln auch für unendliche Reihen (unendliche Summen) *gültig* sind. Dann aber müsste der *Summenwert* der unendlichen Reihe

$$1 - 1 + 1 - 1 + 1 - 1 + - \ldots$$

unabhängig vom eingeschlagenen Rechenweg sein [4]. Es bieten sich beispielsweise folgende Rechenvarianten an:

1. Variante: Wir setzen wie folgt Klammern:

$$\underbrace{(1-1)}_{0} + \underbrace{(1-1)}_{0} + \underbrace{(1-1)}_{0} + \ldots = 0 + 0 + 0 + \ldots = 0$$

Der Summenwert der Reihe wäre somit $s = 0$, da *alle* Klammern verschwinden.

2. Variante: Wir beginnen mit der Klammerbildung erst *nach* dem 1. Glied:

$$1 + \underbrace{(-1+1)}_{0} + \underbrace{(-1+1)}_{0} + \ldots = 1 + 0 + 0 + \ldots = 1$$

Wiederum verschwinden alle Klammern, die Reihe hätte damit den Summenwert $s = 1$.

Fazit: Wir erhalten also – je nach dem eingeschlagenen Rechenweg – *unterschiedliche* Ergebnisse!

Daraus folgern wir:

> Die bekannten Rechenregeln für endliche Summen (endliche Reihen) gelten im Allgemeinen *nicht* für unendliche Reihen (unendliche Summen).

---

[3] Zur Erinnerung: Die Addition ist eine *kommutative* und *assoziative* Rechenoperation (siehe Kap. I, Abschnitt 2.1).

[4] Es handelt sich hier um eine sog. *alternierende* Reihe, bei der die Glieder laufend ihr Vorzeichen *ändern*. Alle Glieder haben hier den gleichen Betrag ($= 1$).

1.3 Konvergenzkriterien

Bei einer unendlichen Reihe ergeben sich automatisch zwei Fragestellungen:

1. Ist die vorliegende unendliche Reihe *konvergent*, d. h. besitzt sie einen (endlichen) Summenwert oder ist sie *divergent*[5]?
2. Welchen *Summenwert* besitzt die unendliche Reihe im Falle der Konvergenz?

Zur 1. Fragestellung: Die Frage nach dem Konvergenzverhalten einer Reihe lässt sich in der Regel mit Hilfe von sog. *Konvergenzkriterien* beantworten. Sie ermöglichen eine *Entscheidung* darüber, ob eine vorliegende unendliche Reihe konvergiert oder divergiert (siehe hierzu die in den nächsten Abschnitten besprochenen Kriterien).

Zur 2. Fragestellung: Der *Summenwert* einer konvergenten unendlichen Reihe lässt sich nur in wenigen Fällen exakt bestimmen, meist leider nur *näherungsweise* unter erheblichem Rechenaufwand und mit Unterstützung von Computern. Der Summenwert wird dabei durch eine *Partialsumme* angenähert (Abbruch der Reihe, sobald die gewünschte Genauigkeit erreicht ist).

Notwendiges Konvergenzkriterium

Für die *Konvergenz* einer unendlichen Reihe $\sum_{n=1}^{\infty} a_n$ ist die Bedingung

$$\lim_{n \to \infty} a_n = 0 \qquad (\text{VI-16})$$

notwendig, nicht aber hinreichend[6]. Mit anderen Worten: Damit die unendliche Reihe *konvergiert*, müssen die Reihenglieder diese Bedingung erfüllen. Jedoch darf man aus $\lim_{n \to \infty} a_n = 0$ keineswegs folgern, dass die unendliche Reihe konvergiert. Es gibt Reihen, die die Bedingung (VI-16) erfüllen und trotzdem *divergieren*. Eine Reihe jedoch, die das notwendige Konvergenzkriterium (VI-16) *nicht* erfüllt, kann nicht konvergent sein und ist daher *divergent*. Mit einem *notwendigen* Konvergenzkriterium kann also nur die *Divergenz*, nicht aber die Konvergenz einer unendlichen Reihe festgestellt werden!

Wir erläutern dieses Kriterium an zwei einfachen Beispielen.

■ **Beispiele**

(1) Sowohl die *geometrische Reihe*

$$\sum_{n=1}^{\infty} 0{,}2^{n-1} = 1 + 0{,}2^1 + 0{,}2^2 + \ldots + 0{,}2^{n-1} + \ldots$$

---

[5] In den naturwissenschaftlich-technischen Anwendungen sind in der Regel nur *konvergente* Reihen von Bedeutung.
[6] Diese Bedingung besagt, dass die Reihenglieder eine sog. *Nullfolge* bilden.

1 Unendliche Reihen

als auch die *harmonische Reihe*

$$\sum_{n=1}^{\infty} \frac{1}{n} = 1 + \frac{1}{2} + \frac{1}{3} + \ldots + \frac{1}{n} + \ldots$$

erfüllen das *notwendige Konvergenzkriterium* (VI-16):

$$\lim_{n \to \infty} 0{,}2^{n-1} = 0 \quad \text{bzw.} \quad \lim_{n \to \infty} \frac{1}{n} = 0$$

Aber nur die *geometrische Reihe* ist *konvergent*, d. h. besitzt einen *Summenwert*, wie wir aus dem einführenden Beispiel aus Abschnitt 1.1 bereits wissen (der Summenwert ist $s = 1{,}25$). Die *harmonische Reihe* dagegen ist *divergent*, wie man zeigen kann (auf den Beweis wollen wir verzichten). Die Bedingung (VI-16) reicht also für die Konvergenz einer Reihe *nicht* aus.

(2) Die unendliche Zahlenreihe

$$2{,}1 + 2{,}01 + 2{,}001 + 2{,}0001 + \ldots$$

mit dem *Bildungsgesetz*

$$a_n = 2 + 0{,}1^n \quad (n \in \mathbb{N}^*)$$

ist *divergent*, da die Reihenglieder das für die Konvergenz notwendige Kriterium (VI-16) *nicht* erfüllen. Denn es gilt:

$$\lim_{n \to \infty} a_n = \lim_{n \to \infty} (2 + 0{,}1^n) = 2 + \lim_{n \to \infty} 0{,}1^n = 2 + 0 = 2 \neq 0$$

Die Reihenglieder bilden also *keine* Nullfolge.

∎

Im Folgenden beschäftigen wir uns mit den wichtigsten *hinreichenden* Konvergenzkriterien.

1.3.1 Quotientenkriterium

Bei der Untersuchung des *Konvergenzverhaltens* einer unendlichen Reihe erweist sich das folgende als *Quotientenkriterium* bezeichnete Kriterium als besonders geeignet:

Quotientenkriterium

Erfüllen die Glieder einer unendlichen Reihe $\sum_{n=1}^{\infty} a_n$ mit $a_n \neq 0$ für alle $n \in \mathbb{N}^*$ die Bedingung

$$\lim_{n \to \infty} \left| \frac{a_{n+1}}{a_n} \right| = q < 1 \tag{VI-17}$$

so ist die Reihe *konvergent*. Ist aber $q > 1$, so ist die Reihe *divergent*.

Anmerkungen

(1) Für $q = 1$ *versagt* das Quotientenkriterium, d. h. eine Entscheidung über Konvergenz oder Divergenz ist mit diesem Kriterium *nicht* möglich. Die Reihe *kann* also konvergieren *oder* auch divergieren. In einem solchen Fall muss das Konvergenzverhalten der Reihe mit Hilfe *anderer* Kriterien untersucht werden.

(2) Das Quotientenkriterium liefert eine *hinreichende* Bedingung für die Reihenkonvergenz. Sie ist jedoch *nicht notwendig*, d. h. es gibt Reihen, für die der Grenzwert
$$\lim_{n \to \infty} \left| \frac{a_{n+1}}{a_n} \right|$$
nicht vorhanden ist und die trotzdem konvergieren.

(3) Ist die Konvergenzbedingung (VI-17) erfüllt, so ist die unendliche Reihe sogar *absolut konvergent*.

■ **Beispiele**

(1) Wir zeigen anhand des *Quotientenkriteriums*, dass die unendliche Reihe

$$\sum_{n=1}^{\infty} \frac{1}{(2n)!} = \frac{1}{2!} + \frac{1}{4!} + \frac{1}{6!} + \ldots + \frac{1}{(2n)!} + \frac{1}{(2n+2)!} + \ldots$$

konvergiert. Mit

$$a_n = \frac{1}{(2n)!} \quad \text{und} \quad a_{n+1} = \frac{1}{(2(n+1))!} = \frac{1}{(2n+2)!}$$

liefert das Kriterium (VI-17) den folgenden Wert für den Grenzwert q:

$$q = \lim_{n \to \infty} \left| \frac{a_{n+1}}{a_n} \right| = \lim_{n \to \infty} \frac{\frac{1}{(2n+2)!}}{\frac{1}{(2n)!}} = \lim_{n \to \infty} \frac{(2n)!}{(2n+2)!} =$$

$$= \lim_{n \to \infty} \frac{(2n)!}{(2n)!(2n+1)(2n+2)} = \lim_{n \to \infty} \frac{1}{(2n+1)(2n+2)} = 0$$

Dabei haben wir von der „Zerlegung"

$$(2n+2)! = (2n)!(2n+1)(2n+2)$$

Gebrauch gemacht (Bild VI-2). Die Reihe ist daher wegen $q = 0 < 1$ *konvergent*, besitzt also einen *Summenwert*.

1 Unendliche Reihen

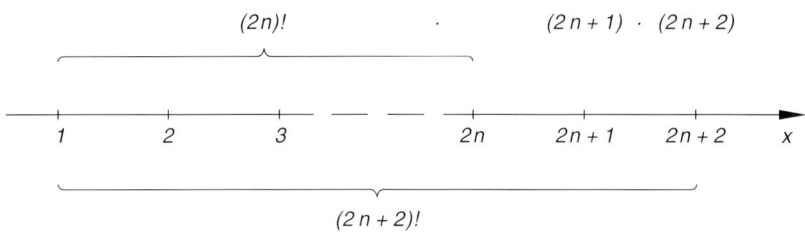

Bild VI-2 Zerlegung des Ausdrucks $(2n+2)!$ in ein Produkt mit dem Faktor $(2n)!$

(2) Das Quotientenkriterium *versagt* bei der *harmonischen Reihe*

$$\sum_{n=1}^{\infty} \frac{1}{n} = 1 + \frac{1}{2} + \frac{1}{3} + \ldots + \frac{1}{n} + \frac{1}{n+1} + \ldots$$

Mit $a_n = \dfrac{1}{n}$ und $a_{n+1} = \dfrac{1}{n+1}$ erhalten wir nämlich nach (VI-17):

$$q = \lim_{n \to \infty} \left| \frac{a_{n+1}}{a_n} \right| = \lim_{n \to \infty} \frac{\frac{1}{n+1}}{\frac{1}{n}} = \lim_{n \to \infty} \frac{n}{n+1} = \lim_{n \to \infty} \frac{1}{1 + \frac{1}{n}} = 1$$

Mit diesem Kriterium lässt sich das Konvergenzverhalten der harmonischen Reihe *nicht* feststellen (die Reihe ist – wie bereits erwähnt – *divergent*).

(3) Die unendliche Reihe

$$\sum_{n=1}^{\infty} \frac{1}{n(n+1)} = \frac{1}{1 \cdot 2} + \frac{1}{2 \cdot 3} + \frac{1}{3 \cdot 4} + \ldots$$

$$\ldots + \frac{1}{n(n+1)} + \frac{1}{(n+1)(n+2)} + \ldots$$

ist *konvergent*, obwohl auch hier das Quotientenkriterium (VI-17) *versagt*:

$$q = \lim_{n \to \infty} \left| \frac{a_{n+1}}{a_n} \right| = \lim_{n \to \infty} \frac{\frac{1}{(n+1)(n+2)}}{\frac{1}{n(n+1)}} = \lim_{n \to \infty} \frac{n(n+1)}{(n+1)(n+2)} =$$

$$= \lim_{n \to \infty} \frac{n}{n+2} = \lim_{n \to \infty} \frac{1}{1 + \frac{2}{n}} = 1$$

(Faktor $n+1$ kürzen, dann Zähler und Nenner gliedweise durch n dividieren). Um die Konvergenz der Reihe nachzuweisen, zerlegen wir das n-te Reihenglied zunächst in zwei Summanden (Partialbruchzerlegung). Der Ansatz lautet:

$$\frac{1}{n(n+1)} = \frac{A}{n} + \frac{B}{n+1} = \frac{(n+1)A + nB}{n(n+1)}$$

Somit gilt nach Multiplikation mit dem Hauptnenner $n(n+1)$:

$$(n+1)A + nB = nA + A + nB = (A+B)n + A = 1$$

n ist hier eine *diskrete* Variable mit $n \in \mathbb{N}^*$. Wir ergänzen auf der rechten Seite den (verschwindenden) Summanden $0 \cdot n = 0$ und erhalten dann durch einen *Koeffizientenvergleich* zwei Gleichungen für die Unbekannten A und B:

$$(A+B)n + A = 0 \cdot n + 1 \quad \Rightarrow \quad A + B = 0 \quad \text{und} \quad A = 1$$

Somit lautet die Lösung: $A = 1$, $B = -1$. Damit können wir die Reihe auch wie folgt schreiben:

$$\sum_{n=1}^{\infty} \frac{1}{n(n+1)} = \sum_{n=1}^{\infty} \left(\frac{1}{n} - \frac{1}{n+1} \right)$$

Die ersten n Partialsummen lauten dann:

$$s_1 = \frac{1}{1} - \frac{1}{2} = 1 - \frac{1}{2}$$

$$s_2 = \left(\frac{1}{1} - \frac{1}{2}\right) + \underbrace{\left(\frac{1}{2} - \frac{1}{3}\right)}_{0} = 1 - \frac{1}{3}$$

$$s_3 = \left(\frac{1}{1} - \frac{1}{2}\right) + \underbrace{\left(\frac{1}{2} - \frac{1}{3}\right)}_{0} + \underbrace{\left(\frac{1}{3} - \frac{1}{4}\right)}_{0} = 1 - \frac{1}{4}$$

$\vdots$

$$s_n = \left(\frac{1}{1} - \frac{1}{2}\right) + \left(\frac{1}{2} - \frac{1}{3}\right) + \ldots + \left(\frac{1}{n-1} - \frac{1}{n}\right) + \left(\frac{1}{n} - \frac{1}{n+1}\right) =$$

$$= 1 \underbrace{- \frac{1}{2} + \frac{1}{2} - \frac{1}{3} + \ldots + \frac{1}{n-1} - \frac{1}{n} + \frac{1}{n}}_{0} - \frac{1}{n+1} = 1 - \frac{1}{n+1}$$

In der n-ten Partialsumme s_n treten die „inneren" Glieder $\frac{1}{2}, \frac{1}{3}, \frac{1}{4}, \ldots, \frac{1}{n}$ jeweils *doppelt*, aber mit *unterschiedlichem* Vorzeichen auf und heben sich daher auf. Die Partialsummenfolge $\langle s_n \rangle$ konvergiert für $n \to \infty$ gegen den Grenzwert 1:

$$\lim_{n \to \infty} s_n = \lim_{n \to \infty} \left(1 - \frac{1}{n+1}\right) = 1$$

Die vorliegende Reihe ist somit *konvergent* mit dem *Summenwert* $s = 1$. ∎

1.3.2 Wurzelkriterium

Ein weiteres nützliches Konvergenzkriterium ist das folgende sog. *Wurzelkriterium*.

Wurzelkriterium

Erfüllen die Glieder einer unendlichen Reihe $\sum_{n=1}^{\infty} a_n$ die Bedingung

$$\lim_{n \to \infty} \sqrt[n]{|a_n|} = q < 1 \qquad (\text{VI-18})$$

so ist die Reihe *konvergent*. Ist aber $q > 1$, so ist die Reihe *divergent*.

Anmerkungen

(1) Für $q = 1$ *versagt* das Wurzelkriterium.

(2) Die Bedingung (VI-18) ist *hinreichend*, nicht aber notwendig für die Konvergenz einer Reihe.

(3) Ist die Bedingung (VI-18) erfüllt, so ist die unendliche Reihe sogar *absolut konvergent*.

■ **Beispiel**

Wir zeigen mit Hilfe des *Wurzelkriteriums*, dass die unendliche Reihe

$$\sum_{n=1}^{\infty} \frac{1}{n^n} = \frac{1}{1^1} + \frac{1}{2^2} + \frac{1}{3^3} + \ldots + \frac{1}{n^n} + \ldots$$

konvergiert. Mit $a_n = \dfrac{1}{n^n}$ liefert das Kriterium (VI-18) den folgenden Wert für q:

$$q = \lim_{n \to \infty} \sqrt[n]{|a_n|} = \lim_{n \to \infty} \sqrt[n]{\frac{1}{n^n}} = \lim_{n \to \infty} \frac{\sqrt[n]{1}}{\sqrt[n]{n^n}} = \lim_{n \to \infty} \frac{1}{n} = 0$$

Aus $q = 0 < 1$ folgt die *Konvergenz* der vorliegenden Reihe, die somit einen (endlichen, aber noch unbekannten) Summenwert besitzt (Näherungswerte erhält man durch Aufaddieren der Reihenglieder und Abbruch nach Erreichen der gewünschten Genauigkeit).

■

1.3.3 Vergleichskriterien

Das (noch unbekannte) Konvergenzverhalten einer unendlichen Reihe lässt sich häufig auch durch einen *Vergleich* mit einer anderen Reihe, deren Konvergenzverhalten *bekannt* ist, bestimmen. Kriterien dieser Art werden daher als *Vergleichskriterien* bezeichnet. Von Bedeutung sind dabei das *Majoranten-* und das *Minorantenkriterium* (ohne Beweis).

> **Vergleichskriterien für unendliche Reihen mit positiven Gliedern**
>
> Das Konvergenzverhalten einer unendlichen Reihe $\sum_{n=1}^{\infty} a_n$ mit positiven Gliedern lässt sich oft mit Hilfe einer geeigneten (konvergenten bzw. divergenten) *Vergleichsreihe* $\sum_{n=1}^{\infty} b_n$ nach den folgenden Kriterien bestimmen:
>
> **Majorantenkriterium**
>
> Die vorliegende Reihe *konvergiert*, wenn folgende Bedingungen erfüllt sind:
>
> 1. Die Vergleichsreihe ist *konvergent*.
> 2. Zwischen den Gliedern beider Reihen besteht die Beziehung (Ungleichung)
>
> $$a_n \leq b_n \quad \text{(für alle } n \in \mathbb{N}^*\text{)} \tag{VI-19}$$
>
> Die (konvergente) Vergleichsreihe wird als *Majorante* oder *Oberreihe* bezeichnet.
>
> **Minorantenkriterium**
>
> Die vorliegende Reihe *divergiert*, wenn folgende Bedingungen erfüllt sind:
>
> 1. Die Vergleichsreihe ist *divergent*.
> 2. Zwischen den Gliedern beider Reihen besteht die Beziehung (Ungleichung)
>
> $$a_n \geq b_n \quad \text{(für alle } n \in \mathbb{N}^*\text{)} \tag{VI-20}$$
>
> Die (divergente) Vergleichsreihe wird als *Minorante* oder *Unterreihe* bezeichnet.

Anmerkungen

(1) Es genügt, wenn die Bedingung (VI-19) bzw. (VI-20) von einem gewissen n_0 an, d. h. erst für alle Reihenglieder mit $n \geq n_0$ erfüllt wird.

(2) Mit dem Majorantenkriterium kann die Konvergenz, mit dem Minorantenkriterium die Divergenz einer Reihe festgestellt werden.

■ **Beispiele**

(1) Wir zeigen, dass die unendliche Reihe

$$\sum_{n=1}^{\infty} \frac{1}{n!} = 1 + \frac{1}{2!} + \frac{1}{3!} + \frac{1}{4!} + \ldots + \frac{1}{n!} + \ldots$$

konvergent ist. Eine konvergente *Majorante* zu dieser Reihe lässt sich wie folgt finden.

1 Unendliche Reihen

Das n-te Glied der Reihe kann auch als Produkt der *Kehrwerte* aller natürlichen Zahlen von 1 bis n dargestellt werden:

$$a_n = \frac{1}{n!} = \frac{1}{1 \cdot 2 \cdot 3 \cdot 4 \cdot \ldots \cdot n} = \frac{1}{1} \cdot \frac{1}{2} \cdot \frac{1}{3} \cdot \frac{1}{4} \cdot \ldots \cdot \frac{1}{n}$$

Wir verändern dieses Produkt jetzt wie folgt: Die ersten beiden Faktoren werden beibehalten, alle weiteren durch die größere Zahl $\frac{1}{2}$ ersetzt. Es entsteht dann die Ungleichung

$$\frac{1}{n!} = \frac{1}{1} \cdot \frac{1}{2} \cdot \underbrace{\frac{1}{3} \cdot \frac{1}{4} \cdot \ldots \cdot \frac{1}{n}}_{\text{diese } (n-2) \text{ Faktoren werden jeweils durch 1/2 ersetzt}} \leq 1 \cdot \underbrace{\frac{1}{2} \cdot \frac{1}{2} \cdot \frac{1}{2} \cdot \ldots \cdot \frac{1}{2}}_{(n-1) \text{ Faktoren}} = \left(\frac{1}{2}\right)^{n-1}$$

Somit erhalten wir für das n-te Reihenglied die Abschätzung (Ungleichung)

$$a_n = \frac{1}{n!} \leq \left(\frac{1}{2}\right)^{n-1} \qquad \text{(für alle } n \in \mathbb{N}^*\text{)}$$

Dabei gilt das Gleichheitszeichen nur für die ersten beiden Glieder. Ab dem 3. Glied gilt sogar

$$a_n = \frac{1}{n!} < \left(\frac{1}{2}\right)^{n-1} \qquad \text{(für alle } n \geq 3\text{)}$$

Dies aber bedeutet, dass die Glieder der Reihe vom 3. Glied an *kleiner* sind als die entsprechenden Glieder der *konvergenten geometrischen Reihe*

$$\sum_{n=1}^{\infty} \left(\frac{1}{2}\right)^{n-1} = 1 + \frac{1}{2} + \left(\frac{1}{2}\right)^2 + \left(\frac{1}{2}\right)^3 + \ldots + \left(\frac{1}{2}\right)^{n-1} + \ldots$$

(geometrische Reihe für $q = 1/2$ mit dem Summenwert $s = 2$; siehe hierzu Beispiel (1) in Abschnitt 1.2.2). Damit ist die Konvergenzbestimmung (VI-19) des Majorantenkriteriums *erfüllt*. Die geometrische Reihe für $q = 1/2$ ist somit eine *Majorante* der vorliegenden Reihe und diese daher *konvergent* (sie besitzt im Übrigen den Summenwert $s = e - 1 \approx 1{,}7183$).

(2) Es lässt sich relativ leicht zeigen, dass die unendliche Reihe

$$\sum_{n=1}^{\infty} \frac{1}{\sqrt{n}} = 1 + \frac{1}{\sqrt{2}} + \frac{1}{\sqrt{3}} + \frac{1}{\sqrt{4}} + \ldots + \frac{1}{\sqrt{n}} + \ldots$$

divergent ist. Für jedes natürliche $n \geq 1$ gilt $\sqrt{n} \leq n$ und somit (nach *Kehrwertbildung*) die Ungleichung

$$\frac{1}{\sqrt{n}} \geq \frac{1}{n} \qquad \text{(für alle } n \in \mathbb{N}^*\text{)}$$

Vom 2. Reihenglied an sind die Glieder der vorliegenden Reihe sogar *größer* als die entsprechenden Glieder der *harmonischen Reihe*

$$\sum_{n=1}^{\infty} \frac{1}{n} = 1 + \frac{1}{2} + \frac{1}{3} + \frac{1}{4} + \ldots + \frac{1}{n} + \ldots$$

Die Bedingung (VI-20) des Minorantenkriteriums ist somit *erfüllt*. Aus der (bekannten) *Divergenz* der harmonischen Reihe folgt dann die *Divergenz* der vorliegenden Reihe. ∎

1.3.4 Leibnizsches Konvergenzkriterium für alternierende Reihen

Wir beschäftigen uns nun mit *alternierenden* Reihen, d. h. Reihen, deren Glieder *abwechselnd* positiv und negativ sind. Eine solche Reihe ist in der Form

$$\sum_{n=1}^{\infty} (-1)^{n+1} \cdot a_n = a_1 - a_2 + a_3 - a_4 + - \ldots \qquad \text{(VI-21)}$$

mit $a_n > 0$ für alle $n \in \mathbb{N}^*$ darstellbar. Der Faktor $(-1)^{n+1}$ ist dabei *abwechselnd* positiv und negativ und bestimmt somit das *Vorzeichen* der Glieder. Es wird daher auch als *Vorzeichenfaktor* bezeichnet.

Für *alternierende* Reihen existiert ein spezielles von *Leibniz* stammendes Konvergenzkriterium. Es lautet (ohne Beweis):

Leibnizsches Konvergenzkriterium für alternierende Reihen

Eine *alternierende* Reihe vom Typ

$$\sum_{n=1}^{\infty} (-1)^{n+1} \cdot a_n = a_1 - a_2 + a_3 - a_4 + - \ldots \qquad \text{(VI-22)}$$

mit $a_n > 0$ für alle $n \in \mathbb{N}^*$ ist *konvergent*, wenn die Reihenglieder die folgenden Bedingungen erfüllen:

1. $a_1 > a_2 > a_3 > \ldots > a_n > a_{n+1} > \ldots$
2. $\lim\limits_{n \to \infty} a_n = 0$

(VI-23)

---

1 Unendliche Reihen

Anmerkung

Eine alternierende Reihe ist demnach *konvergent*, wenn die *Beträge* ihrer Glieder eine *monoton fallende Nullfolge* bilden (*hinreichende* Konvergenzbedingung).

- **Beispiele**

(1) Die alternierende Reihe

$$\sum_{n=1}^{\infty} (-1)^{n+1} \cdot \frac{1}{n!} = \frac{1}{1!} - \frac{1}{2!} + \frac{1}{3!} - \frac{1}{4!} + - \ldots$$

ist konvergent, da die Beträge ihrer Glieder eine *monoton fallende Nullfolge* bilden und somit das hinreichende Leibnizsche Konvergenzkriterium (VI-23) erfüllen:

$$\frac{1}{1!} > \frac{1}{2!} > \frac{1}{3!} > \frac{1}{4!} > \ldots > \frac{1}{n!} > \frac{1}{(n+1)!} > \ldots$$

$$\lim_{n \to \infty} a_n = \lim_{n \to \infty} \frac{1}{n!} = \lim_{n \to \infty} \frac{1}{1 \cdot 2 \cdot 3 \cdot \ldots \cdot n} = 0$$

(2) Auch die sog. *alternierende harmonische Reihe*

$$\sum_{n=1}^{\infty} (-1)^{n+1} \cdot \frac{1}{n} = 1 - \frac{1}{2} + \frac{1}{3} - \frac{1}{4} + - \ldots$$

konvergiert, da sie die *Konvergenzbedingungen* (VI-23) erfüllt:

$$1 > \frac{1}{2} > \frac{1}{3} > \frac{1}{4} > \ldots > \frac{1}{n} > \frac{1}{n+1} > \ldots$$

$$\lim_{n \to \infty} a_n = \lim_{n \to \infty} \frac{1}{n} = 0$$

(3) Die *alternierende geometrische Reihe*

$$\sum_{n=1}^{\infty} (-1)^{n+1} = 1 - 1 + 1 - 1 + - \ldots$$

dagegen ist *divergent*, da sie *keine* der beiden im *Leibnizschen Konvergenzkriterium* (VI-23) genannten Bedingungen erfüllt:

$$\left. \begin{array}{l} a_n = 1 \text{ für alle } n \in \mathbb{N}^* \\ \lim_{n \to \infty} a_n = \lim_{n \to \infty} 1 = 1 \end{array} \right\} \Rightarrow \text{Die unendliche Zahlenfolge } \langle a_n = 1 \rangle \text{ ist } keine \text{ monoton fallende Nullfolge!}$$

■

1.4 Eigenschaften konvergenter bzw. absolut konvergenter Reihen

Konvergente Reihen besitzen die folgenden bemerkenswerten Eigenschaften, die wir ohne Beweis anführen.

Eigenschaften konvergenter Reihen

1. Eine *konvergente* Reihe bleibt konvergent, wenn man *endlich viele* Glieder weglässt oder hinzufügt oder abändert.

   Dabei *kann* sich jedoch der Summenwert der Reihe *ändern*.

   Klammern dagegen dürfen im Allgemeinen *nicht* weggelassen werden, ebenso wenig darf die Reihenfolge der Glieder verändert werden.

2. Aufeinander folgende Glieder einer *konvergenten* Reihe dürfen durch eine Klammer *zusammengefasst* werden, wobei der Summenwert der Reihe *erhalten* bleibt.

3. Eine *konvergente* Reihe mit ausschließlich *nichtnegativen* Gliedern (d. h. $a_n \geq 0$ für alle $n \in \mathbb{N}^*$) ist stets *absolut konvergent*.

4. **Rechenregeln für konvergente Reihen**

   a) Eine *konvergente* Reihe darf *gliedweise* mit einer Konstanten c multipliziert werden, wobei sich auch der Summenwert s der Reihe mit dieser Konstanten multipliziert:

   $$c \cdot \sum_{n=1}^{\infty} a_n = \sum_{n=1}^{\infty} c \cdot a_n = c \cdot s \qquad \text{(VI-24)}$$

   b) Zwei *konvergente* Reihen mit den Summenwerten s_a und s_b dürfen *gliedweise* addiert bzw. subtrahiert werden, wobei sich die Summenwerte addieren bzw. subtrahieren:

   $$\sum_{n=1}^{\infty} a_n \pm \sum_{n=1}^{\infty} b_n = \sum_{n=1}^{\infty} (a_n \pm b_n) = s_a \pm s_b \qquad \text{(VI-25)}$$

Für *absolut konvergente* Reihen gelten sogar (sinngemäß) die gleichen Rechenregeln wie für *endliche* Summen! Die Glieder einer solchen Reihe dürfen *beliebig* angeordnet werden, eine solche Umordnung hat *keinen* Einfluss auf den Summenwert der Reihe. Für ein Produkt zweier *absolut konvergenter* Reihen mit den Summenwerten s_a und s_b gilt:

$$\left(\sum_{n=1}^{\infty} a_n \right) \cdot \left(\sum_{n=1}^{\infty} b_n \right) = \sum_{n=1}^{\infty} c_n = s_a \cdot s_b \qquad \text{(VI-26)}$$

1 Unendliche Reihen

Das Ausmultiplizieren erfolgt *gliedweise* wie bei *endlichen Summen* und kann z. B. nach dem folgenden Schema erfolgen:

$$
\begin{array}{c|cccc}
 & b_1 & b_2 & b_3 & \ldots \\
\hline
a_1 & a_1 b_1 & a_1 b_2 & a_1 b_3 & \ldots \\
a_2 & a_2 b_1 & a_2 b_2 & a_2 b_3 & \ldots \\
a_3 & a_3 b_1 & a_3 b_2 & a_3 b_3 & \ldots \\
\vdots & \vdots & \vdots & \vdots &
\end{array}
$$

$$\underbrace{a_1 b_1}_{c_1} + \underbrace{(a_1 b_2 + a_2 b_1)}_{c_2} + \underbrace{(a_1 b_3 + a_2 b_2 + a_3 b_1)}_{c_3} + \ldots$$

■ **Beispiel**

In Abschnitt 1.3.4 haben wir bereits gezeigt, dass die *alternierende* harmonische Reihe *konvergent* ist. Wir dürfen daher aufeinander folgende Reihenglieder durch eine *Klammer* zu einem (neuen) Glied zusammenfassen. Wir erhalten auf diese Weise eine *neue* Darstellungsform der Reihe:

$$\sum_{n=1}^{\infty} (-1)^{n+1} \cdot \frac{1}{n} = 1 - \frac{1}{2} + \frac{1}{3} - \frac{1}{4} + \frac{1}{5} - \frac{1}{6} + - \ldots =$$

$$= \left(1 - \frac{1}{2}\right) + \left(\frac{1}{3} - \frac{1}{4}\right) + \left(\frac{1}{5} - \frac{1}{6}\right) + \ldots =$$

$$= \left(\frac{2-1}{1 \cdot 2}\right) + \left(\frac{4-3}{3 \cdot 4}\right) + \left(\frac{6-5}{5 \cdot 6}\right) + \ldots =$$

$$= \frac{1}{1 \cdot 2} + \frac{1}{3 \cdot 4} + \frac{1}{5 \cdot 6} + \ldots =$$

Das *Bildungsgesetz* dieser Reihe lautet offensichtlich:

$$a_n = \frac{1}{(2n-1) \cdot 2n} \qquad \text{(für alle } n \in \mathbb{N}^*\text{)}$$

Somit gilt:

$$\sum_{n=1}^{\infty} (-1)^{n+1} \cdot \frac{1}{n} = \sum_{n=1}^{\infty} \frac{1}{(2n-1) \cdot 2n} = \frac{1}{2} \cdot \sum_{n=1}^{\infty} \frac{1}{(2n-1)n}$$

Der Summenwert der alternierenden harmonischen Reihe hat sich dabei *nicht* geändert. Wir werden in Abschnitt 3.2.2 zeigen, dass die Reihe den Summenwert $s = \ln 2$ besitzt (diese Reihe entsteht, wenn man die Logarithmusfunktion $\ln x$ um die Stelle $x_0 = 1$ in eine *Taylor-Reihe* entwickelt und für die Variable x dann den Wert $x = 2$ einsetzt). ∎

2 Potenzreihen

2.1 Definition einer Potenzreihe

Potenzreihen unterscheiden sich von den bisher behandelten *Zahlenreihen* dadurch, dass ihre Glieder *Potenzen* und somit *Funktionen* einer unabhängigen Variablen x darstellen.

> **Definition:** Unter einer *Potenzreihe* versteht man eine unendliche Reihe vom Typ
> $$P(x) = \sum_{n=0}^{\infty} a_n x^n = a_0 + a_1 x^1 + a_2 x^2 + \ldots + a_n x^n + \ldots$$
> (VI-27)
>
> Die reellen Zahlen $a_0, a_1, a_2, \ldots$ heißen *Koeffizienten* der Potenzreihe.

Zu einer etwas *allgemeineren* Darstellungsform der Potenzreihen gelangt man durch die Definitionsvorschrift

$$P(x) = \sum_{n=0}^{\infty} a_n (x - x_0)^n =$$
$$= a_0 + a_1 (x - x_0)^1 + a_2 (x - x_0)^2 + \ldots + a_n (x - x_0)^n + \ldots$$
(VI-28)

Die Stelle x_0 heißt *Entwicklungspunkt* oder auch *Entwicklungszentrum*. Für $x_0 = 0$ erhalten wir die in den Anwendungen meist auftretende *spezielle* Form $\sum_{n=0}^{\infty} a_n x^n$ („Entwicklung um den Nullpunkt"). Die *allgemeine* Form (VI-28) kann dabei stets mit Hilfe der *formalen Substitution* $z = x - x_0$ auf die spezielle Form (VI-27) zurückgeführt werden, so dass wir uns im Wesentlichen auf diesen Potenzreihentyp beschränken können.

■ **Beispiele**

(1) $\quad P(x) = \sum_{n=0}^{\infty} x^n = 1 + x^1 + x^2 + \ldots + x^n + \ldots$

(2) $\quad P(x) = \sum_{n=0}^{\infty} \frac{x^n}{n!} = 1 + \frac{x^1}{1!} + \frac{x^2}{2!} + \ldots + \frac{x^n}{n!} + \ldots$

(3) $\quad P(x) = \sum_{n=1}^{\infty} (-1)^{n+1} \cdot \frac{(x-1)^n}{n} = \frac{(x-1)^1}{1} - \frac{(x-1)^2}{2} + \frac{(x-1)^3}{3} - + \ldots$

■

2.2 Konvergenzverhalten einer Potenzreihe

Bei einer Potenzreihe $P(x) = \sum\limits_{n=0}^{\infty} a_n x^n$ hängt der Wert eines jeden Gliedes und damit auch der *Summenwert* (falls er überhaupt vorhanden ist) noch vom Wert der unabhängigen Variablen x ab. Wir beschäftigen uns daher in diesem Abschnitt mit dem *Konvergenzverhalten* einer Potenzreihe und untersuchen insbesondere, für *welche* x-Werte die Reihe *konvergiert*.

Konvergenzbereich einer Potenzreihe

Nach den Ausführungen in Abschnitt 1.2.2 konvergiert eine Potenzreihe $P(x)$ definitionsgemäß an einer Stelle x_1, wenn die Partialsummenfolge

$$P_0(x_1) = a_0$$
$$P_1(x_1) = a_0 + a_1 x_1$$
$$P_2(x_1) = a_0 + a_1 x_1 + a_2 x_1^2$$
$$\vdots$$
$$P_n(x_1) = a_0 + a_1 x_1 + a_2 x_1^2 + \ldots + a_n x_1^n$$
$$\vdots$$

(VI-29)

einem *Grenzwert*, dem sog. *Summenwert* $P(x_1)$, zustrebt. Besitzt diese Folge jedoch *keinen* Grenzwert, so ist die Potenzreihe an der Stelle x_1 *divergent*. Wir definieren daher:

Definition: Die Menge aller x-Werte, für die eine Potenzreihe $\sum\limits_{n=0}^{\infty} a_n x^n$ konvergiert, heißt *Konvergenzbereich* der Potenzreihe.

Für $x = 0$ konvergiert *jede* Potenzreihe und besitzt dort den Summenwert $P(0) = a_0$. Es gibt Potenzreihen, die *nur* für $x = 0$ konvergieren und solche, die für *alle* $x \in \mathbb{R}$ konvergieren. Beispiele hierzu werden wir später noch kennenlernen. Allgemein lässt sich zeigen, dass eine Potenzreihe stets in einem bestimmten, zum Nullpunkt *symmetrisch* angeordneten Intervall $|x| < r$ konvergiert und außerhalb dieses Intervalls *divergiert*, wobei wir zunächst einmal vom Konvergenzverhalten der Reihe in den beiden Randpunkten $|x| = r$ absehen wollen (Bild VI-3).

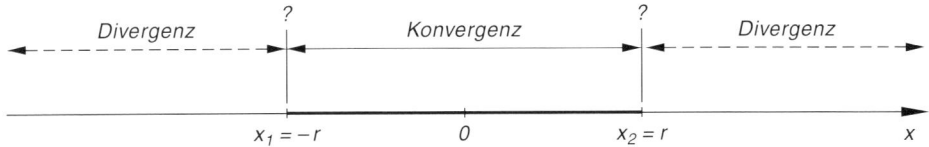

Bild VI-3 Konvergenzbereich einer Potenzreihe

Geometrische Deutung des Konvergenzbereiches

Der *Konvergenzbereich* einer Potenzreihe lässt sich *geometrisch* wie folgt konstruieren.

Wir schlagen um den Nullpunkt der Zahlengerade (*x*-Achse) einen Kreis mit dem Radius *r*, den sog. *Konvergenzkreis* (Bild VI-3). Er schneidet die Zahlengerade an den Stellen $x_1 = -r$ und $x_2 = +r$. Der *Konvergenzbereich* der Potenzreihe ist dann der im *Innern* des Konvergenzkreises liegende Bereich der Zahlengerade. *Außerhalb* dieses Bereiches *divergiert* die Reihe. Der Radius *r* des Konvergenzkreises heißt daher in diesem Zusammenhang auch *Konvergenzradius*.

Über das Konvergenzverhalten einer Potenzreihe in den beiden *Randpunkten* lassen sich jedoch *keine* allgemeingültigen Aussagen machen. Es gibt Potenzreihen, die in *einem* der beiden Randpunkte oder sogar in *beiden* Randpunkten konvergieren, und solche, die in *keinem* der beiden Randpunkte konvergieren. Zur Feststellung des *Konvergenzverhaltens* in den *Randpunkten* bedarf es daher stets weiterer Untersuchungen.

Über das Konvergenzverhalten einer Potenzreihe (Bild VI-3)

Zu jeder Potenzreihe $\sum_{n=0}^{\infty} a_n x^n$ gibt es eine *positive* Zahl *r*, *Konvergenzradius* genannt, mit den folgenden Eigenschaften:

1. Die Potenzreihe *konvergiert* überall im Intervall $|x| < r$.

2. Die Potenzreihe *divergiert* dagegen für $|x| > r$.

3. Über das Konvergenzverhalten der Potenzreihe in den *Randpunkten* $|x| = r$ lassen sich jedoch *keine* allgemeingültigen Aussagen machen. Es bedarf hierzu weiterer Untersuchungen.

Anmerkungen

(1) Der *Konvergenzbereich* einer Potenzreihe besteht somit aus dem Intervall $|x| < r$, zu dem *gegebenenfalls* noch ein oder sogar beide Randpunkte hinzukommen.

(2) Konvergiert eine Potenzreihe *nur* an der Stelle $x = 0$, so setzt man $r = 0$.

(3) Eine *beständig*, d. h. für *alle* $x \in \mathbb{R}$ konvergierende Potenzreihe besitzt den Konvergenzradius $r = \infty$.

Berechnung des Konvergenzradius

Wir wollen nun eine Formel herleiten, mit der wir den *Konvergenzradius* r einer Potenzreihe $\sum_{n=0}^{\infty} a_n x^n$ berechnen können, wobei wir voraussetzen, dass *sämtliche* Koeffizienten a_n von null *verschieden* sind. Nach dem *Quotientenkriterium* (VI-17) konvergiert die Reihe $\sum_{n=0}^{\infty} b_n$, wenn ihre Glieder die Bedingung

$$\lim_{n \to \infty} \left| \frac{b_{n+1}}{b_n} \right| < 1 \qquad \text{(VI-30)}$$

erfüllen. Mit $b_n = a_n x^n$ und $b_{n+1} = a_{n+1} x^{n+1}$ erhalten wir hieraus die folgende *Konvergenzbedingung* für unsere Potenzreihe:

$$\lim_{n \to \infty} \left| \frac{b_{n+1}}{b_n} \right| = \lim_{n \to \infty} \left| \frac{a_{n+1} x^{n+1}}{a_n x^n} \right| = \lim_{n \to \infty} \left| \frac{a_{n+1}}{a_n} \cdot x \right| =$$

$$= \lim_{n \to \infty} |x| \cdot \left| \frac{a_{n+1}}{a_n} \right| = |x| \cdot \lim_{n \to \infty} \left| \frac{a_{n+1}}{a_n} \right| < 1 \qquad \text{(VI-31)}$$

Durch Auflösen dieser Ungleichung nach $|x|$ erhalten wir schließlich

$$|x| < \frac{1}{\lim_{n \to \infty} \left| \frac{a_{n+1}}{a_n} \right|} = \lim_{n \to \infty} \left| \frac{1}{\frac{a_{n+1}}{a_n}} \right| = \lim_{n \to \infty} \left| \frac{a_n}{a_{n+1}} \right| = r \qquad \text{(VI-32)}$$

wobei wir noch

$$r = \lim_{n \to \infty} \left| \frac{a_n}{a_{n+1}} \right| \qquad \text{(VI-33)}$$

gesetzt haben. Die Potenzreihe $\sum_{n=0}^{\infty} a_n x^n$ *konvergiert* somit für $|x| < r$, d.h. r ist der gesuchte *Konvergenzradius* der Reihe.

Wir fassen dieses wichtige Ergebnis wie folgt zusammen:

Konvergenzradius einer Potenzreihe (Bild VI-3)

Der *Konvergenzradius* r einer Potenzreihe $\sum_{n=0}^{\infty} a_n x^n$ lässt sich nach der Formel

$$r = \lim_{n \to \infty} \left| \frac{a_n}{a_{n+1}} \right| \qquad \text{(VI-34)}$$

berechnen (Voraussetzung: alle Koeffizienten $a_n \neq 0$ und der Grenzwert ist vorhanden). Die Reihe *konvergiert* dann für $|x| < r$ und *divergiert* für $|x| > r$ (siehe hierzu auch Bild VI-3). In den beiden Randpunkten $x_1 = -r$ und $x_2 = +r$ ist das Konvergenzverhalten der Potenzreihe zunächst *unbestimmt*. Es bedarf hier weiterer Untersuchungen.

Anmerkungen

(1) Der Konvergenzradius lässt sich auch nach der Formel

$$r = \frac{1}{\lim\limits_{n \to \infty} \sqrt[n]{|a_n|}} \qquad \text{(VI-35)}$$

berechnen, die man aus dem *Wurzelkriterium* (VI-18) erhält.

(2) Die Formeln (VI-34) und (VI-35) gelten auch für den Konvergenzradius r einer Potenzreihe vom *allgemeinen* Typ $\sum\limits_{n=0}^{\infty} a_n (x - x_0)^n$. Diese Reihe *konvergiert* dann für $|x - x_0| < r$, d. h. im Intervall $(x_0 - r, x_0 + r)$ und *divergiert* für $|x - x_0| > r$, während das Konvergenzverhalten in den beiden Randpunkten $x_1 = x_0 - r$ und $x_2 = x_0 + r$ zunächst *unbestimmt* ist (Bild VI-4).

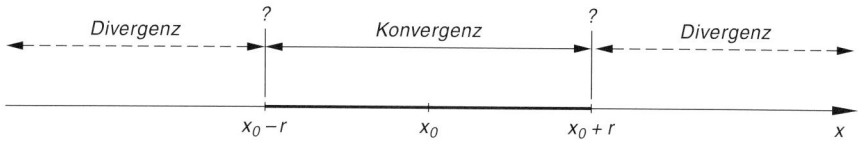

Bild VI-4 Konvergenzbereich einer Potenzreihe vom allgemeinen Typ $\sum\limits_{n=0}^{\infty} a_n (x - x_0)^n$

■ **Beispiele**

(1) Wir untersuchen das Konvergenzverhalten der *geometrischen Reihe*

$$\sum_{n=0}^{\infty} x^n = 1 + x^1 + x^2 + \ldots + x^n + x^{n+1} + \ldots$$

Mit $a_n = 1$ und $a_{n+1} = 1$ erhalten wir für den *Konvergenzradius* dieser Reihe nach Formel (VI-34):

$$r = \lim_{n \to \infty} \left| \frac{a_n}{a_{n+1}} \right| = \lim_{n \to \infty} \frac{1}{1} = \lim_{n \to \infty} 1 = 1$$

Die geometrische Reihe *konvergiert* damit für $|x| < 1$ und *divergiert* für $|x| > 1$. Wir untersuchen jetzt das Konvergenzverhalten der Reihe in den beiden *Randpunkten*:

Randpunkt $x_1 = -1$: $1 - 1 + 1 - 1 + - \ldots$

Randpunkt $x_2 = +1$: $1 + 1 + 1 + 1 + \ldots$

Beide Zahlenreihen sind *divergent*. Die erste Reihe wurde bereits im Anschluss an das *Leibnizsche Konvergenzkriterium* untersucht und dort als *divergent* erkannt (siehe hierzu Abschnitt 1.3.4). Die zweite Reihe besitzt den *Summenwert* $s = \infty$ und ist daher *bestimmt divergent*. Die geometrische Reihe *konvergiert* demnach im offenen Intervall $-1 < x < 1$.

(2) Der *Konvergenzradius* der Potenzreihe

$$\sum_{n=0}^{\infty} \frac{x^n}{n!} = 1 + \frac{x^1}{1!} + \frac{x^2}{2!} + \ldots + \frac{x^n}{n!} + \frac{x^{n+1}}{(n+1)!} + \ldots$$

beträgt nach Formel (VI-34) mit $a_n = \dfrac{1}{n!}$ und $a_{n+1} = \dfrac{1}{(n+1)!}$:

$$r = \lim_{n \to \infty} \left| \frac{a_n}{a_{n+1}} \right| = \lim_{n \to \infty} \frac{\dfrac{1}{n!}}{\dfrac{1}{(n+1)!}} = \lim_{n \to \infty} \frac{(n+1)!}{n!} =$$

$$= \lim_{n \to \infty} \frac{n!\,(n+1)}{n!} = \lim_{n \to \infty} (n+1) = \infty \quad.$$

Die Reihe ist daher *beständig konvergent*, d. h. sie konvergiert für jedes reelle x.

(3) Wir untersuchen die Potenzreihe

$$\sum_{n=1}^{\infty} (-1)^{n+1} \cdot \frac{(x-1)^n}{n} = \frac{(x-1)^1}{1} - \frac{(x-1)^2}{2} + \frac{(x-1)^3}{3} - + \ldots$$

auf Konvergenz. Zunächst bringen wir die Reihe mit Hilfe der *Substitution* $z = x - 1$ in die etwas „bequemere" Form

$$\sum_{n=1}^{\infty} (-1)^{n+1} \cdot \frac{z^n}{n} = \frac{z^1}{1} - \frac{z^2}{2} + \frac{z^3}{3} - + \ldots$$

Der *Konvergenzradius* dieser *alternierenden* Reihe beträgt dann mit

$$a_n = (-1)^{n+1} \cdot \frac{1}{n} \quad \text{und} \quad a_{n+1} = (-1)^{n+2} \cdot \frac{1}{n+1}$$

nach Formel (VI-34):

$$r = \lim_{n \to \infty} \left| \frac{a_n}{a_{n+1}} \right| = \lim_{n \to \infty} \left| \frac{(-1)^{n+1} \cdot \dfrac{1}{n}}{(-1)^{n+2} \cdot \dfrac{1}{n+1}} \right| = \lim_{n \to \infty} \frac{1 \cdot \dfrac{1}{n}}{1 \cdot \dfrac{1}{n+1}} =$$

$$= \lim_{n \to \infty} \frac{\dfrac{1}{n}}{\dfrac{1}{n+1}} = \lim_{n \to \infty} \frac{n+1}{n} = \lim_{n \to \infty} \left(1 + \frac{1}{n}\right) = 1$$

Die Reihe *konvergiert* daher mit Sicherheit für $|z| < 1$. Wir untersuchen jetzt das Konvergenzverhalten in den beiden *Randpunkten*:

Randpunkt $z_1 = -1$: $\quad -1 - \dfrac{1}{2} - \dfrac{1}{3} - \ldots = -\underbrace{\left(1 + \dfrac{1}{2} + \dfrac{1}{3} + \ldots\right)}_{\text{harmonische Reihe}}$

Die Reihe *divergiert* für $z = -1$, da die harmonische Reihe bekanntlich *divergiert* (siehe hierzu Beispiel (2) aus Abschnitt 1.3.1).

Randpunkt $z_2 = +1$: $\quad \underbrace{1 - \dfrac{1}{2} + \dfrac{1}{3} - + \ldots}_{\substack{\text{alternierende} \\ \text{harmonische Reihe}}}$

Wir erhalten im *rechten* Randpunkt Konvergenz, da die alternierende harmonische Reihe bekanntlich *konvergiert* (siehe hierzu auch Abschnitt 1.3.4, 2. Beispiel). Damit *konvergiert* die Potenzreihe für alle z-Werte aus dem halboffenen Intervall $-1 < z \leq 1$. Nach *Rücksubstitution* ergibt sich daher für die ursprüngliche Potenzreihe der folgende *Konvergenzbereich*:

$$-1 < x - 1 \leq 1 \quad \text{oder} \quad 0 < x \leq 2 \qquad \blacksquare$$

2.3 Eigenschaften der Potenzreihen

Eine Potenzreihe $P(x)$ kann im *Innern* ihres Konvergenzkreises als eine *Funktion* der unabhängigen Variablen x aufgefasst werden, die *jedem* x aus dem Konvergenzintervall $(-r, r)$ mit Hilfe der Definitionsvorschrift $P(x) = \sum\limits_{n=0}^{\infty} a_n x^n$ genau *einen* Funktionswert zuordnet. Potenzreihen besitzen bemerkenswerte Eigenschaften, von denen wir an dieser Stelle nur einige besonders wichtige aufzählen wollen:

Wichtige Eigenschaften der Potenzreihen

1. Eine Potenzreihe konvergiert *innerhalb* ihres Konvergenzbereiches *absolut*.

2. Eine Potenzreihe darf *innerhalb* ihres Konvergenzbereiches beliebig oft *gliedweise* differenziert und integriert werden. Die neuen Potenzreihen besitzen den *gleichen* Konvergenzradius wie die ursprüngliche Reihe.

3. Zwei Potenzreihen dürfen im *gemeinsamen* Konvergenzbereich der Reihen *gliedweise* addiert, subtrahiert und miteinander multipliziert werden. Die neuen Potenzreihen konvergieren dann *mindestens im gemeinsamen Konvergenzbereich* der beiden Ausgangsreihen.

Anmerkung

Potenzreihen dürfen somit *innerhalb* ihres Konvergenzbereiches wie *Polynomfunktionen* behandelt werden, d. h. sie dürfen *gliedweise* addiert, subtrahiert, miteinander multipliziert, differenziert und integriert werden.

■ **Beispiel**

Aus Abschnitt 2.2 ist bekannt, dass die *geometrische Reihe*

$$P(x) = 1 + x^1 + x^2 + x^3 + \ldots + x^n + \ldots = \sum_{n=0}^{\infty} x^n$$

den Konvergenzradius $r = 1$ besitzt. Dies gilt auch für die durch gliedweise Differentiation bzw. Integration gewonnenen Potenzreihen:

$$P'(x) = \frac{d}{dx}\left(1 + x^1 + x^2 + x^3 + \ldots + x^n + \ldots\right) =$$

$$= 0 + 1 + 2x^1 + 3x^2 + \ldots + nx^{n-1} + \ldots =$$

$$= \sum_{n=1}^{\infty} nx^{n-1} = \sum_{n=0}^{\infty} (n+1)x^n$$

$$\int P(x)\,dx = \int \left(1 + x^1 + x^2 + x^3 + \ldots + x^n + \ldots\right) dx =$$

$$= x^1 + \frac{1}{2}x^2 + \frac{1}{3}x^3 + \frac{1}{4}x^4 + \ldots + \frac{1}{n+1}x^{n+1} + \ldots =$$

$$= \sum_{n=0}^{\infty} \frac{1}{n+1} x^{n+1} = \sum_{n=1}^{\infty} \frac{1}{n} x^n$$

■

3 Taylor-Reihen

Aus dem vorherigen Abschnitt ist bekannt, dass *Potenzreihen* in vieler Hinsicht ähnliche einfache Eigenschaften besitzen wie *Polynomfunktionen*. Wir werden in diesem Abschnitt zeigen, dass es unter gewissen Voraussetzungen *grundsätzlich* möglich ist, eine vorgegebene Funktion $f(x)$ in eine *Potenzreihe* zu *entwickeln*. Aus einer solchen Reihenentwicklung lassen sich dann durch Abbruch der Reihe einfache *Näherungsfunktionen* für $f(x)$ in Form von *Polynomen* gewinnen.

Die *Potenzreihenentwicklung* einer Funktion erweist sich in den naturwissenschaftlich-technischen Anwendungen als ein außerordentlich nützliches mathematisches *Hilfsmittel* und wird z. B. bei der Lösung der folgenden Problemstellungen herangezogen:

- *Annäherung* einer Funktion durch eine *Polynomfunktion* (z. B. durch eine *lineare* oder *quadratische* Funktion)
- Näherungsweise Berechnung von *Funktionswerten*
- Herleitung von *Näherungsformeln* für die „praktische" Mathematik
- *Integration* einer Funktion durch Potenzreihenentwicklung des Integranden und anschließender gliedweiser Integration
- Näherungsweises Lösen von *Gleichungen*
- Auswertung sog. „unbestimmter Ausdrücke"

3.1 Ein einführendes Beispiel

Als einführendes Beispiel betrachten wir die besonders einfach gebaute *Potenzreihe*

$$P(x) = 1 + x^1 + x^2 + x^3 + \ldots = \sum_{n=0}^{\infty} x^n \tag{VI-36}$$

Es handelt sich dabei um die bereits aus den Abschnitten 1.2.2 und 2.2 bekannte *geometrische Reihe* mit den folgenden Eigenschaften:

1. Die Potenzreihe konvergiert *nur* für $|x| < 1$.
2. Die Reihe besitzt in diesem Konvergenzbereich den *Summenwert* $\dfrac{1}{1-x}$.

Daher gilt im Intervall $-1 < x < 1$:

$$1 + x^1 + x^2 + x^3 + \ldots = \frac{1}{1-x} \tag{VI-37}$$

Diese Gleichung lässt sich aber auch als *Gleichheit* zweier Funktionen interpretieren. Auf der rechten Seite der Gleichung steht die *echt gebrochenrationale* Funktion $f(x) = \dfrac{1}{1-x}$, auf der linken Seite die *Potenzreihe* $P(x) = \sum_{n=0}^{\infty} x^n$. Beide Funktionen stimmen überall im Intervall $-1 < x < 1$ in ihren Funktionswerten miteinander überein. Wir können daher in diesem Intervall die Potenzreihe $P(x) = \sum_{n=0}^{\infty} x^n$ als eine *spezielle Darstellungsform* der gebrochenrationalen Funktion $f(x) = \dfrac{1}{1-x}$ ansehen.

Man bezeichnet diese Art der Darstellung einer Funktion durch eine Potenzreihe als *Potenzreihenentwicklung*. Dabei ist jedoch zu beachten, dass eine solche Darstellung stets auf ein bestimmtes Intervall *beschränkt* bleibt. In unserem Fall gilt die *Potenzreihenentwicklung*

$$f(x) = \frac{1}{1-x} = 1 + x^1 + x^2 + x^3 + \ldots \tag{VI-38}$$

3 Taylor-Reihen

nur für das Intervall $-1 < x < 1$, obwohl die Funktion $f(x) = \dfrac{1}{1-x}$ mit Ausnahme von $x = 1$ auch *außerhalb* dieses Intervalls definiert ist (siehe hierzu Bild VI-5).

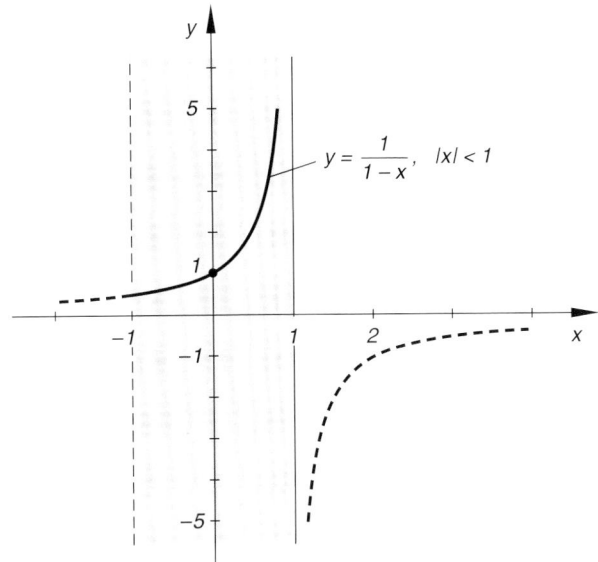

Bild VI-5 Zur Potenzreihenentwicklung der echt gebrochenrationalen Funktion $f(x) = \dfrac{1}{1-x}$ im Intervall $-1 < x < 1$ (*grau* unterlegter Bereich)

3.2 Potenzreihenentwicklung einer Funktion

3.2.1 Mac Laurinsche Reihe

Bei unseren Überlegungen gehen wir zunächst von den folgenden *Annahmen* aus:

1. Die Entwicklung der Funktion $f(x)$ in eine *Potenzreihe* vom Typ

$$f(x) = a_0 + a_1 x^1 + a_2 x^2 + a_3 x^3 + a_4 x^4 + \ldots \tag{VI-39}$$

   ist grundsätzlich *möglich* und *eindeutig*.

2. Die Funktion $f(x)$ ist in einer gewissen Umgebung von $x = 0$ *beliebig oft* differenzierbar und die Funktions- bzw. Ableitungswerte $f(0)$, $f'(0)$, $f''(0)$, $f'''(0)$, ... sind bekannt (oder können zumindest aus der Funktionsgleichung und deren Ableitungen berechnet werden).

Wir wollen jetzt zeigen, dass unter diesen Voraussetzungen die Koeffizienten $a_0, a_1, a_2, a_3, \ldots$ in der Potenzreihenentwicklung (VI-39) *eindeutig* durch die Funktions- und Ableitungswerte $f(0)$, $f'(0)$, $f''(0)$, $f'''(0)$, ... bestimmt sind. Ist r der *Konvergenzradius* der Potenzreihe, so konvergieren auch sämtliche durch *gliedweise* Differentiation gewonnenen Reihenentwicklungen für $|x| < r$.

Die ersten Ableitungen lauten dabei:

$$
\begin{aligned}
f'(x) &= a_1 + 2a_2 x^1 + 3a_3 x^2 + 4a_4 x^3 + \ldots \\
f''(x) &= 1 \cdot 2 \cdot a_2 + 2 \cdot 3 \cdot a_3 x^1 + 3 \cdot 4 \cdot a_4 x^2 + \ldots \\
f'''(x) &= 1 \cdot 2 \cdot 3 \cdot a_3 + 2 \cdot 3 \cdot 4 \cdot a_4 x^1 + \ldots \\
&\vdots
\end{aligned}
\qquad \text{(VI-40)}
$$

An der Stelle $x = 0$ gilt dann:

$$
\begin{aligned}
f(0) &= a_0 = 1 \cdot a_0 = (0!) \cdot a_0 \\
f'(0) &= a_1 = 1 \cdot a_1 = (1!) \cdot a_1 \\
f''(0) &= 1 \cdot 2 \cdot a_2 = (2!) \cdot a_2 \\
f'''(0) &= 1 \cdot 2 \cdot 3 \cdot a_3 = (3!) \cdot a_3 \\
&\vdots
\end{aligned}
\qquad \text{(VI-41)}
$$

Aus diesen Beziehungen lassen sich die *Koeffizienten* wie folgt berechnen:

$$
a_0 = \frac{f(0)}{0!}, \quad a_1 = \frac{f'(0)}{1!}, \quad a_2 = \frac{f''(0)}{2!}, \quad a_3 = \frac{f'''(0)}{3!}, \ldots \qquad \text{(VI-42)}
$$

Offensichtlich genügen die Koeffizienten der Potenzreihenentwicklung (VI-39) dem allgemeinen *Bildungsgesetz*

$$
a_n = \frac{f^{(n)}(0)}{n!} \qquad (n = 0, 1, 2, \ldots) \qquad \text{(VI-43)}
$$

und sind durch die *Funktions-* und *Ableitungswerte* von $f(x)$ an der Stelle $x = 0$ *eindeutig* bestimmt.[7] Für die Potenzreihenentwicklung einer Funktion gilt daher unter den genannten Voraussetzungen:

Entwicklung einer Funktion in eine Potenzreihe (Mac Laurinsche Reihe)

Unter bestimmten Voraussetzungen lässt sich eine Funktion $f(x)$ in eine *Potenzreihe* der Form

$$
f(x) = f(0) + \frac{f'(0)}{1!} x^1 + \frac{f''(0)}{2!} x^2 + \ldots = \sum_{n=0}^{\infty} \frac{f^n(0)}{n!} x^n \qquad \text{(VI-44)}
$$

entwickeln (sog. *Mac Laurinsche Reihe*).

---

[7] $f^{(0)}(0) = f(0)$: Die Funktion $f(x)$ wird hier (rein formal) als „nullte Ableitung" aufgefasst.

3 Taylor-Reihen

Anmerkungen

(1) *Nicht jede* Funktion ist in eine *Mac Laurinsche Reihe* entwickelbar. Eine für die Potenzreihenentwicklung *notwendige* Bedingung haben wir bereits erkannt: Die zu entwickelnde Funktion $f(x)$ muss in der Umgebung der Entwicklungsstelle $x = 0$ *beliebig oft* differenzierbar sein. Diese Bedingung ist jedoch *keinesfalls hinreichend*, d. h. nicht jede beliebig oft differenzierbare Funktion ist in Form einer Potenzreihe darstellbar. Im Rahmen dieser Darstellung können wir auf Einzelheiten nicht näher eingehen und verweisen den Leser auf die spezielle mathematische Literatur. Im Zusammenhang mit der *Restgliedabschätzung* bei Näherungspolynomen werden wir dieses Thema aber nochmals kurz streifen (siehe hierzu Abschnitt 3.3.1).

(2) Die *Mac Laurinsche Reihe* von $f(x)$ ist die Potenzreihenentwicklung von $f(x)$ um den *Nullpunkt* $x = 0$, der daher in diesem Zusammenhang auch als *Entwicklungspunkt* oder *Entwicklungszentrum* bezeichnet wird. Sie ist ein *Sonderfall* einer allgemeineren Potenzreihenentwicklung nach *Taylor*, mit der wir uns in Abschnitt 3.2.2 noch eingehend beschäftigen werden.

(3) Der *Konvergenzradius* r der *Mac Laurinschen Reihe* von $f(x)$ kann nach der Formel (VI-34) oder (VI-35) berechnet werden. *Innerhalb* des Konvergenzbereiches, d. h. für $|x| < r$ wird die Funktion $f(x)$ dabei durch ihre *Mac Laurinsche Reihe* dargestellt.

(4) Die *Symmetrieeigenschaften* einer Funktion spiegeln sich auch in ihrer *Mac Laurinschen Reihe* wider: In der Reihenentwicklung einer *geraden* Funktion treten nur *gerade*, in der Reihenentwicklung einer *ungeraden* Funktion dagegen nur *ungerade* Potenzen auf.

■ **Beispiele**

(1) **Mac Laurinsche Reihen von $f(x) = e^x$ und $f(x) = e^{-x}$**

Für die e-Funktion ist

$$f^{(n)}(x) = e^x \quad \text{und somit} \quad f^{(n)}(0) = e^0 = 1 \quad (n = 0, 1, 2, \ldots)$$

Die *Mac Laurinsche Reihe* von $f(x) = e^x$ lautet demnach wie folgt:

$$e^x = 1 + \frac{1}{1!}x^1 + \frac{1}{2!}x^2 + \frac{1}{3!}x^3 + \ldots =$$

$$= 1 + \frac{x^1}{1!} + \frac{x^2}{2!} + \frac{x^3}{3!} + \ldots = \sum_{n=0}^{\infty} \frac{x^n}{n!}$$

Ihr Konvergenzradius beträgt $r = \infty$, d. h. die Reihe konvergiert *beständig* (siehe hierzu auch Beispiel (2) aus Abschnitt 2.2).

Ersetzen wir in der Reihenentwicklung von $f(x) = e^x$ die Variable x formal durch $-x$, so erhalten wir die *Mac Laurinsche Reihe* von $f(x) = e^{-x}$:

$$e^{-x} = 1 + \frac{(-x)^1}{1!} + \frac{(-x)^2}{2!} + \frac{(-x)^3}{3!} + \ldots =$$

$$= 1 - \frac{x^1}{1!} + \frac{x^2}{2!} - \frac{x^3}{3!} + - \ldots = \sum_{n=0}^{\infty} (-1)^n \cdot \frac{x^n}{n!}$$

Sie konvergiert ebenfalls für alle $x \in \mathbb{R}$, d. h. *beständig*.

(2) **Mac Laurinsche Reihen von $f(x) = \cos x$ und $f(x) = \sin x$**

Wir entwickeln zunächst die *Kosinusfunktion* $f(x) = \cos x$ in eine *Mac Laurinsche Reihe*. Es ist:

$$\left.\begin{array}{rclcrcl} f(x) &=& \cos x &\Rightarrow& f(0) &=& \cos 0 = 1 \\ f'(x) &=& -\sin x &\Rightarrow& f'(0) &=& -\sin 0 = 0 \\ f''(x) &=& -\cos x &\Rightarrow& f''(0) &=& -\cos 0 = -1 \\ f'''(x) &=& \sin x &\Rightarrow& f'''(0) &=& \sin 0 = 0 \end{array}\right\} \text{Viererzyklus}$$

$$f^{(4)}(x) = \cos x \quad \Rightarrow \quad f^{(4)}(0) = \cos 0 = 1$$

Ab der *vierten* Ableitung wiederholen sich die Ableitungswerte. In einem *regelmäßigen Viererzyklus* werden dabei der Reihe nach die Werte $1, 0, -1$ und 0 durchlaufen. Die *Mac Laurinsche Reihe* der Kosinusfunktion besitzt demnach die folgende Gestalt:

$$\cos x = 1 - \frac{x^2}{2!} + \frac{x^4}{4!} - \frac{x^6}{6!} + - \ldots = \sum_{n=0}^{\infty} (-1)^n \cdot \frac{x^{2n}}{(2n)!}$$

Sie enthält wegen der *Spiegelsymmetrie* der Kosinuskurve zur y-Achse ausschließlich *gerade* Potenzen. Eine Berechnung des Konvergenzradius nach Formel (VI-34) ist zunächst nicht möglich, da in der Reihenentwicklung jeder *zweite* Koeffizient *verschwindet*. Wir helfen uns mit einem mathematischen „Trick" und bringen die Reihe mit Hilfe der Substitution $t = x^2$ auf eine neue Gestalt:

$$1 - \frac{t^1}{2!} + \frac{t^2}{4!} - \frac{t^3}{6!} + - \ldots = \sum_{n=0}^{\infty} (-1)^n \cdot \frac{t^n}{(2n)!}$$

Diese Potenzreihe in der neuen Variablen t enthält *alle* Potenzen, ihr Konvergenzradius kann daher mit Hilfe der Formel (VI-34) berechnet werden:

$$r = \lim_{n \to \infty} \left|\frac{a_n}{a_{n+1}}\right| = \lim_{n \to \infty} \left|\frac{(-1)^n \cdot (2n+2)!}{(2n)!(-1)^{n+1}}\right| = \lim_{n \to \infty} \frac{(2n+2)!}{(2n)!} =$$

$$= \lim_{n \to \infty} \frac{(2n)!(2n+1)(2n+2)}{(2n)!} = \lim_{n \to \infty} (2n+1)(2n+2) = \infty$$

Die Reihe konvergiert somit für *alle* $t \in \mathbb{R}$. Wegen $x^2 = t$ und somit $x = \sqrt{t}$ gilt dies auch für *alle* $x \in \mathbb{R}$, d. h. die Kosinusreihe konvergiert (erwartungsgemäß) *beständig*.

Die *Mac Laurinsche Reihe* der *Sinusfunktion* erhalten wir am bequemsten durch *gliedweise Differentiation* der Kosinusreihe (bekanntlich ist $(\cos x)' = -\sin x$ und damit $\sin x = -(\cos x)'$):

$$\sin x = -\frac{d}{dx}(\cos x) = -\frac{d}{dx}\left(1 - \frac{x^2}{2!} + \frac{x^4}{4!} - \frac{x^6}{6!} + - \ldots\right) =$$

$$= -\left(0 - \frac{2x^1}{2!} + \frac{4x^3}{4!} - \frac{6x^5}{6!} + - \ldots\right) =$$

$$= \frac{2x^1}{1! \, 2} - \frac{4x^3}{3! \, 4} + \frac{6x^5}{5! \, 6} - + \ldots = \frac{x^1}{1!} - \frac{x^3}{3!} + \frac{x^5}{5!} - + \ldots =$$

$$= \sum_{n=0}^{\infty} (-1)^n \cdot \frac{x^{2n+1}}{(2n+1)!}$$

Sie konvergiert ebenso wie die Mac Laurinsche Reihe der Kosinusfunktion *beständig*. Auch diese Potenzreihe lässt sich natürlich auf *direktem* Wege über die Mac Laurinsche Entwicklungsformel (VI-44) herleiten. Wegen der *Punktsymmetrie* der Sinusfunktion treten in der Potenzreihenentwicklung nur *ungerade* Potenzen auf.

(3) **Binomische Reihe $(1 \pm x)^n$**

Wir entwickeln zunächst die Funktion $f(x) = (1 + x)^n$ mit $n \in \mathbb{R}$ in eine *Mac Laurinsche* Reihe. Die dabei benötigten Ableitungen und ihre Werte an der Stelle $x = 0$ lauten:

$$f(x) = (1 + x)^n \quad \Rightarrow \quad f(0) = 1$$

$$f'(x) = n(1 + x)^{n-1} \quad \Rightarrow \quad f'(0) = n$$

$$f''(x) = n(n-1)(1 + x)^{n-2} \quad \Rightarrow \quad f''(0) = n(n-1)$$

$$f'''(x) = n(n-1)(n-2)(1 + x)^{n-3} \quad \Rightarrow \quad f'''(0) = n(n-1)(n-2)$$

$$\vdots$$

Die *Mac Laurinsche Reihenentwicklung* nach Formel (VI-44) beginnt daher wie folgt:

$$(1 + x)^n = 1 + \frac{n}{1!}x^1 + \frac{n(n-1)}{2!}x^2 + \frac{n(n-1)(n-2)}{3!}x^3 + \ldots =$$

$$= 1 + \frac{n}{1}x^1 + \frac{n(n-1)}{1 \cdot 2}x^2 + \frac{n(n-1)(n-2)}{1 \cdot 2 \cdot 3}x^3 + \ldots$$

Die Koeffizienten dieser Reihe sind die bereits aus Kap. I (Abschnitt 6) bekannten *Binomialkoeffizienten*

$$\binom{n}{k} = \frac{n(n-1)(n-2)\ldots(n-k+1)}{1 \cdot 2 \cdot 3 \ldots k}$$

Die *Mac Laurinsche Reihe* von $f(x) = (1 + x)^n$ ist damit in der Form

$$(1 + x)^n = 1 + \binom{n}{1}x^1 + \binom{n}{2}x^2 + \binom{n}{3}x^3 + \ldots = \sum_{k=0}^{\infty} \binom{n}{k} x^k$$

darstellbar und wird als *Binomische Reihe* oder auch *Binomialreihe* bezeichnet.

Bei der Berechnung des Konvergenzradius r dieser Reihe müssen wir die Fälle $n \in \mathbb{N}^*$ und $n \notin \mathbb{N}^*$ unterscheiden.

1. Fall: $n \in \mathbb{N}^*$

Die *Binomische Reihe* bricht nach der n-ten Potenz, d. h. nach dem $(n + 1)$-ten Glied ab, da $(1 + x)^n$ in diesem Sonderfall ein *Polynom n-ten Grades* darstellt. Die „Reihenentwicklung" konvergiert selbstverständlich für *jedes* $x \in \mathbb{R}$.

2. Fall: $n \notin \mathbb{N}^*$

Wir erhalten jetzt eine *echte* Potenzreihe mit dem Konvergenzradius $r = 1$:

$$r = \lim_{k \to \infty} \left| \frac{a_k}{a_{k+1}} \right| = \lim_{k \to \infty} \left| \frac{\binom{n}{k}}{\binom{n}{k+1}} \right| =$$

$$= \lim_{k \to \infty} \left| \frac{\frac{n(n-1)(n-2)\ldots(n-k+1)}{1 \cdot 2 \cdot 3 \ldots k}}{\frac{n(n-1)(n-2)\ldots(n-k+1)(n-k)}{1 \cdot 2 \cdot 3 \ldots k \cdot (k+1)}} \right| =$$

$$= \lim_{k \to \infty} \left| \frac{n(n-1)(n-2)\ldots(n-k+1) \cdot 1 \cdot 2 \cdot 3 \ldots k \cdot (k+1)}{n(n-1)(n-2)\ldots(n-k+1)(n-k) \cdot 1 \cdot 2 \cdot 3 \ldots k} \right| =$$

$$= \lim_{k \to \infty} \left| \frac{k+1}{n-k} \right| = \lim_{k \to \infty} \left| \frac{1 + \frac{1}{k}}{\frac{n}{k} - 1} \right| = \left| \frac{1+0}{0-1} \right| = |-1| = 1$$

(die *grau* unterlegten Faktoren im Bruch kürzen sich heraus). Die *Binomialreihe* konvergiert daher für $|x| < 1$ und im Falle $n > 0$ sogar für $|x| \leq 1$ (siehe hierzu auch Tabelle 1 in Abschnitt 3.2.3).

Die Potenzreihenentwicklung von $f(x) = (1-x)^n$ erhalten wir auf *formalem* Wege aus der *Binomischen Reihe* $(1+x)^n$, indem wir dort x durch $-x$ ersetzen:

$$(1-x)^n = 1 + \binom{n}{1}(-x)^1 + \binom{n}{2}(-x)^2 + \binom{n}{3}(-x)^3 + \ldots =$$

$$= 1 - \binom{n}{1}x^1 + \binom{n}{2}x^2 - \binom{n}{3}x^3 + - \ldots =$$

$$= \sum_{k=0}^{\infty} (-1)^k \cdot \binom{n}{k} x^k$$

Wir fassen die Potenzreihenentwicklungen von $(1+x)^n$ und $(1-x)^n$ noch in *einer* Formel zusammen:

$$(1 \pm x)^n = 1 \pm \binom{n}{1}x^1 + \binom{n}{2}x^2 \pm \binom{n}{3}x^3 + \ldots$$

Zahlenbeispiele

Für $n = 1/2$ erhalten wir beispielsweise die *Binomischen Reihen*

$$(1 \pm x)^{1/2} = \sqrt{1 \pm x} = 1 \pm \frac{1}{2}x^1 - \frac{1}{8}x^2 \pm \frac{1}{16}x^3 - \ldots$$

Sie konvergieren im Intervall $|x| \leq 1$.

Für $n = -1$ lauten die *Binomischen Reihen* wie folgt:

$$(1 \pm x)^{-1} = \frac{1}{1 \pm x} = 1 \mp x^1 + x^2 \mp x^3 + x^4 \mp \ldots$$

Beide Reihen konvergieren für $|x| < 1$.

Anmerkung

Das etwas allgemeinere *Binom* $(a \pm b)^n$ mit $n \in \mathbb{R}$ lässt sich stets wie folgt auf die *Binomische Reihe* $(1 \pm x)^n$ zurückführen:

$$(a \pm b)^n = \left[a\left(1 \pm \frac{b}{a}\right)\right]^n = a^n \left(1 \pm \frac{b}{a}\right)^n = a^n (1 \pm x)^n$$

wobei $x = b/a$ gesetzt wurde.

(4) **Mac Laurinsche Reihe von $f(x) = \dfrac{e^x}{1-x}$**

Die Herleitung der gesuchten Potenzreihe auf dem direkten Wege über die Entwicklungsformel (VI-44) wäre sehr mühsam (hoher Aufwand bei Differenzieren mit Hilfe der *Quotienten-* und *Kettenregel*). Wir beschreiten daher einen anderen Weg (Reihenmultiplikation genannt).

Diese Funktion lässt sich auch wie folgt als *Produkt* zweier relativ einfacher Funktionen darstellen:

$$f(x) = \frac{e^x}{1-x} = e^x \cdot \frac{1}{1-x} = e^x \cdot (1-x)^{-1}$$

Wir gehen im Weiteren von den bereits bekannten *Mac Laurinschen Reihen* der beiden *Faktorfunktionen* $f_1(x) = e^x$ und $f_2(x) = (1-x)^{-1}$ aus:

$$e^x = 1 + \frac{x^1}{1!} + \frac{x^2}{2!} + \frac{x^3}{3!} + \ldots \qquad (|x| < \infty)$$

$$\frac{1}{1-x} = (1-x)^{-1} = 1 + x^1 + x^2 + x^3 + \ldots \qquad (|x| < 1)$$

Durch *gliedweise Multiplikation* dieser Reihen erhalten wir die gewünschte Reihenentwicklung der Funktion $f(x) = \dfrac{e^x}{1-x}$. Beim *gliedweisen* Ausmultiplizieren (wie bei *endlichen Summen*) sollen dabei nur Potenzen bis einschließlich 3. Grades berücksichtigt werden. Die Potenzreihenentwicklung beginnt dann wie folgt:

$$\frac{e^x}{1-x} = e^x (1-x)^{-1} =$$

$$= \left(1 + \frac{x^1}{1!} + \frac{x^2}{2!} + \frac{x^3}{3!} + \ldots\right)(1 + x^1 + x^2 + x^3 + \ldots) =$$

$$= \left(1 + x^1 + \frac{1}{2}x^2 + \frac{1}{6}x^3 + \ldots\right)(1 + x^1 + x^2 + x^3 + \ldots) =$$

$$= 1 + x^1 + x^2 + x^3 + \ldots$$
$$ + x^1 + x^2 + x^3 + \ldots$$
$$ + \frac{1}{2}x^2 + \frac{1}{2}x^3 + \ldots$$
$$\phantom{= 1 + x^1 + \frac{1}{2}x^2} + \frac{1}{6}x^3 + \ldots =$$

$$= 1 + 2x^1 + \underbrace{\left(2 + \frac{1}{2}\right)}_{5/2} x^2 + \underbrace{\left(2 + \frac{1}{2} + \frac{1}{6}\right)}_{16/6 \,=\, 8/3} x^3 + \ldots =$$

$$= 1 + 2x^1 + \frac{5}{2}x^2 + \frac{8}{3}x^3 + \ldots$$

Diese Reihe konvergiert im Intervall $|x| < 1$. ∎

3.2.2 Taylorsche Reihe

Die Potenzreihenentwicklung einer Funktion $f(x)$ um den *Nullpunkt* $x_0 = 0$ führte uns zur *Mac Laurinschen Reihe* von $f(x)$. Sie ist ein in den Anwendungen besonders wichtiger *Sonderfall* einer allgemeineren, nach *Taylor* benannten Reihenentwicklung. Denn grundsätzlich kann man eine Funktion $f(x)$ um eine *beliebige* Stelle x_0 entwickeln, wenn dort die *gleichen* Voraussetzungen wie bei der *Mac Laurinschen Reihe* vorliegen. Die dann als *Taylorsche Reihe* von $f(x)$ bezeichnete Potenzreihenentwicklung von $f(x)$ besitzt dabei die folgende Gestalt:

Taylorsche Reihe einer Funktion

$$f(x) = f(x_0) + \frac{f'(x_0)}{1!}(x - x_0)^1 + \frac{f''(x_0)}{2!}(x - x_0)^2 + \ldots =$$

$$= \sum_{n=0}^{\infty} \frac{f^{(n)}(x_0)}{n!}(x - x_0)^n \qquad \text{(VI-45)}$$

x_0: Entwicklungszentrum oder Entwicklungspunkt

Anmerkungen

(1) Für das Entwicklungszentrum $x_0 = 0$ geht die *Taylorsche Reihe* (VI-45) in die *Mac Laurinsche Reihe* (VI-44) über, die somit nichts anderes darstellt als eine *spezielle* Form der Taylorschen Reihe.

(2) Der Konvergenzradius r der *Taylorschen Reihe* wird nach der Formel (VI-34) oder (VI-35) bestimmt. Die Reihe *konvergiert* dann für jedes x aus $|x - x_0| < r$, d. h. überall im Intervall $x_0 - r < x < x_0 + r$.

■ **Beispiel**

Die Entwicklung der logarithmischen Funktion $f(x) = \ln x$ in eine *Mac Laurinsche Reihe* ist *nicht* möglich, da der Logarithmus an der Stelle $x = 0$ bekanntlich nicht definiert ist. Wir wählen daher $x_0 = 1$ als *Entwicklungszentrum*. Für die benötigten Funktions- und Ableitungswerte an dieser Stelle erhalten wir:

$$f(x) = \ln x \quad \Rightarrow \quad f(1) = \ln 1 = 0$$

$$f'(x) = \frac{1}{x} = x^{-1} \quad \Rightarrow \quad f'(1) = 1$$

$$f''(x) = -x^{-2} \quad \Rightarrow \quad f''(1) = -1$$

$$f'''(x) = 2 \cdot x^{-3} \quad \Rightarrow \quad f'''(1) = 2$$

$$f^{(4)}(x) = -2 \cdot 3 \cdot x^{-4} \quad \Rightarrow \quad f^{(4)}(1) = -2 \cdot 3$$

$$\vdots$$

Die gesuchte *Taylorsche Reihe* von $f(x) = \ln x$ um das Entwicklungszentrum $x_0 = 1$ lautet somit:

$$\ln x = 0 + \frac{1}{1!}(x-1)^1 - \frac{1}{2!}(x-1)^2 + \frac{2}{3!}(x-1)^3 - \frac{2 \cdot 3}{4!}(x-1)^4 + - \ldots =$$

$$= \frac{(x-1)^1}{1} - \frac{(x-1)^2}{2} + \frac{2(x-1)^3}{1 \cdot 2 \cdot 3} - \frac{2 \cdot 3 (x-1)^4}{1 \cdot 2 \cdot 3 \cdot 4} + - \ldots =$$

$$= \frac{(x-1)^1}{1} - \frac{(x-1)^2}{2} + \frac{(x-1)^3}{3} - \frac{(x-1)^4}{4} + - \ldots =$$

$$= \sum_{n=1}^{\infty} (-1)^{n+1} \cdot \frac{(x-1)^n}{n}$$

Die *sehr langsam* konvergierende Potenzreihe besitzt den Konvergenzradius $r = 1$ und den Konvergenzbereich $0 < x \leq 2$. In diesem und nur diesem Intervall repräsentiert die Reihe den natürlichen Logarithmus. So erhalten wir beispielsweise an der Stelle $x = 2$ eine Darstellung des Funktionswertes $\ln 2$ durch die bekannte *alternierende harmonische Reihe*:

$$\ln 2 = 1 - \frac{1}{2} + \frac{1}{3} - \frac{1}{4} + - \ldots$$

Der Summenwert beträgt 0,6931 (auf vier Dezimalstellen nach dem Komma genau).

■

3.2.3 Tabellarische Zusammenstellung wichtiger Potenzreihenentwicklungen

Der Leser findet in der nachfolgenden Tabelle 1 eine Zusammenstellung der Potenzreihenentwicklungen einiger besonders wichtiger Funktionen.

Tabelle 1: Potenzreihenentwicklungen einiger besonders wichtiger Funktionen

Funktion	Potenzreihenentwicklung	Konvergenzbereich
Allgemeine Binomische Reihe[8]		
$(1 \pm x)^n$	$1 \pm \binom{n}{1}x^1 + \binom{n}{2}x^2 \pm \binom{n}{3}x^3 + \binom{n}{4}x^4 \pm \ldots$	$n > 0 : \|x\| \leq 1$ $n < 0 : \|x\| < 1$
Spezielle Binomische Reihen		
$(1 \pm x)^{1/2}$	$1 \pm \frac{1}{2}x^1 - \frac{1 \cdot 1}{2 \cdot 4}x^2 \pm \frac{1 \cdot 1 \cdot 3}{2 \cdot 4 \cdot 6}x^3 - \frac{1 \cdot 1 \cdot 3 \cdot 5}{2 \cdot 4 \cdot 6 \cdot 8}x^4 \pm \ldots$	$\|x\| \leq 1$
$(1 \pm x)^{-1/2}$	$1 \mp \frac{1}{2}x^1 + \frac{1 \cdot 3}{2 \cdot 4}x^2 \mp \frac{1 \cdot 3 \cdot 5}{2 \cdot 4 \cdot 6}x^3 + \frac{1 \cdot 3 \cdot 5 \cdot 7}{2 \cdot 4 \cdot 6 \cdot 8}x^4 \mp \ldots$	$\|x\| < 1$

---

[8] Für den Sonderfall $n \in \mathbb{N}^*$ erhalten wir ein *Polynom n-ten Grades*, das selbstverständlich für jedes $x \in \mathbb{R}$ „konvergiert".

3 Taylor-Reihen

Tabelle 1: Fortsetzung

Funktion	Potenzreihenentwicklung	Konvergenzbereich
$(1 \pm x)^{-1}$	$1 \mp x^1 + x^2 \mp x^3 + x^4 \mp \ldots$	$|x| < 1$
$(1 \pm x)^{-2}$	$1 \mp 2x^1 + 3x^2 \mp 4x^3 + 5x^4 \mp \ldots$	$|x| < 1$
	Trigonometrische Reihen	
$\sin x$	$\dfrac{x^1}{1!} - \dfrac{x^3}{3!} + \dfrac{x^5}{5!} - \dfrac{x^7}{7!} + \dfrac{x^9}{9!} - + \ldots$	$|x| < \infty$
$\cos x$	$1 - \dfrac{x^2}{2!} + \dfrac{x^4}{4!} - \dfrac{x^6}{6!} + \dfrac{x^8}{8!} - + \ldots$	$|x| < \infty$
$\tan x$	$x^1 + \dfrac{1}{3}x^3 + \dfrac{2}{15}x^5 + \dfrac{17}{315}x^7 + \dfrac{62}{2835}x^9 + \ldots$	$|x| < \dfrac{\pi}{2}$
	Exponential- und logarithmische Reihen	
e^x	$1 + \dfrac{x^1}{1!} + \dfrac{x^2}{2!} + \dfrac{x^3}{3!} + \dfrac{x^4}{4!} + \ldots$	$|x| < \infty$
$\ln x$	$\dfrac{(x-1)^1}{1} - \dfrac{(x-1)^2}{2} + \dfrac{(x-1)^3}{3} - \dfrac{(x-1)^4}{4} + - \ldots$	$0 < x \leq 2$
$\ln\left(\dfrac{1+x}{1-x}\right)$	$2\left(\dfrac{x^1}{1} + \dfrac{x^3}{3} + \dfrac{x^5}{5} + \dfrac{x^7}{7} + \dfrac{x^9}{9} + \ldots\right)$	$|x| < 1$
	Reihen der Arkusfunktionen	
$\arcsin x$	$x^1 + \dfrac{1}{2 \cdot 3}x^3 + \dfrac{1 \cdot 3}{2 \cdot 4 \cdot 5}x^5 + \dfrac{1 \cdot 3 \cdot 5}{2 \cdot 4 \cdot 6 \cdot 7}x^7 + \ldots$	$|x| < 1$
$\arccos x$	$\dfrac{\pi}{2} - \left(x^1 + \dfrac{1}{2 \cdot 3}x^3 + \dfrac{1 \cdot 3}{2 \cdot 4 \cdot 5}x^5 + \dfrac{1 \cdot 3 \cdot 5}{2 \cdot 4 \cdot 6 \cdot 7}x^7 + \ldots\right)$	$|x| < 1$
$\arctan x$	$\dfrac{x^1}{1} - \dfrac{x^3}{3} + \dfrac{x^5}{5} - \dfrac{x^7}{7} + \dfrac{x^9}{9} - + \ldots$	$|x| \leq 1$
	Reihen der Hyperbelfunktionen	
$\sinh x$	$\dfrac{x^1}{1!} + \dfrac{x^3}{3!} + \dfrac{x^5}{5!} + \dfrac{x^7}{7!} + \dfrac{x^9}{9!} + \ldots$	$|x| < \infty$
$\cosh x$	$1 + \dfrac{x^2}{2!} + \dfrac{x^4}{4!} + \dfrac{x^6}{6!} + \dfrac{x^8}{8!} + \ldots$	$|x| < \infty$
$\tanh x$	$x^1 - \dfrac{1}{3}x^3 + \dfrac{2}{15}x^5 - \dfrac{17}{315}x^7 + \dfrac{62}{2835}x^9 - + \ldots$	$|x| < \dfrac{\pi}{2}$

3.3 Anwendungen der Potenzreihenentwicklungen

3.3.1 Näherungspolynome einer Funktion

In den praktischen Anwendungen besteht häufig der Wunsch, eine vorgegebene Funktion $f(x)$ durch eine *Polynomfunktion* anzunähern bzw. zu ersetzen. Denn Polynomfunktionen besitzen bekanntlich besonders *einfache* und *überschaubare* Eigenschaften. Mit Hilfe der *Potenzreihenentwicklung* lässt sich diese Aufgabe in vielen Fällen wie folgt lösen. Wir entwickeln zunächst die Funktion $f(x)$ in eine *Mac Laurinsche Reihe*[9]:

$$f(x) = f(0) + \frac{f'(0)}{1!} x^1 + \frac{f''(0)}{2!} x^2 + \ldots + \frac{f^{(n)}(0)}{n!} x^n + \ldots \tag{VI-46}$$

Durch *Abbruch* dieser Reihe nach der *n*-ten Potenz erhalten wir das folgende *Näherungspolynom n-ten Grades* für $f(x)$ (auch *Mac Laurinsches Polynom* genannt):

$$f_n(x) = f(0) + \frac{f'(0)}{1!} x^1 + \frac{f''(0)}{2!} x^2 + \ldots + \frac{f^{(n)}(0)}{n!} x^n \tag{VI-47}$$

Die dabei vernachlässigten (unendlich vielen!) Glieder fassen wir zu einem sog. *Restglied* $R_n(x)$ zusammen:

$$R_n(x) = \frac{f^{(n+1)}(0)}{(n+1)!} x^{n+1} + \frac{f^{(n+2)}(0)}{(n+2)!} x^{n+2} + \ldots \tag{VI-48}$$

Das Restglied erfasst somit alle Reihenglieder der Entwicklung (VI-46) *ab* der $(n+1)$-ten Potenz. Die Funktion $f(x)$ unterscheidet sich also von ihrem Näherungspolynom $f_n(x)$ durch das *Restglied* $R_n(x)$. Daher gilt:

$$f(x) = f_n(x) + R_n(x) =$$
$$= f(0) + \frac{f'(0)}{1!} x^1 + \frac{f''(0)}{2!} x^2 + \ldots + \frac{f^{(n)}(0)}{n!} x^n + R_n(x) \tag{VI-49}$$

Diese Darstellungsform der Funktion $f(x)$ als *Summe* aus einem *Polynom n*-ten Grades und einem *Restglied* wird allgemein als *Taylorsche Formel* bezeichnet.

Taylorsche Formel

$$f(x) = f_n(x) + R_n(x) \tag{VI-50}$$

Dabei bedeuten:

$f_n(x)$:   *Mac Laurinsches Polynom* vom Grade n nach Gleichung (VI-47)

$R_n(x)$:   *Restglied* nach Gleichung (VI-48)

---

[9] Die folgenden Überlegungen gelten sinngemäß auch für Potenzreihenentwicklungen um eine (beliebige) Stelle x_0, wobei wir dann von der *Taylorschen Reihe* von $f(x)$ ausgehen müssen.

Die *Güte* der Mac Laurinschen Näherungspolynome lässt sich dabei durch Hinzunahme weiterer Glieder stets noch *verbessern*. Gleichzeitig verliert das Restglied $R_n(x)$ immer mehr an Bedeutung und wird schließlich *vernachlässigbar* klein [10]. Das Restglied beschreibt somit den *Fehler*, den man begeht, wenn man die Funktion $f(x)$ durch ihr Näherungspolynom $f_n(x)$ *ersetzt*. Es ist in der Praxis jedoch nahezu *unmöglich*, den *exakten* Wert des Restgliedes $R_n(x)$ zu bestimmen. Der durch die Vernachlässigung des Restgliedes entstandene Fehler kann daher in der Regel nur *abgeschätzt* werden. Meist wird hierzu die folgende von *Lagrange* stammende Form des Restgliedes $R_n(x)$ herangezogen:

Restglied nach Lagrange

$$R_n(x) = \frac{f^{(n+1)}(\vartheta x)}{(n+1)!} x^{n+1} \qquad (0 < \vartheta < 1) \tag{VI-51}$$

Anmerkung

Neben der *Lagrangeschen* Form kennt man noch weitere Formen des Restgliedes, z. B. die nach *Cauchy* und *Euler* benannten Formen. Im Rahmen dieser (einführenden) Darstellung können wir darauf nicht näher eingehen.

Geometrische Deutung der Näherungspolynome

Das Restglied $R_n(x)$ verschwindet stets für $x = 0$: $R_n(0) = 0$. Daher stimmen Funktion $f(x)$ und Näherungspolynom $f_n(x)$ an dieser Stelle in ihren Funktions- und Ableitungswerten bis zur *n*-ten *Ordnung* überein. Es gilt somit für jedes $n \in \mathbb{N}^*$:

$$f(0) = f_n(0) \quad \text{und} \quad f^{(k)}(0) = f_n^{(k)}(0) \qquad (k = 1, 2, \ldots, n) \tag{VI-52}$$

Wir deuten diese Gleichungen *geometrisch* wie folgt:

Die erste Gleichung besagt, dass *alle* Näherungspolynome durch den Kurvenpunkt $P = (0; f(0))$ verlaufen, in dessen Umgebung die Reihenentwicklung vorgenommen wurde. Aus der zweiten Gleichung folgern wir speziell für $n = 1$ bzw. $n = 2$:

Für $n = 1$:

Die Kurve $y = f(x)$ wird in der Umgebung von P näherungsweise durch ihre *Kurventangente*, d. h. durch die *lineare* Funktion

$$f_1(x) = f(0) + \frac{f'(0)}{1!} x \tag{VI-53}$$

ersetzt (Bild VI-6).

---

[10] Bei einer *konvergenten* Reihe werden die Glieder mit zunehmender „Platzifffer" n kleiner: Sie bilden eine sog. *Nullfolge*. Dies ist eine *notwendige* Bedingung für die Reihenkonvergenz!

Man bezeichnet diesen Vorgang auch als *Linearisierung einer Funktion*[11].

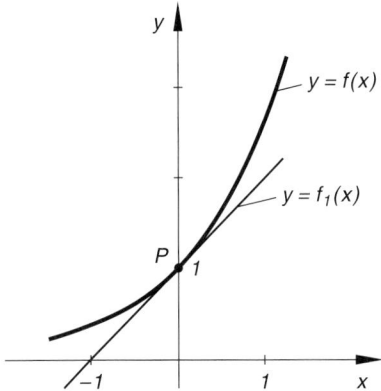

Bild VI-6
Zur Linearisierung einer Funktion
(gezeichnet: e-Funktion und ihre
Tangente in $P = (0; 1)$)

Für $n = 2$:

Die Kurve $y = f(x)$ wird jetzt durch eine *quadratische* Funktion, d. h. durch eine *Parabel* mit der Funktionsgleichung

$$f_2(x) = f(0) + \frac{f'(0)}{1!} x + \frac{f''(0)}{2!} x^2 \qquad (\text{VI-54})$$

angenähert (Bild VI-7). Kurve und Parabel besitzen dabei in P eine *gemeinsame* Tangente und *gleiche* Kurvenkrümmung.

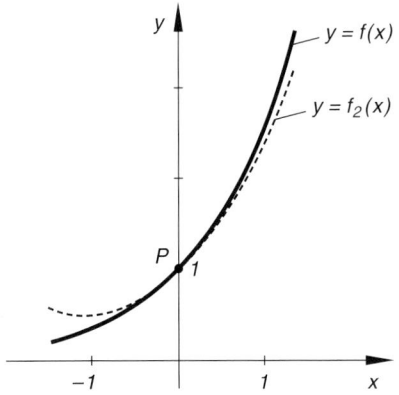

Bild VI-7
Näherungspolynom 2. Grades (Parabel)
(gezeichnet: e-Funktion und ihre
Näherungsparabel in $P = (0; 1)$)

---

[11] Das Problem der *Linearisierung einer Funktion* wurde bereits in Kap. IV (Abschnitt 3.2) eingehend behandelt.

3 Taylor-Reihen

Wir fassen die Ergebnisse wie folgt zusammen:

Näherungspolynome einer Funktion (Mac Laurinsche Polynome)

Von einer Funktion $f(x)$ lassen sich mit Hilfe der Potenzreihenentwicklung wie folgt *Näherungspolynome* gewinnen (sog. *Mac Laurinsche Polynome*):

1. Zunächst wird $f(x)$ um den Nullpunkt $x_0 = 0$ in eine *Mac Laurinsche Reihe* entwickelt.

2. Durch *Abbruch* der Reihe nach der *n-ten* Potenz erhält man dann ein Polynom $f_n(x)$ vom Grade n, das in der Umgebung des Nullpunktes *näherungsweise* das Verhalten der Funktion $f(x)$ beschreibt:

$$f_n(x) = f(0) + \frac{f'(0)}{1!} x^1 + \frac{f''(0)}{2!} x^2 + \ldots + \frac{f^{(n)}(0)}{n!} x^n \qquad \text{(VI-55)}$$

3. **Fehlerabschätzung:** Der durch Abbruch der Potenzreihe entstandene *Fehler* ist durch das *Restglied* $R_n(x)$ gegeben und lässt sich in manchen Fällen mit Hilfe der *Lagrangeschen* Restgliedformel (VI-51) abschätzen. Er liegt in der *Größenordnung* des größten Reihengliedes, das in der Näherung nicht mehr berücksichtigt wurde.

Anmerkungen

(1) Grundsätzlich gilt: Die *1. Näherung* von $f(x)$ erhalten wir durch Abbruch der Potenzreihe nach dem *ersten* nichtkonstanten Glied, die *2. Näherung* durch Abbruch nach dem *zweiten* nichtkonstanten Glied usw..

(2) Wird $f(x)$ durch ein Polynom 1. Grades, d. h. durch eine *lineare* Funktion angenähert, so sagt man, man habe die Funktion $f(x)$ *linearisiert*. *Geometrische Deutung:* Die Kurve wird in der Umgebung der Stelle $x_0 = 0$ durch die dortige *Kurventangente* ersetzt.

(3) Allgemein gilt: Die *Güte* einer Näherungsfunktion ist umso besser, je mehr Reihenglieder berücksichtigt werden.

(4) Alle Aussagen gelten sinngemäß auch für *Taylorsche* Reihenentwicklungen, d. h. Potenzreihenentwicklungen um ein (beliebiges) Entwicklungszentrum x_0. Die Näherungsfunktionen heißen dann *Taylorsche Polynome* und sind vom Typ

$$f_n(x) = f(x_0) + \frac{f'(x_0)}{1!}(x - x_0)^1 + \frac{f''(x_0)}{2!}(x - x_0)^2 + \ldots$$

$$\ldots + \frac{f^{(n)}(x_0)}{n!}(x - x_0)^n \qquad \text{(VI-56)}$$

(5) Eine Funktion $f(x)$ ist unter den folgenden Voraussetzungen in eine (unendliche) *Mac Laurinsche Reihe* entwickelbar:

1. $f(x)$ ist in einer gewissen Umgebung des Nullpunktes $x_0 = 0$ *beliebig oft* differenzierbar.
2. Das (Lagrangesche) Restglied $R_n(x)$ *verschwindet* beim Grenzübergang $n \to \infty$, d. h. es gilt

$$\lim_{n \to \infty} R_n(x) = 0 \qquad \text{(VI-57)}$$

■ **Beispiele**

(1) **Berechnung der Eulerschen Zahl e**

Wir gehen von der *Mac Laurinschen* Reihe der e-Funktion aus:

$$e^x = \sum_{n=0}^{\infty} \frac{x^n}{n!} = 1 + \frac{x^1}{1!} + \frac{x^2}{2!} + \frac{x^3}{3!} + \ldots + \frac{x^n}{n!} + \ldots \qquad (|x| < \infty)$$

Durch *Abbruch* der Reihe nach der *n-ten* Potenz erhalten wir das folgende *Näherungspolynom n-ten* Grades für e^x:

$$e^x \approx \sum_{k=0}^{n} \frac{x^k}{k!} = 1 + \frac{x^1}{1!} + \frac{x^2}{2!} + \frac{x^3}{3!} + \ldots + \frac{x^n}{n!}$$

Der dabei begangene *Fehler* ist durch das *Lagrangesche Restglied* gegeben. Es lautet:

$$R_n(x) = \frac{f^{(n+1)}(\vartheta x)}{(n+1)!} x^{n+1} = \frac{e^{\vartheta x}}{(n+1)!} x^{n+1} \qquad (0 < \vartheta < 1)$$

Für $x = 1$ erhalten wir aus dem Mac Laurinschen Näherungspolynom eine *Formel* zur näherungsweisen Berechnung der *Eulerschen Zahl* e:

$$e^1 = e \approx \sum_{k=0}^{n} \frac{1^k}{k!} = \sum_{k=0}^{n} \frac{1}{k!} = 1 + \frac{1}{1!} + \frac{1}{2!} + \frac{1}{3!} + \ldots + \frac{1}{n!}$$

Das *Lagrangesche Restglied* liefert die folgende *Fehlerabschätzung*:

$$R_n(1) = \frac{e^{\vartheta \cdot 1}}{(n+1)!} \cdot 1^{n+1} = \frac{e^{\vartheta}}{(n+1)!} < \frac{e}{(n+1)!} < \frac{3}{(n+1)!}$$

(wegen $e^{\vartheta} < e < 3$ für $0 < \vartheta < 1$).

3 Taylor-Reihen

Wir geben jetzt zwei Rechenbeispiele.

Rechenbeispiel 1:

Wir berechnen die *Eulersche Zahl* e *näherungsweise* für $n = 5$ und erhalten:

$$e \approx \sum_{k=0}^{5} \frac{1}{k!} = 1 + \frac{1}{1!} + \frac{1}{2!} + \frac{1}{3!} + \frac{1}{4!} + \frac{1}{5!} =$$

$$= 1 + 1 + \frac{1}{2} + \frac{1}{6} + \frac{1}{24} + \frac{1}{120} = 2{,}716\,667$$

Die *Fehlerabschätzung* liefert:

$$R_5(1) < \frac{3}{(5+1)!} = \frac{3}{6!} = \frac{1}{240} = 0{,}0042 < 0{,}5 \cdot 10^{-2}$$

Wir haben damit die *Eulersche* Zahl auf *zwei* Dezimalstellen nach dem Komma genau berechnet: $e \approx 2{,}71$.

Rechenbeispiel 2:

Wir wollen nun die *Eulersche* Zahl auf *vier* Dezimalstellen nach dem Komma genau berechnen. Für das Restglied $R_n(1)$ gilt dann die *Abschätzung*

$$R_n(1) < 0{,}5 \cdot 10^{-4} \quad \text{und somit} \quad \frac{3}{(n+1)!} < 0{,}5 \cdot 10^{-4}$$

Durch Auflösen nach $(n+1)!$ folgt weiter:

$$(n+1)! > \frac{3}{0{,}5 \cdot 10^{-4}} = 3 \cdot 2 \cdot 10^4 = 60\,000$$

$$(n+1)! > 60\,000 \quad \Rightarrow \quad n \geq 8$$

Wir müssen somit $n = 8$ wählen, d. h. die ersten 9 Reihenglieder aufaddieren, um eine Genauigkeit von *vier* Dezimalstellen nach dem Komma zu erreichen:

$$e \approx \sum_{k=0}^{8} \frac{1}{k!} = 1 + \frac{1}{1!} + \frac{1}{2!} + \frac{1}{3!} + \frac{1}{4!} + \frac{1}{5!} + \frac{1}{6!} + \frac{1}{7!} + \frac{1}{8!} =$$

$$= 1 + 1 + \frac{1}{2} + \frac{1}{6} + \frac{1}{24} + \frac{1}{120} + \frac{1}{720} + \frac{1}{5040} + \frac{1}{40\,320} = 2{,}718\,279$$

Damit ist $e \approx 2{,}7182$.

(2) Wir kehren zu unserem einführenden Beispiel, der echt gebrochenrationalen Funktion $f(x) = \dfrac{1}{1-x}$, zurück. Aus ihrer Potenzreihenentwicklung

$$f(x) = \frac{1}{1-x} = 1 + x^1 + x^2 + x^3 + \ldots + x^n + \ldots \qquad (|x| < 1)$$

erhalten wir durch Reihenabbruch die folgenden *Näherungspolynome* 1., 2. und 3. Grades:

$$\left. \begin{array}{l} \textit{1. Näherung:} \quad f_1(x) = 1 + x \\ \textit{2. Näherung:} \quad f_2(x) = 1 + x + x^2 \\ \textit{3. Näherung:} \quad f_3(x) = 1 + x + x^2 + x^3 \end{array} \right\} |x| < 1$$

Bild VI-8 zeigt deutlich, wie die Güte der Näherungsfunktion mit zunehmendem Polynomgrad *wächst*.

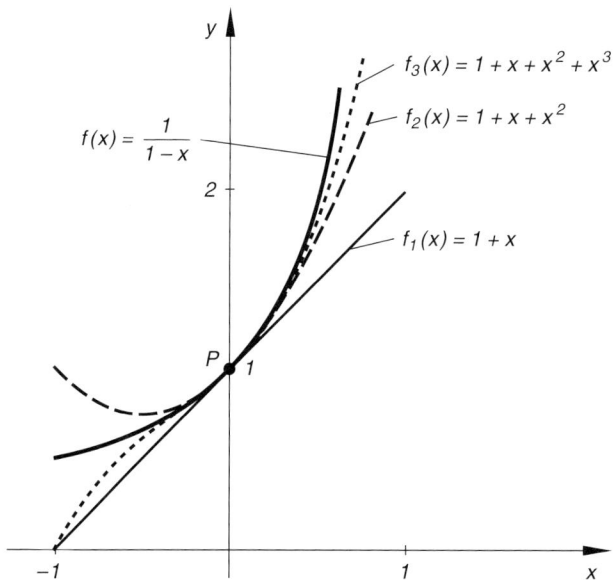

Bild VI-8 Die ersten Näherungspolynome der gebrochenrationalen Funktion
$f(x) = \dfrac{1}{1-x}$ im Intervall $-1 < x < 1$

3 Taylor-Reihen

(3) Aus der Mac Laurinschen Reihe der *Kosinusfunktion*

$$\cos x = 1 - \frac{x^2}{2!} + \frac{x^4}{4!} - \frac{x^6}{6!} + - \ldots \qquad (|x| < \infty)$$

erhalten wir der Reihe nach die folgenden *Näherungspolynome* 2., 4., 6., ... Grades für $f(x) = \cos x$, deren Verlauf in Bild VI-9 wiedergegeben ist:

1. Näherung: $\quad f_2(x) = 1 - \dfrac{x^2}{2!} = 1 - \dfrac{x^2}{2}$

2. Näherung: $\quad f_4(x) = 1 - \dfrac{x^2}{2!} + \dfrac{x^4}{4!} = 1 - \dfrac{x^2}{2} + \dfrac{x^4}{24}$

3. Näherung: $\quad f_6(x) = 1 - \dfrac{x^2}{2!} + \dfrac{x^4}{4!} - \dfrac{x^6}{6!} = 1 - \dfrac{x^2}{2} + \dfrac{x^4}{24} - \dfrac{x^6}{720}$

$\vdots$

Anmerkung

Wegen der *Achsensymmetrie* der Kosinusfunktion bezüglich der y-Achse treten in der Mac Laurinschen Reihe von $\cos x$ nur *gerade* Potenzen auf. Näherungspolynome 1., 3., 5., ... Grades kann es daher *nicht* geben.

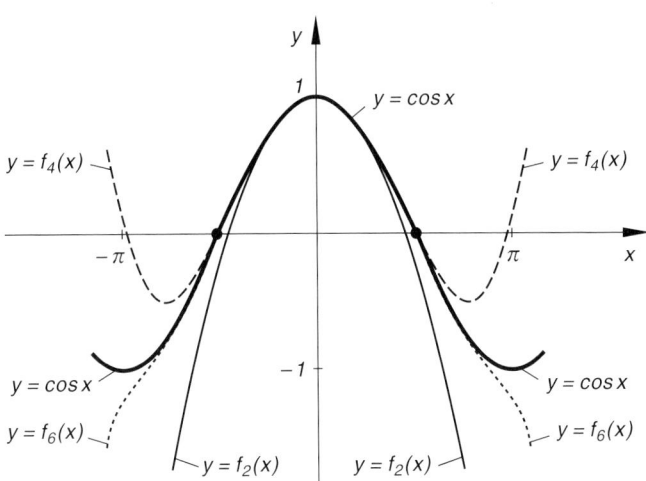

Bild VI-9 Näherungspolynome 2., 4. und 6. Grades für die Kosinusfunktion

Die mit diesen Näherungsfunktionen an den Stellen $x = 0{,}1$, $x = 0{,}5$ und $x = 1$ berechneten Funktionswerte lauten:

Näherung	$x = 0{,}1$	$x = 0{,}5$	$x = 1$
$f_2(x)$	0,995 000	0,875 000	0,500 000
$f_4(x)$	0,995 004	0,877 604	0,541 667
$f_6(x)$	0,995 004	0,877 582	0,540 278
⋮			
Exakter Funktionswert ($\cos x$)	0,995 004	0,877 583	0,540 302

Wir stellen fest: Je *weiter* wir uns vom Entwicklungszentrum (hier $x_0 = 0$) *entfernen*, umso *mehr* Reihenglieder müssen berücksichtigt werden, um vergleichbare Genauigkeit zu erreichen. Bild VI-9 verdeutlicht diese Aussage.

(4) Wir *linearisieren* die Funktion $f(x) = A(e^{\lambda x} - 1)$ in der Umgebung von $x_0 = 0$, wobei wir auf die folgende bekannte Mac Laurinsche Reihe von $f(z) = e^z$ zurückgreifen (A, λ sind reelle Parameter):

$$e^z = 1 + \frac{z^1}{1!} + \frac{z^2}{2!} + \frac{z^3}{3!} + \ldots$$

Abbruch nach dem *linearen* Glied führt zur *linearen* Näherung

$$e^z \approx 1 + \frac{z^1}{1!} = 1 + z$$

Wir *substituieren* noch $z = \lambda x$:

$$e^{\lambda x} \approx 1 + \lambda x$$

Diesen Ausdruck setzen wir in die Ausgangsfunktion ein und erhalten die gewünschte *lineare* Näherungsfunktion. Sie lautet:

$$f(x) = A(e^{\lambda x} - 1) \approx A[(1 + \lambda x) - 1] =$$

$$= A(1 + \lambda x - 1) = A \lambda x = cx$$

(mit $c = A\lambda$).

3 Taylor-Reihen

(5) Die Kurve mit der Gleichung $f(x) = \left(1 - e^{-(x-2)}\right)^2 = \left(1 - e^{-x+2}\right)^2$ soll in der unmittelbaren Umgebung ihres (absoluten) *Minimums* $x_0 = 2$ durch eine *Parabel* angenähert werden. Aus diesem Grunde entwickeln wir zunächst die Funktion um die Stelle $x_0 = 2$ in eine *Taylorsche Reihe* und brechen diese dann nach dem *quadratischen* Reihenglied ab. Die für diese Entwicklung benötigten Ableitungen 1. und 2. Ordnung lauten (unter Verwendung der *Kettenregel*):

$$f'(x) = 2\left(1 - e^{-x+2}\right) \cdot e^{-x+2} = 2\left(e^{-x+2} - e^{-2x+4}\right)$$

$$f''(x) = 2\left(-e^{-x+2} + 2 \cdot e^{-2x+4}\right)$$

Somit ist

$$f(2) = \left(1 - e^0\right)^2 = (1 - 1)^2 = 0,$$

$$f'(2) = 2\left(e^0 - e^0\right) = 2(1 - 1) = 0,$$

$$f''(2) = 2\left(-e^0 + 2 \cdot e^0\right) = 2(-1 + 2) = 2$$

und die Reihenentwicklung beginnt wie folgt:

$$\left(1 - e^{-x+2}\right)^2 = 0 + \frac{0}{1!}(x-2)^1 + \frac{2}{2!}(x-2)^2 + \ldots = (x-2)^2 + \ldots$$

Durch *Abbruch* nach dem *quadratischen* Glied erhalten wir die gewünschte Näherung durch eine *Parabel*. Sie lautet:

$$\left(1 - e^{-x+2}\right)^2 \approx (x-2)^2 \qquad (|x-2| \ll 1)$$

Bild VI-10 zeigt den Verlauf der gegebenen Funktion mit ihrer Näherungsparabel im Intervall $1{,}7 \leq x \leq 2{,}3$.

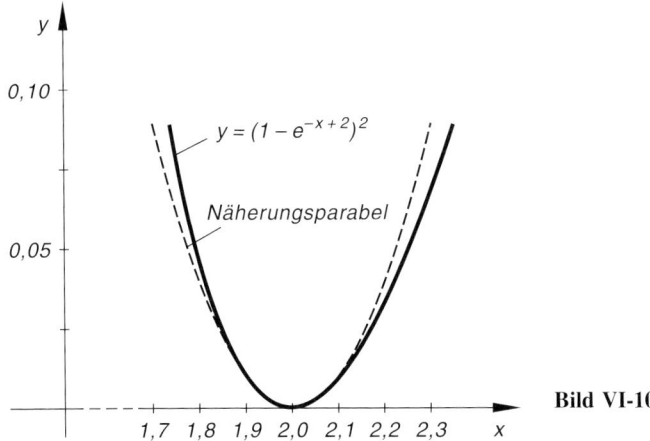

Bild VI-10

∎

In der nachfolgenden Tabelle 2 findet der Leser eine Zusammenstellung der ersten beiden *Näherungspolynome* für einige besonders wichtige Funktionen. Man erhält sie aus den entsprechenden Potenzreihenentwicklungen durch Abbruch nach dem 1. bzw. 2. *nichtkonstanten* Glied (siehe hierzu auch Tabelle 1). Sie gelten nur in der unmittelbaren Umgebung des jeweiligen Entwicklungszentrums.

Tabelle 2: Näherungspolynome wichtiger elementarer Funktionen

Funktion	Entwicklungszentrum	1. Näherung	2. Näherung
$(1 \pm x)^n$	$x_0 = 0$	$1 \pm nx$	$1 \pm nx + \dfrac{n(n-1)}{2} x^2$
$\sin x$	$x_0 = 0$	x	$x - \dfrac{1}{6} x^3$
$\cos x$	$x_0 = 0$	$1 - \dfrac{1}{2} x^2$	$1 - \dfrac{1}{2} x^2 + \dfrac{1}{24} x^4$
$\tan x$	$x_0 = 0$	x	$x + \dfrac{1}{3} x^3$
e^x	$x_0 = 0$	$1 + x$	$1 + x + \dfrac{1}{2} x^2$
$\ln x$	$x_0 = 1$	$x - 1$	$x - 1 - \dfrac{1}{2} (x-1)^2$
$\arcsin x$	$x_0 = 0$	x	$x + \dfrac{1}{6} x^3$
$\arccos x$	$x_0 = 0$	$\dfrac{\pi}{2} - x$	$\dfrac{\pi}{2} - x - \dfrac{1}{6} x^3$
$\arctan x$	$x_0 = 0$	x	$x - \dfrac{1}{3} x^3$
$\sinh x$	$x_0 = 0$	x	$x + \dfrac{1}{6} x^3$
$\cosh x$	$x_0 = 0$	$1 + \dfrac{1}{2} x^2$	$1 + \dfrac{1}{2} x^2 + \dfrac{1}{24} x^4$
$\tanh x$	$x_0 = 0$	x	$x - \dfrac{1}{3} x^3$

3 Taylor-Reihen

- **Beispiele**

  (1) Näherungsformeln für den Wurzelausdruck $\sqrt{1 \pm x} = (1 \pm x)^{1/2}$ für sehr kleine x-Werte, d. h. für $|x| \ll 1$:

  1. Näherung: $\sqrt{1 \pm x} \approx 1 \pm \dfrac{1}{2} x$

  2. Näherung: $\sqrt{1 \pm x} \approx 1 \pm \dfrac{1}{2} x - \dfrac{1}{8} x^2$

  (2) Die *Kettenlinie* $y = a \cdot \cosh(x/a)$ mit $a > 0$ darf in der unmittelbaren Umgebung ihres *Minimums* $x_0 = 0$ in 1. Näherung durch die *Parabel*

  $$y = a \left(1 + \frac{1}{2}\left(\frac{x}{a}\right)^2\right) = a \left(1 + \frac{x^2}{2a^2}\right) = \frac{1}{2a} x^2 + a$$

  ersetzt werden (Bild VI-11).

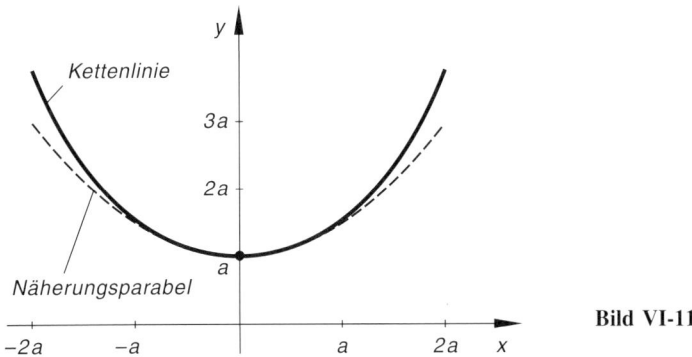

Bild VI-11

3.3.2 Integration durch Potenzreihenentwicklung des Integranden

Bei der Behandlung der *numerischen Integrationsmethoden* in Kap. V (Abschnitt 8.4) haben wir bereits darauf hingewiesen, dass es eine Reihe wichtiger Integrale gibt, die mit den herkömmlichen Integrationstechniken wie beispielsweise der *Substitutionsmethode* oder der *Partiellen Integration* nicht gelöst werden können. Zu diesen Integralen gehört auch das im Zusammenhang mit statistischen Problemen auftretende und häufig als *Gaußsches Fehlerintegral* bezeichnete (unbestimmte) Integral $F(x) = \int_0^x e^{-t^2}\, dt$. In diesem, aber auch in zahlreichen anderen Fällen gelingt die Integration, indem man die Integrandfunktion zunächst in eine *Potenzreihe* entwickelt und diese dann anschließend *gliedweise* integriert.

Man bezeichnet diese spezielle Integrationsmethode daher als *Integration durch Potenzreihenentwicklung des Integranden*.

Integration durch Potenzreihenentwicklung des Integranden

In zahlreichen Fällen lässt sich ein elementar *nicht* lösbares Integral $\int f(x)\,dx$ schrittweise wie folgt lösen:

1. Die Integrandfunktion $f(x)$ wird zunächst in eine *Mac Laurinsche* oder *Taylorsche Potenzreihe* entwickelt.
2. Die Reihe wird anschließend *gliedweise* unter Verwendung der Potenzregel integriert. Das Integral liegt dann in Form einer Potenzreihe vor.

Anmerkung

Die *gliedweise* Integration ist nur *zulässig*, wenn die Potenzreihe des Integranden im Integrationsbereich *konvergiert*. In diesem Fall konvergiert auch die durch *gliedweise* Integration entstandene Reihe.

Das beschriebene Integrationsverfahren soll nun am Beispiel des *Gaußschen Fehlerintegrals* näher erläutert werden.

■ **Beispiel**

Wir lösen das *Gaußsche Fehlerintegral*

$$F(x) = \int_0^x e^{-t^2}\,dt$$

wie folgt. Ausgehend von der bekannten *Mac Laurinschen Reihe* der Exponentialfunktion $f(z) = e^z$ in der Form

$$e^z = 1 + \frac{z^1}{1!} + \frac{z^2}{2!} + \frac{z^3}{3!} + \frac{z^4}{4!} + \frac{z^5}{5!} + \ldots \qquad (|z| < \infty)$$

erhalten wir mit Hilfe der formalen *Substitution* $z = -t^2$ die gewünschte Potenzreihe des Integranden $f(t) = e^{-t^2}$:

$$e^{-t^2} = 1 - \frac{t^2}{1!} + \frac{t^4}{2!} - \frac{t^6}{3!} + \frac{t^8}{4!} - \frac{t^{10}}{5!} + - \ldots$$

3 Taylor-Reihen

Diese Reihe konvergiert *beständig* und darf daher *gliedweise* integriert werden. Wir gewinnen schließlich für das *Gaußsche Fehlerintegral* die folgende *Potenzreihenentwicklung*:

$$F(x) = \int_0^x e^{-t^2}\, dt = \int_0^x \left(1 - \frac{t^2}{1!} + \frac{t^4}{2!} - \frac{t^6}{3!} + \frac{t^8}{4!} - \frac{t^{10}}{5!} + - \ldots\right) dt =$$

$$= \left[t - \frac{t^3}{3 \cdot 1!} + \frac{t^5}{5 \cdot 2!} - \frac{t^7}{7 \cdot 3!} + \frac{t^9}{9 \cdot 4!} - \frac{t^{11}}{11 \cdot 5!} + - \ldots\right]_0^x =$$

$$= x - \frac{x^3}{3 \cdot 1!} + \frac{x^5}{5 \cdot 2!} - \frac{x^7}{7 \cdot 3!} + \frac{x^9}{9 \cdot 4!} - \frac{x^{11}}{11 \cdot 5!} + - \ldots$$

(an der *unteren* Grenze verschwinden sämtliche Reihenglieder).

Rechenbeispiel

Mit dieser Potenzreihe berechnen wir die unter der *Gaußschen Glockenkurve* $y = e^{-x^2}$ im Intervall $0 \leq x \leq 1$ gelegene Fläche A (in Bild VI-12 *grau* unterlegt):

$$A = \int_0^1 e^{-x^2}\, dx = F(1) = 1 - \frac{1^3}{3 \cdot 1!} + \frac{1^5}{5 \cdot 2!} - \frac{1^7}{7 \cdot 3!} + \frac{1^9}{9 \cdot 4!} - \frac{1^{11}}{11 \cdot 5!} + - \ldots =$$

$$= 1 - \frac{1}{3} + \frac{1}{10} - \frac{1}{42} + \frac{1}{216} - \frac{1}{1320} + - \ldots$$

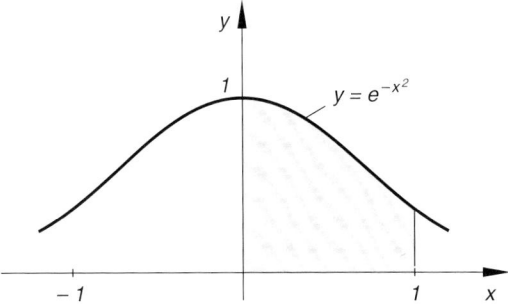

Bild VI-12 Zur Berechnung der Fläche unter der Gaußschen Glockenkurve
$y = e^{-x^2}$ im Intervall $0 \leq x \leq 1$

Durch Abbruch dieser unendlichen Zahlenreihe nach dem 1., 2., ..., 6. Glied erhalten wir der Reihe nach die folgenden *Näherungswerte* für den gesuchten Flächeninhalt A:

$$1;\quad 0{,}6667;\quad 0{,}7667;\quad 0{,}7429;\quad 0{,}7475;\quad 0{,}7467$$

Der „exakte" Flächeninhalt beträgt $A = 0{,}7468$ (auf *vier* Dezimalstellen nach dem Komma genau).

∎

3.3.3 Grenzwertregel von Bernoulli und de L'Hospital

Mit dem Begriff des *Grenzwertes einer Funktion* haben wir uns bereits ausführlich in Kap. III (Abschnitt 4.2) auseinandergesetzt und dabei die wichtigsten Rechenregeln für Grenzwerte kennengelernt. In diesem Abschnitt werden wir uns speziell mit Grenzwerten vom allgemeinen Typ

$$\lim_{x \to x_0} \frac{f(x)}{g(x)} \quad \text{bzw.} \quad \lim_{x \to \pm\infty} \frac{f(x)}{g(x)} \qquad \text{(VI-58)}$$

beschäftigen, die auf einen in seinem Wert zunächst *unbestimmten Ausdruck* wie beispielsweise „$\frac{0}{0}$" oder „$\frac{\infty}{\infty}$" führen [12].

■ **Beispiele**

(1) Der Grenzwert $\lim\limits_{x \to 0} \dfrac{e^x - 1}{x}$ bleibt zunächst *unbestimmt*, da sowohl die Zählerfunktion $f(x) = e^x - 1$ als auch die Nennerfunktion $g(x) = x$ beim Grenzübergang $x \to 0$ dem Grenzwert 0 zustreben. Wir verwenden dafür die *symbolische* Schreibweise

$$\lim_{x \to 0} \frac{e^x - 1}{x} \to \frac{0}{0}$$

(2) Der Grenzwert $\lim\limits_{x \to \infty} \dfrac{\ln x}{e^x}$ führt zu dem unbestimmten Ausdruck „$\dfrac{\infty}{\infty}$", da sowohl $\ln x$ als auch e^x für $x \to \infty$ gegen unendlich streben. *Symbolische* Schreibweise:

$$\lim_{x \to \infty} \frac{\ln x}{e^x} \to \frac{\infty}{\infty}$$

∎

---

[12] Zur Erinnerung: Die Division durch die Zahl 0 ist verboten, das Symbol ∞ ist keine Zahl.

3 Taylor-Reihen

Ein *unbestimmter Ausdruck* kann in verschiedenen *Formen* wie z. B.

$$\frac{0}{0}, \quad \frac{\infty}{\infty}, \quad 0 \cdot \infty, \quad \infty - \infty, \quad 1^{\infty}, \quad 0^0, \quad \infty^0 \qquad \text{(VI-59)}$$

auftreten. Grenzwerte vom Typ (VI-58), die zu einem *unbestimmten Ausdruck* der Form „$\frac{0}{0}$" oder „$\frac{\infty}{\infty}$" führen, lassen sich in vielen (jedoch nicht allen) Fällen nach einer von *Bernoulli* und *de L'Hospital* stammenden Regel berechnen, die wir jetzt für den Fall „$\frac{0}{0}$" herleiten wollen. Es sei also $f(x_0) = g(x_0) = 0$ und somit

$$\lim_{x \to x_0} \frac{f(x)}{g(x)} \to \frac{0}{0} \qquad \text{(VI-60)}$$

Wir *entwickeln* jetzt die beiden Funktionen $f(x)$ und $g(x)$ jeweils um die Stelle x_0 nach *Taylor* und beachten dabei, dass nach Voraussetzung $f(x_0) = g(x_0) = 0$ ist. Der Quotient $\frac{f(x)}{g(x)}$ besitzt dann die folgende Gestalt:

$$\frac{f(x)}{g(x)} = \frac{f(x_0) + \dfrac{f'(x_0)}{1!}(x-x_0)^1 + \dfrac{f''(x_0)}{2!}(x-x_0)^2 + \ldots}{g(x_0) + \dfrac{g'(x_0)}{1!}(x-x_0)^1 + \dfrac{g''(x_0)}{2!}(x-x_0)^2 + \ldots} =$$

$$= \frac{\dfrac{f'(x_0)}{1!}(x-x_0)^1 + \dfrac{f''(x_0)}{2!}(x-x_0)^2 + \ldots}{\dfrac{g'(x_0)}{1!}(x-x_0)^1 + \dfrac{g''(x_0)}{2!}(x-x_0)^2 + \ldots} \qquad \text{(VI-61)}$$

Wir *kürzen* noch den allen Summanden in Zähler und Nenner gemeinsamen Faktor $(x - x_0)$:

$$\frac{f(x)}{g(x)} = \frac{f'(x_0) + \dfrac{f''(x_0)}{2!}(x-x_0)^1 + \ldots}{g'(x_0) + \dfrac{g''(x_0)}{2!}(x-x_0)^1 + \ldots} \qquad \text{(VI-62)}$$

Beim *Grenzübergang* $x \to x_0$ verschwinden in Zähler und Nenner sämtliche Terme bis auf den jeweils 1. Term. Wir erhalten somit

$$\lim_{x \to x_0} \frac{f(x)}{g(x)} = \lim_{x \to x_0} \frac{f'(x_0) + \dfrac{f''(x_0)}{2!}(x-x_0)^1 + \ldots}{g'(x_0) + \dfrac{g''(x_0)}{2!}(x-x_0)^1 + \ldots} = \frac{f'(x_0)}{g'(x_0)} \qquad \text{(VI-63)}$$

Dies ist die von *Bernoulli* und *de L'Hospital* stammende *Grenzwertregel*, die wir auch in der Form

$$\lim_{x \to x_0} \frac{f(x)}{g(x)} = \lim_{x \to x_0} \frac{f'(x)}{g'(x)} = \frac{f'(x_0)}{g'(x_0)} \qquad \text{(VI-64)}$$

schreiben können. Sie zeigt uns, wie man bei einem *unbestimmten Ausdruck* der Form „$\frac{0}{0}$" zu verfahren hat: Zunächst werden Zählerfunktion $f(x)$ und Nennerfunktion $g(x)$ für sich getrennt nach x *differenziert*, anschließend wird dann der Grenzwert von $\frac{f'(x)}{g'(x)}$ für $x \to x_0$ berechnet. Ist dieser vorhanden, so ist er gleich dem gesuchten Grenzwert $\lim_{x \to x_0} \frac{f(x)}{g(x)}$.

Wir fassen zusammen:

Grenzwertregel von Bernoulli und de L'Hospital

Für Grenzwerte, die auf einen *unbestimmten Ausdruck* der Form „$\frac{0}{0}$" oder „$\frac{\infty}{\infty}$" führen, gilt die *Bernoulli-de L'Hospitalsche Regel*

$$\lim_{x \to x_0} \frac{f(x)}{g(x)} = \lim_{x \to x_0} \frac{f'(x)}{g'(x)} \qquad \text{(VI-65)}$$

Anmerkungen

(1) Die *Bernoulli-de L'Hospitalsche Regel* setzt voraus, dass die Funktionen $f(x)$ und $g(x)$ in der Umgebung von x_0 stetig *differenzierbar* sind und der Grenzwert der rechten Seite existiert.

(2) Die *Bernoulli-de L'Hospitalsche Regel* gilt sinngemäß auch für Grenzübergänge vom Typ $x \to \infty$ oder $x \to -\infty$.

(3) In einigen Fällen führt erst eine *mehrmalige* Anwendung der Grenzwertregel zum Ziel (siehe hierzu das nachfolgende Beispiel (3)).

(4) Es gibt jedoch auch Fälle, in denen die Regel *versagt*.

3 Taylor-Reihen

Wir weisen nochmals darauf hin, dass diese Grenzwertregel *nur* auf unbestimmte Ausdrücke der Form „$\frac{0}{0}$" oder „$\frac{\infty}{\infty}$" anwendbar ist. Alle anderen Formen lassen sich in der Regel wie folgt durch *elementare Umformungen* auf eine dieser speziellen Formen zurückführen:

Tabelle 3: Elementare Umformungen für „unbestimmte Ausdrücke"

Funktion $\varphi(x)$	Grenzwert $\lim_{x \to x_0} \varphi(x)$	Elementare Umformung
(A) $u(x) \cdot v(x)$	$0 \cdot \infty$ bzw. $\infty \cdot 0$	$\dfrac{u(x)}{\dfrac{1}{v(x)}}$ bzw. $\dfrac{v(x)}{\dfrac{1}{u(x)}}$
(B) $u(x) - v(x)$	$\infty - \infty$	$\dfrac{\dfrac{1}{v(x)} - \dfrac{1}{u(x)}}{\dfrac{1}{u(x) \cdot v(x)}}$
(C) $u(x)^{v(x)}$	0^0, ∞^0, 1^∞	$e^{v(x) \cdot \ln u(x)}$

■ **Beispiele**

(1) $\lim\limits_{x \to 0} \dfrac{e^x - 1}{x} \to \dfrac{0}{0}$

Wir dürfen die *Bernoulli-de L'Hospitalsche Regel* anwenden und erhalten:

$$\lim_{x \to 0} \frac{e^x - 1}{x} = \lim_{x \to 0} \frac{(e^x - 1)'}{(x)'} = \lim_{x \to 0} \frac{e^x}{1} = \lim_{x \to 0} e^x = e^0 = 1$$

(2) $\lim\limits_{x \to \infty} \dfrac{\ln(2x - 1)}{e^x} \to \dfrac{\infty}{\infty}$

Durch Anwendung der *Grenzwertregel von Bernoulli-de L'Hospital* folgt:

$$\lim_{x \to \infty} \frac{\ln(2x - 1)}{e^x} = \lim_{x \to \infty} \frac{[\ln(2x-1)]'}{(e^x)'} = \lim_{x \to \infty} \frac{\dfrac{2}{2x-1}}{e^x} =$$

$$= \lim_{x \to \infty} \frac{2}{(2x-1) \cdot e^x} = 0$$

(der Nenner wird beim Grenzübergang unendlich groß).

(3) $\lim\limits_{x \to 0} \left(\dfrac{1}{x} - \dfrac{1}{\sin x} \right) \to \infty - \infty$ (Typ (B))

Die *Bernoulli-de L'Hospitalsche Regel* ist zunächst *nicht* anwendbar. Nach einer *elementaren Umformung* (Hauptnenner $x \cdot \sin x$ bilden) folgt dann:

$$\lim_{x \to 0} \left(\frac{1}{x} - \frac{1}{\sin x} \right) = \lim_{x \to 0} \frac{\sin x - x}{x \cdot \sin x} \to \frac{0}{0}$$

Die Grenzwertregel darf nun angewandt werden, führt jedoch wiederum zu einem *unbestimmten Ausdruck* der Form „$\dfrac{0}{0}$":

$$\lim_{x \to 0} \frac{\sin x - x}{x \cdot \sin x} = \lim_{x \to 0} \frac{(\sin x - x)'}{(x \cdot \sin x)'} = \lim_{x \to 0} \frac{\cos x - 1}{\sin x + x \cdot \cos x} \to \frac{0}{0}$$

Durch *nochmalige* Anwendung der *Bernoulli-de L'Hospitalschen Regel* erhalten wir schließlich:

$$\lim_{x \to 0} \frac{\cos x - 1}{\sin x + x \cdot \cos x} = \lim_{x \to 0} \frac{(\cos x - 1)'}{(\sin x + x \cdot \cos x)'} =$$

$$= \lim_{x \to 0} \frac{-\sin x}{\cos x + \cos x - x \cdot \sin x} = \lim_{x \to 0} \frac{-\sin x}{2 \cdot \cos x - x \cdot \sin x} = \frac{0}{2} = 0$$

Somit ist

$$\lim_{x \to 0} \left(\frac{1}{x} - \frac{1}{\sin x} \right) = 0$$

(4) $\lim\limits_{x \to \infty} \left(1 + \dfrac{1}{x} \right)^x \to 1^\infty$ (Typ (C))

Unter Verwendung der *Identität* $z = e^{\ln z}$ $(z > 0)$ und der Rechenregel $\ln u^n = n \cdot \ln u$ lässt sich der Funktionsausdruck wie folgt umformen:

$$\left(1 + \frac{1}{x} \right)^x = e^{\ln \left(1 + \frac{1}{x} \right)^x} = e^{x \cdot \ln \left(1 + \frac{1}{x} \right)}$$

Daher ist

$$\lim_{x \to \infty} \left(1 + \frac{1}{x}\right)^x = \lim_{x \to \infty} e^{x \cdot \ln\left(1 + \frac{1}{x}\right)}$$

Der *Grenzübergang* darf dabei im *Exponenten* der e-Funktion vollzogen werden, d. h. es gilt nach der Rechenregel (III-37) aus Kap. III:

$$\lim_{x \to \infty} e^{x \cdot \ln\left(1 + \frac{1}{x}\right)} = e^{\left(\lim_{x \to \infty} x \cdot \ln\left(1 + \frac{1}{x}\right)\right)}$$

Wir formen den Exponenten noch geringfügig um:

$$x \cdot \ln\left(1 + \frac{1}{x}\right) = \frac{\ln\left(1 + \frac{1}{x}\right)}{\frac{1}{x}}$$

Für $x \to \infty$ geht dieser Ausdruck gegen die *unbestimmte Form* „$\frac{0}{0}$". Wir dürfen daher die *Bernoulli-de L'Hospitalsche Grenzwertregel* anwenden. Sie führt zu

$$\lim_{x \to \infty} \frac{\ln\left(1 + \frac{1}{x}\right)}{\frac{1}{x}} = \lim_{x \to \infty} \frac{\left(\ln\left(1 + \frac{1}{x}\right)\right)'}{\left(\frac{1}{x}\right)'} = \lim_{x \to \infty} \frac{\left(\frac{1}{1 + \frac{1}{x}}\right) \cdot \left(-\frac{1}{x^2}\right)}{\left(-\frac{1}{x^2}\right)} =$$

$$= \lim_{x \to \infty} \frac{1}{1 + \frac{1}{x}} = \frac{1}{1 + 0} = 1$$

(den Zähler haben wir nach der *Kettenregel* differenziert). Somit gilt:

$$\lim_{x \to \infty} \left(1 + \frac{1}{x}\right)^x = e^1 = e \qquad \text{(Definition der Eulerschen Zahl)}$$

(5) Die *Kardioide* mit der in Polarkoordinaten ausgedrückten Gleichung $r = 1 + \cos \varphi$, $0 \leq \varphi < 2\pi$ besitzt den vom Winkel φ abhängigen *Kurvenanstieg*

$$y' = \frac{dy}{dx} = \frac{2 \cdot \cos^2 \varphi + \cos \varphi - 1}{-\sin \varphi (1 + 2 \cdot \cos \varphi)} = \frac{2 \cdot \cos^2 \varphi + \cos \varphi - 1}{-\sin \varphi - 2 \cdot \sin \varphi \cdot \cos \varphi}$$

(siehe hierzu das Beispiel in Kap. IV, Abschnitt 2.13).

Unter Verwendung der trigonometrischen Beziehung

$$\sin(2\varphi) = 2 \cdot \sin\varphi \cdot \cos\varphi$$

lässt sich der Nenner dieses Ausdrucks auf eine für unsere Zwecke günstigere Form bringen:

$$y' = \frac{2 \cdot \cos^2\varphi + \cos\varphi - 1}{-\sin\varphi - 2 \cdot \sin\varphi \cdot \cos\varphi} = \frac{2 \cdot \cos^2\varphi + \cos\varphi - 1}{-\sin\varphi - \sin(2\varphi)}$$

Wir vermuten anhand von Bild IV-12 aus Kap. IV, dass die Kurve an der Stelle $\varphi = \pi$ eine *waagerechte* Tangente hat. Die Berechnung des Kurvenanstiegs in dem zum Winkel $\varphi = \pi$ gehörigen Kurvenpunkt (Schnittpunkt mit der *negativen* x-Achse) führt jedoch zunächst zu dem *unbestimmten Ausdruck*

$$y'(\varphi = \pi) = \lim_{\varphi \to \pi} \frac{2 \cdot \cos^2\varphi + \cos\varphi - 1}{-\sin\varphi - \sin(2\varphi)} \to \frac{0}{0}$$

da Zähler und Nenner an dieser Stelle verschwinden:

Zähler: $\quad 2 \cdot \cos^2\pi + \cos\pi - 1 = 2 \cdot (-1)^2 - 1 - 1 = 2 - 2 = 0$

Nenner: $\quad -\sin\pi - \sin(2\pi) = -0 - 0 = 0$

Durch Anwendung der Grenzwertregel von *Bernoulli-de L'Hospital* erhalten wir schließlich:

$$y'(\pi) = \lim_{\varphi \to \pi} \frac{2 \cdot \cos^2\varphi + \cos\varphi - 1}{-\sin\varphi - \sin(2\varphi)} = \lim_{\varphi \to \pi} \frac{(2 \cdot \cos^2\varphi + \cos\varphi - 1)'}{(-\sin\varphi - \sin(2\varphi))'} =$$

$$= \lim_{\varphi \to \pi} \frac{-4 \cdot \cos\varphi \cdot \sin\varphi - \sin\varphi}{-\cos\varphi - 2 \cdot \cos(2\varphi)} = \frac{-4 \cdot \cos\pi \cdot \sin\pi - \sin\pi}{-\cos\pi - 2 \cdot \cos(2\pi)} =$$

$$= \frac{-4 \cdot (-1) \cdot 0 - 0}{-(-1) - 2 \cdot 1} = \frac{0}{-1} = 0$$

Die Kardioide besitzt demnach (wie wir bereits vermutet haben) für $\varphi = \pi$ eine *waagerechte* Tangente.

∎

3.4 Ein Anwendungsbeispiel: Freier Fall unter Berücksichtigung des Luftwiderstandes

Wir haben uns bereits an verschiedenen Stellen mit dem physikalischen Problem des *freien Falls unter Berücksichtigung des Luftwiderstandes* beschäftigt und dabei für die Fallgeschwindigkeit v die folgende Abhängigkeit von der Zeit $t \geq 0$ hergeleitet:

$$v = v(t) = v_E \cdot \tanh\left(\frac{g}{v_E}t\right) \quad \text{mit} \quad v_E = \sqrt{\frac{mg}{k}} \qquad \text{(VI-66)}$$

(g: Erdbeschleunigung; v_E: Endgeschwindigkeit; m: Masse des fallenden Körpers; $k > 0$: Reibungskoeffizient der Luft).

3 Taylor-Reihen

Die Fallgeschwindigkeit nähert sich dabei *asymptotisch* ihrem Endwert v_E (siehe hierzu Bild VI-13).

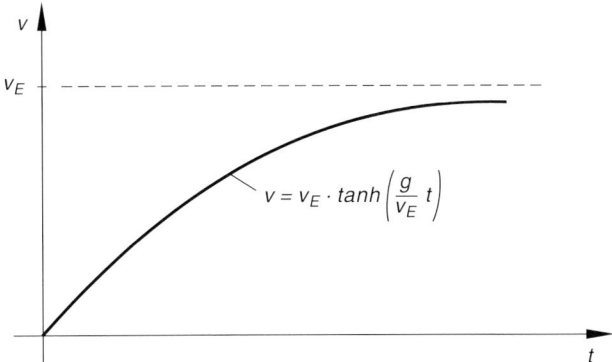

Bild VI-13 Zeitlicher Verlauf der Fallgeschwindigkeit unter Berücksichtigung des Luftwiderstandes

Einfache *Näherungsfunktionen* für diese relativ komplizierte Geschwindigkeit-Zeit-Funktion erhalten wir durch eine Potenzreihenentwicklung der in Gleichung (VI-66) auftretenden hyperbolischen Funktion. Wir gehen dabei zunächst von der elementaren Funktion $\tanh x$ aus. Ihre *Mac Laurinsche Reihe* entnehmen wir der Tabelle 1:

$$\tanh x = x - \frac{1}{3}x^3 + \frac{2}{15}x^5 - + \ldots \qquad (|x| < \pi/2) \qquad \text{(VI-67)}$$

In unserem Beispiel ist $x = \dfrac{g}{v_E} t$ zu setzen und wir erhalten schließlich aus (VI-66) und (VI-67) die folgende Reihenentwicklung für $v(t)$:

$$v(t) = v_E \cdot \tanh\left(\frac{g}{v_E} t\right) = v_E \left[\frac{g}{v_E} t - \frac{1}{3}\left(\frac{g}{v_E} t\right)^3 + \frac{2}{15}\left(\frac{g}{v_E} t\right)^5 - + \ldots \right] =$$

$$= g t - \left(\frac{g^3}{3 v_E^2}\right) t^3 + \left(\frac{2 g^5}{15 v_E^4}\right) t^5 - + \ldots \qquad \text{(VI-68)}$$

Durch *Abbruch* der Reihe nach dem 1., 2. bzw. 3. Glied erhalten wir die folgenden einfachen *Näherungspolynome* für die Zeitabhängigkeit der Fallgeschwindigkeit:

1. Näherung: $v_1 = g t$

2. Näherung: $v_2 = g t - \left(\dfrac{g^3}{3 v_E^2}\right) t^3$ \hfill (VI-69)

3. Näherung: $v_3 = g t - \left(\dfrac{g^3}{3 v_E^2}\right) t^3 + \left(\dfrac{2 g^5}{15 v_E^4}\right) t^5$

Zu beachten ist dabei, dass diese Näherungen nur im Zeitintervall $0 \leq t \leq \dfrac{\pi v_E}{2 g}$ gelten.

Die *1. Näherung* liefert das für den *luftleeren* Raum gültige und bereits aus der Schulphysik bekannte *lineare* Geschwindigkeit-Zeit-Gesetz $v = gt$. In Bild VI-14 haben wir den Verlauf dieser Näherungspolynome für eine angenommene Endgeschwindigkeit von $v_E = 60 \, \text{m/s} \, (= 216 \, \text{km/h})$ dargestellt. Die Näherungen gelten aber nur für $t < 3\pi \, \text{s}$. Man erkennt deutlich, dass diese Näherungen nur für *kleine* Fallzeiten sinnvoll sind. Durch Hinzunahme weiterer Reihenglieder lassen sich diese Näherungsfunktionen jedoch noch verbessern.

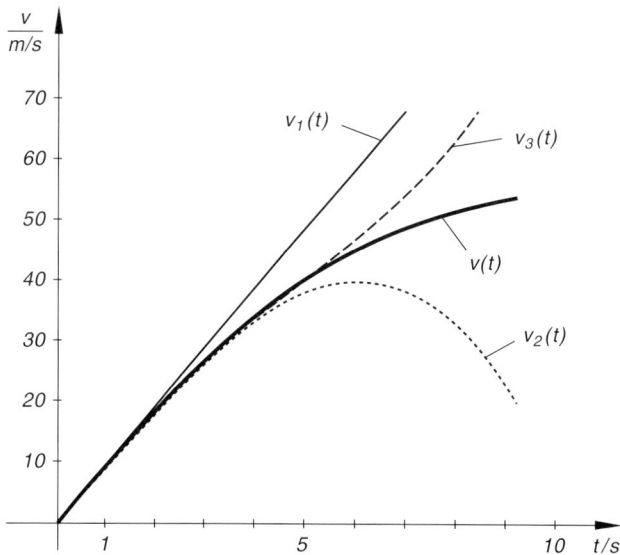

Bild VI-14
Näherungsfunktionen
für den zeitlichen
Verlauf der
Fallgeschwindigkeit

Durch *gliedweise Integration* der Geschwindigkeit-Zeit-Funktion (VI-68) erhalten wir das *Weg-Zeit-Gesetz* des freien Falls in Form einer Reihenentwicklung:

$$s(t) = \int_0^t v(t) \, dt = \int_0^t \left[gt - \left(\frac{g^3}{3 v_E^2} \right) t^3 + \left(\frac{2 g^5}{15 v_E^4} \right) t^5 - + \ldots \right] dt =$$

$$= \frac{1}{2} g t^2 - \left(\frac{g^3}{12 v_E^2} \right) t^4 + \left(\frac{g^5}{45 v_E^4} \right) t^6 - + \ldots \qquad \text{(VI-70)}$$

In *1. Näherung* gewinnen wir hieraus das bekannte *Fallgesetz* für den *luftleeren* Raum:

$$s(t) = \frac{1}{2} g t^2 \qquad \left(0 \leq t < \frac{\pi v_E}{2 g} \right) \qquad \text{(VI-71)}$$

Sonderfall: Freier Fall im luftleeren Raum

Im luftleeren Raum gilt $k = 0$. Die dann geltenden Fallgesetze erhalten wir aus den Gleichungen (IV-68) und (VI-70) für den Grenzübergang $k \to 0$. Dabei wird die Endgeschwindigkeit v_E des frei fallenden Körpers *unendlich groß*:

$$v_E = \sqrt{\frac{m g}{k}} \to \infty \qquad (\text{für } k \to 0) \qquad \text{(VI-72)}$$

In den Potenzreihenentwicklungen (VI-68) und (VI-70) verschwinden dann bis auf den 1. Summand *alle* Summanden und wir erhalten die aus der Schulphysik bekannten Fallgesetze:

$$v = gt \quad \text{und} \quad s = \frac{1}{2}gt^2 \quad (t \geq 0) \tag{VI-73}$$

Sie gelten wegen $t < \dfrac{\pi v_E}{2g} \to \infty$ für $v_E \to \infty$ für *alle* Zeiten, d. h. für $t \geq 0$.

Übungsaufgaben

Zu Abschnitt 1

1) Berechnen Sie den *Summenwert* der folgenden geometrischen Reihen:

   a) $\displaystyle\sum_{n=1}^{\infty} \left(-\frac{1}{8}\right)^{n-1}$
   b) $\displaystyle\sum_{n=1}^{\infty} 0{,}3^{n-1}$
   c) $\displaystyle\sum_{n=1}^{\infty} 4\left(-\frac{2}{3}\right)^{n-1}$

2) Welchem allgemeinen *Bildungsgesetz* $a_n = f(n)$ mit $n \in \mathbb{N}^*$ unterliegen die folgenden Reihen? Untersuchen Sie diese Reihen mit Hilfe des *Quotientenkriteriums* auf *Konvergenz* bzw. *Divergenz*:

   a) $1 + \dfrac{10}{1!} + \dfrac{100}{2!} + \dfrac{1000}{3!} + \ldots$
   b) $\dfrac{1}{1 \cdot 2^1} + \dfrac{1}{3 \cdot 2^3} + \dfrac{1}{5 \cdot 2^5} + \dfrac{1}{7 \cdot 2^7} + \ldots$

   c) $\dfrac{1}{2} + \dfrac{3}{2^2} + \dfrac{5}{2^3} + \dfrac{7}{2^4} + \ldots$
   d) $\dfrac{\ln 2}{1!} + \dfrac{(\ln 2)^2}{2!} + \dfrac{(\ln 2)^3}{3!} + \dfrac{(\ln 2)^4}{4!} + \ldots$

3) Zeigen Sie die *Konvergenz* der Reihe $\displaystyle\sum_{n=1}^{\infty} \dfrac{1}{(n+1)(n+2)}$. Welchen *Summenwert* hat die Reihe?

   Hinweis: Das allgemeine Glied zunächst durch Partialbruchzerlegung in Teilbrüche zerlegen, dann die Partialsumme s_n bestimmen.

4) Bestimmen Sie das *Konvergenzverhalten* der Reihe $\displaystyle\sum_{n=1}^{\infty} \ln\left(\dfrac{1}{n} + 1\right)$.

   Hinweis: Zunächst das allgemeine Reihenglied umformen (Rechenregeln für Logarithmen anwenden), dann die Partialsumme s_n bestimmen.

5) Zeigen Sie: Die folgenden Reihen erfüllen *nicht* das (bekannte) notwendige Konvergenzkriterium und sind somit divergent.

   a) $\displaystyle\sum_{n=1}^{\infty} \left(\dfrac{n+1}{n}\right)^{-n}$
   b) $\displaystyle\sum_{n=1}^{\infty} \ln\left(3 + \dfrac{1}{2n}\right)$

6) Untersuchen Sie mit Hilfe des *Quotientenkriteriums*, ob die folgenden Reihen *konvergieren* oder *divergieren*:

a) $\dfrac{1}{11} + \dfrac{1}{101} + \dfrac{1}{1001} + \dfrac{1}{10\,001} + \ldots$ b) $\displaystyle\sum_{n=1}^{\infty} \dfrac{n}{5^n}$

c) $1 + \dfrac{1}{2^2} + \dfrac{1}{2^4} + \dfrac{1}{2^6} + \ldots$ d) $\displaystyle\sum_{n=1}^{\infty} n \left(\dfrac{1}{2}\right)^{n-1}$

e) $\dfrac{2^1}{1} - \dfrac{2^2}{2} + \dfrac{2^3}{3} - \dfrac{2^4}{4} + - \ldots$ f) $\displaystyle\sum_{n=1}^{\infty} \dfrac{3^{2n}}{(2n)!}$

7) Untersuchen Sie mit Hilfe des *Wurzelkriteriums*, ob die folgenden Reihen *konvergieren* oder *divergieren*:

a) $\dfrac{1}{2^1} + \dfrac{2}{3^2} + \dfrac{3}{4^3} + \ldots + \dfrac{n}{(n+1)^n} + \ldots$ b) $\displaystyle\sum_{n=1}^{\infty} \dfrac{5^n}{4^n \cdot n^2}$

c) $\displaystyle\sum_{n=1}^{\infty} \left(\dfrac{n+1}{n}\right)^{-n^2}$ *Hinweis:* $\lim\limits_{n \to \infty} \sqrt[n]{n} = 1$

8) Zeigen Sie mit Hilfe einer geeigneten *konvergenten* Vergleichsreihe (*Majorante*) die *Konvergenz* der folgenden Reihen:

a) $\displaystyle\sum_{n=1}^{\infty} |0{,}5^n \cdot \cos(2n)|$ b) $\displaystyle\sum_{n=0}^{\infty} \dfrac{2}{(n+3)^2}$

9) Zeigen Sie mit Hilfe des *Minorantenkriteriums*, dass die folgenden Reihen *divergieren*:

a) $\displaystyle\sum_{n=1}^{\infty} n^{-\alpha}$ (mit $\alpha \leq 1$) b) $\displaystyle\sum_{n=1}^{\infty} \dfrac{1}{\ln(n+1)}$

10) Welche der folgenden *alternierenden* Reihen *konvergieren*, welche *divergieren*? Verwenden Sie bei der Untersuchung das Konvergenzkriterium von *Leibniz*.

a) $\dfrac{1}{1!} - \dfrac{1}{2!} + \dfrac{1}{3!} - \dfrac{1}{4!} + - \ldots$ b) $1 - \dfrac{1}{3} + \dfrac{1}{5} - \dfrac{1}{7} + - \ldots$

c) $\displaystyle\sum_{n=1}^{\infty} (-1)^{n+1} \cdot \dfrac{1}{n^2}$ d) $\displaystyle\sum_{n=1}^{\infty} (-1)^{n+1} \cdot \dfrac{1}{n \cdot 5^{2n-1}}$

Zu Abschnitt 2

1) Bestimmen Sie den *Konvergenzradius* und *Konvergenzbereich* der folgenden Potenzreihen:

   a) $P(x) = x + 2x^2 + 3x^3 + 4x^4 + \ldots$

   b) $P(x) = \sum_{n=1}^{\infty} (-1)^n \cdot \frac{x^n}{n}$

   c) $P(x) = \frac{x^1}{1^2} + \frac{x^2}{2^2} + \frac{x^3}{3^2} + \frac{x^4}{4^2} + \ldots$

   d) $P(x) = \sum_{n=0}^{\infty} \frac{x^n}{2^n}$

   e) $P(x) = \sum_{n=0}^{\infty} \frac{n}{n+1} x^{n+1}$

   f) $P(x) = \sum_{n=0}^{\infty} \frac{n+1}{n!} x^n$

2) Berechnen Sie den *Konvergenzradius* und *Konvergenzbereich* der Potenzreihe

   $$P(x) = 1 - x^2 + x^4 - x^6 + - \ldots$$

   Anleitung: Setzen Sie zunächst $z = x^2$ und untersuchen Sie anschließend das Konvergenzverhalten der neuen (z-abhängigen) Reihe.

Zu Abschnitt 3

1) Entwickeln Sie die folgenden Funktionen in eine *Mac Laurinsche Reihe*:

   a) $f(x) = \sinh x$
   b) $f(x) = \arctan x$
   c) $f(x) = \ln(1 + x^2)$

2) Bestimmen Sie die *Mac Laurinsche Reihe* der Funktion $f(x) = \cosh x$

   a) auf *direktem* Wege nach Formel (VI-44),

   b) aus den als bekannt vorausgesetzten *Potenzreihenentwicklungen* von e^x und e^{-x} unter Berücksichtigung der Definitionsformel $\cosh x = \frac{1}{2}(e^x + e^{-x})$.

3) Entwickeln Sie zunächst die Wurzelfunktion $f(x) = \dfrac{1}{\sqrt{1-x^3}}$ unter Verwendung der Binomischen Reihe in eine *Mac Laurinsche Reihe* (Abbruch nach dem 3. Glied). Berechnen Sie anschließend mit dieser Näherungsfunktion den Funktionswert an der Stelle $x = 0{,}2$ und schätzen Sie den Fehler ab.

4) Bestimmen Sie die *Mac Laurinschen Reihen* der folgenden Funktionen, indem Sie die Potenzreihen der beiden Faktoren *gliedweise* multiplizieren. In welchem Bereich konvergieren die Reihen?

   a) $f(x) = e^{-2x} \cdot \cos x$ (alle Glieder bis einschließlich x^4)

   b) $f(x) = \sin^2 x$ (alle Glieder bis einschließlich x^6)

   c) $f(x) = \dfrac{\sinh x}{1 + x^2}$ (alle Glieder bis einschließlich x^5)

5) Entwickeln Sie die folgenden Funktionen um die Stelle x_0 in eine *Taylor-Reihe* (Angabe der ersten vier Glieder):

   a) $f(x) = \cos x$, $x_0 = \dfrac{\pi}{3}$ b) $f(x) = \sqrt{x}$, $x_0 = 1$

   c) $f(x) = \dfrac{1}{x^2} - \dfrac{2}{x}$, $x_0 = 1$

6) Die Funktion $f(x) = x \cdot e^{-x}$ soll in der Umgebung des Nullpunktes durch einfache Polynomfunktionen bis *maximal* 3. Grades angenähert werden. Bestimmen Sie diese Näherungsfunktionen mit Hilfe der *Mac Laurinschen* Reihenentwicklung und skizzieren Sie ihren Verlauf.

7) Berechnen Sie mittels Reihenentwicklung den Funktionswert von $f(x) = \sqrt{1-x}$ an der Stelle $x = 0{,}05$ auf sechs Dezimalstellen nach dem Komma genau.

8) Berechnen Sie $\cos 8°$ mit Hilfe der *Mac Laurinschen* Reihenentwicklung von $\cos x$ auf vier Dezimalstellen genau.

   Hinweis: Winkel erst ins *Bogenmaß* umrechnen!

9) Ersetzen Sie die Sinusfunktion in der Umgebung ihres 1. Maximums im *positiven* x-Bereich durch eine *Parabel*.

   Anleitung: Taylor-Reihe von $f(x) = \sin x$ um die betreffende Stelle bestimmen und nach dem quadratischen Glied abbrechen.

10) Lösen Sie die Gleichung $\cosh x = 4 - x^2$ näherungsweise durch Potenzreihenentwicklung von $\cosh x$ und Abbruch dieser Reihe nach der 4. Potenz.

11) Lösen Sie das (unbestimmte) Integral $F(x) = \displaystyle\int_0^x \dfrac{1}{1+t^2}\, dt$, indem Sie den Integranden zunächst in eine *Mac Laurinsche Reihe* entwickeln (Binomische Reihe verwenden!) und diese anschließend *gliedweise* integrieren. Bestimmen Sie den Konvergenzbereich der durch Integration gewonnenen Potenzreihe, die eine Ihnen bekannte elementare Funktion darstellt. Um welche Funktion handelt es sich?

12) Die folgenden bestimmten Integrale sind elementar, d. h. in geschlossener Form *nicht* lösbar. Sie lassen sich jedoch durch *Potenzreihenentwicklung* des Integranden und anschließender *gliedweiser Integration* berechnen. Bestimmen Sie den Wert dieser Integrale auf *vier* Dezimalstellen nach dem Komma genau.

a) $\displaystyle\int_0^{0,5} \cos(\sqrt{x})\, dx$ b) $\displaystyle\int_0^{0,2} \frac{e^x}{x+1}\, dx$ c) $\displaystyle\int_0^1 \frac{\sin x}{x}\, dx$

13) Zeigen Sie, wie man aus der als *bekannt* vorausgesetzten Potenzreihe von $\ln(1-x)$ durch *Differentiation* die Mac Laurinsche Reihe von $\dfrac{1}{1-x}$ gewinnen kann.

Anleitung: Gehen Sie von der folgenden Entwicklung aus:

$$\ln(1-x) = -x - \frac{x^2}{2} - \frac{x^3}{3} - \frac{x^4}{4} - \ldots \qquad (-1 \leq x < 1)$$

14) Zwischen Luftdruck p und Höhe h (gemessen gegenüber dem Meeresniveau) besteht unter der Annahme konstanter Lufttemperatur der folgende Zusammenhang (sog. *barometrische Höhenformel*):

$$p(h) = p_0 \cdot e^{-\frac{h}{7991\,\text{m}}} \qquad (p_0: \text{Luftdruck auf Meereshöhe}; h \geq 0\,\text{m})$$

Leiten Sie mit Hilfe der Potenzreihenentwicklung einen *linearen* Zusammenhang zwischen den Größen p und h her. Bis zu welcher Höhe $h_{\max}$ liefert diese Näherung Werte, die um *maximal* 1 % vom tatsächlichen Luftdruck abweichen?

15) Die Schwingungsdauer T eines *konischen Pendels* (Bild VI-15) hängt bei gegebener Fadenlänge l und festem Ort nur noch vom Winkel φ zwischen Faden und Vertikale ab:

$$T = T(\varphi) = 2\pi \sqrt{\frac{l}{g} \cdot \cos \varphi}$$

(g: Erdbeschleunigung)

Zeigen Sie:
Für *kleine* Winkel φ ist die Schwingungsdauer T nahezu winkelunabhängig.

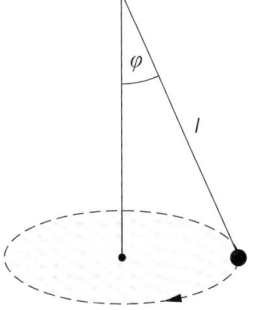

Bild VI-15 Konisches Pendel

16) Die Schwingungsdauer T einer ungedämpften *elektromagnetischen Schwingung* lässt sich nach der Gleichung $T = 2\pi\sqrt{LC}$ aus der Induktivität L und der Kapazität C berechnen (Bild VI-16).

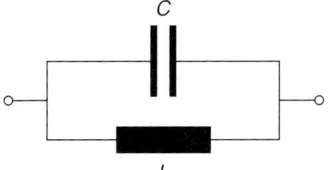

Bild VI-16
Elektromagnetischer Schwingkreis

a) Berechnen Sie die Schwingungsdauer T_0 für die Werte $L_0 = 0{,}1\,\text{H}$ und $C_0 = 10\,\mu\text{F}$.

b) Bei einer Kapazitätsänderung um ΔC (aber *konstant* bleibender Induktivität) ändert sich die Schwingungsdauer um ΔT. Leiten Sie mit Hilfe der Potenzreihenentwicklung einen *linearen* Zusammenhang zwischen diesen Größen her.

c) Berechnen Sie mit dieser *linearen Näherungsformel* die Änderung ΔT der Schwingungsdauer für den Fall einer *Kapazitätszunahme* um $\Delta C = 0{,}6\,\mu\text{F}$ und vergleichen Sie diesen Wert mit dem *exakten* Wert.

17) In der Relativitätstheorie wird gezeigt, dass die Elektronenmasse m mit der Elektronengeschwindigkeit v nach der Formel

$$m = m(v) = \frac{m_0}{\sqrt{1 - (v/c)^2}}$$

zunimmt (m_0: Ruhemasse des Elektrons; c: Lichtgeschwindigkeit). Zeigen Sie mit Hilfe der Potenzreihenentwicklung, dass zwischen den Größen m und v in *1. Näherung* der folgende Zusammenhang besteht:

$$m \approx m_0\left(1 + \frac{v^2}{2c^2}\right)$$

18) Die folgenden Grenzwerte führen zunächst auf einen *unbestimmten Ausdruck* vom Typ „$\dfrac{0}{0}$" bzw. „$\dfrac{\infty}{\infty}$". Berechnen Sie diese Grenzwerte unter Anwendung der Regel von *Bernoulli* und *de L'Hospital*:

a) $\lim\limits_{x\to 0} \dfrac{\tan x}{x}$ b) $\lim\limits_{x\to 0} \dfrac{\cos x - 1}{x}$ c) $\lim\limits_{x\to 0} \dfrac{\sin x}{x}$

d) $\lim\limits_{x\to 0} \dfrac{x\cdot e^x}{1 - e^x}$ e) $\lim\limits_{x\to a} \dfrac{x^n - a^n}{x - a}$ f) $\lim\limits_{x\to \infty} \dfrac{\ln x}{x^2}$

g) $\lim_{x \to \pi} \dfrac{3 \cdot \tan x}{\sin (2x)}$ h) $\lim_{x \to 0} \dfrac{\ln (1 + x)}{x}$ i) $\lim_{x \to \infty} \dfrac{\ln x}{e^x}$

j) $\lim_{x \to \infty} \dfrac{x^3 - 2}{e^{2x}}$ k) $\lim_{x \to 0} \dfrac{\tanh (\sqrt{x})}{\sqrt{x}}$

19) Berechnen Sie die folgenden Grenzwerte:

a) $\lim_{x \to 0} (2x)^x$ b) $\lim_{x \to 0} \left(\dfrac{1}{x}\right)^x$ c) $\lim_{x \to 0} (x^2 \cdot \ln x)$

d) $\lim_{x \to \infty} (e^{-x} \cdot \sqrt{x})$ e) $\lim_{x \to \pi} (x - \pi) \cdot \tan \left(\dfrac{x}{2}\right)$

f) $\lim_{x \to 0} \left(\dfrac{1}{\tan x} - \dfrac{1}{x}\right)$

Anleitung: Die Grenzwerte sind von einem Typ, auf den die Regel von Bernoulli und de L'Hospital zunächst *nicht* anwendbar ist. Mit Hilfe *elementarer* Umformungen gelingt es jedoch, die unbestimmte Form „$\dfrac{0}{0}$" bzw. „$\dfrac{\infty}{\infty}$" herzustellen, auf die man dann die Grenzwertregel anwenden darf.

20) Berechnen Sie die folgenden Grenzwerte mit Hilfe einer geeigneten Potenzreihenentwicklung:

a) $\lim_{x \to 0} \dfrac{1 - \cos x}{x^2}$ b) $\lim_{x \to 0} \dfrac{2(x - \sin x)}{e^x - 1 + \sin x}$

c) $\lim_{x \to 0} \dfrac{\cosh x - 1}{x}$ d) $\lim_{x \to 0} \dfrac{\sin^2 x}{x}$

21) Bestimmen Sie den Grenzwert

$$\lim_{x \to \infty} (x - e^x)$$

vom Typ „$\infty - \infty$" durch Ausklammern der Exponentialfunktion und Verwendung der Grenzwertregel von *Bernoulli-de L'Hospital*.

VII Komplexe Zahlen und Funktionen

1 Definition und Darstellung einer komplexen Zahl

Die *komplexen Zahlen* stellen eine *Erweiterung* der reellen Zahlenmenge $\mathbb{R}$ dar und erweisen sich in den technischen Anwendungen als ein sehr nützliches mathematisches Hilfsmittel. Ein wichtiges Beispiel dafür bietet die *komplexe Wechselstromrechnung* der Elektrotechnik, auf die wir im Anwendungsteil näher eingehen werden.

1.1 Definition einer komplexen Zahl

Alle bisherigen Rechenoperationen beruhen auf den *reellen* Zahlen, die sich in umkehrbar eindeutiger Weise durch *Punkte* auf einer gerichteten Geraden, *Zahlengerade* genannt, darstellen lassen. Die reelle Zahl x wird dabei durch den Punkt $P(x)$ repräsentiert (Bild VII-1).

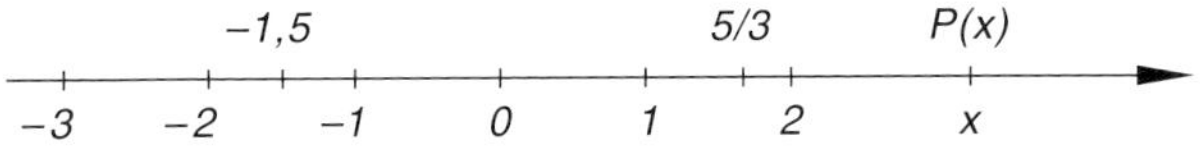

Bild VII-1

Bereits beim Lösen einfachster quadratischer Gleichungen können jedoch Probleme auftreten, wie die nachfolgenden Beispiele zeigen werden. Während die Gleichung $x^2 = 1$ im Bereich der reellen Zahlen *lösbar* ist (ihre Lösungen sind $x_{1/2} = \pm 1$), lässt sich die ebenso einfache Gleichung $x^2 = -1$ im Reellen *nicht* lösen, da bekanntlich das *Quadrat* einer reellen Zahl (ob positiv oder negativ) stets *größer* oder *gleich* null, *niemals* aber negativ ist:

$$x^2 = -1 \quad \Rightarrow \quad \begin{cases} \text{Keine reellen Lösungen,} \\ \text{da} \quad x^2 \geq 0 \quad \text{für jedes} \quad x \in \mathbb{R} \quad \text{ist.} \end{cases}$$

Es besteht jedoch der Wunsch, auch diese einfache Gleichung lösen zu können. Da dies im Reellen *nicht* möglich ist, müssen wir den Zahlenbereich in geeigneter Weise *erweitern*, d. h. neue Zahlen „erfinden“, mit deren Hilfe auch Gleichungen wie $x^2 = -1$ gelöst werden können. Überlegungen in dieser Richtung werden uns auf eine neue Zahlenmenge, die sog. „komplexen Zahlen“, führen. Von diesen Zahlen erwarten wir, dass man mit ihnen ähnlich rechnen kann wie mit reellen Zahlen, und sie sollten in gewisser Weise die reellen Zahlen als „Sonderfall“ mitenthalten.

An dieser Stelle sei daran erinnert, dass auch die uns inzwischen so vertrauten *reellen* Zahlen nicht einfach „vom Himmel gefallen“ sind, sondern vielmehr das Ergebnis mehrmaliger *Erweiterungen* eines Zahlenbereiches sind. In Bild VII-2 wird dieser Erweiterungsprozess in anschaulicher Weise dargestellt.

L. Papula, *Mathematik für Ingenieure und Naturwissenschaftler Band 1*,
https://doi.org/10.1007/978-3-658-45802-7_7

1 Definition und Darstellung einer komplexen Zahl

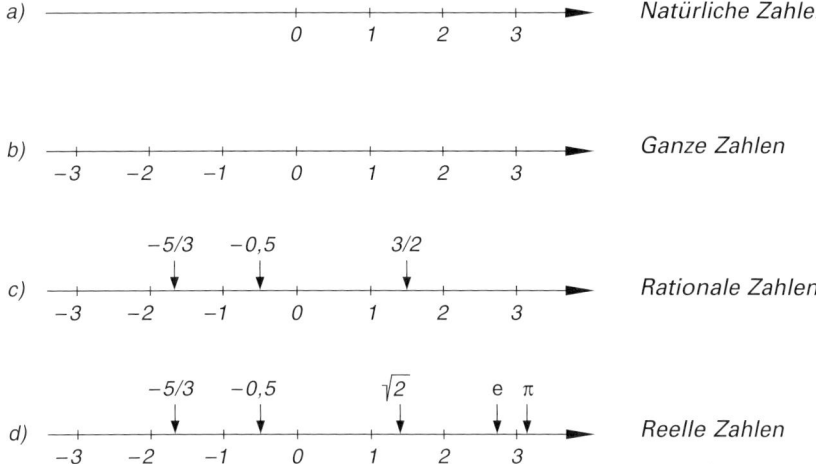

Bild VII-2 Erweiterung des Zahlenbereichs von den natürlichen Zahlen zu den reellen Zahlen

Ausgangspunkt sind dabei die *natürlichen Zahlen* (0, 1, 2, 3, ...). Durch Hinzunahme der *negativen* ganzen Zahlen (entstanden durch *Spiegelung* der natürlichen Zahlen am Nullpunkt) gelangt man zu den *ganzen Zahlen* (0, ±1, ±2, ±3, ...). Noch ist jedoch auf dem Zahlenstrahl genügend Platz für weitere Zahlen. Die nächste Erweiterung des Zahlenbereiches führt zu den *rationalen Zahlen* (alle Brüche vom Typ m/n, wobei m eine ganze und n eine positive ganze Zahl bedeuten). Noch immer gibt es *freie* Plätze auf der Zahlengeraden. Erst durch die Hinzunahme der *irrationalen Zahlen* (wie z. B. $\sqrt{2}$, e, π) werden die noch vorhandenen Lücken auf der Zahlengeraden geschlossen: *Jeder* Punkt auf dieser Geraden repräsentiert jetzt eine *reelle* Zahl in umkehrbar eindeutiger Weise. Der Erweiterungsprozess ist damit (zunächst) abgeschlossen.

Erweiterung des Zahlenbereichs

Analog zu den *reellen* Zahlen sollen auch die neuen sog. *komplexen Zahlen* durch *Bildpunkte* dargestellt werden. Da auf dem Zahlstrahl keine freien Plätze mehr vorhanden sind (jeder Platz ist bereits mit einer *reellen* Zahl *belegt*), müssen wir in die *Ebene* „ausweichen". Dort stehen noch genügend freie Plätze für weitere Zahlen zur Verfügung. Wir führen jetzt die neuen Zahlen wie folgt ein:

In der x, y-Ebene soll der Punkt $P = (x; y)$ mit den kartesischen Koordinaten x und y die neue sog. „komplexe Zahl" z repräsentieren, für die wir die symbolische Schreibweise

$$z = x + jy \qquad \text{(VII-1)}$$

wählen, wobei j als „imaginäre Einheit" bezeichnet wird (Bild VII-3). Die komplexe Zahl z ist damit durch das *geordnete* (relle) *Zahlenpaar* $(x; y)$ eindeutig beschrieben:

$$z = x + jy \leftrightarrow P(z) = (x; y)$$

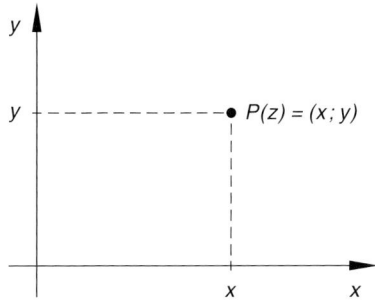

Bild VII-3
Darstellung einer komplexen Zahl durch einen Bildpunkt der Ebene

Komplexe Zahl

Unter einer *komplexen* Zahl z versteht man ein *geordnetes Paar* $(x; y)$ aus zwei *reellen* Zahlen x und y. Symbolische Schreibweise:

$$z = x + jy \qquad \text{(VII-2)}$$

Die komplexe Zahl $z = x + jy$ wird dabei durch den Punkt $P(z) = (x; y)$ der x, y-Ebene *eindeutig* repräsentiert (Bild VII-3).

Anmerkungen

(1) In der Mathematik wird die *imaginäre Einheit* meist durch das Symbol i gekennzeichnet. Wir werden dieses Symbol jedoch *nicht* verwenden, um Verwechslungen mit der *Stromstärke i* zu vermeiden.

(2) Die Darstellungsform $z = x + jy$ ist die *Normalform* einer komplexen Zahl. Sie wird auch als *algebraische* oder *kartesische* Form bezeichnet (siehe hierzu auch den späteren Abschnitt 1.4.1).

(3) Die *reellen* Bestandteile x und y der komplexen Zahl $z = x + jy$ werden als *Realteil* und *Imaginärteil* von z bezeichnet. Symbolische Schreibweise:

Realteil von z: $\quad \text{Re}(z) = x$

Imaginärteil von z: $\quad \text{Im}(z) = y$

(4) Die Menge

$$\mathbb{C} = \{z \mid z = x + jy \quad \text{mit} \quad x, y \in \mathbb{R}\} \qquad \text{(VII-3)}$$

heißt *Menge der komplexen Zahlen*.

Hinweis zur symbolischen Schreibweise

Die gewählte Schreibweise $z = x + jy$ für eine komplexe Zahl erinnert – formal betrachtet – an eine Summe aus zwei Zahlen x und jy, von denen die 1. Zahl eine *reelle* Zahl ist, während wir über die Art der 2. Zahl zunächst wenig wissen (sie ist

1 Definition und Darstellung einer komplexen Zahl

jedenfalls *nicht* reell). Das Verknüpfungszeichen „+" in $z = x + \mathrm{j}y$ bedeutet an dieser Stelle *keine* Addition (wir haben für komplexe Zahlen noch keinerlei Rechenoperationen festgelegt). Man hätte also auch ein (beliebiges) anderes Verknüpfungszeichen wählen können. Es ist jedoch *kein* Zufall, dass man sich für das Additionszeichen „+" entschieden hat. Etwas später werden wir sehen, dass die komplexe Zahl $z = x + \mathrm{j}y$ in der Tat als eine *Summe* zweier spezieller komplexer Zahlen aufgefasst werden kann.

1.2 Komplexe oder Gaußsche Zahlenebene

Alle Punkte der *x*-Achse haben den Ordinatenwert $y = 0$, repräsentieren also komplexe Zahlen mit einem *verschwindenden* Imaginärteil $\mathrm{Im}(z) = y = 0$ und können daher als *reelle* Zahlen identifiziert werden:

$$\text{reelle Zahl:} \quad z = x + \mathrm{j}0 \equiv x$$

Die *reellen* Zahlen sind also ein *Sonderfall* der komplexen Zahlen. Ihre Bildpunkte liegen auf der *x*-Achse, die daher zu Recht in *reelle* Achse umbenannt wird ($\mathrm{Re}(z)$; siehe Bild VII-4).

Die auf der *y*-Achse liegenden Bildpunkte haben den Abszissenwert $x = 0$ und repräsentieren somit komplexe Zahlen mit einem *verschwindenden* Realteil $\mathrm{Re}(z) = x = 0$. Sie werden (wegen der enthaltenen imaginären Einheit j) als *imaginäre* Zahlen bezeichnet:

$$\text{imaginäre Zahl:} \quad z = 0 + \mathrm{j}y \equiv \mathrm{j}y$$

Die bisherige *y*-Achse wird daher im Folgenden als *imaginäre* Achse bezeichnet ($\mathrm{Im}(z)$; siehe Bild VII-4). Auch die *imaginären* Zahlen sind demnach ein *Sonderfall* der komplexen Zahlen. Aus den genannten Gründen bezeichnen wir fortan die *x*, *y*-Ebene als *komplexe* Ebene oder *Gaußsche Zahlenebene* (Bild VII-5).

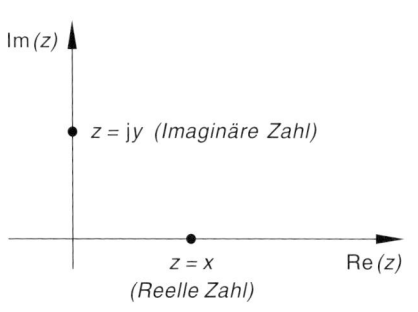

Bild VII-4 Bildliche Darstellung einer reellen bzw. imaginären Zahl

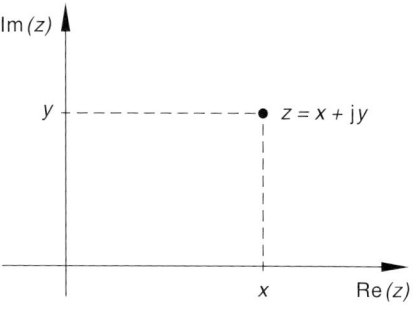

Bild VII-5 Komplexe oder Gaußsche Zahlenebene

In den technischen Anwendungen werden *komplexe* Zahlen oft durch sog. *Zeiger* dargestellt. Es handelt sich dabei um eine *bildliche* Darstellung der komplexen Zahl z in Form eines *Pfeils*, der vom Koordinatenursprung aus zum Bildpunkt $P(z)$ gerichtet ist (Bild VII-6). Wir kennzeichnen ihn durch das Symbol $\underline{z} = x + \mathrm{j}y$ (*unterstrichene komplexe Zahl*).

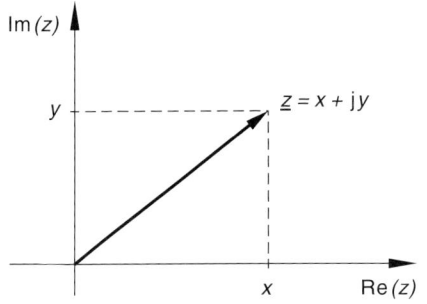

Bild VII-6
Bildliche Darstellung einer komplexen Zahl durch einen Zeiger in der Gaußschen Zahlenebene

---

Geometrische Darstellung einer komplexen Zahl in der Gaußschen Zahlenebene

Eine *komplexe* Zahl $z = x + \mathrm{j}y$ lässt sich in der *Gaußschen Zahlenebene* durch den *Bildpunkt* $P(z) = (x; y)$ (Bild VII-5) oder durch den Zeiger $\underline{z} = x + \mathrm{j}y$ (Bild VII-6) geometrisch darstellen. Die Bildpunkte der *reellen* Zahlen liegen dabei auf der *reellen Achse*, die Bildpunkte der *imaginären* Zahlen auf der *imaginären Achse*.

Anmerkungen

(1) Der Zeiger $\underline{z}$ ist eine *geometrische* Darstellungsform der komplexen Zahl z und *nicht* mit einem Vektor zu verwechseln (Vektoren und Zeiger unterliegen *unterschiedlichen* Rechengesetzen).

(2) Sowohl die Menge der *reellen* Zahlen als auch die Menge der *imaginären* Zahlen sind echte *Teilmengen* der Menge $\mathbb{C}$.

(3) Wir kennzeichnen den Bildpunkt $P(z)$ einer komplexen Zahl z meist durch das Zahlensymbol selbst.

■ **Beispiele**

(1) Bild VII-7 zeigt die Lage der *Bildpunkte* von

$$z_1 = 2 + 4\mathrm{j}, \quad z_2 = 4 + \mathrm{j}, \quad z_3 = 3\mathrm{j}, \quad z_4 = -3, \quad z_5 = -6 + 2\mathrm{j},$$
$$z_6 = -3 - 4\mathrm{j}, \quad z_7 = 2 - 3\mathrm{j}, \quad z_8 = -2 + 4\mathrm{j}$$

in der Gaußschen Zahlenebene.

1 Definition und Darstellung einer komplexen Zahl 657

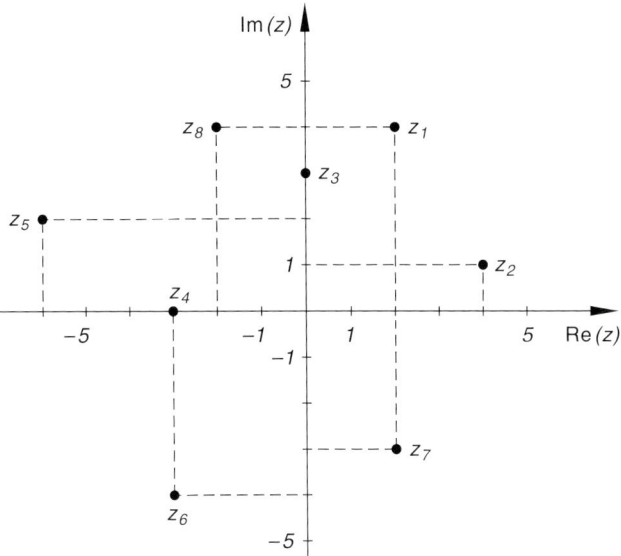

Bild VII-7

(2) Die komplexen Zahlen

$$z_1 = 9 + 3j, \qquad z_2 = 4 + 5j, \qquad z_3 = -3 + 4j, \qquad z_4 = -7,$$
$$z_5 = -3 - 3j, \qquad z_6 = 3 - 2j, \qquad z_7 = -4j$$

sind in Bild VII-8 durch *Zeiger* in der Gaußschen Zahlenebene dargestellt.

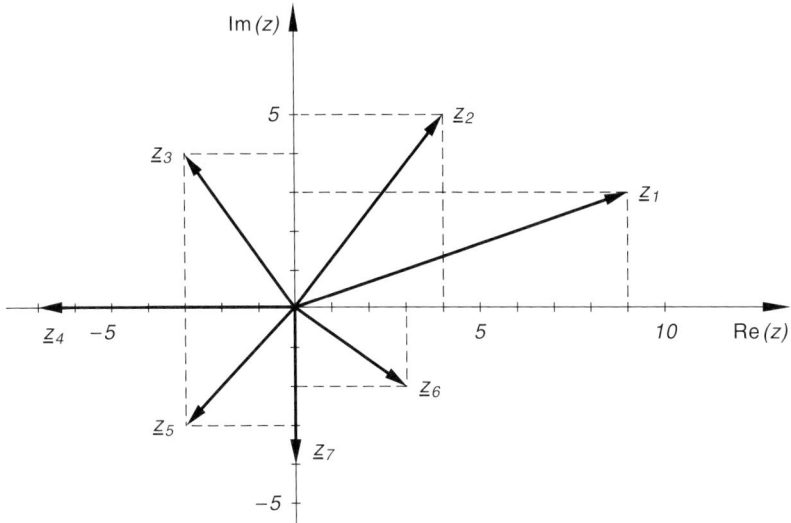

Bild VII-8 ■

1.3 Weitere Grundbegriffe

Wir behandeln in diesem Abschnitt die folgenden Grundbegriffe: *Gleichheit* zweier komplexer Zahlen, *Betrag* einer komplexen Zahl, *konjugiert* komplexe Zahl.

Gleichheit zweier komplexer Zahlen

> **Definition:** Zwei komplexe Zahlen $z_1 = x_1 + jy_1$ und $z_2 = x_2 + jy_2$ heißen *gleich*, $z_1 = z_2$, wenn
>
> $$x_1 = x_2 \quad \text{und} \quad y_1 = y_2 \qquad \text{(VII-4)}$$
>
> ist.

Zwei komplexe Zahlen sind demnach *gleich*, wenn sie sowohl in ihrem *Realteil* als auch in ihrem *Imaginärteil* übereinstimmen. Die zugehörigen Bildpunkte bzw. Zeiger fallen dann zusammen.

Betrag einer komplexen Zahl

> **Definition:** Unter dem *Betrag* $|z|$ der komplexen Zahl $z = x + jy$ versteht man die Länge des zugehörigen Zeigers (Bild VII-9):
>
> $$|z| = |x + jy| = \sqrt{x^2 + y^2} \qquad \text{(VII-5)}$$

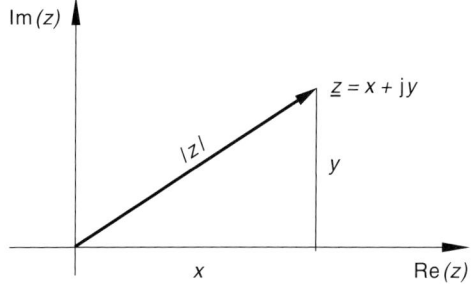

Bild VII-9
Zum Begriff des Betrages einer komplexen Zahl

Anmerkungen

(1) Definitionsgleichung (VII-5) folgt unmittelbar aus Bild VII-9 durch Anwendung des *Satzes von Pythagoras* auf das eingezeichnete rechtwinklige Dreieck.

(2) Der Betrag $|z|$ einer komplexen Zahl z ist eine *Abstandsgröße* (Abstand des Bildpunktes von z vom Nullpunkt der Gaußschen Zahlenebene). Daher ist $|z| \geq 0$.

1 Definition und Darstellung einer komplexen Zahl

■ **Beispiel**

Die komplexen Zahlen $z_1 = 3 - 4\mathrm{j}$, $z_2 = 3\mathrm{j}$ und $z_3 = -2 - 8\mathrm{j}$ besitzen folgende *Beträge*:

$$|z_1| = \sqrt{3^2 + (-4)^2} = \sqrt{25} = 5; \qquad |z_2| = \sqrt{0^2 + 3^2} = \sqrt{9} = 3;$$

$$|z_3| = \sqrt{(-2)^2 + (-8)^2} = \sqrt{68} = 8{,}25$$

■

Konjugiert komplexe Zahl

> **Definition:** Die komplexe Zahl
>
> $$z^* = (x + \mathrm{j}y)^* = x + \mathrm{j}(-y) = x - \mathrm{j}y \qquad (\text{VII-6})$$
>
> heißt die zu $z = x + \mathrm{j}y$ *konjugiert* komplexe Zahl.

Der Übergang von der komplexen Zahl z zur *konjugiert* komplexen Zahl z^* bedeutet (formal betrachtet) einen *Vorzeichenwechsel* im Imaginärteil, während der Realteil *unverändert* bleibt. Die zugehörigen Bildpunkte bzw. Zeiger liegen daher *spiegelsymmetrisch* zur reellen Achse (Bild VII-10).

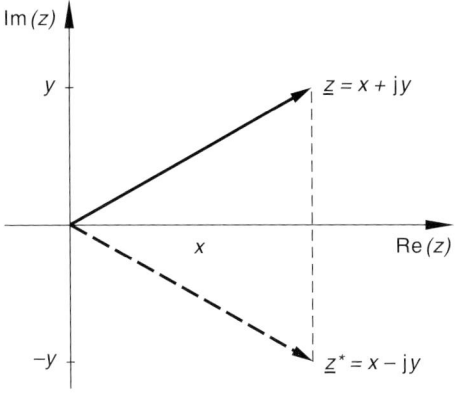

Bild VII-10
Zum Begriff der konjugiert komplexen Zahl

Anmerkungen

(1) *Formal* lässt sich der Übergang von der komplexen Zahl $z = x + \mathrm{j}y$ zur *konjugiert komplexen* Zahl $z^* = x - \mathrm{j}y$ durch die *Substitution* $\mathrm{j} \to -\mathrm{j}$ beschreiben. z und z^* haben den gleichen Betrag: $|z| = |z^*|$.

(2) Für zwei zueinander *konjugiert* komplexe Zahlen z_1 und z_2 gilt:

$$z_1 = z_2^* \qquad \text{und} \qquad z_2 = z_1^* \qquad (\text{VII-7})$$

(3) Es ist stets $(z^*)^* = z$ (*zweimalige* Spiegelung an der reellen Achse führt zum Ausgangspunkt zurück).

■ **Beispiele**

(1) Gegeben sind die komplexen Zahlen

$$z_1 = 3 + 3j, \quad z_2 = -2 - 3j, \quad z_3 = 5 - 2j, \quad z_4 = -4j, \quad z_5 = 8$$

Die *konjugiert* komplexen Zahlen lauten:

$$z_1^* = (3 + 3j)^* = 3 - 3j$$
$$z_2^* = (-2 - 3j)^* = -2 + 3j$$
$$z_3^* = (5 - 2j)^* = 5 + 2j$$
$$z_4^* = (-4j)^* = 4j$$
$$z_5^* = (8)^* = 8$$

Bild VII-11 zeigt die Lage der zugehörigen Bildpunkte und Zeiger in der Gaußschen Zahlenebene (Zeigerspitze = Bildpunkt).

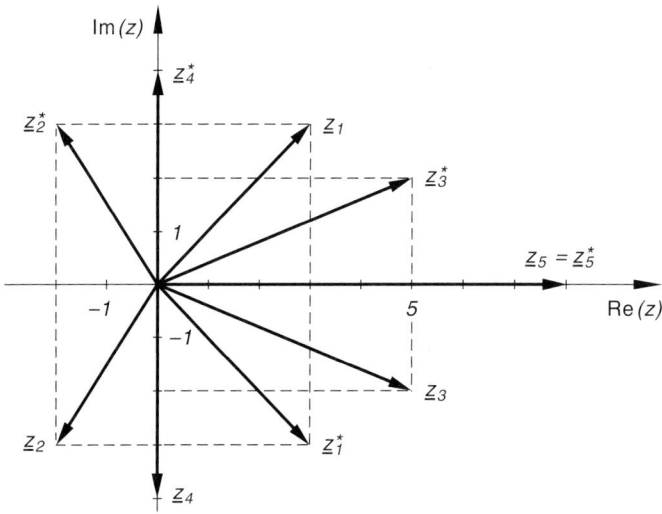

Bild VII-11

(2) Wir zeigen *geometrisch*, dass eine komplexe Zahl z mit der Eigenschaft $z = z^*$ *reell* ist.

Die Zeiger zweier *konjugiert* komplexer Zahlen z und z^* liegen bekanntlich *spiegelsymmetrisch* zur *reellen* Achse (siehe hierzu auch Bild VII-10).

1 Definition und Darstellung einer komplexen Zahl

Die Gleichung $z = z^*$ bedeutet, dass die zugehörigen Zeiger $\underline{z}$ und $\underline{z}^*$ zusammenfallen. *Beide* Bedingungen sind nur miteinander in Einklang zu bringen, wenn der Zeiger $\underline{z}$ in der *reellen* Achse liegt und somit eine *reelle* Zahl darstellt (Bild VII-12).

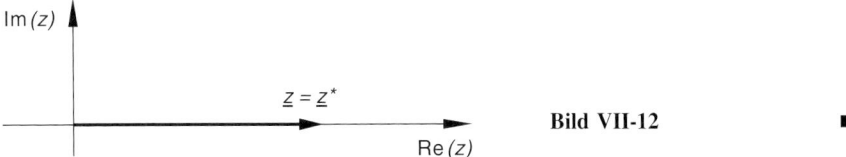

Bild VII-12   ■

1.4 Darstellungsformen einer komplexen Zahl

1.4.1 Algebraische oder kartesische Form

In Abschnitt 1.1 wurde die komplexe Zahl z (formal gesehen) als *algebraische Summe* aus einer *reellen* Zahl x und einer *imaginären* Zahl jy eingeführt:

$$z = x + jy \qquad \text{(VII-8)}$$

Diese Darstellungsform heißt daher *algebraisch*. Auch für die ebenfalls übliche Bezeichnung *kartesische* Form gibt es eine einleuchtende Erklärung: Real- und Imaginärteil der komplexen Zahl z repräsentieren die *kartesischen* Koordinaten des zugehörigen Bildpunktes $P(z) = (x; y)$ in der Gaußschen Zahlenebene. Die *algebraische* oder *kartesische* Form ist die *Normalform* einer komplexen Zahl.

1.4.2 Trigonometrische Form

Den Bildpunkt $P(z)$ einer komplexen Zahl $z = x + jy$ können wir auch durch *Polarkoordinaten* r und φ festlegen (Bild VII-13). Mit Hilfe der aus dem Bild ersichtlichen Transformationsgleichungen

$$x = r \cdot \cos \varphi, \qquad y = r \cdot \sin \varphi \qquad \text{(VII-9)}$$

lässt sich die komplexe Zahl z aus der *kartesischen* Form in die sog. *trigonometrische* Form

$$z = x + jy = r \cdot \cos \varphi + j \cdot r \cdot \sin \varphi = r(\cos \varphi + j \cdot \sin \varphi) \qquad \text{(VII-10)}$$

überführen (Bezeichnung „trigonometrische" Form wegen der auftretenden trigonometrischen Funktionen Sinus und Kosinus).

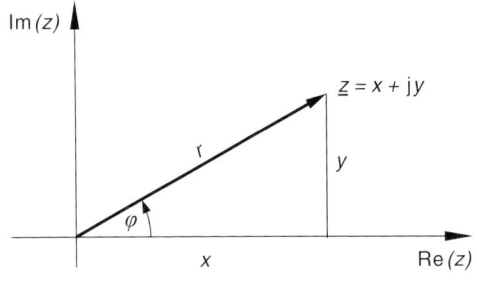

Bild VII-13
Zur trigonometrischen Form einer komplexen Zahl

Für r und φ sind in der komplexen Rechnung die Bezeichnungen

r: *Betrag* von z (also $r = |z|$)

φ: *Argument*[1], *Winkel* oder *Phase* von z

üblich. Für die *Abstandsgröße* r gilt stets $r \geq 0$. Die Winkelkoordinate φ ist *unendlich vieldeutig*, denn jede weitere volle Umdrehung führt zum *gleichen* Bildpunkt. Man beschränkt sich daher bei der Winkelangabe meist auf den im Intervall $0 \leq \varphi < 2\pi$ gelegenen *Hauptwert*. Dies entspricht einer Drehung aus der positiven reellen Achse heraus im *Gegenuhrzeigersinn* (positiver Drehsinn) um einen Winkel zwischen $0°$ und $360°$.

Wichtiger Hinweis zum Begriff „Hauptwert eines Winkels"

Vereinbarungsgemäß liegt unser Winkelhauptwert im Intervall $0 \leq \varphi < 2\pi$. Im *technischen* Bereich (insbesondere in der Elektrotechnik) wird jedoch häufig der *kleinstmögliche* Drehwinkel als Hauptwert angegeben. Den 1. und 2. Quadranten erreicht man dabei durch Drehung im *Gegenuhrzeigersinn* (*positiver* Drehwinkel von $0°$ bis $180°$ bzw. von 0 bis π), den 3. und 4. Quadranten dagegen durch Drehung im *Uhrzeigersinn* (*negativer* Drehwinkel von $0°$ bis $-180°$ bzw. von 0 bis $-\pi$), wobei die Drehung jeweils aus der positiv-reellen Achse heraus erfolgt. Der *Hauptwert* des Winkels liegt bei dieser Festlegung dann im Intervall $-\pi < \varphi \leq \pi$.

Der Übergang von der komplexen Zahl z zur *konjugiert* komplexen Zahl z^* bedeutet geometrisch eine *Spiegelung* des Bildpunktes $P(z)$ an der *reellen* Achse (Bild VII-14). Dabei tritt ein *Vorzeichenwechsel* im Argument (Winkel) φ ein (Drehung im mathematisch *negativen* Drehsinn), während der Betrag r *unverändert* bleibt. Die zu $z = r(\cos\varphi + j \cdot \sin\varphi)$ *konjugiert* komplexe Zahl z^* lautet daher in der *trigonometrischen* Darstellungsform wie folgt:

$$z^* = r[\cos(-\varphi) + j \cdot \sin(-\varphi)] = r(\cos\varphi - j \cdot \sin\varphi) \qquad \text{(VII-11)}$$

Formal kann der Übergang von z nach z^* auch durch die Substitution $j \rightarrow -j$ beschrieben werden.

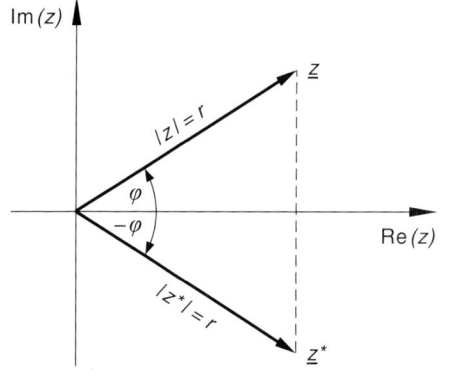

Bild VII-14
Zur trigonometrischen Darstellungsform der konjugiert komplexen Zahl

---

[1] Schreibweise: $\varphi = \arg(z)$

1 Definition und Darstellung einer komplexen Zahl

■ **Beispiele**

(1) Die in der *trigonometrischen* Form vorliegenden komplexen Zahlen

$$z_1 = 2(\cos 30° + j \cdot \sin 30°), \qquad z_2 = 3\left[\cos\left(\frac{3}{4}\pi\right) + j \cdot \sin\left(\frac{3}{4}\pi\right)\right],$$

$$z_3 = 5(\cos \pi + j \cdot \sin \pi), \qquad z_4 = 3(\cos 250° + j \cdot \sin 250°),$$

$$z_5 = 3\left(\cos\left(\frac{\pi}{2}\right) + j \cdot \sin\left(\frac{\pi}{2}\right)\right), \qquad z_6 = 4[\cos(-45°) + j \cdot \sin(-45°)]$$

sind in Bild VII-15 durch *Zeiger* in der Gaußschen Zahlenebene dargestellt.

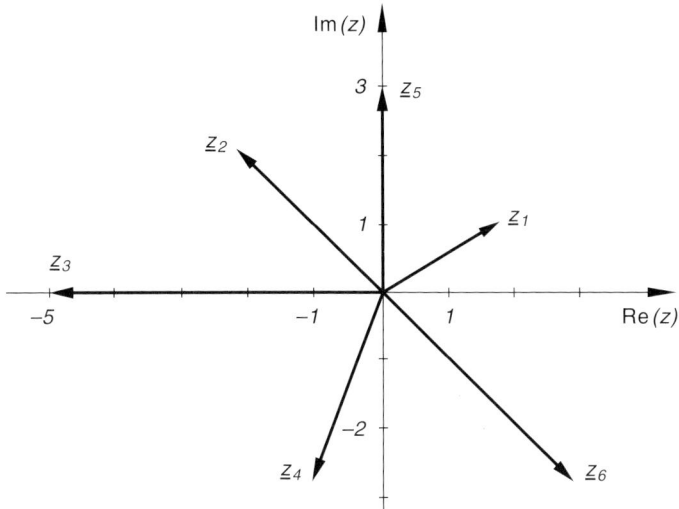

Bild VII-15

(2) $z_1 = 3\left[\cos\left(\frac{\pi}{3}\right) + j \cdot \sin\left(\frac{\pi}{3}\right)\right], \qquad z_2 = 4[\cos(-160°) + j \cdot \sin(-160°)]$

Wie lauten die zugehörigen *konjugiert komplexen* Zahlen?

Lösung:

$$z_1^* = 3\left[\cos\left(\frac{\pi}{3}\right) - j \cdot \sin\left(\frac{\pi}{3}\right)\right],$$

$$z_2^* = 4[\cos(-160°) - j \cdot \sin(-160°)] = 4(\cos 160° + j \cdot \sin 160°)$$

(wegen $\cos(-160°) = \cos 160°$ und $\sin(-160°) = -\sin 160°$)

In Bild VII-16 ist die Lage der *Bildpunkte* und *Zeiger* in der Gaußschen Zahlenebene anschaulich dargestellt.

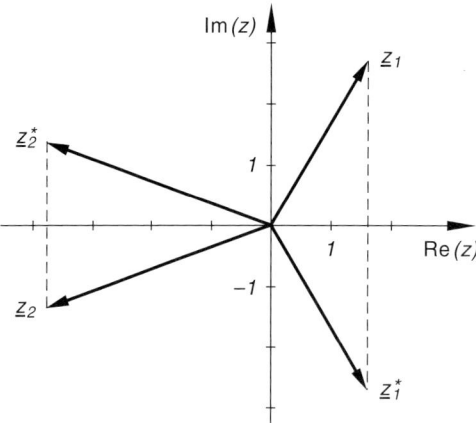

Bild VII-16

1.4.3 Exponentialform

Unter Verwendung der von *Euler* stammenden Formel [2)]

$$e^{j\varphi} = \cos\varphi + j \cdot \sin\varphi \tag{VII-12}$$

erhält man aus der *trigonometrischen* Form $z = r(\cos\varphi + j \cdot \sin\varphi)$ die als *Exponentialform* bezeichnete (knappe) Darstellungsform

$$z = r\underbrace{(\cos\varphi + j \cdot \sin\varphi)}_{e^{j\varphi}} = r \cdot e^{j\varphi} \tag{VII-13}$$

[2)] Die *Eulersche Formel* erhält man am bequemsten aus der *Mac Laurinschen Reihe* von e^x, indem man x durch $j\varphi$ ersetzt und dabei die Beziehung $j^2 = -1$ beachtet, die wir in Abschnitt 2.1.2 herleiten werden:

$$e^{j\varphi} = 1 + \frac{(j\varphi)^1}{1!} + \frac{(j\varphi)^2}{2!} + \frac{(j\varphi)^3}{3!} + \frac{(j\varphi)^4}{4!} + \frac{(j\varphi)^5}{5!} + \frac{(j\varphi)^6}{6!} + \frac{(j\varphi)^7}{7!} + \ldots =$$

$$= 1 + j\varphi - \frac{\varphi^2}{2!} - j\frac{\varphi^3}{3!} + \frac{\varphi^4}{4!} + j\frac{\varphi^5}{5!} - \frac{\varphi^6}{6!} - j\frac{\varphi^7}{7!} + - \ldots =$$

$$= \underbrace{\left(1 - \frac{\varphi^2}{2!} + \frac{\varphi^4}{4!} - \frac{\varphi^6}{6!} + - \ldots\right)}_{\cos\varphi} + j\underbrace{\left(\varphi - \frac{\varphi^3}{3!} + \frac{\varphi^5}{5!} - \frac{\varphi^7}{7!} + - \ldots\right)}_{\sin\varphi} =$$

$$= \cos\varphi + j \cdot \sin\varphi$$

Die in den Klammern stehenden Potenzreihen sind nämlich genau die *Mac Laurinschen Reihen* von $\cos\varphi$ und $\sin\varphi$.

Diese Schreibweise wird sich später noch als besonders vorteilhaft bei der Ausführung der Rechenoperationen *Multiplikation* und *Division* erweisen.

Die zu $z = r \cdot e^{j\varphi}$ konjugiert komplexe Zahl z^* lautet in der *Exponentialform*:

$$z^* = [r \cdot e^{j\varphi}]^* = r \cdot e^{j(-\varphi)} = r \cdot e^{-j\varphi} \qquad \text{(VII-14)}$$

Anmerkungen

(1) Die in der *Eulerschen Formel* (VII-12) auftretende *komplexe* Exponentialfunktion ist eine komplexwertige Funktion der reellen Variablen φ und im Gegensatz zur *reellen* e-Funktion *periodisch* mit der Periode 2π:

$$e^{j(\varphi + k \cdot 2\pi)} = \cos(\varphi + k \cdot 2\pi) + j \cdot \sin(\varphi + k \cdot 2\pi) =$$
$$= \cos\varphi + j \cdot \sin\varphi = e^{j\varphi} \qquad (k \in \mathbb{Z}) \qquad \text{(VII-15)}$$

(da Sinus und Kosinus periodische Funktionen mit der Periode 2π sind).

(2) Wiederum gilt: Ersetzt man formal j durch $-j$, so erhält man aus z die *konjugiert komplexe* Zahl z^*.

■ **Beispiele**

(1) Die in der *Exponentialform* vorliegenden komplexen Zahlen

$$z_1 = 3 \cdot e^{j45°}, \qquad z_2 = 4 \cdot e^{j\frac{2}{3}\pi}, \qquad z_3 = 4 \cdot e^{j\frac{3}{2}\pi},$$
$$z_4 = 3 \cdot e^{-j110°}, \qquad z_5 = 6 \cdot e^{j\pi}, \qquad z_6 = 4 \cdot e^{j340°}$$

sind in der Gaußschen Zahlenebene durch *Bildpunkte* und *Zeiger* bildlich darzustellen. Die Lösung findet der Leser in Bild VII-17.

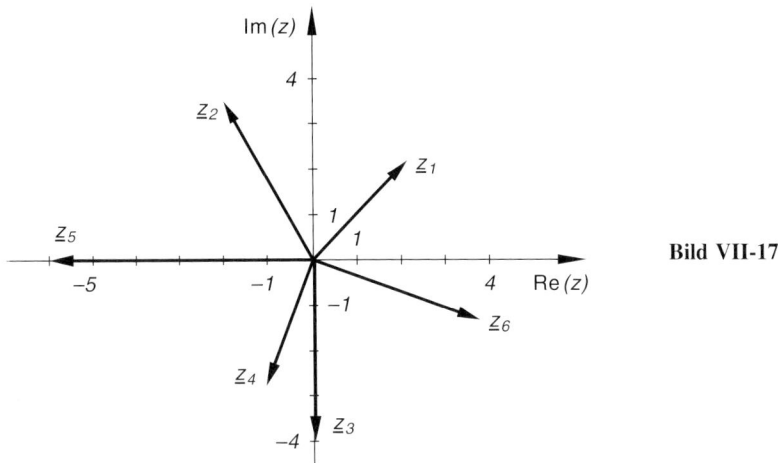

Bild VII-17

(2) Wir bestimmen die zu

$$z_1 = 3 \cdot e^{j\frac{\pi}{3}}, \quad z_2 = 5 \cdot e^{j\,160°} \quad \text{und} \quad z_3 = 6 \cdot e^{-j\,20°}$$

konjugiert komplexen Zahlen. Sie lauten:

$$z_1 = 3 \cdot e^{j\frac{\pi}{3}} \;\Rightarrow\; z_1^* = 3 \cdot e^{j\left(-\frac{\pi}{3}\right)} = 3 \cdot e^{-j\frac{\pi}{3}}$$

$$z_2 = 5 \cdot e^{j\,160°} \;\Rightarrow\; z_2^* = 5 \cdot e^{j(-160°)} = 5 \cdot e^{-j\,160°}$$

$$z_3 = 6 \cdot e^{-j\,20°} \;\Rightarrow\; z_3^* = 6 \cdot e^{-j(-20°)} = 6 \cdot e^{j\,20°}$$

In Bild VII-18 ist die Lage der *Bildpunkte* und *Zeiger* in der Gaußschen Zahlenebene dargestellt.

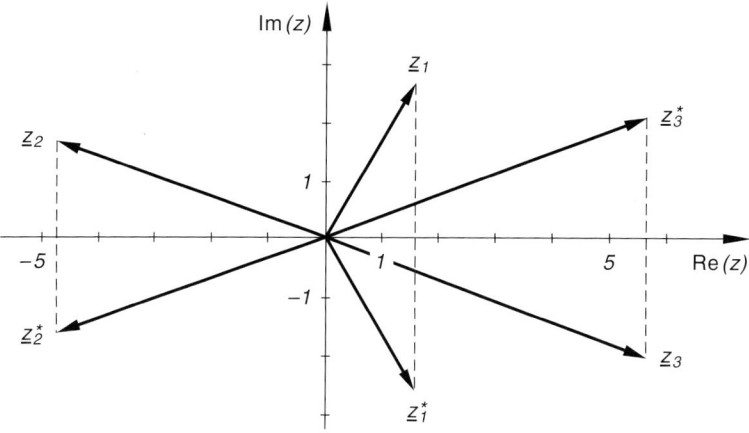

Bild VII-18

1.4.4 Zusammenstellung der verschiedenen Darstellungsformen

Die nachfolgende Zusammenfassung enthält die verschiedenen Darstellungsformen einer komplexen Zahl.

Darstellungsformen einer komplexen Zahl

1. Algebraische oder kartesische Form (Normalform)

$$z = x + jy \qquad (\text{VII-16})$$

x: *Realteil* von z

y: *Imaginärteil* von z

1 Definition und Darstellung einer komplexen Zahl

2. Trigonometrische Form

$$z = r(\cos \varphi + j \cdot \sin \varphi) \qquad \text{(VII-17)}$$

r: *Betrag* von z (also $r = |z|$)

φ: *Argument* (*Winkel*, *Phase*) von z

3. Exponentialform

$$z = r \cdot e^{j\varphi} \qquad \text{(VII-18)}$$

r: *Betrag* von z (also $r = |z|$)

φ: *Argument* (*Winkel*, *Phase*) von z

Anmerkungen

(1) Sowohl der *trigonometrischen* als auch der *exponentiellen* Darstellungsform liegen *Polarkoordinaten* zugrunde. Wir fassen diese Schreibweisen daher unter der Sammelbezeichnung *Polarformen* zusammen. Die Exponentialform ist dabei gewissermaßen eine *Kurzschreibweise* für die trigonometrische Form.

(2) Für alle drei Darstellungsformen gilt: Ersetzt man formal j durch $-$ j, so geht die komplexe Zahl z in die zugehörige *konjugierte komplexe* Zahl z^* über.

1.4.5 Umrechnungen zwischen den Darstellungsformen

Umrechnung: Polarform → Kartesische Form

Die komplexe Zahl liege in der *trigonometrischen* oder in der *Exponentialform* vor und soll in die *kartesische* Form umgerechnet werden. Dies geschieht wie folgt:

Umrechnung einer komplexen Zahl: Polarform → Kartesische Form

Eine in der *Polarform* $z = r(\cos \varphi + j \cdot \sin \varphi)$ oder $z = r \cdot e^{j\varphi}$ vorliegende komplexe Zahl lässt sich mit Hilfe der Transformationsgleichungen

$$x = r \cdot \cos \varphi, \qquad y = r \cdot \sin \varphi \qquad \text{(VII-19)}$$

in die *kartesische* Form $z = x + jy$ überführen.

Anmerkung

Die Transformationsgleichungen (VII-19) beschreiben den Übergang von den *Polarkoordinaten* zu den *kartesischen* Koordinaten. In der Praxis geht man dabei wie folgt vor:

Zunächst wird die komplexe Zahl von der Exponentialform in die *trigonometrische Form* gebracht, dann wird nach den aus der reellen Rechnung bekannten Regeln „ausmultipliziert"[3]:

$$z = r \cdot e^{j\varphi} = r(\cos \varphi + j \cdot \sin \varphi) = \underbrace{(r \cdot \cos \varphi)}_{x} + j \underbrace{(r \cdot \sin \varphi)}_{y} = x + jy$$

■ **Beispiele**

Die folgenden in der *trigonometrischen* Form bzw. *Exponentialform* vorliegenden komplexen Zahlen sind in der *Normalform* (*kartesischen* Form) darzustellen:

$$z_1 = 2(\cos 30° + j \cdot \sin 30°), \quad z_2 = 3 \cdot e^{j\frac{3}{4}\pi}, \quad z_3 = 5(\cos \pi + j \cdot \sin \pi),$$

$$z_4 = 3 \cdot e^{j250°}, \quad z_5 = 4\left[\cos\left(\frac{\pi}{2}\right) + j \cdot \sin\left(\frac{\pi}{2}\right)\right], \quad z_6 = 4 \cdot e^{-j45°}$$

Lösung:

$$z_1 = 2\left(\frac{1}{2}\sqrt{3} + j \cdot 0{,}5\right) = \sqrt{3} + j \cdot 1 = 1{,}73 + j$$

$$z_2 = 3 \cdot e^{j\frac{3}{4}\pi} = 3\left[\cos\left(\frac{3}{4}\pi\right) + j \cdot \sin\left(\frac{3}{4}\pi\right)\right] =$$

$$= 3\left[-\frac{1}{2}\sqrt{2} + j \cdot \frac{1}{2}\sqrt{2}\right] = -\frac{3}{2}\sqrt{2} + \frac{3}{2}\sqrt{2}\,j = -2{,}12 + 2{,}12\,j$$

$$z_3 = 5(-1 + j \cdot 0) = -5 \quad (\textit{reelle Zahl})$$

$$z_4 = 3 \cdot e^{j250°} = 3(\cos 250° + j \cdot \sin 250°) = -1{,}03 - 2{,}82\,j$$

$$z_5 = 4(0 + j \cdot 1) = 4j \quad (\textit{imaginäre Zahl})$$

$$z_6 = 4 \cdot e^{-j45°} = 4[\cos(-45°) + j \cdot \sin(-45°)] =$$

$$= 4\left[\frac{1}{2}\sqrt{2} - j \cdot \frac{1}{2}\sqrt{2}\right] = 2\sqrt{2} - 2\sqrt{2}\,j = 2{,}83 - 2{,}83\,j$$

■

---

[3] Der erste Schritt entfällt, wenn die komplexe Zahl bereits in der trigonometrischen Form vorliegt.

1 Definition und Darstellung einer komplexen Zahl

Umrechnung: Kartesische Form → Polarform

Die komplexe Zahl liege in der *kartesischen* Form (*Normalform*) vor und soll in die *Polarform*, d. h. in die *trigonometrische* oder in die *Exponentialform* umgerechnet werden. Anhand von Bild VII-19 ergeben sich dabei die folgenden *Transformationsgleichungen*:

Umrechnung einer komplexen Zahl: Kartesische Form → Polarform

Eine in der *kartesischen* Form $z = x + jy$ vorliegende komplexe Zahl lässt sich mit Hilfe der Transformationsgleichungen

$$r = |z| = \sqrt{x^2 + y^2}, \qquad \tan \varphi = \frac{y}{x} \tag{VII-20}$$

und unter Berücksichtigung des Quadranten, in dem der zugehörige Bildpunkt liegt, in die *trigonometrische* Form $z = r(\cos \varphi + j \cdot \sin \varphi)$ bzw. in die *Exponentialform* $z = r \cdot e^{j\varphi}$ überführen (Bild VII-19).

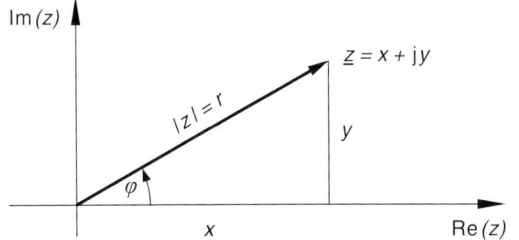

Bild VII-19
Zur Transformation einer komplexen Zahl aus der kartesischen Form in eine Polarform

Bei der *Winkelbestimmung* ist besondere Sorgfalt geboten. Wir beschränken uns dabei **vereinbarungsgemäß** auf den im Intervall $0 \leq \varphi < 2\pi$ gelegenen *Hauptwert*. Dieser Winkel lässt sich bequem anhand einer *Lageskizze* der komplexen Zahl über einen *Hilfswinkel* in einem rechtwinkligen Hilfsdreieck berechnen (siehe hierzu das nachfolgende Beispiel (1)). Allgemein ergeben sich für den Hauptwert des Winkels φ in Abhängigkeit vom Quadranten die folgenden Berechnungsformeln (Winkelangabe im Bogenmaß):

Quadrant	I	II, III	IV
$\varphi =$	$\arctan\left(\dfrac{y}{x}\right)$	$\arctan\left(\dfrac{y}{x}\right) + \pi$	$\arctan\left(\dfrac{y}{x}\right) + 2\pi$

Bei Verwendung des Gradmaßes muss π durch $180°$ ersetzt werden.

Zur Herleitung dieser Formeln

Wir beschränken uns auf den *2. Quadranten*. Anhand von Bild VII-20 berechnen wir zunächst den *Hilfswinkel* α im rechtwinkligen Dreieck mit den Katheten $|x| = -x$ und y:

$$\tan \alpha = \frac{y}{|x|} = \frac{y}{-x} = -\frac{y}{x} \;\Rightarrow\; \alpha = \arctan\left(-\frac{y}{x}\right) = -\arctan\left(\frac{y}{x}\right)$$

Für den *Hauptwert* φ folgt dann:

$$\varphi = 180° - \alpha = 180° + \arctan\left(\frac{y}{x}\right) \;\hat{=}\; \pi + \arctan\left(\frac{y}{x}\right)$$

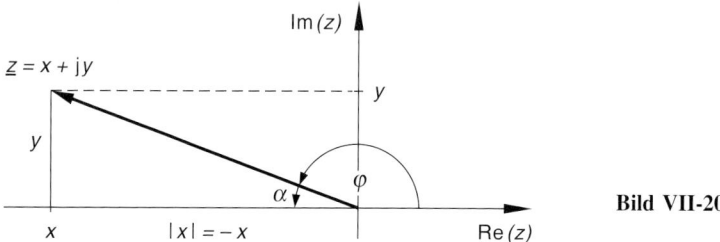

Bild VII-20

Anmerkungen

(1) Werden die Hauptwerte im Intervall $-\pi < \varphi \leq \pi$ angegeben (wie in der *Technik*, insbesondere der Elektrotechnik oft üblich), so erhält man die folgende Berechnungsformel:

$$\varphi = \begin{cases} \arccos(x/r) & y \geq 0 \\ -\arccos(x/r) & y < 0 \end{cases} \quad \text{für} \qquad (\text{VII-21})$$

(2) Für die *reellen* Zahlen $z = x + 0 \cdot j = x$ gilt:

$$r = |x| \quad \text{und} \quad \varphi = \begin{cases} 0 & x > 0 \\ \text{unbestimmt} & x = 0 \\ \pi & x < 0 \end{cases} \text{für} \quad (\text{Nullpunkt})$$

(3) Für die *imaginären* Zahlen $z = 0 + jy = jy$ gilt:

$$r = |y| \quad \text{und} \quad \varphi = \begin{cases} \pi/2 & y > 0 \\ 3\pi/2 & y < 0 \end{cases} \text{für}$$

1 Definition und Darstellung einer komplexen Zahl

■ **Beispiele**

(1) Die komplexe Zahl $z = -\sqrt{3} - j$ liegt im *3. Quadranten* (Bild VII-21).

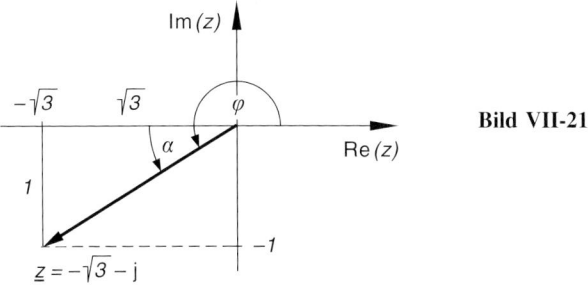

Bild VII-21

Ihr *Betrag* ist

$$r = |z| = \sqrt{(-\sqrt{3})^2 + (-1)^2} = \sqrt{3+1} = \sqrt{4} = 2$$

Der *Phasenwinkel* φ liegt zwischen 180° und 270° (*Hauptwert*). Wir berechnen ihn über den Hilfswinkel α:

$$\tan \alpha = \frac{|-1|}{|-\sqrt{3}|} = \frac{1}{\sqrt{3}} \quad \Rightarrow \quad \alpha = \arctan\left(\frac{1}{\sqrt{3}}\right) = 30°$$

$$\varphi = 180° + \alpha = 180° + 30° = 210° \triangleq \frac{7}{6}\pi$$

Die Anwendung der weiter vorne angegebenen Berechnungsformel für den 3. Quadranten führt selbstverständlich zum gleichen Ergebnis:

$$\varphi = \arctan\left(\frac{-1}{-\sqrt{3}}\right) + \pi = \arctan\left(\frac{1}{\sqrt{3}}\right) + \pi = \frac{\pi}{6} + \pi = \frac{7}{6}\pi$$

(2) Die in der *kartesischen* Schreibweise gegebenen komplexen Zahlen

$$z_1 = 3 + 4j, \quad z_2 = -4 + 2j, \quad z_3 = -8 - 3j, \quad z_4 = 4 - 4j$$

sind in der *trigonometrischen* und *exponentiellen* Form darzustellen und in der Gaußschen Zahlenebene durch *Bildpunkte* bzw. *Zeiger* zu veranschaulichen.

Lösung: Die *Bildpunkte* und *Zeiger* der Zahlen z_1 bis z_4 besitzen die in Bild VII-22 skizzierte Lage in der Gaußschen Zahlenebene.

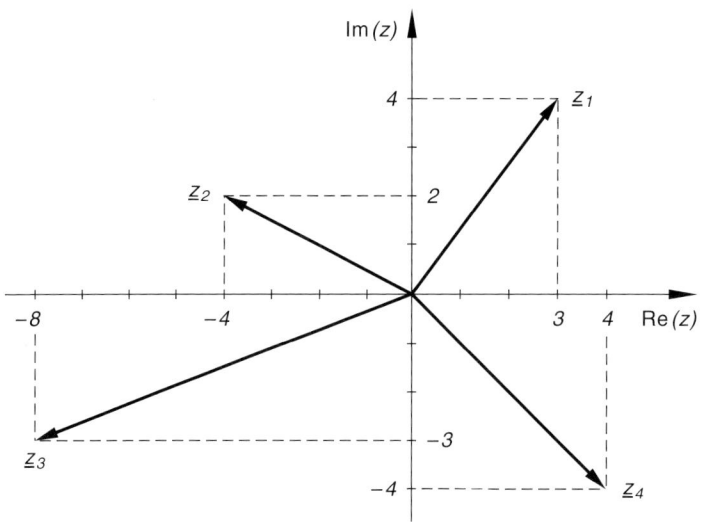

Bild VII-22

$\boxed{z_1 = 3 + 4j \quad (1.\ \text{Quadrant})}$

$$r_1 = |z_1| = \sqrt{3^2 + 4^2} = 5; \quad \varphi_1 = \arctan\left(\frac{4}{3}\right) = 53{,}13° \triangleq 0{,}927$$

$$z_1 = 3 + 4j = 5\,(\cos 53{,}13° + j \cdot \sin 53{,}13°) = 5 \cdot e^{j53{,}13°} =$$

$$= 5\,(\cos 0{,}927 + j \cdot \sin 0{,}927) = 5 \cdot e^{j0{,}927}$$

$\boxed{z_2 = -4 + 2j \quad (2.\ \text{Quadrant})}$

$$r_2 = |z_2| = \sqrt{(-4)^2 + 2^2} = \sqrt{20} = 4{,}47$$

$$\varphi_2 = \arctan\left(\frac{2}{-4}\right) + \pi = \arctan(-0{,}5) + \pi = -0{,}464 + \pi = 2{,}678$$

$$z_2 = -4 + 2j = \sqrt{20}\,(\cos 2{,}678 + j \cdot \sin 2{,}678) = \sqrt{20} \cdot e^{j2{,}678}$$

$\boxed{z_3 = -8 - 3j \quad (3.\ \text{Quadrant})}$

$$r_3 = |z_3| = \sqrt{(-8)^2 + (-3)^2} = \sqrt{73} = 8{,}544$$

$$\varphi_3 = \arctan\left(\frac{-3}{-8}\right) + \pi = \arctan\left(\frac{3}{8}\right) + \pi = 0{,}359 + \pi = 3{,}500$$

$$z_3 = -8 - 3j = 8{,}544\,(\cos 3{,}500 + j \cdot \sin 3{,}500) = 8{,}544 \cdot e^{j3{,}500}$$

$\boxed{z_4 = 4 - 4\,\mathrm{j} \quad (4.\ \text{Quadrant})}$

$$r_4 = |z_4| = \sqrt{4^2 + (-4)^2} = 4\sqrt{2}$$

$$\varphi_4 = \arctan\left(\frac{-4}{4}\right) + 2\pi = \arctan(-1) + 2\pi = -\frac{\pi}{4} + 2\pi = \frac{7}{4}\pi$$

$$z_4 = 4 - 4\,\mathrm{j} = 4\sqrt{2}\left[\cos\left(\frac{7}{4}\pi\right) + \mathrm{j}\cdot\sin\left(\frac{7}{4}\pi\right)\right] = 4\sqrt{2}\cdot\mathrm{e}^{\mathrm{j}\frac{7}{4}\pi}$$

■

2 Komplexe Rechnung

2.1 Grundrechenarten für komplexe Zahlen

Auf der Zahlenmenge $\mathbb{C}$ lassen sich – wie bei den reellen Zahlen – *vier* Rechenoperationen, die sog. *Grundrechenarten* erklären. Es sind dies:

– *Addition* (+) und *Subtraktion* (−) als Umkehrung der Addition,

– *Multiplikation* (·) und *Division* (:) als Umkehrung der Multiplikation.

Bei der Festlegung dieser Operationen ist jedoch zu beachten, dass die reellen Zahlen einen *Sonderfall* der komplexen Zahlen darstellen ($\mathbb{R} \subset \mathbb{C}$). Die vier Grundrechenarten müssen daher so definiert werden, dass die Rechenregeln für *komplexe* Zahlen im Reellen mit den bekannten Rechenregeln für *reelle* Zahlen *übereinstimmen* (sog. *Permanenzprinzip*). Mit anderen Worten: *Die vier Grundrechenarten müssen so festgelegt werden, dass reelle und komplexe Zahlen den gleichen Grundgesetzen genügen*. Mit einer einzigen *Ausnahme*: Für komplexe Zahlen lässt sich *kein* Anordnungsaxiom formulieren. Daher haben Ungleichungen wie etwa $z_1 < z_2$ oder $z_1 > z_2$ für komplexe Zahlen *keinen* Sinn.

2.1.1 Addition und Subtraktion komplexer Zahlen

Die Rechenoperationen *Addition* und *Subtraktion* sind in der *kartesischen* Darstellungsform wie folgt definiert:

Definition: *Summe* $z_1 + z_2$ und *Differenz* $z_1 - z_2$ zweier komplexer Zahlen $z_1 = x_1 + \mathrm{j}y_1$ und $z_2 = x_2 + \mathrm{j}y_2$ werden nach den folgenden Vorschriften gebildet:

$$z_1 + z_2 = (x_1 + x_2) + \mathrm{j}(y_1 + y_2) \tag{VII-22}$$

$$z_1 - z_2 = (x_1 - x_2) + \mathrm{j}(y_1 - y_2) \tag{VII-23}$$

Anmerkungen

(1) Realteile und Imaginärteile werden *jeweils für sich* addiert bzw. subtrahiert.
(2) Addition und Subtraktion lassen sich *nur* in der *kartesischen* Form durchführen. Gegebenenfalls müssen daher die Zahlen erst in diese Form umgerechnet werden (siehe hierzu das nachfolgende Beispiel (2)).
(3) Die Addition ist *kommutativ*: $z_1 + z_2 = z_2 + z_1$.

Wichtige Folgerung

Addieren wir die beiden speziellen komplexen Zahlen

$$z_1 = x + j0 = x \text{ (reell)} \quad \text{und} \quad z_2 = 0 + jy = jy \text{ (imaginär)}$$

so erhalten wir nach Gleichung (VII-22) die komplexe Zahl $z = x + jy$:

$$z_1 + z_2 = (x + j0) + (0 + jy) = \underbrace{(x+0)}_{x} + j\underbrace{(0+y)}_{y} =$$

$$= x + jy = z \qquad \text{(VII-24)}$$

Wir können daher die komplexe Zahl $z = x + jy$ im Sinne der komplexen Addition als *Summe* aus der *reellen* Zahl x und der *rein-imaginären* Zahl jy auffassen. Dies erklärt, warum bei der Definition der komplexen Zahl die Schreibweise $z = x + jy$ mit dem *Additionszeichen* „+" als Verknüpfungssymbol gewählt wurde.

■ **Beispiele**

(1) Wir bilden mit den Zahlen $z_1 = 4 - 5j$ und $z_2 = 2 + 11j$ die *Summe* $z_1 + z_2$ und die *Differenz* $z_1 - z_2$:

$$z_1 + z_2 = (4 - 5j) + (2 + 11j) = (4 + 2) + (-5 + 11)j = 6 + 6j$$

$$z_1 - z_2 = (4 - 5j) - (2 + 11j) = (4 - 2) + (-5 - 11)j = 2 - 16j$$

(2) *Gegeben:* $z_1 = 3 \cdot e^{j30°}$, $z_2 = 2\left[\cos\left(\dfrac{\pi}{4}\right) + j \cdot \sin\left(\dfrac{\pi}{4}\right)\right]$

Gesucht: $z_1 + z_2$ und $z_1 - z_2$.

Lösung: Die Zahlen müssen zunächst in die *kartesische* Form gebracht werden:

$$z_1 = 3 \cdot e^{j30°} = 3(\cos 30° + j \cdot \sin 30°) = 2{,}598 + 1{,}500j$$

$$z_2 = 2\left[\cos\left(\dfrac{\pi}{4}\right) + j \cdot \sin\left(\dfrac{\pi}{4}\right)\right] = 1{,}414 + 1{,}414j$$

Addition und *Subtraktion* sind jetzt leicht durchführbar. Wir erhalten:

$$z_1 + z_2 = (2{,}598 + 1{,}500\,j) + (1{,}414 + 1{,}414\,j) =$$
$$= (2{,}598 + 1{,}414) + (1{,}500 + 1{,}414)\,j = 4{,}012 + 2{,}914\,j$$

$$z_1 - z_2 = (2{,}598 + 1{,}500\,j) - (1{,}414 + 1{,}414\,j) =$$
$$= (2{,}598 - 1{,}414) + (1{,}500 - 1{,}414)\,j = 1{,}184 + 0{,}086\,j$$

∎

Geometrische Deutung der Addition und Subtraktion

Die *Summen-* bzw. *Differenzbildung* erfolgt bei komplexen Zahlen *komponentenweise*, d. h. nach den gleichen Regeln wie bei *2-dimensionalen Vektoren* (siehe hierzu Kap. II, Abschnitt 2.2.2). Den beiden Vektorkomponenten entsprechen dabei Real- und Imaginärteil der komplexen Zahl. Die Addition und Subtraktion zweier komplexer Zahlen kann daher auch *geometrisch* nach der aus der Vektorrechnung bekannten *Parallelogrammregel* erfolgen (Bild VII-23).

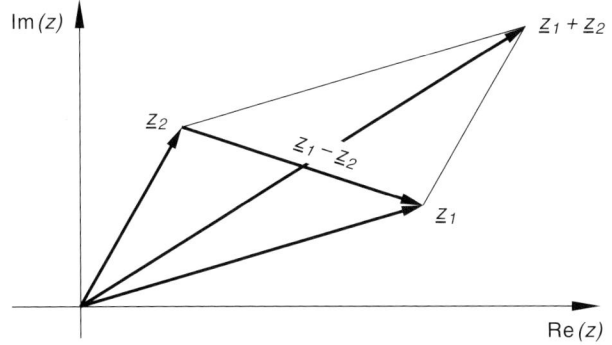

Bild VII-23
Zur geometrischen Addition und Subtraktion zweier komplexer Zahlen in der Zeigerdarstellung

2.1.2 Multiplikation und Division komplexer Zahlen

Multiplikation und Division in kartesischer Form

Definition: Unter dem *Produkt* $z_1 \cdot z_2$ zweier komplexer Zahlen $z_1 = x_1 + j\,y_1$ und $z_2 = x_2 + j\,y_2$ wird die komplexe Zahl

$$z_1 \cdot z_2 = (x_1 x_2 - y_1 y_2) + j\,(x_1 y_2 + x_2 y_1) \qquad \text{(VII-25)}$$

verstanden.

Anmerkung

Die Multiplikation ist *kommutativ*: $z_1 \cdot z_2 = z_2 \cdot z_1$. Der Multiplikationspunkt wird häufig weggelassen (Schreibweise: $z_1 z_2$).

Die Rechenvorschrift (VII-25) ist für die Praxis wenig geeignet: Wer kann sich schon diese Formel merken? Die Multiplikation lässt sich jedoch wie im Reellen durchführen, wenn man dabei eine bestimmte Eigenschaft der imaginären Einheit j beachtet, die wir jetzt herleiten wollen. Wir zeigen durch Anwendung der Rechenvorschrift (VII-25), dass das *Quadrat* der imaginären Einheit j, also das Produkt j · j, die reelle Zahl -1 ergibt:

$$j^2 = j \cdot j = (0 + j\,1) \cdot (0 + j\,1) = (0 \cdot 0 - 1 \cdot 1) + j(0 \cdot 1 + 0 \cdot 1) =$$
$$= -1 + j\,0 = -1 \qquad\qquad \text{(VII-26)}$$

Analog erhalten wir: $(-j)^2 = (-j) \cdot (-j) = -1$

Eigenschaft der imaginären Einheit j

Für das Quadrat der *imaginären Einheit* j gilt:

$$j^2 = j \cdot j = -1 \qquad\qquad \text{(VII-27)}$$

Wenn wir diese wichtige Beziehung beachten, lässt sich die Multiplikation zweier komplexer Zahlen wie im Reellen durchführen („Ausmultiplizieren" der beiden Klammern):

$$z_1 \cdot z_2 = (x_1 + j y_1) \cdot (x_2 + j y_2) = x_1 x_2 + j x_1 y_2 + j x_2 y_1 + j^2 y_1 y_2 =$$
$$= x_1 x_2 + j(x_1 y_2 + x_2 y_1) - 1 \cdot y_1 y_2 =$$
$$= (x_1 x_2 - y_1 y_2) + j(x_1 y_2 + x_2 y_1) \qquad\qquad \text{(VII-28)}$$

Berechnung des Produktes $z_1 \cdot z_2$

Das *Produkt* $z_1 \cdot z_2 = (x_1 + j y_1) \cdot (x_2 + j y_2)$ zweier komplexer Zahlen z_1 und z_2 wird wie im Reellen durch „Ausmultiplizieren" der Klammern unter Beachtung der Beziehung $j^2 = -1$ berechnet.

■ **Beispiele**

(1) $z_1 = 2 - 4j$, $z_2 = -3 + 5j$, $z_3 = -1 + 2j$, $z_1 \cdot z_2 = ?$, $z_2 \cdot z_3 = ?$

Lösung:

$$z_1 \cdot z_2 = (2 - 4j) \cdot (-3 + 5j) = -6 + 10j + 12j - 20j^2 =$$
$$= -6 + 22j + 20 = 14 + 22j$$
$$z_2 \cdot z_3 = (-3 + 5j) \cdot (-1 + 2j) = 3 - 6j - 5j + 10j^2 =$$
$$= 3 - 11j - 10 = -7 - 11j$$

2 Komplexe Rechnung

(2) Wir berechnen die ersten *Potenzen* von j:

$$j^1 = j; \quad j^2 = -1; \quad j^3 = j^2 \cdot j = (-1) \cdot j = -j;$$
$$j^4 = j^2 \cdot j^2 = (-1) \cdot (-1) = 1; \quad j^5 = j^4 \cdot j = 1 \cdot j = j; \ldots$$

Die ersten vier Potenzen besitzen der Reihe nach die Werte j, -1, $-j$ und 1. Von der 5. Potenz an *wiederholen* sich diese Werte. Daher gilt für jedes natürliche n:

$$j^{1+4n} = j; \quad j^{2+4n} = -1; \quad j^{3+4n} = -j; \quad j^{4+4n} = 1$$

(3) Wir berechnen das *Produkt* aus z und z^* und erhalten:

$$z \cdot z^* = (x + jy) \cdot (x - jy) = x^2 - jxy + jxy - j^2 y^2 =$$
$$= x^2 + y^2 = |z|^2$$

Folgerung: Für $z \neq 0$ ist $z \cdot z^*$ stets eine *positive* reelle Zahl.

Für den *Betrag* $|z|$ einer komplexen Zahl $z = x + jy$ können wir daher auch schreiben:

$$|z| = \sqrt{x^2 + y^2} = \sqrt{z \cdot z^*} \qquad \blacksquare$$

Wir beschäftigen uns jetzt mit der *Umkehrung* der Multiplikation, der *Division*. Dazu betrachten wir die Gleichung

$$z \cdot z_2 = z_1$$

mit *vorgegebenen* Zahlen $z_1 = x_1 + jy_1$ und $z_2 = x_2 + jy_2$ (wobei $z_2 \neq 0$ vorausgesetzt wird). Sie hat – wie wir gleich zeigen werden – genau *eine* Lösung $z = x + jy$, die wie im Reellen als *Quotient* aus z_1 und z_2 bezeichnet wird:

$$z \cdot z_2 = z_1 \quad \Rightarrow \quad z = \frac{z_1}{z_2} \qquad (z_2 \neq 0) \qquad \text{(VII-29)}$$

Dieser Quotient lässt sich auf relativ einfache Art wie folgt berechnen. Zunächst *erweitern* wir den Bruch mit z_2^*, also dem *konjugiert komplexen Nenner*. Dadurch wird der Nenner des Bruches *reell* ($z_2 \cdot z_2^*$ ist immer eine *positive reelle* Zahl) und wir können jetzt die Division wie im Reellen *gliedweise* vornehmen ($j^2 = -1$ beachten):

$$\frac{z_1}{z_2} = \frac{z_1 \cdot z_2^*}{z_2 \cdot z_2^*} = \frac{(x_1 + jy_1) \cdot (x_2 - jy_2)}{\underbrace{(x_2 + jy_2) \cdot (x_2 - jy_2)}_{\text{3. Binom}}} =$$

$$= \frac{x_1 x_2 - jx_1 y_2 + jx_2 y_1 - j^2 y_1 y_2}{x_2^2 - j^2 y_2^2} = \frac{x_1 x_2 + j(x_2 y_1 - x_1 y_2) + y_1 y_2}{x_2^2 + y_2^2} =$$

$$= \frac{(x_1 x_2 + y_1 y_2) + j(x_2 y_1 - x_1 y_2)}{x_2^2 + y_2^2} = \frac{x_1 x_2 + y_1 y_2}{x_2^2 + y_2^2} + j \cdot \frac{x_2 y_1 - x_1 y_2}{x_2^2 + y_2^2}$$

$$\text{(VII-30)}$$

Berechnung des Quotienten z_1/z_2

Der Quotient z_1/z_2 zweier komplexer Zahlen z_1 und z_2 in kartesischer Form lässt sich schrittweise wie folgt berechnen:

1. Der Bruch z_1/z_2 wird zunächst mit z_2^*, also dem konjugiert komplexen Nenner, *erweitert*:

$$\frac{z_1}{z_2} = \frac{z_1 \cdot z_2^*}{z_2 \cdot z_2^*} = \frac{(x_1 + jy_1) \cdot (x_2 - jy_2)}{(x_2 + jy_2) \cdot (x_2 - jy_2)} \tag{VII-31}$$

2. Zähler und Nenner werden dann nach den aus dem Reellen bekannten Regeln „ausmultipliziert" unter Beachtung der Beziehung $j^2 = -1$. Der Nenner des Bruches wird dadurch (positiv) *reell*.

3. Die im Zähler stehende komplexe Zahl wird jetzt *gliedweise* durch den (reellen) Nenner *dividiert*.

Anmerkung

Man beachte: Wie im Reellen so ist auch im Komplexen die Division durch die Zahl Null *nicht* erlaubt.

■ **Beispiele**

(1) Mit $z_1 = 4 - 8j$ und $z_2 = 3 + 4j$ berechnen wir den *Quotienten* z_1/z_2:

$$\frac{z_1}{z_2} = \frac{4 - 8j}{3 + 4j} = \frac{(4 - 8j) \cdot (3 - 4j)}{(3 + 4j) \cdot (3 - 4j)} = \frac{12 - 16j - 24j + 32j^2}{9 - 16j^2} =$$

$$= \frac{12 - 40j - 32}{9 + 16} = \frac{-20 - 40j}{25} = -\frac{20}{25} - \frac{40}{25}j = -0{,}8 - 1{,}6j$$

(2) Wir berechnen den *Kehrwert* der imaginären Einheit j:

$$\frac{1}{j} = \frac{1 \cdot (-j)}{j \cdot (-j)} = \frac{-j}{-j^2} = \frac{-j}{-(-1)} = \frac{-j}{1} = -j$$

■

Multiplikation und Division in der Polarform

Multiplikation und *Division* lassen sich in der trigonometrischen bzw. exponentiellen Schreibweise besonders einfach durchführen. In der *Exponentialform* erhalten wir:

$$z_1 \cdot z_2 = (r_1 \cdot e^{j\varphi_1}) \cdot (r_2 \cdot e^{j\varphi_2}) = (r_1 r_2) \cdot e^{j\varphi_1} \cdot e^{j\varphi_2} =$$

$$= (r_1 r_2) \cdot e^{j\varphi_1 + j\varphi_2} = (r_1 r_2) \cdot e^{j(\varphi_1 + \varphi_2)} \tag{VII-32}$$

Zwei komplexe Zahlen werden also *multipliziert*, indem man ihre Beträge *multipliziert* und ihre Argumente (Winkel) *addiert*.

2 Komplexe Rechnung

Analog gilt für die *Division*:

$$\frac{z_1}{z_2} = \frac{r_1 \cdot e^{j\varphi_1}}{r_2 \cdot e^{j\varphi_2}} = \left(\frac{r_1}{r_2}\right) \cdot e^{j\varphi_1} \cdot e^{-j\varphi_2} = \left(\frac{r_1}{r_2}\right) \cdot e^{j(\varphi_1-\varphi_2)} \qquad \text{(VII-33)}$$

Zwei komplexe Zahlen werden somit *dividiert*, indem man ihre Beträge *dividiert* und ihre Argumente (Winkel) *subtrahiert*.

In der *trigonometrischen* Darstellung lauten diese Rechenregeln wie folgt:

$$z_1 \cdot z_2 = r_1 (\cos \varphi_1 + j \cdot \sin \varphi_1) \cdot r_2 (\cos \varphi_2 + j \cdot \sin \varphi_2) =$$
$$= (r_1 r_2) \cdot [\cos (\varphi_1 + \varphi_2) + j \cdot \sin (\varphi_1 + \varphi_2)] \qquad \text{(VII-34)}$$

$$\frac{z_1}{z_2} = \frac{r_1 (\cos \varphi_1 + j \cdot \sin \varphi_1)}{r_2 (\cos \varphi_2 + j \cdot \sin \varphi_2)} =$$
$$= \left(\frac{r_1}{r_2}\right) [\cos (\varphi_1 - \varphi_2) + j \cdot \sin (\varphi_1 - \varphi_2)] \qquad \text{(VII-35)}$$

Wir fassen diese Ergebnisse wie folgt zusammen:

Multiplikation und Division zweier komplexer Zahlen in der trigonometrischen bzw. exponentiellen Darstellung

Bei der *Multiplikation* und *Division* zweier komplexer Zahlen z_1 und z_2 erweist sich die *trigonometrische* bzw. *exponentielle* Darstellungsweise als besonders vorteilhaft. Es gilt dann:

1. Für die Multiplikation:

$$z_1 \cdot z_2 = (r_1 r_2) [\cos (\varphi_1 + \varphi_2) + j \cdot \sin (\varphi_1 + \varphi_2)] =$$
$$= (r_1 r_2) \cdot e^{j(\varphi_1+\varphi_2)} \qquad \text{(VII-36)}$$

Regel: Zwei komplexe Zahlen werden *multipliziert*, indem man ihre Beträge *multipliziert* und ihre Argumente (Winkel) *addiert*.

2. Für die Division:

$$\frac{z_1}{z_2} = \left(\frac{r_1}{r_2}\right) [\cos (\varphi_1 - \varphi_2) + j \cdot \sin (\varphi_1 - \varphi_2)] =$$
$$= \left(\frac{r_1}{r_2}\right) \cdot e^{j(\varphi_1-\varphi_2)} \qquad \text{(VII-37)}$$

Regel: Zwei komplexe Zahlen werden *dividiert*, indem man ihre Beträge *dividiert* und ihre Argumente (Winkel) *subtrahiert*.

Geometrische Deutung der Multiplikation und Division

Die Rechenoperationen *Multiplikation* und *Division* lassen sich in anschaulicher Weise wie folgt *geometrisch* deuten:

(1) Multiplikation mit einer reellen Zahl

Die *Multiplikation* der komplexen Zahl $z_1 = r_1 \cdot e^{j\varphi_1}$ mit der *positiven reellen* Zahl $r\,(r > 0)$ bedeutet eine *Streckung* des Zeigers $\underline{z}_1$ um das r-fache, wobei der Winkel φ_1 erhalten bleibt (Bild VII-24). Dabei gilt:

$r > 1 \;\Rightarrow\;$ Dehnung (Zeiger wird verlängert)

$r < 1 \;\Rightarrow\;$ Stauchung (Zeiger wird verkürzt)

Erfolgt die Multiplikation jedoch mit einer *negativen* reellen Zahl $r\,(r < 0)$, so ist der Zeiger z_1 um das $|r|$-fache zu *strecken* und anschließend um $180°$ (in positiver oder negativer Richtung) zu *drehen* (Richtungsumkehr).

(2) Multiplikation mit einer komplexen Zahl vom Betrag Eins

Die *Multiplikation* der komplexen Zahl $z_1 = r_1 \cdot e^{j\varphi_1}$ mit der *komplexen* Zahl $e^{j\varphi}$ entspricht einer *Drehung* des Zeigers $\underline{z}_1$ um den Winkel φ (Bild VII-25). Für $\varphi > 0$ erfolgt die Drehung im *positiven* Drehsinn (im *Gegenuhrzeigersinn*), für $\varphi < 0$ dagegen im *negativen* Drehsinn (im *Uhrzeigersinn*). Die Länge des Zeigers bleibt dabei *unverändert*, da $|e^{j\varphi}| = 1$ ist.

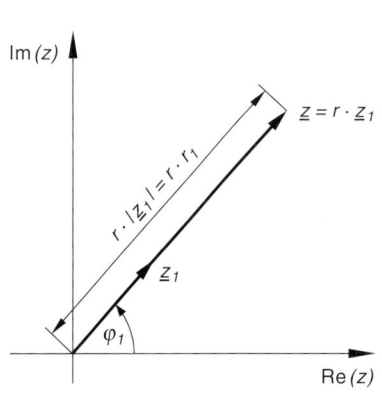

Bild VII-24

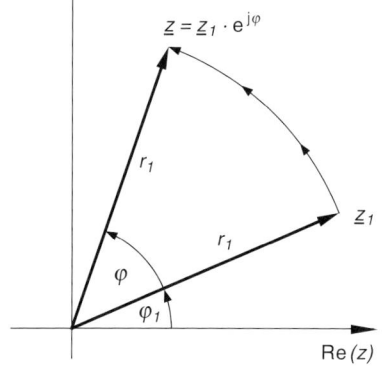

Bild VII-25

(3) Multiplikation mit der imaginären Einheit j

Die *Multiplikation* der komplexen Zahl $z_1 = r_1 \cdot e^{j\varphi_1}$ mit der *imaginären Einheit* j bewirkt wegen $j = 1 \cdot e^{j 90°}$ eine reine *Vorwärtsdrehung* des Zeigers $\underline{z}_1$ um $90°$. Multipliziert man mit j^n, so beträgt der Drehwinkel $n \cdot 90°$ (mit $n \in \mathbb{N}^*$). Die Zeigerlänge bleibt dabei erhalten.

2 Komplexe Rechnung

(4) Multiplikation mit einer komplexen Zahl (allgemeiner Fall)

Die *Multiplikation* der komplexen Zahl $z_1 = r_1 \cdot e^{j\varphi_1}$ mit der *komplexen* Zahl $z = r \cdot e^{j\varphi}$ lässt sich geometrisch als *Drehstreckung* des Zeigers $\underline{z}_1$ darstellen: Zunächst wird der Zeiger $\underline{z}_1$ um das r-fache *gestreckt* (*Streckung*) und anschließend um den Winkel φ gedreht (*Drehung*). Bild VII-26 zeigt die einzelnen Phasen dieser geometrischen Operation.

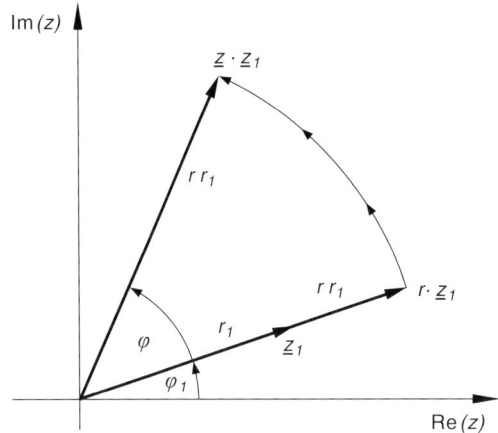

Bild VII-26
Zur Multiplikation zweier komplexer Zahlen

Wir fassen zusammen:

Geometrische Deutung der Multiplikation zweier komplexer Zahlen

Die *Multiplikation* der komplexen Zahl $z_1 = r_1 \cdot e^{j\varphi_1}$ mit der komplexen Zahl $z = r \cdot e^{j\varphi}$ bedeutet geometrisch eine *Drehstreckung* des Zeigers $\underline{z}_1$ (Bild VII-26). Dabei wird der Zeiger $\underline{z}_1$ *nacheinander* den folgenden geometrischen Operationen unterworfen:

1. *Streckung* um das r-fache.
2. *Drehung* um den Winkel φ im *positiven* Drehsinn für $\varphi > 0$ (für $\varphi < 0$ erfolgt die Drehung im *negativen* Drehsinn).

Das Ergebnis ist das geometrische Bild des *Produktes* $z \cdot z_1$.

Anmerkungen

(1) Die Operationen dürfen auch in der *umgekehrten* Reihenfolge ausgeführt werden: *Zuerst* erfolgt die *Drehung*, *dann* die *Streckung* des Zeigers. Diese Reihenfolge erklärt auch die Bezeichnung *Drehstreckung* für die zusammengesetzte Operation.

(2) Da die Multiplikation eine *kommutative* Rechenoperation ist ($z_1 \cdot z = z \cdot z_1$), kann man bei der geometrischen Konstruktion des Produktes $z_1 \cdot z$ auch vom Zeiger $\underline{z}$ ausgehen.

(3) Die *Division* zweier komplexer Zahlen lässt sich auf die *Multiplikation* zurückführen. So bedeutet der *Quotient* z_1/z das *Produkt* aus z_1 und dem *Kehrwert* von z:

$$\frac{z_1}{z} = z_1 \cdot \frac{1}{z} = (r_1 \cdot e^{j\varphi_1}) \cdot \frac{1}{r \cdot e^{j\varphi}} = (r_1 \cdot e^{j\varphi_1}) \cdot \left(\frac{1}{r} \cdot e^{-j\varphi}\right) \qquad \text{(VII-38)}$$

Damit erhalten wir für den *Quotienten* z_1/z die folgende *geometrische* Konstruktion: Zunächst wird der Zeiger $\underline{z}_1$ um das $1/r$-fache *gestreckt*, dann um den Winkel φ *zurückgedreht* oder umgekehrt (Bild VII-27). Für $\varphi > 0$ erfolgt die Drehung im *negativen* Drehsinn (*Zurückdrehung* des Zeigers, d. h. Drehung im Uhrzeigersinn), für $\varphi < 0$ dagegen im *positiven* Drehsinn (*Vorwärtsdrehung* des Zeigers, d. h. Drehung im Gegenuhrzeigersinn).

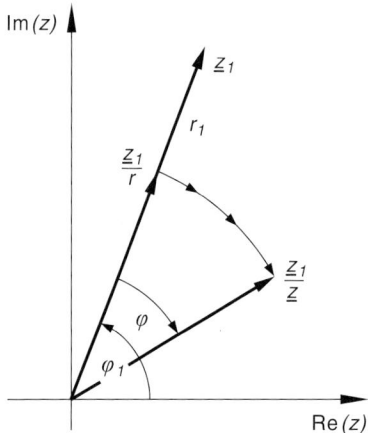

Bild VII-27
Zur Division zweier komplexer Zahlen

■ **Beispiele**

(1) Gegeben sind die komplexen Zahlen $z_1 = 3 \cdot e^{j30°}$ und $z_2 = 2 \cdot e^{j80°}$. Wir berechnen und konstruieren das *Produkt* $z_1 \cdot z_2$.

Rechnerische Lösung:

$$z_1 \cdot z_2 = (3 \cdot e^{j30°}) \cdot (2 \cdot e^{j80°}) = (3 \cdot 2) \cdot e^{j(30° + 80°)} = 6 \cdot e^{j110°}$$

Konstruktion des Zeigers $\underline{z}_1 \cdot \underline{z}_2$:

Mit dem Zeiger $\underline{z}_1$ führen wir nacheinander die folgenden geometrischen Operationen durch (Bild VII-28):

1. *Streckung* auf das 2-fache (Verdopplung der Zeigerlänge).
2. *Drehung* um den Winkel $80°$ im *positiven* Drehsinn (Gegenuhrzeigersinn).

Das Ergebnis dieser *Drehstreckung* ist der Zeiger von $z_1 \cdot z_2 = 6 \cdot e^{j110°}$.

2 Komplexe Rechnung

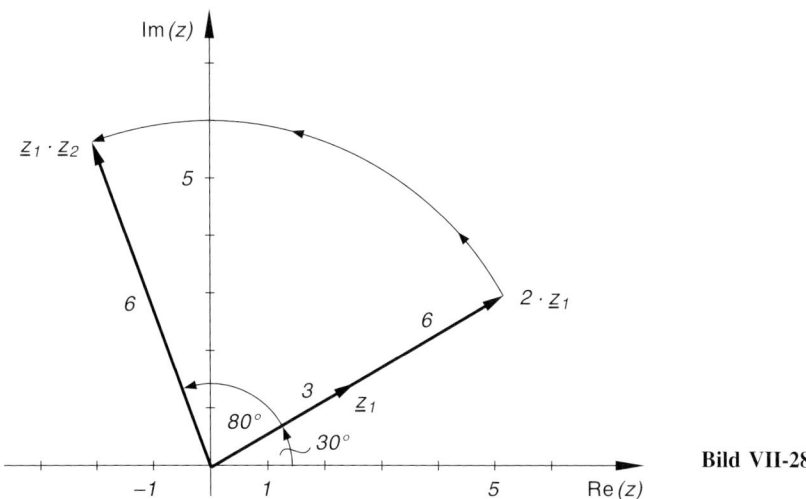

Bild VII-28

(2) Wir berechnen den *Quotienten* aus $z_1 = 4 \cdot e^{j140°}$ und $z_2 = 2 \cdot e^{j90°}$. Wie sieht die geometrische (zeichnerische) Lösung aus?

Rechnerische Lösung:

$$\frac{z_1}{z_2} = \frac{4 \cdot e^{j140°}}{2 \cdot e^{j90°}} = \left(\frac{4}{2}\right) \cdot e^{j(140° - 90°)} = 2 \cdot e^{j50°}$$

Geometrische Lösung:

Der Zeiger z_1 wird zunächst um das 1/2-fache *gestreckt* (d. h. auf die Hälfte *verkürzt*) und anschließend um 90° *zurückgedreht* (Bild VII-29):

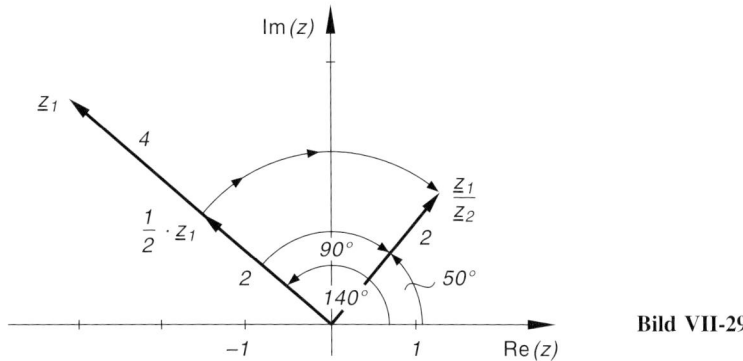

Bild VII-29

(3) Die *Division einer* komplexen Zahl z durch die *imaginäre Einheit* $j = e^{j90°}$ bedeutet eine *Multiplikation* von z mit $\dfrac{1}{j} = e^{-j90°}$.

Geometrische Deutung: Der Zeiger $\underline{z}_1$ ist um $90°$ *zurückzudrehen* (Bild VII-30):

$$\frac{\underline{z}}{j} = \frac{r \cdot e^{j\varphi}}{e^{j90°}} = r \cdot e^{j\varphi} \cdot e^{-j90°} = r \cdot e^{j(\varphi - 90°)}$$

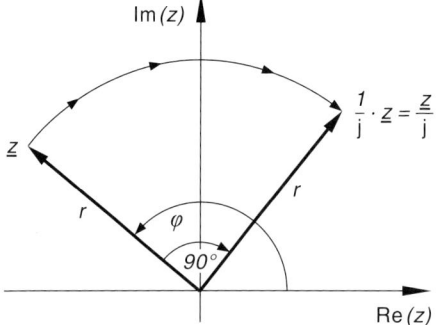

Bild VII-30
Zur Division
einer komplexen Zahl $\underline{z}$
durch die imaginäre
Einheit j

∎

2.1.3 Grundgesetze für komplexe Zahlen (Zusammenfassung)

Die vier *Grundrechenoperationen* für komplexe Zahlen genügen den folgenden *Grundgesetzen*:

Eigenschaften der Menge der komplexen Zahlen

1. *Summe* $\underline{z}_1 + \underline{z}_2$, *Differenz* $\underline{z}_1 - \underline{z}_2$, *Produkt* $\underline{z}_1 \cdot \underline{z}_2$ und *Quotient* $\underline{z}_1/\underline{z}_2$ zweier komplexer Zahlen $\underline{z}_1$ und $\underline{z}_2$ ergeben wiederum *komplexe* Zahlen. *Ausnahme:* Die Division durch die Zahl 0 ist *nicht* erlaubt.

2. *Addition* und *Multiplikation* sind *kommutative* Rechenoperationen. Für beliebige Zahlen $\underline{z}_1, \underline{z}_2 \in \mathbb{C}$ gilt stets:

$$\left.\begin{array}{l} \underline{z}_1 + \underline{z}_2 = \underline{z}_2 + \underline{z}_1 \\ \underline{z}_1 \cdot \underline{z}_2 = \underline{z}_2 \cdot \underline{z}_1 \end{array}\right\} \textit{Kommutativgesetze} \qquad \text{(VII-39)}$$

3. *Addition* und *Multiplikation* sind *assoziative* Rechenoperationen. Für beliebige Zahlen $\underline{z}_1, \underline{z}_2, \underline{z}_3 \in \mathbb{C}$ gilt stets:

$$\left.\begin{array}{l} \underline{z}_1 + (\underline{z}_2 + \underline{z}_3) = (\underline{z}_1 + \underline{z}_2) + \underline{z}_3 \\ \underline{z}_1 \cdot (\underline{z}_2 \cdot \underline{z}_3) = (\underline{z}_1 \cdot \underline{z}_2) \cdot \underline{z}_3 \end{array}\right\} \textit{Assoziativgesetze} \qquad \text{(VII-40)}$$

4. *Addition* und *Multiplikation* sind über das *Distributivgesetz* miteinander verbunden:

$$\underline{z}_1 \cdot (\underline{z}_2 + \underline{z}_3) = \underline{z}_1 \cdot \underline{z}_2 + \underline{z}_1 \cdot \underline{z}_3 \qquad \textit{Distributivgesetz} \qquad \text{(VII-41)}$$

Merke: Addition und Subtraktion sind nur in der *kartesischen* Form durchführbar.

2.2 Potenzieren

Wir erheben die komplexe Zahl $z = r \cdot e^{j\varphi} = r(\cos \varphi + j \cdot \sin \varphi)$ in die *n-te Potenz* und erhalten ($n = 1, 2, 3, \ldots$):

$$z^n = [r \cdot e^{j\varphi}]^n = \underbrace{(r \cdot e^{j\varphi}) \cdot (r \cdot e^{j\varphi}) \ldots (r \cdot e^{j\varphi})}_{n \text{ gleiche Faktoren}} =$$

$$= (r \cdot r \ldots r) \cdot e^{j(\varphi + \varphi + \ldots + \varphi)} = r^n \cdot e^{jn\varphi} \qquad \text{(VII-42)}$$

(Faktor r und Summand φ treten jeweils *n-mal* auf). Diese nach *Moivre* benannte Formel lautet in der *trigonometrischen* Schreibweise:

$$z^n = [r(\cos \varphi + j \cdot \sin \varphi)]^n = r^n [\cos(n\varphi) + j \cdot \sin(n\varphi)] \qquad \text{(VII-43)}$$

Wir folgern: Eine komplexe Zahl z wird in die *n-te Potenz* erhoben, indem man ihren Betrag r in die *n-te Potenz* erhebt und ihr Argument (ihren Winkel) φ mit dem Exponenten n multipliziert.

Wir fassen zusammen:

Potenzieren einer komplexen Zahl in der Polarform

Eine in der Polarform vorliegende komplexe Zahl z wird nach der *Formel von Moivre* wie folgt potenziert ($n = 1, 2, 3, \ldots$):

In exponentieller Schreibweise:

$$z^n = [r \cdot e^{j\varphi}]^n = r^n \cdot e^{jn\varphi} \qquad \text{(VII-44)}$$

In trigonometrischer Schreibweise:

$$z^n = [r(\cos \varphi + j \cdot \sin \varphi)]^n = r^n [\cos(n\varphi) + j \cdot \sin(n\varphi)] \qquad \text{(VII-45)}$$

Regel: Eine komplexe Zahl wird in die *n-te Potenz* erhoben, indem man ihren Betrag r in die *n-te Potenz* erhebt und ihr Argument (ihren Winkel) φ mit dem Exponenten n multipliziert.

Anmerkungen

(1) Die Operation *Potenzieren* bedeutet eine *wiederholte Multiplikation*. Dem entspricht in der geometrischen Betrachtungsweise eine *wiederholte Drehstreckung*.

(2) Die Operation *Potenzieren* kann auch in der *kartesischen* Form durchgeführt werden, ist jedoch im Allgemeinen wesentlich *aufwendiger*. Die Berechnung erfolgt dann mit Hilfe der aus dem Reellen bekannten *Binomischen Formeln*.

- **Beispiele**

(1) Wir erheben die komplexe Zahl $z = 2\left[\cos\left(\dfrac{\pi}{3}\right) + j \cdot \sin\left(\dfrac{\pi}{3}\right)\right]$ in die 3. Potenz:

$$z^3 = \left(2\left[\cos\left(\dfrac{\pi}{3}\right) + j \cdot \sin\left(\dfrac{\pi}{3}\right)\right]\right)^3 = 2^3\left[\cos\left(3 \cdot \dfrac{\pi}{3}\right) + j \cdot \sin\left(3 \cdot \dfrac{\pi}{3}\right)\right] =$$

$$= 8\,(\cos \pi + j \cdot \sin \pi) = 8\,(-1 + j \cdot 0) = -8$$

In Bild VII-31 haben wir diese Operation *geometrisch* dargestellt. Es handelt sich um *zwei* nacheinander ausgeführte *Drehstreckungen*. Die Zeigerlänge wird dabei jeweils verdoppelt $(2 \to 4 \to 8)$, der Zeiger jeweils um $60°$ weitergedreht $(60° \to 120° \to 180°)$.

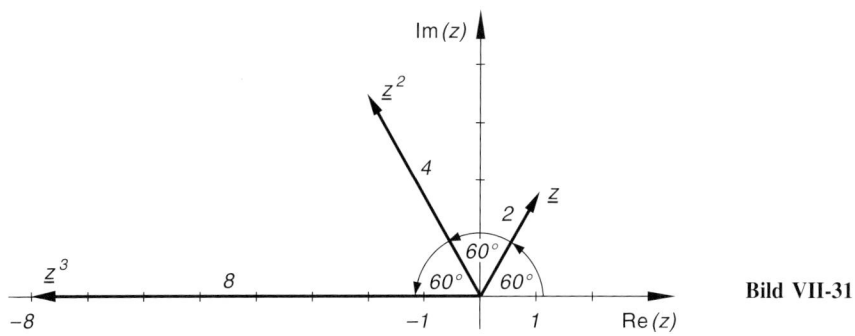

Bild VII-31

(2) $z = 1{,}2 - 2{,}5\,j, \quad z^6 = ?$

Zunächst bringen wir z in die *Exponentialform* (Bild VII-32):

$r = \sqrt{1{,}2^2 + (-2{,}5)^2} = 2{,}7731$

$\tan \varphi = \dfrac{-2{,}5}{1{,}2} = -2{,}0833 \quad \Rightarrow$

$\varphi = \arctan(-2{,}0833) + 2\pi = 5{,}160$

Daher ist

$z = 1{,}2 - 2{,}5\,j = 2{,}7731 \cdot e^{j5{,}160}$

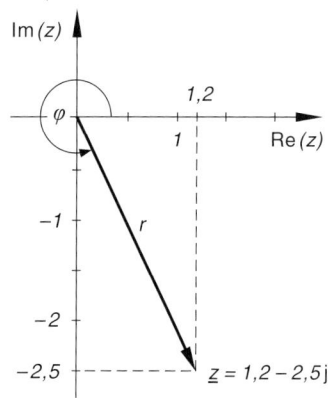

Bild VII-32

Nach der *Formel von Moivre* folgt weiter:

$$z^6 = (2{,}7731 \cdot e^{j5{,}160})^6 = 2{,}7731^6 \cdot e^{j6 \cdot 5{,}160} = 454{,}77 \cdot e^{j30{,}96} =$$

$$= 454{,}77\,(\cos 30{,}96 + j \cdot \sin 30{,}96) = 408{,}32 - 200{,}23\,j$$

(3) Für $r = 1$ besitzt die *Formel von Moivre* (VII-45) die *spezielle* Form

$$(\cos \varphi + j \cdot \sin \varphi)^n = \cos(n\varphi) + j \cdot \sin(n\varphi)$$

Aus dieser wichtigen Beziehung lassen sich z. B. Formelausdrücke für $\cos(n\varphi)$ und $\sin(n\varphi)$ herleiten. Wir zeigen dies für $n = 2$:

$$(\cos \varphi + j \cdot \sin \varphi)^2 = \cos(2\varphi) + j \cdot \sin(2\varphi)$$

$$\cos^2 \varphi + j \cdot 2 \cdot \sin \varphi \cdot \cos \varphi + j^2 \cdot \sin^2 \varphi = \cos(2\varphi) + j \cdot \sin(2\varphi)$$

$$\cos^2 \varphi - \sin^2 \varphi + j(2 \cdot \sin \varphi \cdot \cos \varphi) = \cos(2\varphi) + j \cdot \sin(2\varphi)$$

Durch Vergleich der *Real-* bzw. *Imaginärteile* auf beiden Seiten erhalten wir die folgenden (aus Kap. III) bereits bekannten trigonometrischen Formeln:

$$\cos(2\varphi) = \cos^2 \varphi - \sin^2 \varphi = \cos^2 \varphi - [1 - \cos^2 \varphi] = 2 \cdot \cos^2 \varphi - 1$$

$$\sin(2\varphi) = 2 \cdot \sin \varphi \cdot \cos \varphi$$

∎

2.3 Radizieren (Wurzelziehen)

Aus der Algebra ist bekannt, dass eine *algebraische Gleichung n-ten Grades*

$$a_n x^n + a_{n-1} x^{n-1} + \ldots + a_1 x + a_0 = 0 \qquad \text{(VII-46)}$$

mit *reellen* Koeffizienten *höchstens* n reelle Lösungen, auch Wurzeln genannt, besitzt ($x \in \mathbb{R}$; siehe hierzu Kap. III, Abschnitt 5.4). Werden auch *komplexe* Lösungen zugelassen, so gibt es *genau* n Lösungen (komplex oder reell). Dies gilt auch bei *komplexen* Koeffizienten a_i (mit $i = 0, 1, 2, \ldots, n$).

Diese wichtige Aussage halten wir in dem *Fundamentalsatz der Algebra* wie folgt fest (die Unbekannte bezeichnen wir wie im Komplexen üblich mit z statt x):

Fundamentalsatz der Algebra

Eine *algebraische Gleichung n-ten Grades*

$$a_n z^n + a_{n-1} z^{n-1} + \ldots + a_1 z + a_0 = 0 \qquad \text{(VII-47)}$$

besitzt in der Menge $\mathbb{C}$ der komplexen Zahlen stets *genau* n Lösungen, wobei mehrfache Lösungen entsprechend oft gezählt werden.

Anmerkungen

(1) Die linke Seite der *algebraischen Gleichung* (VII-47) ist ein *Polynom* vom Grade n mit i. Allg. *komplexen* Koeffizienten a_i ($i = 0, 1, \ldots, n$). Es lässt sich auch im komplexen Zahlenbereich wie folgt in *Linearfaktoren* zerlegen:

$$a_n (z - z_1)(z - z_2)(z - z_3) \ldots (z - z_n) \qquad \text{(VII-48)}$$

$z_1, z_2, z_3, \ldots, z_n$ sind dabei die n *Polynomnullstellen*, d. h. die n *Lösungen* der algebraischen Gleichung (VII-47). Die Zerlegung (VII-48) in *Linearfaktoren* wird wie im Reellen als *Produktdarstellung* des Polynoms bezeichnet (siehe hierzu auch Kap. III, Abschnitt 5.4).

(2) Bei ausschließlich *reellen* Koeffizienten a_i ($i = 0, 1, \ldots, n$) treten *komplexe* Lösungen immer *paarweise* auf, nämlich als Paare zueinander *konjugiert* komplexer Zahlen. Mit z_1 ist daher stets auch z_1^* eine Lösung der Gleichung. Ein Beispiel liefert die *quadratische Gleichung*

$$z^2 + pz + q = 0 \qquad \text{(mit } p, q \in \mathbb{R}\text{)}$$

Die *Art* der Lösungen hängt dabei bekanntlich vom *Vorzeichen* der sog. Diskriminante $D = p^2/4 - q$ ab:

$D > 0$: Zwei verschiedene *reelle* Lösungen

$D = 0$: Eine (doppelte) *reelle* Lösung

Im Fall $D < 0$ gibt es zwei *konjugiert komplexe* Lösungen. Sie lauten:

$$z_{1/2} = -\frac{p}{2} \pm j \cdot \sqrt{|D|} = -\frac{p}{2} \pm j \cdot \sqrt{\left|\frac{p^2}{4} - q\right|} \qquad \text{(VII-49)}$$

■ **Beispiel**

Die *algebraische Gleichung 3. Grades* (mit ausschließlich *reellen* Koeffizienten)

$$z^3 - z^2 + 4z - 4 = 0$$

besitzt nach dem *Fundamentalsatz* genau *drei* Lösungen. Durch *Probieren* finden wir eine *reelle* Lösung bei $z_1 = 1$. Den zugehörigen *Linearfaktor* $z - 1$ spalten wir nach dem aus Kap. III bekannten *Horner-Schema* ab (das Polynom ist vollständig):

	1	−1	4	−4
$z_1 = 1$		1	0	4
	1	0	4	0

Die Nullstellen des *1. reduzierten Polynoms* $z^2 + 0z + 4 = z^2 + 4$ liefern die beiden übrigen Lösungen:

$$z^2 + 4 = 0 \quad \Rightarrow \quad z^2 = -4 \quad \Rightarrow \quad z_{2/3} = \pm 2j$$

Die algebraische Gleichung 3. Grades besitzt somit *eine* reelle Lösung und *zwei* zueinander konjugiert komplexe Lösungen:

$$z^3 - z^2 + 4z - 4 = 0 \quad \Rightarrow \quad z_1 = 1, \quad z_2 = 2j, \quad z_3 = z_2^* = -2j$$

2 Komplexe Rechnung

Das Polynom $z^3 - z^2 + 4z - 4$ ist daher auch in der *Produktform*

$$z^3 - z^2 + 4z - 4 = (z - 1)(z - 2\,\mathrm{j})(z + 2\,\mathrm{j})$$

darstellbar (*Zerlegung in Linearfaktoren*). ∎

Eine besonders einfache Struktur besitzt die algebraische Gleichung $z^n = a\,(a \in \mathbb{C})$. Ihre Lösungen werden als *n-te Wurzeln* aus a bezeichnet. Dies führt zu der folgenden Definition:

> **Definition:** Eine komplexe Zahl z wird als *n-te Wurzel* aus a bezeichnet, wenn sie der algebraischen Gleichung $z^n = a$ genügt ($a \in \mathbb{C}$). Symbolische Schreibweise: $z = \sqrt[n]{a}$.

Wir beschäftigen uns nun mit den Lösungen der Gleichung

$$z^n = a = a_0 \cdot \mathrm{e}^{\mathrm{j}\alpha} \qquad (a_0 > 0) \tag{VII-50}$$

Mit dem *Lösungsansatz* in der Polarform

$$z = r\,(\cos\varphi + \mathrm{j}\cdot\sin\varphi) = r\cdot\mathrm{e}^{\mathrm{j}\varphi}$$

und unter Berücksichtigung der *Periodizität* der komplexen Exponentialfunktion geht Gleichung (VII-50) über in

$$r^n \cdot \mathrm{e}^{\mathrm{j}n\varphi} = a_0 \cdot \mathrm{e}^{\mathrm{j}\alpha} = a_0 \cdot \mathrm{e}^{\mathrm{j}(\alpha + k\cdot 2\pi)} \qquad (k \in \mathbb{Z}) \tag{VII-51}$$

Somit gilt:

$$r^n = a_0 \qquad \text{und} \qquad n\varphi = \alpha + k\cdot 2\pi \tag{VII-52}$$

Alle Lösungen besitzen daher den *gleichen* Betrag

$$r = \sqrt[n]{a_0} \tag{VII-53}$$

Ihre Argumente (Winkel) sind

$$\varphi_k = \frac{\alpha + k\cdot 2\pi}{n} \qquad (k \in \mathbb{Z}) \tag{VII-54}$$

Allerdings erhalten wir – im *Einklang* mit dem *Fundamentalsatz der Algebra* – insgesamt nur n *verschiedene* Werte. Diese werden beispielsweise für $k = 0, 1, 2, \ldots, n - 1$ angenommen[4]. Die *Bildpunkte* der n Lösungen liegen in der Gaußschen Zahlenebene auf einem Mittelpunktskreis mit dem Radius $R = \sqrt[n]{a_0}$ und bilden dabei die Ecken eines *regelmäßigen n-Ecks* (siehe hierzu auch die nachfolgenden Beispiele).

---

[4] Für $k = n, n + 1, n + 2, \ldots$ wiederholen sich die Werte, ebenso für negative Werte von k. Der Grund dafür liegt in der *Periodizität* der Kosinus- und Sinusfunktionen (bzw. in der *Periodizität* der komplexen e-Funktion).

Lösungen der speziellen algebraischen Gleichung $z^n = a$ (mit $a \in \mathbb{C}$)

Die Gleichung

$$z^n = a = a_0 \cdot e^{j\alpha} \qquad (a_0 > 0;\; n = 2, 3, 4, \ldots) \qquad \text{(VII-55)}$$

besitzt im Komplexen genau n *verschiedene* Lösungen (Wurzeln)

$$z_k = r(\cos \varphi_k + j \cdot \sin \varphi_k) = r \cdot e^{j\varphi_k} \qquad \text{(VII-56)}$$

mit

$$r = \sqrt[n]{a_0} \quad \text{und} \quad \varphi_k = \frac{\alpha + k \cdot 2\pi}{n} \qquad \text{(VII-57)}$$

($k = 0, 1, 2, \ldots, n - 1$). Die zugehörigen Bildpunkte liegen in der Gaußschen Zahlenebene auf dem Mittelpunktskreis mit dem Radius $R = \sqrt[n]{a_0}$ und bilden die Ecken eines regelmäßigen n-Ecks.

Anmerkungen

(1) Im *Reellen* kann man nur aus *positiven* Zahlen Wurzeln ziehen: Die n-te Wurzel aus $a > 0$ ist dabei definitionsgemäß diejenige *positive* Zahl b, die in die n-te Potenz erhoben die Zahl a ergibt:

$$b^n = a \quad \Leftrightarrow \quad b = \sqrt[n]{a} \qquad (a > 0;\; b > 0)$$

Das *Radizieren* ist im Reellen stets *eindeutig* (für $a > 0$), im Komplexen jedoch immer *mehrdeutig*.

(2) Für *reelles* a gilt: Ist z_1 eine *komplexe* Lösung der Gleichung $z^n = a$, dann ist auch die *konjugiert* komplexe Zahl z_1^* eine *Lösung* dieser Gleichung.

(3) Die n Lösungen der speziellen Gleichung $z^n = 1$ werden auch als *n-te Einheitswurzeln* bezeichnet. Sie liegen auf dem *Einheitskreis* der Gaußschen Zahlenebene an den Ecken eines regelmäßigen n-Ecks.

■ **Beispiele**

(1) Die Gleichung $z^6 = 1$ hat genau *sechs verschiedene* Lösungen, deren Bildpunkte in der Gaußschen Zahlenebene an den Ecken eines regelmäßigen *Sechsecks* liegen (Bild VII-33). Wir berechnen zunächst mit Hilfe der Gleichungen (VII-57) ihre Beträge und Argumente ($1 = 1 \cdot e^{j0} \;\Rightarrow\; a_0 = 1,\; \alpha = 0;\; n = 6$):

$$r = \sqrt[n]{a_0} = \sqrt[6]{1} = 1$$

$$\varphi_k = \frac{\alpha + k \cdot 2\pi}{n} = \frac{0 + k \cdot 2\pi}{6} = k \cdot \frac{\pi}{3} \qquad (k = 0, 1, 2, \ldots, 5)$$

2 Komplexe Rechnung

Damit erhalten wir folgende Lösungen:

$$z_k = \cos\left(k \cdot \frac{\pi}{3}\right) + j \cdot \sin\left(k \cdot \frac{\pi}{3}\right) \quad (k = 0, 1, 2, 3, 4, 5)$$

k = 0: $\quad z_0 = \cos 0 + j \cdot \sin 0 = 1 + j \cdot 0 = 1$

k = 1: $\quad z_1 = \cos\left(\frac{\pi}{3}\right) + j \cdot \sin\left(\frac{\pi}{3}\right) = 0{,}5 + \frac{1}{2}\sqrt{3}\,j$

k = 2: $\quad z_2 = \cos\left(\frac{2\pi}{3}\right) + j \cdot \sin\left(\frac{2\pi}{3}\right) = -0{,}5 + \frac{1}{2}\sqrt{3}\,j$

k = 3: $\quad z_3 = \cos \pi + j \cdot \sin \pi = -1 + j \cdot 0 = -1$

k = 4: $\quad z_4 = \cos\left(\frac{4\pi}{3}\right) + j \cdot \sin\left(\frac{4\pi}{3}\right) = -0{,}5 - \frac{1}{2}\sqrt{3}\,j$

k = 5: $\quad z_5 = \cos\left(\frac{5\pi}{3}\right) + j \cdot \sin\left(\frac{5\pi}{3}\right) = 0{,}5 - \frac{1}{2}\sqrt{3}\,j$

Die Lösungen z_0 und z_3 sind *reell*, während z_1 und z_5 bzw. z_2 und z_4 Paare zueinander *konjugiert* komplexer Lösungen darstellen. Bild VII-33 zeigt die Lage der zugehörigen *Bildpunkte* und *Zeiger* in der Gaußschen Zahlenebene.

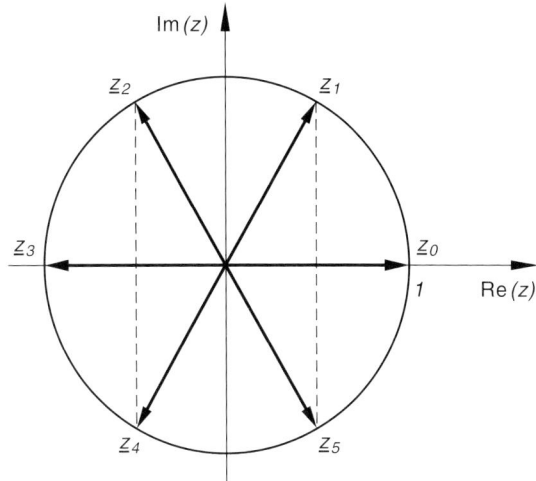

Bild VII-33
Bildliche Darstellung der Lösungen der Gleichung $z^6 = 1$

(2) Wir suchen die *Wurzeln* der Gleichung $z^4 = 3 + 2\mathrm{j}$. Zunächst müssen wir die rechte Seite in die *Exponentialform* bringen:

$$3 + 2\mathrm{j} = a_0 \cdot \mathrm{e}^{\mathrm{j}\alpha}; \quad a_0 = \sqrt{3^2 + 2^2} = \sqrt{13};$$

$$\tan \alpha = \frac{2}{3} \quad \Rightarrow \quad \alpha = \arctan\left(\frac{2}{3}\right) = 33{,}69° \stackrel{\wedge}{=} 0{,}588$$

Somit gilt:

$$z^4 = 3 + 2\mathrm{j} = \sqrt{13} \cdot \mathrm{e}^{\mathrm{j}0{,}588}$$

Für die *Beträge* und *Argumente* (Winkel) der komplexen Lösungen folgt dann aus den Gleichungen (VII-57):

$$r = \sqrt[n]{a_0} = \sqrt[4]{\sqrt{13}} = ((13)^{1/2})^{1/4} = 13^{1/8} = \sqrt[8]{13} = 1{,}378$$

$$\varphi_k = \frac{\alpha + k \cdot 2\pi}{n} = \frac{0{,}588 + k \cdot 2\pi}{4} \quad (k = 0, 1, 2, 3)$$

$$\varphi_0 = 0{,}147, \quad \varphi_1 = 1{,}718, \quad \varphi_2 = 3{,}289, \quad \varphi_3 = 4{,}859$$

Wir erhalten damit *vier* verschiedene Lösungen. Sie lauten der Reihe nach:

$$z_0 = r \cdot \mathrm{e}^{\mathrm{j}\varphi_0} = 1{,}378 \cdot \mathrm{e}^{\mathrm{j}0{,}147} = 1{,}378\,(\cos 0{,}147 + \mathrm{j} \cdot \sin 0{,}147) =$$
$$= 1{,}363 + 0{,}202\,\mathrm{j}$$

$$z_1 = r \cdot \mathrm{e}^{\mathrm{j}\varphi_1} = 1{,}378 \cdot \mathrm{e}^{\mathrm{j}1{,}718} = 1{,}378\,(\cos 1{,}718 + \mathrm{j} \cdot \sin 1{,}718) =$$
$$= -0{,}202 + 1{,}363\,\mathrm{j}$$

$$z_2 = r \cdot \mathrm{e}^{\mathrm{j}\varphi_2} = 1{,}378 \cdot \mathrm{e}^{\mathrm{j}3{,}289} = 1{,}378\,(\cos 3{,}289 + \mathrm{j} \cdot \sin 3{,}289) =$$
$$= -1{,}363 - 0{,}202\,\mathrm{j}$$

$$z_3 = r \cdot \mathrm{e}^{\mathrm{j}\varphi_3} = 1{,}378 \cdot \mathrm{e}^{\mathrm{j}4{,}859} = 1{,}378\,(\cos 4{,}859 + \mathrm{j} \cdot \sin 4{,}859) =$$
$$= 0{,}202 - 1{,}363\,\mathrm{j}$$

Zwischen den vier Lösungen bestehen die folgenden Zusammenhänge:

$$z_0 = -z_2 \quad \text{bzw.} \quad z_2 = -z_0$$
$$z_1 = -z_3 \quad \text{bzw.} \quad z_3 = -z_1$$

Die Lage der zugehörigen *Zeiger* in der Gaußschen Zahlenebene entnimmt man Bild VII-34. Zwei aufeinander folgende Zeiger bilden dabei jeweils einen *rechten* Winkel.

2 Komplexe Rechnung

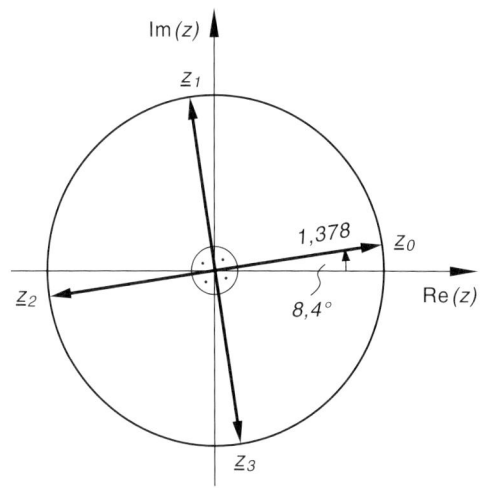

Bild VII-34
Bildliche Darstellung der
Lösungen der Gleichung
$z^4 = 3 + 2j$

∎

2.4 Natürlicher Logarithmus

Im Bereich der *reellen* Zahlen wird der *natürliche Logarithmus* einer (positiven) Zahl a als diejenige Zahl x erklärt, mit dem die Basiszahl e *potenziert* werden muss, um die Zahl a zu erhalten:

$$a = e^x \quad \Leftrightarrow \quad x = \ln a \qquad (a > 0) \tag{VII-58}$$

(siehe hierzu Kap. III, Abschnitt 12.1). Wir übertragen diesen Begriff nun sinngemäß unter Beachtung des *Permanenzprinzips* auf den *komplexen* Bereich. Jede von Null verschiedene komplexe Zahl z ist nach den Ausführungen aus Abschnitt 1.4.3 in der *Exponentialform*

$$z = r \cdot e^{j(\varphi + k \cdot 2\pi)} \qquad (k \in \mathbb{Z}) \tag{VII-59}$$

mit $r > 0$ und $0 \leq \varphi < 2\pi$ (*Hauptwert*) darstellbar. Unter ihrem *natürlichen Logarithmus* verstehen wir die (unendlich vielen!) komplexen Zahlen

$$\ln z = \ln [r \cdot e^{j(\varphi + k \cdot 2\pi)}] = \ln r + \ln e^{j(\varphi + k \cdot 2\pi)} =$$
$$= \ln r + j(\varphi + k \cdot 2\pi) \cdot \underbrace{\ln e}_{1} = \ln r + j(\varphi + k \cdot 2\pi) \tag{VII-60}$$

Für $k = 0$ erhält man den *Hauptwert*

$$\text{Ln}\, z = \ln r + j\varphi \qquad (0 \leq \varphi < 2\pi) \tag{VII-61}$$

Sein *Realteil* ist der natürliche Logarithmus $\ln r$ des *Betrages* r, sein *Imaginärteil* das *Argument* φ der komplexen Zahl z (*Hauptwert*). Die übrigen Werte heißen *Nebenwerte*. Sie ergeben sich aus dem Hauptwert durch Addition bzw. Subtraktion *ganzzahliger Vielfacher* von $2\pi j$:

$$\ln z = \text{Ln}\, z + k \cdot 2\pi j \qquad (k \in \mathbb{Z}) \tag{VII-62}$$

Wir fassen die Ergebnisse zusammen:

> **Natürlicher Logarithmus einer komplexen Zahl**
>
> Der *natürliche Logarithmus* einer komplexen Zahl $z = r \cdot e^{j(\varphi + k \cdot 2\pi)}$ mit $r > 0$ und $0 \leq \varphi < 2\pi$ ist *unendlich vieldeutig*:
>
> $$\ln z = \ln r + j(\varphi + k \cdot 2\pi) \qquad (k \in \mathbb{Z}) \qquad \text{(VII-63)}$$
>
> Der *Hauptwert* wird für $k = 0$ angenommen:
>
> $$\text{Ln } z = \ln r + j\varphi \qquad (0 \leq \varphi < 2\pi) \qquad \text{(VII-64)}$$
>
> Für $k = \pm 1, \pm 2, \pm 3, \ldots$ erhält man die sog. *Nebenwerte*.

Anmerkungen

(1) $\ln z$ ist für *jede* komplexe Zahl $z \neq 0$ erklärt, also beispielsweise auch für *negative* reelle Zahlen (siehe hierzu das nachfolgende Beispiel (3)).

(2) Die verschiedenen Werte von $\ln z$ stimmen im *Realteil* ($= \ln r$) überein und unterscheiden sich im *Imaginärteil* um ganzzahlige Vielfache von 2π.

(3) Man beachte, dass die komplexe Zahl z vor dem Logarithmieren zunächst in die *Exponentialform* gebracht werden muss.

(4) Die *Rechengesetze* für Logarithmen *komplexer* Zahlen sind die gleichen wie im *Reellen*.

(5) Wie wir aus dem Hinweis aus Abschnitt 1.4.2 bereits wissen, wird in der Technik häufig der Hauptwert des Winkels φ auf das Intervall $-\pi < \varphi \leq \pi$ beschränkt. Bei dieser Festlegung ändern sich natürlich auch der Haupt- und die Nebenwerte des Logarithmus einer komplexen Zahl entsprechend.

■ **Beispiele**

(1) $z = -8 + 6j, \quad \ln z = ?$

Lösung: Wir stellen z zunächst in der *Exponentialform* dar:

$$z = -8 + 6j = 10 \cdot e^{j(2{,}50 + k \cdot 2\pi)} \qquad (k \in \mathbb{Z})$$

(bitte nachrechnen). Für den *natürlichen Logarithmus* von z erhalten wir damit die *unendlich* vielen Werte

$$\ln z = \ln [10 \cdot e^{j(2{,}50 + k \cdot 2\pi)}] = \ln 10 + \ln e^{j(2{,}50 + k \cdot 2\pi)} =$$
$$= \ln 10 + j(2{,}50 + k \cdot 2\pi) = 2{,}30 + j(2{,}50 + k \cdot 2\pi) \qquad (k \in \mathbb{Z})$$

Der *Hauptwert* von $\ln z$ ist damit

$$\text{Ln } z = 2{,}30 + 2{,}50 j$$

(2) Für den natürlichen Logarithmus der reellen Zahl 1 erhalten wir im Reellen den Wert ln 1 = 0, im Komplexen dagegen unendlich viele Werte wegen der Darstellung $1 = 1 \cdot e^{j(0 + k \cdot 2\pi)} = 1 \cdot e^{jk \cdot 2\pi}$ mit $k \in \mathbb{Z}$:

$$\ln(1 \cdot e^{jk \cdot 2\pi}) = \ln 1 + \ln e^{jk \cdot 2\pi} = \ln 1 + jk \cdot 2\pi =$$
$$= 0 + jk \cdot 2\pi = j(k \cdot 2\pi)$$

(3) Wir berechnen den *natürlichen Logarithmus* von $z = -5$. Es ist

$$z = -5 = 5 \cdot e^{j(\pi + k \cdot 2\pi)} \qquad (\text{mit } k \in \mathbb{Z})$$

und daher

$$\ln(-5) = \ln[5 \cdot e^{j(\pi + k \cdot 2\pi)}] = \ln 5 + \ln e^{j(\pi + k \cdot 2\pi)} =$$
$$= \ln 5 + j(\pi + k \cdot 2\pi) = 1{,}609 + j(\pi + k \cdot 2\pi) \qquad (k \in \mathbb{Z})$$

Der *Hauptwert* von $\ln(-5)$ ist somit

$$\text{Ln}(-5) = \ln 5 + j\pi = 1{,}609 + j\pi \qquad \blacksquare$$

3 Anwendungen der komplexen Rechnung

3.1 Symbolische Darstellung harmonischer Schwingungen im Zeigerdiagramm

3.1.1 Darstellung einer Schwingung durch einen rotierenden Zeiger

Wir gehen bei unseren Betrachtungen von einer sich mit der Zeit t *sinusförmig* verändernden Größe (*Schwingung*)

$$y(t) = A \cdot \sin(\omega t + \varphi) \qquad (t \geq 0) \tag{VII-65}$$

aus (harmonische Schwingung, siehe Bild VII-35).

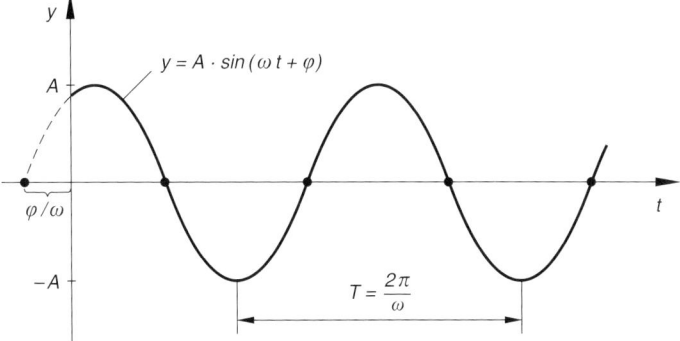

Bild VII-35 Zeitlicher Verlauf einer harmonischen Schwingung (Sinusschwingung)

Es kann sich dabei beispielsweise um eine *mechanische Schwingung*, eine *Wechselspannung* oder einen *Wechselstrom* handeln. Die in der periodischen Funktion (VII-65) enthaltenen Größen A, ω und φ besitzen die folgende *physikalische* Bedeutung:

A: *Schwingungsamplitude* oder *Scheitelwert* (in der Wechselstromtechnik; $A > 0$)

ω: *Kreisfrequenz* ($\omega > 0$)

φ: *Phase, Phasenwinkel* oder *Nullphasenwinkel*

Zwischen der *Perioden-* oder *Schwingungsdauer* T, der *Frequenz* f und der *Kreisfrequenz* ω bestehen die folgenden Beziehungen:

$$T = \frac{1}{f} = \frac{2\pi}{\omega} \qquad \text{bzw.} \qquad \omega = 2\pi f = \frac{2\pi}{T} \qquad \text{(VII-66)}$$

Die durch die Funktion $y = A \cdot \sin(\omega t + \varphi)$ beschriebene *harmonische Schwingung* lässt sich in einem sog. *Zeigerdiagramm* durch einen mit der *Winkelgeschwindigkeit* ω im *positiven* Drehsinn um den Nullpunkt *rotierenden* Zeiger der Länge A anschaulich darstellen (Bild VII-36)[5].

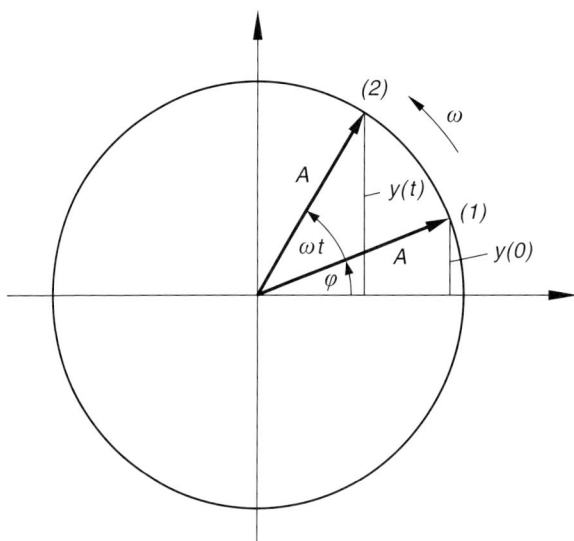

Bild VII-36 Zur Darstellung einer harmonischen Schwingung durch einen rotierenden Zeiger
Position (1): Ausgangslage (zur Zeit $t = 0$)
Position (2): Lage des Zeigers zur Zeit $t > 0$

---

[5] Die Darstellung einer harmonischen Schwingung durch einen *rotierenden Zeiger* wurde bereits in *reeller* Form in Kap. III, Abschnitt 9.5.2 behandelt.

3 Anwendungen der komplexen Rechnung

Der Zeiger befindet sich dabei zu *Beginn* (d. h. zum Zeitpunkt $t = 0$) in der Position (1): Sein Richtungswinkel gegenüber der (horizontalen) Bezugsachse ist der Nullphasenwinkel φ. In der Zeit t dreht sich der Zeiger um den Winkel ωt weiter und befindet sich dann in der Position (2). Sein Richtungswinkel gegenüber der Bezugsachse beträgt nunmehr $\varphi + \omega t$. Der *Ordinatenwert* der Zeigerspitze entspricht dabei dem *augenblicklichen* Funktionswert $y = A \cdot \sin(\omega t + \varphi)$. Bei der Rotation des Zeigers um den Nullpunkt durchläuft daher die Ordinate nacheinander *sämtliche Funktionswerte* der Sinusschwingung (somit alle Werte aus dem Intervall $-A \leq y \leq A$).

Wir deuten nun die Ebene, in der die *Rotation* des Zeigers erfolgt, als *Gaußsche Zahlenebene* und beschreiben die augenblickliche Lage des Zeigers durch die *zeitabhängige* komplexe Zahl

$$\underline{y} = A\left[\cos(\omega t + \varphi) + j \cdot \sin(\omega t + \varphi)\right] = A \cdot e^{j(\omega t + \varphi)} =$$
$$= A \cdot e^{j\omega t} \cdot e^{j\varphi} = \underbrace{A \cdot e^{j\varphi}}_{\underline{A}} \cdot e^{j\omega t} = \underline{A} \cdot e^{j\omega t} \qquad \text{(VII-67)}$$

(Bild VII-37)[6]. Der *komplexe Zeiger* $\underline{y}$ enthält demnach einen *zeitunabhängigen* Faktor $\underline{A} = A \cdot e^{j\varphi}$ und einen *zeitabhängigen* Faktor $e^{j\omega t}$, für die wir noch die folgenden Bezeichnungen einführen:

$\underline{A} = A \cdot e^{j\varphi}$: *Komplexe Amplitude*; $\quad e^{j\omega t}$: *Zeitfunktion*

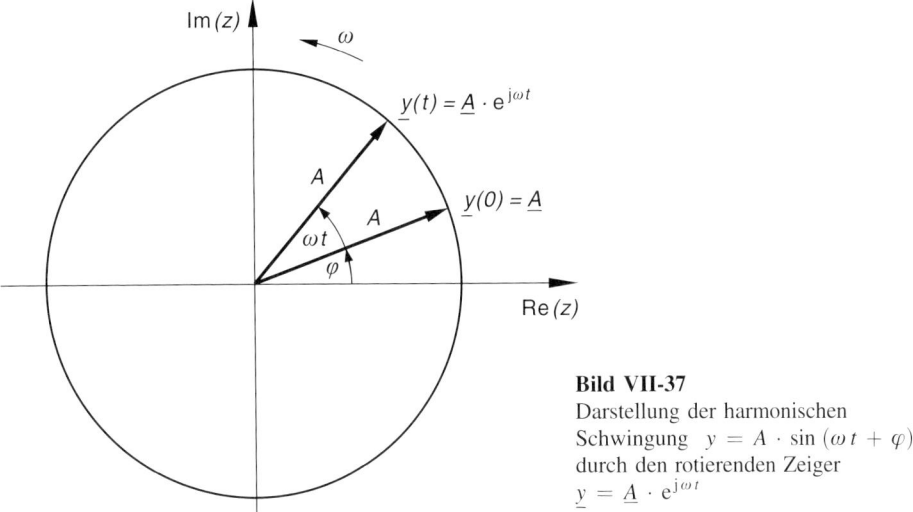

Bild VII-37
Darstellung der harmonischen Schwingung $y = A \cdot \sin(\omega t + \varphi)$ durch den rotierenden Zeiger $\underline{y} = \underline{A} \cdot e^{j\omega t}$

Die *komplexe Amplitude* $\underline{A}$ besitzt den *Betrag* $|\underline{A}| = A$ und den *Richtungswinkel* (*Phasenwinkel*) φ und legt die *Anfangslage* des rotierenden Zeigers fest. Die Zeitfunktion $e^{j\omega t}$ beschreibt die *Rotation* des Zeigers mit der *Winkelgeschwindigkeit* ω um den Nullpunkt der komplexen Zahlenebene.

---

[6] *Bezugsachse* ist die *reelle* Achse.

Der *Momentanwert* der Sinusschwingung (VII-65) entspricht dann dem *Imaginärteil* des rotierenden komplexen Zeigers $\underline{y}$:

$$y = \text{Im}\,(\underline{y}) = \text{Im}\,[\underline{A} \cdot e^{j\omega t}] = A \cdot \sin\,(\omega t + \varphi) \qquad \text{(VII-68)}$$

Wir fassen zusammen:

Darstellung einer Sinusschwingung durch einen rotierenden Zeiger

Eine sich *sinusförmig* mit der Zeit t ändernde Größe (Schwingung)

$$y = A \cdot \sin\,(\omega t + \varphi) \qquad (A > 0;\; \omega > 0) \qquad \text{(VII-69)}$$

kann in *symbolischer* Form durch einen mit der Winkelgeschwindigkeit ω um den Nullpunkt der Gaußen Zahlenebene rotierenden *komplexen Zeiger*

$$\underline{y} = A \cdot e^{j(\omega t + \varphi)} = A \cdot e^{j\varphi} \cdot e^{j\omega t} = \underline{A} \cdot e^{j\omega t} \qquad \text{(VII-70)}$$

dargestellt werden (Bild VII-37).

Dabei bedeuten:

$\underline{A} = A \cdot e^{j\varphi}$: *Komplexe Schwingungsamplitude*

$e^{j\omega t}$: *Zeitfunktion* der Schwingung

Anmerkungen

(1) Die *Rotation* des Zeigers erfolgt im mathematisch *positiven* Drehsinn ($\omega > 0$).

(2) Wir haben uns zunächst bewusst auf *sinusförmige* Schwingungen beschränkt. Denn eine *Kosinusschwingung* vom allgemeinen Typ

$$y(t) = A \cdot \cos\,(\omega t + \varphi) \qquad \text{(VII-71)}$$

lässt sich stets wegen $\cos\,(\omega t) = \sin\,(\omega t + \pi/2)$ auf eine *Sinusschwingung* zurückführen:

$$y(t) = A \cdot \cos\,(\omega t + \varphi) = A \cdot \sin\,\left(\omega t + \varphi + \frac{\pi}{2}\right) \qquad \text{(VII-72)}$$

Mit anderen Worten: Eine Kosinusschwingung kann als eine *Sinusschwingung* mit einem um $\pi/2$ *vergrößerten* Nullphasenwinkel aufgefasst werden.

Bei der Behandlung von *Schwingungsproblemen* ist die *komplexe Rechnung* der reellen Rechnung aufgrund der *einfacheren* komplexen Rechengesetze *überlegen*. Ein Beispiel dafür bietet die *Superposition* (ungestörte Überlagerung) zweier *gleichfrequenter Schwingungen* oder Wechselströme, die wir im nächsten Abschnitt ausführlich behandeln werden. Die *komplexe Rechnung* spielt daher insbesondere in der *Wechselstromtechnik* eine bedeutende Rolle.

3 Anwendungen der komplexen Rechnung

■ **Beispiel**

Wir transformieren die Gleichungen für *Wechselspannung* und *Wechselstrom* aus der reellen Form in die komplexe Form:

Wechselspannung:

$$u(t) = \hat{u} \cdot \sin(\omega t + \varphi_u) \quad \rightarrow \quad \underline{u}(t) = \underline{\hat{u}} \cdot e^{j\omega t}$$

$$\underline{\hat{u}} = \hat{u} \cdot e^{j\varphi_u}: \textit{Komplexer Scheitelwert der Spannung}$$

Wechselstrom:

$$i(t) = \hat{i} \cdot \sin(\omega t + \varphi_i) \quad \rightarrow \quad \underline{i}(t) = \underline{\hat{i}} \cdot e^{j\omega t}$$

$$\underline{\hat{i}} = \hat{i} \cdot e^{j\varphi_i}: \textit{Komplexer Scheitelwert des Stroms}$$ ■

3.1.2 Ungestörte Überlagerung gleichfrequenter Schwingungen

Wir beschäftigen uns in diesem Abschnitt mit der *ungestörten Überlagerung* (*Superposition*) zweier *gleichfrequenter* Sinusschwingungen unter Verwendung der *komplexen* Rechnung[7]. Nach dem *Superpositionsprinzip* der Physik überlagern sich die beiden Schwingungen

$$y_1 = A_1 \cdot \sin(\omega t + \varphi_1) \quad \text{und} \quad y_2 = A_2 \cdot \sin(\omega t + \varphi_2) \quad \text{(VII-73)}$$

ungestört und ergeben eine *resultierende* Schwingung *gleicher* Frequenz:

$$y = y_1 + y_2 =$$
$$= A_1 \cdot \sin(\omega t + \varphi_1) + A_2 \cdot \sin(\omega t + \varphi_2) = A \cdot \sin(\omega t + \varphi) \quad \text{(VII-74)}$$

($A_1 > 0$, $A_2 > 0$, $A > 0$ und $\omega > 0$). Amplitude A und Phase φ der resultierenden Schwingung lassen sich dabei schrittweise wie folgt aus den Amplituden A_1 und A_2 und den Phasenwinkeln φ_1 und φ_2 der Einzelschwingungen berechnen:

1. Schritt: Übergang von der reellen Form zur komplexen Form

Die Einzelschwingungen y_1 und y_2 werden durch *komplexe Zeiger* dargestellt:

$$y_1 \rightarrow \underline{y}_1 = \underline{A}_1 \cdot e^{j\omega t} \quad \text{und} \quad y_2 \rightarrow \underline{y}_2 = \underline{A}_2 \cdot e^{j\omega t} \quad \text{(VII-75)}$$

$\underline{A}_1$ und $\underline{A}_2$ sind dabei die *komplexen* Schwingungsamplituden:

$$\underline{A}_1 = A_1 \cdot e^{j\varphi_1} \quad \text{und} \quad \underline{A}_2 = A_2 \cdot e^{j\varphi_2} \quad \text{(VII-76)}$$

---

[7] Dieses Thema wurde bereits in Kap. III, Abschnitt 9.5.3 auf *trigonometrischer* Basis behandelt.

2. Schritt: Superposition in komplexer Form

Die komplexen Zeiger $\underline{y}_1$ und $\underline{y}_2$ werden jetzt zur *Überlagerung* gebracht und ergeben den *resultierenden* komplexen Zeiger

$$\underline{y} = \underline{y}_1 + \underline{y}_2 = \underline{A}_1 \cdot e^{j\omega t} + \underline{A}_2 \cdot e^{j\omega t} =$$

$$= (\underline{A}_1 + \underline{A}_2) \cdot e^{j\omega t} = \underline{A} \cdot e^{j\omega t} \qquad \text{(VII-77)}$$

Wir stellen dabei fest: *Die komplexen Amplituden der Einzelschwingungen addieren sich zur komplexen Amplitude der resultierenden Schwingung*:

$$\underline{A} = \underline{A}_1 + \underline{A}_2 = A \cdot e^{j\varphi} \qquad \text{(VII-78)}$$

Ferner gilt: $\underline{y}_1$, $\underline{y}_2$ und $\underline{y}$ besitzen *dieselbe* Zeitfunktion $e^{j\omega t}$.

3. Schritt: Rücktransformation aus der komplexen Form in die reelle Form

Die *resultierende* Schwingung $y = A \cdot \sin(\omega t + \varphi)$ ist der *Imaginärteil* des resultierenden komplexen Zeigers $\underline{y}$:

$$y = \text{Im}(\underline{y}) = \text{Im}(\underline{A} \cdot e^{j\omega t}) = \text{Im}(A \cdot e^{j\varphi} \cdot e^{j\omega t}) = A \cdot \text{Im}(e^{j(\omega t + \varphi)}) =$$

$$= A \cdot \sin(\omega t + \varphi) \qquad \text{(VII-79)}$$

Für die Berechnung der *komplexen Amplitude* $\underline{A}$ aus $\underline{A}_1$ und $\underline{A}_2$ wird die Zeitfunktion $e^{j\omega t}$ *nicht* benötigt. Es genügt daher, die Einzelschwingungen y_1 und y_2 im Zeigerdiagramm durch ihre *komplexen Amplituden* $\underline{A}_1$ und $\underline{A}_2$, d. h. durch *zeitunabhängige* Zeiger darzustellen. Durch *geometrische Addition* der komplexen Schwingungsamplituden $\underline{A}_1$ und $\underline{A}_2$ nach der Parallelogrammregel erhält man dann die *komplexe Schwingungsamplitude* $\underline{A}$ der *resultierenden* Schwingung (Bild VII-38).

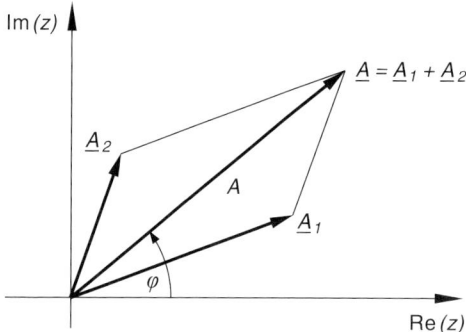

Bild VII-38
Zur geometrischen Addition der komplexen Schwingungsamplituden

Die komplexen Schwingungsamplituden entsprechen dabei einer *Momentanaufnahme* der rotierenden Zeiger zum Zeitpunkt $t = 0$. Sie beschreiben daher die *Anfangslage* der Zeiger zu Beginn der Rotation.

3 Anwendungen der komplexen Rechnung

Wir fassen wie folgt zusammen:

Überlagerung zweier gleichfrequenter sinusförmiger Schwingungen

Durch *ungestörte Überlagerung* der *gleichfrequenten* Sinusschwingungen

$$y_1 = A_1 \cdot \sin(\omega t + \varphi_1) \quad \text{und} \quad y_2 = A_2 \cdot \sin(\omega t + \varphi_2) \qquad \text{(VII-80)}$$

entsteht nach dem *Superpositionsprinzip* der Physik eine *resultierende* Schwingung mit der *gleichen* Frequenz:

$$y = y_1 + y_2 = A \cdot \sin(\omega t + \varphi)$$

(mit $A_1 > 0$, $A_2 > 0$, $A > 0$ und $\omega > 0$) \qquad (VII-81)

Die Berechnung der *Schwingungsamplitude* A und des *Phasenwinkels* φ erfolgt dabei im *Komplexen* in drei Schritten:

1. Übergang von der reellen Form zur komplexen Form

Die *Einzelschwingungen* y_1 und y_2 werden in *komplexer* Form dargestellt:

$$\begin{aligned} y_1 &\to \underline{y}_1 = \underline{A}_1 \cdot e^{j\omega t} \quad \text{mit} \quad \underline{A}_1 = A_1 \cdot e^{j\varphi_1} \\ y_2 &\to \underline{y}_2 = \underline{A}_2 \cdot e^{j\omega t} \quad \text{mit} \quad \underline{A}_2 = A_2 \cdot e^{j\varphi_2} \end{aligned} \qquad \text{(VII-82)}$$

2. Addition der komplexen Amplituden (siehe Bild VII-38)

$$\underline{A} = \underline{A}_1 + \underline{A}_2 = A \cdot e^{j\varphi} \qquad \text{(VII-83)}$$

Die *resultierende* Schwingung lautet dann in *komplexer* Form:

$$\underline{y} = \underline{y}_1 + \underline{y}_2 = \underline{A} \cdot e^{j\omega t} \qquad \text{(VII-84)}$$

3. Rücktransformation aus der komplexen Form in die reelle Form

$$y = y_1 + y_2 = \text{Im}(\underline{y}) = \text{Im}(\underline{A} \cdot e^{j\omega t}) = A \cdot \sin(\omega t + \varphi) \qquad \text{(VII-85)}$$

Anmerkungen

(1) Liegen beide Einzelschwingungen als *Kosinusschwingungen* vor,

$$y_1 = A_1 \cdot \cos(\omega t + \varphi_1) \quad \text{und} \quad y_2 = A_2 \cdot \cos(\omega t + \varphi_2) \qquad \text{(VII-86)}$$

so ergeben sich für die Berechnung der *resultierenden* Schwingung $y = y_1 + y_2$ prinzipiell *zwei* Möglichkeiten:

1. Die Schwingungen y_1 und y_2 werden zunächst als *sinusförmige* Schwingungen dargestellt. Anschließend erfolgen die weiter oben angegebenen drei Rechenschritte. Die *resultierende* Schwingung liegt dann in der *Sinusform* vor.

2. Die Schwingungen y_1 und y_2 werden in der *Kosinusform* belassen. Dann erfolgen die ersten beiden der oben angegebenen Rechenschritte und anschließend die *Rücktransformation* aus dem Komplexen ins Reelle. Diesmal jedoch ist der *Realteil* des resultierenden komplexen Zeigers $\underline{y}$ zu nehmen:

$$y = y_1 + y_2 = \text{Re}(\underline{y}) = \text{Re}(\underline{A} \cdot e^{j\omega t}) = A \cdot \cos(\omega t + \varphi)$$

(VII-87)

Die *resultierende* Schwingung liegt jetzt als *Kosinusschwingung* vor.

(2) Das Verfahren gilt sinngemäß auch bei einer ungestörten Überlagerung *mehrerer* gleichfrequenter Einzelschwingungen.

3.1.3 Ein Anwendungsbeispiel: Überlagerung gleichfrequenter Wechselspannungen

Auf einem Oszillographen werden die *gleichfrequenten technischen Wechselspannungen*

$$u_1(t) = 100\,\text{V} \cdot \sin(\omega t)$$

$$u_2(t) = 200\,\text{V} \cdot \sin\left(\omega t + \frac{5}{6}\pi\right)$$

$$u_3(t) = 150\,\text{V} \cdot \cos(\omega t)$$

ungestört zur Überlagerung gebracht (Frequenz $f = 50\,\text{Hz}$; $\omega = 2\pi f = 314\,\text{s}^{-1}$). Wie lautet die Gleichung der *resultierenden* Wechselspannung $u(t)$ in komplexer bzw. reeller Form?

Lösung: Zunächst stellen wir die Wechselspannung $u_3(t)$ in der *Sinusform* dar:

$$u_3(t) = 150\,\text{V} \cdot \cos(\omega t) = 150\,\text{V} \cdot \sin\left(\omega t + \frac{\pi}{2}\right)$$

Die komplexe Rechnung erfolgt nun in drei Schritten.

(1) Übergang von der reellen Form zur komplexen Form

$$u_1 \to \underline{u}_1 = 100\,\text{V} \cdot e^{j\omega t}$$

$$u_2 \to \underline{u}_2 = 200\,\text{V} \cdot e^{j\left(\omega t + \frac{5}{6}\pi\right)} = 200\,\text{V} \cdot e^{j\frac{5}{6}\pi} \cdot e^{j\omega t}$$

$$u_3 \to \underline{u}_3 = 150\,\text{V} \cdot e^{j\left(\omega t + \frac{\pi}{2}\right)} = 150\,\text{V} \cdot e^{j\frac{\pi}{2}} \cdot e^{j\omega t}$$

Die *komplexen Scheitelwerte* lauten damit der Reihe nach:

$$\underline{\hat{u}}_1 = 100\,V; \qquad \underline{\hat{u}}_2 = 200\,\text{V} \cdot e^{j\frac{5}{6}\pi}; \qquad \underline{\hat{u}}_3 = 150\,\text{V} \cdot e^{j\frac{\pi}{2}}$$

3 Anwendungen der komplexen Rechnung

(2) Addition der komplexen Scheitelwerte

$$\underline{\hat{u}} = \underline{\hat{u}}_1 + \underline{\hat{u}}_2 + \underline{\hat{u}}_3 = 100\,\text{V} + 200\,\text{V} \cdot e^{j\frac{5}{6}\pi} + 150\,\text{V} \cdot e^{j\frac{\pi}{2}} =$$

$$= 100\,\text{V} + 200\,\text{V}\left[\cos\left(\frac{5}{6}\pi\right) + j \cdot \sin\left(\frac{5}{6}\pi\right)\right] + j \cdot 150\,\text{V} =$$

$$= 100\,\text{V} - 173{,}21\,\text{V} + j \cdot 100\,\text{V} + j \cdot 150\,\text{V} = -73{,}21\,\text{V} + j \cdot 250\,\text{V}$$

Wir berechnen jetzt den *reellen Scheitelwert* $\hat{u} = |\underline{\hat{u}}|$ und den *Nullphasenwinkel* φ der resultierenden Wechselspannung u und daraus den komplexen Scheitelwert $\underline{\hat{u}}$ in der Exponentialform ($\underline{\hat{u}}$ liegt im 2. Quadranten):

$$|\underline{\hat{u}}| = \hat{u} = \sqrt{(-73{,}21\,\text{V})^2 + (250\,\text{V})^2} = 260{,}50\,\text{V}$$

$$\tan\varphi = \frac{250\,\text{V}}{-73{,}21\,\text{V}} = -3{,}4153 \quad \Rightarrow$$

$$\varphi = \arctan(-3{,}4153) + 180° = 106{,}3° \,\hat{=}\, 1{,}86$$

$$\underline{\hat{u}} = \hat{u} \cdot e^{j\varphi} = 260{,}50\,\text{V} \cdot e^{j\,1{,}86}$$

Die *resultierende* Wechselspannung lautet daher in der *komplexen* Form:

$$\underline{u} = \underline{\hat{u}} \cdot e^{j\omega t} = 260{,}50\,\text{V} \cdot e^{j\,1{,}86} \cdot e^{j\omega t} = 260{,}50\,\text{V} \cdot e^{j(\omega t + 1{,}86)}$$

(3) Rücktransformation aus der komplexen Form in die reelle Form

$$u = \text{Im}\,(\underline{u}) = \text{Im}\,[260{,}50\,\text{V} \cdot e^{j(\omega t + 1{,}86)}] = 260{,}50\,\text{V} \cdot \sin(\omega t + 1{,}86)$$

Mit $\omega = 314\,\text{s}^{-1}$ erhalten wir schließlich für die *resultierende* Wechselspannung:

$$u = u_1 + u_2 + u_3 = 260{,}50\,\text{V} \cdot \sin(314\,\text{s}^{-1} \cdot t + 1{,}86)$$

3.2 Symbolische Berechnung eines Wechselstromkreises

3.2.1 Das Ohmsche Gesetz der Wechselstromtechnik

In einem Wechselstromkreis erzeugt die sinusförmige Wechselspannung

$$u = u(t) = \hat{u} \cdot \sin(\omega t + \varphi_u) = \sqrt{2}\,U \cdot \sin(\omega t + \varphi_u)$$

den gleichfrequenten sinusförmigen Wechselstrom

$$i = i(t) = \hat{i} \cdot \sin(\omega t + \varphi_i) = \sqrt{2}\,I \cdot \sin(\omega t + \varphi_i)$$

Dabei sind $\hat{u}, \hat{\imath}$ die *Scheitelwerte* und U, I die *Effektivwerte* von Spannung und Stromstärke ($\hat{u} = \sqrt{2}\, U$; $\hat{\imath} = \sqrt{2}\, I$). Die zugehörigen *komplexen Zeiger* lauten dann:

$$\underline{u} = \hat{u} \cdot e^{j(\omega t + \varphi_u)} = \hat{u} \cdot e^{j\varphi_u} \cdot e^{j\omega t} = \underline{\hat{u}} \cdot e^{j\omega t} = \sqrt{2}\, \underline{U} \cdot e^{j\omega t} \qquad \text{(VII-88)}$$

$$\underline{i} = \hat{\imath} \cdot e^{j(\omega t + \varphi_i)} = \hat{\imath} \cdot e^{j\varphi_i} \cdot e^{j\omega t} = \underline{\hat{\imath}} \cdot e^{j\omega t} = \sqrt{2}\, \underline{I} \cdot e^{j\omega t} \qquad \text{(VII-89)}$$

$\underline{\hat{u}}, \underline{\hat{\imath}}$ sind dabei die *komplexen Scheitelwerte* und $\underline{U}$, $\underline{I}$ die *komplexen Effektivwerte* von Spannung und Strom, wobei gilt[8]:

$$\underline{\hat{u}} = \hat{u} \cdot e^{j\varphi_u} = \sqrt{2}\, \underbrace{U \cdot e^{j\varphi_u}}_{\underline{U}} = \sqrt{2}\, \underline{U}, \quad \underline{\hat{\imath}} = \hat{\imath} \cdot e^{j\varphi_i} = \sqrt{2}\, \underbrace{I \cdot e^{j\varphi_i}}_{\underline{I}} = \sqrt{2}\, \underline{I}$$

(VII-90)

Das Verhältnis der *komplexen Spannung* $\underline{u}$ zur *komplexen Stromstärke* $\underline{i}$ wird in der Elektrotechnik als *komplexer Widerstand* bezeichnet und durch das Symbol $\underline{Z}$ gekennzeichnet. Definitionsgemäß ist also

$$\underline{Z} = \frac{\underline{u}}{\underline{i}} = \frac{\sqrt{2}\, \underline{U} \cdot e^{j\omega t}}{\sqrt{2}\, \underline{I} \cdot e^{j\omega t}} = \frac{\underline{U}}{\underline{I}} = \frac{U \cdot e^{j\varphi_u}}{I \cdot e^{j\varphi_i}} = \left(\frac{U}{I}\right) \cdot e^{j(\varphi_u - \varphi_i)} \qquad \text{(VII-91)}$$

Der *komplexe Widerstand* $\underline{Z}$ ist demnach ein *zeitunabhängiger* komplexer Zeiger. Seine *exponentielle* Form ist

$$\underline{Z} = Z \cdot e^{j\varphi} \qquad \text{(VII-92)}$$

mit dem als *Scheinwiderstand* oder *Impedanz* bezeichneten Betrag

$$Z = |\underline{Z}| = \frac{U}{I} = \frac{\text{Effektivwert der Spannung}}{\text{Effektivwert des Stroms}} \qquad \text{(VII-93)}$$

und dem *Phasenwinkel*

$$\varphi = \varphi_u - \varphi_i = \text{Spannungsphase minus Stromphase} \qquad \text{(VII-94)}$$

(siehe hierzu Bild VII-39).

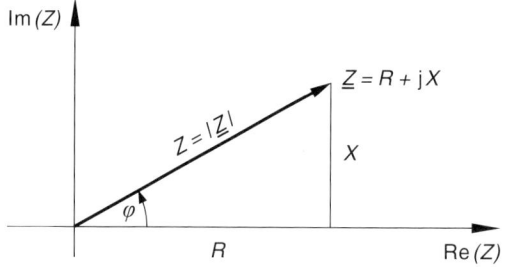

Bild VII-39
Komplexer Widerstand $\underline{Z}$

---

[8] Der *Effektivwert* eines Wechselstroms bzw. einer Wechselspannung ist der *quadratische zeitliche* Mittelwert während einer Periode (siehe hierzu auch Kap. V, Abschnitt 10.7). Der *Scheitelwert* ist stets das $\sqrt{2}$-fache des *Effektivwertes*. Dies gilt sowohl im *reellen* als auch im *komplexen* Bereich.

In der *kartesischen* Schreibweise besitzt der *komplexe Widerstand* die Form

$$\underline{Z} = R + jX \tag{VII-95}$$

Für *Realteil* R und *Imaginärteil* X sind dabei die Bezeichnungen

R: *Wirkwiderstand*   und X: *Blindwiderstand*

üblich. Aus der Zeigerdarstellung in Bild VII-39 folgt dann unmittelbar:

$$|\underline{Z}| = Z = \sqrt{R^2 + X^2} \quad \text{und} \quad \tan \varphi = \frac{X}{R} \tag{VII-96}$$

Zwischen den *komplexen* Größen $\underline{U}, \underline{I}$ und $\underline{Z}$ besteht dabei nach Gleichung (VII-91) die wichtige Beziehung

$$\underline{U} = \underline{Z} \cdot \underline{I} \tag{VII-97}$$

die uns an das *Ohmsche Gesetz der Gleichstromlehre* erinnert und daher als *Ohmsches Gesetz der Wechselstromtechnik* bezeichnet wird. Die Gleichung $\underline{U} = \underline{Z} \cdot \underline{I}$ stellt somit das *Ohmsche Gesetz* in *komplexer* Form dar.

Ohmsches Gesetz der Wechselstromtechnik

$$\underline{U} = \underline{Z} \cdot \underline{I} \tag{VII-98}$$

Dabei bedeuten:

$\underline{U}$: *Komplexer Effektivwert* der Spannung

$\underline{I}$: *Komplexer Effektivwert* des Stroms

$\underline{Z}$: *Komplexer Widerstand* mit $\underline{Z} = R + jX = Z \cdot e^{j\varphi}$

   (R: Wirkwiderstand; X: Blindwiderstand)

3.2.2 Komplexe Wechselstromwiderstände und Leitwerte

Wechselstromwiderstände und *elektrische Leitwerte* lassen sich in symbolischer Form durch *zeitunabhängige* komplexe Zeiger beschreiben. Diese Art der Darstellung besitzt den großen Vorteil, dass die aus der *Gleichstromlehre* bekannten physikalischen Gesetze wie beispielsweise das *Ohmsche Gesetz* oder die *Kirchhoffschen Regeln* (Knotenpunktsregel, Maschenregel usw.) auch für Wechselstromkreise unverändert gültig bleiben.

Bei den folgenden Betrachtungen wählen wir den Stromzeiger $\underline{I}$ als *Bezugszeiger* und legen ihn in die *positiv-reelle* Achse. Dann folgt unmittelbar aus dem *Ohmschen Gesetz* $\underline{U} = \underline{Z} \cdot \underline{I}$, dass der Spannungszeiger $\underline{U}$ mit dem Zeiger des komplexen Widerstandes $\underline{Z}$ in eine *gemeinsame Richtung* fällt: $\underline{U}$ und $\underline{Z}$ besitzen daher den *gleichen* Phasenwinkel φ. Der Spannungszeiger $\underline{U}$ geht aus dem Zeiger $\underline{Z}$ durch *Streckung* um das $|\underline{I}|$-fache hervor (Bild VII-40).

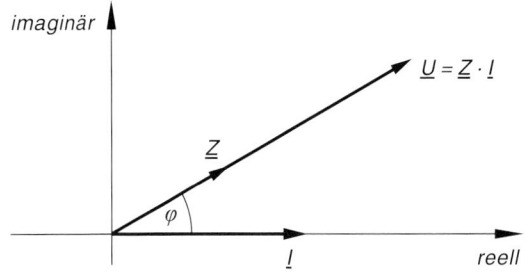

Bild VII-40
Zum Ohmschen Gesetz
der Wechselstromtechnik

Komplexe Wechselstromwiderstände

Der Wechselstromkreis kennt drei verschiedene *Grundschaltelemente*:

- R: Ohmscher Widerstand
- C: Kapazität
- L: Induktivität

Sie werden durch die folgenden *komplexen Widerstände* beschrieben.

(1) Ohmscher Widerstand R

Für einen *Ohmschen* Widerstand R gilt bekanntlich

$$u = R \cdot i \qquad \text{bzw.} \qquad \underline{u} = R \cdot \underline{i} \tag{VII-99}$$

Mit

$$\underline{u} = \hat{\underline{u}} \cdot e^{j\omega t} = \sqrt{2}\,\underline{U} \cdot e^{j\omega t} \qquad \text{und} \qquad \underline{i} = \hat{\underline{i}} \cdot e^{j\omega t} = \sqrt{2}\,\underline{I} \cdot e^{j\omega t}$$

erhalten wir hieraus

$$\sqrt{2}\,\underline{U} \cdot e^{j\omega t} = R \cdot \sqrt{2}\,\underline{I} \cdot e^{j\omega t} \quad \Big| : \sqrt{2} \cdot e^{j\omega t} \quad \Rightarrow$$

$$\underline{U} = R \cdot \underline{I} \quad \Rightarrow \quad \underline{Z} = \frac{\underline{U}}{\underline{I}} = R \tag{VII-100}$$

Ein ohmscher Widerstand wird somit im Wechselstromkreis durch den *reellen* Widerstand (*Wirkwiderstand*) R beschrieben (Bild VII-41). Spannung und Strom sind dabei *in Phase*: $\varphi_u = \varphi_i$, d.h. $\varphi = 0$.

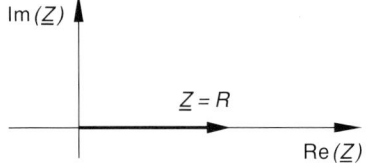

Bild VII-41 Ohmscher Widerstand

3 Anwendungen der komplexen Rechnung

(2) Kapazität C (kapazitiver Widerstand)

Bei einem *Kondensator* besteht zwischen der Ladung q, der Kapazität C und der Spannung u der folgende Zusammenhang:

$$q = C \cdot u \quad \text{bzw.} \quad \underline{q} = C \cdot \underline{u} \tag{VII-101}$$

Wir differenzieren diese Gleichung nach der Zeit t und beachten dabei, dass die zeitliche Ableitung der Ladung q die Stromstärke i ergibt:

$$\frac{d}{dt}(\underline{q}) = C \cdot \frac{d}{dt}(\underline{u}) \quad \text{oder} \quad \underline{i} = C \cdot \frac{d}{dt}(\underline{u}) \tag{VII-102}$$

Mit

$$\underline{u} = \underline{\hat{u}} \cdot e^{j\omega t} = \sqrt{2}\,\underline{U} \cdot e^{j\omega t} \quad \text{und} \quad \underline{i} = \underline{\hat{i}} \cdot e^{j\omega t} = \sqrt{2}\,\underline{I} \cdot e^{j\omega t}$$

folgt dann [9]:

$$\sqrt{2}\,\underline{I} \cdot e^{j\omega t} = C \cdot \frac{d}{dt}(\sqrt{2}\,\underline{U} \cdot e^{j\omega t}) = C \cdot \sqrt{2}\,\underline{U} \cdot e^{j\omega t} \cdot j\omega =$$

$$= j\omega C \cdot \sqrt{2}\,\underline{U} \cdot e^{j\omega t} \tag{VII-103}$$

Nach Kürzen des gemeinsamen Faktors $\sqrt{2} \cdot e^{j\omega t}$ erhalten wir

$$\underline{I} = j\omega C \cdot \underline{U} \quad \text{oder} \quad \underline{U} = \frac{1}{j\omega C} \cdot \underline{I} = -j\frac{1}{\omega C} \cdot \underline{I} \tag{VII-104}$$

Eine *Kapazität* C wird somit durch den *komplexen Widerstand*

$$\underline{Z} = \frac{\underline{U}}{\underline{I}} = -j\frac{1}{\omega C} = jX_C \quad \text{mit} \quad X_C = -\frac{1}{\omega C} \tag{VII-105}$$

beschrieben. Der zugehörige Zeiger fällt in die *negativ-imaginäre* Achse (Bild VII-42). X_C wird dabei als *kapazitiver Blindwiderstand* bezeichnet, sein Betrag ist $|X_C| = -X_C = 1/\omega C$. Bei einer (verlustfreien) Kapazität läuft der Spannungszeiger $\underline{U}$ dem Stromzeiger $\underline{I}$ um 90° in der Phase *hinterher*: $\varphi = -90°$.

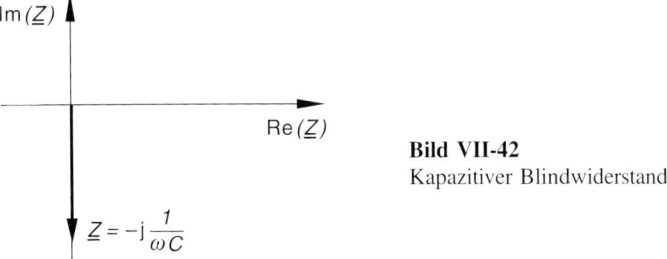

Bild VII-42
Kapazitiver Blindwiderstand

---

[9] Aus dem *Permanenzprinzip* folgt, dass die Differentiation nach den gleichen Regeln verläuft wie im Reellen. Die komplexe Funktion $e^{j\omega t}$ wird daher nach der *Kettenregel* differenziert, die imaginäre Einheit j ist dabei als ein konstanter Faktor zu betrachten.

(3) Induktivität L (induktiver Widerstand)

Aus dem *Induktionsgesetz*

$$u = L \cdot \frac{di}{dt} \qquad \text{bzw.} \qquad \underline{u} = L \cdot \frac{d\underline{i}}{dt} \tag{VII-106}$$

erhalten wir mit

$$\underline{u} = \underline{\hat{u}} \cdot e^{j\omega t} = \sqrt{2}\,\underline{U} \cdot e^{j\omega t} \qquad \text{und} \qquad \underline{i} = \underline{\hat{i}} \cdot e^{j\omega t} = \sqrt{2}\,\underline{I} \cdot e^{j\omega t}$$

den folgenden Zusammenhang zwischen den *komplexen* Größen (Zeigern) $\underline{U}$ und $\underline{I}$:

$$\sqrt{2}\,\underline{U} \cdot e^{j\omega t} = L \cdot \frac{d}{dt}\left(\sqrt{2}\,\underline{I} \cdot e^{j\omega t}\right) = L \cdot \sqrt{2}\,\underline{I} \cdot e^{j\omega t} \cdot j\omega =$$

$$= j\omega L \cdot \sqrt{2}\,\underline{I} \cdot e^{j\omega t} \quad \Big| \; : \sqrt{2} \cdot e^{j\omega t} \quad \Rightarrow$$

$$\underline{U} = j\omega L \cdot \underline{I} \tag{VII-107}$$

Eine *Induktivität* L wird somit durch den *komplexen Widerstand*

$$\underline{Z} = \frac{\underline{U}}{\underline{I}} = j\omega L = jX_L \qquad \text{mit} \qquad X_L = \omega L \tag{VII-108}$$

beschrieben. Der Zeiger fällt dabei in die *positiv-imaginäre* Achse (Bild VII-43). $X_L = \omega L$ wird als *induktiver Blindwiderstand* bezeichnet. Der Spannungszeiger $\underline{U}$ läuft dem Stromzeiger $\underline{I}$ um $90°$ in der Phase *voraus*: $\varphi = 90°$.

Bild VII-43
Induktiver Blindwiderstand

Komplexe Leitwerte

In der Gleichstromlehre wird der *Kehrwert* eines (ohmschen) Widerstandes als *Leitwert* bezeichnet. Entsprechend wird der komplexe Leitwert $\underline{Y}$ als *Kehrwert* des komplexen Widerstands $\underline{Z}$ erklärt:

$$\underline{Y} = \frac{1}{\underline{Z}} = \frac{1}{Z \cdot e^{j\varphi}} = \left(\frac{1}{Z}\right) \cdot e^{-j\varphi} \tag{VII-109}$$

Geometrisch erhält man $\underline{Y}$ durch *Spiegelung* des Zeigers $\underline{Z}$ an der *reellen* Achse ($\varphi \to -\varphi$) und anschließender *Streckung* um das $1/Z^2$-fache (sog. *Inversion*, siehe Bild VII-44 und Abschnitt 4.4).

3 Anwendungen der komplexen Rechnung

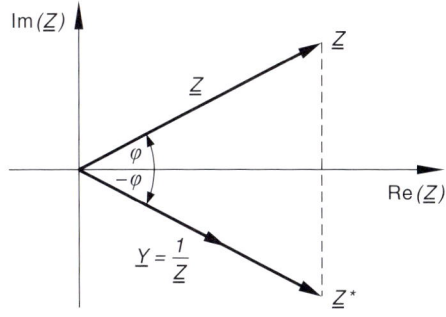

Bild VII-44
Der Zeiger $\underline{Y}$ entsteht durch Inversion des Zeigers $\underline{Z}$

Der komplexe Leitwert lautet in der *kartesischen* Darstellung:

$$\underline{Y} = G + jB \qquad \text{(VII-110)}$$

Realteil G und *Imaginärteil* B werden dabei wie folgt bezeichnet:

G: *Wirkleitwert*

B: *Blindleitwert*

Für die drei *Grundschaltelemente* R, C und L erhalten wir aus den entsprechenden komplexen Widerständen der Reihe nach die folgenden *komplexen Leitwerte*:

$$\underline{Y} = \frac{1}{R}, \qquad \underline{Y} = j\omega C, \qquad \underline{Y} = \frac{1}{j\omega L} = -j\frac{1}{\omega L} \qquad \text{(VII-111)}$$

Wir fassen die Ergebnisse zusammen:

Komplexe Widerstände und Leitwerte in einem Wechselstromkreis

In einem *Wechselstromkreis* werden die *Grundschaltelemente* R (*Ohmscher Widerstand*), C (*Kapazität*) und L (*Induktivität*) wie folgt durch komplexe Widerstände und Leitwerte, d. h. durch *zeitunabhängige* komplexe Zeiger dargestellt:

Schaltelement	Komplexer Widerstand	Komplexer Leitwert
Ohmscher Widerstand R	R	$\dfrac{1}{R}$
Kapazität C	$-j\dfrac{1}{\omega C}$	$j\omega C$
Induktivität L	$j\omega L$	$-j\dfrac{1}{\omega L}$

Die Berechnung der elektrischen Größen in einem Wechselstromkreis erfolgt dann nach den aus der *Gleichstromlehre* bekannten physikalischen Gesetzen (z. B. *Ohmsches Gesetz, Kirchhoffsche Regeln* usw.).

3.2.3 Ein Anwendungsbeispiel: Der Wechselstromkreis in Reihenschaltung

Der in Bild VII-45 dargestellte Wechselstromkreis enthält je einen *Ohmschen Widerstand R*, eine *Induktivität L* und eine *Kapazität C* in *Reihenschaltung*.

Bild VII-45 Wechselstromkreis in Reihenschaltung

Nach den *Kirchhoffschen Regeln* addieren sich dabei die komplexen Widerstände der drei Schaltelemente zum komplexen Widerstand $\underline{Z}$ des Gesamtkreises (ω: Kreisfrequenz der angelegten Wechselspannung):

$$\underline{Z} = R + j\omega L - j\frac{1}{\omega C} = R + j\left(\omega L - \frac{1}{\omega C}\right) = Z \cdot e^{j\varphi} \qquad \text{(VII-112)}$$

Bild VII-46 zeigt die Lage der komplexen Widerstände im Zeigerdiagramm.

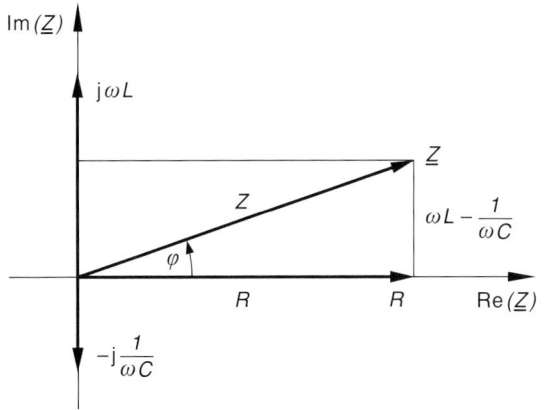

Bild VII-46 Zeigerdiagramm eines Wechselstromkreises in Reihenschaltung

Wirk- und *Blindwiderstand* der Reihenschaltung lauten:

$$\textit{Wirkwiderstand}: \quad \text{Re}(\underline{Z}) = R \qquad \text{(VII-113)}$$

$$\textit{Blindwiderstand}: \quad \text{Im}(\underline{Z}) = X = \omega L - \frac{1}{\omega C} \qquad \text{(VII-114)}$$

Für den *Scheinwiderstand* (auch *Impedanz* genannt) erhalten wir damit:

$$|\underline{Z}| = Z = \sqrt{R^2 + X^2} = \sqrt{R^2 + \left(\omega L - \frac{1}{\omega C}\right)^2} \qquad \text{(VII-115)}$$

3 Anwendungen der komplexen Rechnung

Die Phasenverschiebung $\varphi = \varphi_u - \varphi_i$ zwischen Spannung und Strom lässt sich nach Bild VII-46 aus der Beziehung

$$\tan \varphi = \frac{X}{R} = \frac{\omega L - \dfrac{1}{\omega C}}{R} \qquad \text{(VII-116)}$$

berechnen [10]:

$$\varphi = \arctan \left(\frac{X}{R} \right) = \arctan \left(\frac{\omega L - \dfrac{1}{\omega C}}{R} \right) \qquad \text{(VII-117)}$$

Ob die Spannung dem Strom *oder* umgekehrt der Strom der Spannung vorauseilt, hängt vom *Verhältnis der beiden Blindwiderstände* $X_L = \omega L$ und $X_C = -1/\omega C$ zueinander ab. Dabei gilt:

$X_L > |X_C| : \varphi > 0 \qquad (0° < \varphi \leq 90°)$

$X_L = |X_C| : \varphi = 0 \qquad (\text{sog. } Resonanzfall)$ [11]

$X_L < |X_C| : \varphi < 0 \qquad (-90° \leq \varphi < 0°)$

Aus dem *Ohmschen Gesetz* erhalten wir für den *Effektivwert* des Stroms:

$$I = \frac{U}{Z} = \frac{U}{\sqrt{R^2 + \left(\omega L - \dfrac{1}{\omega C}\right)^2}} \qquad \text{(VII-118)}$$

(*U: Effektivwert* der angelegten Wechselspannung). Die an den Schaltelementen R, C und L abfallenden *Teilspannungen* U_R, U_C und U_L lassen sich aus dem *Ohmschen Gesetz* für den jeweiligen *Teilwiderstand* berechnen. Wir erhalten für die *Effektivwerte* der Reihe nach

$$U_R = RI, \qquad U_C = \frac{I}{\omega C}, \qquad U_L = \omega L I \qquad \text{(VII-119)}$$

■ **Rechenbeispiel**

An einem Wechselstromnetz ($U = 220$ V, $f = 50$ Hz) liegen in *Reihenschaltung* der *Ohmsche Widerstand* $R = 100\,\Omega$, die *Kapazität* $C = 20\,\mu\text{F}$ und die *Induktivität* $L = 0{,}1$ H. Zu berechnen sind:

a) Der *Scheinwiderstand* Z und der *Effektivwert* I des Wechselstroms,

b) die *Phasenverschiebung* φ zwischen Spannung und Strom und

c) die *Effektivwerte der Spannungsabfälle* an den Einzelwiderständen.

---

[10] Der Phasenwinkel φ liegt im 1. oder 4. Quadranten.

[11] Der Gesamtwiderstand Z erreicht für $X_L = |X_C|$ seinen *kleinsten* und die Stromstärke I damit ihren *größten* Wert (bei vorgegebener Spannung U).

Lösung:

a) $\omega = 2\pi f = 2\pi \cdot 50\,\mathrm{s}^{-1} = 100\pi \cdot \mathrm{s}^{-1}$

$$-X_C = \frac{1}{\omega C} = \frac{1}{100\pi \cdot \mathrm{s}^{-1} \cdot 20 \cdot 10^{-6}\,\mathrm{F}} = 159{,}15\,\Omega$$

$$X_L = \omega L = 100\pi\,\mathrm{s}^{-1} \cdot 0{,}1\,\mathrm{H} = 31{,}42\,\Omega$$

Der *komplexe Widerstand* $\underline{Z}$ lautet damit (Bild VII-47):

$$\underline{Z} = R + \mathrm{j}X = R + \mathrm{j}(X_L + X_C) = R + \mathrm{j}\left(\omega L - \frac{1}{\omega C}\right) =$$

$$= 100\,\Omega + \mathrm{j}(31{,}42\,\Omega - 159{,}15\,\Omega) = 100\,\Omega - \mathrm{j} \cdot 127{,}73\,\Omega$$

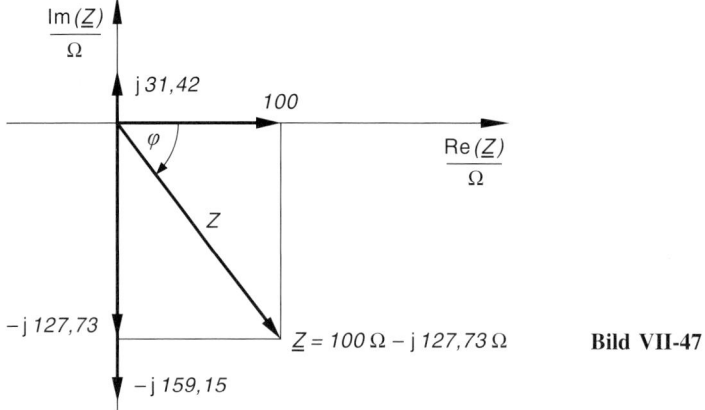

Bild VII-47

Sein *Betrag* liefert den *Scheinwiderstand* Z. Wir erhalten:

$$Z = |\underline{Z}| = \sqrt{(100\,\Omega)^2 + (-127{,}73\,\Omega)^2} = 162{,}22\,\Omega$$

Die Berechnung des *Phasenwinkels* φ ergibt nach Bild VII-47:

$$\tan\varphi = \frac{\omega L - \dfrac{1}{\omega C}}{R} = \frac{-127{,}73\,\Omega}{100\,\Omega} = -1{,}2773 \quad\Rightarrow$$

$$\varphi = \arctan(-1{,}2773) = -51{,}9°$$

Der *komplexe Widerstand* lautet daher in der *Exponentialform* wie folgt:

$$\underline{Z} = Z \cdot \mathrm{e}^{\mathrm{j}\varphi} = 162{,}22\,\Omega \cdot \mathrm{e}^{-\mathrm{j}51{,}9°}$$

4 Ortskurven

Der *Spannungszeiger* $\underline{U}$ besitzt die *gleiche* Richtung wie der *Widerstandszeiger* $\underline{Z}$. Somit ist:

$$\underline{U} = U \cdot e^{j\varphi} = 220\,\text{V} \cdot e^{-j51{,}9°}$$

Aus dem *Ohmschen Gesetz* (VII-98) folgt dann für den *Stromzeiger* $\underline{I}$:

$$\underline{I} = \frac{\underline{U}}{\underline{Z}} = \frac{220\,\text{V} \cdot e^{-j51{,}9°}}{162{,}22\,\Omega \cdot e^{-j51{,}9°}} = \frac{220\,\text{V}}{162{,}22\,\Omega} = 1{,}356\,\text{A}$$

Der *Effektivwert* des Wechselstroms beträgt somit $I = 1{,}356\,\text{A}$.

b) Strom- und Spannungsanzeiger besitzen die folgenden Darstellungen:

$$\underline{I} = 1{,}356\,\text{A} \cdot e^{j0°} = 1{,}356\,\text{A}$$

$$\underline{U} = 220\,\text{V} \cdot e^{-j51{,}9°}$$

Der Stromzeiger liegt in der *positiv-reellen* Achse. Daher eilt der Strom der Spannung um $51{,}9°$ in der Phase *voraus*.

c) Für die *komplexen* Effektivwerte der an den Schaltelementen R, C und L abfallenden Spannungen folgt aus dem *Ohmschen Gesetz*:

$$\underline{U}_R = R \cdot \underline{I} = 100\,\Omega \cdot 1{,}356\,\text{A} = 135{,}6\,\text{V}$$

$$\underline{U}_C = -j\frac{1}{\omega C} \cdot \underline{I} = -j \cdot 159{,}15\,\Omega \cdot 1{,}356\,\text{A} = -j \cdot 215{,}8\,\text{V} =$$
$$= 215{,}8\,\text{V} \cdot e^{-j90°}$$

$$\underline{U}_L = j\omega L \cdot \underline{I} = j \cdot 31{,}42\,\Omega \cdot 1{,}356\,\text{A} = j \cdot 42{,}6\,\text{V} = 42{,}6\,\text{V} \cdot e^{j90°}$$

Die *reellen* Effektivwerte der abfallenden Spannungen betragen daher der Reihe nach:

$$U_R = 135{,}6\,\text{V}, \quad U_C = 215{,}8\,\text{V}, \quad U_L = 42{,}6\,\text{V} \qquad \blacksquare$$

4 Ortskurven

4.1 Ein einführendes Beispiel

In den physikalisch-technischen Anwendungen, insbesondere in der Wechselstrom- und Regelungstechnik, treten häufig komplexe Größen auf, die noch von einem *reellen Parameter* abhängen. Wie das folgende Beispiel zeigen wird, lassen sich solche Abhängigkeiten in anschaulicher Weise durch sog. *Ortskurven* in der Gaußschen Zahlenebene darstellen.

Wir betrachten im Folgenden eine *Reihenschaltung* aus einem ohmschen Widerstand R und einer Induktivität L (Bild VII-48).

Bild VII-48 Reihenschaltung aus einem ohmschen Widerstand R und einer Induktivität L

Nach den *Kirchhoffschen Regeln* addieren sich dabei die komplexen Widerstände der beiden Schaltelemente zum komplexen Widerstand $\underline{Z}$ des Gesamtkreises. Bei *festen* Werten für R und L hängt der *komplexe Widerstand* $\underline{Z}$ noch wie folgt von der Kreisfrequenz ω ab:

$$\underline{Z} = \underline{Z}(\omega) = R + j\omega L \qquad (\omega \geq 0) \tag{VII-120}$$

Jedem Wert der Kreisfrequenz ω entspricht dabei genau *ein* komplexer Widerstandszeiger in der Gaußschen Zahlenebene. Beim Durchlaufen sämtlicher Werte von $\omega = 0$ bis hin zu $\omega = \infty$ bewegt sich die Zeigerspitze auf einer *Halbgeraden*, die im Abstand R parallel zur positiv-imaginären Achse verläuft (Bild VII-49). Sie wird als *Ortskurve* des Widerstandes $\underline{Z} = \underline{Z}(\omega)$ bezeichnet und beschreibt in anschaulicher Weise die Abhängigkeit des komplexen Widerstandes $\underline{Z}$ von der Kreisfrequenz ω.

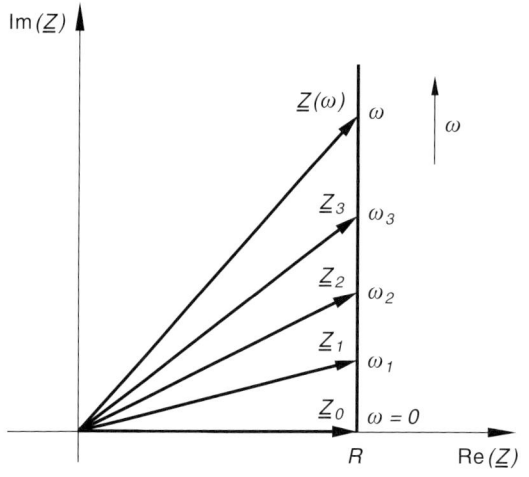

Bild VII-49
Widerstandsortskurve der Reihenschaltung aus Bild VII-48

4.2 Ortskurve einer parameterabhängigen komplexen Größe

z sei eine von einem *reellen* Parameter t abhängige komplexe Zahl mit der Darstellung

$$z = z(t) = x(t) + j \cdot y(t) \qquad (a \leq t \leq b) \tag{VII-121}$$

Durch diese Gleichung wird jedem Parameterwert t aus dem Intervall $[a, b]$ in *eindeutiger* Weise eine komplexe Zahl $z(t)$ zugeordnet. Eine solche Vorschrift definiert eine *komplexwertige Funktion* einer *reellen* Variablen.

4 Ortskurven

> **Definition:** Die von einem *reellen* Parameter t abhängige komplexe Zahl
>
> $$z = z(t) = x(t) + j \cdot y(t) \qquad (a \leq t \leq b) \qquad \text{(VII-122)}$$
>
> heißt *komplexwertige Funktion* $z(t)$ der reellen Variablen t.

Real- und *Imaginärteil* einer komplexwertigen Funktion $z(t)$ sind somit Funktionen *ein- und derselben* reellen Variablen t. Mit dem Parameterwert t verändert sich auch die *Lage* der komplexen Zahl $z = z(t)$ in der Gaußschen Zahlenebene. Die Spitze des zugehörigen Zeigers $\underline{z} = \underline{z}(t)$ bewegt sich dabei auf einer *Kurve*, die als *Ortskurve* der komplexen Zahl (Größe) $z = z(t)$ bezeichnet wird (Bild VII-50).

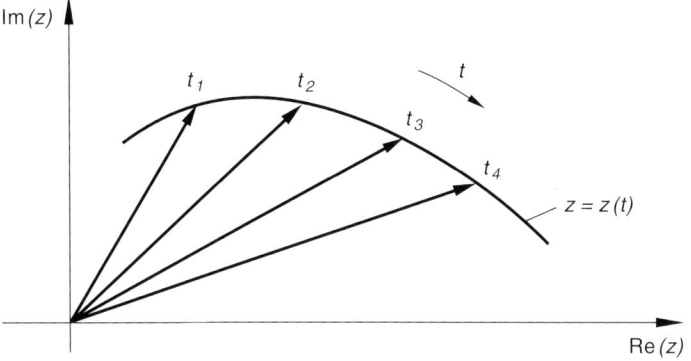

Bild VII-50 Zum Begriff der Ortskurve einer parameterabhängigen komplexen Zahl

Zu *jedem* Parameterwert gehört genau *ein* Zeiger und damit genau *ein* Kurvenpunkt. Die Kennzeichnung (Bezifferung) der Kurvenpunkte kann daher durch den *Parameter* selbst erfolgen, wie dies in Bild VII-50 geschehen ist.

> **Ortskurve einer parameterabhängigen komplexen Zahl**
>
> Die *Ortskurve* einer von einem *reellen* Parameter t abhängigen komplexen Zahl
>
> $$z(t) = x(t) + j \cdot y(t) \qquad (a \leq t \leq b) \qquad \text{(VII-123)}$$
>
> ist die Bahnkurve, die der zugehörige Zeiger $\underline{z} = \underline{z}(t)$ in der Gaußschen Zahlenebene beschreibt, wenn der Parameter t alle Werte aus dem Intervall $[a, b]$ durchläuft (Bild VII-50).

Anmerkung

Die *Ortskurve* von $z = z(t) = x(t) + j \cdot y(t)$ mit $a \leq t \leq b$ lässt sich auch durch die *Parametergleichungen*

$$x = x(t), \quad y = y(t) \quad (a \leq t \leq b)$$

beschreiben.

■ **Beispiele**

(1) Die *Ortskurve* der vom Parameter t abhängigen komplexen Zahl

$$z(t) = a + j \cdot bt \quad (-\infty < t < \infty)$$

mit $a > 0$ und $b > 0$ ist eine im Abstand a zur imaginären Achse parallel verlaufende *Gerade* (Bild VII-51).

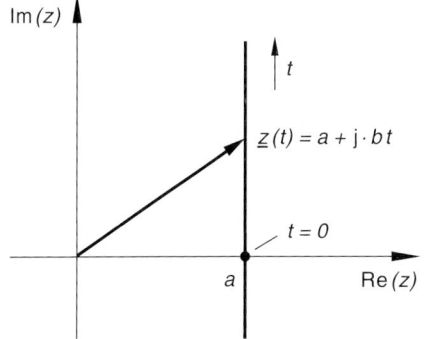

Bild VII-51
Ortskurve von $z(t) = a + j \cdot bt$
$(-\infty < t < \infty)$

(2) Der vom reellen Parameter t abhängige *komplexe Zeiger*

$$z(t) = at + jb \quad (0 \leq t < \infty)$$

beschreibt für $a > 0$, $b > 0$ eine im Abstand b zur positiv-reellen Achse parallel verlaufende *Halbgerade* (Bild VII-52).

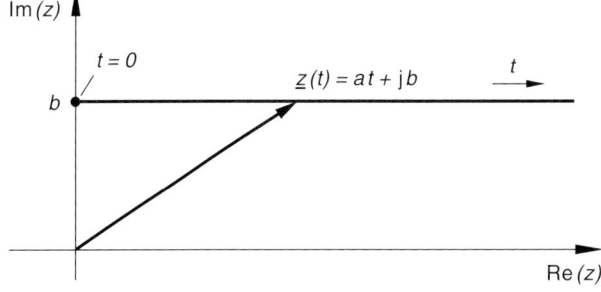

Bild VII-52 Ortskurve von $z(t) = at + jb$ $(0 \leq t < \infty)$

4 Ortskurven

(3) Die *Ortskurve* von

$$z(t) = 5 \cdot e^{j2t} = 5 \cdot \cos(2t) + j \cdot 5 \cdot \sin(2t) \qquad (0 \leq t < \pi)$$

ist der in Bild VII-53 skizzierte *Mittelpunktskreis* mit dem Radius $R = 5$, der im Gegenuhrzeigersinn durchlaufen wird.

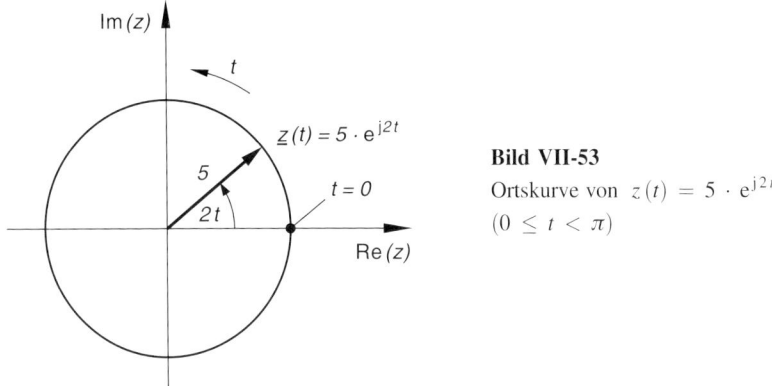

Bild VII-53
Ortskurve von $z(t) = 5 \cdot e^{j2t}$
$(0 \leq t < \pi)$

∎

4.3 Anwendungsbeispiele: Einfache Netzwerkfunktionen

Eine *Netzwerkfunktion* beschreibt in der Elektrotechnik die Abhängigkeit einer *komplexen elektrischen Größe* von einem *reellen* Parameter. Ein erstes Beispiel ist uns bereits in Abschnitt 4.1 begegnet: Die Abhängigkeit des *komplexen Widerstandes* $\underline{Z}$ einer Reihenschaltung aus R und L von der *Kreisfrequenz* ω nach der Funktionsgleichung

$$\underline{Z} = \underline{Z}(\omega) = R + j\omega L \qquad (\omega \geq 0) \tag{VII-124}$$

(siehe hierzu die Bilder VII-48 und VII-49). Zwei weitere einfache Beispiele für Netzwerkfunktionen sollen jetzt folgen. Sie lassen sich durch *Ortskurven* in einer komplexen Zahlenebene besonders anschaulich darstellen.

4.3.1 Reihenschaltung aus einem ohmschen Widerstand und einer Induktivität (Widerstandsortskurve)

Ein *variabler* ohmscher Widerstand R mit $0 \leq R \leq R_{\max}$ wird mit einer *konstanten* Induktivität L in *Reihe* geschaltet (Bild VII-54).

Bild VII-54 Reihenschaltung aus einem variablen ohmschen Widerstand R und einer Induktivität L

Der *komplexe Widerstand* $\underline{Z}$ dieser Schaltung ist dann bei *fester* Kreisfrequenz ω als eine Funktion des *Parameters* R zu betrachten.

Wir erhalten die *Netzwerkfunktion*

$$\underline{Z} = \underline{Z}(R) = R + j\omega L \qquad (0 \leq R \leq R_{\max}) \qquad \text{(VII-125)}$$

Die *Ortskurve* von $\underline{Z}(R)$, auch *Widerstandsortskurve* genannt, führt zu dem in Bild VII-55 skizzierten Teil einer *Halbgeraden*, die im Abstand ωL parallel zur reellen Achse verläuft.

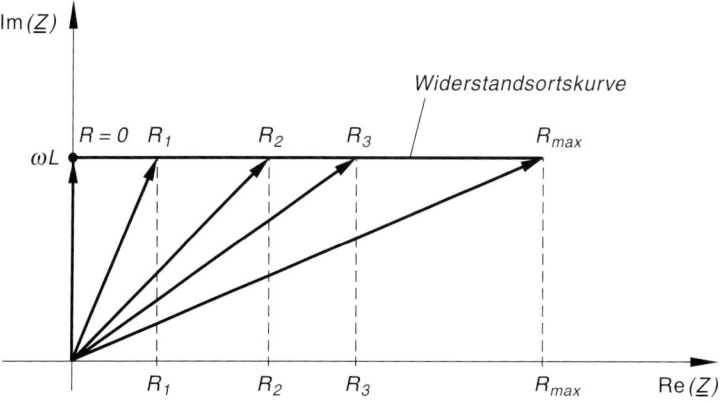

Bild VII-55 Widerstandsortskurve der Reihenschaltung aus Bild VII-54

4.3.2 Parallelschaltung aus einem ohmschen Widerstand und einer Kapazität (Leitwertortskurve)

Bei der in Bild VII-56 dargestellten *Parallelschaltung* aus einem ohmschen Widerstand R und einer Kapazität C *addieren* sich die komplexen Leitwerte der beiden Schaltelemente nach den *Kirchhoffschen Regeln* zu einem *komplexen Leitwert* $\underline{Y}$ des Gesamtkreises.

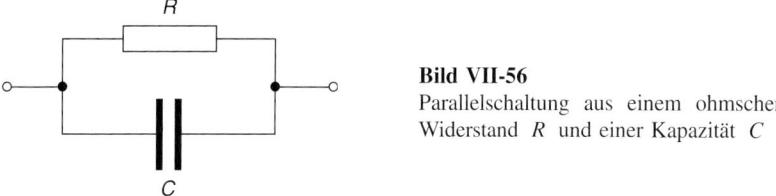

Bild VII-56
Parallelschaltung aus einem ohmschen Widerstand R und einer Kapazität C

Wir erhalten bei *festen* Werten für R und C die von der Kreisfrequenz ω abhängige *Netzwerkfunktion*

$$\underline{Y} = \underline{Y}(\omega) = \frac{1}{R} + j\omega C \qquad (\omega \geq 0) \qquad \text{(VII-126)}$$

4 Ortskurven

Die *Ortskurve* dieses parameterabhängigen Leitwertes führt zu der in Bild VII-57 skizzierten *Halbgeraden*, die im Abstand $1/R$ parallel zur positiv-imaginären Achse verläuft.

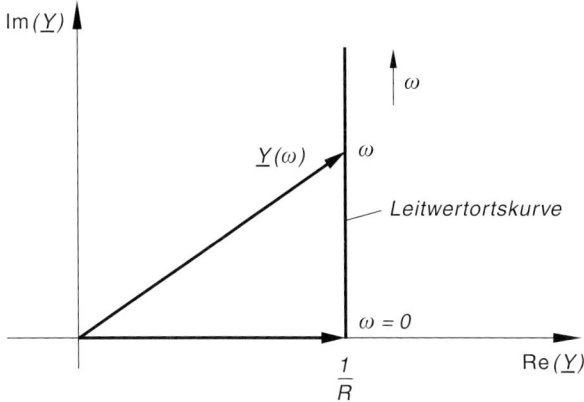

Bild VII-57 Leitwertortskurve der Parallelschaltung aus Bild VII-56

4.4 Inversion einer Ortskurve

4.4.1 Inversion einer komplexen Größe (Zahl)

In den physikalisch-technischen Anwendungen wird häufig der *Kehrwert* einer komplexen Größe benötigt. Ein einfaches Beispiel dafür bietet der *komplexe elektrische Leitwert* $\underline{Y}$, der als *Kehrwert* des komplexen Widerstandes $\underline{Z}$ definiert ist: $\underline{Y} = 1/\underline{Z}$. Wir bezeichnen diesen Vorgang als *Inversion*.

Definition: Der Übergang von einer komplexen Zahl (Größe) z zu ihrem *Kehrwert* $w = 1/z$ heißt *Inversion*:

$$z \xrightarrow{\text{Inversion}} w = \frac{1}{z} \qquad \text{(VII-127)}$$

Liegt die komplexe Zahl z in der *Exponentialform* $z = r \cdot e^{j\varphi}$ vor, so lautet der Kehrwert $w = 1/z$ in der *gleichen* Darstellungsform:

$$w = \frac{1}{z} = \frac{1}{r \cdot e^{j\varphi}} = \left(\frac{1}{r}\right) \cdot e^{-j\varphi} = \varrho \cdot e^{j\vartheta} \qquad \text{(VII-128)}$$

Inversion bedeutet also: *Vorzeichenwechsel im Argument* $(\vartheta = -\varphi)$ und *Kehrwertbildung des Betrages* $(\varrho = 1/r$; siehe Bild VII-58).

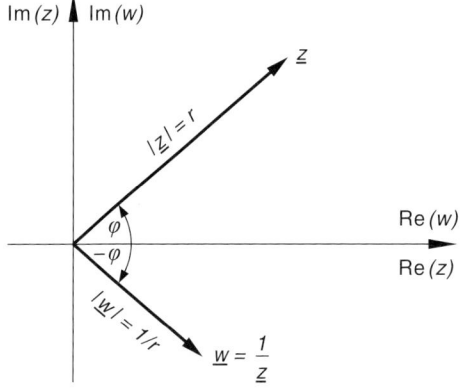

Bild VII-58
Zur Inversion einer komplexen
Größe (Zahl)

Inversion einer komplexen Zahl (Größe) in exponentieller Darstellung

Die *Inversion* (*Kehrwertbildung*) einer komplexen Zahl $z = r \cdot e^{j\varphi}$ erfolgt in zwei Schritten (Bild VII-58):

1. *Vorzeichenwechsel im Argument* (Winkel) von z.
2. *Kehrwertbildung des Betrages* von z.

Anmerkungen

(1) Die Operationen können auch in der *umgekehrten* Reihenfolge ausgeführt werden.

(2) Der *Vorzeichenwechsel im Argument* bedeutet geometrisch eine *Spiegelung* des Zeigers z an der *reellen* Achse. Man erhält den *konjugiert* komplexen Zeiger z^* gleicher Länge. Die sich anschließende *Kehrwertbildung des Betrages* bedeutet dann eine *Streckung* des Zeigers z^* um das $1/r^2$-fache.

■ **Beispiele**

(1) Wir bestimmen den Kehrwert der imaginären Einheit j in kartesischer und exponentieller Form:

$$\frac{1}{j} = \frac{1 \cdot j}{j \cdot j} = \frac{j}{j^2} = \frac{j}{-1} = -j$$

$$\frac{1}{j} = \frac{1}{1 \cdot e^{j90°}} = 1 \cdot e^{-j90°} = 1 \cdot e^{j270°} = -j$$

(2) Wir bilden den *Kehrwert* der komplexen Zahl $z = 0{,}8 \cdot e^{j40°}$ und erhalten:

$$w = \frac{1}{z} = \frac{1}{0{,}8 \cdot e^{j40°}} = \left(\frac{1}{0{,}8}\right) \cdot e^{-j40°} = 1{,}25 \cdot e^{-j40°} = 1{,}25 \cdot e^{j320°}$$

Bild VII-59 zeigt die Lage beider Zahlen in der Gaußschen Zahlenebene.

4 Ortskurven

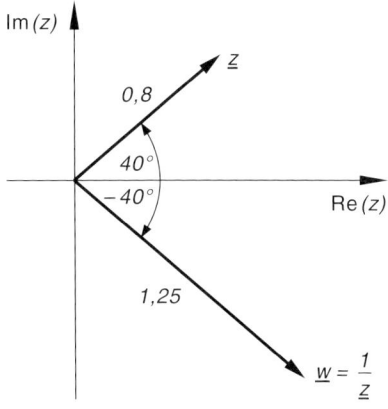

Bild VII-59 Inversion der komplexen Zahl $z = 0{,}8 \cdot e^{j\,40°}$

(3) Der *Kehrwert* der komplexen Zahl $z = 3 - 4j$ lautet wie folgt:

$$w = \frac{1}{z} = \frac{1}{3 - 4j} = \frac{3 + 4j}{(3 - 4j)(3 + 4j)} = \frac{3 + 4j}{9 - 16j^2} = \frac{3 + 4j}{9 + 16} =$$

$$= \frac{3 + 4j}{25} = \frac{3}{25} + \frac{4}{25}j = 0{,}12 + 0{,}16j \qquad \blacksquare$$

4.4.2 Inversionsregeln

Die *Inversion* einer komplexen Zahl z soll nun unter einem allgemeineren Gesichtspunkt betrachtet werden. Dazu fassen wir z als eine *frei wählbare* komplexe Variable auf und interpretieren die Gleichung $w = 1/z$ als Gleichung einer *komplexen Funktion*, die jeder von Null *verschiedenen* komplexen Zahl z in *eindeutiger* Weise den Kehrwert $1/z$ als Funktionswert zuordnet. Wir schreiben dafür *symbolisch*:

$$z \mapsto w = \frac{1}{z} \qquad \text{oder} \qquad w = f(z) = \frac{1}{z} \qquad (z \neq 0) \tag{VII-129}$$

Graphisch werden die z-Werte als Punkte in einer komplexen z-*Ebene* und die zugehörigen Funktionswerte $w = 1/z$ als Punkte in einer komplexen w-*Ebene* dargestellt[12]. Die komplexe Funktion $w = 1/z$ kann daher auch als eine *Abbildung* der z-Ebene auf die w-Ebene gedeutet werden. Im Nullpunkt $z = 0$ selbst ist die Funktion *nicht* definiert. Man ordnet dieser Stelle meist formal den „unendlich fernen Punkt" als Bildpunkt zu. Er wird durch das Symbol „∞" gekennzeichnet. In den Anwendungen (z. B. in der Wechselstromtechnik) stellt sich oft das Problem, eine *parameterabhängige Kurve* (z. B. die Ortskurve einer Netzwerkfunktion) zu *invertieren*. Besonders häufig treten dabei *Geraden* und *Kreise* auf. Sie unterliegen den folgenden *Inversionsregeln*:

---

[12] In den Anwendungen wird für die graphische Darstellung der z- und w-Werte meist eine *gemeinsame* Zahlenebene verwendet, die daher zugleich z- und w-Ebene ist.

Inversionsregeln

Geraden und *Kreise* werden durch die *Inversion* $w = 1/z$ nach den folgenden *Regeln* abgebildet:

z-Ebene		w-Ebene
1. *Gerade* durch den Nullpunkt	$\rightarrow$	*Gerade* durch den Nullpunkt
2. *Gerade*, die *nicht* durch den Nullpunkt verläuft	$\rightarrow$	*Kreis* durch den Nullpunkt
3. *Mittelpunktskreis*	$\rightarrow$	*Mittelpunktskreis*
4. *Kreis* durch den Nullpunkt	$\rightarrow$	*Gerade*, die *nicht* durch den Nullpunkt verläuft
5. *Kreis*, der *nicht* durch den Nullpunkt verläuft	$\rightarrow$	*Kreis*, der *nicht* durch den Nullpunkt verläuft

Bei der *Inversion einer Ortskurve* erweisen sich ferner folgende Regeln als sehr hilfreich:

1. Der Punkt mit dem *kleinsten* Abstand (Betrag) vom Nullpunkt führt zu dem Bildpunkt mit dem *größten* Abstand (Betrag) und umgekehrt.
2. Ein Punkt *oberhalb* der reellen Achse führt zu einem Bildpunkt *unterhalb* der reellen Achse und umgekehrt.

Beweis der Inversionsregeln

Wir beschränken uns auf den Beweis der ersten beiden Regeln. Das *Bild* der komplexen Zahl $z = x + \mathrm{j}y$ bezeichnen wir mit $w = u + \mathrm{j}v$. Für die *Inversion* $w = 1/z$ gilt dann:

$$w = \frac{1}{z} = \frac{1}{x + \mathrm{j}y} = \frac{x - \mathrm{j}y}{(x + \mathrm{j}y)(x - \mathrm{j}y)} = \frac{x - \mathrm{j}y}{x^2 - \mathrm{j}^2 y^2} = \frac{x - \mathrm{j}y}{x^2 + y^2} =$$

$$= \frac{x}{x^2 + y^2} - \mathrm{j}\frac{y}{x^2 + y^2} = u + \mathrm{j}v \qquad \text{(VII-130)}$$

Die *Abbildungsgleichungen* lauten somit:

$$u = \frac{x}{x^2 + y^2}, \quad v = -\frac{y}{x^2 + y^2} \qquad \text{(VII-131)}$$

Aus ihnen erhalten wir für x und y die folgenden Terme [13]:

$$x = \frac{u}{u^2 + v^2}, \quad y = -\frac{v}{u^2 + v^2} \qquad \text{(VII-132)}$$

---

[13] Herleitung dieser Beziehungen: Zunächst die Gleichungen (VII-131) quadrieren und addieren, dann die 1. bzw. 2. Gleichung (VII-131) nach $x^2 + y^2$ auflösen und in die gefundenen Ausdrücke einsetzen und schließlich nach x bzw. y auflösen.

4 Ortskurven

Wir betrachten nun eine in der *z-Ebene* liegende *Gerade* mit der allgemeinen Funktionsgleichung

$$ax + by + c = 0 \qquad \text{(VII-133)}$$

Die zugehörige *Bildkurve* in der *w-Ebene* erhalten wir, wenn wir in diese Gleichung die Abbildungsgleichungen (VII-132) einsetzen:

$$\frac{au}{u^2 + v^2} - \frac{bv}{u^2 + v^2} + c = 0 \;\bigg|\; \cdot (u^2 + v^2) \;\Rightarrow\; \qquad \text{(VII-134)}$$

$$c(u^2 + v^2) + au - bv = 0 \qquad \text{(VII-135)}$$

Dies ist die Gleichung einer *Geraden* (für $c = 0$) bzw. eines *Kreises* (für $c \neq 0$). Wir untersuchen nun die beiden Fälle näher.

1. Fall: $c = 0$ Die *Gerade* $ax + by = 0$ der *z*-Ebene wird nach Gleichung (VII-135) in die *Gerade*

$$au - bv = 0 \qquad \text{(VII-136)}$$

der *w*-Ebene abgebildet. Beide Geraden gehen durch den *Ursprung* (es fehlt jeweils das absolute Glied). Dies aber ist die Aussage der *1. Inversionsregel*.

2. Fall: $c \neq 0$ Die *Gerade* $ax + by + c = 0$ der *z*-Ebene verläuft wegen $c \neq 0$ *nicht* durch den Ursprung. Sie geht bei der *Inversion* in den *Kreis*

$$c(u^2 + v^2) + au - bv = 0 \qquad \text{(VII-137)}$$

der *w*-Ebene über, der durch den *Nullpunkt* verläuft [14]. Damit haben wir auch die *2. Inversionsregel* bewiesen.

4.4.3 Ein Anwendungsbeispiel: Inversion einer Widerstandsortskurve

Wir betrachten den in Bild VII-60 skizzierten *Reihenschwingkreis* mit dem ohmschen Widerstand R, der Induktivität L und der Kapazität C.

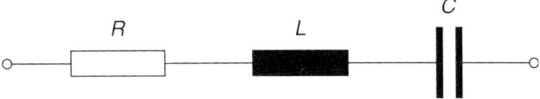

Bild VII-60 Reihenschwingkreis mit den Schaltelementen R, L und C

---

[14] Es handelt sich um einen verschobenen Kreis mit dem Mittelpunkt $M = (-a/2c; b/2c)$ und dem Radius $r = \sqrt{a^2 + b^2}/2c$. Der Nullpunkt $u = 0$, $v = 0$ erfüllt die Kreisgleichung, ist somit ein Punkt des Kreises.

Bei *festen* Werten für R, L und C hängt der *komplexe Widerstand* $\underline{Z}$ nur noch von der Kreisfrequenz ω ab. Nach den Gesetzen der Reihenschaltung erhalten wir die *Netzwerkfunktion*

$$\underline{Z}(\omega) = R + j\omega L - j\frac{1}{\omega C} = R + j\left(\omega L - \frac{1}{\omega C}\right) \qquad (\omega > 0) \qquad \text{(VII-138)}$$

Die zugehörige *Widerstandsortskurve* ist eine *Gerade*, die im Abstand R parallel zur imaginären Achse verläuft (Bild VII-61).

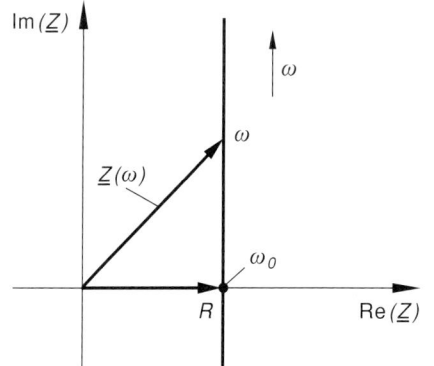

Bild VII-61
Widerstandsortskurve eines Reihenschwingkreises nach Bild VII-60

Durch *Inversion* erhalten wir die Ortskurve des *komplexen Leitwertes*. Sie wird durch die *Netzwerkfunktion*

$$\underline{Y}(\omega) = \frac{1}{\underline{Z}(\omega)} = \frac{1}{R + j\left(\omega L - \dfrac{1}{\omega C}\right)} \qquad (\omega > 0) \qquad \text{(VII-139)}$$

beschrieben. Wir bestimmen nun schrittweise den *Verlauf* dieser Ortskurve mit Hilfe der Inversionsregeln:

1. Aus der *2. Inversionsregel* folgt, dass die *invertierte* Ortskurve $\underline{Y} = \underline{Y}(\omega)$ einen durch den Nullpunkt verlaufenden *Kreis* ergibt.

2. Wir ermitteln jetzt den *Mittelpunkt* und den *Radius* des Kreises. Dazu bestimmen wir zunächst denjenigen Punkt auf der Widerstandsortskurve $\underline{Z} = \underline{Z}(\omega)$, der vom Nullpunkt den *kleinsten* Abstand (Betrag) hat. Es ist der durch den Parameterwert ω_0 gekennzeichnete Schnittpunkt mit der *reellen* Achse. Er gehört zur Kreisfrequenz $\omega_0 = 1/\sqrt{LC}$, bei der der Blindwiderstand $X = \omega L - 1/\omega C$ verschwindet. Für diese Kreisfrequenz nimmt $Z = |\underline{Z}|$ seinen *kleinsten* Wert $Z_{\min} = Z(\omega_0) = R$ an. Der zur Kreisfrequenz ω_0 gehörende Punkt der Widerstandsortskurve wird somit durch den Zeiger $\underline{Z}(\omega_0) = R$ beschrieben (Bild VII-61). Zum *kleinsten* Widerstandswert $Z_{\min} = R$ gehört aber der *größte* Leitwert $Y_{\max}$. Dieser beträgt somit

$$Y_{\max} = \frac{1}{Z_{\min}} = \frac{1}{R} \qquad \text{(VII-140)}$$

4 Ortskurven

Er entspricht zugleich dem gesuchten *Durchmesser* des Kreises. Der *Mittelpunkt* des Kreises liegt daher auf der *reellen* Achse im Abstand $1/2R$ vom Ursprung. Die *Leitwertsortskurve* führt somit zu dem in Bild VII-62 dargestellten *Kreis*.

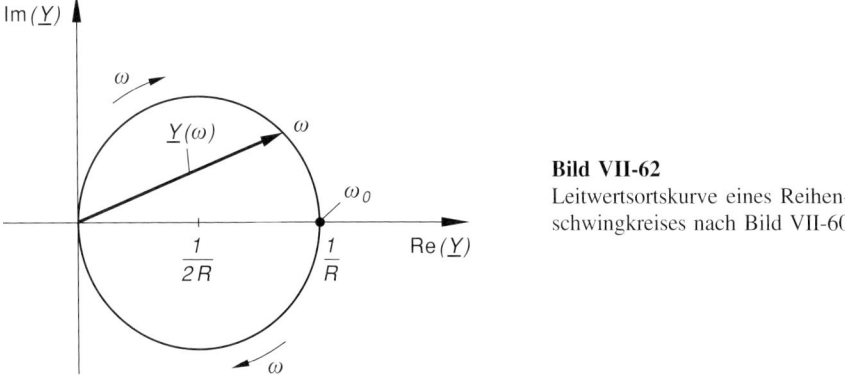

Bild VII-62
Leitwertsortskurve eines Reihenschwingkreises nach Bild VII-60

In den Anwendungen verwendet man zur Darstellung der Widerstandsortskurve $\underline{Z} = \underline{Z}(\omega)$ und der zugehörigen invertierten Ortskurve, der Leitwertortskurve $\underline{Y} = \underline{Y}(\omega) = 1/\underline{Z}(\omega)$, meist eine *gemeinsame* komplexe Zahlenebene (Bild VII-63). Einander *zugeordnete* $\underline{Z}$- und $\underline{Y}$-Werte sind dabei durch *denselben* ω-Wert gekennzeichnet. Diese Zuordnung findet man leicht wie folgt:

Wir zeichnen den zur (beliebigen) Kreisfrequenz ω_1 gehörenden *Widerstandszeiger* $\underline{Z}(\omega_1)$ und bringen ihn zum Schnitt mit der *Leitwertsortskurve* (Kreis). Der Schnittpunkt wird dann an der *reellen* Achse *gespiegelt* und führt zum zugehörigen *Leitwertzeiger* $\underline{Y}(\omega_1)$.

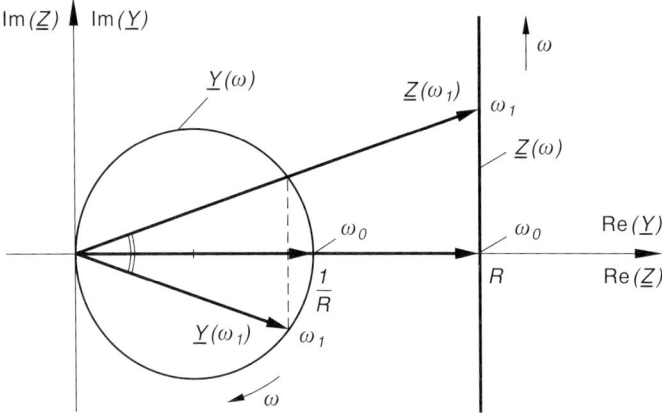

Bild VII-63 Darstellung der Widerstands- und Leitwertortskurve eines Reihenschwingkreises in einer gemeinsamen komplexen Ebene

Übungsaufgaben

Zu Abschnitt 1

1) Stellen Sie die folgenden komplexen Zahlen durch *Bildpunkte* in der Gaußschen Zahlenebene symbolisch dar:

$$z_1 = 3 - 4j, \quad z_2 = -2 + 3j, \quad z_3 = -5 - 4j, \quad z_4 = 6,$$
$$z_5 = 3 + 5j, \quad z_6 = -1 - 2j, \quad z_7 = -4 + j, \quad z_8 = -3j$$

2) Die folgenden komplexen Zahlen sind durch *Zeiger* in der Gaußschen Zahlenebene bildlich darzustellen:

$$z_1 = 1 + 3j, \quad z_2 = -2 - 4j, \quad z_3 = 1 - j, \quad z_4 = 5j,$$
$$z_5 = -4 + 5j, \quad z_6 = -3 - 2j, \quad z_7 = 6 + 2j, \quad z_8 = -5$$

3) Wie lauten die in Bild VII-64 bildlich dargestellten komplexen Zahlen in der *kartesischen* und in der *Polarform*? Geben Sie auch die jeweiligen *konjugiert* komplexen Zahlen an (Winkel als Hauptwert).

Hinweis: Alle Werte sind halb- oder ganzzahlig.

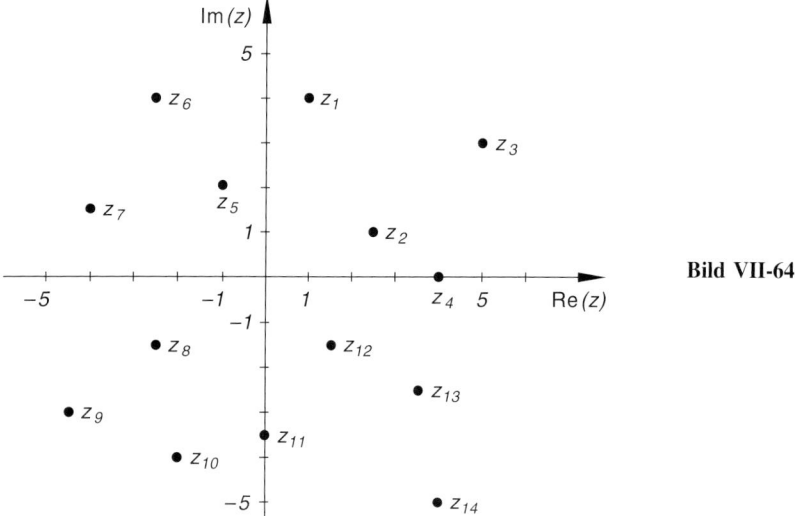

Bild VII-64

Übungsaufgaben

4) Die in der kartesischen Form gegebenen komplexen Zahlen

$$z_1 = 2 + \pi j, \quad z_2 = 4{,}5 - 2{,}4 j, \quad z_3 = -3 + 5j, \quad z_4 = -6,$$
$$z_5 = -3 - 2j, \quad z_6 = -1 + j, \quad z_7 = -4j, \quad z_8 = -3 - j$$

sind in die *Polarform* umzurechnen. Wie lauten die *konjugiert* komplexen Zahlen in der kartesischen und in der Polarform?

5) Bringen Sie die in der Polarform vorliegenden komplexen Zahlen

$$z_1 = 4(\cos 1 + j \cdot \sin 1), \quad z_2 = 3 \cdot e^{j 30°}, \quad z_3 = 5 \cdot e^{j 135°},$$
$$z_4 = 5[\cos(-60°) + j \cdot \sin(-60°)], \quad z_5 = 2 \cdot e^{-j \frac{3}{2}\pi}, \quad z_6 = e^{j 240°},$$
$$z_7 = 2(\cos 210° + j \cdot \sin 210°), \quad z_8 = \cos(-0{,}5) + j \cdot \sin(-0{,}5)$$

in die *kartesische* Form und bestimmen Sie die jeweilige *konjugiert* komplexe Zahl.

6) Bestimmen Sie den *Betrag* der folgenden komplexen Zahlen:

$$z_1 = 4 - 3j, \quad z_2 = -2 - 6j, \quad z_3 = 3(\cos 60° - j \cdot \sin 60°),$$
$$z_4 = -3 + 4j, \quad z_5 = -4j, \quad z_6 = -3 \cdot e^{j 30°}$$

7) Bestimmen Sie den *Hauptwert* des Argumentes (Winkels) $\varphi = \arg(z)$ für die folgenden komplexen Zahlen ($0 \leq \varphi < 2\pi$):

$$z_1 = -2 - 6j, \quad z_2 = -2 \cdot e^{-j 40°},$$
$$z_3 = -3\left[\cos\left(\frac{\pi}{3}\right) + j \cdot \sin\left(-\frac{\pi}{3}\right)\right], \quad z_4 = 3 - j,$$
$$z_5 = -6 + 8j, \quad z_6 = 4[\cos(-80°) + j \cdot \sin(-80°)]$$

Zu Abschnitt 2

1) Berechnen Sie mit den komplexen Zahlen

$$z_1 = -4j, \quad z_2 = 3 - 2j, \quad z_3 = -1 + j$$

die folgenden Terme:

a) $z_1 - 2z_2 + 3z_3$
b) $2z_1 \cdot z_2^*$
c) $\dfrac{z_1^* \cdot z_2}{z_3}$

d) $z_1(2z_2^* - z_1) + z_3^*$
e) $\dfrac{z_1 - z_2^*}{3z_3^*}$
f) $\dfrac{z_1 + z_3^*}{z_2^* \cdot z_3}$

2) Berechnen Sie die folgenden Ausdrücke:

   a) $(3 - 2j)(4 + 2j)$ b) $\dfrac{3 - 2j}{4 - 3j} + 3(j - 8)$

   c) $\dfrac{4(3 - j)^*}{(1 + j)(-1 + j)}$ d) $(2 - 4j)^2 + \dfrac{|1 - \sqrt{3}\,j|}{j}$

3) Berechnen Sie die folgenden Ausdrücke und geben Sie die Endergebnisse in der *kartesischen* Form an:

   a) $\dfrac{2j}{3 - 4j} + 2 \cdot e^{j(-30°)} + 3\left[\cos\left(\dfrac{\pi}{4}\right) + j \cdot \sin\left(\dfrac{\pi}{4}\right)\right]$

   b) $\dfrac{(3 + j) \cdot (\cos 120° - j \cdot \sin 120°)}{(1 - j)^2 \cdot (2j)^*} + \dfrac{2(\cos 90° + j \cdot \sin 90°)}{e^{-j180°}}$

4) Mit dem komplexen Zeiger $\underline{z} = 1 + 2j$ werden folgende Operationen durchgeführt:

   a) $j \cdot \underline{z}$ b) $\underline{z}^*$ c) $\dfrac{\underline{z}}{j}$ d) $2 \cdot \underline{z}$ e) $e^{j30°} \cdot \underline{z}$

   f) $|\underline{z}|$ g) $\underline{z}^2$

   Stellen Sie diese Operationen in der Gaußschen Zahlenebene *bildlich* dar. Was bedeuten sie geometrisch?

5) Zeigen Sie: Für *jede* komplexe Zahl $z = x + jy$ gilt:

   a) $z + z^* = 2 \cdot \text{Re}(z)$ b) $z - z^* = 2j \cdot \text{Im}(z)$

6) Berechnen Sie die folgenden *Potenzen* nach der *Formel von Moivre* und stellen Sie die Ergebnisse in der *kartesischen* und in der *Polarform* dar (Winkel als Hauptwert):

   a) $(1 + j)^2$ b) $(3 - \sqrt{3}\,j)^4$ c) $(2 \cdot e^{-j30°})^8$ d) $(-4 - 3j)^3$

   e) $\left(\dfrac{3 - j}{2 + j}\right)^3$ f) $(3 \cdot e^{j\pi})^5$ g) $\left[2\left(\cos\left(\dfrac{\pi}{3}\right) + j \cdot \sin\left(\dfrac{\pi}{3}\right)\right)\right]^{10}$

   h) $[5(\cos(-10°) + j \cdot \sin(-10°))]^4$

7) Leiten Sie aus der *Formel von Moivre* und unter Verwendung der *Binomischen Formel* die folgenden trigonometrischen Beziehungen her:

   $$\sin(3\varphi) = 3 \cdot \sin\varphi - 4 \cdot \sin^3\varphi$$

   $$\cos(3\varphi) = 4 \cdot \cos^3\varphi - 3 \cdot \cos\varphi$$

Übungsaufgaben

8) Wie lauten die *Lösungen* der folgenden Gleichungen?

   a) $z^3 = j$ b) $z^4 = 16 \cdot e^{j\,160°}$ c) $z^5 = 3 - 4j$

   Skizzieren Sie die Lage der zugehörigen *Zeiger* in der Gaußschen Zahlenebene.

9) Berechnen Sie die folgenden *Wurzeln*:

   a) $\sqrt[2]{4 - 2j}$ b) $\sqrt[3]{81 \cdot e^{-j\,190°}}$ c) $\sqrt[6]{-3 + 8j}$

10) Bestimmen Sie *sämtliche Lösungen* der folgenden Gleichungen:

    a) $z^3 = 64 \left[\cos\left(\dfrac{\pi}{4}\right) + j \cdot \sin\left(\dfrac{\pi}{4}\right)\right]$ b) $z^3 - 2 = 5j$

11) Von der Gleichung $x^4 - 2x^3 + x^2 + 2x - 2 = 0$ ist *eine* (komplexe) Lösung bekannt: $x_1 = 1 - j$. Wie lauten die *übrigen* Lösungen?

12) Bestimmen Sie sämtliche *reellen* und *komplexen* Lösungen:

    a) $x^3 - x^2 + 4x - 4 = 0$ (Horner-Schema verwenden)

    b) $x^4 - 2x^2 - 3 = 0$

13) Berechnen Sie die folgenden *natürlichen Logarithmen*:

    a) $\ln 1$ b) $\ln(-1 + j)$ c) $\ln j$

    d) $\ln(2 \cdot e^{j\frac{\pi}{3}})$ e) $\text{Ln}(-1)$

Zu Abschnitt 3

1) Die folgenden harmonischen Schwingungen sind zunächst in der *Sinusform* $y = A \cdot \sin(\omega t + \varphi)$ mit $A > 0$, $0 \leq \varphi < 2\pi$ anzugeben und anschließend *rechnerisch* und *zeichnerisch* durch *komplexe Sinuszeiger* darzustellen. Wie lauten die *komplexen Amplituden* (in der kartesischen und der Exponentialform)?

   a) $y_1 = 3 \cdot \sin\left(2t + \dfrac{\pi}{3}\right)$ b) $y_2 = -3 \cdot \sin\left(4t - \dfrac{\pi}{4}\right)$

   c) $y_3 = -4 \cdot \sin\left(2t + \dfrac{\pi}{2}\right)$ d) $y_4 = 5 \cdot \sin(\pi t - 1{,}2)$

2) Stellen Sie die folgenden Kosinusschwingungen als *komplexe Sinuszeiger* dar:

   a) $y_1 = 3 \cdot \cos(\omega t)$ b) $y_2 = -4 \cdot \cos\left(2t - \dfrac{\pi}{4}\right)$

c) $y_3 = 5 \cdot \cos(t + 1)$ d) $y_4 = 3 \cdot \cos\left(\pi t + \dfrac{2\pi}{3}\right)$

Anleitung: Bringen Sie die Kosinusschwingungen zunächst in die *Sinusform*.

3) Gegeben sind die beiden *gleichfrequenten* Wechselspannungen $u_1(t)$ und $u_2(t)$. Bestimmen Sie die durch *Superposition* entstehende resultierende Wechselspannung mit Hilfe der *komplexen Rechnung* ($\omega = 314\,\text{s}^{-1}$; $t \geq 0\,\text{s}$):

a) $u_1 = 100\,\text{V} \cdot \sin(\omega t)$, $u_2 = 150\,\text{V} \cdot \cos\left(\omega t - \dfrac{\pi}{4}\right)$

b) $u_1 = -50\,\text{V} \cdot \sin(\omega t)$, $u_2 = 200\,\text{V} \cdot \sin\left(\omega t + \dfrac{\pi}{3}\right)$

4) Zeigen Sie, dass sich drei *gleiche*, aber um jeweils 120° in der Phase verschobene sinusförmige Wechselspannungen bei der Überlagerung auslöschen (die Wechselspannungen entsprechen z. B. den drei Phasen eines *Drehstroms*). Die Rechnung ist im *Komplexen* durchzuführen.

5) Die gleichfrequenten mechanischen Schwingungen

$$y_1(t) = 20\,\text{cm} \cdot \sin\left(\pi\,\text{s}^{-1} \cdot t + \dfrac{\pi}{10}\right)$$

und

$$y_2(t) = 15\,\text{cm} \cdot \cos\left(\pi\,\text{s}^{-1} \cdot t + \dfrac{\pi}{6}\right)$$

werden ungestört zur *Überlagerung* gebracht ($t \geq 0\,\text{s}$). Wie lautet die *resultierende* Schwingung, in der *Kosinusform* dargestellt?

6) Berechnen Sie den *komplexen Widerstand* der in Bild VII-65 skizzierten Reihenschaltung bei der Kreisfrequenz $\omega = 10^6\,\text{s}^{-1}$.

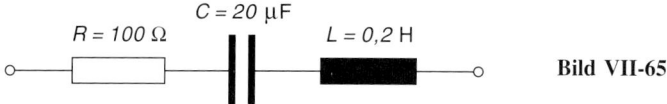

Bild VII-65

7) Für die in Bild VII-66 dargestellte *Parallelschaltung* aus dem ohmschen Widerstand $R = 100\,\Omega$ und der Induktivität $L = 0{,}5\,\text{H}$ ist der *komplexe Widerstand* $\underline{Z}$ und der *komplexe Stromzeiger* $\underline{I}$ zu berechnen ($U = 100\,\text{V}$, $\omega = 500\,\text{s}^{-1}$).

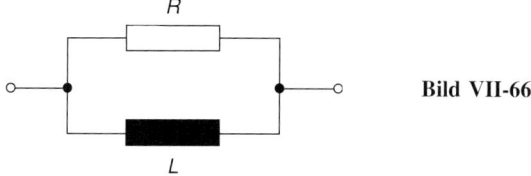

Bild VII-66

Übungsaufgaben

8) Berechnen Sie den *komplexen Widerstand* $\underline{Z}$ der in Bild VII-67 dargestellten Schaltung als Funktion der Kreisfrequenz ω.

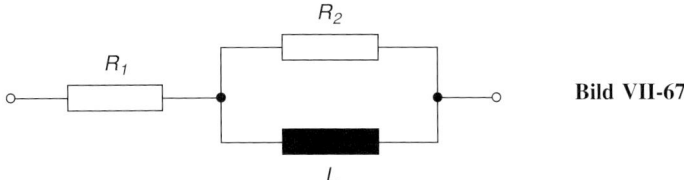

Bild VII-67

9) Berechnen Sie den *komplexen Widerstand* $\underline{Z}$ der in Bild VII-68 dargestellten Schaltung bei der Kreisfrequenz $\omega = 300\,\text{s}^{-1}$.

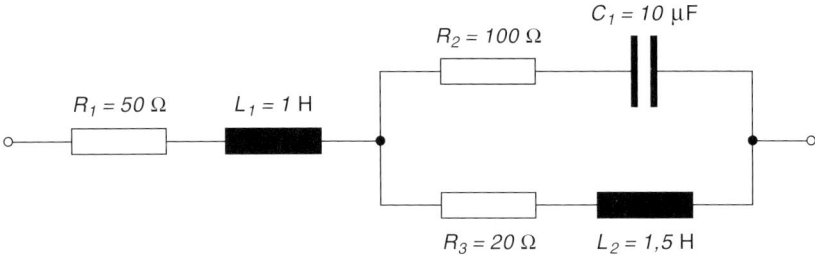

Bild VII-68

Zu Abschnitt 4

1) Zeichnen Sie die *Ortskurven* der folgenden komplexen Zeiger:

   a) $\underline{z}(t) = a \cdot \cos t + j \cdot b \cdot \sin t \quad (a > 0,\ b > 0;\ 0 \leq t < 2\pi)$

   b) $\underline{z}(t) = 2 \cdot \cos^2 t + j \cdot \sin(2t) \quad \left(0 \leq t < \dfrac{\pi}{2}\right)$

   Welcher Art sind diese Kurven?

2) Bilden Sie den *Kehrwert* der folgenden komplexen Zahlen (in der kartesischen Form):

   $z_1 = 3 + 5j, \quad z_2 = -6 + 8j, \quad z_3 = 3\left[\cos\left(\dfrac{\pi}{3}\right) + j \cdot \sin\left(\dfrac{\pi}{3}\right)\right],$

   $z_4 = 6 \cdot e^{-j40°}, \quad z_5 = 3 \cdot e^{j3}, \quad z_6 = 5(\cos 60° - j \cdot \sin 60°)$

3) Skizzieren Sie die *Ortskurven* folgender Netzwerkfunktionen:

   a) *Reihenschaltung* aus einem ohmschen Widerstand R und einer Induktivität L nach Bild VII-69 (R, L: fest; Kreisfrequenz $\omega \geq 0$: variabel). Gesucht sind die *Ortskurven* des komplexen Gesamtwiderstandes $\underline{Z} = \underline{Z}(\omega)$ und seines *Kehrwertes*, des Leitwertes $\underline{Y} = \underline{Y}(\omega)$.

   Bild VII-69

   b) *Parallelschaltung* aus einem ohmschen Widerstand R und einer Induktivität L nach Bild VII-70 (R, L: fest; Kreisfrequenz $\omega \geq 0$: variabel). Gesucht sind die *Ortskurven* des komplexen Leitwertes $\underline{Y} = \underline{Y}(\omega)$ und des komplexen Gesamtwiderstandes $\underline{Z} = \underline{Z}(\omega)$.

   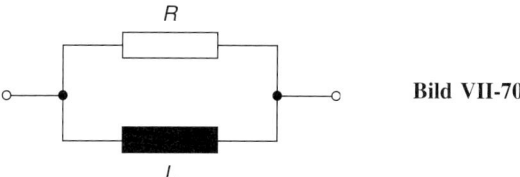
   Bild VII-70

   Anleitung: Bei der *Reihenschaltung* addieren sich die (komplexen) Einzelwiderstände, bei der *Parallelschaltung* die (komplexen) Einzelleitwerte.

4) Der in Bild VII-71 dargestellte Schaltkreis enthält einen *variablen* ohmschen Widerstand R und einen Kondensator mit der (festen) Kapazität C.

   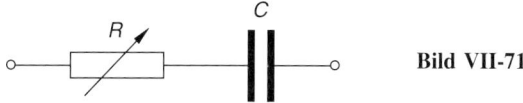
   Bild VII-71

   a) Wie lautet die *Netzwerkfunktion* $\underline{Z} = \underline{Z}(R)$?
   b) Zeichnen Sie die *Widerstandsortskurve*.
   c) Durch *Inversion* ist die *Ortskurve* des *Leitwertes* zu bestimmen.

   (Kreisfrequenz: $\omega = $ const.)

Anhang: Lösungen der Übungsaufgaben

I Allgemeine Grundlagen

Abschnitt 1 und 2

1) $M_1 = \{1; 2; 3; 4\}$; $M_2 = \{2; 3; 5; 7; 11; 13; 17; 19; 23; 29; 31\}$
   $\mathbb{L}_1 = \{-2; 0,5\}$; $\mathbb{L}_2 = \{0; 4\}$

2) $M_1 \cup M_2 = (-2; 4)$; $M_1 \cap M_2 = [0, 2)$; $M_1 \setminus M_2 = [2, 4)$

3) $3n \leq 19 \Rightarrow \mathbb{L} = \{1; 2; 3; 4; 5; 6\} = \{n \mid n \in \mathbb{N}^* \text{ und } n \leq 6\}$

4) Bild A-1
   $b < a < c$

5) a) Bild A-2 $2 < x < 10$
   b) Bild A-3 $x > 2$
   c) Bild A-4 $-8 < x < 2$
   d) Bild A-5 $1 \leq x < 2$

Abschnitt 3

1) a) $x_1 = 1,31$; $x_2 = 0,19$ b) $x_1 = 3$; $x_2 = -5$
   c) $x_1 = 14,95$; $x_2 = -4,95$ d) $\mathbb{L} = \{\} = \emptyset$ e) $\mathbb{L} = \left\{\dfrac{5}{3}; \dfrac{7}{3}\right\}$
   f) $x_1 = -3,38$; $x_2 = -5,62$ g) $x_1 = x_2 = -2$ h) $\mathbb{L} = \{-1\}$

2) $x^2 + 2x - \dfrac{c}{2} = 0 \Rightarrow x_{1/2} = -1 \pm \underbrace{\sqrt{1 + \dfrac{c}{2}}}_{=0} \Rightarrow c = -2$

3) a) $-2x(x^2 - 4x + 4) = -2x(x-2)^2 = 0$ $\begin{cases} -2x = 0 \Rightarrow x_1 = 0 \\ (x-2)^2 = 0 \Rightarrow x_{2/3} = 2 \end{cases}$

b) $t^2 = u$: $u^2 - 13u + 36 = 0 \Rightarrow u_1 = 4;\ u_2 = 9 \Rightarrow t_{1/2} = \pm 2;\ t_{3/4} = \pm 3$

c) $x(x^2 - 6x + 11) = 0 \Rightarrow x_1 = 0$ (da $x^2 - 6x + 11 \neq 0$)

d) $x(x^4 - 3x^2 + 1) = 0$ $\begin{cases} x = 0 \Rightarrow x_1 = 0 \\ x^4 - 3x^2 + 1 = 0 \xrightarrow{u = x^2} u^2 - 3u + 1 = 0 \Rightarrow \end{cases}$

$u_1 = 2{,}6180;\ u_2 = 0{,}3820 \Rightarrow x_{2/3} = \pm 1{,}618;\ x_{4/5} = \pm 0{,}618$

e) $x^2 = u$: $2u^2 - 8u - 24 = 0 \Rightarrow u_1 = 6;\ u_2 = -2 \Rightarrow x_{1/2} = \pm\sqrt{6}$

f) $(x-1)^2(x+2) - 4(x+2) = (x+2)[(x-1)^2 - 4] = 0$ $\begin{cases} x+2 = 0 \\ (x-1)^2 - 4 = 0 \end{cases}$

Lösungen: $x_1 = -2;\ x_2 = 3;\ x_3 = -1$

g) Faktoren der Reihe nach gleich 0 setzen $\Rightarrow x_{1/2} = \pm\sqrt{2};\ x_{3/4} = \pm 5;\ x_5 = -3$

4) Wurzeln zunächst durch Quadrieren beseitigen. Um *Scheinlösungen* zu vermeiden, Probe durch Einsetzen der gefundenen Werte (der Radikand muss ≥ 0 sein).

a) $-3 + 2x = 4 \Rightarrow x_1 = 3{,}5$

b) $x^2 + 4 = (x-2)^2 \Rightarrow -4x = 0 \Rightarrow x_1 = 0$ (Scheinlösung, da $\sqrt{4} = 2 \neq -2$)

c) $x - 1 = x + 1 \Rightarrow -1 = 1$ (Widerspruch, da $-1 \neq 1$) $\Rightarrow$ *keine* Lösung

d) $\sqrt{2x^2 - 1} = -x \Rightarrow 2x^2 - 1 = x^2 \Rightarrow x^2 = 1 \Rightarrow$

$x_1 = 1$ (*Scheinlösung*, da $\sqrt{1} = 1 \neq -1$); $x_2 = -1$ (Lösung)

5) a) Lösungen sind die Schnittpunkte (Abszissenwerte) der Parabel $y_1 = x^2 - x$ mit der Geraden $y_2 = 24$ (Bild A-6): $x^2 - x = 24 \Rightarrow x_1 = -4{,}424;\ x_2 = 5{,}424$.

b) Die Betragsfunktionen $y_1 = |x+1|$ und $y_2 = |x-1|$ schneiden sich an der Stelle $x_1 = 0$ (identisch mit dem Schnittpunkt der beiden Geraden $y = x + 1$ und $y = -(x-1) = -x + 1$; siehe Bild A-7): $x + 1 = -x + 1 \Rightarrow x_1 = 0$. Einzige Lösung ist somit $x_1 = 0$.

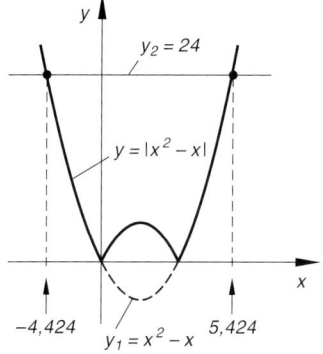

Bild A-6

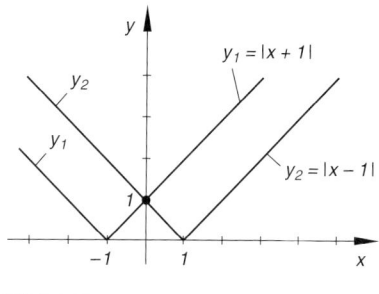

Bild A-7

I Allgemeine Grundlagen

c) Die Lösungen ergeben sich nach Bild A-8 als Schnittpunkte (Abszissenwerte) der Parabel $y_1 = -x^2 + x + 6$ mit der Geraden $y_2 = 2x + 4$:

$$-x^2 + x + 6 = 2x + 4 \quad \Rightarrow$$
$$x^2 + x - 2 = 0 \quad \Rightarrow$$
$$x_1 = -2; \quad x_2 = 1$$

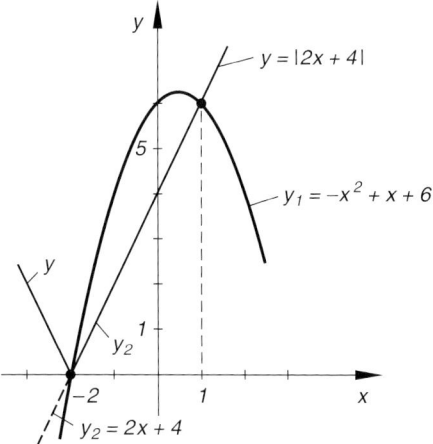

Bild A-8

d) Nach Bild A-9 ergeben sich genau vier Schnittpunkte (Lösungen). Sie werden aus den folgenden Gleichungen bestimmt:

$$x^2 + 2x - 1 = -x \quad \text{(mit } x < 0\text{)} \quad \Rightarrow \quad x_1 = -3{,}303$$
$$-(x^2 + 2x - 1) = -x \quad \text{(mit } x < 0\text{)} \quad \Rightarrow \quad x_2 = -1{,}618$$
$$-(x^2 + 2x - 1) = x \quad \text{(mit } x > 0\text{)} \quad \Rightarrow \quad x_3 = 0{,}303$$
$$x^2 + 2x - 1 = x \quad \text{(mit } x > 0\text{)} \quad \Rightarrow \quad x_4 = 0{,}618$$

Es handelt sich also um die insgesamt vier Lösungen der beiden quadratischen Gleichungen $x^2 + 2x - 1 = \pm x$.

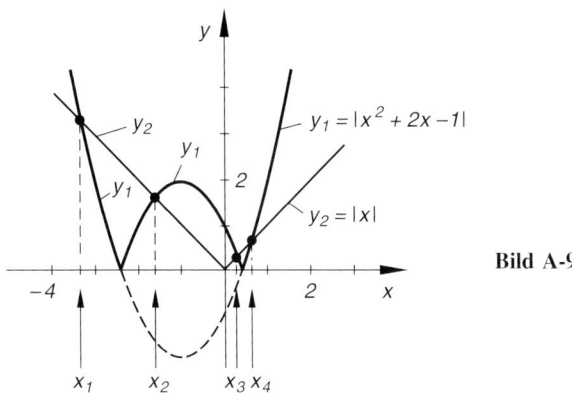

Bild A-9

Abschnitt 4

1) a) Die Kurven $y_1 = 2x - 8$ und $y_2 = |x|$ schneiden sich an der Stelle $x_1 = 8$ (identisch mit dem Schnittpunkt der Geraden $y_1 = 2x - 8$ und $y = x$; siehe Bild A-10). Lösungen erhalten wir für $y_1 > y_2$. Daher gilt: $\mathbb{L} = (8, \infty)$ oder $x > 8$.

b) Die Parabel $y_1 = x^2 + x + 1$ verläuft nach Bild A-11 überall im Intervall $(-\infty; \infty)$ *oberhalb* der x-Achse ($y_2 = 0$): $y_1 > y_2$. Daher gilt: $\mathbb{L} = (-\infty; \infty)$.

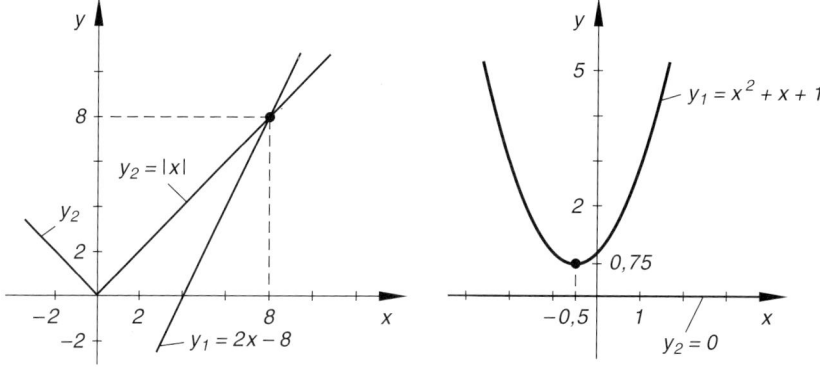

Bild A-10   **Bild A-11**

c) Es gibt keine Lösungen, da die Betragsfunktion $y_1 = |x|$ für $x \geq 0$ *parallel* zur Geraden $y_2 = x - 2$ verläuft (Steigung jeweils gleich 1) und daher für alle x *oberhalb* dieser Geraden liegt: $y_1 > y_2$ (siehe Bild A-12). Somit ist $\mathbb{L} = \emptyset$.

d) Aus Bild A-13 folgt: $\mathbb{L} = \{x | -2{,}562 < x < 1{,}562\}$. Begründung: Die Parabel $y_1 = x^2$ und die Gerade $y = -(x - 4) = -x + 4$ schneiden sich an den Stellen $x_1 = -2{,}562$ und $x_2 = 1{,}562$, berechnet aus der Gleichung $x^2 = -x + 4$ (die Gerade $y = -x + 4$ ist im Intervall $x \leq 4$ identisch mit der Betragsfunktion $y = |x - 4|$). Die Bedingung $y_2 > y_1$ ist nur zwischen den beiden Schnittpunkten erfüllt.

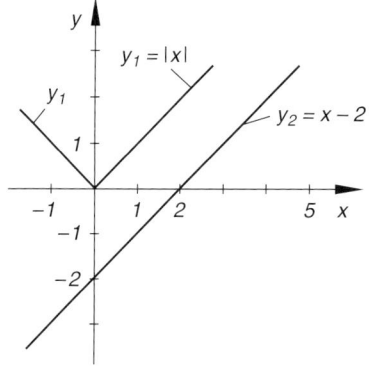

Bild A-12   **Bild A-13**

e) Die Kurven $y_1 = |x^2 - 9|$ und $y_2 = |x - 1|$ schneiden sich an den Stellen $x_1 = -3{,}702$, $x_2 = -2{,}372$, $x_3 = 2{,}702$ und $x_4 = 3{,}372$ (siehe Bild A-14). Es sind die Lösungen der folgenden quadratischen Gleichungen:

$$\begin{aligned}
x^2 - 9 &= -(x - 1) &\text{(mit } x < 0) &\Rightarrow\ x_1 = -3{,}702 \\
-(x^2 - 9) &= -(x - 1) &\text{(mit } x < 0) &\Rightarrow\ x_2 = -2{,}372 \\
-(x^2 - 9) &= x - 1 &\text{(mit } x > 0) &\Rightarrow\ x_3 = 2{,}702 \\
x^2 - 9 &= x - 1 &\text{(mit } x > 0) &\Rightarrow\ x_4 = 3{,}372
\end{aligned}$$

(Lösungen der beiden quadratischen Gleichungen $x^2 - 9 = \pm(x - 1)$)

I Allgemeine Grundlagen

Die Lösungen der Ungleichung liegen dort, wo die Kurve $y_1 = |x^2 - 9|$ *unterhalb* der Kurve $y_2 = |x - 1|$ verläuft.

Lösung: $\mathbb{L} = (-3{,}702;\ -2{,}372) \cup (2{,}702;\ 3{,}372)$

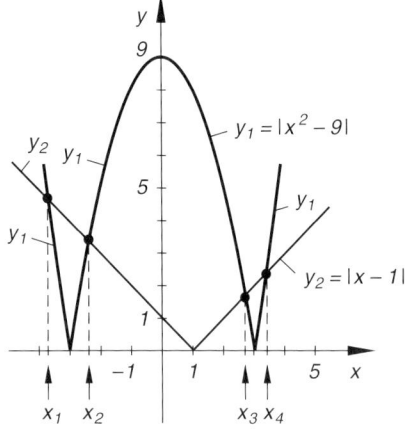

Bild A-14

f) Die Betragsfunktionen $y_1 = |x - 1|$ und $y_2 = |x + 2|$ schneiden sich an der Stelle $x_1 = -0{,}5$ (identisch mit dem Schnittpunkt der Geraden $y = x + 2$ und $y = -(x - 1) = -x + 1$; siehe Bild A-15): $x + 2 = -x + 1 \Rightarrow x_1 = -0{,}5$. Die Bedingung $y_1 \geq y_2$ ist nur für $x \leq -0{,}5$ erfüllt (y_1 und y_2 verlaufen hier *parallel*). Somit ist $\mathbb{L} = (-\infty;\ -0{,}5]$ die gesuchte Lösungsmenge.

g) Die Parabel $y_1 = -x^2$ verläuft im gesamten Definitionsintervall $(-\infty;\infty)$ *unterhalb* der Geraden $y_2 = x + 4$ (siehe Bild A-16). Daher gilt $y_1 < y_2$ und $\mathbb{L} = (-\infty;\infty)$ ist die gesuchte Lösungsmenge.

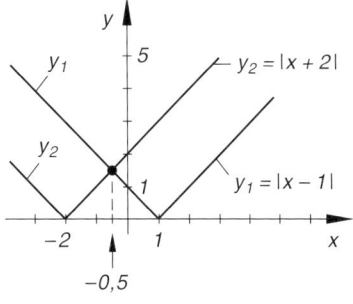

Bild A-15

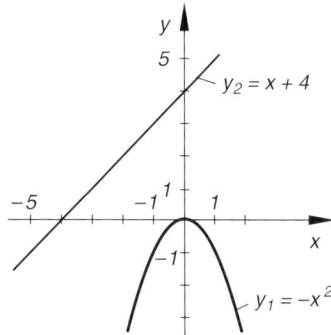

Bild A-16

h) $\dfrac{x-1}{x+1} = \dfrac{(x+1)-2}{(x+1)} = 1 - \dfrac{2}{x+1} < 1 \Rightarrow -\dfrac{2}{x+1} < 0 \Rightarrow x + 1 > 0$

(nur dann ist die linke Seite der Ungleichung *negativ*) $\Rightarrow x > -1$, d. h. $\mathbb{L} = (-1;\infty)$

Alternative: Fallunterscheidung nach Multiplikation des Bruches mit $x + 1$.

2) *Bedingung:* Radikand ≥ 0

   a) $2 - x \geq 0 \;\Rightarrow\; x \leq 2$
   b) $1 + x^2 \geq 0 \;\Rightarrow\; x^2 \geq -1 \;\Rightarrow\; x \in \mathbb{R}$

   c) $4 - x^2 \geq 0 \;\Rightarrow\; x^2 \leq 4 \;\Rightarrow\; |x| \leq 2$ oder $-2 \leq x \leq 2$

   d) *Bedingung:* $y = (1 - x)(x + 2) = -x^2 - x + 2 \geq 0$

   Zwischen den beiden Nullstellen $x_1 = -2$ und $x_2 = 1$ verläuft die Parabel $y = (1 - x)(x + 2)$ *oberhalb* der x-Achse (Bild A-17). Daher lautet die Lösung: $-2 \leq x \leq 1$ oder $\mathbb{L} = [-2; 1]$

   Alternative: Fallunterscheidung (die Faktoren $1 - x$ und $x + 2$ müssen gleiches Vorzeichen haben).

   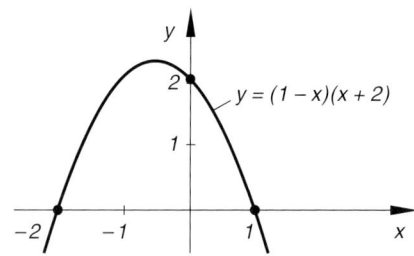

   Bild A-17

   e) $x^2 - 1 \geq 0 \;\Rightarrow\; x^2 \geq 1 \;\Rightarrow\; |x| \geq 1$

   f) $\dfrac{4 - x}{x + 2} = -\dfrac{x - 4}{x + 2} = -\dfrac{(x + 2) - 6}{(x + 2)} = -1 + \dfrac{6}{x + 2} \geq 0 \;\Rightarrow\; \dfrac{6}{x + 2} \geq 1 \;\Rightarrow\;$

   $x + 2 > 0$ (nur dann ist der Bruch *positiv*) $\;\Rightarrow\; x > -2$

   $\left. \dfrac{6}{x + 2} \geq 1 \right| \cdot (x + 2) \;\Rightarrow\; 6 \geq x + 2 \;\Rightarrow\; x \leq 4$

   Lösung: $-2 < x \leq 4$ oder $\mathbb{L} = (-2; 4]$

   Alternative (Fallunterscheidung): Zähler $4 - x$ und Nenner $x + 2$ müssen *gleiches* Vorzeichen haben.

Abschnitt 5

1) a) $x_1 = 3;\; x_2 = -1;\; x_3 = -4$ b) $x = -0{,}6462;\; y = 2{,}0769;\; z = 1{,}0615$

   c) $u = 1;\; v = -3;\; w = 4$ d) $x = 1{,}23;\; y = 3{,}57;\; z = -0{,}51$

2) Addiert man zur 3. Zeile das *2-fache* der 2. Zeile, so erhält man die Gleichung $0 \cdot x_1 + 0 \cdot x_2 + 0 \cdot x_3 = 6$, die einen *Widerspruch* enthält, da *alle* Summanden der linken Seite verschwinden $(0 = 6)$. Das lineare Gleichungssystem ist daher *unlösbar*.

3) Das lineare Gleichungssystem besitzt *unendlich* viele Lösungen, da *eine* der drei Unbekannten *frei wählbar* ist (die 3. Gleichung ist die Summe der ersten beiden Gleichungen). Mit dem Parameter $z = \lambda$ erhält man *sämtliche* Lösungen in der Form

   $$x = \frac{5}{3}\lambda, \quad y = -\frac{2}{3}\lambda, \quad z = \lambda \quad (\lambda \in \mathbb{R}).$$

4) $x_1 = 2;\; x_2 = -4;\; x_3 = 6;\; x_4 = -8$

5) *Eine* Unbekannte ist *frei wählbar* (Parameter). Wir setzen $x_2 = \lambda$ und erhalten *sämtliche* Lösungen in der Form

   $$x_1 = \frac{1}{2}\lambda, \quad x_2 = \lambda, \quad x_3 = 2\lambda \quad (\lambda \in \mathbb{R}).$$

I Allgemeine Grundlagen

6) a) Es gibt *unendlich* viele, von *zwei* Parametern λ und μ abhängige Lösungen. Wir wählen $x_3 = \lambda$ und $x_4 = \mu$ und erhalten *sämtliche* Lösungen in der Form

$$x_1 = -\lambda + 2\mu + 7, \quad x_2 = \lambda - 4, \quad x_3 = \lambda, \quad x_4 = \mu \quad (\lambda, \mu \in \mathbb{R}).$$

b) $x = 3;\quad y = 4;\quad z = -1$

Abschnitt 6

1) a) 715   b) 252   c) 78   d) 28

2) $\binom{n+k}{k+1} = \dfrac{(n+k)(n+k-1)(n+k-2)\ldots(n+1)n}{(k+1)!}$

3) a) $102^4 = (100+2)^4 = 100^4 + \binom{4}{1} 100^3 \cdot 2^1 + \binom{4}{2} 100^2 \cdot 2^2 + \binom{4}{3} 100^1 \cdot 2^3 + 2^4 =$
$= 10^8 + 8 \cdot 10^6 + 24 \cdot 10^4 + 32 \cdot 10^2 + 16 = 108\,243\,216$

b) $99^5 = (100-1)^5 = 9\,509\,900\,499$ c) $996^3 = (1000-4)^3 = 988\,047\,936$

4) a) $(x+4)^5 = x^5 + \binom{5}{1} x^4 \cdot 4^1 + \binom{5}{2} x^3 \cdot 4^2 + \binom{5}{3} x^2 \cdot 4^3 + \binom{5}{4} x^1 \cdot 4^4 + 4^5 =$
$= x^5 + 20 x^4 + 160 x^3 + 640 x^2 + 1280 x + 1024$

b) $(1 - 5y)^4 = 1 - 20 y + 150 y^2 - 500 y^3 + 625 y^4$

c) $(a^2 - 2b)^3 = a^6 - 6 a^4 b + 12 a^2 b^2 - 8 b^3$

5) Abbruch jeweils nach dem 5. Glied:

a) $1{,}03^{12} = (1 + 0{,}03)^{12} =$
$= 1 + \binom{12}{1} 0{,}03^1 + \binom{12}{2} 0{,}03^2 + \binom{12}{3} 0{,}03^3 + \binom{12}{4} 0{,}03^4 + \ldots =$
$= 1 + 0{,}36 + 0{,}0594 + 0{,}00594 + 0{,}000\,400\,95 + \ldots \approx 1{,}4257$

b) $0{,}99^{20} = (1 - 0{,}01)^{20} \approx 0{,}8179$ c) $2{,}01^8 = (2 + 0{,}01)^8 \approx 266{,}4210$

6) $(2 + 3x)^{10} =$
$= 2^{10} + \binom{10}{1} 2^9 (3x)^1 + \binom{10}{2} 2^8 (3x)^2 + \binom{10}{3} 2^7 (3x)^3 + \binom{10}{4} 2^6 (3x)^4 + \ldots =$
$= 1024 + 15\,360 x + 103\,680 x^2 + 414\,720 x^3 + 1\,088\,640 x^4 + \ldots$

7) a) $(1 - 4x)^8 = \sum_{k=0}^{8} \binom{8}{k} 1^{8-k} (-4x)^k = \sum_{k=0}^{8} \binom{8}{k} (-4x)^k$

5. Potenz für $k = 5$: $\binom{8}{5} (-4x)^5 = \binom{8}{5} (-4)^5 \cdot x^5 = \underbrace{-57\,344}_{\text{Koeffizient}} \cdot x^5$

b) $(x + 0{,}5 a)^{12} = \sum_{k=0}^{12} \binom{12}{k} x^{12-k} (0{,}5 a)^k$

5. Potenz für $k = 7$: $\binom{12}{7} x^{12-7} (0{,}5 a)^7 = \binom{12}{7} (0{,}5 a)^7 \cdot x^5 = \underbrace{6{,}1875\, a^7}_{\text{Koeffizient}} \cdot x^5$

II Vektoralgebra

Abschnitt 2 und 3

1) a) $\vec{s}_1 = \begin{pmatrix} 9 + 10 - 15 \\ 6 + 0 + 3 \\ -12 - 20 + 12 \end{pmatrix} = \begin{pmatrix} 4 \\ 9 \\ -20 \end{pmatrix}; \quad |\vec{s}_1| = \sqrt{4^2 + 9^2 + (-20)^2} = 22{,}29$

b) $\vec{s}_2 = 5\vec{a} - 17\vec{b} - 10\vec{c} = \begin{pmatrix} 15 + 34 + 50 \\ 10 - 0 - 10 \\ -20 - 68 - 40 \end{pmatrix} = \begin{pmatrix} 99 \\ 0 \\ -128 \end{pmatrix}$

$|\vec{s}_2| = \sqrt{99^2 + 0^2 + (-128)^2} = 161{,}82$

c) $\vec{s}_3 = 4\vec{a} - 8\vec{b} + 10\vec{c} = \begin{pmatrix} 12 + 16 - 50 \\ 8 - 0 + 10 \\ -16 - 32 + 40 \end{pmatrix} = \begin{pmatrix} -22 \\ 18 \\ -8 \end{pmatrix}; \quad |\vec{s}_3| = 29{,}53$

d) $\vec{a} \cdot \vec{b} = \begin{pmatrix} 3 \\ 2 \\ -4 \end{pmatrix} \cdot \begin{pmatrix} -2 \\ 0 \\ 4 \end{pmatrix} = -6 + 0 - 16 = -22$

$\vec{b} \cdot \vec{c} = \begin{pmatrix} -2 \\ 0 \\ 4 \end{pmatrix} \cdot \begin{pmatrix} -5 \\ 1 \\ 4 \end{pmatrix} = 10 + 0 + 16 = 26$

$\vec{s}_4 = -130\vec{a} - 66\vec{c} = \begin{pmatrix} -390 + 330 \\ -260 - 66 \\ 520 - 264 \end{pmatrix} = \begin{pmatrix} -60 \\ -326 \\ 256 \end{pmatrix}; \quad |\vec{s}_4| = 418{,}82$

2) $\vec{F} = -(\vec{F}_1 + \vec{F}_2 + \vec{F}_3 + \vec{F}_4) = -\begin{pmatrix} 200 - 10 + 40 - 30 \\ 110 + 30 + 85 - 50 \\ -50 - 40 + 120 - 40 \end{pmatrix} \text{N} = \begin{pmatrix} -200 \\ -175 \\ 10 \end{pmatrix} \text{N}$

3) $\vec{F} = \vec{F}_1 + \vec{F}_2 + \vec{F}_3 + \vec{F}_4 = \begin{pmatrix} 120 \cdot \cos 30° + 100 \cdot \cos 70° + 80 \cdot \cos 108° + 40 \cdot \cos 230° \\ 120 \cdot \sin 30° + 100 \cdot \sin 70° + 80 \cdot \sin 108° + 40 \cdot \sin 230° \end{pmatrix} \text{N} =$

$= \begin{pmatrix} 87{,}69 \\ 199{,}41 \end{pmatrix} \text{N}; \quad |\vec{F}| = \sqrt{87{,}69^2 + 199{,}41^2} \text{ N} = 217{,}84 \text{ N};$

$\tan \alpha = \frac{F_y}{F_x} = \frac{199{,}41 \text{ N}}{87{,}69 \text{ N}} = 2{,}2740 \quad \Rightarrow \quad \alpha = \arctan 2{,}2740 = 66{,}26°$

4) $\vec{r}(P_1) = \begin{pmatrix} 0 \\ 0 \\ 0 \end{pmatrix}; \quad \vec{r}(P_2) = \begin{pmatrix} a \\ 0 \\ 0 \end{pmatrix}; \quad \vec{r}(P_3) = \begin{pmatrix} a \\ a \\ 0 \end{pmatrix}; \quad \vec{r}(P_4) = \begin{pmatrix} 0 \\ a \\ 0 \end{pmatrix}$

$\vec{r}(P_5) = \begin{pmatrix} 0 \\ 0 \\ a \end{pmatrix}; \quad \vec{r}(P_6) = \begin{pmatrix} a \\ 0 \\ a \end{pmatrix}; \quad \vec{r}(P_7) = \begin{pmatrix} a \\ a \\ a \end{pmatrix}; \quad \vec{r}(P_8) = \begin{pmatrix} 0 \\ a \\ a \end{pmatrix}$

II Vektoralgebra

5) $\vec{e}_a = \dfrac{1}{|\vec{a}|}\vec{a} = \dfrac{1}{\sqrt{21}}\begin{pmatrix}2\\1\\4\end{pmatrix} = \begin{pmatrix}0{,}436\\0{,}218\\0{,}873\end{pmatrix}$; $\vec{e}_b = \dfrac{1}{|\vec{b}|}\vec{b} = \dfrac{1}{\sqrt{89}}\begin{pmatrix}3\\-4\\8\end{pmatrix} = \begin{pmatrix}0{,}318\\-0{,}424\\0{,}848\end{pmatrix}$

$\vec{e}_c = \dfrac{1}{|\vec{c}|}\vec{c} = \dfrac{1}{\sqrt{3}}\begin{pmatrix}-1\\1\\-1\end{pmatrix} = \begin{pmatrix}-0{,}577\\0{,}577\\-0{,}577\end{pmatrix}$

6) $\vec{e} = -\vec{e}_a = -\dfrac{1}{|\vec{a}|}\vec{a} = -\dfrac{1}{\sqrt{26}}\begin{pmatrix}1\\-4\\3\end{pmatrix} = \begin{pmatrix}-0{,}196\\0{,}784\\-0{,}588\end{pmatrix}$

7) $\vec{r}(Q) = \vec{r}(P) + 20\vec{e}_a = \vec{r}(P) + 20\dfrac{\vec{a}}{|\vec{a}|} = \begin{pmatrix}3\\1\\-5\end{pmatrix} + 2\sqrt{2}\begin{pmatrix}3\\-5\\4\end{pmatrix} = \begin{pmatrix}11{,}49\\-13{,}14\\6{,}31\end{pmatrix}$ $\Rightarrow$

$Q = (11{,}49;\ -13{,}14;\ 6{,}31)$

8) $\vec{r}(P) = \vec{r}(\lambda) = \vec{r}(P_1) + \lambda\overrightarrow{P_1P_2} = \begin{pmatrix}10\\5\\-1\end{pmatrix} + \lambda\begin{pmatrix}-9\\-3\\6\end{pmatrix} = \begin{pmatrix}10 - 9\lambda\\5 - 3\lambda\\-1 + 6\lambda\end{pmatrix}$

Zum Punkt Q gehört der Parameterwert $\lambda = 0{,}5$:

$\vec{r}(Q) = \vec{r}(\lambda = 0{,}5) = \begin{pmatrix}10 - 4{,}5\\5 - 1{,}5\\-1 + 3\end{pmatrix} = \begin{pmatrix}5{,}5\\3{,}5\\2\end{pmatrix}$ $\Rightarrow$ $Q = (5{,}5;\ 3{,}5;\ 2)$

9) $\overrightarrow{P_1P_2} = \begin{pmatrix}-2\\1\\-3\end{pmatrix}$; $\overrightarrow{P_1P_3} = \begin{pmatrix}-4\\2\\-6\end{pmatrix} = 2\begin{pmatrix}-2\\1\\-3\end{pmatrix} = 2\overrightarrow{P_1P_2}$ $\Rightarrow$

Die Vektoren $\overrightarrow{P_1P_2}$ und $\overrightarrow{P_1P_3}$ sind *parallel*, die drei Punkte liegen daher auf einer Geraden mit der folgenden Gleichung:

$\vec{r}(\lambda) = \vec{r}(P_1) + \lambda\overrightarrow{P_1P_2} = \begin{pmatrix}3\\0\\4\end{pmatrix} + \lambda\begin{pmatrix}-2\\1\\-3\end{pmatrix} = \begin{pmatrix}3 - 2\lambda\\\lambda\\4 - 3\lambda\end{pmatrix}$

10) a) $\vec{a}\cdot\vec{b} = \begin{pmatrix}1\\1\\1\end{pmatrix}\cdot\begin{pmatrix}-3\\0\\4\end{pmatrix} = -3 + 0 + 4 = 1$

b) $(\vec{a} - 3\vec{b})\cdot(4\vec{c}) = \begin{pmatrix}10\\1\\-11\end{pmatrix}\cdot\begin{pmatrix}16\\40\\-8\end{pmatrix} = 160 + 40 + 88 = 288$

c) $(\vec{a} + \vec{b})\cdot(\vec{a} - \vec{c}) = \begin{pmatrix}-2\\1\\5\end{pmatrix}\cdot\begin{pmatrix}-3\\-9\\3\end{pmatrix} = 6 - 9 + 15 = 12$

11) a) $\varphi = \arccos\left(\dfrac{\vec{a} \cdot \vec{b}}{|\vec{a}| \cdot |\vec{b}|}\right) = \arccos\left(\dfrac{3}{\sqrt{14} \cdot \sqrt{21}}\right) = 79{,}92°$

b) $\varphi = \arccos\left(\dfrac{30}{15 \cdot \sqrt{10{,}25}}\right) = 51{,}34°$ c) $\varphi = \arccos\left(\dfrac{-51}{\sqrt{30} \cdot \sqrt{101}}\right) = 157{,}90°$

12) Aus $\vec{a} \cdot \vec{b} = 0$ folgt $\vec{a} \perp \vec{b}$.

   a) $\vec{a} \cdot \vec{b} = 4 + 16 - 20 = 0$ b) $\vec{a} \cdot \vec{b} = 12 - 2 - 10 = 0$

13) Es ist nach Bild II-77 $\vec{b} + \vec{c} = \vec{a}$, d. h. $\vec{c} = \vec{a} - \vec{b}$. Durch *skalare Multiplikation* von $\vec{c}$ mit sich selbst folgt:

$$\vec{c} \cdot \vec{c} = (\vec{a} - \vec{b}) \cdot (\vec{a} - \vec{b}) = \vec{a} \cdot \vec{a} - \vec{a} \cdot \vec{b} - \vec{b} \cdot \vec{a} + \vec{b} \cdot \vec{b} =$$
$$= \vec{a} \cdot \vec{a} + \vec{b} \cdot \vec{b} - 2(\vec{a} \cdot \vec{b}) = a^2 + b^2 - 2ab \cdot \cos\gamma \quad (\vec{a} \cdot \vec{b} = \vec{b} \cdot \vec{a})$$

14) $\vec{e}_1 \cdot \vec{e}_1 = \vec{e}_2 \cdot \vec{e}_2 = \vec{e}_3 \cdot \vec{e}_3 = 1 \;\Rightarrow\;$ *Einheitsvektoren*

    $\vec{e}_1 \cdot \vec{e}_2 = \vec{e}_2 \cdot \vec{e}_3 = \vec{e}_3 \cdot \vec{e}_1 = 0 \;\Rightarrow\;$ *orthogonale* Vektoren $\Big\}\;\Rightarrow\;$ orthonormiert

15) $\vec{a} + \vec{b} = \begin{pmatrix} 1 - 2 \\ 4 + 2 \\ -2 + 3 \end{pmatrix} = \begin{pmatrix} -1 \\ 6 \\ 1 \end{pmatrix} = \vec{c} \;\Rightarrow\; \vec{a}, \vec{b}, \vec{c}$ bilden ein Dreieck

    $\vec{a} \cdot \vec{b} = -2 + 8 - 6 = 0 \;\Rightarrow\; \vec{a} \perp \vec{b}$

    Das Dreieck ist also *rechtwinklig*, $\vec{a}$ und $\vec{b}$ sind die Katheten, $\vec{c}$ die Hypotenuse.

16) a) $|\vec{a}| = \sqrt{29}$; $\alpha = \arccos\left(\dfrac{a_x}{|\vec{a}|}\right) = \arccos\left(\dfrac{4}{\sqrt{29}}\right) = 42{,}03°$

    $\beta = \arccos\left(\dfrac{a_y}{|\vec{a}|}\right) = \arccos\left(\dfrac{3}{\sqrt{29}}\right) = 56{,}15°$

    $\gamma = \arccos\left(\dfrac{a_z}{|\vec{a}|}\right) = \arccos\left(\dfrac{-2}{\sqrt{29}}\right) = 111{,}80°$

   b) $|\vec{a}| = \sqrt{3}$; $\alpha = \beta = \gamma = 54{,}74°$

   c) $|\vec{a}| = \sqrt{17}$; $\alpha = 75{,}96°$; $\beta = 14{,}04°$; $\gamma = 90°$ (ebener Vektor)

17) Festlegung der Seitenvektoren nach Bild A-18 ($\vec{a} + \vec{b} + \vec{c} = \vec{0}$):

$\vec{a} = \overrightarrow{BC} = \begin{pmatrix} -4 \\ 0 \\ 2 \end{pmatrix}$; $\vec{b} = \overrightarrow{CA} = \begin{pmatrix} 2 \\ 3 \\ -4 \end{pmatrix}$

$\vec{c} = \overrightarrow{AB} = \begin{pmatrix} 2 \\ -3 \\ 2 \end{pmatrix}$; $|\vec{a}| = \sqrt{20}$;

$|\vec{b}| = \sqrt{29}$; $|\vec{c}| = \sqrt{17}$ **Bild A-18**

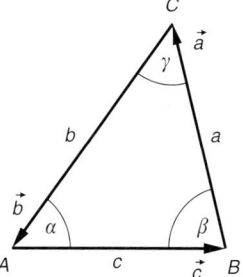

II Vektoralgebra

α: Winkel zwischen $-\vec{b}$ und $\vec{c}$; β: Winkel zwischen $\vec{a}$ und $-\vec{c}$

$$\alpha = \arccos\left(\frac{(-\vec{b})\cdot\vec{c}}{|-\vec{b}|\cdot|\vec{c}|}\right) = \arccos\left(\frac{-\vec{b}\cdot\vec{c}}{|\vec{b}|\cdot|\vec{c}|}\right) = \arccos\left(\frac{13}{\sqrt{29}\cdot\sqrt{17}}\right) = 54{,}16°$$

$$\beta = \arccos\left(\frac{\vec{a}\cdot(-\vec{c})}{|\vec{a}|\cdot|-\vec{c}|}\right) = \arccos\left(\frac{-\vec{a}\cdot\vec{c}}{|\vec{a}|\cdot|\vec{c}|}\right) = \arccos\left(\frac{4}{\sqrt{20}\cdot\sqrt{17}}\right) = 77{,}47°$$

$\alpha + \beta + \gamma = 180° \;\Rightarrow\; \gamma = 180° - \alpha - \beta = 48{,}37°$

Fläche: $A = \dfrac{1}{2}|\vec{a}\times\vec{b}| = \dfrac{1}{2}|\vec{a}|\cdot|\vec{b}|\cdot\sin\gamma = \dfrac{1}{2}\sqrt{20}\cdot\sqrt{29}\cdot\sin 48{,}37° = 9$

18) $\vec{s} = \overrightarrow{P_1P_2} = \begin{pmatrix} 3 \\ -18 \\ -4 \end{pmatrix}$ m; $\quad W = \vec{F}\cdot\vec{s} = \begin{pmatrix} 10 \\ -4 \\ -2 \end{pmatrix}\cdot\begin{pmatrix} 3 \\ -18 \\ -4 \end{pmatrix}$ Nm $= 110$ Nm

$W = |\vec{F}|\cdot|\vec{s}|\cdot\cos\varphi \;\Rightarrow\; \varphi = \arccos\left(\dfrac{W}{|\vec{F}|\cdot|\vec{s}|}\right) = \arccos\left(\dfrac{110}{\sqrt{120}\cdot\sqrt{349}}\right) = 57{,}49°$

19) $W = F\cdot s\cdot\cos\varphi \;\Rightarrow\; \varphi = \arccos\left(\dfrac{W}{F\cdot s}\right) = \arccos\left(\dfrac{1360}{85\cdot 32}\right) = 60°$

20) a) $\vec{b}_a = \left(\dfrac{\vec{a}\cdot\vec{b}}{|\vec{a}|^2}\right)\vec{a} = \dfrac{11}{9}\begin{pmatrix} 2 \\ -2 \\ 1 \end{pmatrix} = \begin{pmatrix} 22/9 \\ -22/9 \\ 11/9 \end{pmatrix}$

b) $\vec{b}_a = -\dfrac{14}{9}\begin{pmatrix} 2 \\ -2 \\ 1 \end{pmatrix} = \begin{pmatrix} -28/9 \\ 28/9 \\ -14/9 \end{pmatrix}$ c) $\vec{b}_a = \dfrac{10}{9}\begin{pmatrix} 2 \\ -2 \\ 1 \end{pmatrix} = \begin{pmatrix} 20/9 \\ -20/9 \\ 10/9 \end{pmatrix}$

21) $\cos^2\gamma = 1 - \cos^2\alpha - \cos^2\beta = 1 - \cos^2 30° - \cos^2 60° = 0 \;\Rightarrow\;$
$\cos\gamma = 0 \;\Rightarrow\; \gamma = 90°$ ($\vec{a}$ ist ein ebener Vektor: $a_z = 0$)
$a_x = |\vec{a}|\cdot\cos\alpha = 10\cdot\cos 30° = 8{,}66;\quad a_y = |\vec{a}|\cdot\cos\beta = 10\cdot\cos 60° = 5$

22) a) $\cos\alpha = \dfrac{a_x}{|\vec{a}|} \;\Rightarrow\; \alpha = \arccos\left(\dfrac{a_x}{|\vec{a}|}\right) = \arccos\left(\dfrac{5}{\sqrt{42}}\right) = 39{,}51°$

$\cos\beta = \dfrac{a_y}{|\vec{a}|} \;\Rightarrow\; \beta = \arccos\left(\dfrac{a_y}{|\vec{a}|}\right) = \arccos\left(\dfrac{1}{\sqrt{42}}\right) = 81{,}12°$

$\cos\gamma = \dfrac{a_z}{|\vec{a}|} \;\Rightarrow\; \gamma = \arccos\left(\dfrac{a_z}{|\vec{a}|}\right) = \arccos\left(\dfrac{4}{\sqrt{42}}\right) = 51{,}89°$

b) $\alpha = 107{,}64°;\; \beta = 59{,}66°;\; \gamma = 143{,}91°$ c) $\alpha = 42{,}83°;\; \beta = 97{,}66°;\; \gamma = 48{,}19°$

23) a) $\vec{a}\times\vec{b} = \begin{pmatrix} 1 \\ 4 \\ -6 \end{pmatrix}\times\begin{pmatrix} 2 \\ -1 \\ 2 \end{pmatrix} = \begin{pmatrix} 8-6 \\ -12-2 \\ -1-8 \end{pmatrix} = \begin{pmatrix} 2 \\ -14 \\ -9 \end{pmatrix}$

b) $(\vec{a}-\vec{b})\times(3\vec{c}) = \begin{pmatrix} -1 \\ 5 \\ -8 \end{pmatrix}\times\begin{pmatrix} 0 \\ 6 \\ 9 \end{pmatrix} = \begin{pmatrix} 45+48 \\ 0+9 \\ -6-0 \end{pmatrix} = \begin{pmatrix} 93 \\ 9 \\ -6 \end{pmatrix}$

c) $(-\vec{a} + 2\vec{c}) \times (-\vec{b}) = \begin{pmatrix} -1 \\ 0 \\ 12 \end{pmatrix} \times \begin{pmatrix} -2 \\ 1 \\ -2 \end{pmatrix} = \begin{pmatrix} 0 - 12 \\ -24 - 2 \\ -1 - 0 \end{pmatrix} = \begin{pmatrix} -12 \\ -26 \\ -1 \end{pmatrix}$

d) $(2\vec{a}) \times (-\vec{b} + 5\vec{c}) = \begin{pmatrix} 2 \\ 8 \\ -12 \end{pmatrix} \times \begin{pmatrix} -2 \\ 11 \\ 13 \end{pmatrix} = \begin{pmatrix} 104 + 132 \\ 24 - 26 \\ 22 + 16 \end{pmatrix} = \begin{pmatrix} 236 \\ -2 \\ 38 \end{pmatrix}$

24) a) $\vec{a} \times \vec{b} = \begin{pmatrix} 4 \\ -10 \\ 5 \end{pmatrix} \times \begin{pmatrix} -3 \\ -1 \\ -3 \end{pmatrix} = \begin{pmatrix} 30 + 5 \\ -15 + 12 \\ -4 - 30 \end{pmatrix} = \begin{pmatrix} 35 \\ -3 \\ -34 \end{pmatrix} \Rightarrow A = |\vec{a} \times \vec{b}| = 48{,}89$

b) $\vec{a} \times \vec{b} = \begin{pmatrix} 1 \\ -4 \\ 0 \end{pmatrix} \times \begin{pmatrix} 3 \\ 1 \\ 12 \end{pmatrix} = \begin{pmatrix} -48 - 0 \\ 0 - 12 \\ 1 + 12 \end{pmatrix} = \begin{pmatrix} -48 \\ -12 \\ 13 \end{pmatrix} \Rightarrow A = |\vec{a} \times \vec{b}| = 51{,}16$

25) $0{,}2\,\text{m} \cdot F + 0{,}5\,\text{m} \cdot 600\,\text{N} = 1\,\text{m} \cdot 400\,\text{N} \quad \Rightarrow \quad F = 500\,\text{N}$

26) Das Spatprodukt $[\vec{a}\,\vec{b}\,\vec{c}]$ muss *verschwinden*:

$[\vec{a}\,\vec{b}\,\vec{c}] = \begin{vmatrix} 1 & \lambda & 4 \\ -2 & 4 & 11 \\ -3 & 5 & 1 \end{vmatrix} = 4 - 33\lambda - 40 + 48 - 55 + 2\lambda = 0 \quad \Rightarrow$

$-31\lambda - 43 = 0 \quad \Rightarrow \quad \lambda = -43/31$

27) Die drei Vektoren sind *komplanar* (liegen in einer Ebene), wenn ihr Spatprodukt *verschwindet*. Dies ist in beiden Teilaufgaben der Fall.

a) $[\vec{a}\,\vec{b}\,\vec{c}] = \begin{vmatrix} -3 & 4 & 0 \\ -2 & 3 & 5 \\ -1 & 3 & 25 \end{vmatrix} = -225 - 20 + 0 - 0 + 45 + 200 = 0$

b) $[\vec{a}\,\vec{b}\,\vec{c}] = \begin{vmatrix} 1 & 1 & 1 \\ 1 & 0 & 2 \\ 1 & 4 & -2 \end{vmatrix} = 0 + 2 + 4 - 0 - 8 + 2 = 0$

28) $[\vec{a}\,\vec{b}\,\vec{c}] = \begin{vmatrix} -1 & 1 & -1 \\ 3 & 4 & 7 \\ 1 & 2 & -8 \end{vmatrix} = 32 + 7 - 6 + 4 + 14 + 24 = 75 \quad \Rightarrow$

$V_{\text{Spat}} = |[\vec{a}\,\vec{b}\,\vec{c}]| = 75$

II Vektoralgebra

29) Beide Seiten der Gleichung führen zu dem folgenden Vektor:

$$\begin{pmatrix} (a_z b_x - a_x b_z) c_z - (a_x b_y - a_y b_x) c_y \\ (a_x b_y - a_y b_x) c_x - (a_y b_z - a_z b_y) c_z \\ (a_y b_z - a_z b_y) c_y - (a_z b_x - a_x b_z) c_x \end{pmatrix}$$

30) a) Aus der Vektorgleichung $\lambda_1 \vec{a} + \lambda_2 \vec{b} = \vec{0}$ folgt das homogene lineare Gleichungssystem

$$\begin{pmatrix} 3\lambda_1 + \lambda_2 \\ 0\lambda_1 + 5\lambda_2 \\ \lambda_1 + \lambda_2 \end{pmatrix} = \begin{pmatrix} 0 \\ 0 \\ 0 \end{pmatrix} \quad \text{oder} \quad \begin{aligned} 3\lambda_1 + \lambda_2 &= 0 \\ 5\lambda_2 &= 0 \quad (\Rightarrow \quad \lambda_2 = 0) \\ \lambda_1 + \lambda_2 &= 0 \quad (\Rightarrow \quad \lambda_1 = -\lambda_2 = 0) \end{aligned}$$

mit der eindeutigen Lösung $\lambda_1 = \lambda_2 = 0$. Die Vektoren $\vec{a}$ und $\vec{b}$ sind somit *linear unabhängig*.

b) Das *Spatprodukt* der drei Vektoren $\vec{a}, \vec{b}$ und $\vec{c}$ ist von null verschieden:

$$[\vec{a}\ \vec{b}\ \vec{c}] = \begin{vmatrix} 1 & -6 & -4 \\ 1 & -2 & -2 \\ 1 & 2 & 3 \end{vmatrix} = -6 + 12 - 8 - 8 + 4 + 18 = 12 \neq 0$$

Die Vektoren sind somit *linear unabhängig*.

31) a) $\vec{b} = -3\vec{a} \Rightarrow$ Die Vektoren $\vec{a}$ und $\vec{b}$ sind *kollinear* (antiparallel) und somit *linear abhängig*.

b) Das Spatprodukt der drei Vektoren $\vec{a}, \vec{b}$ und $\vec{c}$ verschwindet:

$$[\vec{a}\ \vec{b}\ \vec{c}] = \begin{vmatrix} 1 & 2 & 5 \\ -1 & -2 & 3 \\ 5 & 10 & 1 \end{vmatrix} = -2 + 30 - 50 + 50 - 30 + 2 = 0$$

Die Vektoren sind daher *linear abhängig*.

32) Wir bilden jeweils das *Spatprodukt* der drei Vektoren.

a) $[\vec{a}\ \vec{b}\ \vec{c}] = \begin{vmatrix} 1 & -1 & 2 \\ 5 & 1 & 2 \\ 1 & 2 & 3 \end{vmatrix} = 3 - 2 + 20 - 2 - 4 + 15 = 30 \neq 0$

Die Vektoren sind somit *linear unabhängig*.

b) $[\vec{a}\ \vec{b}\ \vec{d}] = \begin{vmatrix} 1 & -1 & 2 \\ 5 & 1 & 2 \\ 13 & 5 & 2 \end{vmatrix} = 2 - 26 + 50 - 26 - 10 + 10 = 0$

Die Vektoren sind somit *linear abhängig*.

Abschnitt 4

Hinweis: Die in den Vektorgleichungen der Geraden und Ebenen enthaltenen Parameter (λ, λ_1, λ_2, μ usw.) sind jeweils *reell* und durchlaufen alle Werte von $-\infty$ bis $+\infty$.

1) a) $\vec{r}(P) = \vec{r}(\lambda) = \vec{r}_1 + \lambda \vec{a} = \begin{pmatrix} 4 \\ 0 \\ 3 \end{pmatrix} + \lambda \begin{pmatrix} -1 \\ 1 \\ -1 \end{pmatrix} = \begin{pmatrix} 4 - \lambda \\ \lambda \\ 3 - \lambda \end{pmatrix}$

$\lambda = 1$: $Q_1 = (3; 1; 2)$; $\quad \lambda = 2$: $Q_2 = (2; 2; 1)$; $\quad \lambda = -5$: $Q_3 = (9; -5; 8)$

b) $\vec{r}(P) = \vec{r}(\lambda) = \vec{r}_1 + \lambda \vec{a} = \begin{pmatrix} 3 \\ -2 \\ 1 \end{pmatrix} + \lambda \begin{pmatrix} 5 \\ 2 \\ 3 \end{pmatrix} = \begin{pmatrix} 3 + 5\lambda \\ -2 + 2\lambda \\ 1 + 3\lambda \end{pmatrix}$

$\lambda = 1$: $Q_1 = (8; 0; 4)$; $\quad \lambda = 2$: $Q_2 = (13; 2; 7)$;

$\lambda = -5$: $Q_3 = (-22; -12; -14)$

2) a) $\vec{r}(P) = \vec{r}(\lambda) = \vec{r}_1 + \lambda(\vec{r}_2 - \vec{r}_1) = \begin{pmatrix} 1 \\ 3 \\ -2 \end{pmatrix} + \lambda \begin{pmatrix} 6 - 1 \\ 5 - 3 \\ 8 + 2 \end{pmatrix} = \begin{pmatrix} 1 + 5\lambda \\ 3 + 2\lambda \\ -2 + 10\lambda \end{pmatrix}$

$\lambda = -2$: $Q_1 = (-9; -1; -22)$; $\quad \lambda = 3$: $Q_2 = (16; 9; 28)$;

$\lambda = 5$: $Q_3 = (26; 13; 48)$

b) $\vec{r}(P) = \vec{r}(\lambda) = \vec{r}_1 + \lambda(\vec{r}_2 - \vec{r}_1) = \begin{pmatrix} -2 \\ 3 \\ 1 \end{pmatrix} + \lambda \begin{pmatrix} 1 + 2 \\ 0 - 3 \\ 5 - 1 \end{pmatrix} = \begin{pmatrix} -2 + 3\lambda \\ 3 - 3\lambda \\ 1 + 4\lambda \end{pmatrix}$

$\lambda = -2$: $Q_1 = (-8; 9; -7)$; $\quad \lambda = 3$: $Q_2 = (7; -6; 13)$;

$\lambda = 5$: $Q_3 = (13; -12; 21)$

3) $\vec{r}(P) = \vec{r}(\lambda) = \vec{r}_1 + \lambda(\vec{r}_2 - \vec{r}_1) = \begin{pmatrix} 10 \\ 5 \\ -1 \end{pmatrix} + \lambda \begin{pmatrix} 1 - 10 \\ 2 - 5 \\ 5 + 1 \end{pmatrix} = \begin{pmatrix} 10 - 9\lambda \\ 5 - 3\lambda \\ -1 + 6\lambda \end{pmatrix}$

Zur Mitte Q von $\overrightarrow{P_1 P_2}$ gehört der Parameterwert $\lambda = 0{,}5$. Somit ist $Q = (5{,}5; 3{,}5; 2)$.

4) Ja, da die Vektoren $\overrightarrow{P_1 P_2}$ und $\overrightarrow{P_1 P_3}$ *kollinear* (parallel) sind:

$\overrightarrow{P_1 P_2} = \begin{pmatrix} -2 \\ 1 \\ -3 \end{pmatrix}$; $\quad \overrightarrow{P_1 P_3} = \begin{pmatrix} -10 \\ 5 \\ -15 \end{pmatrix} = 5 \begin{pmatrix} -2 \\ 1 \\ -3 \end{pmatrix} = 5 \overrightarrow{P_1 P_2}$

Geradengleichung: $\vec{r}(\lambda) = \vec{r}_1 + \lambda \overrightarrow{P_1 P_2} = \begin{pmatrix} 3 \\ 0 \\ 4 \end{pmatrix} + \lambda \begin{pmatrix} -2 \\ 1 \\ -3 \end{pmatrix} = \begin{pmatrix} 3 - 2\lambda \\ \lambda \\ 4 - 3\lambda \end{pmatrix}$

II Vektoralgebra

5) $\vec{a} \times (\vec{r}_Q - \vec{r}_1) = \begin{pmatrix} 2 \\ 1 \\ 3 \end{pmatrix} \times \begin{pmatrix} 0 \\ -1 \\ -2 \end{pmatrix} = \begin{pmatrix} -2+3 \\ 0+4 \\ -2-0 \end{pmatrix} = \begin{pmatrix} 1 \\ 4 \\ -2 \end{pmatrix}$

Abstand: $d = \dfrac{|\vec{a} \times (\vec{r}_Q - \vec{r}_1)|}{|\vec{a}|} = \dfrac{\sqrt{21}}{\sqrt{14}} = 1{,}22$

6) $\vec{a} \times (\vec{r}_2 - \vec{r}_1) = \begin{pmatrix} 3 \\ -1 \\ 2 \end{pmatrix} \times \begin{pmatrix} 4 \\ -1 \\ -3 \end{pmatrix} = \begin{pmatrix} 3+2 \\ 8+9 \\ -3+4 \end{pmatrix} = \begin{pmatrix} 5 \\ 17 \\ 1 \end{pmatrix}$

Abstand: $d = \dfrac{|\vec{a} \times (\vec{r}_2 - \vec{r}_1)|}{|\vec{a}|} = \dfrac{\sqrt{315}}{\sqrt{14}} = 4{,}74$

7) $\cos \alpha = \sqrt{1 - \cos^2 \beta - \cos^2 \gamma} = \sqrt{1 - \cos^2 60° - \cos^2 45°} = 0{,}5 \;\Rightarrow\; \alpha = 60°$

Richtungsvektor: $\vec{a} = \begin{pmatrix} a \cdot \cos \alpha \\ a \cdot \cos \beta \\ a \cdot \cos \gamma \end{pmatrix} = \begin{pmatrix} 1 \cdot \cos 60° \\ 1 \cdot \cos 60° \\ 1 \cdot \cos 45° \end{pmatrix} = \begin{pmatrix} 0{,}5 \\ 0{,}5 \\ 0{,}707 \end{pmatrix}$

Geradengleichung: $\vec{r}(P) = \vec{r}(\lambda) = \vec{r}_1 + \lambda \vec{a} = \begin{pmatrix} 1 \\ -2 \\ 8 \end{pmatrix} + \lambda \begin{pmatrix} 0{,}5 \\ 0{,}5 \\ 0{,}707 \end{pmatrix} = \begin{pmatrix} 1 + 0{,}5\lambda \\ -2 + 0{,}5\lambda \\ 8 + 0{,}707\lambda \end{pmatrix}$

Schnittpunkt mit der x, y-Ebene ($z = 0$, d. h. $\lambda = -11{,}315$): $S_{xy} = (-4{,}66; \; -7{,}66; \; 0)$

Schnittpunkt mit der y, z-Ebene ($x = 0$, d. h. $\lambda = -2$): $S_{yz} = (0; \; -3; \; 6{,}59)$

Schnittpunkt mit der x, z-Ebene ($y = 0$, d. h. $\lambda = 4$): $S_{xz} = (3; \; 0; \; 10{,}83)$

8) $\cos \gamma = -\sqrt{1 - \cos^2 \alpha - \cos^2 \beta} = -\sqrt{1 - \cos^2 30° - \cos^2 90°} = -0{,}5 \;\Rightarrow\; \gamma = 120°$

Der Betrag des Richtungsvektors $\vec{a}$ ist *frei wählbar*. Wir setzen $|\vec{a}| = a = 2$ und erhalten:

$\vec{a} = \begin{pmatrix} a \cdot \cos \alpha \\ a \cdot \cos \beta \\ a \cdot \cos \gamma \end{pmatrix} = \begin{pmatrix} 2 \cdot \cos 30° \\ 2 \cdot \cos 90° \\ 2 \cdot \cos 120° \end{pmatrix} = \begin{pmatrix} \sqrt{3} \\ 0 \\ -1 \end{pmatrix}$

Geradengleichung: $\vec{r}(P) = \vec{r}(\lambda) = \vec{r}_1 + \lambda \vec{a} = \begin{pmatrix} 5 \\ 3 \\ 1 \end{pmatrix} + \lambda \begin{pmatrix} \sqrt{3} \\ 0 \\ -1 \end{pmatrix} = \begin{pmatrix} 5 + \sqrt{3}\,\lambda \\ 3 \\ 1 - \lambda \end{pmatrix}$

9) a) *Gleichungen der Geraden* (Richtungsvektoren: $\vec{a}_1 = \overrightarrow{P_1 P_2}$ bzw. $\vec{a}_2 = \overrightarrow{P_3 P_4}$):

$g_1: \vec{r}(\lambda_1) = \vec{r}_1 + \lambda_1 \overrightarrow{P_1 P_2} = \begin{pmatrix} 3 \\ 4 \\ 6 \end{pmatrix} + \lambda_1 \begin{pmatrix} -4 \\ -6 \\ -2 \end{pmatrix} = \begin{pmatrix} 3 - 4\lambda_1 \\ 4 - 6\lambda_1 \\ 6 - 2\lambda_1 \end{pmatrix}$

$$g_2: \vec{r}(\lambda_2) = \vec{r}_3 + \lambda_2 \overrightarrow{P_3 P_4} = \begin{pmatrix} 3 \\ 7 \\ -2 \end{pmatrix} + \lambda_2 \begin{pmatrix} 2 \\ 8 \\ -4 \end{pmatrix} = \begin{pmatrix} 3 + 2\lambda_2 \\ 7 + 8\lambda_2 \\ -2 - 4\lambda_2 \end{pmatrix}$$

g_1 und g_2 sind *windschief* wegen $\vec{a}_1 \times \vec{a}_2 \neq \vec{0}$ und $[\vec{a}_1 \vec{a}_2 (\vec{r}_3 - \vec{r}_1)] \neq 0$:

$$\vec{a}_1 \times \vec{a}_2 = \begin{pmatrix} -4 \\ -6 \\ -2 \end{pmatrix} \times \begin{pmatrix} 2 \\ 8 \\ -4 \end{pmatrix} = \begin{pmatrix} 24 + 16 \\ -4 - 16 \\ -32 + 12 \end{pmatrix} = \begin{pmatrix} 40 \\ -20 \\ -20 \end{pmatrix} \neq \vec{0}$$

$$[\vec{a}_1 \vec{a}_2 (\vec{r}_3 - \vec{r}_1)] = \begin{vmatrix} -4 & -6 & -2 \\ 2 & 8 & -4 \\ 0 & 3 & -8 \end{vmatrix} = 256 + 0 - 12 - 0 - 48 - 96 = 100 \neq 0$$

Abstand der Geraden: $d = \dfrac{|[\vec{a}_1 \vec{a}_2 (\vec{r}_3 - \vec{r}_1)]|}{|\vec{a}_1 \times \vec{a}_2|} = \dfrac{100}{20\sqrt{6}} = 2{,}04$

b) Die Geraden sind *parallel*: $\vec{a}_2 = -3\vec{a}_1$ (*kollineare* Richtungsvektoren).

$$\vec{a}_1 \times (\vec{r}_2 - \vec{r}_1) = \begin{pmatrix} -2 \\ 1 \\ 3 \end{pmatrix} \times \begin{pmatrix} -4 \\ 0 \\ 5 \end{pmatrix} = \begin{pmatrix} 5 - 0 \\ -12 + 10 \\ 0 + 4 \end{pmatrix} = \begin{pmatrix} 5 \\ -2 \\ 4 \end{pmatrix}$$

Abstand der Geraden: $d = \dfrac{|\vec{a}_1 \times (\vec{r}_2 - \vec{r}_1)|}{|\vec{a}_1|} = \dfrac{\sqrt{45}}{\sqrt{14}} = 1{,}79$

c) Die Geraden *schneiden* sich wegen $\vec{a}_1 \times \vec{a}_2 \neq \vec{0}$ und $[\vec{a}_1 \vec{a}_2 (\vec{r}_2 - \vec{r}_1)] = 0$ in einem Punkt S:

$$\vec{a}_1 \times \vec{a}_2 = \begin{pmatrix} 2 \\ 0 \\ 5 \end{pmatrix} \times \begin{pmatrix} 1 \\ -2 \\ 3 \end{pmatrix} = \begin{pmatrix} 0 + 10 \\ 5 - 6 \\ -4 - 0 \end{pmatrix} = \begin{pmatrix} 10 \\ -1 \\ -4 \end{pmatrix} \neq \vec{0}$$

$$[\vec{a}_1 \vec{a}_2 (\vec{r}_2 - \vec{r}_1)] = \begin{vmatrix} 2 & 0 & 5 \\ 1 & -2 & 3 \\ 5 & -2 & 13 \end{vmatrix} = -52 + 0 - 10 + 50 + 12 - 0 = 0$$

Geradengleichungen:

$$g_1: \vec{r}(\lambda_1) = \vec{r}_1 + \lambda_1 \vec{a}_1 = \begin{pmatrix} 1 \\ 2 \\ 0 \end{pmatrix} + \lambda_1 \begin{pmatrix} 2 \\ 0 \\ 5 \end{pmatrix} = \begin{pmatrix} 1 + 2\lambda_1 \\ 2 \\ 5\lambda_1 \end{pmatrix}$$

$$g_2: \vec{r}(\lambda_2) = \vec{r}_2 + \lambda_2 \vec{a}_2 = \begin{pmatrix} 6 \\ 0 \\ 13 \end{pmatrix} + \lambda_2 \begin{pmatrix} 1 \\ -2 \\ 3 \end{pmatrix} = \begin{pmatrix} 6 + \lambda_2 \\ -2\lambda_2 \\ 13 + 3\lambda_2 \end{pmatrix}$$

Berechnung des *Schnittpunktes* S mit dem Ortsvektor $\vec{r}_S = \vec{r}(\lambda_1) = \vec{r}(\lambda_2)$:

$$\begin{pmatrix} 1 + 2\lambda_1 \\ 2 \\ 5\lambda_1 \end{pmatrix} = \begin{pmatrix} 6 + \lambda_2 \\ -2\lambda_2 \\ 13 + 3\lambda_2 \end{pmatrix} \Rightarrow \left. \begin{array}{r} 2\lambda_1 - \lambda_2 = 5 \\ 2\lambda_2 = -2 \\ 5\lambda_1 - 3\lambda_2 = 13 \end{array} \right\} \Rightarrow \lambda_1 = 2; \; \lambda_2 = -1$$

$$\vec{r}_S = \vec{r}(\lambda_1 = 2) = \vec{r}(\lambda_2 = -1) = \begin{pmatrix} 5 \\ 2 \\ 10 \end{pmatrix} \Rightarrow S = (5; 2; 10)$$

Schnittwinkel: $\varphi = \arccos\left(\dfrac{\vec{a}_1 \cdot \vec{a}_2}{|\vec{a}_1| \cdot |\vec{a}_2|}\right) = \arccos\left(\dfrac{17}{\sqrt{29} \cdot \sqrt{14}}\right) = 32{,}47°$

10) g_1 und g_2 sind wegen $\vec{a}_1 \times \vec{a}_2 \neq \vec{0}$ und $[\vec{a}_1 \vec{a}_2 (\vec{r}_2 - \vec{r}_1)] \neq 0$ *windschief* zueinander:

$$\vec{a}_1 \times \vec{a}_2 = \begin{pmatrix} 1 \\ 1 \\ 1 \end{pmatrix} \times \begin{pmatrix} 0 \\ 2 \\ 1 \end{pmatrix} = \begin{pmatrix} 1 - 2 \\ 0 - 1 \\ 2 - 0 \end{pmatrix} = \begin{pmatrix} -1 \\ -1 \\ 2 \end{pmatrix} \neq \vec{0}$$

$$[\vec{a}_1 \vec{a}_2 (\vec{r}_2 - \vec{r}_1)] = \begin{vmatrix} 1 & 1 & 1 \\ 0 & 2 & 1 \\ 2 & 5 & 0 \end{vmatrix} = 0 + 2 + 0 - 4 - 5 - 0 = -7 \neq 0$$

Abstand der Geraden: $d = \dfrac{|[\vec{a}_1 \vec{a}_2 (\vec{r}_2 - \vec{r}_1)]|}{|\vec{a}_1 \times \vec{a}_2|} = \dfrac{|-7|}{\sqrt{6}} = 2{,}86$

11) Gleichung der Geraden durch die Achsenschnittpunkte $P_1 = (3; 0; 0)$ und $P_2 = (0; 3; 0)$:

$$g_1: \; \vec{r}(\lambda_1) = \vec{r}_1 + \lambda_1 \overrightarrow{P_1 P_2} = \vec{r}_1 + \lambda_1 \vec{a}_1 = \begin{pmatrix} 3 \\ 0 \\ 0 \end{pmatrix} + \lambda_1 \begin{pmatrix} -3 \\ 3 \\ 0 \end{pmatrix}$$

Gleichung der z-Achse durch $P_3 = (0; 0; 0)$ und $P_4 = (0; 0; 1)$:

$$g_2: \; \vec{r}(\lambda_2) = \vec{r}_3 + \lambda_2 \overrightarrow{P_3 P_4} = \vec{r}_3 + \lambda_2 \vec{a}_2 = \begin{pmatrix} 0 \\ 0 \\ 0 \end{pmatrix} + \lambda_2 \begin{pmatrix} 0 \\ 0 \\ 1 \end{pmatrix}$$

Die Geraden sind *windschief* zueinander, da $\vec{a}_1 \times \vec{a}_2 \neq \vec{0}$ und $[\vec{a}_1 \vec{a}_2 (\vec{r}_3 - \vec{r}_1)] \neq 0$ ist:

$$\vec{a}_1 \times \vec{a}_2 = \begin{pmatrix} -3 \\ 3 \\ 0 \end{pmatrix} \times \begin{pmatrix} 0 \\ 0 \\ 1 \end{pmatrix} = \begin{pmatrix} 3 - 0 \\ 0 + 3 \\ 0 - 0 \end{pmatrix} = \begin{pmatrix} 3 \\ 3 \\ 0 \end{pmatrix} \neq \vec{0}$$

$$[\vec{a}_1 \vec{a}_2 (\vec{r}_3 - \vec{r}_1)] = \begin{vmatrix} -3 & 3 & 0 \\ 0 & 0 & 1 \\ -3 & 0 & 0 \end{vmatrix} = 0 - 9 + 0 - 0 - 0 - 0 = -9 \neq 0$$

Abstand der Geraden: $d = \dfrac{|[\vec{a}_1 \vec{a}_2 (\vec{r}_3 - \vec{r}_1)]|}{|\vec{a}_1 \times \vec{a}_2|} = \dfrac{|-9|}{\sqrt{18}} = 2{,}12$

12) $g_1: \vec{r}(\lambda_1) = \vec{r}_1 + \lambda_1 \overrightarrow{P_1 P_2} = \vec{r}_1 + \lambda_1 \vec{a}_1 = \begin{pmatrix} 4 \\ 2 \\ 8 \end{pmatrix} + \lambda_1 \begin{pmatrix} -1 \\ 4 \\ 3 \end{pmatrix} = \begin{pmatrix} 4 - \lambda_1 \\ 2 + 4\lambda_1 \\ 8 + 3\lambda_1 \end{pmatrix}$

$g_2: \vec{r}(\lambda_2) = \vec{r}_3 + \lambda_2 \overrightarrow{P_3 P_4} = \vec{r}_3 + \lambda_2 \vec{a}_2 = \begin{pmatrix} 5 \\ 8 \\ 21 \end{pmatrix} + \lambda_2 \begin{pmatrix} 2 \\ 2 \\ 10 \end{pmatrix} = \begin{pmatrix} 5 + 2\lambda_2 \\ 8 + 2\lambda_2 \\ 21 + 10\lambda_2 \end{pmatrix}$

Wegen $\vec{a}_1 \times \vec{a}_2 \neq \vec{0}$ und $[\vec{a}_1 \vec{a}_2 (\vec{r}_3 - \vec{r}_1)] = 0$ schneiden sich g_1 und g_2 in einem Punkt S:

$\vec{a}_1 \times \vec{a}_2 = \begin{pmatrix} -1 \\ 4 \\ 3 \end{pmatrix} \times \begin{pmatrix} 2 \\ 2 \\ 10 \end{pmatrix} = \begin{pmatrix} 40 - 6 \\ 6 + 10 \\ -2 - 8 \end{pmatrix} = \begin{pmatrix} 34 \\ 16 \\ -10 \end{pmatrix} \neq \vec{0}$

$[\vec{a}_1 \vec{a}_2 (\vec{r}_3 - \vec{r}_1)] = \begin{vmatrix} -1 & 4 & 3 \\ 2 & 2 & 10 \\ 1 & 6 & 13 \end{vmatrix} = -26 + 40 + 36 - 6 + 60 - 104 = 0$

Weiterer Lösungsweg wie in Aufgabe 9 c):

Schnittpunkt $(\lambda_1 = 1; \ \lambda_2 = -1): S = (3; 6; 11)$

Schnittwinkel: $\varphi = \arccos\left(\dfrac{\vec{a}_1 \cdot \vec{a}_2}{|\vec{a}_1| \cdot |\vec{a}_2|}\right) = \arccos\left(\dfrac{36}{\sqrt{26} \cdot \sqrt{108}}\right) = 47{,}21°$

13) a) $\vec{r}(P) = \vec{r}(\lambda; \mu) = \vec{r}_1 + \lambda \vec{a} + \mu \vec{b} = \begin{pmatrix} 3 \\ 5 \\ 1 \end{pmatrix} + \lambda \begin{pmatrix} 1 \\ 1 \\ 1 \end{pmatrix} + \mu \begin{pmatrix} 2 \\ 1 \\ 3 \end{pmatrix} = \begin{pmatrix} 3 + \lambda + 2\mu \\ 5 + \lambda + \mu \\ 1 + \lambda + 3\mu \end{pmatrix}$

Normalenvektor: $\vec{n} = \vec{a} \times \vec{b} = \begin{pmatrix} 1 \\ 1 \\ 1 \end{pmatrix} \times \begin{pmatrix} 2 \\ 1 \\ 3 \end{pmatrix} = \begin{pmatrix} 3 - 1 \\ 2 - 3 \\ 1 - 2 \end{pmatrix} = \begin{pmatrix} 2 \\ -1 \\ -1 \end{pmatrix}$

$\lambda = 1; \ \mu = 3: Q_1 = (10; 9; 11); \quad \lambda = -2; \ \mu = 1: Q_2 = (3; 4; 2)$

b) Lösungsweg wie in Aufgabe a):

$\vec{r}(P) = \vec{r}(\lambda; \mu) = \vec{r}_1 + \lambda \vec{a} + \mu \vec{b} = \begin{pmatrix} 6 + 2\lambda + 2\mu \\ 8\lambda + 3\mu \\ -3 - 3\lambda - 3\mu \end{pmatrix}; \quad \vec{n} = \vec{a} \times \vec{b} = \begin{pmatrix} -15 \\ 0 \\ -10 \end{pmatrix}$

$\lambda = 1; \ \mu = 3: Q_1 = (14; 17; -15); \quad \lambda = -2; \ \mu = 1: Q_2 = (4; -13; 0)$

14) a) $\vec{r}(P) = \vec{r}(\lambda; \mu) = \vec{r}_1 + \lambda (\vec{r}_2 - \vec{r}_1) + \mu (\vec{r}_3 - \vec{r}_1) =$

$= \begin{pmatrix} 3 \\ 1 \\ 0 \end{pmatrix} + \lambda \begin{pmatrix} -4 - 3 \\ 1 - 1 \\ 1 - 0 \end{pmatrix} + \mu \begin{pmatrix} 5 - 3 \\ 9 - 1 \\ 3 - 0 \end{pmatrix} = \begin{pmatrix} 3 - 7\lambda + 2\mu \\ 1 + 8\mu \\ \lambda + 3\mu \end{pmatrix}$

II Vektoralgebra

$\lambda = 3;\ \mu = -2:\ Q_1 = (-22;\ -15;\ -3);\qquad \lambda = -2;\ \mu = 1:\ Q_2 = (19;\ 9;\ 1)$

b) Lösungsweg wie in a):

$$\vec{r}(P) = \vec{r}(\lambda;\mu) = \vec{r}_1 + \lambda(\vec{r}_2 - \vec{r}_1) + \mu(\vec{r}_3 - \vec{r}_1) = \begin{pmatrix} 5 - 7\lambda - 5\mu \\ 1 - 2\lambda + 4\mu \\ 2 - 5\lambda + 8\mu \end{pmatrix}$$

$\lambda = 3;\ \mu = -2:\ Q_1 = (-6;\ -13,\ -29);\qquad \lambda = -2;\ \mu = 1:\ Q_2 = (14;\ 9;\ 20)$

15) Gleichung der Ebene E durch die Punkte P_1, P_2 und P_3:

$$\vec{r}(P) = \vec{r}(\lambda;\mu) = \vec{r}_1 + \lambda \overrightarrow{P_1P_2} + \mu \overrightarrow{P_1P_3} =$$

$$= \begin{pmatrix} 1 \\ 1 \\ 1 \end{pmatrix} + \lambda \begin{pmatrix} 2 \\ 1 \\ -1 \end{pmatrix} + \mu \begin{pmatrix} 3 \\ -2 \\ 4 \end{pmatrix} = \begin{pmatrix} 1 + 2\lambda + 3\mu \\ 1 + \lambda - 2\mu \\ 1 - \lambda + 4\mu \end{pmatrix}$$

Der vierte Punkt $P_4 = (12;\ -4;\ 12)$ liegt *in* dieser Ebene, wenn das lineare Gleichungssystem

$$\begin{pmatrix} 1 + 2\lambda + 3\mu \\ 1 + \lambda - 2\mu \\ 1 - \lambda + 4\mu \end{pmatrix} = \begin{pmatrix} 12 \\ -4 \\ 12 \end{pmatrix} \quad \text{oder} \quad \left.\begin{array}{r} 2\lambda + 3\mu = 11 \\ \lambda - 2\mu = -5 \\ -\lambda + 4\mu = 11 \end{array}\right\} + \;\Rightarrow\; (2\mu = 6;\ \mu = 3)$$

genau *eine* Lösung besitzt. Dies ist der Fall: $\lambda = 1,\ \mu = 3$ (für $\mu = 3$ folgt aus jeder der drei Gleichungen $\lambda = 1$). Die vier Punkte liegen daher in einer Ebene.

16) Gleichung der Ebene E durch die Achsenschnittpunkte $P_1 = (a;\ 0;\ 0)$, $P_2 = (0;\ a;\ 0)$ und $P_3 = (0;\ 0;\ a)$:

$$\vec{r}(P) = \vec{r}(\lambda;\mu) = \vec{r}_1 + \lambda \overrightarrow{P_1P_2} + \mu \overrightarrow{P_1P_3} =$$

$$= \begin{pmatrix} a \\ 0 \\ 0 \end{pmatrix} + \lambda \begin{pmatrix} -a \\ a \\ 0 \end{pmatrix} + \mu \begin{pmatrix} -a \\ 0 \\ a \end{pmatrix} = \begin{pmatrix} a - \lambda a - \mu a \\ \lambda a \\ \mu a \end{pmatrix}$$

Der Punkt $Q = (3;\ -4;\ 7)$ liegt *in* dieser Ebene, wenn das nichtlineare Gleichungssystem

$$\begin{pmatrix} a - \lambda a - \mu a \\ \lambda a \\ \mu a \end{pmatrix} = \begin{pmatrix} 3 \\ -4 \\ 7 \end{pmatrix} \quad \text{oder} \quad \begin{array}{r} a - \lambda a - \mu a = 3 \\ \lambda a = -4 \\ \mu a = 7 \end{array}$$

genau *eine* Lösung besitzt. Dies ist der Fall: $a = 6,\ \lambda = -2/3,\ \mu = 7/6$ (Addition der drei Gleichungen führt zur Lösung $a = 6$, aus der 2. bzw. 3. Gleichung folgen dann die Lösungen für λ und μ).

Gleichung der Ebene E: $\vec{r}(P) = \vec{r}(\lambda;\mu) = \begin{pmatrix} 6 - 6\lambda - 6\mu \\ 6\lambda \\ 6\mu \end{pmatrix} = 6 \begin{pmatrix} 1 - \lambda - \mu \\ \lambda \\ \mu \end{pmatrix}$

17) $\vec{n} \cdot (\vec{r} - \vec{r}_A) = \begin{pmatrix} 4 \\ 3 \\ 1 \end{pmatrix} \cdot \begin{pmatrix} x - 5 \\ y - 8 \\ z - 10 \end{pmatrix} = 4(x - 5) + 3(y - 8) + 1(z - 10) = 0 \quad \Rightarrow$

$4x + 3y + z = 54$

Koordinaten von B: $\quad 4 \cdot 2 + 3y + 1 = 54 \quad \Rightarrow \quad y = 15 \quad \Rightarrow \quad B = (2; 15; 1)$

18) $\cos \gamma = -\sqrt{1 - \cos^2 \alpha - \cos^2 \beta} = -\sqrt{1 - \cos^2 60° - \cos^2 120°} = -\frac{1}{2}\sqrt{2} \quad \Rightarrow$

$\gamma = \arccos\left(-\frac{1}{2}\sqrt{2}\right) = 135°$

Der *Betrag* des Normalenvektors $\vec{n}$ ist *frei wählbar*. Wir wählen $|\vec{n}| = n = 2$. Dann ist

$\vec{n} = \begin{pmatrix} n \cdot \cos \alpha \\ n \cdot \cos \beta \\ n \cdot \cos \gamma \end{pmatrix} = \begin{pmatrix} 2 \cdot \cos 60° \\ 2 \cdot \cos 120° \\ 2 \cdot \cos 135° \end{pmatrix} = \begin{pmatrix} 1 \\ -1 \\ -\sqrt{2} \end{pmatrix}$

ein *Normalenvektor* der Ebene E. Die Gleichung der Ebene lautet damit wie folgt:

$\vec{n} \cdot (\vec{r} - \vec{r}_1) = \begin{pmatrix} 1 \\ -1 \\ -\sqrt{2} \end{pmatrix} \cdot \begin{pmatrix} x - 3 \\ y - 5 \\ z + 2 \end{pmatrix} = 1(x - 3) - 1(y - 5) - \sqrt{2}(z + 2) = 0 \quad \Rightarrow$

$x - y - \sqrt{2}\, z = 2\sqrt{2} - 2 = 0{,}8284$

19) a) $\quad g: \vec{r}(\lambda) = \vec{r}_1 + \lambda \vec{a}; \quad E: \vec{n} \cdot (\vec{r} - \vec{r}_0) = 0$

$\vec{n} \cdot \vec{a} = \begin{pmatrix} -1 \\ 3 \\ 1 \end{pmatrix} \cdot \begin{pmatrix} 3 \\ 1 \\ 2 \end{pmatrix} = -3 + 3 + 2 = 2 \neq 0$

Gerade und Ebene schneiden sich somit in einem Punkt S (Ortsvektor $\vec{r}_S$, Parameter λ_S), der *beide* Gleichungen (Gerade und Ebene) erfüllen muss:

$\vec{r}_S = \vec{r}(\lambda_S) = \vec{r}_1 + \lambda_S \vec{a} \quad$ und $\quad \vec{n} \cdot (\vec{r}_S - \vec{r}_0) = 0 \quad \Rightarrow$

$\vec{n} \cdot (\vec{r}_1 + \lambda_S \vec{a} - \vec{r}_0) = \vec{n} \cdot (\vec{r}_1 - \vec{r}_0) + \lambda_S (\vec{n} \cdot \vec{a}) = 0 \quad \Rightarrow \quad \lambda_S = \dfrac{\vec{n} \cdot (\vec{r}_0 - \vec{r}_1)}{\vec{n} \cdot \vec{a}}$

$\vec{n} \cdot (\vec{r}_0 - \vec{r}_1) = \begin{pmatrix} -1 \\ 3 \\ 1 \end{pmatrix} \cdot \begin{pmatrix} 2 - 5 \\ 1 - 1 \\ 8 - 2 \end{pmatrix} = \begin{pmatrix} -1 \\ 3 \\ 1 \end{pmatrix} \cdot \begin{pmatrix} -3 \\ 0 \\ 6 \end{pmatrix} = 3 + 0 + 6 = 9$

$\lambda_S = \dfrac{\vec{n} \cdot (\vec{r}_0 - \vec{r}_1)}{\vec{n} \cdot \vec{a}} = \dfrac{9}{2} = 4{,}5$

$\vec{r}_S = \vec{r}_1 + \lambda_S \vec{a} = \begin{pmatrix} 5 \\ 1 \\ 2 \end{pmatrix} + 4{,}5 \begin{pmatrix} 3 \\ 1 \\ 2 \end{pmatrix} = \begin{pmatrix} 18{,}5 \\ 5{,}5 \\ 11 \end{pmatrix} \quad \Rightarrow \quad S = (18{,}5; 5{,}5; 11)$

Schnittwinkel: $\varphi = \arcsin\left(\dfrac{\vec{n} \cdot \vec{a}}{|\vec{n}| \cdot |\vec{a}|}\right) = \arcsin\left(\dfrac{2}{\sqrt{11} \cdot \sqrt{14}}\right) = 9{,}27°$

II Vektoralgebra

b) $\vec{n} \cdot \vec{a} = \begin{pmatrix} 3 \\ -1 \\ -1 \end{pmatrix} \cdot \begin{pmatrix} 2 \\ 5 \\ 1 \end{pmatrix} = 6 - 5 - 1 = 0 \quad \Rightarrow \quad g$ und E sind *parallel*

$\vec{n} \cdot (\vec{r}_1 - \vec{r}_0) = \begin{pmatrix} 3 \\ -1 \\ -1 \end{pmatrix} \cdot \begin{pmatrix} 5-1 \\ 3-1 \\ 6-1 \end{pmatrix} = \begin{pmatrix} 3 \\ -1 \\ -1 \end{pmatrix} \cdot \begin{pmatrix} 4 \\ 2 \\ 5 \end{pmatrix} = 12 - 2 - 5 = 5$

Abstand: $d = \dfrac{|\vec{n} \cdot (\vec{r}_1 - \vec{r}_0)|}{|\vec{n}|} = \dfrac{5}{\sqrt{11}} = 1{,}51$

c) $g: \vec{r}(\lambda) = \vec{r}_1 + \lambda \overrightarrow{P_1 P_2} = \vec{r}_1 + \lambda \vec{a} = \begin{pmatrix} 2 \\ 0 \\ 3 \end{pmatrix} + \lambda \begin{pmatrix} 3 \\ 6 \\ 15 \end{pmatrix}$

$E: \vec{n} \cdot (\vec{r} - \vec{r}_3) = 0 \quad \text{mit} \quad \vec{n} = (\overrightarrow{P_3 P_4}) \times (\overrightarrow{P_3 P_5}) = \begin{pmatrix} -1 \\ 1 \\ 1 \end{pmatrix} \times \begin{pmatrix} -2 \\ 2 \\ 1 \end{pmatrix} = \begin{pmatrix} -1 \\ -1 \\ 0 \end{pmatrix}$

Gerade g und Ebene E schneiden sich in einem Punkt S (Ortsvektor $\vec{r}_S$, Parameter λ_S), da $\vec{n} \cdot \vec{a} \neq 0$ ist:

$\vec{n} \cdot \vec{a} = \begin{pmatrix} -1 \\ -1 \\ 0 \end{pmatrix} \cdot \begin{pmatrix} 3 \\ 6 \\ 15 \end{pmatrix} = -3 - 6 + 0 = -9 \neq 0$

Somit gilt: $\vec{r}_S = \vec{r}_1 + \lambda_S \vec{a}$ und $\vec{n} \cdot (\vec{r}_S - \vec{r}_3) = 0$. Weiterer Lösungsweg wie in Aufgabe a):

$\vec{n} \cdot (\vec{r}_3 - \vec{r}_1) = \begin{pmatrix} -1 \\ -1 \\ 0 \end{pmatrix} \cdot \begin{pmatrix} -1 \\ -2 \\ -5 \end{pmatrix} = 3; \quad \lambda_S = \dfrac{\vec{n} \cdot (\vec{r}_3 - \vec{r}_1)}{\vec{n} \cdot \vec{a}} = \dfrac{3}{-9} = -\dfrac{1}{3}$

$\vec{r}_S = \vec{r}_1 + \lambda_S \vec{a} = \begin{pmatrix} 2 \\ 0 \\ 3 \end{pmatrix} - \dfrac{1}{3} \begin{pmatrix} 3 \\ 6 \\ 15 \end{pmatrix} = \begin{pmatrix} 1 \\ -2 \\ -2 \end{pmatrix} \quad \Rightarrow \quad S = (1;\, -2;\, -2)$

Schnittwinkel: $\varphi = \arcsin\left(\dfrac{|\vec{n} \cdot \vec{a}|}{|\vec{n}| \cdot |\vec{a}|}\right) = \arcsin\left(\dfrac{|-9|}{\sqrt{2} \cdot \sqrt{270}}\right) = 22{,}79°$

20) Der Vektor $\overrightarrow{AB}$ verläuft *senkrecht* zur Ebene E und ist somit ein *Normalenvektor* dieser Ebene: $\vec{n} = \overrightarrow{AB}$. Die Gleichung der Ebene E durch den Punkt $P_1 = (2;\, 1;\, 5)$ lautet somit:

$\vec{n} \cdot (\vec{r} - \vec{r}_1) = \begin{pmatrix} 5-1 \\ 4-1 \\ -3-1 \end{pmatrix} \cdot \begin{pmatrix} x-2 \\ y-1 \\ z-5 \end{pmatrix} = \begin{pmatrix} 4 \\ 3 \\ -4 \end{pmatrix} \cdot \begin{pmatrix} x-2 \\ y-1 \\ z-5 \end{pmatrix} =$

$= 4(x-2) + 3(y-1) - 4(z-5) = 0 \quad \Rightarrow$

$4x + 3y - 4z = -9$

21) *Abstandsformel:* $d = \dfrac{|\vec{n} \cdot (\vec{r}_Q - \vec{r}_1)|}{|\vec{n}|} \;\Rightarrow\; d\,|\vec{n}| = |\vec{n} \cdot (\vec{r}_Q - \vec{r}_1)|$

$\vec{n} \cdot (\vec{r}_Q - \vec{r}_1) = \begin{pmatrix} 2 \\ 1 \\ a \end{pmatrix} \cdot \begin{pmatrix} -1 \\ 0 \\ 2 \end{pmatrix} = -2 + 0 + 2a = 2(a-1); \qquad |\vec{n}| = \sqrt{5 + a^2}$

$d\,|\vec{n}| = |\vec{n} \cdot (\vec{r}_Q - \vec{r}_1)| \;\Rightarrow\; 2\sqrt{5 + a^2} = |2(a-1)| \;\Rightarrow\;$

$\sqrt{5 + a^2} = |a - 1| \;\Big|\; \text{quadrieren} \;\Rightarrow\; 5 + a^2 = (a-1)^2 = a^2 - 2a + 1 \;\Rightarrow\;$

$2a = -4 \;\Rightarrow\; a = -2$

Die Gleichung der *Parallelebene* E_2 durch den Punkt $A = (5; 1; -2)$ lautet:

$\vec{n} \cdot (\vec{r} - \vec{r}_A) = \begin{pmatrix} 2 \\ 1 \\ -2 \end{pmatrix} \cdot \begin{pmatrix} x - 5 \\ y - 1 \\ z + 2 \end{pmatrix} = 2(x-5) + 1(y-1) - 2(z+2) = 0 \;\Rightarrow\;$

$2x + y - 2z = 15$

22) $\vec{n} \cdot \vec{a} = \begin{pmatrix} 2 \\ -6 \\ 1 \end{pmatrix} \cdot \begin{pmatrix} 4 \\ 1 \\ -2 \end{pmatrix} = 8 - 6 - 2 = 0 \;\Rightarrow\;$ g und E verlaufen *parallel*

$\vec{n} \cdot (\vec{r}_1 - \vec{r}_0) = \begin{pmatrix} 2 \\ -6 \\ 1 \end{pmatrix} \cdot \begin{pmatrix} 5-2 \\ 3-1 \\ 1-8 \end{pmatrix} = \begin{pmatrix} 2 \\ -6 \\ 1 \end{pmatrix} \cdot \begin{pmatrix} 3 \\ 2 \\ -7 \end{pmatrix} = 6 - 12 - 7 = -13$

Abstand: $d = \dfrac{|\vec{n} \cdot (\vec{r}_1 - \vec{r}_0)|}{|\vec{n}|} = \dfrac{|-13|}{\sqrt{41}} = 2{,}03$

23) $\vec{n} = \begin{pmatrix} 2 \\ 1 \\ 1 \end{pmatrix}; \qquad \vec{n} \cdot \vec{a} = \begin{pmatrix} 2 \\ 1 \\ 1 \end{pmatrix} \cdot \begin{pmatrix} 1 \\ 2 \\ -3 \end{pmatrix} = 2 + 2 - 3 = 1 \neq 0$

Gerade g und Ebene E schneiden sich somit in einem Punkt S (Ortsvektor $\vec{r}_S$, Parameter λ_S). Weiterer Lösungsweg wie in Aufgabe 19 a):

$\vec{n} \cdot (\vec{r}_0 - \vec{r}_1) = \begin{pmatrix} 2 \\ 1 \\ 1 \end{pmatrix} \cdot \begin{pmatrix} -2 \\ 0 \\ -3 \end{pmatrix} = -7; \qquad \lambda_S = \dfrac{\vec{n} \cdot (\vec{r}_0 - \vec{r}_1)}{\vec{n} \cdot \vec{a}} = \dfrac{-7}{1} = -7$

$\vec{r}_S = \vec{r}_1 + \lambda_S \vec{a} = \begin{pmatrix} 3 \\ 2 \\ 0 \end{pmatrix} - 7 \begin{pmatrix} 1 \\ 2 \\ -3 \end{pmatrix} = \begin{pmatrix} -4 \\ -12 \\ 21 \end{pmatrix} \;\Rightarrow\; S = (-4; -12; 21)$

Schnittwinkel: $\varphi = \arcsin\left(\dfrac{\vec{n} \cdot \vec{a}}{|\vec{n}| \cdot |\vec{a}|}\right) = \arcsin\left(\dfrac{1}{\sqrt{6} \cdot \sqrt{14}}\right) = 6{,}26°$

III Funktionen und Kurven

24) $\vec{n}_2 = -3\vec{n}_1$ und somit $\vec{n}_1 \times \vec{n}_2 = \vec{0}$, d.h. die Vektoren $\vec{n}_1$ und $\vec{n}_2$ sind *kollinear* (antiparallel) und die Ebenen daher *parallel*.

$$\vec{n}_1 \cdot (\vec{r}_2 - \vec{r}_1) = \begin{pmatrix} 1 \\ 3 \\ -2 \end{pmatrix} \cdot \begin{pmatrix} 1-3 \\ 5-5 \\ -2-6 \end{pmatrix} = \begin{pmatrix} 1 \\ 3 \\ -2 \end{pmatrix} \cdot \begin{pmatrix} -2 \\ 0 \\ -8 \end{pmatrix} = -2 + 0 + 16 = 14$$

Abstand: $d = \dfrac{|\vec{n}_1 \cdot (\vec{r}_2 - \vec{r}_1)|}{|\vec{n}_1|} = \dfrac{|14|}{\sqrt{14}} = \sqrt{14} = 3{,}74$

25) Die Ebenen E_1 und E_2 *schneiden* sich wegen $\vec{n}_1 \times \vec{n}_2 \neq \vec{0}$ längs einer Geraden g:

$$\vec{n}_1 \times \vec{n}_2 = \begin{pmatrix} 3 \\ 1 \\ 2 \end{pmatrix} \times \begin{pmatrix} 2 \\ 0 \\ 3 \end{pmatrix} = \begin{pmatrix} 3-0 \\ 4-9 \\ 0-2 \end{pmatrix} = \begin{pmatrix} 3 \\ -5 \\ -2 \end{pmatrix} \neq \vec{0}$$

Schnittgerade g: $\vec{r}(\lambda) = \vec{r}_0 + \lambda \vec{a}$ mit $\vec{a} = \vec{n}_1 \times \vec{n}_2$

Die Koordinaten des noch unbekannten Punktes $P_0 = (x_0; y_0; z_0)$ mit dem Ortsvektor $\vec{r}_0$ werden aus dem linearen Gleichungssystem

$\vec{n}_1 \cdot (\vec{r}_0 - \vec{r}_1) = 3(x_0 - 2) + 1(y_0 - 5) + 2(z_0 - 6) = 3x_0 + y_0 + 2z_0 - 23 = 0$

$\vec{n}_2 \cdot (\vec{r}_0 - \vec{r}_2) = 2(x_0 - 1) + 0(y_0 - 5) + 3(z_0 - 1) = 2x_0 + 3z_0 - 5 = 0$

bestimmt (P_0 liegt auf der Schnittgeraden und somit in *beiden* Ebenen). Man erhält (wir haben dabei $x_0 = 0$ gesetzt):

(I) $y_0 + 2z_0 - 23 = 0$

(II) $3z_0 - 5 = 0 \Rightarrow z_0 = 5/3$

Aus Gleichung (I) folgt $y_0 = 59/3$. Somit: $P_0 = (0; 59/3; 5/3)$. Die Gleichung der Schnittgeraden g lautet:

$$\vec{r}(\lambda) = \vec{r}_0 + \lambda(\vec{n}_1 \times \vec{n}_2) = \begin{pmatrix} 0 \\ 59/3 \\ 5/3 \end{pmatrix} + \lambda \begin{pmatrix} 3 \\ -5 \\ -2 \end{pmatrix} = \begin{pmatrix} 3\lambda \\ 59/3 - 5\lambda \\ 5/3 - 2\lambda \end{pmatrix}$$

Schnittwinkel: $\varphi = \arccos\left(\dfrac{\vec{n}_1 \cdot \vec{n}_2}{|\vec{n}_1| \cdot |\vec{n}_2|}\right) = \arccos\left(\dfrac{12}{\sqrt{14} \cdot \sqrt{13}}\right) = 27{,}19°$

III Funktionen und Kurven

Abschnitt 1

1) a) $D = (-\infty; \infty)$; $W = [-0{,}5; 0{,}5]$

   b) $D = \{x \mid |x| \geq 1\}$; $W = [0; \infty)$

   c) $D = \{x \mid |x| > 0\}$; $W = (-\infty; \infty)$

d) $D = (-\infty; \infty) \setminus \{-2; 2\}$; $W = (-\infty; 0] \cup (0{,}25; \infty)$

e) $D = (-\infty; -1{,}5] \cup [2; \infty)$; $W = [0; \infty)$

f) $D = (-\infty; \infty) \setminus \{-1\}$; $W = (-\infty; \infty) \setminus \{1\}$

2) a) $D = \{x \mid x \geq -3\}$

Funktionsverlauf: siehe Bild A-19

b) $D = (-\infty; \infty) \setminus \{1\}$

Funktionsverlauf: siehe Bild A-20

c) $D = (-\infty; \infty)$

Funktionsverlauf: siehe Bild A-21

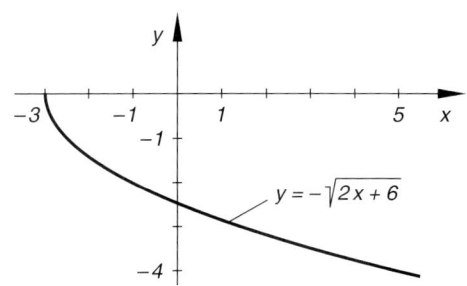

Bild A-19

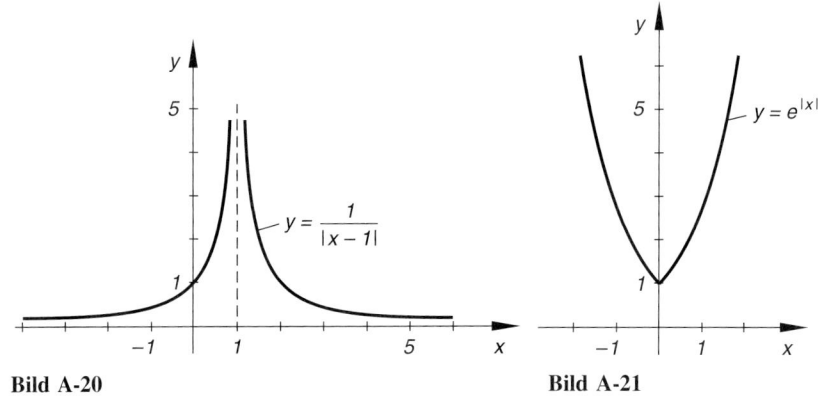

Bild A-20 **Bild A-21**

3) Funktionsverlauf: siehe Bild A-22

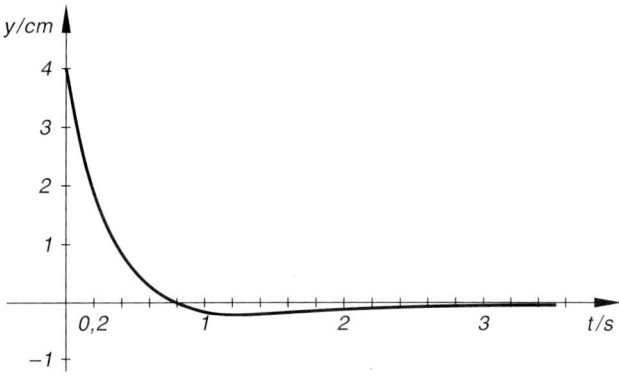

Bild A-22

4) *Explizite* Funktionsgleichung $(t = 2x)$:

$y(x) = \sqrt{2x} + 2x - 2, \quad x \geq 0$

Funktionsverlauf: siehe Bild A-23

$t_1 = 1,5: \quad P_1 = (0,75; 0,725)$

$t_2 = 5: \quad P_2 = (2,5; 5,236)$

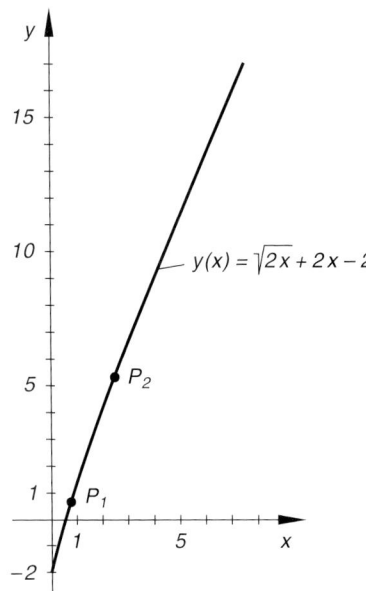

Bild A-23

Abschnitt 2

1) a) gerade b) ungerade c) ungerade d) gerade e) gerade
   f) gerade g) Bezüglich des Punktes $(1; 0)$ ungerade h) gerade

   Begründung: a) d) e) f) nur gerade Potenzen; b) Zähler ungerade, Nenner gerade; c) linker Faktor ungerade, rechter Faktor gerade; h) Quadrat

2) a) $x^2 - 9 = 0 \Rightarrow x_{1/2} = \pm 3$ b) $x - \pi/4 = k \cdot \pi \Rightarrow x_k = \pi/4 + k \cdot \pi \quad (k \in \mathbb{Z})$
   c) Biquadratische Gleichung (Substitution $u = x^2$) $\Rightarrow x_{1/2} = \pm 3$
   d) $e^x \neq 0; \quad x - 1 = 0 \Rightarrow x_1 = 1$

3) a) *Streng monoton fallend* in $(-\infty; 0)$, *streng monoton wachsend* in $(0; \infty)$
   b) *Streng monoton wachsend*
   c) *Streng monoton wachsend*
   d) $y = (x - 1)^2, \; x \geq 1$ (Halbparabel): *Streng monoton wachsend*
   e) *Streng monoton wachsend*
   f) *Streng monoton fallend*

4) $y(t + 2\pi) = 2 \cdot \sin(t + 2\pi) - 4 \cdot \cos(t + 2\pi) = 2 \cdot \sin t - 4 \cdot \cos t = y(t)$
   ($\sin t, \cos t$: periodisch mit der Periode $p = 2\pi$)

5) Gleichung zunächst nach x auflösen, dann die beiden Variablen miteinander vertauschen ($x > 0$):
   a) $y = \dfrac{1}{2x}$ b) $y = \dfrac{1}{3} x^2$ c) $y = \ln x + 0,5 - \ln 2 = \ln x - 0,193$

Abschnitt 3

1) a) $u = x - 3$; $v = y + 2$ (Bild A-24)

   Verschobene Kurve im u, v-System:
   $v = u^2 - \sin u + 3$

   Verschobene Kurve im x, y-System:
   $y = (x - 3)^2 - \sin(x - 3) + 1$

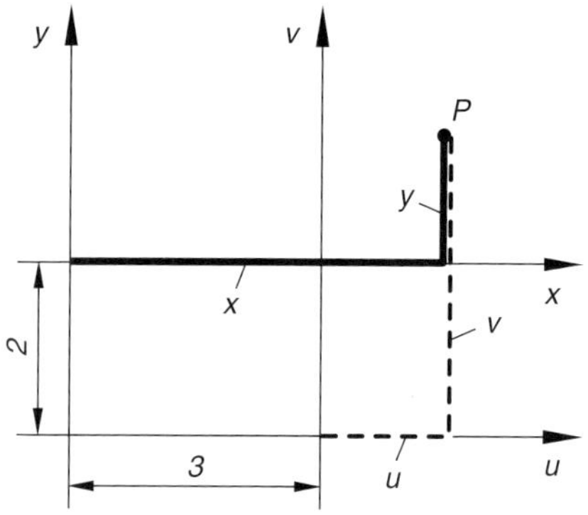

   Bild A-24

   b) Lösungsweg wie in a): $u = x - 5$; $v = y - 5$
   $v = u^2 - \sin u + 3 \;\Rightarrow\; y = (x - 5)^2 - \sin(x - 5) + 8$

2) Quadratische Ergänzung: $y = 2x^2 - 16x + 28{,}5 = 2(x - 4)^2 - 3{,}5$

   $\underbrace{y + 3{,}5}_{v} = 2\underbrace{(x - 4)^2}_{u} \xrightarrow[v=y+3{,}5]{u=x-4} v = 2u^2$

   Die Parabel $y = 2x^2$ wurde um vier Einheiten nach *rechts* und um 3,5 Einheiten nach *unten* verschoben.

3) $\underbrace{y + 2}_{v} = \sin\underbrace{(x - \pi/4)}_{u} \xrightarrow[v=y+2]{u=x-\pi/4} v = \sin u$

   Die Sinuskurve $y = \sin x$ wurde um $\pi/4$ Einheiten nach *rechts* und um zwei Einheiten nach *unten* verschoben.

4) $u = x + 2$; $v = y - 5$ (Bild A-25)

   Verschobener Kreis im u, v-System:
   $u^2 + v^2 = 16$

   Verschobener Kreis im x, y-System:
   $(x + 2)^2 + (y - 5)^2 = 16$

   Bild A-25

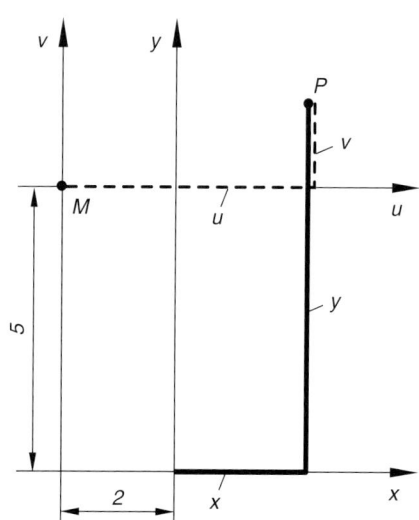

III Funktionen und Kurven

5) P_1: $r = \sqrt{160} = 12{,}649$; $\varphi = 288{,}43°$; P_2: $r = \sqrt{18} = 4{,}243$; $\varphi = 225°$;

   P_3: $r = \sqrt{41} = 6{,}403$; $\varphi = 321{,}34°$

6) a) $P_1 = (8{,}192;\ 5{,}736)$ b) $P_2 = (-0{,}831;\ -3{,}462)$

7) a) Funktionsverlauf: siehe Bild A-26   b) Funktionsverlauf: siehe Bild A-27

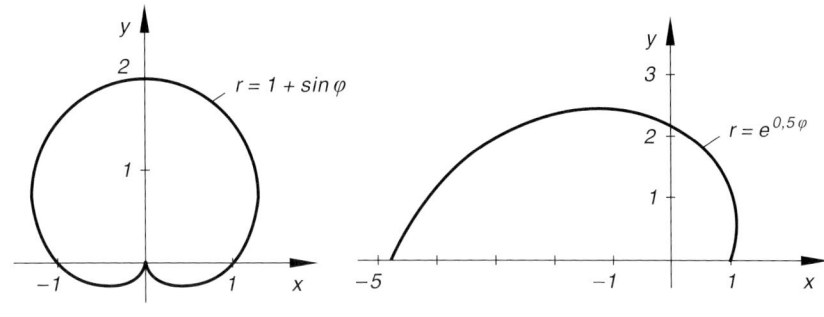

Bild A-26   **Bild A-27**

8) a) $x = r \cdot \cos \varphi$; $y = r \cdot \sin \varphi$; $x^2 + y^2 = r^2$ $\Rightarrow$

   $(x^2 + y^2)^2 - 2xy = r^4 - 2r^2 \cdot \sin \varphi \cdot \cos \varphi = r^2 (r^2 - 2 \cdot \sin \varphi \cdot \cos \varphi) = 0$ $\Rightarrow$

   $r^2 - 2 \cdot \sin \varphi \cdot \cos \varphi = 0$ $\Rightarrow$ $r = \sqrt{\underbrace{2 \cdot \sin \varphi \cdot \cos \varphi}_{\sin(2\varphi)}} = \sqrt{\sin(2\varphi)}$

   b) $r \geq 0$ $\Rightarrow$ $\sin \varphi \cdot \cos \varphi \geq 0$ (beide Faktoren müssen daher *gleiches* Vorzeichen haben)

Quadrant	I	II	III	IV
sin	+	+	−	−
cos	+	−	−	+

Somit gibt es nur Punkte im 1. und 3. Quadrant (siehe Bild A-28)

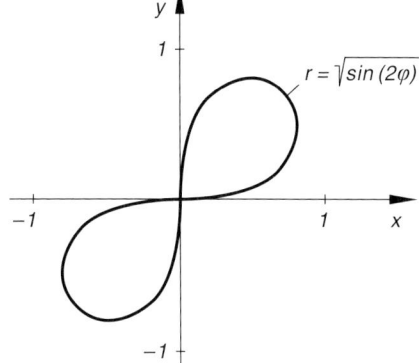

Bild A-28

Abschnitt 4

1) a) $a_n = 0{,}2^n$ $(n \in \mathbb{N}^*)$ b) $a_n = \dfrac{n^2}{n+1}$ $(n \in \mathbb{N}^*)$ c) $a_n = \dfrac{n}{2^n}$ $(n \in \mathbb{N}^*)$

2) Graph der Folge: siehe Bild A-29

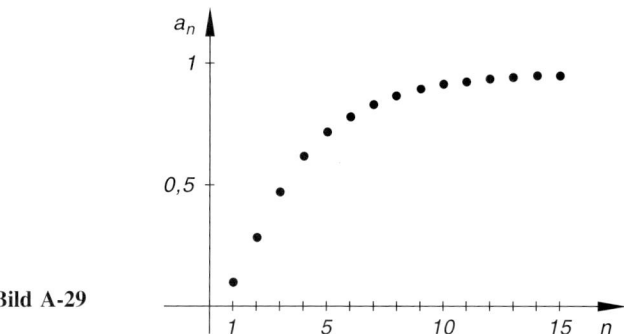

Bild A-29

3) a) $\lim\limits_{n \to \infty} \dfrac{2n+1}{4n} = \lim\limits_{n \to \infty} \left(\dfrac{1}{2} + \dfrac{1}{4n} \right) = \dfrac{1}{2}$

b) $\lim\limits_{n \to \infty} \dfrac{n^2+4}{n} = \lim\limits_{n \to \infty} \left(n + \dfrac{4}{n} \right) = \infty$

c) $\lim\limits_{n \to \infty} \dfrac{n^2 + 4n - 1}{n^2 - 3n} = \lim\limits_{n \to \infty} \dfrac{1 + \dfrac{4}{n} - \dfrac{1}{n^2}}{1 - \dfrac{3}{n}} = 1$

4) a) $\lim\limits_{x \to 1} \dfrac{x^2 - 1}{x^2 + 1} = 0$

b) $\lim\limits_{x \to -3} \dfrac{x^2 - x - 12}{x + 3} = \lim\limits_{x \to -3} \dfrac{(x-4)(x+3)}{x+3} = \lim\limits_{x \to -3} (x - 4) = -7$

c) $\lim\limits_{x \to 0} \dfrac{\sin(2x)}{\sin x} = \lim\limits_{x \to 0} \dfrac{2 \cdot \sin x \cdot \cos x}{\sin x} = \lim\limits_{x \to 0} (2 \cdot \cos x) = 2 \cdot \cos 0 = 2$

d) $\lim\limits_{x \to 2} \dfrac{(x-2)(3x+1)}{4x - 8} = \lim\limits_{x \to 2} \dfrac{(x-2)(3x+1)}{4(x-2)} = \lim\limits_{x \to 2} \dfrac{3x+1}{4} = \dfrac{7}{4}$

e) $\lim\limits_{x \to \infty} \dfrac{x^3 - 2x + 3}{x^2 + 1} = \lim\limits_{x \to \infty} \dfrac{x - \dfrac{2}{x} + \dfrac{3}{x^2}}{1 + \dfrac{1}{x^2}} = \infty$

f) Zunächst den Ausdruck mit $\sqrt{1+x} + 1$ erweitern (Zähler wird zum 3. Binom), dann den Faktor x kürzen und schließlich den Grenzwert bilden:

$\lim\limits_{x \to 0} \dfrac{\sqrt{1+x} - 1}{x} = \lim\limits_{x \to 0} \dfrac{(\sqrt{1+x} - 1)(\sqrt{1+x} + 1)}{x(\sqrt{1+x} + 1)} = \lim\limits_{x \to 0} \dfrac{1 + x - 1}{x(\sqrt{1+x} + 1)} =$

$= \lim\limits_{x \to 0} \dfrac{x}{x(\sqrt{1+x} + 1)} = \lim\limits_{x \to 0} \dfrac{1}{\sqrt{1+x} + 1} = \dfrac{1}{1+1} = \dfrac{1}{2}$

g) $\lim\limits_{x \to \infty} \dfrac{x^2}{x^2 - 4x + 1} = \lim\limits_{x \to \infty} \dfrac{1}{1 - \dfrac{4}{x} + \dfrac{1}{x^2}} = 1$

III Funktionen und Kurven

h) Polynomdivision: $(x^4 - 1) : (x - 1) = x^3 + x^2 + x + 1 \quad (x \neq 1)$

$$\lim_{x \to 1} \frac{x^4 - 1}{x - 1} = \lim_{x \to 1} (x^3 + x^2 + x + 1) = 4$$

5) $\displaystyle\lim_{x \to 1} \frac{1 - x}{1 - \sqrt{x}} = \lim_{x \to 1} \frac{(1 - x)(1 + \sqrt{x})}{(1 - \sqrt{x})(1 + \sqrt{x})} = \lim_{x \to 1} \frac{(1 - x)(1 + \sqrt{x})}{(1 - x)} = \lim_{x \to 1} (1 + \sqrt{x}) = 2$

6) Gleicher „Trick" wie in Aufgabe 4 f): Zunächst den Ausdruck mit $\sqrt{x + 2} + \sqrt{x}$ erweitern (Zähler wird zum 3. Binom), dann den Grenzwert bilden:

$$\lim_{x \to \infty} (\sqrt{x + 2} - \sqrt{x}) = \lim_{x \to \infty} \frac{(\sqrt{x + 2} - \sqrt{x})(\sqrt{x + 2} + \sqrt{x})}{\sqrt{x + 2} + \sqrt{x}} =$$

$$= \lim_{x \to \infty} \frac{x + 2 - x}{\sqrt{x + 2} + \sqrt{x}} = \lim_{x \to \infty} \frac{2}{\sqrt{x + 2} + \sqrt{x}} = 0$$

7) Definitionslücken = Nullstellen des Nenners

a) $x_1 = 4$ b) $x_1 = -2; \; x_2 = -1$ c) $x_1 = 0$ d) $x_k = k \cdot \pi \quad (k \in \mathbb{Z})$

e) $x_1 = 1; \; x_2 = -1; \; x_3 = 8$

8) Der Grenzwert an der Stelle $x_0 = 0$ ist wegen $g_l \neq g_r$ nicht vorhanden (Sprungstelle):

$$g_l = \lim_{\substack{x \to 0 \\ (x < 0)}} f(x) = \lim_{x \to 0} x = 0; \qquad g_r = \lim_{\substack{x \to 0 \\ (x > 0)}} f(x) = \lim_{x \to 0} (x - 2) = -2$$

9) Der Grenzwert von $f(x)$ an der Stelle $x_0 = 1$ ist *vorhanden* und stimmt mit dem dortigen Funktionswert $f(1) = 2$ überein (Zähler zunächst in Linearfaktoren zerlegen):

$$\lim_{x \to 1} \frac{x^2 - 1}{x - 1} = \lim_{x \to 1} \frac{(x - 1)(x + 1)}{(x - 1)} = \lim_{x \to 1} (x + 1) = 2 = f(1)$$

10) Die Funktion besitzt zunächst an der Stelle $x_1 = 1$ eine *Definitionslücke* (unbestimmter Ausdruck 0/0). Sie lässt sich jedoch *beheben*, da der Grenzwert an dieser Stelle *existiert* (Zähler und Nenner zunächst in Linearfaktoren zerlegen):

$$\lim_{x \to 1} \frac{x^2 - x}{x^3 - x^2 + x - 1} = \lim_{x \to 1} \frac{x(x - 1)}{(x - 1)(x^2 + 1)} = \lim_{x \to 1} \frac{x}{x^2 + 1} = \frac{1}{2}$$

Wir setzen daher nachträglich $f(1) = 1/2$, die Funktion ist jetzt überall definiert und stetig.

Abschnitt 5

1) *Hauptform:* $y = -\dfrac{2}{9} x + \dfrac{7}{3};$ *Achsenabschnittsform:* $\dfrac{x}{21/2} + \dfrac{y}{7/3} = 1$

2) $R = 112 \, \Omega$

3) a) *Nullstellen:* $x_1 = -2{,}581;\ x_2 = 0{,}581 \ \Rightarrow\ y = -2(x + 2{,}581)(x - 0{,}581)$

   Scheitelpunkt: $x_S = \dfrac{x_1 + x_2}{2} = -1;\ y_S = 5 \ \Rightarrow\ y - 5 = -2(x+1)^2$

   b) $y = 5(x+2)(x+2) = 5(x+2)^2$

   c) $y = 2x(x+5)$ bzw. $y + 12{,}5 = 2(x + 2{,}5)^2$ $\left.\rule{0pt}{2.5em}\right\}$ analog wie a)

   d) $y = 4(x+5)(x-3)$ bzw. $y + 64 = 4(x+1)^2$

4) *Ansatz:* $y = ax^2 + bx + c$

   $\left.\begin{aligned} y(1) &= 2 \ \Rightarrow\ a + b + c = 2 \\ y(4) &= 3 \ \Rightarrow\ 16a + 4b + c = 3 \\ y(8) &= 0 \ \Rightarrow\ 64a + 8b + c = 0 \end{aligned}\right\}$ Lösung (Gaußscher Algorithmus):
   $a = -\dfrac{13}{84};\ b = \dfrac{31}{28};\ c = \dfrac{22}{21}$

   $y = -\dfrac{13}{84}x^2 + \dfrac{31}{28}x + \dfrac{22}{21} = -\dfrac{1}{84}(13x^2 - 93x - 88) = -0{,}155(x-8)(x+0{,}846)$

   Scheitelpunkt: $S = (3{,}577;\ 3{,}028);\ y - 3{,}028 = -0{,}155(x - 3{,}577)^2$

5) *Quadratische Ergänzung:* $y - 10{,}25 = -(x - 2{,}5)^2$

   a) *Scheitelpunkt:* $S = (2{,}5;\ 10{,}25) \ \Rightarrow\ y_{max} = y_S = 10{,}25$

   b) $y = 0 \ \Rightarrow\ x = 5{,}702$ (*größere der beiden Nullstellen*)

6) *Produktansatz:* $y = a(x-1)(x+5);\ x_S = \dfrac{x_1 + x_2}{2} = -2;\ S = (-2;\ 18)$

   $y(-2) = 18 \ \Rightarrow\ a = -2 \ \Rightarrow\ y = -2(x-1)(x+5) = -2x^2 - 8x + 10$

7) a) *Nullstellen:* $x_1 = 4;\ y = (x-4)(x^2+4)$

   b) *Nullstellen:* $x_{1/2} = \pm\sqrt{1/3};\ y = 1{,}5(x^2 - 1/3) = 1{,}5(x - \sqrt{1/3})(x + \sqrt{1/3})$

   c) *Nullstellen:* $x_1 = 0;\ y = -3x(x^2 - 6x + 11)$

   d) *Nullstellen:* $x_1 = 0;\ x_{2/3} = 2;\ y = -2x(x-2)^2$

   e) *Nullstellen:* $x_{1/2/3} = -2;\ y = -(x+2)^3$

8) $z = 4t(t^2 - 4t + 4) = 4t(t-2)^2$

   Nullstellen: $t_1 = 0;\ t_{2/3} = 2$ (doppelte Nullstelle und somit Extremwert, siehe Bild A-30)

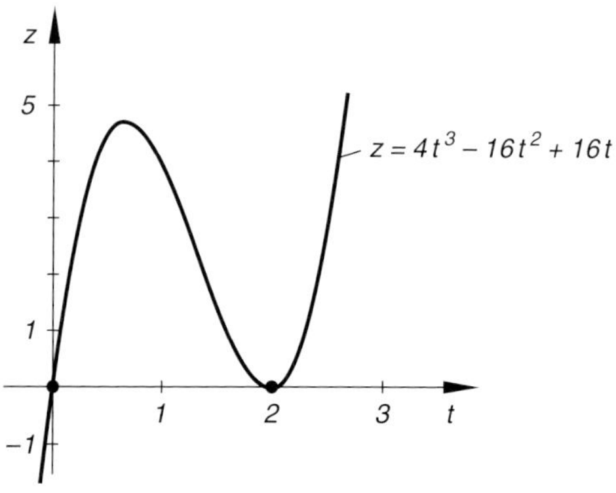

   Bild A-30

III Funktionen und Kurven

9) a) $x_1 = -2$; $x_2 = 1$; $x_3 = 3$ $\Rightarrow$ $y = (x+2)(x-1)(x-3)$

b) $t_1 = -2$; $t_2 = 1$ $\Rightarrow$ $z = -2(t+2)(t-1)\underbrace{(t^2+2)}_{\neq 0}$

10) a) $f(-1{,}51) = -36{,}162$ b) $f(3{,}56) = -418{,}982$

11) *1. reduziertes Polynom:*
$3x^2 + 3x - 6 = 3(x^2 + x - 2)$

Nullstellen:
$x_1 = -5$; $x_2 = -2$; $x_3 = 1$

Produktform:
$y = 3(x+5)(x+2)(x-1)$

$f(-3{,}25) = 27{,}891$

Funktionsverlauf: siehe Bild A-31

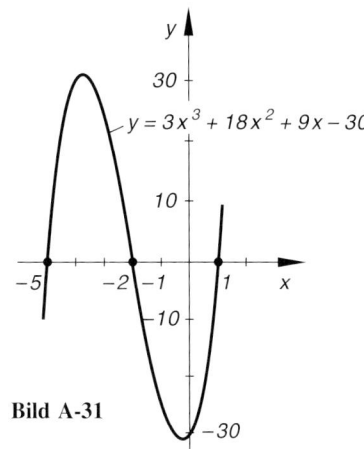

Bild A-31

12) Die Kurve verläuft *spiegelsymmetrisch* zur y-Achse, daher sind auch $x_3 = -3$ und $x_4 = -6$ Nullstellen und somit sämtliche Nullstellen bekannt.

Produktansatz: $y = a(x-3)(x-6)(x+3)(x+6)$

$y(0) = -3$ $\Rightarrow$ $a = -1/108$

Lösung: $y = -\dfrac{1}{108}(x-3)(x+3)(x-6)(x+6) = -\dfrac{1}{108}x^4 + \dfrac{5}{12}x^2 - 3$

13) a) $x_1 = -1$; $x_2 = 2$ $\Rightarrow$ $y = (x+1)(x-2)\underbrace{(x^2+1)}_{\neq 0}$

b) $x_1 = -5$; $x_2 = -1$; $x_{3/4} = 1$ $\Rightarrow$ $y = 2(x+5)(x+1)(x-1)^2$

14) a) $y = a_0 + a_1(x+1) + a_2(x+1)(x-1) + a_3(x+1)(x-1)(x-2)$

Berechnung der Koeffizienten mit dem *Steigungs-* oder *Differenzschema:*

k	x_k	y_k	I	II	III
0	-1	-2			
			6		
1	1	10		$-5/3$	
			1		$-1/18$
2	2	11		-2	
			-7		
3	5	-10			

Lösung:
$a_0 = -2$
$a_1 = 6$
$a_2 = -5/3$
$a_3 = -1/18$

$$y = -2 + 6(x+1) - \frac{5}{3}(x+1)(x-1) - \frac{1}{18}(x+1)(x-1)(x-2) =$$
$$= \frac{1}{18}(-x^3 - 28x^2 + 109x + 100)$$

b) $y = -13{,}1 - 1{,}6(x+1) + 5{,}4(x+1)(x-2) + 3{,}5(x+1)(x-2)(x-4) =$
$= 3{,}5x^3 - 12{,}1x^2 + 2{,}5$ (Lösungsweg wie in a))

c) $y = 50{,}05 - 8{,}45(x+4) - 0{,}65(x+4)(x-1) + 1{,}3(x+4)(x-1)(x-2) =$
$= 1{,}3x^3 + 0{,}65x^2 - 23{,}4x + 29{,}25$ (Lösungsweg wie in a))

d) *Ansatz:* $y = a_0 + a_1(x+4) + a_2(x+4)(x+2) + a_3(x+4)(x+2)(x-1) +$
$+ a_4(x+4)(x+2)(x-1)(x-3)$ (Lösungsweg wie in a))

$y = 594 - 423(x+4) + 95(x+4)(x+2) - 13(x+4)(x+2)(x-1) +$
$+ 1(x+4)(x+2)(x-1)(x-3) = x^4 - 11x^3 + 17x^2 + 107x - 210$

15) Lösungsweg wie in Aufgabe 14 d):
$y = 0{,}693\,147 + 0{,}991\,344(x-1) - 0{,}081\,312(x-1)(x-1{,}25) -$
$- 0{,}046\,549(x-1)(x-1{,}25)(x-1{,}5) + 0{,}036\,128(x-1)(x-1{,}25)(x-1{,}5)(x-1{,}75) =$
$= 0{,}036\,128\,x^4 - 0{,}245\,252\,x^3 + 0{,}497\,428\,x^2 + 0{,}598\,855\,x - 0{,}194\,012$

$y(x_1 = 1{,}1) = 0{,}793\,080$ (*exakter* Wert: $0{,}792\,993$)

$y(x_2 = 1{,}62) = 1{,}287\,718$ (*exakter* Wert: $1{,}287\,689$)

Abschnitt 6

1) a) $y = \dfrac{(x+2)(x-1)}{x-2}$, $x \neq 2$; *Nullstellen:* $x_1 = -2$; $x_2 = 1$; *Pol:* $x_3 = 2$

b) $y = \dfrac{(x+2)(x-3)(x-4)}{x(x+2)(x+1)}$, $x \neq 0; -2; -1$

Die Lücke bei $x = -2$ lässt sich *beheben*, da der Grenzwert an dieser Stelle existiert: $f(-2) = 15$.
Erweiterte Funktion: $y = \dfrac{(x-3)(x-4)}{x(x+1)}$, $x \neq 0; -1$

Nullstellen: $x_1 = 3$; $x_2 = 4$; *Pole:* $x_3 = -1$; $x_4 = 0$

c) $y = \dfrac{(x-1)^2}{(x+1)(x-1)}$, $x \neq -1; 1$ $\Rightarrow$ Erweiterte Funktion: $y = \dfrac{x-1}{x+1}$, $x \neq -1$

(Lücke bei $x = 1$ behoben, da der Grenzwert dort vorhanden ist: $f(1) = 0$)

Nullstellen: $x_1 = 1$; *Pol:* $x_2 = -1$

III Funktionen und Kurven

d) $y = \dfrac{x(x+0{,}828)(x-4{,}828)}{(x+\sqrt{2})(x-\sqrt{2})(x^2+2)}, \quad x \neq \pm\sqrt{2}$

Nullstellen: $x_1 = -0{,}828; \quad x_2 = 0; \quad x_3 = 4{,}828; \quad$ *Pole:* $x_{4/5} = \pm\sqrt{2}$

e) $y = \dfrac{(x+1)(x-1)(x+5)(x-5)}{x(x-1)(x+5)}, \quad x \neq 0; 1; -5 \quad \Rightarrow$

Erweiterte Funktion: $y = \dfrac{(x+1)(x-5)}{x}, \quad x \neq 0$

(Die Lücken bei $x = 1$ und $x = -5$ wurden behoben: $f(1) = f(-5) = -8$)

Nullstellen: $x_1 = -1; \quad x_2 = 5; \quad$ *Pol:* $x_3 = 0$

2) a) $y = \dfrac{(x+2)(x-2)}{x^2+1} = 1 - \dfrac{5}{x^2+1}; \quad$ *Nullstellen:* $x_{1/2} = \pm 2; \quad$ *Pole:* keine;

Asymptote im Unendlichen: $y = 1;$ *Funktionsverlauf:* Bild A-32

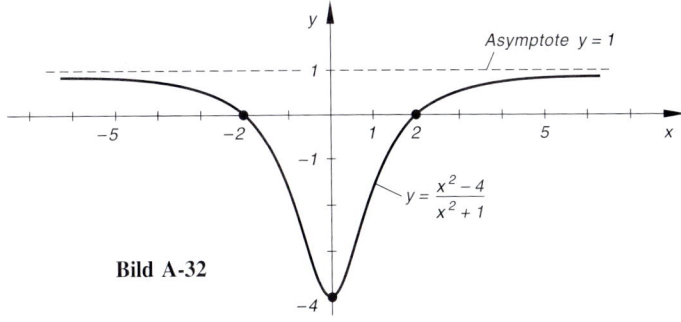

Bild A-32

b) $y = \dfrac{(x-2)^3}{(x+2)(x-2)}, \quad x \neq \pm 2 \quad \Rightarrow$

Erweiterte Funktion: $y = \dfrac{(x-2)^2}{x+2} = x - 6 + \dfrac{16}{x+2}, \quad x \neq -2$

(Die Lücke bei $x = 2$ wurde behoben: $f(2) = 0$)

Nullstellen: $x_{1/2} = 2$
(Extremwert, Minimum)

Pol: $x_3 = -2$

Asymptote im Unendlichen:
$y = x - 6$

Funktionsverlauf: Bild A-33

Bild A-33

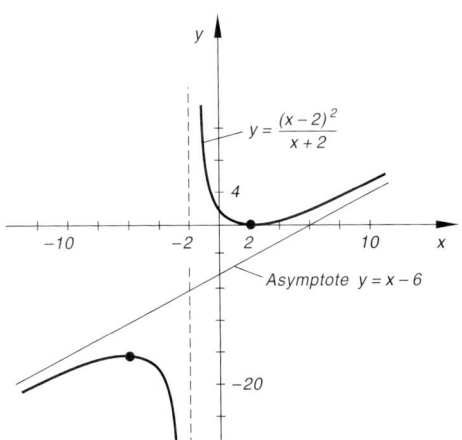

c) $y = \dfrac{(x-1)(x-2)^2}{(x-2)^3}$, $x \neq 2$ $\Rightarrow$

Erweiterte Funktion:

$y = \dfrac{x-1}{x-2} = 1 + \dfrac{1}{x-2}$, $x \neq 2$

(Die Lücke bei $x = 2$ lässt sich *nicht* beheben)

Nullstelle: $x_1 = 1$

Pol: $x_2 = 2$

Asymptote im Unendlichen: $y = 1$

Funktionsverlauf: Bild A-34

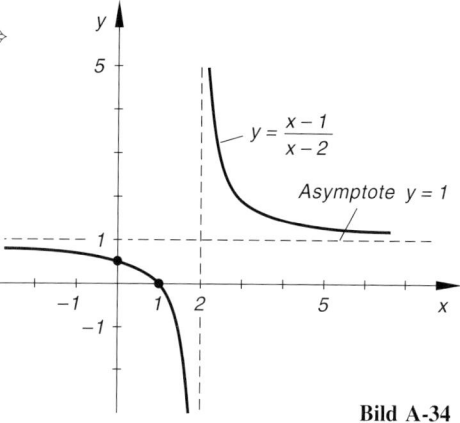

Bild A-34

d) $y = \dfrac{(x-1)^2}{(x+1)^2} = \dfrac{x^2 - 2x + 1}{x^2 + 2x + 1} =$

$= 1 - \dfrac{4x}{x^2 + 2x + 1}$, $x \neq -1$

Nullstellen: $x_{1/2} = 1$ (Extremwert)

Pole: $x_{3/4} = -1$

Asymptote im Unendlichen: $y = 1$

Funktionsverlauf: Bild A-35

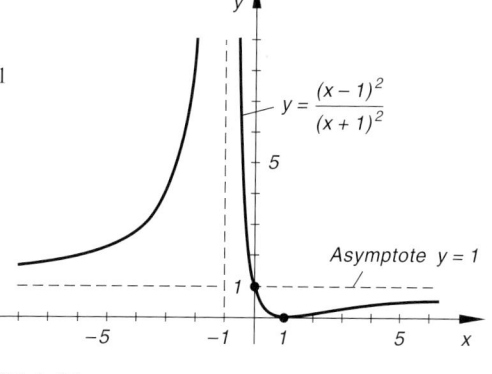

Bild A-35

3) *Ansatz* (Zähler und Nenner in der *Produktform*): $y = a \dfrac{(x-2)(x+4)^2}{(x+1)(x-1)}$

$y(0) = 4$ $\Rightarrow$ $a = \dfrac{1}{8}$ $\Rightarrow$ $y = \dfrac{1}{8} \cdot \dfrac{(x-2)(x+4)^2}{(x+1)(x-1)} = \dfrac{x^3 + 6x^2 - 32}{8x^2 - 8}$

4) *Funktionsverlauf:* Bild A-36

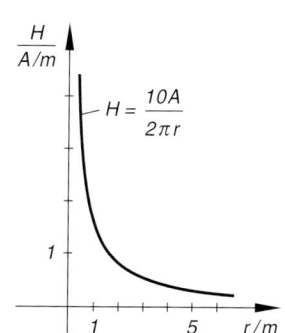

Bild A-36

Abschnitt 7

1) *Funktionsverlauf:* Bild A-37
2) *Funktionsverlauf:* Bild A-38

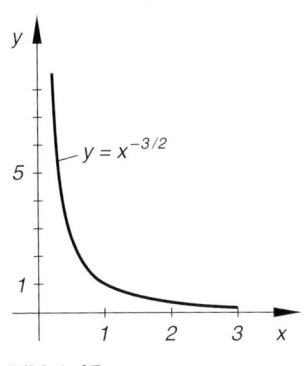

Bild A-37

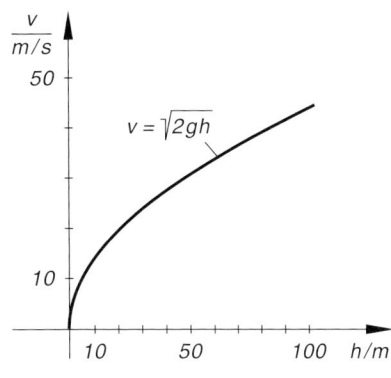

Bild A-38

Abschnitt 8

1) Einsetzen der drei Punkte in die Kreisgleichung $(x - x_0)^2 + (y - y_0)^2 = r^2$ führt zu drei Gleichungen für die Unbekannten x_0, y_0 und r:

   $(2 - x_0)^2 + (1 - y_0)^2 = r^2 \quad \Rightarrow \quad$ (I) $\quad x_0^2 - 4x_0 + y_0^2 - 2y_0 = r^2 - 5$

   $(-5 - x_0)^2 + (0 - y_0)^2 = r^2 \quad \Rightarrow \quad$ (II) $\quad x_0^2 + 10x_0 + y_0^2 = r^2 - 25$

   $(8 - x_0)^2 + (2 - y_0)^2 = r^2 \quad \Rightarrow \quad$ (III) $\quad x_0^2 - 16x_0 + y_0^2 - 4y_0 = r^2 - 68$

   Bei der *Differenzbildung* zweier Gleichungen fallen alle Quadrate heraus:

   (II) − (I) $\quad 14x_0 + 2y_0 = -20$
   (II) − (III) $\quad 26x_0 + 4y_0 = 43$
   $\Rightarrow \quad x_0 = -41{,}5; \quad y_0 = 280{,}5$

   Aus (II) folgt $r^2 = 80\,012{,}5$ und somit $r = 282{,}86$. Die Kreisgleichung lautet:

   $(x + 41{,}5)^2 + (y - 280{,}5)^2 = 80\,012{,}5; \quad M = (-41{,}5; 280{,}5); \quad r = 282{,}86$

2) *Ansatz:* $(x - x_0)^2 + (y - y_0)^2 = r^2$

   Aus Bild A-39 folgt: $x_0 = 3; \; r = y_0$

   Punkt $P_2 = (0; 1)$ einsetzen $\Rightarrow$

   $(0 - 3)^2 + (1 - y_0)^2 = y_0^2 \quad \Rightarrow$

   $10 - 2y_0 = 0 \quad \Rightarrow \quad y_0 = 5 = r$

   Kreisgleichung: $(x - 3)^2 + (y - 5)^2 = 25;$
   $M = (3; 5); \; r = 5$

   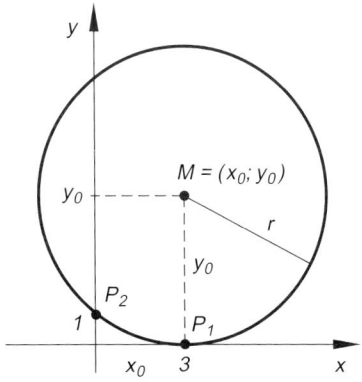

   Bild A-39

3) a) *Kreis:* $(x-1)^2 + (y+2)^2 = 25;\quad M = (1;-2);\quad r = 5$

b) *Hyperbel:* $\dfrac{x^2}{4} - \dfrac{y^2}{4} = 1;\quad M = (0;0);\quad a = 2;\quad b = 2$ (rechtwinklige Hyperbel)

c) *Ellipse:* $\dfrac{(x-1)^2}{16} + \dfrac{y^2}{9} = 1;\quad M = (1;0);\quad a = 4;\quad b = 3$

d) *Kreis:* $(x+3)^2 + (y-1{,}5)^2 = 11{,}25;\quad M = (-3; 1{,}5);\quad r = 3{,}354$

e) *Parabel:* $(y+3)^2 = \dfrac{9}{2}(x+2);\quad S = (-2; -3)$ (nach *rechts* geöffnete Parabel)

f) *Ellipse:* $\dfrac{(x-1)^2}{7} + \dfrac{(y+1)^2}{7/4} = 1;\quad M = (1;-1);\quad a = \sqrt{7};\quad b = \dfrac{1}{2}\sqrt{7}$

g) *Ellipse:* $\dfrac{\left(x - \dfrac{1}{2}\right)^2}{36} + \dfrac{\left(y + \dfrac{4}{3}\right)^2}{16} = 1;\quad M = \left(\dfrac{1}{2}; -\dfrac{4}{3}\right);\quad a = 6;\quad b = 4$

h) *Parabel:* $(y-2)^2 = -2(x-2);\quad S = (2;2)$ (nach *links* geöffnete Parabel)

4) *Parabelansatz:* $y = ax^2 + b;\ b = 20\,\text{m};\ rechtes$ Auflager: $P = (100\,\text{m}; -10\,\text{m})$
Punkt P einsetzen $\Rightarrow a = -0{,}003\,\text{m}^{-1}$
Gleichung des *Brückenbogens:* $y = -0{,}003\,\text{m}^{-1} \cdot x^2 + 20\,\text{m}$
Schnittpunkte mit der Fahrbahn $(y=0)$: $x_{1/2} = \pm 81{,}65\,\text{m}$

Abschnitt 9 und 10

1)

Gradmaß	40,36°	81,19°	−322,08°	278,19°	−78,46°	4,83°	118,6°
Bogenmaß	0,7044	1,4171	−5,6213	4,8553	−1,3694	0,0843	2,0700

2) a) 0,2164 b) −0,6198 c) 0,4685 d) −0,0384 e) 0,9997
   f) −0,5774 g) −1,2810 h) 0,4063 i) −0,1113 j) 0,9239

3) Der *trigonometrische Pythagoras* folgt unmittelbar aus dem *Additionstheorem* (III-131) (für $x_1 = x_2 = x$ und unteres Vorzeichen): $\cos 0 = \cos x \cdot \cos x + \sin x \cdot \sin x \Rightarrow \cos^2 x + \sin^2 x = \cos 0 = 1$

4) *Nullstellen:* $x_1 = 0;\ x_2 = \pi$; Produktansatz: $y = a(x-0)(x-\pi) = ax(x-\pi)$;
Maximum: $y(x = \pi/2) = 1 \Rightarrow a = -\dfrac{4}{\pi^2};\ y = -\dfrac{4}{\pi^2}x(x-\pi) = -\dfrac{4}{\pi^2}x^2 + \dfrac{4}{\pi}x$

5) $y = A \cdot \sin(bx+c)$ bzw. $y = A \cdot \cos(bx+c)$ mit $A > 0$ und $p = 2\pi/b$
Phasenverschiebung: $bx_0 + c = 0 \Rightarrow x_0 = -c/b$

a) $A = 2;\ p = 2\pi/3;\ x_0 = \pi/18$ b) $A = 5;\ p = \pi;\ x_0 = -2{,}1$

c) $A = 10;\ p = 2;\ x_0 = 3$ d) $A = 2{,}4;\ p = \pi/2;\ x_0 = \pi/8$

6) a) $A = 4$; $p = 2\pi/3$; $x_0 = -2/3$; *Funktionsverlauf:* Bild A-40

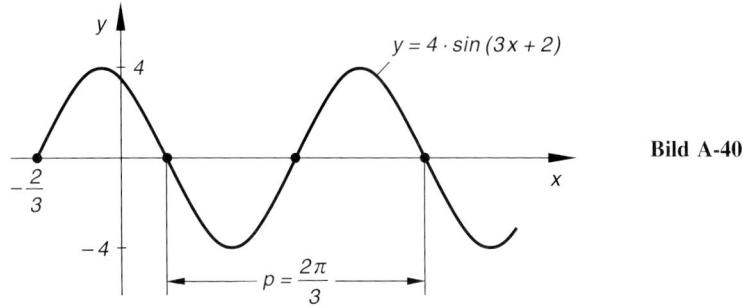

Bild A-40

b) $A = 2$; $p = \pi$; $x_0 = \pi/2$; *Funktionsverlauf:* Bild A-41

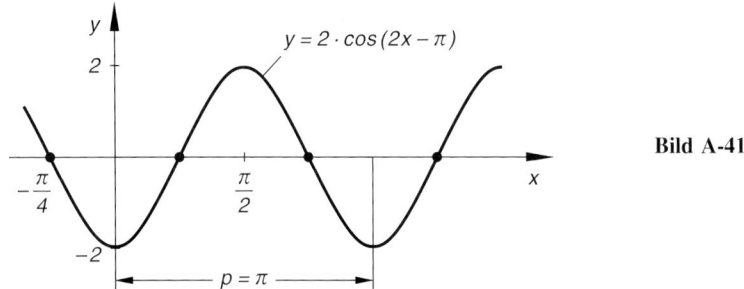

Bild A-41

7) $A = 5\,\text{cm}$; $T = 14\,\text{s}$; $\omega = \dfrac{2\pi}{T} = \dfrac{\pi}{7}\,\text{s}^{-1}$; 1. Maximum: $\omega t_1 + \varphi = \dfrac{\pi}{2} \;\Rightarrow$

$\varphi = \dfrac{\pi}{2} - \omega t_1 = \dfrac{\pi}{14}$; „Startpunkt" t_0: $\omega t_0 + \varphi = 0 \;\Rightarrow\; t_0 = -\dfrac{\varphi}{\omega} = -0{,}5\,\text{s}$

$y(t) = 5\,\text{cm} \cdot \sin\left(\dfrac{\pi}{7}\,\text{s}^{-1} \cdot t + \dfrac{\pi}{14}\right)$; *Funktionsverlauf:* Bild A-42

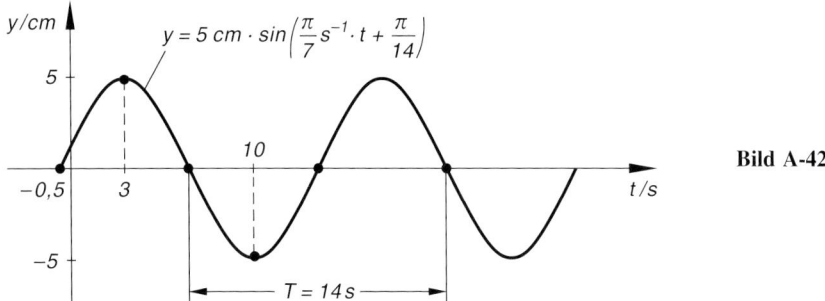

Bild A-42

8) $i_0 = 2\,\text{A}$; $T = 10\,\text{ms}$; $\omega = \dfrac{2\pi}{T} = \dfrac{\pi}{5\,\text{ms}}$; „Startpunkt" $t_0 = -1\,\text{ms}$: $\omega t_0 + \varphi = 0 \;\Rightarrow$

$\varphi = -\omega t_0 = \dfrac{\pi}{5}$; $i(t) = 2\,\text{A} \cdot \sin\left(\dfrac{\pi}{5\,\text{ms}} \cdot t + \dfrac{\pi}{5}\right)$

9) a) $A = 2$; $\omega = 2$; $T = 2\pi/\omega = \pi$; „Startpunkt" t_0: $2t_0 - 4 = 0 \Rightarrow t_0 = 2$
   Funktionsverlauf: Bild A-43

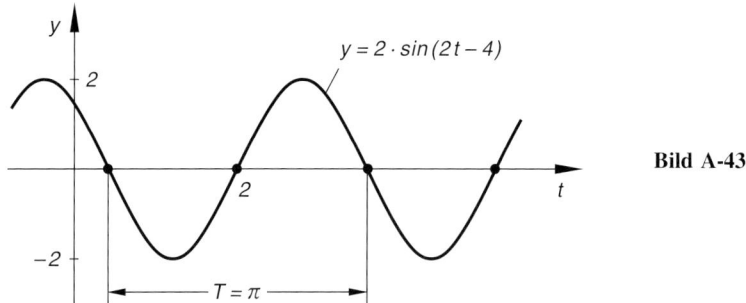

Bild A-43

b) $A = 3$; $\omega = 0{,}5$; $T = 2\pi/\omega = 4\pi$; 1. Maximum t_0: $0{,}5 t_0 - \pi/8 = 0 \Rightarrow t_0 = \pi/4$; *Funktionsverlauf:* Bild A-44

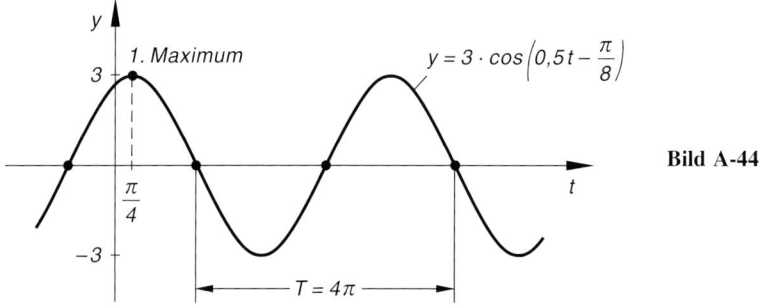

Bild A-44

10) Der Reihe nach zeichnen: $\sin x \to (\sin x)^2 = \sin^2 x \to -\sin^2 x \to 1 - \sin^2 x$

    $\boxed{\sin x \to \sin^2 x}$: Nullstellen bleiben erhalten und werden zugleich zu Minima, Maxima bleiben, Minima werden zu Maxima.

    $\boxed{\sin^2 x \to -\sin^2 x}$: *Spiegelung* an der *x*-Achse (aus Minima werden Maxima und umgekehrt).

    $\boxed{-\sin^2 x \to 1 - \sin^2 x}$: *x*-Achse um 1 Einheit nach *unten* verschieben (Bild A-45).

    Periode: $p = \pi$;   *Nullstellen* (gleichzeitig *relative Minima*): $x_k = \pi/2 + k \cdot \pi$;

    Relative Maxima: $x_k = k \cdot \pi$ $(k \in \mathbb{Z})$

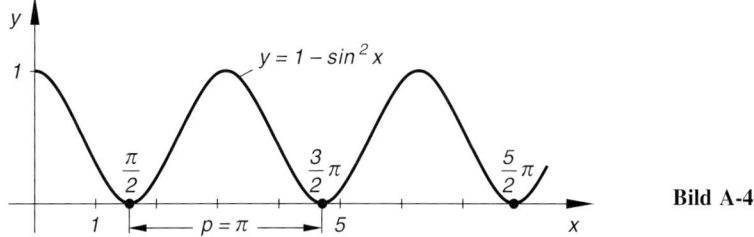

Bild A-45

III Funktionen und Kurven 771

11) *Anfangslage* der Zeiger: Bild A-46

a) $y = 5 \cdot \sin\left(3t + \dfrac{3}{2}\pi\right)$

b) $y = 3 \cdot \sin\left(\pi t + \dfrac{\pi}{3}\right)$

c) $y = 3 \cdot \sin\left(2t + \dfrac{5}{4}\pi\right)$

d) $y = 4 \cdot \sin(0,5\,t + 6,1416)$

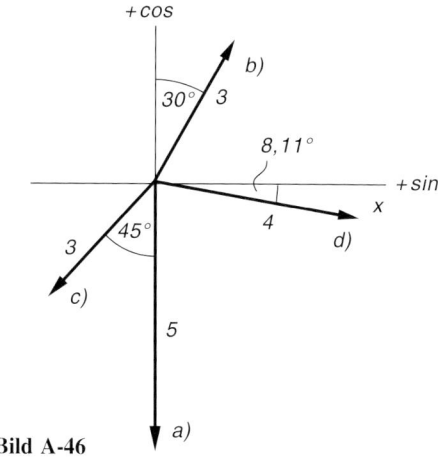

Bild A-46

12) a) Zeigerdiagramm: Bild A-47 b) Zeigerdiagramm: Bild A-48

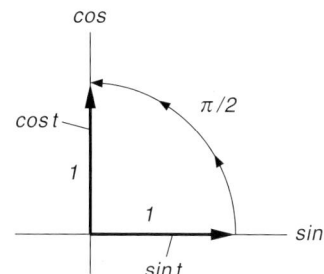

Bild A-47

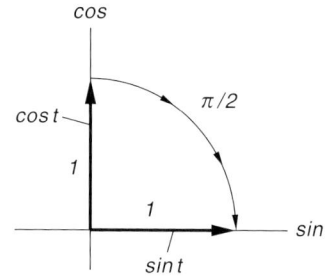

Bild A-48

13) a) 0,5980   b) −1,2614   c) 1,0781   d) 4,4304

e) 0,8084   f) 0,3082   g) 1,1837   h) 2,8198

14) a) $u_2(t) = 160\,\text{V} \cdot \sin(\omega t + \pi/4)$; $u_{10} = 100\,\text{V}$; $u_{20} = 160\,\text{V}$; $\varphi_1 = 0$; $\varphi_2 = \pi/4$

$u_0 = \sqrt{u_{10}^2 + u_{20}^2 + 2u_{10} \cdot u_{20} \cdot \cos(\varphi_2 - \varphi_1)} =$

$= \sqrt{100^2 + 160^2 + 2 \cdot 100 \cdot 160 \cdot \cos(\pi/4 - 0)}\,\text{V} = 241,30\,\text{V}$

$\tan\varphi = \dfrac{u_{10} \cdot \sin\varphi_1 + u_{20} \cdot \sin\varphi_2}{u_{10} \cdot \cos\varphi_1 + u_{20} \cdot \cos\varphi_2} = \dfrac{100 \cdot \sin 0 + 160 \cdot \sin(\pi/4)}{100 \cdot \cos 0 + 160 \cdot \cos(\pi/4)} = 0,5308 \quad \Rightarrow$

$\varphi = \arctan 0,5308 = 0,4880$

$u(t) = 241,30\,\text{V} \cdot \sin(500\,\text{s}^{-1} \cdot t + 0,4880)$

b) $u_{10} = 380\,\text{V}$; $u_{20} = 200\,\text{V}$; $\varphi_1 = -\pi/6$; $\varphi_2 = \pi/8$

Weiterer Lösungsweg wie in Aufgabe a):

$u_0 = 526,24\,\text{V}$; $\tan\varphi = -0,2208 \quad \Rightarrow \quad \varphi = \arctan(-0,2208) = -0,2173$

$u(t) = 526,24\,\text{V} \cdot \sin(1000\,\text{s}^{-1} \cdot t - 0,2173)$

15) $y_2(t) = 20\,\text{cm} \cdot \sin(4{,}5\,\text{s}^{-1} \cdot t + 5\pi/6)$

$A_1 = 12\,\text{cm}$; $A_2 = 20\,\text{cm}$; $\varphi_1 = \pi/5$; $\varphi_2 = 5\pi/6$

Lösungsweg wie in Aufgabe 14):

$A = 18{,}68\,\text{cm}$; $\tan\varphi = -2{,}2402 \Rightarrow$

$\varphi = \arctan(-2{,}2402) + \pi = 1{,}9906$

(φ liegt im 2. Quadrant, siehe Bild A-49)

$y(t) = y_1(t) + y_2(t) =$
$= 18{,}68\,\text{cm} \cdot \sin(4{,}5\,\text{s}^{-1} \cdot t + 1{,}9906)$

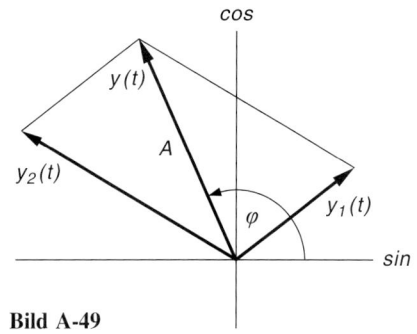

Bild A-49

16) a) $u = 2x + 5$; $x = 0{,}5(u - 5)$; $\sin u = 0{,}4$

Schnittpunkte der Kurven $y = \sin u$ und $y = 0{,}4$ (siehe Bild A-50):

$u_{1k} = \arcsin 0{,}4 + k \cdot 2\pi = 0{,}4115 + k \cdot 2\pi$

$u_{2k} = (\pi - \arcsin 0{,}4) + k \cdot 2\pi = 2{,}7301 + k \cdot 2\pi$

$x_{1k} = 0{,}5(u_{1k} - 5) =$
$= -2{,}2943 + k \cdot \pi$

$x_{2k} = 0{,}5(u_{2k} - 5) =$
$= -1{,}1350 + k \cdot \pi$

(mit $k \in \mathbb{Z}$)

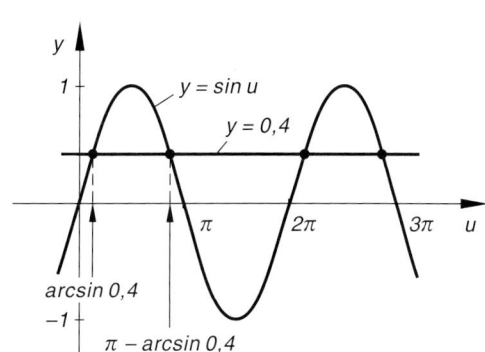

Bild A-50

b) $u = 2(x + 1)$; $x = 0{,}5(u - 2)$; $\tan u = 1$

Schnittpunkte der Kurven $y = \tan u$ und $y = 1$ (siehe Bild A-51):

$u_k = \arctan 1 + k \cdot \pi =$
$= \dfrac{\pi}{4} + k \cdot \pi$

$x_k = 0{,}5(u_k - 2) =$
$= -0{,}6073 + k \cdot \dfrac{\pi}{2}$

(mit $k \in \mathbb{Z}$)

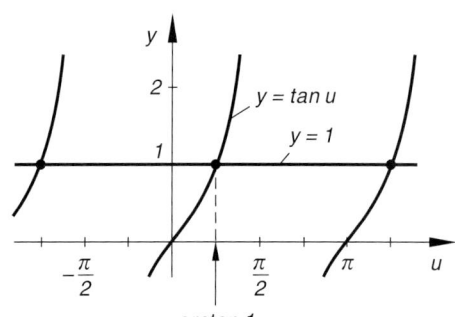

Bild A-51

III Funktionen und Kurven 773

c) Quadrieren: $\cos(x-1) = 0{,}5$; $u = x-1$; $x = u+1$; $\cos u = 0{,}5$
Schnittpunkte der Kurven $y = \cos u$ und $y = 0{,}5$ (siehe Bild A-52):

$u_{1k} = \arccos(0{,}5) + k \cdot 2\pi = 1{,}0472 + k \cdot 2\pi$

$u_{2k} = -\arccos(0{,}5) + k \cdot 2\pi = -1{,}0472 + k \cdot 2\pi$

$x_{1k} = u_{1k} + 1 =$
$= 2{,}0472 + k \cdot 2\pi$

$x_{2k} = u_{2k} + 1 =$
$= -0{,}0472 + k \cdot 2\pi$

(mit $k \in \mathbb{Z}$)

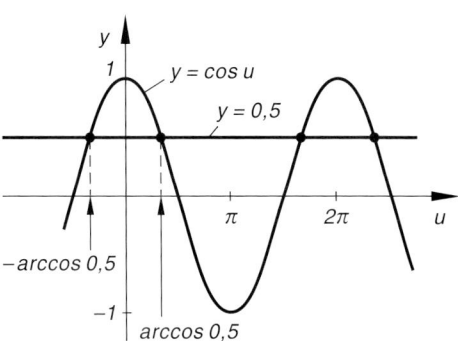

Bild A-52

d) Quadrieren: $\sin^2 x = 1 - \sin^2 x = \cos^2 x \;\Rightarrow\; \dfrac{\sin^2 x}{\cos^2 x} = \tan^2 x = 1 \;\Rightarrow\; \tan x = \pm 1$
Weiterer Lösungsweg wie in Aufgabe b). Wegen $\sqrt{1 - \sin^2 x} \geq 0$ und somit auch $\sin x \geq 0$ müssen die *Hauptwerte* der Lösungen im 1. oder 2. Quadranten liegen ($0 \leq x \leq \pi$)! Aus Bild A-53 folgt (Schnittpunkte von $y = \tan x$ mit $y = \pm 1$):

$\tan x = 1 \;\Rightarrow\; x = \arctan 1 = \pi/4$

$\tan x = -1 \;\Rightarrow\; x = \arctan(-1) + \pi = -\dfrac{\pi}{4} + \pi = \dfrac{3}{4}\pi$

Weitere Lösungen der Ausgangsgleichung liegen im Abstand von ganzzahligen Vielfachen der Periode 2π der Sinusfunktion:

$x_{1k} = \dfrac{\pi}{4} + k \cdot 2\pi$

$x_{2k} = \dfrac{3}{4}\pi + k \cdot 2\pi$

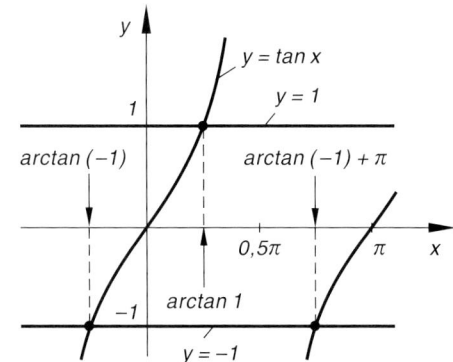

Bild A-53

17) Wir setzen $y = \arccos x$. Daraus folgt $x = \cos y$ und weiter:

$$\sqrt{1 - x^2} = \sqrt{1 - \cos^2 y} = \sin y = \sin(\arccos x)$$

18) Gleichungen nach Sinus bzw. Kosinus auflösen und in den „trigonometrischen Pythagoras" einsetzen:

a) *Ellipse:* $\dfrac{x^2}{(3\,\text{cm})^2} + \dfrac{y^2}{(4\,\text{cm})^2} = 1$; $M = (0;0)$; $a = 3\,\text{cm}$; $b = 4\,\text{cm}$

b) *Kreis:* $x^2 + y^2 = (5\,\text{cm})^2$; $M = (0;0)$; $r = 5\,\text{cm}$

Abschnitt 11, 12, und 13

1) $n(\tau) = n_0 \cdot e^{-\lambda \tau} = \dfrac{1}{2} n_0 \;\Rightarrow\; e^{-\lambda \tau} = \dfrac{1}{2} \bigg|\ln \;\Rightarrow\; -\lambda \tau = \ln\left(\dfrac{1}{2}\right) = -\ln 2 \;\Rightarrow\;$

   $\tau = \dfrac{\ln 2}{\lambda} = 3{,}305 \cdot 10^5\,\text{s} = 3{,}825\;\text{Tage}$

2) $q(T) = q_0 \cdot e^{-\frac{T}{RC}} = 0{,}1\, q_0 \;\Rightarrow\; e^{-\frac{T}{RC}} = 0{,}1 \bigg|\ln \;\Rightarrow\; -\dfrac{T}{RC} = \ln 0{,}1 = -\ln 10 \;\Rightarrow\;$

   $T = RC \cdot \ln 10 = 0{,}691\,\text{ms} = 6{,}91 \cdot 10^{-4}\,\text{s}$

3)

h/m	500	1000	2000	5000	8000
p/bar	0,952	0,894	0,789	0,542	0,372

4) Funktionsverlauf: siehe Bild A-54

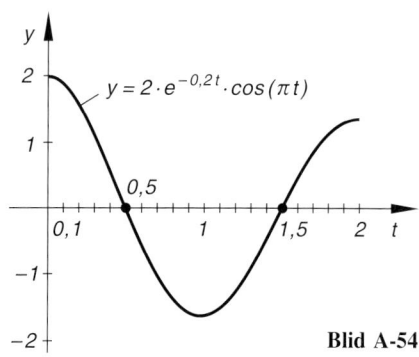

Bild A-54

5) $i(t_1) = i_0\left(1 - e^{-\frac{R}{L} t_1}\right) = 0{,}95\, i_0 \;\Rightarrow\; 1 - e^{-\frac{R}{L} t_1} = 0{,}95 \;\Rightarrow\;$

   $e^{-\frac{R}{L} t_1} = 0{,}05 \bigg|\ln \;\Rightarrow\;$

   $-\dfrac{R}{L} t_1 = \ln 0{,}05 \;\Rightarrow\;$

   $t_1 = -\dfrac{L}{R} \cdot \ln 0{,}05 = 1{,}50\,\text{s}$

   Funktionsverlauf: Bild A-55

   Bild A-55

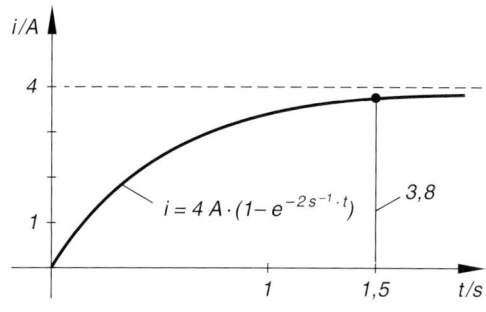

6) $A = (0;10) \;\Rightarrow\; a + 2 = 10 \;\Rightarrow\; a = 8$

   $B = (5;3) \;\Rightarrow\; 8 \cdot e^{-5b} + 2 = 3 \;\Rightarrow\; e^{-5b} = \dfrac{1}{8} \bigg|\ln \;\Rightarrow\;$

   $-5b = \ln\left(\dfrac{1}{8}\right) = -\ln 8 \;\Rightarrow\; b = \dfrac{\ln 8}{5} = 0{,}4159$

7) $A = (3{,}5;12) \;\Rightarrow\; a \cdot e^{-12{,}25 b} = 12 \;\Rightarrow\; a = 12 \cdot e^{12{,}25 b}$

   $B = (8;2{,}4) \;\Rightarrow\; a \cdot e^{-64 b} = 2{,}4 \;\Rightarrow\; a = 2{,}4 \cdot e^{64 b}$ $\Bigg\}\Rightarrow$

   $2{,}4 \cdot e^{64 b} = 12 \cdot e^{12{,}25 b} \;\Rightarrow\; e^{51{,}75 b} = 5 \bigg|\ln \;\Rightarrow\; 51{,}75\, b = \ln 5 \;\Rightarrow\;$

   $b = \dfrac{\ln 5}{51{,}75} = 0{,}0311; \quad a = 12 \cdot e^{12{,}25 \cdot 0{,}0311} = 17{,}565$

8) $T(t) = (T_0 - 20) \cdot e^{-kt} + 20$ (Zwischenrechnungen ohne Einheiten)

$T(50) = 85 \quad \Rightarrow \quad$ (I) $\quad (T_0 - 20) \cdot e^{-50k} = 65$

$T(150) = 30 \quad \Rightarrow \quad$ (II) $\quad (T_0 - 20) \cdot e^{-150k} = 10$

Gleichung (I) durch Gleichung (II) dividieren:

$$\frac{(T_0 - 20) \cdot e^{-50k}}{(T_0 - 20) \cdot e^{-150k}} = \frac{65}{10} \quad \Rightarrow \quad e^{100k} = 6{,}5 \;\Big|\; \ln \quad \Rightarrow \quad k = \frac{\ln 6{,}5}{100} = 0{,}0187$$

(I) $\quad \Rightarrow \quad (T_0 - 20) \cdot e^{-50 \cdot 0{,}0187} = 65 \quad \Rightarrow \quad T_0 = 65 \cdot e^{0{,}935} + 20 = 185{,}57$

Lösung: $T_0 = 185{,}57\,°\text{C}; \quad k = 0{,}0187\,\text{min}^{-1}$

$T(t) = 165{,}57\,°\text{C} \cdot e^{-0{,}0187\,\text{min}^{-1} \cdot t} + 20\,°\text{C}$

$T(t_1) = 165{,}57\,°\text{C} \cdot e^{-0{,}0187\,\text{min}^{-1} \cdot t_1} + 20\,°\text{C} = 60\,°\text{C} \quad \Rightarrow$

$e^{-0{,}0187\,\text{min}^{-1} \cdot t_1} = 0{,}2416 \;\Big|\; \ln \quad \Rightarrow \quad -0{,}0187\,\text{min}^{-1} \cdot t_1 = \ln 0{,}2416 \quad \Rightarrow \quad t_1 = 75{,}96\,\text{min}$

9) $x(t_1) = 30\,\text{cm} \left(1 - e^{-\frac{t_1}{0{,}5\,\text{s}}}\right) = 15{,}2\,\text{cm} \quad \Rightarrow \quad 1 - e^{-\frac{t_1}{0{,}5\,\text{s}}} = 0{,}5067 \quad \Rightarrow$

$e^{-\frac{t_1}{0{,}5\,\text{s}}} = 0{,}4933 \;\Big|\; \ln \quad \Rightarrow \quad -\frac{t_1}{0{,}5\,\text{s}} = \ln 0{,}4933 \quad \Rightarrow \quad t_1 = 0{,}353\,\text{s}$

10) Funktionsverlauf: siehe Bild A-56

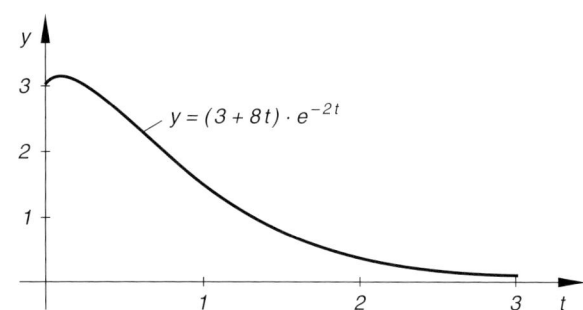

Bild A-56

11) $H = y(x = l/2) - y(x = 0) = a\,(\cosh(l/2a) - \cosh 0) = 20\,\text{m}\,(\cosh 2{,}25 - 1) = 75{,}93\,\text{m}$

12) a) Logarithmieren $\Rightarrow x^2 - 2x = \ln 2 \quad \Rightarrow \quad x_1 = -0{,}3012;\; x_2 = 2{,}3012$

   b) Die *Substitution* $u = e^x$ führt zu der quadratischen *Gleichung* $u^2 - 3u + 2 = 0$ mit den Lösungen $u_1 = 1$ und $u_2 = 2$. Durch *Rücksubstitution* ($x = \ln u$) erhält man schließlich: $x_1 = 0;\; x_2 = 0{,}693$.

13) a) $\ln x^{1/2} + \dfrac{3}{2} \cdot \ln x = \ln 2 + \ln x \quad \Rightarrow \quad \dfrac{1}{2} \cdot \ln x + \dfrac{3}{2} \cdot \ln x - \ln x = \ln 2 \quad \Rightarrow$

   $\ln x = \ln 2 \quad \Rightarrow \quad x = 2$

   b) $u = \lg x;\quad u^2 - u = 2 \quad \Rightarrow \quad u_1 = 2;\; u_2 = -1$

   Rücksubstitution ($x = 10^u$): $x_1 = 10^2 = 100;\; x_2 = 10^{-1} = 0{,}1$

Abschnitt 14

1) Aus Bild A-56a entnehmen wir die folgenden Beziehungen:

$P = (x; y)$: Laufender Kurvenpunkt der gewöhnlichen Zykloide in Abhängigkeit vom Drehwinkel („Wälzwinkel") t. Dieser Punkt befindet sich zu Beginn des Abrollens im Nullpunkt 0.

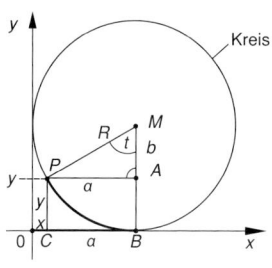

Bild A-56a

$\overline{PM} = \overline{MB} = R; \quad \overline{CB} = \overline{PA} = a; \quad \overline{MA} = b$

Im rechtwinkligen Dreieck $\triangle PMA$ gilt:

$\sin t = \dfrac{a}{R}, \quad \cos t = \dfrac{b}{R} \quad \Rightarrow \quad a = R \cdot \sin t, \quad b = R \cdot \cos t$

„**Abrollbedingung**": Die Länge des Kreisbogen $\overset{\frown}{PB} = Rt$ entspricht der Länge der Strecke $\overline{OB}$ (im Bild fett gekennzeichnet)

Somit gilt: $\boxed{\overline{OB} = R \cdot t}$

Berechnung der kartesischen Koordinaten x, y des laufenden Punktes P in Abhängigkeit vom Drehwinkel t unter Berücksichtigung von $\overline{CB} = \overline{PA} = a$ und $\overline{MB} = R$):

$x = \overline{OB} - \overline{CB} = \overline{OB} - \overline{PA} = R \cdot t - a = R \cdot t - R \cdot \sin t = R(t - \sin t)$

$y = \overline{MB} - \overline{MA} = R - b = R - R \cdot \cos t = R(1 - \cos t)$

2) Aus der *Parameterdarstellung* der Hypozykloide (siehe Gleichungen III-210) erhalten wir im Sonderfall $R_0 = 4R$ mit $R_0 - R = 3R$ und $\dfrac{R_0 - R}{R} = \dfrac{3R}{R} = 3$ zunächst:

$x = (R_0 - R) \cdot \cos t + R \cdot \cos\left(\dfrac{R_0 - R}{R} \cdot t\right) = 3R \cdot \cos t + R \cdot \cos(3t) =$

$= R(3 \cdot \cos t + \cos(3t))$

$y = (R_0 - R) \cdot \sin t - R \cdot \sin\left(\dfrac{R_0 - R}{R} \cdot t\right) = 3R \cdot \sin t - R \cdot \sin(3t) =$

$= R(3 \cdot \sin t - \sin(3t))$

III Funktionen und Kurven

Unter Verwendung der aus der *Formelsammlung* entnommenen Beziehungen

$\cos(3t) = 4 \cdot \cos^3 t - 3 \cdot \cos t$

$\sin(3t) = 3 \cdot \sin t - 4 \cdot \sin^3 t$

folgen hieraus schließlich die Parametergleichungen der *Astroide* (mit $a = 4R$):

$x = R(3 \cdot \cos t + 4 \cdot \cos^3 t - 3 \cdot \cos t) =$

$= 4R \cdot \cos^3 t = a \cdot \cos^3 t$

$y = R(3 \cdot \sin t - 3 \cdot \sin t + 4 \cdot \sin^3 t) =$

$= 4R \cdot \sin^3 t = a \cdot \sin^3 t$

IV Differentialrechnung

Abschnitt 1

1) a) $\dfrac{\Delta y}{\Delta x} = \dfrac{f(1+\Delta x) - f(1)}{\Delta x} = \dfrac{(1+\Delta x)^3 - 1}{\Delta x} = \dfrac{1 + 3\Delta x + 3(\Delta x)^2 + (\Delta x)^3 - 1}{\Delta x} =$

$= 3 + 3\Delta x + (\Delta x)^2 \quad \Rightarrow \quad f'(1) = \lim\limits_{\Delta x \to 0} (3 + 3\Delta x + (\Delta x)^2) = 3$

b) $\dfrac{\Delta y}{\Delta x} = \dfrac{f(x_0 + \Delta x) - f(x_0)}{\Delta x} = \dfrac{(x_0 + \Delta x)^3 - x_0^3}{\Delta x} =$

$= \dfrac{x_0^3 + 3x_0^2 \Delta x + 3x_0 (\Delta x)^2 + (\Delta x)^3 - x_0^3}{\Delta x} = 3x_0^2 + 3x_0 \Delta x + (\Delta x)^2 \quad \Rightarrow$

$f'(x_0) = \lim\limits_{\Delta x \to 0} (3x_0^2 + 3x_0 \Delta x + (\Delta x)^2) = 3x_0^2$

2) a) $y' = 20x^4$ \qquad b) $y' = 2(a+1)x^a$ \qquad c) $y = x^{3/4}; \; y' = \dfrac{3}{4\sqrt[4]{x}}$

d) $y = x^{5/3}; \; y' = \dfrac{5}{3}\sqrt[3]{x^2}$ \qquad e) $y = x^{4/3}; \; y' = \dfrac{4}{3}\sqrt[3]{x}$ \qquad f) $y' = \dfrac{1}{2\sqrt{x}}$

Abschnitt 2

1) a) $y' = -40x^3 + 6x^2$ \qquad b) $z'(t) = -a \cdot \sin t - 2t + e^t$

c) $y = 10x^{-3} - 3 \cdot \lg x + \tan x; \quad y' = -\dfrac{30}{x^4} - \dfrac{3}{(\ln 10)x} + \dfrac{1}{\cos^2 x}$

d) $y = 4x^{5/3} - 4 \cdot e^x + \sin x; \quad y' = \dfrac{20}{3}\sqrt[3]{x^2} - 4 \cdot e^x + \cos x$

2) a) $y' = (12x^2 - 2)(x^2 - 2x + 5) + (2x - 2)(4x^3 - 2x + 1) =$

$= 20x^4 - 32x^3 + 54x^2 + 10x - 12$

b) $y = \tan x \cdot \tan x; \quad y' = 2 \cdot \tan x \cdot \dfrac{1}{\cos^2 x} = 2 \cdot \dfrac{\sin x}{\cos x} \cdot \dfrac{1}{\cos^2 x} = 2 \cdot \dfrac{\sin x}{\cos^3 x}$

c) $y' = \cos x \cdot \cos x - \sin x \cdot \sin x = \cos^2 x - \sin^2 x$

d) $y = (3x + 5x^2 - 1)(3x + 5x^2 - 1);$

$y' = 2(3 + 10x)(3x + 5x^2 - 1) = 100x^3 + 90x^2 - 2x - 6$

e) $y' = 2 \cdot \ln x + \dfrac{1}{x} \cdot 2x = 2 \cdot \ln x + 2$

f) $y' = e^t \cdot \cos t - \sin t \cdot e^t = e^t \cdot (\cos t - \sin t)$

IV Differentialrechnung

g) $y' = n \cdot x^{n-1} \cdot e^x + e^x \cdot x^n = x^{n-1} \cdot e^x \cdot (n + x)$

h) $y' = \dfrac{1}{x} \cdot \cosh x + \sinh x \cdot \ln x$

i) $y' = 2x \cdot \arcsin x + \dfrac{1}{\sqrt{1-x^2}} \cdot x^2 = 2x \cdot \arcsin x + \dfrac{x^2}{\sqrt{1-x^2}}$

j) $y' = 2 \cdot e^x \cdot \cos x + 2x \cdot e^x \cdot \cos x + 2x \cdot e^x \cdot (-\sin x) =$
   $= 2 \cdot e^x \cdot (\cos x + x \cdot \cos x - x \cdot \sin x)$

3) a) $y' = \dfrac{(25x^4 - 12x)(x^2 + 2x + 1) - (2x + 2)(5x^5 - 6x^2 + 1)}{(x^2 + 2x + 1)^2} =$

$= \dfrac{(25x^4 - 12x)(x + 1)^2 - 2(x + 1)(5x^5 - 6x^2 + 1)}{(x + 1)^4} =$

$= \dfrac{(25x^4 - 12x)(x + 1) - 2(5x^5 - 6x^2 + 1)}{(x + 1)^3} = \dfrac{15x^5 + 25x^4 - 12x - 2}{(x + 1)^3}$

b) $y' = \dfrac{10(x^2 + 1) - 2x \cdot 10x}{(x^2 + 1)^2} = \dfrac{-10x^2 + 10}{(x^2 + 1)^2} = \dfrac{-10(x^2 - 1)}{(x^2 + 1)^2}$

c) $y' = \dfrac{\dfrac{1}{x} \cdot x^2 - 2x \cdot \ln x}{x^4} = \dfrac{x - 2x \cdot \ln x}{x^4} = \dfrac{x(1 - 2 \cdot \ln x)}{x^4} = \dfrac{1 - 2 \cdot \ln x}{x^3}$

d) $y' = \dfrac{(6x^2 - 12x + 1)(x^3 - 5x) - (3x^2 - 5)(2x^3 - 6x^2 + x - 3)}{(x^3 - 5x)^2} =$

$= \dfrac{6x^4 - 22x^3 + 39x^2 - 15}{(x^3 - 5x)^2} = \dfrac{6x^4 - 22x^3 + 39x^2 - 15}{x^2(x^2 - 5)^2}$

e) $y = e^{-x} \cdot \ln x = \dfrac{\ln x}{e^x}$;

$y' = \dfrac{\dfrac{1}{x} \cdot e^x - e^x \cdot \ln x}{(e^x)^2} = \dfrac{e^x \left(\dfrac{1}{x} - \ln x\right)}{e^x \cdot e^x} = \dfrac{\dfrac{1}{x} - \ln x}{e^x} = \dfrac{1 - x \cdot \ln x}{x \cdot e^x}$

f) $y' = \dfrac{\dfrac{1}{x} \cdot x - 1 \cdot \ln x}{x^2} = \dfrac{1 - \ln x}{x^2}$

g) $y' = \dfrac{-\sin x \cdot \sin x - \cos x \cdot \cos x}{\sin^2 x} = \dfrac{-(\sin^2 x + \cos^2 x)}{\sin^2 x} = \dfrac{-1}{\sin^2 x} = -\dfrac{1}{\sin^2 x}$

h) $y' = \dfrac{-\sin x (1 - \sin x) + \cos x (1 + \cos x)}{(1 - \sin x)^2} = \dfrac{-\sin x + \sin^2 x + \cos x + \cos^2 x}{(1 - \sin x)^2} =$

$= \dfrac{\cos x - \sin x + (\sin^2 x + \cos^2 x)}{(1 - \sin x)^2} = \dfrac{\cos x - \sin x + 1}{(1 - \sin x)^2}$

i) $y' = \dfrac{\dfrac{1}{1+x^2} \cdot e^x - e^x \cdot \arctan x}{(e^x)^2} = \dfrac{\dfrac{1}{1+x^2} - \arctan x}{e^x} = \dfrac{1 - (1+x^2) \cdot \arctan x}{(1+x^2) \cdot e^x}$

j) $y' = \dfrac{\cosh x \cdot \cosh x - \sinh x \cdot \sinh x}{\cosh^2 x} = \dfrac{\cosh^2 x - \sinh^2 x}{\cosh^2 x} = \dfrac{1}{\cosh^2 x}$

k) $y' = \dfrac{(0{,}5 x^{-1/2} - 2x)(x^2 + 1) - 2x(x^{1/2} - x^2)}{(x^2 + 1)^2} =$

$= \dfrac{0{,}5 x^{3/2} + 0{,}5 x^{-1/2} - 2x^3 - 2x - 2x^{3/2} + 2x^3}{(x^2 + 1)^2} =$

$= \dfrac{-1{,}5 x^{3/2} - 2x + 0{,}5 x^{-1/2}}{(x^2 + 1)^2} = \dfrac{-1{,}5 x^2 - 2x \sqrt{x} + 0{,}5}{\sqrt{x}\,(x^2 + 1)^2}$

(erweitert mit $x^{1/2} = \sqrt{x}$)

l) $y' = \dfrac{e^x (x - 1) - 1 \cdot e^x}{(x - 1)^2} = \dfrac{(x - 2) \cdot e^x}{(x - 1)^2}$

4) a) $y' = 25(4x^3 - x^2 + 1)^4 \cdot (12x^2 - 2x)$

b) $y = 10(x^3 - 2x + 5)^{-1}$;

$y' = 10(-1)(x^3 - 2x + 5)^{-2} \cdot (3x^2 - 2) = -10 \cdot \dfrac{3x^2 - 2}{(x^3 - 2x + 5)^2}$

c) $y' = [\cos (x + 2)] \cdot 1 = \cos (x + 2)$

d) $y' = 2[-\sin (10t - \pi/3)] \cdot 10 = -20 \cdot \sin (10t - \pi/3)$

e) $y' = 3 \cdot e^{-4x} \cdot (-4) = -12 \cdot e^{-4x}$

f) $y' = 2 \cdot \sin (2x - 4) \cdot [\cos (2x - 4)] \cdot 2 = 4 \cdot \sin (2x - 4) \cdot \cos (2x - 4)$

g) $y' = 2 \cdot \dfrac{1}{x^3 - 2x} \cdot (3x^2 - 2) = 2 \cdot \dfrac{3x^2 - 2}{x^3 - 2x} = \dfrac{2(3x^2 - 2)}{x(x^2 - 2)}$

h) $y' = e^{x^2 - 2x + 5} \cdot (2x - 2) = 2(x - 1) \cdot e^{x^2 - 2x + 5}$

i) $y' = -\dfrac{1}{\sqrt{\underbrace{1 - (x^2 - 1)}_{2 - x^2}}} \cdot \dfrac{1}{2\sqrt{x^2 - 1}} \cdot 2x = -\dfrac{x}{\sqrt{(2 - x^2)(x^2 - 1)}}$

j) $y' = \dfrac{1}{1 + (x^2 + 1)^2} \cdot 2x = \dfrac{2x}{1 + (x^2 + 1)^2} = \dfrac{2x}{x^4 + 2x^2 + 2}$

k) $y = (x^2 - 4x + 10)^{2/3}$;

$y' = \dfrac{2}{3}(x^2 - 4x + 10)^{-1/3} \cdot (2x - 4) = \dfrac{4}{3} \cdot \dfrac{x - 2}{\sqrt[3]{x^2 - 4x + 10}}$

IV Differentialrechnung

l) $y' = -\dfrac{5}{3}(x^3 - 4x + 5)^{-8/3} \cdot (3x^2 - 4)$

m) $y' = 5 \cdot [-\sin(x^2 + 2x - 1)^2] \cdot 2(x^2 + 2x - 1)(2x + 2) =$
$= -20(x^2 + 2x - 1)(x + 1) \cdot \sin(x^2 + 2x - 1)^2$

n) $y' = \dfrac{1}{\cos x} \cdot (-\sin x) = -\dfrac{\sin x}{\cos x} = -\tan x$

5) a) $y'(t) = e^{-2t} \cdot (-2) \cdot \cos t - \sin t \cdot e^{-2t} = -e^{-2t} \cdot (2 \cdot \cos t + \sin t)$

b) $u' = e^{x \cdot \sin x} \cdot [1 \cdot \sin x + (\cos x) \cdot x] = (\sin x + x \cdot \cos x) \cdot e^{x \cdot \sin x}$

c) $y' = 2(x^2 - 1)(2x)(x + 5)^3 + 3(x + 5)^2 \cdot 1 \cdot (x^2 - 1)^2 =$
$= (x^2 - 1)(x + 5)^2 [4x(x + 5) + 3(x^2 - 1)] =$
$= (x^2 - 1)(x + 5)^2 (7x^2 + 20x - 3)$

d) $y' = (4x - 4) \cdot \sin(2x) + [\cos(2x)] \cdot 2 \cdot (2x^2 - 4x + 5) =$
$= 4(x - 1) \cdot \sin(2x) + 2(2x^2 - 4x + 5) \cdot \cos(2x)$

e) $y' = e^{2x} \cdot 2 \cdot \arcsin(x - 1) + \dfrac{1}{\sqrt{1 - (x - 1)^2}} \cdot 1 \cdot e^{2x} =$
$= e^{2x} \cdot \left[2 \cdot \arcsin(x - 1) + \dfrac{1}{\sqrt{1 - (x - 1)^2}} \right]$

f) $z' = -3 \cdot e^{-5t} + e^{-5t} \cdot (-5) \cdot (2 - 3t) = (15t - 13) \cdot e^{-5t}$

g) $y = x \cdot \ln(x + e^x)^2 = 2x \cdot \ln(x + e^x);$
$y' = 2 \cdot \ln(x + e^x) + \dfrac{1}{x + e^x} \cdot (1 + e^x) \cdot 2x = 2 \cdot \ln(x + e^x) + \dfrac{2x(1 + e^x)}{x + e^x}$

h) $y' = 4^{x \cdot \ln x} \cdot (\ln 4) \cdot \left(1 \cdot \ln x + \dfrac{1}{x} \cdot x \right) = (\ln 4) \cdot (\ln x + 1) \cdot 4^{x \cdot \ln x}$

i) $y' = [\cos(x^2 + 1)] \cdot 2x \cdot \cos(4x) + [-\sin(4x)] \cdot 4 \cdot \sin(x^2 + 1) =$
$= 2x \cdot \cos(4x) \cdot \cos(x^2 + 1) - 4 \cdot \sin(4x) \cdot \sin(x^2 + 1)$

j) $y' = 4[-\sin(x - 4)] \cdot 1 + [\cos(2x + 3)] \cdot 2 = -4 \cdot \sin(x - 4) + 2 \cdot \cos(2x + 3)$

k) $y = \ln 1 - \ln x^2 + \ln(x + 4) - \ln x = -2 \cdot \ln x + \ln(x + 4) - \ln x =$
$= -3 \cdot \ln x + \ln(x + 4);$

$y' = -3 \cdot \dfrac{1}{x} + \dfrac{1}{x + 4} \cdot 1 = \dfrac{-3(x + 4) + x}{x(x + 4)} = \dfrac{-2x - 12}{x(x + 4)} = \dfrac{-2(x + 6)}{x(x + 4)}$

l) $y'(t) = \dfrac{1}{\tanh t} \cdot \dfrac{1}{\cosh^2 t} = \dfrac{\cosh t}{\sinh t} \cdot \dfrac{1}{(\cosh t)^2} = \dfrac{1}{\sinh t \cdot \cosh t}$

m) $y' = n\left(\dfrac{1+x}{x}\right)^{n-1} \cdot \dfrac{1 \cdot x - 1 \cdot (1+x)}{x^2} = n\left(\dfrac{1+x}{x}\right)^{n-1} \cdot \dfrac{-1}{x^2} = -\dfrac{n}{x^2}\left(\dfrac{1+x}{x}\right)^{n-1}$

n) $y' = 2\sqrt{x^2-1} + \dfrac{1}{2\sqrt{x^2-1}} \cdot 2x \cdot 2x = \dfrac{2(x^2-1) + 2x^2}{\sqrt{x^2-1}} = \dfrac{4x^2-2}{\sqrt{x^2-1}}$

o) $y' = \dfrac{1}{2\sqrt{\sin x}} \cdot \cos x = \dfrac{\cos x}{2\sqrt{\sin x}}$

p) $y'(t) = A \cdot e^{-at} \cdot (-a) + B \cdot e^{-bt} \cdot (-b) = -aA \cdot e^{-at} - bB \cdot e^{-bt}$

q) $y'(t) = A[\cos(\omega t + \varphi)] \cdot \omega = \omega A \cdot \cos(\omega t + \varphi)$

r) $v'(t) = B \cdot e^{-\delta t} + e^{-\delta t} \cdot (-\delta) \cdot (A + Bt) = (-A\delta + B - B\delta t) \cdot e^{-\delta t}$

s) y ist eine Funktion von u. Beim Differenzieren wird der Parameter x wie eine *Konstante* behandelt:
$y(u) = x^2[u^3 \cdot e^{xu}) \;\Rightarrow\;$
$y'(u) = x^2[3u^2 \cdot e^{xu} + e^{xu} \cdot x \cdot u^3] = x^2 u^2(3 + xu) \cdot e^{xu}$

t) x ist ein Parameter, t die Differentiationsvariable:
$u'(t) = [\cos(tx)] \cdot x \cdot \ln(x^2 t) + \dfrac{1}{x^2 t} \cdot x^2 \cdot \sin(tx) = x \cdot \ln(x^2 t) \cdot \cos(tx) + \dfrac{\sin(tx)}{t}$

6) a) $y' = -10x \cdot \underbrace{e^{-x^2}}_{\neq 0} = 0 \;\Rightarrow\; x = 0 \;\Rightarrow\; x_1 = 0 \;\Rightarrow\; P_1 = (0;5)$

b) $y' = 3(x-2)(3x-4) = 0 \begin{cases} x - 2 = 0 \;\Rightarrow\; x_1 = 2 \\ 3x - 4 = 0 \;\Rightarrow\; x_2 = 4/3 \end{cases} \Rightarrow$
$P_1 = (2;0); \quad P_2 = (4/3; 4/9)$

c) $y' = \cos^2 x - \sin^2 x = 0 \;\Rightarrow\; \sin^2 x = \cos^2 x \;\Rightarrow\; \tan^2 x = 1 \;\Rightarrow\; \tan x = \pm 1 \;\Rightarrow\;$
$x_{1k} = \pi/4 + k \cdot \pi; \; y_{1k} = 0,5; \; x_{2k} = -\pi/4 + k \cdot \pi; \; y_{2k} = -0,5 \quad (k \in \mathbb{Z})$

d) $y' = 2(1 - e^{-x+2}) \cdot \underbrace{e^{-x+2}}_{\neq 0} = 0 \;\Rightarrow\; 1 - e^{-x+2} = 0 \;\Rightarrow\; e^{-x+2} = 1 \Big| \ln \;\Rightarrow\;$
$-x + 2 = \ln 1 = 0 \;\Rightarrow\; x_1 = 2 \;\Rightarrow\; P_1 = (2;0)$

e) $y' = 12x^2 - 12x - 9 = 0 \;\Rightarrow\; x_1 = -0,5; \; x_2 = 1,5 \;\Rightarrow\; P_1 = (-0,5; 2,5);$
$P_2 = (1,5; -13,5)$

f) $y'(t) = (5t - 11) \cdot \underbrace{e^{-5t}}_{\neq 0} = 0 \;\Rightarrow\; 5t - 11 = 0 \;\Rightarrow\; t_1 = 2,2 \;\Rightarrow\;$
$P_1 = (2,2; -3,3 \cdot 10^{-6}) \approx (2,2; 0)$

7) Tangentensteigung in den gesuchten Kurvenpunkten: $m = y' = 1/4 = 0,25$;
$y' = x^2 - 1 = 0,25 \;\Rightarrow\; x_{1/2} = \pm 1{,}118 \;\Rightarrow\; P_{1/2} = (\pm 1{,}118; \mp 0{,}652)$

IV Differentialrechnung

8) a) $y' = (1 - 2x^2) \cdot \underbrace{e^{-x^2}}_{\neq 0} = 0 \Rightarrow 1 - 2x^2 = 0 \Rightarrow x_{1/2} = \pm 0{,}707 \Rightarrow$

$P_{1/2} = (\pm 0{,}707;\ \pm 0{,}429)$

b) $y' = 2x(3 - x^2) = 0 \begin{cases} x = 0 \Rightarrow x_1 = 0 \\ 3 - x^2 = 0 \Rightarrow x_{2/3} = \pm\sqrt{3} \end{cases} \Rightarrow$

$P_1 = (0;\ 5);\quad P_{2/3} = (\pm\sqrt{3};\ 9{,}5)$

9) $m = y' = 6 \cdot e^{3t} = \tan 30° = 0{,}5774 \Rightarrow t_1 = -0{,}780 \Rightarrow P_1 = (-0{,}780;\ 0{,}193)$

10) a) $\ln y = \ln x^{\cos x} = \cos x \cdot \ln x;$

$\dfrac{1}{y} \cdot y' = -\sin x \cdot \ln x + \dfrac{1}{x} \cdot \cos x = \dfrac{\cos x - x \cdot \sin x \cdot \ln x}{x} \bigg| \cdot y = x^{\cos x} \Rightarrow$

$y' = \dfrac{\cos x - x \cdot \sin x \cdot \ln x}{x} \cdot x^{\cos x} = (\cos x - x \cdot \sin x \cdot \ln x) \cdot x^{\cos x - 1}$

b) $\ln y = \ln e^{x \cdot \cos x} = x \cdot \cos x;\quad \dfrac{1}{y} \cdot y' = 1 \cdot \cos x - x \cdot \sin x \bigg| \cdot y = e^{x \cdot \cos x} \Rightarrow$

$y' = (\cos x - x \cdot \sin x) \cdot e^{x \cdot \cos x}$

c) $\ln y = \ln(2 \cdot e^{-1/x}) = \ln 2 + \ln e^{-1/x} = \ln 2 - \dfrac{1}{x};\quad \dfrac{1}{y} \cdot y' = \dfrac{1}{x^2} \bigg| \cdot y = 2 \cdot e^{-1/x} \Rightarrow$

$y' = \dfrac{1}{x^2} \cdot 2 \cdot e^{-1/x} = 2 \cdot \dfrac{e^{-1/x}}{x^2}$

11) Aus $\ln y = \ln x^n = n \cdot \ln x$ folgt: $\dfrac{1}{y} \cdot y' = n \cdot \dfrac{1}{x} \Rightarrow y' = \dfrac{n}{x} \cdot y = \dfrac{n}{x} \cdot x^n = n \cdot x^{n-1}$

12) a) *Ausgangspunkt:* $y = f(x) = \sin x$ mit der Ableitung $f'(x) = \cos x$

Nach x aufgelöste Funktion: $x = g(y) = \arcsin y$ mit der Ableitung

$g'(y) = \dfrac{1}{f'(x)} = \dfrac{1}{\cos x} = \dfrac{1}{\sqrt{1 - \sin^2 x}} = \dfrac{1}{\sqrt{1 - y^2}}$

Vertauschen der Variablen x und y führt zur *Umkehrfunktion* $y = g(x) = \arcsin x$

mit der Ableitung $g'(x) = \dfrac{d}{dx}(\arcsin x) = \dfrac{1}{\sqrt{1 - x^2}}$.

b) Analog: $\dfrac{d}{dx}(\sqrt{x + 1}) = \dfrac{1}{2\sqrt{x+1}}$ c) Analog: $\dfrac{d}{dx}(\ln x) = \dfrac{1}{x}$

13) a) $2x + 2yy' = 0 \Rightarrow y' = -\dfrac{x}{y}$

b) $2b^2 x + 2a^2 yy' = 0 \Rightarrow y' = -\dfrac{b^2 x}{a^2 y}$

c) $2(x^2 + y^2)(2x + 2yy') - 2(x^2 + y^2) - (2x + 2yy') \cdot 2x = 2yy' \big| : 2 \Rightarrow$

$2x(x^2 + y^2) + 2yy'(x^2 + y^2) - (x^2 + y^2) - 2x^2 - 2xyy' - yy' = 0 \Rightarrow$

(Gleichung nach dem grau unterlegten Produkt yy' auflösen)

$yy'[2(x^2 + y^2) - 2x - 1] = (x^2 + y^2)(1 - 2x) + 2x^2 \Rightarrow$

$y' = \dfrac{(x^2 + y^2)(1 - 2x) + 2x^2}{y[2(x^2 + y^2) - 2x - 1]}$

d) $2x = 3y^2 y' \Rightarrow y' = \dfrac{2x}{3y^2}$

e) $3y^2 y' - 2y^2 - 4xyy' = -\dfrac{1}{x^2} \Rightarrow$

$(3y^2 - 4xy)y' = 2y^2 - \dfrac{1}{x^2} = \dfrac{2x^2 y^2 - 1}{x^2} \Rightarrow y' = \dfrac{2x^2 y^2 - 1}{x^2(3y^2 - 4xy)}$

14) $P_0 = (4;\, 5{,}583);\ \ 2(x-2) + 2(y-1)y' = 0 \Rightarrow y' = -\dfrac{x-2}{y-1};\ \ y'(P_0) = -0{,}436$

15) a) $\dot{y} = -e^{-0{,}8t} \cdot (0{,}8 \cdot \cos t + \sin t);\ \ \ddot{y} = e^{-0{,}8t} \cdot (1{,}6 \cdot \sin t - 0{,}36 \cdot \cos t)$

b) $y' = 3x^2 \cdot \ln x + x^2 - \arctan x - \dfrac{x}{1+x^2};$

$y'' = 6x \cdot \ln x + 5x - \dfrac{1}{1+x^2} - \dfrac{1-x^2}{(1+x^2)^2} = 6x \cdot \ln x + 5x - \dfrac{2}{(1+x^2)^2}$

c) $y' = \dfrac{2x}{(1+x^2)^2};\ \ \ y'' = \dfrac{2-6x^2}{(1+x^2)^3}$

d) $y'(t) = A\omega \cdot \cos(\omega t + \varphi);\ \ \ y''(t) = -A\omega^2 \cdot \sin(\omega t + \varphi)$

e) $y' = (\ln 4) \cdot (\sin x + x \cdot \cos x) \cdot 4^{x \cdot \sin x}$

$y'' = (\ln 4) \cdot 4^{x \cdot \sin x} \cdot [\ln 4 (\sin x + x \cdot \cos x)^2 + 2 \cdot \cos x - x \cdot \sin x]$

f) $y = \dfrac{(x-2)(x+5)}{x^3 + x^2 - 2} = \dfrac{x^2 + 3x - 10}{x^3 + x^2 - 2}$

$y' = \dfrac{(2x+3)(x^3 + x^2 - 2) - (3x^2 + 2x)(x^2 + 3x - 10)}{(x^3 + x^2 - 2)^2} =$

$= \dfrac{-x^4 - 6x^3 + 27x^2 + 16x - 6}{(x^3 + x^2 - 2)^2}$

$y'' = \dfrac{(-4x^3 - 18x^2 + 54x + 16)(x^3 + x^2 - 2)^2}{(x^3 + x^2 - 2)^4} -$

$- \dfrac{2(x^3 + x^2 - 2)(3x^2 + 2x)(-x^4 - 6x^3 + 27x^2 + 16x - 6)}{(x^3 + x^2 - 2)^4} =$

$= \dfrac{2(x^6 + 9x^5 - 51x^4 - 63x^3 + 12x^2 - 42x - 16)}{(x^3 + x^2 - 2)^3}$

16) a) $\dot{y} = 2 \cdot e^{-2t} [2 \cdot \cos(4t+5) - \sin(4t+5)]$

$\ddot{y} = -4 \cdot e^{-2t} \cdot [4 \cdot \cos(4t+5) + 3 \cdot \sin(4t+5)];\ \ \ddot{y}(0) = 6{,}968$

b) $y' = \ln x + 1;\ \ \ y'' = \dfrac{1}{x};\ \ \ y'''(x) = -\dfrac{1}{x^2};\ \ \ y'''(1) = -1$

c) $y' = \dfrac{4x-4}{(x+1)^3};\ \ \ y'' = \dfrac{16 - 8x}{(x+1)^4};\ \ \ y''' = \dfrac{24x - 72}{(x+1)^5} \Rightarrow$

$y'(0) = -4;\ \ \ y''(0) = 16;\ \ \ y'''(0) = -72$

IV Differentialrechnung

17) a) $\dot{x} = \dfrac{1}{2\sqrt{t}};\quad \dot{y} = \dfrac{1}{2\sqrt{t+1}};\quad y' = \sqrt{\dfrac{t}{t+1}};\quad y'(t_0 = 1) = 0{,}707$

b) $\dot{x} = -3 \cdot \cos^2 t \cdot \sin t;\quad \dot{y} = 3 \cdot \sin^2 t \cdot \cos t;\quad y' = -\dfrac{\sin t}{\cos t} = -\tan t$

c) $\dot{x} = \dfrac{1}{\sqrt{1-t^2}};\quad \dot{y} = 2t;\quad y' = 2t \cdot \sqrt{1-t^2}$

d) $\dot{x} = 2t;\quad \dot{y} = 3t^2;\quad y' = 1{,}5\,t;\quad y'(t_0 = 3) = 4{,}5$

18) $\dot{x} = -a \cdot \sin t;\ \dot{y} = b \cdot \cos t;\ y'(t) = -\dfrac{b}{a} \cdot \dfrac{\cos t}{\sin t} = -\dfrac{b}{a} \cdot \cot t;\ y'\!\left(t_0 = \dfrac{\pi}{4}\right) = -\dfrac{b}{a}$

Waagerechte Tangenten: $\cos t = 0 \Rightarrow t_1 = \dfrac{\pi}{2};\ t_2 = \dfrac{3\pi}{2} \Rightarrow P_{1/2} = (0;\ \pm b)$

Senkrechte Tangenten: $\sin t = 0 \Rightarrow t_3 = 0;\ t_4 = \pi \Rightarrow P_{3/4} = (\pm a;\ 0)$

19) $\dot{x} = \dfrac{4t}{(t^2+1)^2};\quad \dot{y} = \dfrac{t^4 + 4t^2 - 1}{(t^2+1)^2}$

$y'(t) = \dfrac{t^4 + 4t^2 - 1}{4t}$

Waagerechte Tangenten: $t^4 + 4t^2 - 1 = 0 \Rightarrow$

$t_{1/2} = \mp 0{,}486 \Rightarrow P_{1/2} = (-0{,}618;\ \pm 0{,}3)$

Senkrechte Tangenten: $4t = 0 \Rightarrow$

$t_3 = 0 \Rightarrow P_3 = (-1;\ 0)$

Funktionsverlauf: siehe Bild A-57

Hinweis für die Skizze: $y = t \cdot x$

$(-1 \leq x < 1;\ -\infty < t < \infty)$

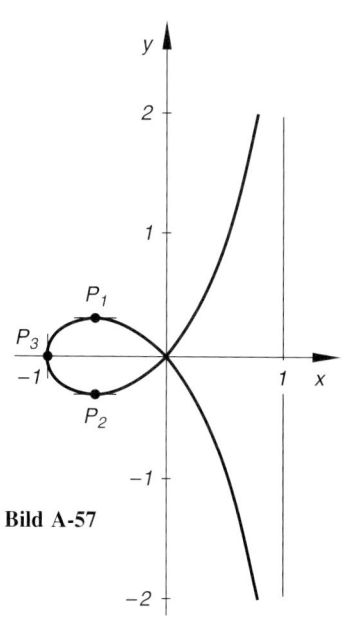

Bild A-57

20) a) $x = e^\varphi \cdot \cos \varphi;\ y = e^\varphi \cdot \sin \varphi;\ \dot{x} = (\cos \varphi - \sin \varphi) \cdot e^\varphi;\ \dot{y} = (\sin \varphi + \cos \varphi) \cdot e^\varphi$

$y' = \dfrac{\sin \varphi + \cos \varphi}{\cos \varphi - \sin \varphi} = \dfrac{\tan \varphi + 1}{1 - \tan \varphi}\quad \left(\text{nach gliedweiser Division durch } \cos \varphi;\ \tan \varphi = \dfrac{\sin \varphi}{\cos \varphi}\right)$

b) $x = e^\varphi \cdot \sin \varphi \cdot \cos \varphi;\ y = e^\varphi \cdot \sin^2 \varphi;\ \dot{x} = (\sin \varphi \cdot \cos \varphi + \cos^2 \varphi - \sin^2 \varphi) \cdot e^\varphi;$

$\dot{y} = (\sin^2 \varphi + 2 \cdot \sin \varphi \cdot \cos \varphi) \cdot e^\varphi$

$y' = \dfrac{\sin^2 \varphi + 2 \cdot \sin \varphi \cdot \cos \varphi}{\sin \varphi \cdot \cos \varphi + \cos^2 \varphi - \sin^2 \varphi} = \dfrac{\tan^2 \varphi + 2 \cdot \tan \varphi}{\tan \varphi + 1 - \tan^2 \varphi}$

$\left(\text{nach gliedweiser Division durch } \cos^2 \varphi;\ \tan \varphi = \dfrac{\sin \varphi}{\cos \varphi}\right)$

c) $x = \dfrac{\cos\varphi}{\varphi}$; $y = \dfrac{\sin\varphi}{\varphi}$; $\dot{x} = \dfrac{-\varphi \cdot \sin\varphi - \cos\varphi}{\varphi^2}$; $\dot{y} = \dfrac{\varphi \cdot \cos\varphi - \sin\varphi}{\varphi^2}$

$y' = \dfrac{\sin\varphi - \varphi \cdot \cos\varphi}{\cos\varphi + \varphi \cdot \sin\varphi} = \dfrac{\tan\varphi - \varphi}{1 + \varphi \cdot \tan\varphi}$ (nach gliedweiser Division durch $\cos\varphi$)

21) Wegen $r \geq 0$ und somit $\cos(2\varphi) \geq 0$ gibt es im Winkelbereich zwischen $45°$ und $135°$ bzw. $225°$ und $315°$ *keine* Kurvenpunkte!

$x = r \cdot \cos\varphi = \sqrt{\cos(2\varphi)} \cdot \cos\varphi$; $\dot{x} = \dfrac{-[\cos\varphi \cdot \sin(2\varphi) + \sin\varphi \cdot \cos(2\varphi)]}{\sqrt{\cos(2\varphi)}}$;

$y = r \cdot \sin\varphi = \sqrt{\cos(2\varphi)} \cdot \sin\varphi$; $\dot{y} = \dfrac{-[\sin\varphi \cdot \sin(2\varphi) - \cos\varphi \cdot \cos(2\varphi)]}{\sqrt{\cos(2\varphi)}}$

$y' = \dfrac{\sin\varphi \cdot \sin(2\varphi) - \cos\varphi \cdot \cos(2\varphi)}{\cos\varphi \cdot \sin(2\varphi) + \sin\varphi \cdot \cos(2\varphi)} = \dfrac{\tan\varphi \cdot \tan(2\varphi) - 1}{\tan(2\varphi) + \tan\varphi}$

(nach gliedweiser Division durch $\cos\varphi \cdot \cos(2\varphi)$)

Waagerechte Tangenten: $\tan\varphi \cdot \tan(2\varphi) - 1 = 0$ oder $\tan\varphi \cdot \tan(2\varphi) = 1$

Mit Hilfe der Formel $\tan(2\varphi) = \dfrac{2 \cdot \tan\varphi}{1 - \tan^2\varphi}$ folgt: $\dfrac{2 \cdot \tan^2\varphi}{1 - \tan^2\varphi} = 1 \Rightarrow 2 \cdot \tan^2\varphi =$

$= 1 - \tan^2\varphi \Rightarrow 3 \cdot \tan^2\varphi = 1 \Rightarrow \tan^2\varphi = 1/3 \Rightarrow \tan\varphi = \pm\sqrt{1/3}$

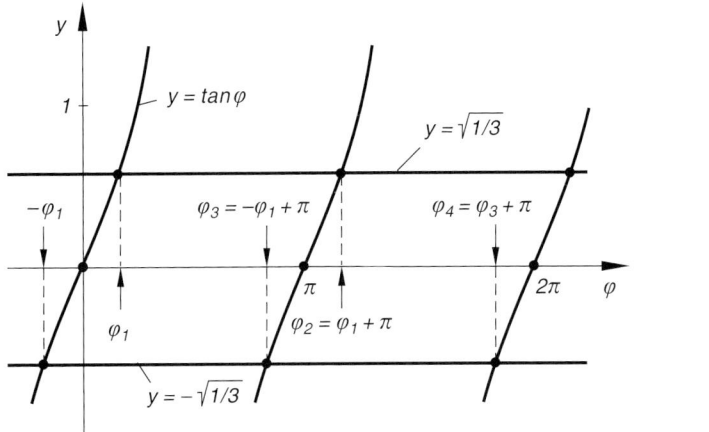

Bild A-58

Schnitt der Tangenskurve mit den Parallelen $y = \pm\sqrt{1/3}$ (siehe Bild A-58):

$\tan\varphi = \sqrt{1/3} \Rightarrow \varphi_1 = \arctan\sqrt{1/3} = \pi/6$; $\varphi_2 = \varphi_1 + \pi = 7\pi/6$

$\tan\varphi = -\sqrt{1/3} \Rightarrow \varphi_3 = -\varphi_1 + \pi = 5\pi/6$; $\varphi_4 = \varphi_3 + \pi = 11\pi/6$

Kurvenpunkte: $P_{1/2} = (\pm 0{,}612;\ \pm 0{,}354)$; $P_{3/4} = (\mp 0{,}612;\ \pm 0{,}354)$

Senkrechte Tangenten: $\tan(2\varphi) + \tan\varphi = \dfrac{\tan\varphi\,(3 - \tan^2\varphi)}{1 - \tan^2\varphi} = 0 \Big\langle \begin{array}{l}\tan\varphi = 0 \\ 3 - \tan^2\varphi = 0\end{array}\Big\} \Rightarrow$

$\tan\varphi = 0 \Rightarrow \varphi_5 = 0$; $\varphi_6 = \pi \Rightarrow P_{5/6} = (\pm 1;\ 0)$

$3 - \tan^2\varphi = 0 \Rightarrow \tan\varphi = \pm\sqrt{3} \Rightarrow$ Lösungen *außerhalb* des Definitionsbereiches

Funktionsverlauf: siehe Bild A-59

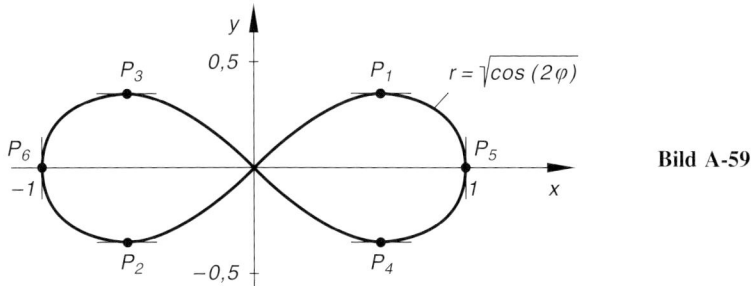

Bild A-59

22) $x = r \cdot \cos \varphi = e^\varphi \cdot \cos \varphi$; $y = r \cdot \sin \varphi = e^\varphi \cdot \sin \varphi$; $y' = \dfrac{\sin \varphi + \cos \varphi}{\cos \varphi - \sin \varphi} = \dfrac{\tan \varphi + 1}{1 - \tan \varphi}$

(siehe Aufgabe 20 a))

Waagerechte Tangenten: $\tan \varphi + 1 = 0 \Rightarrow \tan \varphi = -1 \Rightarrow \varphi_1 = \dfrac{3}{4}\pi; \ \varphi_2 = \dfrac{7}{4}\pi \Rightarrow$

$P_1 = (-7{,}460; \, 7{,}460); \quad P_2 = (172{,}641; \, -172{,}641)$

Senkrechte Tangenten: $1 - \tan \varphi = 0 \Rightarrow \tan \varphi = 1 \Rightarrow \varphi_3 = \dfrac{\pi}{4}; \ \varphi_4 = \dfrac{5}{4}\pi \Rightarrow$

$P_3 = (1{,}551; \, 1{,}551); \quad P_4 = (-35{,}889; \, -35{,}889)$

23) $v(t) = \dot{s}(t) = 3{,}6 \, \text{ms}^{-2} \cdot t + 4 \, \text{ms}^{-1}; \quad a(t) = \dot{v}(t) = 3{,}6 \, \text{ms}^{-2}$

$s(10\,\text{s}) = 230\,\text{m}; \quad v(10\,\text{s}) = 40\,\text{ms}^{-1}; \quad a(10\,\text{s}) = 3{,}6\,\text{ms}^{-2}$

24) $v(t) = \dot{y}(t) = 2 \cdot e^{-0{,}1t} \cdot [4 \cdot \cos(4t) - 0{,}1 \cdot \sin(4t)]$

$a(t) = \ddot{y}(t) = \dot{v}(t) = -2 \cdot e^{-0{,}1t} \cdot [15{,}99 \cdot \sin(4t) + 0{,}8 \cdot \cos(4t)]$

$y(3) = -0{,}80; \quad v(3) = 5{,}08; \quad a(3) = 11{,}71$

25) $v(t) = \dot{y}(t) = -20\,\text{cm s}^{-1} \cdot \sin(2\,\text{s}^{-1} \cdot t - \pi/3); \quad v(3{,}2\,\text{s}) = 16{,}04\,\text{cm s}^{-1}$

$a(t) = \dot{v}(t) = -40\,\text{cm s}^{-2} \cdot \cos(2\,\text{s}^{-1} \cdot t - \pi/3); \quad a(3{,}2\,\text{s}) = -23{,}90\,\text{cm s}^{-2}$

Abschnitt 3

1) a) $P_0 = (2;\, 3{,}297); \quad y' = 2 \cdot e^{-0{,}2t}; \quad y'(2) = 1{,}341$

Tangente: $\dfrac{y - 3{,}297}{t - 2} = 1{,}341 \Rightarrow y = 1{,}341\,t + 0{,}615$

Normale: $\dfrac{y - 3{,}297}{t - 2} = -\dfrac{1}{1{,}341} \Rightarrow y = -0{,}746\,t + 4{,}788$

b) $P_0 = (1{,}2;\, 6{,}216); \quad y' = -\dfrac{x}{\sqrt{16 - x^2}} + 2; \quad y'(1{,}2) = 1{,}686$

Tangente: $y = 1{,}686\,x + 4{,}193; \quad$ *Normale:* $y = -0{,}593\,x + 6{,}928$

c) $P_0 = (4;\, 4{,}394); \quad y' = \dfrac{8(x-2)}{x^2 - 4x + 3}; \quad y'(4) = \dfrac{16}{3} = 5{,}333$

Tangente: $y = 5{,}333\,x - 16{,}938; \quad$ *Normale:* $y = -0{,}188\,x + 5{,}146$

2) $P_0 = (0; 0)$; $y' = \dfrac{A}{T} \cdot e^{-t/T}$; $y'(0) = \dfrac{A}{T}$

Tangente: $y = \dfrac{A}{T} t$

$y(t_1 = T) = A$ (siehe Bild A-60)

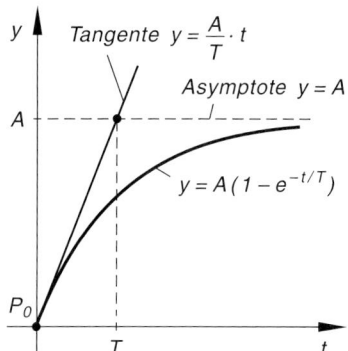

Bild A-60

3) Die Funktion wird durch die *Kurventangente* ersetzt (Lösungsweg wie in Aufgabe 1).

a) $P_0 = (1; \sqrt{2})$; $y' = \dfrac{2x^3}{\sqrt{1+x^4}}$; $y'(1) = \sqrt{2}$

Linearisierte Funktion: $y = \sqrt{2} \cdot x$

b) $P_0 = (3; 19{,}779)$; $y' = \dfrac{45 x^4}{1 + 3 x^5}$; $y'(3) = 4{,}993$

Linearisierte Funktion: $y = 4{,}993 x + 4{,}800$

c) Übergang zu kartesischen Koordinaten:

$x = r \cdot \cos \varphi = 2 \cdot \cos^2 \varphi$; $y = r \cdot \sin \varphi = 2 \cdot \cos \varphi \cdot \sin \varphi = \sin(2\varphi)$;

$\dot{x} = -4 \cdot \cos \varphi \cdot \sin \varphi = -2 \cdot \sin(2\varphi)$; $\dot{y} = 2 \cdot \cos(2\varphi)$

$y' = \dfrac{2 \cdot \cos(2\varphi)}{-2 \cdot \sin(2\varphi)} = -\cot(2\varphi)$

$y'(\varphi_0 = \pi/8) = -1$

$\varphi_0 = \pi/8 \Rightarrow r_0 = 1{,}848$;

$x_0 = 1{,}707$; $y_0 = 0{,}707$

$P_0 = (1{,}707; 0{,}707)$

Tangente in P_0 (linearisierte Funktion):

$\dfrac{y - 0{,}707}{x - 1{,}707} = -1 \Rightarrow y = -x + 2{,}414$

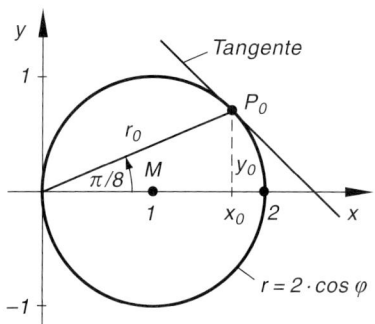

Bild A-61

Hinweis: Die Kurve $r = 2 \cdot \cos \varphi$ beschreibt den in Bild A-61 dargestellten Kreis $(x-1)^2 + y^2 = 1$. Übergang zu kartesischen Koordinaten ($x = r \cdot \cos \varphi$; $x^2 + y^2 = r^2$):

$r = 2 \cdot \cos \varphi \Rightarrow r = 2 \cdot \dfrac{x}{r} \Rightarrow r^2 = 2x \Rightarrow x^2 + y^2 = 2x \Rightarrow$

$x^2 - 2x + y^2 = 0 \Rightarrow (x-1)^2 + y^2 = 1$ (nach quadratischer Ergänzung)

4) $P_0 = (5; \ln 5)$; $y' = 1/x$; $y'(5) = 0{,}2$; Tangente: $y = 0{,}2 x + 0{,}6094$

$y(x_1 = 4{,}8) = 1{,}5694$ (exakt: 1,5686); $y(x_2 = 5{,}3) = 1{,}6694$ (exakt: 1,6677)

IV Differentialrechnung

5) $y' = 2x^2 - 8x + 9;\quad y'' = 4x - 8$

Monotonieverhalten: $y' = 2\underbrace{(x^2 - 4x)}_{\text{quadratische Ergänzung}} + 9 = 2(x-2)^2 + 9 - 8 = 2(x-2)^2 + 1$

$y' - 1 = 2(x-2)^2\;\Rightarrow\;$ Die *Ableitungsfunktion* ist eine nach *oben* geöffnete Parabel mit dem Scheitelpunkt $S = (2;1)$ (1. Quadrant) und verläuft daher *oberhalb* der x-Achse. Somit ist $y' > 0$ für jedes $x \in \mathbb{R}$, die Polynomfunktion daher eine *streng monoton wachsende* Funktion.

Krümmungsverhalten: Aus $y'' = 4x - 8 = 4(x-2)$ folgt:

$y'' > 0$ für $x > 2\;\Rightarrow\;$ *Linkskrümmung*

$y'' < 0$ für $x < 2\;\Rightarrow\;$ *Rechtskrümmung*

6) $P_0 = (x_0; y_0)$: Tangentenberührungspunkt (noch unbekannt), liegt auf der Kurve $\Rightarrow$ $y_0 = \sqrt{x_0}$; Tangentensteigung: $m = y'(x_0) = \dfrac{1}{2\sqrt{x_0}}$

Tangente (Ansatz; Bild A-62):

$\dfrac{y - y_0}{x - x_0} = \dfrac{y - \sqrt{x_0}}{x - x_0} = \dfrac{1}{2\sqrt{x_0}}$

Punkt A liegt auf der Tangente:

$\dfrac{0 - \sqrt{x_0}}{-1 - x_0} = \dfrac{\sqrt{x_0}}{1 + x_0} = \dfrac{1}{2\sqrt{x_0}}\;\Rightarrow$

$2x_0 = 1 + x_0\;\Rightarrow\; x_0 = 1;$
$y_0 = \sqrt{1} = 1;\; P_0 = (1;1)$

Tangente: $y = \dfrac{1}{2}x + \dfrac{1}{2}$

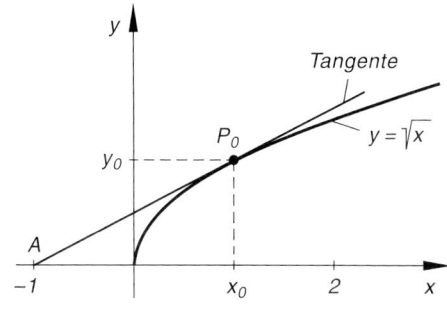

Bild A-62

7) $y = y' = y'' = e^x;\quad \kappa(x) = \dfrac{e^x}{(1 + e^{2x})^{3/2}}$; Wegen $e^x > 0$ und $e^{2x} > 0$ ist auch $\kappa(x) > 0$, die Kurve ist daher an jeder Stelle nach *links* gekrümmt.

$\kappa(0) = \dfrac{1}{4}\sqrt{2};\quad \varrho(0) = 2\sqrt{2}$

8) $\dfrac{x^2}{a^2} + \dfrac{y^2}{b^2} = 1\;\Rightarrow\;$ Obere Halbellipse: $y = \dfrac{b}{a}\cdot\sqrt{a^2 - x^2} = \dfrac{b}{a}(a^2 - x^2)^{1/2}$

$y' = -\dfrac{b}{a}x(a^2 - x^2)^{-1/2};\quad y'' = -ab(a^2 - x^2)^{-3/2};\quad \kappa(x) = \dfrac{-a^4 b}{(a^4 - a^2 x^2 + b^2 x^2)^{3/2}}$

Schnittpunkt: $P = (0;b);\quad \kappa(0) = -\dfrac{b}{a^2} < 0\;\Rightarrow\;$ *Rechtskrümmung*; $\varrho(0) = \dfrac{a^2}{b}$

9) $y' = -x \cdot e^{-0,5x^2}$; $y'' = (x^2 - 1) \cdot e^{-0,5x^2}$; $\kappa(x) = \dfrac{(x^2 - 1) \cdot e^{-0,5x^2}}{[1 + x^2 \cdot e^{-x^2}]^{3/2}}$

$\kappa(-1) = \kappa(1) = 0$ ($\kappa = 0$ ist eine *notwendige* Bedingung für einen Wendepunkt!)

10) a) $y' = \cos x$; $y'' = -\sin x$; $\varrho = \dfrac{(1 + \cos^2 x)^{3/2}}{|-\sin x|}$ $\Rightarrow$ $\varrho(\pi/2) = 1$

Krümmungskreis in P (Bild A-63): Mittelpunkt $M = (\pi/2; 0)$; Radius $\varrho = 1$

Begründung: Wegen der Spiegelsymmetrie der Kurve $y = \sin x$ bezüglich der Parallelen $x = \pi/2$ stimmen die Punkte $M = (x_0; y_0)$ und $P = (\pi/2; 1)$ in ihrer Abszisse überein: $x_0 = \pi/2$. Der Abstand $\overline{MP} = \varrho(\pi/2) = 1$ entspricht der Ordinate von P. Daher liegt M auf der x-Achse: $y_0 = 0$.

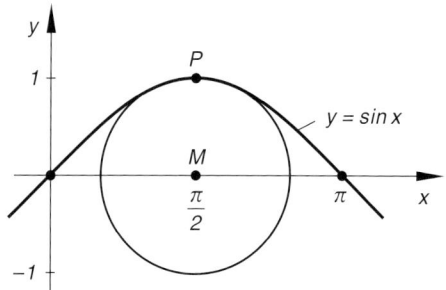

Bild A-63

b) $y' = 2x$; $y'' = 2$; $\varrho = \dfrac{(1 + 4x^2)^{3/2}}{2}$ $\Rightarrow$ $\varrho(0) = 0,5$

Krümmungskreis in S (Bild A-64):
Mittelpunkt $M = (0; 0,5)$
Radius $\varrho = \varrho(0) = 0,5$
Begründung wie in Aufgabe a):
Symmetrieachse ist hier die y-Achse.

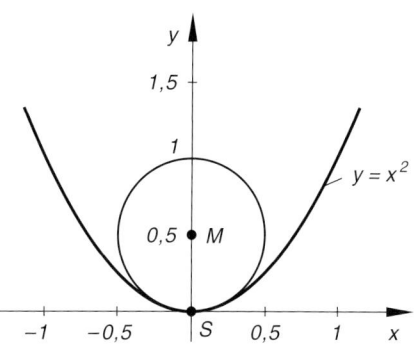

Bild A-64

c) $y' = 2(1 - e^{-x}) \cdot e^{-x} = 2(e^{-x} - e^{-2x})$; $y'' = 2(-e^{-x} + 2 \cdot e^{-2x})$

$\varrho = \dfrac{[1 + 4(e^{-x} - e^{-2x})^2]^{3/2}}{2|-e^{-x} + 2 \cdot e^{-2x}|}$

Krümmungskreis in $P = (0; 0)$
(siehe Bild A-65):

Mittelpunkt $M = (0; 0,5)$
Radius $\varrho = \varrho(0) = 0,5$

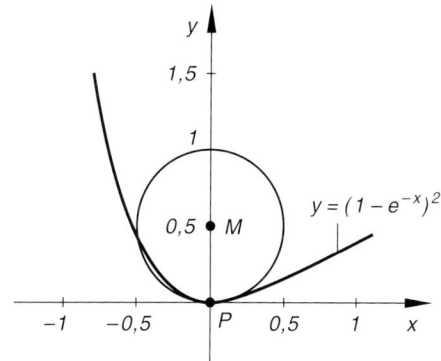

Bild A-65

IV Differentialrechnung 791

11) $V'(r) = -D\left(-\dfrac{2a}{r^2} + \dfrac{2a^2}{r^3}\right); \quad V''(r) = -D\left(\dfrac{4a}{r^3} - \dfrac{6a^2}{r^4}\right)$

Es ist $V'(r_0 = a) = 0$ und $V''(r_0 = a) = \dfrac{2D}{a^2} > 0$.

12) a) $y' = -24x^2 + 24x + 18 = 0 \Rightarrow x_1 = -0{,}5; \; x_2 = 1{,}5; \; y'' = -48x + 24$
$y''(-0{,}5) = 48 > 0 \Rightarrow \text{Min} = (-0{,}5; -5);$
$y''(1{,}5) = -48 < 0 \Rightarrow \text{Max} = (1{,}5; 27)$

b) $z' = 4t^3 - 16t = 4t(t^2 - 4) = 0 \Rightarrow t_1 = 0; \; t_{2/3} = \pm 2; \; z'' = 12t^2 - 16$
$z''(0) = -16 < 0 \Rightarrow \text{Max} = (0; 16); \; z''(\pm 2) = 32 > 0 \Rightarrow \text{Min} = (\pm 2; 0)$

c) $u' = \dfrac{1}{2}\left(\dfrac{1}{\sqrt{1+z}} - \dfrac{1}{\sqrt{1-z}}\right) = 0 \Rightarrow \sqrt{1+z} = \sqrt{1-z}\,\bigg|\,\text{quadrieren} \Rightarrow$
$1 + z = 1 - z \Rightarrow z_1 = 0$
$u'' = -\dfrac{1}{4}\left[(1+z)^{-3/2} + (1-z)^{-3/2}\right]; \; u''(0) = -\dfrac{1}{2} < 0 \Rightarrow \text{Max} = (0; 2)$

d) $y' = (1-x) \cdot \underbrace{e^{-x}}_{\neq 0} = 0 \Rightarrow 1 - x = 0 \Rightarrow x_1 = 1; \; y'' = (x - 2) \cdot e^{-x}$
$y''(1) = -e^{-1} < 0 \Rightarrow \text{Max} = (1; 0{,}368)$

e) Diese Aufgabe lässt sich *ohne* Hilfsmittel aus der Differentialrechnung lösen!
$y = \sin x \cdot \cos x = \dfrac{1}{2} \cdot \sin(2x)$: Sinusfunktion mit der Periode $p = 2\pi/2 = \pi$. Die *relativen Extremwerte* lassen sich aus dem bekannten Kurvenverlauf direkt ablesen (Bild A-66):
Maxima: $x_{1k} = \dfrac{\pi}{4} + k\pi; \; y_{1k} = 0{,}5;$ Minima: $x_{2k} = \dfrac{3}{4}\pi + k\pi; \; y_{2k} = -0{,}5$
$(k \in \mathbb{Z})$

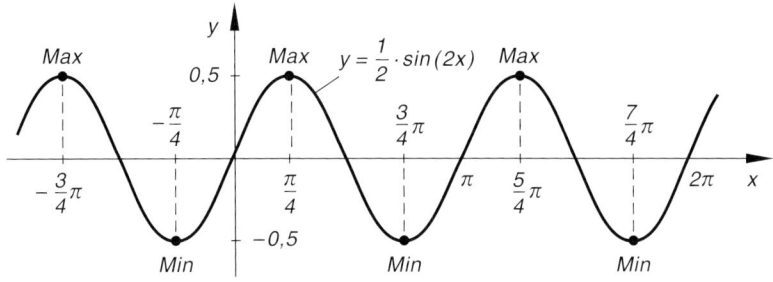

Bild A-66

f) $y' = \dfrac{12(2x - 1)}{(x^2 - x - 6)^2} = 0 \Rightarrow 2x - 1 = 0 \Rightarrow x_1 = 0{,}5$

$y'' = \dfrac{24(-3x^2 + 3x - 7)}{(x^2 - x - 6)^3}; \; y''(0{,}5) = 0{,}6144 > 0 \Rightarrow \text{Min} = (0{,}5; -0{,}08)$

13) Es ist $y'(3) = y''(3) = y'''(3) = y^{(4)}(3) = 0$, aber $y^{(5)}(3) = 240 \neq 0$. Da diese Ableitung von fünfter, d. h. *ungerader* Ordnung ist, besitzt die Funktion an der Stelle $x_1 = 3$ einen *Sattelpunkt*.

14) Für jede der vier trigonometrischen Funktionen gilt: In den *Nullstellen* x_k ist $y''(x_k) = 0$ und $y'''(x_k) \neq 0$. Für die *Steigung der Wendetangenten* erhält man:

Sinusfunktion: abwechselnd 1 und -1; *Kosinusfunktion:* abwechselnd -1 und 1; *Tangensfunktion:* 1; *Kotangensfunktion:* -1

Für die *Tangensfunktion* als Musterbeispiel gilt:

$$y' = \frac{1}{\cos^2 x}; \quad y'' = \frac{2 \cdot \tan x}{\cos^2 x}; \quad y''' = \frac{2(1 + 2 \cdot \sin^2 x)}{\cos^4 x}$$

Wendepunkte: $y'' = 0 \Rightarrow \tan x = 0 \Rightarrow x_k = k\pi$ ($k \in \mathbb{Z}$) (identisch mit den Nullstellen)

$$y'''(x_k = k\pi) = \frac{2[1 + 2 \cdot \sin^2(k\pi)]}{\cos^4(k\pi)} = 2 \neq 0 \Rightarrow \text{Wendepunkte an den Stellen } x_k = k\pi$$

Steigung der Wendetangenten: $y'(x_k = k\pi) = \dfrac{1}{\cos^2(k\pi)} = 1$

15) $M'(x) = \dfrac{q}{2}(l - 2x) = 0 \Rightarrow x_1 = \dfrac{l}{2}$ (Balkenmitte); $M''(x) = -q < 0 \Rightarrow$ Maximum

16) Scheitelpunktsform: $y - y_0 = a(x - x_0)^2$; $y' = 2a(x - x_0)$; $y'' = 2a$ (mit $a \neq 0$)

$$|\kappa(x)| = \frac{|y''|}{[1 + (y')^2]^{3/2}} = \frac{|2a|}{[1 + 4a^2(x - x_0)^2]^{3/2}} \longrightarrow \text{Maximum}$$

Die Krümmung wird (dem Betrage nach) am *größten*, wenn der *Nenner* und damit der Ausdruck („Zielfunktion") $z = z(x) = 1 + 4a^2(x - x_0)^2$ seinen *kleinsten* Wert annimmt:

$$z' = 8a^2(x - x_0) = 0 \Rightarrow x = x_0; \quad z'' = 8a^2 > 0 \text{ (für alle } x) \Rightarrow \text{Minimum}$$

Dies ist der Fall für $x = x_0$, d. h. im Scheitelpunkt der Parabel.

17) a) $K'(v) = \dfrac{a^2(b^2 - v^2)}{(v^2 + b^2)^2}$; $K''(v) = \dfrac{2a^2 v(v^2 - 3b^2)}{(v^2 + b^2)^3}$;

$K'(v) = 0 \Rightarrow b^2 - v^2 = 0 \Rightarrow v = b$; $K''(b) = -\dfrac{a^2}{2b^3} < 0 \Rightarrow$ Max

Maximum für $v = b$ \quad b) $K_{\max} = K(b) = \dfrac{a^2}{2b}$

18) $P'(R) = U_0^2 \dfrac{R_i - R}{(R + R_i)^3}$; $P''(R) = 2U_0^2 \dfrac{R - 2R_i}{(R + R_i)^4}$; $P'(R_i) = 0$;

$P''(R_i) = -\dfrac{U_0^2}{8R_i^3} < 0 \Rightarrow$ Max; $P_{\max} = P(R_i) = \dfrac{U_0^2}{4R_i}$

19) *Nebenbedingung* (Satz des Pythagoras; Bild A-67): $a^2 + b^2 = 4R^2 \Rightarrow a = \sqrt{4R^2 - b^2}$

$$I(b) = \frac{1}{12} \sqrt{4R^2 - b^2} \cdot b^3 = \frac{1}{12} \sqrt{4R^2 b^6 - b^8}, \quad 0 < b < 2R$$

IV Differentialrechnung

Zielfunktion (Radikand der Wurzel):

$z(b) = 4R^2 b^6 - b^8 \longrightarrow$ Maximum

$z'(b) = 24 R^2 b^5 - 8 b^7; \quad z''(b) = 120 R^2 b^4 - 56 b^6;$

$z'(b) = 0 \Rightarrow 8 b^5 (3R^2 - b^2) = 0 \Rightarrow b = \sqrt{3} R;$

$z''(b = \sqrt{3} R) = -432 R^6 < 0 \Rightarrow$ Maximum

Lösung: I wird *maximal* für $b = \sqrt{3} R, \quad a = R;$

$I_{max} = \dfrac{1}{4} \sqrt{3} R^4$

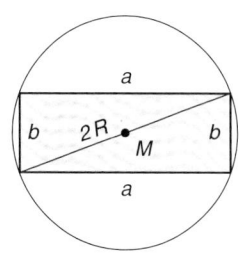

Bild A-67

20) *Kleinster* Materialverbrauch, wenn der Umfang $U = 2x + 2y$ des rechteckigen Querschnitts am *kleinsten* wird (siehe Bild A-68):

Nebenbedingung: Querschnittsfläche $A = xy = 4 \Rightarrow y = \dfrac{4}{x} \quad$ (mit $x > 0$)

$U = 2x + \dfrac{8}{x}; \quad U' = 2 - \dfrac{8}{x^2}; \quad U'' = \dfrac{16}{x^3}$

$U' = 0 \Rightarrow 2 - \dfrac{8}{x^2} = 0 \Rightarrow x = 2; \quad y = 2$

$U''(x = 2) = 2 > 0 \Rightarrow$ Minimum

Lösung: $x = y = 2$ m; $\quad U_{min} = 8$ m

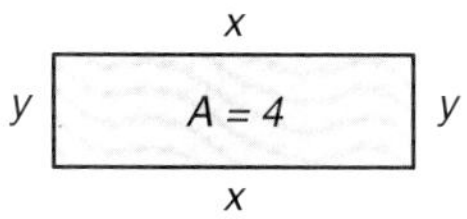

Bild A-68

21) *Volumen:* $V = \pi r^2 h \quad (r > 0, h > 0)$ (siehe Bild A-69)

Nebenbedingung (Satz des Pythagoras): $4 r^2 + h^2 = 4 R^2 = 16 \Rightarrow r^2 = \dfrac{16 - h^2}{4}$

$V(h) = \pi \left(\dfrac{16 - h^2}{4} \right) h = \dfrac{\pi}{4} (16 h - h^3), \quad h > 0$

$V'(h) = \dfrac{\pi}{4} (16 - 3 h^2); \quad V''(h) = -\dfrac{3}{2} \pi h$

$V'(h) = 0 \Rightarrow 16 - 3 h^2 = 0 \Rightarrow h = \dfrac{4}{3} \sqrt{3}$

$V'' \left(h = \dfrac{4}{3} \sqrt{3} \right) = -2 \sqrt{3} \pi < 0 \Rightarrow$ Maximum

Lösung: *Maximum* für $h = \dfrac{4}{3} \sqrt{3}$ m, $r = \dfrac{2}{3} \sqrt{6}$ m;

$V_{max} = \dfrac{32}{9} \sqrt{3} \pi$ m^3

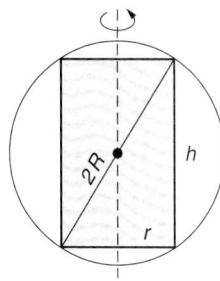

Bild A-69

22) Nach Bild A-70 befinden sich die Massenpunkte zur Zeit t an den folgenden Orten:

A: $x(t) = x(0) - v_A t = 15 - 0{,}5 t$
B: $y(t) = y(0) - v_B t = 12 - 0{,}6 t$ $\quad$ (t in s, x und y in m)

Gegenseitiger Abstand: $d(t) = \sqrt{x^2 + y^2} = \sqrt{(15 - 0{,}5 t)^2 + (12 - 0{,}6 t)^2} \quad$ (in m)

Zielfunktion (Radikand der Wurzel):

$z(t) = (15 - 0.5t)^2 + (12 - 0.6t)^2$

$z'(t) = -29.4 + 1.22t;$

$z''(t) = 1.22 > 0$ (für alle t)

$z'(t) = 0 \Rightarrow -29.4 + 1.22t = 0$

$\Rightarrow t = 24.10$

Lösung: Der Abstand ist nach $t = 24.1$ s am *kleinsten*, er beträgt dann
$d_{min} = d(t = 24.1 \text{ s}) = 3.84$ m.

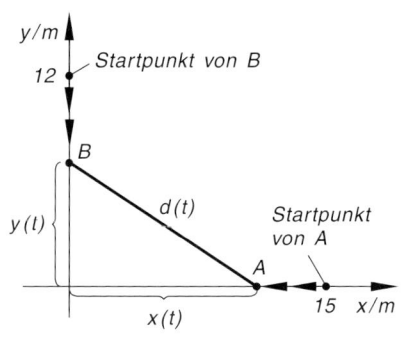

Bild A-70

23) Oberfläche des Zylinders: $A = 2\pi rh + 2\pi r^2$ (Radius: $r > 0$; Höhe: $h > 0$)

Nebenbedingung: Zylindervolumen $V = \pi r^2 h = 1000 \Rightarrow h = \dfrac{1000}{\pi r^2}$

$A(r) = \dfrac{2000}{r} + 2\pi r^2;\quad A'(r) = -\dfrac{2000}{r^2} + 4\pi r;\quad A''(r) = \dfrac{4000}{r^3} + 4\pi > 0$

$A'(r) = 0 \Rightarrow -\dfrac{2000}{r^2} + 4\pi r = 0 \Rightarrow 4\pi r^3 = 2000 \Rightarrow r = 5.42$

Lösung: *Minimale* Oberfläche für $r = 5.42$ cm, $h = 10.84$ cm $\Rightarrow A_{min} = 553.73$ cm^2

24) a) $y = \dfrac{x^2 + 1}{x - 3} = x + 3 + \dfrac{10}{x - 3}, \quad x \neq 3$

Definitionsbereich: $D = \mathbb{R} \setminus \{3\}$; Nullstellen: keine (da Zähler $x^2 + 1 \neq 0$)

Pol: $x - 3 = 0 \Rightarrow x_1 = 3$; Senkrechte Asymptote: $x = 3$

Ableitungen: $y' = \dfrac{x^2 - 6x - 1}{(x-3)^2};\quad y'' = \dfrac{20}{(x-3)^3} \neq 0$ (y''' wird nicht benötigt)

Extremwerte: $y' = 0 \Rightarrow$
$x^2 - 6x - 1 = 0 \Rightarrow$
$x_1 = -0.162;\quad x_2 = 6.162$

$y''(-0.162) = -0.633 < 0 \Rightarrow$

Max $= (-0.162; -0.325);$

$y''(6.162) = 0.633 > 0 \Rightarrow$

Min $= (6.162; 12.325)$

Wendepunkte: keine (da $y'' \neq 0$)

Asymptote im Unendlichen:

$y = x + 3$

Wertebereich:

$W = (-\infty; -0.325] \cup [12.325; \infty)$

Funktionsverlauf: siehe Bild A-71

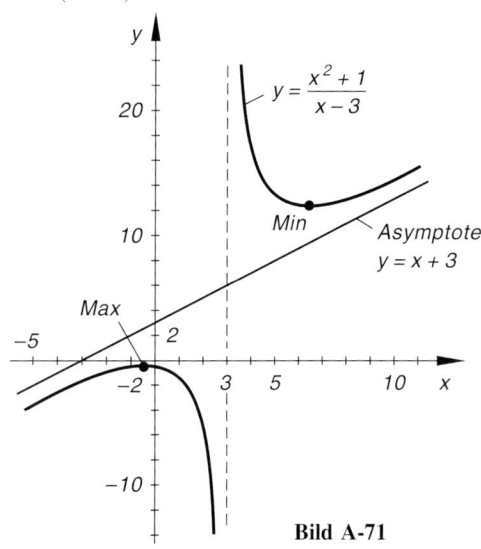

Bild A-71

b) $y = \dfrac{(x-1)^2}{x+1} = \dfrac{x^2 - 2x + 1}{x+1} = x - 3 + \dfrac{4}{x+1}, \quad x \neq -1$

Definitionsbereich: $D = \mathbb{R} \setminus \{-1\}$

Nullstellen: $(x-1)^2 = 0 \;\Rightarrow\; x_{1/2} = 1$ (Extremwert, Minimum)

Pol: $x + 1 = 0 \;\Rightarrow\; x_3 = -1;$ *Senkrechte Asymptote:* $x = -1$

Ableitungen: $y' = \dfrac{x^2 + 2x - 3}{(x+1)^2}; \quad y'' = \dfrac{8}{(x+1)^3} \neq 0$ (y''' wird nicht benötigt)

Extremwerte: $y' = 0 \;\Rightarrow\; x^2 + 2x - 3 = 0 \;\Rightarrow\; x_4 = -3; \quad x_5 = 1$

$y''(-3) = -1 < 0 \;\Rightarrow\;$ Max $= (-3; -8);\; y''(1) = 1 > 0 \;\Rightarrow\;$ Min $= (1; 0)$

Wendepunkte: keine
(da $y'' \neq 0$)

Asymptote im Unendlichen:
$y = x - 3$

Wertebereich:
$W = (-\infty; -8] \cup [0; \infty)$

Funktionsverlauf:
siehe Bild A-72

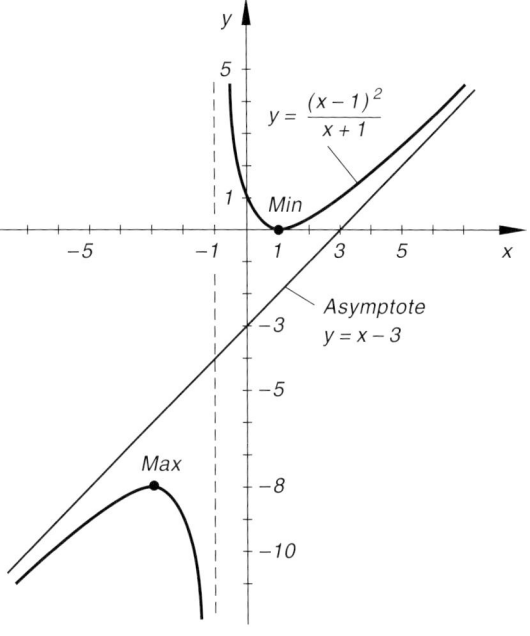

Bild A-72

c) *Definitionsbereich:* $-3 \leq x \leq 3$

Nullstellen: $\dfrac{1}{2} x + \sqrt{9 - x^2} = 0 \;\Rightarrow\; x = -2\sqrt{9 - x^2} \;\Big|\,$ quadrieren $\;\Rightarrow$

$x^2 = 7{,}2 \;\Rightarrow\; x_1 = -2{,}683$ (nur negative Lösung möglich)

Ableitungen: $y' = \dfrac{1}{2} - \dfrac{x}{\sqrt{9 - x^2}}; \quad y'' = -\dfrac{9}{\sqrt{(9 - x^2)^3}} \neq 0$

(y''' wird nicht benötigt)

Extremwerte: $y' = 0 \;\Rightarrow\; \dfrac{1}{2} - \dfrac{x}{\sqrt{9 - x^2}} = 0 \;\Rightarrow\; 2x = \sqrt{9 - x^2} \;\Big|\,$ quadrieren $\;\Rightarrow$

$x^2 = 1{,}8 \;\Rightarrow\; x_2 = 1{,}342$ (nur positive Lösung möglich)

$y''(1{,}342) = -0{,}466 < 0 \;\Rightarrow\;$ Max $= (1{,}342; 3{,}354)$

Wendepunkte: keine (da $y'' \neq 0$)

Wertebereich: $-1{,}5 \leq y \leq 3{,}354$

Funktionsverlauf: siehe Bild A-73

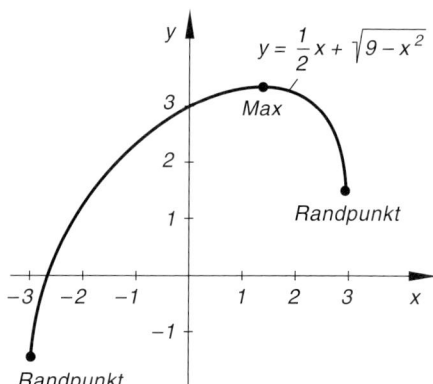

Bild A-73

d) *Definitionsbereich:* $D = (0; \infty)$

Nullstelle: $\ln x = 0 \Rightarrow x_1 = 1$

Pol: $x = 0 \Rightarrow x_2 = 0$

Senkrechte Asymptote: $x = 0$

Ableitungen: $y' = \dfrac{1 - \ln x}{x^2}$;

$y'' = \dfrac{2 \cdot \ln x - 3}{x^3}$;

$y''' = \dfrac{11 - 6 \cdot \ln x}{x^4}$

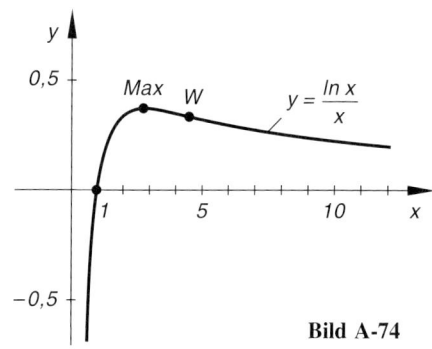

Bild A-74

Extremwerte:

$y' = 0 \Rightarrow 1 - \ln x = 0 \Rightarrow \ln x = 1 \Rightarrow x_3 = e = 2{,}718$

$y''(e) = -\dfrac{1}{e^3} < 0 \Rightarrow$ Max $= (2{,}718; 0{,}368)$

Wendepunkte: $y'' = 0 \Rightarrow 2 \cdot \ln x - 3 = 0 \Rightarrow \ln x = 1{,}5 \Rightarrow x_4 = e^{1{,}5}$

$y'''(e^{1{,}5}) = \dfrac{2}{e^6} \neq 0 \Rightarrow$ Wendepunkt: $(4{,}482; 0{,}335)$

Asymptote (für $x \to \infty$): $y = 0$ (x-Achse)

Wertebereich: $W = (-\infty; 0{,}368]$

Funktionsverlauf: siehe Bild A-74

e) *Definitionsbereich:* $-\infty < x < \infty$; *Wertebereich:* $0 \leq y \leq 1$; *Periode:* $p = \pi$

Beim *Quadrieren* der Sinusfunktion bleiben die Nullstellen erhalten, sie sind zugleich die relativen Minima. Aus den bisherigen relativen Extremwerten (Minima und Maxima) werden relative Maxima. Auch die Wendepunkte bleiben erhalten (siehe Bild A-75).

Minima (= *Nullstellen*): $x_k = k \cdot \pi$; *Maxima:* $x_k = \dfrac{\pi}{2} + k \cdot \pi$, $y_k = 1$

Wendepunkte: $x_k = \dfrac{\pi}{4} + k \cdot \dfrac{\pi}{2}$, $y_k = 0{,}5$ $(k \in \mathbb{Z})$

Funktionsverlauf: siehe Bild A-75

IV Differentialrechnung

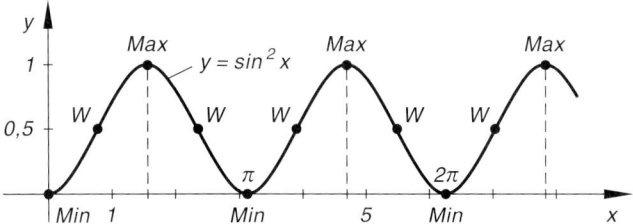

Bild A-75

f) Aus dem Zeigerdiagramm folgt (Bild A-76): $y = \sin x + \cos x = \sqrt{2} \cdot \sin(x + \pi/4)$. Es handelt sich also um eine um $\pi/4$ nach *links* verschobene Sinuskurve mit der Amplitude $A = \sqrt{2}$ und der Periode $p = 2\pi$ (siehe Bild A-77). Nullstellen, relative Extremwerte und Wendepunkte lassen sich direkt ablesen (alle Werte sind gegenüber der Kurve $y = \sin x$ um $\pi/4$ nach links verschoben).

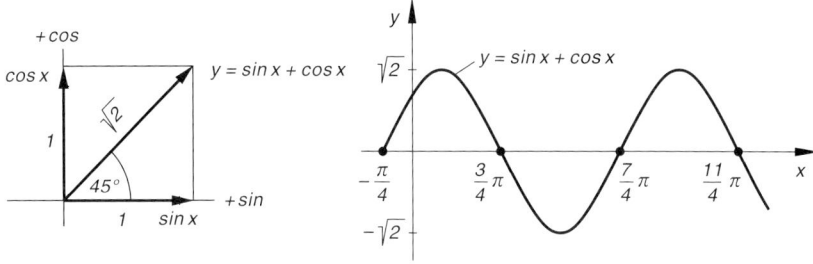

Bild A-76   **Bild A-77**

g) *Definitionsbereich*: $D = (-\infty; \infty)$;   *Wertebereich*: $W = [0; \infty)$

Nullstellen: $(1 - e^{-2x})^2 = 0 \Rightarrow 1 - e^{-2x} = 0 \Rightarrow e^{-2x} = 1 \Rightarrow$
$-2x = \ln 1 = 0 \Rightarrow x_{1/2} = 0$ (Extremwert, da doppelte Nullstelle)

Ableitungen: $y' = 4(e^{-2x} - e^{-4x})$; $y'' = 8(2 \cdot e^{-4x} - e^{-2x})$;
$y''' = 16(e^{-2x} - 4 \cdot e^{-4x})$

Extremwerte: $y' = 0 \Rightarrow e^{-2x} - e^{-4x} = 0 \,\big|\, \cdot e^{4x} \Rightarrow e^{2x} = 1 \Rightarrow$
$2x = \ln 1 = 0 \Rightarrow x_3 = 0$

$y''(0) = 8 > 0 \Rightarrow$ Min: $(0; 0)$

Wendepunkte: $y'' = 0 \Rightarrow 2 \cdot e^{-4x} - e^{-2x} = 0 \,\big|\, \cdot e^{4x} \Rightarrow e^{2x} = 2 \Rightarrow$
$2x = \ln 2 \Rightarrow x_4 = 0{,}347$

$y'''(0{,}347) = -8 \neq 0 \Rightarrow$

Wendepunkt: $(0{,}347; 0{,}25)$

Verhalten im Unendlichen:
$y = 1$ (für $x \to \infty$)

Funktionsverlauf:
siehe Bild A-78

Bild A-78

25) a) *Definitionsbereich:* $t \geq 0$

Nullstellen: $e^{-t} - e^{-3t} = 0 \,|\, \cdot e^{3t} \;\Rightarrow\; e^{2t} = 1 \;\Rightarrow\; 2t = \ln 1 = 0 \;\Rightarrow\; t_1 = 0$

Ableitungen: $\dot{y} = 4(3 \cdot e^{-3t} - e^{-t})$; $\ddot{y} = 4(e^{-t} - 9 \cdot e^{-3t})$; $\dddot{y} = 4(27 \cdot e^{-3t} - e^{-t})$

Extremwerte: $\dot{y} = 0 \;\Rightarrow\; 3 \cdot e^{-3t} - e^{-t} = 0 \,|\, \cdot e^{3t} \;\Rightarrow\; e^{2t} = 3 \;\Rightarrow\;$
$2t = \ln 3 \;\Rightarrow\; t_2 = 0{,}549$

$\ddot{y}(0{,}549) = -4{,}624 < 0 \;\Rightarrow\;$ *Maximum:* $(0{,}549;\, 1{,}540)$

Wendepunkte: $\ddot{y} = 0 \;\Rightarrow\; e^{-t} - 9 \cdot e^{-3t} = 0 \,|\, \cdot e^{3t} \;\Rightarrow\; e^{2t} = 9 \;\Rightarrow\;$
$2t = \ln 9 \;\Rightarrow\; t_3 = 1{,}099$

$\dddot{y}(1{,}099) = 2{,}663 \neq 0 \;\Rightarrow\;$ *Wendepunkt:* $(1{,}099;\, 1{,}185)$

Wertebereich: $0 \leq y \leq 1{,}540$

Asymptote im Unendlichen: $y = 0$ (für $t \to \infty$)

Funktionsverlauf: siehe Bild A-79

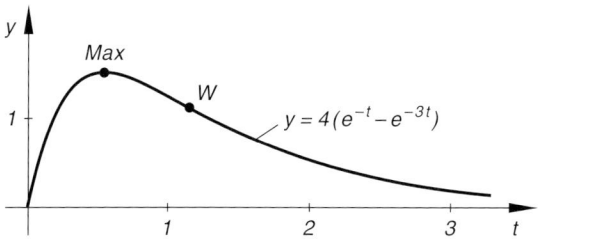

Bild A-79

b) *Definitionsbereich:* $t \geq 0$

Nullstellen: $(1 - 3t) \cdot \underbrace{e^{-2t}}_{\neq 0} = 0 \;\Rightarrow\; 1 - 3t = 0 \;\Rightarrow\; t_1 = 0{,}333$

Ableitungen: $\dot{y} = 5(6t - 5) \cdot e^{-2t}$; $\ddot{y} = 20(4 - 3t) \cdot e^{-2t}$; $\dddot{y} = 20(6t - 11) \cdot e^{-2t}$

Extremwerte: $\dot{y} = 0 \;\Rightarrow\; 5(6t - 5) \cdot \underbrace{e^{-2t}}_{\neq 0} = 0 \;\Rightarrow\; 6t - 5 = 0 \;\Rightarrow\; t_2 = 0{,}833$

$\ddot{y}(0{,}833) = 5{,}674 > 0 \;\Rightarrow\;$ *Minimum:* $(0{,}833;\, -1{,}417)$

Wendepunkte: $\ddot{y} = 0 \;\Rightarrow\; 20(4 - 3t) \cdot \underbrace{e^{-2t}}_{\neq 0} = 0 \;\Rightarrow\; 4 - 3t = 0 \;\Rightarrow\; t_3 = 1{,}333$

$\dddot{y}(1{,}333) = -4{,}174 \neq 0 \;\Rightarrow\;$ *Wendepunkt:* $(1{,}333;\, -1{,}043)$

Wertebereich: $-1{,}417 \leq y \leq 5$

Asymptote im Unendlichen: $y = 0$
(für $t \to \infty$)

Funktionsverlauf:
siehe Bild A-80

Bild A-80

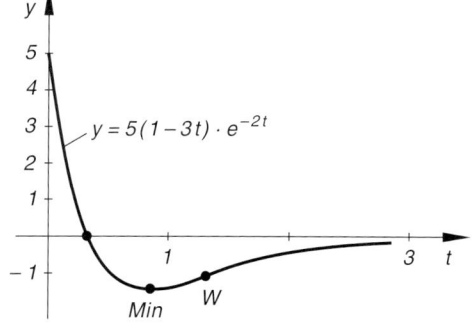

IV Differentialrechnung

26) Die Punkte $P = (0;0)$ und $W = (1;-2)$ liegen auf der Kurve: $y(0) = 0$ und $y(1) = -2$. W ist ein Wendepunkt, die dortige Tangente hat die Steigung $m = 2$ (siehe Steigungsdreieck in Bild A-81): $y''(1) = 0$ und $y'(1) = 2$. Aus diesen Eigenschaften erhält man vier lineare Gleichungen für die vier unbekannten Koeffizienten.

$y' = 3ax^2 + 2bx + c; \quad y'' = 6ax + 2b; \quad y''' = 6a$

$y(0) = 0 \quad \Rightarrow \quad d = 0$

$y(1) = -2 \quad \Rightarrow \quad$ (I) $\quad a + b + c = -2$

$y''(1) = 0 \quad \Rightarrow \quad$ (II) $\quad 6a + 2b = 0$

$y'(1) = 2 \quad \Rightarrow \quad$ (III) $\quad 3a + 2b + c = 2$

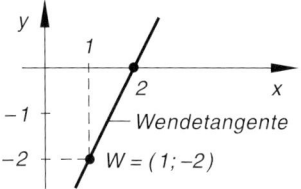

Bild A-81

Weiterer Lösungsweg: Gl. (I) von Gl. (III) subtrahieren ($\Rightarrow \quad 2a + b = 4$), von dieser Gleichung dann die durch 2 dividierte Gl. (II) subtrahieren ($\Rightarrow \quad a = -4$) u. s. w.

Lösung: $a = -4; \quad b = 12; \quad c = -10; \quad d = 0; \quad y = -4x^3 + 12x^2 - 10x$

27) a) $f(x) = x^2 - 2 \cdot \cos x; \quad f'(x) = 2(x + \sin x)$

Startwert: $x_0 = 1$ (aus Bild A-82; die spiegelsymmetrischen Schnittpunkte der Kurven $y = x^2$ und $y = 2 \cdot \cos x$ liegen in der Nähe von $x = \pm 1$)

$x_1 = x_0 - \dfrac{f(x_0)}{f'(x_0)} = 1 - \dfrac{f(1)}{f'(1)} =$

$= 1 - \dfrac{-0{,}080\,605}{3{,}682\,942} = 1{,}021\,885$

Analog: $x_2 = 1{,}021\,689 \to x_3 = 1{,}021\,689$

Zwei spiegelsymmetrische Lösungen:
$x = \pm 1{,}0216$

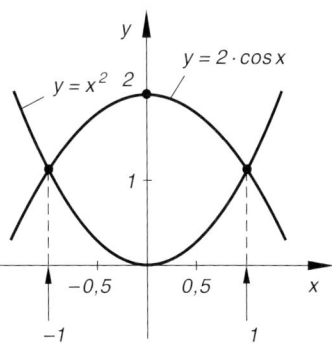

Bild A-82

b) $f(x) = \dfrac{1}{2} \cdot \ln x - 4 \cdot e^{-0{,}3x}; \quad f'(x) = \dfrac{1}{2x} + 1{,}2 \cdot e^{-0{,}3x}$

Startwert: $x_0 = 5$ $\left(\text{aus Bild A-83; der Schnittpunkt der Kurven } y = \dfrac{1}{2} \cdot \ln x \text{ und } y = 4 \cdot e^{-0{,}3x} \text{ liegt in der Nähe von } x = 5\right)$

Analog wie in a):
$x_0 = 5 \to x_1 = 5{,}238\,749 \to$
$x_2 = 5{,}246\,838 \to x_3 = 5{,}246\,847$
Lösung: $x = 5{,}2468$

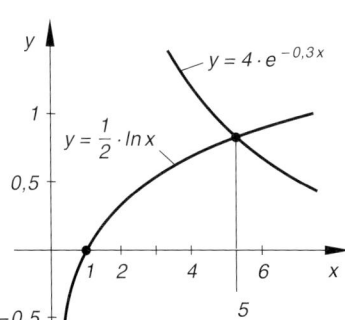

Bild A-83

c) $f(u) = u^3 - 1{,}5u - 1$; $f'(u) = 3u^2 - 1{,}5$

Startwert: $u_0 = 1{,}5$ (aus Bild A-84; der Schnittpunkt der Kurven $y = u^3$ und $y = 1{,}5u + 1$ liegt in der Nähe von $u = 1{,}5$)

Analog wie in a):

$u_0 = 1{,}5 \to u_1 = 1{,}476\,190 \to$
$u_2 = 1{,}475\,686 \to u_3 = 1{,}475\,686$

Lösung: $u = 1{,}4756$

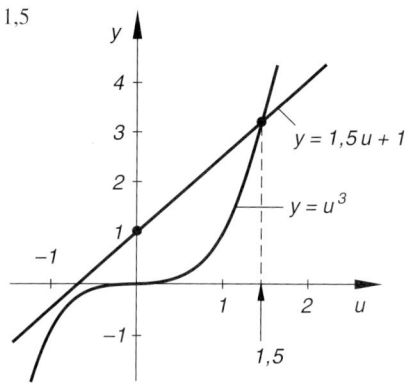

Bild A-84

d) $x \cdot e^{-x} = -0{,}5 \iff e^x = -2x$; $f(x) = e^x + 2x$; $f'(x) = e^x + 2$

Startwert: $x_0 = -0{,}3$ (aus Bild A-85; der Schnittpunkt der Kurven $y = e^x$ und $y = -2x$ liegt in der Nähe von $x = -0{,}3$)

Analog wie in a):

$x_0 = -0{,}3 \to x_1 = -0{,}351\,378 \to$
$x_2 = -0{,}351\,733 \to x_3 = -0{,}351\,733$

Lösung: $x = -0{,}3517$

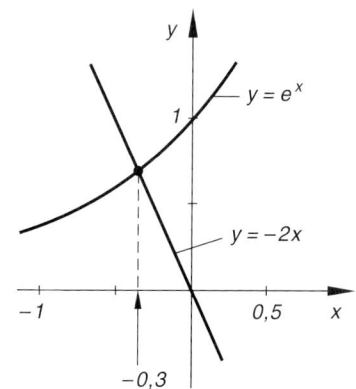

Bild A-85

28) $f(x) = \tan x - x - 2$; $f'(x) = \dfrac{1}{\cos^2 x} - 1 = \dfrac{1 - \cos^2 x}{\cos^2 x} = \dfrac{\sin^2 x}{\cos^2 x} = \tan^2 x$

Startwert: $x_0 = 1{,}3$ (aus Bild A-86; der Schnittpunkt der Kurven $y = \tan x$ und $y = x + 2$ liegt in der Nähe von $x = 1{,}3$)

Analog wie in Aufgabe 27 a):

$x_0 = 1{,}3 \to x_1 = 1{,}276\,716 \to$
$x_2 = 1{,}274\,411 \to x_3 = 1{,}274\,392 \to$
$x_4 = 1{,}274\,392$

Lösung: $x = 1{,}2743$

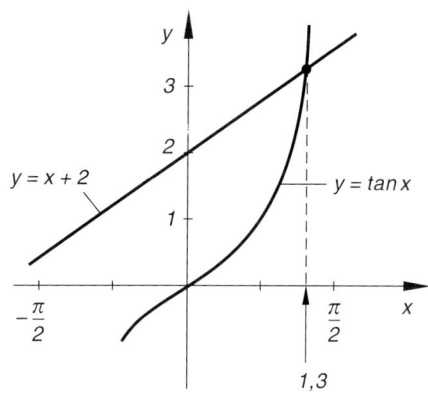

Bild A-86

V Integralrechnung

Hinweis: Die Integrationskonstanten werden in der Regel mit C bezeichnet, manchmal auch mit C_1, C_2 oder K (um Verwechslungen auszuschließen).

Abschnitt 1 bis 7

1) a) $F(x) = \dfrac{2}{3} x^6 - \dfrac{3}{2} x^4 + \dfrac{8}{3} x^3 - \dfrac{3}{2} x^2 + 5x + C$

b) $F(t) = -3 \cdot \cos t - 4 \cdot \sin t + C$ \qquad c) $F(t) = 2 \cdot e^t - 5 \cdot \ln |t| + t + C$

d) $f(x) = \dfrac{1}{2} \cdot \dfrac{1}{x} - x - 2x^2 + 3$; $\quad F(x) = \dfrac{1}{2} \cdot \ln |x| - \dfrac{1}{2} x^2 - \dfrac{2}{3} x^3 + 3x + C$

e) $f(z) = \dfrac{5}{3} \cdot \dfrac{1}{1+z^2} - \dfrac{1}{4} z^4$; $\quad F(z) = \dfrac{5}{3} \cdot \arctan z - \dfrac{1}{20} z^5 + C$

f) $F(x) = -2 \cdot \arcsin x - \tan x + C$

g) $F(u) = -3 \cdot \cos u - 6 \cdot \ln |u| + \dfrac{7}{3} u^3 + C$ \qquad h) $F(x) = -3 \cdot e^x - \sin x + C$

2) a) $F(x) = e^x + \dfrac{1}{3} x^3 - x^2 - \cos x + C$ \qquad b) $F(x) = \dfrac{10^x}{\ln 10} + \cot x + C$

c) $f(x) = 4x^2 - 12x + 9$; $\quad F(x) = \dfrac{4}{3} x^3 - 6x^2 + 9x + C$

d) $F(x) = 2 \cdot \sin x + ax^2 + C$ \qquad e) $F(t) = -3 \cdot \arctan t - \ln |t| + C$

f) $F(x) = 10 \cdot \tanh x - \dfrac{3}{\ln a} \cdot a^x + b \cdot \cos x + C$

g) $f(x) = 5 \cdot 3^x - \dfrac{1}{2} x^{-1/2}$; $\quad F(x) = \dfrac{5}{\ln 3} \cdot 3^x - \sqrt{x} + C$

h) $f(x) = \dfrac{x^{5/3} \cdot x^{1/2}}{x^{4/5}} = x^{\left(\frac{5}{3} + \frac{1}{2} - \frac{4}{5}\right)} = x^{41/30}$; $\quad F(x) = \dfrac{30}{71} \cdot x^{71/30} + C$

i) $f(x) = (x \cdot x^{1/2})^{1/2} = (x^{3/2})^{1/2} = x^{3/4}$; $\quad F(x) = \dfrac{4}{7} \cdot x^{7/4} + C$

j) $f(x) = \dfrac{\frac{\sin x}{\cos x}}{2 \cdot \sin x \cdot \cos x} = \dfrac{1}{2} \cdot \dfrac{1}{\cos^2 x}$; $\quad F(x) = \dfrac{1}{2} \cdot \tan x + C$

3) a) $\left[\dfrac{1}{4} x^4 - \dfrac{5}{3} x^3 + \dfrac{3}{4} x^2 - 10x \right]_0^4 = -70{,}667$ \qquad b) $\Big[\ln |t| \Big]_1^e = 1$

c) $\displaystyle\int_1^4 \left(\dfrac{1}{z} - z \right) dz = \left[\ln |z| - \dfrac{1}{2} z^2 \right]_1^4 = -6{,}114$

d) $\left[-a\cdot\cos t - b\cdot\sin t\right]_{t=0}^{t=\pi} = 2a$

e) $5\cdot\int_{1}^{2} x^{1/2}\,dx = 5\left[\frac{2}{3}x^{3/2}\right]_{1}^{2} = \frac{10}{3}\left[\sqrt{x^3}\right]_{1}^{2} = 6{,}095$

f) $\left[\sin\varphi\right]_{\pi}^{2} = 0{,}909$ g) $3\left[x - e^x\right]_{0}^{2} = -13{,}167$

h) $\left[4\cdot\ln|t| - 2xt\right]_{t=0,5}^{t=5} = 9{,}210 - 9x$ i) $3\left[\arcsin x\right]_{0}^{0,5} = \frac{\pi}{2} = 1{,}571$

j) $\frac{1}{2}\cdot\int_{0}^{\pi/4}\left(\frac{1}{\cos^2 x} - 1\right)dx = \frac{1}{2}\left[\tan x - x\right]_{0}^{\pi/4} = 0{,}107$

k) $\int_{1}^{4}(u^{-1/2} - u^{3/2})\,du = \left[2u^{1/2} - \frac{2}{5}u^{5/2}\right]_{1}^{4} = \left[2\sqrt{u} - \frac{2}{5}\sqrt{u^5}\right]_{1}^{4} = -10{,}4$

l) $\int_{1}^{9}(2x^{1/2} - x^{3/2})\,dx = \left[\frac{4}{3}x^{3/2} - \frac{2}{5}x^{5/2}\right]_{1}^{9} = \left[\frac{4}{3}\sqrt{x^3} - \frac{2}{5}\sqrt{x^5}\right]_{1}^{9} = -62{,}133$

4) $y = \int y'\,dx = -\cos x + 3\cdot e^x - \frac{1}{9}x^3 + 4\cdot\arctan x + C;\quad y(0) = 2 \;\Rightarrow\; C = 0$

5) $O_n = \sum_{k=1}^{n} x_k^3\,\Delta x = \sum_{k=1}^{n} k^3\cdot\frac{a^3}{n^3}\cdot\frac{a}{n} = \frac{a^4}{n^4}\cdot\sum_{k=1}^{n} k^3 = \frac{a^4}{n^4}\cdot\frac{n^2(n+1)^2}{4} = \frac{a^4}{4}\left(1 + \frac{1}{n}\right)^2$

$\int_{0}^{a} x^3\,dx = \lim_{n\to\infty} O_n = \lim_{n\to\infty}\frac{a^4}{4}\left(1 + \frac{1}{n}\right)^2 = \frac{a^4}{4}\cdot\lim_{n\to\infty}\left(1 + \frac{1}{n}\right)^2 = \frac{a^4}{4}\cdot 1 = \frac{a^4}{4}$

6) a) $\frac{d}{dx}(x\cdot e^{-x} + C) = 1\cdot e^{-x} + e^{-x}\cdot(-1)\cdot x + 0 = e^{-x}(1 - x)$

b) $\frac{d}{dx}\left(\sqrt{x^2 - 4} - 2\cdot\arccos\left(\frac{2}{x}\right) + C\right) = \frac{x}{\sqrt{x^2 - 4}} - 2\left[-\frac{1}{\sqrt{1 - \frac{4}{x^2}}}\cdot\frac{-2}{x^2}\right] + 0 =$

$= \frac{x}{\sqrt{x^2 - 4}} - \frac{4}{x^2\cdot\frac{\sqrt{x^2 - 4}}{x}} = \frac{x}{\sqrt{x^2 - 4}} - \frac{4}{x\sqrt{x^2 - 4}} = \frac{x^2 - 4}{x\sqrt{x^2 - 4}} = \frac{\sqrt{x^2 - 4}}{x}$

c) $\frac{d}{dx}(e^{\sin x} + C) = e^{\sin x}\cdot\cos x + 0 = \cos x\cdot e^{\sin x}$

d) $\frac{d}{dx}\left(\frac{1}{6}\cdot\sin^2(3x) + C\right) = \frac{1}{6}\cdot 2\cdot\sin(3x)\cdot\cos(3x)\cdot 3 + 0 = \sin(3x)\cdot\cos(3x)$

V Integralrechnung

7) $F_1'(x) = \dfrac{d}{dx}(x^2 \cdot e^x + 2) = 2x \cdot e^x + e^x \cdot x^2 + 0 = (x^2 + 2x) \cdot e^x = f(x)$

$F_1(x)$ ist somit eine Stammfunktion von $f(x)$. *Gesamtheit der Stammfunktionen*:

$F(x) = F_1(x) + C_1 = x^2 \cdot e^x + 2 + C_1 = x^2 \cdot e^x + C$ $\quad (C = C_1 + 2)$

8) *Nullstellen der Parabel*: $x_{1/2} = \pm 4$

$A = \displaystyle\int_{-4}^{4} (-0{,}25\,x^2 + 4)\,dx = 2 \cdot \int_{0}^{4} (-0{,}25\,x^2 + 4)\,dx = 2\left[-\dfrac{1}{12}x^3 + 4x\right]_0^4 = 64/3$

9) $A = \displaystyle\int_{-\pi/2}^{\pi/2} \cos x\, dx = 2 \cdot \int_0^{\pi/2} \cos x\, dx = 2\Big[\sin x\Big]_0^{\pi/2} = 2$

10) *Nullstellen der Parabel*: $-3(x-2)^2 + 5 = -3x^2 + 12x - 7 = 0 \;\Rightarrow\;$
$x_1 = 0{,}709;\; x_2 = 3{,}291$

$A = \displaystyle\int_{0{,}709}^{3{,}291} (-3x^2 + 12x - 7)\,dx = \Big[-x^3 + 6x^2 - 7x\Big]_{0{,}709}^{3{,}291} = 8{,}607$

11) $\displaystyle\int \dfrac{dn}{n} = -\lambda \cdot \int 1\, dt \;\Rightarrow\; \ln n = -\lambda t + C \;\Rightarrow\; n = e^{-\lambda t + C} = e^C \cdot e^{-\lambda t};$

$n(0) = e^C = n_0;$ Lösung: $n = n(t) = n_0 \cdot e^{-\lambda t}$

Abschnitt 8

1) Bei bestimmten Integralen wurden die Grenzen mitsubstituiert. *Alternative*: Zunächst unbestimmt integrieren, dann rücksubstituieren und mit der erhaltenen Stammfunktion das bestimmte Integral berechnen.

 a) $u = 1 + x^3;\; \dfrac{du}{dx} = 3x^2;\; dx = \dfrac{du}{3x^2}$

 $\displaystyle\int \dfrac{x^2}{\sqrt{1+x^3}}\, dx = \dfrac{1}{3} \cdot \int \dfrac{du}{\sqrt{u}} = \dfrac{1}{3} \cdot \int u^{-1/2}\, du = \dfrac{2}{3}\sqrt{u} + C = \dfrac{2}{3}\sqrt{1+x^3} + C$

 b) $u = 5x + 12;\; \dfrac{du}{dx} = 5;\; dx = \dfrac{du}{5}$

 $\displaystyle\int (5x+12)^{0{,}5}\, dx = \dfrac{1}{5} \cdot \int u^{1/2}\, du = \dfrac{2}{15}\sqrt{u^3} + C = \dfrac{2}{15}\sqrt{(5x+12)^3} + C$

 c) $u = 1 - t;\; \dfrac{du}{dt} = -1;\; dt = -du$

 $\displaystyle\int \sqrt[3]{1-t}\, dt = -\int \sqrt[3]{u}\, du = -\int u^{1/3}\, du = -\dfrac{3}{4}\sqrt[3]{u^4} + C = -\dfrac{3}{4}\sqrt[3]{(1-t)^4} + C$

 d) $u = \arctan z;\; \dfrac{du}{dz} = \dfrac{1}{1+z^2};\; dz = (1+z^2)\, du$

 $\displaystyle\int \dfrac{\arctan z}{1+z^2}\, dz = \int u\, du = \dfrac{1}{2}u^2 + C = \dfrac{1}{2}(\arctan z)^2 + C$

e) $u = \cos x$; $\dfrac{du}{dx} = -\sin x$; $dx = -\dfrac{du}{\sin x}$; Grenzen $\begin{cases} x = \pi & \Rightarrow u = -1 \\ x = 0 & \Rightarrow u = 1 \end{cases}$

$$\int_0^\pi \cos^3 x \cdot \sin x \, dx = -\int_1^{-1} u^3 \, du = \int_{-1}^{1} u^3 \, du = \dfrac{1}{4}\left[u^4\right]_{-1}^{1} = 0$$

f) $u = x^2 + 6x - 12$; $\dfrac{du}{dx} = 2x + 6$; $dx = \dfrac{du}{2x+6}$

$$\int \dfrac{2x+6}{x^2+6x-12}\, dx = \int \dfrac{1}{u}\, du = \ln|u| + C = \ln|x^2+6x-12| + C$$

g) $u = \ln x$; $\dfrac{du}{dx} = \dfrac{1}{x}$; $dx = x\, du$

$$\int \dfrac{dx}{x \cdot \ln x} = \int \dfrac{1}{u}\, du = \ln|u| + C = \ln|\ln x| + C$$

h) $u = x^2$; $\dfrac{du}{dx} = 2x$; $dx = \dfrac{du}{2x}$

$$\int x \cdot \sin(x^2)\, dx = \dfrac{1}{2} \cdot \int \sin u \, du = -\dfrac{1}{2} \cdot \cos u + C = -\dfrac{1}{2} \cdot \cos(x^2) + C$$

i) $u = 2x^3 - 4x + 2$; $\dfrac{du}{dx} = 6x^2 - 4 = 2(3x^2 - 2)$; $dx = \dfrac{du}{2(3x^2-2)}$

$$\int \dfrac{3x^2-2}{2x^3-4x+2}\, dx = \dfrac{1}{2}\cdot\int\dfrac{1}{u}\, du = \dfrac{1}{2}\cdot\ln|u| + C = \dfrac{1}{2}\cdot\ln|2x^3-4x+2| + C$$

Alternative: Im Nenner den Faktor 2 ausklammern, dann $u = x^3 - 2x + 1$ substituieren.

j) $u = 1 + t^2$; $\dfrac{du}{dt} = 2t$; $dt = \dfrac{du}{2t}$; Grenzen $\begin{cases} t = 1 & \Rightarrow u = 2 \\ t = -1 & \Rightarrow u = 2 \end{cases}$

$$\int_{-1}^{1} \dfrac{t\, dt}{\sqrt{1+t^2}} = \dfrac{1}{2}\cdot\int_2^2 \dfrac{du}{\sqrt{u}} = 0 \quad \text{(Grenzen fallen zusammen!)}$$

k) $u = 3t - \pi/4$; $\dfrac{du}{dt} = 3$; $dt = \dfrac{du}{3}$; Grenzen $\begin{cases} t = \pi/2 & \Rightarrow u = 5\pi/4 \\ t = 0 & \Rightarrow u = -\pi/4 \end{cases}$

$$\int_0^{\pi/2} \sin(3t - \pi/4)\, dt = \dfrac{1}{3}\cdot\int_{-\pi/4}^{5\pi/4} \sin u\, du = -\dfrac{1}{3}\left[\cos u\right]_{-\pi/4}^{5\pi/4} = \dfrac{1}{3}\sqrt{2}$$

l) $u = 5 - x$; $x = 5 - u$; $\dfrac{du}{dx} = -1$; $dx = -du$;

Grenzen $\begin{cases} x = 1 & \Rightarrow u = 4 \\ x = -1 & \Rightarrow u = 6 \end{cases}$

$$\int_{-1}^{1} \dfrac{5+x}{5-x}\, dx = -\int_6^4 \dfrac{10-u}{u}\, du = \int_4^6 \left(\dfrac{10}{u} - 1\right)\, du = \left[10\cdot\ln|u| - u\right]_4^6 = 2{,}055$$

m) $u = x^3 - 2$; $\dfrac{du}{dx} = 3x^2$; $dx = \dfrac{du}{3x^2}$

$\displaystyle\int x^2 \cdot e^{x^3-2}\, dx = \dfrac{1}{3} \cdot \int e^u\, du = \dfrac{1}{3} \cdot e^u + C = \dfrac{1}{3} \cdot e^{x^3-2} + C$

n) $u = \tan(z+5)$; $\dfrac{du}{dz} = \dfrac{1}{\cos^2(z+5)}$; $dz = \cos^2(z+5)\, du$

$\displaystyle\int \dfrac{\tan(z+5)}{\cos^2(z+5)}\, dz = \int u\, du = \dfrac{1}{2} u^2 + C = \dfrac{1}{2} \tan^2(z+5) + C$

o) *Substitution* in Verbindung mit den trigonometrischen Formeln $\sin^2 u + \cos^2 u = 1$ und $\cot u = \cos u / \sin u$:

$x = 2 \cdot \sin u$; $\sqrt{4 - x^2} = \sqrt{4 - 4 \cdot \sin^2 u} = \sqrt{4\underbrace{(1 - \sin^2 u)}_{\cos^2 u}} = 2 \cdot \cos u$;

$\dfrac{dx}{du} = 2 \cdot \cos u$; $dx = 2 \cdot \cos u\, du$; $\sin u = \dfrac{x}{2}$; $u = \arcsin\left(\dfrac{x}{2}\right)$

$\displaystyle\int \dfrac{\sqrt{4 - x^2}}{x^2}\, dx = \int \dfrac{\cos^2 u}{\sin^2 u}\, du = \int \dfrac{1 - \sin^2 u}{\sin^2 u}\, du = \int \left(\dfrac{1}{\sin^2 u} - 1\right) du =$

$= -\cot u - u + C = -\dfrac{\cos u}{\sin u} - u + C = -\dfrac{\sqrt{1 - \sin^2 u}}{\sin u} - u + C =$

$= -\dfrac{\sqrt{1 - \dfrac{x^2}{4}}}{\dfrac{x}{2}} - \arcsin\left(\dfrac{x}{2}\right) + C = -\dfrac{\sqrt{4 - x^2}}{x} - \arcsin\left(\dfrac{x}{2}\right) + C$

2) $u = \sqrt{1 - x^2}$; $\dfrac{du}{dx} = -\dfrac{x}{\sqrt{1 - x^2}} = -\dfrac{x}{u}$; $dx = -\dfrac{u}{x}\, du$

$I = -\displaystyle\int u^2\, du = -\dfrac{1}{3} u^3 + C = -\dfrac{1}{3} \left(\sqrt{1 - x^2}\right)^3 + C = -\dfrac{1}{3} \sqrt{(1 - x^2)^3} + C$

Einfacher geht es mit der Substitution $u = 1 - x^2$!

3) $A = \displaystyle\int_0^3 \sqrt{6 - 2x}\, dx$ (siehe Bild A-87)

Substitution: $u = 6 - 2x$;

$\dfrac{du}{dx} = -2$; $dx = -\dfrac{1}{2}\, du$

Grenzen $\begin{array}{l} x = 3 \Rightarrow u = 0 \\ x = 0 \Rightarrow u = 6 \end{array}$

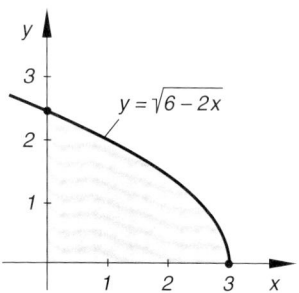

Bild A-87

$A = -\dfrac{1}{2} \cdot \displaystyle\int_6^0 \sqrt{u}\, du = \dfrac{1}{2} \cdot \int_0^6 u^{1/2}\, du = \dfrac{1}{3} \left[\sqrt{u^3}\right]_0^6 = 2\sqrt{6}$

4) $u = 1 + \sqrt{x}$; $\sqrt{x} = u - 1$; $x = (u-1)^2$; $\dfrac{dx}{du} = 2(u-1)$; $dx = 2(u-1)\,du$

$$I = \int \dfrac{2 - (u-1)^2}{u} \cdot 2(u-1)\,du = 2 \cdot \int \dfrac{(-u^2 + 2u + 1)(u-1)}{u}\,du =$$

$$= 2 \cdot \int \dfrac{-u^3 + 3u^2 - u - 1}{u}\,du = 2 \cdot \int \left(-u^2 + 3u - 1 - \dfrac{1}{u}\right)du =$$

$$= -\dfrac{2}{3} u^3 + 3u^2 - 2u - 2 \cdot \ln|u| + C =$$

$$= -\dfrac{2}{3}(1 + \sqrt{x})^3 + 3(1 + \sqrt{x})^2 - 2(1 + \sqrt{x}) - 2 \cdot \ln(1 + \sqrt{x}) + C =$$

$$= -\dfrac{2}{3} x\sqrt{x} + x + 2\sqrt{x} - 2 \cdot \ln(1 + \sqrt{x}) + K \quad \left(K = C + \dfrac{1}{3}\right)$$

5) Formel der partiellen Integration: $\int f(x)\,dx = \int u v'\,dx = uv - \int u' v\,dx$

a) $u = \ln x$; $v' = x$; $u' = \dfrac{1}{x}$; $v = \dfrac{1}{2} x^2$; $u'v = \dfrac{1}{2} x$

$$\int x \cdot \ln x\,dx = \dfrac{1}{2} x^2 \cdot \ln x - \dfrac{1}{2} \cdot \int x\,dx = \dfrac{1}{2} x^2 \cdot \ln x - \dfrac{1}{4} x^2 + C =$$

$$= \dfrac{1}{4} x^2 (2 \cdot \ln x - 1) + C$$

b) $u = x$; $v' = \cos x$; $u' = 1$; $v = \sin x$; $u'v = \sin x$

$$\int x \cdot \cos x\,dx = x \cdot \sin x - \int \sin x\,dx = x \cdot \sin x + \cos x + C$$

c) $u = \ln t$; $v' = 1$; $u' = \dfrac{1}{t}$; $v = t$; $u'v = 1$

$$\int_1^5 \ln t\,dt = \int_1^5 1 \cdot \ln t\,dt = \left[t \cdot \ln t\right]_1^5 - \int_1^5 1\,dt = \left[t \cdot \ln t - t\right]_1^5 = 4{,}047$$

d) $u = x$; $v' = \sin(3x)$; $u' = 1$; $v = -\dfrac{1}{3} \cdot \cos(3x)$; $u'v = -\dfrac{1}{3} \cdot \cos(3x)$

$$\int x \cdot \sin(3x)\,dx = -\dfrac{1}{3} x \cdot \cos(3x) + \dfrac{1}{3} \cdot \int \cos(3x)\,dx =$$

$$= -\dfrac{1}{3} x \cdot \cos(3x) + \dfrac{1}{9} \cdot \sin(3x) + C$$

e) $u = x$; $v' = e^x$; $u' = 1$; $v = e^x$; $u'v = e^x$

$$\int_0^{0{,}8} x \cdot e^x\,dx = \left[x \cdot e^x\right]_0^{0{,}8} - \int_0^{0{,}8} e^x\,dx = \left[x \cdot e^x - e^x\right]_0^{0{,}8} = 0{,}555$$

V Integralrechnung

f) $u = \sin(\omega t);\quad v' = \sin(\omega t);\quad u' = \omega \cdot \cos(\omega t);\quad v = -\dfrac{\cos(\omega t)}{\omega};\quad u'v = -\cos^2(\omega t)$

$$\int \sin^2(\omega t)\, dt = \int \sin(\omega t) \cdot \sin(\omega t)\, dt = -\dfrac{\sin(\omega t) \cdot \cos(\omega t)}{\omega} + \int \underbrace{\cos^2 \omega t}_{1 - \sin^2(\omega t)}\, dt =$$

$$= -\dfrac{\sin(2\omega t)}{2\omega} + \int (1 - \sin^2(\omega t))\, dt = -\dfrac{\sin(2\omega t)}{2\omega} + t - \underbrace{\int \sin^2(\omega t)\, dt}_{\text{„Rückwurf"} \rightarrow \text{linke Seite}} \Rightarrow$$

$$\int \sin^2(\omega t)\, dt = \dfrac{1}{2} t - \dfrac{\sin(2\omega t)}{4\omega} + K \quad \text{(Integrationskonstante } K \text{ ergänzt)}$$

(„Rückwurf": Integral auf die linke Seite bringen, es tritt dort dann *doppelt* auf; $2 \cdot \sin \alpha \cdot \cos \alpha = \sin(2\alpha)$ mit $\alpha = \omega t$)

6) a) $u = e^x;\quad v' = \cos x;\quad u' = e^x;\quad v = \sin x;\quad u'v = e^x \cdot \sin x$

$$\int e^x \cdot \cos x\, dx = e^x \cdot \sin x - \underbrace{\int e^x \cdot \sin x\, dx}_{I_1} = e^x \cdot \sin x - I_1$$

Integral I_1: $u = e^x;\quad v' = \sin x;\quad u' = e^x;\quad v = -\cos x;\quad u'v = -e^x \cdot \cos x$

$$I_1 = \int e^x \cdot \sin dx = -e^x \cdot \cos x + \int e^x \cdot \cos x\, dx \quad \text{(einsetzen in die 2. Zeile)}$$

$$\int e^x \cdot \cos x\, dx = e^x \cdot \sin x - I_1 = e^x \cdot \sin x + e^x \cdot \cos x - \underbrace{\int e^x \cdot \cos x\, dx}_{\text{„Rückwurf"} \rightarrow \text{linke Seite}} \Rightarrow$$

$$\int e^x \cdot \cos x\, dx = \dfrac{1}{2} \cdot e^x (\sin x + \cos x) + C \quad \text{(Integrationskonstante } C \text{ ergänzt)}$$

b) $u = x^2;\quad v' = e^{-x};\quad u' = 2x;\quad v = -e^{-x};\quad u'v = -2x \cdot e^{-x}$

$$\int x^2 \cdot e^{-x}\, dx = -x^2 \cdot e^{-x} + 2 \cdot \int x \cdot e^{-x}\, dx = -x^2 \cdot e^{-x} + 2 I_1$$

Integral I_1: $u = x;\quad v' = e^{-x};\quad u' = 1;\quad v = -e^{-x};\quad u'v = -e^{-x}$

$$I_1 = \int x \cdot e^{-x}\, dx = -x \cdot e^{-x} + \int e^{-x}\, dx = -x \cdot e^{-x} - e^{-x} + C_1$$

$$\int x^2 \cdot e^{-x}\, dx = -x^2 \cdot e^{-x} + 2 I_1 = -x^2 \cdot e^{-x} + 2(-x \cdot e^{-x} - e^{-x} + C_1) =$$

$$= -(x^2 + 2x + 2) \cdot e^{-x} + C \quad (\text{mit } C = 2C_1)$$

7) Angegeben werden jeweils: Nullstellen des Nenners, Ansatz der Zerlegung in Partialbrüche, Bestimmungsgleichung für die Konstanten mit Lösungen, Lösung (Stammfunktion) $F(x)$.

a) $x_{1/2} = \pm a;\quad \dfrac{1}{(x-a)(x+a)} = \dfrac{A}{x-a} + \dfrac{B}{x+a};\quad A(x+a) + B(x-a) = 1 \Rightarrow$

$$A = -B = \dfrac{1}{2a};\quad F(x) = \dfrac{1}{2a}\left(\ln|x-a| - \ln|x+a|\right) + C = \dfrac{1}{2a} \cdot \ln\left|\dfrac{x-a}{x+a}\right| + C$$

b) Polynomdivision: $4x^3 : (x^3 + 2x^2 - x - 2) = 4 + \dfrac{-8x^2 + 4x + 8}{x^3 + 2x^2 - x - 2}$

Partialbruchzerlegung des echt gebrochenrationalen Anteils (grau unterlegt):

$x_1 = 1;\quad x_2 = -1;\quad x_3 = -2;\quad \dfrac{-8x^2 + 4x + 8}{(x-1)(x+1)(x+2)} = \dfrac{A}{x-1} + \dfrac{B}{x+1} + \dfrac{C}{x+2}$

$A(x+1)(x+2) + B(x-1)(x+2) + C(x-1)(x+1) = -8x^2 + 4x + 8 \quad\Rightarrow$

$A = 2/3;\quad B = 2;\quad C = -32/3;$

$F(x) = \dfrac{2}{3}\cdot \ln|x-1| + 2\cdot \ln|x+1| - \dfrac{32}{3}\cdot \ln|x+2| + 4x + K$

c) $z_1 = 1;\quad z_{2/3} = -2;\quad \dfrac{3z}{(z-1)(z+2)^2} = \dfrac{A}{z-1} + \dfrac{B}{z+2} + \dfrac{C}{(z+2)^2};$

$A(z+2)^2 + B(z-1)(z+2) + C(z-1) = 3z \quad\Rightarrow\quad A = -B = 1/3;\quad C = 2$

$F(z) = \dfrac{1}{3}\left(\ln|z-1| - \ln|z+2|\right) - \dfrac{2}{z+2} + K = \dfrac{1}{3}\cdot \ln\left|\dfrac{z-1}{z+2}\right| - \dfrac{2}{z+2} + K$

d) $x_1 = 9;\quad x_2 = -7;\quad \dfrac{4x-2}{(x-9)(x+7)} = \dfrac{A}{x-9} + \dfrac{B}{x+7};$

$A(x+7) + B(x-9) = 4x - 2 \quad\Rightarrow\quad A = 17/8;\quad B = 15/8;$

$F(x) = \dfrac{17}{8}\cdot \ln|x-9| + \dfrac{15}{8}\cdot \ln|x+7| + C$

e) $x_1 = 0;\quad x_{2/3} = 3;\quad \dfrac{2x+1}{x(x-3)^2} = \dfrac{A}{x} + \dfrac{B}{x-3} + \dfrac{C}{(x-3)^2};$

$A(x-3)^2 + Bx(x-3) + Cx = 2x + 1 \quad\Rightarrow\quad A = -B = 1/9;\quad C = 7/3$

$F(x) = \dfrac{1}{9}\left(\ln|x| - \ln|x-3|\right) - \dfrac{7}{3(x-3)} + K = \dfrac{1}{9}\cdot \ln\left|\dfrac{x}{x-3}\right| - \dfrac{7}{3(x-3)} + K$

8) $A = \displaystyle\int_1^5 \ln x\, dx = \Big[x(\ln x - 1)\Big]_1^5 = 4{,}047$ (Stammfunktion siehe Aufgabe 5 c))

9) Integrationsgrenzen (Nullstellen): $x_{1/2} = \pm 2$ (siehe Bild A-88)

$A = \displaystyle\int_{-2}^{2} \dfrac{x^2 - 4}{x - 5}\, dx = \int_{-2}^{2}\left(x + 5 + \dfrac{21}{x - 5}\right) dx =$

$= \left[\dfrac{1}{2}x^2 + 5x + 21\cdot \ln|x-5|\right]_{-2}^{2} = 2{,}207$

(nach Polynomdivision des Integranden)

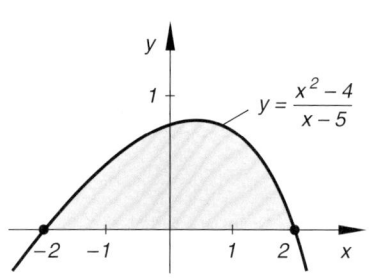

Bild A-88

10) a) Substitution: $u = \ln x$; $\dfrac{du}{dx} = \dfrac{1}{x}$; $dx = x\,du$; $F(x) = \dfrac{2}{3}(\ln x)^{3/2} + C$

b) $\cot x = \dfrac{\cos x}{\sin x}$; Substitution: $u = \sin x$; $\dfrac{du}{dx} = \cos x$; $dx = \dfrac{du}{\cos x}$;

$F(x) = \ln|\sin x| + C$

c) Partielle Integration: $u = x$; $v' = \cosh x$; $u' = 1$; $v = \sinh x$; $u'v = \sinh x$

$\displaystyle\int x \cdot \cosh x\,dx = x \cdot \sinh x - \int \sinh x\,dx = x \cdot \sinh x - \cosh x + C$

d) Substitution: $u = \cos x$; $\dfrac{du}{dx} = -\sin x$; $dx = \dfrac{du}{-\sin x}$; $F(x) = -e^{\cos x} + C$

e) Polynomdivision, dann Partialbruchzerlegung des grau unterlegten echt gebrochenrationalen Anteils:

$$\dfrac{x^3}{x^3 + x^2 - x - 1} = 1 + \dfrac{-x^2 + x + 1}{x^3 + x^2 - x - 1}$$

(Nullstellen des Nenners: $x_1 = 1$; $x_{2/3} = -1$)

$$\dfrac{-x^2 + x + 1}{x^3 + x^2 - x - 1} = \dfrac{-x^2 + x + 1}{(x-1)(x+1)^2} = \dfrac{A}{x-1} + \dfrac{B}{x+1} + \dfrac{C}{(x+1)^2}$$

$A(x+1)^2 + B(x-1)(x+1) + C(x-1) = -x^2 + x + 1 \Rightarrow$

$A = 1/4$; $B = -5/4$; $C = 1/2$

Lösung: $F(x) = x + \dfrac{1}{4} \cdot \ln|x-1| - \dfrac{5}{4} \cdot \ln|x+1| - \dfrac{1}{2(x+1)} + K$

f) $\displaystyle\int_0^2 \dfrac{x-4}{x+1}\,dx = \int_0^2 \left(1 - \underbrace{\dfrac{5}{x+1}}_{u}\right) dx = \Big[x - 5\cdot\ln|x+1|\Big]_0^2 = -3{,}493$

(Nach Polynomdivision des Integranden. Alternative: Substitution $u = x + 1$)

g) Substitution: $u = \ln x$; $\dfrac{du}{dx} = \dfrac{1}{x}$; $dx = x\,du$; $F(x) = \dfrac{1}{4}(\ln x)^4 + C$

h) Substitution: $u = 2x^3 - 1$; $\dfrac{du}{dx} = 6x^2$; $dx = \dfrac{du}{6x^2}$; $F(x) = 2 \cdot \ln|2x^3 - 1| + C$

i) Partielle Integration: $u = \arctan x$; $v' = x$; $u' = \dfrac{1}{1+x^2}$; $v = \dfrac{1}{2}x^2$;

$u'v = \dfrac{1}{2} \cdot \dfrac{x^2}{1+x^2} = \dfrac{1}{2}\left(1 - \dfrac{1}{1+x^2}\right)$ (nach Polynomdivision)

$\displaystyle\int x \cdot \arctan x\,dx = \dfrac{1}{2}x^2 \cdot \arctan x - \dfrac{1}{2} \cdot \int\left(1 - \dfrac{1}{1+x^2}\right)dx =$

$= \dfrac{1}{2}x^2 \cdot \arctan x - \dfrac{1}{2}x + \dfrac{1}{2} \cdot \arctan x + C = \dfrac{1}{2}(x^2 + 1) \cdot \arctan x - \dfrac{1}{2}x + C$

j) Beiseitigung der Wurzel durch quadratische Ergänzung und Variablensubstitution:

$$\sqrt{x^2 - 2x} = \sqrt{(x-1)^2 - 1} \xrightarrow[\cosh u = x-1]{\text{Substitution}} \sqrt{\underbrace{\cosh^2 u - 1}_{\sinh^2 u}} = \sinh u$$

Substitution: $x - 1 = \cosh u$; $x = \cosh u + 1$; $\dfrac{dx}{du} = \sinh u$; $dx = \sinh u\, du$

$$\int \sqrt{x^2 - 2x}\, dx = \int \sinh u \cdot \sinh u\, du$$

Lösung des neuen Integrals durch *partielle Integration* analog zur Aufgabe 5 f) unter Verwendung der Formeln $\cosh^2 u - 1 = \sinh^2 u$ und $u = \operatorname{arcosh}(x-1)$.

Lösung: $F(x) = \dfrac{1}{2}(x-1) \cdot \sqrt{x^2 - 2x} - \dfrac{1}{2} \cdot \operatorname{arcosh}(x-1) + C$

k) Partialbruchzerlegung (Nennernullstellen: $x_1 = 2$; $x_{2/3} = 3$):

$$\frac{x^2}{(x-2)(x-3)^2} = \frac{A}{x-2} + \frac{B}{x-3} + \frac{C}{(x-3)^2}$$

$A(x-3)^2 + B(x-2)(x-3) + C(x-2) = x^2 \quad \Rightarrow \quad A = 4;\ B = -3;\ C = 9$

Lösung: $F(x) = 4 \cdot \ln|x-2| - 3 \cdot \ln|x-3| - \dfrac{9}{x-3} + K$

l) „Mathematischer Trick": Im Integrand den Faktor 1 ergänzen (um formal ein Produkt zu erhalten), dann partielle Integration.

Partielle Integration: $u = \arctan x$; $v' = 1$; $u' = \dfrac{1}{1+x^2}$; $v = x$; $u'v = \dfrac{x}{1+x^2}$

$$\int \arctan x\, dx = \int 1 \cdot \arctan x\, dx = x \cdot \arctan x - \underbrace{\int \frac{x}{1+x^2}\, dx}_{\text{Subst.: } z = 1 + x^2} =$$

$$= x \cdot \arctan x - \frac{1}{2} \cdot \int \frac{1}{z}\, dz = x \cdot \arctan x - \frac{1}{2} \cdot \ln|z| + C =$$

$$= x \cdot \arctan x - \frac{1}{2} \cdot \ln(1 + x^2) + C$$

Das Hilfsintegral wurde durch die Substitution $z = 1 + x^2$, $\dfrac{dz}{dx} = 2x$, $dx = \dfrac{dz}{2x}$ gelöst.

11) Ellipse (1. Quadrant): $y = \dfrac{b}{a}\sqrt{a^2 - x^2}$, $0 \leq x \leq a$

$$A = 4 \cdot \frac{b}{a} \cdot \int_0^a \sqrt{a^2 - x^2}\, dx = \frac{2b}{a} \left[x\sqrt{a^2 - x^2} + a^2 \cdot \arcsin\left(\frac{x}{a}\right) \right]_0^a = \pi a b$$

(Integral Nr. 141)

12) $I = \dfrac{1}{2} \cdot \displaystyle\int_{-\pi}^{\pi} [\cos(m-n)x - \cos(m+n)x]\, dx = \displaystyle\int_{0}^{\pi} [\cos(m-n)x - \cos(m+n)x]\, dx$

a) $I = \displaystyle\int_{0}^{\pi} [\cos 0 - \cos(2mx)]\, dx = \displaystyle\int_{0}^{\pi} [1 - \cos(2mx)]\, dx = \left[x - \dfrac{\sin(2mx)}{2m} \right]_{0}^{\pi} = \pi$

b) $I = \left[\dfrac{\sin(m-n)x}{m-n} - \dfrac{\sin(m+n)x}{m+n} \right]_{0}^{\pi} = 0$

($m-n$ und $m+n$ sind *ganze* Zahlen $\Rightarrow \sin(m-n)\pi = \sin(m+n)\pi = 0$)

13) $y_k = \dfrac{1 - e^{-x_k}}{x_k}$

Schrittweite (Streifenbreite): $h = 0{,}1$

k	x_k	y_k
0	1	0,632 121
1	1,1	0,606 481
2	1,2	0,582 338
3	1,3	0,559 591
4	1,4	0,538 145
5	1,5	0,517 913
6	1,6	0,498 815
7	1,7	0,480 774
8	1,8	0,463 723
9	1,9	0,447 595
10	2	0,432 332

a) *Trapezformel:*

$\sum_1 = 1{,}064\,453;\quad \sum_2 = 4{,}695\,375$

$I = \left(\dfrac{1}{2} \cdot \sum_1 + \sum_2 \right) h =$

$= \left(\dfrac{1}{2} \cdot 1{,}064\,453 + 4{,}695\,375 \right) \cdot 0{,}1 =$

$= 0{,}522\,760 \approx 0{,}5228$

b) *Simpson:* $\sum_0 = 1{,}064\,453;\quad \sum_1 = 2{,}612\,354;\quad \sum_2 = 2{,}083\,021$

$I = \left(\sum_0 + 4 \cdot \sum_1 + 2 \cdot \sum_2 \right) \dfrac{h}{3} =$

$= (1{,}064\,453 + 4 \cdot 2{,}612\,354 + 2 \cdot 2{,}083\,021) \cdot \dfrac{0{,}1}{3} = 0{,}522\,663 \approx 0{,}5227$

14) a) $2n = 20$ *einfache* Streifen der Breite $h = 0{,}15$:

$I = \left(\sum_0 + 4 \cdot \sum_1 + 2 \cdot \sum_2 \right) \dfrac{h}{3} =$

$= (24{,}381\,554 + 4 \cdot 99{,}740\,428 + 2 \cdot 87{,}886\,779) \cdot \dfrac{0{,}15}{3} = 29{,}955\,841 \approx 29{,}9558$

b) $2n = 10$ *einfache* Streifen der Breite $h = 0{,}05$:

$I = \left(\sum_0 + 4 \cdot \sum_1 + 2 \cdot \sum_2 \right) \dfrac{h}{3} =$

$= (0{,}774\,664 + 4 \cdot 1{,}903\,657 + 2 \cdot 1{,}518\,309) \cdot \dfrac{0{,}05}{3} = 0{,}190\,432 \approx 0{,}1904$

c) $2n = 10$ *einfache* Streifen der Breite $h = 0{,}2$:

$$I = \left(\sum_0 + 4 \cdot \sum_1 + 2 \cdot \sum_2\right) \frac{h}{3} =$$

$$= (4{,}950\,008 + 4 \cdot 10{,}098\,956 + 2 \cdot 7{,}792\,504) \cdot \frac{0{,}2}{3} = 4{,}062\,056 \approx 4{,}0621$$

Abschnitt 9

Hinweis: Die anfallenden Integrale wurden der Integraltafel der mathematishen Formelsammlung des Autors entnommen (Angabe der Integralnummer und der Parameterwerte). Beachten Sie ferner: Der Grenzwert $\lim\limits_{\lambda \to \infty} P(\lambda) \cdot e^{-\lambda}$ verschwindet für *jedes* Polynom $P(\lambda)$.

1) a) $\lim\limits_{\lambda \to \infty} \int_0^\lambda e^{-x}\, dx = \lim\limits_{\lambda \to \infty} \left[-e^{-x}\right]_0^\lambda = \lim\limits_{\lambda \to \infty} \left[-e^{-\lambda} + 1\right] = 1$

b) $\lim\limits_{\lambda \to \infty} \int_0^\lambda x \cdot e^{-x}\, dx = \lim\limits_{\lambda \to \infty} \left[(-x-1) \cdot e^{-x}\right]_0^\lambda = \lim\limits_{\lambda \to \infty} \left[(-\lambda - 1) \cdot e^{-\lambda} + 1\right] = 1$

(Integral Nr. 313 mit $a = -1$)

c) $\lim\limits_{\lambda \to \infty} \int_{-\lambda}^2 e^x\, dx = \lim\limits_{\lambda \to \infty} \left[e^x\right]_{-\lambda}^2 = \lim\limits_{\lambda \to \infty} \left[e^2 - e^{-\lambda}\right] = e^2$

2) $\lim\limits_{\lambda \to \infty} \int_0^\lambda x^2 \cdot e^{-2x}\, dx = \lim\limits_{\lambda \to \infty} \left[\frac{4x^2 + 4x + 2}{-8} \cdot e^{-2x}\right]_0^\lambda =$

$$= \lim\limits_{\lambda \to \infty} \left[-\frac{1}{4}(2\lambda^2 + 2\lambda + 1) \cdot e^{-2\lambda} + \frac{1}{4}\right] = \frac{1}{4}$$

(Integral Nr. 314 mit $a = -2$)

3) $A = A_1 + A_2 = \int_{-\infty}^0 e^{ax}\, dx + \int_0^\infty e^{-bx}\, dx$ (siehe Bild A-89)

$A_1 = \lim\limits_{\lambda \to \infty} \int_{-\lambda}^0 e^{ax}\, dx = \lim\limits_{\lambda \to \infty} \left[\frac{1}{a} \cdot e^{ax}\right]_{-\lambda}^0 =$

$= \lim\limits_{\lambda \to \infty} \frac{1}{a}(1 - e^{-a\lambda}) = \frac{1}{a}$

Analog: $A_2 = \lim\limits_{\mu \to \infty} \int_0^\mu e^{-bx}\, dx = \frac{1}{b}$

$A = A_1 + A_2 = \dfrac{1}{a} + \dfrac{1}{b}$

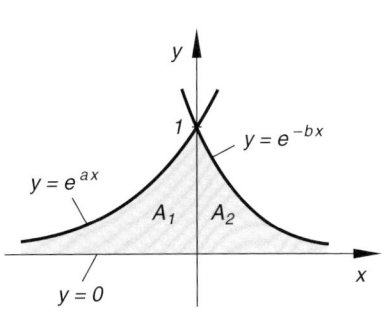

Bild A-89

V Integralrechnung

4) a) Der Integrand ist an der unteren Grenze $x = -1$ nicht definiert. Für $\lambda > 0$ gilt:

$$I(\lambda) = \int_{-1+\lambda}^{0} \frac{1}{\sqrt{1+x}}\, dx = 2\left[\sqrt{1+x}\right]_{-1+\lambda}^{0} = 2(1 - \sqrt{\lambda})$$

(Integral Nr. 96 mit $a = b = 1$)

$$\int_{-1}^{0} \frac{1}{\sqrt{1+x}}\, dx = \lim_{\lambda \to 0} I(\lambda) = \lim_{\lambda \to 0} 2(1 - \sqrt{\lambda}) = 2 \quad \Rightarrow \quad \text{konvergentes Integral}$$

b) Der Integrand besitzt in der Intervallmitte $x = 0$ einen Pol. Für $\lambda > 0$ und $\mu > 0$ gilt dann:

$$I_1(\lambda) = \int_{-1}^{0-\lambda} \frac{1}{x^2}\, dx = \left[-\frac{1}{x}\right]_{-1}^{-\lambda} = \frac{1}{\lambda} - 1 \to \infty \quad (\text{für } \lambda \to 0)$$

$$I_2(\mu) = \int_{0+\mu}^{1} \frac{1}{x^2}\, dx = \left[-\frac{1}{x}\right]_{\mu}^{1} = -1 + \frac{1}{\mu} \to \infty \quad (\text{für } \mu \to 0)$$

Die Grenzwerte $\lim\limits_{\lambda \to 0} I_1(\lambda)$ und $\lim\limits_{\mu \to 0} I_2(\mu)$ sind *nicht* vorhanden, das uneigentliche Integral ist daher *divergent*.

c) Der Integrand ist an der unteren Grenze $x = 0$ nicht definiert. Für $\lambda > 0$ gilt:

$$I(\lambda) = \int_{0+\lambda}^{10} \frac{e^x}{e^x - 1}\, dx = \left[\ln(e^x - 1)\right]_{\lambda}^{10} = \ln(e^{10} - 1) - \ln(e^{\lambda} - 1)$$

Das Integral wurde durch die Substitution

$$u = e^x - 1, \quad \frac{du}{dx} = e^x, \quad dx = \frac{du}{e^x}$$

gelöst. Der Grenzwert von $I(\lambda)$ für $\lambda \to 0$ ist *nicht* vorhanden, da $e^{\lambda} - 1$ gegen 0 strebt und der Logarithmus an dieser Stelle nicht definiert ist. Das uneigentliche Integral ist somit *divergent*.

Abschnitt 10

1) a) $s = -t^2 + 30t; \quad v = -2t + 30 \quad$ (s in m, v in m/s, t in s)

   b) $s = -\dfrac{1}{2}t^2 + \dfrac{1}{\pi^2} \cdot \cos(\pi t) + 30t - \dfrac{1}{\pi^2}; \quad v = -t - \dfrac{1}{\pi} \cdot \sin(\pi t) + 30$

2) $s = \cos(\omega t); \quad v = -\omega \cdot \sin(\omega t)$

3) $y(x) = -\dfrac{F}{24 EI}(2lx^3 - x^4 - l^3 x) \quad (0 \leq x \leq l)$

4) $s(t) = \int v(t)\,dt = v_E \cdot \int \tanh\left(\dfrac{g}{v_E} t\right) dt = \dfrac{v_E^2}{g} \cdot \ln\left(\cosh\left(\dfrac{g}{v_E} t\right)\right) + \underbrace{s(0)}_{0} =$

$= \dfrac{v_E^2}{g} \cdot \ln\left(\cosh\left(\dfrac{g}{v_E} t\right)\right), \quad t \geq 0 \qquad$ (Integral Nr. 387 mit $a = g/v_E$)

5) *Punktsymmetrische Kurve, symmetrisches Intervall* (Bild A-90): $A = 2(A_1 + A_2)$

$A_1 = \left| 0{,}2 \cdot \int_0^2 (x^3 - 4x)\,dx \right| = \left| 0{,}2 \left[\dfrac{1}{4} x^4 - 2x^2 \right]_0^2 \right| = 0{,}8$

$A_2 = 0{,}2 \cdot \int_2^3 (x^3 - 4x)\,dx = 0{,}2 \left[\dfrac{1}{4} x^4 - 2x^2 \right]_2^3 = 1{,}25$

$A = 2(A_1 + A_2) =$

$= 2(0{,}8 + 1{,}25) = 4{,}1$

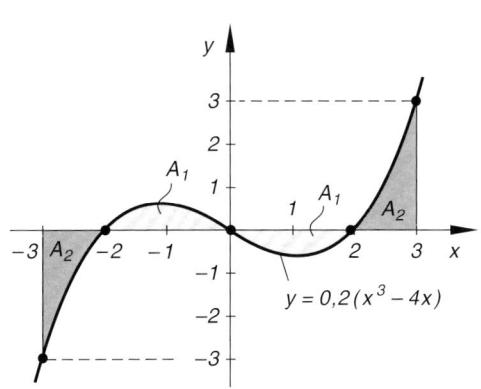

Bild A-90

6) *Kurvenschnittpunkte* (Bild A-91):

$x^2 - 2 = -x^2 + 2x + 2 \quad\Rightarrow$

$2(x^2 - x - 2) = 0 \quad\Rightarrow\quad x_1 = -1;\ x_2 = 2$

$A = \int_{-1}^{2} [(-x^2 + 2x + 2) - (x^2 - 2)]\,dx =$

$= \int_{-1}^{2} (-2x^2 + 2x + 4)\,dx =$

$= \left[-\dfrac{2}{3} x^3 + x^2 + 4x \right]_{-1}^{2} = 9$

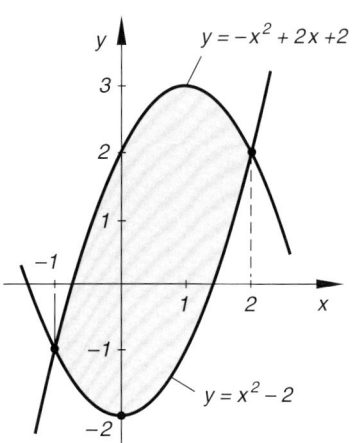

Bild A-91

7) *Kurvenschnittpunkte* (Bild A-92):
$$x^2 - 2x - 1 = -x + 5 \Rightarrow$$
$$x^2 - x - 6 = 0 \Rightarrow$$
$$x_1 = -2; \quad x_2 = 3$$
$$A = \int_{-2}^{3} [(-x+5) - (x^2 - 2x - 1)]\, dx =$$
$$= \int_{-2}^{3} (-x^2 + x + 6)\, dx =$$
$$= \left[-\frac{1}{3} x^3 + \frac{1}{2} x^2 + 6x \right]_{-2}^{3} = \frac{125}{6}$$

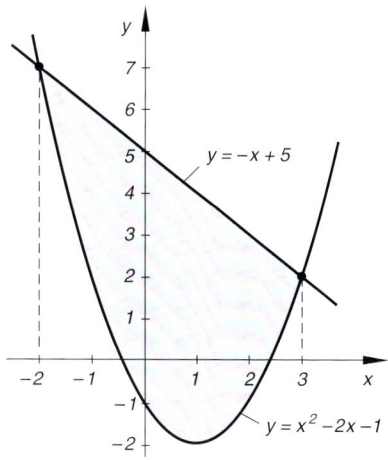

Bild A-92

8) *Kurvenschnittpunkte* (Bild A-93): $x_{1/2} = \pm 1{,}1886$ (Newton-Iteration mit dem Startwert $x_0 = 1$)
$$A = 2 \cdot \int_{0}^{1,1886} [(-x^2 + 3) - (2 \cdot \cosh x - 2)]\, dx = 2 \cdot \int_{0}^{1,1886} (-x^2 + 5 - 2 \cdot \cosh x)\, dx =$$
$$= 2 \left[-\frac{1}{3} x^3 + 5x - 2 \cdot \sinh x \right]_{0}^{1,1886} = 4{,}811$$

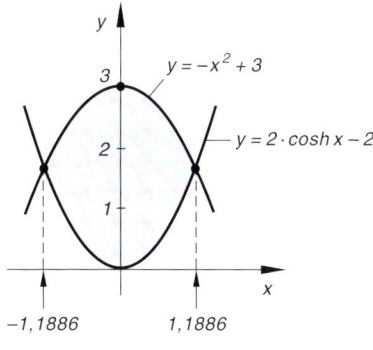

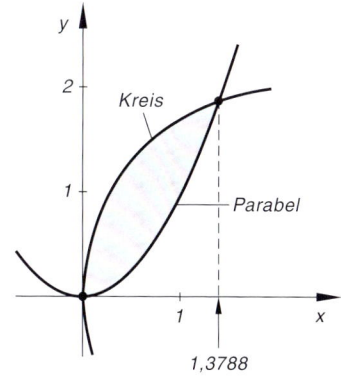

Bild A-93 Bild A-94

9) *Kurvenschnittpunkte* (Bild A-94): $(x-2)^2 + x^4 = 4 \Rightarrow x(x^3 + x - 4) = 0 \Rightarrow$
$x_1 = 0; \quad x_2 = 1{,}3788$ (Newton-Iteration mit dem Startwert $x_0 = 1{,}4$)

Halbkreis (1. Quadrant): $y = \sqrt{4 - (x-2)^2}, \quad 0 \leq x \leq 4$

$$A = \int_{0}^{1,3788} \left(\sqrt{4 - (x-2)^2} - x^2 \right) dx =$$
$$= \left[\frac{1}{2} \left((x-2) \sqrt{4 - (x-2)^2} + 4 \cdot \arcsin\left(\frac{x-2}{2} \right) \right) - \frac{1}{3} x^3 \right]_{0}^{1,3788} = 1{,}046$$

(Substitution $u = x - 2$ im Radikand der Wurzel führt zum Integral Nr. 141 mit $a = 2$)

10) $x = \dfrac{a}{b}\sqrt{b^2 - y^2}, \quad -b \leq y \leq b$

$V_y = \pi \dfrac{a^2}{b^2} \cdot \displaystyle\int_{-b}^{b} (b^2 - y^2)\, dy = \dfrac{2\pi a^2}{b^2} \cdot \int_{0}^{b} (b^2 - y^2)\, dy = \dfrac{2\pi a^2}{b^2} \left[b^2 y - \dfrac{1}{3} y^3 \right]_{0}^{b} = \dfrac{4}{3}\pi a^2 b$

11) *Nullstellen:* $(x - 2)^2 \cdot \sqrt{3x} = 0 \Rightarrow x_1 = 0;\ x_{2/3} = 2$

$V_x = 3\pi \cdot \displaystyle\int_{0}^{2} x(x - 2)^4\, dx = 3\pi \cdot \int_{0}^{2} (x^5 - 8x^4 + 24x^3 - 32x^2 + 16x)\, dx =$

$= 3\pi \left[\dfrac{1}{6} x^6 - \dfrac{8}{5} x^5 + 6x^4 - \dfrac{32}{3} x^3 + 8x^2 \right]_{0}^{2} = 20{,}106$

12) $y = \sqrt{x} \Rightarrow x = y^2, \quad 0 \leq y \leq 5; \quad V_y = \pi \cdot \displaystyle\int_{0}^{5} y^4\, dy = \dfrac{\pi}{5} \left[y^5 \right]_{0}^{5} = 625\pi = 1963{,}495$

13) Kurvenverlauf: Bild A-95

a) $V_x = \pi \cdot \displaystyle\int_{3}^{5} (x^2 - 9)\, dx = \pi \left[\dfrac{1}{3} x^3 - 9x \right]_{3}^{5} = \dfrac{44}{3}\pi = 46{,}077$

b) $x^2 = y^2 + 9, \quad 0 \leq y \leq 4$

$V_y = \pi \cdot \displaystyle\int_{0}^{4} (y^2 + 9)\, dy =$

$= \pi \left[\dfrac{1}{3} y^3 + 9y \right]_{0}^{4} = \dfrac{172}{3}\pi = 180{,}118$

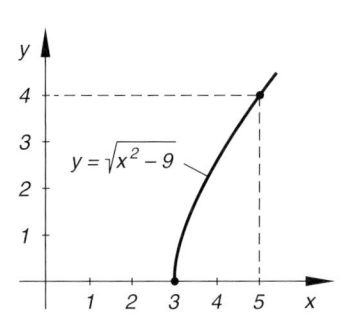

Bild A-95

14) $1 + (y')^2 = 1 + \sinh^2(x/5) = \cosh^2(x/5)$

$s = 2 \cdot \displaystyle\int_{0}^{7{,}15} \cosh(x/5)\, dx = 10 \left[\sinh(x/5) \right]_{0}^{7{,}15} = 19{,}697$

15) $y = 12{,}6 \cdot \ln x; \quad y' = \dfrac{12{,}6}{x}; \quad 1 + (y')^2 = 1 + \dfrac{12{,}6^2}{x^2} = \dfrac{12{,}6^2 + x^2}{x^2}$

$s = \displaystyle\int_{1}^{e} \dfrac{\sqrt{12{,}6^2 + x^2}}{x}\, dx = \left[\sqrt{12{,}6^2 + x^2} - 12{,}6 \cdot \ln \left| \dfrac{12{,}6 + \sqrt{12{,}6^2 + x^2}}{x} \right| \right]_{1}^{e} =$

$= 12{,}726 \quad$ (Integral Nr. 120 mit $a = 12{,}6$)

16) $1 + (y')^2 = \dfrac{1}{4}(9x+4)$; $s = \dfrac{1}{2} \cdot \displaystyle\int_1^{7{,}45} \sqrt{9x+4}\, dx = \dfrac{1}{27}\left[\sqrt{(9x+4)^3}\right]_1^{7{,}45} = 20{,}445$

(Integral Nr. 90 mit $a = 9$, $b = 4$)

17) $y' = \cos x$; $s = \displaystyle\int_0^{\pi} \sqrt{1 + \cos^2 x}\, dx$; $2n = 20$ einfache Streifen der Breite $h = \pi/20$

$s = \left(\sum_0 + 4 \cdot \sum_1 + 2 \cdot \sum_2\right) \dfrac{h}{3} =$

$= (2{,}828\,428 + 4 \cdot 12{,}162\,068 + 2 \cdot 10{,}745\,852) \dfrac{\pi}{60} = 3{,}8206 \approx 3{,}821$

18) $y = \sqrt{x} \;\Rightarrow\; x = y^2$, $0 \le y \le 2$; $x' = 2y$; $1 + (x')^2 = 1 + 4y^2 = 4(0{,}25 + y^2)$

$M_y = 4\pi \cdot \displaystyle\int_0^2 y^2 \sqrt{0{,}25 + y^2}\, dy =$

$= \pi \left[y\sqrt{(0{,}25 + y^2)^3} - \dfrac{1}{8}\left(y\sqrt{0{,}25 + y^2} + \dfrac{1}{4}\ln\left(y + \sqrt{0{,}25 + y^2}\right)\right)\right]_0^2 =$

$= 53{,}226$ (Integral Nr. 118 mit $a = 0{,}5$)

19) $y = \dfrac{1}{2}\cdot \ln x$; $y' = \dfrac{1}{2x}$; $1 + (y')^2 = 1 + \dfrac{1}{4x^2} = \dfrac{4x^2 + 1}{4x^2}$

$M_x = \dfrac{\pi}{2} \cdot \displaystyle\int_1^3 \dfrac{\ln x \cdot \sqrt{4x^2 + 1}}{x}\, dx$; $2n = 20$ einfache Streifen der Breite $h = 1/10$

$M_x = \dfrac{\pi}{2}\left(\sum_0 + 4 \cdot \sum_1 + 2 \cdot \sum_2\right)\dfrac{h}{3} =$

$= \dfrac{\pi}{2}(2{,}227\,533 + 4 \cdot 13{,}340\,082 + 2 \cdot 12{,}186\,998)\dfrac{1}{30} = 4{,}1868 \approx 4{,}187$

20) *Oberer* Halbkreis: $y = \sqrt{r^2 - x^2}$; $y' = \dfrac{-x}{\sqrt{r^2 - x^2}}$; $1 + (y')^2 = \dfrac{r^2}{r^2 - x^2}$

$M_x = 2\pi \cdot \displaystyle\int_a^{a+h} \sqrt{r^2 - x^2} \cdot \dfrac{r}{\sqrt{r^2 - x^2}}\, dx = 2\pi \cdot \int_a^{a+h} r\, dx = 2\pi r\left[x\right]_a^{a+h} = 2\pi r h$

21) $F(s) = cs$; $W = \displaystyle\int_0^{s_0} F(s)\, ds = c \cdot \int_0^{s_0} s\, ds = \dfrac{1}{2} c\left[s^2\right]_0^{s_0} = \dfrac{1}{2} c s_0^2 = 12\,645$ Nm

22) $pV^k = p_0 V_0^k = $ const. $\;\Rightarrow\; p = p(V) = p_0 V_0^k \cdot V^{-k}$

$W = \displaystyle\int_{V_0}^{V_1} p(V)\, dV = p_0 V_0^k \int_{V_0}^{V_1} V^{-k}\, dV = p_0 V_0^k \cdot \left[\dfrac{V^{-k+1}}{-k+1}\right]_{V_0}^{V_1} = \dfrac{p_0 V_0^k}{1 - k}\left(V_1^{1-k} - V_0^{1-k}\right)$

23) $pV = p_1 V_1 = \text{const.} \Rightarrow p = p(V) = \dfrac{p_1 V_1}{V}$

$W = \int\limits_{V_1}^{V_2} p(V)\, dV = \int\limits_{V_1}^{V_2} \dfrac{p_1 V_1}{V}\, dV = p_1 V_1 \left[\ln V\right]_{V_1}^{V_2} = p_1 V_1 \cdot \ln\left(\dfrac{V_2}{V_1}\right) = -4\,420{,}8\ \text{Nm}$

24) Wassermenge $dm = \varrho\, dV$ mit dem Volumen $dV = \pi x^2\, dy$ (Zylinderscheibe mit dem Radius x und der Dicke dy):

$dm = \varrho\, dV = \pi \varrho x^2\, dy \xrightarrow{\sqrt{x}=y} dm = \pi \varrho y^4\, dy;\ dW = (dm)\, g y = \pi \varrho g y^5\, dy \Rightarrow$

$W = \int\limits_{y=0}^{h} dW = \pi \varrho g \cdot \int\limits_{0}^{h} y^5\, dy = \pi \varrho g \left[\dfrac{1}{6} y^6\right]_0^h = \dfrac{1}{6} \pi \varrho g h^6 = 8{,}026 \cdot 10^7\ \text{Nm}$

25) $\bar{y}_{\text{linear}} = \dfrac{1}{\pi} \cdot \int\limits_{0}^{\pi} \sin x\, dx = \dfrac{1}{\pi}\left[-\cos x\right]_0^{\pi} = \dfrac{2}{\pi} = 0{,}637$

$\bar{y}_{\text{quadratisch}} = \sqrt{\dfrac{1}{\pi} \cdot \int\limits_0^{\pi} \sin^2 x\, dx} = \sqrt{\dfrac{1}{\pi}\left[\dfrac{x}{2} - \dfrac{\sin(2x)}{4}\right]_0^{\pi}} = \dfrac{1}{2}\sqrt{2} = 0{,}707$

(Integral Nr. 205 mit $a = 1$)

26) $\bar{i} = \dfrac{1}{T} \cdot \int\limits_0^{T/2} i(t)\, dt = \dfrac{\omega i_0}{2\pi} \cdot \int\limits_0^{\pi/\omega} \sin(\omega t)\, dt = \dfrac{\omega i_0}{2\pi}\left[-\dfrac{\cos(\omega t)}{\omega}\right]_0^{\pi/\omega} = \dfrac{i_0}{\pi}$

27) $P = \dfrac{1}{T} \cdot \int\limits_0^{T} u(t) \cdot i(t)\, dt = \dfrac{\omega u_0 i_0}{2\pi} \cdot \int\limits_0^{2\pi/\omega} \sin(\omega t) \cdot \cos(\omega t)\, dt = \dfrac{\omega u_0 i_0}{2\pi}\left[\dfrac{\sin^2(\omega t)}{2\omega}\right]_0^{2\pi/\omega} = 0$

(sog. *wattloser* Strom; Integral Nr. 254 mit $a = \omega$)

28) *Kurvenschnittpunkte* (Bild A-96):

$x^2 - 4 = -x^2 \Rightarrow x^2 = 2 \Rightarrow$
$x_{1/2} = \pm\sqrt{2};\ y_{1/2} = -2 \Rightarrow$
$P_{1/2} = (\pm\sqrt{2};\ -2)$

Symmetrieachsen der Fläche:
y-Achse $(x = 0)$ und die Parallele zur x-Achse durch P_1 und P_2 $(y = -2)$. Der Flächenschwerpunkt S ist der *Schnittpunkt* der beiden Symmetrieachsen. Somit gilt: $x_S = 0$ und $y_S = -2$.

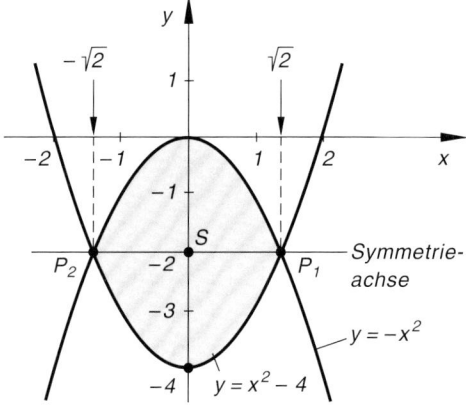

Bild A-96

29) *Randkurven:* $y_o = \sqrt{a^2 - x^2};\ y_u = -2a;$ *Fläche:* $A = 4a^2 + \dfrac{\pi}{2} a^2 = 5{,}5708\, a^2$

$x_S = 0$ (y-Achse ist Symmetrieachse $\Rightarrow$ Schwerpunkt liegt auf der y-Achse)

V Integralrechnung

$$y_s = \frac{1}{2A} \cdot \int_{-a}^{a} [(a^2 - x^2) - 4a^2] \, dx = \frac{1}{A} \cdot \int_{0}^{a} [(a^2 - x^2) - 4a^2] \, dx =$$

$$= \frac{1}{A} \cdot \int_{0}^{a} (-x^2 - 3a^2) \, dx = \frac{1}{5{,}5708\, a^2} \left[-\frac{1}{3} x^3 - 3a^2 x \right]_{0}^{a} = -0{,}598\, a$$

30) Aus Symmetriegründen ist $x_s = y_s$ (die Winkelhalbierende des 1. Quadranten ist eine Symmetrieachse; $A = \pi R^2 / 4$):

$$x_s = y_s = \frac{1}{2A} \cdot \int_{0}^{R} (R^2 - x^2) \, dx = \frac{2}{\pi R^2} \left[R^2 x - \frac{1}{3} x^3 \right]_{0}^{R} = \frac{4}{3\pi} R = 0{,}424\, R$$

31) *Kurvenschnittpunkte* (siehe Bild A-97):

$$x^2 - 4 = x + 2 \;\Rightarrow\; x_1 = -2; \; x_2 = 3$$

$$A = \int_{-2}^{3} [(x+2) - (x^2 - 4)] \, dx =$$

$$= \int_{-2}^{3} (-x^2 + x + 6) \, dx =$$

$$= \left[-\frac{1}{3} x^3 + \frac{1}{2} x^2 + 6x \right]_{-2}^{3} = 125/6$$

$$x_s = \frac{1}{A} \cdot \int_{-2}^{3} x \, [(x+2) - (x^2 - 4)] \, dx =$$

$$= \frac{1}{A} \cdot \int_{-2}^{3} (-x^3 + x^2 + 6x) \, dx =$$

$$= \frac{6}{125} \left[-\frac{1}{4} x^4 + \frac{1}{3} x^3 + 3x^2 \right]_{-2}^{3} = 0{,}5$$

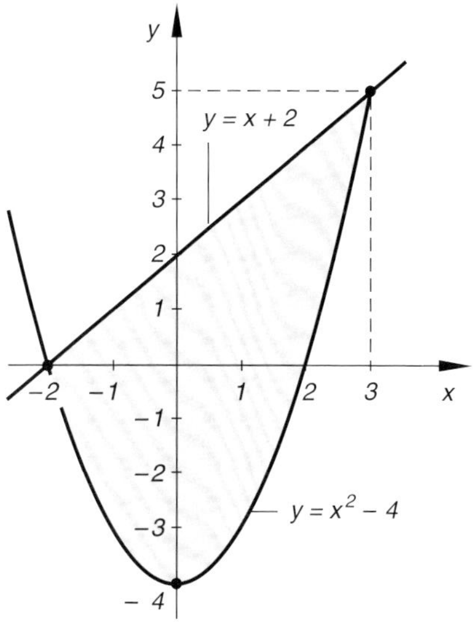

Bild A-97

$$y_s = \frac{1}{2A} \cdot \int_{-2}^{3} [(x+2)^2 - (x^2 - 4)^2] \, dx = \frac{1}{2A} \cdot \int_{-2}^{3} (-x^4 + 9x^2 + 4x - 12) \, dx =$$

$$= \frac{3}{125} \left[-\frac{1}{5} x^5 + 3x^3 + 2x^2 - 12x \right]_{-2}^{3} = 0$$

Der Flächenschwerpunkt liegt also auf der x-Achse: $S = (0{,}5;\, 0)$

32) $$V_x = \pi \cdot \int_{0}^{\pi/2} \cos x \, dx = \pi \left[\sin x \right]_{0}^{\pi/2} = \pi; \quad y_s = z_s = 0$$

$$x_s = \frac{\pi}{V_x} \cdot \int_{0}^{\pi/2} x \cdot \cos x \, dx = \left[\cos x + x \cdot \sin x \right]_{0}^{\pi/2} = 0{,}571 \quad \text{(Integral Nr. 232 mit } a = 1\text{)}$$

33) $x = \dfrac{a}{b}\sqrt{b^2 - y^2}$, $0 \leq y \leq b$

$$V_y = \dfrac{\pi a^2}{b^2} \cdot \int_0^b (b^2 - y^2)\, dy = \dfrac{\pi a^2}{b^2} \left[b^2 y - \dfrac{1}{3} y^3 \right]_0^b = \dfrac{2}{3} \pi a^2 b$$

$$x_s = z_s = 0; \quad y_s = \dfrac{\pi a^2}{V_y b^2} \cdot \int_0^b (b^2 y - y^3)\, dy = \dfrac{3}{2 b^3} \left[\dfrac{1}{2} b^2 y^2 - \dfrac{1}{4} y^4 \right]_0^b = \dfrac{3}{8} b$$

34) $V_x = \pi \cdot \displaystyle\int_1^e (\ln x)^2\, dx = \pi \left[x((\ln x)^2 - 2 \cdot \ln x + 2) \right]_1^e = \pi(e - 2) = 2{,}257$

(Integral Nr. 333)

$$x_s = \dfrac{\pi}{V_x} \cdot \int_1^e x(\ln x)^2\, dx = \dfrac{1}{e - 2} \left[\dfrac{1}{2} x^2 \left((\ln x)^2 - \ln x + \dfrac{1}{2}\right) \right]_1^e = \dfrac{e^2 - 1}{4(e - 2)} = 2{,}224$$

(Integral Nr. 345 mit $m = 1$, $n = 2$ und Integral Nr. 337); $y_s = z_s = 0$

35) $x = \dfrac{a}{b}\sqrt{b^2 - y^2}$, $0 \leq y \leq b$ (erzeugt bei Drehung den halben Rotationskörper)

$$J_y = 2 \cdot \dfrac{1}{2} \pi \varrho \cdot \dfrac{a^4}{b^4} \cdot \int_0^b (b^2 - y^2)^2\, dy = \dfrac{\pi \varrho a^4}{b^4} \cdot \int_0^b (b^4 - 2 b^2 y^2 + y^4)\, dy =$$

$$= \dfrac{\pi \varrho a^4}{b^4} \left[b^4 y - \dfrac{2}{3} b^2 y^3 + \dfrac{1}{5} y^5 \right]_0^b = \dfrac{8}{15} \pi \varrho a^4 b$$

36) Drehung der Geraden $y = \dfrac{R}{H} x$, $0 \leq x \leq H$ um die x-Achse (siehe Bild A-98):

$$J_x = \dfrac{1}{2} \pi \varrho \cdot \int_0^H \left(\dfrac{R}{H} x\right)^4 dx =$$

$$= \dfrac{\pi \varrho R^4}{2 H^4} \left[\dfrac{1}{5} x^5 \right]_0^H = \dfrac{1}{10} \pi \varrho R^4 H =$$

$$= \dfrac{3}{10} m R^2 \quad \left(\text{Masse: } m = \varrho V = \dfrac{1}{3} \pi \varrho R^2 H\right)$$

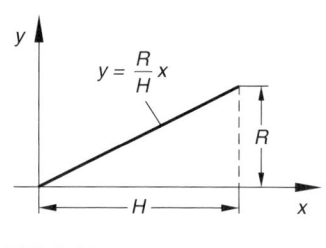

Bild A-98

37) Nach Beispiel 1 aus Abschnitt 10.9.1 ist $J_S = \dfrac{1}{2} m R^2$.

Aus dem *Steinerschen Satz* folgt dann (siehe Bild A-99):

$$J_M = J_S + m R^2 = \dfrac{1}{2} m R^2 + m R^2 = \dfrac{3}{2} m R^2$$

M: Mantellinie
S: Schwerpunktachse
(Symmetrieachse)
R: Radius

Bild A-99

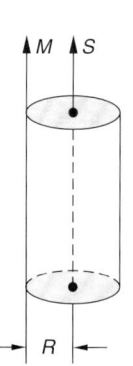

VI Potenzreihenentwicklungen

Abschnitt 1

1) a) $q = -\dfrac{1}{8}$; $s = \dfrac{8}{9}$ b) $q = 0{,}3$; $s = \dfrac{10}{7}$ c) $q = -\dfrac{2}{3}$; $s = 4 \cdot \dfrac{3}{5} = \dfrac{12}{5}$

2) Die Reihen *konvergieren*:

   a) $a_n = \dfrac{10^{n-1}}{(n-1)!}$; (Zerlegung $n! = (n-1)! \, n$ beachten)

   $$\lim_{n\to\infty} \left|\dfrac{a_{n+1}}{a_n}\right| = \lim_{n\to\infty} \dfrac{10^n (n-1)!}{n! \, 10^{n-1}} = \lim_{n\to\infty} \dfrac{10 \, (n-1)!}{(n-1)! \, n} = \lim_{n\to\infty} \dfrac{10}{n} = 0 < 1$$

   b) $a_n = \dfrac{1}{(2n-1) \, 2^{2n-1}}$;

   $$\lim_{n\to\infty} \left|\dfrac{a_{n+1}}{a_n}\right| = \lim_{n\to\infty} \dfrac{(2n-1) \, 2^{2n-1}}{(2n+1) \, 2^{2n+1}} = \lim_{n\to\infty} \dfrac{2n-1}{4(2n+1)} =$$
   $$= \lim_{n\to\infty} \dfrac{2 - 1/n}{4(2 + 1/n)} = \dfrac{1}{4} < 1$$

   c) $a_n = \dfrac{2n-1}{2^n}$;

   $$\lim_{n\to\infty} \left|\dfrac{a_{n+1}}{a_n}\right| = \lim_{n\to\infty} \dfrac{(2n+1) \, 2^n}{2^{n+1}(2n-1)} = \lim_{n\to\infty} \dfrac{2n+1}{2(2n-1)} = \lim_{n\to\infty} \dfrac{2 + 1/n}{2(2 - 1/n)} = \dfrac{1}{2} < 1$$

   d) $a_n = \dfrac{(\ln 2)^n}{n!}$; (Zerlegung $(n+1)! = n!(n+1)$ beachten)

   $$\lim_{n\to\infty} \left|\dfrac{a_{n+1}}{a_n}\right| = \lim_{n\to\infty} \dfrac{(\ln 2)^{n+1} \cdot n!}{(n+1)! \, (\ln 2)^n} = \lim_{n\to\infty} \dfrac{(\ln 2) \cdot n!}{n! \, (n+1)} = \lim_{n\to\infty} \dfrac{\ln 2}{n+1} = 0 < 1$$

3) *Zerlegung des n-ten Reihengliedes in Partialbrüche*:

   $$\dfrac{1}{(n+1)(n+2)} = \dfrac{A}{n+1} + \dfrac{B}{n+2} = \dfrac{A(n+2) + B(n+1)}{(n+1)(n+2)} \quad \Rightarrow$$

   $A(n+2) + B(n+1) = (A+B)n + 2A + B = 1$

   Koeffizientenvergleich im Zähler: $A + B = 0$ und $2A + B = 1$ $\Rightarrow$ $A = 1$, $B = -1$

   Somit gilt: $\displaystyle\sum_{n=1}^{\infty} \dfrac{1}{(n+1)(n+2)} = \sum_{n=1}^{\infty} \left(\dfrac{1}{n+1} - \dfrac{1}{n+2}\right)$

   Partialsummen: $s_1 = \dfrac{1}{2} - \dfrac{1}{3}$; $s_2 = \left(\dfrac{1}{2} - \dfrac{1}{3}\right) + \underbrace{\left(\dfrac{1}{3} - \dfrac{1}{4}\right)}_{0} = \dfrac{1}{2} - \dfrac{1}{4}$;

   $s_3 = \left(\dfrac{1}{2} - \dfrac{1}{3}\right) + \underbrace{\left(\dfrac{1}{3} - \dfrac{1}{4}\right)}_{0} + \underbrace{\left(\dfrac{1}{4} - \dfrac{1}{5}\right)}_{0} = \dfrac{1}{2} - \dfrac{1}{5}$; ...; $s_n = \dfrac{1}{2} - \dfrac{1}{n+2}$

   (die inneren Summanden heben sich jeweils paarweise auf)

Grenzwert (*Summenwert*): $\lim\limits_{n \to \infty} s_n = \lim\limits_{n \to \infty} \left(\dfrac{1}{2} - \dfrac{1}{n+2} \right) = \dfrac{1}{2}$

Die unendliche Reihe ist somit *konvergent* und hat den Summenwert $s = 1/2$.

4) $\sum\limits_{n=1}^{\infty} \ln\left(\dfrac{1}{n} + 1\right) = \sum\limits_{n=1}^{\infty} \ln\left(\dfrac{1+n}{n}\right) = \sum\limits_{n=1}^{\infty} [\ln(1+n) - \ln n]$

Partialsummen: $s_1 = \ln 2 - \ln 1 = \ln 2$; $\quad s_2 = (\ln 2 - \ln 1) + (\ln 3 - \ln 2) = \ln 3$;

$s_3 = (\ln 2 - \ln 1) + (\ln 3 - \ln 2) + (\ln 4 - \ln 3) = \ln 4$; $\quad \ldots$; $\quad s_n = \ln(n+1)$

Grenzwert der Partialsummenfolge: $\lim\limits_{n \to \infty} s_n = \lim\limits_{n \to \infty} \ln(n+1) = \infty$

Der Grenzwert ist *nicht* vorhanden, die Reihe daher (bestimmt) *divergent*.

5) Wir zeigen, dass die Reihen die für die Konvergenz notwendige Bedingung $\lim\limits_{n \to \infty} a_n = 0$ *nicht* erfüllen und somit *divergent* sind.

a) $a_n = \left(\dfrac{n+1}{n}\right)^{-n} = \left(1 + \dfrac{1}{n}\right)^{-n} = \dfrac{1}{\left(1 + \dfrac{1}{n}\right)^n}$

$\lim\limits_{n \to \infty} a_n = \lim\limits_{n \to \infty} \dfrac{1}{\left(1 + \dfrac{1}{n}\right)^n} = \dfrac{1}{\lim\limits_{n \to \infty} \left(1 + \dfrac{1}{n}\right)^n} = \dfrac{1}{e} > 0$

(der Grenzwert im Nenner ist definitionsgemäß die *Eulersche* Zahl e)

b) $a_n = \ln\left(3 + \dfrac{1}{2n}\right)$; $\quad \lim\limits_{n \to \infty} a_n = \lim\limits_{n \to \infty} \ln\left(3 + \dfrac{1}{2n}\right) = \ln 3 > 0$

6) Alle Reihen *konvergieren* mit Ausnahme der Reihe in e).

a) $a_n = \dfrac{1}{10^n + 1}$; $\quad \lim\limits_{n \to \infty} \left|\dfrac{a_{n+1}}{a_n}\right| = \lim\limits_{n \to \infty} \dfrac{10^n + 1}{10^{n+1} + 1} = \lim\limits_{n \to \infty} \dfrac{1 + 10^{-n}}{10 + 10^{-n}} = \dfrac{1}{10} < 1$

b) $a_n = \dfrac{n}{5^n}$;

$\lim\limits_{n \to \infty} \left|\dfrac{a_{n+1}}{a_n}\right| = \lim\limits_{n \to \infty} \dfrac{(n+1) \cdot 5^n}{5^{n+1} \cdot n} = \lim\limits_{n \to \infty} \dfrac{n+1}{5n} = \lim\limits_{n \to \infty} \dfrac{1 + 1/n}{5} = \dfrac{1}{5} < 1$

c) $a_n = \dfrac{1}{2^{2n-2}}$; $\quad \lim\limits_{n \to \infty} \left|\dfrac{a_{n+1}}{a_n}\right| = \lim\limits_{n \to \infty} \dfrac{2^{2n-2}}{2^{2n}} = \lim\limits_{n \to \infty} \dfrac{1}{4} = \dfrac{1}{4} < 1$

d) $a_n = n \left(\dfrac{1}{2}\right)^{n-1}$;

$\lim\limits_{n \to \infty} \left|\dfrac{a_{n+1}}{a_n}\right| = \lim\limits_{n \to \infty} \dfrac{(n+1)\left(\dfrac{1}{2}\right)^n}{n \left(\dfrac{1}{2}\right)^{n-1}} = \lim\limits_{n \to \infty} \dfrac{n+1}{2n} = \lim\limits_{n \to \infty} \dfrac{1 + 1/n}{2} = \dfrac{1}{2} < 1$

VI Potenzreihenentwicklungen

e) $a_n = (-1)^{n+1} \cdot \dfrac{2^n}{n}$;

$$\lim_{n \to \infty} \left| \dfrac{a_{n+1}}{a_n} \right| = \lim_{n \to \infty} \dfrac{2^{n+1} \cdot n}{(n+1) \cdot 2^n} = \lim_{n \to \infty} \dfrac{2n}{n+1} = \lim_{n \to \infty} \dfrac{2}{1 + 1/n} = 2 > 1$$

f) $a_n = \dfrac{3^{2n}}{(2n)!}$; (Zerlegung $(2n+2)! = (2n)!\,(2n+1)(2n+2)$ beachten)

$$\lim_{n \to \infty} \left| \dfrac{a_{n+1}}{a_n} \right| = \lim_{n \to \infty} \dfrac{3^{2n+2} \cdot (2n)!}{(2n+2)!\,3^{2n}} = \lim_{n \to \infty} \dfrac{9 \cdot (2n)!}{(2n)!\,(2n+1)(2n+2)} =$$

$$= \lim_{n \to \infty} \dfrac{9}{(2n+1)(2n+2)} = 0 < 1$$

7) a) $a_n = \dfrac{n}{(n+1)^n}$; $\lim_{n \to \infty} \sqrt[n]{|a_n|} = \lim_{n \to \infty} \sqrt[n]{\dfrac{n}{(n+1)^n}} = \lim_{n \to \infty} \dfrac{\sqrt[n]{n}}{n+1} = 0 < 1$

(der Zähler strebt gegen 1, der Nenner gegen ∞). Die Reihe ist somit *konvergent*.

b) $a_n = \dfrac{5^n}{4^n \cdot n^2} = \left(\dfrac{5}{4}\right)^n \cdot \dfrac{1}{n^2} = \dfrac{1{,}25^n}{n^2}$;

$$\lim_{n \to \infty} \sqrt[n]{|a_n|} = \lim_{n \to \infty} \sqrt[n]{\dfrac{1{,}25^n}{n^2}} = \lim_{n \to \infty} \dfrac{1{,}25}{\sqrt[n]{n^2}} = \dfrac{1{,}25}{\lim_{n \to \infty} \left(\sqrt[n]{n} \cdot \sqrt[n]{n}\right)} =$$

$$= \dfrac{1{,}25}{\left(\lim_{n \to \infty} \sqrt[n]{n}\right) \cdot \left(\lim_{n \to \infty} \sqrt[n]{n}\right)} = \dfrac{1{,}25}{1 \cdot 1} = 1{,}25 > 1$$

(unter Berücksichtigung von $\lim_{n \to \infty} \sqrt[n]{n} = 1$). Die Reihe ist somit *divergent*.

c) $a_n = \left(\dfrac{n+1}{n}\right)^{-n^2} = \left(1 + \dfrac{1}{n}\right)^{-n^2} = \dfrac{1}{\left(1 + \dfrac{1}{n}\right)^{n^2}}$

$$\lim_{n \to \infty} \sqrt[n]{|a_n|} = \lim_{n \to \infty} \dfrac{1}{\sqrt[n]{\left(1 + \dfrac{1}{n}\right)^{n^2}}} = \dfrac{1}{\lim_{n \to \infty} \left(1 + \dfrac{1}{n}\right)^n} = \dfrac{1}{e} < 1$$

(der Grenzwert im Nenner ist die *Eulersche Zahl* e). Die Reihe ist somit *konvergent*.

8) a) Wegen $|\cos(2n)| \leq 1$ gilt: $a_n = |0{,}5^n \cdot \cos(2n)| = 0{,}5^n \cdot |\cos(2n)| \leq 0{,}5^n$

Die Reihenglieder sind nicht größer als die entsprechenden Glieder der *konvergenten geometrischen* Reihe mit $q = 0{,}5$ (*Majorante*). Die Reihe ist somit *konvergent*.

b) Aus $(n+3)^2 > n^2$ folgt: $a_n = \dfrac{2}{(n+3)^2} < \dfrac{2}{n^2}$ (für $n \geq 1$)

Die konvergente Reihe $\sum\limits_{n=1}^{\infty} \dfrac{2}{n^2}$ ist somit eine *Majorante* der vorgegebenen Reihe, diese ist daher *konvergent*.

9) a) Es ist $n^\alpha \leq n$ für $\alpha \leq 1$. Daraus folgt: $a_n = n^{-\alpha} = \dfrac{1}{n^\alpha} \geq \dfrac{1}{n}$

Die Reihenglieder sind also nicht kleiner als die entsprechenden Glieder der *divergenten harmonischen Reihe* (*Minorante*), die vorliegende Reihe ist daher *divergent*.

b) Wegen $n + 1 > \ln(n + 1)$ für alle $n \geq 1$ gilt:

$$a_n = \frac{1}{\ln(n+1)} > \frac{1}{n+1}$$

(siehe Bild A-100; die Gerade $y = x + 1$ liegt für $x \geq 0$ oberhalb der Kurve $y = \ln(x + 1)$).

Die Reihenglieder sind größer als die entsprechenden Glieder der *divergenten harmonischen Reihe*, die somit eine *Minorante* der vorgegebenen Reihe ist. Die Reihe ist daher *divergent*.

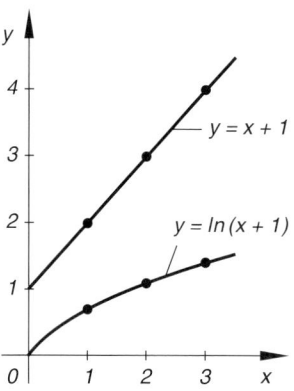

Bild A-100

10) Alle Reihen *konvergieren*, da die Beträge ihrer Glieder jeweils eine monoton fallende Nullfolge bilden.

a) $\dfrac{1}{1!} > \dfrac{1}{2!} > \dfrac{1}{3!} > \ldots > \dfrac{1}{n!} > \ldots$ und $\lim\limits_{n \to \infty} \dfrac{1}{n!} = 0$

b) $1 > \dfrac{1}{3} > \dfrac{1}{5} > \ldots > \dfrac{1}{2n-1} > \ldots$ und $\lim\limits_{n \to \infty} \dfrac{1}{2n-1} = 0$

c) $\dfrac{1}{1} > \dfrac{1}{4} > \dfrac{1}{9} > \ldots > \dfrac{1}{n^2} > \ldots$ und $\lim\limits_{n \to \infty} \dfrac{1}{n^2} = 0$

d) $\dfrac{1}{5} > \dfrac{1}{2 \cdot 5^3} > \dfrac{1}{3 \cdot 5^5} > \ldots > \dfrac{1}{n \cdot 5^{2n-1}} > \ldots$ und $\lim\limits_{n \to \infty} \dfrac{1}{n \cdot 5^{2n-1}} = 0$

Abschnitt 2

1) a) $a_n = n$; $r = \lim\limits_{n \to \infty} \left|\dfrac{a_n}{a_{n+1}}\right| = \lim\limits_{n \to \infty} \dfrac{n}{n+1} = \lim\limits_{n \to \infty} \dfrac{1}{1 + 1/n} = 1$

Randpunkte $x = \pm 1$: $\pm 1 + 2 \pm 3 + 4 \pm \cdots$

Die Reihe *divergiert* in *beiden* Randpunkten. *Konvergenzbereich*: $|x| < 1$

b) $a_n = (-1)^n \cdot \dfrac{1}{n}$; $r = \lim\limits_{n \to \infty} \left|\dfrac{a_n}{a_{n+1}}\right| = \lim\limits_{n \to \infty} \dfrac{n+1}{n} = \lim\limits_{n \to \infty} \left(1 + \dfrac{1}{n}\right) = 1$

Randpunkte $x = \pm 1$: $\mp 1 + \dfrac{1}{2} \mp \dfrac{1}{3} + \dfrac{1}{4} \mp \cdots$

Die Reihe *divergiert* für $x = -1$ (harmonische Reihe) und *konvergiert* für $x = 1$ (alternierende harmonische Reihe). *Konvergenzbereich*: $-1 < x \leq 1$

VI Potenzreihenentwicklungen

c) $a_n = \dfrac{1}{n^2}$; $r = \lim\limits_{n \to \infty} \left|\dfrac{a_n}{a_{n+1}}\right| = \lim\limits_{n \to \infty} \dfrac{(n+1)^2}{n^2} = \lim\limits_{n \to \infty} \left(\dfrac{n+1}{n}\right)^2 = \lim\limits_{n \to \infty} \left(1 + \dfrac{1}{n}\right)^2 = 1$

Die Reihe *konvergiert* in *beiden* Randpunkten. *Konvergenzbereich:* $|x| \leq 1$

d) $a_n = \dfrac{1}{2^n}$; $r = \lim\limits_{n \to \infty} \left|\dfrac{a_n}{a_{n+1}}\right| = \lim\limits_{n \to \infty} \dfrac{2^{n+1}}{2^n} = \lim\limits_{n \to \infty} 2 = 2$

Randpunkte $x = \pm 2$: $1 \pm 1 + 1 \pm 1 + 1 \pm \cdots$

Die Reihe *divergiert* in *beiden* Randpunkten. *Konvergenzbereich:* $|x| < 2$

e) $a_n = \dfrac{n}{n+1}$; $r = \lim\limits_{n \to \infty} \left|\dfrac{a_n}{a_{n+1}}\right| = \lim\limits_{n \to \infty} \dfrac{n(n+2)}{(n+1)(n+1)} = \lim\limits_{n \to \infty} \dfrac{1(1+2/n)}{(1+1/n)^2} = 1$

Randpunkte $x = \pm 1$: $\dfrac{1}{2} \pm \dfrac{2}{3} + \dfrac{3}{4} \pm \dfrac{4}{5} + \dfrac{5}{6} \pm \cdots$

Die Reihe *divergiert* in *beiden* Randpunkten. *Konvergenzbereich:* $|x| < 1$

f) $a_n = \dfrac{n+1}{n!}$; (Zerlegung $(n+1)! = n!(n+1)$ beachten)

$r = \lim\limits_{n \to \infty} \left|\dfrac{a_n}{a_{n+1}}\right| = \lim\limits_{n \to \infty} \dfrac{(n+1)(n+1)!}{n!(n+2)} = \lim\limits_{n \to \infty} \dfrac{(n+1)\,n!\,(n+1)}{n!(n+2)} =$

$= \lim\limits_{n \to \infty} \dfrac{(n+1)(n+1)}{n+2} = \lim\limits_{n \to \infty} \dfrac{(1+1/n)(n+1)}{1+2/n} = \infty$

(der Zähler strebt gegen ∞, der Nenner gegen 1)

Die Reihe *konvergiert daher beständig*, d. h. für jedes $x \in \mathbb{R}$.

2) $1 - z^1 + z^2 - z^3 + - \cdots + (-1)^n \cdot z^n + \cdots$; $a_n = (-1)^n$, $n \in \mathbb{N}$

$r = \lim\limits_{n \to \infty} \left|\dfrac{a_n}{a_{n+1}}\right| = \lim\limits_{n \to \infty} \left|\dfrac{(-1)^n}{(-1)^{n+1}}\right| = \lim\limits_{n \to \infty} \dfrac{1}{1} = \lim\limits_{n \to \infty} 1 = 1$

Randpunkte $z = \pm 1$: $1 \mp 1 + 1 \mp 1 + 1 \mp \cdots$ (divergente Reihen)

Konvergenzbereich: $|z| < 1$ und somit $|x| < 1$

Abschnitt 3

1) a) $f(x) = \sinh x$: *ungerade* Funktion, die Reihe enthält daher nur *ungerade* Potenzen.

$f^{(n)}(x) = \begin{cases} \sinh x & n = \text{gerade} \\ \cosh x & n = \text{ungerade} \end{cases}$ für $\begin{array}{l} \Rightarrow f^{(n)}(0) = \sinh 0 = 0 \\ \Rightarrow f^{(n)}(0) = \cosh 0 = 1 \end{array}$

$\sinh x = \dfrac{x^1}{1!} + \dfrac{x^3}{3!} + \dfrac{x^5}{5!} + \cdots = \sum\limits_{n=0}^{\infty} \dfrac{x^{2n+1}}{(2n+1)!}$ (*Konvergenzbereich:* $|x| < \infty$)

b) $f(x) = \arctan x$: *ungerade* Funktion, die Reihe enthält daher nur *ungerade* Potenzen.

$$f'(x) = \frac{1}{1+x^2}; \quad f''(x) = \frac{-2x}{(1+x^2)^2}; \quad f'''(x) = \frac{2(3x^2-1)}{(1+x^2)^3};$$

$$f^{(4)}(x) = \frac{-24(x^3-x)}{(1+x^2)^4}; \quad f^{(5)}(x) = \frac{24(5x^4-10x^2+1)}{(1+x^2)^5}$$

$f(0) = 0; \quad f'(0) = 1; \quad f''(0) = 0; \quad f'''(0) = -2; \quad f^{(4)}(0) = 0; \quad f^{(5)}(0) = 24$

$$\arctan x = \frac{x^1}{1} - \frac{x^3}{3} + \frac{x^5}{5} - + \cdots = \sum_{n=0}^{\infty} (-1)^n \cdot \frac{x^{2n+1}}{2n+1}$$

Konvergenzbereich: $|x| \leq 1$

c) $f(x) = \ln(1+x^2)$: *gerade* Funktion, die Reihe enthält daher nur *gerade* Potenzen.

$$f'(x) = \frac{2x}{1+x^2}; \quad f''(x) = \frac{2(1-x^2)}{(1+x^2)^2}; \quad f'''(x) = \frac{4(x^3-3x)}{(1+x^2)^3};$$

$$f^{(4)}(x) = \frac{-12(x^4-6x^2+1)}{(1+x^2)^4}; \quad f^{(5)}(x) = \frac{48(x^5-10x^3+5x)}{(1+x^2)^5};$$

$$f^{(6)}(x) = \frac{-240(x^6-15x^4+15x^2-1)}{(1+x^2)^6}$$

$f(0) = 0; \quad f'(0) = 0; \quad f''(0) = 2; \quad f'''(0) = 0; \quad f^{(4)}(0) = -12; \quad f^{(5)}(0) = 0;$

$f^{(6)}(0) = 240$

$$\ln(1+x^2) = x^2 - \frac{x^4}{2} + \frac{x^6}{3} - + \cdots = \sum_{n=1}^{\infty} (-1)^{n+1} \cdot \frac{x^{2n}}{n}$$

Konvergenzbereich: $|x| \leq 1$

2) a) $f(x) = \cosh x$: *gerade* Funktion, die Reihe enthält daher nur *gerade* Potenzen.

$$f^{(n)}(x) = \begin{cases} \cosh x & n = \text{gerade} \quad \Rightarrow \quad f^{(n)}(0) = \cosh 0 = 1 \\ \sinh x & n = \text{ungerade} \quad \Rightarrow \quad f^{(n)}(0) = \sinh 0 = 0 \end{cases} \text{für}$$

$$\cosh x = 1 + \frac{x^2}{2!} + \frac{x^4}{4!} + \cdots = \sum_{n=0}^{\infty} \frac{x^{2n}}{(2n)!} \qquad (\textit{Konvergenzbereich: } |x| < \infty)$$

b) $\cosh x = \frac{1}{2}(e^x + e^{-x}) =$

$$= \frac{1}{2}\left[\left(1 + x + \frac{x^2}{2!} + \frac{x^3}{3!} + \frac{x^4}{4!} + \cdots\right) + \left(1 - x + \frac{x^2}{2!} - \frac{x^3}{3!} + \frac{x^4}{4!} - + \cdots\right)\right] =$$

$$= \frac{1}{2}\left(2 + 2 \cdot \frac{x^2}{2!} + 2 \cdot \frac{x^4}{4!} + \cdots\right) = 1 + \frac{x^2}{2!} + \frac{x^4}{4!} + \cdots = \sum_{n=0}^{\infty} \frac{x^{2n}}{(2n)!}$$

VI Potenzreihenentwicklungen

3) Binomische Reihe $(1-z)^{-1/2}$ mit $z = x^3$ verwenden:

$$f(x) = \frac{1}{\sqrt{1-x^3}} = (1-x^3)^{-1/2} = \underbrace{1 + \frac{1}{2}x^3 + \frac{3}{8}x^6}_{\text{Näherungsfunktion}} + \underbrace{\frac{5}{16}x^9}_{\text{Fehler}} + \ldots$$

$$f(0{,}2) \approx 1 + \frac{1}{2}(0{,}2)^3 + \frac{3}{8}(0{,}2)^6 = 1{,}004\,024 \quad \text{(auf 6 Dezimalstellen genau)}$$

Fehler: $\approx \frac{5}{16}(0{,}2)^9 = 0{,}16 \cdot 10^{-6}$

4) a) In der bekannten Reihe von e^x wird die Variable x durch $-2x$ ersetzt:

$$f(x) = \left(1 - 2x + 2x^2 - \frac{4}{3}x^3 + \frac{2}{3}x^4 - + \cdots\right)\left(1 - \frac{1}{2}x^2 + \frac{1}{24}x^4 - + \cdots\right) =$$

$$= 1 - 2x + \frac{3}{2}x^2 - \frac{1}{3}x^3 - \frac{7}{24}x^4 + \ldots \quad \text{(\textit{Konvergenzbereich}: } |x| < \infty\text{)}$$

b) $f(x) = \sin x \cdot \sin x = \left(x - \frac{1}{6}x^3 + \frac{1}{120}x^5 - + \cdots\right)\left(x - \frac{1}{6}x^3 + \frac{1}{120}x^5 - + \cdots\right) =$

$$= x^2 - \frac{1}{3}x^4 + \frac{2}{45}x^6 - + \ldots \quad \text{(\textit{Konvergenzbereich}: } |x| < \infty\text{)}$$

c) Der Faktor $(1 + x^2)^{-1}$ wird nach der *Binomischen Formel* $(1+z)^n$ entwickelt (mit $n = -1$ und $z = x^2$):

$$f(x) = \frac{\sinh x}{1 + x^2} = (1 + x^2)^{-1} \cdot \sinh x =$$

$$= (1 - x^2 + x^4 - + \cdots)\left(x + \frac{1}{6}x^3 + \frac{1}{120}x^5 + \cdots\right) =$$

$$= x - \frac{5}{6}x^3 + \frac{101}{120}x^5 - + \ldots \quad \text{(\textit{Konvergenzbereich}: } |x| < 1\text{)}$$

5) a) $f(x) = \cos x; \quad f'(x) = -\sin x; \quad f''(x) = -\cos x; \quad f'''(x) = \sin x$

$f(\pi/3) = \frac{1}{2}; \quad f'(\pi/3) = -\frac{1}{2}\sqrt{3}; \quad f''(\pi/3) = -\frac{1}{2}; \quad f'''(\pi/3) = \frac{1}{2}\sqrt{3}$

$$f(x) = \cos x = \frac{1}{2} - \frac{1}{2}\sqrt{3}\left(x - \frac{\pi}{3}\right)^1 - \frac{1}{4}\left(x - \frac{\pi}{3}\right)^2 + \frac{1}{12}\sqrt{3}\left(x - \frac{\pi}{3}\right)^3 + \ldots$$

Konvergenzbereich: $|x| < \infty$

b) $f(x) = \sqrt{x}; \quad f'(x) = \frac{1}{2\sqrt{x}}; \quad f''(x) = -\frac{1}{4\sqrt{x^3}}; \quad f'''(x) = \frac{3}{8\sqrt{x^5}}$

$f(1) = 1; \quad f'(1) = \frac{1}{2}; \quad f''(1) = -\frac{1}{4}; \quad f'''(1) = \frac{3}{8}$

$$f(x) = \sqrt{x} = 1 + \frac{1}{2}(x-1)^1 - \frac{1}{8}(x-1)^2 + \frac{1}{16}(x-1)^3 + \ldots$$

Konvergenzbereich: $0 \leq x \leq 2$

c) $f(x) = \dfrac{1}{x^2} - \dfrac{2}{x}$; $f'(x) = 2(x^{-2} - x^{-3})$; $f''(x) = 2(-2x^{-3} + 3x^{-4})$;

$f'''(x) = 12(x^{-4} - 2x^{-5})$; $f^{(4)}(x) = 24(-2x^{-5} + 5x^{-6})$

$f(1) = -1$; $f'(1) = 0$; $f''(1) = 2$; $f'''(1) = -12$; $f^{(4)}(1) = 72$

$f(x) = \dfrac{1}{x^2} - \dfrac{2}{x} = -1 + 1(x-1)^2 - 2(x-1)^3 + 3(x-1)^4 - + \ldots$

Konvergenzbereich: $0 < x < 2$

6) Rückgriff auf die bekannte Reihe von e^{-x}:

$$f(x) = x \cdot e^{-x} = x\left(1 - x + \dfrac{x^2}{2} - + \ldots\right) = x - x^2 + \dfrac{x^3}{2} - + \ldots$$

Näherungsfunktionen (siehe Bild A-101):

$f_1(x) = x$

$f_2(x) = x - x^2$

$f_3(x) = x - x^2 + \dfrac{x^3}{2}$

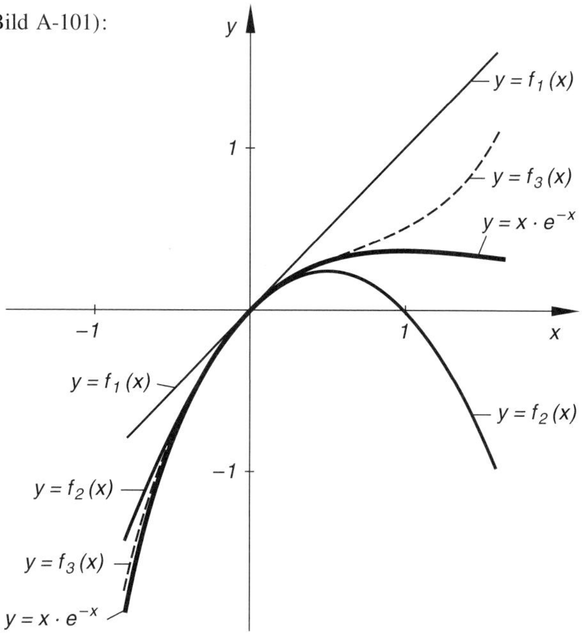

Bild A-101

7) $f(x) = \sqrt{1-x} = (1-x)^{1/2}$ wird nach der *Binomischen Formel* entwickelt ($n = 1/2$):

$$\sqrt{1-x} = (1-x)^{1/2} = 1 - \dfrac{1}{2}x^1 - \dfrac{1}{8}x^2 - \dfrac{1}{16}x^3 - \dfrac{5}{128}x^4 - \cdots$$

$$\sqrt{1-0{,}05} = \sqrt{0{,}95} = 1 - \dfrac{1}{2}(0{,}05)^1 - \dfrac{1}{8}(0{,}05)^2 - \dfrac{1}{16}(0{,}05)^3 - \dfrac{5}{128}(0{,}05)^4 - \cdots =$$

$$= 1 - 0{,}025 - 0{,}000\,312\,5 - 0{,}000\,007\,81 - \underbrace{0{,}000\,000\,24}_{< 0{,}5 \cdot 10^{-6}} - \ldots$$

Abbruch der Reihe nach dem *4. Glied:* $\sqrt{1-0{,}05} \approx 0{,}974\,679$ (auf 6 Dezimalstellen nach dem Komma genau)

VI Potenzreihenentwicklungen

8) Rückgriff auf die bekannte Reihe von $\cos x$ ($8° \stackrel{\wedge}{=} 0{,}139\,626$):

$$\cos 8° = \cos 0{,}139\,626 = 1 - \frac{1}{2!}(0{,}139\,626)^2 + \frac{1}{4!}(0{,}139\,626)^4 - + \ldots =$$

$$= 1 - 0{,}009\,748 + \underbrace{0{,}000\,016}_{< 0{,}5\,\cdot\,10^{-4}} - + \ldots$$

Abbruch nach dem *2. Glied*: $\cos 8° \approx 0{,}9902$ (auf 4 Dezimalstellen genau)

9) Entwicklungszentrum: $x_0 = \pi/2$; $f(x) = \sin x$; $f'(x) = \cos x$; $f''(x) = -\sin x$; $f(\pi/2) = 1$; $f'(\pi/2) = 0$; $f''(\pi/2) = -1$

Näherungsparabel: $\sin x \approx 1 - \frac{1}{2!}\left(x - \frac{\pi}{2}\right)^2 = -\frac{1}{2}x^2 + \frac{\pi}{2}x + 1 - \frac{\pi^2}{8}$

10) Man erhält eine *biquadratische* Gleichung (Lösung durch Substitution $u = x^2$):

$$1 + \frac{x^2}{2!} + \frac{x^4}{4!} = 4 - x^2 \quad \text{oder} \quad x^4 + 36x^2 - 72 = 0 \quad \Rightarrow \quad x_{1/2} = \pm 1{,}3783$$

11) In der als bekannt vorausgesetzten Reihe von $(1+x)^{-1}$ wird x durch t^2 ersetzt:

$$\frac{1}{1+x} = (1+x)^{-1} = 1 - x + x^2 - x^3 + - \cdots \Rightarrow \frac{1}{1+t^2} = 1 - t^2 + t^4 - t^6 + - \cdots$$

$$F(x) = \int_0^x \frac{1}{1+t^2}\,dt = \int_0^x (1 - t^2 + t^4 - t^6 + - \ldots)\,dt =$$

$$= \left[t - \frac{1}{3}t^3 + \frac{1}{5}t^5 - \frac{1}{7}t^7 + - \ldots\right]_0^x = x - \frac{1}{3}x^3 + \frac{1}{5}x^5 - \frac{1}{7}x^7 + - \ldots$$

Wegen $\int_0^x \frac{1}{1+t^2}\,dt = \left[\arctan t\right]_0^x = \arctan x - \arctan 0 = \arctan x - 0 = \arctan x$

handelt es sich um die *Mac Laurinsche Reihe* von $f(x) = \arctan x$ (der Integrand ist bekanntlich die 1. Ableitung der Arkustangensfunktion). Sie *konvergiert* für $|x| \leq 1$.

12) a) In der als bekannt vorausgesetzten Mac Laurinschen Reihe von $\cos z$ wird $z = \sqrt{x}$ gesetzt und anschließend *gliedweise* integriert:

$$\int_0^{0,5} \cos(\sqrt{x})\,dx = \int_0^{0,5}\left(1 - \frac{x}{2!} + \frac{x^2}{4!} - \frac{x^3}{6!} + - \ldots\right)dx =$$

$$= \left[x - \frac{x^2}{2\cdot 2!} + \frac{x^3}{3\cdot 4!} - \frac{x^4}{4\cdot 6!} + - \ldots\right]_0^{0,5} = 0{,}5 - \frac{0{,}5^2}{2\cdot 2!} + \frac{0{,}5^3}{3\cdot 4!} - \frac{0{,}5^4}{4\cdot 6!} + - \ldots =$$

$$= 0{,}5 - 0{,}0625 + 0{,}001\,736 - \underbrace{0{,}000\,021}_{< 0{,}5\,\cdot\,10^{-4}} + - \ldots$$

Abbruch nach dem *3. Glied*: $\int_0^{0,5} \cos(\sqrt{x})\,dx = 0{,}4392$ (auf 4 Dezimalstellen genau)

b) Es gilt $\dfrac{e^x}{x+1} = e^x \cdot \dfrac{1}{1+x} = e^x \cdot (1+x)^{-1}$. Die als bekannt vorausgesetzten Mac Laurinschen Reihen von e^x und $(1+x)^{-1}$ werden *gliedweise* ausmultipliziert, anschließend wird integriert:

$$\dfrac{e^x}{x+1} = \left(1 + \dfrac{x}{1!} + \dfrac{x^2}{2!} + \dfrac{x^3}{3!} + \dfrac{x^4}{4!} + \ldots\right)(1 - x + x^2 - x^3 + x^4 - + \ldots) =$$

$$= 1 + \dfrac{1}{2}x^2 - \dfrac{1}{3}x^3 + \dfrac{3}{8}x^4 + \ldots \quad (|x| < 1)$$

$$\int_0^{0,2} \dfrac{e^x}{x+1}\,dx = \int_0^{0,2} e^x \cdot (1+x)^{-1}\,dx = \int_0^{0,2} \left(1 + \dfrac{1}{2}x^2 - \dfrac{1}{3}x^3 + \dfrac{3}{8}x^4 + \ldots\right) dx =$$

$$= \left[x + \dfrac{1}{6}x^3 - \dfrac{1}{12}x^4 + \dfrac{3}{40}x^5 + \ldots\right]_0^{0,2} =$$

$$= 0{,}2 + \dfrac{1}{6}(0{,}2)^3 - \dfrac{1}{12}(0{,}2)^4 + \dfrac{3}{40}(0{,}2)^5 + \ldots =$$

$$= 0{,}2 + 0{,}001\,333 - 0{,}000\,133 + \underbrace{0{,}000\,024}_{< 0{,}5 \cdot 10^{-4}} + \ldots$$

Abbruch nach dem *3. Glied*: $\displaystyle\int_0^{0,2} \dfrac{e^x}{x+1}\,dx = 0{,}2012$ (auf 4 Dezimalstellen genau)

c) Es handelt sich hier um ein *uneigentliches* Integral, da der Integrand $f(x) = \sin x / x$ an der unteren Grenze $x = 0$ *nicht* definiert ist! Daher zunächst von $x = \lambda$ (mit $\lambda > 0$) bis $x = 1$ integrieren, wobei wir vor der Integration die (bekannte) Mac Laurinsche Reihe von $\sin x$ *gliedweise* durch x dividieren (die Division ist erlaubt, da im gesamten Integrationsintervall $x > 0$ und somit $x \ne 0$ ist):

$$I(\lambda) = \int_\lambda^1 \dfrac{\sin x}{x}\,dx = \int_\lambda^1 \left(1 - \dfrac{x^2}{3!} + \dfrac{x^4}{5!} - \dfrac{x^6}{7!} + \dfrac{x^8}{9!} - + \ldots\right) dx =$$

$$= \left[x - \dfrac{x^3}{3 \cdot 3!} + \dfrac{x^5}{5 \cdot 5!} - \dfrac{x^7}{7 \cdot 7!} + \dfrac{x^9}{9 \cdot 9!} - + \ldots\right]_\lambda^1$$

Grenzübergang $\lambda \to 0$ liefert:

$$\int_0^1 \dfrac{\sin x}{x}\,dx = \lim_{\lambda \to 0} I(\lambda) = \left[x - \dfrac{x^3}{3 \cdot 3!} + \dfrac{x^5}{5 \cdot 5!} - \dfrac{x^7}{7 \cdot 7!} + \dfrac{x^9}{9 \cdot 9!} - + \ldots\right]_0^1 =$$

$$= 1 - \dfrac{1}{3 \cdot 3!} + \dfrac{1}{5 \cdot 5!} - \dfrac{1}{7 \cdot 7!} + \dfrac{1}{9 \cdot 9!} - + \ldots =$$

$$= 1 - 0{,}055\,555 + 0{,}001\,666 - 0{,}000\,028 + \underbrace{0{,}000\,000\,30}_{< 0{,}5 \cdot 10^{-6}} - + \ldots$$

Abbruch nach dem *4. Glied*: $\displaystyle\int_0^1 \dfrac{\sin x}{x}\,dx = 0{,}9460$ (auf 4 Dezimalstellen genau)

VI Potenzreihenentwicklungen   831

13) $\dfrac{d}{dx}[\ln(1-x)] = \dfrac{1}{1-x} \cdot (-1) = -\dfrac{1}{1-x} \Rightarrow \dfrac{1}{1-x} = -\dfrac{d}{dx}[\ln(1-x)] \Rightarrow$

$\dfrac{1}{1-x} = -\dfrac{d}{dx}\left(-x - \dfrac{x^2}{2} - \dfrac{x^3}{3} - \dfrac{x^4}{4} - \ldots\right) = 1 + x + x^2 + x^3 + \ldots$

(*konvergent* für $|x| < 1$)

14) Mac Laurinsche Reihe von e^{-x} mit $x = \dfrac{h}{7991\,\text{m}}$ verwenden:

$p(h) = p_0 \cdot e^{-\frac{h}{7991\,\text{m}}} = p_0\left(1 - \dfrac{h}{7991\,\text{m}} + \dfrac{1}{2}\left(\dfrac{h}{7991\,\text{m}}\right)^2 - + \ldots\right)$

Lineare Näherung: $p(h) = p_0\left(1 - \dfrac{h}{7991\,\text{m}}\right)$ (Abbruch der Reihe nach dem 2. Glied)

Der (absolute) Fehler Δp liegt in der *Größenordnung* des vernachlässigten *quadratischen* Gliedes, für den relativen Fehler gilt dann (mit p in der *linearen* Näherung):

$\dfrac{\Delta p}{p} = \dfrac{\dfrac{1}{2}\left(\dfrac{h}{7991\,\text{m}}\right)^2}{1 - \dfrac{h}{7991\,\text{m}}} \leq 0{,}01 \Rightarrow \dfrac{\dfrac{1}{2}x^2}{1-x} \leq 0{,}01 \Rightarrow \dfrac{1}{2}x^2 \leq 0{,}01(1-x) \Rightarrow$

$x^2 + 0{,}02\,x - 0{,}02 \leq 0 \Rightarrow x \leq 0{,}1318 \Rightarrow h \leq 1053\,\text{m} \Rightarrow h_{\max} = 1053\,\text{m}$

Zur Lösung der Ungleichung: Die Parabel $y = x^2 + 0{,}02\,x - 0{,}02$ (*linke* Seite der Ungleichung) muss im Lösungsintervall *unterhalb* der x-Achse liegen. Dies ist der Fall zwischen den beiden Nullstellen $x_1 = -0{,}1518$ und $x_2 = 0{,}1318$. Wegen $x > 0$ kommt nur die *positive* Lösung infrage, d. h. $x_{\max} = 0{,}1318$.

Eine *bessere* Abschätzung für den relativen Fehler erhält man, wenn man für den Druck p die exakte *Exponentialformel* verwendet. Dies führt allerdings zu einer transzendenten Gleichung (bzw. Ungleichung), die sich jedoch mit dem *Tangentenverfahren von Newton* leicht lösen lässt. Ergebnis:

$\dfrac{\Delta p}{p} = \dfrac{\dfrac{1}{2}\left(\dfrac{h}{7991\,\text{m}}\right)^2}{e^{-\frac{h}{7991\,\text{m}}}} \leq 0{,}01 \Rightarrow h \leq 1058\,\text{m}, \text{ d. h. } h_{\max} = 1058\,\text{m}$

15) $\cos\varphi$ wird zunächst in eine Mac Laurinsche Reihe entwickelt, diese dann nach dem *konstanten* Glied abgebrochen:

$T = 2\pi\sqrt{\dfrac{l}{g} \cdot \cos\varphi} = 2\pi\sqrt{\dfrac{l}{g}\left(1 - \underbrace{\dfrac{\varphi^2}{2!} + \dfrac{\varphi^4}{4!} - + \ldots}_{\text{vernachlässigbar in 0. Näherung}}\right)} \approx 2\pi\sqrt{\dfrac{l}{g}}$

Die Schwingungsdauer entspricht jetzt der Schwingungsdauer eines *Fadenpendels* ($\varphi = 0$)!

16) a) $T_0 = 2\pi\sqrt{L_0 C_0} = 6{,}283 \cdot 10^{-3}\,\text{s} = 6{,}283\,\text{ms}$ \quad ($1\,\mu\text{F} = 10^{-6}\,\text{F}$)

b) $L = L_0 = \text{const.} \Rightarrow T = T(C) = 2\pi\sqrt{L_0 C} = 2\pi\sqrt{L_0} \cdot \sqrt{C}$

Die Funktion $f(C) = \sqrt{C}$ wird um die Stelle C_0 in eine *Taylor-Reihe* entwickelt:

$$f(C) = \sqrt{C};\; f'(C) = \frac{1}{2\sqrt{C}} \Rightarrow f(C_0) = \sqrt{C_0};\; f'(C_0) = \frac{1}{2\sqrt{C_0}}$$

$$f(C) = \sqrt{C} = f(C_0) + \frac{f'(C_0)}{1!}(C - C_0)^1 + \cdots = \sqrt{C_0} + \frac{1}{2\sqrt{C_0}}(C - C_0) + \ldots$$

$$T(C) = 2\pi\sqrt{L_0} \cdot f(C) = 2\pi\sqrt{L_0}\left(\sqrt{C_0} + \frac{1}{2\sqrt{C_0}}(C - C_0) + \ldots\right) =$$

$$= \underbrace{2\pi\sqrt{L_0 C_0}}_{T_0} + \pi\sqrt{\frac{L_0}{C_0}}(C - C_0) + \ldots = T_0 + \pi\sqrt{\frac{L_0}{C_0}}(C - C_0) + \ldots$$

Lineare Näherung (*linearisierte* Funktion; Abbruch der Reihe nach dem 2. Glied):

$$\underbrace{T - T_0}_{\Delta T} = \pi\sqrt{\frac{L_0}{C_0}}\underbrace{(C - C_0)}_{\Delta C} \quad \text{oder} \quad \Delta T = \pi\sqrt{\frac{L_0}{C_0}}\Delta C$$

c) $\Delta T = \pi\sqrt{\dfrac{L_0}{C_0}}\Delta C = 1{,}88 \cdot 10^{-4}\,\text{s} = 0{,}188\,\text{ms}$

$\Delta T_{\text{exakt}} = 2\pi\sqrt{L_0(C_0 + \Delta C)} - 2\pi\sqrt{L_0 C_0} = 2\pi\sqrt{L_0(C_0 + \Delta C)} - T_0 =$

$= 1{,}86 \cdot 10^{-4}\,\text{s} = 0{,}186\,\text{ms}$

17) Mit $x = \left(\dfrac{v}{c}\right)^2$ erhält man aus der *Binomischen Formel* $(1-x)^n$ für $n = -1/2$ durch Abbruch nach dem 2. Glied:

$$m = m_0\left(1 - \left(\frac{v}{c}\right)^2\right)^{-1/2} = m_0(1-x)^{-1/2} = m_0\left(1 + \frac{1}{2}x + \ldots\right) =$$

$$= m_0\left(1 + \frac{1}{2}\left(\frac{v}{c}\right)^2 + \ldots\right) \approx m_0\left(1 + \frac{v^2}{2c^2}\right)$$

18) a) $\lim\limits_{x \to 0} \dfrac{\tan x}{x} = \lim\limits_{x \to 0} \dfrac{\frac{1}{\cos^2 x}}{1} = \lim\limits_{x \to 0} \dfrac{1}{\cos^2 x} = \dfrac{1}{\cos^2 0} = 1$

b) $\lim\limits_{x \to 0} \dfrac{\cos x - 1}{x} = \lim\limits_{x \to 0} \dfrac{-\sin x}{1} = -\lim\limits_{x \to 0}(\sin x) = -\sin 0 = 0$

c) $\lim\limits_{x \to 0} \dfrac{\sin x}{x} = \lim\limits_{x \to 0} \dfrac{\cos x}{1} = \lim\limits_{x \to 0}(\cos x) = \cos 0 = 1$

VI Potenzreihenentwicklungen

d) $\lim\limits_{x \to 0} \dfrac{x \cdot e^x}{1 - e^x} = \lim\limits_{x \to 0} \dfrac{1 \cdot e^x + x \cdot e^x}{-e^x} = -\lim\limits_{x \to 0} \dfrac{e^x (1 + x)}{e^x} = -\lim\limits_{x \to 0} (1 + x) = -1$

e) $\lim\limits_{x \to a} \dfrac{x^n - a^n}{x - a} = \lim\limits_{x \to a} \dfrac{n x^{n-1}}{1} = \lim\limits_{x \to a} (n x^{n-1}) = n a^{n-1}$

f) $\lim\limits_{x \to \infty} \dfrac{\ln x}{x^2} = \lim\limits_{x \to \infty} \dfrac{\frac{1}{x}}{2x} = \lim\limits_{x \to \infty} \dfrac{1}{2 x^2} = 0$

g) $\lim\limits_{x \to \pi} \dfrac{3 \cdot \tan x}{\sin (2 x)} = 3 \cdot \lim\limits_{x \to \pi} \dfrac{\frac{1}{\cos^2 x}}{2 \cdot \cos (2 x)} = \dfrac{3}{2} \cdot \lim\limits_{x \to \pi} \dfrac{1}{\cos^2 x \cdot \cos (2 x)} =$

$= \dfrac{3}{2} \cdot \dfrac{1}{\cos^2 \pi \cdot \cos (2 \pi)} = \dfrac{3}{2} \cdot \dfrac{1}{(-1)^2 \cdot 1} = \dfrac{3}{2}$

h) $\lim\limits_{x \to 0} \dfrac{\ln (1 + x)}{x} = \lim\limits_{x \to 0} \dfrac{\frac{1}{1 + x}}{1} = \lim\limits_{x \to 0} \dfrac{1}{1 + x} = 1$

i) $\lim\limits_{x \to \infty} \dfrac{\ln x}{e^x} = \lim\limits_{x \to \infty} \dfrac{\frac{1}{x}}{e^x} = \lim\limits_{x \to \infty} \dfrac{1}{x \cdot e^x} = 0$

j) Nach *dreimaliger* Anwendung der Bernoulli-de L'Hospitalschen Regel folgt:

$\lim\limits_{x \to \infty} \dfrac{x^3 - 2}{e^{2x}} = \lim\limits_{x \to \infty} \dfrac{3 x^2}{2 \cdot e^{2x}} = \lim\limits_{x \to \infty} \dfrac{6 x}{4 \cdot e^{2x}} = \lim\limits_{x \to \infty} \dfrac{6}{8 \cdot e^{2x}} = 0$

k) $\lim\limits_{x \to 0} \dfrac{\tanh (\sqrt{x})}{\sqrt{x}} = \lim\limits_{x \to 0} \dfrac{\frac{1}{\cosh^2 (\sqrt{x})} \cdot \frac{1}{2 \sqrt{x}}}{\frac{1}{2 \sqrt{x}}} = \lim\limits_{x \to 0} \dfrac{1}{\cosh^2 (\sqrt{x})} = \dfrac{1}{\cos^2 0} = 1$

19) a) Typ 0^0; $(2 x)^x = e^{\ln (2 x)^x} = e^{x \cdot \ln (2 x)}$; Der Grenzwert wird im *Exponenten* gebildet:

$\lim\limits_{x \to 0} [x \cdot \ln (2 x)] = \lim\limits_{x \to 0} \dfrac{\ln (2 x)}{1/x} = \lim\limits_{x \to 0} \dfrac{\frac{1}{2 x} \cdot 2}{-1/x^2} = \lim\limits_{x \to 0} \dfrac{x^2}{-x} = \lim\limits_{x \to 0} (-x) = 0$

Somit: $\lim\limits_{x \to 0} (2 x)^x = e^{\left(\lim\limits_{x \to 0} [x \cdot \ln (2 x)] \right)} = e^0 = 1$

b) Typ ∞^0; $\left(\dfrac{1}{x} \right)^x = e^{\ln \left(\frac{1}{x} \right)^x} = e^{x \cdot \ln \left(\frac{1}{x} \right)} = e^{x (\ln 1 - \ln x)} = e^{x (0 - \ln x)} = e^{-x \cdot \ln x}$

Weiter wie in a): $\lim\limits_{x \to 0} (-x \cdot \ln x) = 0$; $\lim\limits_{x \to 0} \left(\dfrac{1}{x} \right)^x = e^{\left(\lim\limits_{x \to 0} (-x \cdot \ln x) \right)} = e^0 = 1$

c) Typ $0 \cdot (-\infty)$; $\lim\limits_{x \to 0} (x^2 \cdot \ln x) = \lim\limits_{x \to 0} \dfrac{\ln x}{\frac{1}{x^2}} = \lim\limits_{x \to 0} \dfrac{\frac{1}{x}}{-\frac{2}{x^3}} = \lim\limits_{x \to 0} \left(-\dfrac{x^2}{2} \right) = 0$

d) Typ $0 \cdot \infty$; $\lim\limits_{x \to \infty} (e^{-x} \cdot \sqrt{x}) = \lim\limits_{x \to \infty} \dfrac{\sqrt{x}}{e^x} = \lim\limits_{x \to \infty} \dfrac{\dfrac{1}{2\sqrt{x}}}{e^x} = \lim\limits_{x \to \infty} \dfrac{1}{2\sqrt{x} \cdot e^x} = 0$

e) Typ $0 \cdot \infty$; 3-malige Anwendung der Grenzwertregel:

$$\lim_{x \to \pi} (x - \pi) \cdot \tan(x/2) = \lim_{x \to \pi} \dfrac{\tan(x/2)}{\dfrac{1}{x - \pi}} = \lim_{x \to \pi} \dfrac{\dfrac{1}{\cos^2(x/2)} \cdot \dfrac{1}{2}}{-\dfrac{1}{(x-\pi)^2}} =$$

$$= \lim_{x \to \pi} \dfrac{-(x-\pi)^2}{2 \cdot \cos^2(x/2)} = \lim_{x \to \pi} \dfrac{-2(x-\pi)}{2 \cdot 2 \cdot \cos(x/2) \cdot (-\sin(x/2)) \cdot \dfrac{1}{2}} =$$

$$= \lim_{x \to \pi} \dfrac{x - \pi}{\underbrace{\cos(x/2) \cdot \sin(x/2)}_{(1/2) \cdot \sin x}} = \lim_{x \to \pi} \dfrac{2(x-\pi)}{\sin x} = \lim_{x \to \pi} \dfrac{2}{\cos x} = \dfrac{2}{\cos \pi} = \dfrac{2}{-1} = -2$$

f) Typ $\infty - \infty$; 2-malige Anwendung der Grenzwertregel; $\tan x = \sin x / \cos x$

$$\lim_{x \to 0} \left(\dfrac{1}{\tan x} - \dfrac{1}{x} \right) = \lim_{x \to 0} \dfrac{x - \tan x}{x \cdot \tan x} = \lim_{x \to 0} \dfrac{1 - \dfrac{1}{\cos^2 x}}{1 \cdot \tan x + \dfrac{1}{\cos^2 x} \cdot x} =$$

$$= \lim_{x \to 0} \dfrac{\cos^2 x - 1}{\tan x \cdot \cos^2 x + x} = \lim_{x \to 0} \dfrac{\cos^2 x - 1}{\sin x \cdot \cos x + x} = \lim_{x \to 0} \dfrac{-2 \cdot \cos x \cdot \sin x}{\cos^2 x - \sin^2 x + 1} =$$

$$= \dfrac{-2 \cdot \cos 0 \cdot \sin 0}{\cos^2 0 - \sin^2 0 + 1} = \dfrac{-2 \cdot 1 \cdot 0}{1^2 - 0^2 + 1} = \dfrac{0}{2} = 0$$

20) a) $\lim\limits_{x \to 0} \dfrac{1 - \cos x}{x^2} = \lim\limits_{x \to 0} \dfrac{1 - \left(1 - \dfrac{x^2}{2!} + \dfrac{x^4}{4!} - \dfrac{x^6}{6!} + - \ldots \right)}{x^2} =$

$= \lim\limits_{x \to 0} \dfrac{\dfrac{x^2}{2!} - \dfrac{x^4}{4!} + \dfrac{x^6}{6!} - + \ldots}{x^2} = \lim\limits_{x \to 0} \left(\dfrac{1}{2!} - \dfrac{x^2}{4!} + \dfrac{x^4}{6!} - + \ldots \right) = \dfrac{1}{2!} = \dfrac{1}{2}$

b) Zähler und Nenner in Potenzreihen entwickeln (es werden jeweils die ersten drei Glieder angegeben, es folgen weitere höhere Potenzen):

Zähler $2(x - \sin x)$:

$$2 \left[x - \left(x - \dfrac{x^3}{3!} + \dfrac{x^5}{5!} - \dfrac{x^7}{7!} + - \ldots \right) \right] = 2 \left(\dfrac{x^3}{3!} - \dfrac{x^5}{5!} + \dfrac{x^7}{7!} - + \ldots \right) =$$

$$= 2x \left(\dfrac{x^2}{3!} - \dfrac{x^4}{5!} + \dfrac{x^6}{7!} - + \ldots \right)$$

VI Potenzreihenentwicklungen

Nenner $e^x - 1 + \sin x$:

$$\left(1 + x + \frac{x^2}{2!} + \frac{x^3}{3!} + \frac{x^4}{4!} + \frac{x^5}{5!} + \ldots\right) - 1 + \left(x - \frac{x^3}{3!} + \frac{x^5}{5!} - + \ldots\right) =$$

$$= 2x + \frac{x^2}{2!} + \frac{x^4}{4!} + \ldots = x\left(2 + \frac{x}{2!} + \frac{x^3}{4!} + \cdots\right)$$

$$\lim_{x \to 0} \frac{2(x - \sin x)}{e^x - 1 + \sin x} = \lim_{x \to 0} \frac{2x\left(\frac{x^2}{3!} - \frac{x^4}{5!} + \frac{x^6}{7!} - + \ldots\right)}{x\left(2 + \frac{x}{2!} + \frac{x^3}{4!} + \ldots\right)} =$$

$$= \lim_{x \to 0} \frac{2\left(\frac{x^2}{3!} - \frac{x^4}{5!} + \frac{x^6}{7!} - + \ldots\right)}{2 + \frac{x}{2!} + \frac{x^3}{4!} + \ldots} = \frac{2 \cdot 0}{2} = 0$$

c) $\displaystyle\lim_{x \to 0} \frac{\cosh x - 1}{x} = \lim_{x \to 0} \frac{\left(1 + \frac{x^2}{2!} + \frac{x^4}{4!} + \frac{x^6}{6!} + \ldots\right) - 1}{x} =$

$$= \lim_{x \to 0} \frac{\frac{x^2}{2!} + \frac{x^4}{4!} + \frac{x^6}{6!} + \ldots}{x} = \lim_{x \to 0} \left(\frac{x}{2!} + \frac{x^3}{4!} + \frac{x^5}{6!} + \ldots\right) = 0$$

d) $\displaystyle\lim_{x \to 0} \frac{\sin^2 x}{x} = \lim_{x \to 0} \frac{\left[x - \frac{x^3}{3!} + \frac{x^5}{5!} - + \ldots\right]^2}{x} = \lim_{x \to 0} \frac{\left[x\left(1 - \frac{x^2}{3!} + \frac{x^4}{5!} - + \ldots\right)\right]^2}{x} =$

$$= \lim_{x \to 0} \frac{x^2\left(1 - \frac{x^2}{3!} + \frac{x^4}{5!} - + \ldots\right)^2}{x} = \lim_{x \to 0} x\left(1 - \frac{x^2}{3!} + \frac{x^4}{5!} - + \ldots\right)^2 = 0 \cdot 1^2 = 0$$

21) $\displaystyle\lim_{x \to \infty} (x - e^x) = \lim_{x \to \infty} e^x\left(\frac{x}{e^x} - 1\right) = \lim_{x \to \infty} e^x \cdot \lim_{x \to \infty} \left(\frac{x}{e^x} - 1\right) =$

$$= \underbrace{\lim_{x \to \infty} e^x}_{\infty} \cdot \left(\underbrace{\lim_{x \to \infty} \frac{x}{e^x}}_{0} - \underbrace{\lim_{x \to \infty} 1}_{1}\right) = \infty (0 - 1) = -\infty$$

Die Berechnung des zweiten (grau markierten) Grenzwertes erfolgte nach der Regel von *Bernoulli-de L'Hospital* (Typ ∞/∞):

$$\lim_{x \to \infty} \frac{x}{e^x} = \lim_{x \to \infty} \frac{1}{e^x} = 0$$

VII Komplexe Zahlen und Funktionen

Abschnitt 1

1) Lage der Bildpunkte: siehe Bild A-102

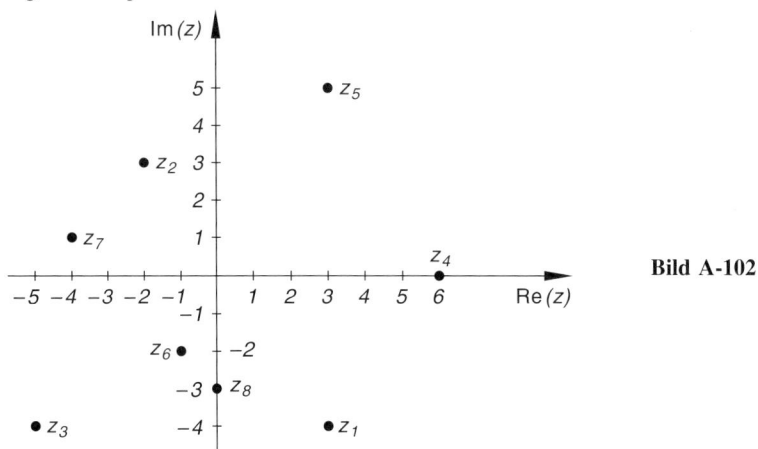

Bild A-102

2) Lage der Zeiger: siehe Bild A-103.

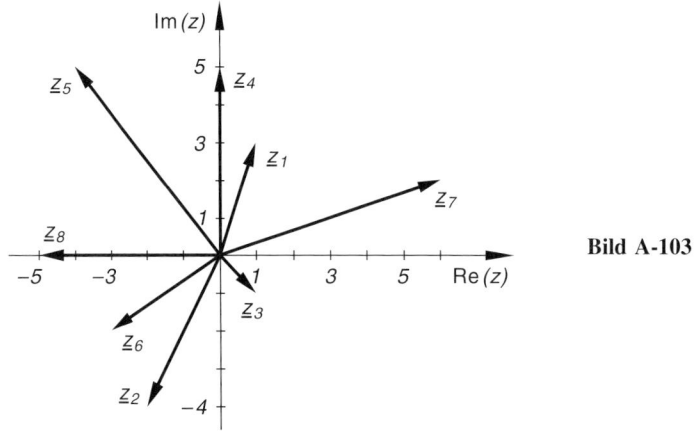

Bild A-103

3) $z_1 = 1 + 4j = 4{,}12 \cdot e^{j75{,}96°}$; $z_1^* = 1 - 4j = 4{,}12 \cdot e^{j284{,}04°}$

$z_2 = 2{,}5 + j = 2{,}69 \cdot e^{j21{,}80°}$; $z_2^* = 2{,}5 - j = 2{,}69 \cdot e^{j338{,}20°}$

$z_3 = 5 + 3j = 5{,}83 \cdot e^{j30{,}96°}$; $z_3^* = 5 - 3j = 5{,}83 \cdot e^{j329{,}04°}$

$z_4 = 4 = 4 \cdot e^{j0°}$; $z_4^* = 4 = 4 \cdot e^{j0°} = z_4$

$z_5 = -1 + 2j = 2{,}24 \cdot e^{j116{,}57°}$; $z_5^* = -1 - 2j = 2{,}24 \cdot e^{j243{,}43°}$

VII Komplexe Zahlen und Funktionen

$z_6 = -2{,}5 + 4\,\mathrm{j} = 4{,}72 \cdot \mathrm{e}^{\mathrm{j}122{,}01°}; \quad z_6^* = -2{,}5 - 4\,\mathrm{j} = 4{,}72 \cdot \mathrm{e}^{\mathrm{j}237{,}99°}$

$z_7 = -4 + 1{,}5\,\mathrm{j} = 4{,}27 \cdot \mathrm{e}^{\mathrm{j}159{,}44°}; \quad z_7^* = -4 - 1{,}5\,\mathrm{j} = 4{,}27 \cdot \mathrm{e}^{\mathrm{j}200{,}56°}$

$z_8 = -2{,}5 - 1{,}5\,\mathrm{j} = 2{,}92 \cdot \mathrm{e}^{\mathrm{j}210{,}96°}; \quad z_8^* = -2{,}5 + 1{,}5\,\mathrm{j} = 2{,}92 \cdot \mathrm{e}^{\mathrm{j}149{,}04°}$

$z_9 = -4{,}5 - 3\,\mathrm{j} = 5{,}41 \cdot \mathrm{e}^{\mathrm{j}213{,}69°}; \quad z_9^* = -4{,}5 + 3\,\mathrm{j} = 5{,}41 \cdot \mathrm{e}^{\mathrm{j}146{,}31°}$

$z_{10} = -2 - 4\,\mathrm{j} = 4{,}47 \cdot \mathrm{e}^{\mathrm{j}243{,}43°}; \quad z_{10}^* = -2 + 4\,\mathrm{j} = 4{,}47 \cdot \mathrm{e}^{\mathrm{j}116{,}57°}$

$z_{11} = -3{,}5\,\mathrm{j} = 3{,}5 \cdot \mathrm{e}^{\mathrm{j}270°}; \quad z_{11}^* = 3{,}5\,\mathrm{j} = 3{,}5 \cdot \mathrm{e}^{\mathrm{j}90°}$

$z_{12} = 1{,}5 - 1{,}5\,\mathrm{j} = 2{,}12 \cdot \mathrm{e}^{\mathrm{j}315°}; \quad z_{12}^* = 1{,}5 + 1{,}5\,\mathrm{j} = 2{,}12 \cdot \mathrm{e}^{\mathrm{j}45°}$

$z_{13} = 3{,}5 - 2{,}5\,\mathrm{j} = 4{,}30 \cdot \mathrm{e}^{\mathrm{j}324{,}46°}; \quad z_{13}^* = 3{,}5 + 2{,}5\,\mathrm{j} = 4{,}30 \cdot \mathrm{e}^{\mathrm{j}35{,}54°}$

$z_{14} = 4 - 5\,\mathrm{j} = 6{,}40 \cdot \mathrm{e}^{\mathrm{j}308{,}66°}; \quad z_{14}^* = 4 + 5\,\mathrm{j} = 6{,}40 \cdot \mathrm{e}^{\mathrm{j}51{,}34°}$

4) $z_1 = 3{,}72 \cdot \mathrm{e}^{\mathrm{j}57{,}52°}; \quad z_1^* = 2 - \pi\,\mathrm{j} = 3{,}72 \cdot \mathrm{e}^{-\mathrm{j}57{,}52°} = 3{,}72 \cdot \mathrm{e}^{\mathrm{j}302{,}48°}$

$z_2 = 5{,}1 \cdot \mathrm{e}^{\mathrm{j}331{,}93°}; \quad z_2^* = 4{,}5 + 2{,}4\,\mathrm{j} = 5{,}1 \cdot \mathrm{e}^{-\mathrm{j}331{,}93°} = 5{,}1 \cdot \mathrm{e}^{\mathrm{j}28{,}07°}$

$z_3 = 5{,}83 \cdot \mathrm{e}^{\mathrm{j}120{,}96°}; \quad z_3^* = -3 - 5\,\mathrm{j} = 5{,}83 \cdot \mathrm{e}^{-\mathrm{j}120{,}96°} = 5{,}83 \cdot \mathrm{e}^{\mathrm{j}239{,}04°}$

$z_4 = 6 \cdot \mathrm{e}^{\mathrm{j}180°}; \quad z_4^* = -6 = 6 \cdot \mathrm{e}^{-\mathrm{j}180°} = 6 \cdot \mathrm{e}^{\mathrm{j}180°} = z_4$

$z_5 = 3{,}61 \cdot \mathrm{e}^{\mathrm{j}213{,}69°}; \quad z_5^* = -3 + 2\,\mathrm{j} = 3{,}61 \cdot \mathrm{e}^{-\mathrm{j}213{,}69°} = 3{,}61 \cdot \mathrm{e}^{\mathrm{j}146{,}31°}$

$z_6 = 1{,}41 \cdot \mathrm{e}^{\mathrm{j}135°}; \quad z_6^* = -1 - \mathrm{j} = 1{,}41 \cdot \mathrm{e}^{-\mathrm{j}135°} = 1{,}41 \cdot \mathrm{e}^{\mathrm{j}225°}$

$z_7 = 4 \cdot \mathrm{e}^{\mathrm{j}270°}; \quad z_7^* = 4\,\mathrm{j} = 4 \cdot \mathrm{e}^{-\mathrm{j}270°} = 4 \cdot \mathrm{e}^{\mathrm{j}90°}$

$z_8 = 3{,}16 \cdot \mathrm{e}^{\mathrm{j}198{,}43°}; \quad z_8^* = -3 + \mathrm{j} = 3{,}16 \cdot \mathrm{e}^{-\mathrm{j}198{,}43°} = 3{,}16 \cdot \mathrm{e}^{\mathrm{j}161{,}57°}$

5) $z_1 = 2{,}16 + 3{,}37\,\mathrm{j}; \quad z_1^* = 2{,}16 - 3{,}37\,\mathrm{j}$

$z_2 = 3\,(\cos 30° + \mathrm{j} \cdot \sin 30°) = 2{,}60 + 1{,}50\,\mathrm{j}; \quad z_2^* = 2{,}60 - 1{,}50\,\mathrm{j}$

$z_3 = 5\,(\cos 135° + \mathrm{j} \cdot \sin 135°) = -3{,}54 + 3{,}54\,\mathrm{j}; \quad z_3^* = -3{,}54 - 3{,}54\,\mathrm{j}$

$z_4 = 2{,}5 - 4{,}33\,\mathrm{j}; \quad z_4^* = 2{,}5 + 4{,}33\,\mathrm{j}$

$z_5 = 2\left(\cos\left(-\dfrac{3}{2}\pi\right) + \mathrm{j} \cdot \sin\left(-\dfrac{3}{2}\pi\right)\right) = 0 + 2\,\mathrm{j} = 2\,\mathrm{j}; \quad z_5^* = -2\,\mathrm{j}$

$z_6 = 1\,(\cos 240° + \mathrm{j} \cdot \sin 240°) = -0{,}5 - 0{,}87\,\mathrm{j}; \quad z_6^* = -0{,}5 + 0{,}87\,\mathrm{j}$

$z_7 = -1{,}73 - \mathrm{j}; \quad z_7^* = -1{,}73 + \mathrm{j}$

$z_8 = 0{,}88 - 0{,}48\,\mathrm{j}; \quad z_8^* = 0{,}88 + 0{,}48\,\mathrm{j}$

6) $|z_1| = 5$; $|z_2| = 6{,}32$; $|z_3| = 3$; $|z_4| = 5$; $|z_5| = 4$; $|z_6| = 3$

7) $\varphi_1 = \arg(z_1) = 251{,}57°$; $\varphi_2 = \arg(z_2) = 140°$; $\varphi_3 = \arg(z_3) = 120°$;

   $\varphi_4 = \arg(z_4) = 341{,}57°$; $\varphi_5 = \arg(z_5) = 126{,}87°$; $\varphi_6 = \arg(z_6) = 280°$

Abschnitt 2

1) Produkte ausmultiplizieren, Brüche vorher mit dem *konjugiert komplexen* Nenner erweitern, $j^2 = -1$ beachten:

   a) $-9 + 3j$ b) $16 - 24j$ d) $31 - 25j$

   c) $\dfrac{z_1^* \cdot z_2}{z_3} = \dfrac{4j(3-2j)}{-1+j} = \dfrac{8+12j}{-1+j} = \dfrac{(8+12j)(-1-j)}{(-1+j)(-1-j)} = \dfrac{4-20j}{2} = 2 - 10j$

   e) $\dfrac{z_1 - z_2^*}{3z_3^*} = \dfrac{-4j - (3+2j)}{3(-1-j)} = \dfrac{-3(1+2j)}{-3(1+j)} = \dfrac{(1+2j)(1-j)}{(1+j)(1-j)} = \dfrac{3+j}{2} = \dfrac{3}{2} + \dfrac{1}{2}j$

   f) $\dfrac{z_1 + z_3^*}{z_2^* \cdot z_3} = \dfrac{-4j + (-1-j)}{(3+2j)(-1+j)} = \dfrac{-1-5j}{-5+j} = \dfrac{(-1-5j)(-5-j)}{(-5+j)(-5-j)} = \dfrac{26j}{26} = j$

2) a) $16 - 2j$

   b) $\dfrac{(3-2j)(4+3j)}{(4-3j)(4+3j)} + 3(j-8) = \dfrac{18+j}{25} + 3(j-8) = \dfrac{18+j+75(j-8)}{25} =$

   $= \dfrac{18+j+75j-600}{25} = \dfrac{-582+76j}{25} = -\dfrac{582}{25} + \dfrac{76}{25}j = -23{,}28 + 3{,}04j$

   c) $\dfrac{4(3+j)}{\underbrace{(1+j)(-1+j)}_{\text{3. Binom}}} = \dfrac{12+4j}{-2} = -6 - 2j$

   d) $4 - 16j - 16 + \dfrac{2}{j} = -12 - 16j + \dfrac{2j}{j^2} = -12 - 16j - 2j = -12 - 18j$

3) a) $\dfrac{2j(3+4j)}{(3-4j)(3+4j)} + 2[\cos(-30°) + j \cdot \sin(-30°)] + 2{,}121 + 2{,}121j =$

   $= \dfrac{-8+6j}{25} + 1{,}732 - j + 2{,}121 + 2{,}121j = -0{,}32 + 0{,}24j + 3{,}853 + 1{,}121j =$

   $= 3{,}533 + 1{,}361j$

   b) $\dfrac{(3+j)(-0{,}5 - 0{,}866j)}{(1-2j-1)(-2j)} + \dfrac{2(0+j)}{\cos(-180°) + j \cdot \sin(-180°)} =$

   $= \dfrac{-0{,}634 - 3{,}098j}{-4} + \dfrac{2j}{-1 + 0j} = 0{,}159 + 0{,}775j - 2j = 0{,}159 - 1{,}225j$

4) Lage der Zeiger: siehe Bild A-104.

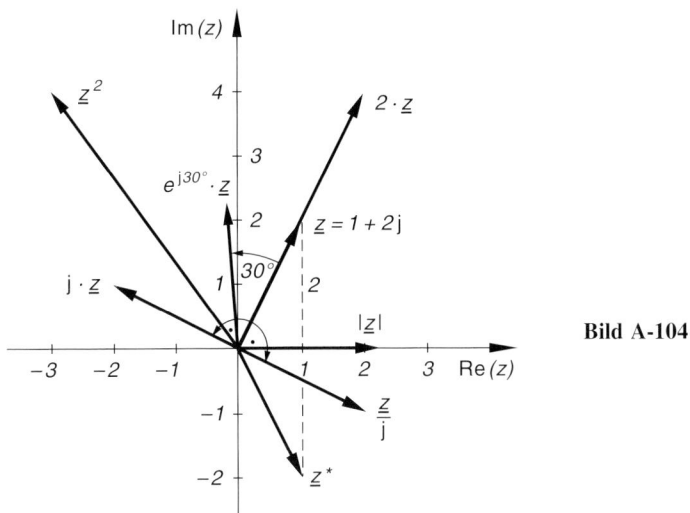

Bild A-104

a) *Drehung* des Zeigers um $90°$ im Gegenuhrzeigersinn.

b) *Spiegelung* des Zeigers an der *reellen* Achse.

c) *Zurückdrehung* des Zeigers um $90°$ (Drehung um $90°$ im Uhrzeigersinn).

d) *Streckung* des Zeigers auf das Doppelte.

e) *Drehung* des Zeigers um $30°$ im Gegenuhrzeigersinn.

f) *Drehung* des Zeigers in die (positive) *reelle* Achse.

g) *Drehstreckung:* Streckung des Zeigers auf das $\sqrt{5}$-fache und anschließende Drehung um den Winkel $\arg(z) = 63{,}43°$ im Gegenuhrzeigersinn (oder umgekehrt).

5) a) $z + z^* = (x + jy) + (x - jy) = 2x = 2 \cdot \operatorname{Re}(z)$

 b) $z - z^* = (x + jy) - (x - jy) = j2y = 2jy = 2j \cdot \operatorname{Im}(z)$

6) a) $(1 + j)^2 = (\sqrt{2} \cdot e^{j45°})^2 = 2 \cdot e^{j90°} = 2j$

 b) $(3 - \sqrt{3}\,j)^4 = (\sqrt{12} \cdot e^{j330°})^4 = 144 \cdot e^{j1320°} = 144 \cdot e^{j240°} = -72 - 124{,}71\,j$

 c) $(2 \cdot e^{-j30°})^8 = 256 \cdot e^{-j240°} = 256 \cdot e^{j120°} = -128 + 221{,}70\,j$

 d) $(-4 - 3j)^3 = (5 \cdot e^{j216{,}87°})^3 = 125 \cdot e^{j650{,}61°} = 125 \cdot e^{j290{,}61°} = 44{,}00 - 117{,}00\,j$

 e) $\dfrac{3 - j}{2 + j} = \dfrac{(3 - j)(2 - j)}{(2 + j)(2 - j)} = \dfrac{5 - 5j}{5} = 1 - j \;\Rightarrow$

 $\left(\dfrac{3 - j}{2 + j}\right)^3 = (1 - j)^3 = (\sqrt{2} \cdot e^{j315°})^3 = 2\sqrt{2} \cdot e^{j945°} = 2\sqrt{2} \cdot e^{j225°} = -2 - 2j$

 Alternative (Binomische Formel):

 $(1 - j)^3 = 1^3 - 3 \cdot 1^2 \cdot j + 3 \cdot 1 \cdot j^2 - j^3 = 1 - 3j - 3 + j = -2 - 2j$

 f) $(3 \cdot e^{j\pi})^5 = 243 \cdot e^{j5\pi} = 243 \cdot e^{j\pi} = -243$

g) $\left[2\left(\cos\left(\dfrac{\pi}{3}\right) + j \cdot \sin\left(\dfrac{\pi}{3}\right)\right)\right]^{10} = \left(2 \cdot e^{j\frac{\pi}{3}}\right)^{10} = 1024 \cdot e^{j\frac{10}{3}\pi} = 1024 \cdot e^{j\frac{4}{3}\pi} =$
$= -512 - 886{,}81\,j$

h) $\left[5\left(\cos\left(-10°\right) + j \cdot \sin\left(-10°\right)\right)\right]^4 = \left(5 \cdot e^{-j\,10°}\right)^4 = 625 \cdot e^{-j\,40°} = 625 \cdot e^{j\,320°} =$
$= 478{,}78 - 401{,}74\,j$

7) Formel von *Moivre* (mit $r = 1, n = 3$): $(\cos\varphi + j \cdot \sin\varphi)^3 = \cos(3\varphi) + j \cdot \sin(3\varphi)$

Binomische Formel $(a + b)^3$ verwenden (mit $a = \cos\varphi$ und $b = j \cdot \sin\varphi$):

$(\cos\varphi + j \cdot \sin\varphi)^3 = \cos^3\varphi + 3 \cdot \cos^2\varphi \cdot (j \cdot \sin\varphi) + 3 \cdot \cos\varphi \cdot (j \cdot \sin\varphi)^2 + (j \cdot \sin\varphi)^3 =$
$= \cos^3\varphi + j \cdot 3 \cdot \cos^2\varphi \cdot \sin\varphi - 3 \cdot \cos\varphi \cdot \sin^2\varphi - j \cdot \sin^3\varphi =$
$= \cos^3\varphi - 3 \cdot \cos\varphi \cdot \sin^2\varphi + j\,(3 \cdot \cos^2\varphi \cdot \sin\varphi - \sin^3\varphi)$

Somit gilt:

$\cos(3\varphi) + j \cdot \sin(3\varphi) = \cos^3\varphi - 3 \cdot \cos\varphi \cdot \sin^2\varphi + j\,(3 \cdot \cos^2\varphi \cdot \sin\varphi - \sin^3\varphi)$

Vergleich der Real- bzw. Imaginärteile ($\sin^2\varphi + \cos^2\varphi = 1$ beachten):

$\cos(3\varphi) = \cos^3\varphi - 3 \cdot \cos\varphi \cdot \sin^2\varphi = \cos^3\varphi - 3 \cdot \cos\varphi\,(1 - \cos^2\varphi) =$
$= \cos^3\varphi - 3 \cdot \cos\varphi + 3 \cdot \cos^3\varphi = 4 \cdot \cos^3\varphi - 3 \cdot \cos\varphi$

$\sin(3\varphi) = 3 \cdot \cos^2\varphi \cdot \sin\varphi - \sin^3\varphi = 3\,(1 - \sin^2\varphi)\sin\varphi - \sin^3\varphi =$
$= 3 \cdot \sin\varphi - 3 \cdot \sin^3\varphi - \sin^3\varphi = 3 \cdot \sin\varphi - 4 \cdot \sin^3\varphi$

8) a) $z^3 = j = 1 \cdot e^{j\,90°}\ \Rightarrow\ r = \sqrt[3]{1} = 1,$

$\varphi_k = \dfrac{90° + k \cdot 360°}{3}\quad (k = 0, 1, 2);$

$z_0 = e^{j\,30°};\quad z_1 = e^{j\,150°};\quad z_2 = e^{j\,270°}$

Die zugehörigen Zeiger sind in Bild A-105 dargestellt.

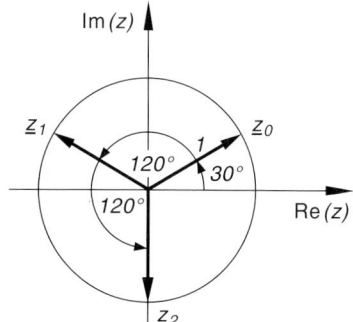

Bild A-105

b) $z^4 = 16 \cdot e^{j\,160°}\ \Rightarrow\ r = \sqrt[4]{16} = 2,\ \varphi_k = \dfrac{160° + k \cdot 360°}{4}\quad (k = 0, 1, 2, 3);$

$z_0 = 2 \cdot e^{j\,40°};\quad z_1 = 2 \cdot e^{j\,130°};\quad z_2 = 2 \cdot e^{j\,220°};\quad z_3 = 2 \cdot e^{j\,310°}$

Die zugehörigen Zeiger sind in Bild A-106 dargestellt.

c) $z^5 = 3 - 4j = 5 \cdot e^{j306,87°} \Rightarrow$

$r = \sqrt[5]{5} = 1,38, \qquad \varphi_k = \dfrac{306,87° + k \cdot 360°}{5} \qquad (k = 0, 1, 2, 3, 4);$

$z_0 = 1,38 \cdot e^{j61,37°}; \qquad z_1 = 1,38 \cdot e^{j133,37°}; \qquad z_2 = 1,38 \cdot e^{j205,37°};$

$z_3 = 1,38 \cdot e^{j277,37°}; \qquad z_4 = 1,38 \cdot e^{j349,37°}$

Zeigerdarstellung: Bild A107

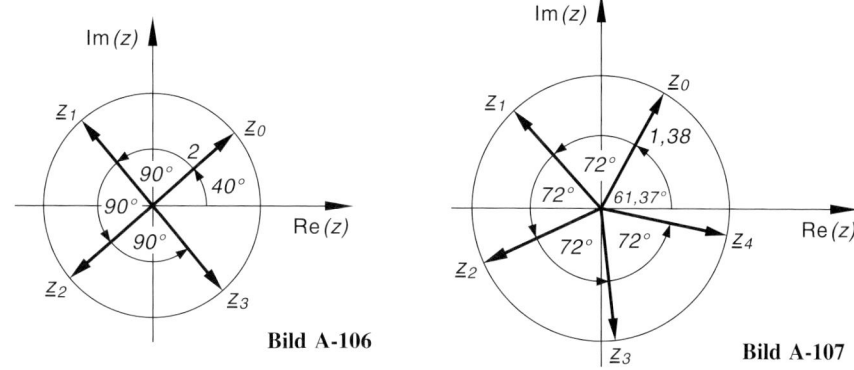

Bild A-106   **Bild A-107**

9) a) Lösungen der Gleichung $z^2 = 4 - 2j = \sqrt{20} \cdot e^{j333,43°}$:

$r = \sqrt[2]{\sqrt{20}} = \sqrt[4]{20} = 2,11, \qquad \varphi_k = \dfrac{333,43° + k \cdot 360°}{2} \qquad (k = 0, 1);$

$z_0 = 2,11 \cdot e^{j166,72°}; \qquad z_1 = 2,11 \cdot e^{j346,72°}$

b) Lösungen der Gleichung $z^3 = 81 \cdot e^{-j190°}$:

$r = \sqrt[3]{81} = 4,33, \qquad \varphi_k = \dfrac{-190° + k \cdot 360°}{3} \qquad (k = 0, 1, 2);$

$z_0 = 4,33 \cdot e^{-j63,33°} = 4,33 \cdot e^{j296,67°}; \qquad z_1 = 4,33 \cdot e^{j56,67°}; \qquad z_2 = 4,33 \cdot e^{j176,67°}$

c) Lösungen der Gleichung $z^6 = -3 + 8j = \sqrt{73} \cdot e^{j110,56°}$:

$r = \sqrt[6]{\sqrt{73}} = \sqrt[12]{73} = 1,43, \qquad \varphi_k = \dfrac{110,56° + k \cdot 360°}{6} \qquad (k = 0, 1, 2, 3, 4, 5);$

$z_0 = 1,43 \cdot e^{j18,43°}; \qquad z_1 = 1,43 \cdot e^{j78,43°}; \qquad z_2 = 1,43 \cdot e^{j138,43°};$

$z_3 = 1,43 \cdot e^{j198,43°}; \qquad z_4 = 1,43 \cdot e^{j258,43°}; \qquad z_5 = 1,43 \cdot e^{j318,43°}$

10) a) $z^3 = 64 \cdot e^{j\frac{\pi}{4}} \Rightarrow r = \sqrt[3]{64} = 4$, $\varphi_k = \dfrac{\frac{\pi}{4} + k \cdot 2\pi}{3}$ $(k = 0, 1, 2)$;

$z_0 = 4 \cdot e^{j\frac{\pi}{12}}$; $\quad z_1 = 4 \cdot e^{j\frac{3}{4}\pi}$; $\quad z_2 = 4 \cdot e^{j\frac{17}{12}\pi}$

b) $z^3 = 2 + 5j = \sqrt{29} \cdot e^{j 68{,}20°} \Rightarrow$

$r = \sqrt[3]{\sqrt{29}} = \sqrt[6]{29} = 1{,}75$, $\quad \varphi_k = \dfrac{68{,}20° + k \cdot 360°}{3}$ $(k = 0, 1, 2)$;

$z_0 = 1{,}75 \cdot e^{j 22{,}73°}$; $\quad z_1 = 1{,}75 \cdot e^{j 142{,}73°}$; $\quad z_2 = 1{,}75 \cdot e^{j 262{,}73°}$

11) Alle Koeffizienten sind *reell*. Mit $x_1 = 1 - j$ ist daher auch $x_2 = x_1^* = 1 + j$ eine Lösung der Gleichung. Quadratischen Faktor $(x - x_1)(x - x_2) = x^2 - 2x + 2$ abspalten (Polynomdivision):

$(x^4 - 2x^3 + x^2 + 2x - 2) : (x^2 - 2x + 2) = x^2 - 1 = 0 \Rightarrow x_{3/4} = \pm 1$

Lösungen: $x_{1/2} = 1 \mp j$; $\quad x_{3/4} = \pm 1$

12) a) $x_1 = 1$ ist eine Lösung (durch Probieren gefunden). Linearfaktor $x - 1$ abspalten (Horner-Schema): $\Rightarrow x^2 + 4 = 0 \Rightarrow x_{2/3} = \pm 2j$

Lösungen: $x_1 = 1$; $\quad x_{2/3} = \pm 2j$

b) Biquadratische Gleichung (Substitution $u = x^2$): $u^2 - 2u - 3 = 0 \Rightarrow u_1 = 3$; $u_2 = -1$. Lösungen: $x_{1/2} = \pm\sqrt{3}$; $\quad x_{3/4} = \pm j$

13) a) $1 = 1 \cdot e^{j0} = 1 \cdot e^{j(0 + k \cdot 2\pi)} = 1 \cdot e^{jk \cdot 2\pi}$; $\quad \ln 1 = jk \cdot 2\pi \quad (k \in \mathbb{Z})$

b) $-1 + j = \sqrt{2} \cdot e^{j\frac{3}{4}\pi} = \sqrt{2} \cdot e^{j\left(\frac{3}{4}\pi + k \cdot 2\pi\right)}$

$\ln(-1 + j) = \ln\sqrt{2} + j\left(\dfrac{3}{4}\pi + k \cdot 2\pi\right) \quad (k \in \mathbb{Z})$

c) $j = 1 \cdot e^{j\frac{\pi}{2}} = 1 \cdot e^{j\left(\frac{\pi}{2} + k \cdot 2\pi\right)}$

$\ln j = \underbrace{\ln 1}_{0} + j\left(\dfrac{\pi}{2} + k \cdot 2\pi\right) = j\left(\dfrac{\pi}{2} + k \cdot 2\pi\right) \quad (k \in \mathbb{Z})$

d) $2 \cdot e^{j\frac{\pi}{3}} = 2 \cdot e^{j\left(\frac{\pi}{3} + k \cdot 2\pi\right)}$; $\quad \ln\left(2 \cdot e^{j\frac{\pi}{3}}\right) = \ln 2 + j\left(\dfrac{\pi}{3} + k \cdot 2\pi\right) \quad (k \in \mathbb{Z})$

e) $-1 = 1 \cdot e^{j(\pi + k \cdot 2\pi)}$; $\quad \ln(-1) = \underbrace{\ln 1}_{0} + j(\pi + k \cdot 2\pi) = j(\pi + k \cdot 2\pi) \quad (k \in \mathbb{Z})$

Hauptwert $(k = 0)$: $\operatorname{Ln}(-1) = j\pi$

Abschnitt 3

1) Bildliche Darstellung der Sinuszeiger in Bild A-108.

   a) $y_1 = 3 \cdot \sin\left(2t + \dfrac{\pi}{3}\right);\quad \underline{y}_1 = \left(3 \cdot e^{j\frac{\pi}{3}}\right) \cdot e^{j2t}$

   $\underline{A}_1 = 3 \cdot e^{j\frac{\pi}{3}} = 1,5 + 2,60\,j$

   b) $y_2 = 3 \cdot \sin\left(4t + \dfrac{3}{4}\pi\right);\quad \underline{y}_2 = \left(3 \cdot e^{j\frac{3}{4}\pi}\right) \cdot e^{j4t}$

   $\underline{A}_2 = 3 \cdot e^{j\frac{3}{4}\pi} = -2,12 + 2,12\,j$

   c) $y_3 = 4 \cdot \sin\left(2t + \dfrac{3}{2}\pi\right);\quad \underline{y}_3 = \left(4 \cdot e^{j\frac{3}{2}\pi}\right) \cdot e^{j2t}$

   $\underline{A}_3 = 4 \cdot e^{j\frac{3}{2}\pi} = -4\,j$

   d) $y_4 = 5 \cdot \sin(\pi t + 5{,}0832);\quad \underline{y}_4 = \left(5 \cdot e^{j5,0832}\right) \cdot e^{j\pi t}$

   $\underline{A}_4 = 5 \cdot e^{j5,0832} = 1{,}81 - 4{,}66\,j$

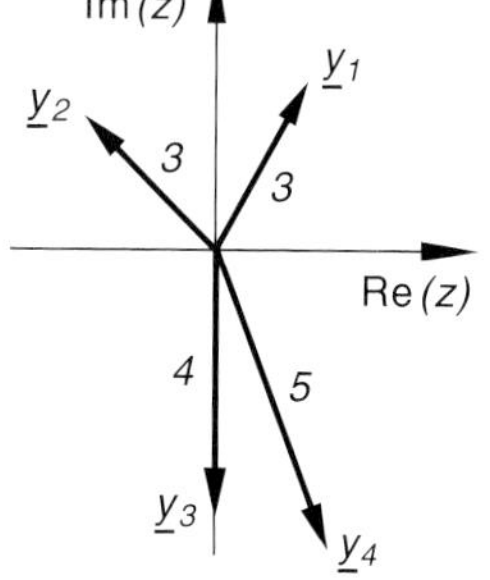

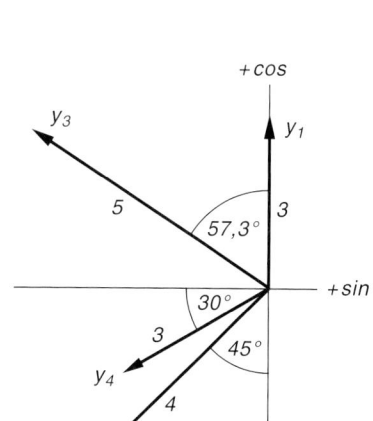

Bild A-108

2) Zeigerdarstellung: Bild A-109

   a) $y_1 = 3 \cdot \sin\left(\omega t + \dfrac{\pi}{2}\right)$

   $\underline{y}_1 = \left(3 \cdot e^{j\frac{\pi}{2}}\right) \cdot e^{j\omega t}$

   b) $y_2 = 4 \cdot \sin\left(2t + \dfrac{5}{4}\pi\right)$

   $\underline{y}_2 = \left(4 \cdot e^{j\frac{5}{4}\pi}\right) \cdot e^{j2t}$

   c) $y_3 = 5 \cdot \sin(t + 2{,}5708)$

   $\underline{y}_3 = \left(5 \cdot e^{j2,5708}\right) \cdot e^{jt}$

   d) $y_4 = 3 \cdot \sin\left(\pi t + \dfrac{7}{6}\pi\right)$

   $\underline{y}_4 = \left(3 \cdot e^{j\frac{7}{6}\pi}\right) \cdot e^{j\pi t}$

Bild A-109

3) a) $u_1 = 100\,\text{V} \cdot \sin(\omega t) \;\Rightarrow\; \underline{u}_1 = \hat{u}_1 \cdot e^{j\omega t} = 100\,\text{V} \cdot e^{j\omega t}$

   $u_2 = 150\,\text{V} \cdot \sin\left(\omega t + \dfrac{\pi}{4}\right) \;\Rightarrow\; \underline{u}_2 = \hat{u}_2 \cdot e^{j\omega t} = \left(150\,\text{V} \cdot e^{j\frac{\pi}{4}}\right) \cdot e^{j\omega t}$

   $\hat{\underline{u}} = \hat{\underline{u}}_1 + \hat{\underline{u}}_2 = 100\,\text{V} + 150\,\text{V} \cdot e^{j\frac{\pi}{4}} = 100\,\text{V} + 150\,\text{V}\,[\cos(\pi/4) + j \cdot \sin(\pi/4)] =$

   $= 100\,\text{V} + 106{,}07\,\text{V} + j \cdot 106{,}07\,\text{V} = 206{,}07\,\text{V} + j \cdot 106{,}07\,\text{V} = 231{,}77\,\text{V} \cdot e^{j0,4754}$

   $\underline{u} = \underline{u}_1 + \underline{u}_2 = \hat{\underline{u}} \cdot e^{j\omega t} = 231{,}77\,\text{V} \cdot e^{j0,4754} \cdot e^{j\omega t} = 231{,}77\,\text{V} \cdot e^{j(\omega t + 0,4754)}$

   $u = \text{Im}(\underline{u}) = 231{,}77\,\text{V} \cdot \sin(\omega t + 0{,}4754)$

b) $u_1 = 50\,\text{V} \cdot \sin(\omega t + \pi) \Rightarrow \underline{u}_1 = \underline{\hat{u}}_1 \cdot e^{j\omega t} = (50\,\text{V} \cdot e^{j\pi}) \cdot e^{j\omega t}$

$u_2 = 200\,\text{V} \cdot \sin(\omega t + \pi/3) \Rightarrow \underline{u}_2 = \underline{\hat{u}}_2 \cdot e^{j\omega t} = \left(200\,\text{V} \cdot e^{j\frac{\pi}{3}}\right) \cdot e^{j\omega t}$

$\underline{\hat{u}} = \underline{\hat{u}}_1 + \underline{\hat{u}}_2 = 50\,\text{V} \cdot e^{j\pi} + 200\,\text{V} \cdot e^{j\frac{\pi}{3}} =$

$= 50\,\text{V}(\cos\pi + j \cdot \sin\pi) + 200\,\text{V}(\cos(\pi/3) + j \cdot \sin(\pi/3)) =$

$= -50\,\text{V} + 100\,\text{V} + j \cdot 173{,}21\,\text{V} = 50\,\text{V} + j \cdot 173{,}21\,\text{V} = 180{,}28\,\text{V} \cdot e^{j1{,}2898}$

$\underline{u} = \underline{u}_1 + \underline{u}_2 = \underline{\hat{u}} \cdot e^{j\omega t} = 180{,}28\,\text{V} \cdot e^{j1{,}2898} \cdot e^{j\omega t} = 180{,}28\,\text{V} \cdot e^{j(\omega t + 1{,}2898)}$

$u = \text{Im}(\underline{u}) = 180{,}28\,\text{V} \cdot \sin(\omega t + 1{,}2898)$

4) u_0: Scheitelwert; ω: Kreisfrequenz; Phasenwinkel der Reihe nach: 0; $2\pi/3$; $4\pi/3$

$\underline{u}_1 = \underbrace{u_0}_{\underline{\hat{u}}_1} \cdot e^{j\omega t}; \quad \underline{u}_2 = \underbrace{(u_0 \cdot e^{j2\pi/3})}_{\underline{\hat{u}}_2} \cdot e^{j\omega t}; \quad \underline{u}_3 = \underbrace{(u_0 \cdot e^{j4\pi/3})}_{\underline{\hat{u}}_3} \cdot e^{j\omega t}$

$\underline{\hat{u}} = \underline{\hat{u}}_1 + \underline{\hat{u}}_2 + \underline{\hat{u}}_3 = u_0 + u_0 \cdot e^{j2\pi/3} + u_0 \cdot e^{j4\pi/3} = u_0(1 + e^{j2\pi/3} + e^{j4\pi/3}) =$

$= u_0(1 + \cos(2\pi/3) + j \cdot \sin(2\pi/3) + \cos(4\pi/3) + j \cdot \sin(4\pi/3)) =$

$= u_0(1 - 0{,}5 + 0{,}866j - 0{,}5 - 0{,}866j) = u_0(0 - 0j) = 0$

$\underline{u} = \underline{u}_1 + \underline{u}_2 + \underline{u}_3 = \underline{\hat{u}} \cdot e^{j\omega t} = 0 \cdot e^{j\omega t} = 0 \Rightarrow u = \text{Im}(\underline{u}) = 0$

5) Darstellung der Schwingungen in der *Kosinusform* (wir setzen $\omega = \pi\,\text{s}^{-1}$):

$y_1 = 20\,\text{cm} \cdot \cos\left(\omega t - \frac{2}{5}\pi\right) \Rightarrow \underline{y}_1 = \left(20\,\text{cm} \cdot e^{-j\frac{2}{5}\pi}\right) \cdot e^{j\omega t} = \underline{A}_1 \cdot e^{j\omega t}$

$y_2 = 15\,\text{cm} \cdot \cos\left(\omega t + \frac{\pi}{6}\right) \Rightarrow \underline{y}_2 = \left(15\,\text{cm} \cdot e^{j\frac{\pi}{6}}\right) \cdot e^{j\omega t} = \underline{A}_2 \cdot e^{j\omega t}$

$\underline{A} = \underline{A}_1 + \underline{A}_2 = 20\,\text{cm} \cdot e^{-j\frac{2}{5}\pi} + 15\,\text{cm} \cdot e^{j\frac{\pi}{6}} =$

$= 20\,\text{cm}[\cos(-2\pi/5) + j \cdot \sin(-2\pi/5)] + 15\,\text{cm}[\cos(\pi/6) + j \cdot \sin(\pi/6)] =$

$= (6{,}18 - j \cdot 19{,}02 + 12{,}99 + j \cdot 7{,}5)\,\text{cm} = (19{,}17 - j \cdot 11{,}52)\,\text{cm} = 22{,}37\,\text{cm} \cdot e^{j5{,}7421}$

$\underline{y} = \underline{y}_1 + \underline{y}_2 = \underline{A} \cdot e^{j\omega t} = 22{,}37\,\text{cm} \cdot e^{j5{,}7421} \cdot e^{j\omega t} = 22{,}37\,\text{cm} \cdot e^{j(\omega t + 5{,}7421)}$

$y = \text{Re}(\underline{y}) = 22{,}37\,\text{cm} \cdot \cos(\omega t + 5{,}7421) \quad (\omega = \pi\,\text{s}^{-1})$

6) $\underline{Z} = R + j\left(\omega L - \frac{1}{\omega C}\right) = 100\,\Omega + j\left(10^6 \cdot 0{,}2 - \frac{1}{10^6 \cdot 20 \cdot 10^{-6}}\right)\Omega =$

$= (100 + j \cdot 199\,999{,}95)\,\Omega \quad (1\,\mu\text{F} = 10^{-6}\,\text{F})$

7) Leitwert der Parallelschaltung (S = Siemens = $1/\Omega$):

$\underline{Y} = \frac{1}{R} - j\frac{1}{\omega L} = \left(\frac{1}{100} - j\frac{1}{500 \cdot 0{,}5}\right)\text{S} = (0{,}01 - j \cdot 0{,}004)\,\text{S} = (10 - 4j)\,10^{-3}\,\text{S}$

VII Komplexe Zahlen und Funktionen 845

$$\underline{Z} = \frac{1}{\underline{Y}} = \frac{10^3}{(10-4j)\,S} = \frac{(10+4j)\,10^3}{(10-4j)(10+4j)}\,\Omega = \frac{(10+4j)\,10^3}{116}\,\Omega =$$
$$= (86{,}21 + 34{,}48\,j)\,\Omega$$

$$\underline{I} = \underline{Y} \cdot \underline{U} = (10-4j)\,10^{-3}\,S \cdot 100\,V = (1-0{,}4j)\,A$$

8) Leitwert $\underline{Y}_p$ und Widerstand $\underline{Z}_p$ der *Parallelschaltung* aus R_2 und L:

$$\underline{Y}_p = \frac{1}{R_2} - j\frac{1}{\omega L} = \frac{\omega L - jR_2}{R_2(\omega L)} \quad \Rightarrow \quad \underline{Z}_p = \frac{1}{\underline{Y}_p} = \frac{R_2(\omega L)}{\omega L - jR_2}$$

Komplexer Widerstand der *Gesamtschaltung*:

$$\underline{Z}(\omega) = R_1 + \underline{Z}_p = R_1 + \frac{R_2(\omega L)}{\omega L - jR_2} = \frac{R_1(\omega L) - jR_1R_2 + R_2(\omega L)}{\omega L - jR_2} =$$
$$= \frac{(R_1+R_2)(\omega L) - jR_1R_2}{\omega L - jR_2} = \frac{[(R_1+R_2)(\omega L) - jR_1R_2](\omega L + jR_2)}{(\omega L - jR_2)(\omega L + jR_2)} =$$
$$= \frac{(R_1+R_2)(\omega L)^2 + j(R_1+R_2)R_2(\omega L) - jR_1R_2(\omega L) + R_1R_2^2}{(\omega L)^2 + R_2^2} =$$
$$= \frac{(R_1+R_2)(\omega L)^2 + R_1R_2^2 + jR_2^2(\omega L)}{(\omega L)^2 + R_2^2} =$$
$$= \frac{R_1R_2^2 + (R_1+R_2)(\omega L)^2}{R_2^2 + (\omega L)^2} + j\,\frac{R_2^2(\omega L)}{R_2^2 + (\omega L)^2}$$

9) Ersatzschaltbild: siehe Bild A-110

$$\underline{Z}_1 = R_1 + j\omega L_1 = (50 + j \cdot 300)\,\Omega$$

$$\underline{Z}_2 = R_2 - j\frac{1}{\omega C_1} = (100 - j \cdot 333{,}33)\,\Omega$$

$$\underline{Z}_3 = R_3 + j\omega L_2 = (20 + j \cdot 450)\,\Omega$$

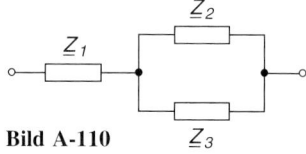

Bild A-110

Leitwert des *Parallelkreises* mit den Widerständen $\underline{Z}_2$ und $\underline{Z}_3$:

$$\underline{Y}_p = \frac{1}{\underline{Z}_2} + \frac{1}{\underline{Z}_3} = \frac{\underline{Z}_2 + \underline{Z}_3}{\underline{Z}_2 \cdot \underline{Z}_3}$$

Komplexer Widerstand des *Parallelkreises*:

$$\underline{Z}_p = \frac{1}{\underline{Y}_p} = \frac{\underline{Z}_2 \cdot \underline{Z}_3}{\underline{Z}_2 + \underline{Z}_3} = \frac{(100 - j \cdot 333{,}33)(20 + j \cdot 450)}{(100 - j \cdot 333{,}33) + (20 + j \cdot 450)}\,\Omega =$$
$$= \frac{151\,998{,}5 + j \cdot 38\,333{,}4}{120 + j \cdot 116{,}67}\,\Omega = \frac{(15{,}199\,85 + j \cdot 3{,}833\,34)\,10^4\,(1{,}2 - j \cdot 1{,}1667)}{(1{,}2 + j \cdot 1{,}1667)\,10^2\,(1{,}2 - j \cdot 1{,}1667)}\,\Omega =$$
$$= \frac{(22{,}7122 - j \cdot 13{,}1337)\,10^2}{2{,}8012}\,\Omega = (810{,}80 - j \cdot 468{,}86)\,\Omega$$

Komplexer Widerstand des *Gesamtkreises*:

$$\underline{Z} = \underline{Z}_1 + \underline{Z}_p = (50 + j \cdot 300)\,\Omega + (810{,}80 - j \cdot 468{,}86)\,\Omega = (860{,}80 - j \cdot 168{,}86)\,\Omega$$

Abschnitt 4

1) a) $x = a \cdot \cos t$, $y = b \cdot \sin t$ $\Rightarrow$ $\cos^2 t + \sin^2 t = \dfrac{x^2}{a^2} + \dfrac{y^2}{b^2} = 1$

   (Ellipse mit dem Mittelpunkt $M = (0; 0)$ und den Halbachsen a und b; Bild A-111)

   b) $x = 2 \cdot \cos^2 t$, $y = \sin(2t) = 2 \cdot \sin t \cdot \cos t$ $\Rightarrow$

   $y^2 = 4 \cdot \sin^2 t \cdot \cos^2 t = 4(1 - \underbrace{\cos^2 t}_{x/2}) \cdot \underbrace{\cos^2 t}_{x/2} = 4\left(1 - \dfrac{x}{2}\right)\dfrac{x}{2} = 2x - x^2$ $\Rightarrow$

   $x^2 - 2x + y^2 = 0$ $\Rightarrow$ (quadratische Ergänzung) $(x - 1)^2 + y^2 = 1$, $y \geq 0$

   (oberer Halbkreis mit dem Mittelpunkt $M = (1; 0)$ und dem Radius $r = 1$; Bild A-112)

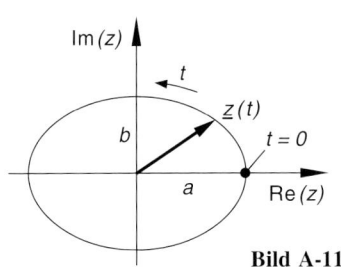
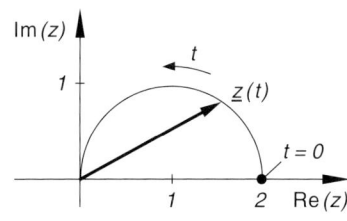

Bild A-111   **Bild A-112**

2) $\dfrac{1}{z_1} = \dfrac{1}{3 + 5j} = \dfrac{3 - 5j}{(3 + 5j)(3 - 5j)} = \dfrac{3 - 5j}{34} = \dfrac{3}{34} - \dfrac{5}{34}j$;

$\dfrac{1}{z_2} = \dfrac{1}{-6 + 8j} = \dfrac{-6 - 8j}{(-6 + 8j)(-6 - 8j)} = \dfrac{-6 - 8j}{100} = -0{,}06 - 0{,}08j$;

$z_3 = 3[\cos(\pi/3) + j \cdot \sin(\pi/3)] = 3 \cdot e^{j\frac{\pi}{3}}$ $\Rightarrow$

$\dfrac{1}{z_3} = \left(\dfrac{1}{3}\right) \cdot e^{-j\frac{\pi}{3}} = \dfrac{1}{3}[\cos(-\pi/3) + j \cdot \sin(-\pi/3)] = 0{,}167 - 0{,}289j$;

$\dfrac{1}{z_4} = \left(\dfrac{1}{6}\right) \cdot e^{j40°} = \dfrac{1}{6}(\cos 40° + j \cdot \sin 40°) = 0{,}128 + 0{,}107j$;

$\dfrac{1}{z_5} = \left(\dfrac{1}{3}\right) \cdot e^{-j3} = \dfrac{1}{3}[\cos(-3) + j \cdot \sin(-3)] = -0{,}330 - 0{,}047j$;

$z_6 = 5[\cos 60° - j \cdot \sin 60°] = 5[\cos(-60°) + j \cdot \sin(-60°)] = 5 \cdot e^{-j60°}$ $\Rightarrow$

$\dfrac{1}{z_6} = \left(\dfrac{1}{5}\right) \cdot e^{j60°} = \dfrac{1}{5}(\cos 60° + j \cdot \sin 60°) = 0{,}1 + 0{,}173j$

VII Komplexe Zahlen und Funktionen 847

3) a) $\underline{Z}(\omega) = R + j\omega L$, $\omega \geq 0$ (siehe Bild A-113)

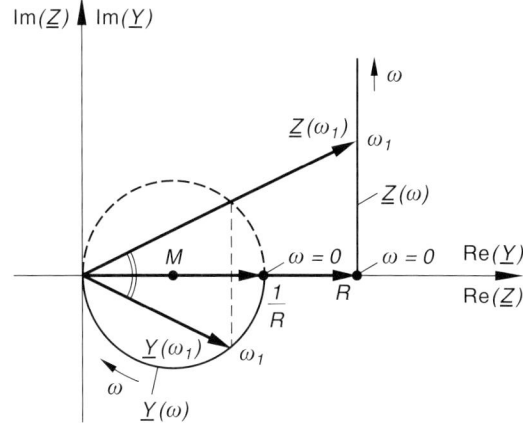

$\underline{Z}(\omega)$: Halbgerade parallel zur imaginären Achse im Abstand R (1. Quadrant)

$\underline{Y}(\omega)$: Halbkreis durch den Nullpunkt mit dem Durchmesser $1/R$ und dem Mittelpunkt $M = (1/2R;\, 0)$ (4. Quadrant)

Bild A-113

b) $\underline{Y}(\omega) = \dfrac{1}{R} - j\,\dfrac{1}{\omega L}$, $\omega > 0$ (siehe Bild A-114)

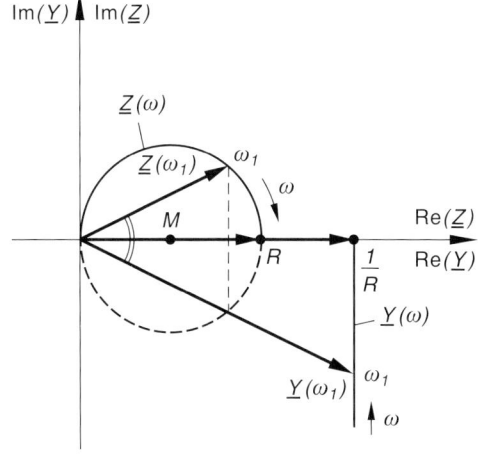

$\underline{Y}(\omega)$: Halbgerade parallel zur imaginären Achse im Abstand $1/R$ (4. Quadrant)

$\underline{Z}(\omega)$: Halbkreis durch den Nullpunkt mit dem Durchmesser R und dem Mittelpunkt $M = (R/2;\, 0)$ (1. Quadrant)

Bild A-114

4) a) $\underline{Z}(R) = R - j\dfrac{1}{\omega C} = \dfrac{R\omega C - j}{\omega C}, \quad R \geq 0$ b) Siehe Bild A-115

c) $\underline{Y}(R) = \dfrac{1}{\underline{Z}(R)} = \dfrac{\omega C}{R\omega C - j} = \dfrac{\omega C(R\omega C + j)}{(R\omega C - j)(R\omega C + j)} = \dfrac{R(\omega C)^2 + j(\omega C)}{R^2(\omega C)^2 + 1} =$

$= \dfrac{R(\omega C)^2}{R^2(\omega C)^2 + 1} + j\dfrac{\omega C}{R^2(\omega C)^2 + 1}$ (siehe Bild A-115)

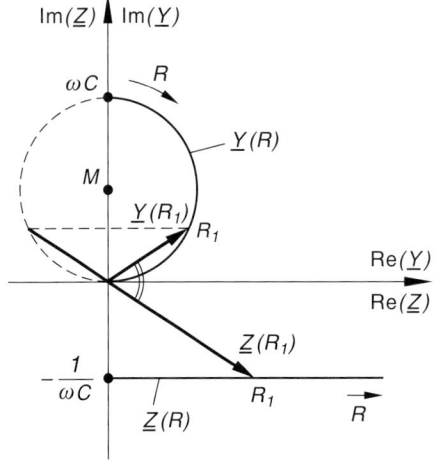

$\underline{Z}(R)$: Halbgerade parallel zur reellen Achse im Abstand $1/\omega C$ (4. Quadrant)

$\underline{Y}(R)$: Halbkreis durch den Nullpunkt mit dem Durchmesser ωC und dem Mittelpunkt $M = (0; \omega C/2)$ (1. Quadrant)

Bild A-115

Literaturhinweise

Formelsammlungen

1. *Bronstein / Semendjajew:* Taschenbuch der Mathematik. Deutsch, Thun–Frankfurt/M.
2. *Papula:* Mathematische Formelsammlung für Ingenieure und Naturwissenschaftler. Springer Vieweg, Wiesbaden.

Aufgabensammlungen

1. *Minorskij:* Aufgabensammlung der Höheren Mathematik. Vieweg, Wiesbaden.
2. *Papula:* Mathematik für Ingenieure und Naturwissenschaftler. Klausur- und Übungsaufgaben. Springer Vieweg, Wiesbaden.
3. *Papula:* Mathematik für Ingenieure und Naturwissenschaftler. Anwendungsbeispiele. Springer Vieweg, Wiesbaden.

Weiterführende und ergänzende Literatur

1. *Blatter:* Analysis (Bd. I). HTB. Springer, Berlin–Heidelberg–New York.
2. *Böhme:* Anwendungsorientierte Mathematik (Bd. I). Springer, Berlin–Heidelberg–New York.
3. *Burg / Haf / Wille / Meister:* Höhere Mathematik für Ingenieure I. Springer Vieweg, Wiesbaden.
4. *Courant:* Vorlesungen über Differential- und Integralrechnung (2. Bd.). Springer, Berlin–Heidelberg–New York.
5. *Dirschmid:* Mathematische Grundlagen der Elektrotechnik. Vieweg, Wiesbaden.
6. *Endl / Luh:* Analysis (Bd. I bis III). Aula, Wiesbaden.
7. *Fetzer / Fränkel:* Mathematik (2 Bd.). VDI, Düsseldorf.
8. *Forster:* Analysis 1. Springer Spektrum, Wiesbaden.
9. *Heuser:* Lehrbuch der Analysis, Teil 1. Vieweg + Teubner, Wiesbaden.
10. *Jeffrey:* Mathematik für Naturwissenschaftler und Ingenieure (Bd. I). Verlag Chemie, Weinheim.
11. *Madelung:* Die mathematischen Hilfsmittel des Physikers. Springer, Berlin–Heidelberg–New York.
12. *Margenau / Murphy:* Die Mathematik für Physik und Chemie. Deutsch, Thun–Frankfurt/M.
13. *Meyberg / Vachenauer:* Höhere Mathematik 1. Springer, Berlin–Heidelberg–New York.
14. *Rudin:* Analysis. Physik-Verlag Weinheim.
15. *Sirk / Rang:* Vektorrechnung. Steinkopff, Darmstadt.
16. *Smirnov:* Lehrgang der höheren Mathematik (5 Bd.). Deutscher Verlag der Wissenschaften, Berlin.
17. *Stein:* Einführungskurs Höhere Mathematik. Vieweg, Wiesbaden.

© Der/die Herausgeber bzw. der/die Autor(en), exklusiv lizenziert an
Springer Fachmedien Wiesbaden GmbH, ein Teil von Springer Nature 2024
L. Papula, *Mathematik für Ingenieure und Naturwissenschaftler Band 1*,
https://doi.org/10.1007/978-3-658-45802-7

Sachwortverzeichnis

A

abgeschlossenes Intervall 8
abhängige Variable 146
− Veränderliche 146
abhängiges Differential 362
Abklingfunktionen 282 ff.
Abkühlungsgesetz nach Newton 285
Ableitung 336 f.
−, äußere 350
−, erste 337
−, höhere 364
−, höherer Ordnung 364
−, implizite 359 f.
−, innere 350
−, linksseitige 338
−, logarithmische 356 f.
−, rechtsseitige 338
Ableitung der elementaren Funktionen (Tabelle) 340 f.
− der Umkehrfunktion 358
− einer impliziten Funktion 359 f.
− einer in der Parameterform dargestellten Funktion 366 f.
− einer zusammengesetzten Funktion 349 ff.
− n-ter Ordnung 364
− spezieller veketteter Funktionen (Tabelle) 354
Ableitungsfunktion 338
Ableitungsregeln 343 ff.
absolut konvergente Reihe 586, 600
− − −, Rechenregeln 600
absolutes Maximum 406
− Minimum 406
Abspaltung eines Linearfaktors 198
Abstand einer Geraden von einer Ebene 125
− eines Punktes von einer Ebene 123 f.
− eines Punktes von einer Geraden 108 f.
− zweier paralleler Ebenen 130
− zweier paralleler Geraden 110 f.
− zweier windschiefer Geraden 112 f.

Abstandskoordinate 168
Abszisse eines Punktes 148
Achse, imaginäre 655
−, reelle 655
Achsenabschnitte 191, 193
Achsenabschnittsform einer Geraden 193
Addition komplexer Zahlen 673 f.
− − −, geometrische Deutung 675
Addition von Vektoren 49 f., 59, 77
Additionstheoreme der Hyperbelfunktionen 304
− der trigonometrischen Funktionen 251
Äquipotentialflächen 512
äquivalente Umformungen einer Gleichung 13
− − einer Ungleichung 21
− − eines linearen Gleichungssystems 28
äußere Ableitung 350
− Funktion 349
− Multiplikation zweier Vektoren 90 ff.
äußeres Produkt 90 ff.
algebraische Form einer komplexen Zahl 654, 661, 666
algebraische Gleichungen n-ten Grades 11, 687
− − zweiten Grades 230
allgemeine binomische Reihe 620
− Kosinusfunktion 252, 256
− Sinusfunktion 252 ff.
allgemeines Kriterium für einen relativen Extremwert 404
− − für einen Sattelpunkt 404
alternierende geometrische Reihe 599
− harmonische Reihe 599, 601
− Reihe 598
Altgrad 244
Amplitude 257, 696 f.
−, komplexe 697 f.
analytische Darstellung einer Funktion 147
Anfangswert 418
Ankathete 82, 243

Sachwortverzeichnis

Anordnungsaxiom für reelle Zahlen 7
Anstieg einer in Polarkoordinaten
  dargestellten Kurve 369 f.
antiparallele Vektoren 47
Anwendungen der Differentialrechnung
  378 ff.
– der Integralrechnung 507 ff.
– der Potenzreihenentwicklung 622 ff.
aperiodischer Grenzfall 291, 376
aperiodisches Verhalten 289
Arbeit einer Kraft 88, 538
– eines Gases 541 f.
– im Gravitationsfeld der Erde 500, 502, 540 f.
Arbeitsgrößen 537 f.
Arbeitsintegral 502, 538
Arbeitspunkt 380
Archimedische Spirale 171 f., 318 f.
Areafunktionen 305 ff.
–, Darstellung durch Logarithmusfunktionen 307
Areakosinus hyperbolicus 305 f.
Areakotangens hyperbolicus 305 ff.
Areasinus hyperbolicus 305 f.
Areatangens hyperbolicus 305 ff.
Argument einer Funktion 146
– einer komplexen Zahl 662
Arkusfunktionen 271 ff.
Arkuskosinusfunktion 274
Arkuskotangensfunktion 276
Arkussinusfunktion 272 f.
Arkustangensfunktion 275
Astroide 314 f.
Asymptote im Unendlichen 219 f., 235
–, senkrechte 215
Asymptoten einer gebrochenrationalen
  Funktion 215, 219 f.
– einer Hyperbel 235
Aufladung eines Kondensators 155, 286, 298

B

barometrische Höhenformel 284
Basis einer Potenz 280
–, orthonormierte 80
Basisvektoren 54, 57, 72, 74
Berechnung eines bestimmten Integrals 458 f.
– eines Skalarproduktes 63 f., 80 f.

– eines Spatproduktes 98, 100
– eines unbestimmten Integrals mittels
  Substitution 466 ff.
– eines uneigentlichen Integrals 499 ff.
– eines Vektorproduktes 92 ff.
Bernoulli-de L'Hospitalsche Regel 636 ff.
Berührungspunkt 151
Beschleunigung 374 f.
Beschleunigung-Zeit-Funktion 508
beständig konvergierende Potenzreihe 604
bestimmt divergente Folge 177
– – Reihe 586
bestimmtes Integral 438 ff.
– –, Berechnung unter Verwendung einer
        Stammfunktion 458 f.
– –, geometrische Deutung 445
Betrag einer komplexen Zahl 658
– einer reellen Zahl 7
– eines Vektors 45, 57, 74 f.
Betragsfunktion 15 f., 339
–, Ableitung 339
Betragsgleichungen 15 ff.
Bewegung eines Massenpunktes 373 ff.
– mit konstanter Beschleunigung 435, 508
Bewegungsgleichung, Integration 507 f.
Biegegleichung 511
–, Integration 511
Biegelinie 212, 409, 510 ff.
Biegemoment 511
Biegesteifigkeit 511
Bildungsgesetz einer Folge 174
– einer unendlichen Reihe 584
Binärlogarithmus 293
Binom 37
Binomialkoeffizient 37, 616
–, Eigenschaften 39
Binomialreihe 616, 620 f.
binomische Reihe 603 ff., 608 f.
– –, allgemeine 620
– –, spezielle 620 ff.
binomischer Lehrsatz 37 ff.
biquadratische Gleichungen 12 f.
Blindleitwert 709
Blindwiderstand 705
–, induktiver 708
–, kapazitiver 707
Bogendifferential 531
Bogenelement 531
Bogenlänge einer ebenen Kurve 530 f.

Bogenmaß 244
Boyle-Mariottesches Gesetz 156
Brennpunkt einer Parabel 237
Brennpunkte einer Ellipse 232
− einer Hyperbel 234
Briggscher Logarithmus 293

C

Cardanische Lösungsformel 11
charakteristische Kurvenpunkte 394 ff.

D

Darstellung der Areafunktionen durch Logarithmusfunktionen 307
Darstellung einer Funktion 146 ff.
− − −, analytische 147
− − −, explizite 147
− − −, graphische 148 f.
− − −, implizite 147
Darstellung einer Funktion durch eine Wertetabelle 148
− − − in der Parameterform 149 f.
− − − in Polarkoordinaten 171
Darstellung einer Kosinusschwingung durch einen rotierenden Zeiger 261
− einer Schwingung im Zeigerdiagramm 258 ff.
− einer Sinusschwingung durch einen rotierenden Zeiger 258 ff.
Darstellungsformen einer komplexen Zahl 652 ff., 661 ff.
Definitionsbereich einer Funktion 146
Definitionslücke 186, 214 f.
dekadischer Logarithmus 293
Determinante 93
−, dreireihige 93
Determinantendarstellung eines Spatproduktes 100
− eines Vektorproduktes 93
Differential einer Funktion 362 f.
−, abhängiges 362
−, unabhängiges 362
Differentialoperator 338
Differentialquotient 337, 365
− höherer Ordnung 365
− n-ter Ordnung 365

Differentialrechnung 335 ff.
−, Anwendungen 378 ff.
Differentiation 337
−, gliedweise 344
−, implizite 359 f.
−, logarithmische 356 f.
Differenz zweier komplexer Zahlen 673
Differenzenquotient 337
Differenzenschema 208 ff.
differenzierbare Funktion 337
Differenzierbarkeit einer Funktion 335 ff.
Differenzieren 337
Differenzmenge 5
Differenzvektor 51
diskrete Funktion 174, 584
Diskriminante 11
divergente Folge 176
− Reihe 585
divergentes uneigentliches Integral 501, 504
dividierte Differenzen 209 f.
Division eines Vektors durch einen Skalar 53
Division komplexer Zahlen 677 ff.
− − −, geometrische Deutung 675
Doppelstreifen 493
doppelte Nullstelle 151, 195
Drehmoment 96, 548
Drehsinn eines Winkels 245
Drehstreckung einer komplexen Zahl 681
Drei-Punkte-Form einer Ebene 119 f.
dreireihige Determinante 93
− −, Regel von Sarrus 94
Durchschnitt zweier Mengen 3
Durchschnittsgeschwindigkeit 545
Durchschnittsleistung eines Wechselstroms 546 f.

E

Ebene, Abstand von einem Punkt 123 f.
−, Abstand von einer Geraden 125
−, Abstand zweier paralleler Ebenen 130
−, Koordinatendarstellung 122
−, Normalenvektor 122
−, Richtungsvektoren 117
−, Schnittgerade zweier Ebenen 132 f.
−, Schnittpunkt mit einer Geraden 126 f.
−, Schnittwinkel mit einer Geraden 126 f.
−, Schnittwinkel zweier Ebenen 132 f.

–, vektorielle Drei-Punkte-Form 119 f.
–, vektorielle Parameterdarstellung 117 ff.
–, vektorielle Punkt-Richtungs-Form 117 f.
Ebene senkrecht zu einem Vektor 122
Ebenen 117 ff.
ebener Vektor 54 ff.
echt gebrochenrationale Funktionen 212
– – –, Integration durch Partialbruchzerlegung 480 ff.
Effektivwert, komplexer 704
Effektivwerte von Strom und Spannung 547 f.
e-Funktion 282
Einheitskreis 245
Einheitsvektor 46, 57, 72, 74
Einsvektor 46
elastische Linie 212, 510
elastisches Federpendel 244
Elastizitätsmodul 511
elektrische Feldstärke 512
elektrischer Leitwert 708 f.
– Reihenschwingkreis 710 f.
– Schwingkreis 377 f.
elektrisches Netzwerk 35 ff.
Elektron in einem elektrischen Feld 229
elektrostatisches Feld 512
elementare Integrationsregeln 462 ff.
Elemente einer Menge 1
Eliminationsverfahren nach Gauß 28 f.
Ellipse 230, 232 f.
–, Brennpunkte 232
–, Brennweite 232
–, große Halbachse 232
–, Halbachsen 232
–, Hauptform 233
–, kleine Halbachse 232
–, Mittelpunkt 232
–, Mittelpunktsgleichung 233
–, Scheitelpunkte 234
–, Symmetrieachsen 234
–, Ursprungsellipse 234
endliche Menge 1
endliches Intervall 8
Energie, kinetische 538 f.
–, potentielle 541
–, Spannungsenergie 540
Energiegrößen 537 f.
Entladung eines Kondensators 156, 284
Entlogarithmierung 297
Entwicklungspunkt 602, 619

Entwicklungszentrum 602, 619
Epizykloide 312 f.
Ersatzfunktion 207
erste Ableitung 337
– –, geometrische Deutung 383
erzwungene Schwingung eines mechanischen Systems 184 f.
Eulersche Formel 664
– Zahl 177, 282, 626 f.
Euler-Venn-Diagramm 2
Evolute 393
Evolvente 393
explizite Darstellung einer Funktion 147
Exponent 280
Exponentialform einer komplexen Zahl 664 f., 667
Exponentialfunktionen 280 ff.
–, spezielle 281 ff.
Exponentialgleichungen 298
Exponentialreihen 621
Extremwert, allgemeines Kriterium 404
–, hinreichende Bedingungen 396
–, lokaler 394 ff.
–, notwendige Bedingung 395
–, Randextremwert 410
–, relativer 394 ff.
Extremwertaufgaben 406

F

Faktorregel der Differentialrechnung 343
– der Integralrechnung 462
Fakultät 37
Fallgeschwindigkeit 287, 308, 509, 642 ff.
Fallgesetze 456
Fallschirmsprung 287
Feder-Masse-Schwinger 257 f., 376
Federpendel 184, 257 f., 375
Fehlerintegral, Gaußsches 633 f.
Flächenelement 445, 551
Flächenfunktion 449
Flächeninhalt 513 ff.
– unter einer Kurve 513 ff.
– zwischen zwei Kurven 518 ff.
Flächenmoment 511
Flächenproblem 438 ff.
Folge 173
–, beschränkte 175
–, bestimmt divergente 177

–, Bildungsgesetz 174
–, divergente 176
–, geometrische 582, 585
–, Glieder 173
–, Graph 174
–, Grenzwert 175 ff.
–, konvergente 176
–, Limes 176
–, Nullfolge 177, 599
–, streng monoton wachsende 175
–, unendliche 584
Formel der partiellen Integration 474 f.
– von Moivre 304, 685
freier Fall 182, 375, 456, 644 f.
– – unter Berücksichtigung des Luftwiderstandes 287, 308, 509 f., 642 ff.
freier Vektor 46
Frequenz 258, 696
Fundamentalsatz der Algebra 200, 687
– der Differential- und Integralrechnung 452 ff.
Funktion 146
–, Abklingfunktion 282 ff.
–, Ableitung 336 f.
–, Ableitungsfunktion 338
–, analytische Darstellung 147
–, Areafunktionen 305 ff.
–, Areakosinus hyperbolicus 305 f.
–, Areakotangens hyperbolicus 305 ff.
–, Areasinus hyperbolicus 305 f.
–, Areatangens hyperbolicus 305 ff.
–, Arkusfunktionen 271 ff.
–, Arkuskosinusfunktion 274
–, Arkuskotangensfunktion 276
–, Arkussinusfunktion 272 f.
–, Arkustangensfunktion 275
–, äußere 349
–, Betragsfunktion 15 f.
–, Darstellungsformen 146 ff.
–, Definitionsbereich 146
–, Definitionslücke 186, 214
–, Differential 362 f.
–, Differentialquotient 337
–, differenzierbare 337
–, Differenzierbarkeit 335 ff.
–, diskrete 174, 584
–, echt gebrochenrationale 212
–, e-Funktion 282
–, explizite 147

–, Exponentialfunktionen 280 ff.
–, Flächenfunktion 449
–, Funktionstafel 148
–, Funktionswert 146
–, ganzrationale 190 ff.
–, Gauß-Funktion 291 f.
–, gebrochenrationale 212 ff.
–, gerade 152
–, Graph 148
–, Grenzwert 177 ff.
–, Hyperbelfunktionen 300 ff.
–, implizite 147
–, innere 349
–, Integrandfunktion 444
–, integrierbare 444
–, inverse 160 ff.
–, komplexwertige 714 f.
–, konstante 191 f.
–, Kosinus hyperbolicus 300 ff.
–, Kosinusfunktion 248
–, Kotangens hyperbolicus 300, 303
–, Kotangensfunktion 249 f.
–, Kreisfunktionen 243 ff.
–, Kriechfunktion 290
–, lineare 191 f.
–, linearisierte 380, 624
–, Linearisierung 380 f., 624
–, linksseitige Ableitung 338
–, Logarithmusfunktionen 292 ff.
–, mittelbare 349
–, monotone 154
–, Näherungspolynome 632
–, Parameterdarstellung 149 f.
–, periodische 157
–, Polynomfunktionen 190 ff.
–, Potenzfunktionen 190, 213, 223, 228
–, Potenzreihenentwicklung 611 ff.
–, quadratische 194 ff.
–, Rampenfunktion 157
–, rechtsseitige Ableitung 338
–, reelle 146
–, Sättigungsfunktion 285 ff.
–, Schaubild 148
–, Sinus hyperbolicus 300 ff.
–, Sinusfunktion 248
–, Sprungfunktion 180, 189
–, Stammfunktion 436
–, stetige 185
–, Stetigkeit 185 f.

Sachwortverzeichnis

—, Tabelle der Ableitungen 340 f.
—, Tangens hyperbolicus 300, 303
—, Tangensfunktion 249 f.
—, trigonometrische 243 ff.
—, umkehrbare 160 ff.
—, Umkehrfunktion 160 ff.
—, unecht gebrochenrationale 212
—, ungerade 153
—, Unstetigkeitsstelle 186 ff.
—, verkettete 349
—, Wachstumsfunktion 288
—, Wertebereich 146
—, Wertetabelle 148
—, Wertevorrat 146
—, Winkelfunktionen 243 ff.
—, Wurzelfunktionen 162, 225 f.
—, zusammengesetzte 349
—, zyklometrische 272
Funktionen 146 ff.
Funktionsgleichung 147
Funktionsgraph 148
Funktionskurve 148
Funktionstafel 148
Funktionswert 146

G

ganze Zahl 8
ganzrationale Funktionen 190 ff.
Gas, ideales 156, 224, 511, 542
—, van der Waalsches 542
Gauß-Funktionen 291 f.
Gaußsche Glockenkurve 292, 635
— Zahlenebene 655 f.
Gaußscher Algorithmus 23, 26 ff.
Gaußsches Fehlerintegral 633 f.
gebrochenrationale Funktionen 212 ff.
— —, Asymptote im Unendlichen 219 f.
— —, Definitionslücken 214
— —, Integration durch Partialbruchzerlegung 480 ff.
— —, Nullstellen 213, 218
— —, Partialbruchzerlegung 481
— —, Pole 214 f., 218
— —, Unendlichkeitsstellen 214, 218
gebundener Vektor 46
gedämpfte Schwingung 289 ff., 355, 415 ff.
Gegenkathete 82, 243
Gegenvektor 48

gemischte Multiplikation dreier Vektoren 98 ff.
gemischtes Produkt dreier Vektoren 98 ff.
geometrische Folge 582, 585
— Reihe 585 f., 606, 610
geometrische Reihe, alternierende 599
Gerade 105 ff., 191 ff.
—, Abstand von einem Punkt 108 f.
—, Abstand von einer Ebene 125
—, Abstand zweier paralleler Geraden 110 f.
—, Abstand zweier windschiefer Geraden 112 f.
—, Achsenabschnitte 191, 193
—, Achsenabschnittsform 193
—, Hauptform 192
—, Normalform 192
—, Punkt-Steigungs-Form 192
—, Richtungsvektor 105 f.
—, Schnittpunkt mit einer Ebene 126 f.
—, Schnittpunkt zweier Geraden 114
—, Schnittwinkel mit einer Ebene 126 ff.
—, Schnittwinkel zweier Geraden 114 f.
—, spezielle Formen 192 f.
—, Steigung 191
—, Steigungswinkel 191
—, vektorielle Parameterdarstellung 105 ff.
—, vektorielle Punkt-Richtungs-Form 105 f.
—, vektorielle Zwei-Punkte-Form 107 f.
—, Zwei-Punkte-Form 107 f., 192
gerade Funktion 152
Geraden 105 ff., 191 ff.
—, parallele 110 f.
—, windschiefe 110 f.
Geschwindigkeit 345, 373 f.
Geschwindigkeit-Zeit-Funktion 508
gestaffeltes lineares Gleichungssystem 24, 28
gewöhnliche Zykloide 368
Gleichheit von Mengen 3
— von Vektoren 46, 57, 75
— zweier komplexer Zahlen 658
gleichseitige Hyperbel 236
Gleichung, algebraische 11
—, Betragsgleichung 15 ff.
—, biquadratische 12 f.
—, Exponentialgleichung 298
—, kubische 12
—, lineare 10
—, Logarithmusgleichung 299

—, quadratische 10f.
—, trigonometrische 278
—, Wurzelgleichung 13
—, Wurzeln einer Gleichung 11
Gleichungen 9ff.
— der Kegelschnitte 230ff.
— einer Ellipse 232ff.
— einer Hyperbel 234ff.
— einer Parabel 237f.
— eines Kreises 231f.
— höheren Grades 11ff.
Gleichungssysteme, lineare 23ff.
gliedweise Differentiation 344
— Integration 462
Glockenkurve, Gaußsche 292, 635
Gon 244
Gradmaß 244
Graph einer Folge 174
— einer Funktion 148
graphische Darstellung einer Funktion 148f.
Gravitation 225, 500, 502, 540f.
Gravitationskraft 502, 540
Grenzwert einer Folge 175ff.
— — —, uneigentlicher 177
Grenzwert einer Funktion 177ff.
— — —, linksseitiger 178f.
— — —, Rechenregeln 183
— — —, rechtsseitiger 178f.
Grenzwertregel von Bernoulli und de L'Hospital 636ff.
große Halbachse 232, 234
Grundgesetze der komplexen Zahlen 684
— der reellen Zahlen 6f.
Grundintegrale 456f.
Grundrechenarten für komplexe Zahlen 673ff.
— für reelle Zahlen 6
Grundzahl 280

H

Halbkugel, Schwerpunkt 560f.
halboffenes Intervall 8
Halbwertszeit 283, 297
harmonische Reihe 585, 599, 601
— —, alternierende 599
harmonische Schwingung 252ff., 695ff.
— —, Darstellung durch einen rotierenden Zeiger 258ff., 695ff.

— —, Darstellung im Zeigerdiagramm 258ff., 695ff.
harmonische Schwingung eines Federpendels 257f., 375
Hauptform einer Ellipse 223
— einer Geraden 192
— einer Hyperbel 235
— einer Parabel 194, 237
— einer quadratischen Funktion 194
— eines Kreises 231
Hauptwert eines Winkels 168, 662
hebbare Lücke 216
Herzkurve 172f., 315f., 370ff., 641
Hilfsvariable 149
hinreichende Bedingungen für einen relativen Extremwert 396
— — für einen Sattelpunkt 401
— — für einen Wendepunkt 401
hinreichende Konvergenzkriterien für Reihen 591f.
Hochpunkt 395
Hochzahl 280
höhere Ableitungen 364
höherer Differentialquotient 365
homogenes lineares Gleichungssystem 26, 30
Hookesches Gesetz 193, 375, 539
Horner-Schema 203f.
Hyperbel 230, 234ff.
—, Asymptoten 235
—, Brennpunkte 234
—, Brennweite 234
—, gleichseitige 236
—, große Halbachse 234
—, Halbachsen 234
—, Hauptform 235
—, imaginäre Halbachse 234
—, kleine Halbachse 234
—, Mittelpunkt 234
—, Mittelpunktsgleichung 235
—, rechtwinklige 236
—, reelle Halbachse 234
—, Scheitelpunkte 234
—, Symmetrieachsen 236
—, Ursprungshyperbel 236
Hyperbelfunktionen 300ff.
—, Additionstheoreme 304
—, Formeln 304
Hyperbelkosinus 301
Hyperbelkotangens 301

Hyperbelsinus 301
Hyperbeltangens 301
hyperbolischer Pythagoras 304
Hypotenuse 82, 243
Hypozykloide 313 f.

I

ideales Gas 156, 224, 542
imaginäre Achse 655
– Einheit 653
– Halbachse 234
– Zahl 655
Imaginärteil einer komplexen Zahl 654
Impedanz 704
implizite Darstellung einer Funktion 147
– Differentiation 359 f.
Induktionsgesetz 376, 708
induktiver Blindwiderstand 708
inhomogenes lineares Gleichungssystem 26, 30
innere Ableitung 350
– Funktion 349
– Multiplikation zweier Vektoren 61 ff., 79 ff.
inneres Produkt 62
Integral, Arbeitsintegral 502, 538
–, bestimmtes 438 ff.
–, Grundintegral 456 f.
–, Stammintegral 456 f.
–, unbestimmtes 448 ff.
–, uneigentliches 499 ff.
Integralrechnung 434 ff.
–, Anwendungen 507 ff.
–, Fundamentalsatz der Differential- und Integralrechnung 452 f.
Integralsubstitutionen 465 ff.
–, spezielle (Tabelle) 468 f.
Integrand 444
– mit Pol 504
Integrandfunktion 444
Integration, bestimmte 438 ff.
–, gliedweise 462
–, numerische 487 ff.
–, partielle 474 ff.
–, Produktintegration 474 ff.
–, unbestimmte 448 ff.
Integration als Umkehrung der Differentiation 434 ff.

– der Bewegungsgleichung 507 f.
– der Biegegleichung 511
– durch Partialbruchzerlegung des Integranden 480 ff.
– durch Potenzreihenentwicklung des Integranden 633 f.
– durch Substitution 465 ff.
– eines Partialbruches 483
Integrationsgrenzen 444
Integrationskonstante 454
Integrationsmethoden 465 ff.
Integrationsregeln, elementare 462 ff.
Integrationsvariable 444
integrierbare Funktion 444
Interpolation 208
Interpolationspolynome 207 ff.
– von Newton 208 ff.
Intervall, abgeschlossenes 8 f.
–, endliches 8
–, halboffenes 8
–, offenes 8
–, unendliches 9
inverse Funktion 160 ff.
inverser Vektor 48
Inversion einer komplexen Größe 719 f.
– einer komplexen Zahl 719 f.
– einer Ortskurve 719 ff.
– einer Widerstandsortskurve 723 ff.
Inversionsregeln 721
isotherme Ausdehnungsarbeit eines Gases 542
Isotherme eines Gases 156, 224
Iterationsverfahren 418

K

Kalotte 528
Kapazität eines Kugelkondensators 222
kapazitiver Blindwiderstand 707
Kardioide 172 f., 315 f., 370 ff., 641
kartesische Form einer komplexen Zahl 654, 661, 666
– Koordinaten 148
kartesisches Koordinatensystem 72
– –, Parallelverschiebung 164 f.
Kegel, Schwerpunkt 560
Kegelschnitte 230 ff.
–, Kriterium 230
Kegelstumpf 533
–, Mantelfläche 534

Kettenlinie 302, 393, 633
Kettenregel 349 ff.
KFZ-Stoßdämpfer 286
kinetische Energie 538 f.
Kippspannung 158
Kirchhoffsche Regeln 35 f., 710
kleine Halbachse 232, 234
Knotenpunkt 35
Knotenpunktsregel 35
Koeffizientenmatrix 27
kollineare Vektoren 48, 92
– –, Kriterium 92
komplanare Vektoren 101
– –, Kriterium 101
komplexe Amplitude 697 f.
– Ebene 655 f.
komplexe Rechnung 673 ff.
– –, Anwendungen 695 ff.
komplexe Schwingungsamplitude 698
komplexe Zahlen 652 ff.
– –, Addition 673 f.
– –, algebraische Form 654, 661, 666
– –, Argument 662
– –, Betrag 658
– –, Darstellungsformen 652 ff., 661 ff.
– –, Differenz 673
– –, Division 677 ff.
– –, Exponentialform 664 f., 667
– –, geometrische Darstellung durch einen Punkt der Ebene 653 f.
– –, geometrische Darstellung durch einen Zeiger 656
– –, gleiche 658
– –, Grundgesetze 684
– –, Grundrechenarten 673 ff.
– –, Imaginärteil 654
– –, Inversion 719 f.
– –, kartesische Form 654, 661, 666
– –, konjugiert 659
– –, Multiplikation 675 f., 678 ff.
– –, natürlicher Logarithmus 693 f.
– –, Normalform 654
– –, parameterabhängige 714 f.
– –, Phase 662
– –, Polarformen 667
– –, Potenz 685
– –, Potenzieren 685
– –, Produkt 675 f.
– –, Quotient 677 ff.
– –, Radizieren 687 ff.
– –, Realteil 654
– –, Subtraktion 673 f.
– –, Summe 673
– –, trigonometrische Form 661 f., 667
– –, Umrechnungen zwischen den verschiedenen Darstellungsformen 667 ff.
– –, Winkel 662
– –, Wurzel 689
– –, Wurzelziehen 687 ff.
– –, Zeiger 656
komplexer Effektivwert 704
– Leitwert 708 f.
– Scheitelwert 704
– Wechselstromwiderstand 705 ff.
– Widerstand 704
komplexer Zeiger 656
– –, rotierender 696 ff.
komplexwertige Funktion 714 f.
Komponentendarstellung eines Vektors 54 ff., 72 f.
konjugiert komplexe Zahl 659
konkave Kurvenkrümmung 384
konstante Funktionen 191 f.
konvergente Folge 176
– Reihe 585, 600
konvergente Reihen, Eigenschaften 600
– –, Rechenregeln 600
konvergentes uneigentliches Integral 501, 504
Konvergenzbereich einer Potenzreihe 603 f.
– – –, geometrische Deutung 604
Konvergenzkreis 604
Konvergenzkriterien für Reihen 590 ff.
– – –, hinreichendes Kriterium 591 ff.
– – –, Leibnizsches Kriterium für alternierende Reihen 598 f.
– – –, Majorantenkriterium 596
– – –, Minorantenkriterium 596
– – –, notwendiges Kriterium 590
– – –, Quotientenkriterium 591 f.
– – –, Vergleichskriterien 595 f.
– – –, Wurzelkriterium 595
Konvergenzkriterium für das Tangentenverfahren von Newton 420 ff.
Konvergenzradius 604 f.
Konvergenzverhalten einer Potenzreihe 603 ff.
konvexe Kurvenkrümmung 384
Koordinaten, kartesische 148

—, Polarkoordinaten 168 ff.
—, rechtwinklige 148
Koordinatendarstellung einer Ebene 122
Koordinatenlinien 168
Koordinatensystem, kartesisches 148
—, krummliniges 168
—, rechtwinkliges 148
Koordinatentransformationen 163 ff.
Kopplungsbedingung 406
Kosinus 243
— hyperbolicus 300 ff.
Kosinusfunktion 248
—, allgemeine 252, 256
—, Darstellung im Einheitskreis 247
Kosinusschwingung 261, 698
—, Darstellung im Zeigerdiagramm 261 ff.
Kosinuszeiger 261 ff.
Kotangens 243
— hyperbolicus 300, 303
Kotangensfunktion 237 f., 249 f.
Kräfteparallelogramm 49
Kräfteplan 69
Kräftepolygon 69
Krafteck 69
Kreis 230 ff.
—, Flächeninhalt 472 f.
—, Hauptform 231
—, Mittelpunkt 231
—, Mittelpunktsgleichung 231
—, Radius 231
—, Symmetrieachsen 232
—, Umfang 531 f.
—, Ursprungskreis 232
Kreisfrequenz 696
— einer Schwingung 257
Kreisfunktionen 243 ff.
Kreismittelpunkt 231
Kreuzprodukt 91
Kriechfall 289
Kriechfunktion 290
Kriterium für Kegelschnitte 230
— für kollineare Vektoren 92
— für komplanare Vektoren 101
Krümmung, konkave 384
—, konvexe 384
—, Linkskrümmung 384, 386 f.
—, Rechtskrümmung 384, 386 f.
Krümmung einer ebenen Kurve 384, 386 f.
— eines Kreises 388 f.

Krümmungskreis 391 f.
— der Kettenlinie 393
Krümmungsmittelpunkt 392
Krümmungsradius 392
krummliniges Koordinatensystem 168
kubische Gleichungen 12
— Parabel 155, 227, 396
Kugel, Massenträgheitsmoment 570
—, Oberfläche 535
Kugelabschnitt 528
Kugelkappe 528
Kurve, Bogenlänge 530 f.
—, Krümmung 384, 386 f.
—, Krümmungskreis 391 f.
—, Krümmungsmittelpunkt 392
—, Krümmungsradius 392
Kurve in Polarkoordinaten 171
Kurven 146 ff.
Kurvendiskussion 412
Kurvenkrümmung 384, 386 f.
—, konkave 384
—, konvexe 384
—, Linkskrümmung 384, 386 f.
—, Rechtskrümmung 384, 386 f.
Kurventangente 335

L

leere Menge 2
Lehrsatz, binomischer 37
Leibnizsches Konvergenzkriterium für
    alternierende Reihen 598 f.
Leistung eines Wechselstroms 544 f.
Leitlinie einer Parabel 237
Leitwert, komplexer 708
Leitwertortskurve 718 f.
Lemniskate von Bernoulli 316 f.
Limes einer Zahlenfolge 176
linear abhängige Vektoren 69, 103
— unabhängige Vektoren 67 ff., 102 f.
lineare Funktionen 191 f.
— Gleichungen 10
— Gleichungssysteme 23 ff.
— Unabhängigkeit von Vektoren 69, 103
linearer Mittelwert 543
lineares Gleichungssystem 23, 26
— —, äquivalente Umformungen 28
— —, gestaffeltes 24, 28
— —, homogenes 26, 30
— —, inhomogenes 26, 30

– –, Lösungsverhalten 30
– –, Matrizendarstellung 27
– –, quadratisches 26
Linearfaktoren 195, 198
–, Abspaltung von Linearfaktoren 198
–, komplexe 687
–, Zerlegung in Linearfaktoren 200
linearisierte Funktion 380, 624
Linearisierung einer Funktion 380 f., 624
Linearkombination von Vektoren 67
Linienelement 530, 533
linienflüchtiger Vektor 46
Linkskrümmung 384
linksseitige Ableitung 338
linksseitiger Grenzwert einer Funktion 178 f.
Lissajous-Figuren 270 f.
Lösung, triviale 30
Lösungsmenge 2
– einer Ungleichung 20
– eines linearen Gleichungssystems 30
Lösungsvektor 27
Lösungsverhalten eines linearen Gleichungssystems 30
Logarithmen 293 ff.
–, Basiswechsel 294
–, Rechenregeln 293, 297
–, spezielle 293
logarithmische Ableitung 356 f.
– Reihen 621
–, Spirale 320 f.
Logarithmus 293
–, binärer 293
–, Briggscher 293
–, dekadischer 293
–, natürlicher 293
–, Zehnerlogarithmus 293
–, Zweierlogarithmus 293
Logarithmus naturalis 293
Logarithmusfunktionen 292 ff.
–, spezielle 296
Logarithmusgleichungen 299
lokale Extremwerte 394 ff.
Lorentz-Kraft 94, 97
Lücke 186 f., 216
–, hebbare 187, 216

M

Mac Laurinsche Reihe 611 ff.
Mac Laurinsches Polynom 622

Majorante 596
Majorantenkriterium 596
Mantelfläche einer Kugel 535
– eines Kegelstumpfes 534
– eines Rotationskörpers 533 ff.
– eines Rotationsparaboloids 536 f.
Maschenregel 36
Massenelement 548, 562, 567
Massenmittelpunkt eines Körpers 549 f.
Massenträgheitsmoment einer Kugel 570
– einer Zylinderscheibe 562 f.
– eines homogenen Körpers 562
– eines Rotationskörpers 566 ff.
– eines zylindrischen Stabes 563 f., 566
Massenträgheitsmomente 561 ff.
Matrix 27 f.
–, Koeffizientenmatrix 27
–, quadratische 27
–, Spaltenmatrix 27
Matrizendarstellung eines linearen Gleichungssystems 27
Matrizenprodukt 27
Maximum, absolutes 406
–, relatives 394 ff.
mehrfache Nullstelle 200
Menge 1
–, Differenzmenge 5
–, Durchschnitt von Mengen 3
–, Element einer Menge 1
–, endliche 1
–, Euler-Venn-Diagramm 2
–, leere 2
–, Lösungsmenge 2
–, Restmenge 5
–, Schnittmenge 3
–, Teilmenge 2
–, unendliche 1
–, Vereinigung von Mengen 4
Menge der ganzen Zahlen 8
– der komplexen Zahlen 654
– der natürlichen Zahlen 1, 8
– der rationalen Zahlen 8
– der reellen Zahlen 6 ff.
Mengen 1 ff.
Mengenoperationen 3 ff.
Minimum, absolutes 406
–, relatives 394 ff.
Minorante 596
Minorantenkriterium 596

Sachwortverzeichnis

Mittelpunktsellipse 233
Mittelpunktsgleichung einer Ellipse 233
– einer Hyperbel 235
– eines Kreises 231
Mittelpunktshyperbel 235
Mittelpunktskreis 231
Mittelwert 543
–, linearer 543
–, quadratischer 544
–, zeitlicher 544
Moment 1. Ordnung 548
– einer Kraft 96
Momentanbeschleunigung 374 f.
Momentangeschwindigkeit 345, 373 f.
monoton fallende Funktion 154
– wachsende Funktion 154
Monotonie 154
Multiplikation, äußere 90 ff.
–, gemischte 98 ff.
–, innere 61 ff., 79 ff.
–, skalare 61 ff., 79 ff.
–, vektorielle 90 ff.
Multiplikation eines Vektors mit einem Skalar 52 f., 58, 75
Multiplikation komplexer Zahlen 675 f., 678 ff.
– – –, geometrische Deutung 680 f.

N

Näherungsfunktion 207
Näherungspolynome einer Funktion 207, 622 ff.
– – –, geometrische Deutung 623 f.
Näherungspolynome wichtiger elementarer Funktionen (Tabelle) 632
natürliche Logarithmusfunktion 296
– Zahl 8
natürlicher Logarithmus 293
natürlicher Logarithmus einer komplexen Zahl 693 f.
– – – – –, Hauptwert 693 f.
– – – – –, Nebenwerte 693 f.
Nebenbedingung 406
Netzwerkfunktionen 717 ff.
Neugrad 244
Newton 208 ff.
–, Abkühlungsgesetz 285
–, Bewegungsgleichung 507
–, Interpolationspolynome 208 ff.
–, Tangentenverfahren 418 ff.
Newtonsche Bewegungsgleichung 507

nichtäquivalente Umformungen einer Gleichung 13
Normale 378 f.
Normalengleichung 378 f.
Normalenvektor einer Ebene 122
Normalform einer Geraden 192
– einer komplexen Zahl 654, 661, 666
– einer quadratischen Funktion 194
Normalparabel 156, 397
normierter Vektor 80
Normierung eines Vektors 76
notwendige Bedingung für einen relativen Extremwert 395
– – für einen Wendepunkt 400
notwendiges Konvergenzkriterium für Reihen 590
Nullfolge 177, 599
Nullphasenwinkel 257, 696
Nullstelle 151, 201
–, doppelte 151, 189, 195
Nullstellen einer gebrochenrationalen Funktion 213, 218
– einer Polynomfunktion 199
Nullstellenberechnung einer Polynomfunktion nach Horner 203 ff.
Nullvektor 46, 57, 74
numerische Integration, Simpsonsche Formel 493 ff.
– –, Trapezformel 488 ff.
numerische Integrationsmethoden 487 ff.
– Reihe 584

O

Obere Integrationsgrenze 444
Oberfläche einer Kugel 535
Oberreihe 596
Obersumme 440, 443
Öffnung einer Parabel 194
Öffnungsparameter einer Parabel 194
offenes Intervall 8
ohmscher Widerstand 706
Ohmsches Gesetz der Wechselstromtechnik 703 ff.
Ordinate eines Punktes 148
orthogonale Vektoren 62 f., 80
orthonormierte Basis 80
– Vektoren 80
Ortskurve einer parameterabhängigen komplexen Zahl 714 f.

Ortskurven 713 ff.
Ortsvektoren 46, 56, 74

P

p, q-Formel 10
Parabel 194, 230, 237 f.
—, Brennpunkt 237
—, Brennweite 237
—, Hauptform 194, 237
—, kubische 155, 227, 396
—, Leitlinie 237
—, Normalform 194
—, Normalparabel 156, 397
—, Öffnungsparameter 194
—, Parameter p 237
—, Produktform 195
—, Scheitelgleichung 237
—, Scheitelpunkt 194, 237
—, Scheitelpunktsform 196
—, spezielle Formen 195 ff.
—, Symmetrieachse 194, 238
—, Wurfparabel 194
parallele Geraden 110 f.
— Vektoren 47
Parallelepiped 99
Parallelogrammregel für Vektoren 49, 51 f.
Parallelschaltung 718 f.
Parallelverschiebung eines kartesischen Koordinatensystems 164 f.
Parameter 149
— einer Parabel 237
parameterabhängige komplexe Zahl 714 f.
Parameterdarstellung einer Ebene (vektoriell) 117 ff.
— einer Funktion 149 f.
— einer Geraden (vektoriell) 105 ff.
Partialbruch 481
—, Integration 483
Partialbruchzerlegung einer echt gebrochenrationalen Funktion 481
—, Integration durch Partialbruchzerlegung des Integranden 480 ff.
Partialsumme 582, 584
Partialsummenfolge 582, 585
partielle Integration 474 ff.
Pascalsches Dreieck 39
Periode 157
—, kleinste 157
—, primitive 157

Periodendauer 696
Periodenintervall 158
periodische Funktion 157
Periodizität 157
Permanenzprinzip 707
Phase 257, 696
— einer komplexen Zahl 662
Phasenverschiebung 258
Phasenwinkel 257, 696
physikalischer Vektor 45
Pol 188, 202 f., 214 f., 218
— k-ter Ordnung 215
— mit Vorzeichenwechsel 215
— ohne Vorzeichenwechsel 215
Polarachse 168
Polarformen einer komplexen Zahl 667
Polarkoordinaten 168 ff.
—, Kurvengleichung in Polarkoordinaten 171
Polarkoordinatenpapier 169
Polarkoordinatensystem, ebenes 169
Polgerade 215
Polynom, Interpolationspolynom 207 ff.
—, Mac Laurinisches 622
—, Näherungspolynom 622 ff.
—, reduziertes 198, 205
—, Taylorsches 625
—, unvollständiges 204
Polynomdivision 199, 219, 480
Polynomfunktionen 190 ff.
—, Abspaltung eines Linearfaktors 198
—, Linearfaktoren 195, 198
—, Nullstellen 198 f.
—, Nullstellenberechnung nach Horner 203 ff.
—, Produktdarstellung 200
—, Produktform 200
—, Zerlegung in Linearfaktoren 200
Polynomgrad 190
Polynomkoeffizient 190
Potentialdifferenz 512
Potentielle Energie 541
Potenz 280
— einer komplexen Zahl 685
Potenzen, Rechenregeln 280
Potenzfunktionen 223 ff.
— mit ganzzahligen Exponenten 223
— mit rationalen Exponenten 228
Potenzieren einer komplexen Zahl 685
Potenzregel der Differentialrechnung 340
— der Integralrechnung 457

Potenzreihen 602 ff.
–, Anwendungen 622 ff.
–, beständig konvergierende 604
–, Eigenschaften 608
–, Entwicklungspunkt 602, 619
–, Entwicklungszentrum 602, 619
–, Konvergenzbereich 603 f.
–, Konvergenzkreis 604
–, Konvergenzradius 604 ff.
–, Kovergenzverhalten 603 ff.
–, Mac Laurinsche 611 ff.
–, Taylorsche 619
Potenzreihen der Arkusfunktionen 621
– der Binome 620 f.
– der Exponentialfunktionen 621
– der Hyperbelfunktionen 621
– der logarithmischen Funktionen 621
– der trigonometrischen Funktionen 621
– der wichtigsten Funktionen (Tabelle) 620 f.
Potenzreihenentwicklung 582 ff.
–, Integration durch Potenzreihenentwicklung 633 f.
Potenzreihenentwicklung wichtiger Funktionen (Tabelle) 620 f.
– nach Mac Laurin 611 ff.
– nach Taylor 619
primitive Periode 157
Produkt, äußeres 90 ff.
–, gemischtes 98 ff.
–, inneres 62
–, Kreuzprodukt 91
–, skalares 61 ff., 79 ff.
–, vektorielles 90 ff.
–, Vektorprodukt 90 ff.
Produkt zweier komplexer Zahlen 675 f., 678 f.
Produktdarstellung einer Polynomfunktion 200
Produktform einer Parabel 195
– einer Polynomfunktion 200
Produktintegration 474 ff.
Produktregel 345 f.
Projektion eines Vektors auf einen zweiten Vektor 85 ff.
Punkt-Richtungs-Form einer Ebene 117 f.
– einer Geraden 105 f.
Punkt-Steigungs-Form einer Geraden 192
Punktsymmetrie 153
Pythagoras, hyperbolischer 304

–, Satz des Pythagoras 81 f.
–, trigonometrischer 251

Q

quadratische Ergänzung 165, 239
– Funktionen 194 ff.
– Gleichungen 10 f., 688
quadratischer Mittelwert 544
quadratisches lineares Gleichungssystem 26
Quotient zweier komplexer Zahlen 677 f.
Quotientenkriterium 591 f.
Quotientenregel 347

R

Radiant 244
radioaktiver Zerfall 155, 283
Radizieren im Komplexen 687 ff.
räumlicher Vektor 71 ff.
Rampenfunktion 157
Randextremwert 410
Randwert 511
rationale Zahl 8
Realteil einer komplexen Zahl 654
Rechenregeln für Grenzwerte von Funktionen 183
– für Logarithmen 293, 297
– für Potenzen 280
– für reelle Zahlen 6 f.
– für Skalarprodukte 62, 79
– für Spatprodukte 99
– für Vektoren 58 ff., 62 ff., 75, 77, 79, 81, 91, 93 f., 99
– für Vektorprodukte 91
rechtshändiges kartesisches Koordinatensystem 72
Rechtskrümmung 384
rechtsseitige Ableitung 338
rechtsseitiger Grenzwert einer Funktion 178 f.
rechtwinklige Hyperbel 236
– Koordinaten 148
rechtwinkliges Koordinatensystem 148
reduziertes Polynom 198
reelle Achse 655
– Funktion 146
– Halbachse 234
reelle Zahl 6 ff., 655
– –, Darstellung auf dem Zahlenstrahl 6
– –, Grundgesetze 6 f.
– –, Grundrechenarten 6

reelle Zahlenfolge 173
Regel von Sarrus 94
Reihe, absolut konvergente 586, 600
 –, alternierende 598
 –, alternierende geometrische 599
 –, alternierende harmonische 599, 601
 –, bestimmt divergente 586
 –, Bildungsgesetz 584
 –, binomische 615 ff.
 –, divergente 585
 –, geometrische 585 f., 606, 610
 –, Glied einer Reihe 584
 –, harmonische 585, 599, 601
 –, konvergente 585, 600
 –, Konvergenzkriterien 590 ff.
 –, Mac Laurinsche 611 ff.
 –, numerische 584
 –, Potenzreihe 602 ff.
 –, Summenwert 583, 585
 –, Taylorsche 619
 –, unendliche 582 ff.
 –, Zahlenreihe 584
Reihenglied 584
Reihenschaltung von Widerständen 710 f., 713 f., 717 f., 723 ff.
Reihenschwingungkreis 723
relative Extremwerte 394 ff.
 – –, allgemeines Kriterium 404
 – –, hinreichende Bedingungen 396
 – –, notwendige Bedingung 395
relatives Maximum 394 ff.
 – Minimum 394 ff.
Relativkoordinaten 380
Resonanzkatastrophe 185
Resonanzkreisfrequenz 409
Resonanzkurve 184
Restglied einer Potenzreihe 622
 – nach Lagrange 623
Restgliedabschätzung 623
Restmenge 5
Resultierende 49 f., 69 ff.
 – eines ebenen Kräftesystems 69 ff.
resultierende Schwingung 265, 699
Richtungskosinus 84
Richtungsvektor einer Geraden 105 f.
Richtungsvektoren einer Ebene 117
Richtungswinkel eines Vektors 83 f.
Rohwert 418
Rollkurve 309 f., 368 f.

Rotationsfläche 533 ff.
Rotationskörper, Mantelfläche 533 ff.
 –, Massenträgheitsmoment 566 ff.
 –, Schwerpunkt 556 ff.
 –, Volumen 524 ff.
Rotationsparaboloid, Mantelfläche 536 f.
Rotationsvolumen 524 ff.
rotierender komplexer Zeiger 696 ff.
 – Kosinuszeiger 261
 – Sinuszeiger 259 f.

S

Sägezahnimpuls 158, 189
Sättigungsfunktionen 285 ff.
Sattelpunkt 400 f.
 –, allgemeines Kriterium 404
 –, hinreichende Bedingungen 401
Satz des Pythagoras 81 f.
 – von Steiner 564 f.
Schaubild 148
Scheinlösungen einer Gleichung 14
Scheinwiderstand 408, 704
Scheitelgleichung einer Parabel 237
Scheitelpunkt einer Parabel 194, 237
Scheitelpunkte einer Ellipse 234
 – einer Hyperbel 234
Scheitelpunktsform einer Parabel 195 f.
Scheitelwert 377, 696, 704
 –, komplexer 704
schiefer Wurf 61, 197
Schleifenkurve von Bernoulli 316 f.
Schnittgerade zweier Ebenen 132 ff.
Schnittmenge 3
Schnittpunkt einer Geraden mit einer Ebene 126 f.
 – zweier Geraden 114
Schnittwinkel einer Geraden mit einer Ebene 126 ff.
 – zweier Ebenen 132 ff.
 – zweier Geraden 114 f.
Schwerpunkt einer Fläche 550 ff.
 – einer Halbkreisfläche 554
 – einer Halbkugel 560 f.
 – eines Kegels 560
 – eines Körpers 549 f.
 – eines Rotationskörpers 556 ff.
 – homogener Flächen und Körper 548 ff.
Schwerpunktachsen 564
Schwerpunktkoordinaten 550

Schwingkreis, elektrischer 377 f.
Schwingung, aperiodischer Grenzfall 291
—, aperiodisches Verhalten 289
—, Darstellung im Zeigerdiagramm 695 ff.
—, erzwungene 184
—, gedämpfte 289 ff., 355, 415 ff.
—, harmonische 252 ff., 695 ff.
—, Kosinusschwingung 261 ff., 698
—, Kriechfall 289
—, resultierende 265 ff., 699
—, Sinusschwingung 252 ff., 695 ff.
Schwingungen, Superposition 699 ff.
—, Superpositionsprinzip 265
—, ungestörte Überlagerung 264 ff., 699 ff.
Schwingungsamplitude 184, 696, 698
—, komplexe 698
Schwingungsdauer 248, 377, 696
Sekante 335, 337
senkrechte Asymptote 215
— Tangente 372 f.
Simpsonsche Formel 493 ff.
Sinus 243
— hyperbolicus 312 ff.
Sinusfunktion 248
—, allgemeine 252 ff.
—, Darstellung im Einheitskreis 245 f.
Sinusschwingung 252 ff., 695 ff.
—, Darstellung durch einen rotierenden Zeiger 698
—, Darstellung im Zeigerdiagramm 258 ff.
Sinuszeiger 258 ff.
Skalar 45
skalare Multiplikation zweier Vektoren 61 ff., 79 ff.
— Vektorkomponenten 55, 72
Skalarprodukt zweier Vektoren 61 ff., 79
— — —, Berechnung 63 f., 80 f.
— — —, Rechenregeln 62, 79
Spaltenmatrix 27
Spaltenvektor 27, 55, 73
Spannung zwischen zwei Punkten 512 f.
Spannungsarbeit an einer Feder 539 f.
Spannungsenergie einer Feder 540
Spat 99
Spatprodukt 98 ff.
—, Berechnung 98, 100
—, Determinantendarstellung 100
—, geometrische Deutung 99 f.
—, Rechenregeln 99

Spatvolumen 99
spezielle binomische Reihen 620 f.
— Exponentialfunktionen 281 ff.
— Formen einer Geradengleichung 192 f.
— Formen einer Parabelgleichung 195 ff.
— Integralsubstitutionen (Tabelle) 468 f.
— Logarithmen 293
Spiegelsymmetrie 152
Spiralen 171 f., 318 ff.
—, Archimedische 171 f., 318 f.
—, logarithmische 320 f.
Sprungfunktion 180, 189
Sprungunstetigkeit 188 f.
Stammfunktion 436 f.
—, Eigenschaften 437
Stammintegrale 456 f.
Standardmengen 8
Startwert 418
statisches Moment einer Fläche 551
— — einer Kraft 548
Steigung 191
— einer Geraden 191
— einer Kurve in impliziter Form 360
— einer Kurve in Parameterdarstellung 366 f.
— einer Kurve in Polarkoordinatendarstellung 369 f.
— einer Kurventangente 335 ff.
— einer Sekante 335, 337
— einer Tangente 336 f.
Steigungsschema 208 ff.
Steigungswinkel 191
stetige Funktion 185
Sternkurve 314 f.
Stetigkeit einer Funktion 185 f.
Streckenzug 490
streng monoton fallende Funktion 154
— — wachsende Folge 175
— — wachsende Funktion 154
Stromzweig 35
Stützpunkte 207
Stützstellen 207, 488, 493
Stützwerte 207, 488, 493
Subtraktion komplexer Zahlen 673 f.
— — —, geometrische Deutung 675
Subtraktion von Vektoren 51, 60, 77
Summe zweier komplexer Zahlen 673
Summenregel der Differentialrechnung 344
— der Integralrechnung 462
Summenvektor 49, 51

Summenwert einer unendlichen Reihe 583, 585
Superposition gleichfrequenter Schwingungen 265 ff., 699 ff.
Superpositionsprinzip 265, 699
Symmetrieachse einer Parabel 194

T

Tangens 243
– hyperbolicus 300, 303
Tangensfunktion 249 f.
Tangente 336, 378 f.
–, senkrechte 372 f.
–, waagerechte 371 f., 396
Tangentengleichung 378 f.
Tangentenproblem 335 f.
Tangentenverfahren von Newton 418 ff.
– – –, Konvergenzkriterium 420 ff.
Taylor-Reihen 609 ff.
Taylorsche Formel 622
Taylorsches Polynom 625
Teilbruch 481
–, Integration 483
Teilmenge 2
Teilsumme 582, 584
Temperaturverteilung längs eines Rohres 461
Terrassenpunkt 401
Thomsonsche Formel 377, 382
Tiefpunkt 395
Trapez, Flächeninhalt 489
Trapezformel 488 ff.
trigonometrische Form einer komplexen Zahl 661 f., 667
trigonometrische Funktionen 243 ff.
– –, Additionstheoreme 251
– –, Formeln 250 f.
trigonometrische Gleichungen 278
– Reihen 621
trigonometrischer Pythagoras 251
triviale Lösung 30

U

Überlagerung gleichfrequenter Schwingungen 265 ff., 699 ff.
– gleichfrequenter Wechselspannungen 702 f.
Umfang eines Kreises 531 f.
umkehrbare Funktion 159
Umkehrfunktion 160 ff.
–, Ableitung 358

unabhängige Variable 146
– Veränderliche 146
unabhängiges Differential 362
unbestimmter Ausdruck 183, 636 f.
– –, elementare Umformungen 639
– –, Grenzwertberechnung nach der Regel von Bernoulli – de L'Hospital 636 ff.
unbestimmtes Integral 448 ff.
– –, Berechnung mittels Substitution 466 ff.
– –, Eigenschaften 450
– –, geometrische Deutung 449
unecht gebrochenrationale Funktionen 212
uneigentlicher Grenzwert 177
uneigentliches Integral 499 ff.
– –, divergentes 501, 504
– –, Integrand mit Pol 504 f.
– –, konvergentes 501, 504
– –, unendliches Integrationsintervall 500 f.
unendliche Folge 584
– Menge 1
unendliche Reihen 582 ff.
– –, Konvergenzkriterien 590 ff.
– –, Leibnizsches Kriterium 598
– –, Majorantenkriterium 596
– –, Minorantenkriterium 596
– –, Quotientenkriterium 591 f.
– –, Vergleichskriterien 595 f.
– –, Wurzelkriterium 595
unendliches Intervall 9
Unendlichkeitsstelle 188
ungedämpfte elektrische Schwingung 377, 382
ungerade Funktion 153
Ungleichung 7, 20 f.
Ungleichungen, äquivalente Umformungen 21
Unstetigkeitsstelle 186
untere Integrationsgrenze 444
Unterreihe 596
Untersumme 439, 442
unvollständiges Polynom 204
Ursprungsellipse 234
Ursprungshyperbel 236
Ursprungskreis 232

V

van der Waalsche Zustandsgleichung 542
Variable, abhängige 146
–, unabhängige 146

Sachwortverzeichnis

Variable, reelle 146
Vektor 45
–, Basisvektor 54, 57, 72, 74
–, Betrag 45, 57, 74 f.
–, Differenzvektor 51
–, Division durch einen Skalar 53
–, Einheitsvektor 46, 57, 72, 74
–, Einsvektor 46
–, freier 46
–, gebundener 46
–, Gegenvektor 48
–, inverser 48
–, Komponentendarstellung 54 ff., 72 ff.
–, Koordinaten 55, 72
–, linienflüchtiger 46
–, Lösungsvektor 27
–, Multiplikation mit einem Skalar 52 f., 58, 75
–, normierter 76, 80
–, Normierung 76
–, Nullvektor 46, 57, 74
–, Ortsvektor 46, 56, 74
–, physikalischer 45
–, Projektion auf einen zweiten Vektor 85 ff.
–, Richtungsvektor 105 f.
–, Richtungswinkel 83 f.
–, skalare Vektorkomponenten 55, 72
–, Spaltenvektor 27, 55, 73
–, Summenvektor 49, 51
–, Vektorkomponenten 55, 72
–, Vektorkoordinaten 55, 72
–, Zeilenvektor 55, 73
Vektoralgebra 45 ff.
Vektoren 45 ff.
–, Addition 49 f., 59, 77
–, antiparallele 47
–, äußeres Produkt 91
–, ebene 54 ff.
–, gemischtes Produkt 98 ff.
–, gleiche 46, 57, 75
–, inneres Produkt 62
–, kollineare 48, 92
–, komplanare 101
–, Kreuzprodukt 91
–, linear abhängige 69, 103
–, linear unabhängige 67 ff., 102 f.
–, Linearkombination 67
–, orthogonale 62 f., 80
–, orthonormierte 80

–, parallele 47
–, räumliche (dreidimensionale) 71 ff.
–, Rechenregeln 58 ff., 62 ff., 75, 77, 79, 81, 91, 93 f., 99
–, Skalarprodukt 61 ff., 79 ff.
–, Spatprodukt 98 ff.
–, Subtraktion 51 f., 60, 77
–, vektorielles Produkt 90 ff.
–, Vektorpolygon 50
–, Vektorprodukt 90 ff.
–, Winkel zwischen zwei Vektoren 64 f., 82
vektorielle Addition 49 f., 59, 77
– Darstellung einer Ebene 117 ff.
– Darstellung einer Geraden 105 ff.
– Drei-Punkte-Form einer Ebene 119 f.
– Multiplikation 90 ff.
– Parameterdarstellung einer Ebene 117 ff.
– Parameterdarstellung einer Geraden 105 ff.
– Punkt-Richtungs-Form einer Ebene 117 f.
– Punkt-Richtungs-Form einer Geraden 105 f.
– Subtraktion 51 f., 60, 77
– Zwei-Punkte-Form einer Geraden 107 f.
vektorielles Produkt zweier Vektoren 90 ff.
Vektorkomponenten 55, 72
–, skalare 55, 72
Vektorkoordinaten 55, 72
Vektoroperationen 48 ff., 58 ff., 75 ff.
Vektorpolygon 50
Vektorprodukt 90 ff.
–, Berechnung 92 ff.
–, Determinantendarstellung 93 f.
–, geometrische Deutung 91
–, Rechenregeln 91
Vektorrechnung, Anwendungen in der Geometrie 105 ff.
Vektorrechnung im Raum 71 ff.
– in der Ebene 54 ff.
Veränderliche, abhängige 146
–, reelle 146
–, unabhängige 146
Vereinigungsmenge 4
Vergleichskriterien für Reihen 595 f.
verkettete Funktion 349
Vertauschungsregel der Integralrechnung 463
Volumen eines Kugelabschnitts 528
– eines Rotationskörpers 524 ff.
Volumenelement 526, 549, 562, 567

W

waagerechte Tangente 371 f., 396
waagerechter Wurf 150 f.
Wachstumsfunktionen 288
Wachstumsprozess 155
Wechselstromkreis 408 ff., 703 ff., 710 f., 713 f., 723 ff.
Wegintegral der Kraft 538
Weg-Zeit-Funktion 373, 507
Wendepunkt 400 f.
–, hinreichende Bedingungen 401
–, notwendige Bedingung 400
Wendetangente 401
Wertebereich einer Funktion 146
Wertetabelle 148
Wertevorrat einer Funktion 146
Widerstand, komplexer 704
Widerstandsmoment eines Balkens 401 f.
Widerstandsortskurve 717 f.
–, Inversion 723 ff.
windschiefe Geraden 110
Winkel, Hauptwert 662
Winkel einer komplexen Zahl 662
– zwischen zwei Vektoren 64 f., 82
Winkelfunktionen 243 ff.
Winkelgeschwindigkeit 259
Winkelkoordinate 158
Winkelmaße 244
Wirkleistung eines Wechselstroms 547
Wirkleitwert 709
Wirkwiderstand 705
Wurf, schiefer 61, 197
–, waagerechter 150 f.
Wurfparabel 150, 194, 197
Wurzel einer komplexen Zahl 689
Wurzelfunktionen 162, 225 f.
Wurzelgleichungen 13
Wurzelkriterium 595
Wurzeln einer Gleichung 11
Wurzelziehen im Komplexen 687 ff.

Z

Zahl, Betrag einer komplexen Zahl 658
–, Betrag einer reellen Zahl 7
–, Eulersche 177, 282, 626 f.
–, ganze 8
–, imaginäre 655
–, komplexe 652 ff.
–, natürliche 8
–, rationale 8
–, reelle 6 ff.
Zahlenebene, Gaußsche 655 f.
–, komplexe 655 f.
Zahlenfolge 173
–, beschränkte 175
–, Limes 176
–, reelle 173
–, streng monoton wachsende 175
Zahlengerade 6
Zahlenreihe 584
Zehnerlogarithmus 279
Zeiger, komplexer 656
Zeigerdiagramm 258 ff., 696 ff.
– für Sinus- und Kosinusschwingungen 262 f.
Zeilensummenprobe 25
Zeilenvektor 55, 73
Zeitfunktion einer harmonischen Schwingung 697 f.
zeitliche Mittelwerte 544
Zerfallsgesetz 283, 297
Zerfallskonstante 283
Zerlegung einer Polynomfunktion in Linearfaktoren 200
– eines Integrationsintervalls in Teilintervalle 464
Zielfunktion 406
Zustandsgleichung eines idealen Gases 224, 542
Zustandsvariable eines Gases 541
Zweierlogarithmus 293
Zwei-Punkte-Form einer Geraden 107 f., 192
zweite Ableitung, geometrische Deutung 384
Zykloide 309 ff., 368 f.
–, gewöhnliche 309 ff., 368 f.
zyklometrische Funktionen 272

Printed by Wilco bv, the Netherlands